奶牛疾病防治学

铂金视频版

主　编　王春璈

副主编　（按姓氏笔画排序）
　　　　马卫明　闫振贵　赵孝民　都启晶　曹　杰　谢之景

编　者　（按姓氏笔画排序）
　　　　马　翀　马卫明　马敬国　王　亨　王　林　王春江
　　　　王春璈　王艳明　王振勇　闫振贵　李建军　李建基
　　　　张俊杰　赵孝民　赵遵阳　都启晶　顾　垚　高　健
　　　　郭志刚　黄克和　曹　杰　常仲乐　韩春林　谢之景

机械工业出版社
CHINA MACHINE PRESS

本书从生产实际和临床诊治需要出发，汲取了国内外规模化牧场的管理经验与奶牛疾病防控先进科学知识，由编者们在总结牧场管理、疾病防控与治疗经验的基础上编写而成。内容包括牧场奶牛疾病管理规程，传染病，寄生虫病，乳房与乳头疾病，肢蹄病，难产、助产与产科疾病，繁殖障碍性疾病，营养代谢性疾病，前胃疾病与皱胃疾病，肠管疾病，外科感染与损伤，中毒性疾病，头颈部疾病，泌尿系统疾病，血液循环系统疾病，呼吸系统疾病，皮肤疾病，犊牛疾病等。本书配有1700多幅临床症状与病理变化的图片，以及381个临床症状、病理变化、诊断和治疗操作的典型视频，利用图文与视频的交互，为牧场管理与技术人员全方位、立体式呈现奶牛疾病诊疗与管理的关键点。

本书可作为规模化奶牛场管理、兽医技术人员的学习用书，以及农业院校畜牧兽医专业师生的参考用书。

图书在版编目（CIP）数据

奶牛疾病防治学：铂金视频版 / 王春璈主编. — 北京：机械工业出版社，2023.6
ISBN 978-7-111-73116-0

Ⅰ.①奶⋯ Ⅱ.①王⋯ Ⅲ.①乳牛-牛病-防治 Ⅳ.①S858.23

中国国家版本馆CIP数据核字（2023）第077507号

机械工业出版社（北京市百万庄大街22号　邮政编码100037）
策划编辑：周晓伟　高　伟　　责任编辑：周晓伟　高　伟　刘　源
责任校对：贾海霞　张　薇　　责任印制：张　博
保定市中画美凯印刷有限公司印刷
2023年6月第1版第1次印刷
210mm×285mm·62.75印张·2插页·1479千字
标准书号：ISBN 978-7-111-73116-0
定价：998.00元

电话服务　　　　　　　网络服务
客服电话：010-88361066　机 工 官 网：www.cmpbook.com
　　　　　010-88379833　机 工 官 博：weibo.com/cmp1952
　　　　　010-68326294　金 书 网：www.golden-book.com
封底无防伪标均为盗版　　机工教育服务网：www.cmpedu.com

主编简介

王春璈，山东农业大学教授。1993年获国家人事部"有突出贡献中青年专家"称号，享受国务院政府特殊津贴。从事临床兽医学教学、科研与兽医临床工作已有58年之久，不仅对奶牛疾病具有独特见解和解决实践问题的能力，对宠物疾病、毛皮动物疾病也具有丰富的临床经验，在全国具有很高的知名度和影响力。主持的科研项目获国家发明奖三等奖1项、省部级二等奖2项，主编《奶牛临床疾病学》《奶牛疾病防控治疗学》《现代规模化奶牛场肢蹄病防控学》等专著，主持《奶牛疾病诊断与治疗》系列教学片、《家畜外科手术学》系列教学片、远程网络课程《畜禽疾病防治》视频片、《牛场兽医继续教育视频库建设》系列视频片，在畜牧兽医专业的教学和家畜疾病的防控与治疗中发挥着巨大的作用。

退休后继续发挥余热，为我国奶牛养殖业的发展做出重大贡献。在我国奶牛养殖业快速发展的关键时期，投身到规模化牧场生产第一线，为奶牛的健康保驾护航；同时，在奶牛疾病的诊疗实践中培养出一大批兽医技术管理与奶牛疾病防治的技术骨干，在全国各大型牧场中发挥着重要作用。

前言

奶牛疾病的精准防控和牛群健康管理，是牧场生产管理中最为重要的环节。牛群健康，才能产出好奶。奶牛疾病的种类很多，所造成的经济损失巨大，不可小觑。奶牛的健康离不开科学化、规范化的管理，也离不开奶牛疾病防控科学知识的普及与应用。为了适应规模化牧场快速发展与奶牛疾病防控的需要，我组织了国内从事奶牛养殖与疾病防治的专家，历时18个月，完成了本书的编写。本书汲取了国内外规模化牧场的管理经验与奶牛疾病防控先进科学知识，总结了编者们在牧场管理、疾病防控与治疗中的经验，是编者们智慧与劳动的结晶。

本书共分为十八章，第一章牧场奶牛疾病管理规程，综合了国内外奶牛场的管理和疾病防控经验，分十六节介绍集约化牧场的兽医管理与疾病防控规程。奶牛疾病的科学防控，规程是基础。第二章传染病，全面介绍了国内牧场面临的奶牛病毒性传染病、细菌性传染病、真菌病的流行特点、发病规律、诊断方法和预防措施。本章很多内容是编者们在牧场临床诊疗过程中积累的经验并升华为理论的研究成果，具有新的见解与创新，对指导牧场兽医工作具有重要的实践价值。第三章寄生虫病，包含了近十年国内牧场面临的奶牛原虫病、吸虫病、绦虫病、线虫病、外寄生虫病等寄生虫病的诊断与防控经验。第四章乳房与乳头疾病和第五章肢蹄病，是牧场奶牛的常见病与多发病，详细介绍了各类疾病的诊断与治疗要点，以及群体防控的方法。第六章至第十八章分别介绍了难产、助产与产科疾病，繁殖障碍性疾病，营养代谢性疾病，前胃疾病与皱胃疾病，肠管疾病，外科感染与损伤，中毒性疾病，头颈部疾病，泌尿系统疾病，血液循环系统疾病，呼吸系统疾病，皮肤疾病，犊牛疾病。最后附录介绍了国内奶牛疾病常用检疫生物制品及疫苗、美国奶牛场免疫程序参考等内容。

本书配有1700多幅临床症状和病理变化的图片，力求用图片结合文字体现奶牛疾病的诊疗要点。书中同时配有奶牛疾病临床症状、病理变化、诊断和治疗操作的典型视频381个，利用图文与视频的交互，为牧场管理与技术人员全方位、立体式呈现奶牛疾病诊疗与管理的关键点，视频以二维码的形式体现，读者用手机扫描二维码即可观看（建议在Wi-Fi环境下播放）。

需要特别说明的是，本书所用药物及其使用剂量仅供读者参考，不可照搬。在生产实际中，所用药物学名、常用名和实际商品名称有差异，药物浓度也有所不同，建议读者在使用每一种药物之前，参阅厂家提供的产品说明以确认药物用量、用药方法、用药时间及禁忌等。购买兽药时，执业兽医有责任根据经验和对患病动物的了解决定用药量及选择最佳治疗方案。

本书可作为规模化奶牛场管理人员、兽医技术人员的学习用书，以及高校畜牧兽医专业师生的参考用书。在本书出版之际，我谨代表编者们向为本书编写与出版做出贡献的单位和个人表示诚挚的感谢。

由于编写时间紧，书中疏漏与不足之处在所难免，诚恳希望全国同行与广大读者提出宝贵意见。

王春璈

2023年1月

目 录

主编简介
前 言

第一章　牧场奶牛疾病管理规程

第一节　系统深入的管理，是奶牛养殖业健康发展的保障 / 001
　　一、牛群健康 / 001
　　二、环境舒适 / 003
　　三、饲喂精良 / 004
　　四、人员专业 / 006

第二节　兽医岗位职责、奶牛重大疫病检疫与防疫规程 / 007
　　一、兽医岗位职责 / 007
　　二、奶牛重大疫病检疫与防疫规程 / 013

第三节　奶牛分娩与接产规程 / 017
　　一、围产前期奶牛的管理与产前准备 / 017
　　二、正常分娩与接产规程 / 019

第四节　犊牛饲养管理规程 / 024
　　一、新生犊牛的护理 / 024
　　二、新生犊牛的饲喂 / 025
　　三、犊牛免疫球蛋白的测定 / 028
　　四、犊牛喂奶、补料与饮水 / 028
　　五、犊牛断尾 / 029
　　六、犊牛去除副乳头 / 031
　　七、犊牛去角 / 031
　　八、犊牛舍管理 / 033
　　九、犊牛断奶与分群 / 034
　　十、犊牛的保健性用药 / 036

第五节　奶牛产后护理规程 / 037
　　一、成母牛产前保健 / 037
　　二、产后 3d 内母牛的保健用药 / 037
　　三、产后 3~20d 母牛的护理 / 038
　　四、牛体标识方法 / 038
　　五、各种疾病处理方法 / 039
　　六、产后护理工作流程 / 042

第六节　挤奶操作规程 / 044
　　一、挤奶生产目标及岗位职责 / 044
　　二、挤奶操作流程 / 044
　　三、挤奶设备的清洗 / 049
　　四、CIP 管线、缓冲罐、奶仓设备的清洗 / 050
　　五、制冷操作规程 / 051
　　六、装奶规程 / 051
　　七、挤奶厅毛巾管理 / 053
　　八、手工拆洗管理 / 053
　　九、挤奶厅各关键控制点的检测规定 / 053

第七节　干奶操作规程 / 055
　　一、干奶前管理流程 / 055
　　二、干奶操作程序要点 / 056
　　三、干奶期牛群管理要点 / 059

第八节　蹄浴与修蹄规程 / 060
　　一、蹄浴规程 / 061
　　二、修蹄规程 / 065

第九节　奶牛疾病诊疗规程 / 070
　　一、巡栏与奶牛疾病的发现 / 070
　　二、奶牛疾病的诊断程序 / 076

第十节　奶牛体况评分 / 078
　　一、体况评分步骤 / 079

二、体况评分示例 / 081
三、各阶段奶牛体况评分及反映的问题 / 085

第十一节　奶牛驱虫规程 / 086
一、进口奶牛的驱虫 / 086
二、犊牛的驱虫 / 090
三、开放式牛舍及放牧奶牛的驱虫 / 091

第十二节　奶牛繁育管理规程 / 093
一、牧场牛群的合理结构 / 093
二、奶牛繁育各项生产指标 / 093
三、奶牛发情鉴定管理及同期处理程序 / 094
四、奶牛人工授精管理规程 / 098
五、药物使用规范 / 101
六、奶牛妊娠鉴定管理程序 / 101

第十三节　奶牛舒适度与奶牛健康 / 106
一、奶牛舒适度与躺卧时间 / 106
二、奶牛舒适度与跛行 / 108
三、奶牛舒适度与采食 / 111
四、奶牛舒适度与光照、饮水、通风 / 111

第十四节　规模化牧场奶牛营养管理规程 / 113
一、泌乳牛营养管理 / 113
二、干奶牛营养管理 / 116
三、青年牛营养管理 / 118
四、原料及日粮管理 / 120
五、犊牛培育 / 126

第十五节　加强牧场消毒，确保牧场安全 / 128
一、防疫防护 / 128
二、消毒方法和消毒剂的选择及注意事项 / 131
三、牛舍消毒程序 / 132

第十六节　奶牛热应激的影响及措施 / 133
一、夏季热应激的影响 / 133
二、夏季热应激的措施 / 134

三、热应激降温的优先次序（泌乳牛和干奶牛）/ 136
四、热应激防暑降温设施的参数设置 / 136

第二章　传染病

第一节　病毒性传染病 / 138
一、口蹄疫 / 138
二、牛病毒性腹泻/黏膜病 / 143
三、牛传染性鼻气管炎 / 150
四、流行热 / 156
五、副流感 / 158
六、狂犬病 / 161
七、伪狂犬病 / 162
八、牛白血病 / 164
九、奶牛呼吸道合胞体病毒感染 / 167
十、牛海绵状脑病 / 170
十一、牛结节性皮肤病 / 172
十二、犊牛轮状病毒感染 / 175
十三、犊牛冠状病毒感染 / 179

第二节　细菌性传染病 / 182
一、布鲁氏菌病 / 182
二、结核病 / 188
三、副结核病 / 194
四、巴氏杆菌病与溶血曼氏杆菌病 / 197
五、大肠杆菌病 / 205
六、沙门菌病 / 220
七、链球菌病 / 226
八、支原体病 / 231
九、梭菌性肠毒血症 / 237
十、奶牛气肿疽 / 240
十一、炭疽病 / 244
十二、破伤风 / 246
十三、李氏杆菌病 / 248
十四、附红细胞体病 / 255
十五、牛坏死杆菌病 / 257

　　　　　十六、放线菌病 / 261
　　　　　十七、牛下颌-喉部脓肿呼吸困难综
　　　　　　　　合征 / 265
　　　　　十八、枸橼酸杆菌病 / 270
　　　　　十九、牛钩端螺旋体病 / 274
　　第三节　真菌病 / 277
　　　　　一、嗜皮菌病 / 277
　　　　　二、皮肤真菌病 / 280
　　　　　三、真菌性肺炎 / 284
　　　　　四、其他真菌病 / 287

第三章　寄生虫病

第一节　原虫病 / 302
　　　　一、球虫病 / 303
　　　　二、弓形虫病 / 307
　　　　三、新孢子虫病 / 311
　　　　四、隐孢子虫病 / 316
　　　　五、梨形虫（血孢子虫）病 / 319
　　　　六、胎儿滴虫病 / 326
第二节　吸虫病 / 329
　　　　一、肝片吸虫病 / 329
　　　　二、双腔吸虫病 / 333
第三节　绦虫病 / 336
　　　　一、莫尼茨绦虫病 / 337
　　　　二、牛脑多头蚴病 / 341
第四节　线虫病 / 344
　　　　一、圆线虫病 / 344
　　　　二、吸吮线虫病 / 355
　　　　三、犊新蛔虫病 / 358
第五节　外寄生虫病 / 360
　　　　一、螨与蠕形螨病 / 361
　　　　二、牛虱病 / 368
　　　　三、牛皮蝇蛆病 / 370

第四章　乳房与乳头疾病

第一节　乳房炎 / 373
　　　　一、乳房炎概述 / 373
　　　　二、乳房炎病因 / 374
　　　　三、乳房炎症状 / 389
　　　　四、乳房炎诊断 / 391
　　　　五、乳房炎治疗 / 394
　　　　六、乳房炎防控 / 399
第二节　其他乳房与乳头疾病 / 402
　　　　一、血乳 / 402
　　　　二、乳头管狭窄与乳头管开口部闭锁 / 404
　　　　三、乳房水肿 / 407
　　　　四、乳头冻伤 / 410
　　　　五、乳房及乳头损伤 / 411

第五章　肢蹄病

第一节　肢蹄病的分类 / 414
　　　　一、营养代谢紊乱与肢蹄病 / 414
　　　　二、卧床、粪道管理与肢蹄病 / 416
　　　　三、肢蹄病的感染性与传染性因素 / 421
　　　　四、肢蹄病的遗传性因素 / 422
第二节　肢蹄病的诊断 / 423
　　　　一、奶牛的正常步态与跛行种类及
　　　　　　程度 / 423
　　　　二、跛行诊断的顺序和方法 / 425
第三节　常见的蹄病 / 432
　　　　一、蹄叶炎 / 432
　　　　二、蹄疣病 / 437
　　　　三、指（趾）间皮肤增殖 / 440
　　　　四、指（趾）间皮炎 / 441
　　　　五、蹄冠蜂窝织炎及指（趾）间蜂窝
　　　　　　织炎 / 443

六、蹄底溃疡 / 446
七、蹄踵糜烂 / 449
八、白线病 / 452
九、蹄裂 / 454
十、蹄底挫伤 / 456
十一、蹄部脓肿 / 458

第四节　四肢关节疾病 / 461
一、支原体关节炎 / 461
二、化脓性关节炎 / 463
三、非化脓性关节滑膜炎 / 464
四、关节捩伤（关节扭伤）/ 467
五、关节挫伤 / 471
六、关节脱位 / 474
七、关节创伤 / 479

第五节　腱与腱鞘的疾病 / 481
一、跟骨头皮肤与跟腱化脓 / 481
二、腱鞘炎 / 483
三、腱与肌肉的断裂 / 485
四、腱挛缩 / 488

第六节　黏液囊疾病 / 491

第七节　外周神经损伤 / 496
一、坐骨神经及胫神经、腓神经的损伤 / 496
二、闭孔神经损伤 / 497
三、桡神经麻痹 / 498
四、神经损伤的治疗 / 499

第八节　肢蹄病评分与肢蹄病的防控 / 500
一、肢蹄病运步评分 / 500
二、肢蹄病防控要点 / 502

第六章　难产、助产与产科疾病

第一节　难产与助产 / 504
一、分娩生理及激素调控 / 504
二、难产及处置方法 / 508
三、剖腹产 / 531
四、阴门侧切助产术 / 534

第二节　产科疾病 / 536
一、胎水过多 / 536
二、阴道脱及子宫脱 / 539
三、产道损伤 / 547
四、胎衣不下 / 555
五、子宫炎及产后败血症 / 561
六、产后截瘫 / 571

第七章　繁殖障碍性疾病

第一节　流产 / 574
一、流产概述 / 574
二、流产的鉴别诊断 / 582

第二节　其他繁殖障碍性疾病 / 587
一、生殖器官发育不全 / 587
二、卵巢囊肿 / 589
三、卵巢炎 / 595
四、持久黄体 / 595
五、卵巢静止 / 597
六、输卵管炎 / 598
七、输卵管积液与输卵管积脓 / 599
八、子宫外膜炎 / 601
九、子宫脓肿与粘连 / 602
十、子宫积液与子宫积脓 / 604
十一、子宫内膜囊性增生 / 606
十二、子宫颈炎 / 608
十三、阴道炎 / 608
十四、屡配不孕 / 610
十五、不孕症的综合防治 / 616

第八章　营养代谢性疾病

第一节　低血钙、爬卧综合征及低血镁 / 621
　　一、产后瘫痪及亚临床低血钙 / 621
　　二、爬卧综合征 / 627
　　三、低镁搐搦 / 629

第二节　酮病与脂肪肝综合征 / 631
　　一、酮病 / 631
　　二、脂肪肝综合征 / 640

第三节　犊牛营养代谢疾病 / 643
　　一、先天性佝偻病 / 643
　　二、犊牛异食癖 / 648
　　三、犊牛硒缺乏 / 652
　　四、维生素 C 缺乏症 / 655

第九章　前胃疾病与皱胃疾病

第一节　前胃疾病 / 658
　　一、胃的组成与功能 / 658
　　二、前胃生理学特点与前胃疾病的关系 / 659
　　三、瘤胃弛缓 / 662
　　四、瘤胃积食 / 666
　　五、瘤胃积沙 / 670
　　六、瘤胃内异物 / 673
　　七、瘤胃臌气与犊牛瘤胃周期性膨胀 / 675
　　八、创伤性网胃腹膜炎 / 680
　　九、瓣胃阻塞 / 686
　　十、瘤胃酸中毒 / 688
　　十一、前胃肿瘤 / 694
　　十二、瘤胃切开术 / 695

第二节　皱胃疾病 / 700
　　一、皱胃的解剖生理特点与皱胃疾病的关系 / 700
　　二、皱胃左方变位 / 701
　　三、皱胃右方变位 / 716
　　四、皱胃阻塞 / 720
　　五、皱胃内纤维球 / 727
　　六、皱胃积沙 / 729
　　七、皱胃炎与皱胃溃疡 / 731

第十章　肠管疾病

第一节　肠管解剖学特点与疾病诊疗的关系 / 738

第二节　肠管常发生的疾病 / 741
　　一、肠痉挛 / 741
　　二、肠梗阻 / 742
　　三、肠套叠 / 749
　　四、肠扭转与肠嵌闭 / 754
　　五、腹泻性疾病 / 756
　　六、黏液膜性肠炎 / 764
　　七、胃肠积沙 / 765
　　八、弥漫性或局限性腹腔积脓 / 768
　　九、直肠脱垂 / 771
　　十、盲肠扩张和扭转 / 776

第十一章　外科感染与损伤

第一节　脓肿 / 778
第二节　蜂窝织炎 / 785
第三节　厌氧性感染（气性坏疽、恶性水肿） / 790
第四节　淋巴外渗、血肿 / 793
　　一、淋巴外渗 / 793
　　二、血肿 / 796
第五节　骨折 / 799
第六节　创伤与处理 / 810
第七节　皮肤移植术 / 815

第十二章　中毒性疾病

第一节　饲料中毒 / 823
　　一、硝酸盐和亚硝酸盐中毒 / 823
　　二、氢氰酸中毒 / 825
　　三、棉籽饼中毒 / 826
　　四、酒糟中毒 / 828
　　五、黑斑病甘薯中毒 / 829
　　六、霉变饲料中毒 / 830
　　七、马铃薯中毒 / 834

第二节　化学药物中毒 / 835
　　一、磺胺药中毒 / 836
　　二、氟苯尼考中毒 / 837
　　三、莫能菌素中毒 / 837
　　四、尿素中毒 / 839
　　五、链霉素中毒 / 840
　　六、阿维菌素中毒 / 841

第十三章　头颈部疾病

第一节　眼病 / 843
　　一、传染性角膜结膜炎 / 843
　　二、奶牛结膜炎、角膜炎和白内障 / 845
　　三、眼部肿瘤 / 852

第二节　头颈部其他疾病 / 855
　　一、耳麻痹 / 855
　　二、舌麻痹 / 857
　　三、额窦炎 / 859
　　四、食物反流与食管阻塞 / 862
　　五、颈枷病 / 865

第十四章　泌尿系统疾病

第一节　肾炎 / 867
第二节　膀胱炎 / 869
第三节　膀胱麻痹及膀胱破裂 / 871
　　一、膀胱麻痹 / 871
　　二、膀胱破裂 / 872
第四节　公牛尿石症 / 874
第五节　公牛阴茎挫伤 / 875

第十五章　血液循环系统疾病

第一节　心包炎 / 877
第二节　心力衰竭 / 881
第三节　后腔静脉栓塞 / 883
第四节　颈静脉周围炎 / 886

第十六章　呼吸系统疾病

第一节　肺炎 / 888
　　一、规模化牧场奶牛呼吸系统疾病发病特点与防控对策 / 888
　　二、病原微生物感染引起的肺炎 / 894
　　三、窒息 / 900
　　四、过敏性肺炎 / 903
　　五、增生性肺炎 / 904

第二节　由呼吸道占位性肿块引起的呼吸系统疾病 / 906
　　一、上呼吸道阻塞 / 906
　　二、胸腔及下呼吸道占位性肿块 / 908

第三节　由青贮引起的呼吸系统疾病 / 910

第十七章 皮肤疾病

第一节 湿疹 / 911
第二节 荨麻疹 / 913
第三节 脱毛症 / 915
第四节 皮肤肿瘤 / 919
  一、乳头状瘤（疣）病 / 919
  二、淋巴肉瘤 / 922
  三、鳞状细胞癌 / 923

第十八章 犊牛疾病

第一节 犊牛胃肠生理与疾病的关系 / 926
  一、瘤胃、网胃和瓣胃的发育 / 926
  二、皱胃的发育 / 927
  三、小肠的发育 / 928
  四、碳水化合物的消化 / 929
  五、脂类代谢 / 929
  六、代谢类型的改变 / 930
第二节 犊牛腹泻 / 930

第三节 犊牛脐部疾病 / 940
  一、脐带出血 / 940
  二、脐带炎 / 942
  三、脐尿管闭锁不全 / 944
  四、犊牛脐疝 / 945
第四节 犊牛其他疾病 / 948
  一、先天性直肠、肛门畸形 / 948
  二、屈腱挛缩 / 952
  三、犊牛水中毒 / 953

附 录

附录A 国内奶牛疾病常用检疫生物制品及疫苗 / 956
附录B 美国奶牛场免疫程序参考（硕腾）/ 958
附录C 奶牛场常用疾病检测ELISA试剂盒 / 959
附录D 奶牛生理数值 / 963
附录E 常见计量单位名称与符号对照表 / 967

参考文献 / 968

二维码索引 / 975

第一章 牧场奶牛疾病管理规程

第一节 系统深入的管理，是奶牛养殖业健康发展的保障

进入 21 世纪，我国乳业和牧业相继发展迅猛，伴随乳品加工发展而兴起的大规模牧场已经占据了重要比重。相较于小规模、家庭化牧场，大规模牧场的经营方式更接近工业企业管理，更注重职能分工、程序管理、人员管理和劳动效率等管理要素。大规模牧场的效益体现在通过技术和管理的高度结合，以最合适的成本和最少的资源投入达到牛奶最高产量。

通过多年的学习和牧场实践，我们摸索总结出了一些提升牧场效益的管理经验，简要概括为 4 个方面，分别是"牛群健康，环境舒适，饲喂精良，人员专业"，具体内容如下，供大家参考。

一、牛群健康

大规模牧场取得效益的首要条件，是健康的牛群。只有牛群健康，才能产出好奶，保证牧场取得理想的经营业绩。反之，牛群不健康，会降低牧场的获利能力，让牧场的经营变得异常困难。这里说的牛群健康，有 3 个方面的考虑，一是作为个体的牛只的健康，二是合理的牛群结构，三是正确选择育种方向。

1. 个体牛只的健康

俗话说："家有千万，带毛的不算"。奶牛作为生物资产，和其他不动产相比，的确存在发病和死亡的风险，所以大规模牧场要具备临床和预防两方面的专业能力，确保牛只的安全和健康。

控制传染病的主要手段有 3 个，一是控制传染源，二是切断传播途径，三是保护易感者。大规模牧场要确保牛群的健康稳定，尽量减少

调入调出频次，减少外购牛只进入大群，降低疫病感染的风险。准确及时的群体免疫，是保护牛群的最重要的措施。不同地区的疫情分布和发病情况有所不同，因此大规模牧场需要根据当地情况，制订合理安全的免疫计划，并将免疫执行作为牧场管理者最重要的工作指标加以跟踪考核。

大规模牧场的兽医人员要能化验分析常见的疾病，得出准确的分析判断后采取有针对性的治疗和预防措施。也可以联合高校或行业内的专业化验室，利用其完善的设备设施提升奶牛疾病诊断能力。

例如，选择挤奶厅药浴液时，不能简单根据品牌厂家和价格就确定药浴液。一般情况下，不同牧场发生乳房炎的致病菌是不同的，不同细菌的耐药性和敏感性也不同，只有准确地化验分析乳房炎主要致病菌，选择有针对性的药浴液，才能取得良好的抑菌效果。

2. 合理的牛群结构

规模化牧场，根据牛只所处的不同阶段初步划分为两个大的牛群：后备牛和成母牛。

后备牛可以详细划分为0~2月龄喂奶犊牛，3~6月龄断奶犊牛，7~12月龄小育成牛，13~14月龄参配青年牛，一直到24月龄产犊以后成为头胎泌乳牛。

成母牛包括产奶的初产牛与高产牛，不产奶的干奶牛与围产牛。

如果牧场想要得到良好的效益回报，成母牛占全群的比例应该高于55%并尽量接近60%，这是盈利牧场相对理想的牛群结构。

如果后备牛比例过高，比如新建的牧场引进青年牛，会导致牧场大量的资本开支投资在后备牛的饲养上，而这些牛不产奶便没有现金回报，延缓甚至降低了牧场的现金获利能力。

反过来说，牧场的成母牛比例过高，则说明后备力量不足，随着胎龄增高、淘汰增加，没有足够的头胎牛补充进入泌乳牛群，会影响牧场的稳定性和持续盈利的能力。可以想象，没有好的后备力量，即便高产的牧场，也会在未来受到冲击。

3. 正确选择育种方向

牧场要以市场为导向，结合牧场实际的生产环境及育种条件，来制定牧场的育种目标。

首先，制定一个长远的总体育种目标来指导牧场的育种方向。同时结合牧场的情况制定短期目标，找出牧场最急需改良的缺陷，加大该性状的遗传改良。

其次，建立核心育种群。将牧场奶牛按照遗传潜能分成多个群体，对不同群体采用不同的育种方案，使牧场牛群整体获得更快的遗传进展。如根据系谱指数、生产性能测定成绩或基因组成绩将奶牛从优到劣分群，依次进行冲胚（活体采卵）、性控冻精、普通冻精、胚胎移植、肉牛冻精（乳肉兼用）的繁殖操作，使优秀的母牛留有更多的后代，对遗传潜能差的母牛进行基因阻断。

在公牛冻精的选择方面，优质的公牛冻精可以让遗传育种的速度加快。根据牧场的育种目标和主要改良方向选择合适的公牛冻精。在选择公牛时，更倾向于选择基因组检测的青年公牛，基因组检测技术自2009年推出至今，已非常成熟且可靠性高，并且能够大大地缩短世代间隔，加快遗传进展。

除此之外，如果想要进一步加快遗传进展，可采用活体采卵体外胚胎生产技术。

目前，体外胚胎技术已经趋于成熟，具有很多的优点：

1）成本远低于体内胚胎技术。

2）节省冻精使用量，1支冻精可以让10头母牛的卵子受精。

3）活体取卵可以提高供体母牛的效率，供体母牛每个月可取卵2次，每次可生产4~5枚胚胎，可连续取3~4个月，不影响母牛的生产。

4）牛群仅需5%的核心群供应胚胎，其余牛只作为受体牛，从而加快遗传进展。

胚胎技术能够快速改良牛群遗传品质，但也存在一些难点，其中最重要的一点就是国内缺乏顶尖母牛，若从国外引进顶级性控胚胎，生产胚胎移植供体便可解决这一难题。

二、环境舒适

1. 牧场的选址

布局决定结局，吨位决定地位。奶牛的舒适感，始于牧场的规划和设计。牧场主在决定投资牧场之初最重要的导向，是竭尽全力进行合适的选址后设计并建造符合奶牛舒适需要并在未来能实现高产的牧场。

要建造和经营一家好的牧场，在选址的时候，主要考虑的因素包括：

1）下游收奶客户或者自产自销的需求和与未来产销规划相应的适度的牧场规模。

2）地理位置远离其他养殖场和村镇，远离生态保护红线区域。

3）全年平均情况和极端情况下的温度和湿度。

4）好质地的水源和充足的供水量。

5）周边饲草资源要充足，最好有大面积的玉米种植地环绕牧场所在地。

6）政府的招商和相关扶持政策，包括牧场周边能够有足够的流转土地等。

2. 牛舍的设计

规模化牧场选用的牛舍模式，常见的有敞开式、隧道式和横断面纵向通风式（简称大盒子）3种。多数情况下，敞开式是牧场牛舍最常见的模式。在南方湿热的地区选择隧道式通风牛舍，而在北方极寒地区，则可以考虑选择横断面纵向通风牛舍。

牧场的设计和施工，都需要有专门的专业人员进行参与和现场把关，确保这些设施在未来生产经营过程中能正常使用，减少未来牧场运行中不必要的修改次数。

3. 冷、热应激的预防

南方牧场冬、春季节做好热应激的准备，同理，北方牧场在夏、秋季节做好冷应激的准备。很多南方牧场在冬季可以达到很高的产量，甚至高过北方牧场，可是一到夏季，温度和湿度就会对牛只健康和泌乳量造成巨大的影响。热应激设施好的牧场，通过良好的管理和控制，可以使热应激期间的产量降幅控制在5%以内，并确保繁育指标的稳定，从而形成牧场一年四季相对稳定的牛群结构。

北方牧场冬季冷应激的管理，主要是维持牛舍通风，确保牛只呼吸新鲜的空气，无论大牛还是犊牛，都能喝到充足的温水，躺卧在松软没有板结的卧床上。但保持通风和牛舍防冻相互矛盾，是牧场管理者和员工比较头疼的问题。牛舍自由通风，就意味着可能面临粪道冻结、清粪困难。这就要求牧场在设计时，必须遵循"以牛为本"的原则，确保冬季通风正常，牛只自由呼吸，供水、供电、供气等能源设施的设计和施工能保障冬季防冻效果，且确保运行正常。

4. 卧床管理

每一天，奶牛都有一半时间躺卧在卧床上。因此卧床舒适与否，对奶牛的生产性能甚至健康都会产生直接的影响。犊牛使用的犊牛岛，育成牛和青年牛使用的卧栏和运动场，泌乳牛使用的卧栏，都需要质量好的卧床垫料。理想的卧床垫料，无论是干草、锯末、稻壳、沙子或者是沼渣，都要通过日常程序化的机械旋耕维护确保卧床干燥、干净、疏松、平整。若用沼渣做牛卧床垫料，沼渣要通过挤压或者烘干将水分控制在45%以下。

三、饲喂精良

饲喂精良是奶牛场实现高产、高效的必由之路。治大国若烹小鲜，奶牛场的饲养、饲喂管理也是一门艺术。先进、成熟的营养管理理念贯穿始终，是奶牛实现高产的理论基础，饲养、饲喂细节的把控是饲喂是否精良的试金石。下面从饲喂管理、饲养管理、营养管理3个层次和维度对饲喂精良加以阐述。

1. 饲喂管理

饲喂管理主要是指日粮的加工方面。借用《舌尖上的中国》上面的一句话，"高端的食材往往只需要最朴素的烹饪方式"，同样的理念也可以运用到养牛的生产过程中。优质的饲料原料保证生产出每一杯牛奶的纯、真、鲜、活。各种饲料原料质量的把控不仅关系到奶牛是否健康、高产，而且是保证牛奶食品安全的前提。遵循"不合格原料不进场，不合格半成品不转序，不合格牛奶不出场"的原则，自然能确保食品安全。

全混合日粮（TMR）技术已经在我国规模化牧场得到了广泛的应用，在生产实践中，如何确保营养师的配方能够精准地进入牛嘴里变得尤为重要。绝大部分牧场TMR的制作还是靠人来完成，一旦人员出现失误或大意，就会造成营养师的纸质配方与牛吃到嘴里的配方之间营养成分的差异。通过引入智能饲喂系统，降低人员操作的风险，使得每种物料、每个批次投喂的过程都能做到及时、准确地记录，每个批次日粮通过智能的手段做到可追溯。系统后台对每个投料手、每种物料的上料准确率等多个维度进行分析，给管理者提供决策方案，保证TMR的精准饲喂。

此外，TMR的均匀度、稳定性、投喂的及时性、饲喂频次、饲喂比例、剩料率、推料频次等细节的管理也会决定饲喂精良与否。

2. 饲养管理

饲养管理主要是对牧场饲养管理者的要求，比如后备牛的培育、体况管理、成本控制。后备牛的培育关系到牧场的未来，健康、优秀的后备牛是牧场的生力军。健康且高产是培育优质后备牛的目标，高产离不开对后备牛日增重的合理调控。对犊牛出生、断奶、6月龄、9月龄、参配前、产后各阶段进行称重，对各阶段日增重数据进行分析并相应做出营养方面的调整。通过大数据分析，我们得出结论，出生到产犊后日增重要达到0.78kg以上，头胎牛高峰产量才能保证40kg以上。按照青年牛产后体重达到成母牛体重的85%的标准，以成母牛体重700kg为例，青年牛产后体重要在595kg以上。不仅产后体重的平均值要达标，而且体重的离散度越小越好，说明青年牛体形的一致性较好。

体况管理是牧场管理者日常的重点工作，也是衡量牧场牛群健康的一项核心指标。奶牛体况直接影响到分娩、产后健康、高峰产量的发挥、饲料成本控制等。体况管理的目标是泌乳中后期无肥牛，奶牛以合理的体况进入干奶围产期（3.25分）。泌乳天数过长及泌乳中后期的超量饲喂往往是导致干奶围产牛体况超标的主要原因。体况管理的另一个目标是泌乳高峰期无瘦牛，也就是要警惕产后牛体况过度动员，从分娩到首次配种前，体况下降的幅度越小越好，尽量控制在0.5个体况分以内。

奶牛场饲料成本占到全成本的70%左右，饲料成本控制是奶牛场盈利链条上至关重要的一环，而泌乳效率是控制饲料成本行之有效的工具。泌乳效率是单舍的乳产量与干物质采食量的比值，单舍高峰期泌乳效率理想值为1.9~2.0。当然，高的泌乳效率是我们追求的目标，但如果泌乳早期泌乳效率过高也需要引起注意，可能存在产后体脂过度动员的情况。泌乳效率过低，奶牛干吃不泌乳，是生产实践中经常遇到的问题，需要从粗饲料质量、粗饲料消化率、牛粪NDF、牛粪淀粉、过瘤胃蛋白、短纤维原料的使用等方面进行考虑和分析。

3. 营养管理

营养管理更多的是对牧场营养师技术水平、原料质量和产后健康的要求。虽然目前规模化牧场的营养技术已相对成熟，但营养师仍然要紧跟国际前沿，更新营养理念，与时俱进，不断创新、超越。

谈到原料质量，优质粗饲料是奶牛实现高产的基石。很多牧场产量的提升，都受到粗饲料质量的制约，尤其是玉米青贮。虽然大家都知道玉米青贮是奶牛饲养最重要的饲料，但要做出优质的玉米青贮还是相当有难度的。而且，还要关注青贮带棒率，这直接影响玉米青贮淀粉含量。青贮干物质和淀粉含量双双达到30%以上，就容易保证奶牛的营养需要，而且对控制饲料成本的帮助也很大。南方牧场，周边玉米种植受换季倒茬种植时限的影响，有的在玉米干物质很低的时候就要收割。再有，如果种植地不能大面积连片时，玉米带棒率也很难保证。这些都增加了制作一窖好玉米青贮的难度系数。缺乏保质保量的玉米青贮，养好奶牛是很费力的。虽然可以通过调整配方来满足奶牛的营养需要，但成本就会相应上升，变得难以控制。

产后健康也体现和考验着营养师的水平，因为其决定着奶牛是否能够高产、长寿。通过营养的手段改善产后健康，促进初产牛产后采食量的迅速恢复，缓解产后能量负平衡，降低产后死淘率，产后体况损失降到最低，让更多的牛发情能配上，达到较高的高峰产量、较好的泌乳持续力，进而达到奶牛的高产、长寿。

四、人员专业

牧业是投资大、回报周期长、回报率相对较低的传统行业。正因为如此，选择具有较强专业背景和经验、负责任的人员经营和管理牧场就显得尤为重要。随着适龄劳动力供给的减少，未来大型牧场必须在机械化、自动化、信息化上进行创新和升级换代，而对于不同层级专业人员数量与质量的需求和竞争将会更加凸显。

牧场的经营和管理需要方方面面的专业人员，如繁育、兽医、营养、挤奶、犊牛管理、设备操作等。任何专业知识的发挥，最终还是依靠人的主观能动性，这对牧场管理者的业务水平提出了较高的要求，即如何发现、培养、考评和激励专业人员。近些年来国内数家大型牧场，利用行业资源和结合自身特点，在这方面都卓有成效地开展了相关的工作，很好地推动了牧场从业人员专业水平的提升。

谈到人员专业，除了具备一定的专业基础和经验外，对牛性的理解还应当正确、到位、深刻，能不断地通过学习与时俱进，等同于英文的stockmanship。

何谓牛性？牛性就是能理解奶牛的需要，能发现奶牛的需要，能满足奶牛的需要，还能在现场出现异常和隐患时通过系统方法、抓主要和关键矛盾，迅速而有效地解决问题，并以此最终达成奶牛的健康、高效和高产。

奶牛是对稳定性要求很高的动物，任何一个与奶牛直接相关的专业领域和现场操作，都必须把稳定性放在首位。当然，每个专业领域对牛性把握的具体要求是不一样的，如营养人员，必须理解和强化以环境舒适为前提的对粗饲料质量、采食量、日粮消化率、泌乳曲线、体况控制等的掌握和应用；犊牛管理人员，必须深刻理解初乳、环境、饲喂等日常操作的稳定执行对犊牛健康的重要性；设备操作人员，应该以让奶牛舒适和提升奶牛福利为主要和基本目标，即如何高标准、便利地满足奶牛对卧床、饮水、通风、光照、冷热应激、采食、挤奶、行走的需求。

用最通俗的话讲，我们怎么对待奶牛，奶牛就怎么对待我们。如何对待奶牛，除了基础的专业知识，还要真正尊重奶牛、无条件热爱奶牛、充分理解奶牛、切实满足奶牛。

在牧场组织管理方面，不断发展和丰富的手段应用到生产实践中。规模化牧场越来越多地采取年薪、责任状、合伙人制度等方法，加大对主要管理人员和技术人才的管理力度和缔结强度。同时，专业的管理人员也在牧场里不断引入和创新管理方法和机制，如6S管理法、精益管理法、数字化和自动化等，取得更好的经济效益和社会效益。

牧场管理涉及方方面面的细节，充满了挑战，也让深入其中的人体会到成长的快乐。通过优质的管理，带来良好的牧场效益，既给投资人带来收益，也给管理者搭建了学习和实现自身价值的平台，给牛奶加工厂提供了优质的原奶，给消费者送去安全放心的牛奶。最终，伴随着各个牧场的发展，相信我国的奶牛养殖行业会越做越好，实现奶业大国的崛起！

（顾垚　赵遵阳　韩春林）

第二节　兽医岗位职责、奶牛重大疫病检疫与防疫规程

一、兽医岗位职责

兽医是牧场奶牛疾病预防、诊断与治疗的专业人员，必须严格执行牧场奶牛重大疾病防疫制度。杜绝重大疾病发生，维护奶牛健康，保证乳品安全，控制人畜共患病发生。

牧场兽医操作规程，是规范兽医对奶牛疾病预防、诊断与治疗的文件，各牧场兽医必须遵照执行。

1. 兽医岗位分类

兽医岗位分为兽医负责人、治疗与巡栏兽医、产后护理兽医、修蹄兽医、乳房炎治疗兽医、夜班兽医，以及免疫、检疫人员。

2. 各兽医岗位职责及流程

（1）兽医负责人

1）职责。

①认真贯彻落实关于兽医防治有关的规章制度。

②结合地区传染病流行情况、牧场疫苗接种史，建立完善的免疫、检疫计划，并严格按计划执行。

③负责制定、完成牧场兽医指标预算。对无饲养价值的奶牛，按淘汰牛流程提出淘汰申报计划。

④负责建立与推行防重于治的工作思路及方法，每月总结牧场奶牛发病与治疗情况、经验与教训，就如何减少发病率、提高治愈率提出建议或办法。

⑤负责本部门人员管理工作（休息、休假、考勤、培训）。

⑥做好各项报表的制订、审核和申报工作，确保数据真实、准确、全面，并建立电子档案。对本部门上报的每项数据负责，全面了解牧场牛只发病及治疗情况。

⑦做好本部门资产管理工作。

⑧做好与牧场各部门之间的沟通工作。

⑨每月末做好部门的工作总结与下月工作计划。

⑩发现对牛群健康有影响的行为时，及时通知相关部门或场长（如卧床铺垫、粪污处理、夹牛时间过长等）。

⑪负责兽医新操作流程、新技术、新物料的试验与跟踪。

⑫负责监督牧场各部门人员防护执行情况。

⑬负责监督各岗位兽医操作流程执行情况。

2）工作流程。

①每天工作流程，见表1-2-1。各牧场根据上班时间及各项工作执行时间对工作项目时间及先后顺序进行调整。

表1-2-1　每天工作流程（兽医负责人）

时间	工作项目	时间	工作项目
7:00~7:10	组织召开部门班前会：统筹安排当天工作、强调注意事项、传达规章制度和要求、解决前一天工作中存在的问题	10:40~11:00	兽医院巡视（安全、卫生、病牛情况等）
7:10~8:00	对兽医院牛只进行第1次巡栏，做好记录（严重病牛、无饲养价值牛、存在问题等）	11:00~14:00	午休
8:00~8:10	监督奶厅挤奶操作	14:00~14:30	对兽医院牛只进行第2次巡栏，并做好记录（严重病牛、无饲养价值牛、存在问题等）
8:10~8:40	跟踪参与产后护理工作	14:30~15:00	跟踪参与干奶工作
8:40~9:10	跟踪参与乳房炎治疗工作	15:00~15:40	跟踪参与巡栏工作
9:10~9:20	跟踪蹄浴工作	15:40~16:30	跟踪参与修蹄工作
9:20~10:00	跟踪参与兽医院治疗工作	16:30~17:30	审核各种报表并检查报送情况（乳房炎记录、疾病日报、产后护理日报、产后护理问题牛数据库、修蹄数据库等），审核处方，处理邮件，总结当天工作存在的问题，制订下一天工作计划
10:00~10:40	处理邮件、查询系统	17:30~18:00	兽医院巡视（安全、卫生、病牛情况等）

②每周工作流程，见表1-2-2。

表1-2-2　每周工作流程

时间	工作项目	时间	工作项目
周一	上周日到周一的干奶牛免疫	周二	兽医部门内部会议、周总结

③月度工作流程，见表1-2-3。

表1-2-3　月度工作流程

时间	工作项目	时间	工作项目
1日	3~4月龄牛进行口蹄疫疫苗免疫接种工作，上月免疫计划完成情况，产后护理需要数据库，劈叉牛只信息统计表，月度肢蹄病统计等	2日	按全年免疫接种计划对3月龄以上牛只进行口蹄疫补充免疫

(续)

时间	工作项目	时间	工作项目
3日	死亡率、死淘率统计	25日	口蹄疫补充免疫牛只抗体监测
12日	制订下月药品申购计划	31日	早产、流产牛只采样送检
20日	制订下月免疫计划		

④年度工作计划,见表1-2-4。

表1-2-4 年度工作计划

时间	工作项目	时间	工作项目
3月	灭蝇	10月	两病检疫、青年牛驱虫
4月	两病检疫	11月	制订下一年免疫计划
9月	制订下一年指标、费用预算	12月	年度工作总结

注:每月按全年免疫计划执行各项免疫。

(2)治疗与巡栏兽医

1)职责。

①接受兽医负责人的领导,向兽医负责人汇报工作。

②执行兽医规章制度。

③负责牛只的疾病诊断、治疗、护理工作。

④负责无治疗价值牛只的鉴定工作。

⑤制订治疗方案、开具处方、领用药品。

⑥负责过抗牛只的转群工作。

⑦填写牛只发病、治疗、死淘等各项记录,并报送至信息部门录入系统。

⑧负责兽医设施、工具、药品的使用、管理、保养,并制订申购计划。

⑨巡栏过程中发现跛行牛,将牛号、牛舍提供给修蹄兽医。

⑩巡栏过程中监督产后护理圈舍病牛情况。

⑪做好病牛区域的消毒工作。

⑫负责现场卫生。

2)每天工作流程,见表1-2-5。

表1-2-5 每天工作流程(治疗与巡栏兽医)

时间	工作项目	时间	工作项目
7:00~7:10	参加班前会	11:00~14:00	午休
7:10~9:00	巡栏、新发病牛转入兽医院	14:00~16:00	巡栏、新发病牛转入兽医院
9:00~10:40	治疗	16:00~17:00	治疗
10:40~11:00	填写记录、打扫卫生	17:00~18:00	过抗牛只转群

（3）产后护理兽医

1）职责。

①接受兽医负责人的领导，向负责人汇报工作。

②执行产后护理方面的规章制度。

③执行产后护理流程（见本章第五节）。

④负责新产牛无治疗价值的牛只鉴定工作。

⑤填写产后护理牛只发病、治疗、死淘等各项记录，并报送至信息部门录入系统。

⑥负责产后护理设施、工具、药品的使用、管理、保养，并制订申购计划。

⑦负责监督产房接产和消毒工作。

⑧负责新产牛、重病牛只的转圈工作。

⑨负责产后护理现场卫生。

2）每天工作流程，见表 1-2-6

表 1-2-6　每天工作流程（产后护理兽医）

时间	工作项目	时间	工作项目
7:00~7:10	参加班前会	11:00~14:00	午休
7:10~8:00	挤奶厅观察牛只乳房充盈度	14:00~15:00	新牛舍巡栏
8:00~9:30	新产牛只护理	15:00~17:00	协助治疗病牛
9:30~10:30	将重病牛转入兽医院，并进行治疗	17:00~17:30	协助过抗牛转群工作
10:30~11:00	填写产后护理报表，录入信息系统	17:30~18:00	准备次日产后护理的物料

（4）修蹄兽医

1）职责。

①接受兽医负责人的领导，向兽医负责人汇报工作。

②执行修蹄规章及流程。

③负责干奶牛的修蹄和检胎工作，完成成母牛全年 2 次修蹄保健工作，并报送至信息部门录入系统。

④对蹄病无治疗价值的牛只进行鉴定。

⑤监督挤奶厅的蹄浴工作。

⑥每月底统计变形蹄和蹄病牛，制订下月修蹄计划，每周 1 次在挤奶通道检查跛行牛。

⑦填写修蹄记录，并报送至信息部门录入系统。

⑧负责修蹄设施、工具、药品的使用、管理和保养，并制订申购计划。

⑨负责修蹄现场卫生。

2）每天工作流程，见表 1-2-7。

表 1-2-7　每天工作流程（修蹄兽医）

时间	工作项目	时间	工作项目
7:00~7:10	参加班前会	11:00~14:00	午休
7:10~8:10	按修蹄计划选择蹄病牛	14:00~15:00	按修蹄计划选择蹄病牛
8:10~8:20	修蹄前准备工作（修蹄工具、药物等）	15:00~15:10	修蹄前准备工作（修蹄工具、药物等）
8:20~10:20	修蹄	15:10~17:20	修蹄
10:20~10:40	将修完蹄的牛只转回原圈	17:20~17:40	将修完蹄的牛只转回原圈
10:40~11:00	打扫卫生，填写修蹄记录		

（5）乳房炎治疗兽医

1）职责。

①接受兽医负责人的领导，向兽医负责人汇报工作。

②执行乳房炎防治的规章制度。

③执行乳房炎治疗流程。

④向兽医负责人建议对无治疗价值的牛只会诊，无治愈可能或治疗 20d 以上的乳区做瞎乳区处理。

⑤负责干奶工作，观察干奶牛圈舍，判断和处理漏乳及乳房炎牛只。

⑥负责乳房炎牛只级别鉴定、采样、送检、治疗。

⑦负责全群瞎乳区牛只的脚带标识。

⑧填写乳房炎发病及治疗记录，报送至信息部门录入系统。

⑨负责相关设施、工具、药品的使用管理，并制订申购计划。

⑩负责乳房炎治愈牛只转入待抗牛舍。

⑪负责监督挤奶厅乳房炎病牛确定工作。

⑫负责乳房炎治疗现场卫生。

2）每天工作流程，见表 1-2-8。

表 1-2-8　每天工作流程（乳房炎治疗兽医）

时间	工作项目	时间	工作项目
7:00~7:10	参加班前会	10:30~11:00	干奶及巡查，发现和处理漏乳及乳房炎牛只
7:10~8:40	监督挤奶厅乳房炎病牛确定工作	18:30~19:40	监督挤奶厅乳房炎病牛确定工作
8:40~9:00	乳房炎治疗前准备工作（治疗记录、准备物料）	19:40~20:00	乳房炎治疗前准备工作（治疗记录、准备物料）
9:00~10:00	治疗乳房炎	20:00~21:00	治疗乳房炎
10:00~10:30	乳房炎牛需要进行全身治疗，填写电子记录		

（6）夜班兽医

1）职责。

①接受兽医负责人的领导，向兽医负责人汇报工作。

②执行兽医规章制度。

③处理夜间发生的问题，如产后护理、难产、滑倒等。

④负责夜间2次护理卧地不起的牛。

⑤夜间巡栏：病牛舍、初产舍牛只巡栏2次，全群牛只巡栏1次，治疗严重病牛。

⑥负责监督挤奶厅夜班乳房炎病牛确定工作。

⑦负责填写夜班治疗及护理记录，填写交接班注意事项等。

⑧负责夜班设施、工具、药品的使用管理，并制订申购计划。

2）每天工作流程，见表1-2-9。

表1-2-9 每天工作流程（夜班兽医）

时间	工作项目	时间	工作项目
21:00~22:00	病牛舍第1次巡栏，护理卧地不起牛只	3:00~4:00	病牛舍第2次巡栏，护理卧地不起牛只
22:00~23:00	巡诊初产牛舍	4:00~5:00	巡诊初产牛舍
23:00~0:30	监督挤奶厅乳房炎病牛确定工作	5:00~6:30	监督挤奶厅乳房炎病牛确定工作
0:30~1:00	监督产房接产工作	6:30~7:00	监督产房接产工作
1:00~3:00	休息	7:00~7:10	参加班前会

（7）免疫、检疫人员

1）职责。

①执行关于免疫、检疫方面的规章制度。

②执行免疫计划，注射疫苗覆盖率达到100%。

③严格执行无菌注射操作规程，严禁打飞针。

④场长协调繁育、犊牛、饲养、挤奶人员参与全群免疫、检疫工作，免疫、检疫工作期间，人员接受兽医负责人领导。

⑤负责过敏牛的急救。

⑥检查疫苗的生产厂家、有效期、储存方法、变质、瓶塞损坏等，出现不合格的疫苗及时报废。

⑦记录免疫牛只信息，免疫结束后报送信息部门录入系统。

⑧将接种用过的针头、瓶、破损注射器、手套等集中收集起来，做焚烧处理，不得随意丢弃。

⑨负责免疫、检疫设施、工具、药品的使用管理，并制订申购计划。

2）每天工作流程。根据牧场挤奶、饲喂时间，兽医负责人安排每天的免疫、检疫流程。

二、奶牛重大疫病检疫与防疫规程

1. 规范性引用文件

1）中华人民共和国主席令第二十一号《中华人民共和国食品安全法》。

2）中华人民共和国主席令第四十九号《中华人民共和国农产品质量安全法》。

3）中华人民共和国主席令第五十三号《中华人民共和国进出境动植物检疫法》。

4）中华人民共和国第十三届全国人民代表大会常务委员会第二十五次会议修订《中华人民共和国动物防疫法》。

5）农医发〔2005〕25号《病死及死因不明动物处置办法（试行）》。

6）国务院令第721号《中华人民共和国食品安全法实施条例》。

7）中华人民共和国农业农村部令2022年第3号《病死畜禽和病害畜禽产品无害化处理管理办法》。

8）中华人民共和国农业农村部令2022年第7号《动物检疫管理办法》。

2. 防疫管理制度

防疫管理制度主要包括牧场出入口防疫制度、员工防护管理制度、牛群防疫管理制度等。

（1）牧场出入口防疫制度

1）生活区门口消毒。

①需要将消毒防疫管理制度分别在牧场外与生活区之间的出入口进行公示，进场人员必须按要求执行。

②无人员及车辆进出时，保证出入口门或升降杆关闭。所有进入牧场的外来人员及车辆经过场长同意后登记入场。

③人员进入牧场生活区需要对手及鞋底消毒：

a. 准备1个喷壶（2L），盛放75%酒精供进入牧场人员进行手部消毒。

b. 在生活区大门口设置消毒池，对鞋底进行消毒，消毒池内铺设海绵，用网格地垫覆盖。

清洗、换药频次：每7d更换1种药品，每24h对消毒池、海绵、网格地垫清洗并换药1次，并填写"牧场消毒池换药记录表"。

c. 有条件的牧场建议建立喷雾消毒室（不作为强制性要求）。

④车辆进入牧场生活区需要消毒：

a. 车辆进入生活区时需要经过消毒池。

换药频次：每7d更换1种药品，每24h更换1次消毒液，并填写"牧场消毒池换药记录表"。

b. 北方牧场在寒冷季节建议牧场大门口选用干粉消毒剂对所过车辆轮胎进行消毒，具体做法：在牧场门口消毒池内铺设长9m、宽4m、厚3cm的草帘，在上面撒长6m、宽0.6m、厚1.5cm的2条生石灰带（距离消毒池内部边缘0.8m，2条生石灰带间隔的距离为1.2m），每12h补充1次生石灰，2周更换1次草帘。

2）生产区门口消毒。

①需要将消毒防疫管理制度分别在牧场外与生产区之间的出入口进行公示，进场人员必须按要求执行。

②无人员及车辆进出时，保证出入口门或升降杆关闭。所有进入牧场的外来人员及车辆经过场长同意后登记入场。

③人员进入牧场生产区需要对手及鞋底消毒：

a.准备1个喷壶（2L），盛放75%酒精供进入牧场人员进行手部消毒。

b.在生产区大门口设置消毒池，对鞋底进行消毒，消毒池内铺设海绵，用网格地垫覆盖。

清洗、换药频次：每7d更换1种药品，每24h对消毒池、海绵、网格地垫清洗并换药1次，并填写"牧场消毒池换药记录表"。

c.有条件的牧场建议建立喷雾消毒室（不作为强制性要求）。

清洗、换药频次：每24h对消毒池、网格地垫清洗并换药1次。

室内喷雾系统的全名为：超声波雾化消毒机（喷头10个）。

消毒药品及浓度：过氧乙酸（1:300）、百胜30（1:400）、碘酸混合液（1:400），单次喷雾时间不低于8s。

消毒药品种类更换：每7d更换1种药品，并填写"牧场消毒池换药记录表"，每24h加药1次。

④车辆进入牧场生产区需要消毒：

a.车辆进入生产区时需要经过消毒池。

换药频次：每7d更换1种药品，每24h更换1次消毒液，并填写"牧场消毒池换药记录表"。

b.北方牧场在寒冷季节建议牧场大门口选用干粉消毒剂对所过车辆轮胎进行消毒，每12h补充1次生石灰，2周更换1次草帘。

c.南方牧场建议建立消毒通道。

喷雾系统：喷雾时间设定为10s，感应点设置在通道的入口处（即车辆行驶到通道的入口处时，喷雾系统开始工作）。

换药频次：每7d更换1种药品，每24h检查1次消毒液的存量，并清洗喷雾系统的过滤网，喷雾系统和消毒池使用的消毒液必须同步。

⑤更衣室门口消毒：

a.牧场工作人员需要按标准着装要求更衣进入生产区，二次更衣室出口安置标准防护照片和镜子。

非牧场工作人员（包括来访者和外包人员）需要经过消毒、更换工作服或防护服、穿鞋套或换鞋后方可进场。

b.在一次更衣室外，安放全自动酒精喷雾式手臂消毒机和酒精棉球，供员工消毒手臂、手机、眼镜、钥匙等可能被污染的物品，保证存放足量75%酒精和棉球，保证容器及棉球无污迹。

⑥人员进入牧场生产区需要消毒：在二次更衣室外设置鞋底消毒池，消毒池内铺设海绵，用

网格地垫覆盖，员工上下班时对鞋底进行消毒。

清洗、换药频次：每24h对消毒池、网格地垫清洗并换药1次，并填写"牧场消毒池换药记录表"。

⑦牧场外乳类、肉类等餐厅原料经场长同意后进入餐厅。牧场外动物及附属物、原料、畜牧设备、工作服、鞋等经场长同意后经过清洗、消毒处理进入生产区。

⑧任何与其他牧场动物接触过的人员都应该在进入牧场前向牧场场长申报，经场长同意后进入牧场。

（2）员工防护管理制度

①员工入职前必须经过体检及布鲁氏菌病检测，持健康证及布鲁氏菌病检疫证明上岗。

②员工每年进行1次全面体检，每年不少于2次布鲁氏菌病检测。

③禁止在生产区内吸烟、吃东西。

④对新入职的员工进行岗前防疫知识培训，对老员工定期培训，强化员工的防护意识。

⑤进入生产区后按标准正确佩戴防护用具（工作服、帽子、口罩、橡胶手套或线手套、雨鞋或其他工作鞋）。

⑥一次更衣室与二次更衣室衣物、鞋不得混穿，防护用具不得带出生产区。

⑦牧场生产区安置洗手池，并配有洗手液、新洁尔灭（苯扎溴铵）等洗涤消毒液用品，方便员工及时清理污垢及接触污染后应急处理。

⑧挤奶工挤奶、接产人员实施接产时，需佩戴防水围裙、长臂手套、橡胶手套，原则上需要佩戴护目镜，牧场也可以选择其他合适的眼部保护措施。

⑨兽医人员进行免疫、手术、修蹄、产后护理时，需佩戴护目镜，进行疫苗免疫时需要穿着防护服。在进行特殊疫苗免疫时，每次进场都需要更换新工衣及防护服，免疫时穿着的工作服需要单独洗涤并消毒。

⑩繁育配种及产后护理直肠检查操作时，需佩戴长臂手套。

⑪在清洗牛舍水槽时，应做好人员防护，正确佩戴防护用具：帽子、一次性口罩、防水围裙、橡胶手套、长臂手套；同时，为避免混有牛只唾液、粪便的水溅入眼睛，原则上清洗水槽人员需要佩戴护目镜，或选择其他合适的眼部保护措施。

⑫严禁员工使用牛舍水槽的水洗手。

⑬牧场更衣室和员工公寓、食堂内安置严正警示牌。

⑭二次更衣室出口安置人员进入牧场标准防护照片和镜子。

⑮工作服进行清洗时需加入消毒液。

⑯确保员工每班次上班时防护用具干净、干燥。

⑰进入牧场前将钥匙（除二次更衣柜钥匙）、首饰等非生产区必需的私人物品存放在一次更衣柜内，避免带进场内造成污染。

⑱禁止所有人员在生产区内吸烟、吃东西，员工饮水方案由牧场自行出具。

⑲牧场依据实际需求量，按时申购防护用具，所购买的防护用具需符合国家或行业标准，保证采购的个人防护用具质量合格，有生产许可证、合格证与安全认证标志。

（3）牛群防疫管理制度

1）牛舍消毒。

①泌乳牛去挤奶厅挤奶期间，及时清理卧床上的粪污、恶露、胎衣碎片，收集流产胎儿、胎衣进行无害化处理。

②在小挤奶厅、产房、围产牛舍、初产牛舍等处安置胎衣、死胎收集桶，收集桶每天至少清理、消毒1次。收集的胎衣或死胎需撒上生石灰粉，并做无害化处理；同时需对拾取胎衣或者死胎的位置进行消毒。收集桶消毒可选择的消毒药品为过氧乙酸、碘酸混合液、生石灰。

③每天对牛舍进行2次喷雾消毒，消毒药品有过氧乙酸、碘制剂消毒液、复合亚氯酸钠、熟化生石灰（粉剂），按说明配比，并填写牧场消毒记录。

2）免疫。

①免疫疫苗种类及计划。

a. 口蹄疫疫苗：目前我国已经多年没有亚Ⅰ型口蹄疫流行了，口蹄疫疫苗生产厂家仅生产A型和O型二联苗，为此，牧场选用口蹄疫A型和O型二联苗防疫。每年防疫3次。

b. 传染性鼻气管炎-病毒性腹泻灭活疫苗：根据牧场发病情况，安排免疫计划。

c. 梭菌疫苗：按疫苗要求安排免疫计划。

d. 炭疽疫苗：视流行情况，确定是否免疫。

e. 流行热疫苗：视流行情况，确定是否免疫。

f. 气肿疽梭菌疫苗：视流行情况，确定是否免疫。

g. 布鲁氏菌病疫苗：流行区域，按照当地兽医部门要求严格检疫，在有必要的情况下，选择疫苗免疫。《生物制品制造与检验规程》中规定3种布鲁氏菌病疫苗（M5、A19、S2）均可用于免疫牛。A19疫苗是最常用的免疫疫苗。

h. 巴氏杆菌病灭活疫苗：视流行情况，确定是否免疫。

i. 山羊痘疫苗：视流行情况，按照当地兽医部门要求严格检疫，在有必要的情况下，选择疫苗免疫。

②免疫注意事项。

a. 选用国家指定的正规疫苗生产厂家生产的疫苗，禁用过期、变质、瓶损坏开裂、保存条件不符的疫苗。检查合格的灭活疫苗于2~8℃保存，定期检查冰柜温度。

b. 免疫前准备工作。

确定疫苗接种牛群：免疫当天把符合免疫的牛只耳号筛选后打印出来，严格按耳号对牛免疫。

人员安排：兽医为主、其他人员辅助。

物料：5%碘酊棉、75%酒精棉、肾上腺素、连续注射器、针头（皮下注射时应用16×15号的针头，肌内注射时用16×25号的针头）、保温箱及冰袋。

c. 口蹄疫疫苗免疫，首免后28d加强免疫，加强免疫后28d随机采样，监测抗体效价。

d. 免疫操作。

消毒：注射部位酒精消毒，每接种1头牛更换1个针头。

锁牛：接种疫苗时控牛时间不能超过 2h，疫苗接种后观察过敏反应。

疫苗携带：使用便利保温箱携带疫苗，保温箱内温度符合疫苗保存条件。

使用方法：严格按疫苗说明书接种，严禁打飞针，开封后和稀释过的疫苗应当天用完，用不完的疫苗做焚烧处理。病牛不接种疫苗，需做好记录，待康复后补免。

过敏观察：接种当天对免疫过的牛群巡栏 2~3 次，随身携带肾上腺素和注射器，检查有无过敏反应。出现过敏反应的牛，立即肌内或静脉注射肾上腺素 5~10mL，并观察治疗效果。

e. 接种用过的针头、疫苗空瓶、破损注射器、手套等都要集中收集、集中处理，不得随意丢弃。

f. 信息录入。做好记录并录入管理系统。

③口蹄疫疫苗抗体效价监测。

a. 口蹄疫疫苗注射 28d 后采血样，监测抗体效价。

b. 采样要求。

全群口蹄疫 A 型 -O 型二联苗免疫：按牛群分布抽样，确定本次免疫的有效性。

犊牛：每月 1 日对满 3 月龄犊牛首免，满 4 月龄犊牛加强免疫，以后随大群免疫。犊牛在加强免疫前后 15d 内，若与年度基础免疫重合时，可合并进行。

青年牛和成母牛：每年接种口蹄疫 A 型 -O 型二联苗 3 次，分别在 4 月、8 月、11 月。

免疫后 28d 对加强免疫的犊牛采血，青年牛和成母牛在免疫后 28d 采血。接受免疫犊牛数多于 10 头时，采集 10 头；少于 10 头时，全部采集。青年牛和成母牛按 1∶10 的比例采血，测定抗体效价。

血样要求：每头牛采血量为 2~3mL，确保分离血清量为 1mL；血清冷藏或冷冻保存，及时送检。

3）检疫。

每年 2 次对 3 月龄以上的牛只进行布鲁氏菌病检疫和结核病检疫，严格按农业农村部相关法规要求执行。

（郭志刚）

第三节　奶牛分娩与接产规程

一、围产前期奶牛的管理与产前准备

1. 将进入围产前期的牛转群到围产前期牛舍

1）根据信息系统，将距预产期（21±3）d 的围产牛号列出，将这些牛转群到围产前期牛舍。

2）转群当天进行孕检。

3）转群当天兽医负责接种梭菌疫苗。传染性鼻气管炎发病严重的牧场，应接种传染性鼻气管炎疫苗。

2. 围产牛的管理

1）青年牛进入围产前期的合理体况评分为 3.25~3.5 分。

2）经产围产牛的体况评分应控制在 3.5~3.75 分。

3）体况评分为 4 分的奶牛，特别是头胎牛，发生难产及产后代谢性疾病的概率增加。体况评分在 3 分以下的奶牛，可能出现产力不足。对这些达不到体况标准的奶牛，产房人员要上报，以便改善饲养管理措施，使以后进入围产期的奶牛体况符合要求。

4）饲喂围产前期全混合日粮（TMR），日粮应有良好的适口性，要有充足的饮水。

5）预防产后瘫痪。在产后瘫痪发病率高的牧场，应在围产前期经产牛预混料中加入阴离子盐。饲喂阴离子盐 1 周后尿液 pH 应为 5.5~6.5，产后不再添加。

6）保持卧床平整、干燥、疏松，粪道不能积粪、积尿。

7）每天定时巡栏，夜间专人值班，对出现分娩征兆的奶牛，或根据信息系统在产前 12~24h，将待产牛及时转移到产栏内饲养。

8）奶牛已进入分娩期，但并没有分娩预兆时，可能信息系统录入不准，仍要加强观察，直到出现分娩预兆后及时转群到待产区。

9）转群时温和对待奶牛，不能大声喧哗、不能打牛。转群时不能惊动其他牛。

10）严防奶牛在围产牛舍内分娩，不允许将新生犊牛分娩到粪道内，更不允许发生新生犊牛被刮粪板或推粪车推入粪道内的情况。

3. 待产区的准备与接产物品的准备

1）根据牧场饲养牛的头数，建立一定数量的待产区（产房）。如果产犊时间可以错开，要保证每 100 头牛有 2 个产犊栏。产犊栏可分为单间和多头牛同时产犊的大产栏，为保持奶牛产犊时的安静，以单间小产栏更好（视频 1-3-1），产犊栏的产床可铺垫稻草、麦秸、锯末、稻壳粉等，也可铺垫细沙（图 1-3-1、图 1-3-2）。

视频 1-3-1
大型牧场奶牛分娩的单间小产栏（王春璈 摄）

图 1-3-1 垫稻草的小产栏

图 1-3-2 垫细沙的大产栏

2）单间小产栏的宽度为牛只体长的 1.5 倍，长度为牛只体长的 2 倍，确保母牛有产犊的空间，使母牛有舒适的产犊姿势。产犊栏之间应设置 150cm 高的隔离栏，且要易于监控。

3）产犊栏与犊牛饲养区临近，方便犊牛转移和护理。

4）产犊栏与隔离挤奶厅距离较近，便于转移，便于挤初乳。

5）保持产犊栏产床的干燥、卫生，及时更换被羊水和粪尿污染的垫料，及时收集脱落的胎衣并集中处理。

6）产犊后及时消毒产床。

7）产犊栏内始终有清洁的饮水和TMR。

8）接产物品的准备：水桶及温水、肥皂、助产绳、助产器、毛巾、一次性长臂塑料手套、消毒药（新洁尔灭、过氧乙酸、5%碘酊棉、75%酒精棉）、液体石蜡或润滑剂、缩宫素、注射器、耳号及耳号钳、电子磅秤、运送犊牛的推车、常用手术器械及接产登记表等。

4. 临产奶牛的生理变化与外部表现

奶牛的妊娠期平均为274~277d。

（1）**临产奶牛的乳房变化**　经产牛乳房充盈、变大、结实、坚硬、丰满；头胎牛乳房向后方膨胀，温暖，柔嫩；有10%左右的牛乳房及腹下出现水肿；乳头饱满，乳头皮肤平滑光亮。

（2）**临产牛的骨盆及韧带的变化**　尾根两侧的荐坐韧带和荐骨与髂骨之间的荐髂韧带完全松弛，触诊韧带变得柔软松弛，称为塌胯。

（3）**外阴部的变化**　阴门皮肤柔软肿胀，有白色黏液流出，即子宫栓液悬垂在阴门处（图1-3-3）。

（4）**奶牛产犊第二产程时的行为变化**　不安静，频繁起卧；发出吼叫声；离开群体，找安静、空间大的地方；弓背、翘尾；后肢踢腹或回头顾腹。

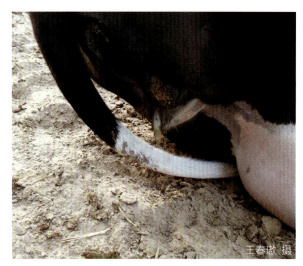

图1-3-3　子宫栓液悬垂在阴门处

二、正常分娩与接产规程

1. 产犊环境要求

（1）**有产犊栏的牧场**

1）单栏产犊最理想，其优点为：①方便接产人员的观察；②减少疾病的传播；③减少其他牛的干扰，有利于奶牛分娩的顺利进行。

2）产犊栏与围产牛舍距离要近，相距太远，转牛应激大。

3）产犊栏区内设有保定架，以便对奶牛进行保定与检查。

（2）**没有产犊栏的牧场**

1）围产牛舍必须有运动场，奶牛可以在运动场上产犊，也可以在牛舍内产犊，但牛舍粪道必须有自动刮粪机，不准用推粪车推粪，以减少应激。

2）产犊区域垫草必须保持干净干燥，厚度为20~40cm，且应便于接产人员观察，同时尽可能远离其他牛的干扰。

3）尽量选择便于巡视的场地进行分娩，产犊区域干净、无贼风、不打滑，白天采光充足，黑夜灯光明亮（光照强度为200~300lx）。还应备有保定架，以便对需要直肠或阴道检查的奶牛进行检查。

4）与犊牛饲养区临近，方便犊牛转移和护理。

5）与挤奶厅临近，便于转移初产牛，便于挤初乳。

2. 正常产犊奶牛的接产工作要求

1）产前已明确是正常产犊的奶牛，不存在胎位异常、胎儿过大、子宫扭转、骨盆狭窄等难产需要助产的奶牛。

2）正常分娩的奶牛只需1人在旁观察照看，不要对其进行不必要的干扰。

3）严格掌握奶牛的分娩过程，对不能自身完成分娩的奶牛，应及时进行助产。

4）顺产：把临产奶牛转移到产房之后，每30min观察1次奶牛情况，如果产犊有进展，则继续观察下一个30min。如果一直都有进展，一般情况下，说明可以自然分娩，不需要人工助产。只需耐心观察，等待自然分娩。

5）难产：

①流暗红色血或突然流鲜红色血的。

②出现强烈努责持续1h还未见胎膜及胎儿部件的。

③羊膜囊可见，持续1h却不见胎儿部件的。

④羊膜囊破裂1h后却不见胎儿部件的。

⑤开始滴奶，后来持续流奶超过1h的。

⑥见犊牛嘴，但产程超过1h，犊牛舌头僵硬、呈暗红色的。

⑦卧一阵，站一阵，努责微弱，时间超过2h的。

⑧奶牛健康，但体况偏瘦，而且出现明显的分娩症状持续时间超过2h的（怀疑双胞胎）。

6）妥善安排人员进行接产，只要待产区有待产牛，就要安排有人值班进行接产，尤其是夜班人员。

3. 正常分娩过程

分娩过程包括子宫开口期、胎儿排出期和胎衣排出期。

（1）**子宫开口期**（图1-3-4） 奶牛进食和反刍不规则，尾根抬起，脉搏、呼吸加快。子宫阵缩为每5min 1次，每次15~30s；随后阵缩频率增加，可达每3min 1次；至开口期末，阵缩达24次/min，产出胎儿之前可达24~48次/min，此时子宫颈变软扩张，充分开大。此期需要2~12h。此期仅有子宫阵缩，没有努责。

（2）**胎儿排出期**（图1-3-5） 奶牛表现极度不安，时常刨地，回顾腹部，嗳气，拱背努责。

一般在开始努责后卧下。有的时起时卧，至胎头通过骨盆上棘之间的狭窄部时才卧下。一般均侧卧，四肢伸直，腹肌强烈收缩，子宫阵缩频率增加，每15min阵缩约7次，每次约1min。多数牛尿膜绒毛膜囊先露出阴门外，此囊破裂排出胎水即褐色尿水后，尿膜羊膜囊才突出阴门之外，囊内有胎儿和羊水。

努责和阵缩加强时，胎儿向产道的推力加大，尿膜羊膜囊在阴门外或阴门口处破裂，流出第二胎水即浅白色羊水，可看到胎儿的蹄部，有时两胎囊同时露出于阴门外。无论哪一个胎囊先破裂，胎儿排出时，身上都不会包被完整的羊膜。此期需要0.5~6h，经产牛0.5~4h、头胎牛0.5~6h。

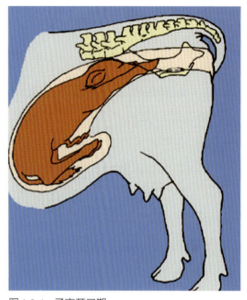

图1-3-4 子宫开口期

胎儿能否顺利产出，取决于母体和胎儿等多种因素，如母体的产力（努责和阵缩）强弱、硬产道（骨盆）开放度、软产道（子宫颈和阴道）软化扩张度，以及胎儿胎位（正常为上位）、胎势、胎向（正常为纵向）和大小等因素。

（3）胎衣排出期（图1-3-6） 此期奶牛有阵缩，无努责。奶牛子宫收缩每30min 8~10次，每次100~130s。牛的胎盘属于子叶型胎盘，子叶上的绒毛在肉阜腺窝内嵌合紧密，因而发生胎衣不下者也就较多。奶牛正常排出胎衣时间为产后4~6h，超过12h还没有脱落者，称为胎衣不下。

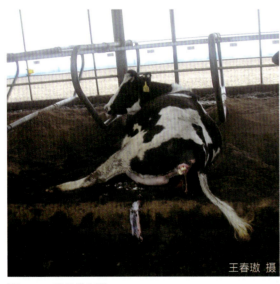

图1-3-5 胎儿排出期

图1-3-6 胎衣排出期

4. 正常接产

（1）**接产员须知** 接产员必须是经过接产训练的人员。

1）接产员必须知道与熟悉每头牛临产前的状态：奶牛的精神是否正常，体温、心跳有无异常，有无脱水；胎儿是否存活，胎位与胎向是否异常，荐坐韧带、荐髂韧带是否完全松弛，子宫有无扭转等。

2）产犊过程中知道什么是正常的，什么是不正常的。

3）知道在什么情况下不要干预，在什么情况下必须对分娩奶牛进行干预，知道不恰当的过早干预造成后果的严重性。

4）助产时向产道内涂布足量的润滑剂，产道足够润滑是减少产道损伤的必要条件。

5）能正常识别产道内胎儿的结构。

6）掌握胎儿在产道内是死是活的鉴别方法。

7）能熟练使用助产设备，尽量减少对母体和胎儿的损害。

8）能严格掌握产犊过程中的卫生与消毒措施。

9）接产人员在接产过程中要佩戴防护用具。

（2）接产程序

1）进入待产区的奶牛，用洁净的毛巾浸泡0.1%新洁尔灭溶液，擦洗会阴及外阴部，使其清洁与干燥，等待分娩。

2）接产员在奶牛旁边密切观察分娩的进展情况，记录奶牛进入分娩第二期的开始时间。这一期奶牛表现不安、回顾腹部、拱背努责、时起时卧，当奶牛卧下不再起立时，说明胎头已通过骨盆上棘之间的狭窄部，此时奶牛四肢伸直、腹肌强烈收缩。

3）注意观察尿膜绒毛膜囊露出和羊膜绒毛膜囊的露出情况。在努责和阵缩双重力量的作用下，胎儿及其包裹胎儿的胎膜向产道内推移，在阴门外先露出尿膜绒毛膜囊，很快破裂流出褐色尿水。随后露出白色的半透明的羊膜绒毛膜囊，胎囊破裂后，流出浅白色羊水，此时可显露胎儿的四肢蹄部或胎头。

4）注意观察阴门内最先出现的是胎儿的哪部分。一般正生时可看到两前蹄和胎儿的鼻端，对这种分娩的奶牛，尽量避免干扰其分娩，一般都可以顺利产下胎儿。

5）倒生时可看到两后蹄及尾部，需要助产拉出胎儿，不能等待奶牛自然分娩。

6）若胎膜破裂已超过1h，还看不到胎儿的蹄部，接产人员需要进行检查，确定胎儿不能顺利产出的原因，如胎儿过大、胎位异常、骨盆狭窄、子宫扭转、胎儿死亡或产力不足等，上述异常情况下的分娩均需要进行人工助产或剖腹产。

7）新生犊牛娩出落地后，接产人员更换洁净手套或洗手消毒手套后，立即清理犊牛口腔内的黏液。对站立分娩的奶牛，胎头娩出产道后，在犊牛头部下垂的过程中，有利于口腔内黏液的流出（图1-3-7）。在分娩的现场进行脐带消毒，距离脐孔5cm处，用消毒的手术剪或消毒的手指断脐，然后用7%~10%碘酊消毒脐带断端（视频1-3-2）。

8）在产犊栏分娩的奶牛，犊牛落地后，要立即将犊牛与奶牛分开，不要让奶牛舔干新生犊牛身上的黏液，以减少奶牛对新生犊牛病原的传播（图1-3-8）。接产人员用浴巾擦干犊牛身上的黏液（视频1-3-3），北方地区冬季，要重点擦干四肢下部蹄冠部上的黏液，并立即转移到新生犊牛保温舍，以防冻伤蹄部。

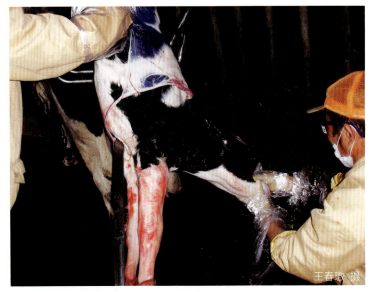

视频 1-3-2
用 7%~10% 碘酊对脐带进行消毒（王春璈 摄）

图 1-3-7　助产牛清理口腔黏液

视频 1-3-3
用浴巾擦干新生犊牛身上的黏液（王春璈 摄）

图 1-3-8　在运动场上分娩的奶牛，接产员没有及时发现

9）观察犊牛的精神状态及犊牛的活力是否正常，对活力较差的犊牛，判定原因，并采取措施进行救治。

10）为犊牛称体重、装置耳号，并将其运送到犊牛保温舍。

11）产后牛的检查与处理。奶牛产犊后，还没有离开产犊栏前，接产员要对奶牛进行检查。检查内容有：

①产犊时有大出血的牛，要检查产后出血是否停止，奶牛的精神状态是否正常，体温及心跳有无异常，有无严重脱水。出现上述情况，应通知兽医进行诊断与救治。

②检查产道有无损伤。一般顺产的奶牛，产道黏膜与肌肉层不会发生撕裂伤，但分娩时间长的奶牛，由于羊水过早排出，产道黏膜过于干燥，在产出胎儿时可能引起产道黏膜和肌肉的撕裂伤。子宫收缩力过强，产程进展过快，胎儿过大，往往可致胎儿尚未娩出时宫颈和/或阴道撕裂。对此

类奶牛产后应进行产道检查。

③产道损伤一般分为子宫颈撕裂、子宫壁全层撕裂、阴道壁黏膜与肌肉撕裂、阴门黏膜与黏膜下肌肉撕裂。

产道撕裂的创伤处理原则：

a. 阴道黏膜层破裂，可用0.1%新洁尔灭溶液冲洗阴道腔，然后用碘甘油涂敷撕裂处。

b. 阴道黏膜与肌肉发生撕裂，需要对破裂处进行缝合。先用0.1%新洁尔灭溶液冲洗阴道腔，然后用弯针系肠线对破裂口进行连续缝合，缝毕，用碘甘油涂敷。

c. 子宫壁全层撕裂并与腹腔相通的奶牛，羊水、胎膜及血液可能已流入腹腔内，此类奶牛应进行腹壁切开缝合子宫破裂口，否则大多数病牛会发生腹膜炎及败血症而死亡。

d. 严重的子宫颈全层撕裂，破裂口向前延伸到子宫壁，常常与腹腔相通，如不及时发现和缝合，奶牛常在产后1~3d死亡。

（3）腰椎、荐椎损伤引起产后卧地不起牛的检查　当分娩过程中胎儿过大、母体产力不足、产道异常（产道狭窄或产道畸形、骨盆腔狭窄或畸形）时，胎儿通过产道时间过长，或牵拉胎儿的角度不当，导致骨盆腔、腰椎与荐椎的损伤，均会引起奶牛产后的运动障碍或卧地不起，此类病牛要与产后瘫痪进行鉴别。

（4）新产牛的用药

1）缩宫素。为促进新产牛的子宫收缩及子宫内止血，促进胎衣的脱落，产后1h内可肌内注射缩宫素80~100IU。

2）经产牛或产后瘫痪发病率高的牧场，产后2h内经口投服博威钙，以预防产后瘫痪。

3）产道有明显损伤或产后不能起立的奶牛，注射美洛昔康或氟尼辛葡甲胺等非甾体抗炎药。

4）分娩过程中出血较多的奶牛，或产后心跳超过90次/min的奶牛，静脉注射5%葡萄糖氯化钠、10%葡萄糖酸钙、10%葡萄糖及维生素C等药物。

5）产后子宫与阴道可能发生感染的奶牛，全身应用抗生素。

（郭志刚）

第四节　犊牛饲养管理规程

一、新生犊牛的护理

1）出生后及时清除犊牛口腔、鼻孔中的黏液，对于难产、助产犊牛，或者产犊过程中吸入羊水、异物的犊牛，用干净的草棍儿或犊牛呼吸器刺激犊牛促使异物排出。

2）脐带消毒及全身擦拭。

①犊牛出生后立即用7%~10%碘酊浸泡脐带3~5s，脐带消毒2min后再用蒙脱石粉干浴脐带，保持脐带的干燥。如脐带自然断裂，则用消毒好的手术剪剪短过长的脐带，脐带保留长度5~7cm。

②新生犊牛脐带消毒后,立即用干毛巾擦拭被毛上的羊水和黏液。冬季擦拭后立即使用蒙脱石粉涂抹被毛,使被毛快速干燥。

③每班次交接时把使用后的毛巾清洗烘干。

④第1次喂完初乳后再用碘酊消毒脐带(图1-4-1),然后用蒙脱石粉再次干浴脐带。

3)冬季出生后立即送保温室。运送新生犊牛时的操作标准:不能原地翻滚犊牛;不能用手拖拉犊牛的一个或两个前(后)腿运送犊牛;移动新生犊牛时,可用两个手臂从犊牛腹部下面一侧伸入腹部的对侧抱起犊牛,或一手臂在犊牛腹部下面另一手臂伸入犊牛颈部下面抱起犊牛,动作轻巧,不要粗暴对待犊牛。

4)打耳标。犊牛出生后立即打耳标,并记录。

5)称重。以上的护理工作做完后进行称重,并记录。

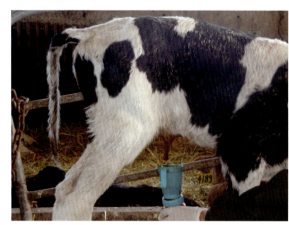

图1-4-1 消毒脐带

6)为新生犊牛拍照,拍左、右及正面3张图片。

7)将犊牛的各项记录送信息部门建立电子档案。

二、新生犊牛的饲喂

1. 饲喂初乳

1)犊牛出生后1h内饲喂4L初乳或饲喂量达体重的10%,或体重大于30kg喂4L、体重小于30kg喂3L,间隔6h后再饲喂2L初乳。初乳饲喂时温度保持在38~39℃,其抗体含量应在50mg/mL以上。

2)对于那些无吸吮能力的犊牛可用投喂器灌服初乳,投喂器必须干净,喂完初乳后的投喂器必须清洗消毒后倒置摆放整齐。投喂器由袋(瓶)、软塑料管、蓝头硬塑料管(金属管)3部分组成(图1-4-2),其操作方法为:

①投喂袋(瓶)里灌好初乳后,初乳经软塑料管流到蓝头硬塑料管位置后关闭阻止器。

②将犊牛侧卧保定,右手抓持投喂器的胃管,左手掰开犊牛嘴,右手将胃管头插入口腔内,沿舌背面推进到咽部,继续慢慢向深部推进入食管内。胃管头进入食管后,犊牛未出现咳嗽与不安的表现,在颈部左侧颈静脉沟内用手可触及投喂管头位置,证明胃管插入正确。然后继续将胃管向深部插入10~15cm,整个过程操作人员必须认真、细心、动作轻柔,减少应激。

③蓝头硬塑料管全部插入后,提起初乳袋,打开阻止开关,初乳快速流入犊牛的胃内。袋内初乳灌完后,关闭阻止开关,缓慢抽出胃管。灌喂过程中,不能挤压袋,应让初乳自然流入胃内。也可用初乳奶壶喂初乳(图1-4-3、图1-4-4)。

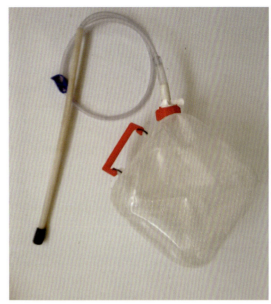

图1-4-2 犊牛初乳投喂器

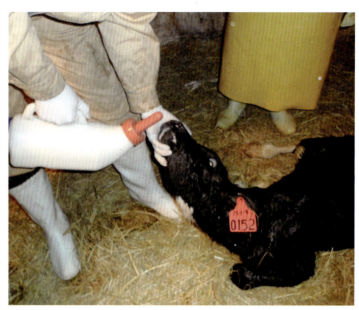

图1-4-3 用初乳奶壶喂初乳的错误方法

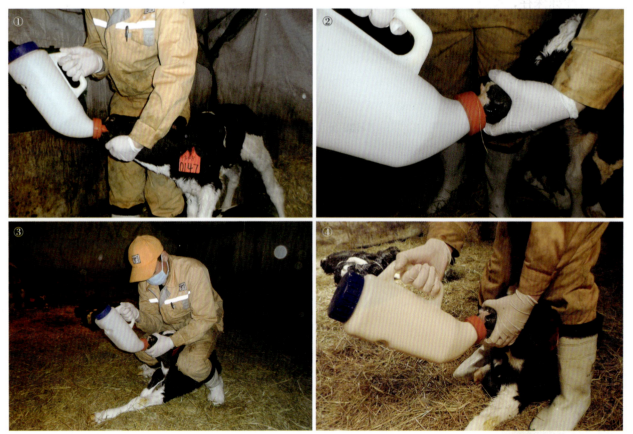

图1-4-4 用初乳奶壶喂初乳的正确方法

2. 初乳管理

（1）初乳的定义 初乳指奶牛分娩后6h内所分泌的牛奶（或定义为分娩后6h内第1次挤出的牛奶），微黄、黏稠、乳糖含量低、维生素含量高、免疫球蛋白含量高，冷冻可以保存1年。

（2）初乳的收集

1）小挤奶厅操作人员保证验奶准确，乳房炎牛奶及血乳不能收集；并且挤奶时一头牛挤到一个桶，不能混合。

2）初乳管理人员将初乳20min内运回储存初乳地点。

3）利用初乳折光仪对每个初乳桶中的初乳进行质量测定。当初乳充足情况下，选择白利度读数22以上（含22）的初乳；当初乳缺乏情况下，可以考虑收集白利度读数18以上（含18）的初乳。

4）初乳折光仪每次使用前进行校准。

5）将质量合格的初乳分装到未使用过的一次性初乳袋中（4L/袋、2L/袋），初乳袋不能重复使用。

6）初乳袋上标记好初乳日期、初乳质量和初乳容量、收集责任人（完整姓名）。

7）巴氏灭菌60℃，60min（图1-4-5）。

8）巴氏灭菌后20min内迅速降温。随后冷藏，冷藏时间（小于4℃）最长不超过3d，超过3d进行冷冻保存，冷冻保存最长时间不超过3个月，冷冻保存时间超期的初乳做废弃处理，不得饲喂犊牛。

9）初乳巴杀后储存方式要求：需要将巴杀盒放入冷藏冰箱内进行冷藏（温度为0~4℃），利用冷藏架进行均匀降温，当天使用的初乳需要使用冷藏初乳，以缩短解冻时间，间接缩短第1次初乳饲喂时间，当日未能使用的冷藏初乳需要进行冷冻储存；冷冻存放的初乳需在完全冷冻后，褪去初乳巴杀盒后进行存放（有效利用冰箱空间，减少初乳巴杀盒的损坏）。

（3）初乳的质量检测

1）感官检查。优质的初乳黏稠度高、呈微黄色；血乳、乳房炎乳、稀薄的乳及有异味的初乳，一律不可使用。

2）仪器测定。包括温度及初乳比重检测或折光仪，用于间接评价初乳中免疫球蛋白（抗体）含量。

①温度计：用温度计测量初乳温度（图1-4-6）。

图1-4-5　初乳巴氏消毒机

图1-4-6　测量温度

②初乳比重计（图1-4-7）或者折光仪：用来检测初乳质量。将待测初乳倒入量筒内，再慢慢放入初乳比重计，等比重计稳定后，读取度数（图1-4-8）。

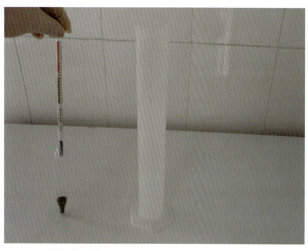

图1-4-7 初乳比重计

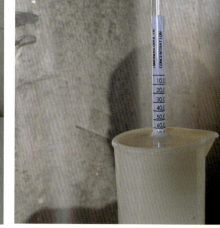

图1-4-8 读取度数

3）测定温度为21~27℃、免疫球蛋白含量为52~140mg/mL的初乳质量最好；免疫球蛋白含量为50mg/mL以上或白利糖度为22%以上的初乳，方可饲喂或保存。

4）测完初乳后把测定仪器擦洗干净，放回原处保管好。

（4）初乳的消毒与保存　初乳检测合格后，进行巴氏灭菌，温度为60℃，时间为60min，降温后置于冰箱-20℃冷冻保存。初乳袋上标明收集时间、日期及免疫球蛋白含量。

（5）初乳的使用　新生犊牛饲喂初乳时，用巴氏灭菌的初乳饲喂，冰箱内的冷冻初乳需要在解冻机内快速解冻后饲喂，不能饲喂没有经过巴氏灭菌的初乳。解冻后的初乳，不能再次冷冻。

三、犊牛免疫球蛋白的测定

胎儿阶段不能通过胎盘获得母源抗体，犊牛从初乳中获得足够的免疫球蛋白对犊牛被动免疫的建立至关重要。初乳被动转运要求血清中免疫球蛋白G（IgG）的含量至少达到1000mg/dL，血清总蛋白大于5.5g/dL表明免疫球蛋白水平足够高。因此，我们可每月抽查犊牛免疫球蛋白含量，从而确定犊牛的被动免疫是否成功，以及初乳饲喂是否正确。

具体方法为：选择饲喂初乳的2~7日龄新生犊牛，颈静脉采血，分离血清后采用医用手持式折光仪检测血清总蛋白，大于5.5g/dL判定为合格。免疫球蛋白检测的合格率应达到100%。

四、犊牛喂奶、补料与饮水

1. 常乳的饲喂

初乳喂完8~12h后饲喂巴氏灭菌常乳，奶温39℃（表1-4-1）。

表 1-4-1 犊牛每天的牛奶饲喂表

日龄	夏季	冬季	备注
0~1	初乳 6L，分 2 次饲喂	初乳 6L，分 2 次饲喂	
2~14	常乳 4L	常乳 4.5L	
15~25	常乳 5L	常乳 5.5L	15~18d 过渡期
26~56	常乳 6L	常乳 6.5L	26~29d 过渡期
57~59	常乳 3L	常乳 3.5L	早晨 1 次
60 日龄至断奶			过渡期 5~7d

注：每天可于早 8:00 和下午 5:00 分 2 次饲喂。

奶桶选择要求：

①使用多奶嘴奶桶的牧场，在喂奶前要检查奶嘴的质量是否存在问题，奶嘴口径不能超过 1cm，超过 1cm 应立即更换奶嘴。

②多奶嘴奶桶的奶嘴不能出现自动流奶现象，如有自动流奶现象应立即更换，并做好奶嘴更换记录。

③使用奶桶的牧场，需选取不锈钢材质的奶桶，便于清洗，不易生锈，且奶桶内壁有刻度，便于精准把控喂奶量。不建议使用铁质镀锌或塑料材质的奶桶，因其易生锈或产生划痕，造成微生物的滋生。

④哺乳犊牛要求每次喂奶时，使用清洗消毒后的奶桶。

2. 饮水

犊牛出生后第 3 天开始给水，主要以自由饮水为主。每天保证水槽和水桶的干净，水必须保持清洁，冬季必须给予温水。犊牛岛的水每天及时供应，24h 不可断水。

3. 开食料的饲喂

犊牛出生后第 3 天开始训练采食精饲料。根据犊牛的生长速度增加开食料，保证精饲料桶里随时有精饲料。

五、犊牛断尾

1. 犊牛断尾目的

犊牛断尾后，待进入泌乳牛阶段，可防止尾巴被毛对乳房的污染，保持乳区洁净度，从而减少乳房炎的发生；可减少因尾巴摆动造成的环境污染；挤奶时可减少尾巴对挤奶人员的干扰，提高挤奶效率。

2. 犊牛断尾日龄

犊牛断尾日龄为 2~7 日龄，日龄越小成功率越高。

3. 犊牛断尾地点

应在恒温牛舍内进行断尾。

4. 断尾的操作程序

（1）**保定** 一般小日龄犊牛无须保定，比较暴躁或胆小的犊牛进行侧卧或俯卧保定。

（2）**断尾部位** 断尾的部位是对应于阴门下联合的平齐处向下 6~8cm 处。留下的残端能覆盖阴门，也便于畜牧、兽医人员对奶牛尾部的保定。

（3）**消毒** 将尾巴拉直，测量断尾部位，以断尾的部位为中心，剪去局部被毛后，用 5% 碘酊严格消毒。

（4）**断尾方法** 弹力橡胶圈断尾法：采用弹力橡胶圈断尾开张钳及弹力橡胶圈进行（图 1-4-9~图 1-4-13）。

图 1-4-9　断尾开张钳与弹力橡胶圈

图 1-4-10　断尾开张钳装上弹力橡胶圈

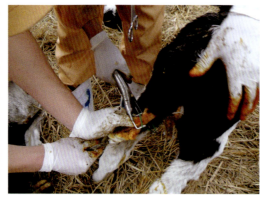
图 1-4-11　测量好断尾处

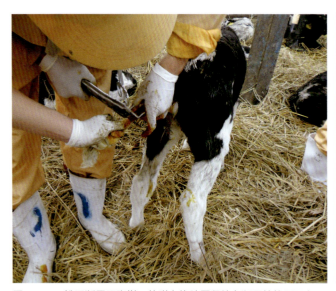
图 1-4-12　松开断尾开张钳，使弹力橡胶圈紧缩在断尾处的尾巴上

图 1-4-13　断尾效果

1）将弹力橡胶圈套入断尾开张钳的支架上。

2）按压钳柄使弹力橡胶圈开张，然后将弹力橡胶圈从尾端套至预定断尾的部位。

3）松开断尾开张钳，使弹力橡胶圈紧缩在断尾处的尾巴上。

4）经3~4周，弹力橡胶圈紧缩处尾巴干性坏死并自然脱落。

5）断尾后用碘酊再次消毒断尾处。

6）术后护理。尾巴干性坏死过程中，可能发生慢性感染、骨髓炎、梭菌性肌炎、破伤风等，应注意及时检查是否发生上述并发症，每隔3~4d用碘酊消毒1次弹力橡胶圈紧缩处的皮肤。

5. 注意事项

1）犊牛断尾期间，工作人员保定犊牛时不能拽其尾巴，防止因拉扯导致感染。

2）断尾时剪掉的被毛和断尾后自然脱落的尾巴必须及时处理好。

3）断尾后脱落的弹力橡胶圈收集消毒后，可再次使用。

4）没有专用断尾弹力橡胶圈时也可使用普通的橡胶皮筋，一次使用2~3根，操作方法同上。

六、犊牛去除副乳头

1）工作人员检查新生犊牛有无副乳头，要详细记录。

2）去副乳头与涂去角膏同时进行，可节省人力和保定时间。

3）犊牛出生1周内剪去副乳头。侧卧保定，将两后肢用绳合拢捆绑，局部用5%碘酊消毒后，左手向外轻轻牵引副乳头，右手持消毒的手术剪在距副乳头基部1cm处剪去副乳头，用5%碘酊消毒后，解除保定。如果创面有出血，可钳夹止血。做好去除副乳头的记录。

4）断奶时再次检查所有犊牛是否还有副乳头没有去除，保证犊牛无副乳头。

七、犊牛去角

常用的去角方法有2种，烫角器电烙法与除角膏涂抹法。目前，我国牧场犊牛去角都采用除角膏涂抹法，烫角器电烙法已很少应用了。

1. 烫角器电烙法

可采用电热烫角器去角（图1-4-14）。

（1）**去角日龄** 15~21日龄。

（2）**保定** 在犊牛饲喂通道上进行，将犊牛头部保定在颈枷上，防止犊牛头部摆动。

（3）**去角部位与消毒** 用手触摸两角根的隆起处，用5%碘酊消毒两角根处的皮肤。

（4）**方法** 将电热烫角器接通电源加热2~3min，使其达

图1-4-14 电热烫角器

到高温状态后，术者右手持电热烫角器，将电热烫角器的烫角端对准角根部皮肤用力按压，此时局部皮肤焦化，烫入的深度为破坏角根的生发层。被烫的局部皮肤可完整地脱落下来，同法去除另一个角（图1-4-15）。烫角处用5%碘酊消毒，土霉素软膏或多西环素软膏涂敷后解除保定。

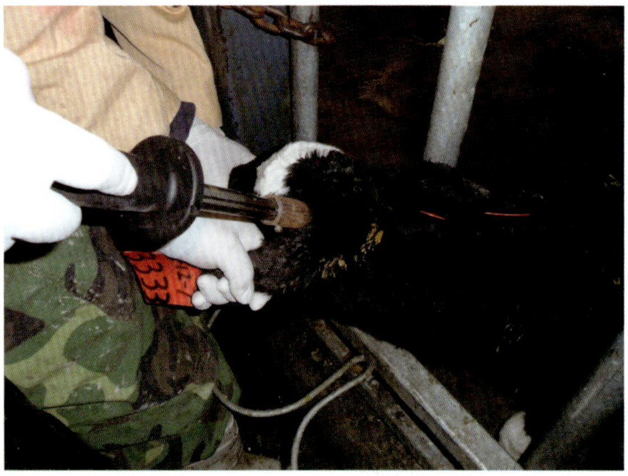

（5）术后护理　术后保持角根处的卫生与干燥，注意局部烧焦的组织脱落和新生肉芽的生长情况。经15d左右缺损的局部皮肤愈合。

图1-4-15　电热烫角器烫角

如果烫角的深度过深或烫角后发生局部感染，炎症波及额窦可引起额窦炎或脑炎，波及面神经可引起面神经麻痹。为此，应严格掌握烫角的深度，术后加强护理，定期检查与消毒，防止发生感染。

2. 除角膏涂抹法

（1）去角时间　出生后1~2d。

（2）药品及器材　剪毛剪或电动剃毛刀、除角膏、一次性橡胶手套、记号笔（图1-4-16）。

（3）操作过程（图1-4-17~图1-4-20）

图1-4-16　药品及器材

图1-4-17　用手触摸两角根的隆起处

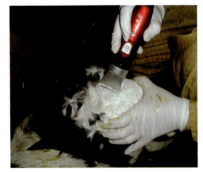

图1-4-18　局部除毛

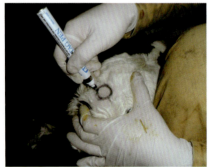

图1-4-19　标记涂除角膏范围

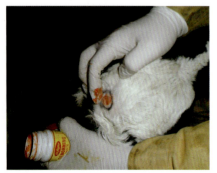

图1-4-20　涂抹除角膏

①用手触摸两角根的隆起处，用5%碘酊消毒两角根处的皮肤。

②剪去被毛，用记号笔标记位置，除角膏涂敷的范围相当于一个五分硬币大小。

③术者戴手套，将除角膏涂敷在两侧角突处对应的皮肤上。

（4）操作中注意的问题

①除角膏用量不可过大，用量过大，腐蚀过多的皮肤会引起皮肤大面积坏死、化脓、延长愈合时间。

②在使用的当天，要注意除角膏溶化后可能流入犊牛的眼内，腐蚀眼睛造成失明。因此使用除角膏后，确保24h内头部不要沾水，涂药膏1d后药膏干了就不会腐蚀眼睛了。

③15~21日龄时要检查去角效果，如效果不好，再用电热烫角器去角。

八、犊牛舍管理

1. 断奶前犊牛舍管理

1）产房新生犊牛暂放区使用单栏犊牛岛装置，做到一牛一清，包括清理垫草、清洗犊牛岛。

2）新生犊牛暂存栏及存放区域，每次现垫现放，空栏不放垫草，铺撒生石灰或蒙脱石干粉消毒剂，保持卧床地面干燥，避免细菌滋生。

3）室内犊牛舍以全进全出为原则，按整栋牛舍进行循环，牛只转出后，对牛舍废旧垫料进行清理，地面用干粉消毒剂喷撒消毒，再使用化学消毒液消杀整栋牛舍，重新放置新鲜垫料后方可放置新生犊牛。

4）犊牛放置顺序不得混乱，不能每个牛舍都有新生犊牛，否则不利于犊牛健康及管理。

5）新生犊牛应从每排牛栏的一头开始放牛（不得从一排中间开始放新生犊牛）。

6）无卷帘牛舍通风管24h开启；有卷帘牛舍只要是卷帘放下，通风管必须开启。通风管必须存有备件，当设备出现损坏时，要能及时维修。

7）装有通风管的牛舍，应在每个通风管网罩上、每个通风管末端第1个孔系上长30cm、宽3cm的指示布条。

2. 犊牛卧床管理

（1）断奶前、后犊牛舍卧床铺垫要求

1）卧床垫料厚度：卧床（包括散栏、独栏、犊牛岛）垫料厚度为20~40cm（垫草长度建议不低于10cm）。

2）卧床清理频次：每天清理维护；卧床保持疏松（每周可以进行2次以上疏松），无粪污堆积，无异物（如石块、钢筋、短木棒）。

3）卧床垫料更换：

①保持卧床干净、干燥，废旧垫料严禁重复利用。

②更换依据：犊牛卧床垫料水分含量大于20%（利用人的本身重量，单膝接触犊牛卧床垫料，

观察膝盖处衣服，如有潮湿，则水分含量大于20%）则需对卧床垫料进行更换。

③单个犊牛岛卧床垫料依据牛体表洁净度评分（表1-4-2）大于或等于3分或水分含量大于20%时需要进行垫料更换。

表1-4-2　牛体表洁净度评分

1分	2分	3分	4分
牛体是干净的，仅允许腿部稍有泥污	尾头与背部稍有泥污	尾部区域与大腿有泥污、粪便	大腿腿部、尾部、腹部均有粪便

（2）垫料的选择和要求

1）垫料质量要求按照标准执行。

2）垫料种类选择及使用条件见表1-4-3。

3）垫料使用量要求：哺乳犊牛为沙子3.75t/头，垫草0.19t/头；断奶犊牛为沙子1.5t/头，垫草0.06t/头。

表1-4-3　垫料种类选择及使用条件

垫料种类	项目	使用条件	
垫草	使用条件	北方：9月至第2年6月	南方：10月至第2年5月
		（断奶前/后）全天最低温度连续3d低于15℃	
	垫草选择	莜麦秸、燕麦秸、小麦秸、稻草、玉米秸秆等	
垫沙	使用条件	北方：6~9月	南方：5~10月
		（断奶前/后）全天最低温度连续3d高于15℃	
稻壳	使用条件	断奶后犊牛舍卧床，卧床垫料厚度为10~20cm	
稻糠	使用条件	断奶后犊牛舍卧床，卧床垫料厚度为10~20cm	
锯末	使用条件	断奶后犊牛舍卧床，卧床垫料厚度为10~20cm	

九、犊牛断奶与分群

1. 犊牛断奶程序

1）犊牛在第57~59天早晨1次喂奶3L，第60天断奶。断奶后5~7d是断奶过渡期。如果犊牛断奶发生应激后不采食任何饲料时，在断奶后的第1天喂奶3L，第2天早晨喂奶2L，第3天早晨喂奶1L，工作人员时刻关注犊牛精饲料采食量。

2）犊牛连续3d采食精饲料量达到1.5kg/d时开始断奶。每天保持精饲料的新鲜，注意不能饲喂不合格的精饲料。

3）发病期间的犊牛暂不进行断奶，待治愈后根据日增重和采食量酌情断奶。

犊牛断奶是一个综合指标，除以上三点外还要考虑犊牛断奶前的体重、体高、健康状况等。

2. 分群

每天观察混圈情况，如果犊牛体格大小不一致或断奶应激太大，对体格小的犊牛和体质弱的犊牛，要进行分群，不能和其他健康牛混养，每月根据犊牛生长情况进行1~4次调整。

3. 生长指标监测

犊牛断奶时监测体重、体高等生长指标（体重80kg、体高84cm），做好记录并输入电子档案。

4. 断奶犊牛饲养管理

（1）2~3月龄断奶犊牛的饲养管理

1）断奶犊牛转圈到后备牛舍后，饲料中的粗蛋白质含量应达到20%，犊牛采食量为2.5~3kg/d；断奶后30d，饲料中的粗蛋白质含量为18%，应根据犊牛的体况调整精饲料饲喂量。

2）粗蛋白质含量为20%的精饲料转换为粗蛋白质含量为18%的精饲料的操作方法见表1-4-4。

表1-4-4　精饲料转换比例

断奶后天数/d	精料比（粗蛋白质含量20%：粗蛋白质含量18%）
21~23	3:1
24~26	1:1
27~29	1:3
≥30	0:1

3）后备牛舍内建立数个观察圈，每圈15~18头断奶犊牛，每个圈设有1个精饲料槽，保证24h不断精饲料，并保证精饲料槽的干净。犊牛采食量能达到2.5kg时，提供少量新鲜苜蓿。

4）观察区的精饲料槽高度必须和犊牛舍精饲料桶放置高度相同。

5）仔细观察每头断奶犊牛的精神状况，发现异常及时治疗，并做好治疗记录。

6）分群（详见上面"2.分群"的内容）。

7）保证24h有新鲜优质的苜蓿和精饲料。

8）犊牛开始采食苜蓿后，饲喂原则是先精饲料后苜蓿，精饲料采食完后才允许饲喂苜蓿。

（2）4~6月龄断奶犊牛的管理

1）犊牛4月龄后饲喂粗蛋白质含量为18%的精饲料3~3.5kg/d，根据犊牛的体况来调整精饲料和苜蓿饲喂量（自由采食），并记录采食量。

2）仔细观察每头断奶犊牛的精神状况，发现异常及时治疗，并做好治疗记录。

3）必须保证饲喂新鲜优质的苜蓿和精饲料，精饲料采食完后才饲喂苜蓿。

4）根据犊牛体况每月进行 1~2 次分群。

5）苜蓿饲喂量平均每头每天 2.5kg 左右。

6）犊牛满 6 月龄（不能低于 4 月龄）时，转入育成牛舍，并做好相关记录，4 月龄前不允许饲喂青贮饲料。

7）做好免疫工作（口蹄疫疫苗、梭菌疫苗等）。

8）6 月龄时对其体重、体高等生长指标（体重 173kg、体高 105cm）进行监测。

十、犊牛的保健性用药

1. 犊牛保健

（1）犊牛初乳转常乳过程中的保健

1）腹泻：此阶段犊牛容易出现营养性或感染性腹泻。腹泻的预防性药物包括以下几种：

①达可。初乳转换常乳之前 6h 或之后 2h，2L 水（35~40℃）加入 100g 达可，每天 2 次，连续饲喂 2d。

②维生素 C。如果牧场内有感染史，如轮状病毒、冠状病毒、肠杆菌 K99 等感染导致腹泻或场内有弱犊时，可以在犊牛出生后使用维生素 C 来提高犊牛免疫力。维生素 C 700~800mg/次，每天 1 次，连续使用 7d。

③蒙脱石止泻剂。预防量或治疗量为 10~15g/头，每天 2~3 次，加水灌服即可。

2）肺炎：犊牛群若出现大量犊牛发生高热、呼吸急促等问题时，采用抗生素治疗。

（2）预防断奶或断奶转群应激导致的腹泻

1）犊牛无论多少天断奶都会带来部分牛的应激性腹泻，少部分牛不治疗可自愈，连续 2d 腹泻时应使用药物治疗，比如在饲料中添加磺胺类药物或土霉素。

2）断奶后观察采食量，如果断奶后犊牛颗粒料采食量低于 1kg，则容易出现腹泻。检查断奶程序是否合理，断奶后不能急于转群。在原牛舍中最少观察过渡 5~7d。环境改变等导致的应激，可以补饲一些保健性药物，如维生素 C、电解多维、达可、微生态制剂等。

2. 预防环境疾病

（1）初乳中微生物 如初乳饲喂很到位、犊牛血清总蛋白合格率达到 100%，但仍出现高发病的情况，可能是初乳收集、保存、解冻及使用过程的卫生条件差导致初乳中含有大量微生物和肠杆菌所致。

（2）巴氏灭菌奶质量 如果遇到常乳采用巴氏灭菌消毒，犊牛仍出现高发病的情况；或巴氏灭菌后微生物等指标合格，但饲喂前微生物等指标超标等情况，则可能与奶桶、奶瓶、奶罐等器具清洗不到位，导致巴氏灭菌奶二次污染有关。应定期对所用器具进行微生物培养，检查员工操作是否到位。

（3）产房及犊牛舍环境

1）犊牛出生后 3d 内开始发病，可能与产房卫生差，导致犊牛出生后立即接触到大量细菌有关。

2）犊牛出生后 20d 内容易发病，如果犊牛舍卫生差（如卧床、水槽、料桶、通风等），可导致犊牛发病增加或加重，因此产房和犊牛舍卫生显得尤为重要。可使用卧床干燥消毒剂，改善产房及犊牛舍的卫生状况。

（郭志刚）

第五节　奶牛产后护理规程

一、成母牛产前保健

头胎牛产前 15d，肌内注射亚硒酸钠维生素 E 注射液 50mL。经产牛干奶时和产前 15d，分别进行肌内注射维生素 ADE 注射液 20mL。

二、产后 3d 内母牛的保健用药

1）新产牛产后 3h 内，可肌内注射缩宫素 80~100IU，以预防子宫内出血，促进子宫收缩。

2）产后牛体温监控。每天监测体温，体温大于或等于 39.5℃ 判为发热，需要进行治疗。2/3 的奶牛发热是由子宫炎引起，1/5 的奶牛发热是由乳房炎引起。按相应的操作流程处理：39.0~39.5℃，需要关注，重点观察采食和反刍行为；38.4~39.0℃，正常；小于 38.4℃，需要关注，重点观察采食、反刍，以及精神与运步状态。

3）挤奶过程中，每头产后牛需观察乳房充盈度，乳房充盈不足的牛在后腿飞节做标识。

4）观察精神状态。异常的牛只必须进行全面检查，对精神（是否沉郁）、眼睛（是否有神、眼球深陷、眼屎多少）、耳朵（是否耷拉）、食欲（采食、剩料、瘤胃充盈度评分）、反刍情况、粪便、子宫（恶露情况）等进行全面检查，确定治疗方案并进行治疗。

5）由于助产等原因造成产道撕裂的牛，产后立即检查产道撕裂的位置、形状、长度、深度，确定是否需要缝合，并进行相应的局部治疗，肌内注射美洛昔康 15mL 或氟尼辛葡甲胺 20mL。

6）为预防产后瘫痪，经产牛产后可口服补钙，产后 2h 内投服 1 粒，产后 12~18h 投服第 2 粒。

说明：
1）如产后牛病情严重，需要转移到病牛院隔离治疗。
2）产后 3d 内的牛在转到大群之前测量体温，观察采食与反刍情况。凡采食与反刍、精神状态、体温正常，胎衣完全排出，没有发生乳房炎的牛方可转入护理牛舍。

三、产后 3~20d 母牛的护理

1)建立产后 20d 内的新产牛群,新产牛舍密度不能超过 80%。

2)新产牛第 1 次挤奶时,小心将其赶上挤奶台,严禁粗暴操作,在赶牛通道铺设防滑橡胶垫,挤奶时兽医全程监控,对挤奶台上乳房充盈不足、乳房异常或疑似有问题的牛,应在后肢跗关节上方做标记。

3)采食通道上必须有新鲜充足的 TMR,挤完奶回到牛舍的牛,可立即上颈枷,将所有牛锁定好,2 名兽医同时检查,1 名兽医在牛前面做全面观察,对有问题(采食情况异常、瘤胃充盈度异常、眼球下陷、耳朵耷拉、精神状态差、鼻镜干燥、鼻部有脓性分泌物、呼吸有异味、弓背等)的牛,在牛背部撒草料做标记。

另 1 名兽医在牛站立通道上对有标记的牛进行全身检查(体温、脉搏、呼吸、胃肠蠕动、皱胃移位的听诊与叩诊检查、酮病检测、粪便异常牛的直肠检查、乳房检查、子宫分泌物与产道损伤检查等)。

4)进入产后 15~20d 的牛,在转出前进行全面检查,确保健康的牛转入高产牛群。

严禁将新产牛和病牛混在一起饲养和挤奶。

四、牛体标识方法

产后护理牛可使用蜡笔做标记。北方牧场在冬季不能使用蜡笔的情况下,可以使用红色、蓝色喷漆来代替。

1. 新产牛在产房时的标识

接产时在牛左侧尻部用红色蜡笔标记产犊日期,有助产记录的牛在转入新产牛舍前在牛体背部左侧(与身体平行)做一红色条状标记(长 20~30cm)。

2. 在挤奶厅检查乳房时的标识

检查乳房充盈度时,对疑似有问题的牛只在牛右后肢跗关节上方做一红色或蓝色条状标记。

3. 新产牛舍病牛特征标识

有助产记录的牛在转入新产牛舍前在牛体背部左侧(与身体平行)做一红色条状标记。

酮病:背部蓝色(或红色)标记 KET。

胎衣不下:背部蓝色(或红色)标记 RP。

产后瘫痪:背部蓝色(或红色)标记 MF。

皱胃左方变位:背部蓝色(或红色)标记 LDA。

皱胃右方扭转:背部蓝色(或红色)标记 RDA。

子宫炎:背部蓝色(或红色)标记 MET。

产道拉伤：背部蓝色（或红色）标记 CI。

乳房水肿：背部蓝色（或红色）标记 ED。

如需在同侧同时做两种或两种以上标注，可标记为 RP/MF。

4. 治疗病牛过程中的标识

体温高的病牛在其尻部右侧做一与牛体肋骨平行的红色条状标记；体温正常的病牛在其尻部右侧做一与牛体肋骨平行的蓝色条状标记，治疗天数和标记条数一致。

五、各种疾病处理方法

1. 酮病

（1）症状

1）临床型酮病：初期体温正常或略有升高，脉搏、呼吸正常，瘤胃蠕动减弱，反刍基本停止，粪便干，走路摇晃或卧地不起，可视黏膜发绀、黄染，呼出气体有烂苹果味，目光呆滞，可能伴有神经症状（舔咬、鸣叫、磨牙等）。血浆 β-羟丁酸（BHBA）大于或等于 3.0mmol/L。

2）亚临床型酮病：采食减少，产量下降，粪干，渐进性消瘦，有的伴发乳房炎，胎衣不下，尿液偏酸，具酮味，乳酮检测呈"++"。血浆 BHBA 为 1.2~3.0mmol/L。

（2）治疗

1）静脉注射 50% 葡萄糖 500mL、维生素 B_{12} 30mL。

2）维生素 B_1 30mL，肌内注射。

3）四胃动力散 500g、温水 3~5kg、人工盐 100g、碳酸氢钠 100g、丙二醇 350~500mL，灌服，1 次/d。

4）科特壮 30mL，肌内注射，1 次/d。

（3）检测方法　产后 70d 以内的牛均有发生酮病的风险。对可疑牛只，可通过检测尿酮、乳酮或血酮来确诊。

2. 子宫炎

子宫炎是造成奶牛不孕的原因之一，主要是由于分娩时产道损伤或产后胎衣不下继发感染而引起，如不及时治疗，往往造成不孕。在临床上以慢性子宫炎较为常见，常由急性子宫炎转化而来。

产后早期（20d 以内）多为急性子宫炎，发病时间通常在产后 5~6d，而最危险的感染期是产后第 1 天。其发病特点是：子宫颈开张，微生物易于侵入；胎衣不下及恶露滞留是微生物大量繁殖的良好环境；子宫阜组织的损伤有利于微生物从子宫内膜创口扩散到机体。

产后子宫炎子宫分泌物判定标准（图 1-5-1）：0 分——清凉、不排出，健康；1 分——有黏液和斑点状脓，健康；2 分——脓少于 50%，有异味，不发热，中等；3 分——脓大于 50%，恶臭，发热，中等；4 分——红棕色恶露，恶臭，发热，严重。

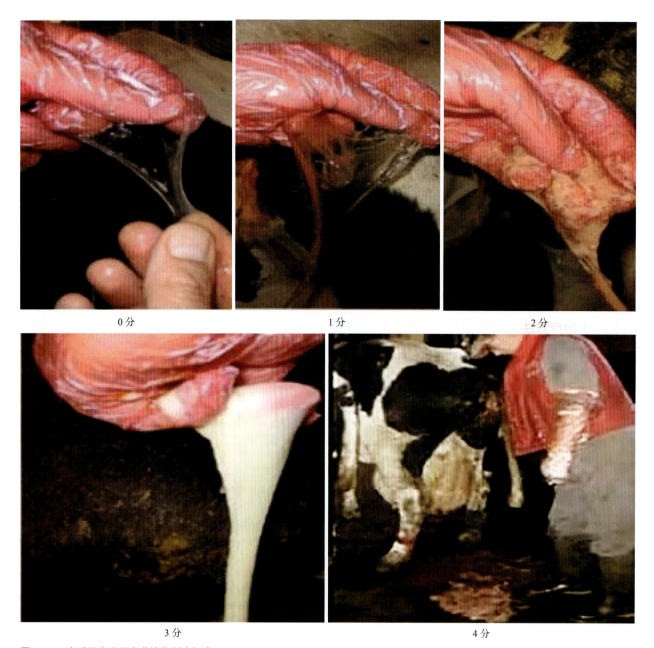

图 1-5-1 产后子宫炎子宫分泌物判定标准

（1）**产后子宫炎的处理原则**　0 分、1 分，不需要处理。2 分、3 分，头孢噻呋 20mL，肌内注射，1 次 /d，连用 3d（注意奶中抗生素的残留检验）；美洛昔康单针注射或氟尼辛 1 次 /d，连用 3~5d。4 分，转入病牛院。

（2）**全身治疗**

1）青霉素，每千克体重 20000~30000IU，肌内注射 2 次 /d，连用 3d。

2）25% 葡萄糖 1000mL、10% 氯化钠 500mL、5% 葡萄糖氯化钠 500mL、维生素 C 30~50mL，静脉输液。

3）必要时配合非甾体抗炎药治疗：美洛昔康，每 100kg 体重 2.5mL，静脉注射，每 3d 用药 1 次。

（3）**局部处理** 症状严重的牛，在全身治疗的同时，可配合利福昔明等子宫灌注，以提高疗效。

3．皱胃变位

（1）**症状** 皱胃变位分为皱胃右方变位（RDA）与皱胃左方变位（LDA）。

1）皱胃右方变位：发病急，体温正常或偏低于正常体温，精神沉郁，脱水，食欲减退或废绝，瘤胃蠕动减弱或停止，反刍停止，粪便少或排出稀薄、颜色深的粪便，粪腥臭，右腹围明显膨胀。当顺时针扭转时，在右侧肩端水平线上第9~11肋骨之间叩诊有明显的钢管音；当逆时针扭转时，钢管音在腹部的前中部，病情恶化快。

2）皱胃左方变位：体温正常，精神稍沉郁，脱水，眼窝下陷，食欲减退，瘤胃蠕动减弱，反刍无力、次数减少。病牛逐渐消瘦，腹围缩小，在左侧肩端水平线上第9~11肋骨之间叩诊与听诊有明显的钢管音。

（2）**治疗方法** 盲针固定或手术整复。

4．乳房炎

（1）**症状** 乳房红、肿、热、痛，奶样异常，可能伴有全身症状。

（2）**治疗方法** 及时调群，按照乳房炎治疗程序进行治疗。

5．产后瘫痪

（1）**症状** 产后3d内发病，个别在产前数小时发病。前期呈短暂的兴奋和抽搐，站立不稳，卧地不起，体温逐渐降低，耳根冰凉，肌肉颤抖，瘤胃蠕动停止，反刍停止，无粪便，牛伏卧，颈、胸、腰呈S形，最后呈昏迷状态，对外界刺激反应降低或无反应。

（2）**治疗方法** 静脉补钙，可选择氯化钙或葡萄糖酸钙。对于可站立的牛选择口服补钙。

6．胎衣不下

（1）**症状** 产后12h胎衣滞留在体内，可分为全部胎衣不下、部分胎衣不下。

（2）**治疗方法** 对产后12h胎衣仍滞留的牛只要进行全面检查，如体温正常，瘤胃蠕动正常，粪便正常，则不需要处理。如有全身症状，则全身应用抗生素，并静脉输液辅助治疗。

7．产道损伤

（1）**症状** 产犊时胎儿过大或难产造成阴门、阴道损伤或子宫颈损伤，子宫破裂及穿孔。

（2）**治疗方法** 荐尾硬膜外腔麻醉或后海穴封闭；先用灭菌生理盐水清除产道损伤处的血凝块及异物，再用0.1%新洁尔灭清洗消毒；根据创口的部位，采取以下缝合方法：

1）阴门上联合撕裂创或阴门侧壁皮肤撕裂创，先用0.1%新洁尔灭清洗消毒，然后用肠线对创口进行间断缝合，用5%碘酊消毒皮肤创缘。

2）阴道腔黏膜肌层的撕裂创：

①用创钩开张阴门裂，尽量显露阴道腔的破裂口。

②对于能显露创口的病例，可用持针钳夹持缝针对创口进行连续缝合，每缝一针都需要拉紧缝合线，以便创口对合严密。

③对于不能显露创口的病例，则采用单手阴道内缝合法。术者用大号弯三棱针系长1m的10~12号缝合线，在线尾打一活结，右手持针进入阴道内，用中指探查创口的方向及深浅后，拇指和食指持缝针穿过创口的一侧缘后，将针拉出阴门外，针从线尾的活结内穿过，将缝合线拉紧，使活结进入创口处，左手拉紧缝合线，右手再持针进入阴道内缝合创口的另一个创缘后，再持针退出阴门外，拉紧缝合线使两创缘密接，以后每缝一针都要拉紧缝合线，直至将创口缝完为止。

3）用0.1%新洁尔灭清洗、消毒阴道。

4）术后做好护理，必要时使用抗生素预防感染。

8. 子宫脱

（1）**症状** 产犊后因牛子宫收缩无力过于努责，造成子宫部分脱出或全部脱出。

（2）**治疗方法** 采用2%盐酸普鲁卡因10mL荐尾硬膜外腔麻醉。将脱出的子宫用纱布托起，与阴道平齐，用0.1%新洁尔灭清洗干净。胎衣未排出的情况下，首先要人工剥离胎衣，用生理盐水冲洗子宫。先找到宫角，用双手握拳用力在牛不努责的情况下向里推送，推送时注意要一直顶住向里推送，不要放开再推，否则容易引起更多的充血与出血，还纳完毕将手伸入产道深部将子宫完全复位，再抽出手臂。如果推送时发现子宫破裂，止血后用肠线缝合子宫，然后再推送子宫。向子宫内投放土霉素粉10g。用5%碘酊消毒阴门皮肤后进行阴门固定紧缩术。

术后治疗：①立即肌内注射缩宫素100IU，仅注射1次；②肌内注射抗生素，连用4~5d；③静脉输液支持治疗，1次/d，连用3d。

9. 其他疾病

蹄病、外伤、食欲低下、消化不良、发热等，要对症治疗。

六、产后护理工作流程

产后护理工作流程，见表1-5-1。

表1-5-1 产后护理工作流程

序号	程序	说明
1	产前、产后保健用药	1）成母牛产前注射亚硒酸钠维生素E 2）产后病情严重的牛及时进行隔离治疗 3）注射药物时要严格消毒 4）注射药物要足量，针对需要投药的产后牛确保投药到位

（续）

序号	程序	说明
2	确定护理牛群，制订执行计划	1）建立产后 20d 的新产牛群 2）新产牛舍颈枷可用率 100% 3）接产时在牛左侧尻部用红色蜡笔标记产犊日期，有助产记录的牛在转入新产牛舍前在牛体背部左侧（与身体平行）做一红色条状标记（长 20~30cm）。如有产道损伤严重、需要实施剖腹产等重症的牛只，在第一时间通知兽医 4）奶牛在生产过程中出现难产时，需要兽医助产；产道损伤严重时，需要兽医在 1h 内到位并进行处理 5）每天按流程进行产后护理
3	人员及物料准备	1）人员：由有经验的兽医成立产后护理小组，助手要有一定的兽医工作经验 2）物料：手推车及必要器械药品。物料必须在产后牛挤奶后回到牛舍前准备好
4	锁定护理牛群	1）每天上午初产牛挤奶后，回圈上颈枷采食时是最佳操作时间；要求初产牛进入挤奶间后，回圈舍前投料 2）初产牛进入挤奶厅后，产后护理操作人员将该牛舍颈枷设置在待锁牛状态，当初产牛从挤奶厅全部出来后上颈枷锁定采食时立即开始操作；整个操作时间控制在 1h 以内
5	执行检查（人员分工）	1）跟挤奶厅一起上班，在挤奶厅对每头新产牛进行乳房充盈度检查，对乳房充盈度不够的牛只做标记，以待进一步进行全面检查 2）外观整体状态观察，在挤奶完毕回到牛舍时进行，从牛前面进行观察，对异常的牛做标识 3）对牛全面检查，分工： ①在牛后（A）：直肠检测体温、听诊瘤胃蠕动、触诊瘤胃充盈度，直肠检查粪便性状、直肠检查子宫状态，观察乳房有无异常，检查肺部有无异常，综合判断奶牛健康有无异常，确定病名，给出处理方案、做牛体标记 ②在牛前（B）：记录体温、记录诊断结果，记录治疗方案等，向 A 提供前部观察信息、向 A 提供产后护理时间以外发现的病牛、与 A 核对牛体标记，根据治疗方案，实施给药
6	判定问题牛	1）乳房充盈度不够 2）前部观察：精神状态、食欲不良或废绝、垂耳、眼窝深陷、鼻镜干燥、无汗等 3）后部观察：呼吸急促、肷窝凹陷、恶露恶臭、粪便不正常、乳房干瘪、尾根附着污物、体况差，必要时进行直肠检查及听诊与叩诊
7	正确处理	1）依照产后监控程序执行 2）不需要用抗生素的病牛，直接在新产牛舍处理 3）需用抗生素处理的牛或皱胃变位（DA）牛，应赶回病牛舍后再处理
8	牛体标记表格记录	检查过程中对牛体做标记，禁止错误标记或乱做标记 1）使用规范的记录表单，并正确填写 2）录入信息系统，构建问题牛数据库 3）每天及时上报报表，包括产后护理日报表和问题牛数据库
9	关注追踪处理结果	1）每天上午进行产后护理，下午巡圈，发现问题及时处理 2）连续 3d 体温高的牛，要关注；体温正常但外观表现不良，要及时检查处理 3）追踪的记录结果录入信息系统

（郭志刚）

第六节 挤奶操作规程

一、挤奶生产目标及岗位职责

1. 生产目标

（1）牛奶实验室检测数据

1）细菌总数（TBC）：小于 10000cfu/mL。

2）肠杆菌数（TCC）：小于 100cfu/mL。

3）耐热芽孢菌菌数（LPC）：小于 200cfu/mL。

4）体细胞数（SCC）：小于 20 万个 /mL。

5）牛奶温度：2~4℃。

（2）乳房炎发病率

1）乳房炎月发病率：南方牧场小于 2.0%，北方牧场小于 1.0%。

2）乳房炎 2/3 级占比：小于 20%。

（3）出奶量 前 2min 出奶量占比：大于或等于 50%。

2. 岗位工作职责

1）负责牧场挤奶工作，完成生产目标，保证原奶质量安全，创造更高经济效益。

2）按挤奶操作要求挤奶，按自动循环清洗（CIP）操作要求清洗设备。提高工作效率，改善工作质量，保证高效、安全生产。

3）努力培养员工的业务素质和管理能力。

4）负责挤奶设备维护、保养，确保挤奶设备正常运转。

5）做好每班次全群挤奶牛乳房炎的鉴定工作。

6）确保挤奶厅设备正常运转和性能稳定。

7）确保完成本部门工作区域内卫生清理工作。

二、挤奶操作流程

1. 挤奶前准备工作

1）所有员工应在规定的时间到达工作现场。

2）当班班长要在工作之前召开班前会，分配各项工作。

3）当班班长在挤奶前必须认真检查各处设备运作是否正常，在确保各项准备工作正常后方可开机挤奶。

4）赶牛人员要检查各处门是否正常开启或关闭。

5）班长级以上人员负责配置前后药浴液比例，配制时确保盛装乳头药浴液的容器清洗干净，然后按照规定进行配比浓度（碘制剂药浴液浓度范围：前药浴液0.25%~0.5%、后药浴液0.75%~1%），盛装乳头药浴液容器必须使用避光容器并且保持关闭状态。每班次配比乳头药浴液量根据上一班次挤奶牛头数，一次合理配制出当班次乳头药浴液使用量。

药浴液使用浓度指导建议：

①乳房炎月发病率在2.0%以上：前药浴液浓度为0.5%、后药浴液浓度为1%；乳房炎月发病率在2.0%以内：前药浴液浓度为0.25%、后药浴液浓度为0.75%。

②当月体细胞数在20万个/mL以上：前药浴液浓度为0.5%、后药浴液浓度为1%；体细胞数在20万个/mL以内：前药浴液浓度为0.25%、后药浴液浓度为0.75%。

③热应激、冷应激期间：前药浴液浓度为0.5%、后药浴液浓度为1%。

6）保证毛巾干燥、清洁。

7）要求员工统一着装，根据工作岗位不同需要佩戴橡胶手套、套袖、口罩、护目镜、围裙等。

2. 挤奶流程

（1）转盘式挤奶操作流程执行方式 见图1-6-1、图1-6-2和表1-6-1。

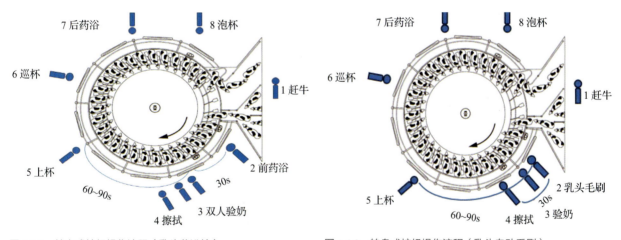

图1-6-1 转盘式挤奶操作流程（乳头药浴枪）　　图1-6-2 转盘式挤奶操作流程（乳头自动毛刷）

表1-6-1 转盘式挤奶操作流程

项目	外赶牛	前药浴	验奶	擦拭	上杯	巡杯	后药浴
更改后（使用乳头药浴枪）	保留外赶牛	1名员工先进行前药浴	验奶与擦拭2名人员在相近位置操作，并与前药浴操作间隔30s		验奶到上杯位置时间间隔60~90s	—	—

(续)

项目	外赶牛	前药浴	验奶	擦拭	上杯	巡杯	后药浴
更改后（使用乳头自动毛刷）	保留外赶牛	1名员工先使用乳头自动毛刷，与相近位置点2名员工分别操作验奶、擦拭			乳头毛刷到上杯位置时间间隔60~90s	—	—

（2）坑道式挤奶操作流程执行方式　见表1-6-2、图1-6-3。

表1-6-2　坑道式挤奶操作流程

项目	员工A、B	员工C、D
操作方式	员工A、B一组，负责前1~16号牛位挤奶工作，每8个牛位完成一次操作循环	员工C、D一组，负责前17~32号牛位挤奶工作，每8个牛位完成一次操作循环

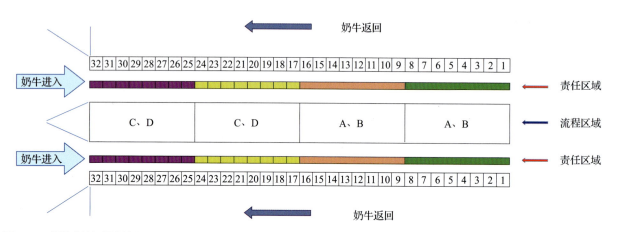

图1-6-3　坑道式挤奶操作流程

3. 挤奶操作

（1）**赶牛**　按规定的挤奶顺序将牛群由牛舍驱赶至待挤厅等待挤奶，牛只挤奶完成后将牛群送回原牛舍。

1）在规定的时间进行赶牛，同时不得长时间（不可超过5min）将牛圈在牛舍过道中，以免拥挤造成奶牛损伤或其排出粪尿污染奶牛饲喂通道。

2）关闭待挤厅及赶牛通道需要关闭的门，严禁发生跑牛事件。

3）赶牛时严禁高声吆喝，严禁使用任何器具（如木棒、砖头、石块等），严禁踢打奶牛、快速驱赶。

4）赶牛工负责清理卧床上的积粪。

5）牛群赶出牛舍后要及时关闭该牛舍门，禁止其他牛只误入其中造成混圈。

6）牛只挤奶结束后要及时将牛群送回原牛舍，然后关闭牛舍门，并检验确定后方可离开。

7）赶牛过程中发现奶牛精神不振、跛行、外伤、卧地不起要及时报告班长级以上人员，以便及时采取措施。

8）赶牛时发现牛舍门损坏、水槽缺水、铲车未及时清圈、卧床未清理等，要及时报告班长级以上人员。

（2）**前药浴**　用稀释（稀释比例按照规定执行，即挤奶前准备工作第5条）的乳头药浴液均匀喷洒各乳头。

1）配制乳头药浴液时必须严格按照规定的配制比例进行配制，未经批准任何人都无权变更乳头药浴液或其配制比例。

2）消毒时一定要将乳头四周及其基底部均匀地喷洒或浸泡消毒液，使消毒液均匀地喷洒在乳头及其基部；使用药浴杯要将乳头全部浸泡在乳头药浴液中。

3）对于乳房较脏的乳头，可以适当延长操作时间，以彻底杀灭存在污垢中的致病菌。

4）使用乳头自动毛刷的牧场，药浴液浓度按照前药浴液浓度标准执行。

5）要求使用清水清洗乳头按摩刷，清洗乳头按摩刷的清水要每栏牛更换2次。

6）乳头按摩刷使用完后要归位到枪座上。

7）按照乳头按摩刷的保养排期（中心制定）进行保养。

8）持枪操作时，乳头带完全旋转运动后，开始清洗，按摩乳头。清洗过程中确保乳头带始终保持旋转并有药浴液喷出，应按照先操作前2个乳区、再操作后2个乳区的顺序，依次清洗乳头。

9）乳头枪应作用在单个乳头上1~1.5s，不可拉扯乳头。如有清洗不干净的乳头可进行二次清洗，单次单个乳头最多不能超过3s，以免损伤乳头。

10）当乳头进入乳头枪后，稍微往上抬枪，确保设备能够清洗、按摩到乳头基底部。

11）每操作5~8头牛，对枪体进行1次冲洗。每班次结束后对枪体进行整体清洗，不能用温水或热水清洗乳头带及传动带，枪体不能长时间用水浸泡（打开锁扣，将枪体进行整体清洗）。

12）注意观察，发现有不出药浴液、乳头带不转或打滑等问题，及时通知挤奶厅设备维修人员。

13）使用设备时，不可强拉硬拽，应一手持枪，乳头枪保持垂直运动方式操作，不可拉扯乳头。不可用乳头枪敲打奶牛或牛腿。

14）乳头自动毛刷按照保养周期定期更换配件。

（3）**单人验奶**　是通过人工手法（拳握式或指压式）将奶牛前3把奶挤出并弃掉。

1）验奶时要集中注意力，观察牛奶性状，不可将乳房炎牛漏掉。

2）验奶工在验奶时发现异常奶或异常乳区要及时做记录（班组交接记录表），如乳房炎、水乳、血乳、乳区坏死、乳头外伤、乳头冻伤、乳孔细等，并通知兽医处理。

3）如发现牛奶中有凝乳块，可以挤7~10把奶，如果仍旧有凝乳块可以初步确诊为乳房炎，如果没有，则为正常（无乳链球菌阳性牧场，对于前3把奶异常的牛只，即确定为乳房炎）。

4）经鉴定确认为乳房炎的牛只，在牛腿部位做标记，跗关节上部为前乳区，跗关节下部为后乳区，左右腿部代表左右乳区。

5）验奶员要保证手掌的清洁，每验1头牛都要进行手掌的清洁、消毒（消毒液浓度0.03%），以防因人员操作出现交叉感染，其中每发现乳房炎牛只后，手掌要消毒1次（消毒液浓度0.03%）；挤初产牛时一定要仔细观察；尤其是上胎患乳房炎而丧失泌乳机能的乳区（个别牛只是暂时丧失泌乳机能，经干奶乳腺更新后泌乳机能恢复），不可仅相信奶牛腿上标识带，发现泌乳机能恢复者要立即将标识带去掉，并记录（班组交接记录表）。

6）对于转盘挤奶厅，验奶时要随时观察进牛口和出牛口处，要恰当地控制停转，以防夹牛。

（4）**双人验奶** 2名验奶员通过拳握式手法将奶牛每个乳区的前5把奶挤出并弃掉。

1）先验前乳区，再验后乳区。

2）验奶时要集中注意力，将每个乳区的前5把奶挤到台面上，并认真观察乳房、乳汁情况，确保异常牛只被及时揭发。

3）在验奶时发现异常奶或异常乳区要及时做记录（班组交接记录表），并通知兽医处理。

4）如发现奶中有凝乳块，可以挤7~10把奶，如果仍旧有凝乳块可以确诊为乳房炎，如果没有则为正常。

5）经鉴定确认为乳房炎的牛只，在牛腿部位做标记，跗关节上部为前乳区，跗关节下部为后乳区，左右腿部代表左右乳区。

6）挤初产牛时一定要仔细观察，尤其是围产前期乳房水肿的乳区。

（5）**擦拭** 用干燥、洁净的毛巾将4个乳区皮肤上药浴液、污物擦去，保证乳区清洁、干净和泌乳前充分刺激，为上杯挤奶做准备（参考标准：乳头卫生评分制度）。

1）擦拭与前药浴间隔时间大于或等于30s。

2）将毛巾翻转再将4个乳区擦拭1遍（共擦拭8次），严格确保1头牛只用1条毛巾，同时按照先擦拭前2个乳区、再擦拭后2个乳区的顺序操作。

3）擦拭过程中，擦拭手法要轻柔，禁止粗鲁、无序擦拭操作。

4）将擦拭后毛巾放入收集桶中（红色转运桶），与干净毛巾（毛巾箱）分开盛装，禁止无桶收集及干净毛巾和擦拭后毛巾堆放在一起。

（6）**上杯** 用双手或单手将乳头依次套入挤奶杯组内。上杯标准操作程序如下：

1）上杯操作人员需要固定位置，并保证上杯挤奶前准备时间控制在60~90s。同时上杯要迅速，尽量减少空气的吸入。

2）确保每个假乳头完全浸泡在容器中（使用0.03%碘制剂进行消毒，每舍牛更换1次消毒液）。

3）上杯后调整挤奶杯组位置，脱杯绳松紧适度，不影响挤奶杯组自然下垂（挤奶管和脉动管置于4个乳区中心位置），避免乳头窝住杯组内、挤奶杯组没有吸入乳头、乳头吸入乳杯内不紧固等现象发生。

4）发现有乳房炎标记牛只禁止单独上杯挤奶后，由挤奶员工转入隔离区（牛只转群由牧场制定三级制度）。

（7）**巡杯** 通过"走""听""看"检查挤奶过程出现的牛只挤奶异常情况。巡杯标准操作程序如下：

1）"走"，多次反复地对正在挤奶的牛只进行巡视，重点巡视区域是上杯位置与后药浴位置。

2）"听"，挤奶杯组掉杯吸气的声音、脱杯和滑杯漏气的声音。

3）"看"，检查集乳器4个乳区是否有奶流，无奶流则进一步检查乳区（瞎乳头、乳头窝住、集乳器漏气、过度挤奶现象等）。

4）二次上杯的挤奶杯组，冲洗干净后再进行二次操作。

5）巡杯人员佩戴药浴液杯，对提前下杯牛只及时进行后药浴。

（8）**后药浴** 使用药浴液杯将药浴液（表1-6-3）均匀地依附乳头皮肤表面，浸泡乳头，使其表面被完全覆盖，进行乳头消毒封闭。后药浴标准操作程序如下：

1）按照先药浴后2个乳区，然后药浴前2个乳区的顺序进行操作。

2）在后药浴过程中，如果发现还有继续挤奶的牛只，挤奶员在这头牛的前面悬挂链条，防止牛只下奶台，然后进入下一圈进行挤奶。

3）严禁敷衍了事，或粗暴、遗漏操作后药浴工作。

（9）**泡杯** 为防止乳房及其他疾病交叉传染（如支原体、金黄色葡萄球菌、无乳链球菌等），每头牛挤完后要将挤奶杯组放入消毒液中浸泡消毒。

1）泡杯液浓度要求：碘制剂配置后有效碘浓度0.03%；必须在切断气源后进行泡杯操作。

2）浸泡过程中，将每个奶杯体浸泡到泡杯液中。

（10）**放牛** 以上程序执行完毕后，奶牛交由赶牛人员送回原圈。

1）并列：在整套挤奶程序结束后，将一排挤完的牛放出后，必须将所有的奶杯、奶台冲洗干净。在冲洗的过程中禁止向奶牛身上冲水，避免引起应激反应。

2）转盘：确保转台的积粪及时清理，保持转盘台面清洁、无粪污。

表1-6-3 常用乳头药浴液

名称	成分	使用方法
Udder Blend乳头保护剂（博美特）	碘制剂0.5%；润肤剂1%	挤后药浴乳头
Theratee前后消毒的乳头药浴液（韦斯伐里亚）	碘制剂0.5%	挤后药浴乳头
碘-甘油混合溶液（利拉伐）	碘制剂0.75%；润肤剂1%	挤后药浴乳头
氯制剂消毒粉		挤后药浴乳头

三、挤奶设备的清洗

1. 挤奶机清洗前的准备

1）对挤奶杯组进行冲洗，保证各个挤奶杯组无污物；防止挤奶杯组清洗过程中，污物污染清洗杯座及清洗管路，影响清洗效果。

2）打开挤奶机清洗杯组，并检查清洗杯组表面干净程度及悬挂是否正常（对于不正常悬挂和损坏的挤奶杯，及时进行维修）。

3）准备清洗所需要的清洗剂，检查水管路、蒸汽管路、气动阀，一切运转正常后进行挤奶机清洗。

4）取出过滤器中过滤纸，并将过滤纸安装器冲洗干净后，安装到过滤器上。

2. 挤奶机清洗过程

1）将挤奶机清洗接口与挤奶清洗管路进行连接。

2）然后将挤奶机清洗水槽加 35~40℃温水，加水量 500~800L（小挤奶厅单独计算），完成后开机进行挤奶设备预冲洗。

3）开机清洗过程中，要检查各个挤奶管路、清洗管路、真空管路、真空气压、阀门、清洗底座、集乳器在清洗过程中是否正常运转，出现异常及时修复。

4）预冲洗完成后进行碱循环清洗，在清洗水槽中添加 75~85℃热水，同时加入适量碱性清洗剂，保证 pH 为 10.0~11.5，循环 10~15min，排水温度不低于 50℃。

5）碱循环清洗水排空后，进行水冲洗，在清洗水槽中添加清水，操作第 3 遍清洗。

6）水冲洗完成后，进行酸循环清洗，同时添加适量酸性清洗剂，保证 pH 为 2.0~3.5，循环 10min。

7）酸清洗完成后，进行最后冲洗，在清洗水槽中添加清水，操作第 5 遍清洗，排水 pH 为 6.5~8.5。

8）清洗流程优化为每天 3 次"水 - 碱 - 水 - 酸 - 水"。

9）清洗工作结束后，填写完整的清洗记录表。

四、CIP 管线、缓冲罐、奶仓设备的清洗

1）CIP 管线、缓冲罐、奶仓设备清洗程序见表 1-6-4。

表 1-6-4　清洗程序表

清洗程序			
清洗步骤	产品浓度（%）	温度 /℃	清洗时间 /min
预冲水	—	35~40	5~8
碱循环清洗	0.8%	75~85	10~15
水冲洗	—	常温	5
酸循环清洗	1.0%	75~85	10
最后冲水	—	常温	5~10

2）CIP 管线、缓冲罐、奶仓设备清洗前，必须关闭所有制冷机组。

3）清洗结束后关闭各处收集奶设备的阀门，使各处收集奶的设备处于密封状态。

五、制冷操作规程

1）检查水系统常开、常闭阀门是否处于正常状态。

2）检查机组部件、自控件、管道是否有漏气、漏油现象，系统必须保持清洁。

3）每天检查油面和油的颜色，油面在试液镜 1/4 以下，应及时加油，并检查系统回油是否良好。发现油脏，必须更换。

4）每次开机检查水冷循环塔水箱、丙三醇（丙二醇）的液位是否正常（冷却液中添加色素，以示区别）。

5）检查供电电压是否正常。

6）检查各电控箱、配电柜有无漏电、潮湿等潜在隐患。

7）检查蒸发冷水位是否在规定水位，按动浮球阀检查动作是否灵敏，能否保证持续供水。

8）检查机组主控电源闭合，检查吸、排气压力是否与表压相对应。

六、装奶规程

1）CIP 人员必须认真检查奶车卫生，检查项目见表 1-6-5。

表 1-6-5　检查项目表

检查项目	检查内容	检查部位图片
进奶口	拆卸联排阀，检查表面清洗情况，无奶渍、奶垢、污物、杂物	
奶车罐口盖及罐口周围	表面无奶渍、奶垢	

（续）

检查项目	检查内容	检查部位图片
罐口密封胶垫	无老化、破损，可以严实密封	
奶罐内气味	是否有腐臭味、酸败味、酸碱味等异常气味	—
奶罐内部卫生	无积水、奶渍、水渍、奶垢、污物	
奶车进奶口联阀	每周拆卸1次，检查是否有奶垢、污物	
奶车外表面	表面无奶渍、污物	
奶车罐口放气阀	表面无奶渍、奶垢、污物、杂物	
罐内清洗喷淋头	进行拆卸，检查喷淋头中是否有石子、污物	

2）检查各奶管道阀门，正常状态（牛奶流向正确的管道通路）方可装车。

3）在装车之前提前通知品控人员采样。

4）装车过程应经常观察奶罐（奶车）的液面，即将装满时，奶车罐口应留1人（由奶车司机协助完成）负责监视、指挥。

5）奶车罐口处人员示意奶罐已装满后，CIP人员应立即关闭装奶阀门，并关闭奶泵开关，严禁发生冒奶现象。

6）使用铅封将罐口封闭（不允许出现漏打铅封、错打铅封情况，提前准备铅封并仔细检查）。

七、挤奶厅毛巾管理

1）首先将干净毛巾（毛巾箱）、用过毛巾（红色转运桶）进行分装，且盛放容器要区分（毛巾桶要保持干燥、干净，定期进行清洗、消毒）。

2）清洗剂统一使用洗涤剂加消毒剂的配方。

3）毛巾清洗人员及时将用过毛巾收集到脏毛巾箱内，然后将毛巾放入洗衣机内。

4）关闭洗衣机门，并将门锁关闭。

5）程序运行结束后按屏幕提示打开洗衣机门锁，将洗涤完毕的毛巾取出放入烘干机烘干，保证毛巾干燥、清洁。

6）擦拭人员每天对毛巾进行检查，通过感官、平整度、厚度、柔软度、颜色等，及时挑出问题毛巾，进行更换。

八、手工拆洗管理

1）每月对集乳器、计量器、管路弯接头、管路垫圈、喷淋头等部件进行手工拆洗，频次是每月1次。

2）进行刷洗时佩戴好护目镜、手套，避免化学品进入眼睛。

3）拆洗的部件在清洗前后分开放置，避免配件遗失；清洗后部件完整、干净、无奶垢。

4）制定各部件的手工拆洗排期，责任到人。

5）手工拆洗结束后，真实填写手工拆洗记录表。

九、挤奶厅各关键控制点的检测规定

为了有效控制牛奶质量，提高牧场经济效益。要求对牛奶质量各关键控制点做紧密跟踪，主要检测种类有乳头药浴液、泡杯消毒液、奶车和挤奶厅涂抹等，要求品控处协助完成。具体涂抹项目要求如下：

1. 奶车涂抹

（1）**涂抹频次** 按照品控中心原奶检测监控计划执行（ATP 小于或等于 300）。

（2）**涂抹点** 在罐口、奶罐内壁或者进奶口中随机选择一点进行涂抹，且每周进行涂抹点轮换。

2. 挤奶厅涂抹

（1）**涂抹频次** 每月至少涂抹 1 次；当原奶微生物超出内控标准时，可视需求情况自行增加涂抹频次。

（2）**涂抹点** 挤奶机［奶杯内壁、集乳器、计量杯（器）、集乳罐］，CIP 间（缓冲罐内壁、过滤器内壁、奶仓内壁、打奶管内壁）。

3. 乳头药浴液、泡杯消毒液检测

（1）**乳头药浴液、泡杯消毒液原液检测** 乳头药浴液每月每批次入库前，对每批次采集乳头药浴液原液送至品控部门进行有效碘浓度检测，并做检测结果记录（表 1-6-6）。

表 1-6-6　乳头药浴液出入库记录表

产品名称	日期	本月出库量		本月入库量		备注
		数量	单位	数量	单位	

（2）**乳头药浴液、泡杯消毒液稀释液检测** 每周不少于 3 次抽检不同挤奶班组稀释配比后乳头药浴液有效碘浓度，并做检测结果记录（表 1-6-7）。

表 1-6-7　××牧场挤奶厅药浴液使用记录表（　）份

日期	班组	合计/L	前药浴原液日用量/L	后药浴原液日用量/L	稀释		药浴液用量		药、水混用量		使用液检测浓度（　%）	备注
					前稀释	后稀释	前原液用量/L	后原液用量/L	前药、水混用量/L	后药、水混用量/L		
1日	早班											
	中班											
	夜班											

（郭志刚）

第七节　干奶操作规程

干奶是奶牛养殖行业独有的一个管理环节。经过多年的研究和生产实践，国内绝大多数的从业者已经明白，经过一个泌乳期的不断泌乳，加之动物生理状况的改变和乳区内慢性感染状况的影响，要想在下一个泌乳期获得较好的产奶预期，对经产牛妊娠的最后2个月使母牛停止产奶，让乳腺中的泌乳细胞进行休息和更新是必不可少的管理过程，同时这一时期也是对乳区存在的隐性细菌感染进行彻底清除的良好时机。近期的大量研究还表明干奶期也是环境性细菌进入乳区风险最大的一段时间，如何管理好这一风险对于下一个泌乳期有个良好开始也至关重要。

对于干奶期可以设定以下目标来作为干奶管理良好的结果：

- 高效清除上一个泌乳期乳区内的隐性感染。
- 杜绝干奶期临床型乳房炎的发生。
- 减少蹄病的发病率。
- 调整母牛体况在合理范围内。
- 母牛采食干物质数量在正常范围内。
- 加强管理，减少对干奶牛的各种应激。

一、干奶前管理流程

干奶前的管理操作是达成干奶期管理目标的重要组成部分。

1）经产牛在胎天数（225±3）d期间，进行干奶，均视为正常干奶，不在此期间内的任何干奶，均视为非正常干奶。每天从牧场奶牛管理系统中查询干奶预警，对在胎天数（225±3）d的牛，打印出需要进行干奶的耳号。

2）根据大挤奶厅的挤奶时间，牛赶走以后将颈枷打起，待牛挤完奶回牛舍后，将牛锁定在颈枷内，找到干奶牛号耳号，将需要干奶牛做标记，调牛进入计划干奶牛舍。

3）干奶前孕检（图1-7-1）。确保进入干奶舍的母牛仍旧怀胎，有胎的牛，用蜡笔在臀部标记。将没有妊娠的牛挑出，通知繁育部门转入早产、流产牛舍。

4）干奶时保健性修蹄（图1-7-2）和检查。整个干奶期间，母牛行走在水泥地面的时间减少，趾蹄角质生长速度变快，为了保证产后母牛的趾蹄健康和在新产、高产阶段良好的趾蹄形态，减少蹄病发生率，有必要在干奶时对所有母牛进行保健性修蹄。同时检查趾蹄的健康状况，对发现的蹄病进行治疗。在干奶期进行蹄病治疗有两大优势：①对生产的损失降到最低；②更多的休息时间，更少的强制性行走，为病蹄恢复提供最佳的机会。

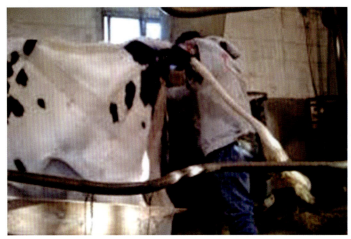

图 1-7-1　干奶前孕检

图 1-7-2　干奶时保健性修蹄

5）梯度干奶管理（逐渐干奶）。随着国内牧场牛群生产性能的不断提升，在干奶时泌乳量仍旧在 20kg 以上的母牛占比也越来越高。如何避免这些母牛在干奶后，乳房分泌大量奶而引起乳房过度膨胀，以及减少其在干奶后的漏奶、急性乳房炎等问题越来越受重视。梯度干奶管理（逐渐干奶），是指在干奶前 2~3 周的时间里，通过分群营养管理或挤奶频次管理使母牛在干奶时的日泌乳量显著下降的管理措施。

目前，大型牧场一般采用一次性干奶，即便泌乳量在 20kg 以上的奶牛，也采取一次性干奶了。

二、干奶操作程序要点

干奶流程是考验一个牧场兽医工作执行好坏的重要环节。设计和管理良好的干奶操作流程可以更好地达成干奶管理的目的，而疏忽大意和管理不善可能会导致一系列的问题。

1. 设定干奶日期和程序

规模化牧场需要设定好自己牧场的干奶管理流程（表 1-7-1）。

表 1-7-1　干奶管理流程清单举例

工作项目	日期	负责人
干奶牛清单	每周一	资料组（信息部）
干奶前妊娠检查	每周二	繁育组
干奶前修蹄	每周三	肢蹄保健组
干奶操作	每周四	兽医组
干奶后巡圈及记录	每天	产房组或兽医组

2. 干奶标准操作流程

规模化牧场应该有固定的干奶操作流程，所有执行该流程的兽医组人员都应该经过良好的培训，以确保每个环节执行到位。

3. 物料准备

进行干奶操作需要提前准备好一系列的物料，以便在操作时保证良好流程的执行和提高工作效率。所需的物料包括药浴杯、干擦毛巾或纸巾、酒精棉球或乳头消毒巾、一次性乳胶手套；干奶药，包括乃扶舒（主要成分是普鲁卡因青霉素、奈夫西林与链霉素）、赛福魁（主要成分是硫酸头孢喹肟）、齐利宁（主要成分是利福昔明）；乳头封闭剂等（图 1-7-3）。

图 1-7-3　干奶操作物料准备

4. 保定

要严格执行干奶无菌操作效果，必须将要干奶的牛进行良好的保定。绝大部分牧场会选择在最后一次挤奶后，直接在奶台上进行操作，这是很好的选择（图 1-7-4）。挤奶杯收杯后，开始做干奶操作。

挤奶器下杯后，对所有乳区必须再用手工挤奶，挤净后尽快进行干奶操作，如果超过 120s 还没有注射干奶药，需要再次手工挤奶进行干奶操作。

图 1-7-4　最后一次挤奶完成后，在奶台上进行干奶

5. 乳头消毒

要严格进行无菌注射操作，必须先对乳头进行彻底消毒。需要使用酒精棉球或乳头消毒巾对乳头末端进行用力擦拭，以乳头孔为中心由内向外擦拭，直到擦拭后的棉球上看不到任何粪污或颜色，才算擦拭完成（图 1-7-5）。擦拭乳头的顺序，可先擦拭距离操作者近的 2 个乳头，再擦拭距离远的 2 个。操作者更换 1 次一次性乳胶或塑料手套后，再对下一头牛进行挤奶、擦拭乳头和注射干奶药。

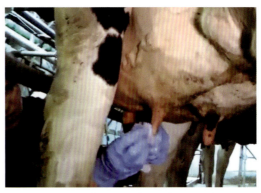

图 1-7-5　使用酒精棉球对乳头末端进行彻底清洁和消毒

6. 注射干奶药

（1）**干奶药选择**　干奶药的选择一直是牧场关心的重要问题。从核心目的上来说干奶药的作用是协助清除干奶时乳区中仍存在的隐性感染。因此，很多牧场干奶时对所有计划干奶牛的乳房乳汁做 CMT（加利福尼亚乳房炎诊断法）测定，并做记录。隐性乳房炎感染的细菌 80% 以上为

革兰阳性菌感染，所以评估干奶药效果的核心是其对革兰阳性菌感染的清除效率。但是，这种观点还是不够全面的，因为我国规定原奶中微生物指标控制在 2 万 cfu/mL 以内，欧盟规定 40 万 cfu/mL 以内，原奶中细菌有革兰阳性菌和革兰阴性菌，如果仅以控制杀灭乳房中的阳性细菌的感染为目的，一旦有乳区内存在或感染革兰阴性菌，细菌就会快速繁殖并释放内毒素，加之没有挤奶过程，可能引起干奶期急性乳房炎的发生。除此之外，兽医在注射干奶药的过程中不可能在完全无菌的环境中使用，加之部分兽医的无菌操作执行不到位，部分奶牛在干奶后 2~15d 发生急性致死性临床乳房炎，对此类乳房炎的奶样做实验室诊断，均是常见环境性致病菌，如大肠杆菌、枸橼酸杆菌和蜡样芽孢杆菌等导致。因此，为了减少干奶期乳房炎的发生，牧场应该选择使用对革兰阴性菌也具有抗菌谱的广谱抗生素类干奶药。

牧场也可以根据 CMT 测定数据或 DHI 数据来对干奶药在干奶期的杀菌效率进行粗略的评估，通过计算干奶期治愈率（干奶前的最后一次 DHI 体细胞数高于 20 万个 /mL 的母牛中新产后首次 DHI 体细胞数低于 20 万个 /mL 的母牛占比），对干奶药在干奶期的杀菌效率进行粗略的评估。

另外，在选择干奶药时药物有效浓度持续时间也是一个重要指标。持续期短的药物，优势在于减少了异常分娩后的抗生素残留问题，但是杀菌效率和对干奶期内乳区的保护作用可能偏低；持续期长的药物，优势在于更可靠的杀菌效率和更长的保护期，但是当奶牛出现提早分娩时需要产后长时间的过抗期。

（2）注射操作　对 4 个乳区注射干奶药，以治疗上一个泌乳期仍存在的慢性隐性感染。当然，随着牧场乳房炎管理工作越做越好，乳房健康状况的改善和抗生素合理使用的未来趋势，选择性干奶逐步被大家认可和执行。选择性干奶是指在牛群乳房健康状况良好的牛群，通过一些个体牛或单乳区选择标准，识别出健康牛或乳区不适用干奶药进行治疗，仅选择可能存在感染的牛和乳区进行干奶药注射的管理方案。这是一种理想的干奶方案，但这种干奶方案对规模化牧场，特别是超大型牧场的干奶管理的实施还有很长的路要走。

（3）干奶药注入　在严格无菌操作下，折断干奶药注射器接头部的外套，一只手的拇指、食指和中指轻轻捏住乳头末端，另一只手持注射器对准乳头管开口插入注射器接头，注入干奶药。干奶药注入乳头管之后，用左手食指与拇指轻轻捏住乳头末端，右手食指与拇指从下向上轻捋 4~6 次，将乳头内药物推入乳区（图 1-7-6）。

按照操作规程，依次完成其余乳头的干奶药注射。

7. 注入乳头封闭剂（图 1-7-7、图 1-7-8）

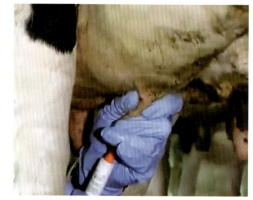

图 1-7-6　干奶药注入操作

封闭剂注入时同样应该注意严格的无菌操作。与干奶药注入方式不同的是，必须先用手握紧乳头基部，以免在注入时有封闭剂进入乳区内。再缓缓推入封闭剂，临近结束时边往外拔出封闭剂注射器，边推入最后的封闭剂，从而使部分封闭剂注入乳头孔内以达到更好的封闭目的。

注意：注射完成后，严禁将乳头腔内封闭剂向上推入乳区。

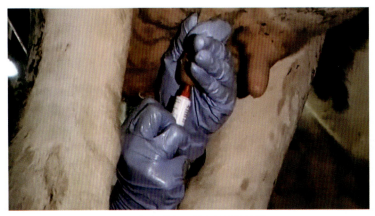
图 1-7-7　乳头封闭剂注入，握紧基部，结束前边推边拔

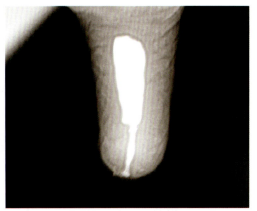
图 1-7-8　乳头封闭剂应该注入的位置，避免过深

8. 后药浴

注射完封闭剂后，立即进行后药浴，每完成 1 头乳头管封闭就做 1 头后药浴。

9. 标记与拴系干奶标记带

所有干奶的牛只在右侧臀部使用红色蜡笔标记干奶日期，在干奶牛的右后肢球节以上拴系绿色标记带（视频 1-7-1）。

视频 1-7-1
干奶牛拴系绿色标记带

三、干奶期牛群管理要点

要保证母牛安全度过干奶期，达到我们之前制定的干奶期目标，干奶期牛群管理不可忽视。如果管理者真正能把干奶期当成下一个泌乳期的开始，自然会重视干奶期的牛群管理和投入，实际上这个时期投入通常是事半功倍的。

1. 新干奶牛群的每天巡查

偶尔会见到新干奶母牛发生急性乳房炎的问题，通常与之前的干奶药选择、注射干奶药的无菌操作执行好坏、干奶牛圈卧床或运动场环境、漏奶等问题相关联。需要干奶牛群管理人员密切关注这些母牛，及时发现异常母牛并报告兽医。巡栏人员在奶牛干奶后的第 1~10 天，每天至少上午和下午各巡栏 1 次，第 11~15 天每天巡栏 1 次。对在卧床上驱赶不起的牛，立即测定其体温和检查乳房及全身情况有无异常，是否发生了临床型乳房炎，是否发生败血性休克。针对发生乳房炎的危重病牛进行抢救性治疗。对于漏奶牛的处置虽然存在争议，但目前建议牧场重新注射干奶药和乳头封闭剂。

2. 干奶牛群饲养环境管理

相比泌乳牛群，干奶牛群没有了每天 3 次上挤奶厅的乳头清洁和消毒，以及挤奶时奶流的物理性冲刷，加上一些机体生理特征，在干奶期更容易发生乳区的新发感染（图 1-7-9）。

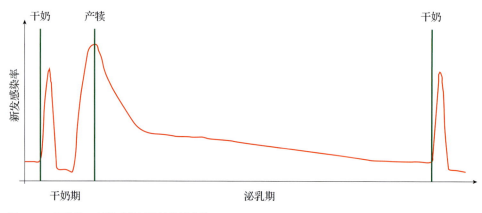

图 1-7-9　奶牛乳区新发感染风险的模拟曲线

对于干奶牛群的卧床环境管理的重要性要高于对泌乳牛群的环境管理，牧场必须有良好的干奶牛群卧床或运动场管理流程、干奶群粪道清理方案。

3. 干奶牛群应激管理

（1）**保持良好的干奶牛群饲养密度**　干奶牛由于妊娠后期体形的改变，需要更大的躺卧空间、饮水空间和采食空间，在牛舍设计和管理上必须注意。

（2）**干奶群热应激管理**　干奶牛也非常容易受到热应激的影响，必须要考虑该牛群的热应激管理措施。有些牧场在干奶牛舍也会安装风扇和喷淋系统，另外一些牧场会考虑在热应激期间，将干奶牛群赶到待挤区或加喷区域进行物理降温。

4. 合适的营养配方和饲喂管理

合适的营养饲喂是保证母牛有合适免疫力和体况的关键。定期对干奶牛群日粮进行评估是保证日粮均一的重要管理方法。均衡的蛋白质和氨基酸水平，不仅关乎母牛健康，还影响初乳产量和质量。

（张俊杰）

第八节　蹄浴与修蹄规程

肢蹄病作为奶牛四大常见病之一，严重影响奶牛养殖业的发展及牧场的经济效益。据报道，奶牛肢蹄病发病率为5.6%~40%，其中88%~99%发生于蹄部，证明蹄病较肢病更为常见。奶牛蹄病84%发生于后蹄，其中85%见于后蹄外侧趾。蹄病的控制是奶牛肢蹄健康控制的重中之重。

蹄病的发生受到营养、饲养管理、奶牛行为、遗传、设备设施及环境中病原的数量等因素的影响。如牛群密度、湿度、粪污处理、运动场环境、地面材料等管理因素，奶牛舒适度、社会习性、生理变化、应激等影响奶牛行为的因素，日粮中营养成分是否均衡及维生素、矿物质等营养因素，肢势、蹄形等因素均可影响奶牛蹄病的发病率。总体来说，奶牛蹄病的预防规程是一项系统工程，应涵盖奶牛选种选配、营养管理、舒适度管理、环境管理及蹄保健等内容。

牧场日常工作中所说的蹄病预防规程常指蹄保健，主要包括蹄浴、修蹄和蹄病治疗三部分内容。三者协同作用，可有效降低蹄病的发病率，改善牛群肢蹄健康状况。蹄病预防规程的制定，要根据各场具体情况采取相应的方案，蹄病防控规程流程图见图 1-8-1。

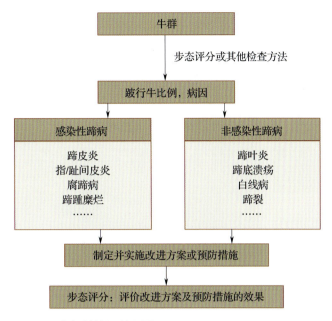

图 1-8-1　蹄病防控规程流程图

一、蹄浴规程

蹄浴是目前牧场中常用的蹄保健方法之一，其效果虽未明确，但公认具有清洁和消毒的作用。但从生产实践过程来看，蹄浴对发生于指/趾间皮肤和蹄踵处的部分蹄病具有良好的预防效果；通常认为，蹄浴对累及蹄壳的蹄病作用不大，如蹄叶炎、蹄底溃疡等，多数学者认为其主要原因是蹄壳对蹄浴药物或化学制剂的吸收效果差。常用蹄浴的方式有两种，一种为湿浴，另一种为干浴。湿浴视牛群规模和牧场建设情况，可用蹄浴池蹄浴，也可用喷壶等工具逐头喷洒浴；干浴使用干粉制剂蹄浴，可直接将蹄浴剂撒于奶牛必经的避风通道地面，当奶牛从其表面走过时起到蹄浴的作用。蹄浴前，要彻底清洁牛蹄表面，使蹄壳和蹄部皮肤能够充分接触蹄浴液/剂。蹄浴过程中要保证药浴液的有效浓度和蹄部的有效药浴时间，使其发挥作用。要想确保牛群肢蹄健康，蹄浴不能替代环境卫生管理和修蹄，只能作为辅助方法与后两者协同作用。蹄浴效果是否理想，取决于牧场蹄病的主要原因、蹄浴池的设计、蹄浴液的选择和蹄浴频率等因素。

1. 蹄浴池

蹄浴池是奶牛蹄浴的主要设施，常建于挤奶厅出口前的通道上。通常，蹄浴池长 3m、宽大于 90cm、深 12~15cm。如有条件可在通道上建 2 个蹄浴池（图 1-8-2），前一个放入清水，起清洁牛蹄的作用；后一个放入蹄浴液，进行蹄浴；中间可留 1.5~2m 的间隔，铺设胶垫或海绵，避免药浴液被牛蹄上带出的水稀释（图 1-8-3）。每个蹄浴池池底最低点处设置排水孔，以便清理废液及排出废水。蹄浴时，蹄浴液的深度为 80~100mm（图 1-8-4、图 1-8-5），确保完全浸没牛蹄。

图 1-8-2　蹄浴池

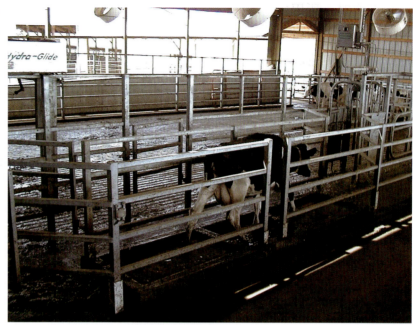

图 1-8-3　牛走过蹄浴池进行蹄浴

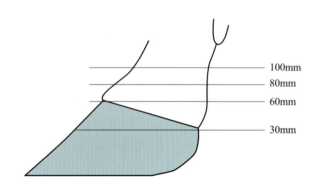

图 1-8-4　蹄浴液浸泡液面高度

图 1-8-5　牛蹄在蹄浴液中

2. 蹄浴液/剂

蹄浴分为湿浴和干浴 2 种方法。湿浴方法根据所选的制剂可分为护蹄性蹄浴和治疗性蹄浴，常用的护蹄性蹄浴液为福尔马林溶液、硫酸铜溶液、硫酸锌溶液等，治疗性蹄浴液为土霉素溶液、四环素溶液、林可霉素溶液等。干浴方法可用硫酸铜和熟石灰混合物、生石灰粉或干粉性环境消毒剂进行蹄浴。

（1）福尔马林溶液　福尔马林溶液（3%~5%）是最经济的蹄浴液。该制剂对指/趾间皮炎具有很好的控制效果，同时也对腐蹄病的预防具有一定的作用，也可与抗生素溶液交替使用以控制蹄皮炎。使用福尔马林溶液蹄浴时，在牛群清洁的情况下，蹄浴池每 500~600 头牛蹄浴后，应排空蹄浴池内的溶液更换新配制的溶液；如果蹄浴前未清洁牛蹄，或蹄浴池被牛粪污染，则需提高更换福尔马林溶液的频率，可调整为每通过200~300头牛更换1次，以保证蹄浴效果。福尔马林溶液有非常好的抑菌效果和部分硬化表皮的功能。

蹄浴时，所用的福尔马林溶液越浓效果越好，但对奶牛的皮肤造成化学灼伤的危险性也越大。因此，使用福尔马林溶液蹄浴时，可根据奶牛蹄冠处被毛的状况评估使用浓度和使用频率。如果蹄冠处被毛稀疏直立或皮肤发红，则停止使用福尔马林溶液蹄浴。正常情况下，奶牛可耐受3%福尔马林溶液每天2次、连续蹄浴3d，这种福尔马林溶液蹄浴方法可每3周重复使用1次。如环境条件十分恶劣，可视情况提高福尔马林溶液浓度。在低于13℃条件下使用，福尔马林溶液没有抑菌效果。由于其气味具有强刺激性，对工人和奶牛的身体可造成损伤，在特定环境下，也可能造成牛奶污染。使用福尔马林溶液蹄浴时，需在通风处使用。目前我国很多地区的牧场已禁用福尔马林溶液作为蹄浴液。

（2）硫酸铜和硫酸锌溶液　4%硫酸铜溶液和5%~10%硫酸锌溶液对指/趾间皮炎也有很好的控制效果，同时对腐蹄病的控制也有一定作用。配制硫酸铜溶液时，用热水溶解效果较好，如果水的硬度较大，配制溶液时可加入少量醋加速硫酸铜的溶解。过去常用5%~10%硫酸铜溶液蹄浴，但经试验证明，4%硫酸铜溶液与10%硫酸铜溶液具有相同的效果。但硫酸铜会污染环境，因此，在保证浴蹄效果的前提下，应尽量使用低浓度的溶液。蹄浴后的硫酸铜废液排放到沼液池内，在沼液还田后，会破坏土壤，可使农作物受害引起减产，凡沼液还田的牧场，禁用硫酸铜蹄浴。使用硫酸锌溶液蹄浴时，可根据日粮中微量元素的含量确定用量，如果锌的饲喂量能够满足需要，可以不用；如果日粮或当地土壤、作物中锌含量低，可以用15%~20%硫酸锌溶液蹄浴。硫酸锌对牛蹄无刺激性，可每天蹄浴1次，其护蹄机理目前尚不清楚。

但硫酸盐溶液如果被粪便污染，则很快与粪便中的蛋白质结合后失去活性。用硫酸盐溶液蹄浴时，建议提前做好蹄病清理工作，且蹄浴池每通过200头牛后应更换蹄浴液。使用硫酸铜蹄浴前，彻底清除蹄浴池内的铁器或其他金属，以免铜离子与其他金属发生置换作用而降低溶液的有效浓度。

（3）抗生素溶液　选用抗生素溶液蹄浴是一种非常通用的蹄皮炎治疗、控制和预防的方法。常用制剂有0.1%四环素溶液、0.1%土霉素溶液和0.01%林可霉素溶液，也有使用林可霉素和壮观霉素混合液、红霉素溶液、泰乐菌素溶液等蹄浴的报道，但多用的为前3种。用抗生素蹄浴的成本较高，可通过使用喷壶蹄浴减少抗生素的用量以降低成本。每种抗生素的使用周期不可超过6个月，以免产生耐药菌株。用抗生素溶液治疗蹄皮炎时，可连续给药2~3d，每7d重复1次。如治疗效果不佳，可在两次用药间用福尔马林溶液蹄浴。通常情况下，用抗生素溶液蹄浴很少在血液中检出所用抗生素，在个别大型牧场用土霉素溶液蹄浴过程中，曾发生大罐奶土霉素的残留，应该引起高度重视。

（4）无公害蹄浴液　国产的有康星蹄康，进口的有舒美适。这两种蹄浴液都是有机产品，对奶牛和环境都是安全的。康星蹄康可用于蹄病的预防和蹄病的治疗，特别是在预防蹄疣病方面，效果十分明显。蹄浴液配制浓度2%~4%，预防性蹄浴用2%浓度，即100L水中加2L康星蹄康，在有传染性蹄病的牧场可配制4%浓度，即100L水中加4L康星蹄康，在挤奶厅的回牛通道上进行蹄浴（视频1-8-1）。为了节省蹄浴液，可以在挤奶厅奶台上用小的喷壶对奶牛后蹄的蹄球部直接喷，每天1次，连续喷4~5d，蹄疣会逐渐萎缩直至痊愈（视频1-8-2）。

（5）干浴蹄浴剂　干浴蹄浴法常用硫酸铜与熟石灰的混合物作为蹄浴剂，配比比例为硫酸铜∶熟石灰=1∶9。使用时可将混合物撒于避风、干燥的奶牛必经通道表面，厚度约2cm即可，也可使用适宜的工具或干燥的蹄浴池蹄浴（图1-8-6）。此外，目前还有一些市售干粉消毒剂，主要成分为蒙脱石、植物性吸附剂等，也可用于蹄浴，但效果有待验证。

（6）蹄浴频率　除蹄浴液/剂外，蹄浴频率也是影响蹄浴效果的一个重要因素。感染性蹄病发病率较低的牧场，可夏季每周蹄浴2次，冬季每周蹄浴1次即可达到理想的护蹄效果；但对于感染性蹄病发病率较高的牧场，除明确蹄病的主要类型，选择有效的蹄浴液/剂外，还需加强环境管理和提高蹄浴的频率以保证蹄浴的效果。判断所需蹄浴频率的最简单方法是根据奶牛后肢卫生状况判定蹄浴次数，评分方法参照图1-8-7。评估时，可在每组牛群内随机选取10%~15%的牛，进行评分。如果3分、4分牛占被评分牛的1/4以下，可按需蹄浴；如3分以上的牛占1/4~1/2，则每周至少需要蹄浴2次；如3分以上的牛占1/2~3/4，每周应蹄浴5次；3分以上的牛占3/4以上时，需每周蹄浴7次，直至环境改善。后肢清洁度评分可直接反映牧场环境管理的状况，也指示了发生感染性蹄病的风险，虽然此法可辅助判定蹄浴频率，但还应对照牧场中感染性蹄病的发病率及类型确定适宜本场的蹄浴频率。

图1-8-6　奶牛在保定架内干浴蹄

 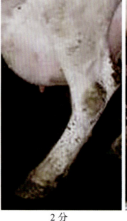  

1分　　2分　　3分　　4分

图1-8-7　四肢洁净度评分

3. 蹄浴与环保

绝大多数现代化牧场的蹄浴池建于挤奶厅出口的通道上，但有些牛会在出挤奶厅后站立或行走缓慢。通常，蹄浴池的最佳设计位置为奶牛能够保持持续运动状态的通道上，这样可提高工作效率。理论上来讲，奶牛蹄浴后应在干燥、干净的环境中保持30min。这样可使蹄浴液发挥其作用，每次用完的蹄浴液应排入粪池内。这样，废液即可被牧场内的污水、污粪稀释而失去效力，经一段时间后可用于农田内。如果硫酸铜用量较大，则需考虑牛粪还田后残留的铜含量是否有植物毒性和土壤对重金属的负载能力。虽然铜对奶牛有潜在的毒性，但更严重的问题是其对植物的毒性作用。高浓度的铜可损伤植物的根系。国外已有因铜的植物毒性导致粮食减产的报道。所以，无论从环保的角度还是从经济学角度考虑，蹄浴时应选择合理的蹄浴液/剂，以获得最佳效果。

二、修蹄规程

步态评分结合常规预防性修蹄是目前世界上通用的，也是最佳的改善牛群肢蹄健康状况的方法。通过步态评分可以及时发现跛行的牛，预防性修蹄可防止跛行状况恶化。这一简单程序可视为奶牛肢蹄保健的最重要措施。

对于牛群规模较大的牧场来讲，最好有专业人员修蹄。同时，还要定期对牛群进行步态评分以评估牛群肢蹄健康状况，找出已发生跛行的牛并采取相应的处理措施。目前我国规模化牧场都配备专业修蹄工，完成牧场奶牛常规修蹄和病蹄的治疗性修蹄。也有的牧场奶牛的常规性修蹄与国内的修蹄公司签订合同，开展常规的修蹄工作，病蹄的治疗性修蹄仍然由牧场经过修蹄培训的兽医完成。对于奶牛来讲，绝大多数蹄角质生长的速度要大于磨损速度，后肢外侧趾表现尤为明显。通常情况下，表现为蹄尖过长、蹄踵变厚。如果奶牛在水泥地面上站立时间过长，角质过度生长的后肢外侧趾负重更多，这一问题会变得更加严重，继而增加了发生蹄底溃疡的风险。

本节内容将简要介绍常规修蹄规程，通过修蹄重建两趾的负重平衡，继而减轻底-球结合部受力，降低发生蹄底溃疡的风险。下面的内容介绍了修蹄的主要步骤，但在修蹄的过程中要根据实践经验和牛蹄的具体状况进行相应的修整。健康牛和跛行牛均可按下述步骤修蹄，确保蹄形正常和重建负重。根据牛蹄的状况，可将修蹄步骤分为预防性修蹄和治疗性修蹄。

1. 修蹄方法

第一步：后肢内侧趾。

1）矫正蹄长。正常状态下（图1-8-8），后肢内侧趾从蹄冠带至蹄尖长约7.5cm（约人手4指宽，或1支普通香烟的长度，见图1-8-9）。

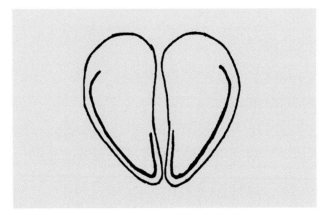

图1-8-8 修剪前侧蹄底与蹄尖

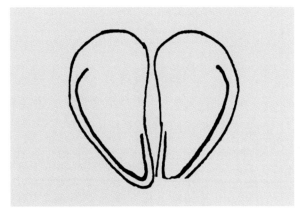

图1-8-9 修剪内侧趾蹄尖

2）如不能确定，修剪时允许蹄长稍长，但不能修剪得过短。

3）将蹄尖处的角质修剪过多，可能引起严重的继发症（如造成真皮损伤导致出血或奶牛不适；为确保蹄形美观，将蹄尖处蹄底修剪得过薄）。

专业的修蹄工应经过系统培训后，才能较好地完成修蹄工作。

第二步：后肢内侧趾。

1）修整蹄底，使蹄底角质厚度约为 5mm。用打磨机或 L 形蹄刀进行修整。修整位置主要集中在靠近蹄尖的位置，蹄踵处不修整。

2）修整后，蹄壳与蹄底间可见清晰的白线部。修整顺序参见图 1-8-10。

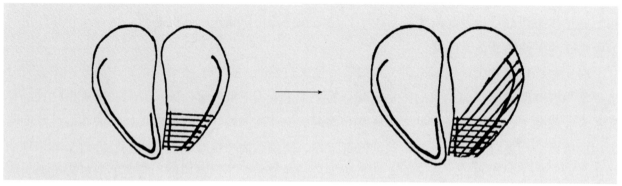

图 1-8-10　修剪内侧趾蹄底

3）如果内侧趾蹄尖处的角质修剪不到位，蹄长过长，可能会修剪蹄踵处角质。

4）绝大多数牛的内侧趾蹄踵无须修整，如需要修整，对应的外侧趾也应做出相应修整。

重复第一步和第二步修剪外侧趾（图 1-8-11）。

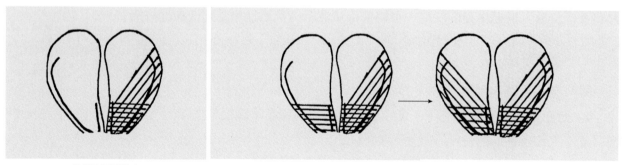

修剪外侧趾蹄尖　　　　　　　　　修剪外侧趾蹄底

图 1-8-11　修剪外侧趾

1）将内、外侧趾蹄长修剪一致，然后从蹄尖至蹄踵方向将蹄底厚度修整一致。

2）修整后将内、外侧趾蹄底找平，避免蹄底有凸起的角质。

第三步：平衡蹄踵（图 1-8-12）。

如蹄踵处角质过厚，可适度削薄。一般情况下，蹄踵无须修整，修整后的蹄底位于同一平面。

第四步：重建负重面（图 1-8-13、图 1-8-14）

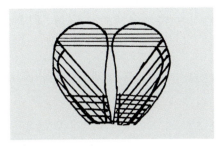 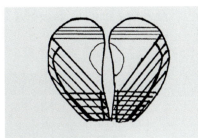 

图 1-8-12　平衡蹄踵，使蹄底位于同一平面　　图 1-8-13　重建负重面　　图 1-8-14　牛蹄底负重面模式图

将蹄底轴侧部中 1/3 部分，向远轴侧方向削成盘状，重建负重面。修整时注意不要削掉过多角质，以免伤及真皮层。根据牛蹄状况，判断是否需要进行治疗。

治疗性修蹄，也称矫形性修蹄，第五步和第六步为治疗和矫形修蹄的步骤，可按需确定是否实施。

第五步：清理疏松角质，修整硬的凸起的角质。对于角质表现出损征蹄或指/趾，需进行治疗性修蹄。清除所有疏松的角质、削除硬的凸起的角质（蹄糜烂），无论疏松角质占多大范围（如假蹄底），都要清除彻底。彻底清除病变角质后，病灶周围的健康角质组织可削成漏斗状。如治疗蹄底溃疡病例时，可将病灶周围坏死的角质清除掉后，偏轴侧向切削病灶周围健康蹄角质，尽量不影响患趾负重（图 1-8-15）。还有，治疗远轴侧白线区等位置的白线病时，可将病灶周围远轴侧壁角质削掉，以达到治疗的目的（图 1-8-16）。但修整过程中尽量避免伤及真皮组织（如修蹄过程中出血，即已损伤真皮组织）。

 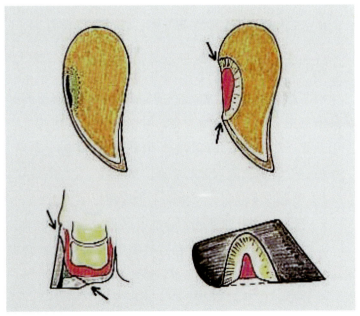

图 1-8-15　蹄底溃疡治疗　　图 1-8-16　白线病的治疗

第六步：调整患指/趾负重状态。通过削低患指/趾蹄底或垫高健指/趾蹄底的方式减轻患指/趾的负重状态可以促进患指/趾的恢复。绝大多数病例的病变发生于后肢的外侧趾和前肢的内侧指。修蹄过程中所见的有些特殊指征可由特定原因导致，如蹄角质的过度生长与其负重过多有

关，疼痛可导致肢势或步态异常。减轻患指/趾的负重，可加速病灶的恢复速度，使患指/趾容易恢复正常功能和健康状态。

蹄垫的使用方法（图1-8-17）：

在治疗性修蹄的最后一步中，通过调整两指/趾的高度可加速患指/趾的恢复。但对于疼痛严重的或难以人为调整两指/趾高度的病例，仅通过修蹄可能难以达到这一目的，所以需要使用蹄垫调节。目前市场上常见的蹄垫有木块、塑料等多种材料的。蹄垫用专用胶固定于患肢的健指/趾上，以减轻患指/趾负重，促进患指/趾的恢复。蹄垫的选择与使用时需注意以下几点：

1）按修蹄步骤修整牛蹄，在健指/趾蹄底黏附蹄垫前，要将蹄底修平，确保蹄垫安装后不影响肢的受力。

图1-8-17　木质蹄垫的使用

2）使用专用胶黏附蹄垫，确保粘牢。

3）蹄垫长度最好较蹄底长度稍长，黏附时前端与蹄尖对齐，尾端稍长出蹄踵。粘牢后的蹄垫应与蹄底平行，近地面水平。

4）涂胶时，蹄踵处用量稍少。因为蹄踵处的角质较软，比较容易受损。

5）蹄垫黏附4~6周后即可去除，如期间发现牛因黏附蹄垫而表现出不适，应及时去除。

6）去除蹄垫后，要重新修蹄，以重建负重面。

2. 治疗性修蹄和跛行牛记录

对于跛行牛来讲，修蹄的前四步既是蹄形修整的过程，也是检查的过程。通过修蹄，可确保蹄形恢复正常、重建负重平衡，并能全面地对蹄部进行检查，查找引起跛行的原因。虽然蹄病常发于后肢外侧趾和前肢内侧指，但其对侧指/趾上角质的修整、检查也要全面执行。

跛行牛修蹄时需考虑的要点：

1）确保由专业兽医或修蹄工治疗跛行牛。

2）修蹄工或从事此项工作的人必须经过专业培训。

3）减轻病灶处的负重可有效缓解疼痛并促进病损恢复。改变负重状态既可通过仅对患指/趾进行修整，健侧不进行修整以减轻患侧负重来达到，也可通过黏附蹄垫的方法来达到。如治疗时，病灶创面已清理至真皮层，必须采取上述任一方法来减轻患侧负重。如有条件，可将这样的牛治疗后饲养于水泥地面或干净干燥的环境中，以免创口被污染。

4）白线病的牛要尽可能将病灶周围角质削除干净，以便排出坏死组织、脓汁。

5）白线病的牛病灶旁蹄壁要尽可能削掉，以免内部有潜在的窦道或潜匿污物。

6）治疗蹄底溃疡病例时，患趾的底-球结合部轴侧的凹陷尽可能削大，使病灶处不再负重。将病灶表面异常角质全部削掉，最好在健侧趾黏附蹄垫以减轻患趾负重。

7）进一步治疗，如局部或全身用药、是否包扎，由兽医或修蹄工决定。

对于跛行的牛，应作为牛场记录体系的一部分详细记录，以便通过定期地回顾性分析监测场内主要病原的变化并调整控制方案。通过良好的记录，还能找出重复治疗慢性跛行的牛，以便加以关注或及时淘汰。记录体系尽量简单化、标准化，应包括牛的基本信息、检查情况和损征，通过记录能确定相应的防控方案。需记录的信息应包括：牛号、日期、病损类型（可细分为角质损伤、皮肤损伤和肢跛等）。

3. 蹄部包扎和绷带的使用

角质病变的处理常会导致真皮裸露。通常情况下，普遍认为累及真皮的小的病损或创伤无须治疗和包扎。真皮裸露区域较大的严重病损，应局部使用温和的消毒药或抗生素处理后用绷带包扎，包扎后 3~5d 拆除。尽量避免直接将具有腐蚀性或局部刺激性的药物撒在裸露的真皮上，以免影响创部愈合。如难以包扎或包扎后绷带易脱落，可不包扎。由于饲养环境的原因，包扎蹄部的绷带很容易被污染，所以其作用可疑。对此，美国康奈尔大学的研究人员比较了蹄损伤的牛包扎与不包扎的差异，结果显示使用绷带无益。

从另一方面来讲，由于绷带包扎能够起到止血的作用，对于出血严重的病例可用绷带包扎。对于实施截趾术的病例，应用绷带包扎。对于上述两种情况，根据处理后奶牛的饲养环境状况，建议每 2d 更换 1 次绷带，尽量将病牛饲养在干净干燥的环境中。

4. 牛蹄检查和修蹄的频率

牛群中，每头牛的蹄部每年应至少检查 2 次，以便于发现变形蹄或早期损征。无论发现哪种情况，都应及时治疗。但目前大多数牛场，无论牛需不需要，都是每年修蹄 2~3 次。正常情况下，奶牛蹄角质的平均生长速度为 5mm/月（2~6mm/月）。对于饲养于水泥地面上的奶牛来讲，角质磨灭速度可能与生长速度相当，或磨灭速度大于生长速度，这种情况下修蹄可能会造成严重的问题。而对于螺旋状指/趾或蹄叶炎的牛，可能每年需修蹄 3~4 次以维持其蹄形正常。规模化牛场可按需在春秋两季集中修蹄，或干奶前修蹄 1 次、产后参配前修蹄 1 次，达到蹄保健的效果。

5. 疼痛控制

手术、创伤和炎症反应等均可导致疼痛，奶牛发生蹄病和治疗过程均可能伴有剧痛。疼痛反应造成的应激会增加奶牛对营养的需要量（特别是锌的需要量），长期疼痛可导致奶牛虚弱，还可能使奶牛易感其他疾病。控制疼痛（如使用镇痛药）有助于奶牛恢复健康。有些镇痛药可用于控制奶牛的疼痛，但需按用药规程使用。皮质类固醇类和非甾体抗炎药（NSAID）的使用尚有争议，但后者对创伤或炎症反应中产生的前列腺素有拮抗作用。NSAID 对炎症反应和关节病引起的疼痛有效，但因其可能会产生不良反应，应避免长期使用。常用的 NSAID 药物有：阿司匹林、氟尼辛葡甲胺、美洛昔康、二甲基亚砜、艾瑞昔布等。

（马 翀）

第九节 奶牛疾病诊疗规程

一、巡栏与奶牛疾病的发现

大型牧场是信息化管理、机械化生产，牛舍内无专职的饲养人员，患病的奶牛全靠兽医人员每天的巡栏来发现。兽医巡栏是发现病牛、发现饲喂过程及其他情况异常的主要执行者，搞好巡栏是保证牧场正常生产的重要环节。

1. 巡栏人员的岗位职责

1）对牧场各牛舍的牛进行巡察，通过观察牛的精神状态、采食与反刍的表现、粪便的性状、躺卧姿态、运动时有无跛行等变化发现病牛。发现病牛后，记录病牛的耳号，在牛体上用蜡笔或喷漆进行标记，将病牛转群到治疗牛舍，交付兽医进行疾病的诊断与治疗。

2）巡栏中需要检查：新产牛舍、泌乳牛舍、干奶牛舍及围产前期牛舍、乳房炎隔离牛舍、犊牛舍及挤奶厅内的奶牛。发现有病的奶牛，要及时进行诊断，特别要注意奶牛重大疫病的早期发现，杜绝牧场中重大疫病的发生与传播。

3）巡栏过程中发现牛舍的卧床、颈枷、粪道、刮粪板、饲喂通道、水槽、电扇及喷淋设施等存在问题时，要及时向场长或有关领导汇报，或根据具体情况通知相关单位落实解决。

4）要制订巡栏路线，周而复始地进行，每天巡栏病牛的检出率要达到100%。

5）巡栏人员转移病牛时要小心谨慎，不得大声吆喝、快速赶牛，避免牛只再次受伤。

6）兽医巡栏时发现发情的牛要及时通知繁育部门。

7）做好每天的巡栏记录，报信息中心建立电子档案。

2. 兽医如何发现病牛

（1）泌乳牛群中病牛的挑出

1）在挤奶通道外观察回牛舍的牛，挑出病牛。视诊挤奶通道上奶牛的运动状态，如运步缓慢、运步困难、弓腰、运步时出现点头运动、伸低头运动、走走停停、走在最后等，具有这些表现的牛可能是有病的牛。对怀疑有病的牛要逐个检查，将有病的牛转群到病牛舍交付兽医诊断与治疗。

2）在牛舍内观察奶牛的表现。观察泌乳牛回牛舍后上颈枷采食的情况。健康的泌乳牛挤完奶回牛舍后，应立刻上颈枷采食，不上颈枷采食的牛往往是有病的牛，应注意检查这些牛。

观察奶牛的反刍情况，吃饱后的牛在卧床上躺卧休息，若有60%以上的牛正在反刍，说明这个牛群的整体健康状态良好。不反刍的牛可能是反刍已经结束的牛，也可能是有病的牛。对不反刍的牛，要观察奶牛的精神状态是否正常、鼻镜是否湿润，如果鼻镜无汗、干燥，可能是有病的牛。

注意观察奶牛的粪便性状，如果全群牛的粪便稀或粪便很干，要查明粪便不正常的原因，是否与饲料有关，当饲料配方中的精粗饲料比在60：40或65：35时，奶牛有可能发生慢性瘤胃酸中毒。发生慢性瘤胃酸中毒的牛，蹄病发病率升高。当奶牛发生副结核病后，奶牛排水样粪便，呈喷射状排出，发病牛还常常表现贫血与颌下水肿。

注意观察新产奶牛的产道分泌物的性状与气味，水样、污红色、带有明显恶臭的分泌物是奶牛子宫炎的症状之一，应在牛体上进行标记，将其转群到病牛舍进行诊断与治疗（图1-9-1、图1-9-2）。

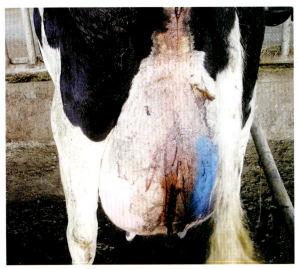

图1-9-1　奶牛子宫炎，阴道排出污红色液体

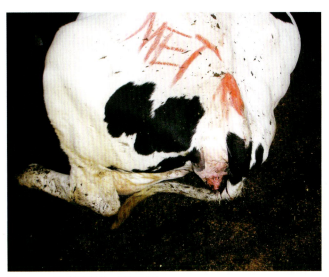

图1-9-2　奶牛子宫炎，臀部标记

奶牛瘤胃充盈度可通过瘤胃充盈度评分进行判断，瘤胃评分能反映奶牛的采食量与反刍排空的速度。瘤胃评分分为5分：1分是瘤胃充盈度差的，5分是瘤胃充盈度最好的。瘤胃隐窝处于奶牛左侧，是一个倒三角形，吃饱的牛，瘤胃处看起来像大苹果；另外还可通过看瘤胃隐窝来判定牛是否吃饱，如果看不见瘤胃隐窝就表示牛只基本上是吃饱了，如果隐窝非常明显，就表示没有吃饱。评价奶牛采食量时，要多选几头奶牛检查瘤胃充盈度。瘤胃充盈度好表示采食了足够的纤维和干物质。

1分：左侧腹部深陷，腰椎骨以下皮肤向内弯曲，从腰角处开始皮肤褶皱垂直向下，最后一节肋骨后肷窝大于一掌宽。从侧面观察，腹部的这部分呈直角。这种牛可能由于突发疾病、饲料不足或饲料适口性差，而导致采食过少或没有采食。

2分：主要关注左侧腹部的三角形，看到腹部的三角形即为2分左右的奶牛。腰椎骨以下皮肤向内弯曲，从腰角处至最后一节肋骨开始皮肤皱褶呈对角线，最后一节肋骨后肷窝一掌宽。从侧面观察，腹部的这部分呈三角形。这种评分常见于产后第一周的母牛。泌乳后期，这种信号表明饲料采食不足或饲料流通速率过快。

3分：腰椎骨以下皮肤向下呈直角弯曲一掌宽，然后向外弯曲。从腰角处开始皮肤皱褶不明显。最后一节肋骨后肷窝刚刚可见。这是泌乳牛的理想评分，表明采食量充足，而饲料在瘤胃中停留时间适宜。

4分：腰椎骨以下皮肤向外弯曲，最后一节肋骨后胶窝不明显。这种评分适用于泌乳后期牛和干奶牛。

5分：腰椎骨不明显，瘤胃被充满。整个腹部皮肤紧绷。看不见腹部和肋骨的过渡。这表示奶牛瘤胃十分充盈，这是干奶牛适宜评分。

当瘤胃臌气时，左胶窝鼓起，超过最后肋骨与腰椎横突的高度，触诊瘤胃可感到瘤胃内有大量气体。当瘤胃积液时，触诊瘤胃感到有大量液状，冲击式触诊瘤胃可出现振水音。当瘤胃积食时，左胶窝膨满，触诊瘤胃可感到坚硬如木板样硬度。皱胃左方变位牛，瘤胃内容物很少，左胶部深陷，触诊瘤胃空虚、塌瘪。瘤胃充盈度评分为2分以下。凡患有胎衣不下、急性子宫炎、皱胃内积沙、奶牛副结核病等病的牛，瘤胃充盈度评分都在2分以下。

观察卧床的垫料是否松软、平整、干净、干燥，前挡胸板是否有垫料覆盖，在卧床躺卧的奶牛是否达到85%以上，奶牛在卧床上躺卧的姿势是否异常。

观察奶牛跟骨头外伤和感染的比例，观察奶牛前肢腕关节前面皮肤发生挫伤及局部肿胀的比例，借以判断卧床的铺垫是否正常。

夏季奶牛容易发生热应激，要注意观察牛舍内装置的温度、湿度计的数值，并观察奶牛的呼吸次数，判断奶牛是否发生了热应激。

3）在挤奶厅内发现病牛。在挤奶台上正在挤奶的牛，如果尾巴向上翘得很高，这种症状是奶牛产道有炎症的表现（图1-9-3）。要记录牛号，通过信息中心查明奶牛产后的天数，分析奶牛是否发生子宫炎或产道感染等疾病。

凡产后20d以内的牛，尾巴不时向上翘起，产道分泌物有异常臭味，说明产道有急性炎症，要鉴别是急性子宫炎还是阴道化脓性感染。

观察奶牛进入挤奶台时有无跛行，对严重跛行的牛，在后腿上进行标记，待挤完奶后，将牛分离出去，检查跛行原因。

在挤奶期间观察奶牛后蹄的形状，有无变形蹄、蹄疣病（图1-9-4），必要时用水冲洗后蹄，以便更好地观察蹄部的病变。

图1-9-3 在挤奶台上正在挤奶的牛，尾巴上翘

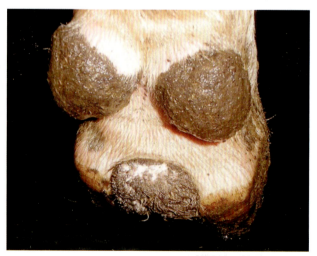

图1-9-4 蹄疣病

在挤奶期间，观察每一头牛的乳区有无红、肿、热、痛病理变化：

①凡红、肿、热、痛的乳区都是乳房炎乳区。

②凡乳房失去正常弹性，呈木板样硬度的乳区都是乳房炎乳区。

③凡3把奶后的奶汁仍有异常变化的乳区，都是乳房炎乳区。

④挤完奶脱杯后乳房不变软、乳房轮廓不变小的乳区，可能是乳房炎，但要与乳房水肿进行鉴别。鉴别的方法是用手指按压乳房，经30s后抬起手指，观察有无指压痕，如果指压痕在5s内不消退，即为乳房水肿；如果指压痕不明显，呈木板样硬度，即为急性乳房炎。另外，通过验奶可以进行鉴别，急性乳房炎牛的奶会发生肉眼可见的变化。

⑤凡有化脓性瘘管的乳房，均是因治疗不及时或治疗不当引起的乳房化脓（图1-9-5）。

⑥凡乳房内有大小不等硬块的乳区，都是乳房炎乳区。

⑦对新发的乳房炎牛，在后腿上系好标记带，前乳区用黄带，后乳区用红带，左右腿代表左右乳区。

⑧将新发的乳房炎牛转群与隔离到乳房炎牛舍，交付兽医进行诊断与治疗。

观察奶牛体表各处有无肿胀、外伤，腿上电子计步器带松紧度是否合适，蹄病牛的蹄绷带有无脱落、松紧是否合适（图1-9-6~图1-9-8）。

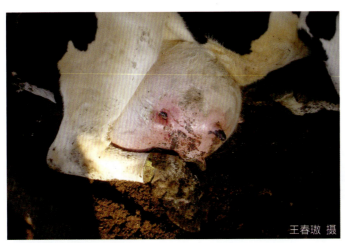

图1-9-5 乳房化脓性瘘管

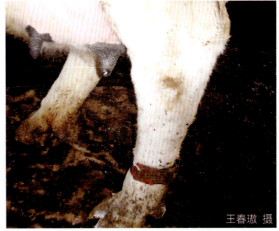

图1-9-6 计步器带过紧

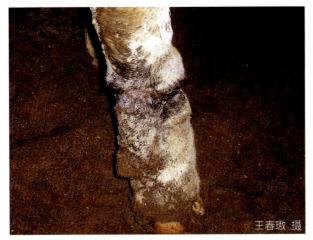

图1-9-7 解下计步器带后的皮肤1

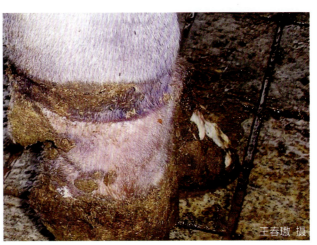

图1-9-8 解下计步器带后的皮肤2

（2）产后牛群的巡栏　参见第一章第五节产后护理规程。

（3）育成牛与青年牛群中病牛的巡查

1）育成牛群的巡栏。育成牛发病率很低，最常发生的疾病是损伤，如挫伤、骨折、创伤；传染性角膜结膜炎也是育成牛常发生的疾病之一；经常饲喂泌乳牛剩料的育成牛可能发生蹄叶炎，巡栏人员应重点观察育成牛是否发生这些疾病。

2）青年牛群中病牛的巡查。最常发生的是早产与流产，无布鲁氏菌病污染的牧场及没有饲喂霉败变质草料的牧场，早产与流产的牛发病率在1%左右。如果早产与流产发病率明显升高，要查明原因，无菌采取流产胎儿的肺、脾、肝、皱胃等脏器病料，送化验室进行细菌学诊断，确定病原，采取流产母牛的血液送化验室，分离血清，对布鲁氏菌病、牛传染性鼻气管炎（IBR）、牛病毒性腹泻（BVD）等传染病进行血清学诊断。

巡栏中注意妊娠青年牛的体况，特别注意妊娠后期青年牛的体况，防止过肥，体况评分不能超过3.5分。对体况超过3.75分的牛，通过调整饲料，控制体况。

青年牛产前乳房炎的检查：青年牛产前乳房炎发生多与卧床潮湿、粪道污染及饲料变质及饲料中含有玉米赤霉烯酮毒素等因素有关，巡栏人员发现产前乳房炎牛后，要在牛体上标记，将其转群到乳房炎病牛舍进行诊断与治疗，提出预防产前乳房炎的建议，如产前70d向乳房内注射干奶药、做好卧床与粪道的清理、严禁饲喂霉败变质饲料等。

（4）犊牛舍病牛的巡查

1）犊牛呼吸道疾病的巡查。进入犊牛舍如果不时听到咳嗽声，说明犊牛发生了呼吸道疾病，要仔细观察犊牛的精神状态、呼吸表现，有无流脓性鼻涕（图1-9-9）、有无呼吸困难（图1-9-10），对流脓性鼻涕与呼吸困难的牛，应在牛体上进行标记，通知犊牛舍管理人员，对发病犊牛隔离、诊断与治疗。

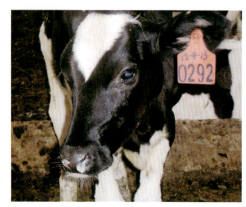

图1-9-9　犊牛脓性鼻涕

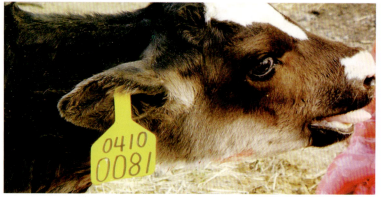

图1-9-10　犊牛呼吸困难、张嘴呼吸

对呼吸快伴有排稀粪的犊牛也要在牛体上进行标记，通知犊牛舍管理人员，对发病犊牛隔离、诊断与治疗。

2）犊牛消化道疾病的巡查。进入犊牛舍要注意犊牛卧床上及饲喂通道上犊牛粪便的性状，稀薄、带有肠黏膜、灰色、巧克力色、绿色、血色、带有大量泡沫的粪便等都是犊牛消化道疾病的表现。

腹泻的犊牛，尾根及肛门周围的被毛上大都黏附大量的粪便，被毛粗乱、消瘦。腹泻严重的犊牛，眼窝下陷、脱水、精神萎靡，在卧床的一角落卧地不起（图1-9-11）。对腹泻的犊牛，应在牛体上进行标记、隔离、诊断、治疗。

3）新生犊牛鼻部皮肤、牙龈的观察。新生犊牛常常有鼻端皮肤红和牙龈红的症状。要检查犊牛牙龈充血的程度和犊牛体温变化，并统计发病率，如果所有新生犊牛都有这种变化但体温正常，可能是犊牛先天性维生素C缺乏症的表现（图1-9-12）。经过10d左右，鼻端皮肤红与牙龈充血的症状逐渐消退。如果产后20d左右，犊牛鼻端皮肤出现溃疡变红（图1-9-13）、牙龈充血、体温升高到40℃以上，可能发生了传染性鼻气管炎，应采血送检，进行血清学诊断。

图1-9-11　腹泻犊牛，脱水、卧地不起

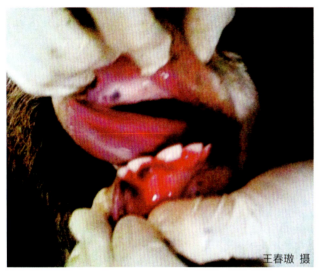

图1-9-12　犊牛先天性维生素C缺乏症，牙龈红

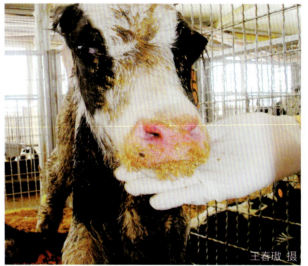

图1-9-13　犊牛先天性维生素C缺乏症，鼻端皮肤红

4）犊牛其他疾病的检查。注意犊牛有无脐疝、直肠与肛门畸形、先天性维生素D缺乏症、皮肤病。

5）犊牛发病原因的巡查。

牛舍的环境巡查：检查牛舍空气、温度、湿度是否符合犊牛舍管理标准（见第一章第四节）。

犊牛舍卧床的巡查：卧床垫料是否卫生，卧床垫料是否定期更换。

奶桶、水桶、料桶是否定期消毒。

新生犊牛吃的初乳是否符合标准，吃初乳后犊牛的免疫球蛋白是否达到要求的标准。

喂犊牛的奶是否真正做到巴氏消毒。

发现有不符合犊牛管理标准的问题，要向相关负责人员或场长汇报，改善管理措施，减少犊牛疾病的发生。

二、奶牛疾病的诊断程序

1. 奶牛疾病的一般诊断程序

1）将有病的牛转群到病牛隔离舍。

2）通过信息中心电子档案了解发病牛的胎次、产后天数、妊娠天数、泌乳量及以往病史等，并将这些信息登记在病历上。

3）每头病牛1个病历，内容包括牛号、发病时间、病史、体温、心跳、呼吸、临床表现、疾病名称、处理方案等，并报信息管理系统，建立病牛病历电子档案。

4）临床检查内容应包括体温，脉搏，呼吸次数，精神状态，鼻镜干湿情况、眼结膜色泽，粪便性状，腹围大小，有无臌气、积液等。

2. 病牛的临床检查

在一般检查的基础上，对怀疑的疾病要重点检查。

（1）排粪、采食、反刍减少，泌乳量降低奶牛的诊断　很多疾病都会引发上述表现。

1）皱胃变位：80%以上的皱胃左方变位的牛发生在产后20d内，发病牛泌乳量降低，采食、反刍、排粪减少，脱水，眼球下陷。特征性的诊断方法是在左侧倒数1~3肋间的肩断端水平线上进行叩诊与听诊，可出现典型的钢管音。

皱胃右方扭转，可发生在各个饲养阶段的成母牛，在右侧髋关节向前的水平线与右侧倒数1~3肋间相交的范围进行叩诊与听诊，可出现大范围的钢管音。

2）皱胃完全阻塞、皱胃不完全阻塞、皱胃积沙、皱胃内毛球或纤维球等疾病。在右侧腹乳静脉上方的腹壁上，将两手掌平放于腹壁上，用力向腹内冲击式推压与放松，反复进行，用手触诊、感觉皱胃的轮廓、大小、硬度，判定皱胃有无阻塞（图1-9-14）；在左侧髋关节水平线与倒数1~3肋间的范围内进行听诊，可听到范围小、时有时无的钢管音，这是确定皱胃完全阻塞、不完全阻塞，皱胃内毛球、纤维球等疾病的重要诊断方法。

3）肠管疾病。肠积沙、肠内毛球、纤维球阻塞、肠管套叠、肠扭转等疾病，要重点做以下几项检查：听诊肠的蠕动音，肠蠕动音减弱或消失；用手对右侧腹壁进行冲击式触诊，出现振水音；对右腹部肠攀区进行叩诊，出现金属音；若为肠积沙、肠管纤维球阻塞，则奶牛粪便减少，仅排出少量带有黏液的粪便；若为肠套叠、肠扭转，则奶牛排出少量带有鲜血块的粪便或不排粪。

4）胃肠粘连引起的奶牛排粪减少、排粪困难。胃肠粘连大多是局限性腹膜炎或弥漫性腹膜炎引起的，如误吃金属异物引起的创伤性网胃腹膜炎、子宫炎、子宫壁穿孔或人工授精

图1-9-14　奶牛皱胃的触诊检

过程中引起的子宫穿孔等。皱胃左方变位后的皱胃与左侧腹壁的粘连、局部坏死，均会导致奶牛的排粪减少或不能排粪。

对这类疾病可通过直肠检查发现粘连肠段，也可对腹腔进行穿刺，根据穿刺液的性状来判断。剖腹探查是确定粘连部位的可靠方法，也可对粘连部位剥离，解除粘连。

5）瘤胃积食。严重的瘤胃积食，瘤胃向右侧腹腔移位，压迫十二指肠，引起十二指肠假性阻塞，同时胃肠失去蠕动性，奶牛排粪减少。

（2）不吃、不反刍、产道排出血色液状物奶牛的检查

1）通过直肠检查，确定子宫有无异常、胎儿是否存活。

2）子宫扭转时，直肠检查可发现一侧子宫阔韧带异常紧张。

3）判定胎儿死亡的检查方法：直肠检查触摸胎儿的眼球，眼球不转动；触摸胎儿口腔舌头，胎儿口腔舌不动；直肠触摸子宫中动脉，无妊娠脉搏。

（3）**肢蹄病的检查** 通过运动检查和肢蹄的局部检查以确定患肢与患部。将牛保定在修蹄架上进行蹄部疾病的检查，必要时进行修蹄检查。蹄部以上的肢体病，要遵循肢蹄病诊断程序，站立检查、运动检查、局部检查，必要时进行神经传导麻醉诊断检查，以确定患肢与患部，确定病名，提出处理方案。

3. 疑难病牛的会诊与诊疗程序

建立会诊制度，当牛发生疑难疾病后，兽医要请示兽医主管进行会诊，参加会诊的人员有兽医主管、兽医师及技术人员。会诊可建立正确的治疗方案，减少治疗过程中的弯路，提高治愈率，同时也可给兽医及技术人员提供相互学习的机会。

对疑难疾病要会诊，确定疾病名称，提出处理方案。

4. 实验室检查

对不能确诊的疾病，可采集相关的病料，送化验室进行检验，临床常做的检验项目有以下几种。

（1）**血常规** 白细胞总数、红细胞总数、血红蛋白含量、红细胞比容、白细胞分类等，这类检查对发热性疾病很有意义。

（2）**血钙、血酮监测** 采血，送化验室化验，对指导产前产后的饲养管理及用药很有意义。

健康奶牛血清总钙含量为 2.1~2.5mmol/L，ICA 含量为 1.06mmol/L，总钙低于 2.0mmol/L 或 ICA 低于 1.06mmol/L 为亚临床低血钙。

健康奶牛血酮含量低于 1.2mmol/L，1.2~3mmol/L 为亚临床酮病，3mmol/L 以上为临床性酮病，酮病高发期为临产前及产后 70d。对有发病风险的牛，可检测血酮、乳酮或尿酮，确定酮病的有无及严重程度，从而采取相应的治疗措施。

（3）**隐性乳房炎和临床型乳房炎的实验室诊断** 隐性乳房炎及新发临床型乳房炎，在用药治疗前采奶样做细菌培养和药敏试验。如果检出金黄色葡萄球菌、无乳链球菌与支原体，病牛应隔离治疗。

（4）**猝死症** 采血、脾、肝、小肠，送化验室，直接涂片、革兰染色镜检或进行细菌培养鉴定。

（5）**球虫** 断奶后腹泻的犊牛，采粪样送化验室做球虫卵鉴定。

（6）**流产胎儿检测** 采集流产胎儿的脾、肝、肺、胃、肾等脏器，送化验室进行检验。流产率高的牧场，要进行布鲁氏菌病、IBR、BVD等疾病的血清学诊断。

（7）**皮肤病** 采病料送化验室鉴定有无螨虫。

（8）**血液涂片、瑞氏染色、镜检** 以确定有无血液原虫、微丝蚴虫及附红细胞体。

另外，对于疑为细菌性传染病的病牛，均需采集病料送化验室进行细菌培养及鉴定，为防治提供依据。

5. 建立正确诊断

在全面检查后进行综合分析，对病牛建立正确诊断。

6. 治疗

1）提出治疗方案，开写处方、领药、配药、注射与投药。

2）观察病牛恢复情况。治疗过程中，每天多次观察病牛采食、反刍、粪便等情况，观察治疗效果，并根据病情变化调整治疗方案。

3）将病牛的病情变化及治疗用药等记在病历档案上。

4）临床症状消退、精神及食欲全部恢复正常的牛即可停药。

5）泌乳牛使用抗生素治疗时要注意弃奶的天数，牛停药后在转群前做奶抗生素残留检测，阴性者方可转回泌乳牛舍。

6）将牛的转归情况报信息中心，输入电子档案。

7）写出病牛治疗总结。

（郭志刚）

第十节 奶牛体况评分

体况是指牛皮下体脂或能量储备的相对量。牛的体况评分（Body Condition Score，BCS）是以奶牛身体脂肪沉淀为依据，评价奶牛能量蓄积和营养健康状况的一种实用工具。它可以合理、准确的评估奶牛个体的能量储备、预测奶牛的多种疾病，辅助牧场管理。不合理的体况表现会影响奶牛的健康水平、繁殖率、泌乳持续力，也会导致其最终泌乳量下降。奶牛体况评分通常使用5分制，每0.25分为1个增量，用于评估奶牛各个生理阶段的营养状况。分值所代表的牛体状况分别为：1分瘦弱、2分瘦、3分平均体况、4分脂肪覆盖良好、5分肥胖。进行体况评分时，评分者通过观察奶牛骨盆和腰部特定解剖学位点进行评分，最佳观察位点是牛体的右侧和正后方。

一、体况评分步骤

（1）确定 3.0 分基线，分出"V"形和"U"形　从侧面观察牛的骨盆区域，当腰角（髋结节）到髋关节再到臀角（坐骨结节）的连线为"V"形时，BCS 为 3.0 分及以下；当腰角到髋关节再到臀角的连线为"U"形时，BCS 为 3.0 分以上（图 1-10-1）。

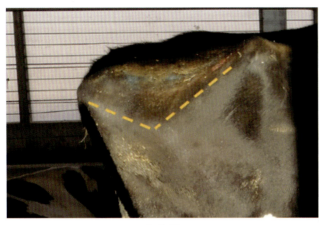 

"V"形　　　　　　　　　　　　　　　　　　　"U"形

图 1-10-1　侧面观察由腰角、髋关节、臀角连线的形状

（2）体况 3.0 分及以下的细分　确定腰角、髋关节、臀角连线形状为"V"形后，BCS 暂定为 3.0 分及以下。此时从奶牛后部观察腰角的皮肉附着情况：腰角显露形状呈浑圆时，BCS 为 3.0 分；腰角显露棱角时，BCS 为 2.75 分及以下（图 1-10-2）。坐骨连线的形状为"V"形且腰角显露棱角，再观察坐骨结节，坐骨结节处皮下有肉垫覆盖时 BCS 为 2.75 分（图 1-10-3）；观察不到肉垫覆盖时，用手捏感受到有脂肪层覆盖时 BCS 为 2.5 分，手感皮下无脂肪层时 BCS 为 2.25 分及以下。此时观察腰椎横突的肌肉覆盖情况，露出 1/2 腰椎横突时 BCS 为 2.25 分；露出 3/4 腰椎横突时 BCS 为 2.0 分（图 1-10-4），露出 3/4 腰椎横突并且腰椎棘突显示锯齿状凹凸不平时 BCS 为 2.0 分以下（图 1-10-5）。评分为 2.0 分以下的奶牛已经没有生产价值，表明该牛已经有严重的营养或健康问题。

浑圆　　　　　　　　　　　　　　　　　　　棱角分明

图 1-10-2　髋骨的形状

露出 1/2 腰椎横突

露出 3/4 腰椎横突

图 1-10-3 坐骨的形状，皮下有肉垫　　图 1-10-4 腰椎的肌肉覆盖

（3）体况 3.0 分以上的细分　确定腰角、髋关节、臀角连线形状为"U"形后，BCS 暂时定为 3.0 分以上。从牛体后部观察，骶骨韧带和尾根韧带均肉眼可见时，BCS 为 3.25 分（图 1-10-6）；骶骨韧带可见，尾根韧带勉强可见时，BCS 为 3.5 分（图 1-10-7）；骶骨韧带勉强可见，尾根韧带不可见时，BCS 为 3.75 分（图 1-10-8）；两韧带均不可见，BCS 为 4.0 分（图 1-10-9）；两韧带均不可见且所有的骨节点均是圆的，BCS 为 5.0 分（图 1-10-10）。表 1-10-1 为详细的奶牛体况评分标准。

图 1-10-5 腰椎露出 3/4 腰椎横突，且腰椎棘突显示锯齿状凹凸不平　　图 1-10-6 骶骨韧带和尾根韧带均肉眼可见

图 1-10-7 骶骨韧带可见，尾根韧带勉强可见　　图 1-10-8 骶骨韧带勉强可见，尾根韧带不可见

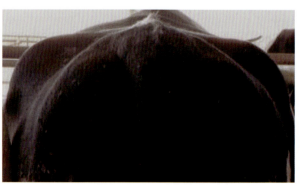

图 1-10-9 两韧带均不可见　　图 1-10-10 两韧带均不可见，所有的骨节点均是圆的

表 1-10-1　奶牛体况评分标准

体况评分	骨盆区域	腰角	坐骨结节	肋骨	尾根韧带	骶骨韧带	腰角	腰椎横突
<2.0	"V"形	有棱角	有棱角，摸不到脂肪	背端肋骨间有3/4肋骨沟可见				
2.0	"V"形	有棱角	有棱角，摸不到脂肪	背端肋骨间有3/4肋骨沟可见				
2.25	"V"形	有棱角	有棱角，摸不到脂肪	背端肋骨间有1/2肋骨沟可见				
2.5	"V"形	有棱角	有棱角，摸不到脂肪	无肋骨沟				
2.75	"V"形	有棱角	触感有较厚的脂肪垫	无肋骨沟				
3.0	"V"形	圆润	触感有较厚的脂肪垫	无肋骨沟				
3.25	"U"形	可见	可见		可见	可见	不平	可见
3.5	"U"形	可见	可见		勉强可见	可见	不平	可见
3.75	"U"形	可见	可见		不可见	勉强可见	不平	可见
4.0	"U"形	可见	可见		不可见	不可见	不平	可见
4.25	"U"形	可见	可见		不可见	不可见	平坦	勉强可见
4.5	"U"形	可见	不可见		不可见	不可见	平坦	勉强可见或不可见
4.75	"U"形	勉强可见	不可见		不可见	不可见	平坦	勉强可见或不可见
5.0	"U"形	勉强可见或不可见	不可见		不可见	不可见	平坦	勉强可见或不可见

注：未说明表示不作为评价指标。修改自：王玉洁，霍鹏举，孙雨坤，等.体况评分在奶牛生产中的研究进展[J].动物营养学报，2018, 30(09): 3444-3452 及 VASSEUR E, GIBBONS J, RUSHEN J, et al. Development and implementation of a training program to ensure high repeatability of body condition scoring of dairy cows[J]. Journal of Dairy Science, 2013, 96 (7):4725-4737.

二、体况评分示例

（1）体况评分（BCS）1 分奶牛　从侧面看，尾部的骨头很容易看到，并且肋骨具有"锯齿"外观；单独的腰椎横突清晰可见，腰角、髋关节和坐骨结节突出，骨头之间有深深的凹陷（图 1-10-11）。

从后面看，所有骨头突出部分都很容易看到，且棱角分明；在尾部周围和坐骨之间形成深腔；韧带和外阴突出，腿细、单薄，肌肉状况很差（图1-10-12）。

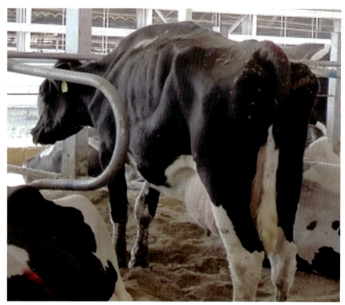
图1-10-11 体况评分1分奶牛侧方观

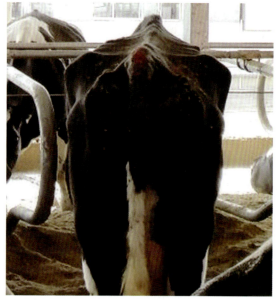
图1-10-12 体况评分1分奶牛后方观

（2）体况评分（BCS）2分奶牛　严重的能量负平衡。从侧面看，尾部和骨架突出，皮下脂肪覆盖有限；腰椎横突尖端到脊柱之间有3/4的长度清晰可见；髋骨和坐骨结节有棱角，具有突出的腰角（图1-10-13）。从牛的后方看，髋骨、坐骨结节和腰角突出；尾部两侧区域有下陷，但有适度的肌肉覆盖（图1-10-14）。

图1-10-13 体况评分2分奶牛侧方观

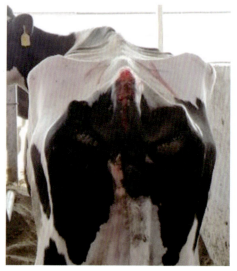
图1-10-14 体况评分2分奶牛后方观

（3）体况评分（BCS）2.75分奶牛　稍微瘦一点。从侧面看，骨架可见，腰椎横突尖端光滑但可见（图1-10-15）。腰角有棱角，但坐骨结节有脂肪覆盖；腰角、髋关节和坐骨结节之间形成"V"形（图1-10-16）。

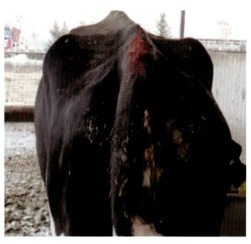

图 1-10-15　体况评分 2.75 分奶牛侧方观　　　　　图 1-10-16　体况评分 2.75 分奶牛后方观

（4）体况评分（BCS）3 分奶牛　体况良好。从侧面看，脊柱有较多的肉覆盖，脊柱外观圆形；腰椎横突尖端圆润；髋骨和坐骨结节也是圆形和光滑的，但腰角、髋关节和坐骨结节之间形成"V"形（图 1-10-17）。从牛的后方看，髋骨和坐骨结节圆润光滑；尾部周围没有深凹陷，看起来表面平滑，但无脂肪沉积的迹象（图 1-10-18）。

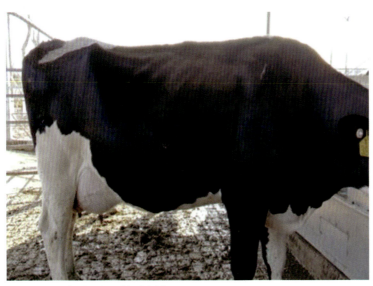
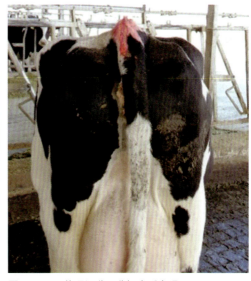

图 1-10-17　体况评分 3 分奶牛侧方观　　　　　　图 1-10-18　体况评分 3 分奶牛后方观

（5）体况评分（BCS）3.25 分奶牛　略显肌肉和脂肪覆盖。从侧面看，骨骼覆盖了更多的肌肉，腰椎横突尖端非常圆滑，髋骨和坐骨结节更为圆润；腰角、髋关节和坐骨结节之间形成"U"形（图 1-10-19）。从牛的后方看，髋骨和坐骨结节呈圆形，但骶骨韧带和尾根韧带仍然可见（图 1-10-20）。

（6）体况评分（BCS）4 分奶牛　过肥。从侧面看，脊柱和腰椎横突尖端几乎不可见；髋骨和坐骨结节非常圆滑，但骨骼仍然可见；髋骨和坐骨之间的区域脂肪填充、扁平（图 1-10-21）。从牛的后方看，髋骨和坐骨结节呈圆形，但仍然可见。从侧面看，腰角上方区域平坦，并且两侧髋骨之间的区域也是平坦的。骶骨韧带和尾根韧带均不可见（图 1-10-22）。

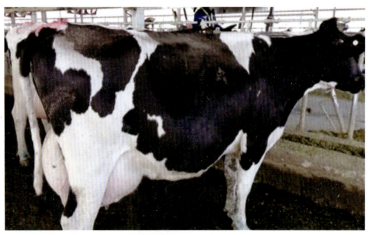
图 1-10-19 体况评分 3.25 分奶牛侧方观

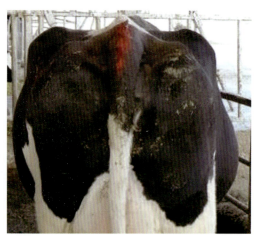
图 1-10-20 体况评分 3.25 分奶牛后方观

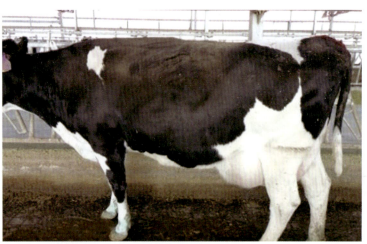
图 1-10-21 体况评分 4 分奶牛侧方观

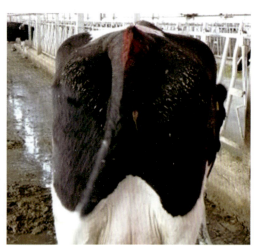
图 1-10-22 体况评分 4 分奶牛后方观

（7）体况评分（BCS）5 分奶牛　严重肥胖，最高分。从侧面看，脊椎、髋骨和坐骨结节不可见；腰椎横突的骨头边缘被完全覆盖，肋骨和臀部整个区域扁平；尾部区域呈圆形，脂肪沉积非常明显（图 1-10-23）。从牛的后方看，所有的骨端突出物都呈圆形，并且覆盖脂肪，尾根部埋在脂肪中；此外，臀部和后肢部也很容易看到脂肪沉积（图 1-10-24）。

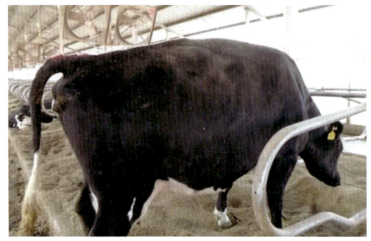
图 1-10-23 体况评分 5 分奶牛侧方观

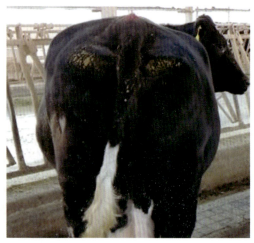
图 1-10-24 体况评分 5 分奶牛后方观

三、各阶段奶牛体况评分及反映的问题

各阶段奶牛体况评分及反映的问题，见表1-10-2。

表1-10-2 各阶段奶牛体况评分及反映的问题

产奶阶段	衡量标准体况	评分	反映问题	采取措施
泌乳后期（产奶250d）：体况评分最重要时期；理想评分为2.5~3.25分	3.5分以上的牛不超过牛群10%	<2.5	长期营养不良：泌乳量低，牛奶质量差	检查日粮中能量、蛋白质是否平衡；考虑提高日粮能量浓度
		>3.5	干奶及产犊时过肥：难产率高；下一胎次泌乳早期食欲差、体况下降快；下一胎次酮病及脂肪肝发病率高；下一胎次繁殖率低	干奶前降低体况：降低精饲料用量，尤其是在使用高淀粉饲料的情况时；不添加过瘤胃脂肪
干奶期：理想评分为3.0~3.5分	3.75分以上的牛不超过牛群10%。此阶段体况评分过高会导致泌乳早期体况评分下降过快	<2.5	产犊时体况差，为维持产奶及牛奶质量动用过多体脂，易出现酮病、胎衣不下等产后疾病	在干奶期提高膘情差的奶牛的体况
		>3.75	干奶前期可适当控制体况；干奶后期降低体况已经太迟，维持体况不增加否则会加剧体脂动员，增加产后脂肪肝及酮病风险；由于储存在骨盆腔内的脂肪会阻碍产道，难产率高	如体况超标，应在干奶前期降低体况，减少能量摄入；干奶后期不能"减肥"，使用过瘤胃烟酸、过瘤胃胆碱等进行酮病营养调控
产犊时：理想评分为3.0~3.5分	从产犊至产后42d，体况评分损失不超过0.5分	<2.5	体况过低意味着在能量负平衡时可动用的体脂不足；乳蛋白可能会低	考虑到干物质采食量不足，饲喂高能量浓度日粮；保证日粮中有足够的蛋白质水平；灌服丙二醇、注射科特壮预防酮病
		>3.5	食欲差，酮病发病率高；不能达到潜在泌乳量	监测酮病，个体牛早发现早治疗；酮病风险高的阶段，灌服丙二醇、添加过瘤胃烟酸、过瘤胃葡萄糖控制群发性酮病
泌乳早期：理想评分为2.75~3.5分	体况评分低于2.75分的奶牛不应超过牛群的10%	<2.75	不能达到潜在的产奶高峰；乳蛋白率较低；第一次配种受胎率低；体脂动员更多、更快；有缺陷的卵子数量增多，导致繁殖率低	如牛群整体体况差，应调整日粮配方，确保不再有体况损失；将体况差、产量高的奶牛区分开来，这些牛在恢复能量正平衡前很难受孕；产量不高且瘦的奶牛获得的能量不足
		>3.5	饲料转换率低；亚临床/临床性酮病发病率高；脂肪肝发病率高；胎衣不下发病率高	确保干物质采食量；密切观察亚临床及临床性酮病

（曹 杰）

第十一节 奶牛驱虫规程

驱虫是指在特定的条件下,使用驱虫药将宿主体内或体表上的寄生虫杀灭或驱除的一种措施。寄生虫在宿主体内或体表寄生的阶段是其生活史中较易被打破的环节。相反,当寄生虫处于外界环境的时候,虽然比较缺少庇护,但由于虫体小、散布广,往往难于被扑灭。驱虫不仅可以将宿主体内或体表的寄生虫杀灭或驱除,治疗寄生虫病,而且更重要的是可以有效地控制寄生虫病病原散布传播。因此,驱虫并不是消极的治疗,而是一种积极的预防措施。

制定合理的驱虫制度和程序,对奶牛实施定期驱虫,可有效地防止奶牛感染寄生虫病,提高饲料转化率及对疫苗的免疫应答水平,增强整体抗病能力。

一、进口奶牛的驱虫

进口的奶牛必须是健康无病的,按照国际兽医局(OIE)的规定和要求,奶牛进口前,出口地的兽医部门要对所要出口奶牛进行疾病特别是流行病的检查,并出具健康无病的证明文件。而且,进口的奶牛在入境时要通过一系列检疫。因此,理论上讲进口的奶牛应是健康无病的。但由于寄生虫病具有潜伏期长、症状不明显或无症状或隐性感染、病原在宿主体内发育时间长,一般为慢性经过等特点,所以,寄生虫感染有较大漏检可能性。为了确保进口奶牛无寄生虫感染,无论有无检出寄生虫,对进口的奶牛都要进行隔离驱虫观察,然后方可混群。

1. 全面了解出口地奶牛寄生虫病的流行病学资料

作为流行病,大多数寄生虫病呈地方性流行。不同的国家或地区,由于其地理环境、气候条件的差异,中间宿主的分布不同,传播媒介的分布及活动规律不同等,往往会造成在不同的地区有不同的寄生虫病流行。在引进奶牛时,要求全面地了解和掌握出口地奶牛寄生虫病的流行病学资料,如当地有何种常见的奶牛寄生虫病流行;最近几年暴发过何种奶牛寄生虫病;并详细了解所流行或暴发奶牛寄生虫病的流行规律,传播途径和方式;病原寄生虫的生活史过程,感染宿主后的潜伏期,在宿主体内的寿命,对宿主的致病性;中间宿主或传播媒介的种类及其活动规律、分布、密度、习性、栖息地、滋生地等;有无储藏宿主、保虫宿主及其活动规律、分布、习性及和奶牛的关系等;是否人畜共患寄生虫病,及人在该寄生虫病流行中的作用等。尽量全面详细地了解和掌握此等寄生虫病流行病学资料,可使随后的诊断检查和驱虫更具有针对性。

2. 对进口的奶牛进行全面寄生虫学检查

为了使驱虫更具有针对性,一般在驱虫前要对所引进奶牛进行全面的寄生虫学检查,对引进奶牛有无寄生虫感染,以及感染的种类、强度等做到心中有数。为了防止漏检,检查要全面彻底，必要时采用多种检查方法。

（1）**粪便检查** 粪便检查是诊断寄生虫病最常用的方法。寄生虫学粪便检查简单易行，是诊断寄生虫病，特别是蠕虫病必须要进行的方法。因为大多数的寄生性蠕虫是寄生在消化道内，它们的卵、节片、幼虫或成虫是随宿主粪便排至外界的。因此，粪便检查对诊断消化道以及与消化道相关的器官（肝、胰脏等）的寄生虫具有非常重要的意义。

粪便检查所使用的粪便应是新鲜的。因为在室温时，粪便中的虫卵会发育，有的蠕虫卵中的幼虫还会从卵中孵化出来。如不能即刻检查，应把待检粪便冷藏保存（不超过5℃）。如需转寄至别处检查时，可浸于等量的5%~10%福尔马林液或石炭酸中。为了完全阻止虫卵的发育，可把浸于5%福尔马林液中的粪便加热到50~60℃，此时，卵即丧失其生命力（将粪便固定于25%的福尔马林液中也可以取得同样的效果）。

1）直接涂片法：在清洁的载玻片上滴1~2滴水或甘油与水的等量混合液（甘油可使标本清晰，并防止过快蒸发变干），加少量粪便，用牙签或细木棒仔细混匀。再用镊子去掉大粪渣，加盖玻片，置光学显微镜下观察虫卵或幼虫。

2）漂浮法：其原理是采用比重高于虫卵的漂浮液，使粪便中的虫卵和粪便分开而浮于液体表面，然后进行检查。漂浮液通常采用饱和盐水，方法简便易行。取新鲜粪便2g放在平皿中，用镊子或玻璃棒压碎，加入10倍量的饱和盐水，搅拌混合，用粪筛或纱布过滤到平底管中，使管内粪汁平于管口并稍隆起为好，但不要溢出。静置30min左右，用盖玻片蘸取后，放于载玻片上，镜下观察；或用载玻片蘸取液面后翻转，加盖玻片后镜检；也可用特制的铁丝圈进行蘸取检查。

3）沉淀法：其原理是利用虫卵比重比水大的特点，让虫卵在重力的作用下，沉于容器底部，然后取沉渣检查。沉淀法分为离心沉淀法和自然沉淀法。离心沉淀法采用离心机加速沉淀过程，一般取5g被检粪便，加5倍量的清水搅拌均匀，过滤掉粗大粪渣后离心2~3min（每分钟500~1000转），倾去管内上层液体，再加清水搅匀，再离心，如此反复3次，然后取少量沉渣涂片镜检。自然沉淀法操作方法与离心沉淀法类似，只不过是将离心沉淀改为自然沉淀过程。沉淀容器可用大的试管进行，每次沉淀时间约为半小时以上。自然沉淀法缺点是所需时间较长，但其优点是不需要离心机，因而在基层乡下操作方便。沉淀法对各种蠕虫卵及幼虫均可查到，特别适用于检查比重大的虫卵（如吸虫卵等）。

（2）**血液检查** 血液检查是诊断奶牛梨形虫病、丝虫病的基本方法。

1）检查奶牛梨形虫。

①取血液涂片：耳部去毛，用75%酒精棉球消毒耳部，待干后用取血针刺破皮肤，挤出血滴，或颈静脉抽血。涂片不宜过厚，推片时中间不可停顿。

②固定与染色：血片必须充分晾干，否则染色时容易脱落。固定时滴管吸取少量甲醇或无水酒精滴在血涂片上，晾干。常用的染色有吉姆萨染色和瑞氏染色。

a.吉姆萨染色法：此法染色效果良好，褪色较慢，保存时间较久，但染色需要时间较长。将稀释的吉姆萨染色工作液滴于固定的血片上，染色半小时（室温），再用pH7.0~7.2的缓冲液冲洗。血片晾干后镜检。

b. 快速吉姆萨染色法：吉姆萨染液1mL，加缓冲液5mL，如前法染色5min后用缓冲液冲洗，晾干后镜检。

c. 瑞氏染色法：此法操作简便，但甲醇蒸发甚快，易在血片上发生染液沉淀，且较易褪色，保存时间短。多用于临时性检验。瑞氏染液含甲醇，薄血膜不需要先固定。滴染液使其覆盖全部血膜上，30s至1min后用滴管加等量的蒸馏水，轻轻摇动载玻片，使蒸馏水与染液混匀，3~5min后用水缓慢地从玻片一端冲洗，晾干后镜检。

2）检查微丝蚴。奶牛有腹腔丝虫等丝虫寄生时，可在末梢血液中查到微丝蚴。

①新鲜血片检查：夜间21:00至第二天凌晨2:00取耳血1滴滴于载玻片上，加盖玻片，在低倍镜下观察，发现蛇形游动的幼虫后，做染色检查，以确定虫种。苏木素染色法：将已溶血、固定的厚血膜片在德氏苏木素液内染10~15min，在1%酸酒精中分色1~2min，蒸馏水洗涤1~5min，至血膜呈蓝色，再用1%伊红染色0.5~1min，以水洗涤2~5min，晾干后镜检。

②活微丝蚴浓集法：在离心管内装蒸馏水半管，加血液10~12滴，再加生理盐水混匀，离心沉淀3min，取沉渣检查。或取静脉血1mL，置于盛有3.8%枸橼酸钠0.1mL的试管中，摇匀，加水9mL，等红细胞溶化后，离心（3000rpm/min）2min，倒去上液，加水再离心，取沉渣镜检。

（3）**皮肤检查** 皮肤检查是诊断螨类，虱、蜱类等外寄生虫的必要手段。样本的采集直接关系到能否准确检测出病原、确诊病名和制定一系列的具体防治措施。依据流行病学特点、临床症状、病理变化等的不同，应采集不同的样本，并保证样本的新鲜。一般检验的样本包括被毛、皮屑（病痂）、爪、脓液、皮肤分泌物或渗出物等。

1）样本采集：疥螨、痒螨等大多数寄生于家畜的体表或皮内，因此应刮取皮屑，置于显微镜下，寻找虫体或虫卵。刮取皮屑应选择患病皮肤与健康皮肤交界处，先剪毛，用消毒的凸刃小刀，使刀刃与皮肤表面垂直，刮取皮屑，至皮肤轻微出血。在野外工作时，为了避免风吹掉刮下的皮屑，可在刀片上先蘸一些水、煤油或5%的氢氧化钠溶液，使皮屑黏附在刀上。将刮下的皮屑集中于培养皿或试管内，带回供检查。对蠕形螨病，可用力挤压病变部，挤出脓液，将脓液摊于载玻片上供检查。

2）直接检查法：在没有显微镜的条件下，可将刮下的干燥皮屑，放于培养皿内或黑纸上，在日光下暴晒，或用热水或炉火等对皿底或黑纸底面给以40~50℃的加温，经30~40min后，移去皮屑，用肉眼观察（如在培养皿中，在观察时则应在皿下衬以黑色背景），可见白色的虫体在黑色背景上移动。

3）显微镜直接检查法：将刮下的皮屑，放于载玻片上，滴加煤油或10%氢氧化钠溶液或液体石蜡或50%甘油于病料上，覆以另一张载玻片。搓压玻片使病料散开，分开载玻片，置显微镜下检查。煤油等有透明皮屑的作用，使其中虫体易被发现。

4）虫体浓集法：为了提高检出率，可采集较多的病料，置于试管中，加入10%氢氧化钠溶液。浸泡过夜（如急待检查可在酒精灯上煮数分钟），使皮屑溶解，虫体自皮屑中分离出来。而后待其自然沉淀（或以每分钟2000转的速度离心沉淀5min），虫体即沉于管底，弃去上层液，吸取沉淀检查；或向沉渣中加入60%硫代硫酸钠溶液，待虫体上浮，再取表面液体检查。

5）温水检查法：将病料浸入40~45℃的温水里，置恒温箱中，1~2h后，将其倾入表面玻璃上，解剖镜下检查。活螨将在温热的作用下，由皮屑内爬出，集结成团，沉于水底部。

(4) **分泌物、排泄物检查**

1) 痰液：痰中可检查出肺丝虫卵、棘球蚴的原头蚴、粪类圆线虫幼虫、蛔蚴、钩蚴、尘螨等。

①直接涂片法：在洁净载玻片上先加1~2滴生理盐水，挑取痰液少许，最好选带铁锈色的痰，涂成痰膜，加盖玻片镜检。

②浓集法：收集24h痰液，置于玻璃杯中，加入等量10%氢氧化钠溶液，用玻棒搅匀后，放入37℃温箱内，数分钟后痰液消化成稀液状。分装于数个离心管内，以每分钟1500转的速度离心5~10min，弃去上清液，取沉渣涂片检查。

2) 尿：一般先离心，后取沉渣镜检。但乳糜尿需加等量乙醚，用力振荡，使脂肪溶于乙醚。然后吸去脂肪层，离心，取沉渣镜检。

3) 阴道分泌物检查毛滴虫。

①直接涂片法：用消毒棉签擦拭受检查牛阴道分泌物，然后在有1~2滴生理盐水的载玻片上做涂片镜检，可发现活动的虫体。天气寒冷时，应注意保温。

②悬滴法：取阴道分泌物置于周缘涂抹一薄层凡士林盖玻片上的生理盐水中，翻转盖玻片小心覆盖在具有凹孔的载玻片上，稍加压使两片黏合，液滴悬于盖玻片下面，镜检。

(5) **免疫学和分子生物学检查** 某些寄生虫由于寄生部位、感染强度等因素，常规的寄生虫学检查方法不易查到虫体，如奶牛新孢子虫、弓形虫等。可采用免疫学和分子生物学检查方法，如皮内试验、免疫荧光法（IF）、酶联免疫吸附试验（ELISA）、聚合酶链式反应（PCR）等。

3. 驱虫药物的选择和使用

(1) **选用驱虫药物的标准** 选择及正确使用合理的驱虫药物是奶牛驱虫的关键环节，驱虫药物种类很多，应合理选用，正确使用，以便更好地发挥药物的疗效。选用驱虫药物一般应遵循以下原则：

1) 安全：抗寄生虫药物不仅对寄生虫有杀灭作用，而且对宿主也有不同程度的副作用或毒性。所以要选择对虫体作用大、对宿主毒性小的药物，安全始终是选用驱虫药物首先要考虑的。

2) 高效：高效的抗寄生虫药物，应当是对成虫、幼虫，甚至虫卵都有较高的驱杀效果。所谓高效驱虫药，应在使用单剂一次投服时，其驱净率在60%~70%及以上，这样才能使驱虫工作收到完全效果。

3) 广谱：奶牛寄生虫病多数都是混合感染，特别是不同类别的混合感染。因此，只对一种或少数几种寄生虫有效的药物，已经远远不能适应生产实践的需要；而要求代之以能驱杀多种不同类别虫体的药物，这样可免除使用多种药物、多次投药的麻烦及由此引起的毒副作用。

4) 剂量小：驱虫药剂量小，使用方便，便于集体驱虫使用。若应用剂量太大，给使用带来不便，推广困难。

5) 适口性好：驱虫药以无味或无特殊异味，又能溶于水的为理想。使用时可将药物溶在水中或混入饲料中，使驱虫工作由强制投药改为自饮或自食，节约人力而提高工作效率。

6）价格低廉：奶牛属经济动物，在防治寄生虫病时，必然要考虑到经济核算问题，应尽量降低驱虫成本。

（2）抗寄生虫药物的应用及注意事项

1）根据蠕虫病普遍混合感染的特点，一般采用2种或2种以上的驱虫药进行联合应用，可起到协同作用，扩大驱虫范围，提高疗效，并可减少驱虫次数，提高工作效率。

2）抗寄生虫药一般对宿主机体都有一定的毒性，若用药不当，即可引起中毒。因此，使用抗寄生虫药物时，必须十分注意药物的剂量和疗程。在应用抗寄生虫药物进行大范围驱虫前，必须先做小群试验，以免发生大批中毒现象。

3）小剂量反复或长期使用某些抗寄生虫药物，易诱发耐药性，甚至对同一类药物可产生交叉耐药性，降低驱（杀）虫的效果。在实际驱虫工作中，应经常更换使用不同类型的抗寄生虫药物，这样可避免或减少耐药性的产生。

4）有些抗寄生虫药物在动物体内的分布和在组织内的残留量及其维持时间长短，对公共卫生关系非常重要。含有某些残留量的产品（肉、乳）供人食用，威胁人体健康，造成公害。国家对抗寄生虫药物的使用限制及休药期有条例规定，使用时应严格遵照国家相关规定。

4. 对检出寄生虫感染奶牛的驱虫治疗

对检出寄生虫感染的奶牛，应根据所检出寄生虫的种类和特性，选用特效抗寄生虫药，在严格隔离的条件下，对检出的奶牛进行驱虫治疗。具体治疗方案和疗程应依据所检出寄生虫的寄生部位、生活史、对药物的敏感性等制定。治疗期间应定期进行寄生虫学检查，必要时可进行多次驱虫治疗，直到体内的寄生虫完全被驱除为止。

5. 对未检出寄生虫感染的奶牛的驱虫观察

寄生虫感染的特点之一是多为慢性、隐性感染，少量感染时常规的检查方法不易查到寄生虫。因此，寄生虫学检查阴性并不一定表示体内没有寄生虫感染，为了安全起见，对未检出寄生虫感染的进口奶牛，也要进行常规驱虫。驱虫时应注意以下几点：

（1）**驱虫时间**　驱虫应在引进后混群前立即进行。

（2）**驱虫场所**　驱虫应在专门的、隔离的场所进行，以防止寄生虫对环境的污染以及方便对粪便等排泄物的无害化处理。

（3）**隔离观察时间**　进行驱虫时及驱虫后，应有一定的隔离观察时间，直至病原物质排完为止，一般隔离观察时间不少于15d。

（4）**驱虫后粪便的处理**　驱虫后排出的粪便和一切病原性物质均应集中处理，采用粪便发酵等"无害化"方法进行处理，以避免寄生虫病原的散布和对环境的污染。

二、犊牛的驱虫

断奶前后的犊牛对寄生虫等病原最易感，建立合理的犊牛驱虫规程，定期对犊牛驱虫可减少牛群感染寄生虫的概率，间接提高饲料转化率，促进后备牛生长，增强对疾病的抵抗能力，提高奶牛对疫苗的免疫应答水平，同时可避免因寄生虫在奶牛体内的移行造成的继发感染，提高健康水平。由于体外寄生虫是很多传染性疾病的传播媒介，对犊牛进行有效的驱虫保健，可防止一些借助于体外寄生虫传播疾病的传播。因为不同的时间、不同的药物选择、不同的驱虫方法会有不一样的效果，所以必须制定出合适的驱虫程序。

1）驱虫前的寄生虫病流行病学调查、寄生虫学检查及驱虫药物的选择和使用请参照"一、进口奶牛的驱虫"中相应部分。

2）驱虫程序：在寄生虫病流行病学调查和寄生虫学检查的基础上，根据当地寄生虫感染流行的具体情况，制定出合理的驱虫程序。

①驱虫时间：犊牛断奶时，由于饲料变化较大，免疫抗病力会相应降低。此时如有寄生虫感染，极易引起疾病的暴发流行。所以犊牛在断奶前后要各进行1次常规驱虫，可提供犊牛的整体抗病力。具体的驱虫次数和时间应根据寄生虫病流行病学调查和寄生虫学检查的结果制定，如在有犊牛蛔虫病流行的地区应在犊牛15~30日龄时进行1次针对性驱虫。

②驱虫药物：驱虫药物的选择应根据寄生虫病流行病学调查和寄生虫学检查的结果，有针对性地选择驱虫药物。一般情况下驱虫药要搭配使用，几种驱虫药要配伍使用，可显著提高其抗药性虫株的敏感性。联合使用驱虫药，如把2种或多种抗蠕虫药按比例配合使用，利用药物间的协同作用增强驱虫药效，可起到延缓驱虫药抗药性产生的速度。

③驱虫方法：将驱虫药物人工研碎后单独逐头撒入饲料或者直接人工灌服，目的是确保每头牛饲喂到位，谨防过多或者过少，保证驱虫效果。驱虫也要在隔离的条件下进行，以防止病原的扩散及污染。驱虫后要继续隔离观察2周，以保证病原完全排除干净。驱虫后排出的粪便和一切病原性物质均应进行"无害化"处理。

三、开放式牛舍及放牧奶牛的驱虫

相比封闭式集约化饲养的奶牛，对于开放式牛舍及放牧奶牛来说，寄生虫感染的机会要大大增加。许多奶牛的寄生虫为直接发育型，即生活史中不需要中间宿主的参与，特别是一些线虫。此类寄生虫虫卵或幼虫排出奶牛体外后，污染牛舍或牧草地，在潮湿温暖的条件下，经过一定时间发育为感染性虫卵或幼虫，再被奶牛采食而受感染。而有中间宿主的寄生虫，大多数中间宿主为低等生物如螺蛳、蚯蚓、地螨、蚂蚁等，多数生活在牛舍、牧草地的环境中。更有一些作为传播媒介的节肢动物如蚊、蝇、蠓、蚋、蜻蜓、蜱等，广泛分布在牛舍、牧草地并随牛群而动。饲料、饮水易被寄生虫虫卵、幼虫或中间宿主所污染，因此，开放式牛舍及放牧奶牛，更容易感染寄生虫病。因而对开放式牛舍及放牧奶牛的驱虫就更为重要。

1. 定期进行流行病学调查，做好奶牛寄生虫病监测工作

做好奶牛寄生虫病监测，对奶牛特别是开放式牛舍及放牧奶牛的驱虫具有重要的指导意义。可以根据本地寄生虫病种类，采用虫卵检测技术，每年进行2~4次定期监测，然后根据监测结果

确定是否有必要驱虫，并根据监测结果选择相应的驱虫药物进行驱虫。

检查的内容包括临床检验、实验室检验、寄生虫定期检查、流行病学调查研究、区系调查，以及市场检疫、交通检疫、肉品卫生检验等有关资料。

寄生虫病诊断检测技术较多，但在奶牛场，虫卵检测技术为首选，定期监测可采用虫卵计数法，这既可以检测寄生虫种类，又可以检测寄生虫相对数量，据此可制定出科学合理的驱虫程序。

2. 驱虫时间

选择最佳驱虫时间和最佳驱虫药物，是驱虫成功与否的关键。因为时间、药物选择、驱虫方法不同对奶牛驱虫有不一样的效果，所以必须制定出适合本场的驱虫程序。

驱虫应有适宜的时间，这要根据寄生虫的流行病学特点来确定。对于大多数蠕虫，在秋、冬季驱虫较好。秋、冬季不适于虫卵和幼虫的发育，大多数寄生虫的卵和幼虫在冬天是不能发育的，所以秋、冬季驱虫可以大大减少寄生虫对环境的污染。另外，秋、冬季也有助于减少寄生虫借助蚊、蝇昆虫传播。

"成熟前驱虫"主要应用于某些蠕虫，是趁一种蠕虫在宿主体内尚未发育成熟的时候，用药驱除。怎样确定驱虫时间，要依据对其生活史和流行病学的了解以及药物的性能等而定。这种方法的优点在于，第一，将虫体消灭于成熟产卵之前，这就防止了虫卵或幼虫对外界环境的污染；第二，阻断宿主病程的发展，有利于保护牛体健康。

3. 驱虫次数

"定期驱虫"是开放式牛舍及放牧奶牛场最常采用的方法，也是最见成效的方法。一般每年定期进行1~3次驱虫：每年春秋两季的全群驱虫，对于饲养环境较差的奶牛场，每年在5~6月增加驱虫1次。另外，还应根据当地寄生虫感染程度、流行特点、不同牛群的具体情况等，增加或减少驱虫次数，制定最佳驱虫程序。如犊牛断奶时或转群后10d用托曲珠利（百球清）驱虫，防止断奶后产生的营养应激，诱导寄生虫的侵害；种公牛每年必须保持4次驱虫，以保证优良的健康状况；青年牛可每年4月和10月各进行1次驱虫；泌乳牛进入干奶期进行1次驱虫；驱虫药为伊维菌素或阿维菌素。

4. 牛舍及环境卫生

环境卫生是减少寄生虫感染或预防感染的有效措施。环境卫生包括许多方面的内容，但除了改善管理，提高清洁水平等一般性工作之外，更为重要的是依据对寄生虫生活史和流行病学的精确了解，制订有针对性的方案，在最适宜的地点和时间，攻破它们的流行环节。如对于牛肝片吸虫预防来说，应从粪便管理、灭螺和饲料来源等方面采取措施。

（赵孝民）

第十二节 奶牛繁育管理规程

一、牧场牛群的合理结构

合理的牛群结构是决定牧场未来发展的关键所在，那么到底什么样的牛群结构才是合理的呢？

全年平均产犊牧场各阶段牛群的比例推荐为：成母牛占牛群总数的65%（其中泌乳牛头数占成母牛总数的80%，干奶牛头数占成母牛总数的15%，围产牛头数占成母牛总数的5%），后备牛占牛群总数的35%（其中0~2月龄犊牛头数占牛群总数的3%，3~6月龄犊牛头数占牛群总数的7%，7~12月龄育成牛头数占牛群总数的9%，13~24月龄牛头数占牛群总数的16%）；奶牛场保持合理的牛群结构有助于维持生产的稳定、效益的提升和高效的管理。

二、奶牛繁育各项生产指标

1. 总则

繁殖是泌乳开始和继续的启动阀，奶牛繁殖技术管理是奶牛生产的关键技术之一。牧场管理者和繁殖人员认真落实和做好奶牛繁育的各项指标的统计和考核，对奶牛场至关重要。

有研究表明，奶牛的理想繁殖周期是1年1胎，胎间距范围为360~390d，胎间距每增加1d，额外成本增加约16元人民币。胎间距过短，影响本胎次泌乳量，而胎间距过长，影响终生泌乳量。奶牛的繁殖是决定牧场是否良性运营的关键。繁殖工作做得好，牧场扩群越快，生物资产增值越快。否则，平均泌乳天数过长，泌乳量低，过肥牛只增多，产后疾病增多，淘汰率越来越高。因此，制定科学的中长期奶牛繁殖管理策略对提高泌乳量和牧场经济效益意义重大。

2. 生产目标

1）成母牛年繁殖率大于或等于85%。

2）年繁殖淘汰率小于或等于8%。

3）产后90d时发情鉴定率大于或等于90%。

4）平均产后首配天数小于或等于75d。

5）21d妊娠率成母牛大于或等于28%　青年牛大于或等于45%。

6）青年牛平均产犊月龄25个月以下。

7）每周孕检要求：

①青年牛：情期受胎率大于或等于60%，发情鉴定率大于或等于95%；性控精液情期受胎率大于或等于55%，发情鉴定率大于或等于95%。

②泌乳牛：情期受胎率大于或等于45%，发情鉴定率大于或等于65%。

8)每月 2 次孕检要求:

①青年牛:空怀率小于或等于 1%。

②泌乳牛:空怀率小于或等于 3%。

3. 繁育生产指标计算方法

1)情期受胎率 = 总妊娠牛头数 / 总配种牛头次 ×100%。

2)妊娠鉴定率 = 总妊娠牛头数 / 总孕检头数 ×100%。

3)2 次孕检空怀率 =2 次孕检空怀牛头数 /2 次孕检总牛头数 ×100%。

4)年总受胎率 = 年内受胎牛总头数 / 年内配种牛总头数 ×100%。

5)年繁殖率 =(年内分娩牛头数 + 出售牛中预测年内分娩牛头数)/(年初 13 月龄以上母牛头数 + 年初 13 月龄以下在年内分娩牛头数)×100%。

6)年繁殖淘汰率 = 年内因繁殖疾病淘汰牛头数 / 年内应繁殖母牛头数 ×100%。

7)产后 90d 时发情鉴定率 = 产后 90d 之内发情牛头数 / 总产后 90d 之内牛头数 ×100%。

8)21d 妊娠率 =21d 内妊娠牛头数 / 总应参配牛头数 ×100%。

9)平均配种情期数 = 总配种情期数 / 总妊娠牛头数。

10)平均产后首配天数 = 总参配牛首次配种时产后天数之和 / 总参配牛头数。

11)平均产犊间隔 = 个体产犊间隔之和 / 产犊母牛头数。

12)青年牛平均产犊月龄 = 青年牛产犊时月龄之和 / 总产犊青年牛头数。

三、奶牛发情鉴定管理及同期处理程序

发情鉴定的目的是及时发现发情母牛,合理控制配种时间,防止误配漏配,提高妊娠率。现代奶牛养殖业由于牛舍内部坚硬的水泥地面使发情活动减少达 50%~90% 及以上;奶产量提高使发情持续时间缩短 35%~80%;由于规模扩大使每头牛发情观测时间平均减少 50% 以上,所以做好奶牛的发情鉴定是繁育部门的重点工作之一。

1. 常见的发情监测方法

(1)**外部观察** 母牛主要根据外部表现来判断发情状况。

1)发情前期:母牛常爬跨其他母牛,从阴道流出稀薄、透明的黏液,阴门开始发红、肿胀,但此时不让其他母牛爬跨。

2)发情中期:性欲旺盛,流出的黏液量增多,且黏稠、不透明,被其他母牛爬跨时,安静不动,有的弓腰、举尾、频频排尿,呈现愿意接受交配的样子。

3)发情后期:接近排卵时,又表现不让其他母牛爬跨,其他症状(如黏液量、透明度、阴门红肿等)都较中期差。

(2)**内部检查**

1)阴道检查:发情母牛的阴道黏膜充血、肿胀、有光泽,黏液积存于阴道下,子宫颈管和子

宫外口松弛并开张，利于精子进入子宫内。发情结束时，黏液充血消失，呈浅桃红色，黏液变少。

2）直肠检查：手伸入母牛的直肠内，隔着直肠壁触摸子宫体变化（发情牛子宫触诊有弹性，无发情时子宫松弛）来判断母牛的发情情况，可以鉴定是真发情还是假发情；还可以诊断子宫是健康的还是疾病状态。但母牛的发情持续期较短，卵泡较小，直肠检查时要细心、沉着，结合综合观察，适时配种。

3）计步器、项圈。

2．奶牛发情规律及其异常情况

（1）**奶牛发情时间分布** 奶牛发情（爬跨）的开始时间：

0:00~6:00，占43%（加强夜班观察工作，及时发现）。

6:00~12:00，占22%。

12:00~18:00，占10%。

18:00~24:00，占25%。

（2）**异常发情** 母牛的发情由于受多种因素的影响，一旦母牛发情超出正常规律，就是异常发情。主要有：

1）隐性发情：就是母牛发情没有明显的性欲表现，常多见于产后瘦弱母牛。其原因是促滤泡生成素和雌激素分泌不足、营养不良、泌乳量高等。另一方面值得注意的是母牛的发情持续时间较短，舍内饲喂时间较长，最容易漏掉。

2）假发情：母牛的假发情有两种情况：一是有的母牛已配种妊娠而又突然表现发情，接受其他牛爬跨；二是外部虽有发情表现，但卵巢内无发育的滤泡，最后也不排卵。前者，在进行阴道检查或直肠检查时，子宫外口表现收缩或半收缩，无发情黏液，直肠检查能摸到胎儿。后者，常表现在患有卵巢机能不全的育成牛和患有子宫内膜炎的成母牛。

3）持续发情：正常母牛的发情持续时间较短，但有的母牛连续发情2~3d及以上。其原因是卵巢囊肿：主要是由于不排卵的卵泡不断发育、增生、肿大、分泌过多的雌激素，造成母牛发情时间延长。奶牛的发情周期，大体上在18~23d的范围内，平均为21d。由于环境条件、个体等不同，发情周期的长短也有些差异，如夏季稍长，冬季稍短；初产牛稍短，经产牛稍长；瘦牛稍短，肥牛稍长，气候炎热则短等。奶牛发情的持续时间，大体上为0.5~1d，长者可达3~4d，短者只有2h左右，平均为18h左右。

3．发情鉴定方法

（1）**发情鉴定笔鉴定法** 优点：简单易操作，观测准确，区别混群。

将所有符合配种条件的牛每天使用专用蜡笔在尾根上部进行2次涂抹（上、下午各1次），长8~12cm、宽3cm，同时进行24h发情观察；奶牛发情爬跨时会将尾根涂抹蜡笔颜色蹭掉，上、下午各2次巡舍观察发情，尽可能记录发情牛的第1次稳爬时间，同时也要知道发情结束时间以及发情持续时间等，这有利于输精时间的准确推算和适时配种；对于发情不明显的牛进行跟踪观察，必要时可通过直肠检查来确定其是否发情。这里的难点在于第1次稳爬时间地准确判断。

(2) **每天配种 1 次** 优点：用人少、简单易操作，观测准确，区别混群。

将所有符合配种条件的牛每天使用专用蜡笔在尾根上部进行 2 次涂抹 (每天上午)，长 8~12cm、宽 3cm；奶牛发情爬跨时会将尾根涂抹蜡笔颜色蹭掉，必要时可通过直肠检查来确定其是否发情，使用发情揭发、冻精解冻、奶牛配种 3 个 7 步流程进行 (图 1-12-1~图 1-12-3)。

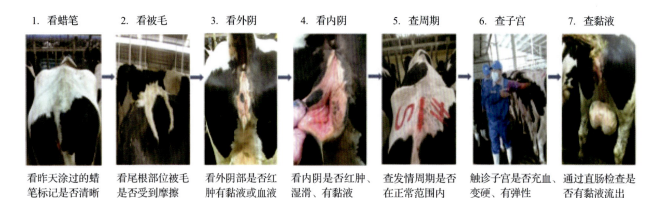

图 1-12-1 发情揭发 7 步流程

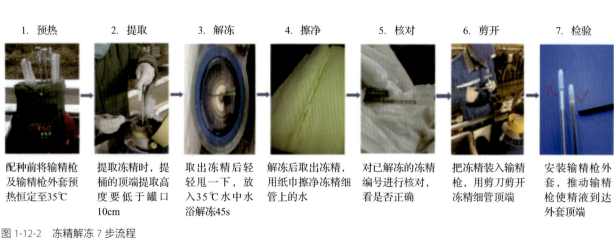

图 1-12-2 冻精解冻 7 步流程

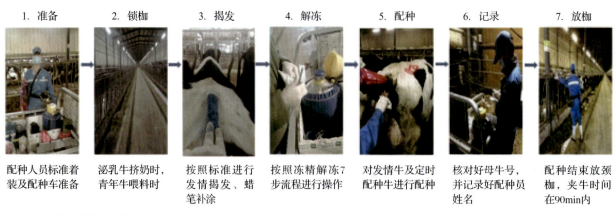

图 1-12-3 奶牛配种 7 步流程

(3) **计步器鉴定法** 优点：软件通过奶牛活动量检测自动识别发情牛，取代人员观测，还可识别蹄病牛。

计步器有两个功能：牛号识别和奶牛活动量监测。通过每小时行走的步数设定相应的参数来观测发情，繁育人员可通过软件提示的牛号对发情牛进行参配，较少漏情，有效降低了员工工作量。

要求：牛群调动率小，设备质量好、故障率低。

4. 奶牛同期发情（排卵）技术

（1）**首次配种双同步处理方案**　此方案中间发情牛不配种，100%定时配（图1-12-4）。GnRH为促性腺激素释放激素，PG为前列腺素。

```
GnRH    7d    PG    3d    GnRH   7d    GnRH   7d    PG    1d    PG   1.5d   GnRH   16h   TAI
33~39d      40~46d      43~49d      50~56d      57~63d     58~64d    59.5~65.5d    60~66d
```

图1-12-4　首次配种双同步处理方案

（2）**首次配种预同期处理方案**　详见图1-12-5。

```
PG      18d    PG     14d    PG    ┬ 发情 ——→ DIM≥50d, AI
15~21d        33~39d         47~53d│
8:00          8:00           8:00  │                    ┬ 发情 ——→ AI
                                   └ 未发情  11d  GnRH  │
                                                58~64d  │           ┬ 发情 ——→ AI
                                                8:00    └ 未发情  7d  PG │
                                                                  65~71d│
                                                                  8:00  │        GnRH     16h   TAI
                                                                        └ 未发情 2.5d 67.5~73.5d  68~74d
                                                                                    16:00       8:00
```

图1-12-5　首次配种预同期处理方案

对于首次配种同期方案的选择，牧场根据实际情况进行选择。

（3）**针对初孕检未孕泌乳牛的处理方案（GPPG）**　详见图1-12-6。

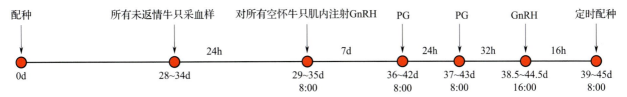

图1-12-6　针对初孕检未孕泌乳牛的处理方案

确定采血时间的原则是：

1）必须在配后28~34d对全群未返情牛只进行采血。

2）确保采血后的24h由品控（化验室）出具结果，从而保证上述方案顺利实施。

（4）**针对初孕检未孕泌乳牛的提前处理方案（GPPG，提前处理）**　详见图1-12-7。

确定采血时间的原则是：

1）必须在采血前6d对所有未返情牛只注射GnRH。

2）必须在配后28~34d对全群未返情牛只进行采血。

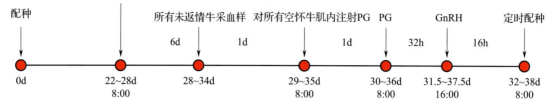

图 1-12-7　针对初孕检未孕泌乳牛的提前处理方案

3）确保采血后的 24h 由品控（化验室）出具结果，从而保证上述方案顺利实施。

对于首次配种同期方案的选择，牧场根据实际情况进行选择。

（5）针对复检泌乳牛空怀牛只处理方案（0789）　详见图 1-12-8。

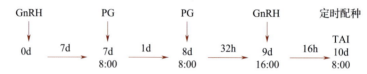

图 1-12-8　针对复检泌乳牛空怀牛只处理方案

每周复检后发现空怀牛只，根据参配圈相近原则，为方便现场操作，要求和未孕泌乳牛一起处理。

（6）针对青年牛处理方案　详见图 1-12-9 和图 1-12-10。

1）从 395 日龄开始配种，采用涂蜡笔和人工观察发情方法。

2）若 410 日龄仍没有发情的牛只，肌内注射 PG 5mL，11d 以后（421 日龄）对未发情的牛只再肌内注射 1 头份 PG。

3）9d 以后（430 日龄）仍然没有发情配种的牛只采用图 1-12-10 所示的处理方案。

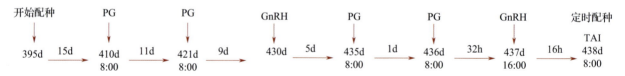

图 1-12-9　针对青年牛的处理方案（430 日龄之前）　图 1-12-10　针对青年牛的处理方案（430 日龄以后）

注：PG、GnRH 按照药品说明书规定，注射 1 头份剂量。

四、奶牛人工授精管理规程

人工授精：是人为地将奶牛冻精送入奶牛子宫内使其受孕的方法。

实际生产中奶牛繁殖包括：自然繁殖（自然交配）、人工授精、胚胎移植 3 个方法。人工授精有 2 种方式：常规冻精授精和性控冻精授精。

1. 常规冻精授精操作流程

（1）输精前准备

1）物品。输精枪、塑料枪套、纸巾、用于提取冻精用的棉手套、用于记录的纸张和笔、用于取冻精用的镊子和钳子、解冻杯子、温度计、细管剪刀、冻精。

2）挑选出符合配种条件的牛只。

①青年牛参配标准：根据后备牛培育水平来设置，一般在13~15月龄开始配种，参配时体重要达到成母牛的50%~55%。随着后备牛培育水平的提高，标准可设为：月龄必须达到13月龄、身高必须达到130cm、体重大于或等于385kg。

②泌乳牛参配标准：产后子宫恢复到正常大小就可以进行配种，牧场可以结合泌乳量、产后子宫恢复情况进行设定，一般产后50d开始配种，产后110d内必须配种1次。

（2）人工输精

1）冻精的准备：用质量有保障的冻精公司的奶牛冻精。

①根据育种方案，预先知道要提取的冻精号（或登记号）。

②提斗不要超过液氮罐颈部位置。

③提取时间：小于5s。

④取出冻精后在空气中停留2~3s，使细管上的液氮挥发，以防止细管爆裂。

2）精液的解冻。

①从罐里提取精液时，提桶的顶端提取高度要低于罐口10cm。

②5s内未能取出时再放入液氮中30s后重试。

③解冻水温为35℃。

④解冻时间为45s。

⑤为提高工作效率，减少夹牛时间过长造成的应激，在参配数量多时，可适当增加解冻冻精数量，一次最多可解冻5支，执行多支（小于或等于5支）冻精解冻时要求8min内（从冻精提取到本次解冻的最后1支冻精完成输精结束）必须完成输精操作。为保证效果，操作时需要关注解冻杯水温保持在35℃，解冻杯内冻精细管不要相互粘连。多支解冻时必须保证冻精准确使用，每次解冻必须为相同型号冻精。

3）细管装入输精枪。

①用纸擦温输精枪（温度低于35℃），同时用纸包住枪头保证温度。如果温度低于26℃，则需要对输精枪加热。

②再次校对公牛名（号）及冻精号。

③装入细管，然后用专用剪刀剪开。

④取出解冻好的精液，用卫生纸擦净细管上的水，在8min内完成输精。

4）输精技术要点。

①输精时间为发情开始后8~12h输精受胎率最高。

②输精部位为子宫体（在子宫角和子宫颈的连接处，只有1~2cm）。

③插枪时的力度一定要轻柔缓慢，以免损伤子宫黏膜。

④输精后仍持续爬10~12h的用同种公牛精液再次输精（补配），在48h内不计配种次数，每月补配率应控制在2%以内。

⑤输精枪前端在通过子宫颈的横行而不规则排列的皱褶时的手法是输精的关键技术。可用

改变输精器前进方向、回抽、滚动等操作技巧配合子宫颈的摆动，使输精枪前端柔顺地通过子宫颈。禁止以输精枪硬戳的方法进入。

⑥输精枪护套管不得重复使用。输精枪具用完后应及时清洗并消毒干燥。为避免污染，在授精全过程中均须保持清洁卫生。

⑦再次核对发情牛号，配种员经过学习与培训经繁育主管同意和授权后方可开始做人工授精操作。

⑧戴上塑料手套，涂上润滑油，按摩直肠。

⑨手臂进入直肠时，应避免向与直肠蠕动相反的方向移动。分次掏出粪便，但要避免空气进入直肠而引起直肠膨胀。

⑩通过直肠壁用手指插入子宫颈的侧面，伸入宫颈之下部，然后用食、中、拇指握抓住宫颈。宫颈比较结实，阴道质地松软，宫体似海绵体（触摸后为弹性的实感）。

⑪输精枪以 35°~45° 角度向上进入分开的阴门前庭段后，略向前下方进入阴道宫颈段。

⑫精液的注入部位是子宫体，在确定注入部位无误后注入精液（要求在 5s 内输完，忌输精太快）。

⑬退出输精枪和塑料外套。

（3）输精完成后的工作

①奶牛臀中部位两侧用蜡笔涂上"s"字母，表示已输精。

②把输精器具擦净且洗手。

③做好记录：包括牛号、配种日期和与配公牛号。

2. 性控冻精授精

其具体操作流程与常规精液一致，只是在输精时间上有所不同，因性控精液中的有效精子数量少于常规冻精，故输精时间要晚于常规冻精，具体时间为：发情开始后 12~16h。性控精液一般选择在青年牛前 2 次、头胎牛的首次配种时使用。

3. 提高重复配种奶牛的受胎率

1）在配种时注射 100μg 的促性腺激素释放激素。

2）在配种时注射 50μg 的促排三号。

3）配种后 5d 注射 2000~3000IU 的绒毛膜促性腺激素。

4. 提高奶牛夏季繁殖效果

夏季奶牛的发情鉴定率低，发情奶牛排卵率和排卵时间发生改变，可通过以下方法得以改善。

1）应用定时输精程序，注意选择合适的程序。

2）发情后或在配种时注射促性腺激素释放激素或促排 3 号。

五、药物使用规范

1. 繁殖常用药物使用规范

（1）促性腺激素释放激素（GnRH） 使用前1~2h用生理盐水稀释至5mL，肌内注射，稀释的药物保证当天用完，不可隔天使用。

（2）前列腺素（PG） 肌内注射，注射量为5mL/（头·次）。

2. 注射部位及注意事项

针头型号为16#*25-35，注射器可以根据牧场实际情况选择相对合适的一次性注射器（10mL）、金属注射器（10mL）、连续注射器。

繁育药物注射全部为肌内深部注射，注射部位在尻部、颈部、臀部，如图1-12-11所示的红色区域。

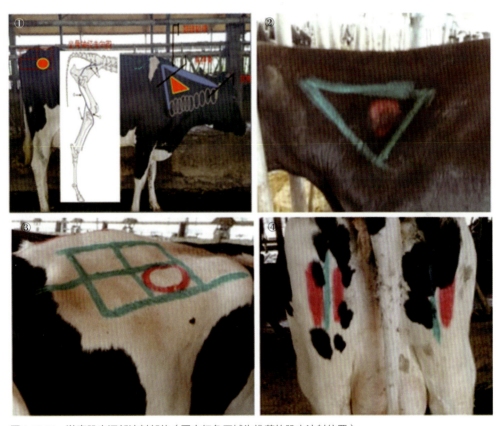

图1-12-11　激素肌内深部注射部位（图中红色区域为推荐的肌内注射位置）

六、奶牛妊娠鉴定管理程序

要提高奶牛生产的经济效益，除要饲养优良种畜外，必须提高奶牛繁殖率，最好做到1年1胎，这样每年可得到1头牛犊，而且年年可获得较高的奶产量，就可以获得最好的经济效益，要做到1年1胎，必须要在奶牛产后85d内配上种，这一时期称为空怀期（奶牛妊娠期280d左右），因此奶牛的空怀期越长造成的经济损失越大。

1. 妊娠诊断的意义

在母牛的繁殖管理中，妊娠诊断尤其是早期妊娠诊断，是减少空怀、提高繁殖率和增加泌乳量的重要措施之一。

1）经妊娠诊断，确认已妊娠的母牛应加强饲养管理；而未妊娠母牛要注意再发情时的配种和对未妊娠原因的分析。不能一次配种后停止，必须对未妊娠牛做好再次配种的管理。

2）在妊娠诊断中还可以发现某些生殖器官的疾病，以便及时治疗；对屡配不孕牛也应及时淘汰。对于奶牛群来说，早期妊娠诊断的错误，极易造成发情母牛的失配。

3）妊娠检查是对配种员的一项重要考核指标以及决定干奶日期和产犊预算的重要依据，妊娠母牛中有2%~3%会有发情表现，妊娠检查不准时会对已妊娠母牛造成误配，导致精液浪费或造成流产，从而人为地延长产犊间隔。在妊娠诊断中只要失误13.5个发情周期（283d），就相当于少产1头犊牛，损失1个泌乳期，对经济效益影响很大，同样也能看出发情鉴定工作在奶牛生产中的重要性。

2. 妊娠诊断的方法

妊娠诊断方法虽然很多，目前应用最普遍的是直肠检查法（常用）、B超孕检，最先进的是血液孕检法（准确）。

（1）外部观察法 妊娠最明显的表现是周期发情停止。随时间的增加、母牛食欲增强，背毛出现光泽，性情变得温顺，行动缓慢。

在妊娠3~4个月开始，通过乳房发育变化判断妊娠月龄（针对头胎牛），在妊娠后半期（5个月左右）腹部出现不对称，右侧腹壁突出。8个月以后，右侧腹壁偶尔可见到胎动。在输精后一直（或一定的时间阶段，如21d、40d、60d或120d）观察是否发情，算不返情率（不再发情牛数占配种牛数的百分数）来估算牛群的受胎情况。

（2）直肠检查法 直肠检查法是判断是否妊娠和妊娠时间的最常用且可靠的方法。其诊断依据是妊娠后母牛生殖器官的一些变化。在诊断时，对这些变化要随妊娠时期的不同而有所侧重：如妊娠初期，主要是子宫角的形态和质地变化（理论）；30d以后以胚胎的大小为主；中后期则以卵巢、子宫的位置变化和子宫动脉特异搏动为主。在具体操作中，探摸子宫颈、子宫和卵巢的方法与发情鉴定相同。

1）检查方法。

未妊娠母牛的子宫颈、子宫体、子宫角及卵巢均位于骨盆腔；经产牛有时子宫角可垂入骨盆腔入口前缘的腹腔内。

未妊娠母牛两侧子宫角大小相当，形状相似，向内弯曲如绵羊角；经产牛会出现两角不对称的现象。触摸子宫角时有弹性，有收缩反应，角间沟明显，有时卵巢上有较大的卵泡存在，说明母牛已开始发情。

妊娠20~25d，排卵侧卵巢有突出于表面的妊娠黄体，卵巢的体积大于对侧。两侧子宫角无明显变化，触摸时感到壁厚而有弹性，角间沟明显。

妊娠30d，两侧子宫角不对称，孕角变粗、松软、有波动感，弯曲度变小，而空角仍维持原有状态。用手轻握孕角，从一端滑向另一端，有胎泡从指间滑过的感觉。

若用拇指和食指轻轻捏起子宫角，然后放松，可感到子宫壁内似有一层薄膜滑开，这就是尚未附植的胎膜。技术熟者可摸到比黄豆稍小的胚胎，子宫角的粗细依胎次而定，胎次多的较胎次少的稍粗。

妊娠40~46d，孕角开始增粗，孕角波动明显，角间沟清楚，40d时候有液体感，两角弯如羊角样，用手轻握孕角，从一端滑向另一端时有摸到玻璃球样的胚胎（图1-12-12）。

妊娠47d，孕角明显变粗，用中指顺着角间沟轻轻地提起子宫角从一端滑向另一端时有摸到蛋黄样大的胚胎，仍可清楚地摸到整个子宫。

妊娠60d左右，孕角明显增粗变长，相当于空角的2倍，孕角壁软而薄且有明显的液体波动，角间沟变平已摸不清楚了，子宫角开始垂入腹腔，但仍可摸到整个子宫和比软壳蛋微大的胚胎（图1-12-13）。

图1-12-12 妊娠40d流产的胎儿

图1-12-13 妊娠58d流产的胎儿

妊娠90d，角间沟完全消失，子宫颈被牵拉至耻骨前缘，向腹腔下垂，两角共宽一掌多，也可摸到整个子宫角，偶尔可触到浮在胎水中的胎儿，子宫壁一般均感柔软，无收缩。妊娠90d，如果触诊不清子宫时，手提起子宫颈，可明显感到子宫的重量增大。孕侧子宫动脉基部开始出现微弱的特异搏动。妊娠90d，液体波动感清楚，少数牛的子宫体壁上可摸到比蚕豆小的胎盘突。子宫有的大如排球，波动感明显；空角也明显增粗。

妊娠120d，子宫及胎儿全部沉入腹腔，子宫颈已越过耻骨前缘，一般只能触摸到子宫的局部及该处的很多子叶，如蚕豆大小，有的个别子叶比正常卵巢稍小。妊娠120d（4个月），手提子宫颈时感觉很重很难提动。实际操作中也很难摸到胎儿和孕角的卵巢，但空角卵巢仍然能摸到。子宫动脉的特异搏动明显。

妊娠5个月，子宫全部沉入腹腔，在耻骨前缘稍下方可摸到子宫颈，胎盘突更大。往往可以摸到胎儿。摸不到两侧卵巢。孕角侧子宫动脉已较明显,空角尚无或有轻微妊娠脉搏(图1-12-14)。

妊娠6个月,胎儿已经很大,子宫沉到腹底。只有牛胃充满而使子宫后移升起时,才能触及胎儿。胎盘突如鸽蛋样大小。孕角脉更加明显,空怀角脉增强。

妊娠7个月,由于胎儿更大(图1-12-15),从此以后容易摸到;牛的胎儿活动得也多。胎盘突更大。两侧子宫中动脉均有明显的孕脉,个别牛甚至到产前空怀角孕脉也不显著。

图1-12-14 妊娠5个月流产的胎儿　　　　　　　　图1-12-15 妊娠228d早产的胎儿

妊娠8个月,子宫颈回到骨盆前缘或骨盆腔内。很容易触及胎儿。胎盘突大如鸡蛋。两侧孕脉明显。

妊娠9个月,胎儿的前置部分进入骨盆入口。手深入直肠,贴在骨盆侧壁不用特意摸清楚就能感到明显的孕脉颤动。把手掌打开往前可摸到胎儿的头或前肢,以及胎动。妊娠9个月,有经验者可通过外部观察到一些产犊迹象(阴门红肿、流少量较稠的黏液、个别头胎牛乳房水肿等)。

总结:妊娠120d直至分娩,子宫进一步增大,沉入腹腔,甚至可达胸骨区,子叶逐渐增大如鸡蛋;子宫动脉两侧都变粗,并出现更明显的特异搏动,用手触及胎儿,有时会出现反射性的胎动。寻找子宫动脉的方法是,将手伸入直肠,手心向上,贴着骨盆顶部向前滑动。在岬部的前方可以摸到腹主动脉的最后一个分支,即髂内动脉,在左右髂内动脉的根部各分出一支动脉,即为子宫动脉。通过触摸此动脉的粗细及妊娠特异搏动的有无和强弱,就可以判断母牛妊娠的大体时间阶段。

2)值得注意的问题。

①母牛妊娠2个月之内,子宫体和孕侧子宫角都膨大,对胚胎的位置不易掌握,触摸感觉往往不明显,对初学者在判断上容易造成困难。必须反复实践才能掌握技术要领。

②妊娠3个月以上,由于胎儿的生长,子宫体积和重量的增大,使子宫垂入腹腔,触摸时,难以触及子宫的全部,并且容易与腹腔内的其他器官混淆,给判断造成困难。最好的方法是找到子宫颈,根据子宫颈所在位置以及提拉时的重量判断是否妊娠,并估计妊娠的时间。

③牛怀双胎时,往往双侧子宫角同时增大,在早期妊娠诊断时要注意这一现象,部分母牛妊

娠后有假发情现象。配种后20d左右，部分母牛有发情的外部表现，而子宫角又有孕相变化，对这种母牛应做进一步观察，不应过早做出发情配种的决定。

④妊娠子宫和子宫疾病的区别。因胎儿发育所引起的子宫增大和子宫积脓、积水有时形态上相似，也会造成子宫的下沉，但积脓、积水的子宫提拉时有液体流动的感觉，脓液脱水后是一种面团样的感觉，而且也找不到子叶的存在，更没有妊娠子宫动脉的特异搏动。

3）B超孕检法。人耳的听觉范围有限度，只能听到20~20000Hz的声音，20000Hz以上的声音就无法听到，这种声音称为超声。和普通声音一样，超声能向一定方向传播，可以穿透物体，如果遇到障碍就会产生回声，不同的障碍会产生不同的回声，反映在屏幕上的图像就各不相同。

B超诊断法是利用超声波的物理特性和不同组织结构特性相结合的物理学诊断方法。图像的颜色以黑、白、灰为主，黑色为液体，白色为骨骼，灰色为肌肉。

黑色代表：弱的回声，超声穿透力较强（羊水、尿液、卵泡液、血液等）。

白色代表：强性回声，超声穿透力较差（骨骼、韧带、增生物、结石）。

灰色代表：中性回声，超声穿透力较弱（肌肉、黄体、炎性分泌物等）。

B超检查的3个步骤：1.确定黄体的位置在哪一侧；将子宫角和卵巢在盆腔的位置触摸清楚，以有利于知道B超探头放的具体位置。初步判定哪侧子宫角有变化或者卵巢比较饱满，以有利于知道B超探头放在哪一侧的子宫角。2.查看黄体侧子宫体内有无液体；将B超探头进入直肠，放在我们要探测的子宫角一侧，进行扫描，得出图像，判定结果。3.查看液体内有无胚胎。

4）血液孕检法。血液孕检法是判断是否妊娠最准确可靠的方法。其诊断特点是早期、准确、省力、易于操作。

①检查方法：通过检测血液中只有妊娠时特有的与妊娠相关的糖蛋白来实现，是一种简便的实验室方法。

②检测原理：捕获ELISA，实验室96孔板早期检测妊娠相关，糖蛋白（PAGs）。

③样品类型：血清，EDTA血浆。

④检测程序：即取即用型试剂，总检测时间不到2.5h。

⑤最早期、最准确的实验室检测：从妊娠的第28天起整个妊娠期都可以检测，产后60d转为阴性（不干扰下一妊娠），超过99%把握确认空怀牛（NPV）。

⑥清晰简便的结果判读（S-N；cutoff 0.30），阳性：妊娠；阴性：空怀。

无复检区域，在采样当天即可准确判断空怀牛（图1-12-16）。

3. 妊娠诊断时间与原则

妊娠检查更应叫"空怀"检查，强调奶牛如果空怀必须采取行动（再同期、定时配种）。

图1-12-16　血液孕检样品显示

（1）妊娠诊断时间

1）技术人员的技术水平是关键。

2）理解一定的胚胎早期死亡：①胚胎的自然死亡；②直肠检查引起的死亡；③是否对空怀牛采取措施。

（2）妊娠诊断原则

1）早期。

2）准确。

3）安全。

熟练的诊断技术用于奶牛养殖当中，能够在奶牛的繁殖管理方面发挥重大的作用。

（王春江）

第十三节　奶牛舒适度与奶牛健康

奶牛舒适度与奶牛生产性能、奶牛健康之间有密切关系。躺卧时间的增加不但可以增加奶牛的泌乳量，而且可以减轻蹄病的负担，改善肢蹄健康。卧床表面的材质、垫料的厚度以及维护状况可以影响到奶牛前后肢关节的评分。而卧床的垫料维护、垫料的干物质含量等还会影响奶牛的乳房炎细菌类型和严重程度。在围产期，牛舍卧床和颈枷的密度、调群的应激、冷热应激等都会影响奶牛的产奶高峰和产后奶牛健康。

一、奶牛舒适度与躺卧时间

奶牛舒适度近几年受到行业的广泛关注，大多数人认为奶牛舒适度是影响奶牛健康和增加生产性能的关键要素。众多的研究集中在自由卧床的设计以及自由卧床对奶牛躺卧时间的影响，最近的一些研究集中在饲喂区域和站立区域的设计。重点应关注奶牛对自由卧床的喜好性，以及卧床管理措施对卧床利用率和牛损伤的影响，增加躺卧时间不仅对奶牛休息很重要，而且可以减少奶牛站立在水泥地面上的时间。

1. 躺卧时间

如何测定奶牛每天躺卧多长时间？取 40 个电子数据采集器（图 1-13-1）随机绑到评估牛群的 40 头牛任意一后肢上。72h 内每分钟自动记录 1 次牛躺卧还是站立。

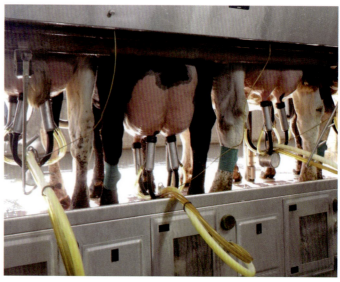

图 1-13-1　牛腿上的电子数据采集器

奶牛每天应躺卧12h左右，足够的休息对维持奶牛健康和生产是很关键的。躺卧时间是让奶牛说话来判定卧床设计以及管理环境等是否合理，它是一个敏感的指标。

2. 卧床测定

卧床的设计和管理实践数据（如垫料维持、牛群密度、采食空间、挤奶时离开圈舍的时间）是通过实地测定卧床和访问牛场管理者获得。这些测定有助于寻找、分析牛场的限制性因素，提示奶牛舒适度应关注的地方。

3. 提高自由卧床的舒适度

不同的卧床设计对奶牛行为的影响包括健康、休息和站立时间以及跛行等。

（1）**牛群密度** 牛群过密会降低卧床的可利用度，增加牛只间的竞争、降低躺卧时间（Fregonesi et al.，2007）。

（2）**卧床结构** 奶牛喜欢宽的卧床，卧床宽度增加到120cm后可增加躺卧时间（Tucker et al.，2004）。

（3）**颈部横梁** 移除颈部横梁，抬高其高度（125cm）或往前移（175~187cm），增加奶牛站立在卧床上的时间，降低跛行的风险。移除颈部横梁降低跛行（Tucker et al.，2005；Bernardi et al.，2009；Fregonesi et al.，2009）。

（4）**胸挡板** 没有胸挡板的卧床通常躺卧时间会高（Tucker et al.，2006）。

（5）**卧床维护** 不管任何季节奶牛都喜欢躺在干的卧床上。保持卧床的干燥和维持厚的垫料（齐平或高出后沿），增加躺卧时间（Drissler et al.，2005；Fregonesi et al.，2007；Reich et al.，2010）。

（6）**卧床表面** 奶牛喜欢足够的表面柔软的卧床。更多的垫料可以增加躺卧时间减少关节损伤。与橡胶垫卧床相比，深槽卧床能够降低跛行的风险（Tucker et al.，2003，Tucker and Weary，2004；Tucker et al.，2009；Ito et al.，2010）。

这些结果为合理设计和管理卧床提供了科学依据。宽的、维护良好的、限制少的、不拥挤的卧床能够增加奶牛躺或站在卧床时间，降低关节损伤和跛行。

4. 自由卧床

（1）**卧床表面** 最新的一项研究表明躺卧表面是设计一个舒适躺卧区域首要考虑的问题。我们提供的圈舍不应该引起损伤或者其余的健康风险。尽管众所周知，但糟糕的卧床造成的健康问题屡见不鲜。奶牛喜欢躺在有足够垫料并且躺卧表面柔软的地方。与仅有少量垫料的橡胶垫相比，好的卧床面会增加躺卧时间、阻止跗关节的损伤、降低跛行的风险。

（2）**卧床的维护** 随着时间的变化，卧床垫料的数量会逐渐减少，奶牛躺卧时间也会相应地减少。垫料每降低1in（2.54cm），奶牛躺卧时间大约每天减少0.5h。在深卧槽的牛场通常也可见到跗关节的损伤，通常是由于卧床没有很好地维护导致跗关节接触水泥面所致。

不管在任何季节，奶牛都喜欢干的垫料。维持足够的干的垫料（等于或高于后端坎墙）可增加躺卧时间、降低损伤风险。

（3）**卧床的架构** 通常自由卧床设计是为了限定奶牛在某一特定区域躺卧，这样能够避免牛粪污染牛床，然而不幸的是，我们给牛设定的限定越多，牛会越不舒服。

奶牛喜欢宽的卧床（115~125cm），可能是因为这样它们接触挡杆的机会减少。宽的卧床会增加奶牛四肢都站立在卧床上的比例，而降低奶牛两肢站在粪道或其他区域的机会。

颈部横杆的位置对奶牛站立行为也有重要影响。颈部横梁的高度以及距离卧床后端的距离影响奶牛的站立。颈部横梁的更多限制（太低或距离后端太近）会阻止奶牛四肢站立在卧床上，增加奶牛站立在其余水泥地面的时间。

移除颈部横梁，抬高其高度（125cm）或往前移（175~187cm）增加奶牛站立在卧床上的时间，降低跛行的风险。

我们应提供一个干净、舒适的卧床供牛躺卧。然而，奶牛经常在卧床上会增加粪便污染卧床的概率，通常卧床设计者的做法是给牛增加更多的限制逼着牛站立到水泥粪道排粪。阻止牛利用卧床固然可以保持卧床干净，狭窄的卧床和颈部横梁的限制会降低粪便污染牛床。然而单纯的卧床干净并不能反映卧床是好的。舒适的卧床通常会有更高的卧床率因而更有可能被粪便污染。因此利用率高的卧床要像牛床的其他设备一样需要增加维护。

（4）**避免自由卧床过度拥挤** 奶牛大约仅有一半时间躺卧，所以是不是说可以放更多的牛在牛舍中使其轮流休息？错了，躺卧时间是同步的，意味着奶牛会在同一时间内躺卧。密度过大的后果是增加牛之间的竞争，降低其躺卧时间。

（5）**卧床布局** 卧床的布局也会影响卧床的使用。有些卧床，尤其是那些远离食槽和边缘的卧床，奶牛更不愿意躺卧，可能是奶牛需要走更多的路才能躺卧或者因为她们在行走到远的卧床时必须要经过某些物理（如狭窄过道）或者社会（如主导牛）的阻碍。如果有些卧床不能被很好地利用，如牛：卧床为1：1可能会影响牛的躺卧等。

二、奶牛舒适度与跛行

1. 行走评分标准

在挤奶结束后奶牛退出挤奶厅时，对所评估牛圈中的所有牛进行行走评分，1~5分的评分标准如下：

（1）1分"完美" 步态平稳而连贯，背部平坦，步态均匀。

（2）2分"不完美步态" 轻微的不均匀步态，轻微的关节僵硬，但是不至于瘸腿。

（3）3分"轻度跛行" 步态短，弓背，轻微瘸腿。

（4）4分"中度跛行" 明显的瘸腿，严重的弓背，头明显地上下摆动。

（5）5分"严重跛行" 有一条腿不能行走，或者不敢站立，移动。

2. 行走评分的目的

1分和2分被认为是健康的牛；3分为轻度跛行牛；4分和5分为严重跛行的牛。

跛行是当今奶业生产中影响奶牛生产和福利的最严重的问题。奶牛跛行的代价非常大，会导致泌乳量降低、影响繁殖性能、增加淘汰率。早期的鉴定、处理和预防措施能够降低跛行的风险，减少跛行带来的生产性能的损失。

3. 跗关节损伤

多少牛有跗关节损失？

挤奶时所评估圈舍的所有牛都进行了跗关节评分（图 1-13-2）。

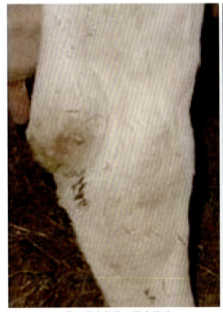 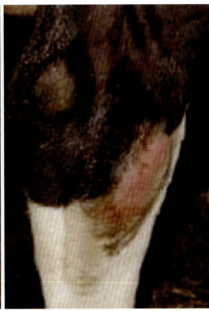 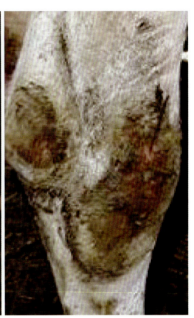

1 分：没有肿胀，没有掉毛　　　2 分：没有肿胀，但关节表面光秃、掉毛　　　3 分：明显肿胀或者损失

图 1-13-2　跗关节评分图

每头牛随机选 1 个跗关节进行评分，所用的评分标准为康奈尔大学的跗关节评价标准。1 分为健康，3 分为可见肿胀或严重损伤。

跗关节的健康反映了奶牛受躺卧表面的摩擦情况以及奶牛的舒适度。跗关节损失通常是长时间接触粗糙的躺卧表面所致。皮肤的破损会为细菌感染创造条件，能够导致肿胀、不舒服以及可能的跛行。

一套严谨的跗关节评分体系能够帮助发现改善的空间，以及评估管理改善后的效果。

4. 膝关节肿胀

多少牛膝关节肿胀？

泌乳时对所评估圈舍的所有牛的膝关节进行评分。

对明显肿胀的牛的数量进行记录（3 分）。

前肢腕关节的损失通常是由于牛躺下时反复地接触硬表面所致。有规律地监测前肢腕关节的肿胀或损失为评估躺卧区域的舒适度提供一个方法（图 1-13-3）。

 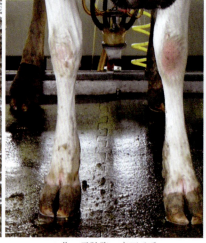 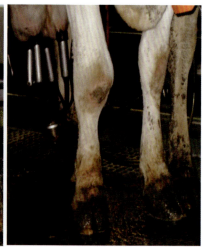

1分：无肿胀，无掉毛　　　　　2分：无肿胀，表面毛秃　　　　　3分：明显肿胀或损失

图 1-13-3　前肢腕关节评分图

5. 跛行的风险因子

1）站立在水泥地面，尤其是湿的或者粗糙的地面。

2）修蹄不频繁或方法不当。

3）卧床设计不合理或垫料不足。

4）地面粪尿中的细菌引起炎症（如引起皮炎）。

5）消毒不严格。

6）生理性风险。

7）围产期牛管理不当。

8）基因选育问题（扁平蹄）。

9）高谷物饲料，引起瘤胃酸中毒。

10）日粮缺乏有效纤维。

6. 站立区域

通常人们会想，当奶牛离开挤奶厅后，她们应该不是在采食就是在躺卧休息。然而牛不会因人的想法而改变。即使是在设计非常好的卧床下，奶牛也仅仅一半时间在躺卧，另一半时间奶牛的负重是在四肢上，在设计牛舍时必须要把这一点考虑进去。

自由散放牛场的奶牛大多数站立或行走是在水泥地面，水泥地面被认为是蹄损伤和瘸腿的风险因素。自由散放牛场的混凝土地面往往排水系统较差，当奶牛站在潮湿的地面时，蹄子会吸水而变软，增加蹄损伤和跛行的概率。这可以解释为什么蹄损伤和跛行在自由散放牧场更普遍，尤其是当奶牛没条件进行户外运动时。奶牛喜欢站立在柔软的表面，尤其是当她们跛行时。使用设计良好的橡胶垫可减少跛行的发生。在站立时间较长的区域，如挤奶厅待挤区，铺设舒适的地面能使奶牛受益匪浅。

三、奶牛舒适度与采食

1. 采食空间的需要

饲喂区域奶牛需要采食空间。饲喂区域过度拥挤会增加竞争、降低奶牛采食时间。这种不利作用对属于从属地位的牛（包括跛行牛或病牛）影响更大。建议每头牛至少保证有60cm的采食空间。围产期的牛和病牛舍的牛这个值应增加到75cm。如果是颈杠的采食道，建议每头牛的空间适当加大。采食区过度拥挤会迫使一些牛站立在水泥地面等待采食。对于泌乳牛建议卧床和颈枷的密度不要超过100%，而对于围产期的奶牛建议饲养密度小于85%。

2. 采食区域结构设计

采食区域的结构设计也会影响奶牛的采食行为。一些饲喂屏障如颈枷能够将牛分割开来，降低牛只间的竞争。一个好的途径是使用采食槽，采食槽能够避免竞争，如果在采食站立区域提供柔软的、干的站立表面会增加奶牛舒适度和蹄子健康。奶牛站立的区域与采食道之间要有合适的落差，一般对泌乳牛建议15cm的落差，这有利于奶牛采食量和唾液的分泌。有条件的牧场，采食道建议铺设瓷砖或不锈钢板。这样可以增加奶牛的采食舒适度，而且有利于清料。

3. 采食区域的管理

每次新鲜饲料到达和泌乳后奶牛都会有采食欲望，增加饲喂次数和推料次数会增加饲喂行为，增加新鲜饲料的饲喂次数会降低采食竞争和挑食。推料次数建议至少每2h推料1次，有条件的牧场可以增加到每小时推料1次。对于发料后的2h更应该推料及时，一些研究表明，发料后2h内推料4次与2次相比，奶牛有更高的干物质采食量。每次饲喂之前把剩余的料清理干净，夏季更应注意料槽的清理。

四、奶牛舒适度与光照、饮水、通风

1. 奶牛视觉的光感

牛对可见光的敏感区是红光和黄光，盲区是蓝光和绿光，视觉系统与人类完全不同。所以我们觉得很暗的红光奶牛会觉得很亮，而我们觉得很亮的白光和蓝光奶牛会觉得很暗。有条件的牧场可选择奶牛特定的光谱灯，但成本较高。

（1）光照对奶牛的影响 光照时间和强度对奶牛至关重要，因为光照可以抑制机体褪黑素的分泌，褪黑素的分泌将影响奶牛的生物钟，影响其他激素的分泌，包括胰岛素样生长因子。胰岛素样生长因子的增加会促进乳腺的分泌，从而增加奶产量。如果长时间缺乏光照，还可以影响奶牛的繁殖。

（2）奶牛对光照时间和强度的要求 奶牛应首先考虑自然光照，充分利用自然光，所以在牧场建设的初期就要考虑通风和光照。泌乳牛要求每天光照时间16~18h，黑暗时间6~8h。光照强度要求大于 200lx。光照增加可以促进采食量的增加，从而不同程度地增加泌乳量（图 1-13-4）。对于干奶期的奶牛光照时间要求 12h。

（3）光照强度的评估　可选择光照仪来测定不同位置，如采食道、卧床等区域的光照强度。

图 1-13-4　暗光影响奶牛采食

2. 奶牛舒适度与饮水的关系

水对于维持产奶量、控制体温和体内许多生理功能起重要作用。当前国内养殖场对饲喂管理和配方非常重视，然而对水的摄取量、水的可获得性以及水的质量往往不够重视。每产生 1L 奶需要饮用 4~4.5L 的水，饮用水能够满足奶牛 80%~90% 的饮水需求。总的来讲，奶牛每天的饮水次数并不多（7~12 次），每次饮用 10~20L 的水。特别需要强调的是奶牛在挤奶后和采食后是饮水的高峰期。

考虑到水的可获得性，每群牛至少应该选择 2 个饮水点或饮水槽。这可以避免有些处于主导地位的牛一直占据饮水槽而导致弱势地位的牛饮不到水。需要保证牛群 10%~15% 的牛能够同时饮水，对于开放的水槽，每 20 头牛需要至少 1.2m 的饮水空间（考虑到不同牧场牛的社会结群关系不同，笔者一般推荐每 20~25 头牛就需要 1 个饮水槽，每头牛的饮水空间推荐 10cm 以上，夏季增加到 15~20cm）。水槽的合适高度为 60~70cm，水的深度超过 7cm 以保障奶牛的鼻镜能够深入水槽饮水。大型牧场要注意上水的速度，虽然很多教材或课件讲到奶牛每天饮水时间 30min，但这 30min 包括了奶牛站立在水槽边的时间，奶牛实际的饮水时间只有 10min 左右，而且奶牛喜欢大口大口地饮水，所以再次强调非常有必要重视上水速度。

只有保证饮水的质量才能确保饮水的数量，因而必须定期检查水质，尤其是在夏季。水槽必须每天都要清理以免细菌生长。有的牧场反映一些奶牛粪便会排到水槽里，有的牧场在水槽边会设置些栅栏，或者有的牧场把水槽设置高度大于 1m。然而这些措施通常会限制奶牛饮水，使得奶牛得不到足够的饮水。解决的唯一办法是饮水槽边提供足够的面积。饮水槽周边要保证 4m 的宽度，这样能够保证 1 头牛在饮水的时候旁边有 2 头牛能够进出自如（图 1-13-5）。

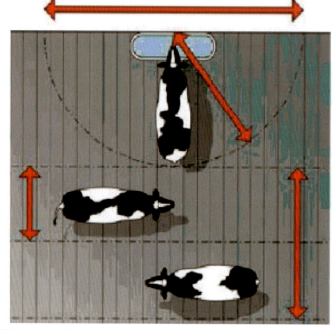

图 1-13-5　水槽设计图

水的数量和质量不达标时会显著降低奶牛的产奶量，降低其对疾病的抵抗力。很多牧场乳脂肪、乳蛋白很高但产量非常低，这时候首先要检查的是水有没有喝够，饮水不足必然导致乳成分浓缩。饮水的最佳温度为10~20℃，可以使用预冷或预热装置保障水温，也可以考虑牛奶制冷的热能用于加热水槽，做到能量的循环利用。在夏季，尤其是炎热地区的奶牛会经受严重的热应激，奶牛的饮水量增加1.2~2.0倍。假设水温27℃情况下，50kg单产的奶牛会饮用250~350L的水。要达到如此高的饮水量，在炎热的夏季，需要考虑额外的饮水槽。

3. 奶牛舒适度与通风的关系

无论是犊牛还是后备牛、成母牛，都需要良好的通风。牛舍屋檐的高度尽可能高于4m以增加通风，屋顶上方开口以增加牛舍内空气的对流。对于恒温牛舍要注重舍内的空气交换速度，理想的恒温牛舍每分钟换气1次。可使用氨气测定仪测定牛舍内的氨气浓度，要求牛舍内无明显的刺鼻气味，氨气的浓度低于0.0015%，如果牛舍内氨气浓度高于0.0015%，奶牛会出现明显的咳嗽、肺炎等疾病的发病率升高。

（王艳明）

第十四节　规模化牧场奶牛营养管理规程

专业的、先进的营养管理规程对规模化牧场的可持续发展极其重要，这不仅关系到短期的牛群产后健康、消化健康、产量提升、牛奶质量、饲料成本控制，还关系到更长时期内的牛只体况控制、乳房健康、肢蹄健康、繁育健康、犊牛培育等。规模化牧场的营养管理需要在营养专家的指导下进行，总体原则是尊重科学，以牛为本，长期坚持，持续提升。本节结合笔者多年的一线实践经验，从泌乳牛、干奶牛、青年牛、犊牛和日粮管理等方面阐述规模化牧场的营养管理规程。

一、泌乳牛营养管理

1. 概论

泌乳牛管理是一项简单且不断重复的过程，既要着眼当下也要放眼未来。健康、高产是泌乳牛管理的基本目标，也是牧场盈利的关键，优质的牛奶指标是牧场增加盈利附加值的基础条件。

2. 分群管理

牛只分群管理是牛只健康和产量的保障，也是降低饲料成本的重要手段。对泌乳牛而言，泌乳早期要以牛只采食量最大化和提高产量为目的，泌乳中后期则以提高泌乳效率、体况控制为主，维持产量为辅。

（1）按泌乳阶段分群管理

1）初产期（0~21d）：主要以提升牛只健康，尽快恢复采食量，减少产后疾病发生，为进入泌乳高峰蓄力。

2）泌乳早期（21~150d）：是产奶最高的时期，在此期间要尽量减少牛只调群，保证牛群稳定，减少应激，增加产量。

3）泌乳中后期（大于150d）：此阶段产量开始下降，由于采食量供能已经超出产奶需要，以及胰岛素的敏感性增加，更多的日粮能量将以体况的形式存储在体内，部分牛只可能出现体况超标，因而体况管理是这阶段的重中之重，不能因为稳定产量、延迟更换配方或者牛群调整，而影响下一胎次产量的发挥。

（2）**体况管理** 体况管理是牛只分群管理的基础，而体况评分是体况管理的依据，实践中也比较简单实用。初产牛体况宜控制在3~3.25分，泌乳早期牛只宜控制在2.75~3.0分，最低不能低于2.5分或从产犊到高峰期体况损失不超过0.75分，泌乳中后期牛只体况控制在3~3.5分为佳。

3. 营养管理

（1）**初产期** 以恢复和扩大采食量为主，日粮首先要保证适口性以促进采食量的提升，同时有足够的可消化NDF以保证瘤胃健康，最后淀粉含量不宜过高（22%~25%）且建议以慢速发酵淀粉为主。

（2）**泌乳早期** 主要以提升产量为主，此阶段提供较高的淀粉（25%~30%）、高消化的粗饲料（进口苜蓿、优质青贮玉米等）、优质蛋白质饲料（豆粕、双低菜粕等），日粮中的蛋白质含量建议在16.5%~17.0%，粗饲料占比在40%~50%，最大化采食量、产量。

（3）**泌乳中后期** 牛只产量开始降低，要以提高泌乳效率为主，合理增加粗饲料的使用，提高日粮配方NDF含量，来达到限制采食量、控制体况、提高泌乳效率的目的。

4. 饲喂管理

（1）**投料次数** 有健康的牛群和合理的日粮配方，就更需要有好的执行力，饲喂管理尤为重要。首先要保证泌乳早期牛只饲槽有足够的剩料，不得出现空槽，投料次数以2~3次为宜，随着气温变化可酌情增加或者减少投料次数，早班投料量不能低于全天总投料量的60%~70%。

（2）**推料次数** 对于泌乳早期牛只，推料次数建议不低于每天12次，泌乳后期牛可以适当减少推料次数。

（3）**剩料控制**

1）初产牛：由于牛只数量不稳定，控制剩料不能按照剩料率来控制，而是固定剩料量控制在300~500kg，根据牛只存栏量在合理范围内适量变化。

2）泌乳早期：牛只剩料控制在3%~5%，泌乳后期牛只剩料控制在2%~3%即可，中低产牛不宜有过多剩料，空槽时间不宜超过4h。

5. 产后健康管理

产后健康直接关系奶牛产后是否能快速恢复干物质采食量，以有效保证高峰期泌乳量得到最大程度地发挥，产后营养代谢疾病管理尤为重要。

（1）**产后瘫痪**　产后瘫痪是产后营养代谢疾病中唯一可以用营养手段得到完全控制的疾病，可以通过围产期低钙日粮或者使用阴离子盐，调整围产牛DCAD值（详见围产牛营养管理），产后瘫痪发病率目标值为1%~2%。

（2）**皱胃移位**　皱胃移位是一个管理型营养代谢疾病，不仅要做好围产期、新产牛营养管理，以及泌乳后期和青年大胎牛体况控制，做好产后护理也至关重要。诱发皱胃移位直接原因是采食量低，如何提高采食量则成为皱胃移位防控的重点，因此做好产前产后舒适度管理、牛舍防滑、水槽清洁、减少牛舍应激、使用优质粗饲料、日粮配方调整等措施，能够有效降低皱胃移位的发病。

（3）**胎衣不下**　胎衣不下的影响因素较多，产后低血钙也是导致胎衣不下的主要原因之一。产后瘫痪高发必然伴随着胎衣不下较高，如果产后瘫痪很少，而胎衣不下多，则要分析原因，可能跟产房的环境卫生、接产操作、产后应激有关，合理增加硒、维生素E等能在一定程度上缓解胎衣不下的发生。

（4）**酮病**　实际生产中临床酮病发病率并不高，但是亚临床酮病（血酮BHBA含量1.2~3mmol/L）的发病率远远高于临床酮病。按发病原因酮病可以分为两类，由于产量上升过快，导致能量负平衡，脂肪分解产生的酮病，为Ⅰ型酮病，这部分牛只健康没有问题，采食量良好，牛只产后状态正常，不必过多地关注和干预，可以通过日粮配方的改善，增加能量供应，随着采食量升高得到有效控制。产前产后体况肥胖导致的酮病是Ⅱ型酮病，主要以脂肪肝为典型症状，这部分酮病的防控就要从泌乳后期牛只体况控制着手，产后通过镇痛、灌服丙二醇、使用包被胆碱等来控制。

6. 高产和成本控制

1）保证较高的高峰期产量是高产的前提（头胎牛高峰期产量在40kg以上，经产牛高峰期产量在50kg以上）。

2）合理的配方制定、较低的泌乳天数、环境舒适、优质的原料、精准的日粮制作、疾病发病率低、产后健康等是实现高产的必要条件。

3）成本控制和高产是相辅相成的，高产的情况下必定有较低的公斤奶饲料成本，而低产总是伴随着高的公斤奶饲料成本，除了高产的必要条件外，剩料控制、牛群梳理、避免高产低喂和低产高喂等也是影响公斤奶饲料成本的重要因素。

7. 牛奶指标

牛奶固形物包括乳脂、乳蛋白、乳糖、矿物质和维生素，其中乳糖的含量比较稳定，是影响产量的主要因素。乳脂和乳蛋白含量受牛的品种、季节、胎次、泌乳天数及营养等因素的影响。

1）对于国内规模牧场，乳脂的含量一般维持在3.5%~4.2%。乳脂提升的措施包括保持健康的瘤胃内环境，即可消化纤维和可发酵淀粉的平衡，使用消化率较高的粗饲料，日粮中添加棕榈酸含量较高的脂肪粉（80%以上）能够明显提高乳脂含量；调整日粮 DCAD 大于 +30 mEq/100g 对乳脂也有贡献。

2）对于国内规模牧场，乳蛋白含量一般在 3.2%~3.4%。要保证较高的乳蛋白，首先必须要有足够的采食量，其次配方营养成分合理均衡（能氮平衡）、纤维水平（26%~32%NDF）且保持一定的物理长度、淀粉（26%~30%）、NFC（40%~45%）、糖（6%~8%）、粗蛋白质含量（16%~18%）、合适的 RDP/RUP 比例（RDP 60%~67%，RUP 33~40），以及 AA 平衡（Lys6.7%~6.8%/MP、Met2.2%~2.3%/MP；CNCPS 模型）和过瘤胃蛋氨酸使用等。

二、干奶牛营养管理

1. 概论

干奶期包括围产前期，是衔接奶牛两个泌乳期之间的过渡阶段，其中日粮改变、胎儿发育、分娩等都会给奶牛造成巨大的应激。如何通过加强现场管理，并配合合理、均衡、有效的营养供给，以缓解和减少各种应激是牧场在管理方面面临的重要挑战。

2. 体况管理

1）干奶期体况是泌乳期体况控制结果的体现，可作为判断牧场牛群管理水平高低的标准之一。干奶牛的体况控制应从泌乳中后期开始，一般建议奶牛以 3.25 分的体况进入干奶期，3.5 分及以上的占比不高于 10%，并且整个干奶期体况变化不超出 0.25 分。

2）如果干奶时胖牛比例较高，可合理调整配方营养浓度以代替空槽"减肥"，避免加重奶牛肝脏氧化分解脂肪的负荷，能够有效降低产后酮病暴发的风险。此外，牛只泌乳早期的干物质采食量与干奶期的干物质采食量成正相关，降低干奶期采食量将对未来产量造成深远影响。

3）如果从高产舍干奶的牛只体况普遍偏瘦，提升高产配方营养浓度以预防体况过瘦，同时集中饲喂扩大采食量以改善体况。

3. 采食量管理

1）牛只干物质采食量的本质上是 NDF 采食量。干奶牛 NDF 理论采食量为其体重的 0.92%~0.99%（Rick Grant，2015），按照配方 NDF48%~50% 的含量计算，干奶牛适宜的干物质采食量应为 13~14kg，围产牛为 12~13kg。

2）牛只采食量受多种因素的影响，除了保证良好的通风、采食 2h 后 90% 以上的躺卧率、能满足 15% 牛只同时饮水的水槽空间和不超过 85% 的饲养密度之外，TMR 制作的颗粒度和稳定性也相当重要。一般推荐 TMR 宾州筛评估标准为干奶牛 TMR 第一层占比 15%~30%，围产 TMR 第一层占比 15%~25%，不同批次 TMR 必须具有较高的稳定性。

4. 日粮营养管理

1）目前干奶牛饲养仍以控能日粮为主流，一般使用秸秆、国产燕麦等消化率相对较低的粗饲料将配方能量浓度控制在 1.3MCal/kg（1Cal ≈ 4.187J）左右，保证每天摄入 16~17 MCal 的净能和 1100g 以上的代谢蛋白质。

2）对于围产前期，1.5MCal/kg 的日粮能量浓度和 1300g/d 的代谢蛋白质供应能满足胎儿对营养物质的需求。另外，因激素水平的变化，围产前期奶牛胰岛素含量较低，脂肪组织被迫分解并抑制采食量，而使用优质粗饲料、适当增加可发酵碳水化合物可有助于缓解此问题。

3）除能量和蛋白质之外，钙是围产前期最重要的生理功能调节物质之一，并参与多条机体代谢通路。研究表明，妊娠后期血钙向胚胎转运的速率为 80mg/kg，分娩时骨骼对钙的吸收也会降低（Horst et al.，2006），加之分泌初乳大约消耗 23g 钙，奶牛极易发生低血钙症进而引发酮病、产后瘫痪、皱胃移位、胎衣不下和乳房炎等疾病（图 1-14-1），所以，为了奶牛产后血钙水平能够及时恢复，目前干奶牛使用低钙（1%~1.1%）配方，围产牛使用中钙（1.1%~1.3%）配方，因为较低的血钙水平能促进甲状旁腺释放甲状旁腺素（PTH），通过溶解骨钙、促进肾脏分泌 1,25-$(OH)_2VD_3$ 以加强肠道吸收钙，和刺激肾脏重吸收钙等多条途径使血钙水平迅速回升。提高血钙水平的另外一种常用手段是使用氯化铵和硫酸镁等阴离子盐调节日粮 DCAD（Dietary Cation-Anion Difference，日粮阳离子-阴离子浓度差）值。该方法的原理是利用酸碱平衡理论，机体吸收较多带有负电荷的阴离子（Cl^-、SO_4^{2-}）后，为保持电中性而解离出带有正电荷的阳离子（H^+），造成轻微的代谢性酸中毒，从而达到促进骨钙溶解的目的。配方 DCAD 值较为合适的范围是 (−8)~(−12) mEq/100g，一般通过定期检测围产牛（转围产 7~10d）尿液 pH 来间接反应 DCAD 值是否合理，期望范围为 5.5~6.5。

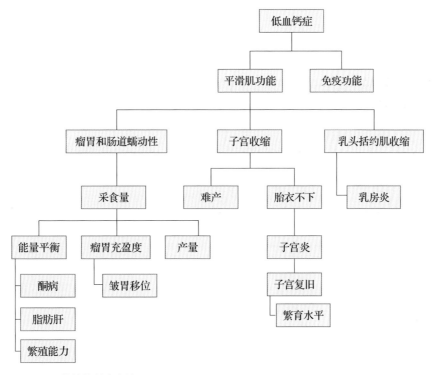

图 1-14-1　营养代谢疾病关系图

5. 健康管理

奶牛在产犊前后会经历诸如疼痛、泌乳、转舍和日粮结构变化等生理和管理方面的强烈应激，导致产后瘫痪、胎衣不下、皱胃移位和酮病等疾病的发病率升高，对后期产奶潜能的发挥造成一定影响。

产后瘫痪的根本原因是血钙水平不足，产前使用含有阴离子盐的中钙日粮、保证充足的采食量、定期检测并稳定围产牛尿液 pH、产后补充钙制剂等都可有效提高血钙水平。

胎衣不下的预防除了考虑分娩前后血钙的水平不足，还要保证大牛合理的体况、犊牛合理的出生重、正确的接产卫生和操作，以及通过日粮提供充足的维生素 E、硒等。

酮病主要是因为干奶围产期牛只过胖或者产后因疼痛等因素使得采食量恢复较慢，通过日粮摄入的能量不能满足泌乳需求，机体不得不动员体脂氧化供能，但超出肝脏氧化能力的脂肪代谢将产生 BHBA（β-羟基丁酸）等酮体进入血液同时引发脂肪肝；采食量不足使得瘤胃和腹腔左侧空虚，皱胃滑入腹腔左侧即引发变胃。控制干奶围产期牛只体况和提高产后采食量是控制酮病和皱胃移位的重要方法，主要手段有提高初产牛只舒适度，对助产、犊牛初生重过大和产道拉伤的牛只进行镇痛处理，使用消化率较高的粗饲料以充盈瘤胃等。

三、青年牛营养管理

1. 概论

青年牛是泌乳牛的后备力量，其机体发育及健康程度将决定头胎及后续产量的上限。但由于不像泌乳牛可以通过产量进行每天监控，很多牧场忽视了青年牛培育的重要性。青年牛培育的目标是稳定的日增重，足够的产后体重（成母牛体重的 85%）、健康的机体，和优良的头胎高峰产量（经产牛高峰的 80%），见表 1-14-1。

表 1-14-1　青年牛日增重评估表

	举例1	举例2
成熟体重 /kg	641	700
头胎妊娠体重 /kg	641×0.55=352	700×0.55=385
头胎产犊日龄 /d	687	687
头胎妊娠日龄 /d	687-280=407	687-280=407
断奶至妊娠日增重 /kg	（352-84）/（407-77）=0.81	（385-84）/（407-77）=0.91
头胎产后体重 /kg	641×0.82=526	700×0.82（0.85）=574（595）
妊娠后日增重 /kg	（526-352）/280=0.62	（585-385）/280=0.71

2. 发育特点

奶牛自出生至产犊的发育期中，体高呈现先快后慢的趋势，在前 6 个月体高即可增长 50%

（Kertz et al.，1998）。而体重则相对均衡，各时期日增重应尽可能维持在 0.8~0.9kg。参配时间不是由月龄决定，而应该是身体发育情况，牧场可以用体尺数据或直接用体重来衡量。一般认为，青年牛体重在达到成熟体重的 55% 时即已经性成熟，可以进行发情、排卵、受精等活动，而首次产犊时体重在达到成熟体重的 85%~90% 时即已经体成熟，能够实现泌乳性能的最大化。

但需要注意的是，使用体重作为衡量体格发育程度的指标是因为便于规模化牧场操作，最终能使牧场受益的是牛的体格，因此不应本末倒置，出现体高不足、却过度追求体重而将青年牛养肥的现象。为保证这一点就需要控制日粮中能量水平，增加蛋白质和粗饲料的比例，促进骨骼、肌肉以及器官的发育，不应过度沉积脂肪。幼龄后备牛能量过高会导致脂肪在乳房沉积，影响乳腺细胞发育空间。妊娠母牛体况增加则可能挤压产道，如果同时体高不达标，则有很大的风险出现难产及产道拉伤，影响高峰产量表现。

同时还有研究表明青年牛在 22.5~23.5 月龄时产犊，产量表现最为突出，同时也有助于提高使用年限（Do，2013）。因此青年牛应在 13 月龄时妊娠并达到成母牛体重的 55%，并于 23 月龄产犊，产犊体重达到成熟体重的 85%，并以此推算出各阶段需要达到的日增重。

日增重并非越高越好，当某一阶段日增重特别高的时候可能出现上文中提到的脂肪沉积的风险，理想状态下犊牛各阶段应保持相对平稳的日增重，各阶段都不应超过 1kg/d。但体高增长的 50% 都集中在 6 月龄前，因此在 6 月龄前注重体高培育能获得更大的收益，同时在 6 月龄前增重所需要的成本也最低（Kertz et al.，1998）。

3. 饲养管理

青年牛培育衡量方式单一且滞后，这就更增加了饲养管理的重要性。根据 NRC 指导意见，青年牛的 NDF 采食量一般为体重 1%~1.2%，结合各月龄理想体重及相关数据，我们可以推算出各阶段理想的采食量（表 1-14-2）。

表 1-14-2 青年牛干物质采食量参考表

参考 1- 最低干物质采食量		参考 2- 目标干物质采食量		参考 3- 最大干物质采食量	
月龄	DMI/kg	月龄	DMI/kg	月龄	DMI/kg
6	5.5	6	6	6	6.25
7	6	7	6.25	7	6.5
8	6.5	8	6.75	8	7
9	6.75	9	7	9	7.25
10	7	10	7.25	10	7.5
11	7.5	11	7.75	11	8
12	7.75	12	8	12	8.25
13	8	13	8.5	13	8.75
14	8.25	14	8.75	14	9

（续）

参考 1- 最低干物质采食量		参考 2- 目标干物质采食量		参考 3- 最大干物质采食量	
月龄	DMI/kg	月龄	DMI/kg	月龄	DMI/kg
15	8.5	15	9	15	9.25
16	8.75	16	9.25	16	9.5
17	9	17	9.5	17	9.75
18	9.25	18	9.75	18	10
19	9.5	19	10	19	10.25
20	9.75	20	10.25	20	10.5
21	10	21	10.5	21	10.75
22	10.25	22	10.75	22	11
23	10.5	23	11.25	23	11.75
青围产	11	青围产	12	青围产	12.25

但这并不意味着牧场需要通过空槽等方式来进行限制采食。从牛舍来看限制饲喂会引起牛只抢食，体形两极分化严重。具体到某一头牛，限饲会降低采食时间，不利于瘤胃稳定，肠道长时间处于不活跃状态，血流量降低，肠壁上皮细胞防卫能力下降，易引起细菌感染或细菌内毒素吸收的风险。当采食量过高而配方中可摄入的营养物质尤其是代谢蛋白充足时，可通过增加粗饲料占比、使用秸秆类饲料或增加 TMR 中干草长度等方式来控制采食量。

即便不进行限饲，由于青年牛粗饲料较多，当 TMR 混合不均或精饲料不能附着在干草表面时，依然会存在挑食抢食的问题，因此仍需要将牛只按月龄及体形大小进行分群。分群依据可以是体重数据，但体高更直观也更具有参考性。可在牛舍颈枷上预先标好体高刻度，待牛采食上枷后整体评估后备牛体形，将瘦弱矮小牛只转入小月龄牛舍饲喂。同时还应注意根据牧场规模及青年牛存栏量划定牛舍大小，保证同一舍月龄差距保持在 1 个月以内，根据体形进行调整的牛只除外。

4. 环境管理

青年牛的免疫系统已经趋于完善，发病率及死淘率较犊牛低，但不能因此忽略了环境的重要性。除了定期疏松铺垫卧床，通风及饮水同样重要。此外还应保证牛舍密度不超过 100%，如果牛头数超过颈枷和卧床数，必然会出现站立时间增加和抢食的问题，继而引发蹄病和体形大小不一。

四、原料及日粮管理

1. 概论

规模化牧场原料质量及日粮管理在牛只健康的改善、泌乳量的提升，以及饲料成本的控制上起着至关重要的作用。本节就原料质量控制、全混合日粮（TMR）的制作及料槽管理等内容进行阐述。

2. 原料质量控制

(1) 粗饲料

1) 玉米青贮。玉米青贮（图 1-14-2、图 1-14-3）作为奶牛日粮中用量最大的饲料原料，在奶牛生产性能发挥及饲料成本控制上占据重要地位。玉米青贮需要关注感官质量及营养指标，感官质量总体要求稳定性高，不能有刺激性气味，无整粒玉米，合理的铡切长度要根据不同的干物质水平制定相应标准，一般为 15~22mm。营养指标要求干物质含量大于 30%，淀粉含量大于 30%，NDF30h 消化率大于 60%。

图 1-14-2　玉米青贮（鲜样）

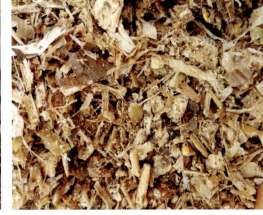

图 1-14-3　玉米青贮（发酵后）

2) 苜蓿。苜蓿（图 1-14-4、图 1-14-5）以"牧草之王"著称，苜蓿不仅可以为奶牛提供蛋白，而且发挥着粗饲料的功效，刺激瘤胃蠕动，为瘤胃提供必要的纤维。优质苜蓿在感官上要求茎干柔软、不扎手，叶片附着度好，无明显紫花。检测指标上，可以通过检测苜蓿相对饲喂价值（RFV），来对苜蓿进行评级。

图 1-14-4　进口苜蓿 1

图 1-14-5　进口苜蓿 2

3) 燕麦草。燕麦草（图 1-14-6、图 1-14-7）表面应为绿色或浅绿色，因日晒、雨淋或储藏等原因导致干草表层颜色发黄或失去绿色的，其内部应为绿色或浅绿色。优质燕麦草纤维消化率高,可溶性碳水化合物含量高。无发霉变质,无动物不可食用杂质(石头、土块、地膜、动物粪便等)。

图 1-14-6 燕麦草 1

图 1-14-7 燕麦草 2

4)秸秆类饲料。秸秆类饲料主要包括燕麦秸秆(图 1-14-8)、小麦秸秆、莜麦秸秆、玉米秸秆、稻草(图 1-14-9)等,即收获完籽实剩下的经过收割加工的茎秆部分作为低指标粗饲料供非泌乳牛使用。颜色呈金黄色或者黄色,无发霉变质,无动物不可食用杂质(石头、土块、地膜、动物粪便等)。

图 1-14-8 燕麦秸秆

图 1-14-9 稻草

(2)精饲料

1)玉米。玉米是奶牛日粮中主要的能量饲料,主要包括粉碎玉米(图 1-14-10)、压片玉米(图 1-14-11)、高湿玉米、膨化玉米等。

玉米粉碎粒径减小,淀粉消化率升高,一般要求玉米粉碎粒径小于 1.5mm。

蒸气压片玉米是通过一定的温度、湿度和时间,切割淀粉颗粒之间的氢键,并形成有水参与的氢键,来提升玉米的糊化度,进而提升淀粉消化率,蒸气压片玉米要求压片完整、薄而硬、含杂质少,容重小于 390g/L。

图1-14-10 粉碎玉米

图1-14-11 压片玉米

高湿玉米发酵时间越长，消化利用率越高，一般建议发酵时间在2个月以上开始使用，且水分含量对淀粉消化率也有较大的影响。

2）蛋白类饲料。蛋白类饲料包括豆粕（图1-14-12）、棉粕（图1-14-13）、双低菜籽粕（图1-14-14）、膨化大豆粕（图1-14-15）、玉米蛋白粉等。蛋白类饲料原料主要关注蛋白的检测指标是否能够达标以及掺杂问题，比如豆粕中存在的豆皮，棉粕中存在的棉壳及棉绒等都会影响蛋白含量。加工过程中的过度加工也会影响蛋白的消化率。

图1-14-12 豆粕

图1-14-13 棉粕

图1-14-14 双低菜籽粕

图1-14-15 膨化大豆粕

3）短纤维类原料。甜菜粕（图1-14-16）、棉籽（图1-14-17）、啤酒糟（图1-14-18）、豆皮（图1-14-19）等原料兼具粗饲料和精饲料双重性质。当粗饲料质量受限制时，短纤维饲料可以部分替代粗饲料使用。甜菜粕适口性好，NDF消化率高达85%，排除干燥和机械因素的影响，颜色越深，总糖含量越高。棉籽需注意杂质的问题，一般易掺杂棉壳，影响消化率，棉籽储存过程中要特别注意黄曲霉的问题。啤酒糟作为多汁类饲料，需要关注啤酒糟的新鲜度，尤其是夏季易变质。短纤维类饲料在使用过程中尽可能选择单一稳定厂家供货，减小不同货源质量的变异引起的产量波动。

图1-14-16　甜菜粕

图1-14-17　棉籽

图1-14-18　啤酒糟

图1-14-19　豆皮

3. 全混合日粮（TMR）制作

全混合日粮（TMR）是将各种饲料原料混合均匀，使得每一头牛吃的每一口日粮都是营养均衡的，都能满足奶牛的营养需要。制作TMR时，加料顺序一般遵循先粗后精，先干后湿的原则，但是在生产实践中由于受原料的长短、密度、吸水性、黏附性等因素的影响，为了保证TMR具有良好的质地，也会灵活调整上料顺序。生产中可以利用宾州筛监测TMR的搅拌均匀度。下面介绍TMR宾州筛的检测要求。

1）批次：同一天、同一牛群、同一罐搅拌的TMR。

2）每罐/每车取样：取样时间需在饲喂车将TMR撒在饲喂道上后且牛只未采食之前，禁止撒料之前或牛只采食之后取样；取样时需多点（不少于5个取样点）均匀取样，将所有取样点样本混合即为一个待检测样本，泌乳牛TMR取样量控制在450~550g，干奶牛和围产牛TMR取样量控制在300~400g。

3）检测方法及操作步骤：

①水平摇动宾州筛，不可垂直抖动。

②单次摇动幅度为17cm左右，来回2次为1个回合。

③每摇动5个回合，宾州筛转动90°，转动方向需一致。

④再重复③步骤7次，即共计8次40个回合。

⑤称重，称重宾州筛各层物料重量并计算各层占比。

4）结果判定：

①对于初产牛和高产牛，前三层之和为60%~70%即判断为合格。

②对于干奶牛，第一层在15%~30%判定合格。

③对于围产牛，第一层在15%~25%判定合格。

4. 料槽管理

为保证奶牛发挥更好的生产潜能，提高泌乳量，控制饲料成本，需要对料槽进行管理，主要涉及投料、剩料量、清料和推料等内容。

（1）投料

1）投料时间：合理安排投料时间，优先保证初产牛舍、高产牛舍的投料，做到早班饲喂时牛走料到。

2）投料次数：泌乳牛群每天饲喂3次，包括夜班补料。其他牛群保证每天饲喂2次，因料量过少导致混料不匀时可饲喂1次。

（2）剩料量

1）泌乳牛剩料量控制在投料量的3%~5%。

2）干奶及围产牛剩料量控制在投料量的5%~8%。

3）犊牛和育成牛剩料量控制在投料量的1%~3%。

（3）清料

1）要求泌乳牛在早班挤奶牛赶走后清料，清料后料槽必须是干净、清洁、无异物和无残留剩料。

2）所有牛舍保证每天清料1次。

（4）推料

1）重点牛舍（初产、高产、围产、干奶等）至少保证每2h推料1次，若条件允许可以进一步增加推料频率。

2）泌乳牛群投料后30min内保证1次推料。

五、犊牛培育

1. 概论

犊牛是牧场的未来，犊牛的生长发育直接影响其投产后终身产量表现。而犊牛培育并非一蹴而就，而是深挖饲养管理各环节，营养关注度提早并加强，最终实现健康、体格大、乳腺发育完善的高产头胎牛。

2. 营养管理

（1）乳腺发育

1）哺乳期间。从落地抓起，研究报道称犊牛乳腺发育很早，90日龄时是其出生时60倍以上（Adam Geiger，2017）。注重早期营养，便是犊牛营养考虑首要因素。选择高质量高标准的代乳粉对于规模化牧场的犊牛养殖至关重要，高品质代乳粉将促进乳腺组织中乳腺细胞数量增加；雌激素受体或表达强度增加；乳腺组织中泌乳功能（代谢吸收、类固醇激素合成、免疫功能和细胞增殖）基因的表达（Adam Geiger，2017）。

2）断奶后。断奶后到投产的青年牛共会经历2次乳腺发育的异速增长阶段：第一阶段为3~10（或12）月龄；第二阶段为妊娠后3个月到产犊，乳腺的生长速度是身体其他组织的2~4倍。第一个异速生长期主要是乳腺导管系统的发育，进入妊娠期后导管系统开始分化成分泌性腺泡。第二个异速生长期——妊娠阶段决定乳腺中分泌细胞的数量，分泌细胞的数量决定未来的泌乳量，因此断奶后犊牛到投产需控制其体况并防止乳腺中脂肪沉积，一般建议犊牛从出生到产犊后，日增重为0.8~0.9kg。

（2）瘤胃发育

1）喂奶量及喂奶时间。哺乳期间的犊牛在考虑哺乳期间骨骼生长的同时也要考虑瘤胃的发育，即液态饲料和固态饲料的搭配和切换。Chapman（2016）的研究表明，哺乳期间摄入代乳粉量越多的牛只，增重明显占优势，但在断奶后一周消化率都明显偏低。Jud曾提到，犊牛瘤胃发育需要28d，颗粒料采食量达到0.5kg的日龄越早越好，且颗粒料达到0.7kg时就可以考虑逐步降低喂奶量。犊牛日增重来源于颗粒料同来源于代乳粉相比，对于投产后胎次产量增加将提升4倍（Gelsinger et al.，2016）。哺乳期间更早促进牛只采食颗粒料，且逐步降低奶量，减少断奶应激，以促进瘤胃发育，避免因瘤胃发育不完善、后肠道淀粉发酵较多而造成断奶后犊牛的腹泻，预防牛只腹泻是断奶前的主要任务。

2）颗粒料。颗粒料应使用优质蛋白，提升牛只蛋白消化率，促进骨架生长是颗粒料配制时的宗旨。且需控制短纤维用量，犊牛对纤维的消化率很有限（5周龄断奶犊牛NDF消化率为20.3%）（Terre，2007）。若短纤维用量大，犊牛胃肠道内容物的重量大，但空体重下降，牛只长势变差（Hill，2008）。同时也重视肠道健康，减少腹泻发生。

（3）体格发育 犊牛体格发育可通过体重和体高同时验证。规模化养殖后备牛，一般采用3个阶段日粮配方，保证代谢蛋白充足而逐步下降。为预防牛只因高采食量造成重量而非骨架的生长，通过 NDF 总量占青年牛体重的 1% 进行采食量的控制（Hoffman，2013），同时可有效实现不空槽饲喂。

3. 饲养管理

（1）环境

1）垫料。

①断奶前。环境与犊牛发病息息相关。所以，犊牛对于环境的要求没有最好，只有更好。犊牛卧床（包括散栏、独栏、犊牛岛）垫料厚度为 20~40cm，且牛只断奶转出后彻底清理、消毒。牧场常用的垫料为沙子和秸秆（图 1-14-20、图 1-14-21），单头牛哺乳期间需求量推荐为沙子 3.8t/ 头、垫草 0.2t/ 头。不同季节垫料使用参照表见表 1-14-3。

图 1-14-20　断奶前沙子垫料

图 1-14-21　断奶前秸秆垫料

表 1-14-3　不同季节垫料使用参照表

垫料种类	项目	要求说明	
垫草	使用条件	北方：9月至第二年6月	南方：10月至第二年5月
		（断奶前/后）全天最低温度连续 3d 低于 15℃	
	垫草选择	莜麦秸、燕麦秸、小麦秸、稻草、玉米秸秆等	
垫沙	使用条件	北方：6~9月	南方：5~10月
		（断奶前/后）全天最低温度连续 3d 高于 15℃	
稻壳	使用条件	断奶后犊牛舍卧床，卧床垫料厚度为 10~20cm	
锯末	使用条件	断奶后犊牛舍卧床，卧床垫料厚度为 10~20cm	

②断奶后。断奶后牛只垫料依然本着干净、干燥原则，每批次牛只转出后彻底清理并消毒。垫料多为稻糠、锯末或烘干后沼渣。垫料疏松频次或更换频次根据牛只体表清洁度调整（3分及以上评分占比不超过5%），详见表1-14-4。

表1-14-4 牛只体表清洁度评分表

体表清洁度评分			
1分	2分	3分	4分
牛体是干净的，仅允许腿部稍有泥污	尾头与背部稍有泥污	尾部区域与大腿有泥污粪便	大腿腿部、尾部、腹部均有粪便

2）通风。北方牛舍加装通风管、充气卷帘墙都可以有效避免因防寒而造成牛舍内空气流通差、氨气浓度上升，可以使用氨气检测仪并结合牛只发病情况来控制卷帘或通风管的开启。

（2）饮水 犊牛的饮水用颗粒料的采食有很明显的关系，1kg颗粒料对应提供4kg饮水，故各阶段犊牛饮水均不应受限。饮水空间、出水速率、水槽水位、水温和水质等都是需要关注的细节。奶牛倾向于同时饮水，要求水槽能够满足15%的牛只同时饮水，且要求出水速率达到10~15L/min，关于水位，奶牛喝水时至少能够将嘴完全浸入水中但不能吸入空气，所以需要15~20cm的水位（Weatherly M et al.，2015）。北方牧场冬季时还需关注饮水温度，过低水温在影响饮水量的同时还会破坏瘤胃内环境稳态，增加腹泻和消化不良等消化道疾病风险。

（3）分群 遵循按照月龄大小并结合体况大小分群的原则。颈枷增加不同高度的标识。针对明显消瘦牛只、体高差距超过5cm的牛只进行分群，一个群体内杜绝体高差异超过5cm情况。且规模化养殖通常分群的频次根据转群频次而定，一般为1次/月。

（赵遵阳）

第十五节 加强牧场消毒，确保牧场安全

一、防疫防护

对于规模化奶牛养殖场而言，建立并严格执行消毒制度，才能做到无疫病时对环境预防性消毒，传染病发生时对环境进行随时消毒和终末消毒。这样才能减少病原微生物对奶牛的危害，保证奶牛的健康。

1. 牧场防疫防护制度

1）需将本制度分别在牧场外与生产区之间、生产区与生活区之间的出入口进行公示，进场人员必须按要求执行。

2）无人员及车辆出入时，保证出入口门或升降杆关闭。所有进入牧场的外来人员及车辆经过场长同意后登记入场。

3）人员进入牧场生活区需对手及鞋底消毒：

①准备1个喷壶，盛放75%酒精供进入牧场人员进行手部消毒。

②在消毒通道口设置消毒槽，对鞋底进行消毒，消毒槽参考标准为1.5m（长）×1m（宽）×0.05m（深），消毒槽内铺垫海绵，海绵上层放置PVC网格地垫，同时注入消毒液。

③鞋底消毒可选择的消毒药品包括安灭杀、卫可、达刻康、复合亚氯酸钠、百胜、10%的柠檬酸、澳碘，消毒药品浓度按使用说明配比。

4）车辆进入牧场生活区消毒：

①车辆进入生活区时需经过消毒池。

②车辆消毒池消毒可选择的消毒药品包括氢氧化钠1:50、安灭杀、卫可、达刻康、复合亚氯酸钠、百胜、10%柠檬酸、澳碘，消毒药品浓度按使用说明配比。

③消毒池液面高度在8~15cm，并填写"牧场消毒池药物更换记录表"。

④视车辆出入频次，每24h至少更换1次消毒液。

5）车辆进入牧场生产区消毒：

①车辆进入生产区时需经过消毒池。

②车辆喷雾消毒及消毒池可选择的消毒药品包括氢氧化钠1:50、1%过氧乙酸、安灭杀、卫可、达刻康、复合亚氯酸钠、百胜、10%柠檬酸、澳碘溶液，消毒药品浓度按使用说明配比。

③消毒池液面高度在8~15cm，并填写"牧场消毒池药物更换记录表"。

④视车辆出入频次，每24h至少更换1次消毒液。

⑤车辆经过消毒池后需对车轮、车体喷雾消毒。

⑥如车辆来自疫区或其他牧场，需对所载物品喷雾消毒。司机不得随意下车。

6）牧场工作人员需按标准着装要求更衣进入生产区，非牧场工作人员（包括来访者和外包人员）需经过消毒、更换工作服或防护服、穿鞋套或换鞋后方可进场。

7）一次更衣室与二次更衣室衣物、鞋等不得混穿，防护用具不得穿出或带出生产区。

8）人员进入牧场生产区消毒：

①人员进入牧场生产区时需通过消毒槽对鞋底消毒。

②在消毒通道口设置消毒槽，对鞋底进行消毒，消毒槽参考标准为1.5m（长）×1m（宽）×0.05m（深），消毒槽内铺垫海绵，海绵上层放置PVC网格地垫，同时注入消毒液。

③鞋底消毒可选择的消毒药品包括安灭杀、卫可、达刻康、复合亚氯酸钠、百胜、10%的柠檬酸、澳碘溶液，消毒药品浓度按使用说明配比。

9）所有员工由生产区回更衣室之前，都要彻底刷洗工作鞋底后方可进入二次更衣室。

10）牧场外乳类、肉类等餐厅原料经场长同意后进入餐厅。牧场外动物及附属物、原料、畜牧设备、工作服、鞋等经场长同意后经过清洗消毒处理进入生产区。

11）任何与其他牧场动物接触过的人员都应该在进入牧场前向牧场场长申报，经场长同意后进入牧场。

12）人员标准着装进入生产区，二次更衣室出口安置标准防护照片，尺寸为62cm×168cm。

2. 生产区防疫防护管理

（1）人员防护管理

1）进入生产区后按标准，正确佩戴防护用具（工作服、帽子、口罩、橡胶手套或线手套、雨鞋或其他工作鞋）。

2）一次更衣室与二次更衣室衣物、鞋不得混穿，防护用具不得带出生产区。

3）牧场生产区，自行安置洗手池，并配有洗手液、新洁尔灭等洗涤消毒液用品，方便员工及时清理污垢及接触污染后应急处理。

4）挤奶工挤奶、接产人员实施接产时，需佩戴防水围裙、长臂手套、橡胶手套，佩戴护目镜。

5）兽医人员进行免疫、手术、修蹄、产后护理时，需佩戴护目镜，进行活苗免疫时需要穿着防护服。在进行活苗免疫时，每次进场都需要更换新工衣及防护服，免疫时穿着的工作服需要单独洗涤并消毒。

6）繁育人员操作时，需佩戴长臂手套。

7）牧场更衣室和员工公寓、食堂内安置严正警示牌。

8）二次更衣室出口安置人员进入牧场标准防护照片。

9）工作服消毒：

①工作服洗涤时需加入消毒液进行清洗。

②工作服消毒可选择的消毒药品包括新洁尔灭、84消毒液，消毒药品浓度按使用说明配比。

10）确保员工每班次上班时防护用具干净、干燥。

11）进入牧场前将钥匙（除二次更衣柜钥匙）、首饰等非生产区必需的私人物品存放在一次更衣柜内，避免带进场内造成污染。

12）禁止所有人员在生产区内吸烟、吃东西，员工饮水方案由牧场自行出具。

13）在一次更衣室外，安置透明可封闭容器，保证存放足量75%酒精棉球，保证容器及棉球无污迹，供员工消毒手机、眼镜等可能被污染物品。安放全自动酒精喷雾式手消毒机，供员工消毒手臂。

14）牧场依据实际需求量，按时申购防护用具。

15）所购买的防护用具需符合国家或行业标准；保证采购的个人防护用具质量合格，有生产许可证、合格证与安全认证标志。

16）每天至少对牛只饮水槽清洗1次，保证饮水槽干净卫生、无死角。

17）清洗牛舍水槽的人员在清洗牛只饮水槽时，应做好人员防护，正确佩戴防护用具：帽子、一次性口罩、防水围裙、橡胶手套、长臂手套；同时，为避免混有牛只唾液、粪便的水溅入眼睛，原则上清洗水槽人员需要佩戴护目镜，或选择其他合适的眼部保护措施。

18）严格禁止员工使用牛舍水槽的水洗手。

（2）牛舍内消毒管理

1）牛舍环境消毒：

①原则上要求每天对牛舍内（包括但不限于产房、病牛舍）进行至少1次喷雾消毒。

②各牧场应常备2种以上消毒药品，每周交替使用，并填写"牧场消毒记录"。

③牛舍喷雾消毒可选择的消毒药品包括：达刻康、复合亚氯酸钠、百胜、生石灰（粉剂）等，消毒药品浓度按使用说明配比。

④牧场可以根据发病情况、空气湿度、通风等情况制定牧场消毒程序。

2）胎衣、死胎收集桶消毒：

①在小挤奶厅、产房、围产牛舍、初产牛舍等处安置胎衣、死胎收集桶。

②收集的胎衣或死胎需撒上生石灰粉，并做无害化处理；同时需对拾取胎衣或者死胎污染位置进行消毒。

③收集桶每天至少清理消毒1次。

④收集桶消毒可选择的消毒药品包括：新洁尔灭、安灭杀、卫可、达刻康、百胜、澳碘溶液，消毒药品浓度按使用说明配比。

二、消毒方法和消毒剂的选择及注意事项

1. 消毒方法和消毒剂的选择

1）选择何种消毒方法对物品进行消毒，应根据病原和被消毒物品的特性加以选择。

①染有细菌、芽孢的物品，可选择火焰或焚烧消毒。

②染有一般病原的物品，可选择煮沸消毒法消毒。

③耐湿不耐热的物品或染有病原微生物的物品和圈舍、仓库等，可选择气体熏蒸消毒。

④染有一般粪便、垃圾等污物，应选择生物消毒法进行消毒。

2）选择合适的消毒剂是消毒工作成败的关键，选择时应该考虑以下几个方面：

①高效、广谱。

②无毒、无残留、无公害。

③安全、稳定、易溶于水。

④价格低廉。

2. 消毒注意事项

（1）**消毒前必须消除污物**　有些消毒剂在有机物存在时效果大减，消毒前应尽量消除污物，使消毒剂直接作用于病原微生物，以增强其消毒效果。

（2）**根据要消毒对象选择消毒剂**　在选择消毒剂时要针对消毒的微生物特点和要消毒的对象选择合适的消毒剂。

1）如果要杀灭细菌、芽孢或非囊膜病毒，需要选用高效消毒剂。

2）带畜消毒需选用无腐蚀、无刺激、无毒性的消毒剂进行喷雾消毒，可选用季铵盐类和碘附。

3）带畜消毒时，因有大量有机物存在，所以，选择碘附时，要选择第三代碘附（三碘氧化合物）。

（3）消毒时选择适宜的浓度和剂量

1）消毒时应根据产品说明书选择适宜的浓度及剂量使用。

2）通常消毒剂的消毒效果与其浓度成正比，不低于有效浓度或适当增加浓度。同时，也不要盲目增加浓度，过高的浓度往往对消毒对象不利，造成不必要的浪费和经济损失。

（4）外界环境因素的影响　温度、酸碱度对消毒剂的消毒效果都有很大影响，应根据不同环境选择合适的消毒药品。需要强调的是消毒现场通常会遇到各种有机物，如分泌物、脓液、饲料残渣及粪便等，这些有机物的存在不仅能阻碍消毒药直接与病原微生物接触，还能中和并吸附部分药物，使消毒作用减弱。

各种消毒剂受有机物影响程度有所不同，氯制剂消毒效果降低幅度大，季铵盐类、过氧化物类、第一代碘附和第二代碘附等消毒作用降低明显，戊二醛类及第三代碘附消毒剂受有机物影响较小。

（5）消毒的作用时间　消毒剂与微生物接触后要经过一定时间后才能杀死病原，所需的接触时间对于不同的消毒剂和不同病原是不同的。若作用时间太短，往往会达不到消毒的目的。如穿着脏靴子快速踩过消毒池是起不到什么消毒效果的。

（6）消毒剂的配合使用

1）良好的配方能显著提高消毒的效果。

①季铵盐类消毒剂使用70%乙醇配制比使用水配制穿透力更强，杀菌效果更好。

②戊二醛和环氧乙烷联合应用，由于二者具有协同效应，可提高消毒效力。

2）消毒药之间也会产生拮抗作用，因此消毒药不能随意混合使用。

①酚类不宜与碱类消毒剂混合。

②阳离子表面活性剂不宜与阴离子表面活性剂及碱类物质混合。

（7）消毒不一定能达到彻底杀灭病原微生物的目的

1）由于一些病原体可以通过空气、昆虫、老鼠等媒介进行传播。因此，除了严密的消毒外，还要结合饲养情况，有计划地进行预防保健、免疫接种。

2）由于病原微生物容易对消毒药产生耐药性，因此最好用几种不同的消毒剂交叉使用。

3）常用的含氯消毒剂有漂白粉和二氯异氰尿酸钠等，溶于水后，生成次氯酸，而产生杀菌作用。含氯消毒剂对呼吸道和眼睛有较强的破坏性，长期使用对环境有破坏作用。含氯消毒剂具有广谱、高效、快速、低毒的特点，需要现配现用，常用于牛舍、地面、运输车辆和粪便等的消毒。

三、牛舍消毒程序

1）牛舍消毒：奶牛场牛舍的消毒很重要，一般来说，在没有疫情的情况下，需保证每周消毒至少2次；如果发生疫情，如巴氏杆菌病流行、口蹄疫疫情，需要每天进行消毒。对于有结核病的牧场，牛舍要每天进行消毒，以降低结核的传播。

2）卧床铺垫与消毒：在每班牛只去挤奶厅挤奶时彻底清理粪道和对卧床进行清理与铺垫。在乳房炎发病率高的牧场，在卧床铺垫后，还要在卧床后端撒布生石灰或漂白粉，以杀灭卧床垫料中的病原微生物，降低乳房炎的发病率。

3）在每栋牛舍的门口常年设消毒槽（池），用3%~5%氢氧化钠溶液消毒，凡进入牛舍的人员，鞋底都要经过消毒槽（池）清洗，防止病原菌带入牛舍。

4）病牛舍消毒：病牛舍更要每天加强清粪（冲洗）与每天进行药物消毒。一般采取带牛消毒。使用0.1%新洁尔灭、0.3%过氧乙酸或0.1%次氯酸钠进行带牛环境消毒。

5）病、死牛污染的场地消毒与死亡牛的处理：奶牛群中检出病牛和传染病阳性牛后，对具有传染性的阳性牛隔离，对病牛污染的牛床及其食槽等每天进行1次消毒。

死亡牛一律做无害化处理。

（都启晶）

第十六节　奶牛热应激的影响及措施

一、夏季热应激的影响

夏季的温度和湿度会对奶牛造成产量下降甚至生命危险。热应激降低泌乳量、危及奶牛的健康。新的热应激温湿度指数（THI）门槛已经由原来的72调整到68，因为在THI达到68时，大多数奶牛就会开始遭受热应激。当THI达到80时，如果不采取降温措施，大多数牛就会遭受严重的热应激。

1. 热应激对采食量和泌乳量的影响

热应激能够降低奶牛的采食量和泌乳量，在采食量降低30%时，泌乳量可降低50%，牧场所在地区的热应激程度和牧场的防暑降温设施及执行情况决定了奶牛热应激的影响程度，即使同一地区，不同的牧场之间采食量和泌乳量的下降幅度差别巨大。最新的研究表明中等程度的热应激可导致奶牛维持需要增加30%。热应激泌乳量的降低，其中50%归因于采食量的下降，另外50%归因于奶牛代谢的改变。

2. 热应激对奶牛繁殖的影响

THI到68时奶牛的泌乳量就受到影响，然而THI达到65时，奶牛的繁殖即受到影响，这是因为相对于泌乳量，奶牛的繁殖对热应激更加敏感。热应激时奶牛机体反应优先顺序：保持身体水分→保持身体体温→生长→产奶→繁殖。第1~6天，发育的胚胎对热应激和体温上升非常敏感，体温超过39℃有可能导致奶牛早期流产。这不表示妊娠期的其他阶段就不会受到热应激而流产，只是第一周概率更大。妊娠率在热应激期间会下降。有效的奶牛降温措施可以帮助缓解妊娠率的降低。在以色列，热应激工作做得好的牧场夏季泌乳量可以达到冬季泌乳量的

99%,但繁殖率仍然比冬季低10%左右。根据某大型牧业集团的数据,北方的牧场夏季奶牛的在孕天数降低5d,南方的牧场夏季奶牛的在孕天数降低10d左右。

3. 热应激对奶牛免疫力和健康的影响

热应激也可抑制奶牛的免疫系统,导致疾病的易感性增加,并能增加很多疾病的发病程度。围产期的奶牛会经历能量负平衡因而发生酮病的风险很大,热应激进一步降低了奶牛的采食量,夏季围产期的奶牛经受双重的能量负平衡,酮病的发病率普遍高于其他季节。夏季喷淋的水和奶牛排出的粪尿导致牛蹄长时间浸泡在粪尿和水中,加上站立时间加长,导致夏季过后蹄病的发病率增加,即所谓的秋后算账。另外,夏季奶牛呼吸加快,呼出的二氧化碳增多导致呼吸性碱中毒;唾液的流失增多,尿液中碳酸氢钠的排出增多,奶牛挑食或精饲料比例增多等这些原因导致奶牛代谢性酸中毒。另外,在夏季奶牛的胎衣不下、产后瘫痪、皱胃移位等疾病的发病率也会增加。

4. 热应激对犊牛的影响

犊牛比成年牛更加脆弱,对热应激更敏感。临近产犊的阶段同样面临着热应激下,流产概率增加。此外热应激下奶牛可能出现早产,比预产期提前5~10d产犊。犊牛在热应激期间,死亡率提高10%~15%。热应激期间,犊牛的日增重降低100g以上。最新的研究表明,热应激期间所生的犊牛,等到成年产犊后,泌乳量较非热应激期间所产的犊牛显著降低,也就是说热应激不仅仅影响母牛本身,还可以影响后2~3代。

5. 热应激对牛奶质量的影响

热应激会造成牛奶指标异常,所以在夏季牧场遇到的牛奶质量问题增多,如牛奶酸度过低、牛奶的乳脂肪或乳蛋白偏低、酒精阳性乳、体细胞升高等问题。

二、夏季热应激的措施

1. 充足的饮水

越是高产的奶牛需要的水越多,温度越高饮水量越大。每头奶牛在圈舍中的饮水槽长度至少8~10cm;这将降低奶牛的饮水竞争保证所有奶牛都能接触到干净的饮水。

2. 遮阴

研究表明在放牧或运动场的奶牛,遮阴比没有遮阴多产10%~20%的牛奶。对于高产的奶牛,这非常关键,但是不要忘记了运动场或草场的后备牛以及干奶牛,也不要忘记病牛以及较弱势的奶牛,因为他们躲避阳光直晒的能力较弱。

3. 风扇

风扇能够帮助移除辐射热。选择风扇的直径应该为90~120cm,安装的高度应该距离地面

2.1~2.4m 高，风扇之间的间距为 6m 左右，风扇往下倾斜 30°~45° 以保证能够形成连续的风速。风扇应该交叉安装以在所有区域形成良好的空气流通。在热应激严重的牧场，牛舍内安装赛克龙风机，可大大降低热应激的发生程度。

4. 喷淋

在采食道喷淋，配合风扇，在大多数牧场里，风扇加喷淋能够提供最好的散热方式，风扇配合喷淋是利用奶牛的蒸发散热来达到降温的目的。喷头应安装在距离地面 1.8m 的高度，紧靠风扇下方，要求喷头能够达到 180° 喷射无死角，水流压力要足够大（压力大约 69kPa）。直接喷到奶牛的整个背部，不同的地区根据温度和湿度设置适宜的喷淋 - 风扇开启间隔时间，这里推荐的是 15min 循环，3min 喷淋，12min 吹干（该程序不一样适合所有牧场，要求牧场根据自身情况摸索最佳循环模式，一个原则就是喷得透，吹得干）。这种喷淋能够喷透奶牛并能够用风扇吹干从而靠蒸发带走热量以达到降温效果。卧床上不推荐安装喷头，因为这样会增加湿度，造成环境性乳房炎。

5. 喷雾

在干燥的地区，牧场可以考虑卧床上方安装风扇系统配备喷雾，通过雾气蒸发降低牛舍的空气而降温。由于喷雾水滴小，在落到卧床上前会蒸发而散失。这种蒸发能够轻微降低空气温度，但是不适用于高湿度地区以及封闭牛舍，因为它能够增加湿度而增加热应激或增加乳房炎的发病率。

6. 日粮调整

增加脂肪供应降低精饲料的比例能够增加能量浓度，降低发酵产生的热量。脂肪的添加量不要超过日粮的 6.5%（干物质计算）。降低粗饲料的饲喂量或者饲喂优质的粗饲料可以降低发酵产热。在炎热季节，奶牛喜欢挑食精饲料，但是应该饲喂足够的粗饲料以避免消化问题及乳脂肪降低。热应激期间应该增加矿物质钾（1%的干物质）的供应，以及添加有机铬，有机铬能够帮助增加热耐受性。

7. 关注新产牛

炎热季节，奶牛更易感染子宫内膜炎、乳房炎、酮病和其他疾病。因为奶牛在这一重要时期本身采食量就低，本身就处于免疫抑制状态。通过紧密监控新产牛，能够早期发现这些问题，在问题变得严重之前采取必要的措施干预。额外的热应激，12h 能够使 1 头病牛变为 1 头死牛。

8. 关注候挤厅和挤奶厅

由于候挤厅密度大，候挤厅是牧场最热的区域，因为该区域没有足够的空间进行散热。奶牛至少需要 2~4m² 的空间来阻止牛只间热量的传播。当赶牛的时候，可以考虑分成多个小群，而不是整个大群一起赶。这意味着奶牛在候挤厅等待的时候会减少，牛只间的接触会减少。在候挤厅这个高风险的区域，更加需要风扇和喷淋。夏季在回牛通道上加装一些水槽可以增加饮水量，减缓奶牛的降奶幅度。

9. 不要增加应激

不要随便动牛（移动、分群或运输），在非常炎热的时候不要注射疫苗等。避免任何可以增加应激的因素，疫苗注射当然也可以对机体的免疫系统增加应激，这将会对奶牛造成明显不同的后果，奶牛本可以自身抵抗热应激，却因为外来的应激因素加重热应激而处于死亡边缘。过多的应激还可以引起干奶牛的流产。

隧道通风配合湿帘：对于小牧场利用湿帘配合隧道通风不失为一个好的模式。这种组合能够降低室内温度10℃以上。这是一种有效的降温方式，但对于大型的牧场可能有些难度。

三、热应激降温的优先次序（泌乳牛和干奶牛）

1）热应激降温措施放在第一位的是水的供应，保证15~20头牛1个水槽，每头牛的饮水槽长度最好达到10cm，要保证水的干净程度和水温。

2）牛舍、候挤厅的遮阴，避免牛舍和候挤厅暴露在阳光中，最好选用牢固的遮阴棚，遮阴棚的高度建议4m以上以增加牛舍和挤奶厅的通风，同时要保证每头牛有足够的面积以避免过度拥挤。

3）减少行走距离。

4）减少牛在候挤厅的等待时间。

5）改善候挤厅和牛舍的通风。

6）增加候挤厅及挤奶厅出口的降温。

7）围产前期的奶牛降温，围产前期的降温要优先于泌乳牛。

8）然后是新产牛、泌乳早期奶牛的防暑降温。

9）最后是泌乳中期、泌乳后期奶牛的防暑降温。

四、热应激防暑降温设施的参数设置

1. 设备设施配置

（1）采食道　风扇+喷淋。

（2）卧床　风扇+喷雾。

（3）候挤厅　风扇+喷淋。

（4）牛舍　前后遮阴棚+屋顶喷白。

2. 风扇

（1）采食道/卧床

1）技术参数：电源380V/50Hz，输入功率0.4kW；扇叶直径1m，风量24000m³/h，远端风速 2.5~3.0m/s（6m 处）。

2）安装要求：底部距离地面 2.2~2.3m，倾斜度 30°。单独控制与整栋牛舍统一控制相结合，独立漏电保护开关。

（2）候挤厅

1）技术参数：电源 380V/50Hz，输出功率 2.2kW；扇叶直径 1.83m，风量 93000m³/h，风速 6.0m/s。

2）安装要求：间距 0.8~1.5m，高度 2.5~2.8m。

3. 喷淋

（1）采食道

1）技术参数：压力 1.4kg/cm²，喷淋半径大于或等于0.9m（喷淋范围为奶牛肩胛骨至髋关节位置）。喷射角度 135°，流量 1.9~3.8L/min。

2）安装要求：主管为 2 寸（6.67cm）GB 热镀锌管，间距 1.5~1.8m，高度 1.8~2.0m。喷淋系统装置能自动运行，可根据环境温度，设置该设备的喷淋运行时间及开关间隔时间。

（2）候挤厅

1）技术参数：压力 1.4kg/cm²，喷淋半径大于或等于1.4m，喷射角度 360°，流量 1.9~3.8L/min。采用 360° 喷头，垂直向下喷淋覆盖全部候挤厅奶牛。

2）安装要求：主管为 2 寸（6.67cm）GB 热镀锌管，间距 1.8~2.0m，高度 2.6~2.8m。喷淋系统装置能自动运行，可根据环境温度，设置该设备的喷淋运行时间及开关间隔时间。

4. 喷雾

1）喷雾参数：供水水压 30~80MPa，喷雾头流量 0.3~0.5L/min。

2）安装要求：喷头间距 1.2m，高度 2.3m，喷雾装置能够预设温度和设备的启动、停止运行时间。

（王艳明）

第二章 传染病

第一节 病毒性传染病

一、口蹄疫

口蹄疫（Foot-and-Mouth Disease，FMD）是由口蹄疫病毒引起的偶蹄家畜急性、烈性、高度接触性传染病。家养动物中，普通牛、猪、绵羊、山羊和水牛均对口蹄疫易感。此外，超过70种野生偶蹄类动物，如鹿、羚羊和野猪等也可感染。易感动物感染口蹄疫病毒后，在蹄、口腔、舌周围和母畜的乳头上出现水疱。本病发病率可达到100%，死亡率低，但会出现奶牛泌乳量下降、繁殖性能降低等影响。由于口蹄疫传染性极强，许多国家与地区都有流行，世界动物卫生组织（OIE）将其归为A类动物疫病，《中华人民共和国动物防疫法》将其归为一类动物疫病。

【病原】口蹄疫病毒（Foot-and-Mouth Disease Virus，FMDV）属于小RNA病毒科（*Picornaviridae*）口蹄疫病毒属（*Aphthovirus*）。病毒颗粒近似圆形，呈二十面体状，其RNA呈单股线状，含8500个核苷酸。直径为20~25μm，无囊膜，对酸敏感。病毒最外层为蛋白质衣壳，中心为核糖核酸。核糖核酸决定病毒的感染性和遗传性，外围的蛋白质则决定其抗原性、免疫性和血清型特性，并保护核糖核酸不受外界影响。口蹄疫病毒是一种免疫抑制性病毒，在感染过程中会诱导细胞凋亡和自噬。它作为一种高传染性病毒，可以通过多种方式来逃避宿主的免疫机制，如其衣壳蛋白VP1和前导蛋白L^{pro}通过与可溶性抗性相关钙结合蛋白或宿主转录因子活性依赖性神经保护蛋白（ADNP）相互作用，抑制干扰素的产生和先天免疫应答。口蹄疫病毒有7个血清型，即O、A、C、SAT1、SAT2、SAT3和亚洲Ⅰ型，以及65个以上的血清亚型，各血清型核酸同源性最低只有50%，故各血清型之间无交叉免疫保护反应。同一血清型中，多数亚型可用生化试验和免疫学试验鉴别。

本病毒具有较大变异性，在流行地区常有新的亚型出现。目前，我国主要面临的是2个血清型（O型、A型）及5个毒株（Sea-97、Mya-98、PanAsia、CATHAY、Ind-2001，其中Sea-97为A型，后面4个毒株属于O型）。

病毒对外界环境的抵抗力较其他病毒更强，在4~8℃环境下能存活数月，在50%甘油生理盐水中于5℃能存活1年以上，-70~-50℃或冻干保存可存活数年。自然条件下，含有病毒的组织与污染的草料、皮毛及土壤等可保持传染性数周至数月。但口蹄疫病毒对热比较敏感，在25℃下能存活20d，37℃只能存活48h，病毒在60℃条件下经过15min、80℃经过10min或煮沸不到3min即可杀灭病毒。本病毒对酸、碱和紫外线敏感，对干燥的抵抗力较强，在pH小于6的酸性环境或者pH大于9的碱性环境中即可灭活，甚至在pH为4.5条件下1s即可失去感染性，因此1%~2%氢氧化钠、30%草木灰水、3%~5%甲醛溶液、0.2%~0.5%过氧乙酸溶液消毒效果良好。常用消毒药如高锰酸钾、乳酸、次氯酸盐类溶液及甲醛等，在30min内能起到消毒作用。野外环境中常用2%~4%氢氧化钠进行掩埋病畜及粪污的消毒。碘酸类消毒剂的消毒效果良好，可用于牛场环境消毒和牛舍载畜消毒。

【流行病学】 口蹄疫病毒可感染多种动物，自然发病的动物常限于偶蹄兽，奶牛、黄牛最易感，其次为水牛、牦牛、猪，再次为绵羊、山羊及20多科70多种的野生动物，如骆驼、驯鹿、羚羊、野猪等。新流行区内牛的发病率经常高达100%。除非洲水牛之外，野生动物与家养动物的口蹄疫流行病学关系尚不确定，但牛的口蹄疫感染毒株已在野猪和鹿中分离到。病畜是口蹄疫的主要传染源，甚至在出现临床症状之前就带毒。奶牛感染后9h至11d向外排毒，呼出气体、破裂水疱、唾液、乳汁、精液和粪尿等分泌物和排泄物中均带毒。病愈奶牛在一段时间内可以携带病毒。通常病牛带毒时间可达4~6个月，但有时康复1年后仍然带毒而引起本病的传播。机械附着在皮毛上的病毒也可成为传染源，特别是在蹄部角质缝隙中包藏病毒长达数天，个别病例可达8个月，屠宰后通过未经消毒处理的肉品、内脏、血液、皮毛和废水，可广泛和远距离播散病毒。口蹄疫病毒的主要传染途径是气溶胶传播，较大的气溶胶可黏附在消化道黏膜上，而小颗粒可达呼吸道下部。同群动物之间可通过直接接触传播，但各种传播媒介的间接传播是口蹄疫最主要的传播方式。口蹄疫病毒颗粒可随风传播10~60km。

本病一年四季均可发生，无严格的季节性，一般冬、春季节高发。亚洲是口蹄疫的重灾区，存在多血清型同时流行的风险。目前，我国面临的主要血清型为O型、A型，采用的疫苗免疫也是针对上述两种血清型的二价灭活苗。较早的一些报道认为，口蹄疫具有一定的流行规律，即3~5年一次大流行，但是从近5年周边国家的发病情况看，由于周边国家疫情严重，我国每年面临的疫情风险并不乐观。口蹄疫的每次流行均以一个血清型为主，同时流行毒株的亚型存在变异风险，如2010年曾出现的O型古典株，给口蹄疫防疫带来了更大的困难。

【症状】 潜伏期为2~7d，最长可达21d，平均为14d左右。病牛初期体温升高至40~41℃，精神委顿，食欲减少或废食，反刍停止，闭口流涎，泌乳量下降（图2-1-1）。1~2d后在唇内面、齿龈、舌面和颊黏膜出现大小不等的水疱。病牛空嚼，嘴角出现白色泡沫样流涎。不久水疱破溃，形成边缘不整的红色烂斑，最明显的变化是舌面黏膜剥脱（图2-1-2）。水疱破裂后体温下降，全身症状好转，如果继发细菌感染，可能并发口炎、咽炎、肠炎等。乳房皮肤、指（趾）及蹄冠皮肤表现发热、肿痛，继而发生水疱、溃疡。部分病牛的蹄部病变严重，常常在蹄踵部裂开，有的在蹄冠部出现明显的充血出血，引起严重的跛行（图2-1-3）。如果蹄病继发细菌感染，局部化脓坏死，则病程延长，甚至蹄壳脱落。乳头皮肤有时出现水疱、烂斑（图2-1-4），如果继发细菌感染，可造成严重的乳房炎，这可能与病毒同时侵袭乳头孔及乳头乳池等部位，引发水疱和溃疡有关。

图2-1-1　闭口流涎

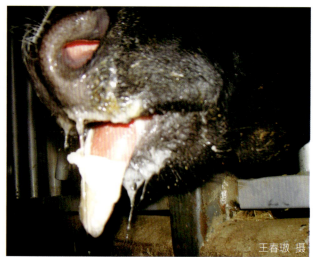

图2-1-2　舌面黏膜剥脱

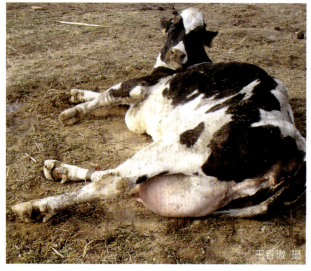

图2-1-3　蹄冠开裂

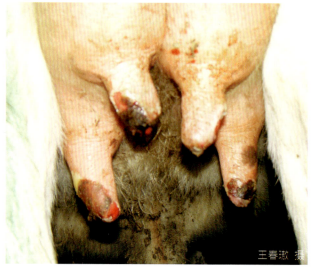

图2-1-4　乳头水疱

本病虽然发病率可达到100%，但死亡率低，如果蹄部出现损伤，病程可延长至2~3周或者更长。患病犊牛的症状不明显，常突然死亡且死亡率高达20%~40%，主要表现为由O型口蹄疫引起的急性出血性胃肠炎和心肌炎（图2-1-5、图2-1-6）。成母牛死亡率一般不超过5%，但发病后采食量和泌乳量迅速下降，很难恢复。继发乳房炎的病牛通常药物控制效果不佳，约10%的奶牛最终因乳房炎淘汰。

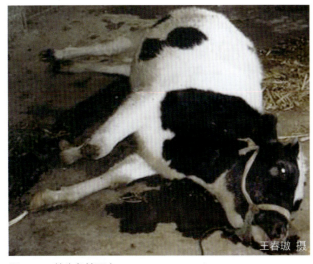
图 2-1-5　犊牛急性死亡

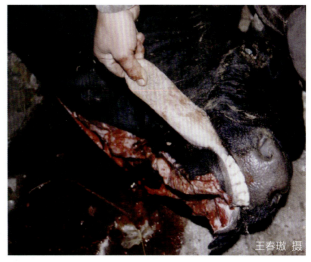
图 2-1-6　育成牛死亡，舌上有溃疡

【病理变化】　口蹄疫的特征性病变是在皮肤和消化道出现水疱和溃疡。最初的水疱为椭圆形或半球形，疱内通常充满透明的浅黄色水疱液；有时因水疱内混有红细胞而呈红色，如瘤胃肉柱沿线的水疱；有的水疱液混浊，系含有大量白细胞所致。疱疹底部为发红的乳头层，其表面常覆有脱落的上皮。这种典型的病变主要是皮肤的炎症变化引起的。蹄部常沿蹄冠缘和指（趾）皮肤发生小水疱并迅速扩大，大如榛实。奶牛的乳头皮肤经常发生水疱，有时可见于乳房的无毛皮肤。1~2d 水疱破裂，露出鲜红色的糜烂斑。蹄部水疱延伸入蹄壳下，使皮肤基部与角质分离，导致蹄壳脱落。

恶性口蹄疫可引起成年牛和犊牛大量死亡，由病毒本身引起的心肌病变而致死。主要病理变化见于心肌和骨骼肌，在成年牛骨骼肌比心肌变化明显；在犊牛则相反，心肌变化严重而骨骼肌变化轻微。心肌混浊、呈暗灰色，质地松软，常呈扩张状态，尤以右心室明显，在黄红色心肌内散在灰黄色或灰白色斑点或条纹状病灶。在心肌外膜和心内膜下，以及切面上均可见到上述病灶，主要散布在左心室壁和室中隔，状似虎皮斑纹，故通常称为"虎斑心"，松软似煮过的肉。病理组织学变化可见表皮棘细胞肿大成球形，间桥明显、心肌细胞变性、坏死、溶解。

【诊断】　对发生口蹄疫的病牛，一般根据临床表现和流行病学特点，可做出初步诊断。确诊需进行实验室检测。

（1）**分子生物学检测**　口蹄疫的诊断可通过上皮组织或液体样品中是否存在口蹄疫病毒抗原或核酸进行确证。由于口蹄疫属一类动物疫病，传染性极强，发现疑似病例后，应按国家有关规定及时上报与送检。

（2）**血清学试验**　常用的 ELISA 方法包括，液相阻断酶联免疫吸附试验（LPB-ELISA）和非结构蛋白 3ABC 抗体间接酶联免疫吸附试验（3ABC-I-ELISA）。

对于未免疫牛群（如部分进口牛、未免疫该血清型疫苗的牛），凡是检测出口蹄疫血清抗体阳性的奶牛，均可定为自然感染。O 型、A 型口蹄疫抗体液相阻断 ELISA 试剂盒可检测不同血清型抗体水平，但无法区分是否为野毒感染，一般用于免疫后牛群的免疫效果监测。

（3）鉴别诊断　临床上，应注意区分本病与其他疾病，如易与水疱性口炎和丘疹性口炎混淆，应注意鉴别。对奶牛来讲，水疱性口炎的流行范围小，发病率为10%~15%，极少发生死亡。丘疹性口炎是由牛丘疹性口炎病毒引起的一种传染病，发病率高，传播力极强但病势较轻，临床症状与口蹄疫极为相似。丘疹性口炎感染奶牛的口腔、蹄部及乳头，发生水疱及蹄壳脱落，泡沫性流涎（图2-1-7），但一般呈局限性发病，在同群健康牛中无蔓延趋势，病牛在2周内可逐渐恢复，一般不引起死亡。必要时进行实验室检测以区别。

图2-1-7　丘疹性口炎牛，流涎及蹄部损伤

【防控】　牧场应加强饲养管理，严格执行消毒防疫措施。运奶车辆、运草料车辆、外出的清粪车辆及装载淘汰牛只的车辆，在场外易出现交叉感染，进场时必须消毒。

（1）常规防疫　我国对本病实行强制免疫，疫苗的选择应符合口蹄疫流行情况。目前，我国牧场多使用口蹄疫O型和A型二价灭活疫苗免疫。应科学制订牛场的免疫程序。盲目增加免疫次数和免疫剂量会造成奶牛的免疫疲劳，不利于奶牛免疫状态的维持，并且耗费人力、增加奶牛应激。对于免疫频率，应通过对免疫后牛群的免疫效果监测来确定。通常在加强免疫后30d，采集部分奶牛血清样品进行抗体效价评定（依据牛群大小抽检约5%的牛，抽样覆盖犊牛、育成牛、青年牛、干奶牛和经产牛）。每种血清型抗体效价以大于或等于1∶128为标准，计算抽检牛群的免疫合格率。对达不到合格率的牛群应进行补充免疫。目前，我国牧场的免疫程序按频率分为每年2次或3次加强免疫，其区别在于考虑成母牛的免疫频率，母源抗体持续时间对犊牛首次免疫效果有一定影响，犊牛首次免疫时间及后续加强免疫程序有所区别。

1）每年2次免疫的牧场，建议的免疫程序如下：

①犊牛：3月龄（90~120日龄）首次免疫，30d后加强免疫，在犊牛6月龄时再次加强免疫，以后随大群每年2次加强免疫。

②其他牛只：每6个月加强免疫1次。

2）每年3次免疫的牧场，建议的免疫程序如下：

①犊牛：4月龄（120~150日龄）首次免疫，30d后加强免疫。犊牛6月龄时无须加强免疫，随大群牛每年3次加强免疫即可。

②其他牛只：每4个月加强免疫1次：

从国外引进牛时，由于属于初次免疫，应进行首免和30d后的加强免疫，此后随大群每年2次免疫。在非疫区，奶牛注射疫苗后21d方可转移和调动。

（2）流行时的防控措施　发生口蹄疫后，应立即上报疫情，划定疫区，严格封锁，就地扑灭，严防蔓延。对疫点内的牛、羊、猪进行检疫，病畜就地烧毁深埋。疫点内和周围受威胁区未感染的牛、羊、猪，立即接种口蹄疫疫苗，接种顺序由外向内。对病畜污染的圈舍、饲槽、工具和粪便用碘酸或2%氢氧化钠溶液消毒。最后一头病牛痊愈或死亡后14d，无新病例出现，经彻底消毒，报请上级部门批准后解除封锁。

（曹 杰）

二、牛病毒性腹泻/黏膜病

牛病毒性腹泻/黏膜病（Bovine Viral Diarrhea-Mucosal Disease，BVD/MD）是由牛病毒性腹泻病毒（Bovine Viral Diarrhea Virus，BVDV）引起的牛的一种急性、热性、接触性传染病。本病最早由Olafson和Fox于1946年在美国纽约州发现，并于1957年分离到病毒。1953年Ramsey和Chiver发现黏膜病。Gillespie等（1961）研究证明，病毒性腹泻与黏膜病是由同一病毒引起的。1971年美国兽医协会将两种疾病统一命名为牛病毒性腹泻/黏膜病。本病呈世界分布，广泛存在于欧美等许多养牛业发达的国家。随着我国养牛业的迅速发展，国外品种不断引入，本病在我国发生、流行呈上升趋势。

【病原】 牛病毒性腹泻病毒属黄病毒科（*Flaviviridae*）瘟病毒属（*Pestivirus*），同属的还有猪瘟病毒（Hog Cholera Virus，HCV或Classical Swine Fever Virus，CSFV）和羊边界病毒（Border Disease Virus，BDV），三者在血清学上有交叉反应。BVDV病毒粒子的直径为40~60nm，病毒编码的C蛋白和基因组RNA组成中心衣壳，有囊膜。衣壳作为一个电子密集的内核存在，直径约为30nm，尚不确定其结构和对称性。病毒编码蛋白Erns、E1、E2与囊膜的脂质双层有关，囊膜具有多形性，不利于蔗糖梯度纯化感染颗粒，也不利于电子显微镜对病毒粒子的诊断。病毒颗粒相对分子质量（Mr）约为6.0×10^7，在蔗糖中的浮密度为1.10~1.15mg/cm^3。病毒粒子在pH为5.7~9.3时保持稳定。低温不影响病毒的感染力，温度高于40℃会降低病毒感染力。与其他囊膜病毒一样，BVDV可以被有机溶剂和去污剂灭活。另外，胰酶浓度为0.5mg/mL时，37℃作用60min也可以使本病毒失活。

本病毒只有一种血清型，各毒株间存在抗原多样性。根据基因组不同区域（5'-UTR、N^{pro}和E2）的序列比较分析，将其分成两种基因型，BVDV 1型和BVDV 2型。随着对本病毒研究的不断深入，报道了更多的基因型，将BVDV 1型和BVDV 2型分成若干亚型。通过RT-PCR方法和单克隆抗体将BVDV 1型分为1a、1b、1m、1n、1o、1p、1l等至少11个亚型，不同的亚型可能对组织器官的侵嗜性不同。BVDV 2型毒株目前分为4个亚型。不同基因型毒株的生物学特征还需进一步研究。

根据细胞培养时是否产生致细胞病变效应（CPE），将本病毒分为致细胞病变型（CP）和非致细胞病变型（NCP）两类。BVDV 1型和BVDV 2型病毒都有CP型和NCP型2种生物型。CP型毒株在细胞培养时细胞可产生空泡、拉网、细胞核固缩、溶解及细胞死亡等肉眼可见的病变，而NCP型毒株在细胞培养时不发生或仅发生较少的肉眼可见病变。致细胞病变型病毒在动物体内并非都具有高致病力，而非致细胞病变型病毒的毒力一般都很强。

第一节 病毒性传染病

【流行病学】 本病毒可感染多种偶蹄动物，如奶牛、黄牛、水牛、牦牛、山羊、绵羊、猪、鹿等，家兔可人工感染，不感染鸡胚、豚鼠、犬、猫或小鼠。同时，在野生动物中也发现有本病毒感染的现象。各年龄段的牛均易感，其中3月龄以下的犊牛和12月龄以上的牛最易感。我国成年牛的感染率很高，2岁以上的牛约80%带有抗体，0.5%~1%为持续感染牛，持续感染牛又称PI牛。PI牛每天向外排出约1000万个病毒粒子，本病毒可在环境中存活数天，易感牛接触到PI牛的粪便、尿液、鼻涕，以及被污染的饲料、用具都可以发生急性感染。苍蝇、蚊子等也重要的传播媒介。

本病毒主要通过垂直和水平2个途径传播。水平传播也称急性感染，潜伏期为5~7d，感染后4~15d可向外排出病毒粒子，每天排出病毒粒子1000个，感染2~4周后产生血清抗体而康复，抗体维持1年以上。病毒通过胎盘感染妊娠30~150d没有免疫的母牛的胎儿，犊牛出生后即成为PI牛。PI牛妊娠后所生犊牛也为PI牛。PI牛死亡率高，存活时间比较短，通常由于发育迟缓、繁殖障碍等问题在2岁前主动或被动淘汰。约有10%的PI牛生长发育及生产性能无异常表现。PI牛终身带毒，是本病毒的天然保种库和主要传染源。我国一些大型牧场新生犊牛PI牛的发病率很高，有的达到22%（13/59）以上。

在不进行新生犊牛病毒性腹泻病原检验的牧场，或对新生犊牛中的PI牛不进行隔离、观察、复检的牧场，对检出的PI牛不及时淘汰的牧场，或PI犊牛混养在犊牛舍内，或PI犊牛饲养在靠近青年牛舍与泌乳牛舍的情况下，PI犊牛向外排出的大量病毒颗粒，污染犊牛舍、青年牛舍和泌乳牛舍，引起犊牛、青年牛和泌乳牛的急性感染。饲养密度过大、潮湿等都有利于病毒的生存及传播。妊娠期间注射BVDV减毒疫苗也可以感染胎儿。本病全年均可发生，无明显的季节性，主要呈地方流行性，单个牛群可呈暴发性。

【症状及病理变化】 本病毒感染潜伏期一般为5~7d。根据病程的长短和严重程度，临床上将本病分为：急性感染及免疫抑制（Acute Illness & Immunosuppression）、持续感染（Persistent Infection）、繁殖障碍（Reproductive Disorders）、血小板减少症（Thrombopenia）、出血综合征（Hemorrhagic Syndrome）5种类型。

（1）急性感染及免疫抑制 此类型最为常见，常突然发病，发病率高但致死率低。除具有免疫力的犊牛和成年牛外，病牛常出现呼吸急促、腹泻、典型的双相热，起初体温高达40~42℃，持续2~7d，精神轻度沉郁，采食量下降，之后体温转为正常，3~5d后再次出现高热。体温再次升高时，病牛食欲和泌乳量会显著下降。急性感染的病牛临床表现两种症状，腹泻型和呼吸道症状型。腹泻型牛排出水样粪便（图2-1-8），个别严重病例粪便中出现黏液和血液，同时采食量降低或停止采食，奶牛抵抗力降低，极易继发大肠杆菌感染，引起奶牛死亡。急性感染呼吸道症状型临床表现为呼吸异常快速，有的牛流出鼻涕，采食量降低，泌乳量下降，奶牛抵抗力降低，极易继发巴氏杆菌、溶血曼氏杆菌感染，在1个万头牛场，成母牛发病率为8.4%，青年牛发病率为1.45%，成母牛肺炎死淘率为0.88%，占发病成母牛的10.5%，青年牛肺炎死淘率为0.33%，占发病青年牛的22.8%。在成年奶牛中，急性感染造成的蹄部损伤并不少见，病变多出现在冠状带和指（趾）间，以充血、糜烂为主，并最终导致跛行（图2-1-9）。

图 2-1-8　BVDV 急性感染腹泻型的水样粪便

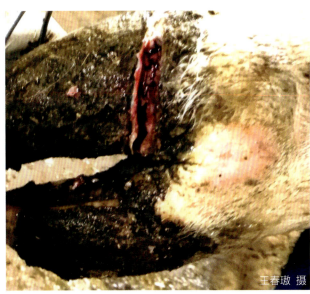
图 2-1-9　BVDV 急性感染，蹄冠糜烂

BVDV 急性感染如果不继发细菌性病原微生物感染，一般经 10d 左右康复。

（2）**持续感染**　持续感染是本病的一种重要的临床类型，也是本病毒在牛群内能持续存在的重要原因。BVDV-PI 牛，死亡率较高，存活时间比较短，绝大多数 PI 牛，出生时体重偏轻，体形偏小，在生下后第 2 天就出现呼吸困难症状，并逐渐加重，吃奶减少或不吃奶，药物治疗无效，大多在 4~8d 死亡；少数新生的 PI 牛，在 10d 后出现腹泻，精神沉郁，吃奶减少，至 20d 左右，犊牛鼻镜出现充血和上皮破溃（图 2-1-10、图 2-1-11），药物治疗无效死亡。表现呼吸异常的新生 PI 牛的肺小叶上有大片出血斑，肺大叶上有弥漫性针尖大出血点（图 2-1-12、图 2-1-13）。表现腹泻的新生 PI 牛的皱胃、肠管和瘤胃黏膜出血（图 2-1-14、图 2-1-15）。对 4 日龄死亡 PI 牛和 18 日龄腹泻死亡的 PI 牛细菌检测，发现都是继发了大肠杆菌感染，这是因为 PI 牛免疫力低下，极易继发大肠杆菌感染并引起死亡。

图 2-1-10　18 日龄 PI 牛，鼻镜红，上皮破溃

图 2-1-11　20 日龄 PI 牛，鼻镜充血，上皮破溃

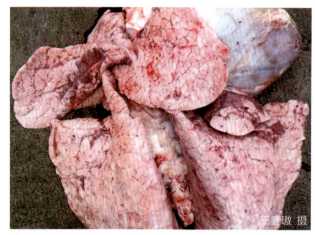

图 2-1-12 4 日龄 PI 牛，肺小叶上有出血斑，肺大叶上有针尖大出血点

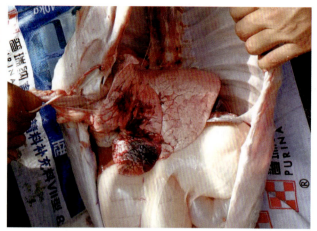

图 2-1-13 1 日龄 PI 牛，肺小叶出血

图 2-1-14 18 日龄 PI 牛，皱胃黏膜出血

图 2-1-15 18 日龄 PI 牛，瘤胃黏膜出血

PI 牛大多在哺乳期死亡，少部分 PI 牛因发育迟缓或繁殖障碍在 2 岁前主动或被动淘汰（图 2-1-16～图 2-1-22）。约有 10% 的 PI 牛生长发育及生产性能无异常表现，在群时间长。有研究表明：牛群 BVDV-PI 牛的阳性率为 1%～2%，牛群内大约 97% 的 BVDV-PI 牛是由健康母牛急

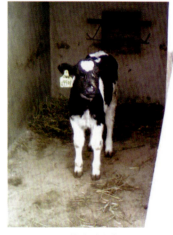

图 2-1-16 PI 犊牛（左）与正常牛

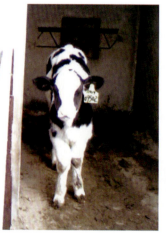

图 2-1-17 出生的畸形 PI 犊牛 1

图 2-1-18　出生的畸形 PI 犊牛 2

图 2-1-19　PI 犊牛，腹泻

图 2-1-20　PI 成母牛，个体小（左）

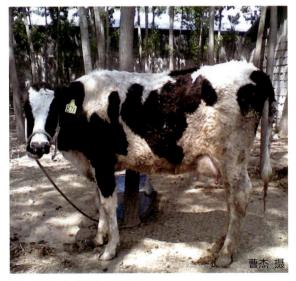

图 2-1-21　PI 成母牛，重 400kg

图 2-1-22　PI 牛（左）发育迟缓，配种延迟

性感染 NCP 型 BVDV 所致，另外 3% 的 BVDV-PI 牛为 PI 牛所生。此外，没有免疫力或处于应激状态的母牛，在遭到病毒攻击时很容易发生垂直感染，这种由健康母牛导致的 PI 胎牛，以目前的检测方法尚不能在其出生前进行鉴别，因此引进妊娠牛时应谨慎。

（3）**繁殖障碍** 持续感染公牛的精液中也存在病毒，处于急性感染经过的公牛也可通过精液排毒，并且精液排毒的时间很长，可持续几个月。BVDV 急性感染导致公牛的繁殖障碍表现为采精减少。母牛感染本病毒能引起不孕、胚胎死亡、木乃伊胎、弱胎、畸形胎、死胎与早产。对 1 个大型牧场头胎牛早产率进行调查，早产率为 6.12%。经对早产死亡胎儿进行 BVDV 检查发

图 2-1-23　早产死亡犊牛，全部为 PI 牛

现都是 PI 牛（图 2-1-23）。早产死亡 PI 犊牛的肺严重出血（图 2-1-24）。对早产死亡的 PI 牛病料进行细菌学检测，发现产气肠杆菌、变形杆菌感染。

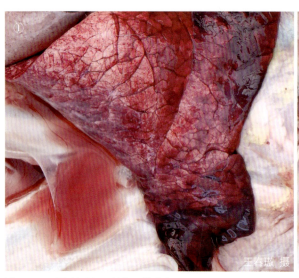
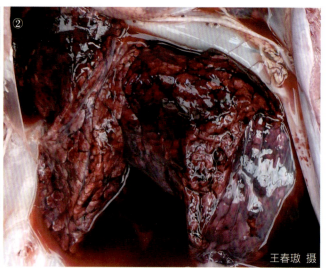

图 2-1-24　早产死亡 PI 犊牛，肺出血

Grooms 等对急性感染 NCP 型 BVDV 的初情期母牛的卵巢功能进行检测后发现，随着 BVDV 急性感染，优势卵泡和排卵卵泡的最大直径和生长速度显著降低，相应的次级卵泡数目也出现减少。

（4）**血小板减少症和出血综合征** BVDV1 型和 BVDV2 型感染牛后均能引起血小板减少症和出血性综合征，只是两者引起病毒血症程度和疾病表现存在差异，其中 BVDV2 型能引起严重的急性疾病和出血综合征。在血小板减少症中，病牛体内血小板的体积平均值呈现两种趋势的变化，一种是由于新从骨髓中释放进入血液的血小板体积较大，血小板体积平均值就会增大；另一

种是由于老龄化血小板的体积较小，血小板的体积平均值就会减小。

【诊断】 根据流行病学特点、临床症状、病理变化可对本病做出初步诊断，确诊需进行实验室检测。

（1）**病毒学检测方法** OIE指定的本病检测方法为病原鉴定，包括病毒分离、抗原ELISA检测、免疫组织化学法和核酸检测。目前，规模化牧场采用皮肤活组织检测，如耳组织样品对于诊断持续感染的PI牛很有用。牧场对所有刚刚落地的新生犊牛采耳皮肤块以筛查PI牛，如果犊牛是PI牛，然后再采犊牛的母亲的耳皮肤块进行检验，对检出的PI牛淘汰。对于早产的死胎犊牛，可采取内脏，如肝脏、肺、肠管等组织，按照皮肤块的检测方法，检测是否为PI牛，以确定早产的原因。

（2）**血清学检测方法** 通过标准病毒中和试验或ELISA可以检测牛血清中的BVDV抗体。用ELISA方法对大罐奶抗体检测S/P值，可评估牛群BVDV流行情况。当S/P大于1.0时表明有BVDV的急性感染或近期有BVDV感染与流行，牛群中有PI牛；当S/P小于或等于1.0且大于0.7时表明近期牛群接触BVDV持续排毒PI牛；当S/P小于或等于0.7且大于0.5时表明牧场曾经感染BVDV；当S/P小于0.25时为阴性牧场，没有PI牛。

利用病毒中和试验检测血清抗体滴度是进行流行病学调查的有效手段。

【防控】

（1）**BVDV-PI牛清除计划** 本病目前无法治疗，主要是通过控制和净化的方法综合防控，国外由于对BVDV的重视及疫苗的广泛使用，本病对牛群的威胁正在逐步减少，而我国对于其的预防尚处于起步阶段，对其危害都没有引起足够的重视，这是造成我国BVDV呈现不断流行趋势的重要原因。有效控制奶牛BVDV感染应注意以下4点：一是识别牛群中的PI牛并及时淘汰；二是牛群中引入新牛时检测其是否为PI牛；三是通过疫苗免疫提高牛群抵抗力；四是实施生物安全措施，预防犊牛感染BVDV，防止产生PI牛。在确定BVDV疫苗免疫计划之前，应对本地区流行的BVDV进行调查和研究，最终制订出一套完整的综合防控计划。

目前，我国很多大型牧场采取检测PI牛的净化流程至少5年以上了，PI牛不但没有净化，反而出现了PI牛的暴发，其原因有以下几点：新生犊牛的耳皮肤块不是在犊牛生下后立即采取，有的是在1周后采取的；采的皮肤块的病原检测不能在24h内完成，甚至1个月后还没有检测；因对新生犊牛没有及时做出病原检测，PI牛大量向牧场环境中排出病毒，引起病原的传播；已检出PI牛在没有隔离饲养的情况下等待复检，又导致BVDV的传播。因此，有的牧场从新生犊牛中检出了PI牛，但追踪母牛都是健康牛，这就是牧场始终没有找到持续感染的母牛的原因。

（2）**疫苗接种** 目前，商品化的疫苗主要是用BVD的NADL株、Singer株及OregonC24株等的细胞培养物制成减毒或灭活苗，商品化BVD灭活苗和减毒苗已广泛使用了30多年，在一些国家已取得了不同程度的成功。

具体疫苗接种应根据牧场实际情况调整。

1）后备牛：使用BVDV1型和2型毒株减毒活疫苗免疫。由于犊牛母原抗体一般在3月龄左右消退，犊牛4月龄首免，12~13月龄加强免疫。如果使用灭活疫苗，可对月龄较小的犊牛进行免疫，3月龄首免。这样能使后备牛在妊娠前接受2次剂量免疫，并且避免由疫苗产生一过性卵巢感染。

2）成母牛：使用标签上注明可用于妊娠期母牛的减毒活疫苗或灭活疫苗，干奶时加强免疫，或产后 2~3 周加强免疫（不能用于妊娠期奶牛的减毒活疫苗）。

如果使用灭活疫苗，为了使抗体水平达到最大程度、应该使用包括 BVDV1 型和 2 型的灭活疫苗，或至少用一种能对两者起交叉保护的疫苗。对于新购入的牛、妊娠期小母牛和免疫状态不清的母牛，灭活疫苗是最佳选择。经过免疫的牛可通过初乳传递抗体给犊牛，至少可以使其抵抗同源 BVDV 毒株的感染。大多数情况下，这种被动保护在犊牛 3~8 月龄时可能消失，因此对犊牛首次免疫接种的时间存在争议。为了确保疫苗免疫的成功，可对犊牛的母原抗体进行测定，找出 80% 以上犊牛母原抗体消退的时间，确定首免时间。对 3 月龄以上犊牛和免疫状态不清的其他阶段母牛，至少注射 2 次疫苗以建立初始免疫，然后每半年加强免疫 1 次。

（3）其他防控措施 控制牛病毒性腹泻，单靠 BVDV-PI 牛清除计划和疫苗接种是远远不够的，同时还需要其他的防治措施加以补充，才能更有效地控制本病。应当提高 BVDV 受重视程度，提高对本病认知、出台行业规范、建立示范基地、健全并完善 BVDV 检测规程，严格检测牛群及牛源生物制品；淘汰扑杀 PI 牛；加强环境控制和饲养管理；制订严格有效的牛场生物安全管理方案，避免人为因素造成 BVDV 的扩散。

（曹 杰）

三、牛传染性鼻气管炎

牛传染性鼻气管炎（Infectious Bovine Rhinotracheitis，IBR）又称红鼻子病，是一种牛的急性、热性、接触性传染病。临床以鼻气管炎、结膜炎、传染性脓疱外阴阴道炎（Infectious Pustular Vulvovaginitis，IPV）、公牛包皮龟头炎、流产、脑脊髓炎为主要特征。自 19 世纪 50 年代美国首次报道 IBR 以来，几乎世界上所有国家都有血清抗体阳性牛检出，虽然本病死亡率不高，但给养牛业带来巨大的经济损失。OIE 将本病归为 B 类动物疫病，我国将其归为二类动物疫病。

【病原】 牛传染性鼻气管炎病毒（Infectious Bovine Rhinotracheitis Virus，IBRV）又称为牛疱疹病毒 1 型（Bovine Herpes Virus-1，BHV-1），属于疱疹病毒科（*Herpesviridae*）甲型疱疹病毒亚科水痘病毒属。本病毒与伪狂犬病病毒、马疱疹病毒 1 型及水痘带状疱疹病毒同属甲型疱疹病毒亚科成员，为线状双股 DNA 病毒，病毒粒子呈正二十面体对称，外观呈六角形，有囊膜，直径为 150~220nm。核心由核酸和蛋白质缠绕而成。病毒基因组可编码大约 70 种蛋白质，其结构和功能目前大部分已知，如存在于病毒囊膜的 gB、gC、gD 和 gE 四个主要糖蛋白基因已经测序并在哺乳动物中表达。目前，世界各地的 IBRV 分离株至少有几十个，但 IBRV 只有一个血清型。按照限制性内切酶分析可分为 BHV-1.1、BHV-1.2、BHV-1.3 三个亚型，BHV-1.2 可进一步分为 BHV-1.2a 和 BHV-1.2b。BHV-1.3 现更名为 BHV-5，可引起幼畜的脑炎。各型之间存在交叉免疫性。和其他疱疹病毒一样，BHV-1 可潜伏在三叉神经节或荐神经节中，中和抗体对此潜伏病毒无作用，在应激条件下或使用免疫抑制剂时，病毒可被重新激活。本病毒能够在多种细胞上生长，如牛肾细胞、肺细胞、睾丸细胞、鼻甲骨细胞、甲状腺细胞及淋巴细胞等，通常接种 24~48h 能够见到明显的细胞病变。病变的细胞经苏木紫-伊红染色后，细胞病灶周围能够见到少量多核巨噬细胞，同时可见大量嗜酸性核内包涵体。

本病毒是疱疹病毒科中抵抗力较强的一种，在 pH 为 7.2 的细胞液中最稳定。4℃时，病毒可稳定存活 30d 左右，37℃持续存活 10d 左右，在饲料中存活 30d，在 -70℃保存可以存活很多年，56℃只需作用 21min 即可使其灭活。不同毒株对乙醚的敏感性具有差异，但对氯仿都敏感，酒精、丙酮和紫外线能够影响病毒的感染力。

【流行病学】 本病毒的自然感染宿主主要是牛，尤其是肉牛最常见，其次是奶牛。各品种及各年龄的牛均易感，但更常见于 6 月龄以上的牛。犊牛最易感时段为 20~60 日龄，并且极易出现死亡。病牛和带毒牛为主要传染源，病毒存在于病牛的鼻腔、气管、眼睛，以及流产胎儿和胎盘等组织内，牛感染后不定期排毒，通过空气、媒介物或与病牛直接接触传播，也可经胎盘感染胎儿，引起流产和死胎。隐性带毒牛危害最大，当环境因素发生改变时，潜伏在机体内的病毒活化并向外排毒，引起健康动物感染。各种应激也会促使本病发生，如养殖密度过大、过度拥挤、天气变化、长途运输、饲料变换及皮质类固醇应激等，都可诱使潜伏病毒激活及本病发生，并快速传播蔓延。

【症状】 BHV-1 自然感染潜伏期一般为 2~4d，人工感染时潜伏期可缩短至 18~36h。单纯性 BHV-1 感染引起的呼吸道或生殖道症状通常持续 5~10d，但继发细菌感染时可出现严重的临床症状。根据临床表现可分为以下 5 种类型：

（1）**呼吸道型** 最常见病型，任何年龄的牛均可发生，但以犊牛最为严重，冬季高发。病情轻微时仅表现轻微的齿龈红肿、鼻镜及鼻腔黏膜轻微溃疡；严重时体温升高至 39.5~42℃，呼吸频率增加，呼吸音加粗，精神沉郁，拒食，鼻腔黏膜高度充血、溃疡，鼻黏膜出现白色斑块，鼻镜红肿（因此被称为红鼻子病），有大量黏液脓性鼻漏，常伴有结膜炎，并有浆液性或脓性眼分泌物（图 2-1-25~图 2-1-27）。因炎性渗出物阻塞而发生呼吸困难及张口呼吸，呼气中常有臭味，常伴发深部支气管性咳嗽，有时也可见到血性腹泻。严重流行时，发病率可达 75% 以上，但病死率在 10% 以下。继发巴氏杆菌感染时，死亡率可达 50% 以上。极少数情况下，新生犊牛可能患有急性呼吸道性和/或全身性 BHV-1 感染，表现为呼吸道和消化道的严重炎症和坏死，包括咽、食道、肺、喉、淋巴结、肝脏、肾脏及脑部的炎症等。成母牛偶尔发病，一般集中在产后 5~10d，出现严重的支气管炎及肺炎，很快死亡，同场的妊娠牛可能同时出现流产增高等表现。

图 2-1-25　犊牛传染性鼻气管炎，鼻镜及鼻孔充血、潮红

图 2-1-26　新生犊牛传染性鼻气管炎，鼻镜发红

图 2-1-27　传染性鼻气管炎犊牛，齿龈红肿

（2）**生殖道型** 传染性脓疱外阴阴道炎主要发生于头胎牛，首次发病的牧场经产牛也同时表现症状，但以头胎牛为主。传染性脓疱外阴阴道炎发生的同时，妊娠4~6个月的青年牛可能同时出现10%左右的流产，持续1~2个月后恢复正常。是否同时并发流产，取决于感染毒株，BHV-1.2a表现为传染性脓疱外阴阴道炎和流产并发，BHV-1.2b只表现传染性脓疱外阴阴道炎。一般产后3~15d开始发病，体温升高至39.5~42℃，恶露增多，采食量及泌乳量下降，皱胃变位发病率短期内急剧升高，可达10%~18%。症状轻微的牛仅表现高热，阴道黏膜大面积潮红，黄白色分泌物增多；严重病例阴道和外阴部出现散在的红斑和脓疱，融合成大面积溃疡，表面覆有脓性假膜（图2-1-28~图2-1-32）。溃疡多集中在产道撕裂处，但与难产助产与否无相关性（图2-1-33、图2-1-34）。由于局部刺激，尾部上举并不断甩尾，阴门肿胀、触诊疼痛明显。部分头胎牛在产房无临床表现，但产后40~60d时可出现高热症状。青年牛早产后也出现高热和阴道溃疡；流产青年牛无临床表现，再次妊娠分娩时则出现症状。发病的头胎牛再次妊娠后，下一年生二胎时一般无临床症状。同场12~13月龄的育成牛，有10%~30%外阴黏膜潮红，可见散在的直径为1~2mm的小水疱（图2-1-35）。

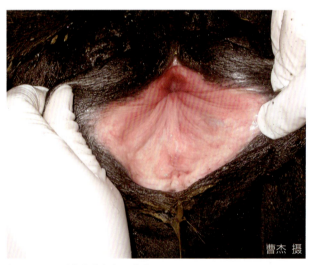

图2-1-28 阴道黏膜充血、出血

图2-1-29 阴道黏膜充血、出血、有脓性分泌物

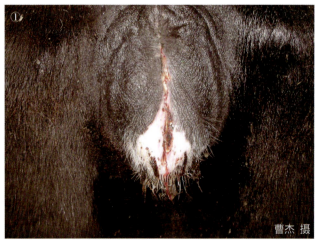

图2-1-30 传染性脓疱外阴阴道炎奶牛，阴门肿胀

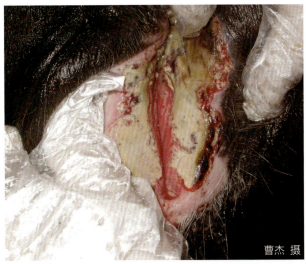
图 2-1-31 传染性脓疱外阴阴道炎奶牛，阴道黏膜溃疡，有脓性假膜

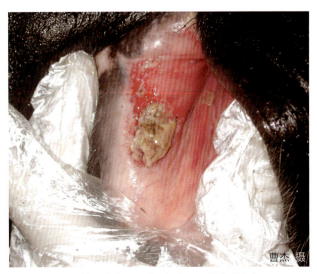
图 2-1-32 传染性脓疱外阴阴道炎奶牛，阴道黏膜溃疡

图 2-1-33 传染性脓疱外阴阴道炎奶牛，阴道黏膜潮红、顶部溃疡

图 2-1-34 传染性脓疱外阴阴道炎奶牛，阴道黏膜溃疡

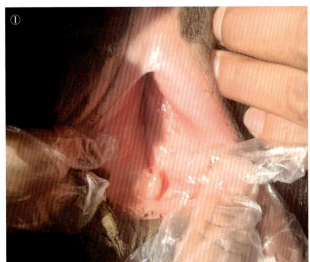
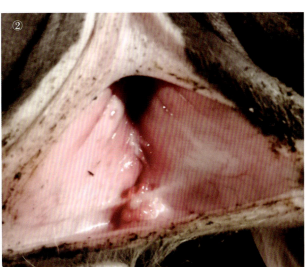
图 2-1-35 13 月龄育成牛，阴道黏膜疱疹

公牛感染时沉郁、生殖道黏膜充血，轻症1~2d后消退，严重时发热，包皮、阴茎上出现脓疱，随即包皮肿胀及水肿，尤其当有细菌继发感染时加重，公牛也可不表现症状而带毒，可从精液中检测出病毒。

（3）流产型　妊娠母牛感染BHV-1时，病毒可经胎盘感染胎儿，胎儿感染多为急性经过，可发生于母牛妊娠的任何时期，但多见于妊娠第4~6月（图2-1-36、图2-1-37）。多数流产发生于母牛感染BHV-1后的20~52d，通常无先兆症状，流产后一般不出现胎衣滞留，流产胎儿多已发生自溶。

图2-1-36　因牛传染性鼻气管炎流产的胎儿

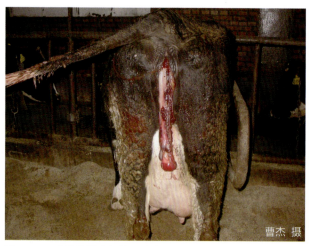

图2-1-37　牛传染性鼻气管炎造成的流产

（4）脑膜脑炎型　主要发生于1~3月龄的犊牛。病犊共济失调，做圆圈运动，乱撞，阵发性痉挛，精神沉郁和兴奋交替出现，最终倒地，角弓反张，磨牙，口吐白沫，四肢划动而死亡。部分病牛失明，病程可持续4~5d，多以死亡告终。大部分脑炎型病牛表现精神沉郁、痉挛，因长期不能自主进食，发育迟缓被淘汰。

（5）结膜炎型　多由病毒经鼻泪管上行感染所致。临床上常以结膜炎和角膜混浊为特征。一般无明显全身反应，主要表现结膜充血、水肿，并可引起结膜坏死，呈颗粒状外观。角膜轻度混浊，大量流泪。结膜炎伴角膜混浊作为BHV-1感染的主要表现，应与牛传染性角膜结膜炎相鉴别，后者以角膜损伤为主，畏光流泪，有大量脓性眼分泌物，角膜呈火山样凸起。无继发感染时一般病程持续7~9d，随后很快好转，恢复正常。有时并发呼吸道症状。

【病理变化】　剖检变化主要表现为呼吸道黏膜上覆盖灰色恶臭、脓性分泌物，有的病例可见化脓性肺炎和脾脏脓肿，肾脏包膜下有散在性的坏死灶，肝脏也可见类似坏死灶（图2-1-38）。表现非化脓性脑膜炎、鼻腔和口腔黏膜溃疡及出血性肠炎，尸体消瘦，血液黏

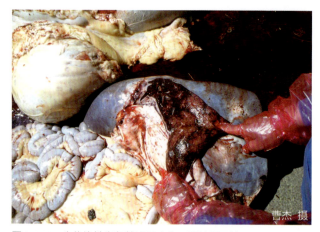

图2-1-38　牛传染性鼻气管炎死亡牛，肝脏坏死灶

稠，鼻镜和齿龈有溃疡，齿龈潮红、肿胀，鼻腔黏膜潮红、肿胀和溃疡，喉头软骨出血、溃疡，覆盖灰色假膜，气管和支气管黏膜呈红色，可见充血和出血，肺瘀血、水肿，脑膜下血管怒张、充血、水肿，皱胃和小肠黏膜脱落，黏膜下呈红色。

组织学可见肝脏、肾脏、脾脏、肺、淋巴结和胸腺等器官有弥漫性坏死。脑血管扩张，血管周围水肿，空隙增大，血管内富集大量红细胞。脑细胞肿胀、变性溶解，淋巴细胞性脑炎及单核细胞形成套袖状病理变化。肺部支气管内富集大量红细胞、间质充血。肝细胞变性、坏死溶解，间质出血。心肌颗粒变性、坏死、间质出血。肾脏血管结构不清，变性、坏死、溶解而形成空洞，间质可见出血。生殖道病变可见坏死性区域富集大量嗜中性粒细胞，周围组织可见淋巴细胞浸润，并能观察到包涵体。

【诊断】 本病的诊断方法比较成熟，常用的检测方法包括：包涵体检查、病毒分离、血清学试验及分子生物学方法等。

（1）**包涵体检查** 采取病牛病变部位的上皮组织（呼吸道、眼结膜、角膜等组织）制作切片，染色，镜检观察包涵体。本病毒可在牛胚、睾丸、肺和皮肤细胞中生长，并能形成核内包涵体，可用感染病毒的单层细胞进行核内包涵体检查，用Lendrum染色法染色，镜检可见包涵体为红色，细胞核为蓝色，胶原为黄色。

（2）**病毒分离** 本病毒可选用原代或传代的牛肾细胞来分离培养，羊、兔的肾细胞等也可用于病毒的分离。病毒致细胞病变速度较快，在接种24~48h后细胞出现病变，病变表现为细胞变圆缩小，细胞呈葡萄串样脱落，逐渐向四周扩展，3~4d后全部脱落。由于病毒只有一个血清型，可用标准阳性血清进行中和试验鉴定，若细胞不产生病变则判为阳性。

（3）**血清学试验** 常用的血清学试验有病毒中和试验、琼脂扩散试验、间接血凝试验、变态反应检查及酶联免疫吸附试验等。OIE指定的国际动物贸易试验为中和试验和ELISA。

（4）**分子生物学方法** 分子生物学方法是目前检测牛传染性鼻气管炎病毒比较快速、灵敏、便捷的方法之一，常用的分子生物学方法包括PCR方法和核酸探针方法。

（5）**种牛及精液检测** 由于本病可经精液传播，因此种公牛及精液检测也是本病防控工作的重点之一。在种牛和精液的国际贸易中，很多国家要求根据本病抗体检测情况来排除阳性牛，这些要求使得出口国难以提供大量的适宜牛，也增加了成本。目前，我国也对种牛和精液的国际贸易制定了检测标准。

【治疗】 本病尚无有效的治疗方法，以预防为主。治疗主要包括对症治疗和支持疗法。同时，要识别、隔离和监测病牛。抗生素的应用有助于控制继发感染，应该根据药敏试验结果选用敏感抗生素。

非甾体类药物对于治疗急性牛传染性鼻气管炎及传染性脓疱外阴阴道炎有帮助，奶牛临床上常用氟尼辛葡甲胺，1.0~2.0mg/kg体重，静脉推注或肌内注射，每12h或24h 1次；美洛昔康（美达佳®），2.5mL/100kg体重，1次量静脉推注或肌内注射。肺炎病例慎用输液治疗。

【防控】

（1）加强生物安全管理，严格遵守各种防疫制度，做好牛群的防疫和牛舍的消毒，加强管理，减少应激，提高奶牛体质及抵抗力。牛群引进时要进行严格的隔离和检疫，隔离期间采集引进牛的血清、精液进行检测，在确认引进牛检测为阴性，并无任何临床症状之后，才可以将其混入牛群参与配种。

（2）疫苗免疫　接种疫苗是控制和预防本病的主要措施。常用疫苗主要包括减毒活毒苗、灭活苗及亚单位疫苗等。值得注意的是，为控制新生犊牛鼻气管炎、流产及新产牛传染性脓疱外阴阴道炎，疫苗免疫保护期必须覆盖妊娠4月直至产犊这一阶段，应结合牛场本病毒流行情况和疫苗的特性，制订更为合理的免疫程序。

1）减毒活毒苗：1957年美国就已生产出减毒苗，能够刺激机体产生免疫力，但是可能会引起妊娠母牛流产，因此部分减毒活疫苗不易用于妊娠母牛的免疫。直到20世纪80年代美国和比利时对此减毒苗进行改进，降低了其对妊娠母牛的危害。目前，常用的代表性疫苗为Bovi-Shield Gold FP5 L5[牛传染性鼻气管炎病毒、牛病毒性腹泻病毒（1、2型）、牛呼吸道合胞体病毒、牛副流感病毒3型及钩端螺旋体]减毒活疫苗，与灭活疫苗配合使用效果良好。

2）灭活疫苗：灭活苗相对于减毒苗，安全性更高，但灭活苗只能刺激机体的体液免疫，不能刺激细胞免疫，体液免疫产生的抗体持续时间较短，同时对强毒株的感染抵抗力较差。灭活疫苗一般免疫期为6个月，可与减毒活疫苗配合使用，用于5月龄前母源抗体未完全消失的犊牛及干奶牛的免疫。

3）新型疫苗：随着生物学技术的发展，各种新型疫苗应运而生，常见的新型疫苗包括：DNA疫苗、亚单位疫苗、基因缺失苗和病毒活载体重组疫苗。

（曹　杰）

四、流行热

牛流行热（Bovine Epizootic Fever，BEF），又名"三日热""暂时热"，是由牛流行热病毒引起的一种急性热性传染病，病势迅猛，发病率高，以突发性高热、呼吸加快、鼻漏、流泪、泡沫性流涎、出血性胃肠炎和后躯僵硬、跛行为主要临床特征。本病多取良性经过，大部分病牛经2~3d即可恢复正常，过去曾将本病误认为是流行性感冒。但本病易引起牛群发病，导致泌乳量下降、病牛死亡和淘汰等，造成巨大的经济损失。近几年，牛流行热在南方地区及山东等地的牧场有不同程度的流行。

【病原】　牛流行热病毒（Bovine Epizootic Fever Virus，BEFV）为单股RNA病毒，是弹状病毒科（*Rhab doviridae*）流行热病毒属（*Ephemerovirus*）的代表病毒。病毒粒子呈弹状或圆锥形，有囊膜，表面有纤突，中央有紧密缠绕的核衣壳。已确定的病毒基因有11组，其中N、M1、M2、L和G基因编码结构蛋白。本病毒属无血清型之分，属内病毒之间存在低弱的交叉中和反应，但补体结合反应和间接荧光试验交叉反应较强。

本病毒可在牛肾、牛睾丸及胎牛肾细胞上繁殖，并产生细胞病变。也可在仓鼠肾原代细胞和传代细胞、猴肾传代细胞上生长并产生细胞病变。孵育温度以34℃为宜。病毒对外界的抵抗力不强，对氯仿、乙醚、紫外线和酸碱敏感，一般常用消毒药物均可杀灭本病毒。本病毒对热敏感，56℃10min、37℃18h可灭活。pH在2.5以下或pH在9以上10min内可灭活。

【流行病学】 牛是唯一的易感动物，尤其是奶牛和黄牛，水牛较少感染。各种年龄的牛均可发病，以 3~5 岁成母牛易感性最大，育成牛和青年牛次之，犊牛偶发并且一般不表现临床症状。肥胖牛病情严重，母牛尤其妊娠牛的发病率高于公牛，泌乳量高的牛发病率高。病牛是本病的传染源。发热期病牛的血液、呼吸道分泌物及粪便中均存在病毒。用高热期病牛血液 1~5mL 静脉接种易感牛后 3~7d 即可发病。吸血昆虫叮咬是本病自然传播的主要途径，并且本病的流行与吸血昆虫（蚊、蠓、蝇）的出现相一致。

本病的流行具有明显的季节性，多发于雨量多和天气炎热的 6~9 月，北方地区为 7~10 月、南方地区在 7 月前发生。本病传播迅速，短期内可使大批牛只发病，呈地方流行性或大流行。流行上还有一定周期性，3~5 年大流行 1 次。流行初期发病少，约经 1 周后迅速发病，呈蔓延趋势。病牛多为良性经过，在没有继发感染的情况下，死亡率为 1%~3%。流行期过后，则转为零星散发，待天气凉爽后停止流行。

【症状】 潜伏期为 3~7d。按照临床表现，可将本病可分为消化型、呼吸型和瘫痪型。

（1）消化型 病牛眼结膜潮红、流泪，多数牛鼻腔流出线状的浆液性或黏液性鼻涕，呈腹式呼吸，肌肉震颤。病牛发出呻吟声，食欲废绝，咽喉区疼痛，胃肠蠕动减弱，瘤胃积食，反刍停止。口腔发炎、大量流涎，口角有泡沫。粪便干硬，呈黄褐色，有时混有黏液。少数病牛表现腹痛或腹泻等症状。病程为 3~4d，若及时治疗，预后良好。

（2）呼吸型 分为急性和最急性两种。突然发病，病牛震颤，恶寒战栗，而后体温升高到 40~41℃，维持 2~3d 后体温恢复正常，表现为典型的稽留热。体温升高的同时，精神沉郁、目光呆滞、反应迟钝，口角出现泡沫状黏液。病牛流泪、畏光，眼睑、结膜充血和水肿。心跳和呼吸加快，呼吸频率可达 80 次/min 以上，呼吸困难。病程为 3~4d，严重的病牛发病数小时死亡。

（3）瘫痪型 体温一般不高，四肢关节肿痛，病牛呆立不动并出现跛行，最后因站立困难而倒卧。

另外，病牛皮温不整，特别是角根、耳翼、肢端有冷感，可见颌下气肿。病牛发热期普遍尿量减少，尿液呈暗褐色、混浊，血液一般凝固不良，妊娠牛可发生流产、死胎。泌乳牛泌乳量迅速下降 50% 及以上，甚者停止泌乳。在疾病的急性期，白细胞显著增多，嗜中性粒细胞相对增多，淋巴细胞减少。血浆纤维蛋白原水平升高，持续约 7d，肌酸激酶活性显著增加。自然发病牛还可以观察到严重的低钙血症。多数病例取良性经过，病程一般为 3~4d，很快恢复。少数病例可因瘫痪而淘汰，个别牛可因窒息或继发肺炎而死亡。

【病理变化】 急性死亡多因窒息所致。剖检可见气管和支气管黏膜充血和点状出血、肿胀，气管内充满大量泡沫状黏液，最常见的是累及滑膜、胸膜、腹膜腔和心包的纤维蛋白性多发性浆膜炎，以及在这些组织周围出现特征性的嗜中性粒细胞聚积。心肌、心内膜及冠状动脉沟脂肪有条状或点状出血。肺有程度不同的水肿和间质气肿，肺间质气肿多发生在尖叶、心叶、膈叶前缘，压之有捻发音；肺水肿病例胸腔积有暗紫色液体，肺有胶冻样浸润。全身淋巴结充血、肿胀或出血，特别是肝淋巴结、腘淋巴结和肩前淋巴结。皱胃、小肠和盲肠黏膜呈卡他性炎症和渗出性出血。关节液中混有块状纤维素。

【诊断】 本病的特点是大群发病，传播迅速，有明显的季节性，发病率高，病死率低，结合上述临床表现可做出初步诊断。确诊应采用病牛发热期的血液白细胞悬液，接种于乳仓鼠肾细胞、肺细胞或者猴肾细胞，37℃培养 2~3d，进行病原分离鉴定，或采用中和试验、免疫荧光抗体技术、补体结合试验及 ELISA 等方法进行检测。

临床上应注意与传染性鼻气管炎、茨城病、副流感、牛恶性卡他热等病的鉴别诊断。

【治疗与预防】 一旦发生本病应立即采取措施，发现病牛立即隔离，对牛舍及运动场严格封锁、彻底消毒，杀灭场内及其周围环境中的蚊蝇等吸血昆虫，清理牛舍周围的杂草污物，加强牛舍通风，防止疾病的蔓延和传播。对于高发地区，一旦有牛场流行，假定健康牛群和受威胁牛群可用牛流行热灭活疫苗进行紧急预防接种。中国农业科学院哈尔滨兽医研究所已研制出牛流行热病毒 JB76K 株灭活疫苗，颈部皮下注射，每次 4mL，间隔 21d 后加强免疫 1 次；对 6 月龄以下的犊牛，注射剂量需减半。需要注意的是，该疫苗在第 2 次免疫接种的 21d 后才产生免疫力，且免疫保护期为 4 个月，因此高风险地区应在疾病高发期的 40d 前启动免疫。

本病尚无特效的治疗药物。发病牛病初可根据临床症状使用非甾体抗炎药缓解症状，如氟尼辛葡甲胺 2.2mg/kg 体重，静脉注射，连用 3d；或使用酮洛芬，3mg/kg 体重，肌内注射，连用 3d；或美洛昔康，2.5mL/100kg 体重，一次静脉推注或肌内注射。对于采食量下降的牛，可适当补充生理盐水和葡萄糖；对于可能发生继发感染的病牛，采用头孢噻呋或头孢喹肟治疗。治疗时，切记不要灌服药物，因为有的病牛咽肌麻痹，药物易进入气管和肺，引起异物性肺炎。

对于体温升高、食欲废绝的病牛，可用 5% 葡萄糖注射液 2000~3000mL，静脉输液，2~3 次/d；10% 磺胺嘧啶钠 100mL，静脉输液，2~3 次/d；美洛昔康，2.5mL/100kg 体重，一次静脉推注或肌内注射。

对于呼吸困难、气喘的病牛，可用 25% 氨茶碱 20~40mL、6% 盐酸麻黄素 10~20mL，肌内注射，4h 重复 1 次；地塞米松 50mg、5% 葡萄糖注射液 1500mL，缓慢静脉注射。对于妊娠牛，地塞米松可能诱发流产，应慎重使用。

对于瘫痪卧地的病牛，可用 10% 葡萄糖 1000mL、5% 葡萄糖 1000mL、40% 乌洛托品 50mL、10% 水杨酸钠 100~200mL，静脉注射，1~2 次/d，连用 3~5d；10% 葡萄糖酸钙 1000mL，一次静脉注射，钙制剂效果不明显时可使用 25% 硫酸镁 100~200mL，静脉注射；0.2% 硝酸士的宁 10mL，百会穴注射。

（曹 杰）

五、副流感

牛副流行性感冒（Bovine Parainfluenza），简称副流感，又称运输热，是由牛副流感病毒（Parainfluenza-3 virus，PI_3；又称 Bovine Parainfluenza Virus Type 3，BPIV-3）引起的一种急性接触性、以侵害呼吸系统为主的传染病。本病流行范围较广，1959 年在美国首次发现以来，很多国家都有本病的报道。

【病原】 牛副流感病毒 3 型为副黏病毒科（Paramyxoviridea）副黏病毒属成员，是单股负链不分节段 RNA 病毒。病毒粒子呈球形，直径为 150~200nm，有囊膜，基因组大小为 15456nt，由 6 种基因，分别为 N、P、M、F、HN 和 L 基因，编码 9 种蛋白，其中 N、P、M、F、HN 和

L为结构蛋白，V、C、D为非结构蛋白。N、P、L蛋白和病毒核酸构成核衣壳；M蛋白位于囊膜内表面，与病毒的组装、复制有关；HN和F蛋白贯穿于病毒囊膜中，与病毒吸附宿主细胞有关，并且能够诱导保护性抗体的产生；V、C、D蛋白被认为能够抑制体内α-干扰素和β-干扰素的作用。在体外，本病毒能够在牛、猪和人的原代细胞上生长，并能形成蚀斑、产生包涵体，细胞浆内出现嗜酸性颗粒。在科研试验中，多采用牛肾细胞对本病毒进行培养，如MDBK细胞、GBK细胞等。实验条件下，病牛鼻涕中的病毒至少能够保持3h的感染力，如果环境温度保持在6℃或者更低，病毒的稳定性和感染能力能够持续更长时间。然而，自然条件下病毒的稳定性目前不是很清楚。根据感染毒株致病性和感染阶段的不同，感染后所表现出来的临床症状及病理变化会有所差异，从不表现任何临床症状到严重的肺炎，甚至死亡。

病毒在37℃下24h会被灭活，4℃能够保存数天，感染力不变，-70℃可保持数月。在4℃条件下20%乙醚作用16h可完全灭活，与等量氯仿22℃作用10min可使病毒灭活。血清对其具有保护作用，可以减缓病毒灭活的速度。

【流行病学】 患病动物和带毒动物是本病主要的传染源，病毒主要通过鼻腔、眼睛分泌物以及飞沫传播。BPIV-3可以呈隐性感染，血清抗体水平和滴度会随着年龄增长而增加。因此，科研试验一般选用犊牛作为试验动物。在试验中隔数周对犊牛进行二次感染，仍然会发病，但是排毒期缩短，甚至无排毒期。自然感染病例的排毒时间能够持续数月。本病一年四季都可以发生，但以冬春季节和秋冬季节易发。动物长途运输后易发病，因此本病又称为"运输热"。

牛副流感病毒3型可以感染人，具有一定的公共卫生学意义。本病毒只能引起人类或者畜类轻度的呼吸道症状。虽然牛副流感病毒3型病毒感染人类已经得到人们的认可和证实，但人副流感病毒是否能够感染牛还有待研究。

【症状】 本病通常症状轻微，只有极少数情况下导致严重的呼吸系统疾病。但大多数病例都会首先表现出咳嗽的症状，感染病毒的第2天会有发热症状，第4天和第5天体温达到最高，体温在40.9~41.4℃，一般持续7~10d。对于发热的病例，病牛会有严重的鼻炎，往往会有脓性鼻涕排出，食欲不振，呼吸浅表、急促（60~70次/min）。如未继发细菌感染，一般病例会在10d左右痊愈。若牛在感染初期就表现严重的呼吸困难，很可能是呼吸道合胞体病毒感染或者呼吸道合胞体病毒与副流感病毒混合感染引起。继发巴氏杆菌肺炎的病牛，出现支气管啰音，肺下部可听到啰音。严重呼吸困难的病牛，发病3~4d后，可因呼吸衰竭而死亡。

【病理变化】 剖检病变主要集中在肺的间叶、心叶和膈叶，肺间质增宽，严重的会出现肺水肿，病变部位呈现灰色或者暗红色，肺的切面可见灰色或者红色肝变区，器官内充满浆液性渗出，纵隔淋巴结和肺门淋巴结肿大，部分可见坏死。心内膜和心外膜有出血点，胃肠道黏膜可见出血斑。

【诊断】 可通过病毒分离进行诊断，但由于犊牛和成母牛感染本病毒后临床症状无特异性或者表现不明显，通常难以做出诊断。因此必须利用急性患病牛的气管冲洗物、鼻咽拭子或剖检样品进行病毒分离，才能做出诊断。一般采用牛鼻甲骨细胞或者肾细胞培养，形成包涵体和合胞体。免疫荧光和免疫组化也是诊断本病毒很好的快速诊断方法。

死亡病例常因继发细菌性肺炎而复杂化，特别是溶血性巴氏杆菌和多杀性巴氏杆菌。因此，尸体解剖提示细菌性支气管肺炎时，对本病的诊断容易被忽略，此时应及时做病毒分离，以免忽略原发病。病毒分离时，采样时间是限制诊断准确性的重要因素。有试验证明，病牛感染本病毒后9d内可通过鼻咽拭子分离到病毒，在12d内可以通过肺组织分离病毒。排毒期后，病毒分离方法已不适用，牛的感染试验中，试验结束后采病死牛样品进行病毒分离结果均为阴性，这与采样和运输条件无关。

抗体检测可作为本病的回顾性诊断，在病牛患病急性期和转归期采取双份血清，通过抗体水平的变化来进行诊断，两次采血间隔10~14d。抗体滴度检测一般采用血凝试验、病毒中和试验和ELISA方法。其局限性在于如果本病呈地方流行性或初乳中抗体水平高，会导致犊牛血液抗体水平保持在较高的水平。用ELISA方法检测IgM水平，可以区别是近期感染还是先前感染造成的抗体升高。

进行显微技术和组织学检查，在支气管损伤处可见细胞中有包涵体或者合胞体，表明可能是牛副流感病毒3型或呼吸道合胞体病毒造成的。本方法可以结合免疫组化技术进一步诊断。也可采用RT-PCR等分子生物学方法对本病进行诊断。

【治疗】 本病无特效治疗方法，因利巴韦林等抗病毒药物对畜禽禁用不能用于本病的治疗。牛副流感的危害较传染性鼻气管炎、病毒性腹泻和呼吸道合胞体感染等疾病弱，死亡病例通常是继发细菌感染造成的，因此治疗主要是防止继发细菌感染，特别是溶血性巴氏杆菌、多杀性巴氏杆菌和溶血曼氏杆菌。

有研究表明，使用柴胡注射液、板蓝根注射液、黄芪多糖注射液等对本病有很好的治疗效果；使用白矾、白芷、葶苈子、浙贝、黄芩、黄连、大黄、郁金、知母、天花粉、黄柏、栀子、穿心莲、大青叶、板蓝根、金银花、甘草等清瘟解毒、止咳化痰的中药也有很好的治疗作用。中药治疗方面，在增强天然防御能力、促进黏液排出、提高免疫力等方面的作用有待进一步验证和推广。

【防控】 由于缺乏特征性临床症状而难以准确诊断，对于本病应采取预防为主的方案。牧场应从做好初乳饲喂、改善圈舍环境、避免混养、加强卫生管理等方面着手，注意环境变化、通风情况及避免应激等一切能够引发疾病的环节。

疫苗免疫是预防本病的有效手段之一，早在1960年就对牛副流感病毒3型的疫苗进行开发，通过两次口服灭活疫苗，抗体水平低的犊牛能够产生一定的免疫效果。后续研制出经过修饰的减毒活疫苗，鼻腔接种激发黏膜免疫。近年已研制出本病病毒与其他病毒或细菌的联苗，并且对本病病毒的基因组进一步修饰，可以减轻病毒对下呼吸道的损伤。硕腾已生产出牛传染性鼻气管炎病毒、牛呼吸道合胞体病毒和牛副流感病毒3型三联减毒活疫苗，用于1~3日龄新生犊牛滴鼻免疫，4周龄时加强免疫一次，安全性高，并可提供有效的保护。关于疫苗的保护期，欧洲研制的一种口服的牛副流感病毒3型减毒活疫苗，保护期至少为6个月。国外广泛使用牛副流感病毒3型与其他呼吸道病毒的多联疫苗（牛传染性鼻气管炎病毒、牛呼吸道合胞体病毒、牛病毒性腹泻病毒、钩端螺旋体等和牛副流感病毒3型的联苗），在泌乳期或干奶期免疫成母牛，提升初乳中母源抗体水平，从而达到保护新生犊牛的目的。在母源抗体消失前后，可分别采用灭活疫苗或减毒活疫苗加强免疫。

（曹 杰）

六、狂犬病

狂犬病（Rabies），俗称恐水症，是由狂犬病病毒引起的主要侵害中枢神经系统的急性、接触性、高致死性的人畜共患传染病。患病动物出现极度神经兴奋、狂躁和意识障碍，最后全身麻痹死亡，严重威胁着人和动物的生命安全。本病潜伏期长，一旦感染，死亡率几乎达100%。本病广泛流行于全世界，发达国家的发病率较低，一些国家如澳大利亚、英国、加拿大、日本、马来西亚、新西兰等地已经消除了狂犬病，拉丁美洲发病率也较低。目前，世界重点流行地区在亚洲和非洲，每年因狂犬病死亡的病例数超过全球总数的95%，其中印度和中国是报道病例数最多的国家。从近年的流行状况看，狂犬病正重新成为严重危害公共卫生的重大疫病。

【病原】 狂犬病病毒（Rabies Virus，RABV）属于弹状病毒科狂犬病病毒属（*Lyssavirus*）。病毒颗粒呈圆柱体，一端平坦，另一端钝圆。病毒核酸为不分节段的单股负链RNA，有囊膜，直径约为75nm、长200~300nm。病毒能在犬、鸡胚和多种原代细胞（鸡胚成纤维细胞、小鼠和仓鼠肾上皮细胞）培养物中增殖。病毒主要存在于病畜的中枢神经组织和唾液腺中。病毒对外界抵抗力不强，对酸、碱、石炭酸、福尔马林、高锰酸钾、新洁尔灭、70%酒精敏感，与紫外线接触和暴露后迅速被破坏。56℃ 30~60min、1%甲醛溶液和3%来苏儿15min内可使病毒灭活。pH小于3.0和pH大于11.0均可使狂犬病病毒灭活。60%以上的酒精也能很快杀死病毒。

【流行病学】 狂犬病是自然疫源性传染病，所有温血动物均易感，自然界中各种哺乳类动物均可成为狂犬病的宿主，主要是食肉类和翼手类动物。各种带毒动物为本病的传染源，主要的传染途径是咬伤，病毒在咬伤部位进行复制，然后通过外周神经的轴突，经脊髓神经节、脊髓最终到达大脑。在感染的这一阶段，免疫反应是最小的，这就解释了为什么在出现脑炎症状时不存在中和抗体和炎性浸润。随后病毒通过感染动物的嗅觉神经达到分泌腺进入唾液和鼻分泌物中，并在其内复制。在出现兴奋狂暴症状乱咬时，唾液具有高度感染性。狂犬病的潜伏期长短不一，最短不到1周，少数病例可达6个月。咬伤部位离脑部越近，潜伏期越短。家养的猫和犬通常通过接种疫苗来预防和控制狂犬病的发生，而野猫和犬因未进行免疫可发生本病。牛狂犬病少见，呈零星散发。

【症状】 牛狂犬病潜伏期一般为2~8周，平均为15d，发病后症状呈渐进性发展。牛和其他动物狂犬病的临床症状多种多样。麻痹型病牛表现为不协调、后肢麻痹、肛门麻痹、吞咽困难、伸颈、流涎及感觉衰退等，其中流涎和吼叫是最常见的症状。当瘫痪发生时，牛会卧倒不起，通常在48h后死亡，整个病程为6~7d。在狂躁型的病例中，病牛表现为极度敏感、不安，用蹄刨地、高声吼叫，出现阵发型性兴奋和攻击动作。牛一般很少出现恐水现象。兴奋症状间歇性反复发作，最后突然瘫痪倒地，通常在几小时内死亡。

【诊断】 因为本病无特征性临床症状，且个体间症状差异很大，只能通过临床表现及咬伤史初步怀疑狂犬病，大多与野犬或野猫进入牧场有关。唯一可靠的确诊方法是用实验室检测鉴定病毒或其特异性成分。对于出现神经症状的牛，应首先排除神经型酮病和低镁血症，而对于吞咽困难的奶牛，应与李氏杆菌病做类症鉴别。

实验室诊断时，需开颅取出海马脚、小脑和延髓等组织送检。采样人员应做好相应的防护工作。实验室诊断常用的三种方法如下。

（1）**组织学诊断特征性细胞病变**　狂犬病感染组织的病理学改变包括非化脓性脑炎和急性弥漫性脑脊髓炎，伴有神经细胞空泡形成、透明变性和血管周围单核细胞浸润等。多数病例在肿胀或变形的神经细胞中可见嗜酸性包涵体，即内基小体，最常见于反刍动物的海马脚或小脑蒲肯野细胞中，这是本病特异且最有诊断价值的病变。免疫组化是狂犬病诊断的组织学特异性方法。

（2）**免疫化学试验鉴定狂犬病病毒抗原**　荧光抗体试验（FAT）是 WHO（世界卫生组织）和 OIE 共同推荐的诊断狂犬病最常用的方法，它可直接检测涂片，也能用于检测细胞培养物或被接种于小鼠脑组织中的狂犬病病毒抗原。

（3）**RT-PCR 检测**　根据狂犬病病毒的基因序列，设计特异性诊断引物用以扩增狂犬病病毒基因，是目前最为常用的检测方法。采用 RT-PCR 技术检测组织中的病毒 RNA，比标准化的荧光抗体试验敏感 100~1000 倍。

【防控】　狂犬病无法治疗，当牛被犬、猫或其他动物咬伤后，应立即用 20% 肥皂水或 0.1% 新洁尔灭彻底清洗，并用碘酊或 70% 乙醇反复擦拭，尽量防止感染发生。若牛被确认为狂犬病病牛，应及时上报并妥善处理。

良好的管理措施和防疫制度，是防控狂犬病的有效方法。牛场应设置围墙，严禁流浪犬、猫及野生动物进入牛场。加强牛场内犬、猫的管理，定期对其进行狂犬病疫苗注射。

（曹　杰）

七、伪狂犬病

伪狂犬病（Pseudorabies），又称为奥耶兹基氏病（Aujeszky's disease，AD）或剧痒症，是由伪狂犬病病毒引起的家畜和多种动物的一种以发热、奇痒（除猪外）、脑脊髓炎为特征的急性非接触性传染病。1813 年在美国的牛群中首次发现本病，因临床表现与狂犬病类似，故称伪狂犬病。1902 年匈牙利的 Aujeszky 首次报道了本病，1934 年 Sabin 和 Wright 确定本病病原为疱疹病毒。本病在世界范围内广泛流行，我国 1947 年报道了首例猫的伪狂犬病，1956 年开始本病在仔猪中流行，后在猪、牛等多种动物中流行，现已有 21 个省、市、自治区出现本病，对养殖业造成了巨大损失。

【病原】　伪狂犬病病毒（Pseudorabies Virus，PRV），属于疱疹病毒科 α 疱疹病毒亚科（*Alphaherpesviridae*）水痘病毒属（*Varicellavirus*）的猪疱疹病毒 I 型。本病毒仅 1 种血清型。病毒粒子呈圆形或椭圆形，为立体对称的正二十面体，完整的病毒粒子由核心、衣壳、囊膜组成，直径为 150~180nm。毒基因组为双股线性 DNA，DNA 碱基中 G+C 含量是疱疹病毒中含量最高的。目前，基因组中已定位 65 种基因，其中大多数基因的功能已经确定，基因组分为 4 种类型：1 型见于美国和欧洲；2 型见于中欧，3 型见于东欧，4 型仅见于亚洲。本病毒在牛上具有泛嗜性，能在多种细胞中增殖，如能在鸡胚细胞、猪、羊、牛、兔、猫等多种动物的肾细胞，犬、牛睾丸初代培养细胞，Hela、Hep2、PK15、BHK-21 等继代细胞内很好生长。其中以兔肾和猪肾细胞最为适宜。细胞感染后产生两种不同的细胞病变，一种为感染细胞中度变圆或形成巨大的合胞体；另一种是感染细胞变圆固缩，折射率增加，但无合胞体形成。与其他疱疹病毒一样，宿主感染伪狂犬病病毒后，会在黏膜上皮和周围神经系统建立一种潜伏感染，当宿主受到应激或免疫抑制后，病毒被激活开始重新复制，继而导致发病。

伪狂犬病毒对热抵抗力较强，55~60℃经30~50min才能灭活，80℃经3min灭活。本病毒在25℃可存活10~30d，而在8℃可存活46d，真空冷冻干燥的病毒培养物甚至可保存多年。本病毒对乙醚、氯仿、丙酮、酒精等高度敏感，对消毒剂无抵抗力。对外界环境的抵抗力取决于病毒存在的介质、消毒剂的浓度、环境温度、pH范围等，在畜舍内干草上的病毒夏季存活30d，冬季达46d。本病毒能在pH为4~9时保持稳定，最适pH为6~8，过酸过碱的环境可使其很快灭活。5%苯酚经20min可灭活，0.5%~1.0%氢氧化钠迅速使其灭活。

【流行病学】 本病毒可侵染除人和无尾猿以外的其他哺乳动物的中枢神经系统和呼吸道等器官。本病主要与猪有关，猪是其自然宿主，病猪康复后仍呈隐性感染，向外界排毒。病毒有可能从猪传播到奶牛。各种年龄、品种和性别的牛都对伪狂犬病毒易感，但多发生于6月龄至4岁龄的牛，呈散发性。此外，猪、山羊、绵羊、兔、犬、猫等家畜和经济动物如狐、貂，以及多种野生动物均可感染，禽也能在实验条件下感染。实验动物中兔最易感，小鼠、大鼠、豚鼠等均能感染。

病毒由感染猪的鼻腔分泌物和咽分泌物排出，流产胎儿、阴道分泌物和胎衣等含有大量的病毒，被污染的饮水、饲料等是重要的传播媒介。牛可能通过接触污染的草料经伤口及呼吸道感染。鼠类在本病的传播中起重要作用，感染的褐鼠可将病毒由一个牧场携带至另一个牧场，成为重要的传染媒介。另外，空气传播也是病毒扩散的重要途径，发生伪狂犬病的猪场对附近牛造成威胁。乳汁和精液也能传播本病，妊娠母牛能发生垂直传播。伪狂犬病的发生具有一定的季节性，多发生在寒冷季节，其他季节也有发生。

【症状】 该病潜伏期一般为2~7d，最长的可达10d。病牛精神沉郁、食欲减退、前胃迟缓，泌乳量下降。体温升高到41℃后不久降至常温。最急性病例可突然死亡，或出现眼睑水肿、流泪、脑水肿，以及原发性神经症状，如流涎、咽喉机能障碍、呼吸困难、瘤胃臌气、共济失调、轻瘫、眼球震颤、精神沉郁或兴奋、癫痫。个别牛表现为局部或全身的剧烈瘙痒，舔舐、蹭并出现局部损伤（图2-1-39）。犊牛常表现为脑炎，烦躁不安，鸣叫，流泪，流涎，眼睑肿大等，无瘙痒，口腔和食管糜烂，常在发病后24~72h死亡，表现出高死亡率。牛伪狂犬病虽然呈散发流行，但是由于目前没有特效治疗方法，在2~3d病程内的病死率几乎为100%。

【病理变化】 本病无典型特征性的病理变化。剖检常见皮肤有擦伤、脱毛、红肿、皮下出现浆液性出血性浸润。脑膜充血，伴有过量的脑脊液。严重感染病例鼻黏膜和咽部黏膜广泛性出血，有些病例可见到肾乳头和皮质部的瘀血点。肺水肿，表现坏死性扁桃体炎、咽炎、气管炎和食道炎。

组织学检查发现大脑灰质和白质均受影响，最明显的变化是额叶和颞叶。小脑表现脑膜炎。

图2-1-39 伪狂犬病病牛剧烈瘙痒，表现神经症状

神经元发生广泛性坏死并伴有噬神经现象，通常呈灶性，病灶间距大，神经元周围神经胶质增生、变性和出现血管套。呼吸系统出现坏死性支气管炎、细支气管炎和肺泡炎，并有大量纤维性渗出。在神经组织中很少见到Cowdry A型包涵体，在舌、肌肉、肾上腺和扁桃体坏死区可见包涵体。

【诊断】 根据临诊症状、病理变化及流行病学资料可对本病做出初步诊断，确诊需进行实验室检查。该病可通过病原鉴定、血清学检测、家兔接种试验以确诊。具体方法可见国家标准GB/T 18641—2018《伪狂犬病诊断方法》。

（1）病原鉴定 剖检病死牛，病料可采集自脑（含三叉神经）、扁桃体、流产胎儿（如扁桃体、肺和脑组织等）；对活体牛可采自扁桃体、鼻拭子，然后接种易感细胞系，如猪肾细胞（PK-15）或SK6细胞、原代或继代细胞系加以增殖，通过免疫荧光、免疫过氧化物酶或特异性抗血清中和试验检测特征性细胞病变加以鉴定。此外，还可用PCR技术鉴定，与常规的病毒分离技术相比，PCR技术有快速的优点，1d初步诊断，2d即可确诊。

（2）血清学检测 用病毒中和试验、乳胶凝集试验或ELISA方法检测伪狂犬病病毒抗体，其中中和试验特异性强，是国际贸易中通用的法定方法，用于口岸进口检疫；乳胶凝集试验简便快捷、敏感性高，适用于临床现场检测和筛选；ELISA适用于实验室大批量检测抗体，并且gE-ELISA可区分野毒感染和gE糖蛋白缺失疫苗免疫产生的抗体。OIE推荐的一种国际标准血清，为从事本病血清学实验室诊断规定了常规检测的敏感性下限。

（3）动物试验 无菌采集脑组织（含三叉神经）或扁桃体病料，用生理盐水或PBS制成20%~30%的匀浆，取1~2mL注射到家兔颈部皮下。若接种后24~48h家兔在注射部位出现奇痒，反复舔（啃）咬注射局部，导致皮肤溃烂；呼吸困难，甚至尖叫、四肢麻痹、痉挛等，病程为2~5d，最终死亡，则判定为伪狂犬病病毒阳性；若在接种1周后无明显症状，则判定为伪狂犬病病毒阴性。

（4）鉴别诊断 要注意和以下疾病进行类症鉴别。

1）狂犬病：狂犬病病牛呈现明显流涎，具攻击性，少有奇痒现象，组织病理学变化在海马脚神经元和小脑的浦肯野细胞中通常能找到尼氏体。用狂犬病病牛脑组织的匀浆皮下接种家兔，不产生奇痒症状。

2）脑灰质软化症：脑灰质软化症病牛的体温正常，视力损伤、失明，无奇痒，脑脊髓液蛋白增加，含巨噬细胞。用盐酸硫胺，10~20mg/kg体重，静脉注射，病牛可以痊愈。尸体解剖见大脑皮层和许多部位有灶性坏死。

3）中毒病：怀疑中毒时，应对瘤胃内容物、血液及组织中有毒成分含量予以测定。

【防控】 本病尚无有效的治疗方法，主要通过隔离感染动物、疫苗免疫和淘汰隐性感染动物控制。应加强防疫、环境卫生及消毒，及时清理垃圾和腐败饲料，减少鼠类隐匿地；加强饲料保管，防止鼠出入；定期开展灭鼠工作，尽可能控制其生存，阻断传播。

（曹 杰）

八、牛白血病

牛白血病（Bovine Leukemia），又称为牛地方性白血病、牛淋巴肉瘤、牛恶性淋巴瘤、牛淋巴瘤病等，是牛的一种慢性肿瘤性疾病。本病于1976年首次在德国报道，主要集中发生在德国东北部的一些区域，因此被命名为牛地方性白血病。目前，本病分布广泛，几乎遍及全球。有报道，美国有15%~47%的奶牛感染了牛白血病，场间阳性率达到60%。近几年，南美洲牛白血病的发病率较高。我国于1977年在安徽发现本病，以后在许多省区相继发生，并有逐渐蔓延的趋势。

【病原】 牛白血病病毒（Bovine Leukemia Virus，BLV）为反转录病毒科（Retroviridae）肿瘤病毒亚科（Oncovirinae）牛白血病及人嗜T细胞反转录病毒属成员。病毒呈C型病毒粒子的典型形态，正面体球形，直径为90~120nm，核心直径60~90nm，有囊膜，病毒中心是螺旋状的RNA，成熟病毒粒子在细胞膜上以出芽方式释放。牛白血病病毒颗粒内有反转录酶，此酶在有镁离子存在时活性最高。反转录酶使反转录病毒能够将RNA转化为DNA，然后将病毒DNA整合到宿主细胞的染色体DNA中。牛白血病病毒的宿主细胞是B淋巴细胞。本病毒的结构蛋白主要是核心中的p蛋白和囊膜中的gp蛋白两种。由于gp51和p24两种蛋白的抗原活性最高，临床上通常用作抗原进行血清学试验，检测特异性抗体。病毒的抵抗力较弱，加热60℃以上可使其对细胞的感染性丧失。高温和巴氏消毒法能灭活牛奶中的牛白血病病毒。

本病毒可在来源于牛、羊、人和蝙蝠的多种细胞上增殖。从急性和慢性白血病病牛淋巴结、脾脏、肾脏制备的原代细胞培养物中，均发现有释放的病毒。分离到的病毒可在继代的牛肾细胞培养物内增殖。病毒可使培养细胞发生融合，形成合胞体。

【流行病学】 虽然多种动物能人工接种本病毒发生感染，但自然感染仅发生于牛、绵羊和水豚。实验室接种绵羊最易感，常形成肿瘤。鹿、兔、大鼠、豚鼠、猫、犬、猴、羚羊和猪在接种病毒后都可以测出持续性抗体。一般多为亚临床感染，只有不到5%的受感染牛随后发展成淋巴肉瘤，主要发生在3岁以上的牛身上。牛白血病病毒感染奶牛患淋巴肉瘤的风险与遗传有关。只有小部分牛白血病病毒阳性牛的外周血中会出现淋巴细胞增多症。淋巴细胞增多症牛与非淋巴细胞增多症牛、牛白血病病毒阳性牛发生淋巴肉瘤的相对风险尚未明确。大约2/3患淋巴肉瘤的牛在发生肿瘤前有一段时间有淋巴细胞增多症，但不是所有患淋巴细胞增多症的牛都会出现肿瘤。淋巴细胞增多症可以稳定存在数年。

牛白血病的传播途径包括水平传播和垂直传播两种。牛白血病病毒水平传播通常需要将含有受感染淋巴细胞从受感染者转移到易感个体。常乳、初乳和其他含有受感染淋巴细胞的分泌物会导致本病毒的水平传播。初生到3日龄的犊牛最易受初乳或乳汁中牛白血病病毒的感染，此后感染风险降低。冷冻后解冻将导致淋巴细胞溶解，这一过程或巴氏杀菌可以破坏初乳中可能含有的牛白血病病毒。灌服牛白血病病毒阳性牛初乳的犊牛可以检测到本病毒的被动抗体，这些抗体可以持续6个月。呼吸道分泌物可能含有受感染的细胞，但这些分泌物传播感染的自然风险很低。由于血液是传播牛白血病病毒的主要来源，因此兽医使用或重复使用针头和注射器、去角器、耳号钳、阉割器械、采血针、静脉输液针、输血和和胃导管，均有可能导致医源性水平传播。结核检疫过程中结核菌素试验也可能造成水平传播。在高风险牛群，给牛白血病病毒阳性牛直肠检查后不更换长臂手套，传播给牛白血病病毒阴性牛的风险增加。阳性牛和易感牛的密切接触可增强牛白血病病毒的水平传播。

节肢动物在牛白血病病毒水平传播中的作用一直有争议。一些研究认为，虻、蚊和蜱可传播感染，但苍蝇不太可能。蚊和牛虻，特别是口器较大的虻，由于叮咬疼痛，使其不能在专一的宿主吸饱血，可能会引起牛白血病病毒的传播。牛白血病病毒通过胎盘从感染母牛传播到胎儿的垂直传播也是可能的，但在感染牛妊娠期间发生不到10%。患有持续性淋巴细胞增多症（PL）或淋巴肉瘤高发病率的奶牛群中，子宫内感染率较高。精液传播牛白血病病毒的可能性较小，自然感染公牛的精液中分离到牛白血病病毒的报道很少。至今没有牛白血病病毒能感染人的结论性证据，因此目前认为牛白血病病毒不危害人类。

【症状】 在所有牛白血病病毒阳性的牛中，只有不到5%的牛会发生与淋巴肉瘤相关的肿瘤或疾病。大多数牛白血病病毒感染牛无症状，免疫力正常，与牛白血病病毒阴性牛无差异。淋巴肉瘤的临床症状很少在2岁之前出现，3~6岁的牛出现症状最为常见。临床表现随肿瘤的生长部位与速度而有所不同，可能出现消化紊乱、神经性斜视、食欲不振、体况下降、体虚或乏力。浅表淋巴结明显肿大。慢性牛白血病病毒感染在多大程度上影响牛的免疫系统，以及感染牛在泌乳量、繁殖表现及对疾病的易感性方面是否受到影响都存在争议。有研究表明，牛白血病病毒感染牛群的泌乳量降低约3%。

淋巴肉瘤可发生在外周淋巴结、内部淋巴结和特定的靶器官。大约25%的淋巴肉瘤奶牛一个或多个外周淋巴结肿大。直肠检查或腹部手术中，可发现内部淋巴结肿大。有时咽后淋巴结肿大可能导致吸气困难。虽然皱胃是胃肠道最常见的病变部位，但前胃和肠道也可能出现肿瘤。皱胃内可见弥漫性浸润或局灶性肿瘤，可能出现黑粪症及迷走神经性消化不良。瘤胃、网胃内的淋巴肉瘤可引起不同程度的前胃功能障碍、体重减轻、食欲和泌乳量减少、胀气或迷走神经消化不良等症状。子宫和生殖道肿瘤可为局灶性、多灶性或弥漫性。典型的子宫淋巴肉瘤病变包括子宫壁内的多灶性实质性结节或肿块。淋巴肉瘤影响心肌、心外膜或心包时，可能出现心律失常、杂音、心包积液、心音消音、静脉怒张和充血性心力衰竭等迹象。右心房是牛心脏淋巴肉瘤最常见的部位，但肿瘤可累及心脏或心包的任何部位。与淋巴肉瘤相关的呼吸体征包括鼻腔或上呼吸道浸润、淋巴结肿大或上呼吸道肿瘤肿块引起的吸气性喘鸣。单侧或双侧眼球凸出发展为病理性和暴露性眼球损伤是牛白血病病毒阳性牛发展为淋巴肉瘤最常见的眼部表现，如果牛存活足够长，通常双侧眼球都会受到淋巴肉瘤的影响（图2-1-40）。脊髓硬膜外淋巴肉瘤的肿瘤可导致进行性轻瘫，最终瘫痪。后肢瘫痪是最常见的，因为肿瘤在胸腰椎、腰椎或骶骨区域出现的可能性最大。也可能出现颈胸部病变，因此可以观察到四肢轻瘫。淋巴肉瘤可以通过直接或间接机制影响泌尿系统。肾周淋巴结肿大可导致肾灌注减少，肾梗死，或肾前性尿毒症。单侧或双侧输尿管弥漫性淋巴肉瘤可引起肾积水、血尿、绞痛或肾后性尿毒症。肿瘤硬膜外脊髓压迫也可能导致膀胱功能障碍。乳腺淋巴结受累会导致非对称性或对称性乳房水肿。皮肤肿瘤很少出现。

图 2-1-40　牛白血病病牛的眼部表现

【诊断】 通过流行病学、临床症状和病理变化可初步诊断本病。确诊需进行实验室检查。

琼脂凝胶免疫扩散和 ELISA 方法是国际贸易指定检测方法。近几年，用于血液中病毒鉴定的 PCR 技术已开发并成功应用。易感牛感染牛白血病病毒后，琼脂凝胶免疫扩散试验可在 3~12 周内检测到抗体。早期的琼脂凝胶免疫扩散试验检测 p24 抗体为主，后来发现检测 gp51 抗体敏感性显著增加，主要是因为这种抗体在感染早期产生并且滴度更高。目前，琼脂凝胶免疫扩散试验在很大程度上被检测 gp51 抗体的 ELISA 方法所取代，后者灵敏度提高了 10~100 倍。这意味着 ELISA 方法可用于检查单个牛的血清或 10 个牛的血清混合样本。此外，ELISA 方法还可以对血液以外的其他样品进行检测，如单个和大缸奶样品。在接受牛白血病病毒阳性牛初乳抗体的犊牛中，对琼脂凝胶免疫扩散试验或 ELISA 阳性结果应谨慎，6 月龄以下犊牛阳性结果可能反映实际感染或由初乳中获得的被动抗体引起，感染只能通过 PCR 证实。

【治疗与预防】 由于本病最初期无特征性症状，所以临床诊断较为困难。当出现临床症状时，已是发病后期。特别是肿瘤已经形成，药物治疗难以见效。最有效的防治措施是淘汰或隔离牛白血病病毒感染牛。

对牛白血病病毒阳性牛比例较低的牛场，控制相对容易。对全群牛进行血清学检测，大于 6 月龄的阳性牛直接淘汰，小于 6 月龄的血清阳性犊牛可在 9 月龄时进行重新检测，也可以通过 PCR 检测进行确认。使用血清学方法进行检测，早期感染牛可能出现假阴性结果，部分围产期奶牛也可能如此。因此在第一次全部阴性结果出现后的 3~6 个月，需要对全部阴性群体进行重复检测。

对进口牛或从外地引进的牛只，应在隔离期间进行检测，阳性牛不准入场。此外，还应采取措施阻断水平传播，包括使用单个针头和注射器、对所有常用器械进行消毒、直肠检查更换长臂手套、严格的节肢动物控制等。其他建议包括：只使用牛白血病病毒阴性牛的初乳或常乳，初乳及常乳经巴氏杀菌后饲喂，以及只使用血清阴性胚胎。目前，还没有商业化的疫苗可供使用。

（曹 杰）

九、奶牛呼吸道合胞体病毒感染

奶牛呼吸道合胞体病毒感染（Bovine Respiratory Syncytial Virus Infection）是由呼吸道合胞体病毒（Bovine Respiratory Syncytial Virus，BRSV）引起的一种急性、热性传染病，临床上以气管炎、支气管炎、间质性肺炎、肺水肿及肺气肿等为主要特征。各个年龄段的牛都能够发病，但对犊牛的危害比较严重。临床发病率高，死亡率低，若继发细菌感染，能够造成巨大的经济损失。牛呼吸道合胞体疾病已被认为是继牛病毒性腹泻和牛传染性鼻气管炎之后最严重的奶牛病毒性疾病。牛呼吸道合胞体病毒于 1970 年首次在欧洲发现。随后 1974 年美国也分离发现本病毒。目前，该病在牛群中普遍存在。

【病原】 牛呼吸道合胞体病毒为副黏病毒科肺病毒亚科（*Pneumovirinae*）肺病毒属（*Pneumovirus*）成员。病毒粒子呈现多形性，但多呈球形或细丝状，长度可达到 5μm，直径为 60~100nm，内有 7~15nm 厚的核衣壳，呈螺旋对称，有囊膜，上有 7~19nm 长的尖棒状纤突。病毒粒子组织成一个网状结构，病毒粒子间具有 12±3nm 的桥连，这些结构的功能尚不清楚。牛呼吸道合胞体病毒与人呼吸道合胞体病毒（Human Respiratory Syncytial Virus，HRSV）在基因和抗原上均有关联。与其他肺病毒包括绵羊及山羊的呼吸道合胞体病毒关系也较为密切。牛呼吸道合胞体病毒为人呼吸道合胞体病毒提供了一个很好的模型，因此促进了牛呼吸道合胞体病毒在毒力因子鉴定及免疫致病性等方面的研究。

牛呼吸道合胞体病毒基因组为单分子负链单股RNA，分子量约为$5.9×10^6$ Da，直径为4~5nm，大小为15~16kb。基因组RNA从3'端开始转录，编码10个mRNA，并且从3'端到5'端存在一个递减的极性转录梯度。病毒的10个mRNA可翻译成11个蛋白，依次为NS1、NS2、N、P、M、SH、G、F、M2-1、M2-2、L。其中G、F、SH蛋白是病毒囊膜的主要成分，N、P、L蛋白是核衣壳的主要成分，M蛋白位于囊膜和核衣壳之间。不含血凝素，也不含神经氨酸酶。使用针对糖蛋白（病毒表面的G蛋白）的单克隆抗体，可以确定病毒的4个亚群：A、B、AB和未分型。以G蛋白为基础的基因亚群有6个，以F蛋白（融合蛋白）或N蛋白（核蛋白）为基础的基因亚群有5个。

牛呼吸道合胞体病毒适于在牛源细胞（胚胎及犊牛肾和气管细胞）中培养，在呼吸系统的细胞培养物上生长最好，尤其牛鼻甲骨细胞系，适于作为分离和培养病毒之用。病毒感染细胞后能够形成大量细胞浆内合胞体。

本病毒对热不稳定，在无蛋白质的溶液中，4℃或室温放置2~4h，其感染力可降至10%或几乎无感染力，56℃ 30min可使病毒灭活，在-80℃可存活数月。病毒对普通消毒剂及酸、碱、乙醚、氯仿、脱氧胆酸盐、0.25%胰胰、脂溶剂都敏感。本病毒在氯化铯中的浮密度为1.23g/mL，病毒RNA沉降值为50S。本病毒无黏附性和凝集性。

【流行病学】犊牛和成母牛对本病毒都易感，其中2~6月龄犊牛最易感，90%的原发性感染发生于2岁以下的牛。种公牛也容易遭受本病毒感染。种公牛容易感染往往是因为种公牛的来源比较广泛，很容易将本病毒引入。有报道称本病毒感染种公牛后，精液的质量会降低。但精液形态的改变不是因为病毒直接作用所致，可能是由于本病毒引起睾丸间质纤维化造成。

本病主要通过空气、呼吸道分泌物或直接接触传播，传播速度快。病毒感染的一个特征是，在没有新引入牛群的情况下，可在每年的同一时间引起所有年龄段奶牛的反复感染。持续性感染可能是病毒的一种存在方式，运输应激或环境温度发生改变时能够诱发机体再次排毒。感染多发生于秋、冬季节，病毒在夏季以极低的水平传播或根本不传播。本病毒引起牛群发病主要有两种方式：一是对于没有接触过本病毒的牛群，初次接触本病毒后，成母牛和后备牛都会表现明显的呼吸道症状；二是本病毒在牛群中呈地方流行性，此时主要对后备牛危害比较严重，并且在冬、春季节多发。

【症状】BRSV感染潜伏期为3~5d，临床发病率为30%~50%，但死亡率通常仅有3%~5%。本病毒引起的临床症状从不明显到明显暴发。急性感染牛群后临床症状主要包括精神沉郁、食欲减退、高热（40~42.2℃）、泌乳牛泌乳量下降、犊牛生长发育缓慢、流涎、流浆液性或黏液性鼻涕、咳嗽、呼吸困难、张口呼吸，并伴有胸腹侧明显的呼吸波动。部分感染严重的奶牛出现气胸、背部皮下气肿，这是严重间质性肺气肿的结果。急性病例肺部听诊可听到支气管水泡音，肺水肿而听到捻发音。有些病例的肺部也可能表现为弥漫性感染，听诊时难以确认。当肺泡或小气道阻塞或压迫，肺水肿和肺气肿的程度加重时，呼吸困难更加严重，出现张口呼吸甚至呼吸窘迫，同时出现动脉低氧血症。一些感染病例会呈现双相热，第一阶段病牛症状表现较轻，此阶段治疗效果比较明显，但症状改善数天后症状突然加剧，出现急性的呼吸困难，此阶段疾病难以控制，常常导致急性死亡。继发性呼吸困难是下呼吸道和肺实质中的超敏反应或严重的 2 型 T 细胞辅助细胞引起的免疫介导性疾病，通常是致命的。多数病牛会在 5~7d 恢复，1%~2% 的感染牛会发展成致命的病毒性肺炎。

【病理变化】 肺组织的变化主要集中在肺尖叶腹侧，表现为肺体积增大、实变，通常呈暗红色或紫红色。有些病例也会出现肺气肿，主要发生在尖叶背侧。气管和支气管充满白色到粉红色的泡沫。有的因肺部水肿而引起肺扩张及肺泡恶性膨胀。

显微镜下可见渗出性、增生性细支气管炎特征，同时会伴有细支气管周围单核细胞浸润及肺泡塌陷等病理变化。支气管和细支气管上皮细胞坏死、凋亡，进而被附近的细胞吞噬。可见支气管和细支气管上皮细胞包涵体及多核合胞体。呼吸道上皮细胞内出现嗜酸性颗粒。支气管内腔、细支气管和肺泡常被渗出物阻塞，并可能由于细支气管的修复再生而加剧，渗出物主要含有嗜中性粒细胞、嗜酸性粒细胞、巨噬细胞及脱落的上皮细胞。嗜酸性粒细胞和淋巴细胞也可在肺小叶实质中出现。

肺泡的病理变化以间质性肺炎为主，结合部位肿胀不全，可能伴有严重的肺气肿和肺水肿，肺背部区的肺泡破裂。Ⅰ型肺细胞坏死，Ⅱ型肺细胞增生肥大，合胞体形成，肺隔叶增大，同时有炎性细胞浸润。由于肺泡的炎症和肺细胞的坏死，在肺泡内可能出现透明状膜。

【诊断】 根据临床症状、病理变化与流行病学可对本病做出初步诊断，确诊需进行实验室检测。现在多采用一步法酶联免疫吸附试验、间接免疫荧光法检测组织匀浆中的牛呼吸道合胞体病毒。免疫组化技术比间接免疫荧光法更具有优势，免疫组化技术的染色效果持续时间长，可以通过光学显微镜观察病变。

血清学方法也有助于本病的诊断，因为机体受到牛呼吸道合胞体病毒感染后能够产生明显的抗体滴度变化，急性感染后本病毒抗体升高很快，不到 2 周就能达到峰值。因此通过对比第 1 天和第 14 天双份血清的抗体水平有助于本病的诊断。

PCR 方法能够对牛呼吸道合胞体病毒进行快速诊断，相对于传统的诊断方法其具有很高的敏感性和特异性。目前，针对牛呼吸道合胞体病毒的 PCR 诊断方法主要为 RT-PCR、Nested-RT-PCR、rtRT-PCR，其中 rtRT-PCR 的敏感性最高。但当奶牛近期接种过活病毒疫苗时，要注意假阳性结果。

临床上应注意与细菌性肺炎、其他病毒性间质性肺炎、牛传染性鼻气管炎及肺线虫性肺炎等疾病进行鉴别。

【治疗】 对于本病尚无特效的治疗方法，多采用对症和支持疗法，防止细菌继发感染。兽医应该根据病牛的临床表现选择相应药物，如广谱抗生素（需要根据实验室检测确定敏感性抗生素）、抗组胺药、阿托品（扩张支气管）、非甾体抗炎药和呋塞米（减轻肺水肿症状）。单纯的牛呼吸道合胞体病毒感染预后良好，对发生急性间质性肺炎的牛预后要谨慎处理。

患呼吸系统疾病的奶牛多伴随水分和电解质的丢失，因此需要通过口服或者静脉注射补充电解质。由于患病奶牛容易继发其他细菌感染，如巴氏杆菌、昏睡嗜血杆菌等，因此需要配合使用抗生素。抗生素的选择应该根据牛场的既往用药史或实验室检测结果，在未确定特异性抗生素之前，可以选用广谱类抗生素。

非甾体抗炎药对于急性感染的治疗效果较好。有人报道皮质类固醇类药物和抗组胺类药物，对于治疗本病感染有积极作用，可以缓解病牛的临床症状，减轻病理性损伤，但此类药物只能使用 1~2d，如果临床症状没有好转，应该停用。尤其是皮质类固醇类药物具有免疫抑制的作用，能够加重组织损伤程度。并且此类药物可引起奶牛的流产，对妊娠奶牛禁止使用。

牛呼吸道合胞体病毒能够引起奶牛双相热，当疾病发展到第二阶段时，由于此阶段可能存在超敏反应，故除使用抗生素外，还需使用抗过敏药物。若病牛出现呼吸困难，需要采取果断的措施，防止其死亡。

【预防】 对于阴性牛场，要采取有效的生物安全措施。保持牛群封闭，防止与邻近牧场的牛群接触，引进新牛时进行隔离和检测，以及做好人员进出的消毒措施等，会有效防止病原进入牛群。同时，要注意减少牛群压力和应激，保持卫生及增强通风等。

牛呼吸道合胞体病毒作为病毒性病原，最有效的预防措施就是疫苗接种。最初研制的呼吸道合胞体病毒灭活疫苗并不可靠，易引发过敏反应。后期经过修饰的灭活苗在加强免疫后第 8 天能够诱导机体产生体液免疫，可作为减毒活疫苗的补充，用于母源抗体未完全消退的 7 周龄左右犊牛的补充免疫。另外，灭活疫苗常用于干奶牛免疫，以提升初乳中中和抗体水平。

现已研制出了经过修饰的牛呼吸道合胞体病毒活疫苗，如硕腾公司首个牛呼吸道合胞体病毒滴鼻的减毒活疫苗 Inforce 3（牛传染性鼻气管炎病毒、牛副流感病毒和牛呼吸道合胞体病毒三联活疫苗，进入下呼吸道后不会引发感染），用于 1~3 日龄新生犊牛滴鼻免疫，每侧 2mL，4 周龄时加强免疫，以及多种减毒 BRSV 联苗（与牛传染性鼻气管炎病毒、牛副流感病毒、牛病毒性腹泻病毒的联苗），用于后备牛及新产牛配种前免疫。减毒活疫苗与灭活苗相比，最大的优点在于其能够诱导机体产生更多的中和抗体，对牛呼吸道合胞体病毒有更好的预防效果。

已有利用牛疱疹病毒作为载体表达牛呼吸道合胞体病毒的 G 蛋白重组疫苗，可诱导黏膜免疫使牛得到保护。亚单位疫苗是一种极具吸引力且可用来替代减毒活疫苗，它与减毒活疫苗相比不具有逆转病毒毒力的潜力，并且根据血清学试验可以将免疫动物和自然感染动物区分开。此类疫苗还能克服母源抗体的抑制作用，且对于病毒的感染具有明显的临床保护作用。

（曹 杰）

十、牛海绵状脑病

牛海绵状脑病（Bovine Spongiform Encephalopathy，BSE）俗称疯牛病（Mad Cow Disease），是由朊病毒引起的人和动物致命的神经退行性疾病，可引起脑和脊髓的海绵状变性。OIE 将其归为 B 类动物疫病，我国将其归为一类动物疫病。牛海绵状脑病在 1984 年 12 月首次发现于英国阿什福德某农场，1986 年 10 月，英国维桥国家兽医中心试验室首次将其确诊为一种新型疾病，同年 1 月定名为牛海绵状脑病。自英国发现世界第一例病例后，本病已扩散到欧洲、美洲和亚洲的几十个国家和地区，人类健康与食品安全面临着严峻的考验。虽然我国尚未发现本病病例，但潜在发生的危险依然存在，应引起高度重视。

【病原】　牛海绵状脑病属于传染性海绵状脑病（Transmissible Spongiform Encephalopathies，TSEs）的一种。TSEs 是一类动物和人的神经退行性疾病的总称，包括牛海绵状脑病、羊痒病（Scrapie）、传染性水貂脑病（TME）、猫科动物海绵状脑病（FSE）及人类的克-雅脑病（CJD）。病原为亚病毒中的朊病毒，又称朊蛋白。目前，从牛海绵状脑病病牛上分离了至少 3 种不同的朊病毒，C 型、H 型、L 型，其中 L 型表现出更高的动物传染潜力。本病的发生是由于正常细胞朊蛋白（PrPc）的错误折叠，引起三维构象的变化，进而导致致病性朊蛋白（PrPSc）在组织中蓄积而引起的。

PrPc 是一种糖基磷脂酰肌醇（GPI）锚定的糖蛋白，在两个位点有 N-连接的糖基。与其它 GPI 锚定的蛋白相似，这种蛋白固定在富含对去污剂有抗性的细胞膜上。鼠、人、叙利亚仓鼠和牛成熟的 PrPc 具有共同的特征。PrPc 在哺乳动物上是高度保守的蛋白，海龟和两栖动物存在类似物。在骨骼肌、肾脏、心脏、次级淋巴器官和中枢神经系统内 PrPc 的多样性和控制性表达模式，表明朊蛋白的保守性和功能的广泛性。PrPc 在中枢神经系统较高水平的表达可以在神经细胞膜突触检测到，这种蛋白也可在星型胶质细胞内表达，在滤泡树突状细胞表达水平较高。一般认为，单个朊蛋白无侵袭力，而 3 个朊蛋白结合后则具有较高的侵袭力。

朊病毒可以通过两种途径从胃肠道转移到中枢神经系统：一是通过内脏神经、肠系膜和腹腔神经节复合体及腰/尾侧胸脊髓；二是通过迷走神经。近年有研究表明，C 型牛海绵状脑病的半数感染量为 0.15g 病牛脑匀浆，剂量越高，越容易感染；而摄取剂量越低，潜伏期越长。在 0.1g 病牛脑组织的口服实验中，朊病毒可在第 44 个月后检测出。此外，据报道，病牛具有传染性的组织包括脑、脊髓、视网膜、回肠末端、骨髓、三叉神经和舌淋巴结，而牛奶不具有传染性。

朊蛋白对理化因素抵抗力非常强，常用消毒药、醛类、醇类、非离子型去污剂及紫外光消毒无效；对强氧化剂较敏感，在氢氧化钠溶液中 2h 以上，134~138℃高温 30min，可使其失活。它不能刺激牛体产生炎性反应和保护性免疫应答反应，故目前尚无免疫预防措施。

【流行病学】　本病的流行呈典型的普通病因流行模式。目前，尚未发现牛与牛之间的水平传播和垂直传播，而且与遗传也无明显关系。所有病牛的唯一共同特征就是食用了含有肉骨粉的配合饲料，因此最初的病因可能是由于食用了患痒病绵羊的肉骨粉和牛的骨粉造成的。

根据欧盟的数据统计，98%的牛海绵状脑病阳性牛超过了 48 月龄。发病年龄多为 4~6 岁，2 岁以下罕见，6 岁以上明显减少。奶牛发病率较肉牛高，感染牛群多为奶牛群（63%），少数为肉牛群（27%），其他为混合群。由于难以了解流通中来自牛产品及制品的加工方式和在加工过程中可能受到危险部位污染的程度，因此对可能感染朊蛋白的相关产品，如明胶、血液及血产品等的安全性也难以肯定。

【症状】　本病潜伏期长，一般为 2~8 年，平均为 4~6 年。病牛初期表现后肢共济失调，步幅缩短，步态摇摆，转弯困难，食欲、体温正常，但体质差，体重减轻，泌乳量下降，常离群独居，不愿走动，随着中枢神经系统渐进性退行性变性加剧，神经症状逐渐明显。病牛面部和耳朵抽搐，可能会反复踢腿，进行性共济失调，站立困难，姿势异常，虚弱易摔倒，步态呈"鹅步"状，四肢伸展过度，转圈，后肢麻痹、震颤、瘫痪，跌倒，最终平卧甚至死亡，只有少数牛性情改变，磨牙，惊恐，狂暴，神经质，似发疯状，所以称疯牛病。对触摸和声音反应加强，机敏性增高，吼叫，踢踏，眨眼。发病到死亡的病程为 2 周至 6 个月。

【病理变化】 组织病理学局限于中枢神经系统，除脑组织呈海绵状病变外，可见脑干灰质区神经元呈双侧对称性空泡变化，故认为脑组织的空泡化是本病的特征性病理变化。在神经纤维网中有许多小囊状空泡，呈卵圆形、球形，神经元细胞扩张、膨胀、变性、坏死并消失。大脑组织淀粉样变，空泡样变主要分布于延髓、中脑中央灰质区、丘脑、下丘脑和间脑。牛脑干区有原纤维，且有朊蛋白集聚，两者含量均与其空泡化程度相关。

【诊断】 可以对牛做突然的噪音测试、闪光测试、突然的运动测试、触摸测试，病牛的异常反应包括惊吓、头晕、流涎、打鼾、逃跑或一接触就惊慌失措地打转和踢腿，以上测试对于判别有行为改变但步态正常的疑似病牛也是可行的。由于本病没有炎症反应，不产生血清抗体，脑脊液正常，故确切诊断尚需组织病理学检查。电镜下可见牛脑干区有痒病相关纤维蛋白。组织病理学检查的病料为从枕骨大孔取出的延髓，横切脑干，选取厚度为 3~5mm 的脑闩部延髓、小脑后脚部延髓和前丘部中脑组织块。HE 染色后，在光学显微镜下观察到脑干灰质区特别是脑闩部位的孤束核、迷走神经背核、三叉神经脊束核等处的神经元核周质或神经纤维网细胞浆中出现双侧对称性海绵状空泡病变，且空泡呈规则的圆形或椭圆形，周边整齐，则可判定为牛海绵状脑病阳性。需注意的是，在正常情况下，动眼神经核和红核处的核周质也有可能出现少量的空泡，但不是双侧性的，以此区别；若在脑干灰质区未观察到双侧对称性的海绵状空泡病变，则可以用免疫组化的方法进一步诊断，观察部位与上述观察部位相同。

ELISA 方法检测更为快捷。目前爱德士公司（IDEXX）已成功研制出牛海绵状脑病 ELISA 检测试剂盒。该试剂盒以抗原捕获 ELISA 为设计原理，用于检测牛、山羊和绵羊组织中的朊蛋白（PrPSc）异常构象异构体。现已获得欧盟认证，其敏感性和特异性均达到 100%。

【防控】 目前，尚无有效的治疗方法和疫苗，主要的措施是一经发现立即扑杀。对有神经症状的疑似感染牛，应采集脑组织样品进行实验室检测，尽快确诊。目前，我国指定检测实验室有两个：中国动物卫生与流行病学中心国家牛海绵状脑病参考实验室和中国农业大学国家动物海绵状脑病专业实验室。禁止饲料中用反刍动物的肉、骨粉及其他组织制成的添加剂喂牛。加强动物检疫，严防疫病侵入。严禁从牛海绵状脑病发病国家进口活牛（包括胚胎、冻精）、牛肉、牛肉制品及饲料。特别是严格禁止以反刍动物为原料制成的蛋白质饲料添加剂喂牛。

（曹　杰）

十一、牛结节性皮肤病

牛结节性皮肤病（Lumpy Skin Disease，LSD），又称牛结节疹、牛结节性皮炎或牛疙瘩皮肤病，由牛结节性皮肤病病毒（Lumpy Skin Disease Virus，LSDV）引起，患病动物以发热、皮肤、黏膜、器官表面广泛性结节、淋巴结肿大、皮肤水肿为主要临床特征的。OIE 将其列为决定报告的疫病，我国将其列为二类动物疫病。1929 年赞比亚首次发生牛结节性皮肤病。2019 年 8 月 12 日，经中国动物卫生与流行病学中心国家外来动物疫病研究中心确诊，我国新疆维吾尔自治区伊犁州发生牛结节性皮肤病疫情，说明本病已传入我国。

【病原】　牛结节性皮肤病的病原为痘病毒科（*Poxviridae*）山羊痘病毒属（*Capripoxvirus*）的牛结节性皮肤病病毒，绵羊痘病毒和山羊痘病毒是该属中的另外两种病毒，与牛痘病毒（Cowpox Virus）并不同属。牛结节性皮肤病病毒只有1个血清型，为双链DNA病毒，基因组约151kb，代表毒株为南非Neethling株。病毒呈砖块状或椭圆形，直径为260~320nm，为较小的痘病毒。病毒在55℃下2h或65℃下30min可灭活，-80℃下在动物的皮肤结节中可存活10年，4℃下可在感染组织培养液中存活6个月。病毒对强酸和强碱环境均敏感，pH小于4或pH大于10都可使其灭活。本病毒稳定性极高，在环境温度下能够存活很长时间，特别是在干燥的结痂中。本病毒耐受力很强，在坏死的皮肤结节内可以存活33d甚至更长时间，在干燥的痂皮中可存活35d，在风干皮革中可存活至少18d。病毒对阳光和含脂溶剂的去污剂敏感，但在阴暗的环境条件下如棚舍中，则可存活数月。病毒对20%乙醚、氯仿、1%甲醛和一些清洁剂较为敏感，如十二烷基硫酸钠。还对2%苯酚（15min）、2%~3%次氯酸钠、碘化物、卫康（单过硫酸氢钾）、0.5%季铵盐化合物等较为敏感。

【流行病学】　牛结节性皮肤病病毒的自然宿主主要是牛，各品种、年龄阶段的牛均易感染，从发病情况看奶牛感染风险较大，其次是黄牛和瘤牛，母牛与幼龄牛更易感。家兔、绵羊、山羊、长颈鹿和黑羚羊等也能被试验性感染，但不感染人。病牛为主要传染源，病毒广泛存在于感染牛的皮肤、真皮损伤部位、结痂、唾液、鼻腔分泌物、乳汁、精液、肌肉、脾脏、淋巴结等处。病毒可通过气溶胶、直接接触、子宫内、精液、哺乳、昆虫叮咬及节肢动物机械性传播等方式感染易感动物。

本病一般为散发，发病率为5%~45%，死亡率为10%左右，多数国家每起疫情的平均病例数都较少，本病的发生受气候环境因素的影响显著，与温暖潮湿的气候条件和高密度的昆虫叮咬有关，同时牛群移动、免疫状态等也是重要的影响因素。散养牛一般呈零散发病，圈养且饲养密度大的牛群常成群发病。本病传播途径广泛，传播媒介众多，但感染动物和节肢媒介的移动是病毒传入和进一步扩散的最主要风险因素。已经被证实的作为媒介的节肢动物包括蚊子、苍蝇、库蠓、蜱等，其中厩螫蝇的危害最大，不仅叮咬牛造成扎堆现象，还可随运牛车辆长距离传播本病、炭疽和伊氏锥虫病等疾病。农牧交错带、城郊接合部、湖泊周围、洪泛区、灌溉区和农业区是本病发病高风险区，这些区域内的死水、泥塘、粪污处理池、垃圾堆等为蚊蝇提供了生存场所。处于潜伏期或有病毒血症但无临床症状的新引进牛，是将本病引入无疫牧场的重要风险。

【症状】　本病自然感染潜伏期为2~5周，试验性感染潜伏期为4~12d，通常为7d。病牛体温升高，可达41℃以上，呈稽留热型。根据结节的部位和深浅可分为三种类型，一是皮肤浅表型丘疹、二是深层的结节性坏死，三是在呼吸道和胃肠道形成结节。

病牛病初表现鼻炎、结膜炎、角膜炎。试验性感染4~12d后体表出现硬实、圆形、隆起、直径为1~2cm的结节，触诊有痛感，尤其是头部、颈部、胸部、会阴、乳房和四肢部位（图2-1-41~图2-1-45）。皮肤结节位于表皮和真皮层，可积聚成不规则的肿块，最后发生坏死，皮肤结节处出现溃疡或逐渐愈合（图2-1-46、图2-1-47）。体表淋巴结肿大，以肩前、腹股沟、膝前、后肢和耳下淋巴结最为凸出。口腔、皮下和肌肉、气管和消化道，特别是皱胃及肺部，也可能出现结节，引起消化障碍、原发性和继发性肺炎。泌乳牛发病后，泌乳量急剧下降。15日龄左右的犊牛也可能发病,可能与子宫内感染或初乳、常乳消化道感染有关,发病后表现高热、食欲废绝,可能引起死亡。母牛可出现暂时性繁殖障碍、流产和胎儿感染。公牛可发生睾丸炎和睾丸萎缩,导致永久性或暂时性不育,并通过精液长期排毒。肉牛生长性能下降,牛皮损伤无法利用。

图 2-1-41　成母牛皮肤结节

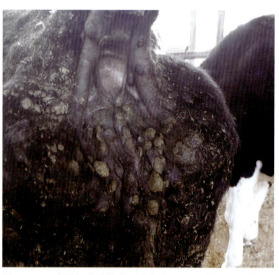

图 2-1-42　会阴部皮肤结节,直径为 1~2cm 的圆形凸起

图 2-1-43　肉牛结节性皮肤病

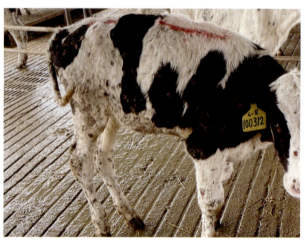

图 2-1-44　犊牛全身性皮肤结节,破溃

图 2-1-45　育成牛皮肤结节

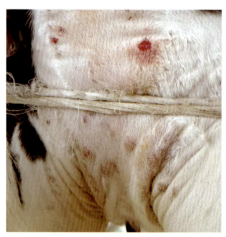

图 2-1-46　育成牛乳区皮肤结节,破溃

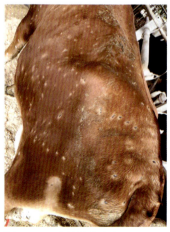

图 2-1-47　皮肤结节愈合

【病理变化】 解剖可发现广泛性的痘性病变。淋巴结肿大增生、水肿、充血和出血。在口、咽、会厌、舌和整个消化道的黏膜上均分布有痘性病变。鼻腔、气管和肺部的黏膜上也可能出现痘性病变，肺部水肿，病灶附近小叶肺不张，重症病例出现胸膜炎，伴有纵隔淋巴结肿大。四肢关节附近出现滑膜炎、腱鞘炎。睾丸和膀胱中也可能出现痘性病变。体表的结节深入皮肤各层和皮下组织，常侵入相邻的肌肉层，伴有充血、出血、水肿、血管炎和坏死等症状。

【诊断】 牛结节性皮肤病重症病例的临床特征非常明显，但轻度感染时易与以下疾病混淆，应做鉴别诊断：牛疱疹性乳头炎、牛丘疹性口炎、伪牛痘、牛痘苗病毒感染和牛痘病毒感染、嗜皮菌病、蚊虫叮咬、牛瘟、螨虫病、牛皮蝇感染、光敏症、荨麻疹、皮肤结核、盘尾丝虫病。确诊需要进一步进行实验室病原学和血清学检测。

病原学方法包括病毒分离与鉴定，取新鲜病料经适当方法处理后接种于易感细胞进行病毒分离鉴定。同时，可取病料切片直接进行荧光抗体染色观察分析，也可用透射电子显微镜观察检查，这是牛结节性皮肤病病毒最直接快速的鉴定方法。还可用聚合酶链反应、环介导等温扩增试验、重组酶多聚酶扩增等方法进行检测。血清学检测方法有病毒中和试验、蛋白印迹分析法、间接酶联免疫吸附试验等。

【防控】 控制牛群移动、消毒灭虫、隔离检疫、筛检监测、扑杀销毁、无害化处理、媒介控制和免疫接种，是牛结节性皮肤病防控的重要措施。牛场可根据病毒传播风险做出相应的预防措施。在引进牛时，做好牛结节性皮肤病病毒的检疫工作，避免引进病牛。杀灭节肢动物，清除养殖场周围节肢动物滋生的场所，做好牛场环境控制工作及生物安全控制工作。由于本病没有特异性的治疗方法并且属二类动物疫病，因此在怀疑牛群发生本病后，应立即上报当地兽医部门进行检测确认，并按要求扑杀和无害化处理病牛，做好消毒工作。

疫苗免疫是有效预防本病的措施。国外已有牛结节性皮肤病减毒活疫苗，毒株为 Neethling 株或 SIS Neethling 株，疫苗免疫产生抗体保护可持续 3 年。由于山羊痘病毒属的所有病毒都具有共同的免疫抗原，因此可使用山羊痘或绵羊痘活疫苗的 5~10 倍剂量进行免疫，免疫时需皮内注射。应注意疫苗免疫后可能引起部分牛出现肿块、泌乳量下降等不良反应。

（曹 杰）

十二、犊牛轮状病毒感染

轮状病毒（Rotavirus）是导致婴幼儿和幼龄家畜腹泻是主要病原之一，1968 年 Mebus 等在美国阿拉斯加州的一家农场的犊牛腹泻病例中用电镜检测到轮状病毒，随后几乎在世界范围内都发现了轮状病毒引起的犊牛腹泻。虽然不同调查结果显示轮状病毒的检出率不同，但几乎所有的报道都认为轮状病毒是引起犊牛腹泻的主要病原。

【病原】 牛轮状病毒（Bovine Rotavirus，BRV）属呼肠弧病毒科（Reoviridae）轮状病毒属（Rotavirus）成员，可以感染人、牛、猪等多种动物，是婴幼儿和幼龄家畜腹泻的主要病原之一。牛轮状病毒基因组为由 11 个独立片段组成的正股双链 RNA。完整、成熟的轮状病毒颗粒呈圆形，无囊膜，直径为 65~75nm，呈二十面体对称结构，核心为致密的六角形，直径为 37~40nm，周围绕有一电子透明层。病毒粒子具有双层衣壳，由 4 个主要的结构蛋白（VP2、VP4、VP6 和 VP7）和 2 个酶蛋白（VP1 和 VP3）构成的三层结构，构成中间层衣壳和外层衣壳，由内向外呈辐射状排列，形成具有特征性的车轮状结构。轮状病毒对环境具有很强的抵抗力。

轮状病毒有 3 种抗原，根据 VP6 抗原将病毒分为 A 至 G 的 7 个群，家畜和人主要感染 A 群轮状病毒，也称为典型轮状病毒。VP4 是血凝素抗原，形成血清型 P 型，目前已经报道的血清型 P 至少有 26 种。VP7 是中和抗原，VP7 形成血清型 G 型，已经报道的 G 型有 15 种，两种血清型之间的不同组合形成不同的病毒株。不同血清型之间的交叉反应很弱。犊牛可以感染多种血清型的轮状病毒，主要是 A 群病毒，已经报道的牛感染轮状病毒 G 型有 G1、G3、G6、G7、G8、G10 和 G15，主要流行的是 G6 和 G10，P 型有 P[1]、P[5]、P[11]、P[14]、P[17] 和 P[21]，其中 P[1]、P[5]、P[11] 是主要类型。由于 P 型和 G 型可以随意组合，并且不同型病毒可以发生混合感染，增加了毒株之间重配的机会，因此不同地区的流行毒株可发生变化。轮状病毒可在 MA-104、CV-1、MARC-145 等细胞中增殖，目前多用恒河猴肾细胞（MA-104），培养时病毒需要用胰酶处理、并在维持液中加入胰酶以增强病毒感染力。

【流行病学】 健康成年牛、发病犊牛是病毒的携带者，通过粪便断间歇性排出病毒。高达 20% 的健康犊牛可向外界排毒。污染的垫草、靴子、饲喂工具、奶桶、饮水、蚊蝇等均可造成轮状病毒的粪口传播。人和动物都可以发生轮状病毒腹泻，但是不同动物流行的血清型不同，不同动物之间可发生交叉感染，但是人和动物之间是否存在交叉感染还存在争议，目前认为轮状病毒不属于人畜共患病。

14 日龄以内的新生犊牛感染轮状病毒的风险最大，大多数感染发生在出生后的 4~6d，经过 2~5d 的潜伏期，集中在第 7~10 天发病。新生犊牛集中发病时，发病率很高，但死亡率差异很大。临床表现和死亡率受多种因素影响，包括免疫水平、病毒感染量、病毒血清型、胃肠道或其他系统的并发感染、饲养模式和饲养密度等。单纯轮状病毒感染的犊牛腹泻较轻，一般能够自行恢复，与冠状病毒、隐孢子虫等混合感染的腹泻犊牛，常表现更为严重的脱水、酸中毒，死亡率可达 50% 以上。

轮状病毒对环境具有较强的抵抗力，能够抵抗胃酸和蛋白酶的分解作用，顺利通过胃而到达小肠，在小肠绒毛上皮细胞中增殖，破坏小肠绒毛，在小肠形成波浪形的损伤。轮状病毒主要从以下几方面引起犊牛腹泻：一是轮状病毒感染破坏肠黏膜上皮细胞，从而引发水、电解质分泌和渗透性腹泻；二是非结构蛋白 NSP4 的肠毒素样作用；三是肠神经系统的激活及某些生物活性物质的释放引起腹泻。总之，病毒感染使小肠绒毛吸收与分泌功能失去平衡，肠道对液体的分泌强于吸收；乳糖积聚使肠腔形成高渗环境，导致脱水和电解质丢失，从而引起腹泻。

【症状】 犊牛感染轮状病毒后的临床症状与病毒感染量、病毒毒力、犊牛健康和免疫水平、是否与其他病原发生混合感染及其他应激因素有关。轮状病毒感染后的症状有亚临床感染、轻度感染、中度及重度感染。亚临床感染后犊牛不表现临床症状，粪便性状正常，但可作为传染源向环境中排毒。轻度感染后粪便成形、变软，犊牛精神状态、食欲、饮欲等正常，轻微脱水。中度感染后犊牛粪便不成形，粪便一般呈黄色，有时由于乳消化不全而呈奶油色、恶臭，粪便中可能带有脱落的肠黏膜。腹泻导致碳酸氢根离子丢失，引起酸中毒，因此精神沉郁，吮吸反射降低，脱水（根据皮肤恢复时间和眼窝下陷程度判断脱水程度），如果无继发细菌感染，体温一般正常。如果继发细菌感染，临床症状加重，体温升高。重度感染一般发生在5日龄以内的犊牛，卧地不起，腹泻呈黄色水样、粪便带有肠黏膜，脱水，精神沉郁，如果治疗不及时，可发生休克甚至死亡。

【诊断】 根据临床症状、流行病学特点可对本病做出初步诊断，确诊需进行实验室检测。可采用RT-PCR方法对相应病料进行检测。一般建议采集发病24h内的腹泻犊牛粪便进行检测。荧光抗体染色也可用于死亡病例的组织检查。轮状病毒的诊断最经典的方法是电镜观察。免疫电镜技术通过特异的抗体标记物检测轮状病毒，具有更高的灵敏度和特异性。胶体金法和斑点ELISA的准确性很高，且不需要酶标仪等仪器设备，适合牛场现场检测。放射免疫法与病毒分离鉴定等方法多用于研究，很少用于轮状病毒的临床诊断。

【治疗】 对腹泻犊牛进行治疗的主要目的是恢复犊牛水合状态、离子平衡、纠正酸中毒和提供营养支持。

腹泻最直接的损失是水分，脱水5%以上即表现出眼窝下陷、皮肤弹性下降，末梢温度降低等临床症状。可以通过皮肤恢复时间和眼窝下陷程度判断脱水程度，根据脱水程度确定脱水的量，再加上每天需要的维持量（75~100mL/kg体重），计算方法如下：补液量=体重×脱水程度+（75~100mL）×体重。一头45kg犊牛脱水10%，水丢失的水约为4.5L，代谢需要的水约3.3L，因此需要补水的量为7.8L。补水的同时需要补充电解质，主要是氯离子和钠离子，虽然钾离子随粪便丢失，但是由于细胞内钾离子进入血液，血钾升高，因此初次补液不建议补充钾离子，避免高钾血症造成的心脏毒性。补充电解质可以使用林格氏液。腹泻造成碳酸氢根离子严重丢失，也是引起死亡的直接原因，一般认为卧地不起犊牛的碱缺乏量为20mmol/L，一头45kg的犊牛需要的碳酸氢根离子的量约为400mmol，酸中毒引起的昏迷输液治疗后3~4h症状会明显减轻，如果没有好转可能是败血症或者细菌性脑膜炎引起的。

补液有静脉输液和口服补液两种途径。口服电解质溶液一直是治疗犊牛腹泻的主要方法，可以满足所有的治疗目的。如果犊牛卧地不起，需要通过静脉补液，一次补液量为2L左右，即计算量的1/2，剩余的2L可缓慢输注，也可间隔6~8h输注。一旦腹泻犊牛精神好转，可改为口服补液，直至状态稳定。如果第一次治疗时犊牛仍有吮吸反射，口服补液是最佳选择。使用犊牛腹泻补液盐，2L/次，每天2~3次，也可以用胃管灌服。部分口服电解液不能与牛奶混合饲喂，因为会稀释牛奶，阻止皱胃中乳凝块的形成而加重腹泻，部分口服电解液可以加入牛奶中饲喂，使用时应遵循说明书。商业化的犊牛口服补液盐，多是利用葡萄糖/钠转运系统，葡萄糖可以促进肠道对钠离子的吸收，也有甘氨酸/钠转运途径。R.H.Whitlock提出的配方为1L的5%葡萄糖溶液中加入150mmol碳酸氢钠，高能量的口服补液盐中葡萄糖的浓度可达375mmol/L，钠离子浓度一般为100~130mmol/L。如果没有现成的电解质液，可以简单配制：1L水里加入氯化钠和碳酸氢钠各15g，加入葡萄糖使其浓度最终为5%。

一般来说轮状病毒感染后没有必要使用抗生素。如果腹泻时间长，有继发细菌感染的危险时，可使用抗生素预防继发感染。抗生素的使用时间不能过长，否则容易造成肠道微生物菌群失调及形成耐药性，导致细菌感染后抗生素无效。犊牛腹泻时使用非甾体抗炎药，如氟尼辛葡甲胺，可以改善犊牛精神状态，缓解症状，提高食欲，加快腹泻恢复时间。其他治疗方法有口服活性炭、碱式碳酸铋及微生物制剂等。

如果没有发生混合感染，单纯的轮状病毒感染经1周左右后，未成熟的肠隐窝细胞发育成熟后，肠道即可恢复正常功能。

【预防】 轮状病毒广泛存在于环境中，因此对于轮状病毒的预防，应该从提高犊牛抵抗力、加强环境消毒及腹泻犊牛隔离等管理措施方面着手。

围产期妊娠牛的管理对犊牛出生后的体质有重要影响，围产期日粮能量和蛋白质不平衡、硒缺乏、矿物质和维生素缺乏，都会导致犊牛出生后体质相对较弱，对疾病抵抗力较差。胎儿阶段不能通过胎盘获得母源抗体，犊牛出生后血液中的抗体几乎为零，因此从初乳中获得足够的免疫球蛋白对犊牛被动免疫的建立至关重要。初乳被动转运要求血清中IgG的含量至少为1000mg/dL（血清总蛋白大于5.5g/dl）。犊牛覆盖在肠绒毛上高度空泡化的肠上皮细胞通过胞饮作用吸收免疫球蛋白，犊牛出生后对免疫球蛋白的吸收能力逐渐降低，出生时吸收能力最强，而36h后，吸收能力几乎为零，这种现象称为"肠闭合"。所以尽早给犊牛饲喂初乳非常重要。被动免疫需要犊牛在出生后12h内摄入足够量的合格初乳，初乳中免疫球蛋白总量要求达到100g，犊牛出生后12h内需采食4L合格或优质初乳。如果使用初乳代乳粉，则免疫球蛋白总量应达到150~200g。

关于免疫预防，对新生犊牛还是对干奶期母牛进行疫苗接种尚存争议，这是由于对于轮状病毒来讲，通过初乳获得的体液抗体不如连续饲喂含有高水平抗体的初乳或初乳/常乳混合物所获得的局部免疫有效。美国已经在饲喂初乳前给新生犊牛口服轮状病毒-冠状病毒二联减毒活疫苗，为防止初乳中抗体对活病毒的干扰，应在口服疫苗后0.5~1h再饲喂初乳。虽然这种免疫措施能激活机体抗疫苗血清型轮状病毒的细胞免疫，以及刺激机体产生分泌性IgA和IgM，但生产中应用尚有一定疑问。

饲喂含有1:1024水平以上中和抗体的初乳、初乳/常乳混合物，可以通过局部免疫防止轮状病毒的肠道感染，因此在新生犊牛出生后7~15d的常乳中添加4%~5%初乳可保护犊牛免受感染，这也要求犊牛获得的初乳抗体与其接触的轮状病毒具有相同的血清型。基于上述情况，提高初乳中轮状病毒中和抗体水平是预防肠道轮状病毒感染的理想方法。提高初乳中轮状病毒抗体水平的方法通常是给干奶期母牛接种轮状病毒、冠状病毒及大肠杆菌K99三联灭活疫苗。在产犊前6周和3周对母牛免疫2次，随后每年产犊前4周加强免疫1次。由于不同血清型病毒之间的交叉免疫力差，因此在选择疫苗时需要对牛群流行的轮状病毒血清型进行调查。

尽管已开发出多种含有免疫促进剂的新型疫苗，但没有哪种疫苗和抗体能完全抵抗病毒感染。加强产房、犊牛岛环境管理是控制轮状病毒传染不可或缺的环节。保持产房洁净，每头牛产犊后都要更换新的垫草，犊牛出生后立即从母牛身边移走单独饲养。母牛可能带有多种病原，因此要尽量减少犊牛与母牛的接触。轮状病毒可以通过各种途径传播，患病犊牛的粪便、使用的设备、奶桶、饲养人员的衣服、鞋等都可以传播病原，因此要加强产房和犊牛岛的消毒（图2-1-48）。犊牛岛能够避免犊牛相互舔舐，比犊牛圈饲养有更大的优势，犊牛岛在犊牛断奶转出后应充分消毒并空置

2周。腹泻犊牛要及时隔离,防止病原传给相邻的犊牛,并对犊牛岛充分消毒。

轮状病毒在环境中稳定,在粪便中可存活6个月,并对某些消毒剂有抗性。漂白粉、戊二醛或过硫酸氢钾等消毒剂可用于犊牛岛和地面的消毒,大于10min的接触时间及随后的阳光照射和干燥,可有效减少传染性轮状病毒的数量(图2-1-49)。

图2-1-48 犊牛岛干净、干燥、定期消毒

图2-1-49 每天清洗消毒犊牛用品

(曹 杰)

十三、犊牛冠状病毒感染

冠状病毒感染(Coronavirus Infection)是引起的犊牛腹泻与肺炎的重要病原。世界上多数国家已经报道过犊牛冠状病毒感染。我国大型牧场因冠状病毒引起犊牛腹泻的检出率很低,但断奶犊牛肺炎冠状病毒的检出率很高。有关资料显示奶牛冬痢是冠状病毒感染引起的另一种急性传染病,但在我国规模化牧场很少发生。曹杰等曾对疑似奶牛冬痢的腹泻成母牛,采集粪便进行冠状病毒抗原检测,未检测到阳性结果。本部分主要讨论冠状病毒引起的犊牛腹泻与肺炎。

【病原】 牛冠状病毒(Bovine Coronavirus,BCV)属于套式病毒目(*Nidovirales*)冠状病毒科(*Coronaviridae*)乙型冠状病毒属(*Coronavirus*),是一类具有囊膜的单分子线状正链单股RNA病毒。电镜下观察病毒囊膜上有许多末端膨大的纤突,呈日冕状。根据遗传学及血清学差异,冠状病毒可分为3个属:甲型冠状病毒属、乙型冠状病毒属、丙型冠状病毒属。甲型和乙型冠状病毒主要感染哺乳动物,丙型冠状病毒主要感染禽类。牛冠状病毒属于乙型冠状病毒属。冠状病毒有5种主要结构蛋白,S蛋白(主要纤突糖蛋白)的主要功能是与靶细胞受体结合、介导宿主细胞的融合,使宿主细胞产生中和抗体并融合抑制抗体,决定病毒的特异性和侵嗜性,是病毒侵入细胞的关键因子;M蛋白(嵌膜蛋白)在病毒入侵早期抑制宿主细胞基因的表达并引起细胞凋亡,可以诱导机体产生特异性抗体;E蛋白(次要嵌膜蛋白)在病毒包膜感染细胞表面少量表达,与病毒颗粒的形成有密切关系;N蛋白(核衣壳蛋白)具有较强的免疫原性,N蛋白抗体可以作为早期诊断工具。

冠状病毒的体外分离培养相对困难,牛冠状病毒可在Vero细胞、MDBK细胞、PK-15细胞、

PCK 细胞、HRT-18 细胞、人肺成纤维细胞系等细胞上繁殖，最常用的细胞系是 HRT-18 细胞。由于冠状病毒具有囊膜，对环境及消毒剂的抵抗力比轮状病毒弱，一般消毒剂可有效杀死本病毒。

犊牛腹泻中分离到的冠状病毒，与牧场呼吸系统疾病暴发中分离到的冠状病毒是否属于同一属还存在争议。不同器官趋向性的毒株是否存在抗原或基因组差异同样也不清楚。

【流行病学】 冠状病毒广泛存在于牛场中。感染动物的粪便及上呼吸道分泌物是主要传染源，本病毒可通过饲料及饮水传播。还没有证据表明冠状病毒可以垂直传播。病毒具有高度传染性，可由人类、带菌者和污染物带入牧场并引起感染。环境危险因素如天气极度变化、牛舍过度拥挤或转群运输等环境压力可能导致病毒的增殖及传播。有研究表明，牛冠状病毒引起的犊牛腹泻在临床症状上比轮状病毒更严重，死亡率更高。牛冠状病毒感染引起的肺炎主要发病于断奶后犊牛，特别是 2~3 月龄犊牛。犊牛冠状病毒性腹泻主要集中在 14~30 日龄的犊牛。

冠状病毒主要通过粪口途径达到小肠和结肠，并在上皮细胞中复制，引起黏膜损伤和严重的小肠、结肠炎，其中结肠病变最严重。其致病机理同轮状病毒相似，破坏小肠绒毛、大肠脊和隐窝，导致肠绒毛萎缩和结肠黏膜上皮坏死脱落。小肠绒毛吸收与分泌功能失去平衡，肠道对液体的分泌强于吸收；乳糖积聚使肠腔形成高渗环境，导致脱水和电解质丢失，引起腹泻。冠状病毒的溶细胞作用引起的黏膜病变还会导致肠内出血。冠状病毒还可通过呼吸道途径在呼吸道内感染，冠状病毒感染能引起气管黏膜出血和肺的上皮损伤，以及间质性肺炎与出血性肺炎（图 2-1-50~图 2-1-53）。大多数肺炎牛的胸腔内积存大量胸水（视频 2-1-1）。

视频 2-1-1
冠状病毒肺炎，肺出血与胸水（王春璈 摄）

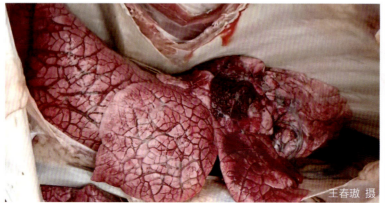

图 2-1-50 间质性肺炎与肺出血

图 2-1-51 间质性肺炎与肺出血，胸水

图 2-1-52 肺出血与胸水

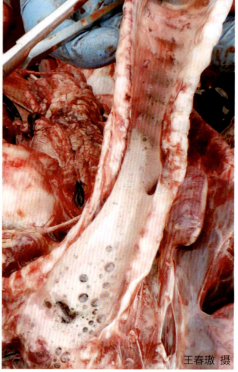

图 2-1-53 气管黏膜出血与积存黏液

【症状】 冠状病毒引起小肠、结肠炎，其临床症状与病毒毒力、感染病毒量、犊牛免疫状态及环境等因素有关，但一般来说冠状病毒引起的犊牛腹泻程度比轮状病毒感染严重。发病急，腹泻严重，粪便性状从软便到水样不等，粪便带有肠黏膜，有时可见到少量血液。精神沉郁、吮吸反射降低，严重者躺卧不起、脱水、昏迷。如果与其他病毒、细菌及隐孢子虫混合感染时，症状更为严重，可能导致死亡率超过50%。

冠状病毒引起断奶犊牛的肺炎，犊牛发病急，呼吸加快（视频2-1-2、视频2-1-3），体温升高至40.0℃，咳嗽，采食减少或停止采食，发病后卧地不起，病程为2~3d，然后死亡，也有的发病当天死亡。发病率一般为10%，死亡率为50%。如果继发大肠杆菌感染，死亡率可达100%。

视频2-1-2 犊牛冠状病毒肺炎，呼吸急促（王春璈 摄）

视频2-1-3 犊牛冠状病毒肺炎，呼吸异常快（王春璈 摄）

【诊断】 冠状病毒引起的腹泻会引起电解质丢失、脱水和酸中毒，血液检测指标通常不作为诊断指标使用，但可为后续治疗提供依据，主要表现为血液碳酸氢根离子浓度降低，pH降低，葡萄糖、氯离子、钠离子浓度下降，钾离子浓度升高，红细胞压积和血浆蛋白浓度升高。

冠状病毒具有溶细胞性，很快从组织中消失，并且在环境中不稳定，容易降解，因此要选择急性腹泻犊牛进行检测，腹泻24h内收集粪便最佳。慢性病例样品不能用于检测，容易出现假阴性，样品采集后低温保存送检。牧场最便捷、准确的检测方法是使用犊牛腹泻胶体金试纸条（四联或五联）或ELISA试剂盒（三联或四联）在牧场现场进行抗原检测。腹泻犊牛的粪便采集后在30h内完成检测，考虑到冠状病毒的不稳定性，如能在粪便采集后8h内完成检测，结果最为可靠。

PCR方法是常用的牛冠状病毒诊断的分子生物学方法，同时可以用于病毒基因进化及变异的研究。对死亡牛的肺大叶和肺小叶病变明显处采取病料，同时采取肝脏、脾脏、肠管与皱胃黏膜病料，采用PCR方法，检测冠状病抗原，可进行准确诊断。例如，2021年7~9月对我国西北、华东和华北3个地区的规模化牧场断奶犊牛发生的体温升高、呼吸异常、采食停止、病程短、死亡牛的病料化验，发现都是冠状病毒感染引起的间质性肺炎与出血性肺炎，并伴有胸水为特征的一种急性败血性传染病。

【治疗】 对冠状病毒引起犊牛腹泻的治疗原则是补充体液、电解质，纠正酸中毒及营养补充，必要时使用全身性抗生素。

冠状病毒肺炎牛的早期发现方法是检测体温，凡体温超过39.5℃的牛，都应该隔离饲养、治疗。病牛污染的卧床垫料要立即更换，加强粪道清理，牛舍要彻底消毒，每天消毒2次，直至病情控制后，改为每天消毒1次。与病牛接触的饲养人员与兽医，在进入其他健康牛舍前，要消毒鞋底与双手后方可进入。由于冠状病毒感染过程中常常继发大肠杆菌病导致犊牛死亡率升高，为此，要对呼吸异常和体温升高的犊牛用恩诺沙星、阿莫西林，每天1次，连用3~5d。

【预防】 冠状病毒的预防应该从提高犊牛抵抗力、减少犊牛接触病原、保持牛舍卫生、减少应激因素等管理因素等方面着手。

由于局部抗体比体液抗体更为重要，因此喂养含有高水平抗冠状病毒抗体的初乳是有利的。对干奶期奶牛注射灭活疫苗可以提高初乳中母源抗体浓度。目前，常用冠状病毒、轮状病毒和大肠杆菌的三联疫苗进行免疫。青年牛及干奶牛在产犊前6周和3周接种灭活疫苗，此后每年在产前4周进行加强免疫。在初乳数量允许的情况下，出生后7d或15d内在常乳或代乳粉中添加4%~5%初乳，可能会为面临冠状病毒风险的牧场提供更大的保护。使用含有冠状病毒的多联减毒活疫苗（如Calf-Guard的口服免疫的轮状病毒-冠状病毒减毒活疫苗，3mL/头份），在犊牛出生后立即进行主动免疫也是常用方法，可作为从免疫母牛中吸收高IgG浓度初乳的一种补充。为减少母源抗体对减毒活疫苗的干扰，应在初乳饲喂前0.5~1h口服免疫。国外推出了一种改良冠状病毒减毒活疫苗，犊牛鼻腔黏膜免疫，证实可以降低冠状病毒性腹泻的发生率和严重程度。

（曹 杰）

第二节 细菌性传染病

一、布鲁氏菌病

牛布鲁氏菌病（Bovine Brucellosis）是由流产布鲁氏菌（*Brucella abortus*，又称牛布鲁氏菌），引起的一种急性或慢性人兽共患传染病。目前已知有60种家畜、家禽、野生动物是布鲁氏菌的宿主。在家畜中，奶牛、肉牛、羊最常发生，其次为水牛、鹿等家养动物及野生动物。本病主要侵害牛的生殖系统，患病母牛发生流产、早产和不孕等，患病公牛以睾丸炎、附睾炎、前列腺炎、精囊炎和不孕为主要临床特征，所以本病也称为传染性流产。本病广泛分布在世界各地，给养牛业造成巨大的经济损失。

【病原】 牛布鲁氏菌病多由流产布鲁氏菌引起，其次为绵羊布鲁氏菌（*B. ovis*），极少由猪布鲁氏菌（*B. suis*）引起。布鲁氏菌呈球形、球杆状或短杆状，常散在，不形成芽孢和荚膜，无鞭毛，革兰染色为阴性。37℃需氧或厌氧条件培养，在血清肝汤琼脂培养基上，呈圆形、隆起、边缘整齐的无色菌落。菌落有光滑型和粗糙型之分。

布鲁氏菌对自然环境因素的抵抗力较强，在污染的水中可存活4个月，在土壤中能存活可长达4个月，在粪尿中可存活45d，在乳、肉类等食品中可存活60d。布鲁氏菌对湿热的抵抗力不强，60℃时30min可灭活，煮沸立即死亡，巴氏消毒法可有效杀灭布鲁氏菌。本菌对消毒剂抵抗力不强，临床上常用75%酒精和0.1%新洁尔灭消毒，也可用2%苯酚、2%来苏儿（煤酚皂液、甲酚皂液）等消毒剂消毒，可在1h内将其杀灭。

【流行病学】 牛布鲁氏菌病分布广泛，大多数国家有本病流行，2008年有160多个国家和地区发生布鲁氏菌病，只有14个国家和地区宣布清除了本病。我国奶牛布鲁氏菌病疫情较严重，在养牛地区均有不同程度的感染和流行，特别在饲养管理不良、防疫制度不健全的牛场，本病的流行更为严重。病牛与带菌牛是主要的传染源，流产胎儿、胎衣、羊水及流产母牛的乳汁、阴道分泌物、血液、粪便、脏器及公牛的精液，皆含有大量布鲁氏菌，病菌随其排出体外，污染草场、畜舍、饮水和饲料等，造成扩散和传播。患有布鲁氏菌病的泌乳牛，布鲁氏菌可经乳汁向外排菌。

我国每年从国外进口大量奶牛，进口的奶牛都是经国家海关检疫确定无布鲁氏菌病的牛群，但经3年左右，在这种牧场中也会出现布鲁氏菌病阳性牛，经调查，牧场饲喂的羊草中发现了牛的粪便，草场上放牧的牛群中有布鲁氏菌病牛，粪便污染了羊草，奶牛吃了被布鲁氏菌污染的羊草而发生布鲁氏菌病。

布鲁氏菌病奶牛流产或早产后一月内，从产道向外排出大量布鲁氏菌，对无布鲁氏菌病免疫的牛构成最大的感染风险，同时也严重威胁没有做好自身防护的兽医、繁育员、接产员、挤奶员、修蹄员、牧区放牧员的健康，布鲁氏菌病已成为从事奶牛养殖人员的职业病。布鲁氏菌的传播途径多样。经消化道传播，奶牛吃了布鲁氏菌污染的饲草与饮水而感染；犊牛吃了未经巴氏消毒或消毒不彻底的病牛的初乳、常乳而感染。本病可经胎盘传播，病牛流产的胎儿或死胎布鲁氏菌呈阳性。布鲁氏菌也可与空气中的灰尘形成气溶胶，经呼吸道传播。本病也可经脐带、皮肤创口及吸血昆虫传播。另外，如果布鲁氏菌病牛的体液污染了动物或人的眼结膜，可引起动物和人的感染，为防止人感染布鲁氏菌病，牧场的接产员、修蹄员、挤奶员在工作现场都要佩戴护眼罩。患布鲁氏菌病的公牛的精液中含有布鲁氏菌，用这种精液输精或自然交配都会造成母牛感染。

《国家布鲁氏菌病防治计划（2016—2020年）》中，根据我国对布鲁氏菌病的防控划分为三类地区。一类地区为人间报告发病率超过1/10万或畜间疫情未控制县数占总县数30%以上的省、市、自治区，包括北京、天津、河北、山西、内蒙古、辽宁、吉林、黑龙江、山东、河南、陕西、甘肃、青海、宁夏、新疆等15个省、市、自治区和新疆生产建设兵团。二类地区包括上海、江苏、浙江、安徽、福建、江西、湖北、湖南、广东、广西、重庆、四川、贵州、云南、西藏等15个省、市、自治区。三类地区为无本地新发人间病例和畜间疫情省市、自治区，目前只有海南省。对一类地区达到并维持控制标准；三类地区海南省达到消灭标准，二类地区达到净化标准。

【症状】 本病潜伏期为2周至6个月。临床上多数为隐性感染或带菌，发病通常表现为流产、早产。流产是指妊娠母牛胎儿发育不足210d排出体外的现象。早产是指母牛妊娠210~260d娩出死胎或活胎儿的现象。流产更多发生在妊娠90d前后，对一个大型牧场奶牛早期流产发病率进行调查发现，在输精后28d对奶牛采血做血液孕检，对其中645头确定的妊娠奶牛，在60d和90d做直肠孕检，结果60d发现有196头牛流产，60d流产率为30.39%；对60d时在胎的已妊娠的537头牛，在90d直肠检查发现有85头流产，流产率为15.83%；在胎90d以上的妊娠牛2043头，流产177头，流产率为8.66%（图2-2-1）。结果表明，该牛场布鲁氏菌病引起的流产十分严重。

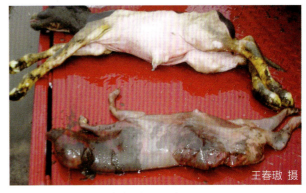

图2-2-1 因布鲁氏菌病流产的死亡胎儿

布鲁氏菌病早产率较高的是头胎牛，随着胎次的增加早产率逐渐降低。我国没有布鲁氏菌病原的牧场奶牛的早产与流产率小于1%，凡布鲁氏菌病阳性牧场，奶牛的早产率与流产率一般在8%以上，布鲁氏菌病发病严重的牧场，早产率可达到20%以上（图2-2-2）。

布鲁氏菌阳性牛的早产胎儿大多是死胎，存活的胎儿大多数是弱胎，出生后在短期内死亡，没有死亡的早产胎儿也不够留养标准而淘汰。早产后的母牛大多无乳或泌乳量很少，需要进行非正常干奶。流产后的母牛胎衣不下和急性子宫炎发病率高（图 2-2-3）。早产的母牛胎衣不下、胎衣腐烂，悬吊于阴门外（视频 2-2-1、视频 2-2-2）。大多数流产后的牛仍能妊娠及产犊，已流产过的母牛再次流产的时间一般比第一次流产的时间要推迟。奶牛在流产前从阴门流出黄红色或灰褐色的黏液。产犊后的部分母牛因胎衣不下、子宫内膜炎，甚至子宫积脓致使配种不易妊娠成为不孕症牛。

视频 2-2-1
头胎牛因布鲁氏菌病早产，胎衣不下，胎衣腐烂（王春璈 摄）

视频 2-2-2
头胎牛因布鲁氏菌病，胎衣腐烂，悬吊于阴门外（王春璈 摄）

图 2-2-2　因布鲁氏菌病早产的死亡胎儿

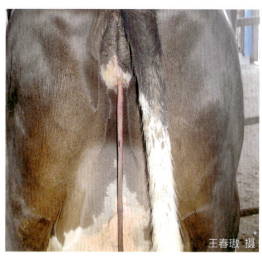
图 2-2-3　布鲁氏菌病牛胎衣不下

布鲁氏菌阳性牛场引进没有布鲁氏菌疫苗免疫的母牛后，新引进的母牛易于感染布鲁氏菌而发病，妊娠的牛发生流产，流产率很高，并可能持续很长时间。流产过 2 次的母牛以后再次妊娠后流产率可明显降低。奶牛流产率降低了，疫情好像减轻了，但这种牛群并不是健康牛群，再次引入无布鲁氏菌免疫的易感牛，大批牛仍可发生流产。

患布鲁氏菌病的公牛，可能出现睾丸炎、不孕。慢性布鲁氏菌病牛可能发生关节炎。

【病理变化】　肉眼可见的病变为胎盘及流产胎儿等的病变。

1）胎膜：水肿，呈浅黄色胶样浸润，质脆，外附有大量纤维素絮状物（图 2-2-4）。绒毛膜充血、出血，绒毛膜外有黄色、灰黄色絮状物。母体胎盘子叶出血、

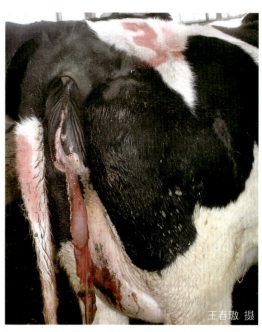
图 2-2-4　布鲁氏菌病病牛，胎衣不下，呈胶样浸润

坏死与糜烂，母体胎盘间有呈污红色的分泌物（图 2-2-5、图 2-2-6）。

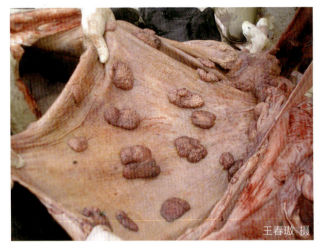

图 2-2-5　母体胎盘子叶出血、坏死

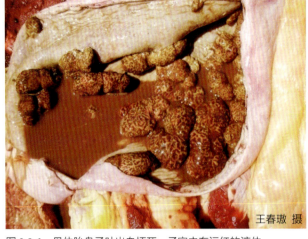

图 2-2-6　母体胎盘子叶出血坏死，子宫内有污红的液体

2）胎儿：流产胎儿全身水肿（图 2-2-7），胸腹腔内有大量浅红色液体蓄积，内脏浆膜发生浆液性浸润。胎儿的肺出血、坏死，呈黑红色（图 2-2-8）。胎儿的肝脏肿大、出血，并有散在的炎症坏死灶（图 2-2-9）。胎儿心包膜增厚，心包腔内有浅红色心包液（图 2-2-10），心肌瘀血，心耳水肿（图 2-2-11）。皱胃中有浅黄色或白色黏液絮状物，肠胃和膀胱的浆膜下可能有点状和线状出血。

图 2-2-7　因布鲁氏菌病流产胎儿全身水肿

图 2-2-8　因布鲁氏菌病早产的胎儿，肺出血、坏死，呈黑红色

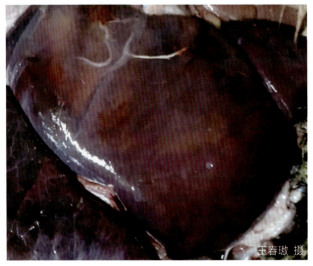

图 2-2-9　布鲁氏菌病早产胎儿，肝出血坏死

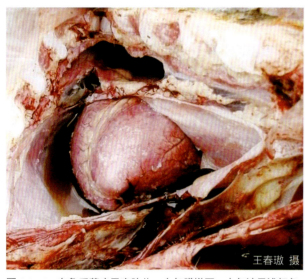
图 2-2-10 布鲁氏菌病早产胎儿，心包膜增厚，心包液呈浅红色

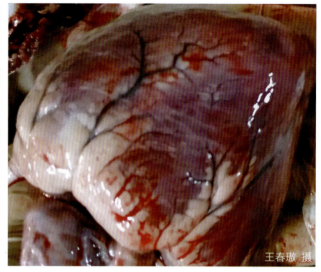
图 2-2-11 布鲁氏菌病早产胎儿的心脏，心肌瘀血，心耳水肿

【诊断】

（1）临床诊断　当牛发生流产时应首先考虑是否为布鲁氏菌病流产。对妊娠 90~180d 发生的流产和妊娠 210~260d 期间发生早产的牛，要特别重视对布鲁氏菌病的调研和检查。根据流产、早产牛的临床症状和流行病学调查，做出初步诊断。在临床上，要注意与牛传染性鼻气管炎、病毒性腹泻、钩端螺旋体病、李氏杆菌病及其他多种真菌疾病的鉴别诊断。

（2）实验室诊断

1）血清学诊断：常用方法是虎红平板凝集试验（图 2-2-12、视频 2-2-3、视频 2-2-4）。该方法简便、快速、易行，适用于规模化牧场奶牛的群体检疫。但对于接种过布鲁氏菌疫苗的奶牛，该方法难以区分是疫苗产生的抗体阳性还是布鲁氏菌感染产生的阳性。

视频 2-2-3 虎红平板凝集试验方法（王春璈 摄）

视频 2-2-4 虎红平板凝集试验，观察凝集状态（王春璈 摄）

阴性

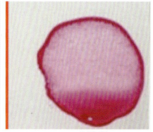
弱阳性

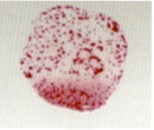
强阳性

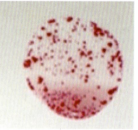
强阳性

图 2-2-12 虎红平板凝集试验

2）布鲁氏菌病快速诊断试剂盒（胶体金试剂盒）（图 2-2-13）：该方法可在现场进行测定，特别适用于牛交易市场的现场测定。

3）试管凝集试验：该方法也常用于本病的检测，凝集效价为 1∶50 时定为可疑，1∶100 以上为阳性。

4）ELISA 诊断：ELISA 诊断的敏感性和特异性均高于凝集试验。iELISA 是 OIE 指定国际贸易试验，技术比较成熟，敏感性和特异性强。cELISA 的原理是竞争单抗对抗原的亲和力介于强毒抗体与疫苗抗体之间，适用于 S19 疫苗免疫后产生的抗体与自然感染布鲁氏菌产生的抗体间的鉴别诊断，特异性比 iELISA 高，但敏感性比 iELISA 低，作为辅助诊断的手段，鉴别诊断时采用 cELISA。

近 2 年，对布鲁氏菌疫苗免疫阳性与自然感染阳性的鉴别，常采用血清学诊断方法做三个实验：虎红平板凝集试验（RBT）、荧光偏振试验（FPA）和半抗原琼脂扩散试验（NH-AD）检测。鉴别方法如下：

①虎红平板凝集试验（RBT）：全部阳性。

②荧光偏振试验（FPA）检测：检测值小于 95 为阴性；检测值大于 95 小于 115 为可疑；检测值大于 116 为阳性。

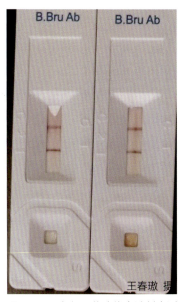

图 2-2-13 布鲁氏菌胶体金试剂盒测定，呈阳性

③半抗原琼脂扩散试验（NH-AD）：检测出现 NH 沉淀线为感染阳性。

④疫苗免疫阳性和自然感染阳性牛的判定：RBT 和 FPA 阳性且 NH-AD 阴性的牛判为疫苗抗体阳性；FPA 和 NH-AD 双阳性的牛判为自然感染抗体阳性。

5）病原诊断：如果上述检测呈阳性，就可以确诊本病，不建议做细菌分离鉴定，因为细菌培养费时、费力，不经济，并且实验室工作人员有感染布鲁氏菌的潜在风险。若确需进行病原学诊断，需在生物安全防护好的实验室进行。

【防控】 对牛布鲁氏菌病不进行治疗，应按国家规定，进行检疫、淘汰和疫苗免疫。

1）控制来源：不从疫区引种。要新引进牛，必须严格检疫，确认为布鲁氏菌病阴性牛，才可引种。从国外进口牛，要按照国家海关规定，隔离 45d，期间经检疫确认健康后方能调往牧场合群饲养。

2）牧场牛群定期检疫：发现布鲁氏菌病牛立即按规定淘汰，并进行无害化处理。

3）疫苗防疫：按照国家对布鲁氏菌病的防控方案，一类地区要用 A19 号疫苗免疫。犊牛 3 月龄首次免疫 A19 号疫苗，接种剂量为 600 亿 / 头。11 月龄进行二免，接种剂量为 600 亿 / 头。

对布鲁氏菌阳性牛场和奶牛的流产和早产率大于 8% 的牧场，可在奶牛妊娠 3 个月后接种 A19 号疫苗，接种剂量为 100 亿 / 头。妊娠牛接种布鲁氏菌疫苗存在流产风险，因此，很多人不建议对妊娠牛接种布鲁氏菌疫苗。但实践证明，对妊娠牛每头牛疫苗接种剂量在 100 亿范围内，接种疫苗后的牛流产和早产率明显下降。布鲁氏菌疫苗的质量非常重要，好的布鲁氏菌疫苗对妊娠牛接种后没有引起流产，选择质优安全的疫苗进行防疫至关重要。

目前使用的布鲁氏菌疫苗普遍存在的问题是，疫苗接种后会干扰血清学诊断；由于是活疫苗，对人有易感性。在布鲁氏菌阳性牛场，给牛接种疫苗存在带菌免疫问题，可使本病的传染性降低，但不能消除布鲁氏菌病。

在国家布鲁氏菌病防控计划的一类地区的牧场，引进进口牛后，奶牛进入牧场后立即全群用布鲁氏菌 A19 号疫苗进行免疫接种，接种剂量为 600 亿 / 头。如果进口牛是妊娠牛，也要全群用 A19 号疫苗接种。

国家布鲁氏菌病防控的二类地区，要加强牛群的布鲁氏菌病的定期检疫，淘汰阳性牛，并对布鲁氏菌病阳性牛进行扑杀、无害化处理。如果二类地区的牛已经进行了 A19 号疫苗的接种，使用虎红平板凝集试验测定难以区分是布鲁氏菌病阳性牛和疫苗接种后的抗体阳性，为此需采用 cELISA 方法做鉴别诊断。

4）免疫抗体消长规律。疫苗接种后 1 周即可检测到抗体，疫苗接种后 20~30d 抗体可达到高峰，之后缓慢下降，最迟到疫苗接种后 18 个月转为阴性。

疫苗抗体转阳强度、比例，转阴时间受很多因素影响。有的牧场 3 月龄犊牛接种 A19 号疫苗后 30d，采血做虎红平板凝集试验，70% 的犊牛仍为阴性，接种疫苗后 60d，80% 的犊牛转为阳性。成年奶牛接种疫苗后产生抗体，一般经 18 个月后 80% 的牛转为阴性，但仍有 20% 左右的牛抗体阳性维持 24 个月或更长时间。虎红平板凝集试验阳性长时间存在的奶牛应该是带菌免疫牛。

无布鲁氏菌病的健康奶牛产犊后，犊牛在吃初乳前采血做虎红平板凝集试验，应该是阴性，吃完初乳后采血做虎红平板凝集试验，也应该是阴性。布鲁氏菌抗体阳性奶牛产犊后的初乳中有布鲁氏菌抗体，新生犊牛吃完初乳后，采血做虎红平板凝集试验测定应该是阳性。犊牛虎红平板凝集试验阳性在 2~3 个月消退。虎红平板凝集试验阴性犊牛对布鲁氏菌没有抵抗能力，很易感染，因此，对虎红平板凝集试验阴性犊牛的疫苗接种时间不能推迟到 3 月龄后，可在 3 月龄进行布鲁氏菌病的首次免疫。

给牛接种布鲁氏菌疫苗过程中，要做好人身自我保护工作，特别是在疫苗稀释过程中更要做好自身保护工作（视频 2-2-5、视频 2-2-6）。

5）加强牧场管理与消毒。检疫阳性的病牛必须按国家规定扑杀和无害化处理。为防止疫情扩散蔓延，对病牛污染的圈舍、环境彻底消毒，粪便及垫料等经高温消毒处理。严禁布鲁氏菌病阳性牛向布鲁氏菌病阴性牛场流动。

视频 2-2-5
布鲁氏菌疫苗稀释时，兽医要穿好防护服、戴口罩、防护眼镜、手套等（王春璈 摄）

视频 2-2-6
布鲁氏菌疫苗接种，在疫苗接种通道内进行疫苗接种，一人用装有碘酊的喷壶消毒注射部位，一人注射疫苗，第三人做疫苗接种登记（王春璈 摄）

（谢之景　都启晶　王春璈）

二、结核病

结核病（Tuberculosis）是由分枝杆属（*Mycobacterium*）的细菌引起的一种人畜共患慢性传染病。奶牛结核病的病程缓慢、病牛渐进性消瘦、咳嗽、衰竭，最后淘汰或死亡，以多种组织和器官内形成特征性结核结节和结节干酪样坏死或钙化为特征。

本病曾广泛流行于世界各国，一些国家已经有效地控制或消灭了本病，但在有些国家和地区仍呈地区性散发和流行。我国结核病疫情严重，分布很广，有些地区的牧场奶牛结核病阳性率很高，给养牛业造成巨大的经济损失。由于执行本病控制措施需消耗大量的人力、物力，因此，净化结核病是一个艰难的漫长过程。国际权威杂志《科学》（*Science*）曾预测，结核病将是21世纪的科学热点。

【病原】 根据致病性，分枝杆菌属可分人型、牛型、鼠型、冷血动物型和非洲型分枝杆菌等5型。人型菌是人类结核病的主要病原菌，也感染猴、犬、猫、牛、马和羊等动物，引起发病。牛型菌是牛、猪及其他动物的病原菌，也能感染人。牛分枝杆菌（*M. bovis*）是直或微弯的细长杆菌，两端钝圆，长1.5～5.0μm、宽0.2～0.5μm，在干酪性淋巴结内或在陈旧培养基上的菌体，偶尔可见分枝现象，常呈单独或平行排列。不产生芽孢或荚膜，不能运动。牛型分枝杆菌比人型短而粗，菌体着色不均匀，常呈颗粒状。革兰染色阳性。常用染色方法为姜-尼抗酸染色法。用手术刀将结核肉芽肿切开（图2-2-14），将肉芽肿断面在载玻片上做抹片，火焰固定，抗酸染色，干燥后镜检，发现红色的细小杆菌（图2-2-15）。结核杆菌对干燥和湿冷的抵抗力很强，对热的抵抗力差。在阳光直射时经数小时死亡，常用消毒药物在常规浓度和时间内均可将其杀灭。

图2-2-14 肺结核肉芽肿，切开肉芽肿断面，坚实

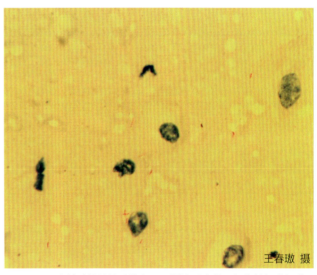

图2-2-15 肉芽肿抹片抗酸染色，显微镜观察发现红色的细小杆菌

【流行病学】 牛分枝杆菌可感染人和50多种哺乳动物。家畜中奶牛最易感，其次为黄牛、牦牛、水牛和羊。马属动物也可感染。野生动物中猴、鹿易感性较强，狮、豹等也有发病报道。野生动物已成为结核病广泛传播的主要因素。

牛结核病主要通过呼吸道和消化道传播。犊牛结核病大多是吃入了没有消毒或消毒不良的结核病牛的初乳或常乳引起的。在结核阳性牛场内，在3月龄即可检出结核阳性犊牛，这是在哺乳期感染的。后备牛与青年牛的结核病是饲喂了结核阳性泌乳牛剩料后引起的。头胎牛和经产牛混群喂养的结核阳性牛场，结核病的传播途径有粪-口传播和呼吸道传播。

【症状】 本病潜伏期长短不一，短者十几天，长者数月甚至数年。通常为慢性经过，初期症状不明显，随病程延长逐渐表现出临床症状。因牛分枝杆菌侵袭部位不同，病牛的临床症状也不同。结核病阳性的犊牛与后备牛，一般没有临床症状；结核阳性头胎青年牛，通常也不表现临床症状,第二胎以上的泌乳牛才出现临床症状。奶牛结核病可在奶牛的所有器官内形成结核肉芽肿,通常包括肺结核、心脏结核、乳房结核、淋巴结核、肠结核、生殖器结核、脑结核、肝脏结核、脾脏结核、浆膜结核及全身性结核,其中以肺结核最为常见,病牛虚弱、逐渐消瘦,出现波浪热,常发出短而干的咳嗽,尤其运动时、吸入冷空气或含尘埃的空气时易发生干咳,流脓性鼻涕(图2-2-16),呼吸困难,伸颈、喘气(图2-2-17、视频2-2-7)。病牛采食量减少,泌乳量降低,并常继发皱胃左方变位,兽医在做皱胃变位整复固定手术时,常常发现大网膜上有大量的结核肉芽肿(视频2-2-8、图2-2-18),有时也发现瘤胃壁上有弥漫性结核肉芽肿(图2-2-19)。严重者体表淋巴结肿大。发生在心脏上的结核肉芽肿,可引起心外膜增生肥厚,心脏形状改变,形成缩窄性心包炎(图2-2-20、图2-2-21),导致前、后腔静脉血回流障碍,心脏排血量减少,心脏急性衰竭,奶牛突然死亡。发生在肝脏上的肉芽肿,呈灰白色圆形(图2-2-22)。

视频2-2-7 结核病牛,呼吸困难(王春璈 摄)

视频2-2-8 大网膜结核(王春璈 摄)

图2-2-16 奶牛结核病,消瘦,流脓性鼻涕

图2-2-17 结核病牛,伸颈、呼吸困难

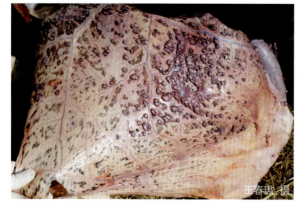
图2-2-18 大网膜结核肉芽肿

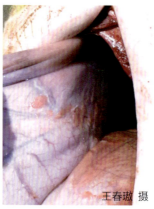
图2-2-19 瘤胃浆膜结核

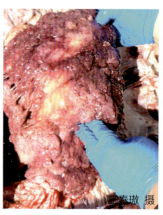
图2-2-20 心脏结核,心脏表面形成一层厚的纤维板

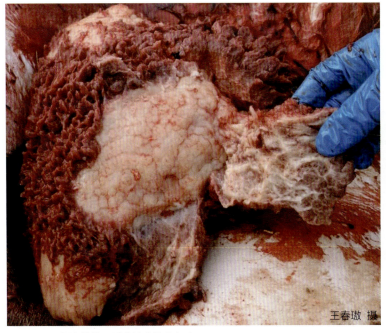

图 2-2-21 心脏结核，形成缩窄性心包炎

图 2-2-22 奶牛结核病，肝脏结核肉芽肿

【**病理变化**】 结核肉芽病变最常见于肺（图 2-2-23、视频 2-2-9），其次为大网膜（图 2-2-24），肠管结核（图 2-2-25），瘤胃壁等部位。结核肉芽肿有米粒大、绿豆大、黄豆大至蚕豆大小（图 2-2-26），呈圆形隆起或扁平隆起，质地坚实，外表呈粉红色，断面坚实且也呈粉白色，这种结核肉芽肿内含有大量结核杆菌。处于结核病康复期牛的结核肉芽肿，呈灰白色（图 2-2-27），切开肉芽肿断面可见钙化灶，切开肉芽肿时有沙砾感（图 2-2-28）。

视频 2-2-9 奶牛肺结核（王春璈 摄）

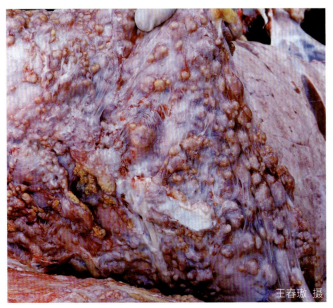

图 2-2-23 肺结核肉芽肿

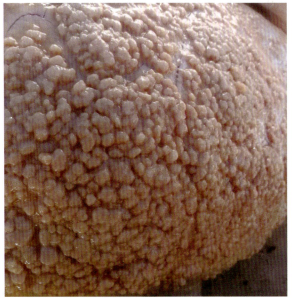

图 2-2-24 大网膜结核肉芽肿

图 2-2-25 肠管结核肉芽肿

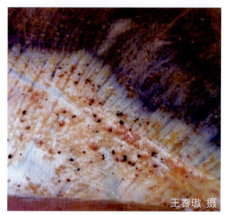

图 2-2-26 横膈膜结核，肉芽肿如米粒大小

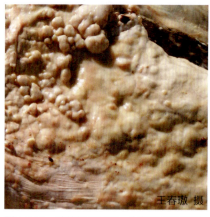

图 2-2-27 肺结核康复期，有灰白色肉芽肿

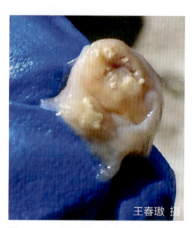

图 2-2-28 肉芽肿已有钙化灶

【诊断】 临床上牛结核病的检测通常使用牛结核菌素（PPD）皮内变态反应，该方法是牛结核病诊断的法定方法和经典方法，包括测量颈部注射部位皮褶厚度（视频 2-2-10）、皮内注射牛结核菌素（视频 2-2-11）、72h 后测定皮褶厚度（图 2-2-29）、计算皮厚增加值等四个基本步骤。由于大型牧场奶牛数量大，全群都做颈部皮内实验，需要大量人力和时间。为此，奶牛结核病的检测方法是先在尾根皮内注射结核菌素 0.1mL（视频 2-2-12），72h 后检查尾根注射部位是否肿胀及肿胀的大小，并分为 1、2、3 个等级，明显肿胀为 1 级，有肿胀为 3 级。介于明显肿胀与有肿胀之间的为 2 级。凡注射部位肿胀的牛，都要标记，42d 后再做颈部结核菌素皮内变态反应实验。这种方法可大大节省结核菌素检测时间。

图 2-2-29 结核菌素注射 72h 后测量皮褶厚度

视频 2-2-10
测定皮褶厚度为 7.4mm（王春璈 摄）

视频 2-2-11
结核菌素皮内注射（王春璈 摄）

视频 2-2-12
结核菌素尾根皮内注射（王春璈 摄）

　　为有效鉴别牛分枝杆菌感染和禽分枝杆菌（代表环境分枝杆菌的非特异性感染）感染，也可采用比较皮内变态反应方法，即在皮内注射牛结核菌素的同时，在同侧相距 12~15cm 处注射禽结核菌素。小牛颈部太短可在另一侧同时注射禽结核菌素。每头牛每种结核菌素的使用剂量必须在 2000IU 以上。注意，《OIE 陆生动物卫生法典》的 2009 年修改版对牛结核的判断标准是：对于单一皮内变态反应，当皮褶厚增加在 2mm 以下且没有临床症状（指注射部位出现广泛水肿、渗出、坏死、疼痛和炎性反应）时判定为阴性；当皮褶厚增加在 2~4mm 且没有明显临床症状时则判定为可疑；当被检牛具有明显临床症状，或皮褶厚增加值大于或等于 4mm 时则判定为阳性结果。

　　对于比较变态反应而言，在注射牛结核菌素部位的皮褶厚增加值比注射禽结核菌素部位的皮褶厚增加值大于 4mm 时判为阳性结果；介于 1~4mm 时为可疑；小于或等于注射禽结核菌素部位的皮厚增加值时判为阴性。对可疑牛，间隔至少 42d 后再进行复检，以使 PPD 致敏反应完全消退，避免干扰检疫。

　　为了确保检疫的准确性，对颈部皮内变态反应的阳性牛，要结合血液的实验室检测，作为 PPD 皮内变态反应的辅助手段，采血做 γ-干扰素 ELISA 检查，对 ELISA 检测阳性牛进行扑杀与无害化处理。对具有临床症状的结核阳性牛，可不再做血液 γ-干扰素 ELISA 检查，直接对病牛进行扑杀，做无害化处理。

　　由于牛分枝杆菌持续感染非常普遍，牛体可长期带菌而不表现临床症状，因此在对皮内变态反应强阳性牛进行扑杀、剖检时，各脏器中有可能不出现肉眼可见的典型结核结节病变。对这种牛要注意检查肠管有无异常，如果发现回肠肠壁和空肠肠壁增厚、黏膜褶增多等病理变化，应怀疑牛感染了副结核分枝杆菌。副结核分枝杆菌可对牛结核皮内变态反应产生干扰，可应用上面提到的比较皮内变态反应进行鉴别。

【防控】　动物结核病是国家强制检疫对象，规定采用"检疫-扑杀"措施进行控制与净化，不予治疗。

　　兽医在巡栏时发现呼吸道症状的牛或逐渐消瘦泌乳量降低的牛，要及时隔离。通过信息系统查清这些牛是否为结核阳性牛。如果是阳性牛，不予治疗；如果信息系统没有记录，兽医对新发呼吸道症状的牛在用药治疗的同时，要在颈部做 PPD 皮内变态反应实验，72h 后，测量皮褶厚增加值大于或等于 4mm 时为阳性，不予治疗，扑杀，做无害化处理。

　　牛结核病的预防应采取综合防疫措施，包括加强检疫，限制畜群移动，防止疾病传入或扩散，通过检疫、隔离、淘汰和消毒等措施净化污染牛群，培育健康牛群。奶牛结核病牧场的净化方案如下。

（1）检疫

①每年对全群成母牛做1次尾根皮内结核菌素变态反应试验，初步筛选出结核阳性牛。对尾根皮内变态反应阳性牛，再在颈部皮内注射结核菌素，进一步检测出阳性牛。最后对阳性牛再做γ-干扰素ELISA测定，扑杀阳性牛，并进行无害化处理。连续进行数年不间断。

②犊牛：3月龄、6月龄各做1次尾根皮内变态反应试验，阳性牛再做γ-干扰素ELISA测定，扑杀阳性牛，并进行无害化处理。

③9月龄、12月龄、14月龄牛各做1次尾根皮内变态反应试验，阳性牛再做γ-干扰素ELISA测定，扑杀阳性牛，并进行无害化处理。

（2）建立无结核病的犊牛群、后备牛群和青年牛群

①初乳与常乳要严格做好巴氏消毒后方可喂犊牛。

②犊牛、后备牛、青年牛按照上述方案检疫，淘汰阳性牛后的健康牛群，不与泌乳牛接触。

③健康的后备牛、青年牛不饲喂泌乳牛剩料。

④后备牛与青年牛的卧床垫料，用沙子或稻壳粉铺垫，如果铺垫沼渣，必须对沼渣高温消毒后才可用于铺垫卧床。

严格按上述检疫与净化方案，经过3年以上持续努力，即可初步建立起无结核病的净化牧场。

（谢之景　都启晶　王春璈）

三、副结核病

牛副结核病（Bovine Paratuberculosis），也称为约内病（Johne's Disease），又称副结核性肠炎，是由副结核分枝杆菌（*Mycobacterium paratuberculosis*）感染所致的一种慢性传染病，以持续性的顽固性腹泻、渐进性消瘦、增生性肠炎导致肠黏膜呈脑回状增厚为主要特征。

本病由Johne和Hothinghow于1895年首先报道，1906年Bang人工感染犊牛成功，并命名为副结核病。本病分布广泛，我国各地的大型牧场一般均有本病的流行。奶牛发生副结核后，因持续性腹泻，消瘦，泌乳量降低，最后淘汰，给奶牛养殖场带来了巨大的经济损失。

【病原】　副结核分枝杆菌又称为鸟（禽）分枝杆菌副结核亚种（*Mycobacterium avium* sp. *paratuberculosis*，MAP），为革兰阳性小杆菌，具有抗酸染色特点，该菌主要存在于患病奶牛及隐性感染奶牛的肠壁黏膜、肠系膜淋巴结及粪便中，多成团或成丛排列。本菌初代分离比较困难，体外初次培养时需添加草分枝杆菌生长素，生长缓慢，一般需6~8周，长者6个月才能发现小菌落。在固体琼脂糖培养基上形成粗糙型菌落。本菌对热和消毒药的抵抗力较强，在污染的牧场、厩肥中可存活数月至1年，直射阳光下可存活10个月，但对湿热的抵抗力弱，60℃ 30 min、80℃ 15min即可将其杀灭。此外，3%~5%苯酚溶液、5%来苏儿溶液、4%福尔马林溶液10min可将其灭活，10%~20%漂白粉乳剂20min、5%氢氧化钠溶液2h也可杀灭该菌。

【流行病学】　奶牛最易感，特别是1~2月龄的牛易感，年龄越大，易感性越低，成年牛多

在3~5岁出现症状。多数牛在幼龄时感染，经过很长的潜伏期，到成年时才表现出临床症状。病牛和带菌牛是主要传染源，可通过乳汁、粪便和尿排出大量的病原菌。病原菌可在污染的饮水、草料等污染物中存活数月，通过消化道侵入健康牛体内。部分感染母牛还可通过子宫传染犊牛，据报道，经胎盘感染的发病率可达44.5%~84.6%。

本病的流行特点是发展缓慢，发病率不高，淘汰率极高，并且一旦在牛群中出现则很难根除。我们对3个大型牧场干奶牛血清样品测定奶牛副结核的阳性率分别为6.92%、12.03%、18.2%。在奶牛副结核污染的牧场中，牛群中具有临床症状的病牛数量通常不多，各个病例从出现临床症状到淘汰间隔时间较长，因此本病表面上看似呈散发性，实际上则为一种地方流行性疾病，对具有临床症状持续顽固性腹泻的副结核牛的主动淘汰率可达到100%。

【症状】 自然感染潜伏期较长，有的长达5年。本病发病呈渐进性过程。当奶牛妊娠、分娩、泌乳、营养缺乏、突然改变饲料配方、改变饲养环境、长途运输等应激因素出现时，能促进疾病的发展。通常在产第二胎后数周内出现临床症状，病程很长，为典型的慢性传染病。发病初期往往没有明显的症状，以后症状逐渐明显，出现间歇性腹泻，药物治疗效果很差。随着病程的延长，逐渐变为经常性的顽固性腹泻（视频2-2-13）。粪便稀薄，恶臭，有时带有气泡、黏液和血液凝块（图2-2-30），发病严重的牛排水样粪，呈喷射状（图2-2-31、视频2-2-14）。发病早期的牛食欲、精神正常，以后食欲减退，逐渐消瘦。由于副结核病牛的整个小肠和结肠的前段肠壁黏膜褶增生肥厚，肠管黏膜失去了对水与营养物质的吸收功能，进入肠道内的水与肠内容物以腹泻的形式全部排出体外，解剖肠管时发现肠腔内就像用水冲洗的一样，无肠内容物（视频2-2-15）。奶牛进行性消瘦，眼窝下陷（图2-2-32），经常躺卧，不愿走动。病程长者，奶牛下颌及垂皮水肿（图2-2-33），体温常无明显变化。有时病情可能一度好转，腹泻停止，排泄物正常，但不久再度发生腹泻。一般经1~2个月因腹泻、泌乳量明显降低甚至无奶、奶牛体况越来越差，衰竭而死。因此牧场对泌乳降低而且没有妊娠的副结核牛，应采取主动淘汰措施。

图2-2-30 奶牛副结核，排出稀粪，带有血丝

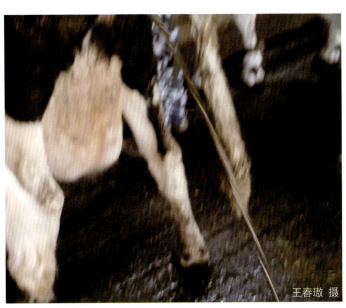

图2-2-31 奶牛副结核，排出水样稀粪

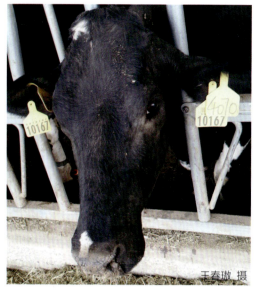
图 2-2-32 奶牛副结核，眼窝下陷

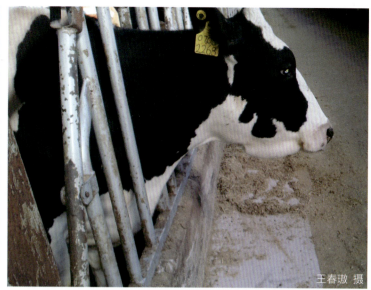
图 2-2-33 奶牛副结核，下颌水肿

视频 2-2-13 奶牛副结核，顽固性腹泻（王春璈 摄）

视频 2-2-14 奶牛副结核，喷射状排出水样稀粪（王春璈 摄）

视频 2-2-15 牛副结核小肠，肠壁黏膜褶增多，肠腔内无内容物（王春璈 摄）

【病理变化】 主要的病理变化位于空肠、回肠和结肠前段，尤其是回肠。肠管浆膜和肠系膜水肿，肠管浆膜层外观不平滑，出现很多曲折与沟回（图 2-2-34）。剪开肠管，肠黏膜增变厚 3~20 倍，并形成明显的横向行的脑回状皱褶（图 2-2-55）。肠管黏膜皱褶凸起处常充血（图 2-2-36），

图 2-2-34 奶牛副结核，肠管浆膜充血，不平滑、出现皱褶

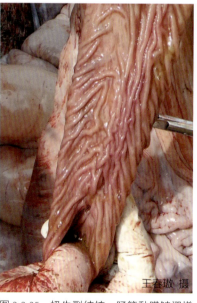
图 2-2-35 奶牛副结核，肠管黏膜皱褶增厚增多

图 2-2-36 奶牛副结核，肠管黏膜皱褶充血

并附有黏稠而混浊的黏液,但通常无结节、坏死或溃疡病灶,更不见干酪样钙化灶。浆膜下淋巴管和肠系膜淋巴管肿大呈索状,淋巴结切面湿润,表面有黄白色病灶,有时则有干酪样病变。淋巴管粗大呈绳索状。脾脏肿大,颜色变深。心肌柔软,严重心衰。肺见明显的间质性肺气肿,颜色发白,质地柔软,肺泡明显可见。

【诊断】 根据临床症状和病理变化,如持续性腹泻、渐进性消瘦、贫血和颌下水肿等,可做出初步诊断。此外,用副结核菌素或禽结核菌素做皮内变态反应试验,可检出大部分隐性感染牛。对发生腹泻的牛采血制备血清,用 ELISA 试剂盒进行副结核抗体检测,血清阳性者,即可确诊为副结核病。

【治疗】 无有效的治疗药物,治疗无效,对泌乳量降低的牛淘汰。

【防控】 本病尚无有效疫苗。奶牛副结核的预防还没有一套非常可行的规程。预防本病要从预防犊牛感染副结核病原做起,包括对干奶牛做血清学测定或用副结核菌素做皮内变态反应试验,判定是否为副结核阳性牛。副结核阳性牛的初乳禁止饲喂新生犊牛;要建立健康牛产房与副结核牛的产房,严格执行接产操作规程。新生犊牛严禁与母牛接触,母牛的粪便严禁污染新生犊牛等。

对于副结核污染牛群,定期采用血清学诊断或副结核菌素皮内变态反应等方法对所有牛只进行检疫,每年检疫 3 次(间隔 4 个月)。将变态反应阳性牛调群到副结核阳性牛舍进行隔离饲养,连续 3 次检疫不再出现阳性反应的牛群,可视为健康牛群。对副结核阳性牛群,可继续饲养,对出现临床症状、泌乳量降低无饲养价值的牛要及时扑杀与无害化处理。及时清理病牛排在卧床上、粪道内和运动场上的粪便,加强牛舍消毒。粪便高温处理后方可作为卧床垫料。

(谢之景　都启晶　王春璈)

四、巴氏杆菌病与溶血曼氏杆菌病

1. 巴氏杆菌病

巴氏杆菌病(Pasteurellosis)是由多杀性巴氏杆菌(*Pasteurella multocida*)感染引起的奶牛的一种急性型和慢性型传染病。急性型又称牛出血性败血症,以发病急、体温升高、呼吸困难、背部皮下气肿、出血性肺炎或胸膜肺炎为主要临床特征,病程短促,病死率高。本病在世界上许多国家和地区发生与流行,我国很多牧场以散发为主,有时呈地方流行性。巴氏杆菌病在我国大部分省份都有发生,死亡率高,对养牛业造成巨大经济损失。

【病原】 病原为多杀性巴氏杆菌,是奶牛上呼吸道内常在菌,是革兰染色呈阴性的细小球杆菌,瑞氏染色呈两极着色,呈卵圆形,大小为(0.3~0.6)μm×(0.7~2.5)μm,在血液培养基中生长良好,在麦氏培养基上不生长。根据荚膜抗原和脂多糖的不同,可将其分为 5 个血清群(A、B、D、E、F)和 16 个血清型(1~16)。A 群感染引起奶牛呼吸道疾病,B 群和 E 群引起奶牛出血性败血症,F 群起奶牛纤维素性胸膜炎。该菌对外界抵抗力不强,不耐日光照射,阳光直射很快死亡;不耐干燥,在干燥空气中,2~3d 死亡;在厩舍内可存活 1 个月;在血液、排泄物或分泌物中可存活 6~10d,在腐败尸体中可存活 1~3 个月。普通消毒药对本菌有良好的杀菌效果,1%苯酚 3min、5%生石灰 1min、1%漂白粉 1min 可杀死本菌;对青霉素类、头孢类及磺胺类药物敏感。

奶牛在健康状态下，下呼吸道能通过机械性、细胞性和分泌物的防御作用防止细菌在肺内繁殖。但在下呼吸道的防御机制受损时，多杀性巴氏杆菌便可成为条件致病菌引起奶牛发病。细菌在感染病牛的各组织器官、分泌物、体液和排泄物中都可检测到，其中以肺含菌最多，其次为脾、肝、胃肠、胸/腹腔液中。

【流行病学】 巴氏杆菌病在我国很多牧场内发生与流行，本病发生无明显季节性，但在炎热夏季和冬季更易发。巴氏杆菌病的发生与牧场牛舍环境关系密切，如牛舍通风不良、清粪不及时、氨气浓度超标、奶牛饲养密度过大、牛舍温度过高或过低、突然更换饲料、疫苗接种、转群、运输等应激，均会促进巴氏杆菌病的发生。在舍饲牛群中可呈地方流行性。例如，2018年1月，一个大型牧场发生巴氏杆菌病，成母牛发病率为8.4%、死淘率为10.5%，青年牛发病率为1.45%、死淘率为22.5%；2019年6月，一个中等规模牧场的巴氏杆菌病发病率高达30%；2019年5月，北方的一个大型牧场犊牛发生巴氏杆菌病，3个月内死亡犊牛200余头，这些数字足以说明巴氏杆菌病流行的严重程度与危害。

病牛与带菌牛是本病的主要传染源，其排泄物、分泌物中含有大量巴氏杆菌，健康牛吃入了被病牛污染的饲料、饮水而被感染、发病。本病也可经呼吸道传播，健康牛与病牛接触，吸入了病牛咳嗽或呼吸道排出的病菌而发生感染。健康带菌牛在机体抵抗力降低时，可促进潜伏在体内的多杀性巴氏杆菌增殖，并经淋巴循环进入血液循环，导致败血症，这是内源性感染。此外，本病也可经皮肤伤口或蚊蝇叮咬等途径传播。

【症状】 临床上根据病程缓急等可将本病分为最急性型（猝死型）、急性型和气肿型。

1）最急性型：犊牛、后备牛、青年牛、泌乳牛、干奶牛都可发生，在大多病例，没有看到临床症状就已经死亡，常常清晨或下午巡栏时发现，病死奶牛在卧床或粪道（图2-2-37）。例如，2013年8月，我国很多牧场发生了巴氏杆菌病的流行，1个8000头牛的牧场，45d死亡400余头牛，最多时1夜死亡24头牛，上午9点巡栏时没有发现异常牛，1h后再到这个牛舍巡栏，发现有的奶牛已经死亡。

图 2-2-37　最急性型巴氏杆菌死亡牛

2）急性型：病牛呼吸快速，呼吸困难，张口伸舌（图2-2-38），呼吸时发出喘鸣音（视频2-2-16、视频2-2-17），湿咳。体温高达40.5~42℃。病牛精神高度沉郁，食欲废绝，反刍停止，鼻镜干燥。口角流出白色泡沫，咽喉部、会阴部常常出现水肿（图2-2-39）。有的病牛口角处有大量白色黏液，并出现严重呼吸困难（图2-2-40）。部分病牛腹泻，粪稀、恶臭，混有黏液和血液。病牛心跳达100次/min以上，在胸部前腹侧区听诊可听到湿性或干性啰音。一般经6~24h死亡，死亡率高达80%以上。

视频 2-2-16
奶牛巴氏杆菌病，呼吸异常困难（王春璈 摄）

视频 2-2-17
奶牛巴氏杆菌病，呼吸高度困难（王春璈 摄）

图 2-2-38　奶牛患巴氏杆菌病，张口伸舌呼吸

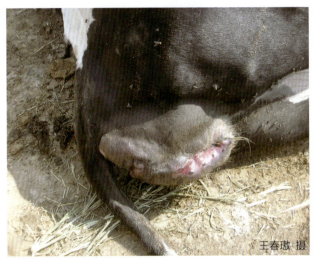

图 2-2-39　奶牛患巴氏杆菌病，会阴部水肿

图 2-2-40　奶牛患巴氏杆菌病，呼吸困难、口角有白色黏液

3）气肿型：气肿型主要发生在成母牛，犊牛很少发生。在奶牛的背腰部皮下出现气肿（图 2-2-41），触诊气肿处有捻发音。奶牛呼吸困难，但呼吸困难的程度较急性型病牛轻。体温为 39.8~40.5℃，精神沉郁，采食减少或停止，反刍停止，泌乳量降低（视频 2-2-18）。

视频 2-2-18
娟珊牛气肿型巴氏杆菌病

对病牛背部皮下积气处用针头穿刺，可使气体缓慢排出。有的牧场采用无菌操作切开气肿处皮肤，放出气体，并用 0.1% 新洁尔灭冲洗，切口不缝合、开放，全身使用抗生素，仅个别牛被治愈，更多的病牛因切口严重感染被淘汰。

背部皮下气肿是巴氏杆菌病的一种表现形式，在发病过程中，因呼吸困难、缺氧，病牛就要增加呼吸次数和加大呼吸力度，引起肺膈叶部分肺泡破裂，肺泡内气体积存在肺的浆膜层下，形成肺大泡（图 2-2-42）。气体也可经纵隔胸膜向背部蔓延，气体进入背部皮下形成皮下气肿。背部气肿处皮下没有感染，仅仅是气体。轻度的皮下气肿型病牛，在全身使用抗生素治疗过程中，背部皮下的气体是可以缓慢吸收的。严重的背部皮下气肿病牛，大多难以治愈，死亡或被淘汰。

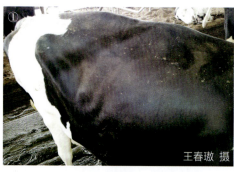

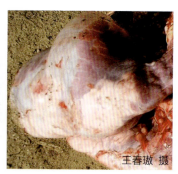

图 2-2-41　奶牛患巴氏杆菌病，背部气肿　　　　　　　　　　　　　　　图 2-2-42　肺大泡

4）犊牛的巴氏杆菌病：

①犊牛最急性巴氏杆菌病：偶有发生，很少能看到正在发病的犊牛，在牧场看到的大多是已经死亡的犊牛。死亡犊牛的口角处附有大量白色泡沫（图 2-2-43）。

②犊牛急性巴氏杆菌病：较为常见，常常呈地方流行性。犊牛突然发病，表现咳嗽，呼吸加快，达 60 次 /min 以上（视频 2-2-19、视频 2-2-20）。采食量降低，精神较差。犊牛体温升高到 39.8~41.5℃。发病 2~3d 后，病情

视频 2-2-19　犊牛巴氏杆菌病，呼吸加快（王春璈 摄）　　视频 2-2-20　犊牛巴氏杆菌病，呼吸加快、咳嗽（王春璈 摄）

加重，卧地不起，采食量明显降低或停止采食，最后死亡（图 2-2-44）。许多牧场的犊牛巴氏杆菌病是继发于支原体肺炎的，在支原体肺炎发病过程中，犊牛抵抗力降低促进了巴氏杆菌的感染，导致病情突然加重，引起死亡。

图 2-2-43　犊牛患最急性巴氏杆菌病　　　　图 2-2-44　因巴氏杆菌病死亡的犊牛

③犊牛慢性巴氏杆菌病：本病多见于断奶的犊牛。犊牛精神较差，采食量降低，被毛粗乱，生长迟缓，呼吸困难，呼吸加快，咳嗽，流鼻涕，体温正常或偏高（图 2-2-45）。很多死于慢性巴氏杆菌肺炎的犊牛肺部常常有化脓灶，化脓灶内充满浓稠白色脓液（图 2-2-46）。

图 2-2-45　犊牛患慢性巴氏杆菌病

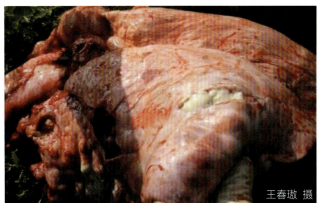
图 2-2-46　慢性巴氏杆菌病继发肺化脓

【病理变化】

1）最急性型与急性型的病理变化：两者的病理变化基本一致，肺出血，呈大理石样（图 2-2-47、图 2-2-48）。气管黏膜严重出血（图 2-2-49）。

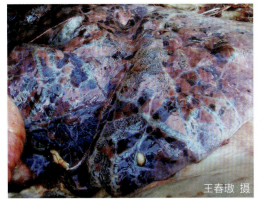
图 2-2-47　急性巴氏杆菌病，大理石样出血病变

图 2-2-48　急性巴氏杆菌病，肺切面严重出血

图 2-2-49　奶牛患巴氏杆菌病，气管黏膜出血

2）气肿型：背部皮下气肿是巴氏杆菌病的典型症状。死亡奶牛的肺发生气肿，肺间质增宽十分明显，肺出血，呈轻度大理石样（图 2-2-50、图 2-2-51）。

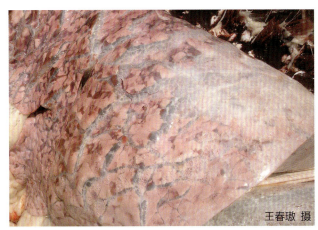
图 2-2-50　皮下气肿型巴氏杆菌病，肺出血与肺气肿

图 2-2-51　皮下气肿型巴氏杆菌病，肺气肿肺间质增宽，肺出血

3）犊牛急性巴氏杆菌病：病变主要在肺部，单纯性巴氏杆菌病的肺出血明显（图2-2-52）。气管黏膜出血，气管黏膜上附着血凝块与黏液，气管内有灰红色渗出液，气管处于半堵塞状态（图2-2-53）。继发于支原体肺炎的巴氏杆菌病牛，肺膈叶出血，肺小叶发生实变（图2-2-54）。

4）犊牛慢性巴氏杆菌病：常常与支原体混合感染，肺小叶实变，肺大叶上有化脓灶（图2-2-55），在肺膈叶常常出现肺大泡（图2-2-56）。肺大泡的发生与犊牛缺氧、用力呼吸有关，在用力呼吸过程中，引起肺膈叶肺泡破裂，气体积存在肺的浆膜下，形成一个充满气体的肺大泡。凡出现肺大泡的牛，都是发生慢性肺炎、呼吸困难的牛。

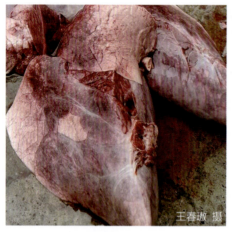

图2-2-52 新生犊牛巴氏杆菌病，肺出血，肺间质增宽、气肿

图2-2-53 犊牛巴氏杆菌病，气管黏膜出血，有血凝块和黏液附着

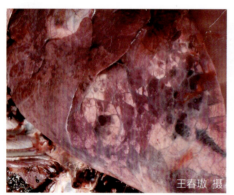

图2-2-54 犊牛急性巴氏杆菌病，肺膈叶出血，肺小叶实变

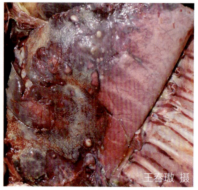

图2-2-55 慢性巴氏杆菌病肺炎与支原体混合感染。肺大叶出血，有化脓灶，肺小叶实变

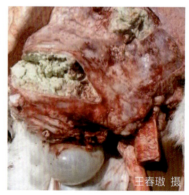

图2-2-56 慢性巴氏杆菌病，肺化脓灶与肺大泡

【诊断】 采用病原诊断方法进行实验室诊断。对正在发病的牛，可用无菌棉拭子蘸取鼻腔深部的分泌物，送实验室进行细菌分离鉴定。采样前，先用生理盐水棉球清理鼻孔处黏液与污物，然后再用无菌棉拭子伸入鼻腔深部蘸取鼻腔深部的分泌物。对已经死亡的奶牛，无菌采取肺、脾脏、肝脏、肠管、皱胃黏膜等病料及体腔内液体，将每一种病料放入无菌采样杯内，标记病料名称及牛号，送实验室。如果将病料寄送外地时，需将病料用冰块保存。

将病料接种于血平板培养基、麦氏培养基，置37℃恒温培养24h。本菌在麦氏培养基上不生长，在血平板培养基上长出灰白色、圆形、湿润、露珠样小菌落（图2-2-57），菌落周围不溶血。

勾取典型菌落，涂片，进行革兰染色，镜检，为革兰阴性小杆菌（图2-2-58）。再勾取典型菌落涂片，进行瑞氏染色，镜检，为两极染色的类球菌（图2-2-59）。为了进一步诊断，还可做生化实验，将所分离细菌接种到三糖铁培养基上，可生长，且三铁糖培养基底部变黄。

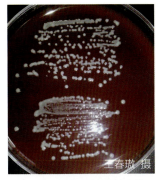 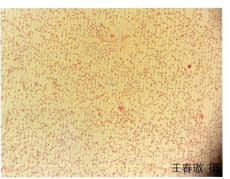 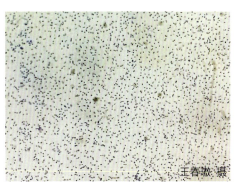

图2-2-57 血平板培养基上的巴氏杆菌菌落形态

图2-2-58 巴氏杆菌革兰染色，为阴性小杆菌

图2-2-59 巴氏杆菌瑞氏染色，显微镜观察发现类球杆菌

【治疗与防控】

1）治疗原则：改善饲养环境，减少饲养密度，加强牛舍通风管理，加强牛舍环境消毒；加强巡栏，及时发现病牛，隔离病牛；选用敏感抗生素全身用药。

2）治疗用药：很多抗生素可用于巴氏杆菌病的治疗，如青霉素、青霉素-链霉素联合用药、氨苄西林、红霉素、壮观霉素、头孢噻呋、头孢喹肟及磺胺类药物。

3）重症巴氏杆菌病牛的治疗：下列处方对出现重症巴氏杆菌病的奶牛有效。头孢噻呋钠，6~8mg/kg体重，5%葡萄糖注射液，500~1000mL，5%维生素C注射液，20（犊牛）~100mL（成母牛），10%氯化钠注射液，500mL（成母牛），地塞米松，50mg（妊娠牛禁用）。

上述药物静脉注射后，间隔6h再注射1次，奶牛呼吸道症状明显好转。为了维持治疗效果，第2天再按原处方重复用药，静脉注射1次，以后根据奶牛的情况，改为肌内注射头孢噻呋钠，每天1次，直至痊愈。

4）全群预防性投药：为了预防全群奶牛的巴氏杆菌病，可用磺胺间甲氧嘧啶拌料喂牛，剂量为首次50mg/kg体重，第二次为25mg/kg体重。同时，配伍甲氧苄啶（TMP），10mg/kg体重；碳酸氢钠，每头牛50g。将三种药物拌匀后，均匀地撒到TMR日粮上，每天2次，这种投药方法已在数个牧场中的非泌乳牛群中应用，效果很好。

5）疫苗接种预防：巴氏杆菌二价苗，我国有数个生物疫苗厂生产巴氏杆菌疫苗。对3月龄以上的所有牛，在每年4~5月接种1次。疫苗使用前要考察疫苗的安全性，不能盲目接种。在接种疫苗时，要做好疫苗过敏反应的抢救与治疗工作。

2. 溶血曼氏杆菌病

溶血曼氏杆菌病（Mannheimia Haemolytica Disease）是最近我国很多牧场发生的一种急性、热性、呼吸道传染病，发病急，病情恶化快，死亡率高。

【病原及致病特点】 溶血曼氏杆菌（*Mannheimia haemolytica*）是上呼吸道内常在菌，但并不像多杀性巴氏杆菌那样能经常从健康牛上呼吸道内分离出来，为革兰阴性小杆菌，有荚膜，能产生外毒素或白细胞素，可致死肺泡巨噬细胞、单核细胞和嗜中性粒细胞。溶血曼氏杆菌的荚膜可抵抗吞噬细胞的吞噬作用。存在于上呼吸道内的非致病血清型Ⅱ型溶血曼氏杆菌，在外界应激因素作用下，可转变为致病性血清型Ⅰ型，使溶血曼氏杆菌毒力增强。

近年来，溶血曼氏杆菌成为我国很多牧场中成母牛和犊牛呼吸系统疾病的重要病因之一。有资料报道，本病原是一种原发性致病菌，不是继发于病毒和支原体病的感染。但我国很多牧场奶牛发生的溶血曼氏杆菌病，大多与牛病毒性腹泻病毒的感染和支原体的慢性感染密切相关。

【症状】 溶血曼氏杆菌病在各类牛都会发生，但哺乳犊牛发病率很低。成母牛发病急，传染性强，发病率高。奶牛体温升高39.8~41.5℃，呼吸快速，60~100次/min。奶牛鼻翼翕动（视频2-2-21），精神沉郁，流鼻涕，不表现张嘴伸舌呼吸，口角常常附着白色黏液（图2-2-60），病牛呼吸困难的严重程度不及多杀性巴氏杆菌感染的病牛严重（视频2-2-22）。病牛采食与反刍停止（视频2-2-23），泌乳量锐减。病情严重的牛，卧地不起，有明显疼痛表现，不时地改变躺卧姿势（视频2-2-24）。严重呼吸困难的牛，

图2-2-60 患溶血曼氏杆菌病的奶牛闭嘴呼吸，口角有大量白色黏液

不愿意卧地，一直站立不动，直至死亡前倒地（视频2-2-25）。有严重肺炎的病牛从发病到死亡一般只有3d左右。轻度的溶血曼氏杆菌病病牛，经治疗大多痊愈。

视频2-2-21 奶牛溶血曼氏杆菌病，鼻翼翕动（王春璈 摄）　　视频2-2-22 奶牛溶血曼氏杆菌病，呼吸困难（王春璈 摄）　　视频2-2-23 奶牛溶血曼氏杆菌病，呼吸困难、采食停止（王春璈 摄）　　视频2-2-24 奶牛溶血曼氏杆菌病，不时改变躺卧姿势（王春璈 摄）　　视频2-2-25 奶牛溶血曼氏杆菌病，呼吸异常困难（王春璈 摄）

【病理变化】 溶血曼氏杆菌病病牛的肺出血非常明显，呈暗红色或黑红色，胸腔内有大量暗红色胸水（图2-2-61），肺膈叶和肺小叶呈黑红色出血（图2-2-62），有的病牛肺与胸膜粘连（图2-2-63）。

【诊断】 无菌采取死亡牛的肺病变组织，也可无菌采取病牛鼻腔深部的分泌物，用无菌棉拭子采取鼻腔深部的分泌物，送实验室进行细菌分离鉴定。采样前，先用生理盐水棉球清理鼻孔处黏液与污物，然后再用无菌棉拭子伸入鼻腔深部采取鼻腔深部的分泌物，送实验室做病原诊断。病原菌分离鉴定同多杀性巴氏杆菌。但与多杀性巴氏杆菌落相比较，该菌在血平板上的菌落颜色暗（图2-2-64），在麦氏培养基上长出米黄色菌落（图2-2-65）。挑取典型菌落，革兰染色镜检，为革兰阴性小杆菌，瑞氏染色为两极着色的类球菌。

图 2-2-61 溶血曼氏杆菌病病牛肺出血，胸水

图 2-2-62 溶血曼氏杆菌病病牛的肺严重出血

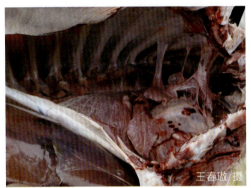
图 2-2-63 溶血曼氏杆菌病病牛肺与胸膜粘连

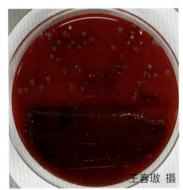
图 2-2-64 溶血曼氏杆菌病的血平板培养基菌落

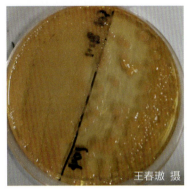
图 2-2-65 溶血曼氏杆菌病的麦氏培养基菌落

【治疗与防控】 治疗方法同巴氏杆菌病的方案，比较敏感的药物有头孢类抗生素，如头孢噻呋钠、头孢喹肟。经 2d 用药无明显好转的牛，大多死亡。对有严重呼吸症状的病牛、预后不良的病牛大多采取早期淘汰，以减少对环境的污染。本病的预防措施同巴氏杆菌病，免疫用巴氏杆菌二联疫苗。

（谢之景　都启晶　王春璈）

五、大肠杆菌病

奶牛大肠杆菌病（Bovine Colibacillosis）是由不同血清型大肠杆菌感染引起的一种传染病，新生犊牛、哺乳犊牛、断奶犊牛、后备牛、青年牛、泌乳牛、干奶牛与新产牛都会感染引起发病。临床表现多样复杂，有的表现为败血性腹泻，有的表现为肠麻痹，有的表现为血便，有的表现为猝死，有的表现为脑神经症状等。

【病原】 大肠杆菌（*Escherichia coli*）是革兰染色阴性菌，无芽孢，大多数菌株以周生鞭毛运动，一般有 I 型菌毛，少数菌株兼有性菌毛。该菌血清型复杂多样，按照血清学和抗原类型进行分类。按抗原的类型分为菌体（O）抗原、荚膜（K）抗原、菌毛（F）抗原和鞭毛（H）抗原。O 抗原存在于细胞壁，是多糖 - 类脂 - 蛋白质复合物，其中多糖决定 O 抗原的特异性。O 抗原多糖的种类及排列的差异性是大肠杆菌O抗原种类繁多（已超170个）的原因。K抗原存在于细菌荚膜中，是一种对热不稳定的多糖抗原。H抗原属于一种蛋白质，有良好的抗原性，不耐热，抗原性可被100℃加热破坏。F抗原是一种蛋白质，对热不稳定。

根据细菌毒力、致病性和临床表现可进一步将大肠杆菌分为肠致病性大肠杆菌（EPEC）、产肠毒素大肠杆菌（ETEC）、肠附着损伤性大肠杆菌（AEEC）、肠侵袭性大肠杆菌（EIEC）、肠出血性大肠杆菌（EHEC）、产志贺氏菌样毒素大肠杆菌（SLTEC）。各种不同的大肠杆菌的致病作用界限很难界定，一些大肠杆菌菌株具有多种致病作用，可归入多种类别，如产肠毒素大肠杆菌可归于肠致病性大肠杆菌，肠致病性大肠杆菌又能附着于肠细胞，损伤肠微绒毛，引起肠的吸收不良。一些肠致病性大肠杆菌还能产生肠毒素，协助细菌附着并损伤肠黏膜；而另一些肠致病性大肠杆菌能分泌定植因子，协助细菌定植于肠上皮表面，不对肠细胞产生损伤，而是分泌增加环磷腺苷或环磷鸟苷的肠毒素，导致分泌性腹泻。肠出血性大肠杆菌常在皱胃、小肠与结肠黏膜附着，并损伤肠微绒毛，同时产生产志贺氏菌群样细胞毒素，引起皱胃与肠管出血。肠致病性大肠杆菌和肠出血性大肠杆菌没有肠毒素的协助均可引起大肠杆菌病。大肠杆菌的一些其他菌株能产生细胞毒素坏死因子，引起皱胃黏膜的溃疡和胃壁穿孔。奶牛发生大肠杆菌病后的病理变化，可归纳为四种典型的变化：出血性变化、渗出性变化、水肿性变化、溃疡穿孔性变化。

这四种不同的病理变化，不是在每一个发病牛体上都具备的变化，但只要有其中一种典型的病理变化，即可诊断为大肠杆菌病。由于我国绝大多数奶牛养殖场没有病原诊断实验室，奶牛场兽医在缺乏实验室诊断的情况下，要对死亡的奶牛进行病理剖检，根据病理变化诊断奶牛的大肠杆菌病是非常必要的和具有重要实践意义的诊断方法。

【流行病学】　大肠杆菌病病牛与带菌牛是本病主要的传染源，其粪、尿、口腔和鼻腔分泌物等排泄物中含大量的病菌，污染牛舍环境。有人研究，处于大肠杆菌病感染潜伏期的牛，已经从粪、尿、口、鼻分泌物中排菌。很多牧场的兽医与奶牛管理人员，对已经发生大肠杆菌病的牛没能采取有效的隔离饲养与治疗措施，不能及时清理发病牛的粪便，未对牛舍进行彻底消毒，对死亡的病牛没有进行无害化处理，对处于潜伏期的牛未能及时发现、早期预防与治疗，因而大肠杆菌败血症在牧场中不断发生。另外，饲养人员、兽医人员胶鞋底粘有病牛的粪便，从病牛舍（岛）带到其他健康牛舍，使致病性大肠杆菌在牧场内传播与流行。管理规范的牧场，为防止牛舍与牛舍之间病原的传播，在每个牛舍门口都放置一个消毒盆，兽医人员或饲养人员在进入牛舍前，先要对鞋底消毒后方可进入，这种防控措施值得借鉴（视频2-2-26）。

视频2-2-26　在牛舍门口进行鞋底消毒（王春璈 摄）

各饲养阶段的奶牛易感，其中犊牛更为易感，大肠杆菌是引起新生犊牛死亡的最重要的病原。饲养管理不严格的牧场常常引起奶牛的大肠杆菌病的地方性流行。本病主要经消化道传播。没有消毒的初乳和常乳中含有大量细菌，犊牛吃入了没有消毒好的初乳和常乳，可感染大肠杆菌而发病。近年来，我国各地的大型牧场已经重视了初乳的消毒，采用初乳巴氏消毒机对初乳进行消毒，可有效杀灭初乳中的大肠杆菌。但是，很多中小牧场没有初乳巴氏消毒机，而是在初乳中加入甲醛防腐，1L初乳中加入2mL甲醛，这种方法不能杀灭初乳中的大肠杆菌，而且甲醛对犊牛的健康是有害的。如果初乳与常乳都经过了巴氏消毒，犊牛大肠杆菌病仍高发，可能与初乳与常奶在饲喂前或饲喂过程中二次污染有关。初乳灌服器、饮水器、料桶、常乳奶罐、奶桶等饲喂器具是大肠杆菌病的重要传播媒介，如果这些器具刷洗与消毒不彻底会导致巴氏消毒奶二次污染，引起犊牛的大肠杆菌病。被大肠杆菌败血症病牛等污染的饲料、饮水等也可引起其他健康牛发生大肠杆菌败血症。例如，在一个泌乳牛发生大肠杆菌败血症的牧场，将泌乳牛的剩料饲喂远离泌乳牛舍的肉公牛，导致肉公牛群发生了大肠杆菌败血症。另外，环境差、污浊的产房是引起犊牛和新产牛大肠杆菌病的环境因素。产房内要有产栏，产栏的地面上要铺垫草或沙子，产栏要清洁、干燥、严格消毒。有的牧场没有产栏，待产牛在卧床上或运动场内分娩，卧床或运动场上可铺垫洁净的新沙，能有效减少犊牛大肠杆菌病的发生。本病也可经脐带传播。很多病原菌可经脐带进入犊牛体内。碘酊是脐带消毒药，浓度为7%~10%，浓度低于5%的碘酊不能用于脐带消毒。掌握好脐带消毒的时间和次数非常重要，脐带第1次消毒是犊牛产出时的即时消毒，也是最重要的一次消毒。很多牧场的接产员对犊牛脐带的消毒不是在奶牛分娩的现场，而是将新生犊牛用推车运送到饲养犊牛的牛舍或犊牛岛后方才对脐带进行消毒。这种方法不妥，犊牛产出落地后，脐带就立即接触了产栏垫料，很易被污染，大肠杆菌趁机进入犊牛体内，因此脐带的第1次消毒越早越好。对脐带消毒后，再将犊牛运送到新生犊牛初乳喂养舍或犊牛岛。为了更好地控制大肠杆菌感染，在给犊牛喂完初乳后再用碘酊对脐带进行第2次消毒。新生犊牛从喂初乳舍转移到喂常乳舍（岛）后，再进行1次脐带的碘酊消毒。

大肠杆菌也能经眼结膜途径传播。新生犊牛产出后，犊牛还无力抬头、四肢还无力站立期间（大约3h），犊牛的头接触地面，眼睛很容易被污物污染，大肠杆菌可进入眼内，经眼结膜囊房水循环系统进入血液循环，引起大肠杆菌病。因此，接产员要加强对新生犊牛的护理，特别是在犊牛产出后几个小时内的护理。某些血清型大肠杆菌菌株可经鼻咽部黏膜侵入引起发病。本菌还可经生殖道感染，是新产牛大肠杆菌感染引起脓毒性子宫炎最常见的传播途径（见奶牛子宫炎部分）。另外，也可经乳头管开口部感染（见奶牛乳房炎部分）。

新生犊牛大肠杆菌败血症几乎都与初乳免疫球蛋白转移被动免疫失败有关。饲养管理不良，如果新生犊牛没有获得足量的、高浓度的免疫球蛋白初乳，接触了败血性大肠杆菌后就会发生大肠杆菌败血症。用初乳密度计或初乳折光仪测定初乳质量。初乳密度计测定，初乳比重大于1.050，免疫球蛋白大于50mg/mL为合格。初乳糖度折光仪测定，糖度折射仪读数大于或等于22%，初乳级别为优质，在18%~21%为合格，小于18%为不合格。只有质量合格的初乳才能饲喂新生犊牛，首次喂初乳的时间是在犊牛下生后1h内，按犊牛体重的10%量喂初乳，产后8h再喂2L初乳。犊牛从初乳中获得足够的免疫球蛋白，是犊牛建立被动免疫的最重要的环节。初乳被动转运要求血清中IgG的含量至少达到1000mg/dL，最好达到1600mg/dL，与此相对应的血清总蛋白应大于5.5g/dL，表明犊牛免疫球蛋白水平足够高。判定方法为：选择饲喂初乳的2~7日龄新生犊牛，颈静脉采血制备血清，采用医用手持式折光仪检测血清总蛋白，大于5.5g/dL判定为合格，免疫球蛋白检测的合格率应达到100%。犊牛血清中IgG是预防大肠杆菌败血症最为重要的抗体，如果低于500mg/dL，犊牛极易感染大肠杆菌败血症，而处于500~1000mg/dL水平的犊牛能获得部分的抵抗力，仍存在发生大肠杆菌败血症的风险。有资料显示，IgM 也是抵抗大肠杆菌败血症的最主要的成分，当 IgM 低于 80mg/dL 时，表明免疫球蛋白被动转移不足或失败。有些规模化牧场的管理人员，对一批新生犊牛每间隔 7d 采血，测定犊牛免疫球蛋白含量，发现直到 6 周龄的犊牛免疫球蛋白含量仍在正常范围内，但这些犊牛仍然发生大肠杆菌败血症。有的牧场，犊牛在 10~20 日龄腹泻发病率高并发生死亡，测定腹泻犊牛的血清免疫球蛋白都在 6.5g/dL 范围内。为什么这么高的免疫球蛋白还发生腹泻，应与初乳中有无对抗引起腹泻病原的特定抗体有关。如果初乳中没有对抗特定病原的抗体，就不能产生对抗特定病原的免疫力。因此，明确犊牛腹泻的病原，并制备相应的灭活疫苗用于预防犊牛大肠杆菌病，可获得良好的预防效果。

大肠杆菌病一年四季均可发生，特别在晚冬和早春季节易发，这与应激因素有关，如天气突变等。犊牛易感大肠杆菌的原因与饲养管理不良密切相关，如产房与犊牛舍（岛）垫草的污染，被粪便污染的围栏、水槽、颗粒料、污染的乳粉等均可促进本病的传播、发生。另外，犊牛因营养缺乏，如维生素 D、维生素 C、微量元素硒缺乏，都会引起犊牛抵抗力降低，诱发大肠杆菌病。

【症状】 按不同的饲养阶段分别对奶牛大肠杆菌病的临床症状进行介绍。

（1）1~8 日龄犊牛大肠杆菌病 最急性者出生 24h 即可发病。很多犊牛在吃了初乳后就发病，出现大肠杆菌败血症症状。犊牛精神极度沉郁（图 2-2-66），眼结膜充血或发绀，反应迟钝，心跳快速，发病后不久卧地不起，有的病例出现神经症状。犊牛体温在出现临床症状之前就已经高达 39.5℃以上，在出现临床症状以后，犊牛体温大多降低。犊牛不吃奶，没有一点食欲，粪便黏附于后躯和尾根部（图 2-2-67）。一般经 24h 左右死亡。

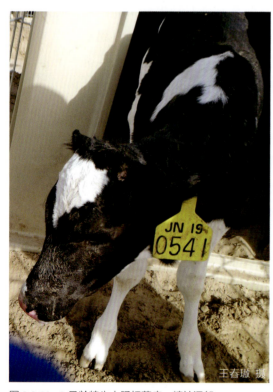

图 2-2-66 3 日龄犊牛大肠杆菌病，精神沉郁

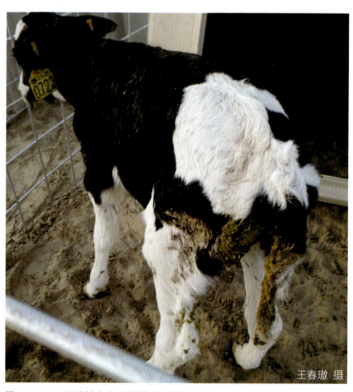

图 2-2-67 5 日龄犊牛大肠杆菌病，腹泻

有的病例不排粪或仅排出带有黏液的算盘珠状粪，腹围增大，吃奶越来越少，直至不吃，精神沉郁，有的兽医误认为犊牛胎粪便秘，经 6~7d 死亡。这是由分泌渗出性大肠杆菌感染引起的，细菌定植于犊牛腹腔浆膜上皮细胞，引起浆膜毛细血管的渗出，渗出到腹腔内的血浆蛋白在血浆纤维素酶的作用下，转变为纤维素，黏附于肠管，肝脏、心、肺等脏器的表面，引起胃肠粘连（图 2-2-68、图 2-2-69）。

图 2-2-68　6 日龄犊牛腹腔内纤维素，肠粘连

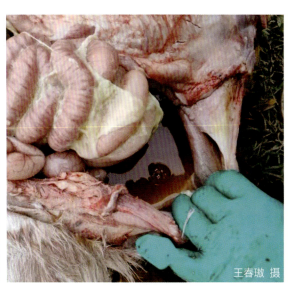

图 2-2-69　1 日龄犊牛肠管上黏附的纤维素

有的犊牛右侧腹围增大，卧地不起，精神沉郁，不吃奶，没有排粪；对右侧腹部冲击式触诊，出现振水音，这也是分泌渗出性大肠杆菌病。在犊牛的皱胃内有大量灰色或灰黑色液体，并混杂一些腐败的奶块（图 2-2-70、图 2-2-71）。也有的犊牛的肠管黏膜渗出大量血水，整个肠段内充满黑红色液体（图 2-2-72），引起右侧腹围膨大。

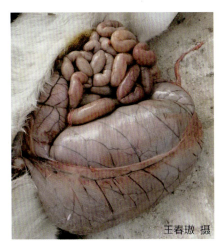

图 2-2-70　膨大积液的皱胃

图 2-2-71　4 日龄的牛皱胃内有大量腐败液体

图 2-2-72　犊牛大肠杆菌病，肠管内渗出大量黑红色液体

不要把右腹部的膨胀当成瘤胃臌气。有的兽医对右腹部膨胀的牛，小心地向皱胃内插管放液，但不能放出肠管内的积液，如果是单纯性皱胃积液，通过插管放出皱胃内液体，可以暂时缓

解症状，但不久皱胃再度积液，引起脱水和代谢性碱中毒，牛死亡。

犊牛出现神经症状是大肠杆菌败血症的典型症状。大肠杆菌内毒素作用在脑部引起犊牛兴奋不安，挣扎、乱撞围栏（视频2-2-27），倒地，四肢划动（视频2-2-28），最后衰竭死亡。新生犊牛大肠杆菌败血症发病急，病情恶化快，内毒素休克，死亡率高。犊牛出现脱水和代谢性酸中毒不明显。大肠杆菌感染死亡的犊牛皱胃黏膜水肿（视频2-2-29），皱胃黏膜出血与水肿，皱胃壁变厚（图2-2-73）。

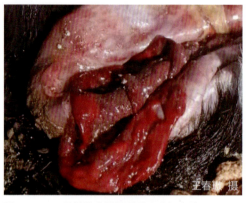

视频2-2-27　6日龄犊牛的神经症状（王春璈 摄）
视频2-2-28　2日龄犊牛的神经症状（王春璈 摄）
视频2-2-29　7日龄犊牛的皱胃黏膜出血与水肿（王春璈 摄）

图2-2-73　2日龄犊牛皱胃黏膜出血与水肿

（2）9~20日龄犊牛大肠杆菌病　此阶段的犊牛大肠杆菌病主要表现腹泻，粪便的形状差别很大，有的黏稠，有的稀薄呈水样，颜色呈黄色、灰色、绿色或巧克力色等（图2-2-74~图2-2-77）。发病犊牛吃奶减少，除重症犊牛停止采食外，大多数犊牛都有一定食欲。15日龄左右的犊牛还容易发生轮状病毒、冠状病毒、小球隐孢子虫性腹泻和沙门菌病，如果不做病原学诊断很难确定是

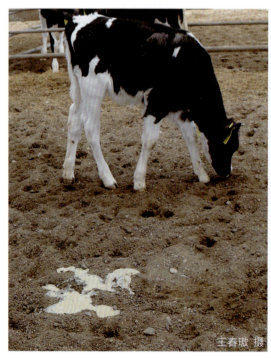

图2-2-74　粪便呈黄色

图2-2-75　粪便呈灰色

图 2-2-76 巧克力色粪便

图 2-2-77 粪便呈米黄色

否为大肠杆菌单一感染。在这一阶段引发腹泻的犊牛病原，一般小球隐孢子虫感染占腹泻犊牛的40%~60%，轮状病毒感染占10%左右，若不并发大肠杆菌病，腹泻犊牛大多能够耐过而康复，但若继发大肠杆菌或沙门菌感染，则患病犊牛病情加重，死亡率升高。

（3）21~60日龄犊牛大肠杆菌病　21日龄后，犊牛大肠杆菌病的发病率明显降低，有一部分腹泻病牛转为慢性大肠杆菌病，生长迟缓，精神倦怠，体温正常，吃奶可能正常或吃奶减少，被毛粗乱，排粪减少，到死亡之前的1~2d，卧地不起，吃奶停止，衰竭死亡（图2-2-78）。本病由溃疡坏死型大肠杆菌感染引起，细菌定植于皱胃壁黏膜，导致皱胃穿孔，引起弥漫性腹膜炎而死亡（图2-2-79）。在一些牧场，犊牛皱胃壁穿孔呈地方流行性。不仅犊牛发生皱胃壁穿孔，新产牛、泌乳牛也可发生皱胃壁穿孔。对皱胃壁穿孔死亡牛的病料化验确诊是大肠杆菌感染引起的死亡。

图 2-2-78 腹泻犊牛脱水，卧地不起

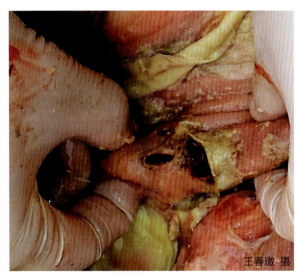
图 2-2-79 58日龄犊牛皱胃穿孔

30日龄的犊牛发生大肠杆菌病败血症，突然发病，表现神经症状，卧地不起，体温升高到41.0℃，四肢不停地划动，药物治疗无效，不久体温降低，经24h左右，衰竭死亡（视

频 2-2-30)。

（4）**后备牛大肠杆菌病** 后备牛大肠杆菌败血症发病急，病程短，一般不发生腹泻，发病初期体温升高，几小时后体温降到正常以下。病牛卧地不起，采食与反刍停止，精神沉郁，如果在该阶段不能及时治疗，很快发生内毒素休克、死亡。例如，有的牧场在 2 个月内，先后 2 次发生后备牛的猝死，一夜之间死亡 12 头牛（图 2-2-80），通过对死亡牛的病理解剖和实验室诊断，确诊为大肠杆菌感染引起的死亡，随后及时对全群后备牛进行检查，又发现数头正在发病的后备牛，驱赶正在发病的卧地不起的后备牛，病牛反应迟钝，不能起立（视频 2-2-31），体温升高，采食停止，没有排粪。由此可见，后备牛的死亡不属于猝死，病程约 24h，如果在发病期间得不到救治，病牛吸收大肠杆菌内毒素而休克、死亡。在生产中，兽医与管理人员对后备牛的巡栏往往不够重视，不能及时发现患病的后备牛，当发生后备牛死亡后才引起兽医的重视。

视频 2-2-30
30 日龄犊牛的大肠杆菌病神经症状（王春璈 摄）

图 2-2-80 死亡的后备牛

视频 2-2-31
后备牛大肠杆菌病，卧地不起，反应迟钝（王春璈 摄）

（5）**青年牛大肠杆菌病** 青年牛感染大肠杆菌后，常出现异常的精神状态。有的病牛呆立不动（图 2-2-81）。有的病牛无目的奔跑、奔跑后倒地，一旦卧地就再也不能站立，采食与饮水停止。卧地后的病牛表现不安（视频 2-2-32），随病程发展出现昏迷，直至死亡。有的病牛发病初期不停地鸣叫（视频 2-2-33），很快不能站立、卧地，体温降低至 36℃，哆嗦、抽搐、昏迷，一般经 8~12h 死亡。

图 2-2-81 新发病牛精神沉郁

视频 2-2-32
青年牛发病后 2h，卧地不起，病牛已进入内毒素休克状态（王春璈 摄）

视频 2-2-33
后备牛发病后停止采食，不停鸣叫（王春璈 摄）

大肠杆菌败血症呈地方性流性，在一个万头牧场，青年牛每月死亡20头，连续发病3个月。为了排除奶牛伪狂犬病和狂犬病的发生，采取死亡牛的脑（图2-2-82）送高校做病理组织学检查，未发现与伪狂犬病和狂犬病有关的包涵体，脑血管周围有大量淋巴细胞浸润，呈明显的血管套现象；脑神经有脱髓鞘现象，有非典型脑炎的变化（图2-2-83）。

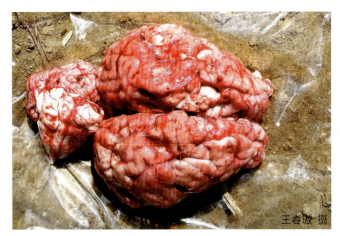

图2-2-82　发生神经症状的牛脑

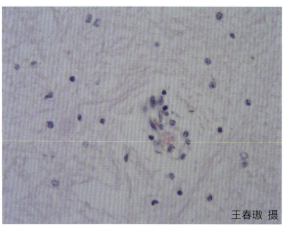

图2-2-83　淋巴细胞浸润，血管套形成

死亡牛的皱胃与肠管出血，皱胃内与瘤胃内积有较多干涸的内容物（图2-2-84、图2-2-85），反映奶牛在潜伏期内已经停止采食与饮水了。青年牛群体大，兽医和管理人员对青年牛群巡栏不够，不能早期发现采食与饮水异常的牛。为此，加强对青年牛群的巡栏，及时发现病牛，对病牛进行隔离与治疗，是降低本病死淘率的关键所在。

图2-2-84　皱胃黏膜出血，皱胃内有干涸内容物

图2-2-85　瘤胃内的干涸内容物

（6）成母牛大肠杆菌病　成母牛包括新产牛、泌乳牛、干奶牛和围产牛，对大肠杆菌均易感，在有的牧场奶牛大肠杆菌病呈地方流行性，本病是我国大型牧场成母牛死亡的主要病原之一。由于泌乳牛泌乳阶段不同，感染大肠杆菌后的临床症状也不同。

1）新产牛大肠杆菌病：新产牛感染大肠杆菌后，体温升高，精神沉郁，采食减少，眼眶凹陷，脱水明显（图2-2-86），排出少量稀薄水样粪便，或带有肠黏膜的粪便。直肠检查发现子宫内蓄积大量的液体，按摩子宫排出稀薄恶臭的液体，奶牛发生急性脓毒性子宫炎，对这种病例如果不能早期发现、及时治疗，病牛会很快发生内毒素休克、死亡。例如，在一个饲养3000头牛的牧场，1个月内产后2~3d死亡奶牛15头（图2-2-87），解剖发现急性脓毒性子宫炎变化，子宫黏膜出血，子宫内蓄积大量恶臭污红色液体（视频2-2-34），同时皱胃黏膜出血（图2-2-88）。

视频2-2-34
产后大肠杆菌感染，产后第2天死亡，子宫内蓄积大量稀薄恶臭的污红色液体（王春璈 摄）

图2-2-86 新产牛眼眶凹陷、脱水　　图2-2-87 产后2d死亡的奶牛　　图2-2-88 皱胃黏膜出血

新产牛的急性大肠杆菌乳房炎，大多发生在产后1~3d，发病后不久奶牛体温降低，皮肤温度下降，精神高度沉郁，反应迟钝，驱赶不动，奶牛进入败血症休克状态（视频2-2-35），不久因败血性休克、心力衰竭死亡。

2）泌乳牛溃疡坏死穿孔型大肠杆菌病：对发病牛在死亡之前很难确诊，对病死牛进行解剖，发现皱胃壁穿孔及由其导致的弥漫性腹膜炎。本病呈地方性散发，如在一个万头牧场3个月内20余头泌乳牛死于本病。

3）泌乳牛出血型大肠杆菌病：在奶牛死亡前，兽医与管理人员不知道奶牛已经发病，当奶牛死后才发现。解剖病死奶牛，发现其瘤胃呈空虚状态，说明奶牛在死亡前至少有2d已经停止采食了，并非猝死。这反映了规模化牧场兽医巡栏存在的问题。病牛肠管黏膜出血（图2-2-89），皱胃黏膜出血（图2-2-90），有的病例皱胃内有大量污红色血液（视频2-2-36）。经实验室诊断为大肠杆菌病。

视频2-2-35
产后第2天发生急性乳房炎的牛，精神沉郁，呼吸浅表，四肢关节疼痛，乳房肿胀，进入休克状态（王春璈 摄）

视频2-2-36
产后7d猝死的牛，切开皱胃流出大量黑红色血凝块（王春璈 摄）

4）泌乳牛渗出性大肠杆菌病：有2种类型：弥漫性腹膜炎型和皱胃积液型。弥漫性腹膜炎型的病死牛的腹腔内有大量混浊的渗出液，并有大量纤维蛋白凝块，形成了弥漫性腹膜炎（视

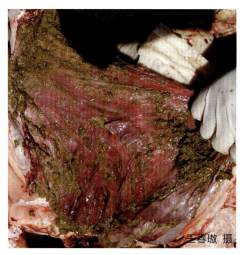

图 2-2-89　肠管黏膜严重出血

图 2-2-90　皱胃黏膜出血

频 2-2-37），因败血症而死亡。皱胃积液型是皱胃内积存大量黑红色液体（视频 2-2-38），奶牛明显脱水、代谢性碱中毒而死亡。

近年来，我国规模化牧场泌乳牛大肠杆菌病呈地方流行性，各个阶段的泌乳牛都有发生。挤奶厅赶牛工最早发现卧地不起牛，兽医将卧地不起牛用铲车转运到卧地不起护理牛舍，进行临床检查：发病奶牛精神沉郁，反应迟钝，有的呈昏迷状态，体温降低，采食与饮水停止，头颈呈 S 状弯曲，呈现重度产后瘫痪症状（图 2-2-91、图 2-2-92、视频 2-2-39、视频 2-2-40）。

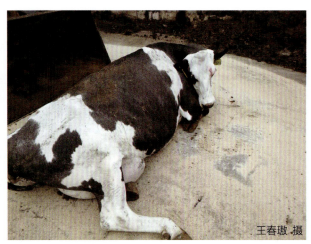

图 2-2-91　大肠杆菌病牛头颈呈 S 状弯曲

图 2-2-92　大肠杆菌病牛卧地姿势

视频 2-2-37
泌乳牛弥漫性腹膜炎（王春璈 摄）

视频 2-2-38
死亡牛皱胃内积存大量黑色液体和沙子（王春璈 摄）

视频 2-2-39
发病 12h 牛的临床症状（王春璈 摄）

视频 2-2-40
病牛头颈歪向胸侧（王春璈 摄）

对突发卧地不起牛采血，测定血清离子含量，测定结果为：血钙（iCa、nCa、TCa）降低；血钾降低，二氧化碳结合力（TCO_2）降低，阴离子间隙（AG）升高。从血液离子含量诊断为低血钾、低血钙、代谢性酸中毒。

视频 2-2-41
发病 12h 牛的皱胃黏膜严重出血（王春璈 摄）

视频 2-2-42
发病 12h 牛的肠管黏膜严重出血（王春璈 摄）

对死亡牛病理剖检，发现病理变化是肺均匀一致出血，皱胃黏膜严重出血，肠管黏膜严重出血（视频 2-2-41、视频 2-2-42）。

采取死亡牛的病料，做细菌培养与分离鉴定，为大肠杆菌感染。

【病理变化】 尽管奶牛大肠杆菌病的临床症状复杂多样，病理变化可归纳以下几种变化。

（1）出血性变化 这是大肠杆菌败血症最常见的变化，在解剖死亡牛时，重点检查肺、皱胃、肠管等。

①肺出血呈均匀一致的鲜红色（图 2-2-93），若不是均匀一致的鲜红色出血，可能不是大肠杆菌感染引起的。

②肠管黏膜出血是大肠杆菌败血症的典型病理变化，所有的肠管都出血（图 2-2-94、图 2-2-95）。在解剖肠管时，一定将肠管剪开后观察肠管黏膜的出血性变化，有的是弥漫性出血，有的是出血斑或条状出血斑（图 2-2-96）。

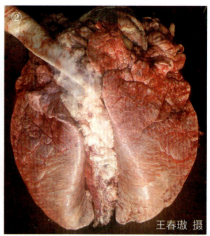
图 2-2-93 大肠杆菌病，肺出血均匀一致

③皱胃黏膜出血（图 2-2-97）。有的病例皱胃内积有大量血液凝块。

其他脏器也有出血性变化，如心脏常有出血点，肾脏、脾脏有出血斑等。

图 2-2-94 奶牛大肠杆菌败血症，肠管黏膜都出血

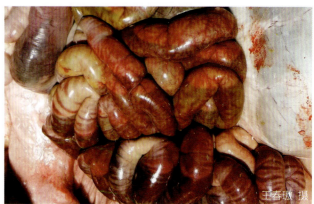
图 2-2-95 奶牛大肠杆菌败血症，结肠与小肠黏膜出血

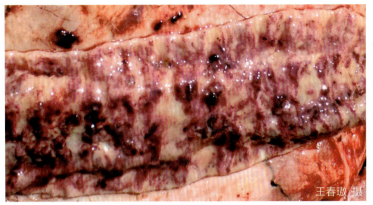
图 2-2-96　大肠杆菌病，肠管上有条状出血斑

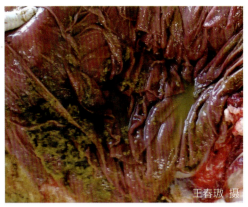
图 2-2-97　大肠杆菌病，皱胃黏膜出血

（2）**渗出性变化**　这是产肠毒素大肠杆菌病的病理变化。渗出液向皱胃腔内渗出，引起皱胃扩张积液，向肠腔内渗出，引起肠管积液、膨胀；向腹腔内渗出，引起弥漫性腹膜炎，腹腔内有大量混浊的浅黄色液体，所有内脏表面附着一层纤维素（图 2-2-98、图 2-2-99）。腹腔内存在纤维素是大肠杆菌感染的标志物，只要看到纤维素即可诊断为大肠杆菌病。皱胃内有大量灰色或乌黑色液体，是产肠毒素大肠杆菌感染的典型症状。

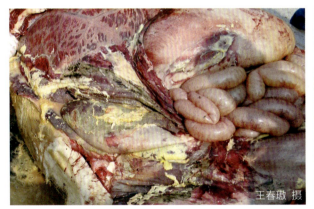
图 2-2-98　泌乳牛弥漫性腹膜炎

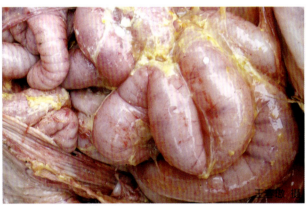
图 2-2-99　2 日龄犊牛肠管上的纤维素

（3）**水肿性变化**　大肠杆菌感染引起皱胃黏膜水肿，有两种不同的形式，一种是弥漫性水肿（图 2-2-100），另一种是皱胃黏膜出现数个核桃大的水肿瘤状物（图 2-2-101）。也有的病例大网膜和肠系膜发生水肿。

图 2-2-100　奶牛大肠杆菌病皱胃黏膜水肿

图 2-2-101　奶牛皱胃黏膜水肿如核桃大小

（4）溃疡穿孔性变化 穿孔部位几乎都在皱胃，肠管很少出现穿孔。皱胃穿孔可导致弥漫性腹膜炎（图2-2-102）。

大肠杆菌病的四种病理变化不会在每个病例都出现，但至少出现其中一种病理变化，依此可做出初步诊断。牧场兽医可根据病理变化诊断大肠杆菌病。有实验室病原诊断条件的牧场，在做死亡牛病理剖检时要采取病料送检，分离得到大肠杆菌病原，并确定其血清型和致病力。

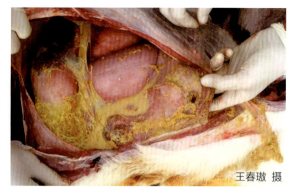

图2-2-102 皱胃穿孔

【诊断】

（1）**细菌分离鉴定** 采取死亡牛的内脏病料并进行细菌培养。无菌采取肺、心包膜、皱胃黏膜、肠管黏膜、肝脏、脾脏、纤维素等样品。分别将病料放置无菌采样杯内，并标记牛号、样品名称等信息。送检牧场实验室。如果需要送往外地，需要将病料用冰块冷藏保存、送检。将病料接种到血平板培养基和麦氏培养基，置37℃恒温培养24h。大肠杆菌在血平板上形成直径为2mm的圆形、隆起、光滑、湿润、半透明的灰色菌落（图2-2-103）。在麦氏培养基上形成红色菌落（图2-2-104）。部分致病性大肠杆菌在血平板培养基上形成β型溶血。挑取上述典型菌落、涂片、革兰染色、镜检，可见革兰染色阴性中等大小的杆菌（图2-2-105）。

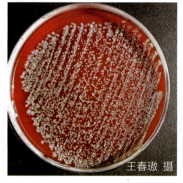
图2-2-103 大肠杆菌血平板培养基

图2-2-104 大肠杆菌麦氏培养基

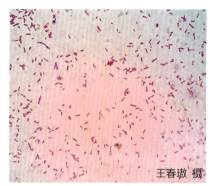
图2-2-105 大肠杆菌，革兰染色阴性

（2）**生化实验** 将上述分离的纯培养物接种到伊红美蓝培养基、枸橼酸盐培养基，于37℃恒温培养24h，大肠杆菌在伊红美蓝培养基呈金属光泽（图2-2-106），大肠杆菌在枸橼酸盐培养基上不生长（图2-2-107）。

也可做三糖铁培养基实验。将所分离的细菌穿刺接种于三糖铁培养基，37±1℃恒温培养18~24h，观察结果。若三糖铁培养基检测呈阳性（即培养基颜色由红色变为黄色），产酸，且有气体产生，则此细菌确为大肠杆菌（图2-2-108）。

（3）**血清型鉴定** 从我国各地发病死亡牛的病料中分离出的大肠杆菌，经鉴定：F17、F41、eaeA、Irp2、bfpA为我国牧场中引起发病的大肠杆菌血清型，其他的血清型都为阴性。

图2-2-106 大肠杆菌伊红美蓝培养基，呈金属光泽

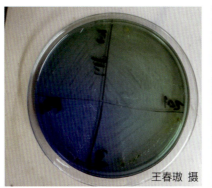
图2-2-107 大肠杆菌在枸橼酸盐培养基上不生长

图2-2-108 大肠杆菌三糖铁培养基检测为阳性（黄色管为阳性）

（4）大肠杆菌病诊断中应注意的问题

①不要把大肠杆菌病定性为单纯引起腹泻的病原，大肠杆菌败血症不腹泻、不脱水，发病后很快发展成内毒素休克。

②渗出性大肠杆菌病大多在1~7日龄发生，腹腔内渗出大量纤维蛋白，引起肠管粘连，排粪困难或不排粪，直至死亡。

③新生犊牛皱胃内积存大量黑红色或灰色液体，腹部极度膨胀，犊牛出现脱水和低氯性碱中毒，死亡率很高。

④大肠杆菌感染后都有体温升高的过程，同时引起低血钙的发生，病牛卧地不能起立，体温降低，病牛进入休克状态。

⑤要掌握死亡牛的病理剖检诊断要点。

⑥经病理剖检诊断还不能确诊的死亡牛，要在无菌操作下采取病料，送检实验室进行病原诊断。

⑦实验室诊断给出的报告往往是2种以上的病原，要明确这些病原中哪种是真正的致病微生物。凡心包、肺、肝脏、脾脏等病料经培养基培养与细菌分离鉴定出的大肠杆菌，是导致犊牛死亡的真正致病菌。

【治疗】 补水、补电解质，纠正酸碱平衡失调，使用敏感抗生素。犊牛每天补水2次，不喝水的犊牛要经胃管灌水，在水中加入电解质，如拜痢克或达可。成母牛大肠杆菌病，对脱水明显的牛，先静脉注射10%氯化钠1500~2000mL，立即经口灌水30~50L。对脱水明显的犊牛，要静脉补水和电解质，常用生理盐水或5%葡萄糖氯化钠1500mL。对出现代谢性酸中毒的犊牛，在静脉补水的同时，静脉补充5%碳酸氢钠150~500mL。当犊牛皱胃膨胀时，可能发生了代谢性碱中毒，静脉补液时，不能使用5%碳酸氢钠，静脉注射生理盐水或10%氯化钠即可纠正代谢性碱中毒。

选用敏感抗生素。大肠杆菌对头孢类抗生素不敏感，较为敏感的抗生素是氨基糖苷类抗生素，如庆大霉素、卡那霉素。

【预防】

（1）**消毒**　加强饲养管理，对牧场的环境进行定期消毒。重点消毒产房、新产牛舍、犊牛舍。管理规范的牧场应坚持每天消毒 1 次（视频 2-2-43）。对正在发生大肠杆菌病的牧场，对发病的牛舍环境进行严格消毒（图 2-2-109）。要做好初乳与常乳的巴氏消毒，做好奶桶的刷洗与消毒（视频 2-2-44、视频 2-2-45）。可选用戊二醛消毒剂、碘附交替使用。

图 2-2-109　大肠杆菌发病牛舍消毒

视频 2-2-43　犊牛岛消毒（王春璈 摄）

视频 2-2-44　奶桶消毒后的摆放方式（王春璈 摄）

视频 2-2-45　奶桶自动刷洗与消毒（王春璈 摄）

①戊二醛消毒剂：广谱、高效、快速、腐蚀性小、稳定。对细菌、芽孢、病毒、真菌具有强大的杀灭作用。可用于牛舍环境空气消毒，也可用于饲喂器具等的浸泡消毒。

②碘附：有非离子型、阳离子型及阴离子型三类。其中非离子型碘附是使用最广泛、最安全的碘附，主要有聚维酮碘（PVP-I）和聚醇醚碘（NP-I），尤其聚维酮碘（PVP-I）可用于环境喷雾消毒。

（2）**加强巡栏**　及时发现病牛，对其进行全面检查，包括体温、粪便性状与数量、排粪次数、精神状态、有无脱水、皱胃有无扩张等。通过全面检查，提出治疗方案。检查有无处于潜伏期的大肠杆菌病病牛，通过测定与病牛同一个牛舍的每一头牛的体温，及时发现处于潜伏期的牛，进行隔离治疗。

（3）**接种疫苗**　由于大肠杆菌血清型多，不同的牧场奶牛感染大肠杆菌的血清型也不一致。为了有效控制大肠杆菌病，要从牧场发生大肠杆菌病的牛体内分离菌株，并用其制备灭活疫苗，对进入干奶期和围产前期的奶牛各接种 1 次疫苗，获得免疫力的母牛所产的初乳中含有高水平的 IgG，新生犊牛吃了初乳，可获到对大肠杆菌的抵抗力。

（谢之景　都启晶　王春璈）

六、沙门菌病

沙门菌病（Salmonellosis）又称为副伤寒（Paratyphoid），是由沙门菌属细菌引起的急性或慢性传染病，主要侵害犊牛、青年牛和成母牛偶尔发生。临床上以败血症、腹泻及其他组织的局部炎症为主要特征；妊娠牛可能发生流产。

【病原】　牛沙门菌病通常是由鼠伤寒沙门菌（Salmonella typhimurium）、都柏林沙门菌（S. dublin）或纽波特沙门菌（S. newport）等感染引起。本菌菌体两端钝圆、中等大小、无荚膜，无芽孢，有周鞭毛，能运动，在普通培养基上能生长。沙门菌有菌体抗原（O）、鞭毛抗原（H）、荚膜抗原（K 或 Vi）及菌毛抗原四种。依据 O、H、K 抗原将沙门菌分为不同的血清型。现今大多按 O 抗原进行血清分型，分别以大写字母 A、B、C、D、E 表示。B 型沙门菌通常为鼠伤寒沙门菌，是引起犊牛和成母牛肠道沙门菌病最主要的病原菌。B、C、E 型沙门菌在小肠后段、盲肠和结肠定居与快速繁殖引起黏膜损伤，导致消化、吸收不良，肠黏膜分泌过盛，引起蛋白质、水与电解质体液的丢失。都柏林沙门菌在肠管黏膜和呼吸道都可定居、感染，可引起肠道败血症及呼吸道疾病（如肺炎）。沙门菌具有一定的侵袭力，细菌死亡后释放出毒力强大的内毒素，可引起奶牛体温升高、白细胞数下降，甚至中毒症状和休克。个别沙门菌，如鼠伤寒沙门氏杆菌，可产生肠毒素，类似于产肠毒素大肠杆菌肠毒素。

本菌对外界环境具有一定的抵抗力。可在草地中存活 200d，在土壤中存活 251d。在潮湿的液体肥料中可存活 4 周到 1 年不等。对热的抵抗力不强，60℃ 15min 即可被杀灭。对化学消毒剂抵抗力不强，一般消毒剂均可杀灭本菌。

【流行病学】　病牛和带菌牛是本病的主要的传染源，其排出的粪便、分泌物、流产的胎儿、胎衣和羊水等均含有大量沙门菌。本病主要经消化道途径感染，如易感牛食入被污染的饲料、饮水等，可发生本病。也可经呼吸道传播，吸入含本菌的飞沫而感染。另外，人工授精等人的一些操作在本病的传播中也起重要作用。各种不良的因素如应激、营养不足、长途运输、卫生条件差、密度过大、天气恶劣、分娩等，都可引起奶牛体内菌群的紊乱，抗生素的滥用也可导致胃肠道内菌群的紊乱而促进沙门菌在牛体内快速繁殖，并向外界排出病原菌，加重环境、饲具、饲料、饮水等的污染，导致牧场本病的发病率上升。另外，在我国北方牧场，饲料易被沙门菌污染，最常见的是鸟类粪便的污染，成群的麻雀、乌鸦在饲喂通道或青贮窖的饲草内觅食。鸟类携带沙门菌，粪便中有大量沙门菌。除此以外，青贮玉米制作方法不当，pH 超过 4.5，利于沙门菌在饲草中存活。

各种饲养阶段的牛对沙门菌都有易感性，但犊牛更易感，尤以 14~40 日龄犊牛最易感，本病多呈地方流行性；成年牛易感性降低，多呈短期或长期带菌状态，多散发。

【症状】　体温升高和腹泻是 B 型、C 型和 E 型沙门菌引起犊牛沙门菌病的主要症状。急性病例，患病犊牛精神沉郁，体温升高到 40~41℃，经 2~3d 出现腹泻，但很少有人在犊牛出现腹泻之前的早期发现犊牛体温升高，其原因是犊牛管理人员对没有临床症状的犊牛不测定体温。患病犊牛排粪次数增多，粪性状异常、黏稠、颜色大多为黄色（图 2-2-110），个别病例粪较稀，呈灰黄色，在地面上散开，可见有肠黏膜（图 2-2-111），粪恶臭。因细菌感染的程度不同，粪便中可能出现带血的黏液或全血凝块（图 2-2-112、图 2-2-113）。

尽管 14 日龄以后的犊牛发病最多，但新生犊牛也可发病。新生犊牛在产房内接触了带菌母牛的粪便后，可感染发病；牧场内患病犊牛的奶桶与新生犊牛的奶桶交叉使用也可使新生犊牛感染本病。有的新生犊牛在喂完初乳后的第 2 天就不吃奶了，排出恶臭黏稠的粪便，粪便黏附在尾巴与臀

图 2-2-110 犊牛沙门菌病，粪呈黄色、黏稠

图 2-2-111 犊牛沙门菌病，粪稀，有大量肠黏膜

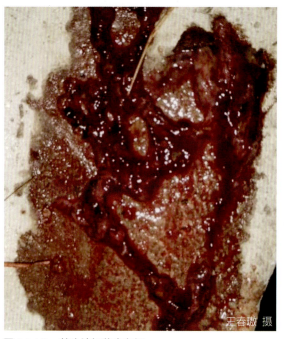
图 2-2-112 犊牛沙门菌病血便

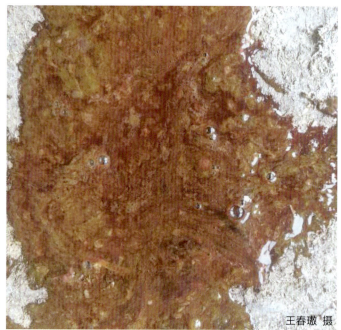
图 2-2-113 犊牛沙门菌病，带有黏液的血便

部（图 2-2-114、图 2-2-115），精神沉郁，站立不动，排出黄色粪（图 2-2-116）。腹泻犊牛衰竭，卧地不起（图 2-2-117），常于 3~5d 死亡。最急性败血症病例右腹部膨胀，小肠和结肠内积存大量液体，严重脱水，常不见腹泻症状，细菌细胞壁释放内毒素，引起内毒素血症，导致患病犊牛快速死亡。

4~8 周龄犊牛多感染都柏林沙门菌，病牛轻度腹泻，体温升高，精神沉郁（视频 2-2-46）。有的病例表现呼吸道症状，临床要注意与肺炎的鉴别诊断。

对于成母牛沙门菌病，在我国大型牧场很少有人重视其诊断，然而，本病在一些牧场呈地方流行性。成母牛发生沙门菌病与犊牛的症状相似，体温升高到 40℃ 以上，腹泻，粪便稀薄或黏腻、色黄，带有肠黏膜（图 2-2-118~ 图 2-2-120），粪便带血是本病的特征性症状。

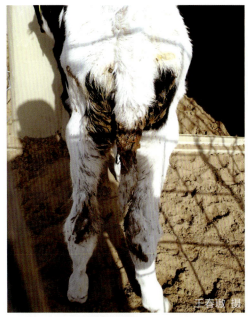
图 2-2-114 新生犊牛沙门菌病，排出恶臭黏粪

图 2-2-115 犊牛沙门菌病，排出黄色黏粪

图 2-2-116 新生犊牛沙门菌病，排出黄色黏粪

图 2-2-117 新生犊牛沙门菌病，牛卧地、衰竭

视频 2-2-46 犊牛沙门菌病，精神沉郁（王春璈 摄）

图 2-2-118 成母牛沙门菌病，粪呈黄色，粪中有肠黏膜

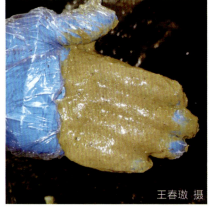
图 2-2-119 成母牛沙门菌病，粪黏腻、呈黄色

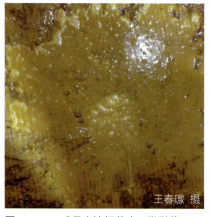
图 2-2-120 成母牛沙门菌病，粪稀薄、呈黄色

成母牛沙门氏杆菌病的发病时间在泌乳 120d 内均有分布。奶牛的慢性乳房炎和子宫炎有可能是都柏林沙门菌感染引起的。沙门菌病引起的流产大多发生在妊娠 5~9 个月的胎儿。

【病理变化】 沙门菌病的典型病理变化是肠管黏膜坏死、呈黄色，极易剥脱（图 2-2-121），剪开肠壁，坏死的黄色黏膜随之剥脱（图 2-2-122、视频 2-2-47）。因大量肠黏膜剥脱，肠壁变薄，像一层麸皮，肠壁透明（图 2-2-123）。皱胃黏膜坏死，呈黄色，脱落（图 2-2-124、图 2-2-125）。犊牛沙门菌病的另一个典型病理变化是肠系膜淋巴结肿大（图 2-2-126），切面水肿（视频 2-2-48）。

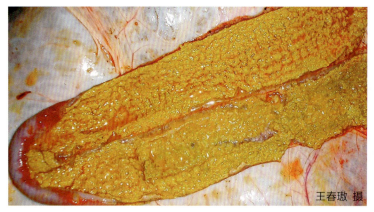

图 2-2-121　犊牛沙门菌病，肠管黏膜坏死，像一层麸皮

图 2-2-122　犊牛沙门菌病，剪开肠壁，坏死的肠黏膜剥脱

图 2-2-123　沙门菌病的肠壁变薄，有透明感

图 2-2-124　犊牛沙门菌病，皱胃黏膜坏死，坏死黏膜呈黄色

图 2-2-125　犊牛沙门菌病，皱胃黏膜坏死、脱落

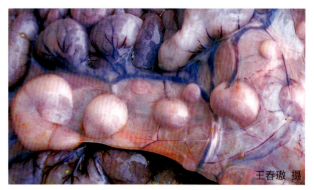

图 2-2-126　犊牛沙门菌病，肠系膜淋巴结肿大

视频 2-2-47　犊牛沙门菌病，剪开肠管显露坏死的黄色黏膜，用刀极易剥离（王春璈 摄）

视频 2-2-48　犊牛沙门菌病，切开肿胀的淋巴结，切面水肿（王春璈 摄）

特别指出的是，B型或C型沙门菌的最急性感染和都柏林沙门菌的急性感染，死亡奶牛的小肠末端和结肠黏膜纤维束性坏死可能不明显。而亚急性和慢性沙门菌病病牛的小肠末端和结肠黏膜出现纤维素性坏死，有的病例肠壁有点状出血，同时肠系膜淋巴结肿胀。

【诊断】 根据病牛的流行病学特征、临床症状、病理变化，可对本病做出初步诊断，要注意牛沙门菌病与大肠杆菌及球虫病间的鉴别诊断。但确诊需进行实验室诊断，不论沙门菌的类型和病原菌株如何，均可通过病原菌的培养与鉴定对本病进行确诊。

沙门菌病的病原诊断，需要无菌采取病死牛的脾脏、肝、淋巴结（视频2-2-49）、肠管坏死黏膜、皱胃黏膜等组织；对流产的胎儿，要采取脾脏、肝、皱胃等脏器。将病料分别装置无菌采样杯内，并标记牛号和病料名称，送实验室检测。可直接用病料接种选择培养基；也可先用增菌培养基培养后，再接种于选择培养基。选择培养基一般常用SS琼脂，37℃培养18~24h，形成圆形、光滑、湿润、半透明、灰白色、大小不等的菌落。挑取典型菌落，涂片革兰染色、镜检，可见革兰阴性杆菌。微量生化反应管快速生化鉴定法是一种快速、准确、简单的沙门菌鉴定方法。

视频2-2-49
犊牛沙门菌病，无菌采取淋巴结（王春璈 摄）

【治疗】 加强饲养管理，及时巡栏，早期发现病牛，对病牛进行隔离并积极治疗。对发生沙门菌病犊牛的治疗，包括补液、使用磺胺类药物及抗生素疗法。

（1）**补液** 依据病牛的全身症状，选择补液的途径。对处于休克状态、不能站立、严重脱水及无哺乳反射的患病犊牛，应给予静脉内补液；能走动、哺乳和轻度脱水的犊牛，可经口补液。

B型、C型和E型沙门菌的最急性感染，可能会出现与大肠杆菌感染相似的代谢性酸中毒，而且，沙门菌病犊牛体内钠离子和碳酸氢根离子的丢失引起的酸中毒比大肠杆菌病更严重。因此，用生理盐水或5%葡萄糖氯化钠注射液，配合5%碳酸氢钠液静脉注射。对病情严重的犊牛，可以输血，最好采犊牛母亲的血，用10%氯化钙做抗凝剂，按1:5的比例配制，1次输血1000mL。一般不会出现输血反应。也可采计划淘汰的母牛血，在给犊牛输血时，先输100~200mL，观察犊牛的反应，如无不良反应，可继续输血。另外，对病情严重的犊牛还要注射氟尼辛葡甲胺10~15mL。

对能走动、哺乳和轻度脱水的犊牛，可经口补液。先静脉注射10%氯化钠300mL，然后立即经口灌服3000mL温水，促使进入胃内的水快速吸收到血液，以补充血容量。如果犊牛能够饮水，也可在上午和下午喂奶2h后，给犊牛饮水2000mL。如果患沙门菌病的犊牛的皱胃膨胀，说明皱胃内积存了大量渗出液与胃液，胃液内大量氯离子丢失，引起低氯离子性代谢性碱中毒，此时必须静脉注射生理盐水或10%氯化钠注射液，纠正代谢性碱中毒。

（2）**使用磺胺类药物进行抗菌治疗** 当全群暴发沙门菌病时，可用磺胺间甲氧嘧啶，放入奶中喂，首次剂量为50mg/kg体重，第2次及以后按25mg/kg体重，配伍甲氧苄啶10mg/kg体重，每天喂2次，连用3~5d。

也可选用硫酸庆大霉素注射液或恩诺沙星注射液，与5%葡萄糖氯化钠500~1000mL，静脉注射，每天2次。同时，肌内注射5%维生素C溶液20mL，连用3d。在治疗期间，应根据病牛的临床表现，随时调整治疗方案。

（3）**抗生素疗法** 对于沙门菌病犊牛使用抗生素治疗是有争议的，应该讨论。

1）使用抗生素的原因有以下几点：

①任何型的沙门菌病，特别是都柏林沙门菌病，在新生犊牛常常表现败血症。

②在临床上，当犊牛出现休克症状和严重腹泻时，不能确切地判断哪些牛是发生了败血症，哪些牛仅仅是内毒素血症。

③持续体温升高和持续的腹泻，说明犊牛存在肠道感染，不是产肠毒素大肠杆菌。

④使用抗生素后，病程缩短，治愈率提高。

⑤严重感染的沙门菌病病牛，可能继发其他细菌的感染。

2）不使用抗生素的原因：

①担心会产生耐药菌株，将来可能会对人和其他动物有伤害。

②虽然使用抗生素能提高临床治愈率，但它不能阻止经粪便向外排菌或影响排菌时间。

作者认为，现在还没有使用抗生素治疗沙门菌病引起沙门菌耐药的报告，也没有从人身上发现奶牛使用抗生素治疗沙门菌病引起人的沙门菌耐药的报告。因此，对沙门菌的急性感染或重度败血症犊牛，可以使用磺胺药或抗生素进行治疗，以提高对沙门菌病的治愈率。

（谢之景　都启晶　王春璈）

七、链球菌病

奶牛链球菌病（Streptococcosis）是由多种血清型的链球菌感染引起的奶牛的一种重要的细菌病，不同饲养阶段的患病奶牛所表现的临床症状不同，在犊牛以急性、热性呼吸道传染病或慢性肺炎为特征，在成年牛以出血性败血症和脑膜炎为特征。

2007—2010年，犊牛肺炎链球菌病在我国各地的奶牛场呈地方流行性，死亡率高，经济损失严重。现在，随着肉牛养殖业的兴起，肺炎链球菌病在肉牛场中也不断发生，呈地方流行性。成年牛败血性脑膜炎性链球菌病，呈地方流行性，有的牛场成年牛的月发病率达10%，连续3个月不断出现病例，病牛的治愈率低，死亡率高达90%以上。

【病原】　链球菌（*Streptococcus*）是革兰阳性菌，菌体短，呈瓜子状成对排列，也有短链状，有荚膜，无芽孢和鞭毛。在普通培养基上不生长，在鲜血琼脂培养基上生长良好，菌落形成α溶血，在厌氧条件下可产生β溶血。在肉汤内生长，呈均匀混浊状。肺炎链球菌菌落一般可分为3个型，黏液型（M）、光滑型（S）和粗糙型（R）。链球菌对外界抵抗力较强，0℃以下可存活150d，室温下可存活6d，在粪便、灰尘和尸体内可长期存活。但对干燥湿热敏感。阳光直射1h或52℃10min即可杀死本菌，常规消毒药可将本菌很快灭活，如5%苯酚、0.1%升汞和0.01%高锰酸钾、氢氧化钠等。

【流行病学】　奶牛肺炎链球菌病主要发生于犊牛，按发病日龄统计，30日龄内的发病犊牛占总发病数的58%，45~120日龄的犊牛主要表现为慢性肺炎，1岁以上的育成牛、青年牛和成年牛也可发生。病牛和带菌牛是主要传染源，其鼻腔分泌物、排泄物含有大量细菌。被病牛污染的饲草、饲喂工具、厩舍等是本病重要的传播媒介。本病主要通过呼吸道传播感染，其次为脐带感染。另外，也可经消化系统和外伤感染肺炎链球菌。据统计，本病经呼吸道感染的占73%，脐带感染的占18%，经消化道感染的占9%。发病集中在每年的1~3月，以冬春气温低时更多发。饲养管理与本病的发生有密切关系，牛舍空气不流通、饲养密度过大，犊牛抵抗力降低，均可促进本病发生、传播。

奶牛败血性脑炎型链球菌病，多发生在早春和初夏，主要发生在成母牛，青年牛、干奶牛、泌乳牛，肉牛也可发生。例如，一个肉牛场饲喂败血性脑炎发病牛场的泌乳牛剩料，引发了肉牛败血性脑炎型链球菌病的传播，证明败血性脑炎型链球菌病为经消化道感染；在一个2500头牛的牧场，连续发病4个月，每经1~3d发现1~2头败血性脑炎型链球菌病病牛，造成了很大的经济损失。

【症状】

（1）**犊牛肺炎链球菌病** 根据病程和临床病状可将本病分为急性型和慢性型。

1）急性型：发病急，病牛表现精神沉郁，采食减少甚至废绝，体温升高至39.5~41.3℃，呈弛张热；病犊呼吸急促、浅表，腹部扇动，气喘、咳嗽（视频2-2-50），呼吸达80次/min；心跳加快，达80~100次/min；排出黏液性稀便，脱水，眼窝下陷，被毛粗乱，消瘦。部分病牛在发病后7d左右死亡。

视频2-2-50
犊牛急性链球菌病，卧地不起，呼吸困难（王春璈 摄）

视频2-2-51
犊牛慢性链球菌病，流白色脓性鼻涕（王春璈 摄）

2）慢性型：病牛咳嗽，流脓性鼻涕（图2-2-127、图2-2-128、视频2-2-51），呼吸急促，气喘，腹部扇动；可视黏膜发绀；肺部听诊，肺泡呼吸音粗厉，肺的前下部有啰音。气喘症状可持续多日，成为慢性呼吸道症状。病犊采食量降低，有的病例初次治愈后有复发现象，体温升高，食欲废绝；少数病例后期伴发腹泻，排出黏性、恶臭的褐色稀便，目光无神，眼窝下陷，被毛粗乱，消瘦（图2-2-129）。

图2-2-127 犊牛慢性肺炎链球菌病，流脓性鼻涕

图2-2-128 犊牛肺炎链球菌病，流脓性鼻涕

图2-2-129 犊牛慢性肺炎链球菌病，消瘦

在慢性肺炎发病的同时，部分犊牛的腕关节、跗关节、球关节肿大，关节痛疼、不能充分伸展，严重的卧地不能起立（视频2-2-52），发病后5~6d，关节化脓（图2-2-130、图2-2-131）。

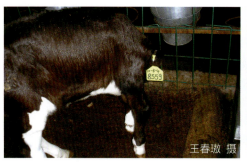
王春璈 摄

图 2-2-130　犊牛肺炎链球菌病关节化脓

王春璈 摄

图 2-2-131　犊牛肺炎链球菌病，从化脓关节内抽出的脓液

视频 2-2-52
犊牛肺炎链球菌病，关节化脓（王春璈 摄）

（2）败血性脑炎型链球菌病　临床症状可分为兴奋型、努责型及后躯无力卧地型三种类型。

1）兴奋型：患病奶牛开始表现兴奋不安，鸣叫，奔跑，卧地后口咬钢管等异物（视频2-2-53）。有的病牛卧地不起，挣扎，四肢划动（视频2-2-54），一般经2d衰竭、死亡。

2）努责型：患病奶牛泌乳量快速降低后，兽医人员才知道奶牛已经发病。将奶牛赶到颈枷上进行检查时，发现奶牛不时地努责，努责过程中排出一点白色的胶冻样黏液（视频2-2-55），经0.5d左右，奶牛卧地不起，衰竭死亡，病程一般为2d左右。

3）后躯无力卧地型：奶牛发病后，泌乳量快速降低，后躯运动无力，两后肢系部关节不能正常伸展，表现凸球症状（视频2-2-56），很快卧地不起，经2~4d死亡。

4）肉牛败血性脑炎型链球菌病：患病肉公牛兴奋不安、流涎，有攻击人的现象（视频2-2-57），发病后24h死亡。有的病例站立不稳，两后肢系部屈曲，出现凸球症状，精神不振，停止采食，其他健康肉公牛爬跨发病牛，病牛经24h死亡（视频2-2-58）。

视频 2-2-53
泌乳牛败血性脑炎型链球菌病，奔走、卧地、口咬钢管（王春璈 摄）

视频 2-2-54
泌乳牛败血性脑炎型链球菌病，倒地、四肢滑动（王春璈 摄）

视频 2-2-55
奶牛败血性脑炎型链球菌病，不时努责（王春璈 摄）

视频 2-2-56
奶牛败血性脑炎型链球菌病，鸣叫、站立不稳（王春璈 摄）

视频 2-2-57
牛败血性脑炎型链球菌病，兴奋、攻击人（王春璈 摄）

视频 2-2-58
牛败血性脑炎型链球菌病，站立不稳（王春璈 摄）

【病理变化】

（1）犊牛肺炎链球菌病　犊牛的肺小叶感染，又称为小叶性肺炎。急性肺炎链球菌病病牛的肺心叶、间叶、副叶充血、出血，外观呈暗红色，肺的弹性降低、实变（图2-2-132、图2-2-133）。

慢性肺炎链球菌病的病变仍在肺心叶、间叶和副叶。肺的表面有大量黄豆大小的白色化脓灶，化脓灶弥漫性分布（图2-2-134）。肺的切面也有大量化脓灶（图2-2-135），将化脓灶切开，流出黏稠白色脓液（图2-2-136）。整个肺小叶质地坚硬、实变，肺与胸膜粘连（图2-2-137）。肺小叶失去正常的换气功能，引起犊牛缺氧，表现气喘，腹部扇动，用力呼吸，导致肺的膈叶基本正常，有的病例发生肺大泡（图2-2-138、图2-2-139）。

图 2-2-132　急性肺炎链球菌病，部分肺小叶出血实变

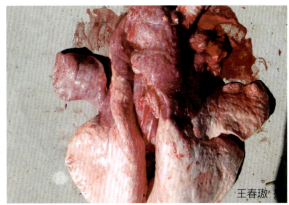

图 2-2-133　急性肺炎链球菌病，肺小叶出血实变

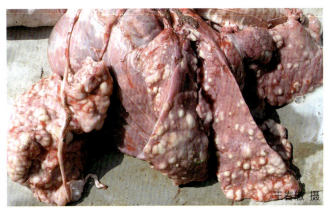

图 2-2-134　犊牛慢性肺炎链球菌病，肺小叶上有弥漫性、黄豆大化脓灶

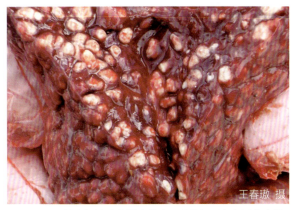

图 2-2-135　犊牛慢性肺炎链球菌病，肺的切面有大量化脓灶

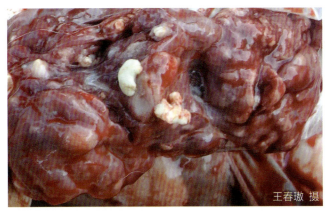

图 2-2-136　犊牛慢性肺炎链球菌病，切开化脓灶，流出白色脓液

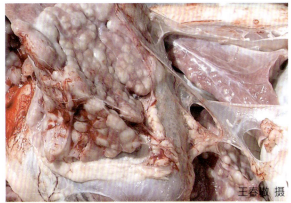

图 2-2-137　肺炎链球菌病，有肺小叶化脓灶，粘连

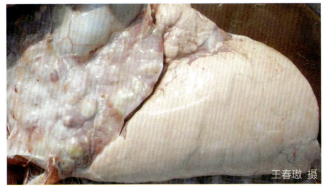

图 2-2-138　犊牛慢性肺炎链球菌病的肺大泡

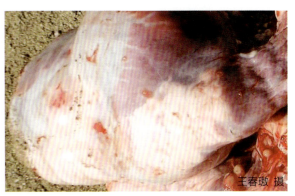

图 2-2-139　犊牛肺炎链球菌病肺大泡

（2）败血性脑炎型链球菌病　有3种不同临床症状的败血性脑炎型链球菌病，病理变化主要为出血性变化，整个肠管黏膜弥漫性出血（图2-2-140），特别是直肠黏膜出血最为严重（图2-2-141），肺出血（图2-2-142），皱胃黏膜出血（图2-2-143），脑膜血管充血与出血（图2-2-144）。

图 2-2-140　奶牛败血性脑炎型链球菌病，肠管黏膜出血

图 2-2-141　奶牛败血性脑炎型链球菌病，结肠与直肠黏膜出血

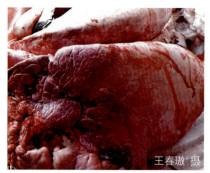

图 2-2-142　奶牛败血性脑炎型链球菌病，肺弥漫性出血

图 2-2-143　奶牛败血性脑炎型链球菌病，皱胃黏膜弥漫性出血

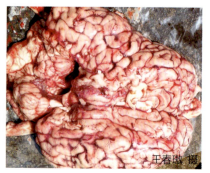

图 2-2-144　奶牛败血性脑炎型链球菌病，脑膜充血与出血

【诊断】　根据流行病学特征、临床症状和病理变化，可对本病做出初步诊断。确证需要进行病原诊断。无菌采集死亡牛的肺病变组织，对奶牛败血性脑炎型链球菌病例要采取肝脏、皱胃和肠管黏膜等组织。将病料接种到血平板培养，进行分离鉴定。也可用病料直接抹片、革兰染色、镜检。可看到大量革兰染色阳性球菌，有2个或多个细菌呈短链状排列即可初步诊断。瑞氏染色，镜检，表现成双瓜子形、有荚膜的球菌可基本确诊。如果要确定链球菌血清型，需采用链球菌分型试剂盒进行测定。

【治疗】

（1）犊牛肺炎链球菌病　早发现、早治疗是提高犊牛肺炎链球菌病治愈率的根本原则。对出现咳嗽和呼吸异常的牛，立即进行隔离治疗。早期选用敏感抗菌药进行治疗，如青霉素类、头孢类药物或喹诺酮类等。用头孢噻呋钠和恩诺沙星联合用药，头孢噻呋钠剂量为 6mg/kg 体重，肌内注射，1次/d，连用5~7d；恩诺沙星注射液剂量为6~8mg/kg 体重，静脉注射，1次/d，连用5~7d。经3~4d的治疗，临床症状基本消退，为了巩固治疗效果，还需继续用药2~3d，同时注意保护肝脏，可注射葡萄糖与维生素C；对伴发腹泻出现脱水和酸中毒的病牛，要补充水与电解质溶液。

需要注意的是，治疗肺炎链球菌病，不能一见好转就停药，否则易复发变为慢性肺炎，难以治愈。咳嗽、流鼻、气喘等呼吸道症状均已消退，体温正常，精神状态与采食、反刍正常，方可停药。

对于慢性肺炎链球菌病，因肺小叶化脓和肺组织发生实变，难以治愈，应该尽早淘汰。犊牛化脓性关节炎，在关节病的初期应使用抗生素和非甾体抗炎药，若关节已发生化脓，需切开化脓的关节，放出脓液，用消毒水冲洗脓腔，定期处理，大多数化脓关节的病例可康复。

（2）败血性脑炎型链球菌病　败血性脑炎型链球菌病发病急、病情恶化快，大多在出现临床症状0.5~2d死亡。为此，通过体温测定早期发现病牛，对体温升高到39.3℃以上的病牛积极进行隔离治疗。治疗原则为选用广谱抗生素，配合非甾体抗炎药，采用降低脑内压、抗炎、解毒等综合措施，有很少部分病牛可得到治愈，治愈率在10%以内。

【防控】　加强饲养管理，定期消毒。尽量在犊牛岛内喂养哺乳犊牛，如果在牛舍内饲养哺乳犊牛，舍内应保持干净、干燥、通风、保暖。需强调的是牛舍的通风，要安装通风管道（视频2-2-59），保持牛舍空气新鲜。实践证明，凡在犊牛舍内安装通风管道装置的牧场，犊牛呼吸道疾病的发病率会大幅下降。

视频2-2-59
在犊牛舍安装通风管道装置（王春璈 摄）

对败血性脑炎型发病牛场，对病牛进行隔离、饲养、治疗，避免病牛与健康牛接触。对病牛污染的饲草等进行无害化处理，厩舍、饲喂通道、卧床等要用碘制剂进行严格的消毒。

（谢之景　都启晶　王春璈）

八、支原体病

奶牛支原体病是由牛支原体（*Mycoplasma bovis*）感染引起的奶牛肺炎、关节炎、乳房炎等多种病征的一种常发性传染病，本病在养牛场中广泛传播，凡有养牛的地方就有支原体病原的存在，给养牛业造成巨大的经济损失。

【病原】　牛支原体为支原体属（*Mycoplasma*）成员，细小，能通过细菌滤器，无细胞壁，形态多样，革兰染色阴性，需在支原体培养基上培养（图2-2-145）。除了牛支原体外，殊异支原体（*M. dispar*）、加利福尼亚支原体（*M. californicum*），牛生

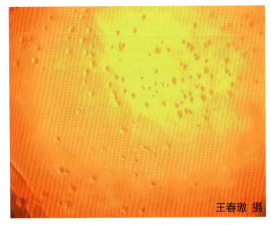
王春璈 摄
图2-2-145　支原体在支原体培养基上生长的形态

殖道支原体（*M. bovigenitalium*）产碱支原体（*M. alcalescens*）等也是引起本病的主要病原。

牛支原体具有宿主特异性，是黏膜常在菌，主要寄生在鼻腔，其次在乳腺和关节内。牛支原体在环境中的存活力较其他支原体强，如在避免阳光直射条件下可存活数周，在牛奶中4℃存活60d，37℃存活7d，在稻草中存活13d，在水中存活18d，在粪便中存活230d。牛支原体对高温敏感，65℃经2min、70℃经1min处理即可失活。

【流行病学】　牛支原体在牛群中广泛存在，奶牛、肉牛、绵羊均高度易感。各饲养阶段的奶牛对支原体均易感，犊牛常表现肺炎和关节炎，泌乳牛常表现乳房炎。被支原体感染的牛是本

病主要的传染源，可携带病原体长达数月甚至数年之久。但牛支原体病自然感染的潜伏期较难确定。国外有报道，在健康犊牛群中引入感染牛24h，就有犊牛从鼻腔中排出牛支原体，但大部分牛在接触感染牛7d后经鼻腔排出牛支原体，有的牛在接触感染2周后发病。呼吸道是本病主要的传播途径，其次是消化道或生殖道。犊牛的脐带消毒不好可使犊牛带支原体，在应激的情况下，易暴发犊牛支原体肺炎或关节炎。公牛配种或使用携带牛支原体的冻精进行人工授精都可导致牛支原体的传播和扩散。发生支原体乳房炎的奶牛呈阶段性的向外排菌，难以治愈，最后淘汰。

近年来，一些大型牧场泌乳牛的支原体肺炎呈散发分布，突发的支原体关节炎也偶有发生，引起牛的重度跛行。牛支原体病是一种应激反应性疾病，各种应激因素是本病发生的重要诱因，如外界气温的突然降低或升高，特别是早春和晚冬期间气温突然降低，最容易诱发牛的支原体肺炎。犊牛舍空气流通不好是诱发支原体肺炎的重要原因。在室外犊牛岛饲养的犊牛，支原体肺炎的发病率很低，当断奶后转移到牛舍后，支原体肺炎发病率升高，这与牛舍通风不好有密切关系。犊牛断奶转群、疫苗接种等应激，都是支原体肺炎的发病诱因。哺乳犊牛支原体肺炎发病率高，与牧场泌乳牛病牛支原体乳房炎、母乳传播牛支原体有关。我国肉牛支原体肺炎的暴发几乎都与长途运输应激有关，当肉牛从输出地到达输入地后2周左右即开始发病。

牛感染支原体后，机体抵抗力降低，常常易继发巴氏杆菌病、溶血曼氏杆菌病和肺炎链球菌病。有资料表明，在感染牛呼吸道合胞体病毒的牛的肺中，10%的病例存在牛支原体感染，在感染巴氏杆菌或溶血曼氏杆菌病的牛的肺中，57%的病例存在牛支原体。牛群一旦感染支原体后很难被清除。如果牛群伴发巴氏杆菌病或溶血曼氏杆菌病、肺炎链球菌等疾病，病死率将显著增加，有的牧场患支原体肺炎的犊牛死亡率达100%。单纯犊牛支原体肺炎死亡率在27%以上。

【症状】 临床上，奶牛支原体病主要表现为肺炎、关节炎和乳房炎。犊牛发生肺炎和关节炎，泌乳牛主要发生支原体乳房炎，也可发生肺炎和关节炎。

（1）支原体肺炎

1）犊牛支原体肺炎：哺乳期犊牛和断奶后犊牛都可发生支原体肺炎，但断奶后犊牛支原体肺炎的发病率增高。发病初期体温升高至39.5~41.5℃，病牛精神沉郁、咳嗽、气喘（视频2-2-60），驱赶运动后气喘与咳嗽加剧。单纯的支原体肺炎病牛不流鼻涕。病牛食欲减退，严重者食欲废绝。如果对病牛进行积极治疗而且用药得当，经1~2个疗程，绝大多数病牛预后良好。如果停药过早，很易复发并转为慢性支原体肺炎，难以治愈。如果在发病初期用药错误，则病情加重，死亡率增高。没有死亡的病牛逐渐转为慢性支原体肺炎牛。

对于突发呼吸道症状的犊牛群，特别是在外界气温降低后发生呼吸道疾病的犊牛，兽医和饲养人员常常把这种病牛当成感冒治疗，由于诊断错误或用药不当，对支原体治疗无效，犊牛咳嗽和喘气症状不见好转，逐渐转变为慢性支原体肺炎牛（视频2-2-61）。犊牛呼吸用力，腹部扇动，不时咳嗽，口角常常黏附白色黏液（视频2-2-62、图2-2-146），逐渐消瘦，被毛粗乱无光（图2-2-147、视频2-2-63），抵抗力降低，常常继发巴氏杆菌病、溶血曼氏杆菌病或肺炎链球菌病，犊牛病情加重，体温一般在39.5℃以上，咳嗽、气喘，流鼻涕，消瘦（图2-2-148、图2-2-149），死亡率大幅度提高。

2）成母牛支原体肺炎：成母牛大多发生急性支原体肺炎，大多散发。病牛呼吸困难，伸颈用力呼吸，口角黏附白色黏液，体温升高到39.5~41.5℃，采食与反刍停止（图2-2-150、视频2-2-64），一般3d左右死亡。

视频2-2-60 断奶后犊牛新发支原体肺炎，咳嗽、气喘（王春璈 摄）

视频2-2-61 犊牛支原体肺炎，呼吸困难（王春璈 摄）

视频2-2-62 慢性支原体肺炎，咳嗽，口角有大量白色黏液（王春璈 摄）

视频2-2-63 支原体肺炎，呼吸困难，消瘦（王春璈 摄）

视频2-2-64 泌乳牛支原体肺炎，呼吸困难（王春璈 摄）

图2-2-146 断奶犊牛慢性支原体肺炎

图2-2-147 慢性支原体肺炎牛舍，病牛消瘦

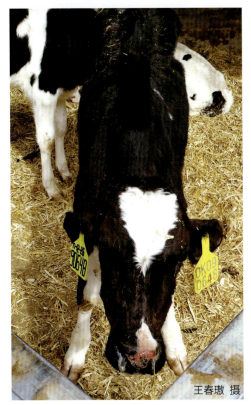

图2-2-148 犊牛支原体肺炎继发肺炎链球菌病

图2-2-149 慢性支原体肺炎继发巴氏杆菌感染

图2-2-150 泌乳牛支原体肺炎，呼吸困难

（2）支原体关节炎　支原体关节炎在奶牛的各饲养阶段均可发生，但犊牛的发病率高，后备牛和成母牛大多散发。

1）犊牛支原体关节炎：呈散发或地方流行性。发病日龄最早为8日龄，一般在15日龄左右高发，发病急，前一天还正常，下一天犊牛就发生关节炎了，关节变形、关节肿胀、不能正常屈伸（图2-2-151），运动时出现跛行，严重的不能站立（图2-2-152）。球关节、腕关节、肩关节、肘关节、跗关节、髋关节，膝关节等均可感染；犊牛的一个或几个关节同时发生关节炎（图2-2-153）。触诊患病的关节，局部肿胀、温热、疼痛、呈坚实样肿胀，无波动。病程长的犊牛，消瘦，变为恶病质状态（图2-2-154）。

2）成母牛支原体关节炎：发病急，突然出现跛行，呈重度支跛行，患肢不敢负重，运动时呈三脚跳跃前进（视频2-2-65）。触诊患病关节敏感，坚实样硬度，关节囊轮廓不清，无波动（图2-2-155）。奶牛采食量降低，泌乳量降低。奶牛发生支原体关节炎，一般预后不良，大多被淘汰。

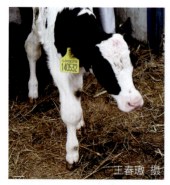
图2-2-151　犊牛支原体关节炎，关节肿胀

图2-2-152　犊牛支原体关节炎，关节不能伸展

图2-2-153　犊牛支原体关节炎，两腕关节肿胀

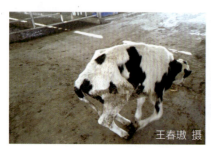
图2-2-154　犊牛支原体关节炎病程很长，变为恶病质状态

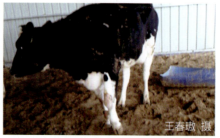
图2-2-155　成母牛支原体腕关节炎，腕关节肿胀、疼痛、不能屈曲

视频2-2-65　泌乳牛支原体腕关节炎（王春璈　摄）

（3）支原体乳房炎　奶牛支原体乳房炎内容，见奶牛乳房炎相关章节。

【病理变化】

（1）支原体肺炎病理变化　发病初期，病变局限于部分肺小叶，肺小叶组织出现出血与肉样实变区，肺大叶无明显变化（图2-2-156）。随着病程的延长，病情进一步加重，全部肺小叶发生严重的出血与肉样实变区，肺小叶失去换气功能（图2-2-157）。当支原体肺炎进一步发展，病变从肺小叶逐渐向肺大叶（膈叶）蔓延，使部分膈叶发生肉样实变（图2-2-158）。当支原体肺炎转为慢性肺炎后，肺膈叶肉样实变面积越来越大，患病奶牛呼吸愈发困难，张口伸舌呼吸，口角黏附黏液，此时肺的膈叶绝大部分发生肉样实变（图2-2-159），严重的支原体肺炎，整个肺发生肉样实变（图2-2-160）。

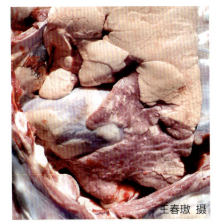

图2-2-156 急性支原体肺炎，部分肺小叶出血与肉样实变

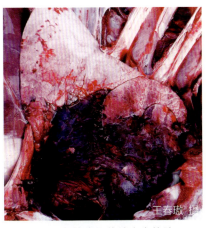

图2-2-157 急性支原体肺炎牛的肺，肺小叶严重出血

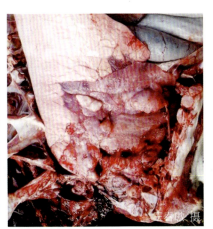

图2-2-158 支原体肺炎肺肉样病变向膈叶蔓延

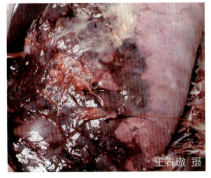

图2-2-159 支原体肺炎，肺的膈叶大部分肉样实变

图2-2-160 支原体肺炎，膈叶肉样实变与出血

视频2-2-66
4月龄犊牛因急性支原体肺炎死亡，解剖发现肺大叶气肿，肺小叶出血（王春璈 摄）

除肺组织发生肉样实变外，另一明显的病理变化是肺的出血性变化，新发的急性支原体肺炎，肺小叶出血（视频2-2-66），支原体肺炎继发溶血曼氏杆菌病，肺有陈旧性黑色出血斑，出血的部位大多在膈叶（图2-2-161），切开出血斑部位，肺的深部也是陈旧性出血（图2-2-162）。当支原体肺炎牛继发巴氏杆菌病后，肺小叶肉样实变，肺大叶呈大理石样出血（图2-2-163）。当支原体肺炎继发肺炎链球菌后，肺小叶肉样实变，并有大量黄豆大的化脓灶（图2-2-164）。

（2）**支原体关节炎病理变化** 患病关节局部肿胀，呈坚实样硬度，关节囊与关节腔内无积液与脓液，关节内出现黄色干酪样坏死物（图2-2-165~图2-2-167），这是支原体关节炎的病理特征。

【诊断】 无菌采取支原体肺炎死亡牛的肺病料，也可用无菌棉拭子采集支原体肺炎牛鼻腔分泌物。对于支原体关节炎，需采集关节腔内干酪样坏死物。将病料处理后，接种到类胸膜肺炎微生物（Pleuropneumonialike Organisms，PPLO）固体培养基表面，置于37℃下的5%CO_2培养箱，培养3~7d，在倒置显微镜下观察固体培养基上的菌落形态，支原体菌落具有"煎蛋样"典型特征（图2-2-168）或圆形凹陷菌落特征（图2-2-169），即可确诊。

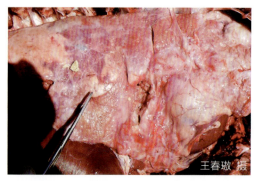
图 2-2-161 支原体肺炎，肺全部肉样实变

图 2-2-162 慢性支原体肺炎继发溶血曼氏杆菌病的肺陈旧性出血斑、坏死

图 2-2-163 支原体肺炎继发巴氏杆菌病

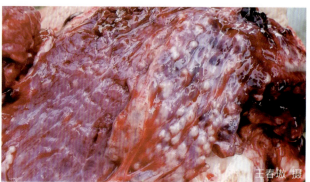
图 2-2-164 支原体肺炎继发肺炎链球菌病

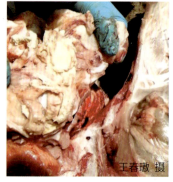
图 2-2-165 支原体关节炎关节内有大量干酪样坏死物

图 2-2-166 关节内的干酪样坏死物

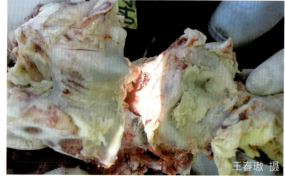
图 2-2-167 支原体膝关节炎，干酪样坏死物

图 2-2-168 支原体培养基上的"煎蛋样"菌落

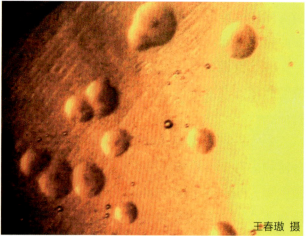
图 2-2-169 支原体培养基上的凹陷菌落（放大后）

支原体培养基平板配制方法见下。

1）支原体基础培养基配制方法：将35.5g基础干粉琼脂（可选OXOID产品）溶于1000mL蒸馏水中，加热溶解煮沸，高压121℃灭菌15min备用。

2）支原体添加剂配制方法：每支干粉支原体添加剂（可选OXOID产品）可溶解成20mL溶液，用无菌刻度吸管或取液器（无菌吸头，使用前将吸头靠近酒精灯火焰，反复抽吸，对取液器内气体灭菌），取无菌蒸馏水（45~50℃）20mL（可分2次加入，一次性加入液体易外溢）加到瓶中溶解备用。

3）支原体培养基配制方法：支原体基础培养基冷却到45℃时，按1∶4比例将支原体添加剂加入支原体基础培养基，混合均匀后倒板，每板倒入量为15~20mL，凝固后置4℃保存备用。

犊牛关节炎的鉴别诊断：在临床上，要注意犊牛支原体关节炎与链球菌、大肠杆菌、沙门菌、葡萄球菌等引起的关节炎的鉴别诊断。犊牛在10~15日龄发病，发病急、关节弥漫性肿胀、无波动、疼痛明显，重度跛行，1个或几个关节同时发病，可判定为支原体关节炎。凡关节肿胀、化脓、有波动，穿刺排出脓液，可能是链球菌、大肠杆菌、沙门菌、葡萄球菌引起的感染化脓。

【治疗】 早诊断、早治疗是有效控制本病的基本原则。支原体无细胞壁，对β-内酰胺类抗生素不敏感，对磺胺药物也不敏感。早期应用敏感抗菌药物治疗牛支原体病，药敏试验证实可选用四环素类（四环素、多西环素等）、喹诺酮类（恩诺沙星、环丙沙星）、大环内酯类（泰乐菌素、替米考星、红霉素等）和泰妙菌素（支原净）等药物，至少治疗1~2个疗程，大多能够治愈，不能一见好转就停药，最好的治疗时间是犊牛临床症状消退后再用药3d。

支原体肺炎的治疗效果与选用的药物、用药时间、用药剂量和病牛有无继发感染及所处的病程阶段等多种因素有关。很多牧场用拜有利（恩诺沙星）治疗，6mg/kg体重，效果很好。由于支原体肺炎常常与巴氏杆菌、溶血曼氏杆菌、肺炎链球菌混合感染，在选择药物方面要考虑到混合感染的病原菌，在用恩诺沙星的同时，配合使用头孢噻呋钠与非甾体抗炎药，治疗效果明显。

【防控】 尚无商业化疫苗预防本病。保持牛舍通风良好、清洁、干燥，定期消毒，改善环境卫生。犊牛舍的通风对降低肺炎发病率至关重要，跨度大的犊牛舍，要安装通风管道，风机向通风管道内排入新鲜空气，空气经通风管道上的孔洞进入犊牛舍，以保证犊牛舍空气新鲜，这种装置有效地降低了犊牛各类肺炎的发病率（视频2-2-67）。减轻各类应激，牛群密度适当，避免过度拥挤。加强巡栏，发现呼吸异常的牛及时进行临床检查，对体温超过39.2℃的牛进行隔离、治疗。

视频2-2-67
大型犊牛舍内的通风管道（王春璈 摄）

（谢之景　都启晶　王春璈）

九、梭菌性肠毒血症

牛梭菌性肠毒血症（Bovine Clostridial Enterotoxaemia）是牛的一种急性毒血症，由产气荚膜梭菌引起。细菌在肠道中大量繁殖，产生外毒素引起牛休克死亡。近年来，本病在国内的许多牧场内流行，临床上以急性死亡为特征，也称为奶牛"猝死症"。

【病原】 产气荚膜梭菌（*Cl. perfringens*）也称魏氏梭菌，菌体呈直杆状，两端钝圆。革兰染色阳性，可形成荚膜（图2-2-170）。将病料接种到血琼脂平板培养基上，厌氧培养18~24h，在血琼脂平板上，形成圆形、边缘整齐、灰色至灰黄色、表面光滑、半透明、圆屋顶状的菌落，偶尔出现有裂叶状边缘的粗糙菌落及丝状边缘的不规则扁平菌落，菌落周围有溶血环。优势菌群是A型产气荚膜梭菌，

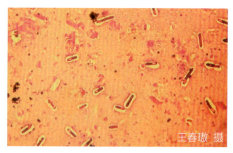

图2-2-170 产气荚膜梭菌

少数为C型、D型及E型产气荚膜梭菌。以产生的外毒素为依据，A型产气荚膜梭菌产生的外毒素主要α毒素，C型主要产生α和β毒素，D型主要产生α和ε毒素，E型主要产生α和ι毒素。这些毒素的主要成分是蛋白质，具有酶活性，毒性作用强，小剂量即可致动物死亡。本菌对一般消毒药都敏感，但芽孢对消毒药的抵抗力较强。一定条件下，细菌在奶牛胃肠道内大量快速繁殖、产生毒素，毒素经胃肠道黏膜吸收，引起奶牛发生休克与死亡。

【流行病学】 产气荚膜梭菌在自然界分布极广，可见于土壤、污水、饲料、食物、粪便及人畜肠道中。本病常发生在成母牛，犊牛较少发生。牛采食被病原菌芽孢污染的饲料和饮水，芽孢便随之进入消化道，一部分细菌在皱胃内被胃酸杀死，一部分进入肠道。在正常情况下，细菌缓慢增殖，产生少量毒素。当条件适宜，细菌快速繁殖并产生大量毒素。高浓度的毒素改变了肠道的通透性，毒素经肠道黏膜吸收进入血液，引起全身毒血症，发生中毒性休克死亡。

奶牛肠毒血症常发生在泌乳前100d的奶牛，高产奶牛（大于1胎）易发本病，多发生于寒冷冬季和夏季，与亚急性瘤胃酸中毒有关，或与质量不好的青贮有关。我国2006—2013年成母牛的发病率为1%~2%，这与我国当时规模化养殖场刚刚兴起、青贮玉米制作技术水平低下有密切关系。在收割玉米时，留茬高度如果低于18cm，收割的玉米青贮中带有大量土壤，土壤中的产气荚膜梭菌进入青贮，在压窖不实的情况下，窖内青贮的pH大于4.5时产气荚膜梭菌可在青贮中存活、繁殖，并产生丁酸，对奶牛饲喂这样的青贮，不仅会引起奶牛丁酸型酮病，而且奶牛的肠毒血症发病率升高，呈地方流行性。目前，我国青贮制作技术已经广为普及，青贮中pH小于4.5，产气荚膜梭菌不易在这样的环境中生长繁殖，已经杜绝了因青贮制作不好发生的肠毒血症。

另外，高产奶牛发病率高，这与饲喂高精料日粮有关。当突然改换高精料饲料，肠道中的产气荚膜梭菌趁机利用肠道中的高蛋白质、高能量大量繁殖，产生大量的外毒素，经肠壁吸收后，引起奶牛发病。

【症状】 本病常突然发作，常在出现症状后很快死亡。泌乳牛头一天晚上一切正常，下一天早晨发现奶牛已经死亡的情况常有发生。有的牧场因肠毒血症死亡的奶牛都死在饮水槽旁，说明奶牛在饮水过程中发生了猝死。病牛的胃肠道黏膜毛细血管扩张、通透性增强，大量液体及红细胞经毛细血管壁渗入道胃肠腔内，引起奶牛的肠管扩张、积液，奶牛水与电解质和血液向肠腔内丢失，严重脱水，饮欲增加，牛到水槽喝水时，因心力衰竭死亡（图2-2-171）。

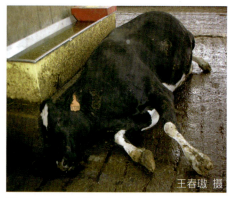

图2-2-171 奶牛猝死在水槽旁

本病的临床症状可分为2种类型，一类以搐搦为特征，另一类以昏迷和静静死去为特征。搐搦型和昏迷型在症状上的差别主要与吸收毒素的多少有关。前者在死亡前，奶牛倒地、四肢划动、肌肉震颤、眼球转动、磨牙、口水增多、头颈抽搐后仰、体温降低、反应迟钝，常常在4h内死亡。后者病程稍缓，病牛步态不稳，后倒卧，同时有感觉迟钝、快速脱水、体温降低、流涎、上下颌"咯咯"作响，继在昏迷中死亡。大型牧场巡栏人员很难看到正在发病的活牛。

【病理变化】 死亡牛腹部很快膨胀（图2-2-172），口腔、鼻腔及阴道流出污红色液体。死亡牛的消化道、呼吸道和心血管系统出血性变化十分明显。肠管浆膜层毛细血管出血，肠管浆膜层呈黑色（图2-2-173）小肠臌气积液，肠壁外观呈黑红色（图2-2-174），切开肠壁流出大量恶臭的黑红色液体（视频2-2-68），肠黏膜出血（图2-2-175），皱胃内有大量液体，皱胃黏膜出血（图2-2-176）。心脏扩张、心内膜和心外膜有大量出血斑（图2-2-177、图2-2-178）。肺充血和水肿，肺的心叶、间叶充血、出血（图2-2-179）。

图2-2-172 猝死牛，腹部膨胀

图2-2-173 奶牛肠毒血症，肠管变为黑色

图2-2-174 奶牛肠毒血症，肠管臌气积液

图2-2-175 奶牛肠毒血症，肠黏膜出血

图2-2-176 奶牛肠毒血症，皱胃黏膜出血

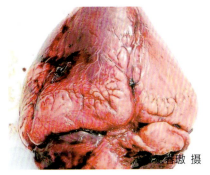
图2-2-177 奶牛肠毒血症，心外膜出血斑

图2-2-178 奶牛肠毒血症心内膜出血

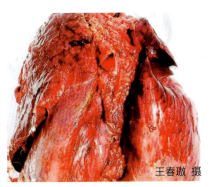
图2-2-179 奶牛肠毒血症肺充血

视频2-2-68
猝死牛，肠管膨胀积液，切开肠壁流出黑红色液体（李树超 摄）

【诊断】 依据本病的临床症状和病理变化，结合流行病学可做出初步诊断。病原检测是诊断奶牛肠毒血症的重要方法之一，无菌采取病死奶牛的脾脏、肝脏、肺和肠管与皱胃黏膜，抹片、干燥、固定、革兰染色后显微镜观察，可看到大量革兰阳性梭菌（图2-2-180、图2-2-181）。

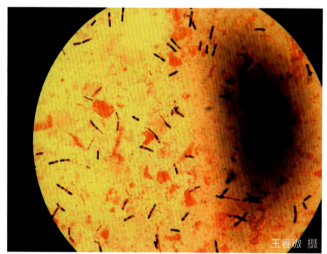
图 2-2-180　奶牛肠毒血症，肺抹片，梭状芽孢杆菌

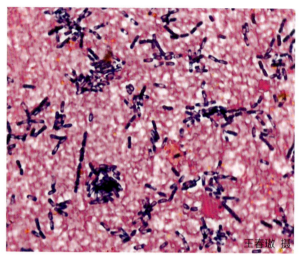
图 2-2-181　奶牛肠毒血症，肠管黏膜抹片看梭状芽孢杆菌

有效的生物学诊断方法是肠内容物中毒素检测。取回肠内容物，也可采空肠后段或结肠前段内容物，用无菌纱布过滤后，无菌离心后取其上清液，分成两份，一份加热（60℃、30min），一份不加热，分别经尾静脉给小鼠注射。如有毒素存在，则不加热组小白鼠常于数分钟内痉挛、抽搐、死亡，而加热组小鼠不死亡。如果确定致死动物的毒素类别及细菌型别，可进一步做毒素中和保护试验。

【治疗】 因本病发病急，往往来不及治疗，奶牛已经发生休克死亡。如果能及时发现病牛，可采取抗毒、抗炎、保护心脏、解除代谢性酸中毒及大量补液等措施。

【防控】 在日常饲养管理中，坚持牧场卫生防疫、消毒制度，搞好卧床、粪道的清理，限制精饲料的喂量，严禁饲喂霉败变质的饲草、饲料。疫苗接种是防控本病的重要手段。国外有肖韦（氏）梭菌、败血梭菌、水肿梭菌、双酶梭菌及C&D型产气荚膜梭菌的Alpha-7联疫苗。在犊牛3月龄时进行首次免疫，皮下注射2mL，在6月龄时加强免疫1次，以后每年免疫1次。国内已经有梭菌疫苗，犊牛满3月龄首免，4月龄加免；妊娠牛产前60d免疫1次。

（谢之景　都启晶　王春璈）

十、奶牛气肿疽

气肿疽（Emphysematous Gangren）是由气肿疽梭菌引起的奶牛的一种急性热性传染病，其临床特征为肌肉丰满的部位感染，引起肌肉大面积气性坏死，触压时有捻发音，恶化快，死亡率高。近年来本病在我国某些地区呈地方流行性，造成较大的经济损失。

【病原】 气肿疽梭菌（*Clostridium chauvoei*）为革兰染色阳性，专性厌氧，在体内外均可形成芽孢，菌体两端钝圆，有周身鞭毛，无荚膜，能产生有溶血性和坏死活性α毒素、透明质酸酶及脱氧核糖核酸酶毒素。最适培养基为葡萄糖血液琼脂。观察肝表面触片，菌体为单个存在或成对排列，或有2~5个菌体形成短链（图2-2-182），不呈长丝状。在豚鼠腹腔中可形成3~5个菌体的短链。如果是腐败梭菌感染，用肝或肺表面的触片、革兰染色、镜检，可出现长丝状的阳性细菌（图2-2-183），这是梭菌与腐败梭菌的主要区别点。

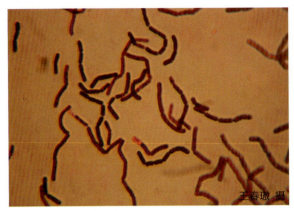
图2-2-182　气肿疽梭菌革兰阳性，带有芽孢

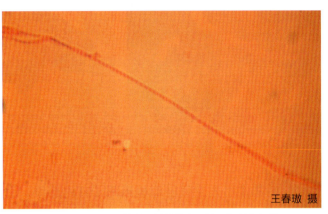
图2-2-183　腐败梭菌的肝触片，革兰染色阳性，长丝状细菌

本菌的繁殖体对理化因素抵抗力不强，但芽孢的抵抗力却极强，在土壤中可存活5年以上，干燥病料中的芽孢在室温下可存活10年以上，可耐受煮沸20min，盐腌肌肉中可存活2年以上，在腐败的肌肉中可存活6个月，芽孢在3%甲醛液中10min可被杀死。实验动物中以豚鼠最敏感，小鼠和家兔也可感染。

【流行病学】　奶牛对气肿疽易感性较强，青年牛、泌乳牛和干奶牛多发，犊牛较少发生。病牛为主要传染源，病牛污染了卧床、粪道、颈枷、饲喂通道、饮水槽及挤奶厅后，病菌在牛舍环境中可形成芽孢，长期存活于牧场环境中，对牧场的奶牛长期构成威胁。经皮肤创伤感染与经消化道途径感染是本病主要的传播途径。在生产中，最常见的发病原因是奶牛前肢在卧床前挡胸板处发生创伤、后肢在卧床坎墙的创伤、四肢下端皮肤被刮粪板的损伤等。有些牧场气肿疽与接种疫苗有关，在每次接种疫苗后，就有一批牛发生气肿疽，说明注射疫苗过程中的针头污染，没有按照每接种一头牛要更换一个灭菌针头的要求进行疫苗接种，没有做好注射局部的皮肤消毒，从而造成本病的传播、暴发。另外，病原菌污染饲草后，以芽孢的形式进入奶牛消化道内，在有腐败物质的无氧肠腺中生长繁殖，病菌通过淋巴循环和血液循环到达肌肉及肝脏中，当机体抵抗能力降低后，细菌快速繁殖，产生α毒素，导致肌肉组织发生坏死。由于气肿疽梭菌产生的透明质酸酶的作用，破坏了结缔组织基质，使感染快速向周围扩散。

本病一年四季均可发病，但在夏季和秋季发病较多，发病率可能达到2%~3%，死亡率可达100%。本病在有些地区呈地方流行性。发生过气肿疽病的牧场，可能会长期有本病散发。

【症状】　潜伏期为3~5d。病牛体温升高，达40~41℃，采食减少或废绝，反刍停止，鼻镜干燥，精神沉郁，眼结膜潮红，呼吸增速，脉搏为100次/min以上。在奶牛肌肉丰满的部位出现肿胀，初期硬固、灼热、敏感。随着病情的发展，肿胀部位迅速扩大，皮下及肌肉组织坏死，病变处皮温降低、变凉，触诊有捻发音，叩诊呈鼓音（图2-2-184、图2-2-185）。肿胀处皮肤失去弹性，知觉消失。发病后2~3d病牛全身情况迅速恶化，卧地不起，眼窝下陷、采食与反刍停止，结膜发绀，心音不整，呼吸浅表，发生败血性休克、死亡（图2-2-186）。病程一般为2~3d，死亡率100%。

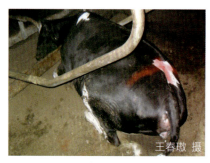
图2-2-184　气肿疽牛，臀部感染

图2-2-185　奶牛颈部气肿疽

图2-2-186　气肿疽牛，脱水，眼窝下陷

妊娠奶牛可发生气肿疽梭菌的子宫内感染，引起胎儿感染，胎儿气肿、腐败、死亡。死亡的胎儿因气肿导致奶牛发生难产。在做直肠检查触诊子宫壁时，可感到胎儿气肿，有捻发音。

【病理变化】　死亡奶牛尸体很快膨胀，胃肠极度臌气（图2-2-187），天然孔开张，从鼻腔、肛门流出少量血样泡沫样液体。肌肉丰满的部位有明显的气性肿胀，皮下结缔组织和肌膜下有大量的浆液性或胶样浸润、肌肉组织大面积腐败、坏死。切开病变组织，排出大量腐败气体，皮下组织与肌肉组织切面呈海绵状或波浪状、污红色。肌肉组织呈海绵状或波浪状是气肿疽的典型病理变化（图2-2-188）。瘤胃臌气膨胀，瘤胃黏膜脱落。肠管臌气，肠黏膜脱落。大网膜呈灰黄色、坏死。心脏扩张、呈暗红色、心内膜与心外膜有出血点，心肌变性。肺充血，肝脏肿胀、切面常常呈海绵状。

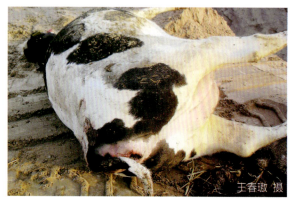
图2-2-187　气肿疽死亡奶牛，全身快速气肿膨胀

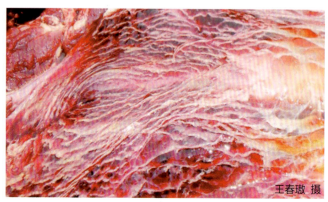
图2-2-188　气肿疽，皮下、肌肉呈海绵状或波浪状

【诊断】　根据特征性的临床症状、病理变化，可对本病做出初步确诊。确诊需进行实验室检测。可采取肿胀部位的穿刺液或死亡奶牛的肝脏、脾脏进行抹片、革兰染色、镜检，可看到革兰染色阳性大杆菌和长丝状菌（图2-2-189）。死亡奶牛的深层肌肉组织经厌氧培养后，发现革兰染色阳性、带有荚膜、有芽孢的大杆菌。

临床上，应注意本病与恶性水肿的鉴别诊断。

恶性水肿常常与皮肤创伤感染有关，多见于奶牛的口腔黏膜创伤感染，病变部位最常见于奶牛的头面部（图 2-2-190），也可发生在奶牛的其他部位。病变组织开始出现炎性水肿，随后快速扩散蔓延。肿胀初期局部坚实、热、疼痛，随后变为无热、无痛、触之柔软、有捻发音的肿胀。局部组织坏死液化，切开病变组织流出大量腐败恶臭的污红色黏稠液体（图 2-2-191）。随着病情的发展，病牛全身症状明显，体温升高，脉搏快速，呼吸困难，可视黏膜发绀，经 2~4d 因出现毒血症而死亡。

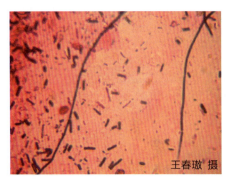

图 2-2-189　肝脏抹片观察革兰染色阳性大杆菌

图 2-2-190　口腔感染引起恶性水肿、头颈部快速肿胀

图 2-2-191　恶性水肿感染死亡奶牛，切开皮下与肌肉流出大量污红色腐败液体

【治疗】　对病牛立即隔离治疗。对病牛尸体深埋或焚烧，进行无害化处理。对病牛污染的场地与用具，用 4% 福尔马林消毒。严格执行兽医治疗过程中的无菌操作规程，减少污染。

可采用以下方法对病牛进行治疗。

（1）**全身使用抗生素、磺胺药和皮质类固醇药物**

1）抗生素治疗：常选用青霉素、氨苄西林、头孢噻呋钠、链霉素、庆大霉素、强力霉素、土霉素、恩诺沙星等，配合 5% 葡萄糖氯化钠、5% 碳酸氢钠，静脉注射，每天 2~3 次。抗生素的首次治疗量应加大，第二次起用维持量。

2）磺胺类药物治疗：磺胺间甲氧嘧啶，0.05~0.1g/kg 体重；或磺胺二甲氧嘧啶，0.05~0.1g/kg 体重，配合 5% 葡萄糖氯化钠静脉注射，每天 2 次静脉注射，连用 4~6d。

3）皮质类固醇治疗：当病牛发生毒血症和休克时，可选用氢化可的松注射液 200~500mg 或地塞米松 50~100mg（妊娠牛禁用或慎用），一次静脉注射。

（2）**局部治疗**　对感染坏死或处于化脓状态的局部组织，做数个小的切口，切口深度直达皮下和肌肉，排出蓄积在感染组织深部的腐败渗出液，然后用 0.1% 高锰酸钾或 3% 过氧化氢冲洗创内，再用生理盐水冲洗，并用魏氏流膏纱布条引流，创口开放。根据局部组织感染与坏死情况，决定局部换药的次数。

【防控】　在疫区，对 6 月龄以上的牛进行气肿疽与腐败梭菌二联灭活疫苗的接种。疫苗免疫期为 6 个月，因此需每 6 个月接种疫苗 1 次，进入围产期的牛再接种 1 次。

国外有肖韦（氏）梭菌、败血梭菌、水肿梭菌、双酶梭菌及 C&D 型产气荚膜梭菌的 Alpha-7 联疫苗。3 月龄的犊牛首次免疫，皮下注射 2mL，在 6 月龄时加强免疫 1 次，以后每年免疫 1 次。

（谢之景　都启晶　王春璈）

十一、炭疽病

炭疽（Anthrax）是由炭疽杆菌引起的多种家畜、野生动物和人的一种急性、热性、败血性传染病。临床以脾脏肿大，患病动物的皮下、浆膜下和肌肉间的结缔组织发生浆液性出血性浸润，血液凝固不良且呈煤焦油样为特征。本病在我国一些地区仍然存在，有时呈地方流行性，应引起重视。

【病原】 炭疽杆菌（*Bacillus anthracis*）为革兰阳性菌，在培养基上呈长链或短链状排列，菌体两端平齐呈竹节状，无鞭毛（图2-2-192）。在动物体内为短链、末端钝圆，有清晰的荚膜。荚膜具有强的抗腐败能力。炭疽杆菌能在15~40℃的需氧环境中形成芽孢，而在活体中不形成芽孢。芽孢有很强的抵抗力，可在干燥的高氮碱性土壤中存活数十年。病畜排出物或病死后动物的组织污染土壤并形成芽孢，当温度高于15.5℃时可促进芽孢发芽增殖。炭疽杆菌的毒力来自细菌的荚膜能阻碍吞噬细胞的吞食和具有杀灭吞噬细胞的作用。炭疽杆菌能产生水肿因子、保护性抗原和致死因子等，这几种毒力因子协同作用，杀死动物体内的吞噬细胞，损伤毛细血管，阻止血液凝固，引起毛细血管通透性增强，造成血栓形成、组织水肿和坏死的恶性循环。

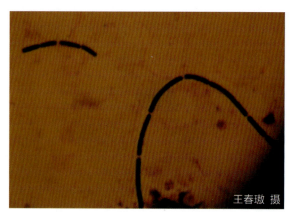

图2-2-192 炭疽杆菌，革兰阳性，菌体两端平齐，呈链状

炭疽杆菌的繁殖体抵抗力不强，加热至60℃ 30min或煮沸5min可被杀死。对炭疽芽孢的消毒，75%酒精无效，5%苯酚1~3d可杀死芽孢。畜舍、用具、粪便中存在的炭疽芽孢可用20%漂白粉或10%热氢氧化钠消毒。本菌对磺胺类、青霉素类、氨基糖苷类、头孢类及大环内酯类抗生素敏感。

【流行病学】 各种动物均可感染本病，以草食动物最易感，其次是肉食动物。牛食入炭疽芽孢，芽孢在体内形成繁殖体。当口腔黏膜和消化道黏膜有损伤时，可在局部形成炭疽肿，随后炭疽杆菌进入淋巴管，最终导致菌血症、死亡。吸入芽孢也可发生并会造成死亡，但这种传播感染途径较为少见。近年来，我国北方地区的牧场已经有炭疽病的发生，但有些牧场兽医对本病的认识不足，未能按国家有关法律要求对病例及所处场地进行严格处置或管理，常常对死亡奶牛进行剖检。病死动物的血液、内脏和排泄物中含有大量菌体，会造成严重的场地污染，对牧场构成重大威胁，使炭疽杆菌在牧场长期存在。另外，被炭疽杆菌污染的骨粉、皮毛也是重要的传染源。

【症状】 牛炭疽发病时虽有高热，但症状多不显著，往往没有前驱症状，突然死亡。有些病例或以高度兴奋开始，或很快发生热性病症状，如体温升高到40~42℃，精神不振，伴有寒战和肌肉震颤，心悸亢进，脉搏微弱而快，黏膜发绀，间有小点出血等。随着采食停止，反刍和泌乳也都停止，瘤胃中度臌气，肠道、口鼻出血及血尿。有时可见舌炭疽或原发性咽炭疽、肠炭疽。奶牛最常发生的部位是四肢、胸腹及背腰部，发病部位肿胀，触诊局部有捻发音，奶牛卧地不能起立，常有水肿，且发展迅速。颈部水肿常与咽炎和喉头水肿相伴发生，致使呼吸更加困难。肛门水肿，排便困难，粪便带血，一般10~72h死亡（图2-2-193）。

【病理变化】 多表现为急性败血症，天然孔出血，脾脏肿大数倍，有出血点（图2-2-194），血不凝固不良，脾髓及血液如煤焦油样，死亡奶牛的皮下和腋下、股内侧皮下常常有大面积的出血斑和血凝块积存（图2-2-195），皮下胶样浸润，内脏浆膜有出血斑点，肺充血、水肿，心肌松软，心内外膜出血，全身淋巴结肿胀、出血、水肿等。

图2-2-193 炭疽病病死牛，阴门出血

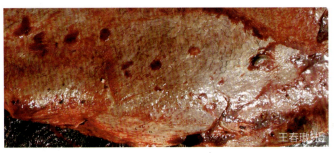

图2-2-194 炭疽病病牛脾，肿胀，出血

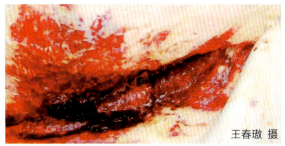

图2-2-195 奶牛炭疽病，皮下与肌肉内出现大面积血凝块

【诊断】 根据流行病学特点、临床症状，可对本病做出初步诊断。临床上怀疑炭疽时，严禁擅自剖检，需立即上报疫情。本病的实验室诊断有以下几个方面。

最有诊断意义的是病原诊断，尸体腐烂或超过12h梭菌会大量繁殖，细菌学检查往往干扰诊断结果。最好在奶牛死亡之前采血，可从颈静脉、乳房静脉或耳静脉采集血液做涂片，用革兰染色或亚甲蓝（美蓝）和瑞氏染色、镜检，若见大量单个或成对的有荚膜、两端平直的粗大杆菌，可做出诊断（图2-2-196）。为了进一步确诊，应做细菌分离、炭疽沉淀试验（Ascoli反应），并采用小白鼠进行致病性试验。

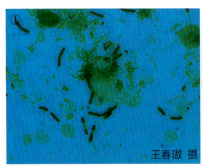 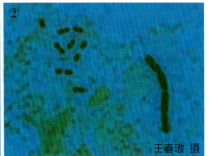

图2-2-196 病料中的炭疽杆菌（革兰染色）

【治疗】 一般不对本病治疗，应尽快对患病动物进行淘汰，并做无害化处理。立即组织人员对与病牛接触的牛群和牛舍彻底消毒。对具有重要经济价值的动物可采用以下治疗措施。立即用青霉素与链霉素肌内注射，青霉素，10000~20000IU/kg体重，链霉素10000IU/kg体重，每

3~4h 注射 1 次，连续 3d。还可用头孢噻呋，6mg/kg 体重，2 次/d，连用 3d，土霉素和氟苯尼考也都有较好疗效。对不泌乳的后备牛和青年牛，可用磺胺间甲氧嘧啶，0.25g~0.5g/kg 体重，全群饲喂，每天喂 2 次，连用 3~4d。对种公牛在用抗生素的同时，配合使用抗炭疽血清，静脉或皮下注射，每次 40~60mL，1 次/d，连用 3d，效果更好。对炭疽痈病例，在全身使用抗生素的同时，对肿胀部位用碘酊消毒后，用 0.5% 普鲁卡因青霉素封闭。

【防控】 发生炭疽的牧场应立即上报疫情并封锁发病现场，禁止奶牛和草料出入疫区，禁止食用患病动物乳、肉等。动物尸体依法无害化处理。对周围假定健康群，应立即进行紧急免疫接种。彻底消毒污染的环境，污染的饲料、垫草、粪便等应做焚烧处理。与病牛接触的工作服煮沸或干热灭菌。

（谢之景　都启晶　王春璈）

十二、破伤风

破伤风（Tetanus）又名"强直症""锁口风"，是由破伤风梭菌（*Clostridium tetani*）经伤口厌氧感染后产生外毒素，侵害神经系统所引起的一种急性、创伤性、中毒性人畜共患传染病，以对外界刺激反射兴奋性增强、全身骨骼肌持续性或阵发性、强直性痉挛为主要特征。

【病原】 破伤风梭菌属芽孢杆菌科梭菌属成员，是两端钝圆、细长、正直或稍弯曲的大杆菌，多单个存在，有周身鞭毛，无荚膜，芽孢呈圆形，位于菌体一端呈鼓槌状或羽毛球拍状。幼龄培养物革兰染色呈阳性，48h 后呈阴性。本菌为严格厌氧菌，在普通琼脂上可形成直径为 4~6mm、扁平、灰白色、半透明、表面灰暗、边缘有羽毛状细丝的不规则形菌落，似小蜘蛛状。本菌接触到氧即形成芽孢，芽孢抵抗力极强，在土壤中可以存活几十年，而繁殖体抵抗力不强，一般消毒药均能在短时间内将其杀死。

破伤风梭菌主要分布在病牛伤口深部的坏死组织及渗出液中，在生长过程中产生痉挛毒素、溶血毒素与非痉挛毒素 3 种毒素。痉挛毒素属神经毒素，毒性极强，能引起本病的特征性症状和刺激保护性抗体的产生；溶血毒素能溶解马和兔的红细胞，引起局部组织坏死，为本菌生长繁殖创造条件；非痉挛毒素对神经末梢有麻痹作用。

【流行病学】 破伤风梭菌在自然界广泛存在于土壤和粪便中。人和各种动物均对破伤风梭菌易感。在牧场，奶牛也可发生本病，主要通过创口感染，最常见于奶牛的断尾，特别是成年牛的断尾，多因消毒不严而引发本病。另外，蹄底刺伤、新产牛产道拉伤、产道感染、胎衣不下、犊牛脐带未消毒等，都可能导致本病的发生。

【症状】 潜伏期一般 7~14d，最短 1d，最长可达数周。由于发病阶段不同，患病奶牛的临床症状有很大的差别。发病初期（发病后 1~3d），奶牛体温一般正常，采食缓慢，采食量降低，泌乳牛泌乳量下降，反刍减少，排粪减少，奶牛尾巴翘起，弓腰，腹部卷缩、紧张等症状（图 2-2-197、视频 2-2-69）；发病中期

图 2-2-197　破伤风牛，翘尾。腹部卷缩，腹肌紧张

（发病后 4~6d），奶牛采食量进一步减少，张嘴伸舌采食十分困难，表现为腹部紧缩、尾根翘起、四肢强直、状如木马等典型的肌肉痉挛、强直症状，双耳竖立、鼻孔开大、头颈伸直、牙关紧闭、流涎等症状，特别明显的是瞬膜外露，当将牛头抬高时瞬膜外露将眼球遮盖（视频 2-2-70），病牛还常发生瘤胃臌气或子宫积液和积气。随病情进一步发展，奶牛停止采食，虽然存在一定的食欲，但牙关紧闭，无法采食与饮水，消瘦。全身肌肉僵直，头颈伸直，很难运步，一旦倒地，四肢伸直，不能屈曲，无法站立（视频 2-2-71）。病牛听到外界声响或受到惊动时，立即全身肌肉痉挛，四肢强直状态维持十几分钟或更长时间。急性发病的奶牛，一般经 4~7d 死亡，发病超过 14d 的奶牛，在良好的护理下，大多可以康复，但恢复期较长。

视频 2-2-69
破伤风牛，弓腰，翘尾，腹部卷缩，四肢僵硬（王春璈 摄）

视频 2-2-70
破伤风牛，瞬膜外露

视频 2-2-71
破伤风牛，倒地，四肢强直、痉挛

【病理变化】 病死牛一般没有特征性的病理变化，病理剖检没有诊断价值，一般不做剖检。死亡牛尸僵明显，有的病例肺充血、水肿，黏膜和浆膜上有细小的出血点；有的病例心肌变性、脊髓和脊髓膜充血与点状出血性，有的病例因躺卧导致接触地面的一侧肢体皮肤发生褥疮，皮下、肌肉间结缔组织发生浆液浸润性变化。

【诊断】 根据临床症状就可以确诊。也可进行实验室检测，取感染部位的坏死组织进行革兰染色、镜检，或进行细菌的分离鉴定。

【治疗】 由于病牛采食减少或不能采食，奶牛很快消瘦，泌乳牛泌乳量快速下降，已无饲养价值，建议淘汰并做无害化处理。对有价值的奶牛进行积极治疗，部分患病早期病牛可以治愈。治疗原则为消炎、解痉、中和毒素和对症治疗。

将发病牛尽量饲养在清洁干燥、通风避光的牛舍中，保持安静。首先寻找奶牛体表上的创伤，进行清创和碘酊消毒。对病牛注射破伤风抗毒素（破伤风血清），根据奶牛的个体选用适宜的剂量，一般为 40 万~50 万 IU，第 2 天再注射 1 次。同时，使用抗菌药物，如青霉素、链霉素。为缓解痉挛，可静脉或皮下注射 25% 硫酸镁注射液 100mL。中药千金散是治疗破伤风的传统药方，每天灌服 1 副，连用 3~4 副。还可用国槐鲜树枝 1kg，水 5kg，在锅内煎熬 40min，将过滤后的国槐水给牛灌服，也具有明显的治疗效果。另外，还需进行强心、纠正代谢性酸中毒。

处理局部创伤，特别对创口小而创腔深的创伤，要彻底清创。

【防控】 在牧场，尽量在新生犊牛阶段完成牛的断尾工作，对成母牛不要进行断尾术，如有必要进行断尾的，必须严格无菌操作，术后加强护理。对奶牛体表上的创伤要及时进行创伤处理，并用碘酊消毒。对发生破伤风的牧场，每年对奶牛接种破伤风类毒素，14d 产生免疫，免疫期为 1 年。

（谢之景　都启晶　王春璈）

十三、李氏杆菌病

李氏杆菌病（Listeriosis）是一种重要的人畜共患传染病，可引起人及 40 多种动物发病，自 1921 年首次从人脑膜炎病例中分离到以后，现已呈世界性分布。李氏杆菌病在美国、新西兰等国家几乎每年都有发生，主要集中在绵羊和牛，多与采食质量差的青贮饲料有关，故又称为"青贮病"。20 世纪 80 年代以来，人类因食用被污染的动物性食品而屡发李氏杆菌病，且死亡率较高，现已逐渐认识到它是人的一种食源性疾病。该菌在自然界中广泛存在和传播，对外界环境有较强的抵抗力，在公共卫生方面有其特殊性。反刍动物感染后主要表现为脑膜脑炎、流产、犊牛败血症、单核细胞增多症，以及可能出现脊髓炎、胃肠炎、葡萄膜炎及乳房炎综合征等。

美国一项调查显示，李氏杆菌引起的奶牛流产占所有确诊病例的 4.1% 左右，因此说李氏杆菌病是有效控制布鲁氏菌病之后，最应重视的引起奶牛流产的细菌性因素。目前，国际上李氏杆菌病已经基本得到控制，因此 OIE 不再将本病作为重要的传染病之一来重视。但由于我国青贮制作水平参差不齐，并且从国外大量进口奶牛时经船长途运输过程中饲料质量得不到保障，我国牛场李氏杆菌的危害依然存在。

【病原】 本病是由产单核细胞李氏杆菌（Listeria monocytogenes）引起的，分类上属于李氏杆菌属。最初，李氏杆菌属只有产单核细胞李氏杆菌一个种，以后相继确认的伊万诺夫李氏杆菌（L.ivanovii）、无害李氏杆菌（L.innocua）、威斯梅尔李氏杆菌（L.whimeri）、西里杰李氏杆菌（L.seeligeri）、韦氏李氏杆菌（L.wellshimeri）、反硝化李氏杆菌（L.denitrficans）、格氏李氏杆菌（L.grayic）、麦氏李氏杆菌（L.murrayi）也划归于李氏杆菌属。其中具有溶血性的单核、西氏及伊氏李氏杆菌与致病性有关，尤其以单核李氏杆菌具有稳定的致病性。李氏杆菌是一种兼性细胞内寄生菌，可以通过定向内吞作用感染细胞，比如肠细胞。李氏杆菌还可以通过超氧化物歧化酶和李氏杆菌素 O 来保证其在吞噬细胞和单核细胞内的生存和生长，因此，细胞免疫对于防止李氏杆菌感染有重要作用，但同时对细菌的清除和抵抗与体液抗体也密切相关。

本菌是一种细小、能运动、不形成芽孢、无荚膜的革兰阳性杆菌或球杆菌，生长要求不严格，需氧或兼性厌氧。在普通琼脂上即可生长，在含有血液或肝浸液的培养基上生长良好，在 1% 葡萄糖及 2%~3% 甘油的肝汤琼脂上生长更佳。镜检可见革兰阳性的小杆菌，单个散在或成双排成 V 形排列（图 2-2-198）。

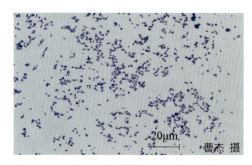

图 2-2-198 李氏杆菌，革兰染色阳性小杆菌

李氏杆菌根据菌体抗原（O 抗原）和鞭毛抗原（H 抗原），分为 13 个血清型。4b 型单核细胞增生性李氏杆菌是引发牛脑膜脑炎的最常见血清型。李氏杆菌广泛存在于土壤、青贮及人和动物的粪便中，并能长期存活。在 pH5.0 以下缺乏耐受性，pH5.0 以上才能繁殖。若青贮饲料制作得当，发酵过程中青贮 pH 降到 5.0 以下，就可以杀死或阻止李氏杆菌的增殖。其他草料或受污染的干草捆也可能受到李氏杆菌的污染。

【流行病学】 本病的易感动物很广，几乎各种家畜、家禽和野生动物，不分品种和性别均可感染。牛的平均感染年龄为2岁，12月龄以下的牛几乎不感染。李氏杆菌属中有致病性的主要为产单核细胞李氏杆菌和伊氏李氏杆菌，对奶牛的危害较大，主要引起脑膜脑炎、败血症和妊娠母牛流产、死胎或新生犊牛感染。对于妊娠奶牛，李氏杆菌可在奶牛发生菌血症的24h内侵入胎盘或胎儿。妊娠2~4月的母牛最易感，通常在感染5~10d后，出现胎盘水肿、坏死，最终流产。妊娠晚期奶牛感染李氏杆菌可能导致死胎，或者生下来的犊牛在出生后迅速发展成致命的败血症。对于流产母牛，子宫感染是不可避免的。奶牛自然感染李氏杆菌，潜伏期一般为2~3周，虽然李氏杆菌能引起犊牛败血症和成母牛流产，但人们最为熟知的还是脑干的神经性感染，引起后备牛或成母牛的"转圈病"。

患病动物和带菌动物是本病的主要传染源，病菌随患病动物的分泌物和排泄物排到外界，污染饲料、饮水和外界环境。病菌可能通过口腔黏膜、鼻黏膜或结膜损伤处引发感染，经过至少三种机制进入脑干：一是从第5对颅神经的感觉分支逆行至脑干；二是通过胃肠道经血液侵入内皮细胞而扩散到脑干；三是寄生在白细胞内穿过血脑屏障进入脑干。在没有发生全身感染的情况下，李氏杆菌可通过三叉神经或其他中枢神经系统向心位移，通过穿透不完整的颊黏膜和牙龈黏膜逆行到大脑，引起脑炎。饲料和饮水可能是主要的传播媒介，腐败青贮饲料和碱性环境可以促进李氏杆菌的繁殖。本病一般呈散发，但神经性感染的牛病死率很高。

【症状】自然感染潜伏期为2~3周，有的可能只有数天，也有的长达2个月。成年牛的病程为1~2周，犊牛的情况更为严重，一般在2~4d死亡。病牛可能出现发热，体温升至39.4~40.5℃，特别是在发病的最初几天，随后在出现明显的临床症状后体温降至正常范围。细菌一旦进入脑干，就会在脑桥和延髓增殖，并扩散至其他部位。临床上最显著的特征就是中枢神经功能非对称性紊乱，如三叉神经、面神经、前庭神经和舌咽神经，但受累的情况有所不同。最常见的是三叉神经和面神经，引起单侧面部痛觉消失和偏瘫；前庭神经紊乱也常见，引起共济失调、头部向一侧歪斜和转圈。若感染沿视神经传播，还可导致病牛的眼内炎。

临床上根据病牛的临床表现分为以下几种类型。

（1）流产型 妊娠母牛体温升高到40.5℃以上，在妊娠期间发生流产（图2-2-199），多为零散发生，偶尔有牛场暴发的情况，病牛通常无任何症状而突发性流产。流产多发生于妊娠2~4月及妊娠后期，母牛无明显临床症状，流产后子宫感染、胎衣不下等表现也非常少见。

（2）脑膜脑炎 主要发生于月龄较大的后备牛（育成牛和青年牛），主要表现神经症状，又分为运动障碍型和吞咽障碍型。

图2-2-199 奶牛李氏杆菌病，妊娠牛流产

1）运动障碍型：病牛初期容易受惊，胆小怕人，人一旦靠近病牛就很快离开，如果将其单独隔离，奶牛强力奔跑，窜越围栏，有的在奔跑中失去平衡摔倒、卧地后再也不能起立（图2-2-200）；有的奶牛表现盲目运动或持续性转圈直至疲劳倒地，甚至冲向硬物试图抵靠休息

（前庭损伤，图 2-2-201）。有的表现颈部僵硬、运动时头颈歪斜（图 2-2-202）；有的发病后失去平衡倒地，之后再也不能起立，且习惯于向身体一侧倒卧，如果强行矫正倒卧姿势，病牛表现骚动不安、强力挣扎，甚至角弓反张、卧地不起（图 2-2-203）。病牛采食与反刍停止，经 3~4d 衰竭死亡。

图 2-2-200 病牛奔跑中卧地不能起立

图 2-2-201 病牛头顶颈枷的异常表现

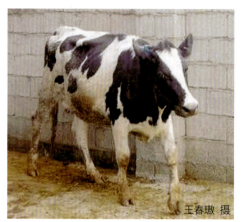
图 2-2-202 奶牛运动中颈部歪斜

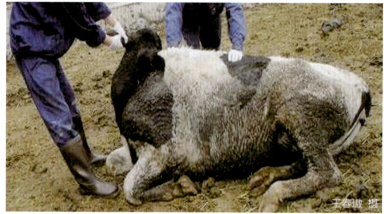
图 2-2-203 病牛卧地、不能起立

2）吞咽障碍型：病初奶牛口角流涎增多，经半天左右病牛舌尖外露，有的舌露出 5~6cm，无法缩回，表现舌神经与舌下神经麻痹症状（图 2-2-204）。奶牛常表现口衔草而不能咽下，饮水时水从口角流出，大量流涎，奶牛消瘦、脱水，经 5~7d，奶牛衰竭、倒地不能起立，再经 1~2d 死亡。

单侧面神经损伤是李氏杆菌病非常常见的症状之一，主要表现为单侧的耳朵下垂、上睑下垂和嘴唇松弛，虽然该症状是李氏杆菌病典型的临床症状，但也可能是隐蔽的或双侧的，因此需要仔细全面地对神经系统进行评估。暴露性角膜炎和外源性眼部感染是本病重要的眼部并发症，是由于面部神经机能障碍，使泪液分泌受阻以致角膜干燥或损伤引起的（图 2-2-205），如不及时治疗可很快发展为角膜溃疡、眼色素层炎、角膜穿孔和眼内炎。

犊牛主要表现败血症症状，病牛突然出现食欲废绝，精神沉郁，呆立，低头耷耳、轻热，流涎，流鼻涕，流泪，不随群运动，不听驱使。

图 2-2-204 奶牛舌尖露出不能缩回

图 2-2-205 李氏杆菌病牛，角膜干燥

【病理变化】 因败血症死亡的牛，在剖检时可见皱胃黏膜出血（图 2-2-206）及肠管黏膜出血性变化（图 2-2-207），肺出血（图 2-2-208），心外膜出血（图 2-2-209）。有神经症状的病牛，脑和脑膜充血、发炎或水肿（图 2-2-210），脑脊髓液增加，稍混浊，脑干变形，有小脓灶。流产母牛可见子宫内膜充血，以至广泛坏死，胎盘子叶出血坏死。流产胎儿多因自溶而见不到明显剖检病变，但有时可见到肝脏表面有黄白色针尖样病变灶，胎盘子叶可能出现白色小点。

脑组织切片镜下观察可见，大脑脑膜水肿、血管明显充血或瘀血。接近脑膜层的神经纤维结构疏松、紊乱（图 2-2-211、图 2-2-212）；大脑实质内的血管周围有大量炎性细胞浸润，主要为单核细胞和嗜中性粒细胞，形成典型的"血管套"现象；脑实质内散在有大小不等的微化脓灶，主要以增生的小胶质细胞和嗜中性粒细胞为主。神经纤维肿胀、结构疏松、紊乱。锥体细胞肿胀或固缩，细胞浆周围出现空隙（图 2-2-213～图 2-2-215）。

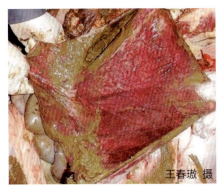

图 2-2-206 皱胃黏膜出血

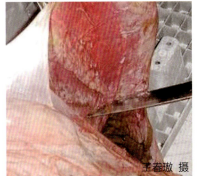

图 2-2-207 肠管黏膜出血

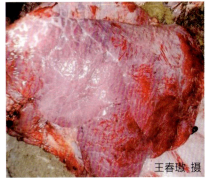

图 2-2-208 肺出血

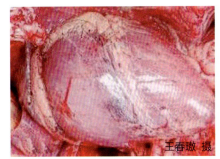

图 2-2-209 心外膜出血

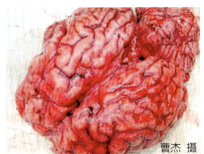

图 2-2-210 脑和脑膜充血、发炎

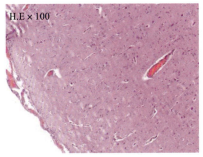

图 2-2-211 大脑脑膜水肿、血管明显充血或瘀血

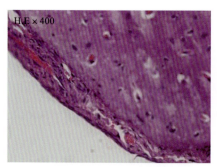

图 2-2-212 接近脑膜层的神经纤维结构疏松、紊乱

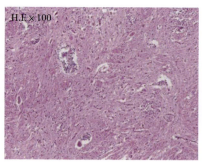

图 2-2-213 脑实质内散在大小不等的微化脓灶，主要以增生的小胶质细胞和嗜中性粒细胞为主

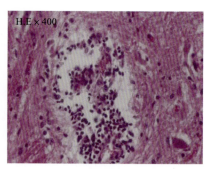

图 2-2-214 神经纤维肿胀、结构疏松、紊乱。锥体细胞肿胀或固缩，细胞浆周围出现空隙

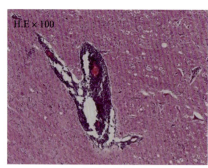

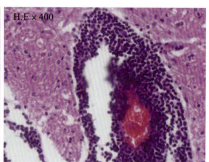

图 2-2-215 脑组织的血管周围大量炎性细胞浸润，主要为单核细胞和嗜中性粒细胞，形成典型的"血管套"现象

【诊断】 李氏杆菌病可根据发病奶牛特殊的神经症状及厌食、抑郁、发热、流产等表现，做出初步诊断。由于是人畜共患病，检查可疑病例时建议戴手套。本病需要与许多表现神经症状的其他疾病（狂犬病、伪狂犬病、脑脊髓炎、铅中毒、血栓栓塞性脑膜炎或昏睡嗜血杆菌引起的单纯性脑膜炎等）进行鉴别诊断。全血细胞计数可能呈现轻度的白细胞和单核细胞增多，但该症状并非绝对会出现，因为李氏杆菌病通常不会引起牛外周的单核细胞增多。脑脊液中的蛋白质和白细胞总数呈中度至显著升高，超过50%的有核细胞为单核细胞，淋巴细胞占细胞总数的比例不超过20%，巨噬细胞比淋巴细胞稍多；在急性病例中，嗜中性粒细胞占白细胞总数的30%~40%，在慢性病例中，嗜中性粒细胞占比下降，而巨噬细胞占比升高。凝集和补体结合试验可以在一定程度上辅助诊断，但是缺乏诊断的标准阈值，而且正常的反刍动物也常出现抗体高滴度的现象。

与狂犬病、伪狂犬病、脑脊髓灰质软化症、铅中毒、血栓栓塞性脑膜炎或昏睡嗜血杆菌感染进行鉴别诊断。

感染狂犬病的病牛先兴奋后麻痹，兴奋性表现为哞叫、狂跑最后衰竭、麻痹、卧地，无头颈歪斜、舌头脱出不能缩回的症状。一般来说，狂犬病病牛脑脊液中小淋巴细胞占主导，而李氏杆菌病脑脊液的淋巴细胞一般不超过20%。

伪狂犬病特征症状是在一些部位出现强烈的奇痒，常见病牛用舌舔或口咬发痒部位，引起皮肤脱毛、充血甚至擦伤。

患脑脊髓灰质软化症的奶牛表现深度抑郁、双侧皮质性失明但瞳孔机能完好；可能引起犊牛斜视；病程后期出现角弓反张。

铅中毒主要表现为双侧皮质性的失明、抑郁、癫痫和吼叫，但不见李氏杆菌病的颅神经症状。

血栓栓塞性脑膜炎或昏睡嗜血杆菌感染，引起单纯性脑膜炎，在青年牛能引起急性大脑疾病的症状，但奶牛的发病率不高。症状因脓毒性栓子在脑部栓塞部位的不同而不同，包括可能出现大脑和颅神经损伤症状及抑郁。急性病例可能出现失明。昏睡嗜血杆菌感染，穿刺脑脊液有核细胞明显增多，主要是嗜中性粒细胞。

对疑似李氏杆菌病例可采取延髓、脑桥、小脑髓质和大脑脚，对流产病例采取胎牛皱胃内容物、肺、肝脏、脾脏及胎盘组织，进行抹片/涂片或细菌分离鉴定。取样过程中应戴手套并做好人员防护。

（1）**直接镜检** 取病料抹片/涂片，进行革兰染色及姜-尼抗酸染色。油镜下可见革兰阳性短杆菌，两端钝圆，多成对出现，呈V字形，也有单在、平行排列或成簇出现者（图2-2-216）。姜-尼染色阴性。流产胎儿以肝脏检出率最高，其次为胎盘、肺和皱胃内容物。

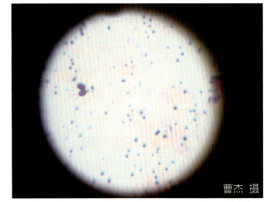

图2-2-216　肝脏涂片照片

（2）**分离培养** 取脑组织经常规处理后，或无菌采集胎牛皱胃内容物、肺、肝脏及胎盘组织，接种营养琼脂、血营养琼脂平板及李氏杆菌显色培养基，37℃培养。普通琼脂培养基上出现白色、点状菌落；血琼脂培养基出现白色小菌落，圆形，边缘整齐，润滑，隆起，直径约为1mm，且菌落周围有狭窄的β溶血环（图2-2-217）。李氏杆菌显色培养基上生长有绿色小菌落、圆形、边缘整齐、润滑、隆起，周围无白色晕圈（图2-2-218）。将培养菌落进行涂片，革兰染色镜检，见大量革兰阳性短杆菌，形态与组织抹片镜检结果相似（2-2-219）。

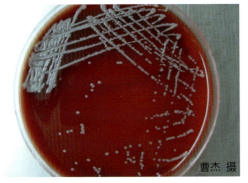

图2-2-217　血琼脂培养β溶血环

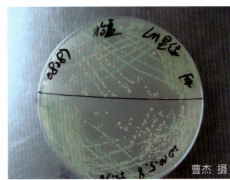

图2-2-218　显色培养基

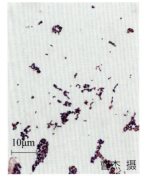

图2-2-219　革兰阳性短杆菌

（3）**李氏杆菌的分子生物学鉴定** 对李氏杆菌用PCR诊断更为快捷、准确。D.B. Rawool（2007）等针对李氏杆菌属 *PlcA*、*PrfA*、*HlyA*、*ActA* 及 *Iap* 5个毒力相关基因，设计5对引物对李氏杆菌进行检测，不仅可以检测本属细菌，还可以区分其细菌种类。图2-2-220为李氏杆菌 *Hly*

A 基因片段 PCR 产物电泳结果。

【治疗】 确诊后，病牛应及早隔离治疗，青霉素和四环素是治疗的首选药物，头孢菌素无效。李氏杆菌所有菌株都对头孢菌素、链霉素、甲氧苄啶耐药，90%以上的分离株对氨苄西林和40%的分离株对青霉素G有耐药性，66%的分离株对氟苯尼考有耐药性，故在用药之前，推荐先做药敏试验筛选有效药物。抗生素的使用剂量应高于正常的剂量，原因在于：首先，李氏杆菌为兼性细胞内寄生菌，可在巨噬细胞内生存和逃避药物的杀伤作用；其次，应考虑血脑屏障对药物的不利影响，磺胺类药物可通过大脑屏障，是治疗脑炎的必选药物，如10%磺胺间甲氧嘧啶注射液，100mg/kg体重，1次/d，连用5~7d。

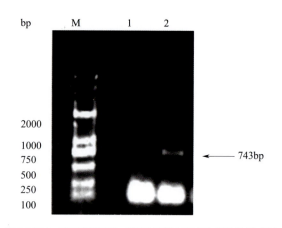

图 2-2-220 李氏杆菌 *Hly A* 基因片段 PCR 产物电泳结果（针对李氏杆菌的保守基因 *Hly A* 序列设计引物，扩增片段大小为 743bp）
M—DL2000 DNA Marker 1—阴性对照 2—阳性结果

青霉素在脑膜脑炎的病理状态下，透过血脑屏障的能力大幅提升，因此可使用青霉素，44000IU/kg体重，2次/d，肌内注射。用药7d后改为22000IU/kg体重，1~2次/d，肌内注射，再连续治疗7~15d。也可使用20%盐酸土霉素静脉输液，以维持脑脊液中较高的药物浓度，10mg/kg体重，2次/d；或20mg体重，1次/d，连续治疗10d。如患病奶牛恢复采食和饮水，可考虑降低治疗药物的剂量。一般大多数病牛需治疗14~21d，过早减药或停药都有可能致使本病复发。氟尼辛葡甲胺2mg/kg体重，1次/d，静脉推注，可以减轻病牛的疼痛感，但需要注意牛的水合状态。地塞米松，1mg/kg体重，一次剂量肌内注射，可以有效防止中枢系统脓肿的形成。

水和电解质的补充对李氏杆菌病病牛同样重要。对不能饮水但不流涎的病牛，可经口或静脉补充水和电解质。流涎病牛应考虑同时补充碳酸氢钠。流涎病牛需每天补液直至流涎停止。根据唾液的损失程度，每天需补充120~480g碳酸氢钠。还可以适当补充硫胺素，以弥补本病理时期硫胺素的合成不足，剂量为1mg/kg体重，1次/d，缓慢静脉注射。

患有面瘫的牛可使用干奶药作为眼膏治疗，保持眼睛的湿润以防止角膜炎和角膜溃疡。虹膜炎可以用全身性抗生素治疗，结合局部糖皮质类激素和阿托品眼药水治疗，有角膜溃疡的牛禁用糖皮质激素。

一般对于无运动障碍、无吞咽障碍的牛，采用抗生素加补液支持治疗，6~8d约有70%的病牛可以治愈。凡运动障碍、躺卧不起、吞咽障碍的牛，预后不良，建议尽早淘汰，并做无害化处理。

【防控】 由于本病一般和青贮有关，因此青贮的制作尤为重要。同时，加强灭鼠，消灭鼠类的病原传播。一旦发现本病并确诊，应同时检测青贮质量及青贮中有无李氏杆菌污染，及时更换和废弃有问题的青贮。考虑到李氏杆菌的流行特点和公共卫生安全，应废弃发病奶牛的牛奶，对死亡奶牛、流产胎儿及胎衣应做无害化处理。

（曹 杰）

十四、附红细胞体病

附红细胞体病（Eperythrozoonosis）是由附红细胞体寄生于多种动物和人的红细胞表面、血浆及骨髓等部位所引起的一种人畜共患传染病。奶牛以黄疸、贫血、发热、泌乳量降低为主要临床症状。

【病原】 附红细胞体病的病原称为附红细胞体（Eperythrozoon），国际系统原核生物委员会和2005版《伯杰氏系统细菌学手册》均将其从原来的立克次体科划归为支原体科，现称为嗜血支原体（Hemotropic mycoplasmas 或 Haemoplasmas），其形态为多形性，如球形、环状、盘状、S形、卵圆形、逗点形或哑铃状等，直径为0.1~2.6μm。附红细胞体常单独附着于红细胞表面，也可游离于血浆中。当红细胞附有大量附红细胞体时，有时能看到红细胞轻微晃动，被寄生的红细胞变形为齿轮状、星芒状或不规则形状（图2-2-221、图2-2-222）。在电镜下，某些附红细胞体上可见到一根到几根细的纤丝与红细胞膜连接或互相连接成一体，成为聚合小体，较大的附红细胞体附着在红细胞膜上，使红细胞出现皱褶、突起、凹陷，使红细胞失去正常的形态（图2-2-223~图2-2-225）。附红细胞体抵抗力不强，在60℃水中1min即可停止运动，100℃水中1min全部灭活，对常用的消毒药物敏感，可迅速被杀灭，但附红细胞体耐低温，在5℃时可保存15d，在冰冻凝固的血液中可存活31d。

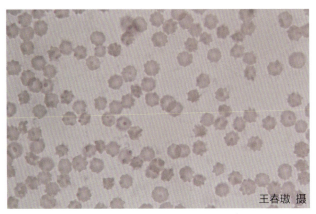

图2-2-221 附红细胞体，在红细胞表面呈球形，感染率为100%

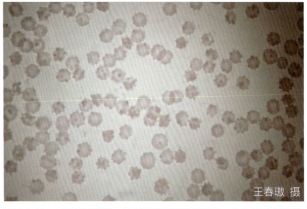

图2-2-222 附红细胞体，在红细胞表面呈球形，此为放大后观察的情况

图2-2-223 附着在红细胞上的附红细胞体（扫描电镜 ×8000）

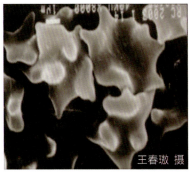

图2-2-224 单个或多个附红细胞体（扫描电镜 ×10000）

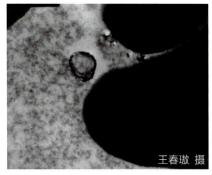

图2-2-225 附红细胞体的纤丝与红细胞相连（扫描电镜 ×10000）

【流行病学】 奶牛的附红细胞体病多发生在炎热的夏季，特别是在奶牛热应激期间发生较多，还常与奶牛的酮病并发。说明本病具有明显的应激反应性特点。当饲养管理不良、机体抵抗力降低时，容易发生或并发感染。传播途径主要有消化道传播、血源性传播和垂直传播等，蚊蝇等吸血昆虫的叮咬也是本病的重要传播途径。兽医在给牛注射药物时，或繁育人员在给牛人工授精过程中消毒不严，被附红细胞体污染的针头及输精器械，都可导致附红细胞体的传播。

【症状】 本病潜伏期为2~45d。多数奶牛感染附红细胞体后不一定表现临床症状，只有受感染的红细胞比例达到一定水平时，才表现临床症状。当红细胞的感染率低于30%时，奶牛可能成为隐形感染者，不表现临床症状。当红细胞的感染率大于60%时，为中度感染，奶牛出现明显的临床症状；当红细胞感染率达到90%以上时，为重度感染，奶牛出现严重的临床症状。

病牛精神沉郁，采食干物质量降低，泌乳牛泌乳量降低，呼吸和心跳加快，体温升高至40.0℃，体表淋巴结肿大，眼结膜潮红；严重感染的病牛，体温升高到41℃以上，呼吸加快，气喘，采食干物质量明显降低，泌乳量锐减，鼻镜干燥、精神萎靡、结膜苍白、贫血、黄染，排粪减少或粪便带有黏液。心跳快、亢进、血液稀薄；患病后期，病牛显著消瘦，四肢无力，站立不稳，严重时甚至卧地不起，直至死亡。

【病理变化】 剖检可见病牛结膜及胸部和皮下水肿、全身皮下及肌肉黄染，内脏胃肠浆膜黄染（图2-2-226~图2-2-228），淋巴结肿大；心内血液稀薄暗红、血液凝固不良；内脏各部浆膜

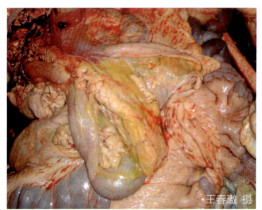
图2-2-226 附红细胞体病病牛内脏黄染

图2-2-227 附红细胞体病病牛的胴体黄染

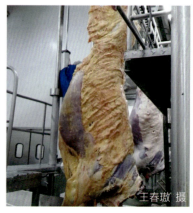
图2-2-228 附红细胞体病病牛的胴体黄染，背后为正常牛的胴体

有出血点；心内外膜有出血点；胸腹脂肪、心冠沟脂肪轻度黄染；肺水肿，间质宽厚；胸腔及腹腔内有大量积液；脾脏肿大2~3倍，肝肿大，质软如泥；胃肠黏膜出血。

【诊断】 根据流行特点、临床症状、病理变化等可对本病做出初步诊断，确诊需进行实验室检查。血常规检查，红细胞与白细胞数量都减少，白细胞分类计数中淋巴细胞增多。在现场，采奶牛的静脉血制作血涂片，进行瑞氏染色、镜检，在油镜下观察，可见锯齿状、星芒状等不规则的红细胞，红细胞边缘可见数个附红细胞体，大小不一，有圆形、椭圆形、月牙形（图2-2-229）。直径为红细胞的1/10~1/8。同时，计数100

图2-2-229 附红细胞体病，全身黄染牛的红细胞

个红细胞内红细胞的感染率。

也可采用间接血凝试验、ELISA 等血清学诊断方法及 PCR 等分子生物学方法对本病进行检测。

在生产中，应注意本病与酮病、热应激、焦虫病等的鉴别诊断。

1）奶牛酮病：可测定 β-羟丁酸，含量大于 1.2mmol/L，也可采血、抹片、瑞氏染色镜检，红细胞表面无附红细胞体，但红细胞边缘呈锯齿状、不规则（图 2-2-230）。

2）奶牛热应激：与牛舍气温高和通风不良有关，经过开启风扇降温和喷淋牛体降温，奶牛体温很快降至正常。

3）奶牛焦虫病：症状与附红细胞体病相似，检查牛体上有无蜱虫，采血、抹片、吉姆萨染色、镜检，可看到红细胞内有梨形虫，红细胞不变形。

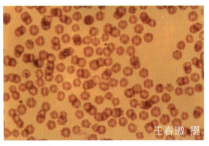

图 2-2-230 酮病牛，红细胞变形，没有感染附红细胞体（瑞氏染色）

【治疗】 对本病比较有效的药物是盐酸咪唑苯脲，剂量为 1~1.5mg/kg 体重，肌内注射，对轻度的附红细胞体病，1 次用药即可好转，间隔 1 周再按同样剂量用药 1 次，多数附红细胞体病病牛基本治愈。另外，三氯脒 3.5~5mg/kg 体重，肌内注射，每天 1 次，连用 2~3 次，也有明显的治疗效果。个别的牛对上述两种药物可能会出现轻微的反应，如起卧不安、肌肉震颤，对出现反应的牛，可注射肾上腺素 10mL，异常反应很快消失。也可选用四环素、强力霉素等药物，但治疗效果不及上述两种药物。

【防控】 加强饲养管理、提高奶牛的抵抗力，牧场在春季清明节前后进行灭杀蚊蝇，加强消毒。

（谢之景　都启晶　王春璈）

十五、牛坏死杆菌病

坏死杆菌病（Necrobacillosis）是由坏死梭杆菌感染引起的多种动物的一种慢性传染病，以多种组织坏死为主要临床特征。成年牛患病表现四肢皮下与筋膜下组织的蜂窝织炎，肌肉组织大面积坏死；犊牛感染多发生在四肢系关节，发生坏死，甚至蹄脱落。本病在规模化牧场呈散发或地方流行性，发生坏死杆菌感染的牛，大多难以治愈而被淘汰。2020 年 6~8 月，我国北方一个大型牧场因坏死杆菌病，淘汰无饲养价值的犊牛 200 余头；2021 年 1~3 月西北地区的一个牧场，犊牛发生了坏死杆菌病，一批犊牛系关节坏死、蹄脱落，最终也被淘汰。本病在我国内蒙古、西北、江苏、河北等地的一些牧场均有发生，而且其流行有逐年扩大的趋势，经济损失巨大。

【病原】 坏死梭杆菌（*Fusobacterium necrophorum*）为严格厌氧菌，呈多形性，小者呈球杆状或短杆状，大者呈长丝状，无荚膜、鞭毛，不形成芽孢，革兰染色阴性，幼龄菌着色均匀，老龄菌则着色不均匀，似串珠状。在血清琼脂或葡萄糖血液琼脂上经 48~72h 培养，形成圆形或椭圆形菌落，呈 β 溶血。加入亮绿或结晶紫可抑制杂菌生长，获得本菌的纯培养。该菌能产生杀白细胞素、溶血素等多种毒素，导致组织水肿、坏死。本菌对理化因素抵抗力不强，常用消毒剂均有效，但在污染的土壤和有机质中能存活较长时间。

【流行病学】 本菌的宿主范围很广，各种畜禽均具易感性，其中奶牛尤为易感，犊牛较成年牛易感。实验动物中兔和小鼠也易感，豚鼠次之。人也可感染本菌。病牛和带菌牛为主要传染源，坏死梭杆菌随患病牛坏死部位的渗出液及坏死组织排出体外，50%的病牛的粪便中含有本菌，粪便中的坏死梭杆菌污染卧床、粪道、饮水槽及TMR等。该菌可经皮肤与黏膜的小创口等途径感染，当奶牛四肢皮肤发生损伤，坏死梭杆菌经皮肤创口侵入机体引起感染；也可以经粪口途径进入健康奶牛体内，奶牛采食了被坏死梭杆菌污染的饲草或饮水而感染坏死梭杆菌。新生犊牛也可经脐带而感染该菌。

本病在低洼潮湿地区多发，没有明显的季节性，但常发于炎热、多雨的季节，多为散发或呈地方流行性。牛群密度大，牛舍及运动场低洼不平、泥泞、存在碎石，饲料粗糙坚硬或混杂尖锐物，营养不良、维生素与矿物质缺乏等因素均可促进本病的发生。

【症状】 病牛食欲减退或废绝，精神沉郁，运步时呈重度跛行，最后卧地不能起立，患肢屈曲困难，体温升高至40~42℃，泌乳量骤减。本病的发病部位大多在前肢腕关节以上（图2-2-231），也有的是整个前肢肿胀（图2-2-232）。做病理剖检诊断，患肢从蹄冠直到腕部上方的前臂部的皮下、筋膜下都出现了坏死（图2-2-233、图2-2-234、视频2-2-72）。对卧地不能起立的无治愈希望的牛，应及时淘汰。

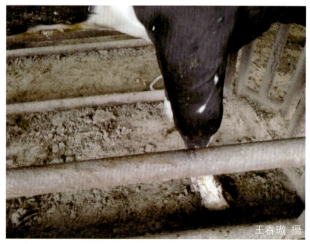

图2-2-231 奶牛腕部以上为坏死杆菌感染引起的蜂窝织炎

图2-2-232 奶牛左前肢为坏死杆菌感染引起的蜂窝织炎

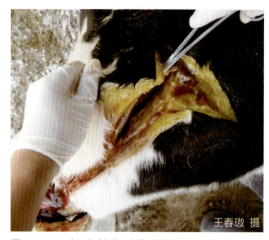

图2-2-233 皮下与筋膜下组织大面积坏死

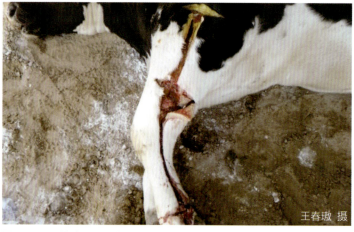

图2-2-234 从蹄冠到前臂部皮下与筋膜下都发生了坏死

犊牛患病初期，一侧后肢的系部屈曲，没有见到两后肢系部屈曲同时发病的病例。犊牛站立或运动时表现凸球症状（图 2-2-235、图 2-2-236）。发病 2~3 周后，系部皮肤肿胀、皮肤与关节组织坏死（图 2-2-237、图 2-2-238、视频 2-2-73），病情进一步发展，系部关节韧带均发生了坏死（视频 2-2-74），蹄失去了血液供应，坏死脱落。系部上端的创面继续感染、坏死，很难愈合（图 2-2-239~图 2-2-241）。

视频 2-2-72
患部皮下与筋膜下组织胶样浸润，组织大面积坏死（王春璈 摄）

视频 2-2-73
剖检没有治愈希望的坏死杆菌病病牛，切开系部皮肤及深部组织，已经发生了坏死（王春璈 摄）

视频 2-2-74
犊牛系关节坏死，用手活动系关节，关节即将脱落（王春璈 摄）

图 2-2-235　犊牛右后肢球节屈曲

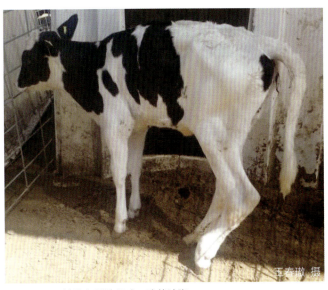
图 2-2-236　犊牛左后肢凸球，球节肿胀

图 2-2-237　犊牛坏死杆菌病，球节皮肤坏死

图 2-2-238　犊牛坏死杆菌病球节关节坏死，蹄脱落

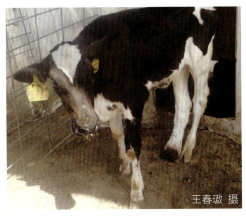
图 2-2-239　球节坏死，蹄脱落，断面继续感染、坏死

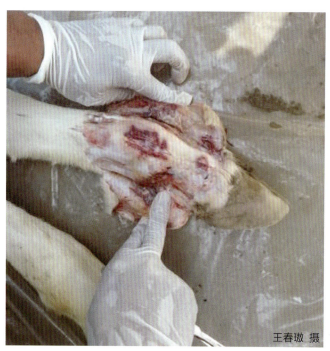 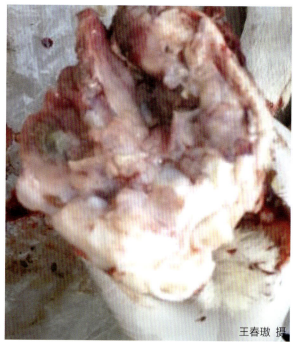

图 2-2-240　对球节屈曲的犊牛扑杀，解剖后肢，皮下有数个坏死斑块　　图 2-2-241　系关节组织坏死

【诊断】　根据流行病学特征、临床症状、病理变化可对本病做出初步诊断，确诊需进行细菌学检测。

在病牛病变组织内无菌采集适量病料，进行涂片、苯酚品红-亚甲蓝液染色、镜检，如果观察到着色不均匀、呈长丝状或是细长状的杆菌，则可确诊。也可进一步对细菌进行分离培养、生化鉴定。动物实验也是常用的方法，将病料制成悬液，经皮下注射小白鼠或经耳静脉注射兔。如果接种局部出现组织坏死，接种约7d小白鼠或兔死亡，内脏存在转移坏死灶，即可确诊本病。

在临床上，应注意本病在犊牛引起的系关节肿胀坏死与犊牛支原体关节炎的鉴别诊断。犊牛支原体关节炎发病急，关节肿胀十分明显，发病关节硬肿，难以屈曲，活动受限，大多发生在腕关节、膝关节、髋关节等大的关节，很少发生在系关节，而且可在多个关节同时发生，但不会发生皮肤与关节组织的完全坏死与蹄脱落。

【治疗】　在坏死杆菌感染引起的成母牛四肢部蜂窝织炎处，往往找不到坏死的皮肤破口，而延误治疗时机。对于犊牛，一旦发现系关节局部皮肤发生坏死，则治疗为时已晚。为此，无论是成母牛还是犊牛的坏死杆菌病，必须早发现、早治疗，否则绝大多数病例难以治愈。对病牛进行隔离治疗。对于皮肤已经破溃坏死的病例，将病牛侧卧保定，用0.1%高锰酸钾或0.1%新洁尔灭清洗已经发生坏死的部位，彻底清除坏死组织。如果病变部位较深，可先进行清创术，然后，用3%过氧化氢向深部灌洗，最后再用生理盐水冲洗。根据病情，合理掌握换药时间与疗程。

另外，早期使用敏感抗生素，如四环素、青霉素、土霉素或者磺胺类药物等。如果病牛呈慢性经过，且系部已经发生严重坏死，应及时淘汰。对于系部皮肤还没有破溃的凸球犊牛，可用敏感抗生素治疗，经治疗没有好转的牛，也应当淘汰。

【防控】　加强巡栏，早期发现病牛，特别是坏死杆菌病呈地方流行性的牧场，更应该做好巡栏工作，一旦确诊为坏死杆菌病，立即采取措施、隔离病牛，加强牛舍与犊牛岛的消毒，把消毒工作做好。还要加强饲养管理，确保饲料营养充足，日粮配方科学，提高奶牛的抵抗力。加强卧床管理，卧床要平整、干燥、卫生，要有良好的舒适度，减少奶牛肢蹄损伤的发生。

（谢之景　都启晶　王春璈）

十六、放线菌病

奶牛放线菌病是由放线菌感染引起的奶牛一种慢性传染病，临床上以下颌骨和颌下、耳下等部位出现放线菌肉芽肿和慢性化脓为主要特征（图 2-2-242、图 2-2-243）。由于下颌骨增生、坏死与化脓，引起病牛咀嚼、吞咽、出现障碍，当病变波及喉头与气管附近时，压迫喉头与气管引起呼吸困难。本病在牧场中散发，有些放线菌肿难以治愈，最后淘汰。

【病原】奶牛放线菌病主要由牛放线杆菌（*Actinomyces Bovis*）和林氏放线杆菌（*A. Lignieresi*）感染引起，其他的病原菌如以色列放线菌（*A. israeli*）、金黄色葡萄球菌（*Staphylococcus aureus*）、化脓性棒状杆菌也参与致病。林氏放线杆菌是皮肤和柔软器官放线菌病的主要病原菌，不形成芽孢和荚膜。

牛放线菌呈杆状或棒状，可形成菌丝。在病灶中，可形成肉眼可见的针头大小的黄白色小菌块，呈硫黄颗粒状，将此颗粒放在载玻片上，压平后镜检，呈菊花状，菌丝末端膨大，呈放射状排列。在血琼脂培养基培养菌落呈圆形、不溶血（图 2-2-244）。革兰染色，菌块中央阳性，呈紫色；周围膨大部分阴性，呈红色（图 2-2-245）。

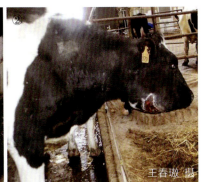

图 2-2-242　奶牛放线菌病　　　　　　　　　　　　图 2-2-243　奶牛患放线菌病，影响采食

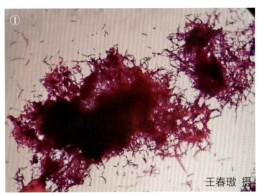
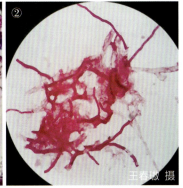

图 2-2-244　患病奶牛乳汁中分离培养　　图 2-2-245　放线菌革兰染色菌体形态
的放线菌菌落形态

【流行病学】 放线菌病主要侵害牛，特别是2~5岁的牛最易感，尤其是换牙的时候。放线菌作为一种寄生菌，常寄生在牛的呼吸道内，一部分则寄居在牛体表皮肤上。放线菌在土壤、饲料和饮水中也广泛存在。病牛是本病的主要传染源。放线菌病侵入途径主要是经口腔黏膜或唾液腺损伤处侵入，大多与采食粗硬的饲草有关。放线菌随着禾本科植物的芒刺，损伤口腔黏膜或侵入唾液腺导管开口处。年轻牛更换永久齿，由破损的齿龈黏膜感染。侵入门户与感染途径如下。

1）芒刺刺入唾液腺管开口，顺沿导管侵入腮腺（图2-2-246）、颌下腺或舌下腺。

2）软部组织深部感染后，也可经血管或淋巴管侵入远处器官。

3）病原体由齿颈部齿龈黏膜侵入骨膜，或在换齿期牙齿脱落后，由齿槽破损处侵入，破坏骨膜蔓延至骨髓，下颌骨呈化脓性骨化性骨膜炎或骨髓炎（图2-2-247）。病变逐渐发展，破坏骨层板和骨小管，引起骨疽性病变。下颌骨肿大，呈粗糙海绵样多孔状，由下颌骨穿孔，并侵入周围肌肉、皮下，局部形成瘘管排出脓汁。

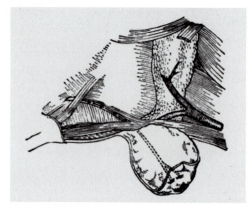

图2-2-246 禾本科植物芒刺进入唾液腺导管开口处，感染腮腺形成的放线菌病病灶

上颌骨放线菌病，常经第1~3上臼齿侵入鼻甲骨，或经第4~6上臼齿齿槽，扩展到上颌窦，放线菌增生物充满窦内，在面部形成瘘管口。

4）咽部与喉部放线菌病灶多为蕈状增生物（图2-2-248），通常发生于咽和食管分界处或喉部。

软部组织放线菌病病灶（唾液腺、咽、喉部病灶），在感染中心有大量多形核白细胞，其周围有新生肉芽组织，再外层为成纤维细胞性包膜。在这些结节性病灶周围，可不断新生出同样结节，被结缔组织围绕，并持续扩大，形成大型球状肉芽肿至放线菌肿。

有时放线菌肿内有大量白细胞浸润，并使组织成分迅速崩解，形成脓肿和瘘管，脓液穿透组织向外排脓。

临床所见软部组织放线菌病病灶，多为大型球状肉芽肿。其发生部位多在下颌间隙偏于一侧（图2-2-249），或在下颌骨游离缘稍后方的肉垂部正中皮下（图2-2-250~图2-2-252）。若仔细自球形肉芽肿向上方触摸，可发现有一硬索状根蒂，直达有关感染灶中央部（腮腺、颌下腺等）。

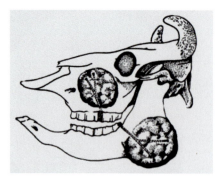

图2-2-247 病原体由齿龈黏膜侵入上下臼齿槽并蔓延至骨髓，形成上下颌化脓性骨髓炎

图2-2-248 喉部放线菌蕈状增生物上形成瘘管

图2-2-249 下颌间隙偏于一侧的放线菌肿

图 2-2-250 发生在肉垂正中的放线菌肿

图 2-2-251 牛下颌间隙处放线菌肿

图 2-2-252 牛下颌下部放线菌病病灶

【症状】 牛放线菌主要侵害骨组织，多见上下颌骨肿大。肿大部位初期疼痛，有硬的结块，致引起咀嚼、吞咽困难；后期硬结破溃、流黄色或白色的脓汁，经久不愈，形成瘘管。舌组织感染时，活动不灵，称"木舌"；病牛流涎，咀嚼困难。如果病牛下颌骨被破坏而未及时治疗，则牙齿会松动，采食反刍困难，体质状况恶化，逐渐消瘦而淘汰。乳房患病时，出现硬块或整个乳房肿大、变形，排出黏稠、含脓的乳汁。

【病理变化】 切开放线菌病病牛肿胀结块部位，可见脓肿和肉芽肿。受细菌侵害的骨骼肥大，骨质疏松。舌部的肉芽肿呈圆形隆起，黄褐色、蘑菇状，有的表面溃疡。

【诊断】 根据在下颌部肿胀、感染、化脓、形成经久不愈的瘘管等临床症状可对本病做出初步诊断。确诊需进行显微镜检查或细菌分离培养鉴定。用无菌注射器穿刺采样或从脓汁采样，经抹片或分离培养后抹片、经革兰染色后镜检，可见中心菌体呈紫色、周围辐射状菌丝呈红色的菌体，即为放线菌。

【治疗】

1）药物治疗：发病初期可用恩诺沙星，10mg/kg 体重，肌内注射，每天 1 次，连用 15d，部分病牛可以治愈。另外，口服碘化钾，成年牛每天 8~10g，犊牛服用 2~4g，每天 1 次，连用 2~4周。重症者可用 10% 碘化钾 100mL，静脉注射，隔天 1 次，共 3~5 次。在用药过程中，如出现碘中毒现象（黏膜、皮肤发疹、流泪、脱毛、消瘦），应暂停用药 5~6d 或减少用量。对发病初期的病灶，在病灶周围用青霉素 400 万 IU、链霉素 200 万 IU、0.5% 盐酸普鲁卡因 60~80mL，分数点注射，局部封闭，每天 1 次，经 1 周的治疗，如果有好转，可再治疗 1 周，如果无效果，停止用药。

2）手术摘除：将病牛站立保定。患部剃毛、清洗、消毒。用盐酸赛拉嗪 1mL，肌内注射，使牛处于镇静状态。在病变基部皮下做浸润麻醉（图 2-2-253）。在球状肉芽肿底部两侧，沿毛流做一大于肉芽肿纵径的梭形皮肤切口（图 2-2-254）。切开两侧皮肤后，用组织钳或止血钳牵引两侧皮瓣；用手术刀或手术剪分离肉芽肿周围组织。再用双股粗丝线或锐齿拉钩将肉芽肿组织提起，并继续分离。向深部分离时，如果处在颈静脉分叉处，必须注意避免损伤血管。沿肉芽肿分离周围组织时，不要紧贴索状根蒂，而应多带一些周围组织，以防剥破管壁，造成术部污染。显露肉芽肿根蒂部，仔细分离并向上追踪至腮腺或颌下腺甚至咽喉部病灶中心部。将止血钳夹住根蒂部，用缝合线结扎并切除根蒂（图 2-2-255），创内充分止血后，用青霉素、链霉素生理盐水冲洗伤口，缝合皮肤并做引流（图 2-2-256）。

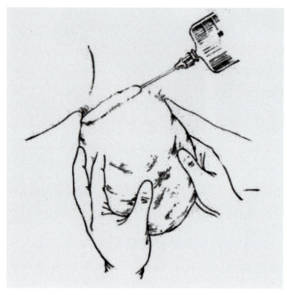
图 2-2-253　在病变基部皮下做浸润麻醉

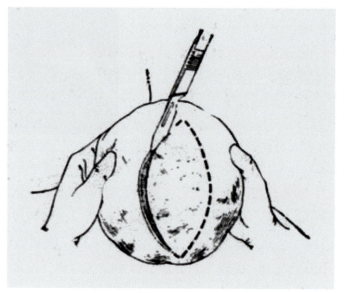
图 2-2-254　在肉芽肿底部两侧做梭形切口

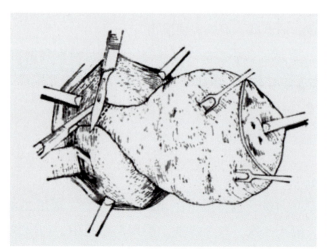
图 2-2-255　暴露索状根蒂，尽量靠根蒂部彻底切除

图 2-2-256　切除多余皮肤，间断缝合，插入橡胶引流管引流

对于单纯性放线菌脓肿，待脓肿成熟后，切开排脓，脓腔用 0.1% 高锰酸钾溶液冲洗后，用碘酊纱布填塞，隔 1~2d 换药 1 次。全身应用抗生素治疗防止继发感染。

对于巨大的放线菌肿，手术不可能完整摘除放线菌肿，由于深部骨组织发生了严重感染，手术时必须彻底挖出坏死的骨组织，在挖出坏死骨组织过程中出血较多，为了减少手术中的出血，手术前要做好烧烙止血的准备工作，如果没有烧烙止血措施，就不要进行手术。另外手术后需要 40d 以上的创伤愈合时间，为此，对于巨大的放线菌肿，在奶牛泌乳量降低后，采取淘汰措施。

【防控】　加强饲养管理，加强牛舍的消毒，防止本病的传播，对出现临床症状的放线菌病牛，隔离饲养，病牛的剩料不准饲喂其他健康牛。

（谢之景　都启晶　王春璈）

十七、牛下颌 – 喉部脓肿呼吸困难综合征

牛下颌部 - 喉部脓肿呼吸困难综合征（Bovine Submandibular-Laryngeal Abscess and Dyspnea Syndrome）是由多种病因引起的，在牛的喉部、下颌部一侧或两侧因感染化脓菌后形成数个大小不等的脓肿。随着病程的发展，脓肿体积逐渐增大，脓肿膜逐渐增厚形成坚实的肉芽肿组织。在喉部周围形成的脓肿压迫喉部及其周围组织，诱发喉部、气管壁及其黏膜的慢性增生性、出血性、坏死性炎症，奶牛表现呼吸困难，偶有咳嗽的一种慢性、局部感染性疾病。有人将这种病称为放线杆菌病，但由于在脓肿内分离出的细菌种类很多，而且大多数脓肿内分离出的细菌不是放线杆菌，为此，应将本病称为牛下颌部 - 喉部脓肿呼吸困难综合征。

【病原】 从颌下、喉部脓肿中分离的细菌有棒状杆菌（*Corynebacterium*）、金黄色葡萄球菌、链球菌、芽孢杆菌（*Bacillus*）、放线菌和单胞菌等。有关书籍中记载牛的颌下脓肿内的细菌主要是林氏放线杆菌，但在送检的 9 个病料中，仅有 1 个病料中分离到放线杆菌，这表明牛的颌下及喉头附近的脓肿是由多种细菌感染混合引起的，包括放线杆菌，每个脓肿中分离出的细菌在 3 种以上。

也有人将这种喉部脓肿和肉芽肿界定为病毒引起的传染病，这种定性显然是错误的、不能接受的，病毒的感染不会发生脓肿，这是由病毒的生物学特性决定的。

【流行病学】 2005 年以来，我国规模化牧场快速发展，随着养牛数量的增多，奶牛喉部和颌下附近的脓肿发病增多，各种饲养阶段的牛都可发生，但以断奶前后的犊牛、后备牛、青年牛发病率较高，一般呈散发或地方流行性，发病率在 1%~3%。病原经口腔黏膜创口或经唾液腺开口侵入，也可在奶牛换牙时经齿根处侵入。病牛是本病主要的传染源，可从口腔唾液和鼻腔分泌物中向外排菌，具有化脓性瘘管的牛，从瘘管排出大量细菌，污染饲草与饮水，健康牛吃了污染的饲草或饮水而感染本病。

【症状】 病牛在发病初期难以发现，只有当颌下两侧脓肿形成，表现局部异常增大时或出现呼吸异常时才被兽医或饲养人员发现。脓肿大小不等，从鸡蛋大到盐水瓶大小，或更大。

1) 浅在性脓肿：轮廓明显，与周围有明显的分界线（图 2-2-257~ 图 2-2-260），触诊时有紧

图 2-2-257　喉部浅在性脓肿

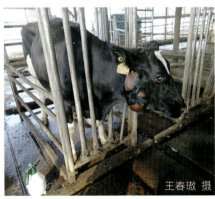

图 2-2-258　右侧颌部有 4 个浅在性脓肿

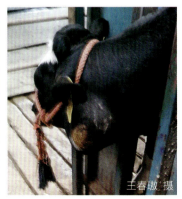

图 2-2-259　颌下浅在性脓肿

张弹性感或坚实感（视频 2-2-75），脓腔内充满大量脓液，脓液越多，外部触诊感到越硬，很少有波动感。很多兽医人员对触诊富有弹性抵抗的脓肿时，误认为脓肿没有成熟，就等待局部出现波动或脓肿破溃时再进行手术切开，这不仅延误了治疗时机，而且脓肿自然破溃处的皮肤都处于坏死状态，脓液排出后，创口也难以愈合，对牛的健康是极其有害的，必须纠正这种错误的做法。

2）深在性脓肿：位于颌下两侧和咽部附近，由于脓肿位于组织深部，外部轮廓不明显，呈弥漫性肿胀（图 2-2-261、图 2-2-262）。当脓肿压迫喉头和咽部时，通常表现呼吸异常音，严重的表现张口呼吸，病牛常常流涎、咳嗽，呼气时引起两侧颊部鼓起（视频 2-2-76~ 视频 2-2-79）。随着病程的延长，病牛采食量降低，泌乳牛泌乳量降低，呼吸困难越发严重，严重缺氧，有的病例处于窒息状态。

图 2-2-260 浅在性脓肿

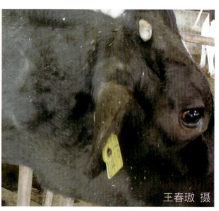
图 2-2-261 喉部深在性脓肿

图 2-2-262 深在性脓肿，呼吸困难、张嘴呼吸

视频 2-2-75 触诊脓肿发现轮廓明显，具有弹性抵抗（王春璈 摄）

视频 2-2-76 喉部脓肿，咳嗽与呼吸困难（王春璈 摄）

视频 2-2-77 喉部脓肿引起呼吸困难和呼噜声（王春璈 摄）

视频 2-2-78 喉部脓肿，呼吸困难，吸气时颊部积气鼓起（王春璈 摄）

视频 2-2-79 喉部脓肿，呼吸困难（王春璈 摄）

【病理变化】 浅在性脓肿，脓肿位于下颌部的皮下。深在性脓肿大多位于喉部下方或两侧。在脓肿腔内有大量黏稠的脓块（图 2-2-263），在喉部附近的脓肿，切开脓肿后流出黄白色脓液（图 2-2-264）。在喉部甲状软骨突起外围形成了大量处于坏死状态的肉芽肿包囊（图 2-2-265），有的病例喉部脓肿与气管之间形成一个瘘管（图 2-2-266）。凡出现呼吸困难的病牛，气管内黏膜出现慢性出血性、坏死性炎症，气管壁及气管黏膜增生、黏膜处于坏死状态（图 2-2-267、图 2-2-268）。在颌下腺内形成的脓肿，腺体坏死（图 2-2-269）。在颌下两侧都有脓肿的病例，两侧的脓肿常常经病理性管道相通。

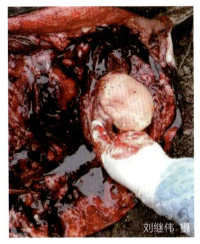

图 2-2-263 喉部脓肿腔内的脓块

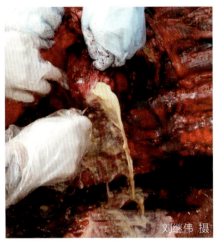

图 2-2-264 喉部脓肿，切开排脓

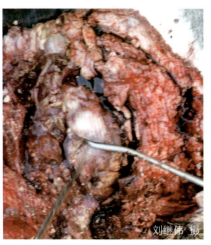

图 2-2-265 喉部脓肿，在甲状软骨周围形成了大量不健康的肉芽肿组织

图 2-2-266 咽喉部与脓腔之间的瘘管

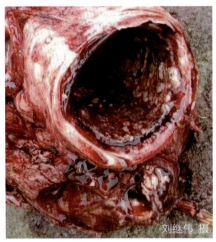

图 2-2-267 严重喉部脓肿，气管炎症，气管黏膜坏死

图 2-2-268 气管黏膜出血、坏死

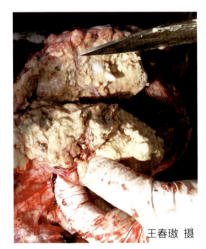

图 2-2-269 颌下腺腺体坏死

【诊断】 根据临床症状可对本病做出初步诊断，无论浅在性和深在性脓肿，都需要进行穿刺诊断，在肿胀明显处，剃毛，碘酊消毒，穿刺针快速刺入脓腔内，针头流出脓液，即可确诊（视频 2-2-80）。

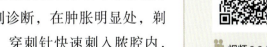

视频 2-2-80 脓肿的穿刺诊断（王春璈 摄）

【治疗】

1）应用抗生素药物治疗：脓肿发病的初期阶段，选用喹诺酮类和头孢类抗生素，联合用药，肌内注射，每天 1 次，连续用药 7~10d，部分病牛的肿胀可消退。

2）手术切开排脓、冲洗、术后定期换药处理，是治疗本病的根治方法，治疗程序如下：

①保定：柱栏内站立保定，将头部保定于立柱上，防止头部左右摆动（图2-2-270）。

②麻醉：选用盐酸赛拉嗪，肌内注射，0.3mL，严格掌握用药剂量，超过0.3mL，奶牛可能进入浅麻醉而卧地。也可用0.5%盐酸普鲁卡因于术部进行局部浸润麻醉。

③切口定位：对浅在性脓肿，由于脓肿轮廓明显，可在脓肿肿胀最明显处稍下方做切口。对深在性脓肿，由于脓肿位于组织深部，外在表现为弥漫性肿胀，与周围界线不明显，确定切口前，需要用长针头穿刺诊断，以穿刺针穿刺部位为切口。

④术部剃毛、清洗、碘酊消毒、酒精脱碘（图2-2-271、视频2-2-81、视频2-2-82）。

⑤切开脓肿：根据脓肿所处部位的解剖学特点，可做垂直地面的切口，或做水平切口。切开脓肿时，运刀要有力，要一次切透囊壁（视频2-2-83），切透囊壁的标志是从切口内流出大量脓液（图2-2-272），切口长度不能少于4cm，否则脓液排除不畅，如果做切口时运刀无力或不敢大胆切开，导致分层切开与切口交错，脓液排出受阻。在脓液不能顺畅排出时，可用止血钳伸入切口内，开张止血钳张开切口，排出脓液（视频2-2-84）。

视频2-2-81 术部用碘酊进行两遍消毒（王春璇 摄）　　视频2-2-82 酒精脱碘（王春璇 摄）　　视频2-2-83 切开脓肿，排出脓液（王春璇 摄）　　视频2-2-84 用止血钳张开切口，排出脓液（王春璇 摄）

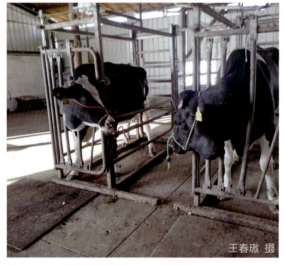 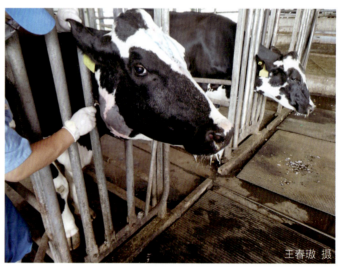

图2-2-270　脓肿牛头部保定　　图2-2-271　术部剃毛

⑥冲洗脓腔：用0.1%新洁尔灭冲洗脓腔，如果脓腔大，需要用大量消毒液冲洗时，可用专用于创伤冲洗的胃导管连接漏斗，导管的另一端插入脓腔内，将0.1%新洁尔灭灌入脓腔内，一边灌入一边放出（图2-2-273、视频2-2-85），直至将脓腔内所有脓液和脓块及坏死组织全部清理出来。最后，改用生理盐水冲洗。

图 2-2-272　脓液从切口中流出

图 2-2-273　用 0.1% 新洁尔灭冲洗脓腔

⑦创内上药与引流：用碘甘油或魏氏流膏绷带条，经切口松松地填塞入脓腔深部，依据脓腔的大小与深度确定绷带条的长度，总的原则是将绷带条松松的填塞整个囊腔（视频 2-2-86）。

⑧创腔换药：一般经 2d 更换 1 次纱布绷带引流条，奶牛在柱栏内保定，方法同第一次脓肿切开时的保定。碘酊消毒创口，用止血钳抽出塞入囊腔内的引流纱布绷带，用 0.1% 新洁尔灭冲洗囊腔，再用生理盐水冲洗囊腔，然后用碘甘油或魏氏流膏绷带松松地填塞入囊腔。

视频 2-2-85　用 0.1% 新洁尔灭冲洗脓腔（王春璈 摄）

视频 2-2-86　向脓腔内填塞碘甘油纱布引流条，碘酊消毒（王春璈 摄）

经 2~3d 抽出填塞的纱布绷带，生理盐水冲洗，囊腔内不再填塞纱布绷带，可用注射器抽吸 20~30mL 碘甘油注入囊腔内，脓腔逐渐缩小，切口经 12~15d 愈合。

⑨预后：对浅在性脓肿，按照上述治疗程序治疗，90% 以上的病牛可得到康复。对深在性脓肿，由于脓肿位置在喉头附近或颌内静脉附近，手术切口很深，切口径路上出血较多，在做好手术中止血的前提下，可以完成部分脓肿的切开排脓。对存在多个脓肿的病牛，很难将所有脓肿切开、排脓。为此，对深在性脓肿牛的根治手术，术前要认真检查与判断，对手术预后不良的牛可以放弃手术，隔离饲养或淘汰处理。

【防控】　目前没有疫苗预防。

加强巡栏，发现喉部颌下两侧异常的牛，及时挑出，将病牛隔离饲养与治疗，判断病牛的发病阶段，对病牛污染的牛舍和饲喂通道加强消毒。对发病初期的牛采用抗生素药物治疗；对已形成脓肿的牛，确定手术方法或放弃治疗、淘汰病牛的方案。禁止用病牛的剩料饲喂后备牛与青年牛。

（谢之景　都启晶　王春璈）

十八、枸橼酸杆菌病

枸橼酸杆菌病（Citrobacter Bisease）是奶牛的一种新发传染病，2014年有牧场在奶牛乳房炎的奶样中发现了枸橼酸杆菌，到2019年枸橼酸杆菌引起的奶牛乳房炎已经在山东、安徽、陕西、内蒙古、宁夏等的牧场发生，有些牧场大约16%的乳房炎是由枸橼酸杆菌引起的。2019年12月首次发现枸橼酸杆菌引起奶牛急性败血症，2020年7月后，枸橼酸杆菌引起的奶牛急性败血症在内蒙古、山东、陕西等地相继发生。

【病原】 枸橼酸杆菌（*Citrobacter*）为枸橼酸杆菌属成员，包括弗老地枸橼酸杆菌、异型枸橼酸杆菌、无丙二酸枸橼酸杆菌、杨氏枸橼酸杆菌等，临床上最多见的是弗老地枸橼酸杆菌。弗老地枸橼酸杆菌为革兰染色阴性菌，有鞭毛，能运动，无芽孢，无荚膜。在血平板培养基上，菌落呈灰白色、湿润、隆起、边缘整齐、不溶血。菌落直径为2~4mm；在麦氏培养基上，菌落为中等大小，呈红色（图2-2-274、图2-2-275）；伊红美蓝呈阳性，枸橼酸盐培养基上呈阳性（图2-2-276、图2-2-277）。

图2-2-274 血平板培养基

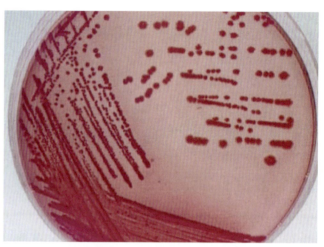

图2-2-275 麦氏培养基

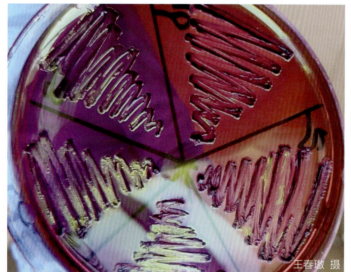

图2-2-276 伊红美蓝培养基呈阳性

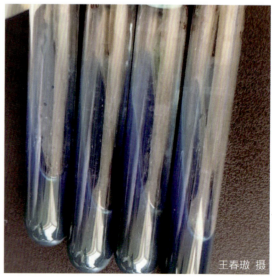

图2-2-277 枸橼酸盐琼脂培养基阳性

【症状】 根据临床症状，可将本病分为两种类型，乳房炎型和出血性败血症型。

1）乳房炎型：枸橼酸杆菌乳房炎，从1级至3级，奶样稀薄伴有纤维素，从1个到4个乳区都可发生。3级枸橼酸乳房炎牛，在出现乳房炎症状前，泌乳量突然下降，经6h，乳区出现红肿热痛，奶稀薄带有纤维凝块，随后奶牛卧地不起，治疗无效。从发病到死亡不超过1d。1级乳房炎，使用头孢类抗生素乳房注入药，经1个疗程，大多可以治愈；2级乳房炎在使用抗生素的同时，配合非甾体抗炎药，经2个疗程大多可以治愈。

2）急性败血症型：新产牛、大胎青年牛、后备牛都可发病。发病无明显季节性。病牛发病急，病情发展快，很快卧地不起，从发病到死亡一般只有几个小时，如果巡栏不及时，很难看到奶牛发病的过程，看到的都是已经死亡的牛。

① 新产牛：产后第1天就可发病，奶牛卧地不能起立，兽医将卧地不起牛用铲车转移到病牛护理场所，病牛体温39.6℃以上，呼吸快，血钙为0.8mmol/L，β-羟丁酸为3.3mmol/L，四肢伸展侧卧，不能俯卧，头颈无力活动，头触地。经补钙、补糖、广谱抗生素和磺胺药的治疗，若无效则死亡（图2-2-278）。另有一头产后17d的病牛，早晨产后护理时奶牛无异常，第2次挤奶时无异常，当天第3次挤奶前，赶牛工发现奶牛已经死亡（图2-2-279）。在剖检时对死亡的牛采血测定β-羟丁酸，为4.3mmol/L。

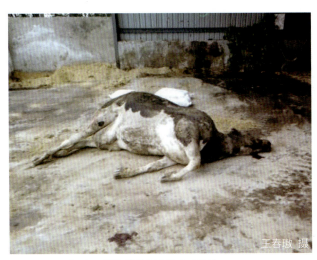

图2-2-278 产后1d因枸橼酸杆菌败血症死亡

图2-2-279 产后17d因枸橼酸杆菌败血症死亡

② 大胎青年牛：距产犊还有2个月的大胎青年牛，兽医巡栏时发现奶牛卧地不起，有神经症状，四肢划动（视频2-2-87），兽医立即抢救，用广谱抗生素和葡萄糖氯化钠注射液静脉注射，治疗无效，很快死亡。

③ 后备牛急性败血症：兽医巡栏时发现奶牛已经死亡（图2-2-280）。

【病理变化】 病死牛内脏器官严重出血，主要出血部位在肺、皱胃、肠管、瘤胃及子宫黏膜等器官。肺出血特别严重，呈黑红色（图2-2-281），肺的轮廓不清（图2-2-282），出血的肺塌瘪、实变，完全失去换气功能（图2-2-283），与肺相邻的肋胸膜也严重出血（图2-2-284）。

1）皱胃：黏膜严重出血，在切开皱胃后，皱胃腔内流出大量出血性液体（图2-2-285、图2-2-286）。

视频 2-2-87
大胎青年牛死亡前出现的神经症状（王春璈 摄）

图 2-2-280　死亡的后备牛

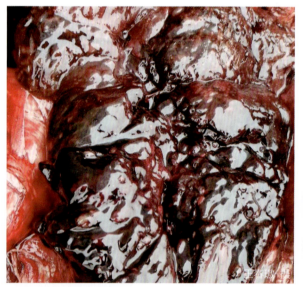
图 2-2-281　肺出血呈黑红色

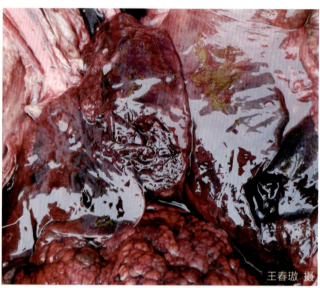
图 2-2-282　肺严重出血，失去肺的正常轮廓

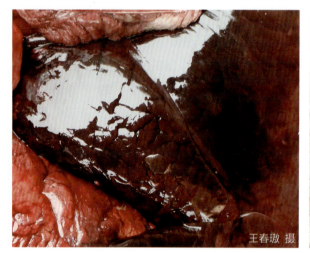
图 2-2-283　肺出血实变

图 2-2-284　肋胸膜严重出血

图 2-2-285　皱胃黏膜严重出血

图 2-2-286　皱胃腔内积存大量出血性液体

2）瘤胃：用解剖刀刮去瘤胃表面角质膜后，显露瘤胃黏膜，黏膜严重出血（图 2-2-287、视频 2-2-88）。

图 2-2-287　瘤胃黏膜出血

视频 2-2-88
用解剖刀刮去瘤胃角质膜后，显露出血的瘤胃黏膜

3）子宫：大胎青年牛的胎盘出血（图 2-2-288），产后 17d 牛的子宫黏膜严重出血（图 2-2-289）。

图 2-2-288　胎盘出血

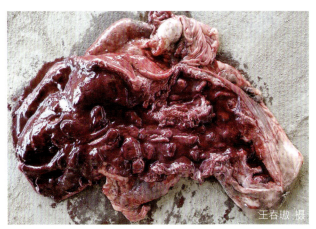
图 2-2-289　产后 17d，子宫黏膜出血

【诊断】 对枸橼酸杆菌感染引起的乳房炎，需要采奶样进行实验室诊断。对枸橼酸杆菌败血症，根据临床症状和病理剖检变化，可得出初步诊断，为了确诊，尚需做实验室诊断。

枸橼酸杆菌败血症与大肠杆菌败血症十分相似，应进行鉴别诊断。它们病理变化不同：重点观察肺的出血，大肠杆菌肺出血是均匀一致的红色，枸橼酸杆菌肺出血是均匀一致的黑红色，出血更为严重。实验室生化实验可以做出鉴别，大肠杆菌在枸橼酸盐琼脂培养基上是阴性，枸橼酸杆菌在枸橼酸盐琼脂培养基上是阳性。

【治疗】 对枸橼酸杆菌乳房炎，按乳房炎治疗规程进行治疗。常用药物为头孢类抗生素，目前枸橼酸杆菌尚未产生耐药性，一般1个疗程即可治愈。对2级乳房炎，在使用抗生素的同时，还要配合非甾体类抗炎药。对3级乳房炎，由于枸橼酸杆菌释放内毒素，奶牛很快发生内毒素休克，为此在全身使用广谱抗生素的同时，要采用抗炎、抗休克措施，临床实践证明大多难以治愈。对枸橼酸杆菌败血症牛，由于发病急，兽医发现时奶牛已经处于濒死挣扎或已经死亡，应及时进行无害化处理。

【防控】 加强牛舍消毒是减少枸橼酸杆菌病发生的主要措施；加强巡栏，早期发现异常牛，特别对代谢性酮病牛要及时发现、及时治疗。例如，前边介绍的产后死亡的牛，在产后护理中没有发现奶牛发生了酮病，死亡后 β-羟丁酸为4.3mmol/L，同时发现肝脏脂肪变性。为此，提高兽医临床诊断水平，是大型牧场亟待解决的问题。提高奶牛的免疫能力，减少枸橼酸杆菌的继发感染。

（谢之景　都启晶　王春璈）

十九、牛钩端螺旋体病

钩端螺旋体病（Leptospirosis）是由钩端螺旋体引起的一种人畜共患的自然疫源性传染病。钩端螺旋体分布广泛，特别是在热带、亚热带地区的沼泽、江河两岸、水田地带、湖泊、池塘等潮湿地区。牛感染钩端螺旋体病主要表现为体温升高、血红蛋白尿、黄疸、出血性素质，以及皮肤、黏膜发生水肿、坏死。

【病原】 钩端螺旋体为钩端螺旋体科（Spirohchaetaceae）细螺旋体属（*Leptospira*）的似问号钩端螺旋体（*L.interrogans*），细螺旋体属共有6个种，其中似问号钩端螺旋体对人和动物均有一定的致病性。钩端螺旋体是一种纤细、规则细密的螺旋状结构微生物，中央有一根轴丝，螺旋丝从一端盘绕至另一端，呈细长丝状圆柱形，每个有12~18个螺旋，两端呈钩状弯曲，具有良好运动力，在暗视野检查常似细小的珠链状。菌体长度大小不一，长度通常为4~20μm，平均长6~10μm，平均直径为0.1~0.2μm。钩端螺旋体为革兰阴性菌，但是染色效果不好，不易着色，常用吉姆萨染色法和镀银法染色法，染色效果较好。钩端螺旋体对酸和碱比较敏感，最适宜的pH为7.0~7.6，超出此范围以外，对其生存产生很大的限制，常用消毒剂均易将其杀死。但在一些潮湿的地方如水田、池塘、沼泽及淤泥中，钩端螺旋体可生存数月或者更长时间。

【流行病学】 钩端螺旋体的宿主广泛，家畜中牛、猪、犬最易感染发病，尤其是幼龄动物的发病率和死亡率较高，鼠类是钩端螺旋体最重要的贮存宿主。钩端螺旋体病属自然疫源性疾病。患病动物和带菌动物是本病的主要传染源。有的感染奶牛会终身携带菌体，当出现某些应激因素时机体的抵抗力下降就会发病。大多数动物感染钩端螺旋体后，常呈隐性感染，病原体在动物体内存在较长时间，尤其是肾脏，可间歇地或连续地随尿向外排菌，被污染的土壤、圈舍、水源、饲料及用具等是本病重要的传播媒介。本病主要经消化道感染，也可经损伤的皮肤、黏膜、配种等途径感染。吸血昆虫也在本病的传播中起重要的作用。

本病一年四季均可发生，无明显季节性，但在夏、秋季节多发，呈地方流行性或散发。饲料营养不全、饲喂方式不合理、饲养管理不当或者患有其他疾病是该病重要的诱因。

【症状】 本病潜伏期常为2~20d，犊牛在人工感染的条件下潜伏期大约为3d。根据临床表现，可将本病分为四个型。

（1）**最急性型** 多见于犊牛，突然发病，食欲减退或废绝，反刍停止，体温升高，达40℃以上，高热稽留，精神萎靡不振，呼吸加快，心跳加速，结膜黄染，贫血，排尿次数增多，尿呈黄红色或红色，腹泻。常于24h内死亡。

（2）**急性型** 病牛体温升高，达40.5~41℃，稽留数天，精神沉郁，食欲废绝，反刍停止，鼻镜发干、龟裂，流黏液性鼻涕，呼吸困难，心跳加快。可视黏膜黄染，伴有溶血性贫血和血红蛋白尿等。口腔黏膜及耳部、头部、四肢内侧、乳房和外生殖器的皮肤发生局灶性坏死和溃疡。奶牛泌乳量减少或停止泌乳，腹泻，逐渐消瘦。有的妊娠牛发生流产。本病多见于1~2月龄的犊牛，经过3~7d死亡。

（3）**亚急性型** 症状与急性相似，多见于乳牛，体温有不同程度升高，食欲不振，黏膜黄染，皮肤发生坏死。奶牛泌乳减少或停止，乳汁变稠、颜色发黄或混有血凝块。病牛明显消瘦。妊娠牛感染会发生流产、死胎。

（4）**慢性型** 病程可达3~5个月或更长，体温呈周期性升高，可反复发热3~4次。黄疸和血尿时而出现，时而消失，发热时贫血症状明显。病牛渐进性消瘦，泌乳量大幅下降或停止。妊娠牛主要表现是流产。

【病理变化】 钩端螺旋体在动物中引起的病理变化基本是一致的。

（1）**急性型** 主要呈败血症性病变，严重贫血、出血、黄疸。病死牛尸僵不全，皮下、胸腹下、肌间及肾周组织出现胶样水肿，并伴有点状出血。腹腔、胸腔及心包腔内积有大量液体，多呈黄色。肝脏肿大质脆，呈浅黄褐色，有时存在点状出血，切面结构模糊，有时存在灰黄色的坏死灶。脾脏有点状出血。心肌质地柔软，呈浅红色，心外膜点状出血，心血凝固不良。肺水肿、苍白，肺小叶间质变宽。肾脏明显肿大，可比正常增大2~3倍，表面光滑，存在不均匀的充血和点状出血，质地柔软，被膜容易剥离。在溶血临界期，可见肾脏变暗，当有血红素进入后，外观有出血性变化，切面可见肾皮质和髓质界线模糊，但往往没有肉眼可见的坏死性病变。膀胱含有大量混浊、血样尿液。全身淋巴结都发生肿大、水肿，触感柔软，切面多汁，有时存在点状出血。

（2）**亚急性型** 病死牛皮肤往往出现大面积坏死，有时可见干性坏疽。全身组织轻微黄染，肝脏、肾脏存在明显的灰黄色病灶，脾脏肿大。

（3）慢性型　病死牛尸体消瘦，严重贫血。皮肤、黏膜发生局灶性或者片状坏死。全身淋巴结都发生肿大、质硬。肾脏表面或者肾皮质存在大小不等的灰白色病灶，呈半透明状，有时病灶表面呈灰黄色，相比于周围正常组织略低，切面触感坚硬、柔韧，同时髓质内也发生相似的病变。

【诊断】　根据流行病学、临床症状、病理变化等可对本病做出初步诊断，确诊需进行实验室检测。

（1）直接镜检　在病牛不同的病程发展阶段，菌体在体内的分布不同，只有正确采取病料进行检测，才可以提高检出率。处于发热期可直接采取血液进行镜检；无热期及在病的后期可以采集病牛的尿液进行尿检；在病牛死后1~3h，可采取肝脏、肾脏进行检查。在暗视野显微镜下，可见到做回旋运动或扭曲，或以波浪式前进的钩端螺旋体菌体。涂片自然干燥后，用甲醇固定3~5min，吉姆萨染色后镜检，本菌呈红色或紫色，也可用镀银染色法或荧光抗体法检查。

（2）钩端螺旋体菌体的分离培养　采取未经药物治疗的病牛血液、发病后6d的新鲜尿液，或肝、肾脏器等病料，接种含有5%~20%灭活的健康兔血清的柯索夫培养基、捷尔斯基培养基或希夫纳培养基进行钩端螺旋体菌体的分离培养。接种后，置25~30℃培养，每隔5d做1次悬滴压片，在暗视野显微镜下检查，观察生长情况，10~15d可发现螺旋体，如无生长，应观察30~60d后才判为阴性或废弃，本菌初次分离，生长缓慢，需要较长时间培养。

（3）动物接种　将病牛的血液、肝脏、肾脏组织悬液，或经离心沉淀的尿，经腹腔或皮下对犬、豚鼠或仔兔等实验动物进行接种。每天应测量实验动物体温和观察临床症状。通常是在感染后3~7d发病。采集相应的样本进行实验室检测。

（4）凝集溶解试验　这是临床上常用的血清学诊断方法，有较高的特异性，常用于钩端螺旋体定型和流行病学调查。动物感染3~8d后，血液中即有凝集素和溶菌素出现，至12~17d滴度达到最高峰，并可持续较长时间。当对血清按1∶400稀释出现凝集及溶解现象时，判为阳性；血清按1∶200稀释出现凝集、溶解现象时，为可疑。

【治疗与防控】

1）加强饲养管理，降低饲养密度，确保饲料配方科学，增强牛自身抵抗力，减少应激因素出现。坚持自繁自养的原则，如果确实需要引进新牛时，实验室镜检无虫体后再隔离观察45d，在第10、20、30、45天采血镜检完全为阴性，方可与其他牛合圈并群。

定期杀灭蚊蝇等害虫，切断传播途径，夏、秋季节在牛舍开口处装上防蚊网或安装纱窗，尽可能杜绝其他动物进入。彻底清理圈舍杂物，定期对牛舍内外及饲喂器具等进行消毒。

2）免疫接种是预防本病的有效措施。可接种钩端螺旋体多价灭活菌苗，肌内注射10~15mL/头，间隔1周再注射1次，共接种2次。免疫保护期可持续1年。

对病牛进行隔离，积极治疗。对于严重腹泻发生脱水的病牛，要补充水与电解质，纠正代谢性酸中毒。投服收敛止泻药（药用炭、矽炭银），配合应用敏感抗生素进行治疗。

（谢之景）

第三节 真菌病

真菌病（Fungal Diseases）是指由真菌类病原感染引起的奶牛的传染病。多数情况下，真菌属于条件致病菌，可存在于抵抗力正常的奶牛体表或体内，但不引起发病。在奶牛由于某些原因致抵抗力下降时，其体表或体内真菌生长繁殖加快，引起奶牛发病。在临床上根据病原真菌侵害奶牛体部位的深浅，通常将真菌病分为浅部真菌病（皮肤真菌病）和深部真菌病。

一、嗜皮菌病

嗜皮菌病（Dermatophilosis）是由刚果嗜皮菌（*Dermatophilus congolensis*）寄生于奶牛皮下引起的皮肤真菌病。除奶牛外，人及其他动物也可感染本菌，是一种人畜共患的皮肤真菌病，不同年龄、性别的牛等动物均能感染。临床上以皮肤渗出性炎症和形成痂块为特征。一般病牛可自愈，但仍有一定的死亡率，主要造成奶、肉减产和毛皮劣质等经济损失。

【病原】 用不同的条件下培养的不同日龄的培养物涂片，经革兰和吉姆萨染色、镜检，菌体形态基本相同，呈圆形或椭圆形孢子、杆状或丝状的菌丝。有大小两种孢子，大孢子直径为1~1.5μm，小孢子直径为0.5μm。由孢子萌发出芽管，逐渐发育成菌丝。菌丝呈直角分枝，末端逐渐变细，菌丝长短不一，一般为20~50μm，长者可达100μm以上。菌丝无论长短均无横隔。孢子和菌丝革兰染色均为阳性（图2-3-1a）。刚果嗜皮菌仅侵害表皮，其菌丝可以侵入毛囊鞘，但一般不侵害真皮，最常见于角质层和结合层之间。

在血清琼脂平板上，菌落初期为黄白色，随着时间的延长变为黄色或橘黄色。培养48~72h，菌落直径一般为0.5~1.0mm，但有时可见针尖样小菌落和直径为3~7mm的大菌落。某些菌落也随着培养时间的延长而增大，菌落隆起，表面粗糙，呈脑回状皱褶，边缘不整齐，菌落基部深陷于培养基内，用接种环不易剥离（图2-3-1b）。

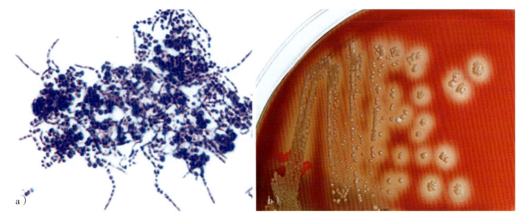

图2-3-1 刚果嗜皮菌及其菌落形态
a）刚果嗜皮菌孢子和菌丝，革兰染色 b）刚果嗜皮菌在血清琼脂培养基上经37℃培养2d后的菌落形态

孢子可在不利条件下生存，能抵御干旱。在28~31℃温度下可以在干燥的痂皮里生存42个月。在肉汤培养基里，室温下可以存活数年。本菌对温度敏感，90℃10min、煮沸5min可将其杀

死。75%酒精和2%来苏儿作用30min不能杀死本菌，5%的福尔马林作用10min仅有抑制作用。对新洁尔灭敏感，0.1%新洁尔灭作用10min不能杀死本菌，但0.2%新洁尔灭作用1min即可杀死本菌。

【流行病学】 嗜皮菌病是一种人畜共患的真菌病，不同年龄的动物皆可感染发病。除奶牛外，牦牛、水牛、羊、马属动物、猪、许多野生动物和人对本菌易感。病牛和健康带菌牛是主要的传染源，被其污染的土壤等是重要的传播媒介。本病主要经直接接触和某些媒介物传播。蝇等昆虫可在病牛和健康牛之间传播本病。在闷热潮湿的雨季，草蜱的活动很猖獗，经常侵袭牛的腹部、腹下、腹股沟、阴囊、乳房和会阴等部位，借此可将土壤中刚果嗜皮菌传播给牛，也可在病牛和健康牛之间传播本病。牧场有多刺的灌木时，牛经过时被刺伤可引起土壤中刚果嗜皮菌的侵入感染。牧场石多、道路不平，碰伤蹄部，也会造成土壤中刚果嗜皮菌的侵入感染。

本病一年四季均可发生，尤其是温暖、潮湿季节容易爆发，一般在旱季发病少。多种因素如放牧方式、温度、降雨量、湿度，病原菌在痂皮里、土壤里及草蜱里的生存期，蝇及草蜱的叮咬，其季节消长、传播及强度，病变的类型等，对本病的流行都有影响。

【症状】 一般最初感染常在阴囊、腋部、腹股沟、四肢弯曲部等蜱、蝇喜欢附着的部位，严重的可波及颈及躯体。早期病症不明显，皮肤见小丘疹，被毛直立，由于皮肤炎症而产生浆液性渗出物。继而这种渗出物凝结，和被毛粘在一起，同周围未感染的被毛比略有升高，故称"油漆刷子"外观（图2-3-2a、b、c）。患病皮肤形成皱褶、上皮坏死、形成痂皮（图2-3-2d）。

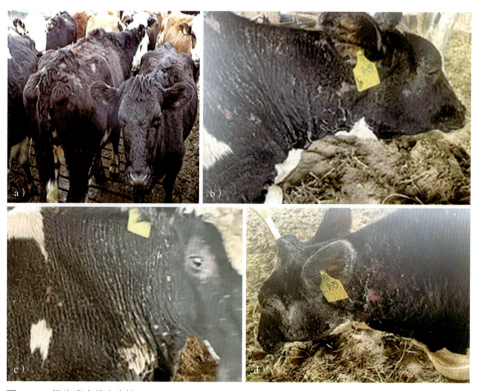

图2-3-2 奶牛嗜皮菌病症状
a）、b）、c）感染部位呈"油漆刷子"外观　d）患病皮肤脱毛、形成皱褶、上皮坏死、形成痂皮

【病理变化】 奶牛嗜皮菌病是一种慢性皮炎，犊牛的病变一般是渗出性及疙痂性的，主要在面部、两耳、胸及背部。母牛的病变一般为痂皮性的，主要分布在乳房、乳头、尾毛、会阴区、臀部、背部和腿。公牛则分布在下垂的皮肉上、胸部、阴茎包皮褶、阴囊、大腿、背部、腿部及口、鼻周围。

【诊断】 临床症状有助于本病的诊断，特别是"油漆刷子"外观更有助于与小孢子菌和毛癣菌引起皮肤真菌病鉴别。确诊应进行病原检查。

遇有湿痂（既有痂块形成同时还有渗出液），可将湿痂用力擦在玻片上做成涂片；遇干痂可加少许生理盐水研碎后制成涂片。湿痂比干痂容易观察。以骆氏美蓝、吉姆萨或革兰染色，当见到有 2~5μm 宽的分枝菌丝，菌丝顶端断裂呈球状，脱离菌丝体的球状多成团似八联球菌，即可确诊（图 2-3-3）。此成团的球状体外有囊膜包围，可用墨汁负染色法显示，当囊膜消去后，每个球状体为一个游动孢子，外有鞭毛，能运动，具感染力。

 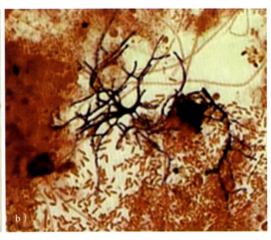

图 2-3-3 奶牛嗜皮菌病痂皮和渗出物涂片
a)"油漆刷子"状痂皮 b)渗出物直接涂片，革兰染色

可对本菌进行分离培养：鲜血平板培养基培养，生长温度为 25~40℃，最适宜的生长温度为 37℃，pH 为 7.2~7.5，需氧兼性厌氧环境，但在需氧下比在厌氧下生长更为丰盛。当在 37℃培养 24h，菌落大小为 0.5~1mm，或圆或方或不规则边缘，灰白色、隆起，黏稠或粗糙而坚硬，有的菌株与培养基粘连较紧。

【治疗】 治疗方法有外用和经胃肠道给药两种。喷洒 0.1%氟硅酸镁（含微粒状的硫黄）的外用效果最好，0.1%氯化钾和 0.5%硫酸锌的效果稍次于氟硅酸镁，含硫黄的 5%硫代硫酸钠效果中等。而经胃肠道治疗的药物如螺旋霉素（50mg/kg 体重）和链霉素（10mg/kg 体重）效果最好，双氢链霉素（10mg/kg 体重）的效果次于前两种，土霉素（1mg/kg 体重）、四环素（1mg/kg 体重）的效果中等。

【防控】
1）平时加强管理，增强奶牛的抵抗力；有可疑损伤和可疑病状时要进行微生物学检验。
2）控制传播媒介：使本病造成传染的因素很多，如被污染的土壤、灰尘、水、草、蜱、疥螨、蚊、蝇等。注意搞好环境卫生，消灭蜱、疥螨、蚊、蝇等体外寄生虫和昆虫，以减少传播媒介，是最常用和有效的预防措施。控制蜱，当奶牛保持无蜱状态时，嗜皮菌病的发病率下降，即使感染也会减轻其病损程度。控制蜱较为有效的方法仍是用一些杀蜱的药剂，给牛进行药浴或者喷雾。

3）接种疫苗：目前，国外对本病所研制的菌苗有福尔马林灭活苗、油佐剂疫苗、不加佐剂的湿苗及冻干苗。另外，通过皮内、皮下途径接种强毒菌苗，如果注射时操作小心，不使菌苗溢流到皮肤上，则不会造成皮肤病损。但是用强毒菌苗进行本病的预防接种并非绝对安全。有研究者通过涂擦皮肤、皮内注射接种强毒菌苗时，曾在少数接种动物的内脏器官内分离到刚果嗜皮菌。国外学者也曾从一只感染刚果嗜皮菌的猫的发炎淋巴结中分离到刚果嗜皮菌，并将所分离到的病菌成功感染绵羊和一些实验动物。进而更加证明，虽然刚果嗜皮菌通常只限于在皮肤上引起病损，但有时也可能侵入动物的内脏器官并产生病损。

4）发现疫情后的措施：

① 首先宣布该地为疫区，施行封锁，禁止牲畜出入。

② 对牛群进行全面检疫，对感染牛进行隔离，对污染环境进行彻底消毒处理。

③ 对已患病牛进行治疗，对尚未患病牛进行预防。

④ 特别要注意环境卫生，减少或杜绝蝇、蜱的叮咬和传播。

⑤ 对康复牛要继续隔离观察 1~2 个月，在此期间要对康复牛进行多次检疫、治疗和消毒，待彻底康复和消灭本病原菌时再放回原牛群。

（赵孝民）

二、皮肤真菌病

皮肤真菌病（Dermatomycosis）是由多种小孢子菌和毛癣菌引起的一种以脱毛、鳞屑为特征的慢性、局部表在性的皮肤炎症，俗称钱癣，主要侵害奶牛的被毛和皮肤，是一种发病率高、传染性强、难治愈的人畜共患传染病。除牛外，多种病原还可感染人及兔、犬、猫、羊、狐狸和水貂等动物。

【病原】 能引起奶牛皮肤真菌病的病原有多种，主要是小孢子菌属（*Microsporum*）和毛癣菌属（*Trichophyton*）的多种真菌。可感染奶牛的常见皮肤真菌包括头癣小孢子菌（*M. audouinii*）、犬小孢子菌（*M. canis*）、石膏样小孢子菌（*M. gypseum*）、麦格氏毛癣菌（*T. megninii*）、石膏样毛癣菌（*T. gypseum*）、坤氏毛癣菌（*T. qumckeam*）、红色毛癣菌（*T. rubrum*）、疣状毛癣菌（*T. verrucosum*）、黄色毛癣菌（*T. favoa*）、密块毛癣菌（*T. favifehme*）、疣状毛癣菌白色变种（*T. verrucosum var. album*）、疣状毛癣菌盘形变种（*T. verrucosum var. discoides*）、断发毛癣菌（*T. tonsurans*）等。对奶牛危害严重的主要有犬小孢子菌、石膏样小孢子菌、石膏样毛癣菌、疣状毛癣菌白色变种等。

（1）犬小孢子菌　本菌属毛外型，小孢子呈圆形，密集成群围绕于毛干，皮屑内可见少量菌丝，菌丝有隔。大分生孢子呈中间宽大、两端稍尖的纺锤形，大小为（15~20）μm×（60~125）μm，壁厚，孢子末端表面粗糙、有刺、多隔。小分生孢子较小，为单细胞棒状，大小为（2.5~3.5）μm×（4~7）μm，沿着菌丝侧生。另外，偶尔有球拍状、破梳状、结节状菌丝（图2-3-4a）。在沙氏葡萄糖琼脂（SDA）培养基上室温下培养，生长较快。开始琼脂表面生长少量白色菌丝，2周后长满整个琼脂表面。菌落中央呈白色或浅黄色微细粉样，周边为白色羊毛状气生菌丝。随着时间的延长，菌落生长扩大，表面出现同心圆形的环状沟纹，逐渐变成浅棕黄色（图2-3-4e）。

（2）**石膏样小孢子菌** 亲动物性皮肤癣菌，在人身上易引起强烈的炎症反应，在动物身上可引起黄癣痂样损害。属毛外型，在毛干周围有链状排列密集成群的孢子，皮屑中有菌丝和少量孢子。大分生孢子具4~6隔，大小为（12~13）μm×（40~60）μm，呈纺锤形，两端稍细，少数壁光滑，菌丝较少。小分生孢子较小，为单细胞棒状，大小为（3~5）μm×（2.5~3.5）μm，沿菌丝壁产生分生孢子。菌丝呈球拍状、破梳状、结节状。厚壁孢子较少（图2-3-4b）。在SDA培养基上室温下培养，生长较快，3~5d出现菌落，中心隆起，并有1个小环，周围平坦，上面覆盖有白色绒毛样气生菌丝。菌落初为白色，逐渐变成浅黄色，呈粉状，凝集成片。菌落中心颜色较深，而边缘色泽较浅。琼脂背面呈褐色或橘黄色（图2-3-4f）。

（3）**石膏样毛癣菌** 石膏样毛癣菌有粉末型和绒毛型，粉末型嗜动物，绒毛型嗜人。在皮屑中可见分隔菌丝或关节菌丝，在毛干外有排列成串的孢子。粉末型菌丝为螺旋状、破梳状和结节状，小分生孢子呈球形，常聚集成葡萄状。有少量棒状的大分生孢子，大小为（40~60）μm×（5~9）μm（图2-3-4c）。在SDA培养基上25℃下培养，生长迅速。粉末型菌落表面呈粉末样，较细。菌落呈黄色，中央为少数白色菌丝团。菌落背面呈棕红色（图2-3-4g）。

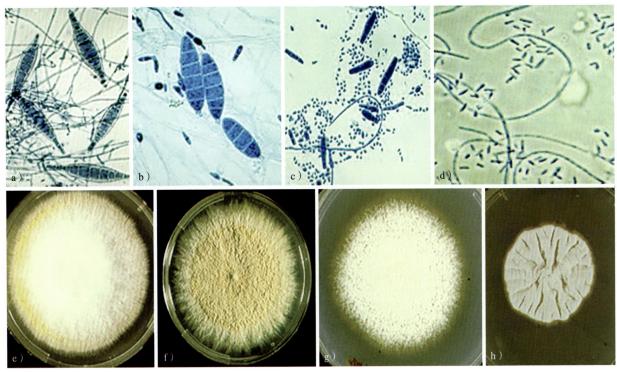

图2-3-4 常见奶牛皮肤真菌病病原真菌种类及其菌落形态
a）犬小孢子菌 b）石膏样小孢子菌 c）石膏样毛癣菌 d）疣状毛癣菌白色变种 e）犬小孢子菌菌落 f）石膏样小孢子菌菌落
g）石膏样毛癣菌菌落 h）疣状毛癣菌白色变种菌落

（4）疣状毛癣菌白色变种 本菌为嗜动物性毛癣菌，分布于世界各地，特别是在农村、牧场多见。疣状毛癣菌白色变种为毛外型，在皮屑和毛外有大量的孢子，并排列成串，直径约为5μm。在皮屑内有关节菌丝。在SDA培养基上菌丝分隔，粗细不等，有的菌丝呈鹿角状，厚壁孢子成串。在含酵母浸膏、维生素B_1、肌醇的SDA培养基上，大分生孢子呈棒状，长约45μm，多隔，壁薄（图2-3-4d）。在SDA培养基上37℃下培养，生长慢，菌落小，菌落直径一般不超过1cm。菌落略高出培养基表面，不规整，呈蜡状、白色至灰白色。另一种菌落为绒毛状，中央隆起，有皱褶，周边呈放射状沟纹（图2-3-4h）。有研究表明，皮肤结痂内的疣状毛癣菌白色变种的生活能力可维持4.5年。在1.5μm厚的皮肤癣垢内，其孢子可抵抗4.37h的紫外线作用。

【流行病学】 皮肤真菌病的病原真菌在自然界广泛存在，对外界环境的抵抗力极强。肥沃的土壤是皮肤真菌最适宜的栖息地，所以，被污染的土壤是构成传播的重要因素。

多数病原真菌都可感染多种动物，包括一些野生动物和人。因此，许多易感动物，特别是一些小动物如犬、猫及野生动物是重要的传染源，在奶牛皮肤真菌病的传播中起重要作用。

流行病学调查表明，犊牛比成年牛更易感染皮肤真菌病，1岁犊牛发病率为45%左右，1~2岁为2%，成年牛为0.94%。秋、冬季比夏季多发。本病的传播方式主要是接触传播。与受感染动物直接接触通常是皮肤真菌病的传播方式，但是与被污染的物体，特别是垫料、栏具、饲养用具、医疗器械等的间接接触，可能在本病的传播中更加重要。

典型病例多发生在后备牛。进口牛在长途运输、抵抗力降低、运到隔离场后暴发这种皮肤病，发病率在39%以上。皮肤的pH在癣的发展中具有重要意义，皮脂腺分泌的脂肪酸一般具有高度的抑菌作用。人对癣菌的感染，在青春期前要比青春期后高得多，主要是因为青春期后皮肤的pH约从6.5下降至4。

【症状】 病原菌侵入牛的毛囊管，随后进入皮层内部增殖，引起被毛脱落。发病奶牛的皮肤病变多发生在头部，特别是眼的周围、口角、面部、颈部等部位，不久就遍及全身。主要临床特征为脱毛、痒感和痂皮等。病初成片脱毛区域如硬币大小，有时仅保留一些残毛。随着病情的发展，逐渐地呈同心圆状向外扩散或相互融合成不规则病灶。被毛向不同方向竖立并脱落、变稀，皮肤增厚、隆起，被覆物呈灰色或灰褐色，有时呈鲜红色到暗红色的鳞屑和石棉样痂皮（图2-3-5）。病初不痒，随后逐渐开始出现发痒症状。当痂皮剥脱后，病灶显出湿润、血样糜烂面，并有直径为1~5cm的圆形到椭圆形秃毛斑，即钱癣。大多数病牛不安、摩擦。病牛体温、心跳、呼吸、饮水、食欲、粪便一般正常。如果无继发感染，一般不引起死亡。

【病理变化】 本病的病理变化主要在皮肤，如明显的秃斑、结痂、炎性渗出物、脱毛、糠麸样病变等。癣菌主要侵害角化组织，特别是角质层和纤维层，导致纤维结构自溶、毛折断和脱毛。受侵染的上皮层的渗出物、上皮碎屑和真菌菌丝形成本病所特有的干燥的痂块。如果存在适宜的环境条件，包括空气温度和皮肤呈弱碱性，菌丝体开始生长，癣即发展。这些真菌都是严格的需氧菌，位于大多数病变中央痂块下的真菌因缺氧而死亡，只是留在周围的真菌才具有活力。正是这种生长方式使病变沿离心方向发展并呈特征性的圆形。

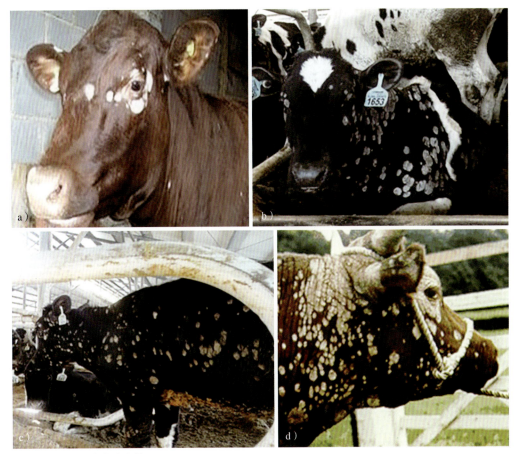

图 2-3-5 牛皮肤真菌病症状
a）犬小孢子菌引起的眼周围钱癣　b）石膏样小孢子菌引起的全身癣病
c）石膏样毛癣菌引起的全身毛癣　d）疣状毛癣菌白色变种引起头颈部毛癣

【诊断】 可根据临床症状做出初步诊断，确诊应借助实验室诊断。

1）直接镜检：刮取患部痂皮连同受害部的毛，浸泡于20%氢氧化钾溶液中，微加热3~5min，然后将所采病料置于载玻片上，滴蒸馏水1滴，加盖玻片镜检，可看到分隔的菌丝或成串的孢子。

2）真菌的分离培养：将采集的被毛、痂皮等病料先用生理盐水冲洗，再用灭菌吸纸吸干后，接种在马铃薯葡萄糖琼脂培养基上（添加1%酵母浸出液，同时为了抑制杂菌繁殖干扰，每毫升培养液添加0.125mg氯霉素），置37℃恒温箱中培3~10d，在培养基表面形成棉絮状的白色菌落。显微镜下观察，可见到棒状的大分生孢子和分隔的菌丝。

【治疗】 对病牛隔离结束后，转运至牧场后，在良好的饲养条件下，经2~3个月可自行康复。对症状严重的病例可以采用以下方法进行治疗。

①局部治疗：剪去患部的牛毛，要比病灶大些，然后用0.1%新洁尔灭溶液或其他消毒药液清洗患部，慢慢湿润浸透痂皮以除去结痂、皮屑及渗出物。然后局部涂抹氧化锌软膏、1%克霉唑擦剂等。牧场兽医介绍用5%~10%碘酊涂抹患部，每天1次，经3~4次即可治愈。

②全身治疗：可口服灰黄霉素。对于病牛的治疗可分为3个疗程，每个疗程为7d。用灰黄霉素原粉饮水对症治疗，每头每次5g，每天2次。

③对于去掉的痂皮集中清理，焚烧。保定牛只用具、人员和场地消毒处理。

【防控】 良好的饲养管理的牧场，不发生本病。

1）分群隔离：对所有牛只逐头检查，有临床症状的牛只全部转群集中在同一牛舍内。对病牛、健康牛固定人员饲养，不得窜舍。

2）强化消毒：采取全方位的卫生清理和消毒，牛舍每天上午、下午 2 次清扫；2 次用水冲洗；2 次用来苏儿和百毒杀更替消毒；人员、用具及场地每天进行 1 次清洗和消毒。

① 对于健康牛饮用添加灰黄霉素原粉的水，每头每次 4g，每天 2 次。

② 对于健康牛进行日光浴，在天气晴朗时每天中午 12:00 至下午 4:00 进行日光晒。牛只入舍时运动场随即实施清理和消毒。

3）饲喂全价饲料，避免饲喂变质饲料、饲草，供给足够的营养，提高牛的抗病力。

4）保持牛舍干燥，通风良好，粪便应及时清除，定期消毒，保持经常性卫生。

（赵孝民）

三、真菌性肺炎

可引起奶牛真菌性肺炎（Fungal Pneumonia）的真菌有多种，常见的有念珠菌（*Canidia spp.*）、隐球菌（*Cryptococcus spp.*）和曲霉菌（*Aspergillus spp.*），多为继发感染或和其他病原菌混合感染。

【病原】

（1）白色念珠菌（*C.albicans*） 双相真菌，有酵母相和菌丝相，是念珠菌属中致病性最强的成员。在一定条件下酵母相可以转变为菌丝相，正常情况下一般为酵母相，致病时转化为菌丝相。酵母相呈圆形、卵圆形或长椭圆形，随种类不同而异，一般直径为 2~10μm（图 2-3-6a）。芽生繁殖，有芽孢及细胞发芽伸长而形成的假菌丝，也可有真菌丝，菌丝上可生长酵母相孢子（图 2-3-6b）。在 YPD 及 SDA 培养基上、30~37℃下，24h 可形成酵母样菌落，呈白色或乳白色（图 2-3-6c）。

（2）新型隐球菌（*C.neoformans*） 隐球菌属记载的有 17 种，但仅有新型隐球菌致病。孢子为圆形、卵圆形，壁厚，出芽或不出芽，大小参差不齐，直径为 4~20μm。孢子外围具有宽且折光、透明胶质状的厚荚膜包围，厚 5~7μm（图 2-3-6d）。荚膜为黏多糖，对外界有一定的抵抗力，水洗不能除去荚膜，酸仅能部分水解。隐球菌在固体培养基上形成白色、奶油色、微黄色、红色等不同颜色的细菌样菌落，黏液性，由单细胞芽生孢子所组成。

（3）曲霉菌 真菌性肺炎的重要病原，主要有黄曲霉菌（*A.flavus*）和烟曲霉菌（*A.famigatus*）。黄曲霉菌分生孢子头呈球形、亚球形、半圆形、放射状或圆筒形。分生孢子梗粗糙或有麻点，无色，但有些从光滑或近于光滑至粗疏、粗糙。顶囊在具有大孢子头的种中成熟期呈球形或近球形，在具有小孢子头的种中仍保持棒形或烧瓶形，也有半球形。小梗单层或双层，通常在同一种菌种或在单一顶囊上可看到上述两种情况。大部分种的分生孢子呈球形或近球形，成熟时显著粗糙或几乎不粗糙，但不同菌株间大小变异很大。

烟曲霉分生孢子头呈短柱状，长短不一，可长达400μm、宽50μm。分生孢子梗短、光滑，可长达200~500μm，直径为2~8μm，常带绿色。顶囊呈烧瓶形，直径为18~35μm，与分生孢子梗一样带绿色。小梗单层，顶囊上半部的2/3部分生小梗，密集，一般为（5.5~6.0）μm×（8.0~3.2）μm。分生孢子呈球形或近球形，数量较多，粗糙，带细刺，黑绿色，直径为2~3.5μm（图2-3-6e）。菌落生长迅速，在察氏培养基上菌落光滑或呈绒毛状，有的呈絮状；气生菌丝呈暗烟绿色，老后几乎呈黑色（图2-3-6f）。

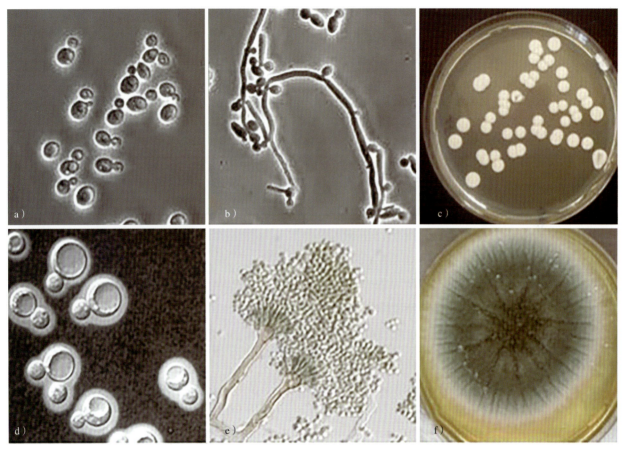

图2-3-6　常见的奶牛真菌性肺炎病原及其菌落形态
a）白色念珠菌酵母相　b）白色念珠菌菌丝相　c）白色念珠菌在YPD培养基上形成的菌落
d）新型隐球菌　e）烟曲霉菌形态　f）烟曲霉菌菌落

此类真菌生活力较强。在10~50℃皆可生长，最适宜温度为22~36℃、湿度为95%~100%（80%~85%则生长不良或停滞），pH在1.5~11均可生长，最适pH为5~6.5。耐热，菌丝60℃10min可灭活，孢子在65~75℃100min可灭活，煮沸50min才能灭活。低温可长期存活，紫外线和X线不能杀灭真菌，常用消毒药需1~3h才能将其灭活。对一般的抗生素有较强抵抗力，对制霉菌素、两性霉素B、灰黄霉素及消毒药碘化钾敏感。

【流行病学】　此类真菌广泛存在于自然界。在土壤、空气、种子、酒曲、木头、皮革、蔗渣、苹果、腐烂物质中和腐败有机质中普遍存在。在鸡、鸭、鹅、鸽、老鹰、鹦鹉、黄牛、绵羊、马等动物及人体内均可分离到。

烟曲霉能引起棉铃和苹果腐烂，又是畜禽类曲霉菌病的病原。这类菌还具有纤维素分解能力和油脂分解能力。某些菌系能产生烟曲霉素、烟曲霉酸、烟曲霉醌、小刺青霉素、胶霉素及烟曲霉震颤素 A、B 等，引起畜禽曲霉菌中毒。烟曲霉的最适产毒温度为 30℃。烟曲霉的生长适温为 37℃，适应于相当广泛的温度范围，并且嗜高温，在 45℃ 或更高的温度下生长茂盛，所以常常可在分解的肥料中找到。

【症状】 多数情况下为隐形感染，感染牛不表现临床症状，在感染牛因某种原因抵抗力下降时，可临床发病。不同的真菌感染引起的肺炎临床症状各有不同，与诱因有很大关系。以烟曲霉为主的多种曲霉菌感染的奶牛，急性病例流涎，流出似泡沫状黏液，站立不稳，后肢摇摆，抽搐，多因呼吸与心脏活动紊乱，突然死亡。病程延缓者，精神高度沉郁，食欲废绝，剧烈腹泻，排出大量恶臭稀粪，并带有血液和脱落黏膜，有时粪便如血水，呈喷射状排出。常见流泪，眼睑水肿，结膜潮红和结膜炎变化。心跳加快，脉搏细弱；呼吸困难与气喘，鼻腔流出黏性鼻涕。多数病牛继发乳房炎。体温一般不高，有的升高到 41.5℃。急性中毒可于 24h 死亡，一般病程为 7~13d。

【病理变化】 肺间质增宽、瘀血、充血与水肿，支气管充满泡沫状液，胸膜点状或条带状出血，肺表面遍布黄豆大至蚕豆大丘疹与结节。肺呈暗紫色，质地致密与实变，并与周围肺组织有明显的界线，部分结节切开后有干酪样变。镜检肺瘀血，呈间质性和纤维蛋白性肺炎变化，结节处有成堆的霉菌菌丝。心内外膜、心肌及瓣膜均有点状或片状出血。肝肿大、质脆，胆囊肿大 3~4 倍。脾脏散在小点出血。全身淋巴结肿大、出血、水肿。皱胃浆膜和胃底黏膜弥漫性充血与出血，整个肠段均呈点状或片状出血，小肠内有溃疡斑和坏死灶。全身皮下和肌肉，特别是四肢内侧肌肉呈弥漫性点状出血，有明显的出血性素质变化。

【诊断】 依据临床症状诊断真菌性肺炎比较困难，诊断主要靠病原检查。

1）直接检查：可采用鼻涕及肺、气管分泌物直接涂片，在显微镜下观察，可看到不同类型的真菌孢子和菌丝（图 2-3-7），根据形态做出初步判断。

① 氢氧化钾涂片可见圆形（有时不规则形）、厚壁、大小不等（直径为 20~80μm）、内含孢子（直径为 2~6μm）的孢子。孢壁破裂，可见内孢子，不出芽，间或可见分离菌丝。

② 盐水涂片，24h 后孢壁破裂，可见许多游离的内孢子，每个内孢子再长出菌丝。

2）曲霉菌培养：培养时应防止实验室感染。

在 SDA 培养基上，室温下生长迅速。开始像一层潮湿的薄膜，首先在边缘形成一圈菌丝，不久颜色逐渐由白色变为浅黄或棕色，菌落逐渐由菌丝变为粉末样，有很多的关节孢子。此时移种必须特别小心，为防止实验室感染，可在试管内加入消毒生理盐水，然后在接种罩内近火旁移种，或将菌处死，再进行检查。镜检可见分枝和分隔的菌丝，有时类似球拍菌丝，长方形的关节孢子很多（培养 3~14d 后），每两个关节孢子间有一间隔，用乳酸酚棉兰染色清楚可见。

【治疗】 治疗以念珠菌为主引起的真菌性肺炎，可试用两性霉素 B 或两性霉素 B 脂质体。为延长药效时间，治疗时需高剂量静脉注射，但两性霉素 B 具有引起肾中毒症、低钾血症和贫血的副作用。

对以霉菌为主引起的真菌性肺炎，目前无特效药物治疗，特别是多种病原混合感染时更是如此。可试用制霉菌素、酮康唑、伊曲康唑、氟康唑等抗真菌药物。

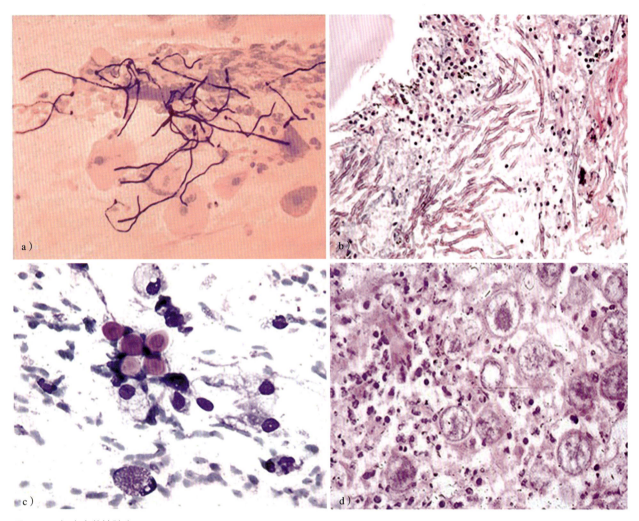

图 2-3-7 奶牛真菌性肺炎
a）气管分泌物涂片，革兰染色，图中所见为白色念珠菌菌丝和酵母样菌体 b）真菌性肺炎肺组织中大量曲霉菌菌丝，HE 染色
c）真菌性肺炎肺组织中隐球菌，Field 染色 d）真菌性肺炎肺组织中球孢子菌孢子囊

【防控】

1）禁止给奶牛饲喂发霉的饲料、饲草。避免储藏的饲料、饲草受潮，环境空气相对湿度保持在 15% 左右。

2）保持圈舍清洁，圈舍和饲槽应经常清扫，防止灰尘沉积。粪便应及时清除。

3）秋收季节如阴雨天过多，田地农作物秸秆极易受潮霉变，此时应严格禁止在田地放牧。

（赵孝民）

四、其他真菌病

1. 胃肠道真菌病

胃肠道真菌病（Gastrointestinal Mycosis）是由致病性真菌或条件致病性真菌侵害奶牛胃肠道引起的。临床上以胃肠道炎症、溃疡、消化功能紊乱及腹泻为主要特征，多发生于犊牛。可由一种真菌感染引起，也可由多种真菌混合感染引起。

第三节 真菌病

【病原】 可引起胃肠道感染的真菌病原有多种，如各种念珠菌、曲霉菌等。最常见的是白色念珠菌和热带念珠菌。

【流行病学】 白色念珠菌及其他一些念珠菌是畜体正常菌群的一部分（如口腔、喉、胃肠、阴道、皮肤等），属条件致病菌，在免疫力降低的奶牛中引起发病。念珠菌广泛分布于自然界中的各种环境，由消化器官、呼吸器官侵入机体感染发病。本病多在春夏季之交呈散在流行，尤其在卫生条件差的畜禽场或散户饲养的动物中，易发生本病的流行。禽类易感；牛和马属动物次之；猪、犬、猫和啮齿类动物偶尔也可感染；人易感。

【症状】 犊牛感染主要表现在消化道，呈现瘤胃和皱胃炎症及坏死性溃疡（图2-3-8）。病牛一般表现食欲不振或减少，反刍、嗳气、消化功能障碍，腹泻，有的病例可继发肺炎。

【病理变化】 牛口腔、食道黏膜面上覆有白色溃疡坏死膜。肠黏膜有溃疡灶。病理组织检查，病变部位可见酵母形细胞。

【诊断】 有顽固性胃肠炎、腹泻病史，有的病牛口腔黏膜面上覆有白色溃疡坏死膜，多见于犊牛等，可利用这点协助诊断，确诊还要进行病原检查。可刮

图2-3-8 曲霉菌引起的犊牛瘤胃黏膜弥散性、大小不等的溃疡灶

取口腔黏膜面上分泌物涂片，或粪便涂片，革兰或吉姆萨染色后，显微镜下观察，根据病原形态描述进行鉴定。也可用口腔黏膜面上分泌物或粪便进行真菌培养后鉴定。

【治疗】 全身性治疗可用两性霉素B、克霉唑、大蒜素。

【防控】 念珠菌是条件致病菌，健康动物消化道和皮肤常有念珠菌存在。当饲养管理不良、环境卫生不好、长期大量使用抗生素和免疫抑制剂均可使奶牛抵抗力降低，导致本病发生。因此，经常保持圈舍卫生，合理饲喂，保持圈舍内的正常温度和湿度，经常通风换气，不喂霉变饲料等可降低本病发病率。

2. 霉菌性流产

曲霉菌病是最常见且危害最严重的真菌病，现在研究发现无临床症状的肺曲霉病往往导致妊娠牛胎盘的感染，引起霉菌性流产（Mycotic Abortion）。

【病原】 可引起奶牛流产的曲霉菌有多种，主要是烟曲霉和黄曲霉。

【流行病学】 曲霉菌广泛分布于自然界中的各种环境，特别是饲料和土壤中。曲霉菌可感染多种动物和引起动物的各种曲霉菌病，可感染牛、马、绵羊、猪、猫、犬、豚鼠、兔、野牛、野兔、鹿、山羊、猴子和人类。引起的动物曲霉菌病包括霉菌性肺炎、霉菌性乳房炎、霉菌性皮炎等。曲霉菌引起的奶牛流产，是常见的奶牛曲霉菌病。曲霉菌病最主要的是由含有大量真菌孢子的发霉干草所引起，舍饲家畜在冬季饲喂这种干草容易因吸入大量真菌孢子而发病。

【症状】 烟曲霉所引起的妊娠母牛流产，一般是在妊娠后3~4个月或7个月发生，流产后母牛无明显临床症状，流产的胎儿有坏死性损伤。牛肺曲霉病的症状类似肺结核，病牛咳嗽，重

症者则出现呼吸困难，食欲减退，偶有体温上升。1月龄左右的犊牛经口感染，常发生小肠炎，从而导致腹泻、便血等。

【病理变化】 曲霉感染严重时，一般侵害全身各组织器官。肺表面有黄豆大至蚕豆大的丘疹与结节，部分结节切开后有干酪样变。结节一般有1个含有菌丝的中心坏死区，并被膨胀不完全的肺组织包围。在较后期可能发生空洞，在空洞内形成绿色的粉末状物，并由烟曲霉孢子头组成。剖检可见肺间质增宽、瘀血、充血与水肿，支气管充满泡沫状液体，胸膜有点状或条带状出血。慢性感染，偶尔在肾脏和脾脏发现密集的放射状菌丝团，这种情况称为烟曲霉菌的放线菌型。肝细胞变性坏死，窦隙增宽，窦壁细胞肿大。脾脏周围钝圆，有散在小出血点。肾小管上皮细胞空泡变性，管间小血管瘀血。全身淋巴结肿大、出血、水肿。胃充满内容物，黏膜脱落，胃底充血、出血。整个肠段均呈点状或片状出血，小肠内有溃疡和坏死灶。

【诊断】 根据流行病学特点、临床症状和病理变化可做出初步诊断，确诊须进行以下真菌学检查。

1）显微镜压片检查：取流产胎儿体内絮状物和胎儿胃内容物压片镜检，在低倍弱光视野中可见分枝菌丝、不分枝菌丝及孢子。

2）培养检查：采取流产进行真菌分离。

3）动物实验：将培养检查获得的曲霉，接种于灭菌的玉米面中进行纯培养，制作人工发霉饲料的种子。取动物饲料灭菌后，与发霉饲料种子按一定比例混合，制备饲喂实验动物的饲料。实验动物可选用小白鼠、大白鼠等，对死亡和具有明显临床症状的动物做剖检。

【治疗】 本病目前无特效药物治疗，可试用制霉菌素、酮康唑等抗真菌药物。另外，当动物体表呈现虚弱时，可补液，如静脉注射5%糖盐水等。

【防控】

1）禁止给奶牛饲喂发霉的饲料、饲草。严防贮藏的饲料、饲草受潮，环境空气相对湿度保持在15%左右。当雾、雨天过后，饲料、饲草要及时晾晒，防止霉变。

2）保持圈舍清洁，圈舍和饲槽应经常清扫，防止灰尘沉积。粪便应及时清除。

3）秋收季节如阴雨天过多，田地农作物秸秆极易受潮霉变，此时应严格禁止在田地放牧。

3. 真菌性乳房炎

真菌性乳房炎（Fungal Mastitis）是指由多种真菌感染引起的乳房炎症的总称，其病原是多种致病性或条件致病性真菌，包括念珠菌属、霉菌属、隐球菌属等，最常见的为白色念珠菌和热带念珠菌。

【病原】 引起奶牛乳房炎的念珠菌最常见的为白色念珠菌，其次为热带念珠菌。热带念珠菌也是双相真菌，有酵母相和菌丝相，形态和白色念珠菌很相似。在一定条件下酵母相可以转变为菌丝相，正常情况下一般为酵母相，致病时转化为菌丝相。酵母相呈圆形、卵圆形或长椭圆形，随种类不同而异。芽生繁殖，有芽孢及细胞发芽伸长而形成的假菌丝，也可有真菌丝，菌丝上可生长酵母相孢子（图2-3-9a）。在YPD及SDA培养基上、30~37℃下，24h可形成酵母样菌落，呈白色或乳白色（图2-3-9b）。

第三节 真菌病

隐球菌也是奶牛真菌性乳房炎的重要病原菌，该类真菌中仅有新型隐球菌一种是致病菌。

曲霉菌属有多种曲霉菌，如黄曲霉、烟曲霉、草枝孢霉、构巢曲霉、黑曲霉、毛霉菌、土曲霉、青曲霉、白曲霉等真菌。颜色多样，而且比较稳定。其中以烟曲霉（其孢子直径为 2~3.5μm）、黄曲霉（其孢子直径为 10~20μm）致病性最强。以单细胞个体（孢子）和多细胞丝状体（菌丝）的形态存在。由顶囊、小梗及分生孢子链构成一个头状体的结构，称分生孢子头。分生孢子头由分生孢子梗连接至足细胞上（图 2-3-9c）。分生孢子头有各种不同的颜色和形状，如球形、放射形、棍棒形或直柱形等。在营养基质上，形成绒毛状、蛛网状或絮状菌丝体（图 2-3-9d）。

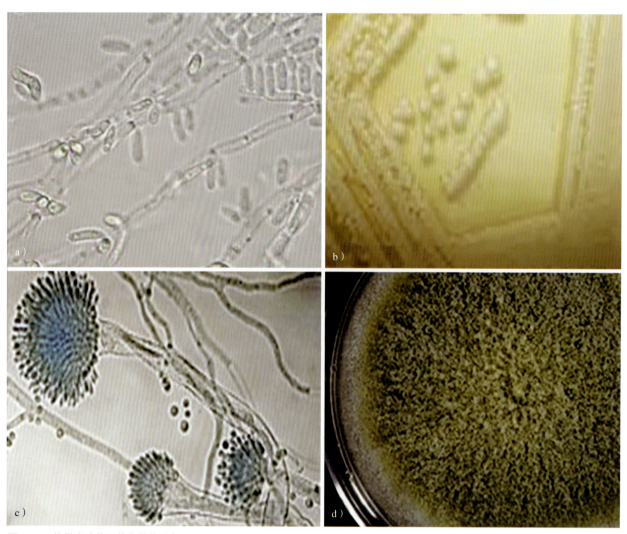

图 2-3-9 热带念珠菌和黄曲霉菌形态
a）热带念珠菌酵母样菌体和菌丝　b）热带念珠菌在 SDA 培养基上的菌落形态
c）黄曲霉形态　d）黄曲霉在 PDA 培养基上、25℃下，10d 形成的菌落形态

【流行病学】　念珠菌可感染多种动物和人，其中禽类较易感。奶牛感染念珠菌性乳房炎，一年四季均有发生，但多发于 7~10 月。念珠菌为条件致病菌，与机体处于共生状态，不引起疾病。当某些因素破坏这种平衡状态，念珠菌由酵母相转为菌丝相，在局部大量生长繁殖，引起皮肤、黏膜甚至全身性的念珠菌病。念珠菌引起的奶牛乳房炎多是通过污染的灌注导管、注射器或多次大剂

量的乳腺灌注医源性地进入乳腺引起感染的。因此，真菌性乳房炎几乎总是继发于畜主参与治疗的急性细菌性乳房炎。当机体的正常防御功能受损可导致内源性感染，如创伤、抗生素应用及细胞毒药物使用致菌群失调或黏膜屏障功能改变、皮质激素应用、营养失调、免疫功能缺陷等。

新型隐球菌广泛在自然界传播，它可以存在于土壤里，漂浮在水面上，附着在动物和人的皮肤毛发上。许多动物、人、昆虫都可成为带菌者，在传播中起重要作用。奶牛新型隐球菌性乳房炎主要是由挤奶器械和医疗器械传播感染。

【症状】 念珠菌感染乳房一般产生弥漫性肿胀面团样硬度，大部分情况下，感染侵害全部乳槽（图 2-3-10a）。感染的牛可发热至 39.5~41.5℃，但不会出现严重的精神沉郁或内毒素。高热可能引起精神沉郁和部分厌食，但大部分受感染的牛仍然有较好的食欲。泌乳不正常或略呈水样乳，有时乳中有絮状物。

新型隐球菌引起的乳房炎表现进行性硬化，局部肿胀，触诊敏感，奶牛站立时后腿张开，从乳头流出黏液性分泌物。病初侵害一个乳槽，可扩散到全部乳槽。肿胀部位相应的淋巴结也发生肿大、水肿。在泌乳期的病牛，泌乳量减少或停止，乳汁初呈絮状，可见管底有沉淀物，紧接着可见有乳汁表面很快分层，上层乳液色浅，有絮状沉淀，似雪清色。患病严重的奶牛可表现全身症状，食欲废绝，饮水减少，拒卧地时间延长，体重减轻和暂时性的体温升高（可达43℃），但大多数病牛体温不超过41℃。有的病牛伴有继发症，表现黄疸、水肿、鼻腔排脓、子宫或阴道流脓及流产、色素尿、黏膜发绀、腹泻、腹部膨胀等症状。

另外，奶牛患乳房炎时，随着机体抵抗力的降低，也容易引起乳头等部位皮肤真菌的局部感染（图 2-3-10b）。

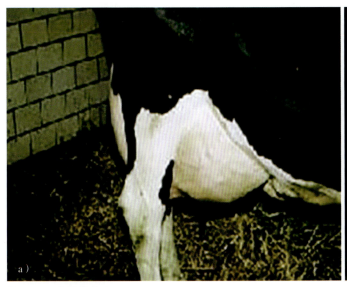 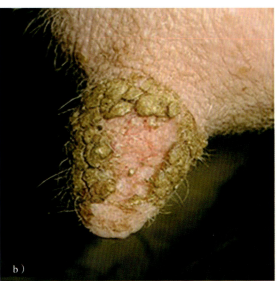

图 2-3-10 奶牛乳房炎
a）念珠菌引起的乳房炎，全部乳房肿胀　b）乳房炎继发乳头真菌感染

【病理变化】 感染乳房明显肿胀，并坚硬。由于感染部位不同，其肿胀为不规则或放射状。当感染扩散时，附近淋巴结及附近区域也呈明显肿胀。当切开时，多数病灶渗出一种黏液性渗出物。疏松组织水肿，切开有一种水浸过似的硬的外观和散在出血。其他组织和器官无明显变化。

组织学检查时，被感染的乳房和淋巴结中有大量新型隐球菌，尤其在乳腺中多，腺管扩张，并被大量上皮细胞充塞。其充塞物为一种黏稠的渗出物。淋巴结的实质由大量新型隐球菌代替。

【诊断】 慢性病史、良好的全身状况、食欲几乎不受影响、较长的病程（3周以上）和抗生素治疗无效等可作为辅助诊断。确诊应通过实验室诊断查到病原菌。

1）直接涂片检查：用于严重感染的病例。检查念珠菌时，可在洁净载片上，直接用新鲜的牛奶涂片，革兰染色后在显微镜下观察，可看到酵母菌样或丝状菌体（图2-3-11）。检查新型隐球菌时，滴一滴牛奶，再加滴印度墨汁或一般墨水，混匀。如果很稠，可加一小滴水稀释，然后再加墨汁。在弱光下镜检，可看到圆形、厚壁、直径为4~20μm、出芽或不出芽的厚壁孢子；外围有一圈透明的厚膜，其厚度可与菌体相等。厚膜有诊断意义，是鉴别致病与非致病的依据之一。当牛奶检查为阴性时，可将牛奶以3000r/min的速度离心10min，取其沉淀物，再涂片镜检。在病料涂片中滴加氢氧化钾，可看到不具厚膜的新型隐球菌。涂片糖原染色，菌体呈红色；固紫染色呈阳性；0.1%甲苯胺蓝染色呈红色，但膜不染色。

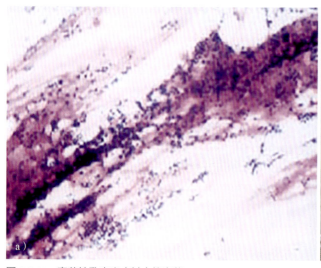 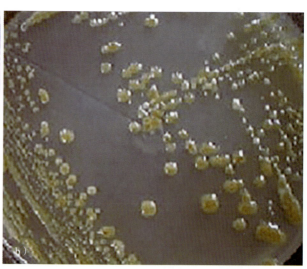

图2-3-11 真菌性乳房炎病料中的真菌
a）牛奶中白色念珠菌，直接涂片法，革兰染色　b）牛奶中培养的新型隐球菌菌落

如果直接涂片检查法可在牛奶中看到真菌，则表明感染已相当严重，既可确诊为真菌性乳房炎。

2）病原的培养检查：当轻度感染时，用直接涂片检查很难检查到菌体，但并不能排除真菌感染。此种情况下可用培养法使真菌增殖，然后再进行病原检查。为防止其他菌污染，在培养基内可加抗生素，不能加放线菌酮，因它对隐球菌有抑制作用。念珠菌、新型隐球菌和曲霉菌都可在SDA培养基上于室温及37℃下生长，2~3d可看到菌落形成。新型隐球菌开始像细菌样菌落，透明发亮，以后菌落增厚，由乳白色、奶油色转橘黄色，表面呈颗粒状，少数菌落日久液化。对人工培养物镜检，无菌丝或子囊孢子，但有芽管和假菌丝，荚膜开始很窄，日久增厚。血液琼脂37℃呈酵母样生长；在米粉培养基上，室温中的生长物无菌丝或子囊孢子。在脑心血液琼脂上，于37℃生长良好，荚膜较宽。

培养得到的真菌如需进行种的鉴定，可进一步做生化试验和分子生物学检测，来确定感染真菌的种类。如图 2-3-12 所示，可用念珠菌鉴定培养基区别鉴定念珠菌，不同的念珠菌种类，在此培养基上显示不同的颜色。

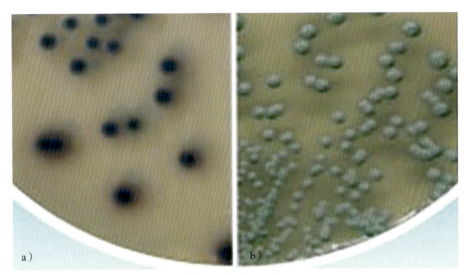

图 2-3-12　用念珠菌鉴定培养基区别鉴定不同的念珠菌种类
a）热带念珠菌显蓝色　b）白色念珠菌显绿色

3）PCR 检测法：无菌采取受检奶牛的新鲜牛奶，按常规分子生物学操作抽提 DNA，然后用真菌通用引物做 PCR 反应。然后用琼脂糖电泳观察结果，对阳性 PCR 产物测序或用种特异性引物做巢式 PCR 进行种的鉴定。PCR 检测法简单、灵敏、快速，可同时检测大量样品，特别适用于大群检测。值得注意的是，由于 PCR 检测法过于灵敏，操作中有极少量的真菌污染就会出现假阳性。所以一般对 PCR 检测阳性的样品需要进行培养检查确定。

4）免疫试验诊断：对新型隐球菌的诊断可用免疫试验法诊断，新型隐球菌的抗原性较弱，在病牛血清中有补体结合抗体和凝集素存在，通过荧光抗体检查、补体结合试验和凝集试验，特别是乳胶凝集试验对脑脊液抗原测定有诊断意义。其阳性者表示本病的活动性，但对阴性不能做出诊断。

【治疗】

① 两性霉素 B：可使用两性霉素 B 进行治疗，高剂量（0.3~0.9mg/kg 体重）静脉注射。但两性霉素 B 具有引起肾中毒症、低钾血症和贫血的副作用。

② 两性霉素 B 脂质体：是一种双层脂质体内含有两性霉素 B 的新型制剂，可降低两性霉素 B 与机体胆固醇的结合，同时增强其对麦角醇的结合，从而降低两性霉素 B 的毒副作用。据统计，两性霉素 B 脂质体的毒性约为两性霉素 B 的 1/70。

③ 氟康唑：为一种广谱三唑类新型抗真菌剂，具有水溶性特征，口服吸收完全。半衰期为 36h，80% 的氟康唑经肾脏以原形排出，无毒副作用。对新型隐球菌的最低抑菌浓度为 3.12~6.25mg/mL。一般首次 400mg，以后可改为 200~400mg/d，静脉输液。

【防控】　真菌的繁殖需要一定的湿度，所以保持环境、用具、饲料、垫料等的干燥并进行有效消毒是防止真菌感染的先决条件。保持牛体清洁，隔离病牛，防止皮肤外伤是预防真菌感染的重要措施。一般应改善环境卫生，健全管理制度，保持奶牛圈舍和运动场清洁、无灰尘。

4. 毛霉菌病

毛霉菌病（Mucormycosis）是由毛霉菌科霉菌引起的真菌性疾病，可引起奶牛急性坏死性感染，特征是沿血管、淋巴管和周围组织、器官形成结节和肉芽肿，其发生过程类似于结核病，也可引起皮下组织慢性感染。世界各地均有发生。

【病原】 主要病原为微小根毛霉（*Mucor pusillus*）和足样根霉（*Rhizopus rhizopodiformis*）。

（1）微小根毛霉　微小根毛霉原名微小毛霉，后因偶见假根，故改归根毛霉属。微小根毛霉孢囊梗初期不分枝，直接由菌丝体长出。5d 后呈假柚状分枝，初期无色，以后渐渐变为浅黄色或浅褐色，直径为 5~20μm。分枝顶端产生孢子囊，个别菌丝顶端长出 2~7 个分枝。每个分枝顶端有 1 个孢子囊，在孢子囊下有一横隔。孢子囊呈球形，直径为 50~90μm，表面不光滑，有的有小刺，呈浅黄色至褐色，成熟后孢子囊壁消解。囊轴呈卵形或梨形，直径为 20~60μm，黄色至褐色。孢囊孢子呈球形或卵形，直径为 2~5μm（图 2-3-13a）。微小根毛霉可在几种琼脂培养基上于 20~45℃条件下生长，最适宜温度为 37℃。在 PDA 培养基上生长稍快，2d 后菌落呈粉末状，3d 后在粉末状的表面出现稀松的白色羊毛状菌丝，4~5d 菌落呈厚毡状、褐灰色，气生菌丝高 2~3μm。微小根毛菌在 SDA 培养基上室温培养 2d 的菌落形态见图 2-3-13c。在察氏培养基上生长缓慢。菌落矮小为其特征之一。此外，生长最适温度为 37℃；孢囊孢子呈球形或卵形也是鉴别依据。

（2）足样根霉　在匍匐菌丝上产生假根，假根的对侧面产生成簇的孢囊梗，也有散在单生者，直立或弯曲，120~125μm 长，不分枝，呈棕色。孢子囊呈圆形，直径为 60~110μm，成熟时光滑、呈黑色。囊托呈卵形或梨形，直径为 50~70μm，膜光滑、呈棕色。孢囊孢子呈圆形，直径为 5~6μm，无凸起和角，光滑、无色（图 2-3-13b）。

足样根霉生长的适宜温度与微小根毛霉基本相同。在 PDA 培养基上生长快，2d 内菌落为白色，3d 后变为鼠灰色，如蛛网状，气生菌丝高 1.5cm；在察氏培养基上生长稍慢，菌落稀疏。足样根霉在 SABHI 培养基上的菌落形态见图 2-3-13d。

【流行病学】 毛霉菌是人和动物毛霉菌病重要的条件致病菌。微小根毛霉除引发奶牛毛霉菌病外，还可引起家兔、小白鼠、雏鸡、山羊等动物及人发病。本菌在饲草、饲料中腐生，能分解基质中的脂肪，产生 16、18 碳直链固态饱和脂肪酸，其含量升高是导致饲料霉变的重要因素。毛霉菌是耐热腐生菌，广泛存在于土壤及腐败有机体内。免疫缺陷和抵抗力低下的动物或人易感染毛霉菌而致病。有人根据其发病部位以消化道为主这一特征，认为采食污染霉变饲料是动物的感染来源。近年来人畜毛霉菌病发病率急剧上升，可能与不恰当使用抗生素类药物有关。滥用抗生素，一方面使细菌微生物区系遭到破坏，促使拮抗真菌（包括条件致病性毛霉菌）过度生长繁殖；另一方面，破坏动物营养区系，使动物抵抗力降低。在反刍动物，还与饲喂过多精饲料有关。由于乳酸发酵引起瘤胃酸中毒，导致原发性瘤胃炎和皱胃化学性损伤，从而使胃壁易受毛霉菌侵袭。代谢障碍易使动物感染毛霉菌病。

【症状】 病牛往往无前期症状而突然死亡。而多数情况是妊娠牛未进产房前看不出明显变化，而进入产房不久突然发病，呈现流产或分娩后衰弱。主要表现精神沉郁、可视黏膜潮红和发

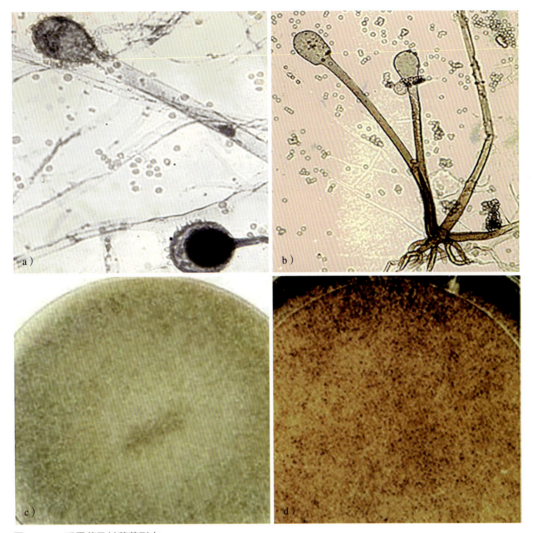

图 2-3-13　毛霉菌及其菌落形态

a）微小根毛菌的孢子囊、囊梗及孢子　b）足样根霉的孢子囊、囊梗、孢子及假根　c）微小根毛菌在 SDA 培养基上室温培养 2d 的菌落形态　d）足样根霉在 SABHI 培养基上的菌落形态

绀，循环衰弱。腹泻，粪便呈黄色、煤焦油样或墨水样、带腥臭味，粪便带血并混有脱落肠黏膜。常发生脱水现象，重剧病例在顽固性黑色黏液性腹泻十余天后，由于厌食和极度衰竭而死亡。伴发急性化脓性乳房炎时，乳汁呈黄色水样或完全无乳。

【病理变化】　一般认为，毛霉菌感染始于消化道，以后侵入局部淋巴结或进入血流，再转移至深部器官组织。由于毛霉菌体较大，产毒性相对较低，故当它们刚进入组织时，通常只引起异物性炎症反应而不引起明显坏死。随着时间的推移，毛霉菌在组织内繁殖，造成机械性损伤，其产生的酶类和酸性代谢产物导致组织细胞变性和坏死。毛霉菌嗜好侵犯血管，尤其是在动脉内形成血栓，引起组织梗死、出血和炎症反应，进一步加重坏死。加之多个感染病灶的相互融合，终至形成广泛性坏死和异物肉芽肿性炎的特征性病理变化。病牛普遍有出血性胃肠炎、肉芽肿样病变。染色镜检发现，病灶炎性细胞浸润，可见菌丝（图 2-3-14）。皱胃黏膜有坏死灶，并伴有程度不同的胎盘炎、坏死性子宫内膜炎和乳房炎变化。其病理变化分为以下 3 个阶段。

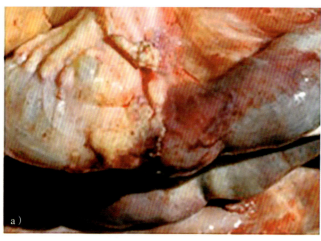 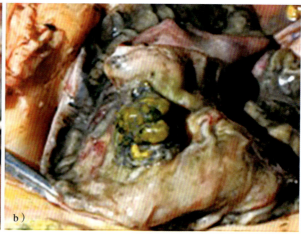

图 2-3-14　毛霉菌引起的奶牛肠炎
a）空肠远端和回肠近端肠壁增厚，多灶性瘀点和瘀斑累及浆膜　b）小肠内的肉芽肿结节、部分阻塞

1）急性早期阶段：皱胃坏死病变以循环障碍为主，损害仅限于黏膜及黏膜下层。主要变化是皱胃黏膜溃疡，呈灰蓝色，溃疡面中央凹陷，上覆灰白色干酪样坏死物。镜检，皱胃凹陷处黏膜上皮脱落，结构消失，呈均质红染的碎片及絮网状，有大量菌丝碎片和不规则分枝的细长菌丝。黏膜下层有大量炎性细胞积聚，将肌层的肌纤维分割成零星小块。正常部位尚保留黏膜上皮的轮廓，胞核消失，部分凝固性坏死区可见细长菌丝堆积。

2）亚急性中期阶段：皱胃黏膜有多数溃病灶，明显凹陷于健康组织，表面呈灰黑色，质硬而致密，呈条带状结构，切面为干酪样。镜检可见胃黏膜上皮及腺体结构消失，呈凝固性坏死，病灶从黏膜层延伸到肌层，大量组织细胞、淋巴细胞、单核细胞积聚，成纤维细胞增生，在红染的纤维中充填大量炎性细胞及坏死崩解物，呈深蓝色。微血管充血，管内有均红色的菌丝充填，黏膜肌层纤维束间结缔组织细胞增生，炎性细胞浸润。

3）慢性晚期阶段：整个皱胃壁增厚1倍以上，幽门部有直径为5~8cm的肉芽肿病灶，胃壁水肿，触之有弹性而又有坚硬感。皱胃黏膜表面呈灰黑色，有大小不等的线条状溃疡。镜检，在幽门溃疡面的浅表部分可见有多量菌丝碎片，黏膜上皮微血管扩张、充血、出血，部分黏膜上皮细胞坏死、剥落。固有层炎性细胞浸润，黏膜下层可见细长菌丝，形成线条状结构。

病牛显示程度不同地胎盘炎和子宫内膜炎变化，还伴发乳房炎。母牛体胎盘绒叶坏死，绒毛叶间区有黄色隆起似皮革样病变。镜检绒毛叶及胎儿可见到菌丝；子宫内膜出现相应的病变；乳腺大部分腺泡正常结构消失，全部由炎性细胞、成纤维细胞取代，其间有浓染色的坏死团块散在，间质微血管内有长菌丝充填。肝细胞脂肪变性、坏死。肾充血、出血，肾小管上皮变性、坏死。小肠卡他性、出血性、坏死性肠炎等变化。

【诊断】要正确诊断动物毛霉菌病，首先是要在患病奶牛体内发现结核样肉芽肿病灶，然后再按实验室的检验程序进行诊断。

1）显微镜检查：取新鲜坏死组织，将脓汁置于甘油酒精中，制成标本片，在显微镜下必须看到发育的有分枝而无横隔的宽大菌丝。

2）分离培养：将肉芽肿病灶渗出物接种在察氏或其他培养基中分离真菌，所取小块肉芽肿组织事先在酒精灯火焰上经过表面消毒，取其中间小块接种。在25~30℃温箱内培养后鉴定。

【治疗】 首先停用抗生素、类固醇激素及免疫抑制剂，抗霉菌药物可选两性霉素B、大蒜酊和蜂胶酊剂。

【防控】 严禁饲喂污染霉变的牧草和饲料；应加强饲养管理，增强动物的抵抗力；避免长期使用抗生素类药物，对反刍动物限量饲喂精饲料。

5. 球孢子菌病

球孢子菌病（Coccidioidomycosis）由粗球孢子菌（*Coccidodes immitis*）引起，晚期又称球孢子菌肉芽肿。以组织器官的肉芽肿为特征，多见于肺、支气管，常沿淋巴管分布。在流行地区的土壤中可分离出本菌，多种动物都可感染。在组织内为孢子型，在室温下为霉菌型。本菌传染性甚大，可引起实验室感染。

【病原】 在氢氧化钾涂片中，粗球孢子菌可见圆形（有时不规则形）、厚壁、大小不等（直径为20~80μm）、含内孢子（直径为2~6μm）的孢子。孢壁破裂，可见内孢子，不出芽，间或可见分离菌丝。在盐水涂片中，24h后孢壁破裂，可见许多游离的内孢子，每个内孢子再长出菌丝（图2-3-15a）。

粗球孢子菌在SDA培养基上培养，于室温下生长迅速，开始像一层潮湿的薄膜，首先在边缘形成一圈菌丝，不久颜色逐渐由白色变为浅黄或棕色，菌落逐渐由菌丝变为粉末样，有很多的关节孢子（图2-3-15b）。此时移种必须特别小心，为防止实验室感染，可在试管内加入消毒生理盐水，然后在接种罩内近火旁移种，或将菌处死，再进行检查。镜检可见分枝和分隔的菌丝，有时类似球拍菌丝，长方形的关节孢子很多（培养3~14d后），每2个关节孢子间有一间隔，用乳酸酚棉兰染色清楚可见。在特殊培养基（如鸡胚胎）上可转为酵母样或组织型。

【流行病学】 粗球孢子菌常腐生于高温少雨和碱性沙质土壤中并进行生殖，当处于干旱、多风季节，孢子囊中释放出来的大量节孢子可借助飞扬尘埃传播，通过吸入呼吸道感染发病。此外，粗球孢子菌也喜栖息于啮齿类洞穴的有机质土壤中，因此可通过啮齿动物传播。球孢子菌病是动物的一种比较良性的真菌病，通常不引起明显的症状，在各种动物均有散发病例，但本病最常见于牛和犬，其他动物较少发生。

【症状】 病牛一般表现为严重消瘦，体温波动，四肢水肿、贫血和白细胞增多。由于其发生部位位于支气管、纵隔淋巴结并很少在肠系膜、咽、下颌淋巴结和肺部见到，因而可能将其误认为结核病。本病多发于呼吸系统，轻型呈亚临床，取良性经过。

【病理变化】 死亡病例剖检见有腹膜粘连，肺、肝脏和脾脏常有奶油色脓汁的肉芽肿典型病变。肺间质气肿，肝脏、脾脏肿大，胸壁极度增厚，并有时钙化，通常在尸体剖检时或在屠宰场可观察到这些病变。

【诊断】 根据临床症状诊断本病很困难，一般诊断要依据剖检和病原检查。

对死亡病例剖检时，如果在肺见有常沿淋巴管分布的脓肿、肉芽肿，可初步诊断。病理学检查显示，化脓性肉芽肿改变，在肉芽组织或巨细胞内可见不同阶段的组织型孢子，内有或无内孢子，糖原染色比HE染色更为清楚。后者对孢子壁不染色。

用脓肿液涂片或肉芽肿切面印片或涂片，PAS 染色，可见到球状的粗球孢子菌球孢子（图 2-3-15c、d）。

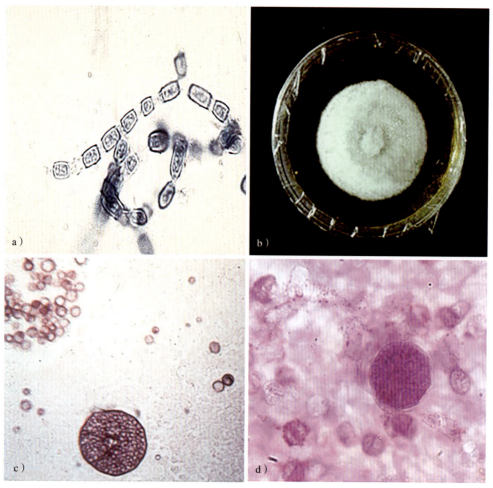

图 2-3-15　粗球孢子菌及其菌落形态
a）粗球孢子菌菌丝　b）粗球孢子菌在 SDA 培养基上的菌落形态　c）肺脓肿中的粗球孢子菌球孢子
d）组织球孢子脓肿中的粗球孢子菌球孢子，PAS 染色

进行动物接种，用脓肿液注射小白鼠腹腔及豚鼠睾丸，前者在 10d 内可在腹膜、肝脏、脾脏、肺等器官内找到孢子，后者在 1 周内睾丸产生脓肿，用乳酸酚棉兰涂片，可见典型组织型孢子。

诊断中也可使用本真菌的一种抽提物球孢子菌素（Coccidioidin）进行皮内敏感试验和补体结合试验。由于球孢子菌素不具有特异性，所以应以分离粗球孢子菌作为诊断依据。在痰、胃冲洗液、脑脊液沉淀物、渗出物或脓液样本的软化封藏载片上均可见到粗球孢子菌小球（孢子囊），其中可充满颗粒物质或众多小内孢子。

【治疗】　本病无有效的治疗方法。可试用两性霉素 B，0.6mg/kg 体重，还可用氟康唑、伊曲康唑治疗。

【防控】　因为是经吸入由土壤传播的孢子而发生感染，所以控制尘土有助于预防本病的传播。

6. 组织胞浆菌病

组织胞浆菌病（Histoplasmosis）由荚膜组织胞浆菌（*Histoplasma capsulatum*）感染所致，这种真菌侵犯网状内皮系统，可危及淋巴组织、肺、肝脏、脾脏、肾脏、皮肤、中枢神经系统及其他器官。

【病原】 荚膜组织胞浆菌为双相型，镜检可见细长、分隔、分枝的菌丝，菌丝侧壁或短枝上着生圆形或梨形、壁光滑、直径为 2.5~3μm 的大分生孢子（图 2-3-16a）。

用末梢血液、骨髓、肝脏、脾脏、淋巴结穿刺或切面穿刺，用瑞氏、吉姆萨或过碘酸染色，于高倍镜下检查，可见大单核白细胞、多形核白细胞和巨噬细胞内含 1~3μm 的圆形或椭圆形外有荚膜的酵母样细胞，孢子多聚集成群（图 2-3-16b）。

本菌的菌丝型菌体的适合生长发育温度为 25~30℃、pH 为 5.5~6.5；酵母型菌体的适合生长发育温度为 32~37℃、pH 为 6.3~8.1。

在 SDA 培养基上于室温或 25~30℃条件下培养生长缓慢，2~3 周才表现特征。菌落初期有白色棉花样气生菌丝体，逐渐呈浅黄色至棕褐色，菌落中心有微细颗粒性粉末（图 2-3-16c、d）。

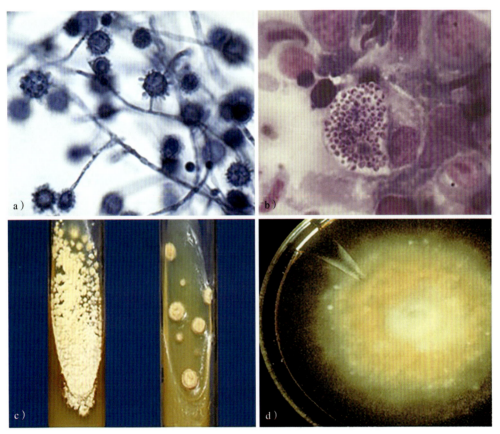

图 2-3-16　组织胞浆菌
a）菌丝和孢子　b）淋巴结涂片，吉姆萨染色，可见淋巴细胞内大量组织胞浆菌孢子
c）在 SDA 斜面培养基上形成的菌落　d）在 SDA 平板培养基上形成的菌落

在血液琼脂上于 37℃培养，菌落表面光滑、湿润、呈白色，镜检可见卵圆形、有荚膜芽生酵母样孢子，直径为 1~5μm。在脑心葡萄糖琼脂上于 37℃条件下培养，菌落表面具皱纹，呈粉红色

至黄褐色，镜检为酵母样孢子。

【流行病学】 荚膜组织胞浆菌常存在于温暖、潮湿地区，尤其多生存在动物粪便污染的含氮有机表土层中，以芽生方式生殖，构成永久性疫源地。组织胞浆菌病多见于犬，其他动物较少见，奶牛有发本病的报道。经吸入污染的灰尘发生感染，原发感染一般发生于肺。本病可由动物传染给人。

【症状】 临床上以肺、胃肠和网状内皮组织溃疡、坏死病灶为特征。多数为慢性经过，病牛表现慢性消瘦，腹泻，食欲减退，停止发育；干性咳嗽，呼吸困难；颈部淋巴结增大，胸部肿胀，颈部两侧皮下气肿。

【病理变化】 尸体剖检可见时有腹水、肝大、大肠壁水肿增厚，肺间质性气肿。肺广泛性实变和支气管淋巴结明显肿大。

【诊断】 由于所观察到的临床症状为全身性反应，没有特征性的临床症状，不具有特征性诊断意义，确诊必须进行实验室检查。

1）真菌检查：用末梢血液、骨髓、肝脏、脾脏、淋巴结穿刺或切面穿刺，用瑞氏、吉姆萨或过碘酸染色，于高倍镜下检查，可见大单核白细胞、多形核白细胞和巨噬细胞内含直径为 $1\sim3\mu m$ 的圆形或椭圆形、外有荚膜的酵母样细胞。

2）免疫诊断：变态反应具有一定价值。用组织胞浆菌素皮内接种 1mL，48h 后观察，皮肤增厚 $5\mu m$ 以上为阳性。本菌与芽生菌素有交叉反应，也可用玻片凝集试验和补体结合试验进行血清学诊断。

【治疗】 急性和亚急性病例可用制霉菌素治疗，慢性病例则可用两性霉素 B 治疗。

【防控】 组织胞浆菌病多为外源性感染，少数为内源性感染，所以防止吸入带菌的灰尘是预防本病的重要措施。注意保护奶牛皮肤免受外伤，避免奶牛接触圈舍、饲槽、耙具上的尖刺物。

7. 皮芽酵母菌病

本病由皮芽酵母菌（*Blastomycosis dermatitidis*）感染所致，其是芽酵母属中唯一的致病种，通过呼吸系统和皮肤外伤引起动物的皮芽酵母菌病。

【病原】 镜检可见，皮芽酵母菌带有折光双层轮廓的圆形、厚壁、直径为 $8\sim15\mu m$ 的芽生孢子。如果用生理盐水代替氢氧化钾，置 37℃ 条件下数小时后可看到许多芽生孢子形成（图 2-3-17a）。

在 SDA 培养基上于 25℃ 条件下培养，可见有菌落出现，4~5 周后菌落为乳白色棉絮状，背面呈棕色（图 2-3-17b）。镜检可见细长有隔的菌丝，直径为 $1\sim3\mu m$。在老龄培养物中可见间生的厚壁孢子。

【流行病学】 皮芽酵母菌常腐生于高湿（85%~88%）的有机质土壤中，所以皮芽酵母菌病在湿度大的季节易发生。人感染较多，在动物中犬感染比较多见，尤其幼龄犬易感染。奶牛有发本病的报道。皮芽酵母菌病的发生与过多使用免疫抑制剂有关。被皮芽酵菌母污染的土壤构成传染源。

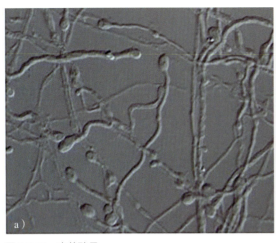 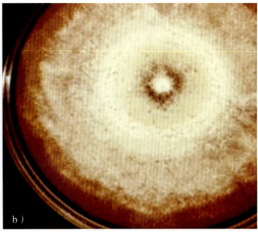

图 2-3-17　皮芽酵母
a）菌丝和酵母样菌体　b）在 SDA 培养基上的菌落

【症状】　皮芽酵母菌病是一种全身性真菌病，皮肤型很少超越皮肤及皮下组织。本病的特点是在躯体任何部位，特别是皮肤、肺部和骨骼，可形成化脓性和肉芽肿性损伤。原发性感染发生在肺部，在吸入皮芽酵母菌孢子后发病；继发性病灶在皮肤、骨骼或雄性生殖系统，继而散播到全身器官的比例也常见到。

【病理变化】　肺有散在的粟粒大灰白色和粉红色结节，肉芽肿周围有网状内皮细胞和成纤维细胞增生，后期聚集单核白细胞和巨噬细胞。病变中心有大量的酵母样细胞。皮肤、支气管、纵隔淋巴结、胸膜有小结节和炎症。肝脏、脾脏、肾脏有大量出血性小结节或微小脓肿。

【诊断】

1）真菌学检查。

①直接检查：取病料涂片，滴加10%氢氧化钾溶液，覆盖玻片，在酒精灯火焰上通过几次进行加热处理。镜检可见带有折光双层轮廓的圆形、厚壁、直径为8~15μm的芽生孢子。如用生理盐水代替氢氧化钾，置37℃条件下数小时后可看到许多芽生孢子形成。

②培养检查：采集的病料在 SDA 培养基上于25℃条件下培养，可见有菌落出现，4~5周后菌落为乳白色棉絮状，背面呈棕色。镜检可见细长有隔的菌丝，直径为1~3μm。在老龄培养物中可见间生的厚壁孢子。当把这种菌丝形菌落接种在血液琼脂培养基上，于37℃条件下培养1~2周，菌落呈黄色至棕褐色，具皱纹。镜检时可见圆形、厚壁的芽生孢子。芽生酵母在被感染的动物机体内，其形态与在血液琼脂培养基上于37℃条件下培养的形态是一致的，而在 SDA 培养基上于37℃条件下培养则呈菌丝型生长。所以，本菌的双相型具有诊断意义。

2）动物接种试验。用病料或芽生酵母培养物的生理盐水悬浮液，腹腔接种小白鼠或豚鼠，死亡后取腹腔液体镜检，可见到生芽的酵母样孢子。

【治疗】　本病主要以预防为主，目前尚无有效的治疗方法。

（赵孝民）

第三章 寄生虫病

奶牛寄生虫病是由各种寄生虫寄生于奶牛的体内或体表引起的一类流行病。可以寄生于奶牛的寄生虫种类繁多,包括寄生性原虫如球虫、弓形虫、犬新孢子虫、梨形虫等;吸虫如肝片吸虫、双腔吸虫、前后盘吸虫等;绦虫及其幼虫如莫尼次绦虫、囊尾蚴、多头蚴、棘球蚴等;线虫如血矛线虫、食道口线虫、钩虫、肺丝虫、蛔虫等;外寄生虫如蜱、螨、蝇、虱等。寄生虫病对奶牛造成的危害因其种类、寄生部位、寄生时间等的不同而有很大差异。多数寄生于胃肠道的寄生虫,特别是大多数线虫,一般轻度感染时临床症状不明显或无症状,但却可以引起奶牛长期生产性能下降,造成的危害和经济损失超过急性传染病所造成的损失。某些寄生于奶牛组织器官及血液的寄生虫,如寄生于红细胞和淋巴细胞的梨形虫、寄生于肝胆管的肝片吸虫和双腔吸虫、寄生于各脏器组织细胞内的弓形虫和犬新孢子虫等可引起严重的临床寄生虫病,并引起地方性流行,有时可造成大批奶牛死亡。还有些寄生虫可引起人畜共患寄生虫病,如弓形虫、隐孢子虫、血吸虫、肝片吸虫、棘球蚴、囊尾蚴等。它们不仅能引起奶牛和/或许多其他畜禽及野生动物的疾病,严重流行时可导致大量死亡;同时又能引起人发生寄生虫病而危害健康,对公共卫生威胁很大。

第一节 原虫病

奶牛原虫病是由多种寄生于奶牛的原生动物引起的寄生虫病。原虫是单细胞真核动物,整个虫体由一个细胞构成,具有生命活动的全部功能。医学、兽医学上重要的原虫有四十余种。常见的对奶牛有致病性的寄生原虫有十几种,有些原虫如艾美耳球虫、弓形虫、犬新孢子虫、隐孢子虫、梨形虫,对奶牛可造成严重危害。且其中弓形虫、

隐孢子虫等是重要的人畜共患寄生虫病病原。侵入宿主机体的原虫可寄生在腔道、体液或内脏组织中，有的则为细胞内寄生。其引发的症状和传播方式因原虫寄生部位不同而表现各异。对奶牛的危害程度也因虫种、寄生部位及宿主免疫状态等而异，通常寄生于组织的原虫比寄生于腔道的危害大。

一般根据虫体寄生的部位，将原虫病分为：肠道原虫病，如球虫病、隐孢子虫病等；组织原虫病，如弓形虫病、新孢子虫病等；血液原虫病，如梨形虫病等；泌尿生殖系统原虫病，如滴虫病等。有些原虫所致病变常不局限于一个脏器，而是数脏器同时受累。

一、球虫病

球虫病是由孢子虫纲真球虫目艾美耳科艾美耳属（Eimeria）的多种球虫寄生于牛肠道黏膜上皮细胞内引起的寄生原虫病，临床上以急性或慢性出血性肠炎为特征，表现为渐进性贫血、消瘦及血痢。各种品种和年龄的牛均易感染。但以3周龄至6月龄的犊牛发病率和死亡率最高。

【病原】 已见报道的牛球虫有十余种，以牛艾美耳球虫（E.bovis）和邱氏艾美耳球虫（E.zurni）的致病力最强，且最常见。

（1）**牛艾美耳球虫** 卵囊呈椭圆形，在低倍显微镜下呈浅黄至玫瑰色。卵囊壁有两层，光滑，内壁为浅褐色，厚约0.4μm；外壁无色，厚1.3μm。卵膜孔不明显，有内残体，无外残体。卵囊大小为（27~29）μm×（20~21）μm。孢子化时间为2~3d。寄生于小肠、盲肠和结肠上皮细胞（图3-1-1a、b）。

（2）**邱氏艾美耳球虫** 卵囊为圆形或椭圆形，在低倍显微镜下观察无色，在高倍显微镜下呈浅玫瑰色。原生质团几乎充满卵囊腔。卵囊壁为两层，光滑，厚0.8~1.6μm。无卵膜孔，无内、外残体。卵囊大小为（17~20）μm×（14~17）μm。孢子化时间为2~3d。主要寄生于直肠上皮细胞，感染严重时可波及盲肠和结肠下段（图3-1-1c、d）。

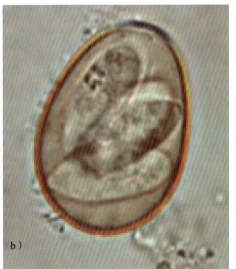

图3-1-1 牛球虫卵囊
a）牛艾美耳球虫未孢子化卵囊 b）牛艾美耳球虫孢子化卵囊

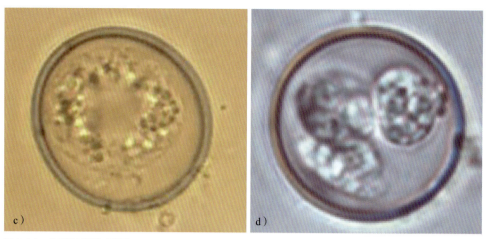

图 3-1-1　牛球虫卵囊（续）
c）邱氏艾美耳球虫未孢子化卵囊　　d）邱氏艾美耳球虫孢子化卵囊

【流行病学】　球虫不需要中间宿主，但球虫卵囊必须在外界环境中孢子化发育为感染性卵囊。当牛吞食了具感染性的孢子化卵囊后，子孢子在其十二指肠内逸出，然后进入寄生部位的上皮细胞内进行裂体生殖（无性生殖），产生大量的裂殖子。裂体生殖可进行多代，依球虫种类不同而异。然后转入配子生殖（有性生殖），裂殖子发育形成大、小配子体，大、小配子体进一步发育为大、小配子，大小配子结合后形成卵囊排出体外。刚发育形成的卵囊为未孢子化卵囊，没有感染性。未孢子化卵囊随粪便排至体外后在适宜条件下进行孢子生殖，形成具有感染性的孢子化卵囊（图 3-1-2）。

球虫对各种品种的牛均有感染性，以3~6 月龄的犊牛和 7~8 月龄后备牛易感，成年牛一般为带虫者。本病一般多发生在 4~9 月，冬季舍饲期间也可能发病。主要由于饲料、垫草、母牛的乳房被粪便污染，使犊牛易受感染。在潮湿、有沼泽的草场放牧的牛群，容易发生感染。

球虫卵囊对外界环境和消毒剂有很强的抵抗力。在土壤中可以存活 4~9 个月；在有树荫的运动场上可存活 15~18 个月；在室外潮湿的土壤中可存活 2 年。温暖潮湿的土壤有利于卵囊的孢子化，当气温在 22~30℃时，一般只需要 18~36h，卵囊就可以完成孢子化发育。但卵囊对高

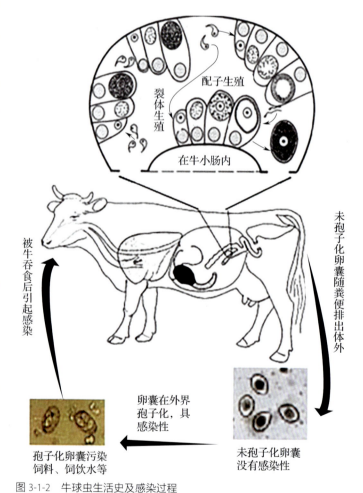

图 3-1-2　牛球虫生活史及感染过程

温、低温和干燥的抵抗力较弱。55℃或冰冻能很快杀死卵囊，在37℃下连续保持2~3d也可以使卵囊致死。

【症状】 牛球虫主要寄生在小肠下段和整个大肠的上皮细胞内，在裂体生殖阶段使大量肠上皮细胞破坏，黏膜下层淋巴细胞浸润，并发生溃疡和出血。肠黏膜大量破坏之后，造成了有利于肠道腐败菌生长繁殖的环境，其产生的毒素和肠道中的其他有毒物质被吸收后，引起全身中毒，导致中枢神经系统和各个器官的机能失调。

本病严重感染时常为急性发作，病程通常为10~15d，也有犊牛在发病1~2d后死亡的。病初主要表现精神不振、被毛松乱、粪便稀薄混有血液（图3-1-3）。继而反刍停止、食欲废绝，粪中带血且具恶臭味，体温升至40~41℃。随着疾病的发展，病情恶化，出现几乎全是血液的黑粪，体温下降，极度消瘦，贫血，最终因衰竭导致死亡。轻、中度感染时一般呈慢性经过，病程可长达数月，主要表现下痢、消瘦和贫血等（图3-1-4），如不及时治疗，也可因继发感染发生死亡。

图3-1-3 断奶犊牛患球虫病后的血便

图3-1-4 犊牛患球虫病的临床表现：下痢、消瘦、脱水、精神沉郁、后躯被粪便污染

【病理变化】 牛球虫寄生的肠道均可出现不同程度的病变，其中以直肠出血性肠炎和溃疡病变最为显著，可见黏膜上散布有点状或索状出血点和大小不同的白点或灰白点，并常有直径为4~15mm的溃疡。邱氏艾美耳球虫病牛的尸体消瘦，可视黏膜苍白。后肢和肛门周围污浊。直肠黏膜肥厚，有出血性炎症变化，淋巴滤泡肿大，有白色或灰色小溃疡，其表面覆有凝乳样薄膜（图3-1-5）。直肠内容物呈褐色，恶臭，含有纤维素性假膜和黏膜碎片。肠系膜淋巴结肿大。

【诊断】 犊牛急性球虫病的诊断较容易，可根据流行病学、临床症状做出初步诊断，但确

图3-1-5 牛球虫病引起的肠道出血、有灰白色结节性坏死灶

诊要在粪便中查到大量球虫卵囊。严重感染时取少量粪便直接涂片，在显微镜下可看到大量球虫卵囊。轻微感染或慢性感染时，直接涂片法不易观察到球虫卵囊，可取粪便用饱和盐水漂浮法检测，具体操作如下：从肛门内取 3g 左右的粪便，放入一个烧杯中，加入 50mL 饱和盐水，用玻棒搅拌均匀，再用滤网将粪液过滤至另一个烧杯中。然后，将粪便滤液倒入试管中至加满试管，但粪液不能溢出。将盖玻片盖于试管上，使盖玻片与粪液面接触，静置 30min 后，轻轻垂直取下盖玻片，将其扣于载玻片上，在 10×10 倍显微镜下检查有无球虫卵囊。

值得注意的是，对腹泻便血的犊牛粪便用饱和盐水漂浮法进行显微镜检查时，若找不到球虫卵囊，建议重复采样，连续采样，因为犊牛球虫卵囊是间断排出的。有关资料介绍，每 3 周排泄球虫卵囊的高峰为 0.5~2d。如果仍然找不到卵囊，对腹泻便血的犊牛要考虑可能是细菌性感染引起的腹泻与便血，最常见于 A 型产气荚膜梭菌感染，也有的是沙门菌和出血性大肠杆菌感染引起的。当断奶犊牛的颗粒料淀粉含量过高时，也可能引起腹泻。

【治疗】

①首选托曲珠利（商品名为百球清，德国拜耳），3mL/10kg 体重，经口灌服。投抗球虫药的最佳时间是在球虫病的潜伏期内。规模化牧场将哺乳犊牛饲养在犊牛岛内，采用全进全出的饲养管理模式，这个阶段的犊牛没有感染球虫病，不存在球虫的潜伏期，因此，断奶时在犊牛岛内投喂抗球虫药是不妥的。

要关注犊牛球虫病的潜伏期，潜伏期是治疗球虫病的最佳时期。

重新混群后犊牛球虫病的发病规律为：

0_____7d_____14d_____21d_____28d_____
易感期（第 1 周）　潜伏期（第 2~3 周）　投药时间（混群后第 3 周）　开始腹泻（第 4 周）

其中，对犊牛投托曲珠利的时间，为混群后第 3 周。

②磺胺间甲氧嘧啶、磺胺喹噁啉，可抑制球虫病的发展，减轻症状。磺胺间甲氧嘧啶，犊牛每天口服 100mg/kg 体重，连用 2d，配合使用酞磺胺噻唑效果更佳。磺胺喹噁啉，按 0.1% 饲料比例连喂 3~5d。

③氨丙啉，治疗量按 25~30mg/kg 体重，连用 4~5d；预防量按 5mg/kg 体重，连用 21d，灌服。

④林可霉素，按犊牛每头 1g，饮水投服，连用 21d。

⑤鱼石脂 20g、乳酸 2mL、水 80mL，混合后，每天灌服 2 次，每次 1 茶匙，连服 3d（犊牛）。

⑥对症状严重的病牛，除口服上述药物外，还要采取对症疗法，如输液、补糖、强心等。

【预防】　预防采取隔离、治疗、消毒的综合性措施。成年奶牛多为球虫病带虫者，应与犊牛分开饲养，放牧场也应分开。牛舍及放牧场应及时进行清洁、消毒。常用的消毒药是 4% 碱溶液及 0.5% 过氧乙酸溶液。粪便应堆积发酵或用消毒药消毒。同时，可进行药物预防，可以添加的药物有：氨丙啉，按 0.004%~0.008% 的浓度添加于饲料或饮水中，连用 10d；莫能菌素，按每千克饲料中添加 0.03g，连用 7~10d，既能预防球虫病，又能提高饲料转化率。

（赵孝民）

二、弓形虫病

弓形虫病是由弓形虫（*Toxoplasma gondii*）寄生于奶牛各组织细胞内引起的原虫病。几乎所有的温血动物包括人都可被弓形虫感染，是一种重要的人畜共患寄生虫病。牛可以作为弓形虫的中间宿主，多呈隐性感染，显性感染时临床上以高热、呼吸困难、中枢神经机能障碍、早产和流产为特征。

【病原】 牛等多种动物为弓形虫的中间宿主，猫科动物为其终宿主。在整个生活史和不同发育阶段，弓形虫的形态有滋养体、包囊、裂殖体（裂殖子）、配子体（配子）、卵囊（图3-1-6）。在牛等中间宿主体中的形态为滋养体和包囊。滋养体、包囊和卵囊是弓形虫的感染形态。

（1）**滋养体** 在急性感染牛等中间宿主的各组织细胞内寄生发育，呈香蕉形或半月形。长4~7μm，宽2~4μm。用吉姆萨或瑞氏染色核呈红色，细胞浆呈浅蓝色（图3-1-6a）。电镜下见虫体外包有双层质膜，内外质膜对称，由3个极环将虫体顶部包围，在3个极环的后面有类圆锥体、棒状或微线体等。

（2）**包囊** 在慢性或隐性感染牛等中间宿主的体内寄生发育。当宿主对入侵发育的弓形虫产生免疫力后，许多滋养体聚集为直径为10~60μm的圆形体，外由虫体分泌的囊膜包围，内可有上千个虫体（缓殖子），此类结构称包囊（图3-1-6b、c）。有时在急性感染牛的机体细胞内滋养体繁殖，积聚为直径为15~40μm的囊形体，外膜由宿主细胞膜所构成，囊内有几个至几十个虫体（速殖子），当细胞崩裂后，虫体便游离而出成滋养体，这种囊形结构一般称假囊。

（3）**卵囊** 在终宿主小肠上皮细胞内形成。呈圆形或卵圆形，浅灰色，大小为10.7μm×12.2μm，有一层光滑的薄囊壁。刚形成的未孢子化卵囊内充满小颗粒（图3-1-6f），在外界适宜环境中，卵囊内发育形成2个孢子囊，每个孢子囊内又有4个长且微弯的子孢子，成为具感染性的孢子化卵囊（图3-1-6g）。

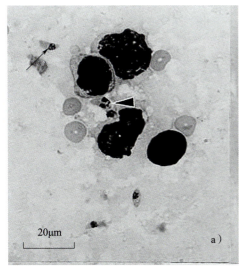 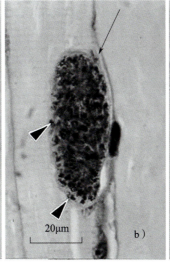 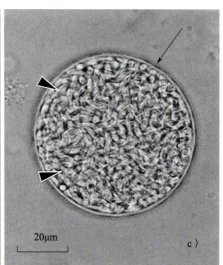

图3-1-6 弓形虫各个发育阶段的形态
a）肺抹片中的速殖子（吉姆萨染色） b）肌肉组织中的包囊，内含许多缓殖子（HE染色）
c）脑组织中的包囊，内含许多缓殖子（未染色）

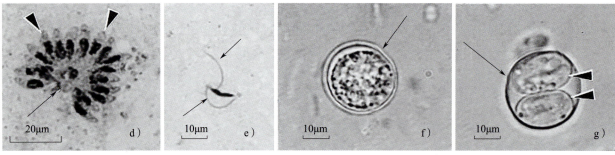

图 3-1-6　弓形虫各个发育阶段的形态（续）

d）终宿主小肠上皮细胞内的裂殖体及周围的许多游离裂殖子（吉姆萨染色）　e）终宿主小肠上皮细胞内的雄性配子体，有一根鞭毛（吉姆萨染色）　f）终宿主粪便中的未孢子化卵囊（未染色）　g）终宿主粪便中的孢子化卵囊（未染色）

【流行病学】

（1）**传染源**　隐性感染或临床型的猫、人、畜、禽、鼠及其他动物都是本病的传染源。由于猫能排出卵囊，而卵囊可在外界环境中长时间存活，所以它是最危险的传染源。其次是大量中间宿主或隐性感染的宿主，急性感染中间宿主的体内及其乳汁、唾液、精液中含有滋养体，慢性感染中间宿主体的脑、肌肉等组织内有弓形虫包囊，所以都是重要的传染来源。

（2）**传播途径**　分为先天和后天感染。先天感染即通过胎盘、子宫、产道等感染。后天感染即主要通过消化道吞食了能耐胃酸的卵囊或包囊感染。污染的饲料、饮水及屠宰残渣是最常见的传播媒介。呼吸道感染、皮肤划痕、同栖及交配，以及输血等接触途径，均可导致感染（图 3-1-7）。

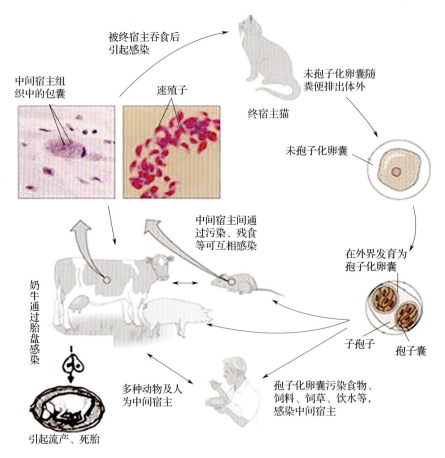

图 3-1-7　弓形虫的生活史和感染过程

（3）**流行特征** 本病为世界流行。我国经血清学或病原学证实自然感染的动物有数十种，其中以猫和猪最为严重。

牛自然感染弓形虫比较少见。2019年Stelzer等系统分析了世界范围内各个国家的猪、羊、鸡等禽类、牛及马属动物的弓形虫病流行病学资料，认为许多文献报道的牛弓形虫感染率比较高（如中国约9.5%、南亚27.9%、非洲12%），但大都是血清学调查数据。从阳性牛中分离活虫及动物感染试验基本都未获成功。

1）季节性：弓形虫卵囊孵育与气温、湿度有关，所以常以温暖、潮湿的夏、秋季节多发。牛弓形虫病多发生在每年气温在25~27℃的6月。

2）年龄：幼龄牛比成年牛敏感，随着年龄增长感染率增长。

3）抵抗力：弓形虫卵囊对酸、碱、普通消毒剂、胰酶及胃酶等都有相当高的抵抗力。对干燥及热抵抗力较弱，50℃下30min、55~60℃下15min、70℃下2min、80℃下1min可使卵囊感染力丧失，28%氨水对粪便中的卵囊杀灭力极强。滋养体对热、干燥、日光、化学药物极敏感。低温有利于存活，4℃以下，可保存51d，-196℃中可保存1年以上。1%来苏儿、1%盐酸，1min内可杀死虫体。包囊对热敏感。50℃下30min、56℃下10~15min即丧失活力。低温有利于保存，冰冻状况下的猪肉内的包囊可保存35d。乙酸、过氧乙酸为包囊有效的消毒剂。

【症状】 牛自然感染弓形虫病较少见，临床上一般以母牛流产为特征。人工大剂量（10^5~10^6个感染性卵囊）感染牛2d后体温开始升高，第5天达到41℃，感染后18d体温保持在39.3℃以上。病牛表现食欲不振，腹泻；呼吸增数，咳嗽，流鼻涕；结膜充血；妊娠母牛早期流产；感染牛长时间内有弓形虫血症，有的可长达62d。

【病理变化】 剖检感染牛无特征性病变，以实质器官的灶性坏死、间质性肺炎及脑膜脑炎为特征。在感染牛的脑、肝、肺、脾、肾、视网膜等几乎所有组织中均可检出弓形虫，最常被寄生的器官是淋巴结。

【诊断】 临床上很少见到牛自然感染弓形虫，对疑似病例建议首先排除新孢子虫病，然后可以参考下列诊断方法：

（1）**病料直接涂片** 病牛生前可取腹股沟浅淋巴结，急性死亡病例可取肺、肝、淋巴结直接抹片、染色，镜检发现直径为10~60μm的圆形或椭圆形弓形虫滋养体（图3-1-8）。

（2）**动物接种** 小白鼠、天竺鼠或家兔等实验动物对弓形虫高度敏感。可取组织病料与生理盐水比例为1:10的悬液0.5~1.0mL，接种于小白鼠腹腔，接种后1~2周小白鼠出现蜷缩、闭目、腹部膨胀、呼吸困难至死亡。腹水抹片可发现滋养体（图3-1-9）。对小白鼠不敏感的虫株，可以采取大剂量接种。

（3）**血清学检查** 弓形虫的血清学检查法很多，这里只介绍两种简单常用的方法。

1）染色试验：新鲜弓形虫易被碱性亚甲蓝着色，但有抗弓形虫抗体及同时含有辅助因子（致活剂）的新鲜血清，可使虫体细胞浆变性，不易被亚甲蓝着色。以血清滴度1:8稀释时，能使50%虫体不着色，即认为阳性。1:256视为活性感染，1:1024视为急性感染。通常动物感染弓形虫1周后血清滴度增高，4~6周达到高峰，以后下降并维持较长时间。

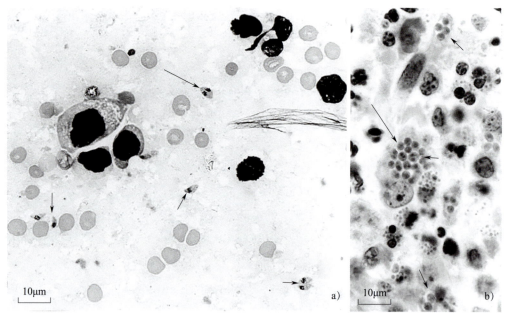

图 3-1-8　弓形虫滋养体和假囊 1
a）肺抹片中的单个及处于分裂状态的滋养体（吉姆萨染色），注意与红细胞和白红细胞比较大小
b）肠系膜淋巴结切片中的成团滋养体（有时称假囊）（HE 染色）

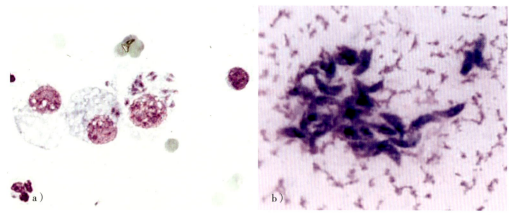

图 3-1-9　弓形虫滋养体和假囊 2
a）小白鼠气管分泌物中巨噬细胞内含有多个滋养体　b）人工感染小白鼠腹腔液中的滋养体（吉姆萨染色）

2）间接血凝试验：由于本法具有快速、简易、实用及效果确实的优点，已广泛用于弓形虫病的诊断及流行病学调查。

（4）皮内试验　以弓形虫超声波裂解物腹腔或耳根皮内注射，注射后 24h 出现红肿反应，肿胀中央遗留一个 5mm×5mm 黑色坏死点，即为阳性。本法有较高的特异性和敏感性。

（5）免疫荧光诊断　取肺、淋巴结组织制作触片并固定，用特异性抗弓形虫抗体染色、镜检。如果各视野内有大量特异性荧光的弓形虫，其细胞浆为黄绿色荧光，胞核暗而不发荧光，虫形态为月牙形、枣核形，即可确诊。

近年来，已有许多应用 DNA 探针、PCR 等分子生物学技术诊断弓形虫病的方法，这类技术具有灵敏、特异、早期诊断的特点，具有极好的应用前景。

另外，现在已有很多商品诊断试剂盒用于弓形虫病的快速诊断，可根据具体情况选用。

【治疗】 一旦疫病流行，首先将病牛隔离，全群进行血清学检验，了解血清抗体水平，防止垂直感染。治疗应及时，越早越好。磺胺制剂对本病有极好的疗效，临床治疗普遍采用。磺胺间甲氧嘧啶按每天 30~50mg/kg 体重，静脉注射，连续注射 3~5d。磺胺嘧啶、磺胺间甲氧嘧啶按 30~50mg/kg 体重一次静脉注射，如配合使用甲氧苄啶，可按 10~15mg/kg 体重一次静脉注射，效果更佳。氯苯胍，按 10~15mg/kg 体重，一次内服，每天 2 次，连服 4~6d。

【预防】

1）已发生过弓形虫病的奶牛场，应定期进行血清学检查，及时检出隐性感染奶牛，并进行严格控制，隔离饲养，用磺胺类药物连续治疗，直到完全康复为止。

2）坚持兽医防疫制度，保持牛舍、运动场卫生。加强水和粪便的管理，防止水源、饲料、用具等被猫粪及可能带有弓形虫感染阶段的鼠、蝇、蟑螂等污染。经常清除粪便，堆积发酵后才能在地里施用。在牛场内灭鼠、禁止养猫。

3）已发生流行弓形虫病时，全群牛可考虑用药物预防。饲料内添加磺胺间甲氧嘧啶 100mg/kg 体重、磺胺嘧啶 5mg/kg 体重，连用 7d，可防止卵囊感染。

4）对于本病或疑为本病的动物尸体、流产胎儿、胎衣等污物需焚烧或深埋处理，严禁用来喂犬、猫或其他肉食动物。

（赵孝民）

三、新孢子虫病

新孢子虫病是由犬新孢子虫（*Neospora caninum*）寄生于犬、牛、羊等多种动物细胞内而引起的一种原虫病。该虫由挪威学家 Jcerkas 于 1984 年在患脑炎和肌炎的幼犬体内首次发现，1988 年 Dubey 博士将其命名为犬新孢子虫。犬新孢子虫的终宿主是犬；牛、羊、犬、马、鹿、小鼠等均可作为中间宿主。虽然新孢子虫病是多种家畜共患的一种原虫病，但其对牛的危害尤为严重，主要造成母牛流产、死胎及新生儿的运动神经系统疾病，同时本病可垂直传播，是造成养牛业严重经济损失的一个重要原因。

【病原】 犬新孢子虫为原生动物门（Protoza）顶复亚门（Apicomplexa）孢子虫纲（Sporozoa）新孢子虫亚纲（Neosporidia）新孢子虫属（*Neospora*）。虫体在不同的宿主、不同的组织、不同的发育阶段其形态差异很大，常见的形态如下：

（1）速殖子 奶牛等中间宿主经被孢子化卵囊污染的饲料和饮水感染，孢子化卵囊在奶牛小肠内释放出子孢子，子孢子随血液循环进入神经细胞、巨噬细胞、成纤维细胞、血管内皮细胞、肌细胞、肝细胞、肾小管皮细胞中寄生并发育成新月形的速殖子。

速殖子呈卵圆形、圆形、新月形等，随分裂时期不同而有所差异，大小为（1~3）μm×（5~7）μm。速殖子可通过胎盘进入胎儿体内，到胎盘、脑组织、脊髓中寄生，也可在胎儿肝脏、肾脏等部位寄生，并发育到包囊阶段（图 3-1-10a）。

（2）组织包囊 在牛等中间宿主体内，为圆形或椭圆形，大小差异较大，一般为（15~35）μm×（10~27）μm，最长可达 107μm，囊壁厚 1~3μm，包囊内含有大量缓殖子，大小为 7μm×2μm（图 3-1-10b）。

（3）**卵囊** 在犬小肠上皮细胞内形成，随粪便排到外界。卵囊呈卵圆形，直径为 10~11μm，刚排出的卵囊没有感染性，称未孢子化卵囊，卵囊内仅有一团原生质球（图 3-1-10c）。卵囊在外界环境中发育成具有感染性的孢子化卵囊，孢子化卵囊内含有 2 个孢子囊，每个孢子囊内含有 4 个子孢子（图 3-1-10d）。

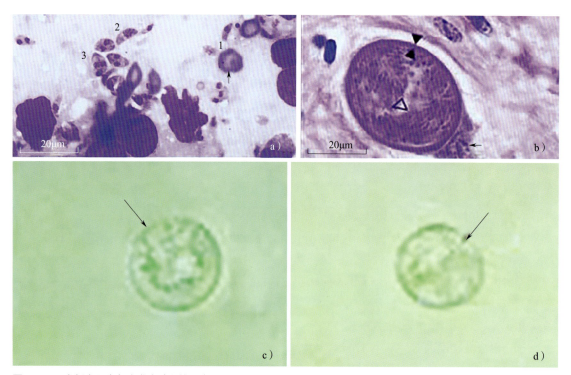

图 3-1-10 犬新孢子虫各个发育阶段的形态
a）新孢子虫病牛肝脏抹片，1 为新月形速殖子，箭头所指为红细胞；2 为分裂前的速殖子；3 为分裂时的速殖子（吉姆萨染色） b）脊髓组织切片中的包囊，内含许多缓殖子（HE 染色） c）终宿主粪便中的未孢子化卵囊 d）孢子化卵囊

【流行病学】 奶牛新孢子虫病是由犬新孢子虫引起的多种动物共患的一种原虫病。牛、绵羊、山羊、马、鹿等均可作为中间宿主，终宿主是犬。易感动物在采食了被犬新孢子虫卵囊污染的饲料或饮水后通过消化道感染，也可通过哺乳而感染，且无品种和性别差异，犬新孢子虫能够感染各种奶牛和肉牛。胎盘感染被证实是重要的自然传播途径，这种传染方式可在同一母牛连续几次妊娠中使胎儿感染上犬新孢子虫（图 3-1-11）。本病各季均可发生，但高峰多出现在夏季，感染在母牛间不存在年龄差异，以妊娠 6 个月以前流产的胎儿血清阳性比例较高，引起的流产常呈散发性或地方流行性，因此当出现母牛流产、死产，新生儿瘫痪、畸形，共济失调，肌肉萎缩，抽搐或其他运动神经系统疾病症状时，特别多群出现此类症状时应首先怀疑是否为犬新孢子虫感染。

犬新孢子虫是多宿主寄生虫，呈世界性分布，广泛存在于 70 多个国家和地区，其感染率为 10%~40%，最高可达 82%。调查显示：在美国、英国、韩国由犬新孢子虫引起的牛流产占流产牛的比例分别达到 42.5%、12.5%、19.5%。在我国北京、新疆、青海、吉林、上海等地区也用 ELISA 方法检出过阳性牛。Qian 等 2017 年对河南 8 个奶牛场的 510 头奶牛血液样本和 7 头流产

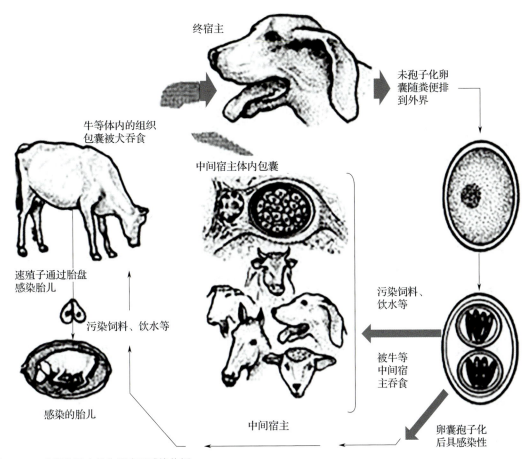

图 3-1-11 犬新孢子虫的生活史及感染传播

胎儿样本的调查显示，犬新孢子虫的总血清学阳性率为 41.2%，流产奶牛的犬新孢子虫的总血清学阳性率为 49.3%，显著高于其他奶牛（29.3%）。

犬作为犬新孢子虫的终宿主在传播本病中起着非常关键的作用。2019 年 Gao 等对我国西北农村的犬感染犬新孢子虫的血清学调查发现，476 只被检犬中有 95 只血清学阳性，阳性率为 20%。其中养牛场的犬阳性率为 28%，显著高于其他地方的犬，说明牛场的犬有更多的机会感染犬新孢子虫，和犬新孢子虫的生活史相符。

【症状】 病牛四肢无力、弯曲、关节拘谨，后肢麻痹，运动失调，头部震颤明显，头盖骨变形，眼睑及反射迟钝、角膜轻度混浊。妊娠母牛发生流产或产死胎，即使能产下胎儿，体质也较虚弱。若胎儿期间感染，当犊牛发育至成年牛时，这种感染可能消除或恶化，或转为隐性感染；但这些牛在妊娠期可将犬新孢子虫经胎盘传给胎儿。牛从妊娠 3 个月到妊娠期结束均可发生流产，大部分流产发生在妊娠 5~6 个月时。可见胎儿在子宫里死亡、被母体吸收成为木乃伊胎或产出死胎、早产（图 3-1-12）。在牛群中流产呈局部、散发性或地方流行性。同一母牛可能反复发生流产。先天感染的犊牛出生时体重比正常犊牛轻且体重增加缓慢，犬新孢子虫感染的犊牛一生下来就表现神经症状，严重者不能站立，四肢虚弱或僵直。有些临床表现正常，但在 1~2 周后出现神经症状。

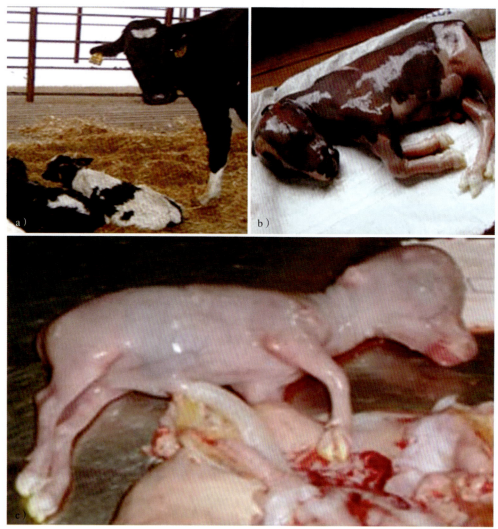

图 3-1-12 犬新孢子虫引起的奶牛早产、流产、死胎
a）早产体弱的胎儿　b）流产胎儿　c）死胎

【病理变化】　病理变化与虫体的寄生部位有关，病变可在一处或多处出现，在病变部位常可发现速殖子和组织包囊。新生犊牛活组织检查能够确诊，从肌肉、肺呼出物、皮肤脓疱渗出物等活体组织在光学显微镜下可检出犬新孢子虫缓殖子，但需进行免疫组织化学染色。死后剖检，新孢子虫病的病变主要在中枢神经系统、肌肉和肝，内脏组织出现颗粒结节，肌肉出现黄白条纹，脑萎缩，皮肤发生化脓性皮炎。根据寄生部位的不同可出现以下病变：脑脊髓炎，病变从大脑一直延伸至腰部脊髓区，呈多灶性胶性变性、脑膜脑炎、脊髓炎、脊髓中灰质少，形成局灶性空洞，小脑发育不全，在病变中可检查到犬新孢子虫的包囊。多灶性心肌炎和多灶性心内膜炎；心肌的单核细胞中有大量的速殖子。在骨骼肌、眼肌、咬肌、喉肌和食道肌等处发生多发性肌炎。坏死性肝炎、化脓性胰腺炎、肉芽肿性肺炎、肾盂肾炎，肺、肝、肾发生坏死，有大量浆细胞、巨噬细胞、淋巴细胞和少量嗜中性粒细胞浸润。肝门静脉周围单核细胞浸润，出现不同程度的坏死灶。肠系膜淋巴细胞肿胀、出血和坏死。胎盘绒毛层的绒毛坏死，并有虫体病灶。

【诊断】 新孢子虫病主要依据流行病学、临床症状诊断。本病各季均可发生，但高峰多出现在夏季，感染在母牛间不存在年龄差异，以妊娠6个月以前流产的胎儿血清阳性比例较高。若发现母牛流产、犊牛瘫痪、出现神经症状，尤其是几胎同时出现症状时，应怀疑新孢子虫病。

（1）**死后剖检诊断** 主要检查病变组织中有无犬新孢子虫包囊，重点检查中枢神经系统、肌肉、肝和肺等。主要病变是内脏组织有颗粒结节、脑萎缩、皮肤发生化脓性皮炎、肌肉有黄白色条纹等。但要确诊本病，必须进行实验室诊断。

（2）**实验室诊断** 常用的实验室诊断包括病理组织学、免疫学和分子生物学方法。

1）病理组织学检查：一般取流产胎儿的脑、脊髓、心脏及肝等组织进行常规组织学检查。可见多灶性、非化脓性脑炎，神经炎，心肌炎，骨骼肌炎，肝炎及细胞浸润等，但要确诊，必须检测到速殖子和/或组织包囊（图3-1-13）。

2）免疫学诊断：用于牛新孢子虫病的免疫学诊断方法较多，如特异性较强的诊断方法有间接荧光抗体试验、免疫组织化学法、酶联免疫吸附试验、免疫印迹法、乳胶凝集试验、抗生物素蛋白-生物素-过氧化物酶复合物法（ABC法）等。目前已有多种用于牛新孢子虫病的免疫学诊断试剂盒，可根据实际情况选用。我国常用的诊断方法是间接荧光抗体试验和酶联免疫吸附试验，可以应用奶牛新孢子虫病抗体检测试剂盒进行检测，敏感性高，适合奶牛场大群检疫。确诊单个病例也可应用免疫组织化学法，用特异性抗体染色病料组织切片中的速殖子或包囊（图3-1-14）。

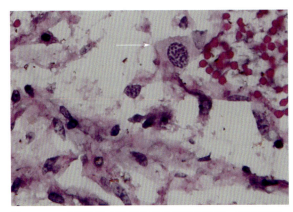
图3-1-13 犬新孢子虫流产牛胎儿脑组织坏死，箭头所指为犬新孢子虫包囊，内含许多缓殖子（HE染色）

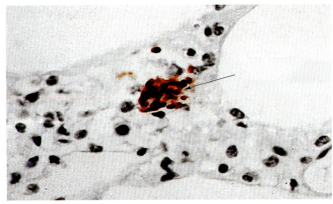
图3-1-14 肺中的犬新孢子虫速殖子

3）分子生物学方法：PCR法是牛新孢子虫病最常用的分子生物学诊断方法，包括常规PCR、巢式PCR、RT-PCR、荧光定量PCR等。在实际生产实践中，常规PCR最简单易行且结果可靠，特异性和敏感性也都非常好。

（3）**鉴别诊断** 新孢子虫病与弓形虫病在临床症状上很相似，容易误诊为弓形虫病；光学显微镜下二者的速殖子非常相似，也很难区分。但应用超微电镜检查可发现，犬新孢子虫速殖子的棒状体电子密度很高，而弓形虫的速殖子呈蜂窝状。另外，利用间接荧光抗体试验、ABC法等对犬新孢子虫与龚地弓形虫的检测无交叉反应的特性，也可鉴别诊断本病。

【治疗】 尚未发现治疗奶牛新孢子虫病特效药物，试验证明喹诺酮类、托曲珠利（百球清）

及其衍生物，聚醚类抗生素体外应用对犬新孢子虫有抑制作用，体内应用可以减少妊娠母牛流产。也可使用复方磺胺甲噁唑，每天100mg/kg体重，分4次服用，连续用2周。

【预防】

1）犬是传播本病的关键，对奶牛场内及其周围的犬只进行严格的管理，禁止犬进入牛栏，禁止犬进入草料场及接触奶牛饮水池，减少奶牛与犬直接接触的机会。

2）禁止给犬饲喂牛的胎盘、流产的胎牛以防止犬的感染，可以有效切断传播途径，达到预防的目的。

3）加强对牛群的检测和净化。通过流行病学检测，净化牛群，对引进的牛只进行严格的检疫、隔离饲养、确定无犬新孢子虫感染方可并群。

（赵孝民）

四、隐孢子虫病

隐孢子虫病是由隐孢子虫（*Cryptosporidium spp.*）寄生于牛肠上皮细胞内引起的寄生虫病。隐孢子虫是世界上公认的引起人畜腹泻的重要寄生性原虫，某些种类可引起哺乳动物的严重腹泻。犊牛隐孢子虫病首次报道于美国，其后在许多国家包括我国发现。本病主要通过饲料、饮水等经口传染给动物，通过牛奶、饮水、蔬菜等食物经口传染给人，常引起流行和暴发。

【病原】 目前我国已报道的感染牛的隐孢子虫有10余种，常见的有4种：安氏隐孢子虫（*C.andersoni*）、小球隐孢子虫（*C.parvum*）、牛隐孢子虫（*C.bovis*）和猫隐孢子虫（*C.felis*）。

隐孢子虫的卵囊很小，不同种的隐孢子虫结构相同，但形态和大小差别较大。卵囊一般呈圆形或是椭圆形，卵囊壁光滑，一端有裂缝，成熟卵囊内含有4个裸露的香蕉形的子孢子和1个颗粒状的残体。卵囊内部呈浅玫瑰红色，囊壁周围有浅绿色的光圈（图3-1-15）。安氏隐孢子虫的大小为：（6.21~9.10）μm×（5.12~7.25）μm，平均为7.25μm×6.33μm，卵囊形状指数（长/宽）为1.05~1.52，平均为1.22。小球隐孢子虫的大小为：（2.82~4.36）μm×（2.82~3.85）μm，平均为3.32μm×3.16μm，形状指数为1.05。

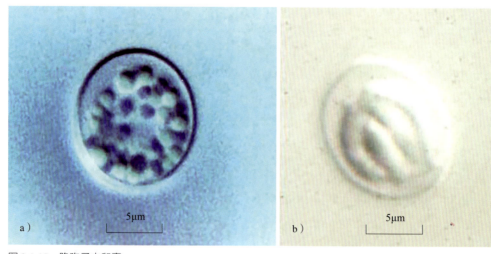

图3-1-15 隐孢子虫卵囊
a）未孢子化卵囊 b）孢子化卵囊

【流行病学】 隐孢子虫完成生活史不需要中间宿主，奶牛等宿主通过孢子化卵囊污染的饲料、饮水等经口感染。虫体在宿主肠上皮细胞内进行裂体生殖、配子生殖和孢子生殖3个阶段，最后形成卵囊随粪便排出宿主体外。成熟的卵囊有厚壁型和薄壁型，前者随粪便排到体外，可感染其他宿主；后者在体内脱囊侵入肠上皮细胞进行新一轮发育。薄壁型卵囊为自身感染卵囊，和再循环Ⅰ型裂殖体被认为是无须再接触外源卵囊而持续慢性感染的根本原因（图3-1-16）。

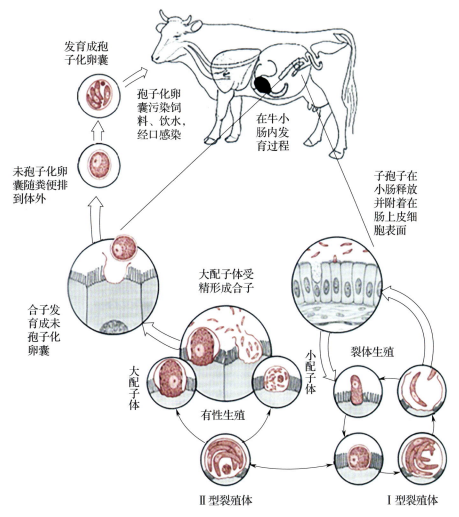

图3-1-16　隐孢子虫的生活史和感染过程

牛隐孢子虫病流行非常广泛，不受季节和地域的限制，在不同国家和地区都有流行。牛的年龄与易感隐孢子虫种类呈一定的相关性：小球隐孢子虫主要感染断奶前犊牛，牛隐孢子虫和猫隐孢子虫主要感染断奶后犊牛，安氏隐孢子虫主要感染青壮年牛和成年牛。3~4日龄至3~4周龄的感染犊牛易引起急性腹泻，5~15日龄的犊牛最易感染，1月龄的牛发病率也较高，100日龄以内尤其4~30日龄的犊牛受害最多。犊牛发病率一般在50%以上，病程2~14d，死亡率可达16%~40%。

Cai等2019年系统分析了我国2008—2018年奶牛隐孢子虫感染情况，显示隐孢子虫总感染率为17.0%，其中中部地区为16.9%，华东地区为17.4%，东北地区为29.8%，华北地区为 15.7%，西北地区为 15.8%，华南地区为 9.5%，西南地区为 13.7%。2000 年前为 28.0%，2000—2010 年为 11.1%，2010 年后为 13.7%。小于 12 月龄的牛感染率为 22.5%，大于 12 月龄的牛感染率为 9.5%。在不同季节感染率也不同，秋季为 8.2%，冬季为 19.5%。腹泻牛（38%）的隐孢子虫感染率高于非腹泻牛（13.0%）。

【症状】 犊牛精神沉郁、食欲下降，有时体温略有升高。腹泻，重症者粪便呈灰白色或黄色，有大量纤维素、血液、黏液。体弱无力，被毛粗乱，身体逐渐消瘦，运步失调。投予抗生素及磺胺药无效。经过 10d 左右水样腹泻后缓慢变为泥状便、软便，逐渐趋于正常。粪便变为泥状、软便状是卵囊消失及趋于正常的标志。隐孢子虫病单独感染时死亡率较低，但与大肠杆菌、轮状病毒、冠状病毒等混合感染时，病情可迅速恶化，死亡率上升。

【病理变化】 失水，消瘦。肛周及尾部粪便污染。主要变化在肠道，卡他性及纤维素性肠炎，有出血点。绒毛变短、萎缩和崩解、脱落。肠系膜淋巴结水肿。

【诊断】 根据临床症状、流行病学调查等进行初步诊断，确诊可进行实验室检查，常用的实验室检查方法有以下几种。

（1）**粪便镜检法** 采取粪便标本可通过直接染色镜检或者将其粪便标本先采用浓集技术处理，然后再染色镜检，可以提高检出率。可用吉姆萨染色，细胞浆呈蓝色，内含 2~5 个致密的红色颗粒。也可用染色法检查粪便中的卵囊（图 3-1-17）。

（2）**免疫学方法** 免疫学诊断的方法特异性强、敏感性高。这些方法主要有酶联免疫吸附试验、间接荧光抗体试验、单克隆抗体技术及流式细胞技术等。目前普遍采用酶联免疫吸附试验测定宿主血清中特异性抗体，此方法敏感度高，若抗原纯度高，则很少出现假阳性。应用单克隆抗体技术可检测隐孢子虫卵囊壁抗原。此法不仅可检出粪便标本和小肠组织病理（活体检查）标本中的隐孢子虫卵囊，而且可用于水源及环境中隐孢子虫卵囊污染的检测，特异性及敏感性均较高，对于仅有几个卵囊的标本也可检出（图 3-1-17c）。

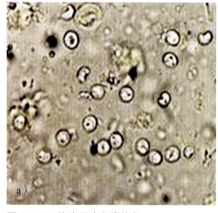 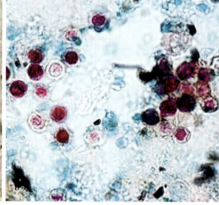 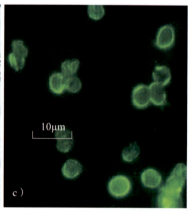

图 3-1-17 隐孢子虫卵囊染色
a）粪便涂片中的卵囊 b）粪便涂片中的卵囊抗酸染色 c）间接荧光染色

目前已有检测隐孢子虫的商品化试剂盒销售。随着分子生物学技术的发展，以 PCR 诊断技术和重组抗原的研究应用为核心的分子生物学诊断方法，以其高度敏感与高度特异等优点飞速发展。PCR 技术不仅可用于各种样品的检测，而且可用于区分隐孢子虫卵囊的类型、鉴别虫种、判断其来源，对于控制传染源和疾病的流行具有重要的实用价值。PCR诊断试剂盒的问世进一步简化了操作过程，降低了检测费用，有望成为隐孢子虫病诊断的"金标准"。

【治疗】 目前，对隐孢子虫病尚无特效药物治疗。国内外学者已筛选了40余种抗生素用于治疗隐孢子虫病，但绝大多数无效。乳酸氟丁酮（Halofuginone Lactate）、合成喹唑啉酮（Synthetic Quinazolinone）、巴龙霉素（Paromomycin）及氨基糖苷类抗生素对隐孢子虫有一定抑制作用。临床治疗可以用抗生素控制继发感染。严重腹泻病例应及时输液、补充电解质、纠正酸碱平衡。

【预防】 对犊牛及时饲喂初乳是最简单又最有效的预防犊牛腹泻的方法。

隐孢子虫病的传播途径多样，可通过污染水源、食物、接触动物等途径传播。因此，应防止病畜粪便污染食物和饮水，控制传染源并注意环境卫生。根据牛隐孢子虫卵囊的排出规律，对带虫牛舍的消毒及清扫应选择在早晨。隐孢子虫卵囊对外界的抵抗力较强，常规的消毒方法不能将其杀灭。应定期用10%福尔马林溶液或5%氨水进行彻底消毒。65℃以上的温度可杀灭隐孢子虫卵囊，蒸气消毒是目前较为有效和较安全的消毒方法。注意粪便管理，防止污染环境。

（赵孝民）

五、梨形虫（血孢子虫）病

梨形虫病是指一类由寄生于牛血液系统的孢子虫所引起的血液寄生原虫病，其病原主要是原生动物门复顶亚门梨形虫纲（Piroplasmea）巴贝斯科（Babesiidae）和泰勒科（Theileriidae）的多种梨形虫，又叫血孢子虫病（以前叫焦虫病）。现已发现的能引起各种动物梨形虫病的病原有十几种，其中可以引起奶牛梨形虫病的病原主要有巴贝斯属（Babesia）的双芽巴贝斯虫（B.bigemina）、牛巴贝斯虫（B.bovis），以及泰勒属（Theileria）的环形泰勒虫（T. annulata）。

1. 巴贝斯虫病

巴贝斯虫病是由多种巴贝斯虫（Babesia spp.）寄生于牛红细胞引起的一种血液原虫病。临床上以高热、贫血、黄疸及血红蛋白尿为特征。

【病原】 奶牛巴贝斯虫病主要病原有双芽巴贝斯虫和牛巴贝斯虫。

（1）双芽巴贝斯虫 双芽巴贝斯虫为大型虫体，虫体寄生于牛的红细胞中，其形态有环形、圆形、椭圆形、梨形等。典型形状是梨形，虫体长度大于宿主红细胞半径，一般在3μm以上。两个虫体以其尖端成锐角相连，多位于红细胞中央。一个红细胞中虫体数多为1~2个。红细胞一般感染率为10%~15%，严重感染时可高达65%，轻病例中只有2%~3%。虫体经吉姆萨液染色后，细胞浆呈浅蓝色，染色质呈紫红色，多为两团，位于虫体边缘（图3-1-18a）。

（2）牛巴贝斯虫 牛巴贝斯虫为小型虫体，寄生于红细胞内。形态有环形、卵圆形、单个或成双的梨形等，在繁殖过程中也会出现三叶虫样虫体。大部分虫体位于红细胞边缘部分（约占80%），少数位于红细胞中央。梨形虫体的长度小于红细胞的半径，其大小为（1.5~2.4）μm×（0.8~1.1）μm；成双的虫体以尖端相对形成钝角；具有一团染色质（图3-1-18b）。

第一节 原虫病

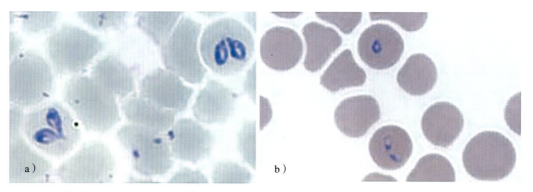

图 3-1-18 牛红细胞内的巴贝斯虫形态（吉姆萨染色）
a）双芽巴贝斯虫 b）牛巴贝斯虫

【流行病学】 巴贝斯虫等梨形虫的生活史发育需要两个宿主，在硬蜱体内完成有性生殖阶段（配子生殖）的后半段，在牛血液中的配子体随吸血蜱体内后，配子体进一步发育为大、小配子，然后形成合子，然后进行孢子生殖形成子孢子至唾液腺。子孢子随蜱的唾液注入牛体后，直接进入红细胞中，以二分裂或出芽进行裂体生殖，产生裂殖子，当红细胞破裂后，虫体逸出再侵入新的红细胞，反复分裂最后形成配子体（有性生殖阶段的前半段）。由于其有性生殖阶段在两个宿主体内完成，所以一般牛等脊椎动物作为梨形虫的宿主，蜱为传播者或传播媒介（图 3-1-19）。

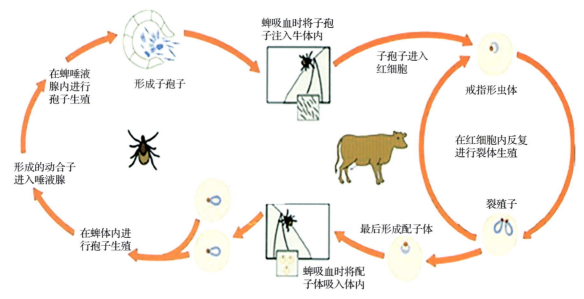

图 3-1-19 牛巴贝斯虫的生活史及感染过程

蜱是梨形虫完成其生活史发育所必需的，一般情况下，梨形虫有严格的宿主特异性，各种动物各有其固有的梨形虫寄生，彼此互不感染。然而最近证实这种特异性并不是绝对的。例如，曾观察到牛的双芽巴贝斯虫可隐性感染绵羊、山羊和马，牛巴贝斯虫也可感染人等。

在自然条件下，梨形虫必须通过硬蜱传播。不同种的梨形虫必须在一定种属的蜱体内发育。牛双芽巴贝斯虫在多种牛蜱、扇头蜱、血蜱及微小牛蜱（我国主要是微小牛蜱）体内发育。但同一种蜱可以传播多种梨形虫病，例如，残缘璃眼蜱既可传播牛环形泰勒虫病，又可传播马驽巴贝斯虫病、马巴贝斯虫病。

蜱是一种吸血的体外寄生虫，其生长、发育分虫卵、幼虫、若虫和成虫4个阶段。巴贝斯虫随雌蜱吸血进入蜱体内发育繁殖后，可以转入蜱的卵巢经过蜱卵传给蜱的后代，然后由蜱的若虫或成虫进行传播，称为经卵传递。虫体可随蜱的传代长期在其体内生存。经卵传递有梨形虫的蜱到牛体吸血时，就可传播本病。大多数巴贝斯科的原虫以这种方式进行传播。

在我国，已证实微小牛蜱为双芽巴贝斯虫和牛巴贝斯虫的传播者，以经卵传播方式，由次代若虫和成虫传播，幼虫无传播能力。已证实双芽巴贝斯虫在微小牛蜱体内可继代传递3个世代之久。双芽巴贝斯虫也可以经胎盘垂直传播。微小牛蜱是一种一宿主蜱，主要寄生于牛，每年可繁殖2~3代。本病在1年之内可以暴发2~3次。从春季至秋季以散发的形式出现，在我国南方本病主要发生于6~9月。由于微小牛蜱在野外发育繁殖，因此本病多发生在放牧时期，舍饲牛发病较少。在一般情况下，两岁以内的犊牛发病率高，但症状轻微，死亡率低；成年牛发病率低，但症状较重，死亡率高。特别是老、弱牛，病情更为严重。当地牛对本病有抵抗力，良种牛和由外地引入的牛易感性较高，症状严重，病死率高。

【症状】 巴贝斯虫的致病作用是由虫体及其代谢产物——毒素的刺激造成，常使宿主各器官系统与中枢神经之间的正常生理关系遭到破坏。还会由于虫体对红细胞的破坏，可引起溶血性贫血。红细胞被破坏后，血红蛋白经肝脏变为胆红素，滞留于血液中引起黄疸。如果红细胞破坏严重，则有一部分血红蛋白经肾脏随尿排出，形成血红蛋白尿。本病的潜伏期一般为8~15d，发病后奶牛体温升高达40~41.5℃，呈稽留热。病牛精神沉郁，食欲减少，反刍停止；泌乳量下降，粪呈黄棕色，常有血红蛋白尿出现；可视黏膜苍白，呼吸急促并有气喘现象。

【病理变化】 牛巴贝斯虫病的病理变化以各组织器官出血、溢血为特征（图3-1-20）。尸体消瘦，尸僵明显；可视黏膜贫血，黄疸；血液稀薄，凝固不全。皮下组织充血、黄染、水肿。脾脏肿大、软化，脾髓呈暗红色，在剖面上见有颗粒状凸出，被膜上有少数出血点。肝脏肿大，呈黄棕色，被膜上有时有少数出血点，剖面呈黏土色。胆囊扩张，胆汁浓稠，色暗。皱胃和小肠黏膜水肿，有出血斑。膀胱黏膜充血，有时有点状溢血。尿液常为红色。浆膜和肌间结缔组织水肿、黄染。

图3-1-20 牛巴贝斯虫引起的脑出血及血栓形成

【诊断】

1）流行特点：本病呈一定的地区性，流行季节为蜱活动的季节。1~2岁的牛发病较重，2~3岁的牛发病更重，死亡率也高。

2）临床症状及病变：潜伏期为8~15d。突然发病，体温升高至40℃以上，呈稽留热。病牛食欲减退或消失，反刍停止。可视黏膜黄染，呈点状出血。腹泻或便秘。尿呈红色乃至酱油色。黏膜、浆膜、皮下组织、心脏冠状沟等处黄染。心脏内、外膜有出血斑点，肝脏肿大变性；脾髓软化、出血，肾充血，消化道有点状及带状出血，淋巴结肿大出血。

3）在体温升高的头 1~2d，取耳静脉血涂片用吉姆萨染色法镜检，若在红细胞中发现典型的梨形虫体便可确诊为梨形虫病。根据虫体的形态和大小可以初步判断梨形虫种类，但确切的虫种需要分子生物学等方法鉴定。

近年来陆续报道了许多种免疫学诊断方法用于诊断梨形虫病，如补体结合试验、间接血凝试验、胶乳凝集试验、间接荧光抗体试验、酶联免疫吸附试验等。其中间接荧光抗体试验和酶联免疫吸附试验可供常规使用，主要用于染虫率较低的带虫牛的检出和疫区的流行病学调查。

【治疗】 对初发或病情较轻的病牛，立即注射抗梨形虫药物；对重症病例，同时采取强心、补液等对症措施。特效药物如下：

①三氮脒：又名血虫净，贝尼尔。深部肌内注射较为理想，3.5~5mg/kg 体重，对重症者可用 5~7mg/kg 体重，用生理盐水或 5% 葡萄糖盐水制成溶液，深部多点肌内注射，每天 1 次，连用 3d。

②盐酸吖啶黄：3~4mg/kg 体重，配成 0.5%~1% 溶液静脉注射，症状未减轻时，24h 后再注射 1 次。病牛在治疗后的数天内，须避免烈日照射。

③咪唑苯脲：又名咪唑啉卡普。2mg/kg 体重，配成 10% 溶液，肌内注射，间隔 24h 同等剂量再注射 1 次。

【预防】 奶牛梨形虫病流行的基本因素有 3 个，即病原（梨形虫）、蜱、易感动物（奶牛）。三者形成一个链条，缺少其中任何一个因素都不会造成梨形虫病流行。

1）预防的关键在于灭蜱，可根据流行地区蜱的活动规律，实施有计划有组织的灭蜱措施；如使用杀蜱药物消灭牛体上及牛舍内的蜱；牛群应避免到大量滋生蜱的牧场放牧，必要时可改为舍饲。

2）应选择无蜱活动季节进行牛只调动，在调入、调出前，应进行药物灭蜱处理。

3）当牛群已出现临床病例或由安全区向疫区输入牛只时，可应用咪唑苯脲进行药物预防。对双芽巴贝斯虫和牛巴贝斯虫可分别产生 60d 和 21d 的保护作用。

目前，国外一些地区已广泛应用抗巴贝斯虫弱毒虫苗和分泌抗原虫苗进行免疫预防，效果良好。

2. 泰勒虫病

泰勒虫病是指由泰勒科泰勒属的多种泰勒虫（*Theileria spp.*）寄生于奶牛巨噬细胞、淋巴细胞和红细胞内所引起的原虫病，其中最常见的病原为环形泰勒虫。本病是一种季节性很强的地方流行病，多呈急性经过，以高热、贫血、出血、消瘦和体表淋巴结肿胀为特征。

【病原】 牛环形泰勒虫为小型虫体，虫体长度小于红细胞半径，一般虫体大小只有红细胞的 1/5~1/4。形态多样，寄生于红细胞中的呈环形、椭圆形、逗点形、杆形、圆点形和十字形等，以环形和椭圆形虫体占多数。虫体长度为 0.7~2.1μm。1 个红细胞内通常有 2~3 个虫体，最多的可达十几个。红细胞的感染率一般为 10%~20%，高者可达 95%。经吉姆萨染色后，虫体细胞质染成浅蓝色，细胞核常居于虫体一端，被染成紫红色（图 3-1-21a）。

寄生于巨噬细胞、单核细胞和淋巴细胞内的虫体，大多数呈不规则的圆形，长度为22~27.5μm，易被观察到的常常是一种多核体，是裂体生殖阶段的裂殖体，形状极像石榴的横切面，称为石榴体，又称柯赫氏蓝体。经吉姆萨液染色后，可以看到在浅蓝色的原生质背景下包含有微红色或暗紫色且数目不等的染色质核（图3-1-21b）。石榴体还可能在淋巴液和血浆中发现。

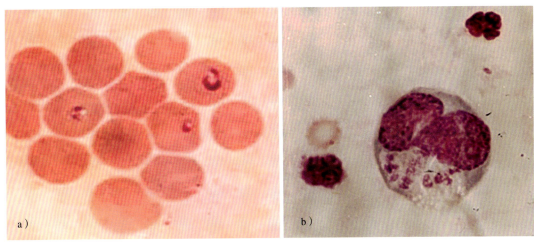

图3-1-21 牛环形泰勒虫形态
a）红细胞内的环形虫体 b）淋巴细胞内的石榴体

【流行病学】 泰勒虫的生活史和发育过程基本和巴贝斯虫相似，牛等动物为其宿主，多种硬蜱为传播者（图3-1-22）。但也有2点主要不同：一是当泰勒虫子孢子随着蜱的唾液进入牛体后，不是像巴贝斯虫一样直接进入红细胞发育繁殖，而是先在脾脏、肝脏和淋巴结等单核-吞噬细胞系统内进行裂体生殖（无性繁殖），形成大裂殖体（即石榴体）。大裂殖体崩解分裂成许多大裂殖子，大裂殖子又侵入到新的单核-吞噬细胞系统内，重复前述的无性繁殖过程。这种无性繁殖经过数代以后，有的发育为小裂殖体。小裂殖体崩解后，释放出许多小裂殖子，小裂殖子进入红细胞

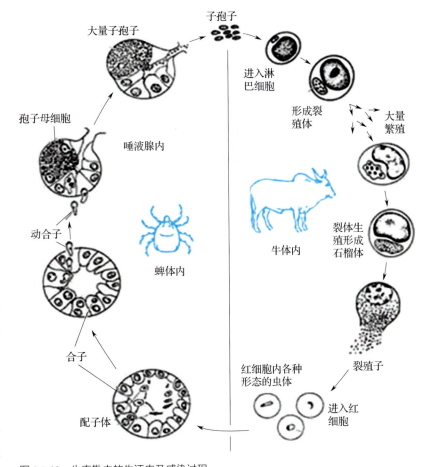

图3-1-22 牛泰勒虫的生活史及感染过程

内变成雄性或雌性配子体。二是在蜱体内不能经卵传递。

牛环形泰勒虫病的传播者是璃眼蜱属的各种蜱，在我国主要为残缘璃眼蜱，它是一种二宿主蜱，主要寄生于牛。璃眼蜱以期间传播方式传播泰勒虫，即幼虫或若虫吸食了带虫的血液后，泰勒虫在蜱体内发育繁殖，当蜱的下一个发育阶段（若蜱或成蜱）吸血时即可传播本病。这种蜱主要在牛圈内生活，因此，本病主要在舍饲条件下发生。

本病在我国西北地区流行较严重，2018年Guo等报道西北地区的牛环形泰勒虫病感染率为18.2%。本病于6月开始发生，7月达最高潮，8月逐渐平息。病死率为16%~60%。在流行地区，1~3岁牛发病多，耐过本病的牛成为带虫者，不再发病，带虫免疫期可达2.5~6年。但在饲养环境变劣，或其他疾病并发时，可导致复发，且病程比初发更重。外地调运到流行地区的牛，其发病不因年龄、体质而有显著差别。当地牛一般发病较轻，有时红细胞染虫率虽达7%~15%，也无明显症状，且可耐过自愈。外地牛、纯种牛和改良杂种牛则反应敏感，即使红细胞染虫率很低（2%~3%），也会出现明显的临床症状。

【症状】 环形泰勒虫子孢子进入牛体后，侵入局部淋巴结的巨噬细胞和淋巴细胞内反复进行裂体增殖，形成大量的裂殖子，在虫体对细胞的直接破坏和虫体毒素的刺激下，使局部淋巴结巨噬细胞增生与坏死崩解，引起充血、渗出等病理过程。临床上局部淋巴结呈现肿胀、疼痛等症状。

环形泰勒虫在局部淋巴结中大量繁殖时，部分虫体随淋巴和血液散播至全身各器官的巨噬细胞和淋巴细胞中进行同样的裂体增殖。并引起与前述相同的病理过程，在淋巴结、脾脏、肝脏、肾脏、皱胃等一些器官出现相应的病变。病牛由于大量细胞坏死和出血所产生的组织崩解产物及虫体代谢产物进入血液，导致严重的毒血症。

潜伏期为14~20d，病初体温升高，精神不振，食欲减退，体表淋巴结肿痛。继而体温升高至40.5~41.7℃，呈稽留热，呼吸急促，心跳加快；精神委顿，结膜潮红。中期体表淋巴结显著肿大，为正常的2~5倍（图3-1-23），此时血液中很少发现虫体；以后当虫体大量侵入红细胞时，病情加剧，体温升高到40~42℃；鼻镜干燥，精神萎靡，可视黏膜苍白或黄红色，食欲废绝，反刍停止，弓腰缩腹；初便秘，后腹泻，或两者交替，粪中带黏液或血丝；心跳亢进，血液稀薄，不易凝固；红

图3-1-23 牛环形泰勒虫引起的体表淋巴结肿大

细胞数减少，大小不匀，并出现异形红细胞；血红蛋白含量降低；可视黏膜有出血斑点；步态蹒跚，起立困难。后期结膜苍白、黄染，在眼睑和尾部皮肤较薄的部位出现粟粒至扁豆大的深红色出血斑点；病牛显著消瘦，卧地不起，常在病后1~2周死亡。

【病理变化】 病理剖检可见尸体消瘦，尸僵明显，血凝不良。皮肤、尾根下和可视黏膜常有出血斑。胸、腹两侧皮下有许多出血斑和黄色胶样浸润。肩前淋巴结和其他体表淋巴结肿大、出血，外观呈紫红色。剖开腹腔时，见大网膜呈黄色，有出血点，有大量黄色的腹水。脾脏肿大2~3倍，脾髓软化。肝脏肿大，质脆，被膜上有出血点；肝门淋巴结肿大、有出血斑；胆囊肿大。

肾脏外面易剥离，有出血斑、点，皮质、髓质界限不清；肾盂水肿，有胶样浸润。瓣胃内容物干固，皱胃黏膜肿胀，有出血点和大小不一的溃疡。肠系膜有不同大小的出血点及胶样浸润，重症者小肠、大肠有大小不等的溃疡斑。心内外膜有出血斑点（图3-1-24）。

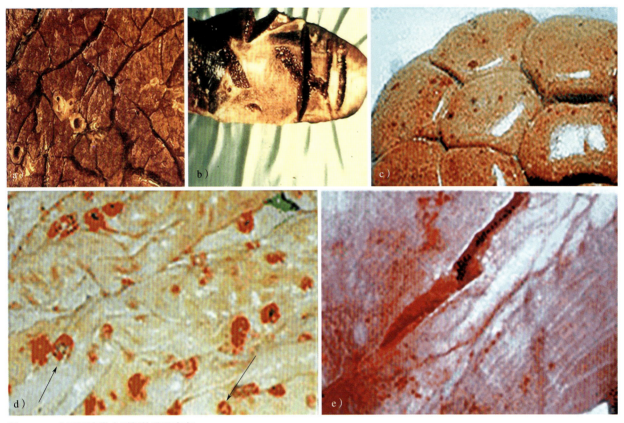

图 3-1-24　牛环形泰勒虫引起的脏器病变
a）肺肿大、水肿及间质性肺炎　b）脾脏肿大、出血　c）肾脏出血　d）胃黏膜溃疡和出血　e）心肌出血

【诊断】　本病的诊断与牛巴贝斯虫病相同，包括分析流行病学资料，观察临床症状和镜检血片中有无虫体。此外，还可在发病的早期做淋巴结穿刺检查石榴体。

【治疗】　治疗本病的关键是早期用药。如能早期应用比较有效的杀虫药，再配合对症治疗，特别是输血疗法及加强饲养管理可以降低病死率。

可使用三氮脒，7~10mg/kg体重，配成7%溶液肌内注射，每天1次，连用3d。若红细胞染虫率不下降，还可继续治疗2次。

为了促使临床症状缓解，还应根据症状配合给予强心、补液、止血、健胃、缓泻、舒肝利胆等中西药物及抗生素类药物。对红细胞数、血红蛋白量显著下降的牛可进行输血。每天输血量，犊牛不少于500~2000mL，成年牛不少于1500~2000mL，每天或隔2d输血1次，连输3~5次，直至血红蛋白稳定在25%左右不再下降为止。所输的血液必须与病牛血无交叉凝集反应。

【预防】
1）定期灭蜱，牛舍内1m以下的墙壁，要用杀虫药涂抹，杀灭残留蜱。
2）在每年9~10月及4月向圈舍、运动场等喷洒灭蜱药物灭蜱。

3）对牛体表的蜱可人工捕捉或定期喷药或药浴以灭蜱。

4）在引入牛时，应加强检疫，防止引入病原和传播媒介。

5）在流行区，可应用国产环形泰勒虫裂殖体胶冻细胞疫苗对牛进行免疫预防接种。接种后20d即可产生免疫保护力，持续时间可达1年以上。

（赵孝民）

六、胎儿滴虫病

牛胎儿滴虫病是由寄生在牛生殖器官内的胎儿三毛滴虫（*Tritrichomonas foetus*）引起的牛生殖道寄生原虫病，在奶牛中较为常见。主要通过自然交配、人工授精的精液及器械传播，可导致奶牛早期胚胎死亡、造成流产和不孕，临床上表现脓性卡他性阴道炎、子宫内膜炎等。

【病原】 胎儿三毛滴虫见于病牛的阴道分泌物中，虫体呈纺锤形、梨形，混杂于上皮细胞与白细胞之间。在新鲜悬滴标本中，在显微镜下可见其运动活泼。吉姆萨染色中，虫体长9~25μm、宽3~10μm；细胞前半部有核，核前有动基体，由动基体伸出鞭毛4根，其中3根向前游离，1根向后以波动膜与虫体相连，至虫体后部再成为游离鞭毛；虫体中部有一轴柱，起于虫体前端，穿过虫体中线向后延伸，其末端凸出于虫体后端（图3-1-25）。

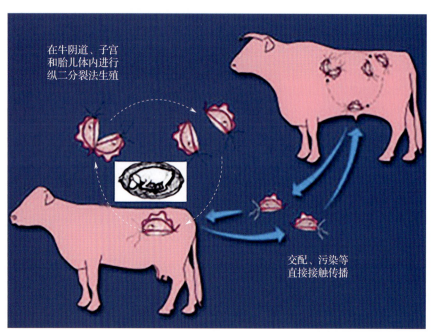

图3-1-25　胎儿三毛滴虫模式图及不同侧面观察

【流行病学】 本病呈世界性分布，主要发生在母牛妊娠后3~5个月。国外的报道显示本病感染率为2%~5%，而在有些地区感染率达到15%~40%。胎儿三毛滴虫对低温的抵抗力较强，有些甚至在冷冻精液中也能存活。但对高温和消毒液的抵抗力则很弱，在50~55℃时经2~3min死亡；在3%过氧化氢内经5min，在0.1%~0.2%福尔马林液内经1min，在40%大蒜液内经25~40s死亡。在20~22℃室温中，病理材料内可存活3~8d，在粪、尿中存活18d。能耐受低温，如在0℃时存活2~18d。

胎儿三毛滴虫主要寄生在母牛的阴道和子宫内，公牛的包皮、阴茎黏膜及输精管内。母牛妊娠后，在胎儿体内、胎盘和胎液中都有大量的虫体。胎儿三毛滴虫感染引起的子宫炎症是导致流产的主要原因。感染多发生在配种季节，主要是通过病牛与健康牛的直接交配，或在人工授精时使用带虫精液或污染虫体的输精器械（图3-1-26）。公牛在临床上往往没有明显的症状，但可带虫达3年之久，在本病的传播中起相当大的作用。饲养条件对本病有一定影响，当放牧和供应给全价饲料时，可提高牛对本病的抵抗力。

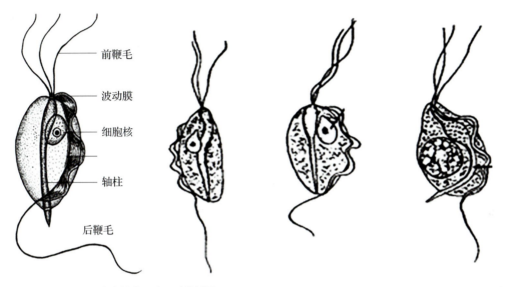

图3-1-26 胎儿三毛滴虫的生活史和感染过程

【症状】 公牛常为带虫者，一般无明显的临床症状，但严重时公牛包皮肿胀，流出脓性分泌物，阴茎黏膜上出现虫性结节，不愿交配。母牛阴道红肿，黏膜上有红色结节，发生子宫内膜炎时，从阴道流出脓性分泌物，泌乳量下降。屡配不孕、发情周期不正常、妊娠母牛可发生早期胚胎死亡、早期流产。母牛多在妊娠后1~3个月发生流产，胎儿死亡但不腐败，胎衣包裹完整。子宫黏液较为混浊或排出脓性分泌物，子宫积脓。死胎、流产是本病的主要特征和症状。

【病理变化】 侵入母牛生殖器的胎儿三毛滴虫，首先在阴道黏膜上进行繁殖，继而经子宫颈至子宫，引起炎症。当与化脓菌合并感染时，则发生化脓性炎症，于是生殖道分泌物增多，影响发情周期，并造成长期不育等机能障碍。胎儿三毛滴虫在妊娠母牛的子宫内繁殖尤其迅速，先在胎液中繁殖，以后侵入胎儿体内，经数天至数周即可导致胎儿死亡并流产。侵入公牛生殖器的胎儿三毛滴虫，首先在包皮腔和阴茎黏膜上进行繁殖，引起阴茎和包皮炎症，继而侵入尿道、输精管、前列腺和睾丸，影响性机能，导致性欲减退，交配时不射精。

【诊断】 依据临床症状和流行病学只能做出初步诊断，确诊本病必须通过病原检查来完成。

用生理盐水冲洗牛阴道或包皮囊内，收集冲洗液，离心沉淀，沉淀物用显微镜检查。或将阴道或包皮内分泌物、流产胎儿液或胎液滴于载玻片上，用盖玻片覆盖，在低倍显微镜下可见到活动的虫体。

新鲜胎儿三毛滴虫虫体大小为（9~25）μm×（3~10）μm。虫体有梨形、圆形或纺锤形等多种形状，有 4 根鞭毛，3 根在前 1 根在后，摆动明显。

当病料存放时间稍长时，虫体缩小，多近似圆形、透明，不易辨认，所以应尽量检查新鲜病料。另外，牛胎儿三毛滴虫的形态随环境条件变化而改变，在不良条件下多为圆形，失去鞭毛和波动膜，且不活动，不易辨认，应注意与白细胞区别。也可用上述病料涂片，经瑞氏-吉姆萨染色后，在显微镜下观察（图 3-1-27）。

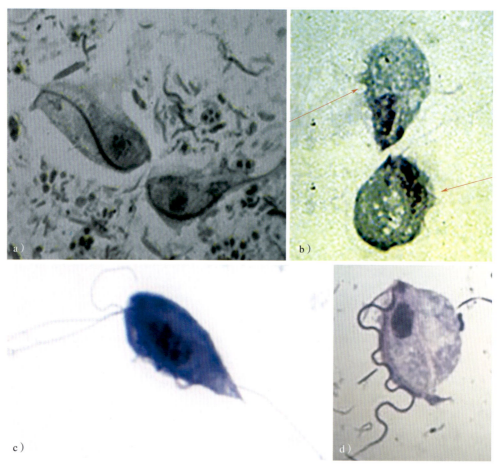

图 3-1-27 胎儿三毛滴虫
a）胎液涂片中的胎儿三毛滴虫 b）胎儿三毛滴虫染色，红箭头所指处可见波动膜
c）胎儿三毛滴虫碘染色 d）胎儿三毛滴虫瑞氏-吉姆萨染色

【治疗】

①用 0.2%~0.3% 碘溶液（碘 2~3g、碘化钾 4~6g、蒸馏水 1000mL），冲洗子宫或公牛包皮腔，也可用 0.1% 乳酸依沙吖啶或 0.1% 盐酸吖啶黄冲洗。隔天 1 次。

②口服甲硝唑（灭滴灵），60mg/kg 体重，每天 1 次，连服 3 次。或按 10mg/kg 体重配成 5% 溶液静脉注射，每天 1 次，连用 3 次。

③口服地美硝唑，每天 5mg/kg 体重，连用 5d。

【预防】 对病牛进行及时治疗，在人工授精和母牛的产道处理、治疗过程中，注意用具消毒是预防本病的主要预防措施。对引进牛要进行胎儿三毛滴虫病检查。采用人工授精技术是有效的防治措施，但要严格消毒授精器械；定期进行胎儿三毛滴虫检查。

（赵孝民）

第二节 吸虫病

吸虫病是由扁形动物门吸虫纲所属的多种吸虫寄生于牛的消化系统、血液循环系统、呼吸系统、生殖系统等引起的一类蠕虫病。可寄生于牛的吸虫很多,在奶牛中较常见且危害严重的有肝片吸虫和双腔吸虫。

一、肝片吸虫病

奶牛肝片吸虫病是由肝片吸虫(*Fasciola hipatica*)和大片形吸虫(*F. gigantica*)寄生于牛的肝胆管中引起的吸虫病。除牛外,羊等反刍动物和人也可感染本病,所以是一种人畜共患的寄生虫病。此类吸虫能引起肝炎和胆管炎,并伴有全身性中毒现象和营养障碍。临床上以贫血、消瘦、水肿、异食为特征,危害相当严重,特别是犊牛,严重者可引起死亡。

【病原】 本病的病原有两种:肝片吸虫和大片形吸虫,后者较为少见。这两种吸虫除形态上稍有不同外,其寄生的宿主范围、寄生部位、生活史,致病过程和机理等都十分相似。

肝片吸虫外观呈叶片状,自肝胆管取出时呈棕红色,长20~35mm、宽5~13mm。虫体前端有一个三角形锥状突,口吸盘直径约为1mm,位于锥状突的前端。锥状突后,虫体左右展开形成"肩"部。"肩"部以后逐渐变窄。腹吸盘较口吸盘稍大,位于其稍后方。生殖孔位于口、腹吸盘之间。消化系统为不完全消化系统,由口吸盘底部的口孔开始,下接咽和食道及两条具有盲端的肠管,肠管有许多分枝,无肛门。雌雄同体,雄性生殖器官包括两个多分枝的睾丸,前后排列于虫体的中后部,每个睾丸各有一条输出管,两条输出管上行汇合成一条输精管,进入雄茎囊,囊内有贮精管和射精管,其末端为雄茎,通过生殖孔伸出体外,在贮精囊和雄茎之间有前列腺。雌性生殖器官有一个鹿角状的卵巢,位于腹吸盘后的右侧。输卵管与卵模相通,卵模位于睾丸前的体中央,卵模周围有梅氏腺。曲折重叠的子宫位于卵模和腹吸盘之间,内充满虫卵,一端与卵模相通,另一端通向生殖孔。卵黄腺由许多褐色颗粒组成、分布于体两侧,与肠管重叠。左方两侧的卵黄腺通过卵黄腺管横向中央,汇合成一个卵黄囊与卵模相通。无受精囊。体后端中央处有纵行的排泄管(图3-2-1a)。

虫卵较大[(133~157)μm×(74~91)μm],呈长卵圆形、黄色或黄褐色,前端较窄,后端较钝。卵盖不明显,卵壳薄而光滑,半透明,分两层。卵内充满卵黄细胞和一个胚细胞(图3-2-1b)。

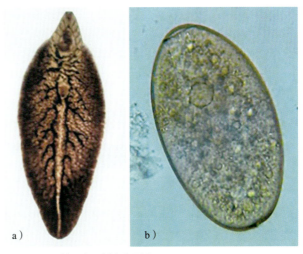

图3-2-1 肝片吸虫及其虫卵形态
a)成虫 b)虫卵

大片形吸虫与肝片吸虫的区别在于：虫体较大，大小为（25~75）mm×（5~12）mm；肩部不明显；虫体两侧缘比较平直，肠管和睾丸的分枝更多且复杂，后端钝圆；虫卵较大，大小为（150~190）μm×（75~90）μm。

【流行病学】 肝片吸虫在发育中需要椎实螺（图 3-2-2）作为中间宿主，成虫寄生在牛等终宿主肝胆管内产出虫卵，虫卵随胆汁进入消化道与粪便混合，最后随粪便一起排出牛体外。入水后经 10~25d 孵化出毛蚴，毛蚴在水中游动，钻入中间宿主椎实螺体内，在椎实螺体内经胞蚴、雷蚴最后发育成尾蚴。尾蚴逸出螺体在水中经过短时间游动，即附着于水生植物上或就在水面上脱去尾部形成囊蚴（图 3-2-3）。牛吞食了带有囊蚴的草或饮水后，囊蚴的被膜在消化道中被溶解，此后幼虫沿胆管或穿过肠壁和肝实质到肝胆管内寄生（图 3-2-4）。

图 3-2-2　肝片吸虫的中间宿主椎实螺

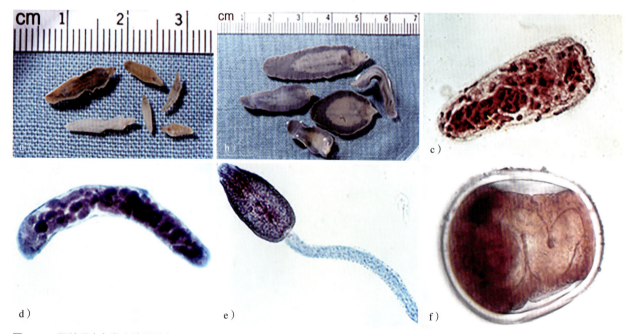

图 3-2-3　肝片吸虫各发育阶段形态
a）未成熟虫体　b）成虫　c）毛蚴　d）胞蚴　e）尾蚴　f）囊蚴

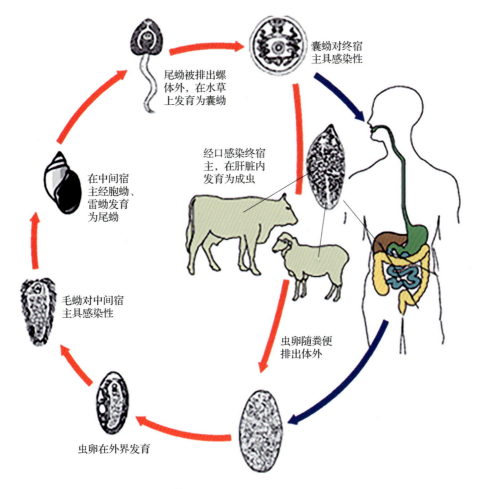

图 3-2-4　肝片吸虫的生活史及感染过程

肝片吸虫病呈世界性分布，在我国流行普遍，是我国分布最广泛、危害最严重的寄生虫病之一。大片形吸虫主要分布于热带或亚热带地区，在我国多见于南方地区。肝片吸虫病在全国大部分地区都有发生，多呈地方流行性。但范围和严重程度不同，即使在同一省份或地区，在不同的年份流行情况也不同。一般以多雨的年份特别严重，因雨水多，畜粪中的虫卵容易被冲到水里；雨多水位高，淡水螺容易繁殖；囊蚴散布广，牛容易被感染。因此本病在沼泽低洼地的流行比高燥地严重。

肝片吸虫的宿主范围较广，主要寄生于奶牛、黄牛、水牛、牦牛、绵羊、山羊、骆驼等反刍动物，猪、马、驴、兔及一些野生动物也可感染，但较少见，人也可感染。病畜和带虫者不断地向外界排出大量虫卵，污染环境，成为本病的感染源。

温度、水和淡水螺是肝片吸虫病流行的重要因素。虫卵的发育、毛蚴和尾蚴的游动，以及淡水螺的存活与繁殖都与温度和水有直接的关系。因此，肝片吸虫病的发生和流行及其季节动态与该地区的具体地理气候条件有密切关系。奶牛长时间地停留在狭小而潮湿的牧地上放牧时最易遭受严重的感染。舍饲奶牛也可因饲喂从低洼、潮湿牧地割来的牧草而受感染。

本病有季节性。春末夏初，雨水多而较潮湿，气温也较适宜，淡水螺大量繁殖。这种条件正适合肝片吸虫虫卵的发育和毛蚴的孵出，到夏、秋两季尾蚴大量逸出，因此牛大量感染多在夏、秋季节。

【症状】 轻度感染时往往不显现症状，感染数量多时（成年牛250条以上），则可出现症状。对于犊牛，即便只有很少的虫体寄生，也能引起发病。

急性型肝片吸虫病多在夏末和秋季，主要是在短时间内集中地吞食了大量囊蚴，幼虫在肝实质内移行时所致。表现为精神沉郁，体温升高。食欲消失，反应迟钝，腹痛，偶有腹泻现象。肝脏叩诊时，半浊音区扩大，敏感度增强。而后迅速发生贫血，黏膜苍白。肝部有压痛，有时突然死亡。

多数情况下牛肝片吸虫病呈慢性经过。主要表现为逐渐消瘦，被毛粗乱、无光泽，干枯易断，易脱落。食欲降低，反刍不正常，泌乳量降低。继而出现周期性的瘤胃膨胀或前胃弛缓，瘤胃蠕动无力，消化障碍，有卡他性肠炎。病牛贫血，黏膜苍白。到后期眼睑、下颌、胸下及腹下出现水肿，触动有波动感或捏面团样感觉，无痛无热，高度贫血。妊娠母牛有流产情况。如果不及时治疗，最后会因极度衰弱而死亡。

【病理变化】 肝片吸虫的致病作用和病理变化常依其发育阶段而有不同的表现，并且和感染的数量有关。当一次感染大量囊蚴时，童虫在向肝实质内移行过程中，可机械地损伤和破坏肠壁、肝包膜、肝实质及微血管，引起炎症和出血，此时肝脏肿大，肝包膜上有纤维素沉积，出血，肝实质内有暗红色虫道，虫道内有凝血块和幼小的虫体。

虫体进入胆管后，由于虫体长期的机械性刺激和代谢产物的毒性物质作用，引起慢性胆管炎、慢性肝炎和贫血现象。早期肝脏肿大，以后萎缩硬化，小叶间结缔组织增生。大量寄生时，引起胆管扩张、变粗，管壁增厚甚至堵塞；胆汁停滞而引起黄疸。胆管如绳索样凸出于肝脏表面，胆管内壁有盐类沉积，使内膜粗糙，胆囊肿大。

病牛死后可见肝脏、胆管扩张，胆管壁增厚，其变化程度与感染数量及病程长短有关。例如，在原发性大量感染、急性经过的病例中，可见到急性肝炎，肝肿大、出血等病灶；其中有长达2~5mm的暗红色索状物、质软，挤压切面时，有黏稠的污黄色液体流出，其中杂有尚未成熟的幼龄虫体（图3-2-5）。腹腔内有血色的液体和腹膜炎病变。

慢性病例主要呈现慢性增生性肝炎。被破坏的肝组织形成瘢痕性的浅灰白色条索，肝实质萎缩、褪色、变硬、边缘钝圆，小叶间结缔组织增生，胆管肥厚，扩张成绳索样凸出肝表面。胆管内壁粗糙而坚实，内含大量血性黏液、虫体及黑褐色成粒状或块状的磷酸盐结石。

【诊断】 根据临床症状、流行病学调查、粪便检查和死后剖检等进行综合判定。急性病例时，在粪便中找不到虫卵，此时可用皮内变态反应、间接血凝试验或酶联免疫吸附试验等免疫学方法进行诊断。死后剖检时，急性病例可在腹腔及肝实质中发现童虫及幼小虫体；慢性病则可在胆管内检获成虫。

【治疗】 治疗可选用下列药品：

①硝氯酚（拜耳9015）：只对成虫有效。牛按3~5mg/kg体重，1次投服，是治疗本病的特效药物。

②阿苯达唑：10~15mg/kg体重，1次内服，效果较好且对童虫也有一定的疗效。因该药有一定的致畸作用，对妊娠母牛慎用。

③溴酚磷：对成虫及童虫均有良好的驱虫效果。12mg/kg体重，1次内服。

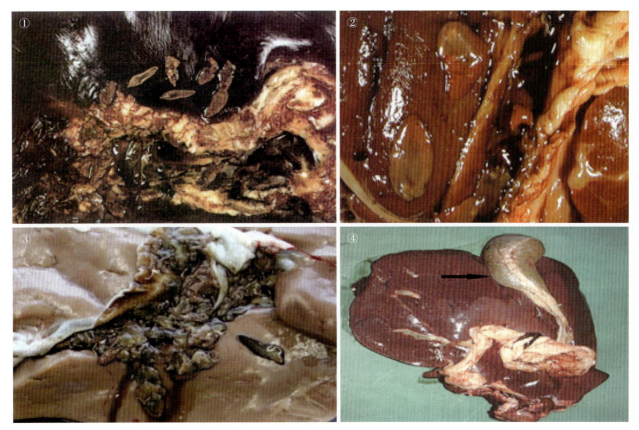

图 3-2-5　肝片吸虫寄生于牛肝脏

④三氯苯达唑：对成虫、幼虫及童虫均有高效杀灭作用。10mg/kg 体重，制成 10% 混悬液经口投服。病牛用药后 14d 其肉才能食用，10d 后其乳才能食用。

【预防】　应根据流行病学特点，采取综合防治措施。

1）定期驱虫：驱虫的时间和次数可根据流行地区的具体情况而定，一般每年 2~3 次，急性病例可随时驱虫。在同一牧地放牧的牛最好同时都驱虫，尽量减少感染源。特别是驱虫后的粪便应堆积发酵产热而杀灭虫卵。

2）消灭中间宿主：灭螺是预防本病的重要措施。可结合农田水利建设，草场改良，填平无用的低洼水潭等措施，以改变螺的滋生条件。

3）加强饲养卫生管理：选择在高燥处放牧；牛的饮水最好用自来水、井水或流动的河水，并保持水源清洁，以防感染。从流行区运来的牧草必须经处理后，再饲喂舍饲牛。

（赵孝民）

二、双腔吸虫病

双腔吸虫病（也叫歧腔吸虫病）是由矛形双腔吸虫（*Dicrocoelium lanceatum*）和中华双腔吸虫（*D.chinensis*）寄生于奶牛肝脏的胆管和胆囊内所引起的吸虫病。本病在全国各地均有发生，尤其是西北、内蒙古及东北地区最为常见。除牛外，绵羊、山羊、鹿、骆驼、猪、马属动物、犬、兔、猴等也可感染，也偶见于人。

【病原】

（1）**矛形双腔吸虫** 因前端尖细后端较钝呈矛状而得名。虫体表面光滑、扁平、透明、呈棕红色，肉眼可见其内部器官。体长 5~15mm、宽 1.5~2.5mm。腹吸盘大于口吸盘。有 2 个睾丸，近圆形或稍分叶，前后斜列或并列于腹吸盘之后。睾丸后方偏右侧为卵巢和受精囊，卵黄腺呈小颗粒状，分布于虫体中部两侧。虫体后部为充满虫卵的曲折子宫（图 3-2-6）。虫卵呈卵圆形或椭圆形、暗褐色，卵壳厚，两侧稍不对称；大小为（38~45）μm×（22~30）μm。虫卵一端有明显的卵盖，卵内含毛蚴。

图 3-2-6　矛形双腔吸虫及其虫卵形态
a）成虫标本，显示其内部结构　b）取自牛肝胆管的成虫　c）虫卵

（2）**中华双腔吸虫** 虫体扁平、透明，腹吸盘前方体部呈头锥样，其后两侧较宽似肩样突起。体长 3.5~9.0mm、宽 2.63~3.09mm。2 个睾丸呈不正圆形，边缘不整齐或稍分叶，并列于腹吸盘之后。睾丸之后为卵巢。虫体后部充满子宫。卵黄腺分列于虫体中部两侧。虫卵与矛形双腔吸虫卵相似。

【流行病学】　双腔吸虫发育周期中需要两个中间宿主，第一中间宿主为多种陆地螺蛳（包括蜗牛），第二中间宿主为蚂蚁（图 3-2-7）。

图 3-2-7　双腔吸虫的第一中间宿主陆地螺蛳（左）和第二中间宿主蚂蚁（右）

双腔吸虫成虫在牛肝脏胆管内寄生发育，不断产出的虫卵随胆汁到小肠，然后随粪便排到体外。虫卵被第一中间宿主陆地螺蛳吞食后，在其体内经过胞蚴、子胞蚴阶段，由子胞蚴产生尾蚴。尾蚴互相黏附成团，从螺体内排出，成团的尾蚴附着在植物枝叶或其他物体上，蚂蚁吞食了尾蚴，尾蚴在蚂蚁体腔内变为囊蚴。牛吃草时吞咽了带囊蚴的蚂蚁而感染。幼虫由十二指肠经胆总管入胆管内寄生，经72~85d发育为成虫（图3-2-8）。

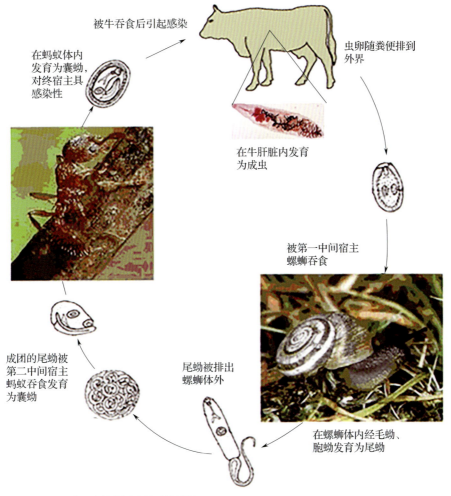

图3-2-8　双腔吸虫的生活史及感染过程

本病的分布几乎遍及世界各地，多呈地方流行性。在我国主要分布于东北、华北、西北和西南地区，尤其以西北各省区和内蒙古较为严重。

双腔吸虫宿主范围极其广泛，现已报道的哺乳动物宿主达70余种，除牛、羊、骆驼、鹿、马和兔等家畜外，许多野生的偶蹄类动物均可感染。

在温暖潮湿的南方地区，第一中间宿主蜗牛和第二中间宿主蚂蚁可全年活动，因此，奶牛几乎全年都可感染。而在寒冷干燥的北方地区，中间宿主需要冬眠，奶牛的感染明显具有春、秋两季特点，但奶牛发病多在冬、春季节。随奶牛年龄的增加，其感染率和感染强度也逐渐增加，感染的虫体数可达数千条，甚至上万条，这说明奶牛获得性免疫力较差。

虫卵对外界环境条件的抵抗力较强，在土壤和粪便中可存活数月仍具感染性。对低温的抵抗力更强。虫卵和在第一、第二中间宿主体内的各期幼虫均可越冬，且不丧失感染性。

【症状】　感染轻微的牛一般不表现症状。严重感染的牛，可见到黏膜黄疸，逐渐消瘦，颌下和胸下水肿。病牛下痢，消化紊乱，并逐渐消瘦，可因极度衰竭而导致死亡。

【病理变化】　双腔吸虫在肝脏胆管内寄生，由于虫体的机械刺激和毒素作用，可引起胆管卡他性炎症。剖检的主要病变为胆管壁增生、扩张、肥厚，胆管周围组织纤维化。肝被膜肥厚，肝脏发生硬变、肿大，肝表面形成瘢痕。

【诊断】　生前采用粪便检查法检查虫卵，根据虫卵的形态进行诊断。死后剖检时，在肝脏胆管、胆囊内检查到大量虫体即可确诊。轻微感染时，可将肝脏在水中撕碎，用连续洗涤法检查虫体。

【治疗】

①吡喹酮：35~45mg/kg体重，1次口服。

②阿苯达唑：10~15mg/kg体重，配成5%悬液，1次口服。

③海托林（三氯苯丙酰嗪）：30~50mg/kg体重，配成2%悬混液，经口灌服有特效。

【预防】　与肝片吸虫相同，应以定期驱虫为主，加强奶牛的饲养管理，以提高其抵抗力。同时灭螺，灭蚁，因地制宜，结合开荒种草、消灭灌木丛或烧荒等措施消灭中间宿主。对粪便应进行堆肥发酵处理，以杀灭虫卵。

（赵孝民）

第三节　绦虫病

绦虫病（Cestodiasis）是由扁形动物门绦虫纲中的多种绦虫成虫或幼虫寄生于奶牛的体内引起的寄生虫病。绦虫成虫寄生于宿主肠道，大量掠夺宿主的营养，引起营养障碍。同时虫体感染寄生时，虫体固着器官吸盘、小钩及微毛对宿主肠道机械刺激和损伤，以及虫体释放出的毒性代谢产物刺激，引起宿主的绦虫病。成虫引起的症状通常并不严重，仅有腹部不适、腹痛、消化不良，腹泻或腹泻与便秘交替出现等，个别种类如阔节裂头绦虫因为大量吸收宿主的维生素B_{12}可引起宿主贫血。绦虫幼虫在宿主体内寄生造成的危害性远比成虫更大，囊尾蚴和裂头蚴可在皮下和肌肉内引起结节或游走性包块；若侵入眼、脑等重要器官则可引起严重的后果。棘球蚴在肝脏、肺等可造成严重危害，其囊液一旦进入宿主组织更可诱发超敏反应而致休克，甚至死亡。

绦虫成虫为白色或乳白色，背腹扁平、长如腰带，分节，虫体长度因虫种不同可从数毫米至数米不等。虫体前端细小，为具有固着器官的头节，头节之后是短而纤细、不分节的颈部，颈部以后是分节的链体。链体是虫体最显著部分，由数个至数千个节片组成，节片越往后变得越宽大且扁。

绦虫的成虫寄生于宿主的消化道中，虫卵自子宫孔排出或随孕节脱落而排出。在适宜的中间宿主体内发育为幼虫，绦虫的幼虫因种类不同形态差异很大，引起的危害也不尽相同。

假叶目绦虫生活史中需要2个中间宿主。虫卵排出后必须进入水中才能继续发育，孵出的幼虫称为钩球蚴，能在水中游动。第一中间宿主是剑水蚤，钩球蚴在其体内发育为原尾蚴。在进入第二中间宿主鱼或其他脊椎动物如蛙体内后，原尾蚴继续发育为裂头蚴，裂头蚴已具类似成虫的外形，呈白色、带状，但不分节，仅具不规则的横皱褶，前端略凹入，伸缩活动能力很强。裂头蚴在终宿主肠道内发育为成虫。

圆叶目绦虫生活史只需1个中间宿主，个别种类甚至无须中间宿主。虫卵内含一个六钩蚴。由于这一目绦虫无子宫孔，虫卵必须待孕节自链体脱落排出体外后，由于孕节的活动挤压或破裂才得以散出。待虫卵被中间宿主吞食后，卵内的六钩蚴才能孵出，然后钻入宿主肠壁，随血流到达组织内，发育成各种中绦期幼虫，常见有以下类型。

囊尾蚴，俗称囊虫，是半透明的小囊，囊中充满囊液，囊壁上有一个向内翻转卷曲的头节。另一种囊尾蚴型幼虫，囊内有多个头节，称多头蚴。

棘球蚴，是一种较大的囊，囊内有无数头节，称原头蚴或原头节；此外，还有许多小的生发囊，生发囊附于囊壁上或悬浮在囊液中，其内又可有许多原头节或更小的生发囊，以致一个棘球蚴中可含成千上万个原头节。棘球蚴进入终宿主体内后，每个原头节可发育为一条成虫。

似囊尾蚴体型较小，前端有很小的囊腔和相比之下较大的头节，后部则是实心的带小钩的尾状结构。

中绦期幼虫被终宿主吞食后，在肠道内受胆汁的激活才能脱囊或翻出头节，逐渐发育为成虫。成虫在终宿主体内存活的时间随种类而不同，有的仅能活几天至几周，而有的可长达几十年。

一、莫尼茨绦虫病

莫尼茨绦虫病是由裸头科莫尼茨属（*Moniezia*）的扩展莫尼茨绦虫（*M.expansa*）和贝氏莫尼茨绦虫（*M.benedeni*）寄生于牛的小肠中引起的一种寄生虫病。本病常呈地方流行性，犊牛受害严重，发育生长受阻，有时引起死亡。

【病原】 扩展莫尼茨绦虫和贝氏莫尼茨绦虫外形非常相似，均呈扁平带状，一般长1~6m、宽16mm。头节呈球形，上有4个呈椭圆形的吸盘，无顶突和钩。成熟节片的宽度大于长度，而靠近后部的孕卵节片其长宽之差渐小。两种虫体各节片的后缘均有横列的节间腺，此腺在鉴别虫种上具有重要意义。扩展莫尼茨绦虫的节间腺为一列小圆囊状物，排列疏松，其两端几乎达到纵排泄管（图3-3-1）；而贝氏莫尼茨绦虫的节间腺为带状，位于节片的后缘中央（图3-3-2）。另外，扩展莫尼茨绦虫可长达10m，虫卵近似三角形，虫体呈乳白色；而贝氏莫尼茨绦虫呈黄白色，可长达4m，虫卵为四角形。

莫尼茨绦虫的虫卵呈近圆形、四角形或三角形。卵内含有一个3对小钩的六钩蚴被一个叫作梨形器的结构包围着。

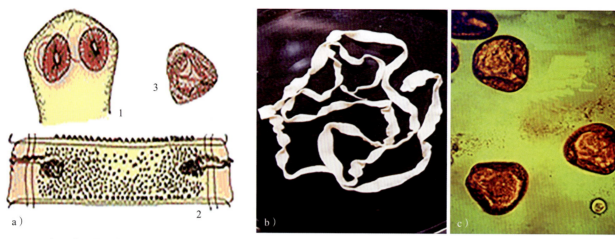

图 3-3-1　扩展莫尼茨绦虫形态
a）扩展莫尼茨绦虫模式图，1 为头节，2 为成熟节片，3 为虫卵　b）牛小肠内扩展莫尼茨绦虫　c）随粪便排出的虫卵

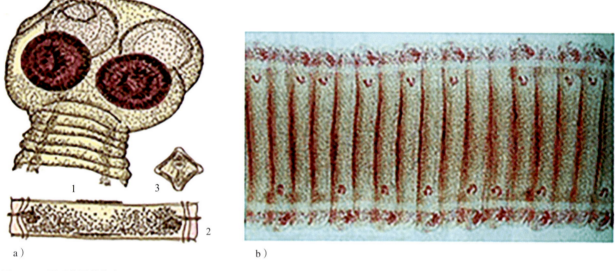

图 3-3-2　贝氏莫尼茨绦虫
a）贝氏莫尼茨绦虫模式图，1 为头节，2 为成熟节片，3 为虫卵　b）成熟节片

【流行病学】　寄生于小肠内的成虫，其孕卵节片脱落后，随粪便排出体外。在外界环境中（或在牛肠道内）被破坏，放出虫卵。每个节片中含 1 万~2 万个虫卵。带六钩蚴的虫卵被中间宿主地螨吞食后，在其体内发育为似囊尾蚴。当牛吃草时，吞食含似囊尾蚴的地螨，似囊尾蚴在牛消化道释放出来吸附在小肠黏膜上，生长发育成熟。似囊尾蚴从进入牛肠道到发育为成虫，扩展莫尼茨绦虫需 37~40d，贝氏莫尼茨绦虫需 50d。成虫的生存期为 2~6 个月，此后即由肠内自行排出（图 3-3-3）。

莫尼茨绦虫为世界性分布，在我国的东北、西北和内蒙古的牧区流行广泛，在华北、华东、中南及西南各地也经常发生。莫尼茨绦虫主要危害当年生的犊牛。

奶牛感染莫尼茨绦虫是由于吞食了含似囊尾蚴的地螨。地螨种类繁多，有 20 多种地螨可作为莫尼茨绦虫的中间宿主。地螨在富含腐殖质的林区、潮湿的牧地及草原上数量较多，而在开阔的荒地及耕种的熟地里数量较少。六钩蚴在地螨体内发育为成熟似囊尾蚴的时间，在 20℃和

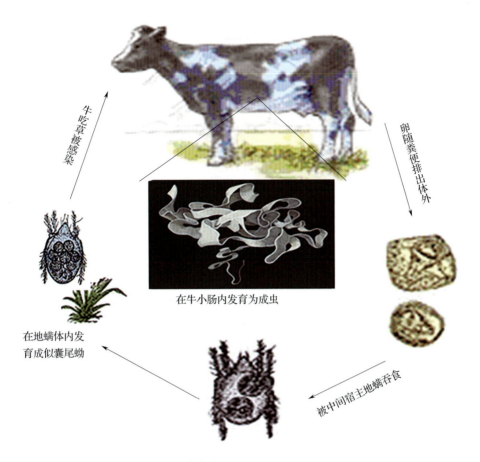

图 3-3-3　莫尼茨绦虫的生活史及感染过程

相对湿度为 100% 时需 47~109d。成螨在牧地上可存活 14~19 个月，因此，被污染的牧地可保持感染力达近两年之久。地螨体内的似囊尾蚴可随地螨越冬，所以奶牛在初春放牧一开始即可感染本病。

本病的流行与地螨的生态特性有密切关系，地螨性喜温暖与潮湿，在早晚或阴雨天气时，经常爬至草叶上；干燥或日晒时便钻入土中。所以，一般地螨白天躲在深的草皮或腐烂植物下，在黄昏或黎明爬出来活动，牛在此时放牧最易感染。莫尼茨绦虫呈季节性感染，一般在春季 2~3 月开始，4~6 月达到高峰，8 月以后感染逐渐降低。

莫尼茨绦虫卵（六钩蚴），在地螨体内发育为感染性似囊尾蚴所需要的时间，主要取决于外界的温度。在 16℃时需 107~206d；26℃时需 51~52d；在 27~35℃（平均 30℃）时需 26~30d。虫卵在水中和潮湿的小室内放置 10~15d，死亡 30%~40%；放置 40~45d，死亡 93%~99%；干燥 6h 后死亡 30%~35%，干燥 18h 后死亡 99.4%。粪便中的虫卵干燥 40d，死亡 98%。

【症状】　犊牛最易感染贝氏莫尼茨绦虫。轻度感染不显症状。严重感染时，犊牛被毛逆乱，体质消瘦，四肢无力，体温可达 39.8℃，空口咀嚼，口吐白沫。同时，病牛表现食欲减退，渴欲增加，常下痢，有时便秘，粪便中混有绦虫的孕卵节片；黏膜因贫血而苍白，淋巴结肿大，体质瘦弱，体重减轻，有时发生抽搐或做回旋运动。病程末期，病牛不能起立，头仰向后方，并经常做咀嚼样动作，口周围有泡沫，精神极度委顿，反应迟缓，终至死亡。

临床上多呈慢性经过，最初表现为食欲减退，被毛粗乱，下痢与便秘交替发生，粪便中混有乳白色孕卵节片，进而病牛出现贫血、消瘦及犊牛生长发育迟缓等症状，少数病牛因极度衰竭并发其他感染而死亡。

【病理变化】 莫尼茨绦虫为大型虫体，长数米、宽1~2cm，大量寄生时集聚成团，造成肠腔狭窄，影响食糜通过，甚至发生肠阻塞、套叠或扭转，最后因肠破裂引起腹膜炎而死亡。

莫尼茨绦虫在肠道内生长很快，每昼夜可生长8cm，从宿主体内夺取大量养料，以满足其生长的需要。这样必然影响犊牛的生长发育，使之迅速消瘦，体质衰弱。另外，虫体的代谢产物和分泌的毒性物质被宿主吸收后，可引起各组织器官发生炎症和退行性病变。血液成分改变，红细胞数减少，血红蛋白降低，出现低色素红细胞。中毒作用还会破坏神经系统和心脏及其他器官的活动。肠黏膜的完整性遭到损害时，可引起继发感染，并降低犊牛的抵抗力。

在胸腔、腹腔及心脏有不甚透明或混浊的液体，肌肉色浅，肠黏膜、心内膜和心包膜有明显的小出血点。小肠中有莫尼茨绦虫时，寄生处有卡他性炎，有时可见肠壁扩张、臌气、肠套叠等现象。

【诊断】 依据临床症状及流行病学材料综合分析，确诊需在粪便中检出虫卵或虫体（图3-3-4）。检查粪便可用直接涂片法、沉淀法或漂浮法。可选用驱绦虫药进行诊断性驱虫以确诊。主要依据犊牛粪便中发现的绦虫的孕卵节片或其碎片，或粪便中的虫卵。孕卵节片呈黄白色，多附着于粪表面，容易被发现。压破孕卵节片做涂片可看到大量虫卵。

感染初期，莫尼茨绦虫尚未发育至性成熟，这时在病牛粪便中找不到虫卵和孕卵节片。此时可用药物做诊断性驱虫；必要时也可进行尸体剖检，检查虫体。

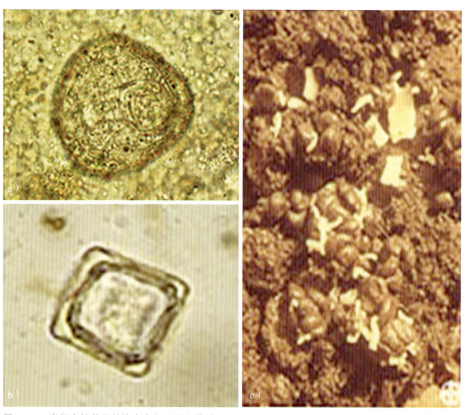

图3-3-4 粪便中的莫尼茨绦虫虫卵和孕卵节片
a）扩展莫尼茨绦虫虫卵 b）贝氏莫尼茨绦虫虫卵 c）粪便中的莫尼茨绦虫孕卵节片

【治疗】

①氯硝柳胺（灭绦灵）：60~70mg/kg 体重，一次口服。

②砷制剂：有砷酸铅、砷酸亚锡、砷酸钙，各药剂量均为犊牛每头 1g。药装入胶囊内，一次投服后给油类泻剂。

③吡喹酮：15mg/kg 体重，一次口服。

④阿苯达唑：10~20mg/kg 体重，一次口服。

【预防】

1）预防性驱虫：舍饲至放牧前对全群进行 1 次驱虫，既能保证舍饲期间病牛迅速恢复健康，又可减少牧场的污染。春天放牧后 1 个月内就进行第 2 次驱虫。间隔 1 个月后再进行第 3 次驱虫。

2）控制中间宿主：地螨分布广泛，在未耕种的荒草地上密度大，生活力强，生存时间长，且一个地螨中可带有大量的似囊尾蚴。土地经过耕种 3~5 年后，地螨数量显著下降，长期种植的土地，地螨很少或绝迹。如果结合牧场条件，播种高质量的牧草，更新牧地，则不但可以提高饲料质量又能大量杀灭地螨。

（赵孝民）

二、牛脑多头蚴病

脑多头蚴（*Coenurus cerebralis*）又名脑包虫，是寄生于犬、狼等肉食兽小肠内的多头绦虫（*Multiceps multiceps*）的幼虫。脑多头蚴病是脑多头蚴寄生于牛、羊的脑组织内可引起的一种绦虫蚴病，也可感染人。因能引起患畜明显的转圈症状，又称为转圈病或旋回病。

【病原】　多头绦虫成虫呈扁平带状，虫体长为 40~80cm，有 200~250 个节片。头节上有 4 个吸盘，顶突上有两圈角质小钩（22~32 个小钩）。成熟节片呈方形。孕卵节片内含有充满虫卵的子宫，子宫两侧各有 18~26 个侧支（图 3-3-5a、b）。

脑多头蚴呈囊泡状，囊内充满透明的液体，外层为一层角质膜包囊。囊的内膜（生发膜）上有 100~250 个头节。包囊的大小为从豌豆大到鸡蛋大（图 3-3-5c，图 3-3-6）。

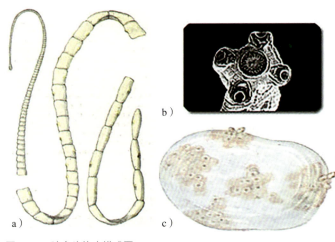

图 3-3-5　脑多头绦虫模式图
a）脑多头绦虫成虫　b）头节顶面观：吸盘及顶突　c）脑多头蚴包囊

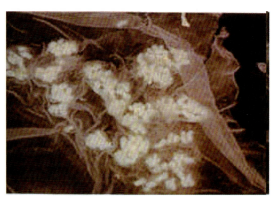

图 3-3-6　牛脑内取出的脑多头蚴

【流行病学】 多头绦虫寄生于犬等动物的小肠内，不断脱落的孕卵节片随犬的粪便排到外界环境中，污染饲草、饲料、饮水等，牛吞食了含大量虫卵的孕卵节片而感染（图 3-3-7）。

进入牛消化道的虫卵，卵膜被溶解，六钩蚴逸出并钻入肠黏膜的毛细血管内，而后随血流被带到脑内，继续发育成囊泡状的多头蚴。由感染至发育成多头蚴，需 2~3 个月。犬吞食了含有多头蚴的牛或羊的脑，即感染多头绦虫。寄生于犬小肠内的多头绦虫可以生存数年之久，它们不断地排出孕卵节片，成为牛感染多头蚴病的来源（图 3-3-8）。

脑多头蚴病呈全球性分布。我国在牧区如内蒙古、宁夏、甘肃、青海与新疆多发，陕西、山西、河南、山东、江苏、福建、贵州、四川、云南等也有本病发生。

图 3-3-7　随粪便排出的多头绦虫孕卵节片

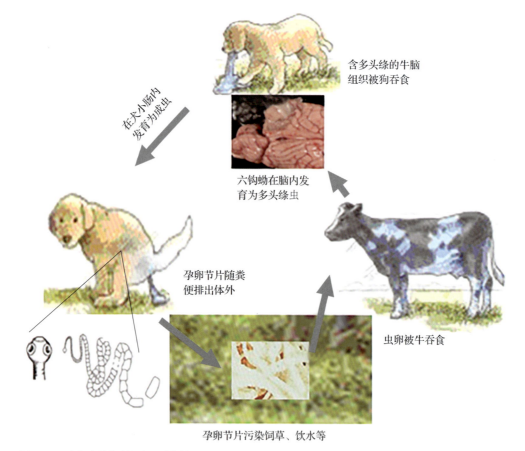

图 3-3-8　脑多头蚴的生活史和感染过程

脑多头蚴病的流行与犬有极大的关系，特别是在牧区，由于牧羊犬普遍有很大机会吃到感染脑多头蚴病的牛羊脑。因而牧羊犬感染多头绦虫的机会比其他地区的犬要大得多。多头绦虫在犬的小肠内可存活数年之久，期间不断向外界排出含有大量虫卵的孕卵节片，污染牧草、饲料、饮水等。所以一年四季奶牛都有获得感染的可能。

【症状】 在感染初期，当六钩蚴钻入血管移行到达脑部时，可损伤脑组织，引起脑炎的症状。表现为体温升高，呼吸和脉搏加快，强烈的兴奋或沉郁，有前冲、后退和躺卧等神经症状，可于数天内死亡。若耐过则转入慢性，病牛表现为精神沉郁，逐渐消瘦，食欲不振，反刍减弱。数月后，若虫体发育并压迫一侧的大脑半球，则会影响全身，症状与多头蚴寄生部位有密切关系。若虫体寄生在脑前部，则可能有头向后仰，直向前奔和前肢蹬空等表现；若虫体寄生在小脑，则病牛会出现四肢痉挛、敏感等症状；若虫体寄生在脑组织表面，则局部的颅骨可能萎缩并变薄，手触时局部有隆起或凹陷。多头蚴有时也可寄生于脊髓，寄生于脊髓时，因虫体的逐渐增大使脊髓内压力增加，可出现后躯麻痹，有时可见膀胱括约肌麻痹，小便失禁。

牛的转圈症状多在本病程后期，当多头蚴发育到一定体积而压迫脑组织引起脑部组织局部萎缩形成囊腔、颅内压增高时才呈现一系列神经症状。主要临床症状是向寄生侧脑半球做转圈运动，随着虫体增大及病程的延长，则转圈运动将持续时间延长，间歇时间变短，转圈直径也越小。视力降低，甚至消失；眼睑松弛，上下眼睑处于半闭合状态。病程后期两侧眼的视力均消失，角膜、虹膜、晶状体及玻璃体无明显变化，但眼底可见中央血管怒张充血、视盘水肿；蹄冠反射降低，用针头刺虫体寄生侧脑半球的对侧肢的蹄冠，反射迟钝或消失。对患病侧颅部进行叩诊，其虫体所在部叩诊音调低沉，呈浊音。

【病理变化】 剖开病牛脑部时，前期急性死亡的病牛见有脑膜炎和脑炎的病变，还可能见到六钩蚴在脑膜中移动时留下的弯曲伤痕。在后期病程剖检时，可以找到一个或多个囊体，有时在大脑、小脑或脊髓的表面，有时嵌入脑组织中。与病变或虫体接触的头骨，骨质变薄、松软、甚至穿孔，致使皮肤向表面隆起。在多头蚴寄生的部位常有脑的炎性变化，还偶尔扩展到脑的另一半球。炎性变化具有渗出性炎及增生性炎的性质。靠近多头蚴的脑组织有时出现坏死，其附近血管发生外膜细胞增生。有时多头蚴死亡，萎缩变性并钙化。多头蚴包囊在大脑半球寄生数量常为1个，个别病畜达2~3个（图3-3-9）。

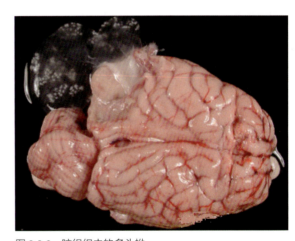

图3-3-9 脑组织内的多头蚴

【诊断】 一般根据临床症状和牛场有散养护卫犬并且犬粪便有污染饲料、饲草的可能即可初步诊断，如果有必要也可进行实验室诊断。可切开病变部囊肿，制片镜检发现脑多头蚴即可确诊。以脑多头蚴的囊壁及原头蚴制成乳剂抗原，注射于病畜的上眼睑内，1h后出现皮肤肥厚肿胀，厚度为1.7~4.2cm即为阳性。

由于多头蚴病的症状相对特殊，因此在临床上容易和其他疾病区别，但仍需与莫尼茨绦虫病、脑部肿瘤或炎症相鉴别。莫尼茨绦虫病与脑多头蚴的区别为：前者在粪便中可以查到虫卵，病牛应用驱虫药后症状立即消失。脑部肿瘤或炎症与脑多头蚴的区别为：脑部肿瘤或炎症一般不会出现头骨变薄、变软和皮肤隆起的现象，叩诊时头部无半浊音区，转圈运动不明显；脑炎多发生于蚊蝇等吸血昆虫猖獗的季节，并且临床症状表现多较剧烈，如体温急剧升高、食欲废绝，严重的神经症状甚至昏迷休克，多数急性死亡。而本病的发作无明显的季节性，症状表现多比较温和，病程相对较长（可达3~6个月）。

【治疗】 可选用吡喹酮（内服，50mg/kg体重）、阿苯达唑（内服，15mg/kg体重），每隔5~10d用药1次，连用3~6次即可。

在后期多头蚴发育增大、神经症状明显时，用外科手术将头骨开一圆口，先用注射器吸去囊中液体使囊体缩小，然后摘除。手术摘除脑表面的多头蚴效果尚好；若多头蚴过多或在深部不能取出时，可向囊腔内注射酒精等杀死多头蚴。

【预防】 加强卫生检验，严禁用患脑多头蚴的牛羊脑及脊髓喂犬。加强犬的管理，做好定期预防性驱虫（用药及用量同治疗）并且无害化处理犬粪，防止其中的孕卵节片或者虫卵污染人、畜的食物、草料和饮水。

（赵孝民）

第四节　线虫病

奶牛线虫病是线虫纲的各种线虫寄生于牛体内所引起的寄生虫病。牛线虫病种类繁多，有弓首科线虫引起的犊新蛔虫病（弓首蛔虫病），主要寄生于犊牛小肠；有圆形目的毛圆科、毛线科、钩口科和圆形科线虫引起的几十种线虫病，分别寄生在皱胃、小肠、大肠、盲肠；有毛首科线虫引起的鞭虫病，主要寄生于大肠及盲肠；有网尾科线虫引起的肺丝虫病，寄生于肺；有吸吮科线虫引起的吸吮线虫病，寄生于眼中；有丝状科的腹腔丝虫和丝虫科的盘尾丝虫寄生于腹腔和皮下引起的丝虫病等。其中比较多见且危害严重的是消化道圆线虫中的一些虫种，如血矛线虫病、食道口线虫病、钩虫病等。

一、圆线虫病

寄生于奶牛消化道的圆线虫为毛圆科（Trichostrongylidae）、毛线科（Trichonematidae）和圆线科（Strongylidea）的多种线虫，分布遍及全国各地，引起奶牛消化道圆线虫病，给奶牛业带来巨大经济损失。

1. 血矛线虫病（Haemonchosis）

寄生于奶牛皱胃和小肠的毛圆科线虫有血矛属（*Haemonchus*）、长刺属（*Mecistocirrus*）、奥斯特属（*Ostertagia*）、马歇尔属（*Marshallagia*）、古柏属（*Cooperia*）、毛圆属（*Trichostrongylus*）、细颈属（*Nematodirus*）及似细颈属（*Nematodirella*）的多种线虫。它们在奶牛体内多混合寄生，其中以血矛属的捻转血矛线虫（*H.contortus*）致病力最强，是奶牛毛圆线虫病的主要病原。

【病原】　捻转血矛线虫呈毛发状，因吸血而显现浅红色。颈乳突显著，呈锥形，伸向后侧方。头端尖细，口囊小，内有一背矛状小齿。雄虫长15~19mm，交合伞有由细长的肋支持着的长侧叶，以及偏于左侧的由一个倒"Y"形背肋支持着的小背叶。交合刺较短而粗，末端有小钩。雌虫长27~30mm，因白色的生殖器官环绕于红色含血的肠道周围，形成了红白线条相间的外观，所以称捻转血矛线虫，也称捻转胃虫。阴门位于虫体后半部，有一显著的瓣状阴门盖。虫卵大小为（75~95）μm×（40~50）μm。卵壳薄、光滑、稍带黄色，新排出的虫卵含16~32个胚细胞（图3-4-1）。

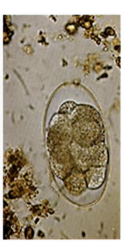

图3-4-1　捻转血矛线虫成虫及虫卵
a）新鲜捻转血矛线虫成虫　b）放大的捻转血矛线虫成虫，显示红白相间条纹　c）虫卵形态

【流行病学】　捻转血矛线虫寄生于牛等反刍兽的皱胃，偶见于小肠。虫卵随粪便排到外界，在适宜的条件下大约经1周发育为第三期感染性幼虫。感染性幼虫带有鞘膜。在干燥环境中，可借休眠状态生存1年半。感染性幼虫被牛等宿主吞食后，在瘤胃内脱鞘，之后到皱胃，钻入黏膜，感染后18~21d发育成熟，成虫游离在胃腔内（图3-4-2）。成虫的寿命不超过1年。

捻转血矛线虫比其他毛圆科线虫产卵多，但有很多因素能使雌虫的产卵数发生变化，其中一个重要因素是免疫反应。虫卵主要是在牧场上发育，其所需要的外界条件主要是温度、湿度和氧气。在牧场上氧气一般充足，温度和湿度则常有变化，会影响虫卵和幼虫的发育，影响感染性幼虫的活动和生存期、影响宿主的感染数量和牛胃肠道线虫的数量的季节动态。

牛粪便和土壤是其幼虫的隐蔽所。感染幼虫有背地性和向光性反应，在温度、湿度和光照适宜时，幼虫就从牛粪或土壤中爬到牧草上。环境不利时又回到土壤中隐藏，幼虫受土壤的庇护，得以延长其生活时间，所以牧草受幼虫污染，土壤为其主要来源。

【症状】　大量虫体头端刺入胃肠壁，引起黏膜损伤，造成不同程度的蠕虫性胃肠炎。特别是上千条虫体大量吸血，引起病牛极度贫血和消瘦。虫体分泌的毒素被吸收后，妨碍食物的消化和吸收，抑制造血功能，从而加剧了病牛的贫血和营养不良，引起死亡。亚急性型表现为显著贫血，病牛眼结膜苍白、下颌间和下腹部水肿。身体逐渐衰弱，被毛粗乱，下痢与便秘交替。病程一般为2~4个月。如果不死亡，则转为慢性。慢性型的症状较不明显，病程为7~8个月或达1年以上，体温一般正常。病牛日渐消瘦，精神萎靡，放牧时离群落后，犊牛生长发育停滞。严重感

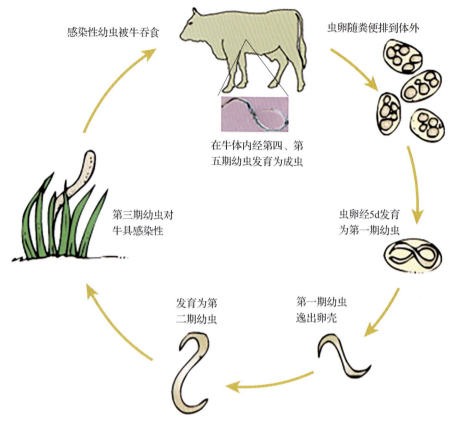

图 3-4-2 捻转血矛线虫生活史及感染过程

染者,四肢外侧被毛脱落,如开水烫过的脱毛状。眼结膜苍白,高度贫血。下颌间隙、肉垂水肿。顽固性下痢,犊牛腹部增大,又称"大腹病"。病牛最后卧地不起,食欲废绝,迅速衰弱,直至死亡。

【病理变化】 最重要的特征是贫血和衰弱。据试验,2000条虫体寄生在皱胃黏膜时,每天吸血可达30mL,尚未将虫体离开后流失的血液计算在内。捻转血矛线虫对犊牛的致病力和牛的机体状况有关,有时引起致死性进行性贫血;有的发生贫血后还可以自愈;有的不造成严重影响。贫血引起的循环失调和营养障碍可能导致肝脏中心静脉周围的坏死和肝细胞脂肪变性,有时伴发铁的缺乏。牛皱胃有胃炎病变(图3-4-3)。尸体极度消瘦,切开下颌间隙水肿处,流出浅黄色液体。皮下脂肪呈胶冻样变性,皱胃、小肠黏膜呈卡他性、出血性炎症,肠系膜淋巴结水肿。

【诊断】 牛群中出现一些上述症状轻重不同的病牛,便可以怀疑为血矛线虫病,但确诊需要实验室诊断,可用粪便饱和盐水漂浮法检查虫卵(图3-4-4)。但捻转血矛线虫的卵不易和其他圆线虫卵(特别是食道口线虫的虫卵)区别,因此,确诊本病必须根据当地流行情况、病牛的症状、病死牛或病牛的剖检结果进行综合判断。

【治疗】 可用左旋咪唑、噻苯达唑、阿苯达唑、甲苯咪唑或伊维菌素等药物驱虫,并辅以对症疗法,补饲富含蛋白质、矿物质(尤其是铁)的精饲料。

①左旋咪唑:5~10mg/kg体重,一次口服。
②噻苯达唑:100mg/kg体重,一次口服。

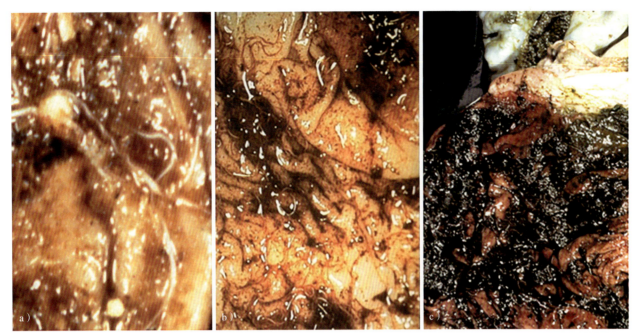

图 3-4-3 牛胃内的捻转血毛线虫及病变
a）小肠内的虫体　b）胃内的虫体　c）虫体寄生引起的胃出血及炎症

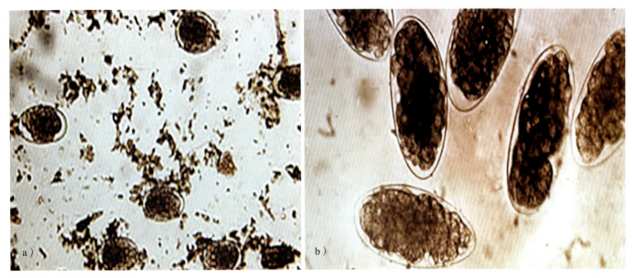

图 3-4-4 捻转血毛线虫虫卵
a）粪便中的虫卵　b）放大的虫卵，显示其内部结构

③阿苯达唑：10~15mg/kg 体重，一次口服。

④甲苯咪唑：10~15mg/kg 体重，一次口服。

⑤伊维菌素：0.2mg/kg 体重，一次皮下注射或口服。

【预防】

1）预防性驱虫：可根据当地的流行情况给全群进行驱虫。计划性驱虫一般在春秋各进行一次，冬季用高效驱虫药驱杀黏膜内休眠的幼虫，以消除春季排卵高潮。在转换牧场时应进行驱虫。

2）加强饲养管理：放牧应尽可能避开潮湿地带，尽量避开幼虫活跃的时间，以减少感染机会。注意饮水清洁，建立清洁的饮水点。合理补充精饲料和矿物质，提高畜体自身的抵抗力。

3）全面规划牧场：有计划地进行分区轮牧，适时转移牧场。为了提高草地的利用率可与不同种牲畜进行轮牧。

4）改善牧场管理，控制载畜量，圈养时加强粪便管理。

免疫预防尚处于研究阶段，多应用致弱的感染性幼虫作为虫苗。常用X线或紫外线照射将幼虫致弱，然后免疫接种牛羊，国外已获成功。

2. 食道口线虫病（Oesophagostomiasis）

奶牛食道口线虫病是由食道口属（*Oesophagostomum*）的几种线虫的幼虫及成虫寄生于肠壁与肠腔引起的，由于有些种类的幼虫阶段可以使肠壁发生结节，又名结节虫病。

【病原】 食道口属多种线虫都可寄生于牛，虫体的共同特征为口囊呈小而浅的圆筒形，其外周有一显著的口领。口缘有叶冠。有颈沟，其前部的表皮常膨大形成头囊。颈乳突位于颈沟后方的两侧。有或无侧翼。雄虫的交合伞发达，有1对等长的交合刺。雌虫阴门位于肛门前方附近，排卵器发达，呈肾形（图3-4-5）。虫卵较大。引起牛食道口线虫病的病原主要为辐射食道口线虫（*O.radiatum*）。另外，主要寄生于羊的哥伦比亚食道口线虫（*O.columbianum*）也可寄生于牛，但不常见。

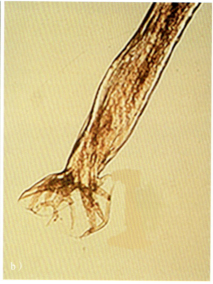
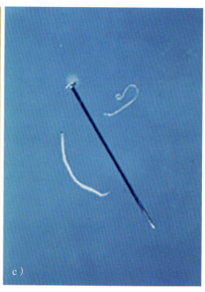

图3-4-5 食道口线虫形态
a）成虫前端特征，1为头囊，2为颈翼，3为侧翼
b）成虫尾端特征显示交合伞及肋 c）新鲜虫体形态

辐射食道口线虫寄生于牛的结肠。侧翼膜发达，前部弯曲。缺外叶冠，内叶冠只是口囊前缘的一小圈细小的凸起。头囊膨大，上有一横沟，将头囊区分为前后两部分。颈乳突位于颈沟的后方。雄虫长13.0~15.2mm，雌虫长14.7~18.0mm。虫卵大小为（75~98）μm×（46~54）μm。

哥伦比亚食道口线虫寄生于结肠。有发达的侧翼膜，致使身体前部弯曲。头囊不甚膨大。颈乳突在颈沟的稍后方，其尖端突出于侧翼膜之外。雄虫长 12.0~13.5mm，交合伞发达。雌虫长 15.7~18.6mm，尾部长，阴道短，横行引入肾形的排卵器。虫卵呈椭圆形，大小为（73~89）μm×（34~45）μm。

【流行病学】 虫卵在 25~27℃时，10~17h 孵出第一期幼虫，经 7~8d 蜕化 2 次变为具感染性的第三期幼虫。宿主摄食了被感染性幼虫污染的青草和饮水而遭感染。感染后 12h，可在皱胃、十二指肠和结肠的内腔中见到很多幼虫，并已脱鞘。感染 36h 后，大部分幼虫已钻入小肠和结肠固有膜的深处。到第 3~4 天，大部分幼虫已形成包囊。囊为卵圆形，大小约为 300μm×200μm。到第 4 天，幼虫在囊内开始第 3 次蜕化。囊的外形为一种白色颗粒状结节，肉眼可见。到第 6~8 天，大部分幼虫已完成第 3 次蜕化，并自结节中返回肠腔发育。到第 27 天，第四期幼虫发育完成。到第 32 天，97% 的幼虫发育到第五期。到第 41 天，雌虫产卵。有些幼虫可能移行到腹腔，并生活数天，但不能继续发育。低于 9℃时虫卵不能发育。当牧场上的相对湿度为 48%~50%、平均温度为 11~12℃时，可生存 60d 以上。第一、第二期幼虫对干燥很敏感，极易死亡。第三期幼虫有鞘，在适宜条件下可存活几个月。冰冻可使之致死，温度在 35℃以上时，所有幼虫均迅速死亡。

【症状】 幼虫侵入肠壁后引起发炎，形成结节，结节多时影响肠管蠕动与消化吸收。因此轻度感染时无症状，重度感染可引起顽固性下痢，首先是明显的持续性腹泻，粪便呈暗绿色，含黏液，有时带血。最后可能由于体液失去平衡，衰竭致死。腹泻于感染后第 6 天开始。在慢性病例，则为便秘和腹泻交替，进行性消瘦，下颌间可能发生水肿。病牛弓腰，有腹痛症状，严重的可死于机体脱水，消瘦。

【病理变化】 辐射食道口线虫和哥伦比亚食道口线虫对奶牛的危害都比较大。哥伦比亚食道口线虫主要是引起大肠的结节病变。这种病变在很长时间内，甚至终生都发生着影响。牛辐射食道口线虫幼虫阶段在小肠和大肠壁中形成结节，影响肠蠕动、食物消化和吸收。结节在肠的腹膜面破溃时，可引起腹膜炎和泛发性粘连；向肠腔面破溃时，引起溃疡性和化脓性结肠炎。成虫食道腺的分泌液可使肠黏液增多，肠壁充血和增厚，这是一种肠黏膜的慢性炎症，成虫以此种炎性产物为食。

有些幼虫还可能远游至肝脏，幼虫到肝脏后即死亡。如果有大量的幼虫到达腹膜，可能发生致死性腹膜炎。大量幼虫在肠壁移行，可引起正常组织的广泛破坏。被损坏的组织修复后，可能导致肠狭窄或肠套叠。继发细菌感染时，可以引起浅表或深在性的肠炎。虫体的毒素作用可引起造血组织的某种程度萎缩，因而导致红细胞减少、血色素下降和贫血。初次遭受感染时，机体对幼虫没有免疫力，幼虫在肠黏膜中移行时，肠黏膜不表现形成结节的反应，所以，结节的形成是宿主肠黏膜对再感染的一种局部免疫反应。结节直径为 2~10mm，里面常含有浅绿色脓汁，有时发生坏死性病变。结节上有小孔和肠腔相通。在新形成的小结节中，常可发现幼虫。有时幼虫可在结节中生存 3 个月以上。结节钙化时幼生即死亡（图 3-4-6）。

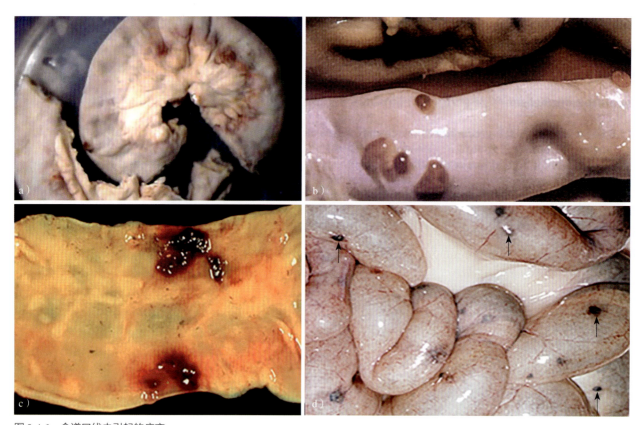

图 3-4-6　食道口线虫引起的病变
a）引起的小肠壁结节　b）引起的食道壁结节　c）引起的小肠壁出血及结节　d）引起的小肠壁坏死性结节

【诊断】　根据临床症状、流行情况和流行病学资料，并结合尸体剖检的结果进行诊断。食道口线虫虫卵（图 3-4-7）和其他圆线虫很难区别，所以生前诊断比较困难。但可以将虫卵培养至第三期幼虫阶段，根据其特征进行判断。

【治疗】　可用噻苯达唑、甲苯咪唑、伊维菌素、阿苯达唑、左旋咪唑等驱虫治疗。具体参考血矛线虫病的治疗。

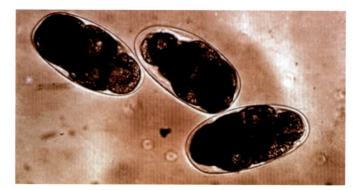

图 3-4-7　食道口线虫虫卵

【预防】　定期驱虫，据食道口线虫生活史，1 年进行 3 次驱虫，即在 1 月、4~5 月、11~12 月驱虫较为理想。对厩肥进行生物热处理。保持牧场和饮水的清洁。在本病流行季节应给予牛全价饲料，以增加机体的抗病能力。牛舍要通风干燥，经常保持清洁卫生，粪便、垫草要固定地点堆肥发酵，以便消灭虫卵和幼虫。防止牛采食污染的饲草，饮用污染的水源，减少感染的概率。

3. 钩虫病（Ancylostomiasis）

奶牛钩虫病，又叫仰口线虫病，是由钩口科（Aucylostomatidae）仰口属（*Bunostomum*）的牛仰口线虫（*B. phlebotomum*）寄生于奶牛小肠引起的。本病在我国各地普遍流行，可引起贫血，对奶牛危害很大，并可以引起死亡。

【病原】 本属线虫的头端向背面弯曲，口囊大，口内有1对半月形的角质切板。雄虫交合伞的背叶不对称。雌虫的阴门在虫体中部之前。

牛仰口线虫口囊底部腹侧有2对亚腹侧齿，雄虫的交合刺长（3.5~4mm），雄虫长10~18mm，雌虫长24~28mm（图3-4-8）。卵的大小为0.106mm×0.046mm，两端钝圆，胚细胞呈暗黑色。此外，我国南方的牛还有一种钩虫，即佛氏旷口线虫（*Agriostomum vryburgi*）也会引发钩虫病。其头端稍向背而弯曲，口囊浅，下接一个深大的食道漏斗，内有2个小的亚腹侧齿。口缘有4对大齿和1个不明显的叶冠。雄虫长9.2~11mm，雌虫长13.5~15.5mm。虫卵大小为（0.125~0.195）mm×（0.060~0.092）mm。

图3-4-8 牛仰口线虫形态特征
a) 牛钩虫成虫形态 b) 成虫口部特征，显示口囊、齿、切板

【流行病学】 虫卵在潮湿的环境中，31℃时经4昼夜，或12~24℃时经9~11昼夜，或24~25℃时经8昼夜，可在卵内发育形成幼虫。幼虫从卵内逸出，经2次蜕化，变为感染性幼虫。牛是由于吞食了被感染性幼虫污染的饲料或饮水，或感染幼虫钻进牛皮肤而受感染的。牛仰口线虫的幼虫经皮肤感染时，幼虫从牛的表皮钻入，随即脱去披鞘，然后沿血流到肺发育，并进行第3次蜕化而成为第四期幼虫。之后上行到咽，随吞咽重返小肠，进行第4次蜕化而成为第五期幼虫。在侵入皮肤后的50~60d发育为成虫。经口感染时，幼虫在小肠内直接发育为成虫（图3-4-9）。

经口感染的幼虫，其发育率比经皮肤感染的要小得多。经皮肤感染时有85%的幼虫可发育为成虫。而经口感染时只有12%~14%的幼虫发育为成虫。在8℃时，幼虫不能发育。在35~38℃时，仅能发育到第一期幼虫。在夏季，感染性幼虫可以存活2~3个月；春季生活时间较长；冬季严寒对幼虫有杀灭作用。

【症状】 仰口线虫的致病作用因虫体的发育期（皮肤侵入期、幼虫移行期和小肠寄生期）不同而异。幼虫侵入皮肤时，引起发痒和皮炎，但一般不易察觉。幼虫移行到肺时引起肺出血，但通常无临床症状。引起较大危害的是小肠寄生期，成虫以口囊吸着于肠黏膜上，并以齿刺破绒

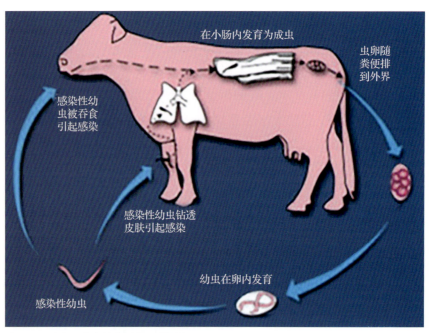

图 3-4-9　牛仰口线虫的生活史及感染过程

毛，吸食流出的血液。虫体离开后，留下伤口，血液继续流失一定时间。失血带来铁的损失，100 条虫体每天可吸食血液 8mL，失去 4mg 的铁。严重感染时，病牛骨髓腔内充满透明的胶状物，组织学检查可见牛红细胞的血岛稀少。血岛周围为非细胞性物质，这种非细胞性物质的出现，表明红细胞的生成作用已极度退化。所以，病牛的死亡是由于红细胞的生成受抑制，即进行性再生不全性贫血，而不是血细胞损失的贫血。舍饲犊牛体内有 1000 条虫体寄生时，即可引起死亡。

病牛表现进行性贫血，严重消瘦，下颌水肿。顽固性下痢，粪带黑色。犊牛发育受阻，还有神经症状如后躯萎弱和进行性麻痹，死亡率很高。

【病理变化】　尸体消瘦，贫血水肿，皮下有浆液性浸润。血液色浅，水样，凝固不全。肺有瘀血性出血和小点出血。心肌软化，肝脏呈浅灰色，质脆。十二指肠和空肠有大量虫体，游离于肠腔内容物中或附着在黏膜上。肠黏膜发炎，有出血点。肠内容物呈褐色或血红色（图 3-4-10）。

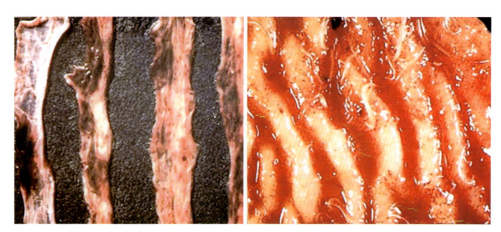

图 3-4-10　牛仰口线虫引起的病变
a）小肠出血　b）固着在小肠壁上的钩虫及引起的出血

牛可以对仰口线虫产生一定的免疫力，产生免疫后，粪便中的虫卵数减少，即使放牧于严重污染的牧场，虫卵数也不增高。在幼虫侵入的局部，皮肤发生细胞浸润并形成痂皮。但似乎不能阻止幼虫穿过皮肤。在成虫寄生的小肠有嗜伊红白细胞浸润。

【诊断】 根据临床症状，粪便检查发现虫卵（图3-4-11）和死后剖检发现大量虫体即可确诊。病尸消瘦，贫血，十二指肠和空肠有大量虫体；黏膜发炎，有出血点和小啮痕。

【治疗】 可用噻苯达唑、苯硫咪唑、左旋咪唑、阿苯达唑或伊维菌素等药驱虫。阿苯达唑，按20mg/kg体重口服。阿维菌素、伊维菌素系列产品，按有效成分0.2mg/kg体重口服或皮下注射。

【预防】 定期驱虫；舍饲时应保厩舍清洁干燥；饲料和饮水应不受粪便污染；改善牧场环境，注意排水。

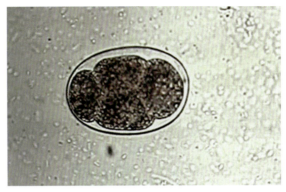

图3-4-11 牛仰口线虫虫卵

4. 肺丝虫病（Pulmonary filariasis）

肺丝虫病又叫网尾线虫病，是由胎生网尾线虫（*Dictyocaulus viviparus*）寄生于牛气管、支气管和细支气管引起的一种线虫病。病牛以咳嗽、气喘和肺炎为特征。

【病原】 胎生网尾线虫雄虫长40~50mm，交合伞的中侧肋与后侧肋完全融合，交合刺呈黄褐色，为多孔性构造。雌虫长50~80mm，阴门位于虫体中央部分，其表面略凸起呈唇瓣状。虫卵呈椭团形，大小约为85μm×51μm。内含第一期幼虫，长0.31~0.36mm，头端钝圆，尾部较短而尖（图3-4-12）。

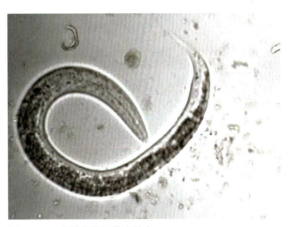

图3-4-12 牛胎生网尾线虫幼虫

【流行病学】 雌虫在牛的支气管和气管内产卵，卵随黏液咳至口腔，转入消化道。幼虫多在大肠孵化，并随粪便排至体外。在适宜的温度（23~27℃）和湿度条件下，幼虫经2次蜕化后变为感染幼虫，只需3d。温度低时，可能延迟至11d。低于10℃或高30℃不能发育到感染期。牛在吃草或饮水时摄食感染性幼虫后，幼虫在牛小肠内脱鞘，钻入肠壁，由淋巴液带至淋巴结，在该处进行第3次蜕化。此后经血管进入血液循环，到心脏，转入肺，出毛细血管进肺泡，到达细支气管和支气管。在肺部进行最后一次蜕化。从感染起到雌虫产卵需21~25d，有时要1~4个月（图3-4-13）。牛肺线虫在犊牛体内的寄生期限，取决于牛的营养状况。营养好，抵抗力强时，虫体的寄生时间短，否则寄生时间长。

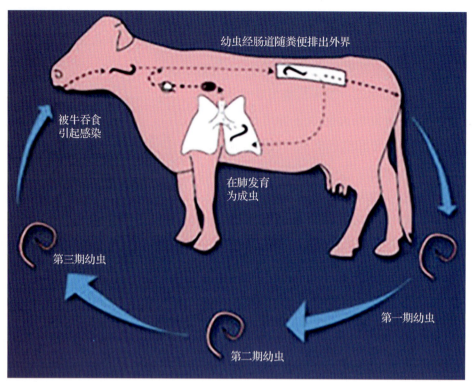

图 3-4-13　牛胎生网尾线虫的生活史及感染过程

【症状】　病初病牛表现为咳嗽，初为干咳，后变为湿咳。咳嗽次数逐渐变频繁。有的发生气喘和阵发性咳嗽。呼吸困难，听诊有湿啰音，可能导致肺泡性和间质性肺气肿。原发感染的症状包括不同程度的呼吸困难，典型的湿性深咳，整个肺区可听到湿啰音或爆裂音。感染严重的病牛将表现出努力呼气和吸气的"息痨"样呼吸，呼吸道有大量渗出物的病例可出现肺气肿。有些病牛体内若有条件致病菌，如多杀性巴氏杆菌会侵害受损的下呼吸道，从而造成继发性细菌性支气管肺炎，可能会发热。另外，在温热季节或通风不良的厩舍，病牛也可因努力呼吸而出现发热症状。

【病理变化】　幼虫移行时破坏肠壁的完整性，引起肠炎，还可带入病原菌而导致继发感染。成虫在肺支气管内寄生，刺激支气管黏膜，引起炎症，黏液分泌增多，虫体和黏液一起造成支气管阻塞，导致肺的膨胀不全和气肿。虫体的代谢产物能使病牛中毒。

网尾线虫可引起牛的变态反应型疾病，即牛对胎生网尾线虫感染产生免疫力，使体内产生的虫体自然排出。但是再度大量感染将呈现变态反应性疾病，以致发生肺水肿，呼吸困难，造成死亡，而剖检时却找不到虫体。

幼虫移行到肺以前的阶段，危害不大。可见皮下水肿，胸腔积水，肺肿大，有大小不一的肝变，严重时大小支气管均被虫体堵塞，虫体可多达300~500条。病理组织学可呈酸性粒细胞性支气管肺炎，感染明显期呼吸道中有大量长达8cm的成虫。肺前腹侧可能有继发性细菌性支气管肺炎，偶尔在严重病例可观察到间质性肺气肿。感染后期病例，可观察到慢性支气管炎、支气管扩张和继发性闭塞性细支气管炎（图3-4-14）。

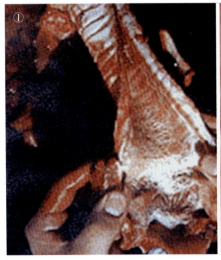 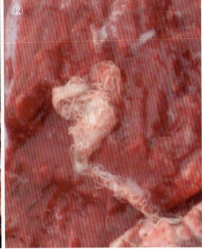 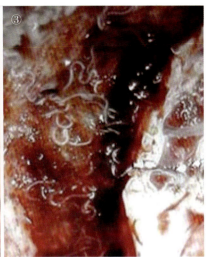

图 3-4-14　病牛气管及肺内的牛胎生网尾线虫

【诊断】　根据临床症状，特别是咳嗽发生的季节（一般冬季发病），考虑有否网尾线虫感染的可能。用幼虫检查法，在粪便、唾液或鼻腔分泌物中发现第一期幼虫，即可确诊。通过死亡牛的剖检发现虫体和相应的病变时也可确诊。

【治疗】

①左旋咪唑：口服剂量为 8mg/kg 体重；也可 4~5mg/kg 体重，肌肉或皮下注射。

②阿苯达唑：5~10mg/kg 体重，口服，对牛网尾线虫有高效。

③伊维菌素：0.2mg/kg 体重，一次皮下注射。

最常见的继发性感染为多杀性巴氏杆菌感染，可用头孢噻呋、青霉素或氨苄西林治疗细菌性支气管肺炎。

【预防】

1）改善饲养管理，提高奶牛的健康水平和抵抗力，可缩短虫体寄生时间。

2）犊牛受害严重时，应加强对犊牛的培育。犊牛应与成年牛分开饲养。可选择较安全的牧地（久未放牧过家畜的草地、高燥草地和轮牧地）培养犊牛。

3）流行严重的牧场，必须每年进行定期驱虫。

4）注意放牧和饮水卫生，保持牧场的清洁干燥，防止潮湿积水，注意饮水卫生。

（赵孝民）

二、吸吮线虫病

奶牛吸吮线虫病俗称牛眼虫病，又称寄生性结膜角膜炎，是由旋尾目吸吮科（Thelaziidae）吸吮属（*Thelazia*）的多种线虫寄生于奶牛的结膜囊、瞬膜和泪管引起的。我国各地普遍流行，最常发于秋季，可引起结膜炎和角膜炎，甚至造成角膜糜烂和溃疡，对牛的危害甚大。

【病原】　吸吮属线虫的体表通常有显著的横纹。口囊小，无唇，边缘上有内外两圈乳突。雄虫通常有大量的肛前乳突。雌虫阴门位于虫体前部。

（1）罗氏吸吮线虫（*T. rhodesii*） 这是我国最常见的一种。虫体呈乳白色，表皮上有明显的横纹，头端细小，有一小长方形的口囊。食道短，呈圆柱状。雄虫长 9.3~13.0mm，尾部卷曲，泄殖腔开口处不向外凸出。左交合刺长 0.1~0.16mm，右交合刺长 0.53~0.80mm。有 17 对较小的尾乳突，14 对在肛前，3 对在肛后。雌虫长 14.5~17.7mm，尾端钝圆，尾尖侧面上有 1 个小凸起。阴门开口于虫体前部，开口处的角皮无横纹。胎生（图 3-4-15）。

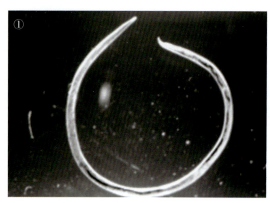 

图 3-4-15 牛吸吮线虫成虫及其中间宿主胎生蝇

（2）大口吸吮线虫（*T.gulosa*） 体表横纹不明显，口囊呈碗状。雄虫长 6~9mm，两个交合刺分别长 0.99~1.03mm 和 0.12~0.13mm；有 18 对尾乳突，其中 4 对位于肛后。雌虫长 11~14mm，阴门开口于食道末端处，开口处的体表平坦。

（3）斯氏吸吮线虫（*T.skrjabini*） 体表无横纹，雄虫长 5.9mm，交合刺短，近于等长。雌虫长 11~19mm。

【流行病学】 吸吮线虫的发育史中需要蝇，如胎生蝇（*Musca larvipara*）、秋家蝇（*M.autumnalis*）等作为中间宿主。雌虫在结膜囊内产出幼虫，幼虫在蝇舔食牛眼分泌物时被咽下，然后进入蝇的卵滤泡内发育蜕化，约 1 个月后变为感染性幼虫。感染性幼虫穿出卵滤泡，进入体腔，移行到蝇的口器。带有感染性幼虫的蝇舔食牛眼分泌物时，感染性幼虫进入牛眼内，大约经过 20d 发育为成虫（图 3-4-16）。

本病经蝇类传播，流行与蝇的活动季节密切相关，而蝇的繁殖速度和生长季节又取决于当地气温和湿度等环境因素，通常在温暖而湿度较高的季节大批牛只发病，干燥而寒冷的冬季则少见。5~6 月开始发病，8~9 月达到高峰，有明显的季节性。各种年龄的牛都可感染。

【症状】 临床上见有结膜潮红、畏光流泪、眼睑肿胀和角膜混浊等症状。随后症状加重，从眼内流出黏液脓性分泌物。当结膜因发炎而肿胀时，可使眼球完全被遮闭。炎性过程加剧时眼内有脓性分泌物流出，常将上下眼睑黏合。角膜炎继续发展，可引起糜烂和溃疡，严重时发生角膜穿孔，水晶体损伤及睫状体炎，最后可导致失明。混浊的角膜发生崩解和脱落时，一般能缓慢地愈合，但在该处留下永久性白斑，影响视觉（图 3-4-17）。病牛表现极度不安，常将眼部在其他物体上摩擦，摇头，食欲不振，母牛泌乳量降低。

【病理变化】 吸吮线虫的致病作用主要表现为机械性地损伤结膜和角膜，引起结膜角膜炎，角膜混浊，出现圆形或椭圆形的溃疡，如继发细菌感染时，最终可使眼睛失明。

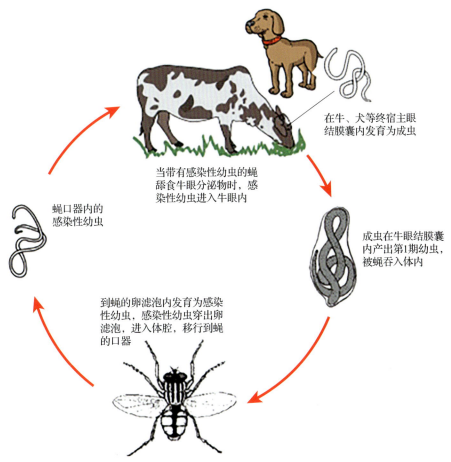

图 3-4-16 牛吸吮线虫的生活史及感染过程

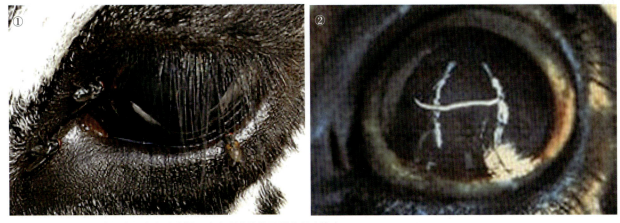

图 3-4-17 牛吸吮线虫的中间宿主胎生蝇舔食牛眼分泌物及眼内吸吮线虫

【诊断】 在眼内发现吸吮线虫即能确诊。虫体爬至眼球表面时，很容易被发现，或用手轻压眼眦部，然后用镊子把瞬膜提起，查看有无活动虫体。还可用一橡皮球，吸取3%硼酸溶液，以强力冲洗瞬膜内侧和结膜囊，可在接取的冲洗液中查找虫体。

【治疗】 可用硼酸溶液、枸橼酸乙胺嗪溶液、左旋咪唑或膦胺间甲氧嘧啶等药驱虫。盐酸左旋咪唑，8mg/kg体重，口服，连服2d，有杀虫效果。2%~3%硼酸溶液、1/1500的碘溶液或枸橼酸乙胺嗪 500 倍液,强力冲洗结膜囊,以杀死或冲出虫体。3%硼酸溶液滴眼,虫体受刺激后由眼角爬出,然后用镊子将虫体取出。

【预防】 在疫区每年冬春季节,对全部牛进行预防性驱虫。并应根据当地气候情况,在蝇类大量出现之前,再对牛进行一次普遍性驱虫,以减少病原体的传播。经常注意环境卫生;灭蝇、灭蛆、灭蛹,消灭蝇滋生地。

(赵孝民)

三、犊新蛔虫病

犊新蛔虫病(也称牛弓首蛔虫病)的病原体为弓首科弓首属(*Toxocara*)的牛弓首蛔虫(*T. vitulorum*),其寄生于出生犊牛的小肠内而引起发病。临床上以肠炎、下泻、腹部膨大和腹痛等为特征,大量感染时可引起死亡。

【病原】 虫体粗大,呈浅黄色,角皮薄软。头端具有 3 片唇;唇基部宽而前窄。食道呈圆柱形,后端由一个小胃与肠管相接。雄虫长 11~26cm,尾部有一小锥突,弯向腹面,交合刺 1 对,形状相似,等长或稍不等长;雌虫长 14~30cm,尾直,生殖孔开口于虫体前部 1/8~1/6 处。虫卵近球形,大小为(70~80)μm×66μm,壳厚,外层呈蜂窝状,胚细胞为单细胞期(图 3-4-18)。

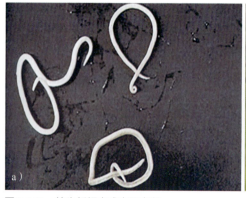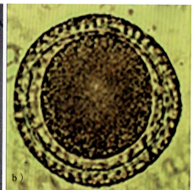

图 3-4-18　犊牛新蛔虫成虫及虫卵
a)成虫　b)新鲜虫卵　c)卵内已孵育出幼虫

【流行病学】 本病分布很广,遍及世界各地,多见于我国南方各省的犊牛。犊新蛔虫感染方式有胎内感染和乳汁感染。本病主要发生于 5 月龄以内的犊牛,在自然感染情况下,2 周龄至 4 月龄的犊牛小肠中寄生有成虫。在成年奶牛,仅在内部器官组织中寄生有移行阶段的幼虫,尚未见有成虫寄生的情况。

雌虫在犊牛小肠产卵,排出后,在适当的温度(27℃)和湿度下,发育为幼虫,在卵壳内进行一次蜕化,变为第二期幼虫,即感染性虫卵。牛吞食感染性虫卵后,幼虫在小肠内逸出,穿过肠壁,移行至肝脏、肺、肾脏等器官组织,进行第 2 次蜕化,变为第三期幼虫,并仍寄居于该处。待母牛妊娠 8.5 个月左右时,幼虫便移行至子宫。进入胎盘羊膜液中,进行第 3 次蜕化,变为第四期幼虫。后者被胎牛吞入肠中发育。犊牛出生后,幼虫在小肠内进行第 4 次蜕皮后长大,经

25~31d 发育为成虫。成虫在小肠中可生活 2~5 个月，以后逐渐从宿主体内排出。另一条途径是幼虫从胎盘移行到胎儿的肝脏和肺，以后经一般蛔虫的移行途径转入小肠。因系生前感染，故犊牛出生不久小肠中已有成虫（图 3-4-19）。

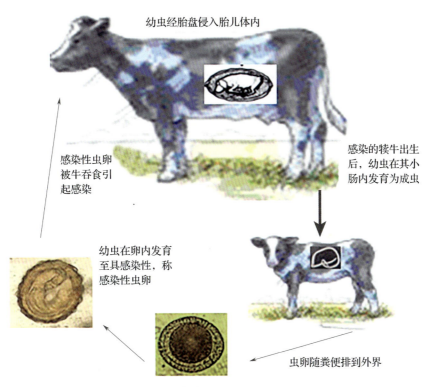

图 3-4-19　犊牛新蛔虫的生活史及感染过程

阳光能杀死虫卵，土壤表面的虫卵在阳光直接照射下，经 4h 全部死亡。在干燥的环境里，虫卵经 48~72h 死亡。感染期的虫卵，需有 80% 的相对湿度才能够生存。虫卵耐高温的能力差。犊新蛔虫卵对消毒药物的抵抗力较强，虫卵在 2% 福尔马林中仍能正常发育。在温度为 29℃时，虫卵在 2% 克辽林或 2% 来苏儿溶液中可存活约 20h。

【症状】　感染犊牛出生 2 周后为受害最严重时期，其症状表现为消化失调、食欲不振和腹泻。肠黏膜受损，引起肠炎，排大量黏液或血便，有特殊臭味。腹部膨胀，有疝痛症状。病牛虚弱消瘦，精神迟钝，后肢无力，站立不稳。大量寄生时可造成肠阻塞或肠穿孔，引起死亡，犊牛患蛔虫病的死亡率很高。出生后的小牛受感染时，在肠管中孵化的幼虫侵入肠壁转入肝脏，移行过程中损害消化机能，破坏肝组织，影响食欲。幼虫移行到肺时，在该处停留发育，破坏肺组织，造成点状出血并可引起肺炎。临床上出现咳嗽，呼吸困难，口腔内有特殊酸臭味，也有后肢无力、站立不稳和走路摇摆现象。

【病理变化】　虫体在体内移行造成内脏器官的机械性损伤，其中以肝脏和肺较常见。虫体滞留在肝脏内，特别是在叶间静脉周围毛细血管，可使毛细血管破裂，造成大量点状出血。使肝脏细胞混浊肿胀，脂肪变性或坏死。虫体进入肺时，造成肺水肿，引起犊牛长时间咳嗽。虫体寄生在肠道，对肠道造成机械性损伤、引起肠道黏膜出血、溃疡，继而继发其他病原体感染，引起肠炎等。蛔虫具有游走性，当体温升高、饲料成分发生改变或饥饿时，蛔虫游走进入胆管、胰管等部位，可造成消化不良、腹痛。当肠道寄生过多的虫体，虫体扭集成团，造成肠道阻塞，严重的病例可引起肠道穿孔、破裂，甚至引起严重的腹膜炎。病死犊牛肺表面有大量的出血点或暗红色的出血斑，肺组织中有实变的坏死区，有时在肺泡、支气管内可检出虫体。肝肿大，表面出血，有坏死区。肠道变化比较典型，有出血性坏死溃疡病灶。当肠道穿孔破裂后引起严重的腹膜炎，腹腔积水，腹腔内有大量的纤维蛋白性的渗出物附着在内脏的表面。个别病例剖检时出现腹腔脂肪黄染，肝脏变硬、黄染。

【诊断】 根据临床症状，主要是腹泻、排大量黏液，有时混有血液，有特殊恶臭；病犊软弱无力、被毛粗乱等诊断。还要结合流行病学资料综合分析，确诊必须在粪便中检出虫卵或虫体。检查粪便可用连续洗涤法或集卵法。

【治疗】 可用哌嗪类药物左旋咪唑、阿苯达唑等药物驱虫。

①阿苯达唑：按 10~20mg/kg 体重，一次口服。

②左旋咪唑：按 8mg/kg 体重，一次口服。隔 1 个月再用药 1 次。

③伊维菌素：按 0.2mg/kg 体重，一次皮下注射。

对症状严重者，可用维生素 B_6 注射液 500~1000mg、安胆注射液（有效成分为安钠咖和动物胆汁）10~20mL、硫酸庆大霉素注射液 300~600mg、地塞米松注射液 4~12mg、5%碳酸氢钠注射液 100~250mL、5%葡萄糖氯化钠注射液 300~500mL，一次静脉注射。

【预防】 对患病的犊牛，应于 15~30 日龄时驱虫，此时成虫数量达到高峰。早期治疗不仅对保护犊牛健康有益，还可减少虫卵对环境的污染。注意牛舍清洁，要勤清扫垫草和粪便，并进行发酵处理。将母牛和犊牛隔离饲养，减少母牛受感染的机会。保持圈舍环境卫生，犊牛排下的粪便和其污染的垫草等都要注意收集并做无害化处理，以杀死虫卵。保持牛舍温暖、干燥、卫生，勤换被粪便污染的垫草，避免奶牛采食被感染性虫卵污染的草和水。让犊牛饮用清洁的饮水，可在一定程度上预防本病的发生。

（赵孝民）

第五节 外寄生虫病

奶牛外寄生虫病是由寄生于奶牛体表的外寄生虫引起的寄生虫病。外寄生虫的种类很多，一般属于节肢动物，暂时或永久性寄生，对奶牛引起直接和间接危害。

直接危害包括以下 2 种：

第一，侵袭和骚扰动物，影响生长发育。许多寄生性节肢动物，在寄生生活过程中，反复侵袭骚扰奶牛等动物，使其食宿不安，影响其采食和休息。同时，吸食宿主动物的血液、组织液，或咬食宿主的被毛；还能分泌有毒素的唾液，使被叮咬部位发生红肿、痛痒，甚至引起皮炎、毛囊炎、皮脂腺炎和疮疖等；并夺取宿主的大量营养，导致宿主逐渐消瘦、贫血和生长发育不良等。

第二，引起特异性的寄生虫病。一些节肢动物寄生于宿主体内或体表，引起相应的寄生虫病，危害宿主。如牛疥螨寄生于牛的皮内引起疥螨病；痒螨寄生于牛的皮肤表面引起痒螨病；牛皮蝇（寄生蝇）的幼虫寄生于牛皮下，引起牛皮蝇蛆病等。

有些节肢动物可以作为疾病传播者，传播多种病原微生物和寄生虫，引起相应的传染病和寄生虫病，从而给宿主带来严重危害，即间接危害。能传播疾病的节肢动物称病媒节肢动物。节肢动物传播病原体的方式分为2种：

第一，机械性传播。病原体在传播者体内或体表仅能存活，而不能进行生长、发育或繁殖，传播者对病原体仅起携带、输送的作用。在这种传播方式中，病原体只是机械地从一个宿主传到另一个宿主，或从某一污染物，如从含有病原体的粪便，输送到饲料、饮水或饲养用具上，造成污染物而传播病原体。例如，牛虻传播伊氏锥虫、炭疽杆菌；蝇类传播蛔虫卵等。在这类疾病的传播过程中，节肢动物并不是病原体的必需宿主，只起到机械地携带和输送作用，为非特异性传播。

第二，生物性传播。这是节肢动物传播病原体最重要的方式。病原体在传播过程中，在传播者体内要经历生长、发育和/或繁殖的过程。这种生长、发育和/或繁殖对病原体完成其生活史或传播必不可少，病原体必须在节肢动物体内经过一定时间的发育和/或繁殖才具有感染力。根据病原体与节肢动物之间的生物学关系，其传播方式又可分为4种。

一是发育式。病原体在节肢动物体内只发育但没有繁殖过程。即病原体在传播者体内仅有形态结构及生理生化特征等变化，而没有数量的增加。如蚊传播丝虫微丝蚴，蝇类传播牛吸吮线虫等。

二是繁殖式。病原体在节肢动物体内经繁殖而数量增多，但没有发育，形态上没有明显的变化。如蜱传播森林脑炎病毒，鼠蚤传播鼠疫杆菌等。

三是发育繁殖式。病原体在节肢动物体内，必须经历发育和繁殖两个过程，在其体内既要发生形态上的变化，也要发生数量的增加。病原体只有完成发育和繁殖并到达感染部位之后才能传染给宿主。如蚊传播疟原虫、蜱传播梨形虫等。

四是经卵传递式。病原体在节肢动物体内进行发育和繁殖后，侵入雌虫的卵巢，经卵传至下一代甚至数代，使子代个体生来就具有传播病的能力。如全沟硬蜱传播森林脑炎，微小牛蜱传播双芽巴贝斯虫等。

一、螨与蠕形螨病

1. 螨病（Acariosis）

螨病是由多种寄生于奶牛皮内的疥螨和寄生于体表的痒螨引起的慢性皮肤外寄生虫病。引起奶牛螨病的疥螨类是牛疥螨（*Sarcoptes scabiei* var. *bovis*），痒螨类主要包括牛痒螨（*Psoroptes bovis*）和牛足螨（*Chorioptes bovis*）。临床上病牛表现剧痒、皮肤变厚、脱毛和消瘦等主要特征。严重感染时，常导致牛生产性能降低，甚至发生死亡。

【病原】 疥螨呈龟形，背面隆起，腹面扁平，呈浅黄色。雌螨大小为（0.33~0.45）mm×（0.25~0.35）mm，雄螨大小为（0.2~0.23）mm×（0.14~0.19）mm。身体背面有细横纹、锥突、圆锥形鳞片和刚毛。腹面有 4 对粗短的足；每对足上均有角质化的支条，第 1 对足上的后支条在虫体中央并成一条长杆；雄螨第 3、第 4 对足后支条相连接。雄螨生殖孔在第 4 对足之间，围在一个角质化的倒 V 形的构造中。雌螨腹面有两个生殖孔，一个为横裂，位于后两对肢前方中央，为产卵孔；另一个为纵裂，在体末端，为阴道，但产卵孔只在成虫时期发育完成（图 3-5-1）。

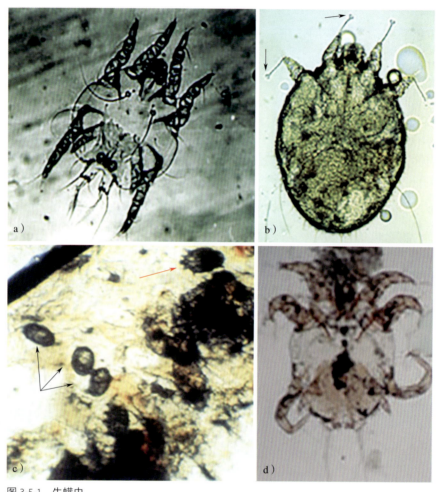

图 3-5-1 牛螨虫
a) 牛膝螨　b) 牛疥螨　c) 皮肤隧道内的疥螨（红箭头）及卵（黑箭头）　d) 牛痒螨

疥螨的口器为咀嚼式，在宿主表皮挖凿隧道，以角质层组织和渗出的淋巴液为食，在隧道内进行发育和繁殖。雌螨在隧道内产卵，每 2~3d 产卵 1 次，一生可产 40~50 个卵。卵呈椭圆形、黄白色，长约 150μm。初产卵未完全发育，后期透过卵壳可看到发育的幼螨。卵经 3~8d 孵出幼螨，幼螨有 3 对足，很活跃，离开隧道爬到皮肤表面，然后钻入皮内造成小穴，在其中脱皮变为若螨。若螨似成螨，有 4 对足，但体型较小，生殖器尚未显现。若螨有大小两型：小型的是雄性的若虫，只有 1 期，约经 3d 蜕化为雄螨；大型的是雌性的若虫，分为 2 期。蜕化形成的雄螨在宿主表皮上与新蜕化形成的雌螨进行交配，交配后的雄螨不久即死亡，雌螨寿命为 4~5 周，疥螨整个发育过程为 8~22d，平均为 15d（图 3-5-2）。

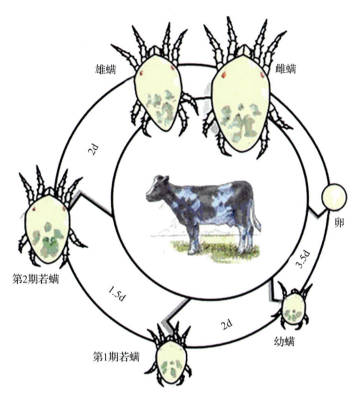

图 3-5-2　疥螨在牛体表的寄生发育过程

牛痒螨呈长圆形，成虫大小为 0.5~0.9mm，肉眼可见。口器长，呈圆锥形。足比疥螨长，2 对前足特别发达。雌虫大于雄虫。雌虫的第 1、第 2 和第 4 对足及雄虫的前 3 对足都有跗节吸盘，雄虫的第 3 对足特别长，第 4 对足特别短。雌虫和雄虫的第 3 对足上各有 2 根长刚毛。雄虫的第 4 对足上没有跗节吸盘和刚毛。虫体背面无鳞片和棘，但有细的线纹。

痒螨发育过程和疥螨相似，但痒螨寄生于皮肤表面，不挖掘穴道。并且痒螨对不利于其生活的各种因素的抵抗力超过疥螨，离开宿主体以后，仍能生活相当长的时间。

【流行病学】　犊牛皮嫩，最易感染。本病多发于秋、冬季节，此时阳光不足，皮肤表面湿度大，适合螨虫的发育、繁殖。本病具有高度接触传染性。健牛主要通过接触病牛或螨虫污染的栏、圈、用具而感染发病。

痒螨对宿主皮肤表面的温湿度变化的敏感性很强，常聚集在病变部和健康皮肤的交界处。潮湿、阴暗、拥挤的厩舍常使病情恶化。

疥螨在宿主体外的生活期限，随温度、湿度和阳光照射强度等多种因素的变化而有显著差异，一般仅能活 3 周左右。在 18~20℃和空气湿度为 65% 时经 2~3d 死亡，而 7~8℃时则经过 15~18d 才死亡。

痒螨具有坚韧的角质表皮，对不利因素的抵抗力超过疥螨，如在 6~8℃ 和 85%~100% 空气湿度条件下能在畜舍内活 2 个月，在牧场上能活 25d，在 -12~-2℃ 经 4d 死亡，在 -25℃ 经 6h 死亡。

螨病主要发生于冬季、秋末及春初，因在这些季节，日光照射不足，动物毛长而密，特别是在厩舍潮湿、牛体卫生状况不良、皮肤表面湿度较高的条件下，最适合螨的发育繁殖。夏季动物绒毛大量脱落，皮肤表面常受阳光照射，皮温增高，经常保持干燥状态，这些条件都不利于螨的生存和繁殖，会使大部分虫体死亡，仅有少数螨潜伏在耳壳、系凹、蹄踵、腹股沟及被毛深处，转为潜伏型痒螨病。这种带虫牛没有明显的症状，但到了秋季，螨又重新活跃起来，不但引起疾病复发，而且成为最危险的传染来源。

【症状及病理变化】 剧痒是贯穿于整个病程的主要症状，病势越重，痒觉越剧烈。奶牛螨虫最常发生的部位是尾根、荐部，病牛常在颈枷上或立柱上摩擦患部（视频3-5-1~视频3-5-3）。由于尾部在颈枷上摩擦，常常将粪便排在颈枷底座上或TMR饲草处（图3-5-3~图3-5-5），引起饲草的严重污染。

视频3-5-1
奶牛在颈枷上摩擦尾根部
（王春璈 摄）

视频3-5-2
奶牛尾部剧痒，在颈枷上摩擦
（王春璈 摄）

视频3-5-3
奶牛在立柱上摩擦尾根部
（王春璈 摄）

图3-5-3 颈枷底座上的牛粪1

图3-5-4 颈枷底座上的牛粪2

图3-5-5 颈枷与TMR饲草处的牛粪

引起剧痒的原因是螨体表长有很多刺、毛和鳞片，同时还能由口器分泌毒素。因此，当它们在宿主皮肤采食和活动时就刺激神经末梢而引起痒觉。螨病病牛发痒的特点是当病牛进入温暖场所或运动后皮温增高时，痒觉更加剧烈，这是由于螨随周围温度升高而活动增强的结果。剧痒使病牛不停地啃咬患部，并在各种物体上用力摩擦，影响采食，泌乳量降低，造成巨大的经济损失。

结痂、脱毛和皮肤肥厚也是螨病必然出现的症状。在虫体机械刺激和毒素的作用下，皮肤发生炎性浸润，发痒处皮肤形成结节和水疱，当病牛擦痒时，结节、水疱破溃，流出渗出液。渗出渗与脱落的上皮细胞、被毛及污垢混杂在一起，干燥后就结成痂皮。痂皮被擦破或除去后，创面有大量液体渗出及毛细血管出血，又重新结痂。随着角质层角化过度，患部脱毛、皮肤肥厚、失去弹性而形成皱褶（图3-5-6~图3-5-8）。

由于发痒，病牛终日啃咬、到处擦痒、烦躁不安，影响正常的采食和休息，导致消化、吸收机能降低，奶牛逐渐消瘦。加之在寒冷季节皮肤裸露，体温大量失散，体内蓄积的脂肪被大量消耗。所以，病牛日渐消瘦，有时继发感染，严重时可引起死亡。牛疥螨病开始于牛的面部、颈部、背部、尾根等被毛较短的部位，严重时可波及全身（图3-5-9~图3-5-11）。

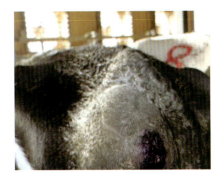
图3-5-6 荐部、尾根部皮肤螨虫病

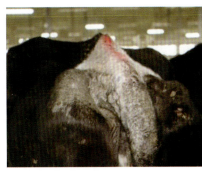
图3-5-7 尾根部皮肤结痂

图3-5-8 尾根部皮肤螨虫病

图3-5-9 后备牛腰背部螨虫病

图3-5-10 肉牛螨虫病

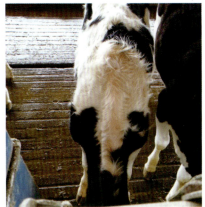
图3-5-11 后备牛颈部螨虫病

牛痒螨病初期见于颈、肩和垂肉，严重时蔓延到全身。奇痒，常在墙、柱等物体上摩擦或以舌舔患部，被舔舐部的毛呈波浪状，脱毛、结痂、皮肤增厚失去弹性。本病以剧烈痒感、湿疹性皮炎、脱毛、结痂和病灶逐渐扩散为特征，常导致奶牛发育不良，逐渐消瘦，直至死亡（图3-5-12）。

【诊断】 对有明显症状的螨病，根据发病季节、剧痒、患部皮肤病变等，确诊并不困难。但症状不明显时，则需要采取健康与病患交界部的痂皮，检查有无虫体，才能确诊，在刮取的新鲜痂皮屑中，在低倍显微镜下可以看到活动的螨虫（视频3-5-4）。

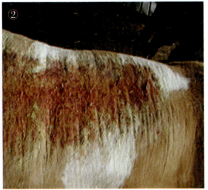
图3-5-12 牛痒螨病皮肤症状

视频3-5-4
显微镜下的螨虫形态

【治疗】 对已确诊的病牛,应及时隔离治疗。为了使药物能充分接触虫体,治疗前最好用肥皂水或煤酚皂溶液彻底洗刷患部,清除硬痂和污物后再用药。

治疗螨病的药物和处方很多,可酌情选用:0.025%~0.05%蝇毒磷溶液喷洒;0.05%双甲脒溶液喷洒;0.05%溴氰菊酯喷洒;20%碘硝酚注射液,以10mg/kg体重剂量皮下注射。

伊维菌素与阿维菌素是广谱、高效、低毒抗生素类抗寄生虫药,对体内外寄生虫,特别对线虫和节肢动物具有强大的驱虫效果,可用1%伊维菌素注射液与1%阿维菌素注射液,0.2mg/kg体重剂量皮下注射。但该类药的休药期在奶牛为35d,泌乳牛禁用。由于大多数杀螨药物对螨卵的杀灭作用差,因此需治疗2~3次,每次间隔7~10d,以杀死新孵出的幼虫。

莫西菌素(莫昔克丁,商品名为海达宁)是有一种链霉菌发酵产生的半合成单一成分的大环内酯类抗生素。驱虫谱、驱虫活性与伊维菌素、阿维菌素相似。与伊维菌素、阿维菌素不同之处在于能维持更长时间的抗虫活性,一次性用药预防重复感染达到28d以上,该药可用于泌乳牛,零弃奶。莫西菌素浇泼剂对奶牛疥螨、痒螨可完全排出虫体;对吸吮性外寄生虫,如血虱、牛皮蝇蛆,具有100%驱杀作用;使用剂量为:浇泼剂为0.1mL/10kg体重或0.5mg/kg体重,注射剂为0.2mg/kg体重。

当皮肤继发细菌感染并化脓时,要处理感染创伤。

在治疗病牛的同时,应用杀螨药物彻底消毒牛舍和用具,治疗后的病牛应置于消毒过的牛舍内饲养。隔离治疗过程中,饲养管理人员应注意经常消毒,避免通过手、衣服和用具散布病原。治愈病牛应继续隔离观察20d,如未再发,再一次用杀虫药处理后,方可合群。

【预防】

1)牛舍要宽敞、干燥、透光、通风良好;不要使畜群过于密集。畜舍应经常清扫、定期消毒,饲养管理用具也应定期消毒。

2)引入奶牛时应事先了解有无螨病存在;引入后应仔细观察牛群,并做螨病检查;最好先隔离观察一段时间,确定无螨病后再并入牛群。

3)经常注意牛群中有无发痒、掉毛现象。及时检出可疑病牛,将其隔离饲养,迅速查明原因,发现病牛及时隔离治疗。

2. 蠕形螨病(Demodicosis)

蠕形螨病又称毛囊虫病或脂螨病,是由蠕形螨科蠕形螨属(*Denodex*)的牛蠕形螨(*D. bovis*)寄生于奶牛的毛囊和皮脂腺内引起的顽固性皮肤病。

【病原】 蠕形螨虫体细长,呈蠕虫样、半透明、乳白色,一般体长0.17~0.44mm、宽0.045~0.065mm。虫体分为头、胸、腹3个部分。头部又称假头或颚体,呈不规则四边形,由1对螯肢、1对须肢、1个口下板组成,为短喙状的刺吸式口器;胸部有4对短粗的足;腹部长,表面有明显的环形横纹(图3-5-13)。卵无色透明,呈梭形,长

图3-5-13 蠕形螨形态

0.07~0.09mm。

【流行病学】 蠕形螨的全部发育过程都在宿主体进行，包括卵、幼虫、两期若虫和成虫。雌虫产卵于毛囊内，卵孵化为3对足的幼虫；幼虫蜕化变为4对足的若虫；若虫蜕化变为成虫。它们多数先寄生在发病皮肤毛囊的上部，然后在毛囊底部，少数寄生于皮脂腺内。本病的发生主要由于病牛与健牛互相接触，通过皮肤感染。蠕形螨能在外界存活多日，因此不仅可以通过病牛和犍牛直接接触感染，还可通过媒介物间接感染。

【症状】 蠕形螨钻入毛囊、皮脂腺内，以针状的口器吸取宿主细胞内含物，由于虫体的机械刺激和排泄物的化学刺激使组织出现炎性反应。虫体在毛囊中不断繁殖，逐渐引起毛囊和皮脂腺的袋状扩张和延伸，甚至增生肥大，引起毛干脱落。此外，由于腺口扩大、虫体进出活动，易使化脓性细菌侵入而继发毛脂腺炎、脓疮。有的学者根据受虫体侵袭的组织中淋巴细胞和单核细胞的显著增加，认为引起毛囊破坏和化脓是一种迟发型变态反应。

病程开始时头部、颈部有小结节，很快发展到肩部、背部、臀部、体侧至全身。硬结形成红白色小囊瘤，内含干酪样脓性物质，患部皮脂溢出，有的带血形成疮疖，表现为化脓性、急性皮脂腺炎（毛囊炎）。病牛痒觉不明显，无大面积脱毛现象，病牛较瘦，体况中等以下，泌乳量降低。

【病理变化】 一般初发于头部、颈部、肩部、背部或臀部，侵害整个体表的较少。病初受害处发生小的结节，然后变大，从大头针头到麻子大（图3-5-14、图3-5-15）。结节有时呈红色，挤压时，从中排出白色内含物和蜡样浓稠物，并有各发育阶段的蠕形螨。有时结节化脓，形成黄豆大至核桃大的脓肿，上覆许多鳞屑。

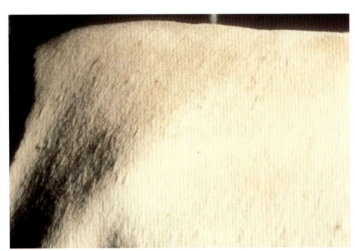

图3-5-14 牛蠕形螨引起的皮肤症状

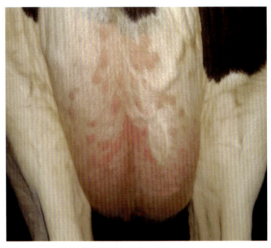

图3-5-15 奶牛乳房皮肤蠕形螨症状

【诊断】 切破皮肤上的结节或脓疮，取其内容物，置于载玻片上，加甘油水，再加盖玻片，低倍显微镜检查，发现虫体即可确诊。

【治疗】 治疗前，应先将患部剪毛，用过氧化氢清洗干净，然后选用下述方法进行治疗。

①伊维菌素或阿维菌素：200~300μg/kg体重皮下注射，间隔7~10d重复用药。

②莫西菌素（莫昔克丁）浇泼剂：浇泼剂为0.1mL/kg体重，或0.5mg/kg体重、注射剂为0.2mg/kg体重。

③双甲脒：0.025%溶液患部涂擦，间隔7~10d重复应用。

对脓疮型重症病例还应同时选用高效抗菌药物。对体质虚弱病牛应补给营养，以增强体质及抵抗力。

【预防】 隔离治疗病牛，并用杀螨药剂对被污染的场所及用具进行消毒。搞好环境卫生，加强饲养管理，改善营养状况，提高牛对本病的抵抗力。

（赵孝民）

二、牛虱病

牛虱病由寄生于牛体表各种牛虱引起，常见病原包括牛血虱（*Haematopinus eurysternus*）、牛腭虱（*Linognathus vituli*）及牛毛虱（*Damalinia bovis*）等，以牛血虱危害最严重。

【病原】 牛血虱背腹扁平，表皮呈革状，体长1~5mm，头部比胸部窄，呈圆锥形。触角短，通常有5节组成，复眼1对，高度退化，含有色素。其口器属刺吸式，其结构极为特殊，有1个短小的吸柱，其尖端即口的开口处，四周有口前齿15~16个，吸血时咬于宿主的皮肤上。胸部3节融合。足短粗，跗节末端有一爪，胫节远端内侧有一指状突与爪相对，为握毛的有力工具。腹部有9节组成。

牛血虱为不完全变态，其发育过程包括卵、若虫和成虫三个阶段。雌虱交配后，经2~3d开始产卵，一昼夜能产1~4个卵。卵呈长椭圆形、黄白色，大小为（0.8~1）mm×0.3mm。有卵盖，上有颗粒状的小凸起。雌虱产卵时能产生一种胶状液，使卵黏附于毛上。卵经9~20d孵出若虫。若虫分3龄，每隔4~6d蜕化1次，经3次蜕化后发育为成虫。自卵发育到成虫需30~40d。每年能繁殖6~15个世代。雌虱的产卵期能维持2~3周，能产50~80个卵（图3-5-16）。

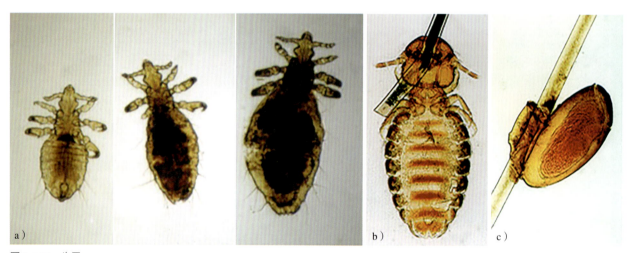

图3-5-16 牛虱
a）各种牛血虱 b）牛毛虱 c）附着于毛干上的虱卵

【流行病学】 牛血虱具有宿主特异性，不能感染其他动物。终生不离开宿主，若虫和成虫都是以血液为食。离开宿主后，通常1~10d死亡。在35~38℃时，一昼夜死亡；在0~6℃时可存活10d。

牛虱通过直接或间接接触传染。密集饲养、畜舍及牛体卫生差、湿度大有利于牛虱的生长和繁殖，可促进其传播感染。秋、冬季节，牛的被毛增长，绒毛厚密，皮肤表面湿度增加，造成有利于牛虱生存和繁殖的条件，因而虱病常较严重。

牛虱在牛身上也有一定分布区别，牛血虱多寄生于颈部、肩部、背部及尾根等处，当数量很多时才分布到全身。

【症状】 牛血虱在吸血时，能分泌有毒素的唾液，刺激神经末梢，发生痒觉，病牛表现不安，采食和休息受到影响，消瘦、奶牛泌乳量下降。犊牛由于体痒，经常舔吮患部（图 3-5-17），可造成食毛癖，时间久强在胃内形成毛球，影响食欲和消化机能，并产生其他严重疾病。毛虱在严重感染的情况下痒觉剧烈，病牛表现不安，摩擦，影响采食和休息。

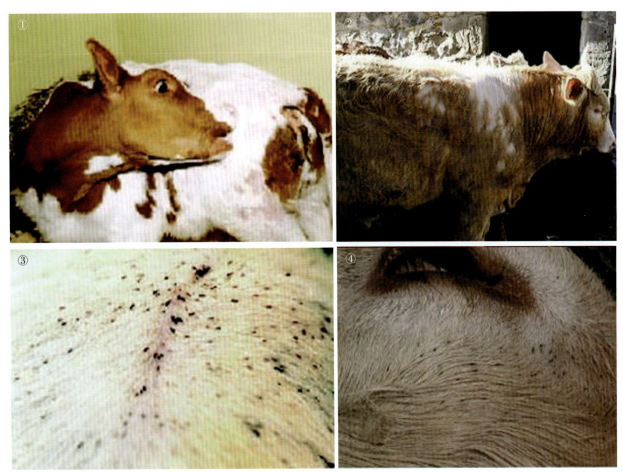

图 3-5-17　牛虱病症状

【病理变化】 有时皮肤内出现小结节、小溢血点，甚至坏死灶。病牛啃痒处或到处擦痒，造成皮损伤，可能引起细菌继发感染。在严重感染、牛虱过于密集时，可以引起化脓性皮炎，有脱毛或脱皮现象。

【诊断】 根据临床表现，在牛体上发现有牛虱时即可确诊。

【治疗】 用 0.5%~1% 敌百虫溶液，对牛体进行喷洒；硫黄粉直接向牛体撒布；伊维菌素或阿维菌素 200μg/kg 体重，配成 1% 溶液，皮下注射。

也可用莫西菌素（莫昔克丁）浇泼剂，剂量为浇泼剂 0.1mL/kg 体重，或 0.5mg/kg 体重，注射剂 0.2mg/kg 体重。

【预防】 加强饲养管理及环境消毒、牛体清洁等工作。定期检查，对患有牛虱的病牛及时进行隔离。新引入的牛要先进行检疫、隔离检查。牛舍要经常打扫、消毒，保持通风、干燥。

（赵孝民）

三、牛皮蝇蛆病

牛皮蝇蛆病是双翅目皮蝇科（Hypodermatidae）皮蝇属（Hypoderma）昆虫的幼虫寄生于牛的背部皮下引起的疾病。该虫偶尔也能寄生于马、驴和野生动物的背部皮下组织，也可寄生于人，为人畜共患寄生虫病。

【病原】 寄生于奶牛的皮蝇蛆主要是牛皮蝇（H.bovis）和纹皮蝇（H.lineatum）的幼虫。成蝇口器已退化，不能采食，也不叮咬牛只，只有其幼虫期寄生在牛皮下引起皮蝇蛆病。

（1）牛皮蝇　成蝇体长 13~15mm。头部被有浅黄色绒毛；胸部的前部和后部绒毛呈浅黄色，中间部分为黑色；腹部绒毛前端为白色，中间为黑色，末端为橙黄色。卵的大小为（0.76~0.8）mm×（0.22~0.29）mm，呈长圆形，一端有柄，以柄附着在牛毛上，每根毛上只黏附 1 个虫卵。第一期幼虫呈浅黄色、半透明，长约 0.5mm、宽 0.2mm，体分 20 节，各节密生小刺，后端有 2 个黑色圆点状后气孔。第二期幼虫长 3~13mm。第三期幼虫体粗壮，色泽随虫体成熟由浅黄色、黄褐色变为棕褐色，长可达 28mm，体分 11 节，无口前钩，体表具有很多结节和小刺，最后两节腹面无刺，有 2 个后气孔，气门板呈漏斗状（图 3-5-18）。

（2）纹皮蝇　成蝇体长约 13mm，体表被毛稍短。胸部毛呈灰白色或浅黄色，并具有 4 条黑色纵纹；腹部绒毛前端为灰白色，中间为黑色，末端为橙黄色。卵与牛皮蝇的卵相似，但一根牛毛上可见一列虫卵。第一期和第二期幼虫与牛皮蝇基本相似，第三期幼虫长可达 26mm，与牛皮蝇相似，但最后一节腹面无刺。

图 3-5-18　牛皮蝇幼虫

【流行病学】 牛皮蝇和纹皮蝇具有类似的生活史，都是全变态发育，即整个发育过程分成四个阶段：卵、幼虫、蛹、成虫。成蝇在牛身上产卵，一只雌蝇一生通常能够产出 4000~8000 个卵，黏在牛毛上。卵经过4~7d孵出第一期幼虫，经毛孔侵入到皮肤，并在体内深部组织中不断移行、蜕化。纹皮蝇通常在动物感染后大约75d后，能够在食道及其他寄生部位的黏膜、浆膜发现第二期幼虫，且在此处进行5个月停留，然后沿着膈肌移行到背部。牛皮蝇的第一期幼虫会直接移行到背部，侵入背部皮下寄生，在皮下形成指头大瘤状凸起，上有一个0.1~0.2mm大小的小孔。第三期幼虫在其中逐步长大成熟，通过小孔蹦出落到地面泥土中化蛹，蛹期为1~2个月，羽化为成虫。整个发育期为1年。

皮蝇属野居，营自由生活，不采食，也不叮咬动物，只是飞翔、交配、产卵。一般多在夏季出现，在晴朗无风的白天侵袭牛。成蝇仅生活5~6d，产完卵后即死亡。不同种对产卵部位有所选择：牛皮蝇在牛体的四肢上部、腹部、乳房和体侧，每根毛上黏附1个虫卵；纹皮蝇则在牛只的后肢球节附近和前胸及前腿部，每根毛上可见数个，多至20个。

本病在我国西北、东北、内蒙古牧区广为分布。其他地区由流行区引进的牛也有发生。皮蝇成蝇的出现季节随气候条件不同而略有差异，一般牛皮蝇成虫出现于6~8月，纹皮蝇则出现于4~6月。成蝇交配后，雄蝇会快速死亡，雌蝇在无风的晴朗天气在牛体皮较薄部位的被毛上产卵，结束后也很快死亡。牛通常在炎热的夏季、成蝇飞翔的季节容易感染。

【症状】 成虫虽不叮咬牛，但雌蝇飞翔产卵时可以引起牛只不安、踢蹴、恐惧而使正常的生活和采食受到影响，日久则牛变消瘦，有时牛只出现"发狂"症状，偶尔跌伤或妊娠母牛流产。

幼虫初钻入皮肤，引起皮肤痛痒，精神不安。幼虫在体内移行，造成移行部组织损伤。特别是第三期幼虫在背部皮下时，引起局部结缔组织增生和皮下蜂窝组织炎，有时细菌继发感染可化脓形成瘘管。背部幼虫寄生后，留有瘢痕，影响皮革价值。皮蝇幼虫的毒素对牛的血液有害，可引起贫血。病牛消瘦，肉质降低，泌乳量下降。个别病牛，幼虫误入延髓或大脑脚寄生，可引起神经症状，甚至造成死亡。

因皮蝇幼虫引起的变态反应偶尔可见，起因于幼虫的自然死亡或机械除虫挤碎的幼虫体液被吸收而致敏，当再次接触该抗原时，即发生过敏反应。表现为荨麻疹，间或有眼睑、结膜、阴唇、乳房肿胀，流泪，流涎，呼吸加快。

【病理变化】 幼虫在牛皮下寄生时，生长到一定阶段后会在寄生部位皮肤形成结节。甚至会使局部不断增大，形成较小的瘤肿，在皮肤表面有明显的隆出，如果对该处皮肤进行观察，能够在隆起的顶端看到存在一个小孔（图3-5-19）。另外，还能从瘤肿中挤出指头或花生米大小的幼虫。当幼虫从皮下钻出后，会在皮肤上留下一个小的空洞。

【诊断】 幼虫出现于背部皮下时，易于诊断。最初在牛背部皮肤上，可触诊到隆起。上有小空，隆起内含幼虫，用力挤压可挤出虫体，即

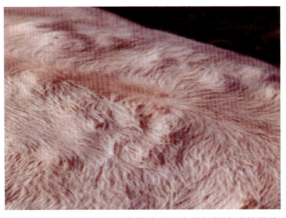

图3-5-19 牛背部皮下牛皮蝇幼虫寄生引起的皮肤结节隆起，中间有一个小孔

可确诊。此外，流行病学资料，包括当地流行情况和病牛来源等，有重要的参考价值。

目前，可以通过检测病牛血清和乳汁中的特异性抗体进行免疫学诊断，具体包括免疫扩散试验、免疫电泳、间接血凝试验和酶联免疫吸附试验等。其中，酶联免疫吸附试验特异性强、精准度高、操作简单、方便、省时，能够在病牛感染早期检测出感染水平，且血清中的抗体效价可在感染后持续14周。

对病原种类的鉴定可应用分子生物学技术如PCR特异性扩增幼虫的DNA片段，通过测序确定虫种。

【治疗】 消灭寄生于牛体内的寄生虫有极重要的作用，可以减少幼虫的危害，并防止幼虫化蛹为成虫。消灭幼虫可用化学药物或机械法。化学治疗多用有机磷杀虫药，可以用药液沿背线浇注。在流行地区，浇注可在4~11月的任何时间进行。12月至第二年3月，幼虫在食道或脊椎，幼虫在该处死亡后可引起相应的局部严重反应，此期间不宜用药。常用的药物浓度和剂量如下。

①伊维菌素或阿维菌素皮下注射，对本虫有良好的治疗效果，剂量为0.2mg/kg体重。

②莫西菌素（莫昔克丁）浇泼剂，浇泼剂0.1mL/kg体重，或0.5mg/kg体重，注射剂0.2mg/kg体重。

③皮蝇磷：剂量为100mg/kg体重，制成丸剂内服。或配成8%溶液，0.33mL/kg体重沿背线浇下。

④亚胺硫磷乳油：30mg/kg体重，泼洒或滴于病牛背部皮肤。

少量寄生时，可用机械法，即用手指压迫皮孔周围，将幼虫挤出，并将其杀死。但需注意勿将虫体挤破，以免引起过敏反应。

【预防】

1）加强饲养管理，保证畜舍通风良好。

2）保持环境卫生，消灭蝇滋生地。在牛皮蝇产卵的季节，对畜舍每7d消毒1次，消毒药可以用有机磷杀虫剂或戊二醛等常规消毒药。

3）根据成蝇的活动、雌蝇产卵季节，以及幼虫寄生部位、寄生时间、生长时间等，在最佳时间内使用有效药物进行预防。

（赵孝民）

第四章 乳房与乳头疾病

第一节 乳房炎

一、乳房炎概述

奶牛乳房炎（Bovine Mastitis）是乳房受到物理、化学、微生物等致病因子刺激所发生的一种红、热、肿、痛的炎性变化，以细菌感染最为常见。乳房炎是奶牛养殖场中发病率最高的疾病之一，给养殖者带来了巨大的经济损失，并造成了乳品质量的下降。

根据临床症状，奶牛乳房炎可以分为隐性乳房炎和临床型乳房炎。隐性乳房炎在奶牛乳房炎中最为常见。这类乳房炎既没有肉眼可见的乳房局部和系统性的临床表现，也没有乳汁外观上的任何变化。但是，乳汁在理化性质和细菌学上均已发生变化：通过乳汁检查可发现体细胞数明显增加，乳汁 pH 升高，氯化钠含量和电导率升高，且乳汁细菌培养阳性。由于乳房和乳汁看上去均正常，这类乳房炎经常被挤奶工和牛群管理人员忽视，但在牛群中的流行率通常在 15%~50%，会引起大罐奶体细胞数的增加。与隐性乳房炎不同，临床型乳房炎的乳汁和乳房均出现肉眼可见的变化，在我国规模化奶牛场中月度发病率在 1%~5%。临床型乳房炎通常为单乳区发病，可见患病乳区肿胀、发热、疼痛、坚硬（图 4-1-1），伴有乳汁异常（图 4-1-2），如水样乳、血样乳，乳汁出现凝块或絮状物等。部分患有临床型乳房炎的奶牛会表现出体温升高，精

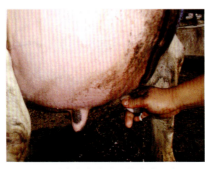
图 4-1-1 乳房炎患病乳区的乳汁异常

图 4-1-2 临床型乳房炎牛的乳汁

神沉郁，食欲减退或废绝（图 4-1-3、图 4-1-4）。

图 4-1-3　临床型乳房炎奶牛出现全身症状

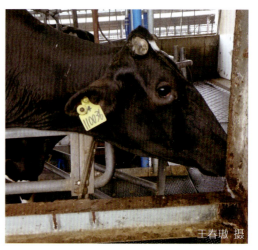

图 4-1-4　临床型乳房炎三级，脱水、眼球凹陷

乳房炎造成的经济损失包括直接损失和间接损失。直接损失包括治疗费用、弃奶损失、额外的人工成本、淘汰损失等。间接损失包括泌乳量下降、繁殖性能下降和原料乳质量下降造成的奶价降低等。按照头日单产 30kg、奶价 4 元 /kg 计算，一例临床型乳房炎造成的直接损失约 1500 元。在直接损失中，治疗过程中造成的弃奶费用远高于药费（图 4-1-5）。而对于新产牛（产后 30d 内）乳房炎来说，直接损失高达 3000 元 /例。新产牛乳房炎造成损伤更大的原因在于：治疗天数更长且增加医药费；合并其他的围产期疾病而增加淘汰率；大量的泌乳细胞损伤 / 采食量下降导致不能达到正常的泌乳高峰，从而泌乳量下降；首配天数、配准次数、受胎率等受到影响而产生后续的繁殖障碍问题。除了直接损失之外，发生乳房炎后由于胎次总泌乳量下降明显，造成的间接损失高达 3000~4000 元 / 例。一般情况下，乳房炎造成的泌乳量的减少占总损失的 70%。

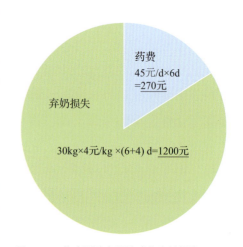

图 4-1-5　临床型乳房炎造成的直接损失

与欧美等发达国家相比，我国规模化奶牛场的临床型乳房炎发病具有如下特征：乳房炎在分娩后短期内发病率较高，发病以局部症状为主（乳汁、乳房异常），前乳区发病占比高于后乳区，同一奶牛多次发生临床型乳房炎的情况较为普遍，平均治疗天数较长且发病牛群之间存在较大差异。

二、乳房炎病因

1. 病原微生物因素

奶牛乳房炎主要由病原微生物感染乳腺组织引起。引起奶牛乳房炎的病原微生物有 200 余种，最主要的病原微生物包括金黄色葡萄球菌、无乳链球菌、牛支原体、环境性链球菌（停乳链球菌、乳房链球菌、粪肠球菌等）、凝固酶阴性葡萄球菌等。在我国规模化奶牛场中，引起乳房炎的主要病原菌包括大肠杆菌、肺炎克雷伯菌、枸橼酸杆菌、凝固酶阴性葡萄球菌、停乳链球菌等（表4-1-1），说明乳房炎的发生与牛舍环境及奶牛乳房卫生等相关性较高。而金黄色葡萄球菌为传染性病原菌，其在临床型乳房炎中的高分离率暗示着可能在我国奶牛场中仍然广泛流行，需要重视并制订策略对其进行针对性防控。另外，在我国规模化奶牛场中，链球菌性乳房炎发病率在冬季升高，而大肠杆菌性乳房炎在夏季更易高发。停乳链球菌性乳房炎在使用干沙垫料的牛场中占比较高；而大肠杆菌和肺炎克雷伯菌性乳房炎在使用有机垫料的牛场中更常见。总体来说，奶牛乳房炎正在由传染性乳房炎向环境性乳房炎转变，而环境性病原菌以大肠杆菌、肺炎克雷伯菌、环境性链球菌为主。

表 4-1-1　我国规模化奶牛场中临床型乳房炎的病原菌分离率（高健等，2017年）

乳房炎病原菌	样品		牛场	
	数量/个	比例（%）	数量/个	比例（%）
大肠杆菌	473	14.4	120	74.5
肺炎克雷伯菌	426	13.0	98	60.9
凝固酶阴性葡萄球菌	372	11.3	102	63.4
停乳链球菌	346	10.5	95	59.0
金黄色葡萄球菌	337	10.2	90	55.9
其他链球菌	264	8.0	85	52.8
肠杆菌属	182	5.5	74	46.0
无乳链球菌	92	2.8	25	15.5
乳房链球菌	70	2.1	23	14.3
铜绿假单胞菌	45	1.4	25	15.5
溶血性芽孢杆菌	41	1.2	18	11.2
真菌	32	1.0	15	9.3
化脓隐秘杆菌	30	0.9	16	9.9
浅绿气球菌	21	0.6	16	9.9
牛棒状杆菌	20	0.6	20	12.4
巴氏杆菌	5	0.2	4	2.5
其他	6	0.2	5	3.1
细菌培养阴性	521	15.8	120	74.5

在我国规模奶牛场引发临床型乳房炎的病原菌中，革兰阳性球菌占到了40%~50%，高于革兰阴性杆菌。革兰阳性球菌在乳房内、乳头管和乳头皮肤上的存活稳定性很好。不同类型的革兰阳性球菌在奶牛乳房内外的寄生部位存在着明显的差异。另外，革兰阳性球菌在乳房内的繁殖速度相对较慢，但是稳定性好，引起的乳房炎症状相对较轻，大部分表现为体细胞数增加，即使出现临床症状，也以轻度乳房炎为主，很少一部分会表现为中度或者重度乳房炎。这是由于革兰阳

性球菌通常由活菌分泌外毒素引起炎症反应。

革兰阴性杆菌的代表菌是大肠杆菌，近年来越来越多的肺炎克雷伯菌性乳房炎出现，因此，肺炎克雷伯菌也成为革兰阴性杆菌家族的重要一员。在国内的规模化奶牛场中，引起临床型乳房炎的病原菌中排名第一和第二位的分别是大肠杆菌和肺炎克雷伯菌，它们都属于革兰阴性杆菌。对于其他类型的阴性杆菌，我们实际上不需要对其进行精确的种属分类，统一归类为其他肠杆菌或其他阴性杆菌即可。革兰阴性杆菌在牛体外环境中尤其是有机垫料里大量存在，说明其生存力很强。这些细菌沾到乳头皮肤上、乳头孔上，在乳头管开张的时候进入乳房，但是进入乳房后它的稳定性大大降低了，并不擅长在乳房内存活，但是在乳房内的繁殖速度却很快，高于链球菌和葡萄球菌等。

由于稳定性不强，革兰阴性杆菌在乳房内大量繁殖的同时也在大量死亡，释放出大量的内毒素（革兰阴性杆菌细胞壁的重要成分）。内毒素会引起乳房内的剧烈炎性反应，强于革兰阳性球菌释放的外毒素。所以，革兰阴性杆菌性乳房炎的症状会更严重一些。而有时，即使有明显的临床症状，却并没有细菌生长，也会优先怀疑是革兰阴性杆菌引起的乳房炎。另外，革兰阴性杆菌的侵袭能力不是很强，活细菌不太容易侵袭乳腺组织的深部（如腺泡、乳腺细胞等）。但是，革兰阴性杆菌如果繁殖量过大，细菌本身或释放的内毒素能够通过血乳屏障，扩散入血，引起败血症或内毒素血症（视频4-1-1、视频4-1-2）。这时候，奶牛表现出全身症状。如果有的奶牛得了乳房炎后不吃不喝、发热、精神沉郁等，也优先考虑是由革兰阴性杆菌引起的。

视频4-1-1 产后第2天发生大肠杆菌乳房炎，引起败血性休克症状

视频4-1-2 产后第2天发生大肠杆菌乳房炎，呼吸加快，精神沉郁

（1）环境性病原菌

1）大肠杆菌：大肠杆菌属于埃希菌属，经革兰染色后在显微镜下呈粉色杆状。在血平板上的菌落形态为灰白色、大而湿润的圆形，一般没有溶血现象。大肠杆菌是规模化奶牛场中最普遍存在的引发奶牛乳房炎的环境性病原菌，在粪便和垫料中大量存在，与饲养环境的污染和管理有密切的关系。大肠杆菌在乳房内繁殖迅速，且该菌在与进入乳腺组织的嗜中性粒细胞对抗时会释放内毒素，引发乳腺组织内的急性炎症。若内毒素没有及时清除，一旦进入血液还会引发败血症。控制由内毒素大量释放引发的炎症是治疗该类乳房炎的关键。

2）肺炎克雷伯菌：肺炎克雷伯菌是肠杆菌科的一种呈杆状、有包囊结构且兼性厌氧的革兰阴性杆菌，常见于人和动物的口腔、皮肤和消化道。肺炎克雷伯菌在平板中菌落较大，而且较为湿润黏稠（图4-1-6）。肺炎克雷伯菌的荚膜结构可以帮助其逃避宿主的免疫反应，而代谢乳糖及厌氧生存的特性使其有在奶牛乳腺中生存的能力，独特的铁元素吸收系统更是让其在与乳铁蛋白的铁元素竞争中不处于劣势。这些特征正是肺炎克雷伯菌可以在不同季节、不同地区使奶牛发病并流行的原因。对于人类来说，肺炎克雷伯菌常攻击免疫功能受损的个体，并引发一系列较为严重的症状，如败血症、肺炎、尿道感染、软组织感染等，且具有一定的流行性。而对于奶牛来说，由肺炎克雷伯菌引起的乳房炎通常是严重的，一般感染后病牛会突然出现体温升高、泌乳量下降、食欲减退和脱水症状，重者则会出现起卧困难甚至无法站立、牛奶呈现水样或血奶。因

 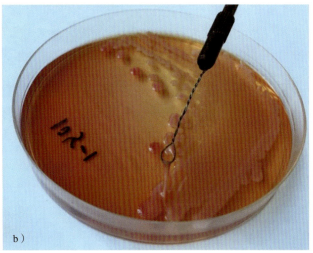

图 4-1-6 肺炎克雷伯菌在固体培养基上的菌落形态
a) 血平板　b) 麦康凯平板

感染肺炎克雷伯菌而死亡的奶牛，其乳腺常表现出严重的炎症反应和广泛的组织坏死。更重要的是，本病具有一定的传染性，可能导致在某一养殖场甚至一片区域内的暴发，因此十分有必要做好防范并且早发现早治疗。总体来说，肺炎克雷伯菌是一种广泛分布于垫料、挤奶设备、奶牛粪便、土壤的条件性病原菌。当奶牛在被挤奶或躺卧在垫料上休息时，一旦环境中的肺炎克雷伯菌与奶牛乳头发生接触，奶牛就会有患上肺炎克雷伯菌性乳房炎的风险。

3）环境性链球菌：环境性链球菌包含停乳链球菌、乳房链球菌等。停乳链球菌与乳房链球菌形态相似，但停乳链球菌一般形成中长链，无荚膜，产生透明质酸，不会产生溶血素。停乳链球菌一直被归类为环境性链球菌，但是当其进入乳腺组织后，可能具有一定的传染性，其造成的乳房炎可通过高质量的乳头药浴和干奶期的治疗达到很好的控制效果。乳房链球菌一般存在于垫料，尤其是以稻草和稻壳为原料的有机垫料，以及污水和较脏的泥土中。挤奶前不彻底的前药浴、乳头损伤及皲裂都会让病原菌有机会定植于乳头皮肤上，通过乳头管进入乳腺组织造成感染。

4）凝固酶阴性葡萄球菌：凝固酶阴性葡萄球菌不是一种菌，是 20 多种凝固酶试验阴性的葡萄球菌的总称，如表皮葡萄球菌、中间葡萄球菌、溶血性葡萄球菌等。凝固酶阴性葡萄球菌在奶样中经常检出，在奶牛的乳头皮肤、其他身体部位及环境中都可分离到。通常是由于挤奶方法不当或牛舍卫生环境较差造成对乳房的感染。某些凝固酶阴性葡萄球菌可导致体细胞数增加，整体来看，凝固酶阴性葡萄球菌已被证明仅会引发轻度的炎症反应，并且大多数情况为亚临床状态。此外，某些凝固酶阴性葡萄球菌也可导致慢性感染，这取决于不同葡萄球菌的毒力因子不同。对于泌乳量的影响也受细菌种类的不同而有所差异。凝固酶阴性葡萄球菌引发的乳房炎自愈率相比其他阳性球菌高。

（2）传染性病原微生物

1）金黄色葡萄球菌：金黄色葡萄球菌是最常见的传染性病原菌，可引起临床型或隐性乳房炎。慢性金黄色葡萄球菌感染后细菌学治愈率低，对泌乳量和体细胞数有很大影响，对泌乳组织破坏损伤很大，会造成较严重的泌乳量下降，每个乳区的泌乳量可下降 45%。金黄色葡萄球菌的感染有间歇性排菌的特点，影响检出率，因此该菌感染的病例复发率较高，且大部分为亚临床型。除了在乳腺组织内，金黄色葡萄球菌还可定植于牛的乳头皮肤、乳房皮肤、鼻、唇、眼、阴道、直肠、骶部、尾褶等部位。育成牛和干奶期的奶牛也可能发生乳腺感染，且有些金黄色葡萄球菌在育成牛非乳腺的其他身体部位定植也可能会造成持续排菌，成为长期病原携带者，是育成牛和干奶期奶牛乳房炎的极大隐患。当规模化奶牛场中被感染的牛较少时，由于金黄色葡萄球菌为间歇性排菌模式，此时进行大罐奶体细胞数检测，受其他正常牛奶稀释的影响，阳性检出率可能会较低。当被感染的牛增加到一定数量时，可见明显的大罐奶体细胞数升高，从而影响牛奶质量。因此，排查慢性亚临床型金葡菌感染病例的最有效方法为个体牛体细胞数的排查。金黄色葡萄球菌的许多菌株能产生多种毒素和酶：溶血素、杀白细胞素、肠毒素、凝固酶、溶纤维蛋白酶等。大多数金黄色葡萄球菌产生 β 毒素，或同时产生 α 和 β 两种毒素。β 毒素诱导细菌在乳腺组织内或皮下组织内形成脓肿，从米粒大到核桃大小或更大（图 4-1-7、图 4-1-8），脓肿有脓肿膜包被，逃避免疫系统和抗生素的攻击。此外，脓肿部位还能将病原菌重新释放出来，在泌乳组织的其他部位再次定植和形成脓肿。这就是慢性金葡菌性乳房炎使用抗生素治疗效果较差，难以达到细菌学治愈的主要原因。因此，绝大多数金黄色葡萄球菌性乳房炎会造成对泌乳组织不可逆的永久性损伤。

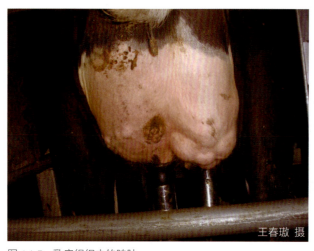

图 4-1-7　乳房组织内的脓肿

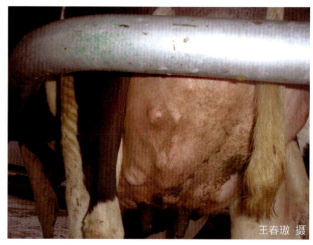

图 4-1-8　乳房组织内多发性脓肿

还有，金黄色葡萄球菌分泌的 α 毒素可使乳腺皮肤坏死，α 毒素作用于乳腺皮肤小动脉，引起痉挛、闭锁，使乳腺发生急性坏疽，坏疽区域的皮肤与健康区域皮肤有一条明显分界线，坏疽皮肤脱落后，创面转为化脓感染的慢性经过，皮下形成大量的肉芽组织，但一般不出现全身反应（图 4-1-9、图 4-1-10）。

金黄色葡萄球菌可以引发在分娩后头几天发生的急性乳房炎，发病突然。病牛体温升高、精神差、不愿站立、心率快、有明显的全身症状且卧地不起，躺卧或昏迷，死亡率高；发病乳腺急剧肿胀，热、痛明显，并伴有后肢运动无力或卧地不起；奶呈脓性或含有血色，皮肤很快变为暗紫红色，暗紫红色很快蔓延到乳腺基部和乳头；受害组织发生坏疽，在 24h 内坏疽区域变黑，奶很少，带有血色的浆液，无凝块（图 4-1-11、图 4-1-12）。

图4-1-9　乳房金黄色葡萄球菌感染，皮肤坏疽

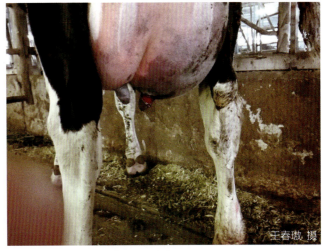
图4-1-10　乳房皮肤坏疽的初期变化

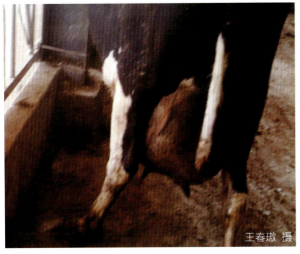
图4-1-11　最急性乳房炎

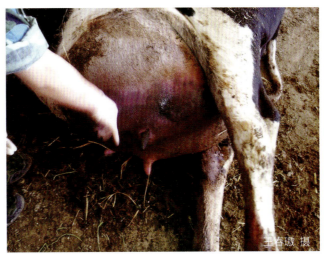
图4-1-12　发病24h卧地不起，全身情况恶化

2）无乳链球菌：无乳链球菌在乳腺内可长期存在，是典型的传染性病原菌。无乳链球菌感染通常与干奶期处理不当、挤奶前后乳头消毒药浴不完全和挤奶卫生不到位、饲养环境卫生不到位等因素相关。无乳链球菌在牛群中更容易引起隐性乳房炎，进而从已感染的奶牛传播至其他奶牛，进一步造成病原菌的快速传播，被感染的泌乳牛、青年牛和干奶牛等都可作为传染源传播病原菌。如果还不能进行及时、有效控制，会进一步损伤奶牛乳腺，引发临床型乳房炎。因此，在临床型乳房炎感染奶牛的乳汁和大罐奶样中常能检测到该菌。挤奶工的手、挤奶机的奶衬、毛巾和蝇类等也能传播该菌。

目前研究显示，无乳链球菌感染也可能来自环境，病原菌可能存在于粪便和垫料中，无乳链球菌并非乳房内专性病原菌，也可以在乳房外的环境中存活。因此，挤奶大厅、赶牛通道、卧床等都可能成为传播场所。目前，从规模化奶牛场的大罐奶样本、混合奶样本、直肠样本和环境样本等各类型样本中均分离出无乳链球菌，暗示无乳链球菌可以通过奶牛粪便排出而污染大缸奶。无乳链球菌造成的奶牛隐性乳房炎因通常不表现临床症状，从外表上很难发现乳房炎症状，乳汁通过肉眼观察也很难发现异常，在生产中不易被发现。但隐性乳房炎会降低乳腺腺泡腔的容积，

第一节 乳房炎

病牛泌乳量日渐减少,从而影响终生泌乳量,且乳汁品质下降,容易腐败变质,经生化检验及细菌检验,可查出每毫升乳汁中有体细胞 50 万个以上,以及大量链状革兰阳性球菌等即可确诊隐性乳房炎。在大罐奶中仅发现很少量的无乳链球菌就应怀疑牛群中有奶牛感染。

3)牛支原体:牛支原体属于高度传染的病原微生物,在被感染的乳腺、呼吸道及泌尿生殖道都存在。牛支原体在牛与牛之间通过挤奶传播,如被病原微生物污染的挤奶设备、毛巾、挤奶工的手(尤其是头三把奶的操作时,在每头牛的挤奶间隔没有对手套进行消毒)。规模化奶牛场从外部购买牛时,务必严格筛查牛支原体,防止将其引入牛群。牛支原体感染性强,如果规模化奶牛场中出现较多多个乳区同时发病的乳房炎病例,或实验室在进行病原微生物检测时出现较多的临床型乳房炎奶样检不出病原微生物的情况,可怀疑是牛支原体感染。牛支原体感染更容易造成隐性乳房炎。造成临床型乳房炎时会出现泌乳量急剧降低;分泌物有多种状态,从水样到浓稠的都有,一般颜色偏暗。目前,牛支原体在我国规模化奶牛场中乳房炎和大罐奶样中广泛检出(表 4-1-2),且其基因型与美国、加拿大、澳大利亚、以色列的相近(图 4-1-13)。

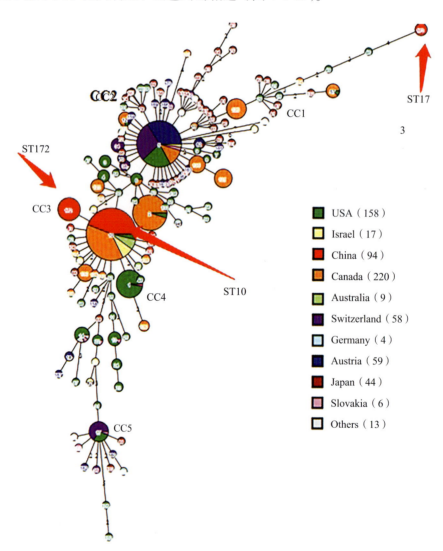

图 4-1-13 我国牛支原体株与美国、加拿大、澳大利亚及以色列分离株亲缘关系较近

表 4-1-2 我国规模化奶牛场中牛支原体检出率（刘洋等，2020 年）

奶牛场	乳房炎样品/个	乳房炎检出率	大罐奶样品/个	大罐奶检出率	总样品数/个	总检出数/个
A	9	3/9	1	1/1	10	4
B	21	7/21	1	1/1	22	8
C	9	3/9	1	1/1	10	4
D	8	2/8	1	1/1	9	3
E	7	0/7	1	1/1	8	1
F	19	0/19	1	0/1	20	0
G	30	0/30	1	0/1	31	0
H	15	0/15	0		15	0
I	13	0/13	0		13	0
J	31	0/31	0		31	0
K	8	0/8	1	0/1	9	0
L	10	0/10	0		10	0
M	105	4/105	3	1/3	108	5
N	19	1/19	1	1/1	20	2
O	19	3/19	1	1/1	20	4
P	40	4/40	0		40	4
Q	12	2/12	1	1/1	13	3
R	5	0/5	0		5	0
S	15	0/15	0		15	0
T	18	7/18	2	1/2	20	8
U	9	0/9	1	0/1	10	0
V	19	0/19	1	0/1	20	0
W	9	3/9	1	1/1	10	4
总计	450	39/450	19	11/19	469	50

2. 环境因素

（1）卧床及垫料　现有的卧床垫料分为有机垫料和无机垫料。在规模化奶牛场中比较常见的是有机垫料，即稻壳、锯末和发酵牛粪垫料；无机垫料包括干沙垫料和橡胶垫。在不同季节及不同环境下，奶牛对卧床垫料要求也不同，卧床舒适度检测指标包括上床率（挤奶后 2h 和夜间上床率）、奶牛卧姿、乳房清洁度、乳房炎发病率及大罐奶体细胞等，卧床垫料的安全性、透气性、柔软度和舒适度都是评定标准。奶牛卧床和粪道是环境病原菌的主要聚集地，乳房内大肠杆菌感染的概率和乳头皮肤上的细菌数量有关，而乳头末端的菌量与卧床中的菌量有关。因此，了解到不同躺卧表面对细菌增殖的影响，可大大减少乳头末端接触的环境病原菌。在干沙中，几乎没有细菌能够生存、生长及繁殖。这样，容易引起乳房炎的细菌就不能在奶牛生活的环境中存活下去，从而降低了环境因素引起的乳房炎。

1）干沙垫料：干沙是卧床垫料中导热性能最好的，非常适合在炎热的夏季作为卧床垫料使用（图4-1-14）。作为无机垫料，在干沙垫料中各种乳房炎病原菌不容易滋生。而且干沙垫料是对奶牛蹄部健康最好的垫料，合适的沙子非常适合奶牛踩踏，对蹄部健康有利。但是相对于有机垫料，由于其良好的导热性能，使得在北方寒冷地区冬季使用时容易造成乳头冻伤。由于它会造成粪污处理系统运行障碍，干沙垫料在现代规模化奶牛场中使用逐渐减少。

2）稻壳垫料：作为有机垫料，稻壳（粉）在我国规模化奶牛场中应用广泛。稻壳垫料的舒适度很高，较为松散和柔软。一般铺垫在卧床上可达20cm高，牛在躺卧时可缓解身体压力。此外，稻壳垫料在冬季还有良好的保暖效果。但是稻壳也有缺点，由于过于松散，很容易在卧床中流失（图4-1-15）。而且稻壳垫料中菌群结构不够丰富，较容易滋生环境性链球菌。此外，铺有稻壳垫料的卧床卫生更难清洁，需要频繁地铺垫新垫料，还需要隔一段时间大规模清理一次，而且在牛舍区域的牛粪由于和稻壳混合，也为后期的粪污处理增加了难度。

图4-1-14 干沙垫料

图4-1-15 稻壳垫料流失过快

3）锯末垫料：锯末的柔软度较高，但如果锯末成分较为细腻，锯末垫料在湿度较大的情况下可能会粘在乳房上；如果锯末处理较为粗糙，又可能会划伤乳房。有研究显示，即使在清洁的锯末垫料中，也容易大量滋生肺炎克雷伯菌，引起的乳房炎症状较为严重（图4-1-16）。

4）橡胶垫：橡胶垫是南方运用比较多的卧床垫料，其特点是耐用、省时省力、不需要短时间内更换，而且导热性能良好，适合奶牛夏季趴卧休息（图4-1-17）。但是，过硬的橡胶垫容易降低奶牛躺卧时的舒适度，且造成飞节的磨损。如果卧床尺寸设计不当，且清粪工作执行不到位，会造成乳房的清洁度很差，引起乳房炎的高发。

5）发酵牛粪垫料：随着牛群规模的日益扩大，粪污的产生也越来越集中，将粪污收集起来作为卧床垫料进行利用，不但能够实现节能减排，还能提高奶牛场的经济效益。与其他有机垫料相比，发酵牛粪垫料不需要从市场购买，牛粪垫料成本低（图4-1-18）。作为一种新型垫料，发酵牛粪垫料包括纯牛粪垫料及牛粪与其他物质的混合垫料。发酵牛粪垫料成本低，经过高温发酵

图 4-1-16　清洁的锯末垫料

图 4-1-17　橡胶垫卧床

后，牛粪中的病原菌、虫卵等被全部灭杀，而且牛粪质地松软，在奶牛躺卧的时候可以完美贴合奶牛本身的曲线，不易流失（图 4-1-19）。此外，经过奶牛胃肠道的消化及不断更新的牛粪再生工艺，发酵牛粪垫料中不会含有硬物，使用安全性大大提升。由于牛粪垫料颗粒较为细小，还大大减少蹄病的发病率。然而，由于其组成成分的原因，发酵牛粪垫料更换时间相比其他垫料要更短。如果长时间不添加或更换卧床垫料，容易使其变成各种病原菌繁殖的温床，造成奶牛乳房炎的高发。

图 4-1-18　发酵牛粪垫料制备

图 4-1-19　用发酵牛粪垫料铺垫卧床

6）沼渣垫料：规模化奶牛场的粪污都进入大型沼液池内，经过发酵后，再进行干湿分离和晾晒，使沼渣水分含量在 45% 以下，将这种沼渣作为卧床垫料，松软、舒适、细菌含量很低，是一种健康的卧床垫料，大型奶牛场已经应用多年，产生了巨大的经济效益（图 4-1-20、视频 4-1-3）。

视频 4-1-3
卧床铺垫，翻耕机松动与铺平

王春璈　摄

图 4-1-20　沼渣铺垫的卧床，表面撒上了生石灰粉

(2)气候 温带大陆性气候、温带季风气候、亚热带季风气候是我国奶业主要分布区域的气候类型。这3种气候类型均表现为夏季炎热、多雨,因此分布于3种气候控制区域内的奶牛在夏季发生乳房炎的比率偏高。由于地理位置的差异,北方和南方在冬季所受到的气候影响不同,因而对奶牛乳房炎的影响也不同。北方受温带季风气候和温带大陆性气候影响,冬季寒冷干燥且温差较大,在这个时期奶牛的乳腺免疫力较好,但是乳头容易造成冻伤;而在南方,冬季温度适宜,对奶牛的身体健康不会产生有害的影响,因此乳房炎发病率较低,但夏季炎热多雨,热应激严重,持续时间长,是乳房炎高发的季节。一般而言,在对奶牛体质不产生显著影响的气候、季节和地理条件下,奶牛乳房炎的发病率较低;在对奶牛产生不利影响的气候、季节和地理条件下,乳房炎的发病率偏高。此外,寒冷地区如果饲养场地没有做好防寒保暖措施容易冻伤乳房,也可引发乳房炎。

季节分布对乳房炎病原菌的类型也有影响。在我国的规模化奶牛场中,链球菌属(包括停乳链球菌、其他链球菌和无乳链球菌)引起的乳房炎在冬季或者较为凉爽时期更易高发(表4-1-3),这和美国的报道有差异;而在夏季或者较为炎热时期,大肠杆菌和肺炎克雷伯菌性临床型乳房炎更为常见,这和美国的报道相似,而和加拿大、欧洲、新西兰等存在一定差异。在欧洲,金黄色葡萄球菌、大肠杆菌和停乳链球菌在冬季较为流行,而乳房链球菌性乳房炎在夏季发病率较高。不同季节或气候影响下,我国与其他国家的规模化奶牛场之间的病原菌流行率异同,可能和管理模式有关。例如,我国的奶牛场类型和美国奶牛场相似,都是舍饲牛场。舍饲牛场夏季的大肠杆菌性临床型乳房炎会明显升高;而在放牧牛场中,大肠杆菌或肺炎克雷伯菌性乳房炎在冬季较为常见。尽管我国西北地区气候较干燥凉爽,但环境性病原菌如大肠杆菌和肠球菌等引起的临床型乳房炎占比较高,可能和奶牛场内环境卫生管理水平有关。

表4-1-3 主要乳房炎病原菌在不同采样时期的分离率(高健等,2017)

乳房炎病原菌	采样时期			
	冬季(n=1,287)		夏季(n=2,001)	
	样品数量/个	分离率(%)	样品数量/个	分离率(%)
金黄色葡萄球菌	144	11.3	193	9.8
凝固酶阴性葡萄球菌	120	9.2	252	12.1
停乳链球菌	203	16.3	143	7.5
其他链球菌	122	11.1	142	6.9
无乳链球菌	63	6.3	29	2.0
大肠杆菌	138	10.6	335	18.8
肺炎克雷伯菌	112	8.3	314	15.0
肠球菌	75	5.5	107	5.9
细菌培养阴性	205	13.6	316	13.9

(3)热应激 炎热的夏季对于每个奶牛场、每头奶牛来说都是巨大的挑战。环境因素如外界温度、太阳辐射和湿度等均会直接或间接影响奶牛的热散失,而高产奶牛的散热需求通常要比普

通奶牛高出数十兆焦，由此导致的热应激会给泌乳奶牛，尤其是规模化奶牛场的高产奶牛带来显著不利影响。除直接影响泌乳量、繁殖性能和免疫力，致使奶牛更易发病外，还可间接改变一些病原微生物的流行规律及奶牛行为（如躺卧在泥浆中或潮湿的地面上降温），从而导致奶牛接触病原的机会大大增加。研究表明，热应激和乳房炎之间存在着密切的关联，均会导致母牛泌乳量和繁殖性能显著下降。热应激期间，临床型乳房炎发病率显著升高。同时，大罐奶体细胞数增加，这是指示牛群中乳区感染比例的重要指标。

3. 挤奶操作及挤奶设备因素

奶牛可因为不规范的挤奶程序而使乳房遭受机械损伤，导致病原菌进入乳房并繁殖，造成乳房炎（图4-1-21）。用挤奶设备挤奶时，将乳头抻拉过长、过度压迫乳头管，会损伤乳头末端皮肤。同时，挤奶机真空压过高、脉动设置不合理、挤奶套杯时间过长，同样也会损伤乳头末端皮肤，甚至乳头括约肌和乳头池。奶衬由于使用时间过长，导致内表面粗糙，也会对乳头皮肤造成损伤。在挤奶过程中，挤奶人员动作粗暴，对奶牛随意驱打，会导致奶牛过度惊恐，肾上腺素分泌过高，影响泌乳反射，造成挤奶的过程不通畅，从而导致乳房炎的发生。

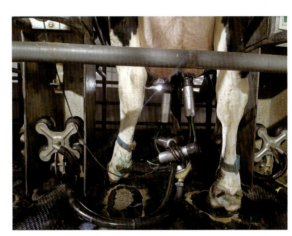

图 4-1-21　挤奶时未使用假乳头

（1）挤奶改变乳头皮肤和乳头孔的病原菌数量　新发感染与病原菌接触量之间存在直接或间接关系，乳头孔附近病原菌含量是新发感染的主要因素。然而，挤奶设备的功能（或故障）对乳头孔附近污染程度有直接影响，但与挤奶厅管理和奶牛场管理相比，其影响是相对较低的。在挤奶设备内最明显的交叉污染来源是奶杯和奶衬内壁（图4-1-22），而最根本的来源在于进入挤奶厅时乳头过脏（图4-1-23）。然而，交叉污染并不一定导致新发感染。此外，在细菌含量高时新发感染率仍能保持相当低的水平。这意味着，除了挤奶设备将细菌从一个乳头转移到同一头奶牛的另一个乳头皮肤上，或转移到另一头奶牛的乳头表面之外，其他因素可能发挥了更重要的作用。

图 4-1-22　奶衬内壁附着大量污物

图 4-1-23　奶牛进入挤奶厅时乳头过脏

（2）挤奶改变乳头管对乳房炎病原菌侵袭的抵抗力　国际乳业联盟认为管理因素如过度挤奶，机器因素如真空水平和脉动失效，这些对乳头的摩擦会损伤乳头管角蛋白，挤奶设备影响乳房炎的主要方式可能是对乳头管和乳头皮肤的直接影响。1990年前后，多数人认为这一观点只适用于（或主要适用于）传染性乳房炎病原菌，后来，证明了存在问题的挤奶设备也会明显导致较高的乳房链球菌感染。以下几点为挤奶设备对乳头管角蛋白的影响方式。

1）单次无脉动挤奶导致乳头管内10%~20%的成熟角蛋白细胞丢失，而乳头管的机械扩张会损失高达80%的角蛋白。

2）与正常脉动挤奶方式相比，上述两种方式都增加了新发感染率。

3）单次正常脉动挤奶会损失40%的角蛋白细胞。

4）奶衬的循环性张开和闭合促进了乳头管内成熟角蛋白层的破裂，从而增加了挤奶过程中对角蛋白的清除。

如果脉动有效，即使存在其他不合适的操作或参数设定，新发感染率仍然较低。如果脉动器和奶衬的联合作用为乳头提供足够的挤奶/休息时间，就能实现最佳泌乳量和最低的组织损伤。如果乳头过长导致奶衬不能完全覆盖，或乳头过短不能被挤压，则脉动无效。上升的奶衬内压增加了乳头末端角质化过度的程度，而且内衬压力过大能够直接导致乳头末端过度角质化。在大多数牛群中，牛产犊后乳头管角蛋白相对缓慢的生长速度和去除可能导致泌乳早期较高的新发感染率。

总之，挤奶设备对乳头末端的改变增加了传染性病原和环境性病原（如乳房链球菌）新发感染的风险，具体包括：增加乳头壁充血和水肿，导致乳头管闭合缓慢和/或乳头组织缺氧；乳头管角蛋白的去除和再生速度减慢；挤奶后乳头孔开张较大；乳头末端过度角质化（图4-1-24）。

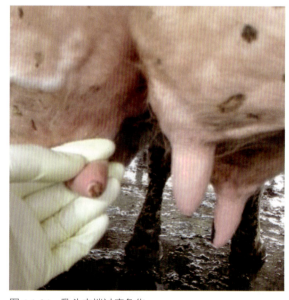

图4-1-24　乳头末端过度角化

（3）挤奶会导致牛群间传播乳房内病原菌　成像技术、放射技术及超声技术表明，乳房窦中约三分之一的乳汁会在奶衬收缩时冲回乳池中。然而国际乳业联盟并不认为乳房内细菌对实际生产有意义。最新的研究显示，内衬压力和乳头管闭合首先发生在乳头孔以上30%~50%的区域。这种情况下，寄生在乳房内的传染性病原菌很容易通过沾染奶衬内壁等，随反冲奶流进入健康奶牛的乳房，引发新的感染。

（4）挤奶的频率和/或次数与乳房炎的关系　相比于干奶早期或忽略了常规挤奶，每天定期挤奶2次及以上的奶牛新发感染率较低。因此，机械挤奶对降低新发乳房炎感染有积极作用。一般来说，只要不因每天挤奶过多而损伤乳头末端，乳房炎的临床症状会随着挤奶频率的增加而降低。在1970年以前，大多数奶牛都是手工挤奶或机器挤奶，以确保每次都能从乳房中挤出所有的乳汁。近年来，提升杯组自动脱杯流速的研究结果为挤奶速度较慢的奶牛设定了挤奶的最大时限，为更快挤奶开辟了新的途径，且对泌乳量、体细胞计数或临床型乳房炎的不良影响极小或不明显。挤奶结束时杯组自动脱落的流速从 0.2kg/min 提高到 0.4kg/min 时，每头奶牛的挤奶时间减少了 0.5min，泌乳量没有损失，乳房炎也没有增加。随后的研究表明，提升脱杯流速对健康乳区或亚临床感染金黄色葡萄球菌或乳房链球菌的乳区乳房炎发病率没有显著影响。

4. 饲养管理因素

较高的饲养管理水平可以有效地预防奶牛乳房炎的发生和进一步扩散。应保持牛舍内环境及周边范围环境的干燥、清洁卫生，定期进行消毒，且保证消毒方式合理、有效。如果消毒剂使用时浓度过高、残留过多、使用方式不正确、使用错误的剂型等，均可使乳房及乳头沾染消毒药物，如果清理不及时，持续地刺激乳房及乳头，也会造成表皮组织破溃，进而损伤深层组织，同样会引发乳房炎。严格禁止饲养员对奶牛暴力驱赶，以免奶牛因拥挤碰撞而损伤乳房。牛舍内行走通道不能过于光滑，否则奶牛极易滑倒。在寒冷季节，应注意牛舍的保暖和通风之间的平衡，既要防止乳房冻伤的发生，又要保证舍内空气流通，避免病原菌的增殖。

5. 奶牛因素

（1）泌乳天数 乳房炎发病与泌乳天数之间通常具有相关性，泌乳早期（1~60d）的乳房炎发病率较高，中后期的乳房炎发病率很低。在我国规模化奶牛场中，产后 30d 和产后 10d 内的临床型乳房炎发病占比均较高（图 4-1-25）。这可能有两个原因。第一，我国奶牛场对干奶期的乳房管理水平需要进一步完善，包括干奶药的使用、乳头封闭剂的使用，以及干奶牛营养管理与应激管理。这些措施可有效降低环境中的病原菌进入乳房内，并增强乳腺免疫力，提升其自身对固有病原菌的清除。第二，大部分奶牛在产后都会存在乳房水肿的情况，对挤奶操作反应强烈，不恰当的挤奶操作会进一步引起乳房炎的高发。奶牛在泌乳早期发生乳房炎，会带来更大的经济损失，并导致奶牛的乳腺在以后的泌乳阶段更容易被感染。因此，泌乳前期奶牛乳房炎较高的发病率提示我们，国内大型奶牛场中需要更为重视干奶期和分娩前后奶牛的健康管理，以更为有效地降低乳房炎造成的经济损失。

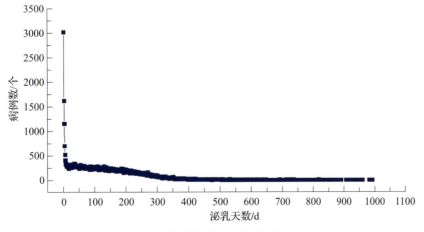

图 4-1-25　我国规模化奶牛场中不同泌乳阶段的乳房炎发病数

（2）**患病乳区** 在奶牛的4个乳区中，后两个乳区的乳房炎发病率通常稍高。这是由于在奶牛躺卧时，后乳区接触的环境（卧床后缘）清洁度更差；同时，后乳区由于泌乳量较高，造成乳房负担过大。然而，在我国规模化奶牛场中，乳房炎发病在前乳区的占比更高（图4-1-26）。这可能与两个因素相关：第一，在大型奶牛场中，使用的前药浴方式多为喷洒乳头，由于药浴人员的操作习惯等原因，往往导致前两个乳头的药浴效果不佳，而前药

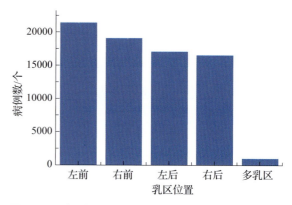

图4-1-26 我国规模化奶牛场中临床型乳房炎发病乳区分布

浴的主要作用是杀灭环境性病原菌，这对于降低临床型乳房炎的发病率至关重要；第二，由于挤奶设备性能不佳（如乳头末端真空压过高、脉动比例不合适、奶衬舒适度差、脱杯流速设定过低等）和上杯前泌乳刺激不足等原因，导致挤奶时间延长，造成前两个乳区在挤奶过程中受到损伤而致使大量病原菌更容易进入乳房内并繁殖，从而引起临床型乳房炎的发生。因此，在大型奶牛场中进行挤奶前药浴操作、挤奶机性能测定和乳头末端损伤状况的现场评估，具有非常重要的现实意义。

（3）**复发** 在我国规模化奶牛场中，同一头牛反复发生乳房炎的比例较高。综合来看，很多规模化奶牛场中乳房炎高发的原因是小部分奶牛反复发病。同一头奶牛反复发生乳房炎的原因较多，包括治疗效果不佳导致细菌学治愈率较低、乳头损伤较为严重、乳房结构不好、奶牛免疫力较差等。在这部分奶牛场中，降低奶牛乳房炎发病率的直接策略就是淘汰反复发生奶牛乳房炎的牛。从整体来说，我国大型奶牛场需要制订针对临床型乳房炎病牛的淘汰策略。

6. 发病机制

一般来说，奶牛乳房对细菌入侵和繁殖有3种类型的抵御方式，即乳头末端、先天性免疫系统和获得性免疫系统。乳头末端主要起物理阻隔和化学杀菌的作用。先天性免疫系统以巨噬细胞、嗜中性粒细胞为主，还包括乳铁蛋白、补体等成分。这类免疫的主要特点包括：对进入乳房的病原菌不分种类地进行杀灭，不管是大肠杆菌还是乳房链球菌，都能够进行吞噬和杀灭。此外，先天性免疫没有记忆功能，如第1次发生乳房炎是由乳房链球菌引起的，即使第2次发生乳房炎还由相同病原菌感染引发，这类细胞的免疫功能也不会增强。目前认为，乳腺免疫主要以先天性免疫系统为主。而获得性免疫系统以B、T淋巴细胞为主，B淋巴细胞产生抗体，引发体液免疫，而T淋巴细胞负责细胞免疫。这个免疫系统的特点首先是免疫细胞只特定识别某一类型的细菌，不是全部杀灭。此外，获得性免疫系统能够对第一次感染时的病原菌进行记忆，当同一种病原菌再次感染乳房时，这个免疫系统可以变得更强。然而，获得性免疫系统并不是乳房的主要防御力量，但如果接种了针对某种病原菌的乳房炎疫苗，可以激活这个免疫系统，使它的作用加强。

免疫细胞和病原菌接触后，炎症反应在乳房内发生（图4-1-27）。在反应剧烈的情况下，能

够观察到乳汁发生了异常、乳房出现了红热肿痛，即为临床型乳房炎。这些都是炎症介质产生过多的结果，因此炎症介质才是造成乳腺组织损伤的直接原因。乳腺组织的修复也需要更长的时间，且损伤的乳腺组织在泌乳期一般是不能够再生的。因此，发生临床型乳房炎后，即使临床症状已经消失，泌乳量也有很长的一段时间不能恢复，无论是头胎牛、经产牛的乳房炎，以及阴性杆菌和阳性球菌引起的乳房炎，都是这样。

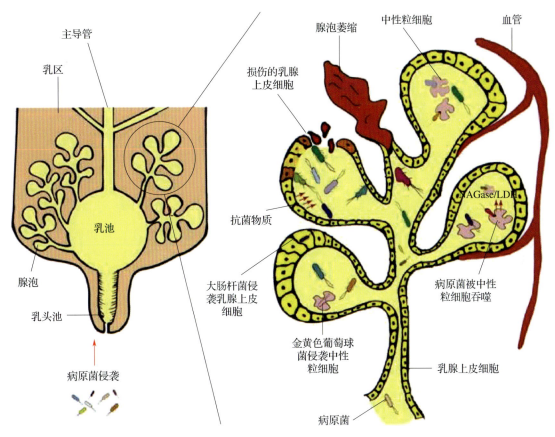

图 4-1-27　病原菌侵入乳房引发炎症反应的过程（Caroline Viguier et al，2009）

三、乳房炎症状

乳房炎是一种炎症，所有的临床症状都直接来自乳腺内的炎性反应：体细胞数的升高（隐性乳房炎），是由于炎症介质诱导血管内皮通透性增加，嗜中性粒细胞进入乳腺组织后直接变成了体细胞；乳凝块的出现，是由于细菌和细胞死亡释放出大量具有黏性的DNA，将脱落的细胞或组织碎片"黏合"在一起；乳房的肿胀，是由于随着血管通透性增加，大量液体进入乳腺组织间隙，引发了炎性水肿。若能缓解这些炎性反应，弱化这个炎性过程，会直接有助于症状的恢复。

因为炎性反应剧烈程度有所不同，乳房炎的表现也有很大差异。有些患病奶牛的炎性反应较弱，可能只会以乳区体细胞数升高的方式（长期）存在，不会出现肉眼可见的临床表现。有些患

第一节 乳房炎

病奶牛炎性反应较强一些，但是没有突破乳房就会出现乳汁异常、乳房肿硬等表现。而少部分患病奶牛炎性反应非常强，很快就突破乳房，发展成全身症状，以败（毒）血症的表现存在。一般来说，乳房炎的症状不会由轻转重（图4-1-28）。一头奶牛很少由隐性乳房炎转变成临床型乳房炎，也很少由轻度乳房炎转变成中、重度乳房炎；往往在挤奶工人或兽医发现临床症状的时候，已经到了它最严重的时候。影响发病严重程度的一

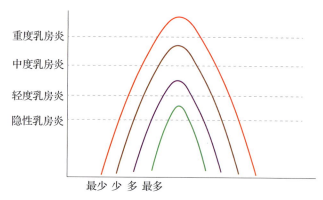

图4-1-28　任何一种类型的乳房炎都有自己独立的发展过程，一般不会"升级"

个因素是病原菌类型。革兰阴性杆菌引起的临床症状通常会更重一些，这类细菌包括大肠杆菌、克雷伯菌属和其他肠杆菌，它们会释放内毒素，引发更为剧烈的炎症反应；而革兰阳性球菌（葡萄球菌、链球菌、肠球菌）引发的症状会相对轻一些。影响临床症状的另一个因素是奶牛本身，奶牛乳头管损伤、处于产后免疫抑制期、处于各种应激状态、存在病毒感染等，会导致病原菌在乳房内增殖量更大，原发症状更重。根据乳房炎的严重程度，可以将其分为4个等级（图4-1-29）。

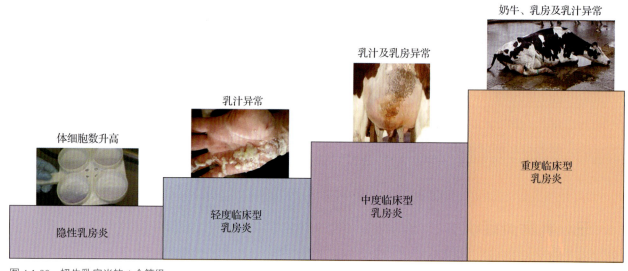

图4-1-29　奶牛乳房炎的4个等级

（1）隐性乳房炎　仅有体细胞数升高及乳汁病原菌检出，无乳汁或乳房的任何肉眼可见变化。

（2）轻度临床型乳房炎　有乳汁异常，包括乳汁中有絮状物或凝块、乳汁颜色变深、水样乳、黏稠乳等，但是患病乳区无异常，奶牛无全身症状。

（3）中度临床型乳房炎　乳汁异常的同时，患病乳区出现异常，包括红、肿、热、痛等；奶牛无全身症状。

（4）重度临床型乳房炎　奶牛出现患病乳区的乳汁及乳房异常的同时，伴随全身症状，如发热、脱水、精神沉郁、食欲减退等。

四、乳房炎诊断

1. 临床诊断

（1）**验奶** 这是早期发现临床型乳房炎最好的途径。还可以观察奶牛进入挤奶厅行为学发生的改变，还可以由兽医对乳房进行触诊，如果发现有肿胀或有硬块的情况，可以结合奶量的变化，判断乳房炎的发生。在挤奶之后，如果在滤纸上发现结块的话，也可以得知有些乳房炎病例可能被漏检了。如果从验奶角度进行观察，在临床上可能会发现不同的状况，如果发现只有乳汁性状的变化（如颜色变化、凝块、变黏稠），就是轻度乳房炎；但同时乳房有红肿的表现的话，就是中度乳房炎，如果发现奶牛本身发生了变化，就是重度乳房炎。

（2）**仪器探测** 除了人工验奶之外，还可以使用探测装置（如装有电导分析装置的计步器）进行检测，为了提高检测的灵敏性，还可以在电脑检测的同时在挤奶器上安装探测器，但是检测费用也会明显升高。

2. 体细胞计数

（1）**定性检测**

1）CMT 及其衍生法：定性检测法以 CMT 法及其衍生的各种类似方法为主（我国用的有 BMT、LMT、SMT 等）。简单来说，这类检测法用的试剂的主要成分是一种表面活性剂，能够破解体细胞，释放出黏稠的 DNA 物质，加上显色剂，使乳汁反应物既变稠又变色，以此来定性预估体细胞数大概在哪个范围（体细胞数可检测底线为 40 万~50 万个 /mL）。CMT 是目前隐性乳房炎诊断的最佳方式（图 4-1-30）。

图 4-1-30 CMT 在规模化奶牛场中广泛应用于隐性乳房炎诊断

2）乳汁 pH 测定：患奶牛乳房炎后，乳汁的 pH 上升，可用 pH 试纸进行检测。该方法操作简便、成本低，比体细胞检测更为直接有效，但易受到外界环境和自身因素影响。

3）乳汁电导率测定：患奶牛乳房炎后，乳汁中电解质增多，会导致电导率升高。但奶牛的品种、年龄、乳汁的乳脂含量、气候和采样时间对电解质的含量会产生一定干扰。将支持向量机安置于自动挤奶系统中，对泌乳量、乳汁电导率、平均挤奶持续时间、体细胞数和控制的季节等数据进行收集，可对乳房炎的发生进行综合判断。

（2）**定量检测** 过去，进行定量检测需要各个品牌的大型仪器（如 Fossomatic 体细胞计数仪，图 4-1-31）。这类仪器精确度高，其结果常常被作为体细胞数定量检测领域的金标准，目前还是 DHI 报告中用于生成体细胞数的仪器。目前，应运而生了一种便携式体细胞计数仪，也可以对乳汁体细胞数进行定量检测。这类设备的基本原理是用染剂对体细胞核进行染色，然后用内置电子扫描仪进行细胞扫描计数，其敏感性和特异性均较高。

这3种体细胞计数方法无所谓优劣，各有合适的检测领域。CMT只能预估某一体细胞数范围，检测底线通常为40万~50万个/mL，需要更多地借助操作人员的经验进行判断。为了使结果具有稳定性和可比性，同一规模化奶牛场最好由1~2人专门负责。但是，由于其操作简便、直观和价格低廉等，目前仍是进行大群牛乳区奶样隐性乳房炎筛查的最实用方法，很多对于隐性乳房炎防控策略的制订，离不开CMT。Fossomatic等大型检测设备主要用于科研和检测机构，规模化奶牛场无须过多关注。而便携式体细胞计数仪因为其检测范围广（可检测范围为每毫升数万至数百万）、能够定量检测、操作简便快速、价格相对低廉等特点，被越来越多的规模化奶牛场使用（图4-1-32），并主要用于高体细胞数风险牛群的精确监控、治疗效果评估及大罐奶体细胞数监测等。

图4-1-31　Fossomatic体细胞计数仪　　　　图4-1-32　便携式体细胞计数仪

3. 病原菌诊断

（1）无菌采样　采集奶样之前要对环境进行消毒，并准备好标签无菌采样瓶。提前在瓶上填写采集牛号和时间，保证手的清洁，戴手套。对采样奶牛乳头进行预清洁，挤前药浴，保持30s接触时间，药浴后擦干乳头，此时要注意一头牛使用一块毛巾，避免交叉污染。擦干乳头后用酒精棉球对乳头反复擦拭。如果一次采多个乳头样本，要从距离最远的乳头消毒，从最近的乳头采样。另外采样的时候，要保持采样管和乳头成45°角，如果采样管垂直，容易使更多的灰尘进入管里，造成污染。我国的规模化奶牛场通常很大，对不同乳房炎采样的过程，可能会消耗很多的时间，而挤奶厅温度通常较高，容易造成细菌的增殖，这时候就需一边采样一边把样品用冰盒保存起来，如果样品短时间内不能送到实验室，需要在-20℃冰箱中冷冻保存。

（2）病原诊断室

1）检测类型：目前多数实验室还是以细菌常规化培养检测为主，并配合少量的PCR进行诊断，未来诊断将会着重于质谱分析（飞行时间质谱分析）。在与规模化奶牛场接触时发现，最经典方法还是使用传统的微生物培养，PCR也有一些应用，主要应用于不常见的微生物（如支原体），并进行快速检测。从目前的状况来看，不仅要区分出细菌的种类，还要进一步区分出不同的细菌亚型的特异性，这样诊断才更有意义，这是因为同一类细菌（如金黄色葡萄球菌）不同的菌株亚型也会存在毒性和耐药性的差异。

2）安全措施：许多细菌都是人畜共患的，如果处理不好反而会引起自身的细菌感染。所以要在细菌培养之前进行消毒，戴上手套并穿好防护服，保持无菌状态，在进行细菌培养、检测操作的过程中，一定要保持封闭，避免他人进入，杜绝饮食饮水，注意化学试剂等易燃物品。如果把培养平板分为几个区域就可以节省成本，但是要区分画线的部位，以获得单个菌落。结束后，净化工作台很重要，妥善处置废物污染物，如废弃的平板、不用的化学试剂，还要收集手套、口罩并进行统一处理。

3）检测流程：细菌检测需要一套非常完整和成熟的过程，包括一系列不同方式的检测，经过检测以后才能确定是什么细菌（图4-1-33）。当然，如果频繁发现两种以上的细菌存在，很可能是因为培养皿被污染了。通常对于阴性杆菌的检测相对复杂，每个实验室的标准和培养方式都不相同，通常最简单的是通过生化鉴定方法（API）来进行检测。不管是革兰阴性菌还是阳性菌，鉴定后可以选择做耐药性试验，在平板上铺药敏片，选择敏感的药物看抑菌圈。但体外药敏试验只是一个参考工具，需结合临床使用效果。

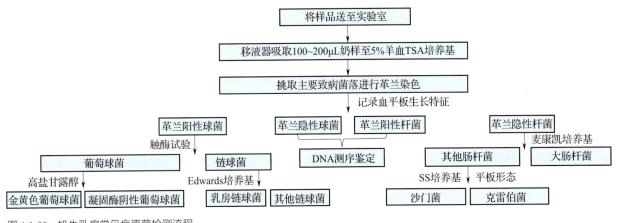

图4-1-33 奶牛乳房常见病原菌检测流程

4）PCR诊断：随着分子生物学技术的快速发展，用分子工具（基于PCR）对乳房炎源性病原菌进行诊断的方法已经建立起来。与传统的微生物法相比较，PCR检测法具有以下几种优点。

①检测时间短：用传统微生物培养法需要做平板培养、纯化、革兰染色和生化鉴定，整个流程至少需要2d才能得到阳性结果。而PCR检测法可以在3~5h得到结果。

②检测灵敏度高：目前，经过优化后的PCR检测法，其灵敏度平均可以达到10^3CFU/mL，而微生物培养法接种10μL时其最低检测下限也仅为10^3CFU/mL，对于大部分病原菌都不能达到这个检测下限。

③检测费用低：经计算，用PCR检测法每个样品累计费用在2元以下，而微生物检测法每个样品即使是最常见的病原菌检测也需10元左右的费用，检测某些不易培养的病原菌如链球菌等，费用在15元以上。

④检测范围广：很多病原微生物如牛支原体等不能在普通培养基中生长，微生物检测时会呈现假阴性结果，但用PCR检测法只需设计出其特异性引物，便可进行检测。

⑤应用抗生素后的样品检测：目前，收集到的大多数乳房炎乳样均为抗生素治疗后的乳样，大量的抗生素杀死病原菌使得微生物培养出现阴性结果，而PCR检测法的检测对象为病原基因组

DNA，其不受抗生素使用的影响。

以上所述均体现出PCR检测法具有相当的优势和开发潜力。

5）牛支原体检测：牛支原体的检测与一般的细菌检测不同，培养和鉴定过程相对特殊。首先要把牛支原体牛奶样品接种到一个特殊的支原体专用培养基上，混合样接种于1/2平板，其培养温度是37℃，在10%二氧化碳气体并潮湿的环境下进行培养。如果培养多个样品，使用荧光定量PCR检测会相对简单，但是通常检测的范围会减小。牛支原体培养通常较缓慢，一般3~4d后才能看见生长，7d左右菌落完全成熟。可以用显微镜对平板进行观察，如果看到半透明的煎蛋样菌落则直接确诊（图4-1-34）。在检测时如果发现平板呈阴性，则需要培养7~10d。

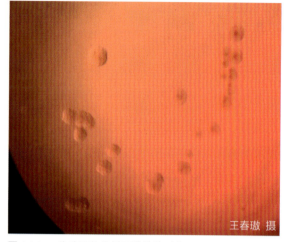

图4-1-34　牛支原体的煎蛋样菌落形态

五、乳房炎治疗

1. 抗生素治疗

在治疗乳房炎过程中，使用最多的药物是抗生素，甚至临床上习惯性地认为只有抗生素才能用于治疗乳房炎。奶牛乳房炎主要是由各类病原菌在乳房内大量增殖而导致，因此，使用抗生素治疗的第一个目的是尽快杀灭已经增殖起来的大量细菌，防止其持续地对乳腺组织进行炎性刺激，以消除症状。病原菌进入乳房后，一直在和免疫细胞进行斗争，临床症状的出现，预示着病原菌获得了阶段性的胜利。在这个时候，必须尽快给予抗生素对其进行杀灭。使用抗生素的另一个目的是将乳房内的病原菌杀灭得更为彻底，防止其在乳房内与免疫细胞形成平衡而长期少量地存在。这种情况会使临床型乳房炎转归为慢性的隐性乳房炎。总之，抗生素是用来帮助乳腺内免疫细胞杀灭细菌的，借助它的快速杀菌，来尽早消除炎性刺激；利用它的彻底杀菌，来防止慢性感染病例的出现。另外，在抗生素的选择方面，首先选择广谱抗生素，用于同时杀灭革兰阳性球菌和阴性杆菌；以乳区注入抗生素为主，因为大多数病原菌仅分布于乳腺组织内。

（1）科学选择抗生素　对抗生素制剂的选择非常重要。科学使用抗生素，合理设计抗生素治疗方案，不仅能够提升治疗效果，还能够防止耐药菌株的快速产生。在抗生素制剂的选择方面，要选择敏感、脂溶性强、能够快速释放、刺激性较小的商品化制剂。只有满足这些条件，抗生素才能够进入乳腺组织深部并快速释放出来，完成杀菌，实现上述的两个治疗目的。在现阶段，规模化奶牛场主要还是应用广谱抗生素对乳房炎进行治疗；然而，使用窄谱抗生素治疗乳房炎是未来的发展趋势。广谱抗生素在杀灭乳房炎病原菌的同时，还会作用于其他部位（如肠道菌群、乳池菌群）的非病原菌（甚至有益菌），大范围地刺激这些细菌产生耐药基因，并转导至敏感菌种，增加耐药性。而窄谱抗生素通常针对特定的一类病原菌，由于定向的杀菌作用，它不会作用在其他非病原菌上面，较难导致多重耐药株的大量产生。另外，有研究显示，使用高代次头孢菌素（广谱抗生素）比低代次头孢菌素（窄谱抗生素）更容易将大肠杆菌诱导成多重耐药菌株和高内毒素菌株。

（2）制定合理的治疗方案　与来自欧洲的同期乳房炎源性菌株相比，我国分离菌株对常用抗生素的耐药率普遍偏高，并出现了耐万古霉素葡萄球菌、耐多黏菌素大肠杆菌等多重耐药超级细菌。因此，制定合理的乳房炎抗生素治疗方案势在必行。

首先，治疗乳房炎的抗生素制剂要严格遵循标签规定疗程来使用。需要每天注射2次的抗生素，不能仅使用1次；规定疗程为5d的抗生素，不可减少治疗天数；肌内注射的抗生素，不能自行配制后给予乳房内注入等。其次，要精简常用抗生素的类型，同一成分的抗生素，只选择其中一种。设定首选用药和第二疗程用药，首选用药是牛场中杀菌效果最好的抗生素而非较差的。如果在治疗时未见明显效果，在一个完整的疗程结束后再换药。对于治疗时间较长的病例，卡控治疗时间点很重要，不要让奶牛无休止地在隔离区接受治疗。

2. 抗炎治疗

病原菌和乳房炎的关系可以分为两类：重菌轻炎和轻菌重炎。重菌轻炎指的是病原菌在乳房内很稳定、易存活，但引起的炎性反应不剧烈，以革兰阳性球菌为代表。在处理这类乳房炎的时候，要突出抗生素杀菌。轻菌重炎则指病原菌在乳房内不易长期存活，但尽管细菌死亡，也会引起剧烈的炎性反应，比如肠杆菌等。在处理这类乳房炎的时候，需要突出抗炎治疗。因此，对于中度和重度的临床型乳房炎，必须使用抗炎药来抑制炎性反应。在对临床型乳房炎奶样进行病原菌培养的时候，会发现20%~30%并没有细菌生长，说明细菌死后炎症反应依然剧烈。对久治不愈的乳房炎进行病原菌培养，发现全部为阴性，然而将乳腺组织切开后发现仍然存在弥漫性的炎症伴随组织急性坏死（图4-1-35）。抑制或缓解炎性反应，需要依靠非甾体抗炎药（简称抗炎药）。抗炎药和与抗生素不同，抗生素只具备杀菌作用，不能抑制炎性反应过程；而抗炎药则能够抑制炎性反应，不能杀菌。在牛用非甾体抗炎药中，氟尼辛葡甲胺和美洛昔康应用最广。氟尼辛葡甲胺非选择性抑制环氧合酶（COX），除了抗炎外，对生理性环氧合酶1也具有抑制作用，对消化系统和胎衣不下等具有一定的负面影响。美洛昔康高选择抑制环氧合酶2，副作用相对较小。另外，氟尼辛葡甲胺的半衰期较短，需要每天给药2次，而美洛昔康半衰期较长，每次给药可以维持3d的时间。多项研究都已证明，使用非甾体抗炎药能够明显改善乳房炎的全身症状，并促进局部症状的恢复。研究还显示，使用美洛昔康治疗乳房炎，还能够增加细菌学治愈率、改善繁殖性能、降低淘汰率等。因此，非甾体抗炎药对于轻菌重炎的乳房炎治疗具有特殊意义。

图4-1-35　乳腺组织内弥漫性炎症并伴随急性坏死

3. 支持治疗

在乳房炎恢复过程中，乳腺免疫系统在参与杀菌、代谢产物、修复组织等方面起到很大作用。当奶牛患临床型乳房炎后，出现了行为学的改变，不利于临床症状的恢复。奶牛采食量明显降低，泌乳量下降明显，降低免疫系统功能，不利于乳房内病原菌的清除。奶牛乳房压力大且疼痛感剧烈（研究发现，隐性乳房炎也有疼痛感），躺卧次数增多但时间减少，总体休息减少，不利于乳腺内的代谢。奶牛行走步数增多，挤奶踢杯次数增多，应激增大、乳汁瘀积，不利于乳腺内的代谢。乳房炎支持治疗，主要为了奶牛免疫力下降不会太大，保证正常挤奶和奶牛基础福利（如躺卧休息需求），可从以下方面着手进行：使用非甾体抗炎药，使用补液法纠正脱水、电解质失衡、内毒素性休克，补充能量、蛋白质和钙离子等。

4. 新型治疗理念

（1）**分级治疗** 随着乳房炎治疗学研究的不断更新，近年来出现了一些新的治疗理念。例如，分级治疗，即将乳房炎根据症状的严重程度进行分级，轻、中度的乳房炎给予乳区注入抗生素，而重度的乳房炎则以肌内注射抗生素为主。这种策略既保证了治疗效果，也减少了抗生素的过度使用，目前此法在我国规模化牛场已经得到了普遍的推广。

（2）**因菌治疗** 因菌治疗是指在乳房炎发病后马上进行病原菌培养，如果鉴定为革兰阳性球菌感染，强调抗生素的杀菌治疗；如果为大肠杆菌感染或者没有细菌生长，则停止抗生素治疗，强调抗炎治疗。这种策略不再依据临床症状（炎性反应），而是根据细菌学结果制订治疗方案，也在保证治疗效果的基础上，减少了抗生素的使用量。需要注意的是，在获得细菌学结果之前，是需要使用抗生素治疗病牛的。抗生素的尽早使用能够抑制细菌的增殖，有利于症状的尽早消失，并提高细菌学治愈率。因菌治疗也是一种逐渐被接受的新治疗理念，主要在能够自行培养乳房炎病原菌的规模化奶牛场中进行推广。

5. 治疗程序

在治疗之前，需要对乳房炎奶牛进行严格的体格检查：病史追溯；观察耳朵形态、精神状态、食欲、验奶、检查乳房、检测体温、检测瘤胃充盈程度、瘤胃音听诊。出现任何一个全身性症状（出现发热、脱水、精神沉郁、采食下降、瘤胃蠕动减慢等症状之一），即为重度乳房炎。采用分级治疗：仅乳汁异常，给予乳区注射抗生素；当出现乳房肿硬甚至全身症状时，给予乳区注射抗生素、肌内注射抗生素、非甾体抗炎药、补液、营养支持等。具体治疗流程可参考图4-1-36。

在治疗过程中，需要饲养工人和挤奶工人积极配合：给予患乳房炎的奶牛高产料甚至新产料、最松软的躺卧环境、最干净的行走通道，以及最负责、有耐心的挤奶。

6. 治疗效果评价

一种好的抗生素治疗方案，需要用以下几个指标去评估：治疗的便利性，如每天使用1次的抗生素制剂比每天治疗2次的制剂更加便利；症状消失的时间，能够说明在多长的时间内杀灭大

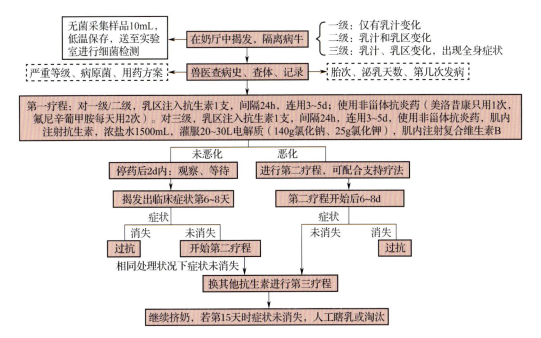

图 4-1-36　奶牛乳房炎治疗参考流程

量的乳房内病原菌，使其对乳腺组织的炎性刺激尽早停止；治疗疗程，如标签标明 2 次治疗为一个疗程的抗生素，比 5 次治疗为一个疗程的抗生素杀菌效果更好；细菌学治愈率，代表了抗生素杀灭病原菌的彻底性，不会因其在乳腺内少量存在而引起复发。如果一头奶牛某一乳区在 30d 内发生了大于或等于 2 次的乳房炎，且由同种病原菌引起，就要怀疑是由于没有达到细菌学治愈而导致了复发。如果一个牛场中的复发率达到了 15% 以上，说明当前的抗生素制剂选择或治疗方案存在问题，需要进行改进。

（1）临床治愈率和细菌学治愈率　治疗效果好不好，从兽医判断的角度来说，就是看临床症状是否消失，包括乳汁是否变得正常、肿硬的乳房是否变得柔软，或者全身的病态表现是否消失等，即临床治愈。一般来说，临床型乳房炎都由于病原菌进入乳房，在其中伺机大量增殖而引发的。对于健康奶牛来说，乳房内主要含有 3 种免疫细胞，包括巨噬细胞、嗜中性粒细胞和淋巴细胞。细菌进入乳房内后，两者之间会发生互作，叫作炎症反应。当反应足够强烈时，我们就能够通过肉眼看到症状，包括乳汁的异常和乳房的肿硬等。当出现临床症状时，使用抗生素来配合乳腺的免疫系统更好地杀菌。我们在判断乳房炎病例是否真正得到有效治疗时，临床治愈和细菌学治愈都应该得到同等的关注。尤其是在评估抗生素的效果时，使用细菌学治愈率比临床治愈率更为合乎逻辑，因为抗生素的作用是杀菌。在我国很多规模化牛场中，一头牛一个乳区反复发生乳房炎的现象并不少见，排除奶牛的其他因素，得不到真正有效的抗生素治疗，是其发生的一个重要原因。可以说，判断一种抗生素的治疗效果，消除临床症状固然重要，使乳房炎的复发率降到最低更为重要。

（2）影响乳房炎治疗效果的因素

1）兽医操作和病牛管理因素：

①不当的操作导致在治疗过程中重新感染，治疗次数越多，感染风险越大。

②灌注针头插入乳头孔太深，会把乳头末端完全破坏，造成这个乳区更易感染乳房炎。

③乳房炎牛舍的环境和挤奶设备维护、挤奶操作流程遭到忽略，对这个牛群的关注远不如大群和大挤奶厅，导致在治疗过程中新发乳房炎。这是我国很多规模化奶牛场都存在的问题。

④治疗前挤净奶，用酒精棉签消毒乳头，治疗后药浴乳头。

⑤治疗延迟：发现症状后不立刻使用抗生素治疗而是"观后效"，这种做法需要配套的是兽医对症状的准确把控经验、已经实验室检测的精确配套支持，在目前我国很多规模化奶牛场不适用。尤其是主要几种革兰阳性球菌性乳房炎，治疗越晚，细菌进入深部组织的可能性会越大，细菌学治愈率越低。

2）药物因素：

①使用不敏感的抗生素，如链球菌乳房炎使用庆大霉素（针对阴性杆菌）治疗。

②在治疗出现乳房肿硬症状病例时，不使用非甾体类抗炎药。这会产生两种后果：一是细菌已经被杀灭，但炎症反应过于激烈，消减缓慢；二是坏死脱落的组织碎片堵塞乳腺导管，导致抗生素不能接触到位于深部细菌，使细菌学治愈率下降。

③有全身症状的乳房炎病例不使用补液、补能量、补钙疗法和全身抗生素治疗等。

④所使用抗生素的半衰期短，不能够在注药间隔（挤奶间隔）保证持续杀菌。

⑤所用抗生素通过血乳屏障的能力差，在乳腺中浓度太低，不能有效杀菌。

⑥所使用抗生素的脂溶性差、蛋白结合能力强，导致在乳腺中分布不均匀，不能全面杀菌。

⑦乳注药物本身由于载体不佳，对乳腺组织具有强刺激作用，使症状加重。

⑧拮抗用药，如杀菌类抗生素和抑菌抗生素同时使用。

3）病原菌因素：

①某些病原菌能进入深部组织，甚至在上皮细胞内存活，再有效的抗生素也接触不到，如金黄色葡萄球菌。

②某些病原菌会产生生物被膜，耐药性增强，如葡萄球菌。

③某些病原菌会转化为休眠期菌型，如小菌落变异株，对本来敏感的抗生素耐药。

④有些病原菌不喜欢乳房内的环境，在症状出现前细菌大量死亡，如大肠杆菌。

⑤有些病原微生物对各种抗生素都不敏感，我国现行使用的商品化抗生素几乎无效，如真菌、支原体、无绿藻等。

4）乳腺组织因素：

①乳腺免疫和修复能力：乳腺内自身免疫系统一直是对抗病原菌的重要战场，免疫能力的强弱，包括乳腺自身修复能力的强弱，影响到细菌学治愈效果和症状恢复时间，这一点和营养因素、遗传因素及乳腺的组织结构有关。

②乳腺组织分布不均，并出现物理性阻塞，导致抗生素在内不能弥散。

③乳腺组织创伤或坏死引发炎症反应。

④乳腺内有大量的浓汁，抗生素不能进入。

⑤乳房过于弥漫性肿硬，内部乳腺组织扩张压力太大，抗生素无法渗透。

⑥使用抗生素中的载体及配料质量一般，对乳腺组织的刺激性大，副作用明显。
⑦乳头管的内孔遭到破坏，角蛋白栓分泌不佳，细菌更容易繁殖。

7. 抗生素用药趋势

近年来，全球都非常关注几个乳房炎热点问题：一是减少抗生素的使用，二是降低使用的抗生素的级别（用低代次的不用高代次的；用窄谱的不用广谱的）。这都是站在为了人类安全的角度上提出的（我国规模化奶牛场在这方面做得不尽如人意，导致了欧美乳房炎病原菌对各种抗生素的耐药率很多是1%~5%，而我国的能达到百分之几十）。基于这样的用药理念，近年来国际奶牛乳房炎研究的临床专家、研究专家和一线兽医都统一了认识，达成了两个比较新的共识：第一，减少临床型乳房炎治疗过程中的抗生素用量，不等症状消失就停药，同时对大肠杆菌的乳房炎不再治疗；第二，不再使用全群干奶药，而是有选择的部分干奶，如果遇到干奶环境比较差的牛场，就用乳头封闭剂不让细菌进入，而不是用抗生素预防。这与不在饲料里添加抗生素是一个道理。干奶期使用抗生素的目的有两个：一是希望干奶抗生素对原有持续存在于乳房中的细菌进行彻底的杀灭，因为这些细菌可能在泌乳期稳定存在于乳房中，长时间形成隐性乳房炎，这属于治疗目的；二是希望干奶药在干奶期能够将可能进入乳房的细菌杀灭，这属于预防目的。因此，伴随这两个目的，在传染性乳房炎高发的时代干奶药应运而生，因为传染性乳房炎基本上都是阳性球菌，稳定存在于乳房中。可以说，在传染性乳房炎高发的时代，或者说大罐奶体细胞数普遍很高的时代，干奶药的全群使用成了防控策略上中流砥柱式的工具。然而，无论国外还是国内，乳房炎病原菌的构成已经从传染性病原菌转为环境性病原菌，使用干奶药的目的主要为预防干奶期有新的细菌进入乳房，消除原来乳房内固有细菌的任务就少了很多。因此，选择性干奶是未来发展的必然趋势。但是这个理念在国内落地时还是要谨慎评估，一方面要大胆尝试，另一方面要谨慎执行，量化评估。

六、乳房炎防控

1. 环境管理

选择适合的垫料及其处理方法是提高奶牛舒适度和保障奶牛健康的前提。当然，除了增加卧床舒适度、铺垫垫料外，保持良好的舍内卫生环境也是必不可少的，及时更换垫料、及时清理粪污、保持牛体卫生，可以大大减少与奶牛乳头接触的环境性病原菌，进而减少环境性乳房炎的发生。

在密闭式牛舍内，粪便排放到牛舍内部中间过道粪沟再排放到舍外，粪道很容易堵塞倒流回牛舍，因此密闭式牛舍内部要严防粪便没过牛蹄。开放式牛舍的粪池也不能过满，以防止粪便倒流回牛舍，还必须保证粪池内有少许粪液，防止底层粪便干化。对开放式牛舍，清理粪便时要保证设施没有沾上粪便，否则必须及时清理；内部清粪要保证卧床上和水槽内外没有粪便，整洁干净。泌乳牛准备挤奶进入挤奶厅期间，清粪人员要对卧床等设备及粪道、饮水槽前平台进行彻底清理，将卧床上的牛粪清除掉，整理不平整的垫料，使奶牛回舍后粪便不没牛蹄底，且无明显牛粪堆积死角，做到牛走粪清，有良好舒适的卧床环境（图4-1-37）。做好牛舍和运动场的清粪工作，雨季运动场不便清粪时，要在雨后及时做好清粪补救工作。确保挤奶厅、奶牛通道干净，粪便不能出现堆积、没过牛蹄的现象。

关于清粪时间，应坚持牛走粪清的原则。要求坚持分段堆粪，根据赶牛的时间顺序，用推粪车依据牛粪的积压数量，分多次把牛粪缓慢匀速地推进贮粪池，绝不允许将牛粪推上奶牛卧床，并做好推粪记录；做好堆粪池内牛粪及时外运的监督管理，

图4-1-37 给予挤奶回舍奶牛良好的环境

并做好记录。饲喂通道和赶牛通道结合处的牛粪要及时进行彻底清理，防止造成交叉污染。

2. 挤奶管理

挤奶前，务必清除沾在乳头上的粪便和污物。挤奶人员应用肥皂或其他低刺激性消毒液彻底洗净双手，再用干净的毛巾擦干。如果在挤奶的过程中双手被污染，需要再次彻底清洁双手并擦干。检查挤奶设备，确保挤奶机及其内衬干净无污物。被挤奶牛的乳头要保持清洁、干燥，使用不会损伤奶牛的材料和消毒剂对乳头尤其是乳头末端进行清洁，每头奶牛单独用一张擦拭纸巾或一条干燥、清洁的毛巾擦干，不交叉使用纸巾或毛巾。挤奶前应通过触诊和验奶（弃掉前3~8把奶）对奶牛是否患有乳房炎进行初步诊断。对奶牛的挤奶顺序应为先挤头胎牛，再挤新产牛，然后挤主体牛群，最后挤病牛和乳房炎奶牛。

挤奶过程中，先弃去3~8把牛奶，对于弃于地面上的牛奶，需及时用清水冲洗掉。挤奶时，完成挤奶刺激后，奶牛开始排乳，应在1~2min小心且快速地将挤奶机套杯与乳区连接，防止过量空气进入挤奶系统。调节挤奶杯的位置，使其保持位置平衡，没有偏杯且短奶管没有扭曲现象。多数奶牛可在4~8min内完成挤奶，过度挤奶会造成奶牛乳头末端角质化。需要根据泌乳量及挤奶效率，设置合理的脱杯流速。挤奶完毕后，应立即对乳头用蘸杯药浴的方式进行清洗消毒。对挤奶设备，要在挤奶后用合适的消毒剂清洁所有系统部件。

3. 热应激管理

大部分奶牛场在夏季为控制热应激而使用喷淋措施，如果设计的喷水量不合适或配套的清粪系统不能及时清除粪水，一旦粪水大量蓄积，奶牛在走动时，粪水溅到乳头的风险将大大增加，从而增加病原菌与乳头的接触机会。而奶牛乳头上的病原菌主要来自与卧床的接触，奶牛上挤奶厅时乳头上的病原菌数量与卧床上的病原菌数量呈正相关，一般乳头上附着的细菌数量是卧床细菌数量的1/1000。同时，在热应激控制不佳的规模化奶牛场，直接躺卧在粪道上的牛会增多。一些没有卧床的规模化奶牛场，夏季运动场的湿度也会显著增加，甚至出现泥泞的情况。

所以，在夏季如果卧床湿度控制不力，会导致卧床上病原菌载量显著高于其他时期，尤其是使用有机垫料的卧床。最常见的情况是，喷淋系统喷头的角度设置不合适，一些问题喷头未能及

时被发现和修复，或是粪道宽度不够，直接导致卧床尾部被喷湿。在夏季，水的过量使用会直接提高病原菌的繁殖速度，相应增加通过乳头孔进入乳区的风险，从而增加奶牛乳房炎发生概率。如何合理使用喷淋或挤奶厅用水，是夏季控制乳房炎的一大挑战。

热应激期间，减少乳房炎发病的关键措施包括：更严格的卧床管理，干燥是关键；给高风险牛，如围产牛、新产牛使用无机垫料；一定要定期评估前药浴的效果，确保执行到位；加强挤奶设备的维护，尽量少出现滑杯和漏气问题；评估喷淋降温系统，确保合理用水量；任何粪道或上下挤奶厅通道的积水，或卧床尾部被淋湿均应引起重视并及时调整；严禁挤奶前给母牛冲洗后躯或乳房。

4. 营养管理

在实际生产中，影响奶牛乳房炎的因素很多，如奶牛的泌乳阶段、季节、胎次、遗传及微生物感染等。我国很多规模化奶牛场乳房炎发病率较高的主要原因是病原菌感染，而控制此类乳房炎最好的方法是提高奶牛自身的免疫功能，建立良好的乳腺防御机制。提高奶牛自身免疫力的方法很多，给奶牛提供合理的微量元素是目前应用最为广泛的方法之一。微量元素在奶牛的免疫功能和氧化代谢方面发挥着重要的功能。给奶牛补充合理的微量元素，如锌、铜和硒等，可以有效地降低奶牛乳房炎的发病率和大罐奶体细胞数。锌对于乳头管表面角蛋白的形成是必需的，而角蛋白在奶牛防御乳腺感染中发挥着重要的作用。

铜是许多酶的组成成分，在机体免疫过程中起着重要的作用。动物体铜的状态会影响体内嗜中性粒细胞、单核细胞及 T 细胞等免疫细胞的功能。有研究发现，在含铜 6.5mg/kg 的基础日粮中补充 20mg/kg 的铜，可以降低由大肠杆菌引起的乳房炎发病率，并降低临床症状的严重程度。硒是动物必需的微量元素之一，以硒代半胱氨酸的形式存在于硒蛋白中，作为其活性中心发挥作用，它的生物学功能主要是抗氧化、抗炎、免疫调节和参与新陈代谢。硒是谷胱甘肽过氧化物酶的重要组成成分，该酶是乳腺细胞抗氧化系统的重要部分。有研究显示，日粮单独添加硒虽然不能降低临床型乳房炎的发病率，但可以使临床症状减轻 46%。血浆中和全血中硒的浓度通常作为奶牛硒状态的评价指标，一般来说血浆或全血中硒浓度增加，会减少牛奶中的体细胞数，减少乳房炎的发病率，提高嗜中性粒细胞的功能。增加血浆或全血中硒浓度最简单有效的方法就是在奶牛日粮中补充硒。铁与动物体内的氧代谢和能量代谢有关。同时，铁也是过氧化氢酶和过氧化物酶的重要组成成分，对于控制体内活性氧的水平十分重要。因此，铁的缺乏会影响奶牛的免疫功能和代谢功能。奶牛日粮中的铁主要来自粗饲料，而由于土壤中铁含量丰富，奶牛粗饲料中铁的含量已经满足或超过了奶牛对铁的需要，因此有关日粮补充铁对奶牛影响的研究报道很少。有研究发现，在产前及产后给奶牛饲喂有机铁，可以显著降低牛奶中的体细胞数，而对泌乳量和乳成分没有影响。

5. 干奶期管理

干奶阶段，尤其是分娩前几天是乳区感染病原菌的高风险阶段，此阶段大量的环境性病原菌进入乳房内。使用有效的乳头封闭剂对于减少此类乳房感染比较有意义。此外，应激导致产后母牛处于免疫抑制的状况，分娩应激、产后疼痛（尤其是异常分娩母牛）会导致体内一些糖皮质激素水平升高，严重影响机体免疫状况，使母牛对感染更加敏感。同时，新产牛的代谢病问题进一步抑制机体免疫力。随着规模化奶牛场奶牛泌乳水平的不断提升，亚临床低血钙在规模化奶牛场会影响半数以上的新产奶牛，钙离子的缺失导致免疫细胞的移动趋化能力和杀菌能力均显著下降，母牛对各种感染更加敏感。新产牛阶段的能量负平衡也给免疫力的维持来带巨大挑战。

干奶期抗生素治疗最主要的作用是帮助母牛清除干奶时仍旧存在的细菌感染。美国的调查研究显示，干奶时乳区内仍存在的病原菌93%为革兰阳性菌，这些革兰阳性菌远比革兰阴性菌更易在乳区内定殖并逃避免疫系统的清除。但是在刚干奶的头1~2周，以及产犊前的1周时间内乳区内新发感染的风险也极大升高，一些干奶药还具备对革兰阴性菌的杀灭活性，对控制此类感染也有一定的帮助。但是绝大部分的干奶药有效期只有不到50d，对于产前1周的乳区感染几乎没有保护力。此时，更全面的干奶处理可以降低干奶期乳区新发感染，如干奶药注射时的无菌操作、使用乳头封闭剂、良好的干奶牛卧床管理、降低饲养密度、控制热应激、营养管理防止营养代谢病等，这些都能够显著降低干奶期乳区新发感染的风险，从而降低产后发病率。

6. 新产牛管理

新产牛是一个特殊的群体，其乳房炎高发的原因包括几个方面：新产牛的免疫力是所有泌乳阶段中最低的，这个除了由奶牛的生理变化决定外，产后护理和监控不佳也会导致这种情况；新产牛不容易挤奶，尤其是头胎牛。由于没养成好的挤奶习惯，或者乳房水肿排乳很慢，都会造成新产牛挤奶困难，这对乳房炎的影响是很大的；新产牛的乳房炎还可以追溯到产前，干奶牛阶段如果管理不好，会导致新产牛各种疾病的发病率增高。

此外，产后其他疾病如产犊疼痛、产后低血钙、酮病等都会对乳房炎造成直接或间接的影响。比如产犊疼痛，奶牛吃喝不好，导致能量负平衡更严重，免疫力下降。低血钙时，奶牛躺卧时间长，细菌很容易就进入乳房了，很有可能就是一例乳房炎的发生。因此，对于围产期奶牛应该做好以下工作：在干奶时，使用好的干奶药或乳头封闭剂；给干奶牛一个干净、干燥的躺卧和休息环境；尽量避免干奶期和产犊时的各种应激，包括热应激、转群应激和产痛应激；建立一套细致严密的新产牛监控体系，并且要利于执行；在新产牛挤奶时，给挤奶工灌输耐心、细致、友善的挤奶理念。

（高 健）

第二节 其他乳房与乳头疾病

一、血乳

奶牛血乳（Bloodtinged Milk）是由于各种不良因素作用于乳房，致使乳房血管发生破裂或充血，血管壁通透性增强，导致血红蛋白或者红细胞进入腺泡和乳管道中，从而分泌红色或粉色乳汁的一种疾病。症状较轻时不需要进行治疗，只要做好饲养管理工作，能够完全自愈。但部分病例要立即进行治疗，否则会导致泌乳量下降，严重时还会合并乳房炎或其他疾病，使奶牛死亡，应加以防治。

【病因】

（1）生理性因素　妊娠奶牛分娩后，由于乳房血管的充血状况会发生明显变化，并增大乳腺腺池毛细血管壁的通透性，促使血红蛋白或者红细胞渗入腺泡腔或者腺管腔，造成血乳。

（2）乳房机械性损伤　分娩后，母牛乳房肿胀、水肿严重或乳房下垂，牛在运动和卧地时乳房受到挤压或牛互相爬跨，牛出入圈舍时相互拥挤，突然于硬地上滑倒，运动场不平，有碎砖、石子、瓦片及冬天冷冻的粪块等，均可造成机械性损伤，使乳房血管破裂。有些奶牛场挤奶通道过于狭窄，或者待挤厅过于拥挤，使后面的牛用头部（甚至角部）顶撞前牛乳房，造成损伤。

（3）凝血性或溶血性疾病与微量元素和维生素缺乏　一些母牛若患有血小板减少或其他血凝障碍性疾病，或微量元素硒和维生素 E 缺乏可引起血乳，而且会阶段性发生。

【症状】　奶牛在产后往往突然分泌血乳，挤出的乳汁仍呈均匀的红色（图 4-2-1）。乳汁的红色深浅也有差别，轻者呈粉红色，重者会呈棕红色、鲜红色（图 4-2-2），乳中一般无血凝块。乳房明显肿胀，略有热感，在挤奶时会产生轻微疼痛，使奶牛感到不安，并明显躲避。病牛一般会表现出轻微的全身反应，精神、食欲及泌乳状况基本正常。一般来说，奶牛产后血乳在挤奶 4~8 次后便消失，其病程为 2~4d。但有的病程达 30d 或更久。

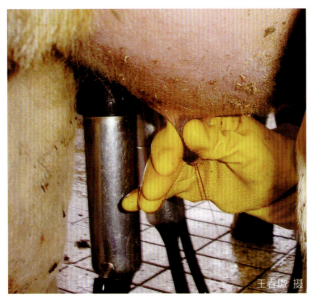

图 4-2-1　挤出的血乳

图 4-2-2　挤到挤奶台上的血乳

在分娩很长时间后发生的血乳，多因一个乳区或多个乳区发生外伤所致，挤出的乳汁可能出现血凝块，但经过几天后血乳逐渐减轻至消失，发生外伤后的乳区局部可能出现红、热、肿、痛等症状，或伴有明显的外伤痕迹。如果处理不当，可继发细菌感染，发生严重的乳房炎，甚至出现败血症而死亡。

有微量元素硒和维生素 E 缺乏引起的血乳，大多是四个乳区都发生血乳，在一个阶段内血乳发病率升高（视频 4-2-1、视频 4-2-2）。

在治疗血乳的过程中，由于对血乳牛护理不当或乳头管内注射酚磺乙胺（止血敏）时无菌操作不好，可能继发乳房炎。

【诊断】 病牛突然出现血乳，奶牛乳房肿胀、稍有热感，挤奶时稍有痛感，牛不安，躲避，通常全身反应轻微，精神、食欲和泌乳正常。本病要注意与出血性乳房炎进行区别。出血性乳房炎病牛病变乳区通常具有明显的炎性反应，明显发红、肿胀，且伴有痛感；分泌稀薄如水的乳汁，颜色呈浅红色或者深红色，其中含有凝乳块和凝血；表现出明显的全身症状，体温升高超过40℃，精神萎靡，食欲不振或者完全废绝。

【治疗】 奶牛血乳一般不需要治疗，3~10d 即可自愈，要使患病奶牛保持安静，血乳区冷敷或冷浴。禁止热敷、按摩、涂刺激性药物及频繁挤乳，尽量使奶牛保持安静。饲喂时，少喂精饲料和多汁饲草。出血严重者肌内注射止血剂，如酚磺乙胺。也可经乳头管内注入酚磺乙胺 20mL，必要时第 2 天可再重复 1 次。对于出现全身症状的奶牛，可用 10% 葡萄糖酸钙注射液 300~500mL 静脉注射，每天 1 次；或 10% 葡萄糖注射液 1000mL，10% 葡萄糖酸钙 300~500mL，维生素 C 注射液 50mL，一次静脉注射。对于怀疑微量元素硒和维生素 E 缺乏引起的血乳，可给奶牛注射亚硒酸钠维生素 E 注射液，每头牛每天肌内注射 15mL，可连续注射 2d。对于继发了乳房炎的血乳牛，在治疗血乳的同时，还要按乳房炎用抗生素治疗。

（高 健）

二、乳头管狭窄与乳头管开口部闭锁

由乳头管乳池黏膜和乳头管黏膜慢性增生性炎症，引起的乳头管乳池黏膜、乳头管黏膜及黏膜下层组织增生、纤维化或瘢痕化，引起乳头管狭窄或阻塞（Stenosis of Teat Canal），临床特征为乳汁流出障碍，是奶牛乳头的常见病。

乳头管开口部闭锁（Block of Teat Canal）分为先天性和后天性闭锁，挤奶时乳汁不能挤出，本病虽然发病率低，但兽医如果不懂得治疗方法，也会导致奶牛乳腺瞎乳或淘汰。

【病因】 乳头管狭窄通常由慢性乳房炎或乳池炎症引起，或由于早期乳头挫伤、挤乳不当、奶衬老化、真空泵压力过高，引起乳头管黏膜及黏膜下层受伤，或长时间使用导乳管，使黏膜受到伤害呈慢性增生性炎症，炎症波及黏膜下层，乳头管黏膜及黏膜下层组织逐渐纤维化、瘢痕化，导致乳头管不能舒张，引起狭窄。另外，黏膜表面的乳头状瘤、纤维瘤、息肉等，也可造成狭窄。在挤奶过程中会遇到在乳头管内上下移动、具有弹性的豆粒大小的肿块，肿块通过纤维性蒂带附着在乳头管乳池黏膜上，蒂带的根部在乳头管乳池的深部，蒂带约长 2cm，肿块阻塞乳头管，影响挤奶。

乳头管开口部后天性闭锁的牛，大多是上一个泌乳周期内临床型乳房炎没有治愈，做瞎乳处理的牛，在奶牛分娩后，乳房炎已经消退，但乳头管开口部有纤维性增生，封闭了乳头管开口部。

【症状】

（1）乳头管及乳头管乳池狭窄 乳房乳池中充满乳汁，但挤不出奶，触诊乳头管感到乳头管厚而硬，有坚实的纵向团块，或感到乳头管及乳头管乳池内有硬索状物，似"铅笔杆"，插入导乳针有紧缩感或感到有阻力。

（2）部分乳头管及乳头管乳池狭窄　虽能挤出乳汁，但乳头管乳池充奶缓慢，影响挤奶速度。插入乳导管可遇到阻碍。

（3）乳头管乳池黏膜上由蒂带相连接的增生性团块　在验奶时可以感觉到乳头管内有上下滑动的团块，当团块由乳头管乳池内移动到乳头管内时，堵塞管道，挤奶困难；当团块向上滑动到乳头管乳池时，又可恢复正常挤奶。

（4）弥漫性乳头管肿胀　整个乳头管乳池狭窄、塌陷，有疼痛感，插入导乳针容易，并能将乳腺乳池内的乳汁导出。乳头管狭窄时表现为挤奶困难，乳汁呈点滴状或细线状排出。

（5）乳头管开口部封闭　头胎牛产后第一次挤奶时就挤不出奶来，或经产牛产后第一次挤奶时挤不出奶。无论先天性乳头管开口部封闭，还是经产牛乳头管开口部封闭，乳房乳池内和乳头管乳池内都充满乳汁，没有乳房炎症状。

【诊断】　本病通过病史、触诊和乳头导管探测及检查乳头管开口部局部变化，都能做出正确诊断。

【治疗】　本病的治疗方法有保守疗法和手术方法，具体应用要根据每头病牛的实际情况来选择。

（1）保守疗法

1）当患有局限性或弥漫性乳头阻塞时，如果奶牛已进入泌乳末期，为减少受损伤部位刺激，可以对病牛进行干奶治疗。经过一个干奶期的休息，乳头管的增生可能已经消退、恢复正常。

2）乳头管内有上下滑动的肿块的治疗：将奶牛固定在挤奶台上，或将牛在保定架上保定，用手挤奶，当肿块进入乳头管乳池时，应用手指捏住乳头将肿块固定住，然后用蚊式止血钳经乳头管开口处插入乳头管内，张开止血钳夹住可移动的团块，捻转止血钳，使带蒂的团块从根蒂部形成索状，一边捻转止血钳一边向乳头管开口处牵引，当接近乳头管开口处时，用眼科手术剪经乳头管开口伸入，剪断索状蒂带，抽出钳夹团块的止血钳。

3）轻度狭窄时，乳头上涂碘化钾或黄色素软膏（盐酸吖啶黄0.5g、碳酸钙250g、液体石蜡4g、羊毛脂5g、凡士林16g），经常按摩。为防止乳头孔闭锁，可使用奶道护理栓，方法是挤完奶后将护理栓置入乳头管内，下次挤奶后再更换一只新栓，直至治愈。

4）乳头弥散性肿胀时，立即用10%硫酸镁浸泡，局部用二甲基亚砜、羊毛脂或芦荟软膏保护乳头。

（2）乳头管狭窄的手术疗法　包括开放性与非开放性疗法，不论何种方法，都应在手术后将特制乳头管护理栓置入乳头管内，不但可防止乳头管发炎，还可防止乳头管粘连。

1）非开放性疗法：首先应向乳池内注入2%盐酸普鲁卡因30~50mL，对于乳池内的肉芽组织、赘生物，可用眼科小匙反复刮削，将其去掉。

2）开放性疗法：即乳头管切开术。其优点是直接能观察到病变，准确地切除病变，但术后要有良好的护理条件，防止乳头切口的感染。

具体操作方法为：先进行奶牛仰卧保定。更为安全的保定方法是采用皱胃左方变位盲针固定翻转保定车，进行仰卧保定，既能充分显露乳房，又能使奶牛得到妥善保定，对人对牛都安全（视频4-2-3）。

对患病乳头充分清洗与消毒，乳头管切口部用0.5%盐酸利多卡因局部浸润麻醉，术部隔离并消毒，经乳头管开口部插入消毒的人工输精枪塑料管，在乳头根部结扎弹力止血带。然后，在增生的乳头管外侧面纵切皮肤，直至切透乳头管全层，显露输精枪塑料管。检查乳头管黏膜增生的病变组织，用手术刀或手术剪剥离增生的组织，完全剥离掉增生的黏膜组织，止血后，用生理盐水冲洗。用00号羊肠线或0号PGA缝合线，间断缝合乳头管黏膜下层切口，缝闭后用生理盐水冲洗，再连续缝合乳头皮下、肌肉组织，最后间断缝合皮肤切口。切口用碘附消毒后，解除乳头根部的弹力止血带，抽出输精枪塑料管后，在乳头管内装置消毒的乳头管扩张栓。

视频4-2-3
乳头管狭窄手术疗法的仰卧保定

术后应用抗生素控制局部的感染，挤奶时取下乳头管扩张栓，插入导入针放出乳房内的乳汁后，再装置消毒的乳头管扩张栓。术后第6天拆除皮肤缝合线，恢复正常挤奶。

（3）乳头管开口部封闭手术　头胎牛和经产牛第一次挤奶时，发现肉头管开口部封闭，都需要用手术方法解除封闭，恢复正常的挤奶。

1）保定与麻醉：在并列挤奶台上挤奶的牛，就在挤奶台上进行手术，在转盘式挤奶厅挤奶的牛，需在保定栏内进行手术。术前注射盐酸赛拉嗪0.3~0.4mL，对乳头管封闭处用盐酸普鲁卡因局部浸润麻醉（图4-2-3、图4-2-4、视频4-2-4）。

2）手术方法：检查乳头管开口处有无小的增生物封闭了乳头管开口，如果有增生物，需要先用手术剪剪去增生物（视频4-2-5），然后对准开口处将止血钳插入乳头管内，扩张乳头管开口，使乳汁顺畅排出（视频4-2-6）。用手挤净乳房内乳汁，然后按正常的挤奶程序挤奶并进行后药浴。

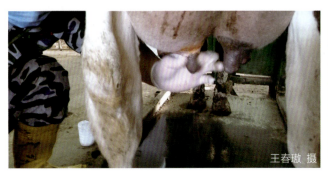

图4-2-3　头胎牛左后乳头管开口部封闭

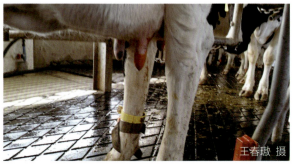

图4-2-4　经产牛右前乳头管开口部封闭

视频4-2-4
乳头管封闭处局部浸润麻醉

视频4-2-5
用手术剪剪去乳头管开口处的增生物

视频4-2-6
用棉球蘸去乳头管末端的血液，用止血钳对准乳头管开口处，快速插入乳头管内，放出乳汁

【预防】 关键在于加强饲养管理，严格遵守挤奶操作规程，提高挤奶技术，防止乳头损伤。

（高　健）

三、乳房水肿

乳房水肿病（Edema of Mammary Gland）是奶牛围产期较为常见的一种代谢紊乱性疾病，主要病变特点是乳腺细胞间的组织空隙出现液体过量积累，在高产奶牛群的发病率达20%~40%。乳房水肿严重时，乳房和脐部水肿、充血，并且外阴部和前胸水肿可能更为明显。通常情况下，青年妊娠母牛乳房水肿的发病率和严重程度均超过经产奶牛。乳房水肿可使奶牛感觉不适，并导致诸多管理问题，如机械挤奶困难、乳头和乳房受损及乳房炎等。如果病牛处理不善会导致乳房出现各种疾病，甚至影响终生泌乳量。

【病因】

（1）生理性因素　妊娠末期由于盆腔内胎儿压力，造成静脉血和淋巴液由乳房流出受到限制，即流入乳房的血液增加而流出乳房的血流没有相应地增加，导致静脉血压升高。另外，本病的发生可能与妊娠末期奶牛体内类固醇激素的分泌量和相对比例发生明显变化有关。奶牛在接近产犊时，血中蛋白质浓度尤其是球蛋白浓度降低，血管通透性增强，这与乳房水肿高发病率有密切关系。研究表明，本病的发生与泌乳量呈显著的正相关。

（2）营养与饲喂因素　妊娠母牛新陈代谢旺盛，发育快速的胎儿与子宫及乳腺都需要蛋白质等营养物质，同时母牛全身的血液总量增加，有稀释血浆蛋白的作用，因而使血浆蛋白浓度降低，母牛饲料中蛋白质不足，则血浆蛋白质进一步减少，使血浆蛋白质胶体渗透压下降，阻止组织中水分进入血液，破坏血液与组织液中水分的生理动态平衡，因此导致组织间隙水分增多。

在干奶期和围产期内饲喂国产燕麦草的牧场，特别是大胎青年牛饲喂国产燕麦草，产前乳房水肿发病率达到40%以上。由于国产燕麦草中含钾离子高，饲草中钾离子吸收后血钾升高，钾离子代谢过程中，奶牛为了维持血钾的正常水平，在肾脏进行钾-钠交换，引起钠离子回收进入血液中，使细胞外液中钠离子的含量升高，细胞外液晶体渗透压升高，引起水的潴留，导致乳房、腹下水肿的发生。

妊娠期间内分泌功能发生一系列变化，如体内抗利尿素、雌激素及肾上腺分泌的醛固酮等均增多，使肾小管远端钠的重吸收增加，组织内的钠量增加，引起组织内水的潴留。除此以外，奶牛血量增加，使心脏和肾脏都加重负担，在正常情况下，心脏、肾脏有一定的代偿能力，不会出现病理现象，如果奶牛运动不足，特别是缺乏舍外运动的头胎牛容易发生乳房水肿。

【症状】 水肿不仅限于乳房，可从乳房向前腹下蔓延，更严重的胸下也发生水肿。单纯的乳房水肿仅限于乳房发生水肿，较轻的水肿可能仅局限于2个乳区，严重时4个乳区都发生，皮肤紧绷、发亮，无疼痛感，指压留痕，形状如面团一样。严重的水肿可波及乳房基底前缘、下腹、胸下、四肢，甚至乳镜、乳上淋巴结和阴门（图4-2-5~图4-2-7）。乳头基部发生水肿时，浮肿的乳头变得粗短，导致挤奶困难（图4-2-8）。奶牛病情严重时表现为乳房下垂，后肢张开站立，运动困难，很容易造成外界损伤。产前严重乳房水肿的牛，产后一周乳房水肿还不能消退时，要小心奶牛继发乳房炎。

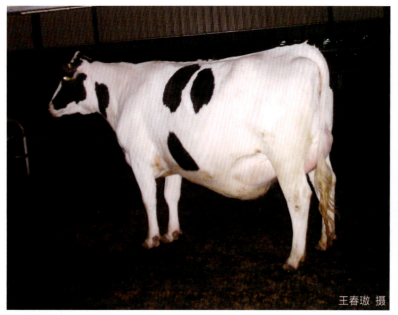

图4-2-5　乳房水肿1

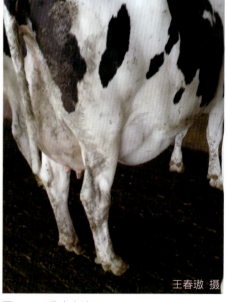

图4-2-6　乳房水肿2

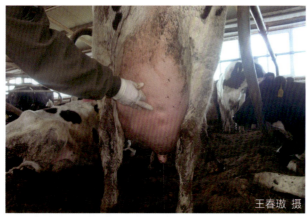

图4-2-7　乳房水肿如生面团，指压留痕

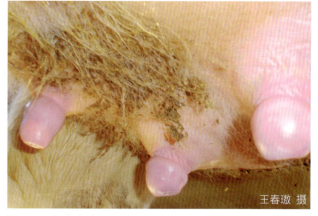

图4-2-8　乳头水肿

根据水肿的程度，可将其分为轻度水肿、中度水肿和重度水肿。

（1）**轻度水肿**　病牛临床检查症状不明显，在乳房后部或底部局限在1个或2个乳区，局部明亮，无热无痛，指压留痕。

（2）**中度水肿**　病牛乳房明显肿大，水肿部位会波及整个乳房，皮肤发红、发亮，乳房下垂，指压有明显留痕。

（3）**重度水肿**　病牛表现出非常明显的症状，往往精神沉郁，步态缓慢，整个乳房都发生肿胀且比较坚实，体积增大，水肿部位向前蔓延至腹下、胸下或胸前（图4-2-9、图4-2-10）；发生水肿的奶牛产后往往出现血乳，甚至出现临床型乳房炎症状。

图 4-2-9 头胎牛产前水肿 1

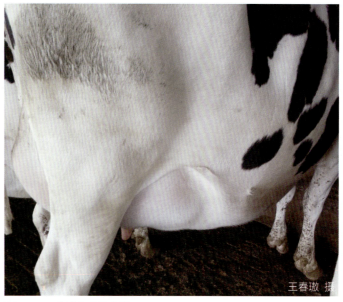
图 4-2-10 头胎牛产前水肿 2

【诊断】 本病诊断并不困难，根据病史和症状即可诊断，应与乳房血肿、腹壁疝、淋巴外渗等进行鉴别。

（1）**乳房血肿** 乳腺快速肿胀，指压不留痕，对血肿穿刺，针头流出的是血液。如果出血量大，可引起血容量下降，甚至发生急性贫血或出血性休克。

（2）**腹壁疝** 大多由右腹部的挫伤引起，腹内肠管进入右腹部皮下，并进入乳腺的前下方，引起乳腺膨大，但无炎症。

（3）**淋巴外渗** 肿胀缓慢发生，触诊无热、无痛、有波动，穿刺液呈浅黄色。

【治疗】 奶牛乳房水肿属于轻度水肿时，不需要进行药物治疗。为促进乳房水肿消退，需要加强对病牛的饲养管理，尽量减少精饲料与多汁饲草的饲喂量，减少国产燕麦草的饲喂量，尽量多喂干草，适当增加奶牛的运动量以促进奶牛的血液循环。

对很严重的乳房水肿，采取利尿、促进吸收、制止渗出的治疗原则，静脉注射 50% 葡萄糖 250mL 或 10% 葡萄糖 1000mL，10% 氯化钙 200mL、20% 硫酸镁 80~100mL、10% 安钠咖 20mL，连用 3~5d。5~10g 安钠咖，口服，1~2 次 /d，连用 3~5d。肌内注射氢氯噻嗪 0.25g，1 次 /d，或肌内注射乙酰唑胺 1g，之后隔 2d 再灌服 1.5g 的乙酰唑胺。产后母牛可以注射 2mL 呋塞米，1 次 /d，连用 2~3d。乳房水肿牛产后一周左右水肿即可消退，如果产后 10d 水肿还不消退，要注意是否有乳房炎，在治疗乳房水肿过程中，始终要关注防止继发乳房炎。

【预防】 加强乳房水肿牛的饲养管理，方法如下。

1）要限制围产前期阳离子的摄入量，降低日粮中的精饲料比例，供给维生素、微量元素丰富的平衡日粮，产前适当运动，均可有效降低妊娠青年母牛乳房水肿的发病率。

2）要提供良好的饲养环境，减少大胎青年牛的饲养密度，确保饲养环境稳定。在进入围产期前，给牛注射维生素 ADE 注射液或亚硒酸钠维生素 E 注射液，可有效降低围产期疾病的发病率。

（高　健）

四、乳头冻伤

乳头冻伤（Chimatlon of Teat）是乳头在一定条件下由于低温引起的乳头组织损伤。特征是原发性冻融性损伤和继发性血循环障碍。我国北方冬季寒冷，在饲养管理不好的情况下，泌乳牛乳头冻伤经常发生。

【病因】

（1）低温　寒冷且持续时间长，奶牛暴露于户外，直接冻伤乳头。运动场大面积结冰，尤其是在下雪后，与运动场中的粪尿混合并冻在一起，奶牛卧在上面，乳头长时间直接接触冰冻物冻伤乳头。在冬季，临产牛由于乳房水肿，乳头血液循环不通畅，容易冻伤。在冬季，若挤奶时间过长，过度挤奶致使乳头血液循环不通畅，出现乳头冻伤现象。当后药浴液中缺乏防冻伤的甘油时，奶牛出挤奶厅直接回到室外运动场，因室外低温很容易发生乳头冻伤。

（2）寒风　当奶牛挤奶后，湿润的乳头接触到寒风时，乳头冻伤的风险就会加大。在同一气温条件下，当风速增加时，热量从体表散失得更快，进而降低体表温度，体表温度的急剧降低会引起乳头冻伤。

【症状】乳头冻伤以发生乳头皮肤及皮下组织的疼痛性水肿为特征。奶牛拒绝挤奶，出现排乳障碍，挤奶时奶牛踢乳杯，导致脱杯掉杯现象频频发生。较为严重的乳头冻伤表现为乳头皮肤和皮下组织呈弥漫性水肿，乳头肿胀、皮肤发亮（图4-2-11），并扩延到周围组织，有时在患部出现水疱，其中充满乳光带血样液体。水疱自溃后愈合迟缓。更为严重的冻伤病例，乳头周围渗出液结痂，表皮发黑干裂，触诊乳头管壁增生变厚，乳头孔周围肿胀，乳头孔狭窄或闭锁，手工挤不出奶，只能用导乳针导出乳汁。个别病例因为无法挤奶继发临床型乳房炎，有的无法治愈而被迫淘汰。

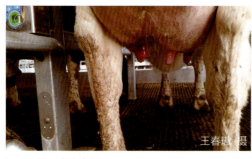 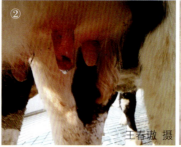 

图4-2-11　乳头冻伤

【诊断】凭借眼观临床症状即可确诊。

【治疗】对冻伤的奶牛加强管理。放在通风保温的地方，铺上防冻的垫料，专人护理。对有轻微冻伤的奶牛，改成手工挤奶，最好用导乳针放出乳汁，挤完奶后，乳头皮肤涂抹防冻膏或碘甘油或红霉素软膏，不必全身使用抗生素。中度的冻伤，为解除血管痉挛，改善血液循环，可用盐酸普鲁卡因进行乳头乳池内封闭、乳房乳池内封闭、乳房基底部封闭。如果奶牛多个乳头出现冻伤或者已经出现了全身症状，需早期应用抗生素疗法。乳头表皮脱落的，直接在伤口涂抹碘甘油或红霉素软膏，不要用挤奶机挤奶，应该用导乳针导出乳汁（图4-2-12），待乳头新生表皮正常后再使用挤奶机。并发临床性乳房炎时，乳区内注入抗生素或全身给予抗生素。

【预防】

1）增加防寒防风设施：通过合理的环境管理，增强奶牛舒适度管理，控制恶劣天气带来的影响。运动场周围建立挡风墙或挡风沙屏障，做好牛舍、挤奶通道、待挤奶厅、挤奶厅的保温与通风措施。气温低于-18℃时，禁止泌乳牛进入运动场，实行全封闭管理。

图 4-2-12　用导乳针导出乳房内的乳汁

2）运动场管理：冬季下雪后，运动场上大面积结冰，粪尿雪混合并冻在一起，有条件时，用铲车尽快清理冻粪，没有条件时，要在运动场上铺干燥、防冻的垫料，如玉米秸秆、麦秸等，可以有效防止乳头冻伤。

3）使用冬用型后药浴液：冬用型后药浴液要求护肤剂浓度高于10%，防止乳头冻伤效果明显。这种药浴液除了防冻作用外，还能较好地修复已发生皲裂的乳头皮肤和轻微冻伤的乳头。

4）产房管理：冬天产房要防风保温。妊娠后期的奶牛由于乳房水肿，血液循环发生障碍，而乳头是血液循环的末梢，是最容易发生冻伤的部位。若在冬季分娩，一定要注意保温，以防止乳头冻伤。不要把临产牛放在寒冷的户外，应放在保温和通风均良好的产房待产。

5）营养管理：加强奶牛营养供应，保证奶牛干物质最大采食量，处于饥饿状态的产奶牛能量不足，在寒冷的户外无法维持正常体温尤其是肢体末梢的正常温度，很容易冻伤乳头。

（高　健）

五、乳房及乳头损伤

乳房损伤（Injury of Mammal Gland）包括挫伤、乳房血肿、淋巴外渗。乳头的损伤多为乳头创伤，多发生于泌乳期间的牛。

【病因】　乳房较大并过于下垂的母牛，在起卧时被自己的后蹄踏伤；母牛卧地时，乳头暴露在外，偶尔可发生被邻近牛的后蹄踏伤；地面上存在尖锐的物体（牛床或运动场上有针、钉、破碎玻璃片、铁片、铁丝等），牛卧下时就可能损伤乳头。乳房的挫伤多发于推粪车的冲撞，或奶牛发情时爬跨其他奶牛时引起乳房的挫伤，由挫伤引起乳房血肿或淋巴外渗。

【症状】　挫伤是乳房皮肤受到钝性外力引起皮肤的非开放性损伤，轻度挫伤受挫处皮肤没有破裂，但皮肤可能出现瘀血和紫斑。重度挫伤可引起乳房皮下组织、淋巴管、血管的断裂。血管断裂引起血肿，淋巴管断裂引起淋巴外渗（图4-2-13）。

乳头的创伤多见于化脓创，乳头的新鲜创大多转为化脓创，这是因为牧场兽医处理新鲜创不及时或不处理新鲜创导致其转变为化脓创。乳头管断裂时，乳汁不断流出，如果乳头创伤没有伤及乳头管，乳汁不会流出（图4-2-14、图4-2-15）。乳头创口一般多为横裂创。

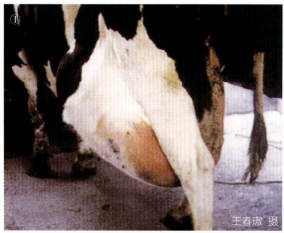
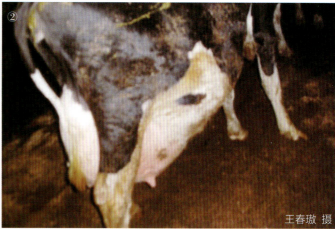

图 4-2-13 乳房及腹下部巨大淋巴外渗

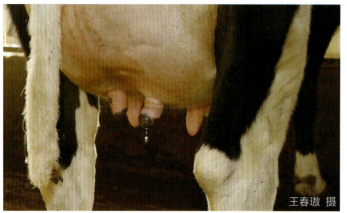
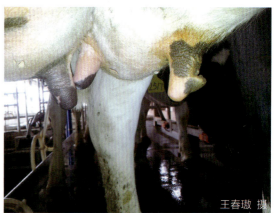

图 4-2-14 有后乳头管陈旧创，漏奶　　　　　图 4-2-15 乳头陈旧创，创口开张影响挤奶

【治疗】 病牛出现乳房损伤后，按外科常规方法处理。

1）如果挫伤仅限于皮肤表层，用 0.1% 新洁尔灭清洗创面后，受挫部用碘酊消毒，再给受挫部皮肤涂布甲紫。

2）乳房淋巴外渗手术治疗：当淋巴外渗仅局限于乳房时，奶牛站立保定手术操作不易显露术部，需将奶牛进行仰卧保定，以切开淋巴外渗囊壁。可利用奶牛皱胃变位盲针固定翻转车保定，安全、有效。切开囊壁，放出淋巴液，取出渗出的纤维素和挫灭的无生命力的组织，用生理盐水冲洗囊腔，然后向囊腔内填塞用淋巴断裂管封闭固定液浸泡的纱布（图 4-2-16~ 图 4-2-20、视频 4-2-7~ 视频 4-2-10）。

视频 4-2-7
切开淋巴外渗囊壁，放出淋巴液

视频 4-2-8
放出淋巴液，取出坏死组织

视频 4-2-9
用生理盐水冲洗囊腔

视频 4-2-10
向囊腔内填塞甲醛酒精浸泡的纱布，将整个囊腔全部填满

填塞的纱布经36h取出，再用生理盐水冲洗，最后用含青霉素的生理盐水冲洗囊腔，切口创缘用碘酊消毒后，小切口不再缝合，术后3d内注射抗生素，经5~6d愈合（图4-2-21）。有关淋巴外渗液的配方及具体操作及血肿的治疗见本书第十一章第四节。

图4-2-16 乳房淋巴外渗手术仰卧保定

图4-2-17 切开囊壁

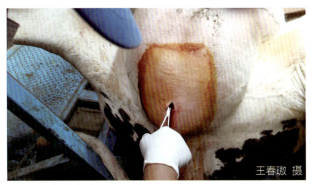
图4-2-18 放出囊内淋巴液后，用止血钳取出纤维素

图4-2-19 用生理盐水冲洗囊腔

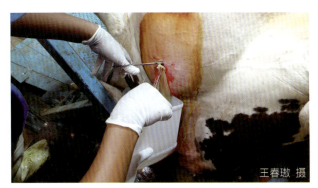
图4-2-20 向囊腔内填塞用淋巴管封闭固定液浸泡的纱布

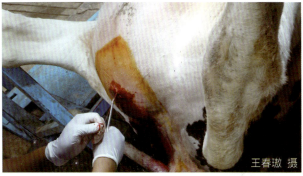
图4-2-21 缝合切口，36h后拆开取出纱布

3）乳头创伤：挤奶员或牧场工作人员发现乳头创伤后，要立即通知兽医对新鲜创进行处理，清洗与消毒创口后，用1号羊肠线缝合创口，术后使用抗生素控制局部感染，每天2次用通奶针放出乳房内的乳汁。要做好护理工作，预防感染，不用拆线。如果用丝线缝合，可用4号缝合线缝合，8d后拆线。

凡没有缝合创口的乳头创伤，都要经过感染化脓的过程，需按化脓创处理，处理方法见本书第十一章第六节。

（高　健）

第五章 肢蹄病

奶牛肢蹄病是奶牛四肢和蹄的所有疾病的总称，包括蹄、四肢的关节、肌肉、筋腱、腱鞘、韧带、骨、黏液囊、神经等各种疾病。

奶牛肢蹄病是规模化牧场最常见的疾病之一，可造成泌乳牛泌乳量降低，繁殖率下降，有的肢蹄病难以治愈，还会导致淘汰或死亡。因此，对患肢蹄病的病牛进行诊断与治疗，查明肢蹄病的发生原因，提出肢蹄病的防控措施，是规模化奶牛场兽医等技术人员的重要工作内容。

跛行是奶牛肢蹄病的临床症状，引起跛行的疾病种类繁多，国外有资料显示，肢病与蹄病的发病率比为 1∶99；又有资料介绍，蹄病引起的跛行占 88%，其中 84% 发生于后蹄。王春璈对一个存栏成母牛和青年牛 16535 头的牧场统计，肢蹄病月发病率为 1.190%，其中，蹄病（蹄底溃疡、白线病、指（趾）间皮炎和指（趾）间增生、蹄冠蜂窝织炎、蹄底挫伤）每月发病率为 0.445%，肢病（关节病、跟骨头感染、黏液囊疾病等）每月发病率为 0.745%；因蹄病每月淘汰牛 22 头，因关节病每月淘汰牛 45 头。从统计的数据看，我国奶牛肢蹄病中肢病的每月发病率高于蹄病的每月发病率，因肢病不能治愈的淘汰牛数量远远超过蹄病牛，反映出牧场重视修蹄与蹄病的防控与治疗，缺乏对蹄病以外的四肢疾病的诊断、防控与治疗。因此，兽医要重视奶牛跛行的诊断，明确肢蹄的发病部位在蹄部还是在蹄以外的四肢其他部位，准确诊断，正确治疗，采取降低肢蹄病发病率的预防措施。

第一节 肢蹄病的分类

一、营养代谢紊乱与肢蹄病

高精饲料日粮饲养下的奶牛，因过食精饲料引起的代谢障碍性疾病与日俱增，主要表现为亚急性瘤胃酸中毒，由此引起奶牛的蹄病发病率升高。有些牧场由于 TMR 搅拌不均匀，导致奶牛挑食精饲料，引起奶

牛亚急性瘤胃酸中毒；南方牧场每年夏季奶牛出现热应激期间，奶牛亚急性瘤胃酸中毒高发，从而引起蹄病发病率升高。有些牧场将泌乳牛的剩料喂后备牛或青年牛，导致后备牛与青年牛的跛行发病率升高。

奶牛瘤胃内正常 pH 为 5.5~6.8，当奶牛过食精饲料，特别是过食淀粉类精饲料后，瘤胃内乳杆菌快速繁殖产生乳酸，使瘤胃内 pH 降低，当瘤胃内 pH 降低到 5.5 或 5.0 以下时，瘤胃内大量微生物死亡，微生物死亡崩解后释放出内毒素，经瘤胃吸收后，毒素随血液循环作用于蹄壁真皮小叶，引起真皮小叶的无菌性炎症，导致奶牛四肢下端皮肤及蹄冠发红，蹄冠及蹄球肿胀，有的出现蹄变形等症状（图 5-1-1~图 5-1-3）。与此同时，瘤胃内大量酸性液体流入皱胃和肠道，改变了肠道中正常的碱性环境，导致奶牛出现腹泻。确定奶牛瘤胃酸中毒的方法是进行瘤胃液 pH 测定，即对泌乳牛进行瘤胃穿刺，采取瘤胃液测定瘤胃液的 pH。瘤胃液 pH 在 5.5 以下的占较大比率的牛群，蹄病发病率也高，说明奶牛的蹄病与奶牛瘤胃酸中毒有密切关系。不调整饲料配方，奶牛的蹄病发病率就不能降下来。

新生犊牛的关节屈曲、关节变形，运步困难，是新生犊牛的先天性佝偻病（图 5-1-4）。有的牧场新生犊牛先天性佝偻病的发病率达到 60% 以上，经调查发现，90% 以上奶牛血钙含量低于正常范围的干奶牛和围产前期的，引起胎儿钙磷代谢障碍，新生犊牛表现佝偻病症状。

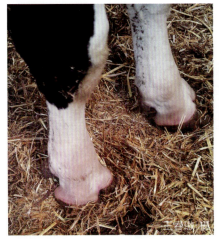

图 5-1-1　蹄冠部皮肤呈红色

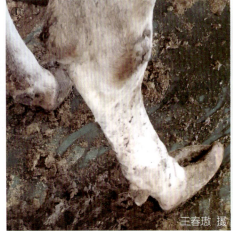

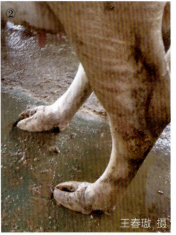

图 5-1-3　变形蹄

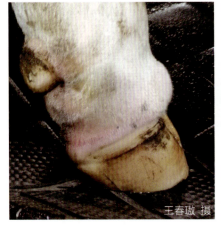

图 5-1-2　蹄冠肿胀，蹄壁有苦难线

图 5-1-4　犊牛先天性球节屈曲

二、卧床、粪道管理与肢蹄病

卧床是奶牛休息的重要场所，卧床结构不好、垫料不足、不能保持良好的舒适度等，都会导致肢蹄病的发病率上升。

1. 卧床管理与肢蹄病

（1）卧床结构是否合理　卧床从坎墙到挡胸板（管）之间的距离一般为1.8m，卧床的总长度为2.75m，颈轨到卧床后缘的对角线距离为2.15m，高度为1.27m，卧床宽度为1.22m（图5-1-5）。卧床过长，奶牛容易向前躺卧，奶牛的粪尿排在卧床后端，污染卧床、奶牛乳房与后躯受粪尿浸湿，容易引起乳房炎；从坎墙到挡胸板（管）的长度达不到1.8m，奶牛在卧床上躺卧不下，常常将一侧后肢伸在卧床坎墙的后方，坎墙对后肢的摩擦容易引起后肢跗关节慢性滑膜囊炎症（图5-1-6~图5-1-8）。

图 5-1-5　奶牛卧床结构

图 5-1-6　卧床太短，奶牛右后肢在卧床外

图 5-1-7　卧床太短，左后肢伸在坎墙上

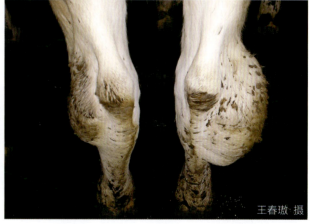

图 5-1-8　受坚硬的坎墙摩擦，引起跗关节慢性滑膜囊炎

（2）卧床铺垫　大型牧场奶牛卧床分铺垫垫料卧床和橡胶垫卧床。卧床垫料有沼渣、沙子、锯末、稻壳等。垫料厚度要在10cm以上，要与卧床后面的坎墙等高。奶牛卧床要保持松软、平

整、干燥、卫生，舒适度好的卧床的奶牛上床率可达100%（图5-1-9），奶牛可得到充分的休息，泌乳量会提升。

沼渣是粪尿经发酵后固液分离的产物，固液分离后的沼渣含水量一般在65%~75%，沼渣湿度太大不能用于卧床的铺垫，需要进一步晾晒，晾晒后的沼渣含水量降到40%左右，即可用于卧床的铺垫（图5-1-10）。沼渣铺垫卧床不仅解决了粪污处理问题，而且节省了购买铺垫卧床垫料的经费开支，是一项值得推广的技术。

图5-1-9　奶牛全部上卧床

图5-1-10　固液分离后的沼渣

对卧床进行平整是保证卧床具有良好舒适度的根本措施。卧床平整分为人力平整和机械平整。人力平整效率较低，规模化大型牧场采用扒沙机或卧床翻耕机平整卧床，效率高。当牛舍内的奶牛进入挤奶厅挤奶时，就是平整卧床的时间（图5-1-11~图5-1-13），每天至少平整1次，做得好的牧场是每天平整卧床2次。

图5-1-11　干燥、疏松、平整的卧床

图5-1-12　人工平整卧床

图5-1-13　平整卧床的扒沙机

卧床垫料太少是导致奶牛肢蹄病发病率高的原因之一。卧床垫料高度低于卧床后面的坎墙高度时，奶牛上卧床躺卧后，后肢跟骨头位于坎墙内侧，受到坎墙的碰撞与摩擦，跟骨头常常发生创伤，由于处理不及时，就会引起跟骨头、跟腱组织与跗关节的感染、化脓（图5-1-14、图5-1-15）。

图 5-1-14 卧床垫料太少

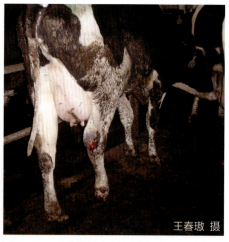

图 5-1-15 卧床垫料太少，引起跟骨头皮肤破溃感染

橡胶垫卧床能保持卧床的平整，减少了向卧床添加垫料和平整垫料的工作量。橡胶垫的厚度要在 4.0cm 以上，要求其富有弹性、柔软、抗老化等。然而，一些大型牧场在使用橡胶垫铺垫卧床过程中发现，由于橡胶垫不具有吸水性，一旦尿和粪排在卧床上，可导致牛的乳腺和后躯的严重污染，因而也需要每天清理粪尿；橡胶垫容易老化变硬、失去弹性（图 5-1-16），奶牛躺卧在老化的橡胶垫上，对四肢关节隆起部的摩擦而引起关节的慢性炎症，最常见的是后肢跗关节的慢性滑膜囊炎（图 5-1-17）。

图 5-1-16 老化的橡胶垫卧床

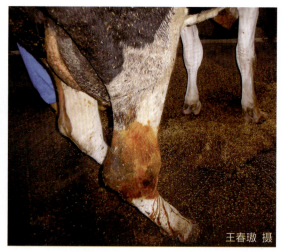

图 5-1-17 受老化橡胶垫摩擦，引起跗关节慢性滑膜囊炎

（3）卧床挡胸板是引起奶牛前肢腕关节、球关节挫伤与扭伤的主要原因 挡胸板是限制奶牛向卧床前端躺卧的挡板，挡胸板的宽度一般为 12cm 左右，挡胸板与卧床地面之间不能留有空隙，不能有棱角，卧床垫料应将挡胸板覆盖，以减少挡胸板对奶牛前肢腕关节和前肢球节的碰撞和摩擦。如果垫料没有将挡胸板覆盖，特别是挡胸板装置过高，与卧床地面之间出现较大的空隙后，奶牛的前肢蹄部和掌部容易伸到挡胸板下方，或前肢跨越挡胸板上方伸向前方。在奶牛起立时，前肢不能收回而导致前肢球节的扭伤、挫伤，严重的可引起掌骨、指骨的骨折（图 5-1-18、图 5-1-19）。

图 5-1-18　奶牛前肢伸到挡胸板前方

图 5-1-19　垫料太少，奶牛右前肢伸于挡胸板前方

为了减少挡胸板对奶牛前肢的损伤，把挡胸板改为圆塑料管，并用垫料将其覆盖，可大大减少前肢关节扭伤、挫伤及骨折的发生率（图 5-1-20）。

图 5-1-20　具有圆塑料管的挡胸管卧床

2. 粪道管理与肢蹄病

奶牛粪尿全部排在粪道上，如果对粪道上的粪尿清理次数太少，粪道上就积存粪尿，奶牛的蹄部浸泡在粪尿中（图 5-1-21）。牛蹄壳可吸收水分，使蹄壳变软，当粪道地面或赶牛通道的地面不平，有裸露的石子或尖锐物体时，蹄底很容易发生挫伤，引起蹄底真皮出血，严重的还可能刺伤蹄底，引起蹄底真皮感染化脓。另外，粪道上长期积存粪尿，粪尿分解产生氨气，奶牛的蹄壳对粪道产生的氨十分敏感，蹄壳在氨的作用下很容易分解，使蹄壳角质变软、坏死、腐烂，在蹄底或蹄壁出现空洞，又称蹄角质糜烂（图 5-1-22、图 5-1-23）。在雨季来临之后，牛舍外运动场泥泞，奶牛很少到舍外运动场上，导致粪道大量积存粪尿，导致蹄部指（趾）间皮炎的高发（图 5-1-24）。

> 第一节 肢蹄病的分类

图 5-1-21 粪道积存粪尿，牛蹄浸泡在粪尿中

图 5-1-22 蹄底角质腐烂

图 5-1-23 蹄底角质腐烂与蹄底溃疡

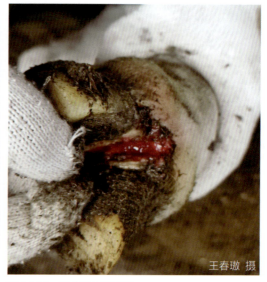

图 5-1-24 指（趾）间皮炎

粪道地面要设有防滑沟（槽），防止奶牛滑倒。防滑沟（槽）太浅或距离太宽，起不到防滑作用。奶牛滑倒又称为劈叉，奶牛滑倒后引起的四肢及腰部的损伤会导致奶牛起立困难或不能起立，因滑倒导致淘汰的牛的数量较多。牧场牛舍的粪道必须建结构合理的防滑沟（槽），且粪道地面防滑沟太浅或太宽的，有必要对防滑沟（槽）的重建。

粪道粪污的清理设施也会引起肢蹄病。牛舍粪道清理最常用刮粪板刮粪，如果牵引刮粪板的是钢丝绳，钢丝绳部分钢丝断裂后，奶牛的蹄底踩在钢丝绳钢丝的断头上，会穿刺蹄底，引起蹄底真皮的感染。也有的牛蹄踩在钢丝绳上，在钢丝绳移动的过程中，奶牛蹄底被钢丝绳磨薄或穿透而引起蹄底的感染（图 5-1-25）。还有的牛蹄系部卡在刮粪板小弯头与颈枷底座的墙壁之间，引起系部的捩伤或骨折。

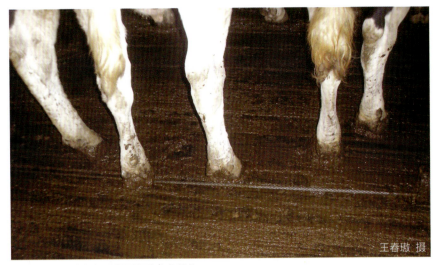

图 5-1-25　刮粪板钢丝绳引起蹄底的损伤

三、肢蹄病的感染性与传染性因素

感染性因素是指肢蹄病由病原菌感染引起。有的是蹄部发生创伤后继发细菌感染，这种蹄病称为感染性蹄病，如蹄底穿透创感染后引起的蹄底真皮化脓；有的是传染性蹄病，最多见的是蹄疣病，一般青年牛先发病，当妊娠的青年牛分娩后进入泌乳牛群，将蹄疣病原菌带入泌乳牛舍，引起泌乳牛蹄疣病的蔓延（图 5-1-26）。

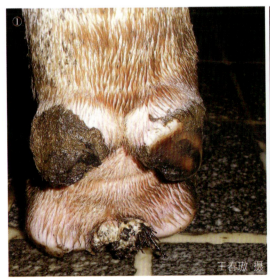 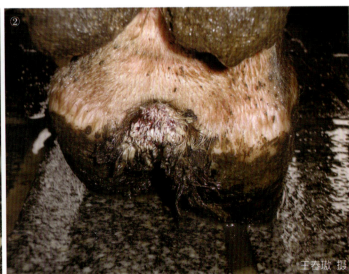

图 5-1-26　奶牛蹄疣病

犊牛的关节炎是犊牛的常见病，有传染性、营养代谢性和外伤性关节炎。其中，犊牛传染性关节炎有支原体关节炎、沙门菌关节炎、链球菌关节炎、大肠杆菌关节炎、巴氏杆菌关节炎及放线菌关节炎。引起犊牛传染性关节炎的病原菌常存在于未消毒的初乳中或消毒不彻底的常乳中。

犊牛及成母牛的支原体关节炎常常在牧场内散发或呈地方流行性，是引起犊牛与奶牛淘汰率最高的传染性关节炎（图5-1-27、图5-1-28、视频5-1-1、视频5-1-2）。

图5-1-27　犊牛支原体关节炎

图5-1-28　泌乳牛支原体关节炎

视频5-1-1　泌乳牛支原体关节炎，重度跛行（王春璈　摄）

视频5-1-2　新产牛支原体关节炎，重度跛行（王春璈　摄）

四、肢蹄病的遗传性因素

蹄病的遗传性已越来越多地被人们所重视。奶牛品种不同，蹄病易感性各异。研究表明，荷兰黑白花奶牛蹄病发病最多，红白花奶牛次之，美国、加拿大黑白花奶牛发病最少。有的蹄病如螺旋状变形蹄、指（趾）间增殖及蹄叶炎有遗传性。牛螺旋状变形蹄，即牛蹄尖部异常生长呈螺旋状，这种叫螺旋状趾。据研究，螺旋状趾有遗传性。指（趾）间增殖是二指（趾）间长有增殖物，位于指（趾）间中央，公牛的后蹄趾间易发生趾间增殖。指（趾）间增殖这种蹄病有明显的遗传性。两后肢外侧趾都发生变形者，也具有遗传性。牛蹄壳的颜色不尽一样，大多呈黑褐色。而蹄壳的颜色不同，坚硬程度也不一样。巧克力色的蹄壳含有红色素，是最坚硬的一种；黑色蹄壳含有黑色素，也是比较坚硬的一种；蜡黄色蹄壳不含色素，是硬度较差的一种，蹄病的发病率较高。而蹄壳的颜色也与遗传有关。

大型牧场应当把奶牛的育种放到重要地位，育种人员应将奶牛肢蹄结构纳入育种选择指标。在生产实践中，奶牛场可通过淘汰有明显肢蹄缺陷、特别是淘汰那些蹄变形严重、经常发生跛行的奶牛及其后代，从而使牛群的肢蹄状况得到改善。

（马卫明　王春璈）

第二节 肢蹄病的诊断

对牛的跛行诊断，直到现在在高校兽医专业的教学中都很少重视。在大型规模化牧场，修蹄工作虽然已经列入管理规程，但很多牧场对常规性修蹄没能真正执行，对各种蹄病的治疗性修蹄还处在初级阶段，蹄病的治愈率较低，对蹄以外的四肢疾病引起的跛行的诊断与治疗水平更差。跛行可使泌乳量下降，饲料转化率降低，繁殖率下降及使有价值的牛过早淘汰，造成经济上的巨大损失。为了正确治疗奶牛肢蹄病，提高治疗水平，对奶牛肢蹄病的诊断应该给予足够的重视，加强奶牛跛行诊断的培训与提高势在必行。

一、奶牛的正常步态与跛行种类及程度

1. 正常步态

奶牛正常运步时，一般后肢的蹄印正好落在同侧前肢的蹄印上。蹄从离开地面到重新到达地面，为该肢所走的一步，这一步被对侧肢的蹄印分为前后两半，前一半为各关节按顺序伸展在地面所走的距离，后一半为各关节按顺序屈曲在地面所走的距离。健康牛一步的前一半和后一半基本是相等的，而在运步有障碍时，绝大多数是有变化的，某一半步出现延长或缩短。患肢所走的一步和相对健肢所走的一步是相等的、不变的，而只是一步的前一半或后一半出现延长或缩短（图 5-2-1）。

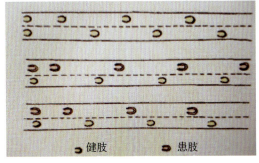

图 5-2-1 健康牛和肢蹄病牛运步时的蹄印

2. 跛行种类

跛行可分为3类，即运跛（悬跛）、支跛和混合跛。

（1）运跛（悬跛） 运步时患肢的提举和伸扬出现机能障碍的称为运跛。运跛牛表现为患肢抬不高、迈不远、运步缓慢、不灵活。重度跛行牛的患肢不能提伸而是拖曳前进。患肢落地的蹄印出现在对侧健肢蹄印的紧前方，前半步距离缩短，又称前方短步。运跛的出现表明病部大多在患肢上部，常称"敢踏不敢抬，病痛在胸怀"（视频 5-2-1）。

（2）支跛 在患肢落地负重的瞬间出现机能障碍的称为支跛。支跛牛表现为患肢着地负重时感到疼痛，负重时间短促，蹄底着地不全或不能负重。重度跛行牛呈三脚跳跃式前进，健肢提前落地，致使患肢的蹄印在对侧健肢蹄印后方的距离缩短，又称后方短步。支跛的出现表明病部大多在患肢的下部，常称"敢抬不敢踏，病痛在腕（跗）下"（视频 5-2-2）。

视频 5-2-1 奶牛右前肢重度跛行，前方短步（王春璈 摄）

视频 5-2-2 奶牛左前肢重度跛行，后方短步（王春璈 摄）

（3）**混合跛** 运步时患肢落地负重和提举伸扬均出现不同程度的机能障碍者称混合跛。混合跛的出现表明病部大多在上部的骨和关节，或肢的上下部均有病。由于器官的损伤在程度上轻重不同，表现又有差异，因此，混合跛又可分为以支跛为主的混合跛和以运跛为主的混合跛。此外，临床上还有某种疾病特有症状的特殊步态，包括：紧张步样，四肢负重困难，步态急速而短促，是奶牛蹄叶炎的一种表现；黏着步样，运步缓慢强拘，像有胶水粘住一样迈不开，见于慢性关节炎等（视频5-2-3）；鸡跛步样，病后肢运步时举得很高，膝、跗关节屈曲像鸡步一样有弹性，见于畸形性跗关节炎、慢性膝关节炎等（图5-2-2）；间歇性跛行，运步中突发跛行，过一会儿渐消失或时有时无，消失后运步与正常牛一样，不留任何后遗症，但下次运动中可再次复发，见于动脉栓塞、习惯性髌骨上方脱位或关节石。

图 5-2-2 奶牛右后肢悬垂运步称为鸡跛

3. 跛行程度

按其患肢机能障碍的程度跛行可分为重度、中度和轻度3种。

（1）**重度（三度）跛行** 站立时患肢不能落地负重或悬提着；运步时提伸困难，常呈三脚跳跃前进或拖曳步样（图5-2-3~图5-2-5、视频5-2-4）。

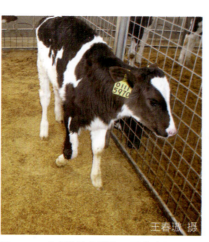

图 5-2-3 右前肢系部肿胀，重度跛行　　图 5-2-4 右前肢腕部肿胀，重度跛行　　图 5-2-5 右前肢重度跛行

（2）中度（二度）跛行　站立时患肢前伸、后踏、内收或外展，不能以全蹄着地；运步时患肢落地负重时间缩短，不能以全蹄负重，提举和伸扬不充分（图5-2-6）。

（3）轻度（一度）跛行　患病肢蹄站立或运步落地负重时，全蹄虽能全部着地，但肢负时间较健肢短，运步时提伸稍受限制。

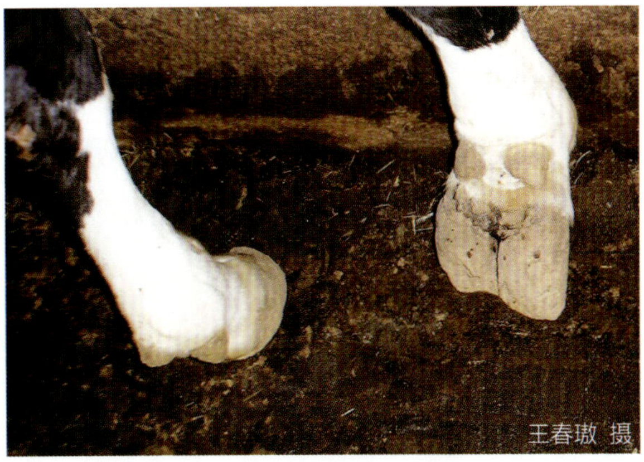

图5-2-6　右前肢中度跛行，站立时蹄尖着地

二、跛行诊断的顺序和方法

大型规模化牧场奶牛的跛行诊断一般为一看、二摸、三判断。一看，即在饲喂通道上或挤奶通道上观察奶牛站立时的姿势、负重状态、局部外形变化。运步时牛的头部、臀部运动、步态、肢蹄落地负重的状态，以及提举、伸扬时的状态等。二摸，即将奶牛锁定在颈枷上或将牛上保定架后，触摸局部的温度、疼痛、肿胀、脉搏、移动性、他动运动和摩擦音等变化。三判断，即将收集到的诊断材料进行综合分析，达到确定患肢（蹄）、判定病部和确定病性的目的。在规模化大型牧场对奶牛重度跛行诊断，确定患肢并不困难，但确定病部有时还要用一些辅助诊断的检查方法，才能获得正确的诊断结果。这就反映出跛行诊断的经过既有一定的顺序性，也有一定的灵活性。现按其基本顺序分述如下。

1. 调查奶牛发病情况

发生跛行的奶牛由巡栏人员发现后，即可将跛行牛转群到肢蹄病牛舍，交兽医人员进行诊断。兽医人员接受新发生的跛行牛后，要做以下调查：通过信息管理系统调查奶牛的年龄、胎次，是新产牛还是泌乳牛、干奶牛、青年牛；有无妊娠及妊娠的天数；了解奶牛过去发生过什么疾病；然后将牛号登记在病例登记表上。当跛行牛涉及下述问题时需进行全身检查：在较短时间内相继出现较多的类似跛行牛，具有流行性；没有外伤史的跛行，且有两肢以上同时发病；反刍、粪便异常的跛行牛。对严重的肢蹄病牛，也要做全身检查。全身检查包括体况评分、精神状态、可视黏膜色泽、采食与反刍情况、排尿及粪便性状、体温、呼吸、脉搏、淋巴结的检查等。必要时要配合实验室检查。

2. 视诊

视诊是奶牛跛行诊断中的重要环节。视诊可分为站立视诊、躺卧视诊及运步视诊。通过站立视诊，可初步判定患肢和找到确诊疾病的线索；通过运步视诊，可确定患肢和初步判定病部。

（1）站立视诊　跛行奶牛的站立视诊是在牛舍的粪道上进行的，有运动场的牧场可在运动场上进行。待奶牛安静后，距病牛1~2m，围绕病牛在前、后、左、右观察。看头部位置、站立姿势、肢蹄的负重状态及外形上的变化。首先应注意头颈的位置，头颈位置可表明牛体重心有无转移。低头和伸颈，说明奶牛把身体重心从后肢转移至前肢；抬头和屈颈，说明奶牛把身体重心从前肢转向后肢。两后肢跛行时，常卧地不起。站立时，可见四肢都集于腹下，并且弓背。四肢的跛行也表现为上述姿势。蹄的外侧指（趾）有病时，可见患肢外展，以内侧指（趾）负重

（图 5-2-7）。两前肢内侧指患病时，可见两前肢交叉负重（图 5-2-8），两后肢内侧趾患病时，则看不到这种姿势。

图 5-2-7　两前蹄外侧蹄蹄叶炎，两前肢外展站立

图 5-2-8　两前蹄内侧蹄蹄叶炎，交叉站立

观察顺序应自上而下，左右对比。特别要注意本病的常发部位。重点注意 3 个字"姿""负""局"。

姿：看病牛的整体姿势，一看头体位置的改变。两前肢有病时，头、颈高抬；两后肢有病时，头、颈低下。二看肢势有无异常。患肢常出现前伸、后踏、内收、外展、系部直立、屈曲等异常姿势。这些异常姿势都是减轻患肢病变部位的紧张性、缓解疼痛的表现，也是判定患肢的有效方法。

负：指患肢的负重状态。患肢常呈免负体重或减负体重，健康奶牛正常站立时，是四肢都支持体重，如果有一肢出现减负或免负体重，即为患肢（图 5-2-9）。

局：指肢体的局部变化。如肢体有无变长或缩短、变形、肿胀、萎缩、破损、化脓、疤痕、指（趾）轴和蹄的异常等（图 5-2-10）。

图 5-2-9　奶牛左后肢蹄尖轻轻触地，负重不确实

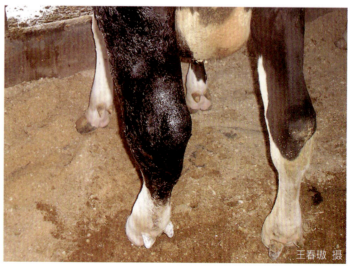

图 5-2-10　左后肢跗关节及跟腱弥漫性肿胀

（2）**躺卧视诊** 健康的奶牛是躺卧休息的，卧的姿势如发生改变或卧下不愿起立，往往说明运动器官障碍。牛卧的姿势是两前肢腕关节完全屈曲，并将前肢屈于胸下，后部的体躯稍偏于一侧，一侧的（下面的）后肢弯曲压于腹下，另一侧（上面）的后肢屈曲，放在腹侧部的旁边（图5-2-11）。

奶牛卧地的正常姿势发生改变，表示有运动器官障碍。当牛的脊髓损伤时，整个体躯平躺在地上，四肢伸直，两后肢麻痹性无痛，两前肢强直亢进，但两前肢仍有随意运动（图5-2-12）。两侧闭孔神经麻痹时，两后肢伸直呈蛙坐姿势（图5-2-13）。

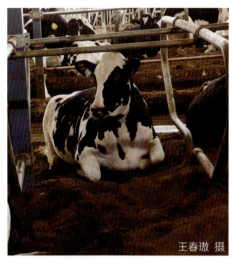

王春璈 摄

图5-2-11 奶牛卧地的正常姿势

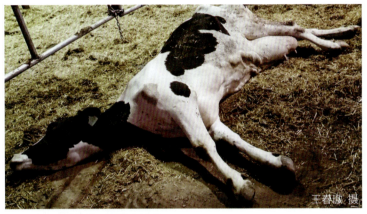

王春璈 摄

图5-2-12 脊髓损伤牛的躺卧姿势

王春璈 摄

图5-2-13 闭孔神经麻痹的趴窝姿势

临床上在躺卧视诊时，还应注意奶牛由卧的姿势改变为站立时的表现，这时可看出患肢和病变部位。为了证明牛起立时有无障碍，可先使其处于正常卧的姿势，然后驱赶让牛起立，在站立过程中观察哪个肢有障碍，或哪个部位有障碍。躺卧视诊时，应注意蹄的情况，因为这时也可看到蹄底。

（3）**运步视诊** 运步视诊是根据运步时出现的特点来确定患肢和初步判定病部。运步视诊时可在牛舍粪道上观察，也可在奶牛去挤奶厅的赶牛通道上或奶牛从挤奶厅回牛舍的通道上进行检查，挑出跛行牛。在挤奶厅回牛舍的通道上进行检查更容易发现跛行牛，因为跛行牛大多走在牛群的后面，检查者站于赶牛通道的一侧，观察每一头奶牛在赶牛通道上的运步状态，特别要重点关注运步异常牛的点头运动、摆头运动、伸低头运动。观察奶牛前肢落地时肩关节是否发生震颤或外突，下踏时是否有内收、外展等变化；观察奶牛运步时是否弓腰，以及弓腰的程度、左右臀部是否对称、腰部是否歪斜等。

点头运动：当奶牛某前肢患病时，奶牛出现点头运动。即某前肢有病时，患肢落地负重瞬间头高抬，健康前肢落地负重瞬间头低下。可概括为"点头行，前肢痛，低在健，抬在患"（视频5-2-5）。

视频5-2-5
奶牛重度跛行，做点头运动（王春璈 摄）

伸低头运动：奶牛的某后肢出现跛行时，运步时常常出现伸低头运动，即当有病的后肢落地负重的瞬间，头颈向前下方伸展，当健康后肢落地负重的瞬间，头颈部缩回到正常状态。可概括为"伸低头行，后肢痛，伸在患，缩在健"。根据奶牛的运步的特点，即可确定是奶牛的前肢还是后肢出现了跛行（视频5-2-6、视频5-2-7）。

视频5-2-6
奶牛后肢重度跛行，做伸低头运动（王春璈）

视频5-2-7
奶牛左后肢跛行，做伸低头运动（王春璈 摄）

视频5-2-8
腓神经麻痹，奶牛运步负重时，球节向前凸出（王春璈 摄）

上述运步特点是单个肢蹄发病的情况，如果两个或两个肢蹄以上部位同时发病，便出现整个躯体运动的改变，产生代偿性步样。两前肢同时发病：运步中头高抬，步态呈急速、短促的紧张步。同侧前后肢同时发病：运步时体躯明显倾向健侧，病侧前、后肢着地时头、臀高抬，健侧前、后肢着地时，头、臀低下，从而可见头高抬与臀低下、头低下与臀高抬同时发生。在运步视诊时可经常看到后肢球节的突然屈曲，这时不要错误地认为病在球节，这是球节的神经支配出现的问题，最常见于长时间躺卧于硬地上的牛，当起立后躺卧侧后肢的球节在负重时出现屈曲，这可能是躺卧侧的后肢腓神经压迫性麻痹引起的。对病牛进行检查时，通常找不到敏感区，应从所表现的症状推断是病牛的后肢腓神经不全麻痹引起关节与肌肉松弛，导致关节固定障碍（图5-2-14、图5-2-15）。这种症状最多见于卧于硬地上的牛或产后瘫痪牛，在起立后常常表现单侧或两后肢在负重时出现的球节向前凸出（视频5-2-8）。

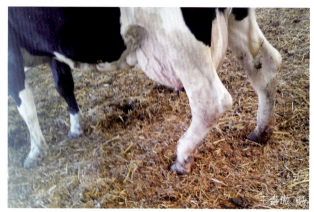

图5-2-14　左后肢球节向前凸出，腓神经不全麻痹

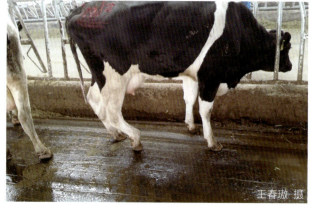

图5-2-15　奶牛腓神经麻痹的站立姿势

3. 局部检查

将奶牛固定在修蹄台上检查，也可将奶牛锁定在颈枷内进行检查。对肢蹄各部位进行仔细触诊，以确定病部和判定病性。检查顺序一般从蹄开始，用检蹄钳检查，以确定蹄底真皮各部位有无疼痛（图5-2-16、图5-2-17）。

对四肢患部触诊时应先轻后重，并与健肢对比。检查内容包括温度、肿胀、疼痛、指（趾）部脉搏、移动性和摩擦音等。局部检查的内容包括以下几项。

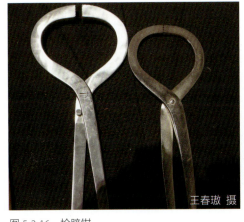

图 5-2-16　检蹄钳

图 5-2-17　用检蹄钳检查蹄部有无疼痛部位

（1）**疼痛和感觉消失**　凡炎症性疾病大多敏感，按压或他动运动时均出现避让等表现。当神经麻痹时则出现感觉消失区。

（2）**肿胀和萎缩**　软组织的急性和亚急性炎症以渗出为主，出现不同程度的炎性水肿；慢性炎症以增生为主，肿胀呈硬实感；骨赘形成后坚硬。病部长期缺血、外周神经损伤后经一定时间其所支配部位的肌肉则出现萎缩。

（3）**温度变化**　急性、亚急性炎症部位均有不同程度的增温；发生缺血、坏死等的部位则病部温度降低。

（4）**波动感**　对于皮下黏液囊炎、滑膜囊炎、腱鞘炎等疾病触诊时感到有波动感，慢性组织增生则缺乏波动感。

（5）**脉搏变化**　蹄真皮的无菌性与感染性疾病，指（趾）动脉脉搏加快。

（6）**摩擦音和捻发音**　对骨折处进行他动运动时，可感到骨的断端互相碰撞发生骨摩擦音。关节、腱鞘和皮下黏液囊发生纤维素性炎症时，触诊出现捻发音。

4. 其他检查方法

确定发病部位的病理性质，除采用触诊、他动运动等方法外，对某些疾病还需选用穿刺诊断、局部盐酸普鲁卡因麻醉等辅助诊断方法。这些方法不仅有助于确定病部和判定病性，还能为治疗提供依据。

（1）**盐酸普鲁卡因神经阻滞麻醉检查**　用于判定病部的一种检查方法。将2%~4%盐酸普鲁卡因10~30mL，注射在感觉神经的径路上，使该神经在注射点以下所分布的区域传导暂时阻断、跛行暂时减轻或消失，从而发现病部。

（2）**盐酸普鲁卡因关节内麻醉检查**　以2%~4%盐酸普鲁卡因注入可疑的患病关节，观察其跛行是否减轻，以确定是否有病。

（3）**盐酸普鲁卡因腱鞘内麻醉检查**　把2%~4%盐酸普鲁卡因注入腱鞘，观察跛行是否减轻或消失，以确定是否有病。正常的腱鞘直接注入药液都比较困难，当积有渗出液时较容易进行。通常应先抽出腱鞘内较多的渗出液后再注入药液。一般每个腱鞘注入20~40mL。

（4）直肠检查 髋骨骨折、髋关节内方脱位等均可经直肠检查确定（图5-2-18）。髂外动脉因血栓栓塞后引起的跛行，也需从直肠检查中获得依据。检查方法：一人手臂伸入直肠内，另一人抬起后肢上下晃动，直肠内手感觉有无骨摩擦音，以确定髋骨有无骨折。

5. 外周神经麻醉诊断

外周神经麻醉诊断是确定跛行发生部位的一种诊断方法，对照神经传导麻醉前和麻醉后牛的跛行程度，如果麻醉后跛行明显减轻或跛

图5-2-18 直肠检查，确定髂骨有无异常

行消退，表明奶牛跛行的部位在麻醉部位以下，如果麻醉后跛行无明显改变，说明跛行部位在麻醉部位以上。外周神经传导麻醉还具有镇痛和消除炎症的治疗作用，牧场兽医应该熟练掌握该项技术的操作。尽管奶神经传导麻醉的神经很多，但临床上比较有意义的是掌（跖）部外周神经麻醉诊断和系部外周神经麻醉诊断。

（1）牛的四肢神经阻滞麻醉操作方法

1）蹄麻醉：由于用检蹄钳的钳压即可确定蹄内疼痛的部位，因而不必进行蹄的神经麻醉。

2）指（趾）间麻醉：共有两处，一处位于指（趾）间隙的正上方，背正中线的外侧进针，注射2%盐酸普鲁卡因15mL，麻醉前近指（趾）轴神经；另一处位于悬蹄紧下方，在掌（跖）正中线稍内侧进针，注射2%盐酸普鲁卡因15mL。麻醉后近指（趾）轴神经。

3）指（趾）麻醉：外侧或内侧指（趾），包括蹄有病时，可于球节部外侧或内侧麻醉两根远指（趾）轴神经。方法是在球节下的外侧或内侧的中1/3处进针，沿皮下水平地刺至悬蹄，边注射边退针，在悬蹄前方注射2%盐酸普鲁卡因15mL。

4）掌（跖）麻醉：球节上方四指处的内外二侧掌（跖）沟内和背侧3点注射法：首先利用左后重度跛行牛进行神经传导麻醉，以判定麻醉效果，观察其在传导麻醉前的运步状态与跛行程度（视频5-2-9）。将奶牛锁定在颈枷内，一人将牛尾抬起保定，防止奶牛左右摆动，在球节上方四指处的内外侧掌（跖）沟内，用碘酊消毒皮肤，消毒范围要足够大（视频5-2-10），用2%盐酸普鲁卡因50mL，注射器连接带软管的小儿头皮针，注射人员触诊球节上方外侧跖沟，将针头对准外侧沟刺入皮下1~1.5cm，注射2%盐酸普鲁卡因10~15mL（视频5-2-11）。为防止注射过程中奶牛抬腿导致注药困难，要妥善做好牛的保定。同样，在球节上方内侧跖沟内再注射2%盐酸普鲁卡因10~15mL（视频5-2-12）。第3针注射在球节上方四指处的背面正中线处，碘酊消毒与酒精脱碘后，针头刺入皮下注射盐酸普鲁卡因10~15mL（视频5-2-13）。麻醉药注射后20min，让牛再次运动，观察奶牛跛行症状是否明显减轻（视频5-2-14）。奶牛跛行症状明显减轻，表明跛行部位在麻醉点以下。

视频 5-2-9 奶牛神经传导麻醉前的跛行程度（王春璈 摄）　视频 5-2-10 奶牛颈枷锁定，用碘酊大范围消毒（王春璈 摄）　视频 5-2-11 在奶牛外侧蹠沟内注射盐酸普鲁卡因 15mL（王春璈 摄）　视频 5-2-12 在奶牛内侧蹠沟内注射盐酸普鲁卡因 15mL（王春璈 摄）　视频 5-2-13 在奶牛球节上方四指处的背正中线上，注射盐酸普鲁卡因 15mL（王春璈 摄）　视频 5-2-14 注射后 20min 让牛运动，奶牛跛行症状明显减轻

5）腕上麻醉与跗上麻醉：

①腕上麻醉：注射部位有 3 个，每个部位都要在碘酊消毒和酒精脱碘后注射麻醉药。第 1 个麻醉点在腕关节上方一掌处的背正中线内侧，由上向下进针，通过前臂筋膜，注射 2% 盐酸普鲁卡因药液 15mL；第 2 个麻醉点在腕关节后方，副腕骨上方一掌处，针在腕尺侧屈肌和腕尺侧伸肌之间的尺沟中垂直刺入，将 2% 盐酸普鲁卡因 15mL 注入皮下、筋膜下和肌间内，尺神经的两根终末支及其分布到屈腱的后支都可麻醉。第 3 个麻醉点是麻醉正中神经，在副腕骨上方一掌处，触诊内侧面桡骨和腕桡侧屈肌之间的沟即正中沟，垂直皮肤进针 3.0~4.0cm，当针头抵达桡骨骨面时，注射针稍向后退 0.5cm，注射麻醉药 30mL，以麻醉正中神经腕上皮支。

②跗上麻醉：后肢跗关节上方对胫神经和腓神经的传导麻醉。麻醉点有 2 个：胫神经与隐外神经传导麻醉，在跗关节内或外侧，在跟骨端上方两指宽处和跟腱的前方的沟内（胫沟），针头在外侧或内侧垂直皮肤进针刺入皮下，注射麻醉药 30mL。第 2 个麻醉点是麻醉腓浅、腓深两根神经。注射点在跗关节前面上方一掌处的趾外侧伸肌和趾长伸肌间的沟内（腓沟），针头对准腓沟垂直皮肤刺入 3.5~4.0cm，注射麻醉药 30mL，麻醉腓深神经，然后边退针边注药，当针头退至皮下时 20mL 麻醉药已经注射完，以麻醉腓浅神经，麻醉药总量为 50mL。

6）环状封闭：临床应用 2% 盐酸普鲁卡因 100~120mL，在掌（蹠）部做环状注射，针头刺入皮下注射麻醉药，注射点在同一个水平面上，注射点相距 5cm，每个点皮下注射 20mL。注射 4~6 个点，注射麻醉药后 10~15min 观察麻醉效果。如果跛行消失，病部则在掌（蹠）部下方，如跛行不消失，病在注射点以上。

（2）四肢神经传导麻醉检查时的注意事项

1）在肢的下部麻醉效果确实，四肢上部神经来源较多，效果也较差。

2）前肢的正中神经、尺神经应同时麻醉，后肢的胫神经、腓神经应同时麻醉。

3）注射后 15~20min 即可进行检查，但不宜快步和急转弯，以防意外。

4）两次麻醉注射的间隔时间不应少于 1h。

5）因机械性障碍或麻痹所致的跛行，本法无诊断价值。

6）有骨裂、韧带或腱的不全断裂时，忌用神经传导麻醉。

（马卫明　王春璈）

第三节 常见的蹄病

一、蹄叶炎

蹄叶炎（Laminitis）是蹄真皮的弥散性无败性炎症，按病变程度可分为急性型、亚急性型和慢性型。蹄叶炎通常侵害几个指（趾）。最常发病的是前肢的内侧指和后肢的外侧趾。

急性蹄叶炎多发于突然采食大量谷物饲料的奶牛。规模化奶牛养殖场，如果 TMR 混合不均匀，奶牛会舔舐精饲料，由于采食精饲料过多而发生急性蹄叶炎。据统计，奶牛急性蹄叶炎的发病率为 0.6%~1.2%。亚急性型蹄叶炎可见于饲喂含有大量碳水化合物日粮的青年肉公牛，也见于长期饲喂泌乳牛剩料的青年牛群。慢性蹄叶炎多见于日粮精粗比高和能量与蛋白质不平衡的泌乳牛群。对于牧场来讲，亚临床型蹄叶炎对成年牛造成的经济损失较蹄底溃疡、白线病等更为严重。对于新建的规模化奶牛场，若无限地追求高产，精粗比越来越大，蹄叶炎的发病率就会越来越高，降低奶牛蹄叶炎的发病率是规模化奶牛养殖场应特别重视的问题。

【病因】 奶牛蹄叶炎是奶牛最常发生的一种蹄病，是奶牛代谢性疾病的一种局部表现，多因奶牛突然采食大量谷物饲料或日粮内碳水化合物饲料含量过高而发生。由于采食了大量含有碳水化合物的饲料后，瘤胃内的牛链球菌和乳杆菌大量增殖，产生大量乳酸，瘤胃内 pH 降低。当 pH 降至 5.0 以下后，瘤胃内革兰阴性菌在酸性环境下死亡、崩解，释放出大量内毒素，引起奶牛内毒素休克、死亡。奶牛这种典型的急性瘤胃酸中毒发生率在大型规模化牧场较为少见，而更为多见的是亚临床型和慢性瘤胃酸中毒，有关瘤胃酸中毒内容可看本书第九章第一节。亚临床型和慢性瘤胃酸中毒与奶牛蹄叶炎的发生有密切关系。在发生瘤胃酸中毒病的早期，可在血液中检出大量组胺。这种组胺类物质最初作用于蹄部真皮小叶的毛细血管壁，引起毛细血管壁扩张、渗出。在组织学方面可看到毛细血管充血、水肿、出血与血栓形成等病理变化。

还有人报道蹄叶炎的发生与上皮生长因子（EGF）受体有关，该受体位于指（趾）部真皮细胞上。受损的消化道黏膜释放的大量上皮生长因子可能是蹄叶炎的病因。最新的研究报告阐述了基质金属蛋白酶在蹄叶炎病理生理学变化过程中的作用。其结果支持了基底膜变性引发蹄叶炎的假说，组织病理学研究证实明胶酶活性不足可导致基底膜上皮脱离。

蹄叶炎的病理生理学机制可简单概括为毒素影响蹄部毛细血管壁，导致角质生成细胞养分供应不足，结构性角蛋白合成障碍。当具有血管活性的毒素随血流进入蹄真皮后，影响动静脉袢，使其动静脉袢的机能丧失。继而蹄内压升高，血管破损，局部出血，表现为蹄底角质呈粉红色或黄色，或蹄底表现出暗褐色点状变化。

通常情况下，青年牛发生蹄叶炎有可能自愈。这可能与其能够快速形成局部动静脉的侧支循环，缓解血管损伤造成的影响相关。

【症状】 急性和亚急性蹄叶炎发病迅速。病牛不愿运动，运步十分困难。站立时弓背，当两前肢发病时，两后肢伸于腹下支撑体重。当两后肢发病时，两后肢伸于腹下（图 5-3-1），两前肢向后站立以支撑体重。无论两前肢或是两后肢发病，奶牛都表现喜卧。两前肢腕关节跪地或交叉站立（视频 5-3-1~视频 5-3-4、图 5-3-2、图 5-3-3）。绝大多数急性和亚急性病例表现出体温升高和呼吸加快。

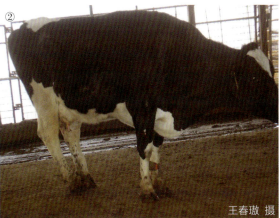

图 5-3-1　急性蹄叶炎牛站立时两后肢前伸

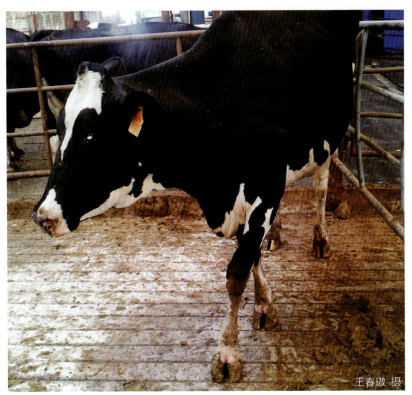

图 5-3-2　蹄叶炎牛运步时两前肢交叉　　　　　　图 5-3-3　蹄叶炎牛两前肢交叉站立

视频 5-3-1　蹄叶炎牛，长时间跪地站立（王春璈 摄）

视频 5-3-2　两前肢交叉站立（王春璈 摄）

视频 5-3-3　蹄叶炎牛的站立姿势，两后蹄不时抬起（王春璈 摄）

视频 5-3-4　蹄叶炎牛的站立姿势（王春璈 摄）

患有蹄叶炎牛的牛，蹄冠部疼痛与发痒，奶牛常常抬起患病的后蹄，舔蹄冠部（视频5-3-5）。蹄叶炎牛运步缓慢，呈黏着步样（视频5-3-6）。两前

视频5-3-5　蹄叶炎牛，常常抬起发病的后蹄，舔舐蹄冠部（王春璈 摄）

视频5-3-6　蹄叶炎牛运动，两前肢呈黏着步样（王春璈 摄）

视频5-3-7　蹄叶炎牛，运步缓慢、困难，两前肢外展（王春璈 摄）

蹄发病的蹄叶炎牛，运步缓慢、困难，两前肢明显外展，反映出发病的前蹄是外侧指发病（视频5-3-7），与传统文献介绍的蹄叶炎牛前肢是内侧指发病率高相反。

慢性蹄叶炎病牛一般没有全身症状。病牛站立时以球部负重，蹄底负重不确实，发病时间久了会出现变形蹄（图5-3-4）。蹄冠带与蹄壁之间呈一条直线，蹄冠与蹄前壁形成夹角（图5-3-5）。由于蹄叶炎牛的角质生长紊乱，出现异常蹄轮，在蹄壳表面有明显的苦难线（图5-3-6、图5-3-7）。由于蹄骨下沉、蹄底角质变薄，甚至出现蹄底穿孔，这是蹄叶炎的又一个特征性临床表现。

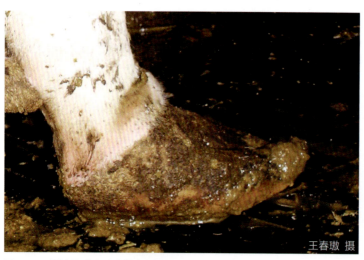

图5-3-4　慢性蹄叶炎形成的变形蹄

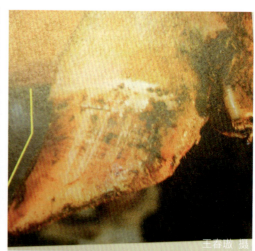

图5-3-5　蹄冠带与蹄壁之间呈一条直线

图5-3-6　蹄叶炎牛的蹄壁上有苦难线

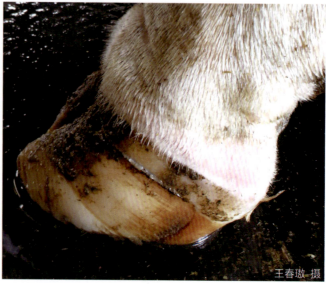

图5-3-7　蹄冠肿胀，蹄壁上的苦难线

亚临床型蹄叶炎表现运步拘谨，蹄冠与系部皮肤充血，皮肤带有红色，蹄冠与蹄球肿胀充血（图 5-3-8）（视频 5-3-8、视频 5-3-9）。蹄球肿胀较严重的病例修蹄时可见蹄底和白线部血染（视频 5-3-10~视频 5-3-12、图 5-3-9、图 5-3-10）。蹄底溃疡、蹄尖溃疡、白线病、假蹄底等蹄病都与亚临床型蹄叶炎有关。如果牛群中经产牛上述蹄病的年发病率高于 10%，则预示牛群中有亚临床型蹄叶炎发生。

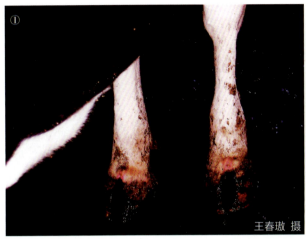

图 5-3-8　奶牛系部皮肤发红

视频 5-3-8
两后蹄苦难线与蹄冠隆起（王春璈 摄）

视频 5-3-9
蹄叶炎牛，蹄底角质血染（王春璈 摄）

视频 5-3-10
蹄叶炎牛，蹄底出血，修蹄减压（王春璈 摄）

视频 5-3-11
将鱼石脂软膏涂在纱布上，再倒上土霉素粉，准备包扎蹄底绷带（王春璈 摄）

视频 5-3-12
将药膏敷在病蹄蹄底，用弹力绷带包扎蹄底（王春璈 摄）

图 5-3-9　削蹄后蹄底角质变红

图 5-3-10　削蹄后蹄底角质血染

热应激期间是奶牛蹄叶炎发病率最高的时间，在挤奶厅检查奶牛是否发生了蹄叶炎比在饲喂通道上检查更最容易进行（视频5-3-13）。对在奶台上正在挤奶的牛，用水管冲洗后蹄，如果发现牛的蹄冠、悬蹄周围的皮肤肿胀、发红，在紧贴蹄冠下缘的蹄壁上出现了线状浅沟，表明奶牛正在发生蹄叶炎（视频5-3-14）。

视频 5-3-13
热应激期间，到挤奶厅观察奶牛蹄部的变化（王春璈 摄）

视频 5-3-14
对正在奶台上挤奶的牛，用水管冲洗后蹄，观察蹄部的变化（王春璈 摄）

热应激期间高产牛群的蹄病发病率高于10%，与热应激期间日粮精饲料过多或添加的碳酸氢钠量不足有关。

【诊断】 站立视诊时，可见急性和亚急性蹄叶炎两前肢腕关节跪地或交叉站立，两后肢前伸至腹下。运步视诊时可见病牛运步拘谨。发病初期，蹄部触诊温热，患肢可能有明显的颤动。用检蹄器压诊时，病牛有疼痛表现。还可对发病的奶牛进行瘤胃穿刺，抽取瘤胃液，测定瘤胃液的pH（图5-3-11），根据测定的瘤胃液pH，判定奶牛是否存在急性或亚急性瘤胃酸中毒。

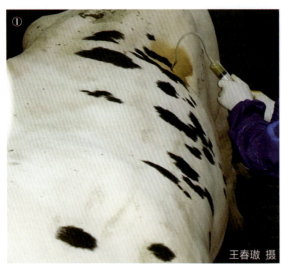

图 5-3-11 瘤胃穿刺抽瘤胃液

慢性蹄叶炎牛有明显变形蹄表现，蹄壳表面与蹄冠平行的方向有多条苦难线。

亚临床型蹄叶炎病牛运步拘谨，修蹄时可见蹄底血染或黄染，可能伴发蹄底溃疡、蹄尖溃疡、白线病等蹄病。

【治疗】 一旦确诊病牛过食谷物饲料引发急性和亚急性蹄叶炎，首先限制其采食精饲料。用冷水进行蹄浴。发病后48h内，使用抗组胺类药物和碳酸氢钠疗法有很好的治疗效果。在表现出急性症状前用抗炎药治疗也有很好的治疗效果。对过食精饲料且吃入精饲料时间较短的急性病例，可做瘤胃切开术、掏出瘤胃内容物并用温水冲洗瘤胃以解除病因。

慢性蹄叶炎和亚临床型蹄叶炎病牛的治疗主要为修蹄矫正变形蹄，其他治疗方法效果不好。

【预防】 急性和亚急性蹄叶炎多与突然采食过多精饲料有关，在规模化牧场要提高TMR的制作水平，加强TMR混合均匀度的管理，防止奶牛舔舐大量精饲料，防止本病发生。

慢性蹄叶炎病牛主要表现为蹄变形，多见于5岁以上的牛。如牛场内病牛比例过高，需调整日粮结构，使日粮中的各种养分配比合理。同时，加强修蹄管理，确保每头奶牛每年至少修蹄2次。

亚临床型蹄叶炎的控制应以流行病学调查（确定发病牛的年龄和时间等）、减少造成奶牛应激的风险因素为主。最重要的风险因素有以下几点：

①日粮中碳水化合物的质量和消化速度，如大麦和小麦的消化速度较玉米的消化速度快，粉状或湿的谷物饲料较干的和破碎料消化速度快。

②应逐步调整日粮，要有过渡。突然换料或调整配方可能引起亚临床型蹄叶炎高发，围产后期奶牛日粮中精饲料喂量每天增加量最好控制在0.20~0.25kg，总量最多不可超过14kg。

③日粮中纤维的质量和比例：这可能比日粮中碳水化合物的结构更重要。日粮精粗比大于55%时，奶牛患瘤胃酸中毒的风险升高。日粮中酸性洗涤纤维（ADF）比例低于20%时，奶牛患瘤胃酸中毒的风险也会升高。生产实践中，可通过观察牛粪中长纤维和未消化的谷物性饲料来判断瘤胃健康状况和日粮是否平衡。健康牛的牛粪中不应有长度超过1cm的纤维或未消化的谷物，无黏液性也无纤维素性渗出物或气泡。

④注意日粮中矿物质和维生素的用量，其可能影响牛群肢蹄健康。

⑤奶牛舒适度：可在挤奶前1h观察站立牛的头数来判断舒适度状况，其比例称为奶牛舒适度指数（CCI）。如果CCI大于20%，牛群舒适度有待改进，需注意牛群密度、饲槽空间、卧床数量、水槽数量等的状况，同时还可观察奶牛的反刍状况。

⑥定期对牛群进行运步评分，判断群体肢蹄健康状况，查找主要问题及原因。

（马卫明　王春璈）

二、蹄疣病

蹄疣病（Digital Dermatitis of Verrucosa）是奶牛的一种传染性蹄病，以指（趾）间隙掌（跖）侧的两蹄球间出现草莓样疣性增生物为主要特征。经病理组织学研究证实，病变为真性乳头状纤维瘤。我国很多大型牧场有蹄疣病的发生。蹄疣病在泌乳牛群发病率占15%~60%，在后备牛群和青年牛群中的发病率在20%~30%。蹄疣病引起奶牛蹄部疼痛、跛行，日久则蹄球萎缩、蹄变形，引起泌乳量降低，给牧场造成严重的经济损失。

【病因】　奶牛蹄疣病的病因与牛舍环境不良有密切关系，如粪道积粪，蹄部经常受粪尿的浸泡则易发。后备牛与青年牛舍的粪道清粪一般都不够及时，后备牛与青年牛一般又不进行浴蹄，蹄疣病最早可发生在青年牛（图5-3-12、图5-3-13）。当青年牛妊娠至产犊后，在挤奶厅挤奶时才被发现两后蹄的蹄球间出现草莓样增生物。对手术切除的蹄疣进行病理组织检查，会发现是一种乳头状纤维瘤组织。从蹄疣病病灶的内部采取病料进行细菌学检查，没有培养出细菌。但从蹄疣病灶的表面采取病料进行细菌学检查，可看到丝状真菌。也有资料报道螺旋体为其主要病因之一。尽管本病的确切病因不明，但厩舍不洁常为其诱因，蹄部在潮湿污浊的环境下引起真菌或螺旋体的感染，而发生蹄疣病的流行。

图 5-3-12 后备牛蹄疣病，蹄尖触地

图 5-3-13 蹄疣病，蹄尖触地

【症状】 本病主要发生于后肢蹄部，前肢蹄部较少发病。初期可见一个后蹄或两个后蹄的二蹄球间长出牛毛，牛毛呈丛状。以后两蹄球间皮肤肥厚和肿胀、渗出，继而出现草莓状增生物，初期增生物扁平，病程长的形成草莓样、草莓或鸡蛋大（图 5-3-14）。运步时疼痛，出现轻度到中度支跛行。进一步发展，增殖物向邻近蹄球蔓延，并常常继发产黑色素拟杆菌的感染，引起蹄球糜烂，蹄失去蹄机功能，蹄球萎缩。由于蹄球疼痛，站立与运动时表现系部直立，以蹄尖部触地，久之，蹄严重变形。牛蹄部剧痛，呈现重度支跛行。奶牛采食量下降，泌乳量降低可达 20%~30%。

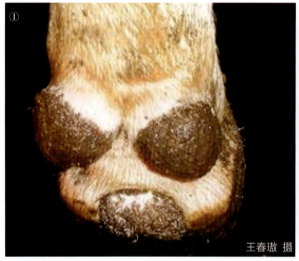

图 5-3-14 蹄疣病

【诊断】 在挤奶厅进行诊断最为方便，奶牛上挤奶台后，用水管冲洗奶牛的后蹄，观察后蹄两蹄球之间有无蹄疣。根据症状容易确诊。

【治疗】 可通过局部使用抗生素、化学制剂和手术方法治疗本病。

1）土霉素：用土霉素治疗蹄疣病是较为通用且十分有效的方法。实践证明，对于小的蹄疣病，可以在蹄部敷一层土霉素粉，然后包扎绷带。具体做法为：奶牛上修蹄车，先用 0.1% 高锰酸钾或0.1%新洁尔灭清洗蹄部粪污，用碘酊消毒蹄两球间蹄疣，然后用两个手掌大的四层纱布或脱脂棉，再在纱布或脱脂棉上放上一层松馏油，在松馏油上覆盖一层硫酸铜粉，在硫酸铜粉表面覆盖一层土霉素粉，手掌托起纱布或脱脂棉，立即覆盖在两蹄球间，压紧后绷紧绷带。用药期间仍可以浴蹄。经6~7d，再拆除绷带，蹄疣就基本消除了。不要担心土霉素污染牛奶，大量的临床实践表明，从未发生用土霉素绷带包扎蹄引起牛奶土霉素残留。

2）浴蹄：传统的浴蹄药物有甲醛和硫酸铜，经多个发生蹄疣病的牧场实践，都有一定的预防作用，但这两种药物难以消除泌乳牛蹄疣病的传播。土霉素药浴对治疗和预防蹄疣病虽然很有效，但全群用土霉素药浴，难以控制大罐奶土霉素残留的风险。

3）浴蹄药液：有进口的奶牛浴蹄药（如舒美适康星蹄康药浴液）和国产的浴蹄药（康星蹄康药浴液），对预防和治疗蹄疣病都有一定作用，优点是对环境不产生污染，值得推广。

4）手术方法：对大的蹄疣可以切除。奶牛上修蹄车保定，先对患病蹄部进行机械性清洗、消毒，手术切除蹄疣（图5-3-15、图5-3-16）。手术中很少出血。对切除蹄疣后的创面上敷上去腐生肌散（蹄力健），再包扎蹄绷带。也可以用修蹄刀切除蹄疣（视频5-3-15），出血很少，切除后的创面可以开放，也可以包扎。

视频5-3-15 在修蹄车用修蹄刀切除蹄疣（王春璈 摄）

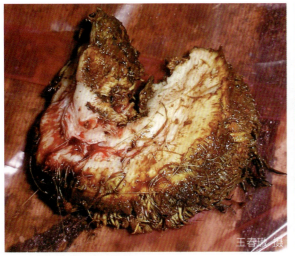

图5-3-15 手术切下的蹄疣病灶

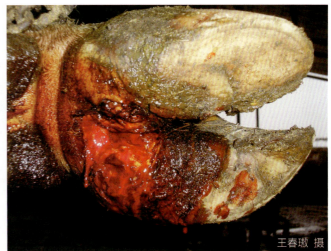

图5-3-16 切除蹄疣后的蹄部

【预防】 蹄疣病的发生多与饲养环境泥泞、肮脏有关。预防本病首先要改善饲养环境，减少牛蹄与粪污的接触时间；其次，要制定切实可行的浴蹄规程。然后，由于蹄疣病最早可发生在后备牛和青年牛，要定期检查后备牛和青年牛群的蹄部是否发生了蹄疣病，一旦出现本病，除积极清理粪道、保持粪道的干净和卫生外，还要对后备牛与青年牛进行浴蹄。最后，定期评估奶牛的运步状况，做到早发现、早治疗。此外，用卧床干燥消毒剂对牛蹄进行蹄浴有一定预防作用。

（马卫明　王春璈）

三、指（趾）间皮肤增殖

指（趾）间皮肤增殖（Interdigital Skin Hyperplasia）是指（趾）间皮肤和/或皮下组织的增殖性反应。各种品种的牛都可发生，发生率比较高的有荷斯坦牛和海福特牛，中国荷斯坦奶牛也常发病。公牛的发病率高于母牛，后蹄发病率高于前蹄。有人认为本病与遗传因素有关。

本病的发病年龄，国外调查最多发生在2岁，6岁以后开始减少。

【病因】 引起本病的确切原因尚不清楚。一般认为与遗传有关，但仍有争论。体重过大的牛和变形蹄（尤其是开蹄）的牛，指（趾）间隙过度开张，蹄向外过度扩张，引起指（趾）间皮肤紧张和剧伸。粪、尿、泥浆等污物长期刺激指（趾）间皮肤，是易引起本病的因素。流行病学调查证实有开蹄的公牛，25%有指（趾）间皮肤增殖，有指（趾）间皮肤增殖的公牛50%为开蹄。

【症状】 本病多发生在后蹄，可以是单侧的，也可以是两后肢都发生。

从指（趾）间隙一侧开始增殖的小病变不引起跛行，因而容易被忽略。增大时，可见指（趾）间隙前面的皮肤红肿、脱毛，有时可看到破溃面。指（趾）间穹窿部皮肤进一步增殖时，形成"舌状"突起（图5-3-17、图5-3-18），随着病程发展，突起不断增大、增厚。在指（趾）间向蹄底面增殖时，在指（趾）间的后方两蹄球沟处明显可见。其表面可由于压迫坏死，或受伤发生破溃，引起感染，可见有渗出物，气味恶臭。根据病变大小、位置、感染程度和对患指（趾）的压迫，出现不同程度的跛行。

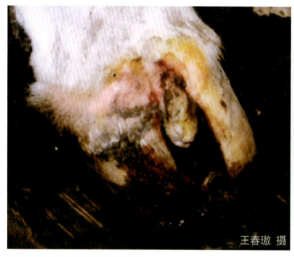
图 5-3-17 后蹄趾间皮肤增殖

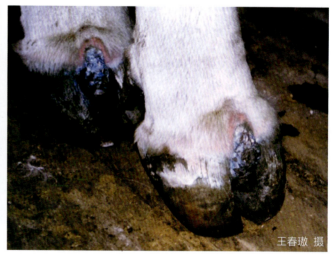
图 5-3-18 两后蹄趾间皮肤增殖

在指（趾）间隙前端皮肤，有时增殖成草莓样突起，由于皮溃后发生感染，病牛站立时非常小心。

因为局部碰到物体或受两指（趾）压迫时，病牛可感到剧烈疼痛。病程长的牛，增殖物可角化。

出现跛行时，泌乳量可明显降低。由于指（趾）间有增殖物，可造成指（趾）间隙扩大或出现变形蹄。

【诊断】 根据临床症状，即可做出诊断。

【治疗】 在初期，清洗蹄后用防腐剂包扎，可暂时缓和炎症和疼痛，但不能根治。对小的增殖物，可用腐蚀的办法进行治疗，但不易成功。手术切除是根治疗法。手术方法如下。

将牛保定在修蹄保定台上，后蹄采用跖神经传导麻醉。无修蹄保定台时，也可进行全身麻醉横卧保定。对蹄底彻底清洗后用5%碘酊消毒，跖部打弹力止血带，用手术刀从增生物与周围健康皮肤交界处切开，剥离或切下指（趾）间增生物（图5-3-19）。手术过程中尽可能地多保留增生物周围的健康皮肤，切除后可缝合，也可不缝合。在切除增生物的同时，要切除增殖物下面的部分脂肪。如脂肪留得过多，会在创缘之间凸出，影响愈合；如切除的脂肪过多，留下大的创腔，也会影响愈合。

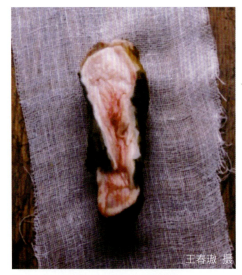

图5-3-19 手术切下来的趾间增生物

手术时注意不要损伤深部组织，如指（趾）间韧带。创面有小动脉出血时要结扎止血，也可采取烧烙止血。术前要备好数根长50~60cm、直径为2~3cm的铁棍，以及电焊用的乙炔喷枪和氧气瓶等，需要止血时可立即用氧气烧红铁棍进行烧烙止血。止血完毕后，创面上撒布土霉素粉或涂布松馏油，外打蹄绷带。如果两蹄过度开张，可在两蹄尖处钻洞，用金属丝将两指（趾）固定在一起，术后10d拆除金属丝。

术后，牛舍搞好清洁卫生，尽量保持蹄部干燥，一般不会感染和复发。

（马卫明　王春璈）

四、指（趾）间皮炎

奶牛指（趾）间皮炎是奶牛指（趾）间皮肤的一种炎症，患处皮肤慢性糜烂，发出腐败臭味，指（趾）间疼痛和跛行。本病多见于粪道环境较差的规模化牛场，后蹄发病率高于前蹄。

【病因】 本病多发生于高温高湿的季节，粪道管理差的牧场奶牛易发。有人已从指（趾）间病变处分离出节瘤拟杆菌和螺旋体。

节瘤拟杆菌在指（趾）间的污物内可长期存活。此菌可侵袭指（趾）间表皮，引起指（趾）间表皮层的炎性渗出和皮肤的糜烂。发病时间长的牛，炎症可扩展到深层组织，患处皮肤慢性糜烂，发出腐败臭味。指（趾）间疼痛。腐烂的创面久经不能愈合，可看到新生的肉芽组织。

【症状】 发病初期，指（趾）间皮肤呈渗出性皮炎表现。由于牛蹄上粘有粪便，在奶牛站立情况下很难发现指（趾）间的病变，偶尔可在背侧指（趾）间隙见到炎性渗出物形成的痂皮和指（趾）间的出血。随着病程的发展，指（趾）间的皮肤渗出性炎症向深层发展，引起皮肤糜烂、疼痛，腐烂的创面久经不能愈合（图5-3-20）。奶牛上修蹄台后，用手将蹄张开（图5-3-21），可看到指（趾）间皮肤糜烂的程度已经到达皮下组织（图5-3-22），在皮下深部形成不良的肉芽组织（图5-3-23）。

图 5-3-20 指（趾）间皮炎皮肤表皮层炎症

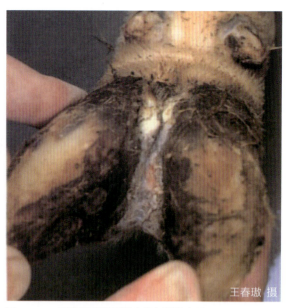

图 5-3-21 张开两蹄显露指（趾）间发炎区

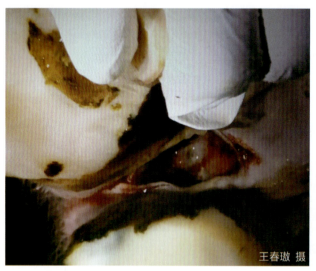

图 5-3-22 指（趾）间皮炎，破溃，组织坏死

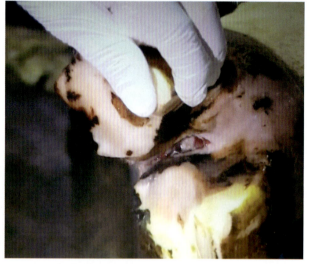

图 5-3-23 指（趾）间皮炎，肉芽组织形成

奶牛运步时疼痛，表现轻度到中度的支跛行，站立时两肢不断交替负重。发病时间较长的病例，由于发病期间病牛避免用蹄踵负重，蹄踵增厚、蹄变形，表现中度到重度支跛行。

【诊断】 根据临床症状即可确诊。需与蹄皮炎进行鉴别诊断。指（趾）间皮炎和蹄皮炎的最明显差异是发病部位不同，蹄皮炎是在蹄球发生糜烂，而且具有高度传染性。

【治疗】 对于出现临床症状的指（趾）间皮炎病例，将奶牛上修蹄车保定，检查指（趾）间皮炎的局部变化，首先用 0.1% 新洁尔灭消毒液彻底清洗病蹄，除去指（趾）间渗出液和坏死组织，然后用脱脂棉擦干指（趾）间皮肤糜烂处，特别对皮下有创囊的病部，要用脱脂棉擦干深部创囊内的渗出液和坏死组织，局部用碘酊消毒，指（趾）间敷上去腐生肌散（蹄力健），包扎蹄绷带。经过 3d 再次按以上处理方法处理，换药与包扎绷带，一般经 2 次的处理，病变部位基本恢复。轻度的指（趾）间皮炎，在彻底清洗与碘酊消毒后，喷蹄肽，蹄不用包扎绷带。

【预防】 加强牛舍的管理，保持牛卧床与粪道的清洁与卫生，保持牛蹄干净干燥。加强常规修蹄与浴蹄，高发季节应增加浴蹄次数。

（马卫明　王春璈）

五、蹄冠蜂窝织炎及指（趾）间蜂窝织炎

蹄冠蜂窝织炎（Phlegmon of Coronet）是蹄冠部皮下组织、蹄冠和蹄缘真皮及其周边蹄真皮的弥散性化脓性炎症。指（趾）间蜂窝织炎（Interdigital phlegmon）是奶牛蹄部的一种急性或亚急性坏死性皮肤真皮层的感染，主要由指（趾）间皮肤上的创伤引起，蔓延至蹄冠、系部和球节的一种蜂窝织炎。病牛表现出的临床症状以疼痛、严重跛行、发热、食欲减退或废绝、体况下降和泌乳量下降为主要特征。由于继发性蹄冠蜂窝织炎与指（趾）间蜂窝织炎在临床上难以区分，因此，将蹄冠部与指（趾）间蜂窝织炎一同进行介绍。

【病因】 蹄冠蜂窝织炎与指（趾）间蜂窝织炎，多与蹄冠部或指（趾）间创伤和挫伤有关，化脓性病原微生物与坏死杆菌、大肠杆菌等微生物从创口侵入深部组织引起感染所致。特别是蹄冠受伤后，在饲养环境不好的情况下，病原微生物从创口侵入引发感染。蹄冠蜂窝织炎及指（趾）间蜂窝织炎，常继发于指（趾）间疾病、白线病、蹄底溃疡、指（趾）间深部化脓性炎症、指（趾）部化脓性腱鞘炎和球部关节后脓肿等。

【症状】 发病初期的奶牛常伴有全身症状，如体温升高、食欲减退、精神沉郁、呼吸和脉搏加快等，泌乳量明显降低。站立时患肢以蹄尖着地，免负体重。运动时呈度至重度支跛行，呈三脚跳跃前进（视频5-3-16）。蹄冠部及系部弥漫性肿胀，肿胀的高度超越蹄冠部角质，同时蹄踵的球部表现弥漫性肿胀，肿胀可蔓延到指（趾）间隙、悬蹄、系部和球节（图5-3-24，图5-3-25）。

视频5-3-16
蹄冠蜂窝织炎，中度支跛行

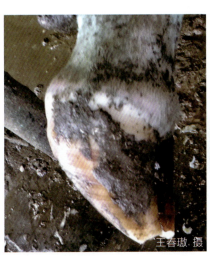
图5-3-24　蹄冠蜂窝织炎（王春璈 摄）

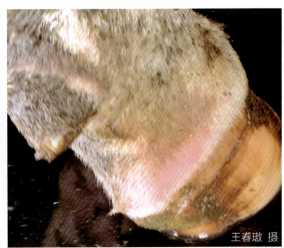
图5-3-25　蹄冠及系部弥漫性肿胀（王春璈 摄）

严重的蹄冠蜂窝织炎和指（趾）间蜂窝织炎，可引起蹄冠严重的化脓坏死（图5-3-26），化脓坏死范围可波及蹄冠及系部皮肤及皮下组织（图5-3-27），坏死组织随脓性分泌物脱落后，创面形成大量新生肉芽组织（图5-3-28）。

图 5-3-26　蹄冠蜂窝织炎，蹄冠皮肤坏死　　图 5-3-27　蹄冠、系部皮肤大面积坏死　　图 5-3-28　大量肉芽组织形成

当蹄前壁真皮感染化脓时，脓液沿蹄壁角质和蹄真皮之间向上蔓延到蹄冠，引起蹄冠部的弥漫性肿胀，蹄冠发生化脓、破溃排出脓液（图 5-3-29、图 5-3-30）。

 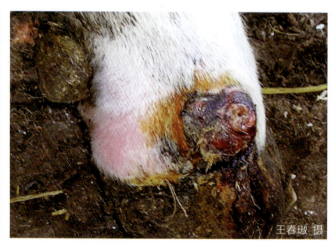

图 5-3-29　蹄冠蜂窝织炎已破溃排出脓液　　图 5-3-30　蹄冠蜂窝织炎部分皮肤坏死

当指（趾）间蜂窝织炎由坏死杆菌感染造成时，会引起系部弥漫性肿胀，站立时球节屈曲（图 5-3-31、图 5-3-32），运步时重度跛行。球节严重肿胀，皮肤坏死，球节坏死脱落（图 5-3-33、图 5-3-34）。患病组织干性坏死（图 5-3-35、图 5-3-36）。

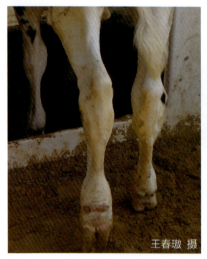 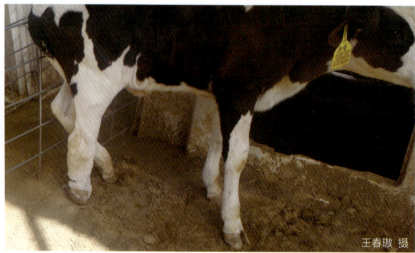

图 5-3-31　球节蜂窝织炎，球节屈曲　　图 5-3-32　右后肢系部弥漫性肿胀

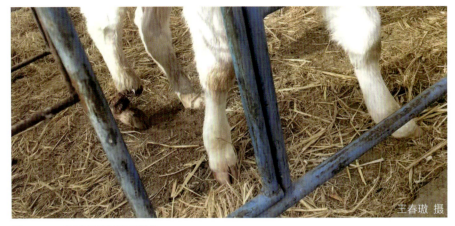
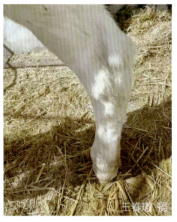

图 5-3-33　右后肢球节坏死脱落　　　　　　　　　　　图 5-3-34　左后肢球节坏死脱落

图 5-3-35　患病关节坏死　　　　　　　　　　　　　　图 5-3-36　关节干酪样坏死组织

【诊断】　病牛跛行，患肢不负重或仅以蹄尖着地。触诊患肢蹄部温热，蹄冠处肿胀，严重病例可见破溃排脓。指压患肢蹄冠，病牛有明显的疼痛反应。对指（趾）间蜂窝织炎引起的关节坏死脱落的病料，需要送实验室化验，检验是坏死杆菌还是支原体关节炎。

【治疗】　全身应用抗生素并配合局部治疗：全身应用头孢类抗生素控制感染。同时，配合支持疗法，如补液、补充维生素 C 等。

局部治疗时，在发病初期对局部肿胀处用普鲁卡因青霉素进行封闭疗法，结合全身使用头孢类抗生素和非甾体抗炎药，肿胀可能消散。

如果是单纯的细菌感染引起的肿胀，当应用局部封闭疗法和全身使用抗生素疗法无效时，肿胀处会化脓与组织坏死。对化脓坏死组织要进行外科处理，如切开排脓与冲洗。如果脓肿自然破溃，因破口较小，脓腔内脓液不能顺利排出时，可以切开排脓口，然后用过氧化氢清洗创内，去除坏死组织，再用生理盐水冲洗创内，最后用去腐生肌散（蹄力健）覆盖创面，绷带包扎。隔 2~3d 换一次药。

如果是蹄底真皮感染引起的蹄冠肿胀，用检蹄钳钳压蹄底，确定蹄底感染的部位后，用修蹄刀或勾刀削去局部感染处的蹄底角质，暴露蹄底真皮感染处，排出蹄底真皮与蹄底角质之间蓄积的脓液，用过氧化氢冲洗，再用生理盐水冲洗，蹄底创口敷以去腐生肌散（蹄力健），打蹄绷带保护。

【预防】 加强牧场粪道清理与消毒，做好运动场维护，彻底清理运动场和栏杆上尖锐的物体如铁丝等，防止奶牛发生刮伤。做好常规修蹄与浴蹄。在有坏死杆菌病传染的牧场，要对病牛污染的场所进行消毒，对病牛要隔离、死亡牛要做无害化处理。

（马卫明　王春璈）

六、蹄底溃疡

蹄底溃疡（Ulcer of Sole）是指蹄底角质缺损所致的蹄底真皮肉芽组织的裸露（图 5-3-37）。典型的蹄底溃疡多见于后蹄的外侧趾，其次是前蹄的内侧指。奶牛蹄底溃疡的最易发部位是在蹄底第 4 区的轴侧（图 5-3-38）。底球结合部处的角质腐烂后露出蹄底真皮，蹄底真皮感染后引起肉芽组织的恶性生长，肉芽组织不能被蹄底角质覆盖，呈出血、坏死性局限性损伤。蹄底溃疡还可发生在蹄踵和蹄尖部。蹄踵溃疡发生在蹄的中部、4 区和 6 区的交界处，该区是蹄底和蹄踵角质的相接处。蹄尖溃疡发生在蹄底 1 区和 2 区。蹄底溃疡常发于体重大、产量高的奶牛。

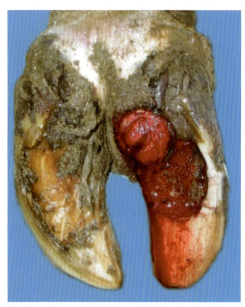

图 5-3-37　蹄底溃疡，肉芽恶性生长

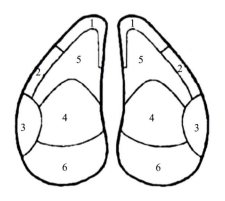

1—蹄尖白线区
2—远轴侧白线区
3—远轴侧蹄壁-蹄踵结合部
4—底-球结合部
5—蹄底三角区
6—蹄踵

图 5-3-38　奶牛蹄底分区（引自《奶牛疾病防控治疗学》）

【病因】 亚临床型蹄叶炎是本病的主要诱因。蹄叶炎损伤角质生成组织，导致局部蹄底角质生长缓慢与蹄底角质变软（图 5-3-39）。在潮湿、粪污存在的环境中，受粪中氨气的作用，角质分解、腐烂，完整性遭到破坏（图 5-3-40）。最容易遭到破坏的部位是蹄骨屈腱突对应的部位，因为发生亚临床型蹄叶炎后，奶牛为了缓解蹄底真皮的疼痛，在站立时后肢伸向腹下，导致趾深屈肌腱紧张，牵引蹄骨的屈腱面，导致蹄骨移位，使蹄骨的蹄尖部刺向蹄底，压迫其下的蹄底真皮和角质，引起局部蹄底的缺血性坏死、穿孔，暴露蹄底真皮。如果病程长了，局部肉芽组织可生长至蹄底外呈红色凸起，称为赘生肉芽。

图 5-3-39 病变处蹄底角质腐烂

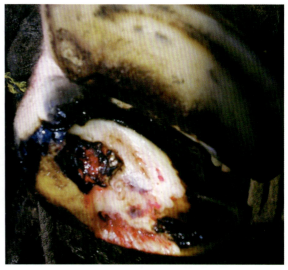

图 5-3-40 蹄底溃疡，肉芽周围角质糜烂

此外，修蹄不当也可引起蹄底压力的变化，引发本病。其主要原因为远轴侧壁处的蹄底负重区角质切削过度或修蹄时蹄底削得不平，蹄骨屈腱突对应的角质修蹄过少，局部凸起也可导致局部受压，引发本病。蹄底溃疡的另一潜在原因为严重的蹄踵糜烂。正常情况下，负重面位于蹄球部，但奶牛发生严重的蹄踵糜烂时，负重部位前移至屈腱突直下，导致蹄底溃疡发生。

【症状】 凡蹄底溃疡的牛，在运步时都表现程度不同的支跛行，患肢落地负重时患蹄落地不确实，中医称为虚行下地。在后肢因多发在外侧趾，在患肢落地时不敢负重（视频 5-3-17）。在前肢多发生在内侧指，奶牛运动时表现患肢内收，以外侧蹄负重以减轻内侧蹄的疼痛。跛行表现还与病灶大小、是否有继发感染等有关。双侧后肢患病时，两肢轮流交替负重，喜卧，运步拘谨。患侧蹄温升高，指（趾）动脉搏动增强（图 5-3-41）。

清蹄后，早期病例可见底球结合部角质脱色，指压蹄角质柔软，病牛疼痛。病程进一步发展，蹄底角质缺损，真皮裸露、出血（图 5-3-42、视频 5-3-18）。

视频 5-3-17
右后肢蹄底溃疡，重度跛行（王春璈 摄）

视频 5-3-18
奶牛上修蹄车，清洗患蹄，发现蹄底角质变薄、糜烂（王春璈 摄）

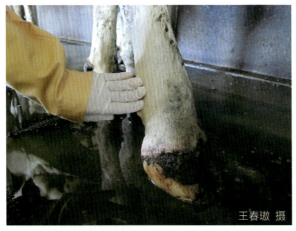

图 5-3-41 指（趾）动脉的触诊

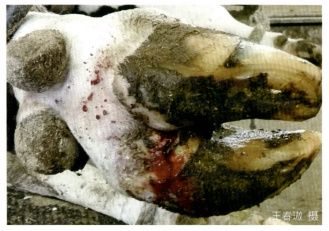

图 5-3-42 蹄底角质糜烂后引起蹄底真皮出血

蹄底角质缺损后，异物很快进入蹄底深部组织引起感染。同时，蹄底角质下可形成不同方向的潜道和蹄底真皮感染与坏死，甚至整个蹄底真皮都发生感染（图 5-3-43~图 5-3-45、视频 5-3-19）。

图 5-3-43 将蹄底溃疡肉芽挖出后显露缺损的蹄底角质

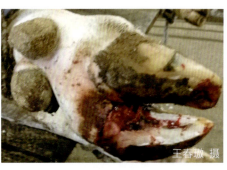
图 5-3-44 挖除蹄底角质显露坏死的蹄底真皮

图 5-3-45 蹄底真皮大面积坏死

无论哪一个部位的蹄底溃疡，在发病的初期，往往见到蹄底局部角质有黑色潜道，除去部分角质后潜道不消失，继续用钩刀挖去腐烂角质，直到显露蹄底真皮（视频 5-3-20）。严重的蹄底溃疡，用蹄刀挖开蹄底角质后，显露糜烂坏死的蹄底真皮（视频 5-3-21）。

视频 5-3-19
用修蹄刀或勾刀剔除坏死真皮外的蹄角质，显露坏死蹄底真皮（王春璈 摄）

视频 5-3-20
继续挖除坏死蹄底真皮外的角质，充分显露坏死的蹄底真皮（王春璈 摄）

视频 5-3-21
用手术剪剪除所有的坏死蹄底真皮（王春璈 摄）

【诊断】 清蹄后，削除蹄底角质，即可在底球结合部或蹄底三角区内看出病变，如果角质已缺损，更容易确诊。本病应与外伤性蹄皮炎、白线病、指（趾）间蜂窝织炎、蹄踵糜烂等相区别，同时需鉴别本病引发的并发症。

【治疗】 蹄底溃疡主要通过减轻患处的压力来治疗，需有经验的修蹄工进行治疗性修蹄。修蹄时，在后肢要减轻外侧趾的负重面，由健康的内侧趾负重。在前肢要减轻内侧指的负重面，由健康的外侧趾指负重。最简单的方法是将患指（趾）病灶彻底扩开，内侧指（趾）蹄底修整平整后贴上木质蹄托或钉上橡胶蹄托（图 5-3-46），这样患有蹄底溃疡的外侧趾即可免负体重，溃疡灶能够获得充足的恢复时间。使用时需注意选择合适的蹄托，避免蹄托后缘过硬对健指（趾）的蹄底造成损伤。蹄托最长使用 1 个月，以免对蹄底造成不必要的损伤。

图 5-3-46 在健康蹄底贴木质蹄托

有些专家提出，对凸出蹄底的肉芽组织不切除也不用腐蚀性药物治疗，处理后的患指（趾）无须包扎，因为包扎可能使病灶受到压迫，还可能导致病灶处湿润和感染。这种做法已在我国一些牧场内采用，经临床观察效果较为满意。至于蹄底真皮创面不用包扎的开放治疗是否妥当，还需要针对病变的具体情况而定，不能采用千篇一律的开放疗法。

在很多牧场，修蹄工采用高锰酸钾对蹄底真皮的出血进行止血，这种做法也是不妥的，虽然高锰酸钾对出血部位具有烧灼止血作用，但同时对蹄底健康真皮组织也具有烧灼破坏作用，延长了组织修复的时间。很多蹄底溃疡的牛不会完全恢复正常，病牛可能长期跛行。

【预防】 因蹄底溃疡的发生与亚临床型蹄叶炎有关，其预防方法参照蹄叶炎的预防方法。

（马卫明　王春璈）

七、蹄踵糜烂

蹄踵糜烂（Erosio Ungulae）是奶牛蹄底和蹄球负重面角质的糜烂，又称为坏死性蹄皮炎，也可继发角质深层组织的疾病。本病冬季多发，长期饲养于粪道积粪尿的环境中的牛多发。青年牛由于没有执行常规修蹄，蹄踵糜烂发病率高。

【病因】 因其病因的不同，蹄踵糜烂有不同的表现形式。

蹄踵糜烂大多发生在不修蹄弓的头胎牛。不修蹄弓会导致蹄球糜烂。由于没有修蹄弓，奶牛两蹄支合拢，当牛蹄踩在牛粪上，牛粪向牛蹄后方蹄踵处挤压，导致蹄踵处粘有粪污的机会增多，蹄踵与蹄球处天长日久地受到粪污浸泡，角质变软，容易遭受细菌的感染，引起蹄球糜烂，在对大量蹄球糜烂牛的蹄部治疗中证实，凡发生蹄球糜烂的牛，几乎都是青年牛，且没有修蹄弓（图5-3-47、图5-3-48）。

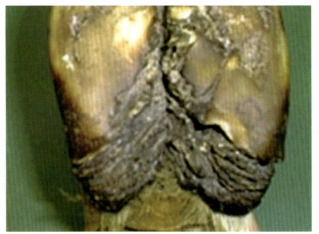

图5-3-47　蹄球糜烂，未修蹄弓

图5-3-48　头胎牛蹄球糜烂，未修蹄弓

蹄球糜烂绝大部分发生在两后蹄，前蹄几乎不发生蹄球糜烂。

蹄球糜烂的牛与亚临床型蹄叶炎有关，在亚临床型蹄叶炎多发的集约化、高产牧场，奶牛蹄球负重面的软角质柔软易损，易被细菌侵袭，细菌侵袭这些角质受损部位，加重蹄踵角质的崩解。有些病例可见蹄踵部角质凸凹不平、分层，呈平行的深沟状排列（图5-3-49）。

图 5-3-49 蹄球糜烂，角质呈平行深沟状

长期接触粪污的牛，蹄踵糜烂的发病率要高于在干净、干燥环境中饲养的奶牛。

当奶牛患有蹄疣病时，细菌感染向蹄球蔓延。当蹄球发生感染时，影响到蹄球的缓冲作用，失去相关机能，蹄球的抵抗力降低，容易引起蹄球糜烂。

【症状】 当蹄球角质糜烂波及蹄球真皮时，奶牛出现跛行，兽医或管理人员发现跛行的牛后，将奶牛上修蹄台修蹄时才能发现蹄球糜烂的严重程度。凡蹄球糜烂的牛，当奶牛在挤奶厅站台上挤奶期间，用水冲洗后蹄，可看到后蹄蹄球处的角质有剥皮现象或糜烂状态（图 5-3-50）。

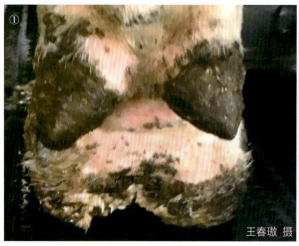 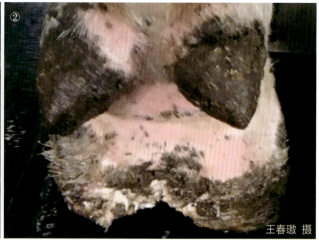

图 5-3-50 奶牛站立时看到蹄球角质糜烂

当奶牛在站立时，兽医看到了奶牛蹄球角质剥皮或糜烂状态后，需要将牛上修蹄台检查蹄球前下方，可发现蹄球角质发生了严重的糜烂，凸凹不平的黑色角质呈沟状、平行排列。病变部位在蹄底呈"V"形。随着病程的发展，蹄叉中沟和蹄叉侧沟发生坏死，严重的可波及蹄叉真皮（图 5-3-51、图 5-3-52），奶牛出现轻度到中度的支跛行。

【诊断】 蹄踵糜烂在检查蹄底时即可发现，但应注意与蹄底溃疡和蹄底外伤性蹄皮炎做鉴别诊断。

图 5-3-51 蹄踵糜烂病变部位呈"V"形

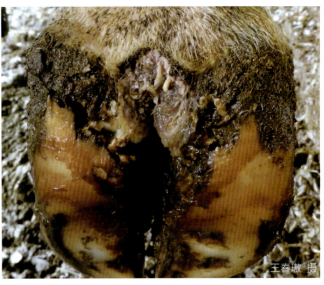
图 5-3-52 蹄踵糜烂，蹄叉侧沟和中沟角质糜烂

【治疗】 对蹄踵糜烂的牛，需要上修蹄台进行修蹄治疗，首先用水冲洗掉蹄上粘有的粪污，再用0.1%新洁尔灭或0.1%高锰酸钾冲洗患病蹄，用电动蹄打磨器对蹄球处坏死的角质打磨平整。在打磨坏死角质时，注意不要伤及蹄球部的真皮，打磨标准是不能引起出血，如果在打磨角质时已经发生出血，需要用碘酊消毒后，敷上土霉素粉，包扎蹄底绷带。病蹄一般经1次的治疗性修蹄即可康复。对病变波及蹄叉处并引起局部角质糜烂的病蹄，需要用蹄刀挖去坏死的角质直至显露健康交界处为止（图5-3-53、图5-3-54）。

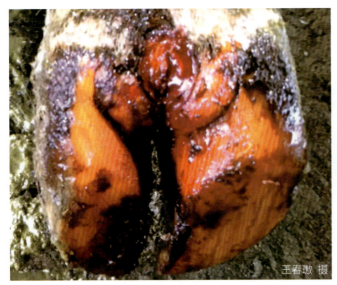
图 5-3-53 打磨角质出血的蹄后用碘酊消毒

图 5-3-54 出血部位敷土霉素后包扎蹄底绷带

【预防】 做好头胎青年牛的常规修蹄，特别强调修好蹄弓。加强粪道和卧床管理，搞好环境卫生的管理。对有蹄球糜烂发生的牧场要加强浴蹄。

（马卫明 王春璈）

八、白线病

白线是蹄底角质和蹄壁角质的结合部。白线病（White Line Disease）是指蹄底和远轴侧蹄壁、蹄踵壁间角质纤维性结合部的开裂。病原菌可从裂口处进入感染蹄真皮，形成局限性脓肿，也可能侵及深部组织形成关节后脓肿。白线病是引起牛跛行的主要疾病之一。

【病因】 白线是蹄壳角质最为柔软的部分。许多病因可引起白线病，如饲养在粪道积粪的环境中，蹄部受粪尿的浸泡，蹄底白线部角质会变得更加柔软，容易受到坚硬地面的挤压或坚硬的石子嵌入白线，引起白线的裂开；卧床舒适度不好，奶牛不愿意在卧床上卧下，长期站立；或挤奶厅设计不好，奶牛在待挤厅站立时间太长等，这些都会引起白线部的角质磨损过快、变薄。另外，瘤胃亚急性酸中毒更会引起蹄真皮的炎症。以上这些因素都会导致白线部的角质营养不良、生长变慢、磨损变快，导致白线角质变薄。白线裂开还会受到运步状态的影响，奶牛在运步时，后肢蹄的远轴侧部先着地，所以最先受到地面冲击力的冲击，此处的角质磨灭也就最快。

白线裂开后，异物可从开裂处进入，异物的填塞可扩大白线裂开的程度与范围，甚至损及其内的蹄真皮引发感染。感染可能导致3种结果：一是在蹄底形成局限性脓肿；二是沿角小叶与肉小叶之间的间隙形成潜道上行至蹄冠带，继而形成蹄冠脓肿；三是沿潜道移行累及其他组织，如潜道邻近蹄踵，可能引起指（趾）深屈肌腱下黏液囊炎或在蹄关节后形成局限性脓肿，最终常继发指（趾）深屈肌腱从蹄骨屈腱突上断裂。

【症状】 白线病常发生于后肢外侧趾，站立时病牛以内侧趾负重。无继发症的白线病，可在修蹄时发现。疼痛和跛行的程度取决于白线脓肿形成的部位。由于感染蔓延的方向不同，可发生各种白线脓肿。检查白线病病变时，先用蹄刀削掉一层蹄底角质，露出蹄底全部白线区，即可观察到白线裂开的程度与范围（图5-3-55）。有时削掉蹄底角质后即可见白线裂开并排出恶臭的脓汁（图5-3-56）。

图 5-3-55 削蹄后，发现白线局部裂开

图 5-3-56 白线病，削蹄底后发现白线裂隙及排出的脓汁

但多数白线病的感染部位远离白线，沿潜道移行至蹄底其他部位感染化脓，脓汁在蹄底角质下存留，使角质与其下方的真皮分离。要确定感染的范围，要用蹄刀仔细分离感染局部的蹄底角质，充分暴露感染的蹄底真皮，不要剥离蹄底真皮表面灰白色的一层坏死膜，否则会引起蹄真皮

的出血和感染扩散（图 5-3-57~图 5-3-62）。白线病奶牛表现严重的支跛行，若得不到及时处理，感染可不断向深部蔓延，奶牛跛行更为严重。

  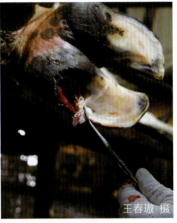

图 5-3-57　探查白线潜道方向　　图 5-3-58　挖除潜道外的角质　　图 5-3-59　挖去蹄底真皮感染区外的角质

图 5-3-60　暴露蹄底感染的真皮　　图 5-3-61　显露蹄真皮表面上的灰白色坏死膜　　图 5-3-62　局部喷涂蹄肽或 3% 甲紫溶液

当白线病继发于亚临床型蹄叶炎时，修蹄时可见白线部血染。如果发现远轴侧蹄壁上方角质有脓性排出物时，应怀疑白线病。对于上述病例，应仔细检查白线部角质的完整性。

白线病累及深部组织时，可见到蹄球肿胀，这时常会误诊为腐蹄病，应注意鉴别。白线病引发的球部关节后脓肿仅为一指（趾）的蹄球肿胀。

白线病最易发部位是从轴侧壁向指尖隙延伸的白线部位，轴侧处的角质非常薄（1~2mm），容易被磨损或被异物穿透，在奶牛上修蹄台后即可发现蹄裂（图 5-3-63、图 5-3-64）。

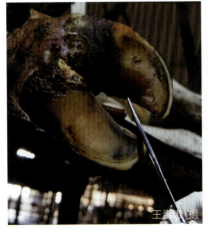 

图 5-3-63　蹄轴侧白线病的潜道探查　　图 5-3-64　削去局部角质显露感染蹄真皮

【诊断】 本病病变位置是固定的，容易诊断，必要时将蹄底削去一层即可显露发病部位。如果存在潜道，蹄真皮感染的部位可能沿潜道移行，为此，需挖开潜道外的角质仔细检查、确定蹄真皮感染的部位。

【治疗】 对于局限性脓肿，将病灶周围蹄壁削成椭圆形的漏斗状以便炎性渗出物排出。对于裂缝内的腐烂角质要全部挖出，直至显露健康角质。当裂缝内腐烂角质接近真皮时，也要把接近真皮处的腐烂角质用蹄刀挖出，真皮内的炎性渗出物或脓液随之排除。要彻底排出真皮内脓液及坏死组织，然后用3%过氧化氢冲洗，再用生理盐水冲洗，最后敷上去腐生肌散，包扎蹄绷带。

已形成窦道、继发蹄冠蜂窝织炎的化脓性感染，需从白线部至蹄冠带削除部分远轴侧壁（约0.75cm宽），暴露化脓的蹄真皮。

球后关节脓肿一般较大并有纤维性组织包囊，治疗时需要切开脓肿与引流。可通过长的针头穿刺诊断确定脓肿的部位，沿针头穿刺的方向做一切口，排出脓液，留置引流管引流。术后几天内连续用生理盐水冲洗脓腔。健指（趾）上需粘上蹄垫，以减轻患指（趾）负重，促进其恢复。

【预防】 加强环境管理，及时清理粪污，防止亚临床蹄叶炎的发生是预防白线病的关键。

（马卫明　王春璈）

九、蹄裂

蹄裂（Sand Cracks）分为纵裂和横裂。纵裂是从蹄冠带到蹄重负面的不同深度的蹄壁裂隙，常发生于体重较大的肉牛和奶牛。蹄的横裂（横向蹄裂）是角质生成暂时停滞造成的，常见于代谢病，特别是亚急性蹄叶炎。如果角质生长停滞明显，裂隙可向下深达蹄真皮。不太严重的横裂可在蹄壁角质上形成隆起和凹陷，这种横线又称苦难线或困苦线。横裂在同一头牛的四蹄子八趾（指）上都可能发病。

【病因】 蹄壁纵裂多因蹄缘及其下面的蹄冠带损伤引起，气候干热、蹄壁干燥也是引起蹄部纵裂的因素之一。另外，蹄冠带外伤或蹄冠带发生蹄皮炎疾病都可引起蹄部纵裂。

蹄壁横裂最主要的原因是奶牛亚患急性蹄叶炎过程中蹄角质生长出现暂时性停滞。横裂的裂隙与蹄冠带平行，可在蹄壁上出现苦难线（图5-3-65、图5-3-66）。全裂时，可能发生脱蹄及蹄壳完全从断裂处脱落。部分横裂时，旧角质从断裂处不断下退，形成一个角质套，其下真皮因拉紧、扭转而疼痛，病牛跛行。断奶应激、换料应激等均可造成犊牛和奶牛蹄壁的横裂。

图5-3-65　蹄壁横裂

图5-3-66　修去横裂凸起角质

蹄球裂多为奶牛口蹄疫引起，前后蹄都可发生，在蹄球与蹄底结合处裂开，粪、土与异物从裂缝处进入蹄深部，引起蹄真皮的感染，疼痛严重，卧地不能起立（图5-3-67～图5-3-70）。

蹄尖部的横裂，多因奶牛蹄部长期被粪尿浸泡、蹄角质变软而裂开（图5-3-71、图5-3-72）。

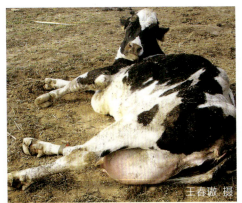
图5-3-67 前后肢蹄球全部裂开

图5-3-68 蹄球裂开向前至蹄冠裂开

图5-3-69 蹄球角质完全裂开

图5-3-70 蹄冠裂开，蹄壳将要脱落

图5-3-71 远轴侧蹄壁裂

图5-3-72 蹄裂处有粪土填塞

【症状】 纵裂分为5种类型。Ⅰ型与蹄冠带相连；Ⅱ型纵裂从蹄冠带至背侧蹄壁中部；Ⅲ型从蹄冠带至蹄负重面，贯穿整个蹄壁（图5-3-73）；Ⅳ型起于蹄壁中部，止于蹄负重面，Ⅴ型纵裂是仅见于蹄壁中部的裂隙。

蹄壁横裂是牛群代谢疾病的局部表现。可根据横裂与蹄冠间的距离和蹄壁生长的速度判断出代谢疾病发生的大致时间，追溯过去牛群饲养管理中存在的问题。成母牛蹄前壁的生长速度约为每月5mm。青年牛、集约化饲养的奶牛、夏季蹄壳生长速度相对快些。

【诊断】 根据蹄壁的局部症状即可确诊。

【治疗】 横裂病例一般不需治疗，只用在横裂的凸起明显处，可用蹄刀将凸起明显的部分角质削平。极深的裂隙

图5-3-73 蹄壁纵裂，从蹄冠带至蹄负重面

可能形成角质套，可用蹄刀将角质套削除（图 5-3-74）。

横裂发病率高的牧场，可能是因代谢疾病引起的蹄叶炎的结果，要分析引起横裂的代谢疾病的发生时间，如果饲养管理仍然存在问题，要调整饲料配方给予纠正。

纵裂不严重的病例无疼痛表现，无须治疗；纵裂导致牛跛行的病例，需进行治疗。

位于远轴侧蹄冠带处的 I 型纵裂较危险，因为此处靠近远端指（趾）骨的伸肌突。此处紧邻蹄关节，如果纵裂感染，有导致蹄关节炎的危险。对于这种病例，可将裂隙边缘的角质切除，敷以抗生素粉，垫上敷料，可用 2.5cm 宽的黏弹性绷带包扎蹄冠带。

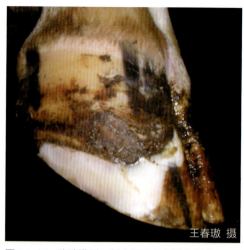

图 5-3-74　蹄壁横裂，削去蹄壁凸起的角质套

对 II 型和 III 型纵裂，常将裂隙边缘切削整齐并扩开裂隙，然后用异丁烯酸甲酯黏合。

对于因干热引起的蹄壁裂，可在蹄壁上涂熟豆油，以减少蹄壁的水分散发。

对于口蹄疫引起的蹄球部的裂开，一旦确诊为口蹄疫病后。应按照《中华人民共和国动物防疫法》有关规定，对发生口蹄疫的牛进行无害化处理，同时要对发病的牛场进行封锁、消毒等应急措施。为预防口蹄疫的流行，要对牛群每年进行 2 次以上口蹄疫疫苗的预防接种。

【预防】　尽量减少奶牛受到应激，在饲料中添加生物素（每头 10mg/d）等对预防本病有良好的效果。

（马卫明　王春璈）

十、蹄底挫伤

蹄底挫伤（Contusion of Sole）是蹄底真皮受到硬物碰撞、挤压而发生的蹄底角质与真皮的非开放性损伤，例如，奶牛运动时不小心踩在石子、砖瓦碎块等钝性物体上，压迫和撞击蹄底造成真皮挫伤，常伴有真皮组织的瘀血（图 5-3-75）。如挫伤的真皮组织继发感染，可引起蹄真皮的化脓性炎症。奶牛的蹄底挫伤多发于蹄底和底球结合部。

【病因】　当牛舍的颈栅侧水泥地面风化后，石子裸露、地面不平，常常引起蹄底挫伤；牛舍距离挤奶厅很远，在没有铺设橡胶垫的通道上，奶牛每天往返多次，导致蹄底磨灭严重，蹄底变薄，当蹄部踩到地面不平的硬物上，也很容易发生蹄底挫伤。引起泌乳牛发生本病的病因还与修蹄不当、蹄底不平等有关。

【症状】　轻度挫伤可能无跛行表现，所以常被忽视。修蹄时，可见蹄底角质有血染，出现黄色、红色或褐色着色，这些不同的颜色是蹄底出血后的不同阶段的血色素的变化的结果。着色的角质在一次或几次修蹄后可清除。

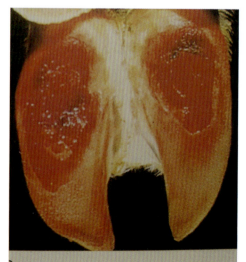

图 5-3-75　蹄底挫伤，取下蹄壳后的蹄底真皮

有严重的挫伤时，奶牛表现不同程度的机能障碍，站立时患肢减负或免负体重，以蹄尖着地；运步时呈典型的支跛，在不平的路面运步时，跛行加重，在运动中可能出现跛行突然加重的现象，是挫伤部再次受压引起疼痛所致。患侧趾（指）动脉搏动增强，蹄温升高，以检蹄器压诊挫伤部时，病牛表现剧痛。

修蹄检查时，挫伤部可见角质血染，可呈点状或片状出血。严重的挫伤可能形成血肿，蹄底角质下形成小的腔洞，其中有凝血块（图5-3-76）。

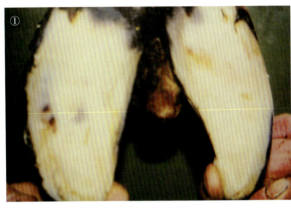 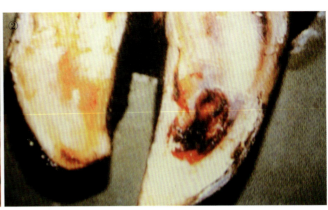

图5-3-76　局部角质有出血和黄色斑点

挫伤部发生感染时，可引起蹄底化脓（图5-3-77）。脓汁扩散使角质剥离并形成潜道，有时可沿小叶间隙上行，引起蹄冠蜂窝织炎，并可从蹄冠处破溃。蹄化脓时，常有全身症状。化脓灶破溃后，跛行可减轻，全身症状可消失。

【诊断】　蹄底挫伤时，将奶牛保定在修蹄台上，清洗蹄后，用检蹄钳钳压蹄底即可确定受挫部位，必要时可削薄蹄底后再行检查，以确定挫伤的部位和程度。

【治疗】　蹄底挫伤后24h内可采取冷蹄浴，以促进蹄底真皮毛细血管的收缩，减少溢血。轻度无败性挫伤，可不用药物治疗，炎症可在2~3d后消除。重度挫伤可用非甾体抗炎药和止血药，为防止蹄底真皮的继发感染，可考虑使用抗生素。如果已发生化脓性炎症反应，应彻底清创，切除病灶周围所有坏死组织，扩开潜道，彻底排脓（图5-3-78），用过氧化氢冲洗后，局部使用抗生素粉剂或喷剂。

图5-3-77　蹄底化脓，脓液流出　　　　　　　图5-3-78　蹄底化脓的修蹄，暴露蹄底感染的真皮

【预防】 加强牛舍地面的维修，有条件的牧场要在颈枷侧的地面上和挤奶通道上铺设橡胶垫，以减少摩擦和降低蹄底角质磨灭速度；清理运动场、粪道和待挤厅等通道上的粪便，去除会引起挫伤的石块、砖头等异物；加强修蹄技能培训，提高修蹄水平。

（马卫明　王春璈）

十一、蹄部脓肿

奶牛蹄部脓肿（Abscess of Hoof）是对蹄部所有脓肿的总称，根据其发病部位的不同，常见的有蹄尖脓肿、白线脓肿、蹄冠带脓肿、蹄踵脓肿（球部关节后脓肿）和球节脓肿等。

【病因】 蹄尖脓肿与蹄尖挫伤及蹄尖部的白线裂感染有关。

白线脓肿是白线裂后细菌侵入白线裂感染蹄真皮的结果。

蹄冠带脓肿起源于白线的感染，病原菌沿蹄壁下向上蔓延到蹄冠，并感染蹄冠深部的组织，引起局限性脓肿。

蹄踵脓肿（球部关节后脓肿）是球部蹄关节后指（趾）枕的脓肿。继发于指（趾）间坏死杆菌病、化脓性下籽骨滑膜囊炎、蹄关节炎、蹄踵糜烂和球部反复刺伤等病因。

球节脓肿是指（趾）部冠骨、系骨周围的皮肤、皮下及深部组织内的脓肿，大多与关节挫伤、揿伤及小的创口感染引起。

【症状】 蹄部脓肿形成过程中和脓肿成熟后，奶牛都会出现中度到重度的支跛行，患蹄不敢负重，运步时呈三脚跳跃前进。站立时蹄尖脓肿的牛可能表现为蹄尖上翘，以蹄踵负重，严重的患肢悬垂。如后蹄脓肿的牛，病肢跗关节屈曲，呈"曲飞"状（图5-3-79）。将病牛保定后，压诊患处可能有蹄尖部蹄底疼痛与柔软（图5-3-80）。

图5-3-79 后蹄脓肿，后肢屈曲悬垂

图5-3-80 检蹄钳钳压蹄尖部，病牛疼痛

蹄踵脓肿（球部关节后脓肿）在球部上方两悬蹄下有凸出的局限性肿胀。指压呈紧张性波动，当脓腔内脓液越多时，指压感到越坚实，常常感觉不到波动。奶牛呈重度支跛行。当脓肿破溃后，可有窦道向外排脓（图5-3-81、图5-3-82）。白线脓肿症状参见白线病部分。

冠骨、系骨周围组织脓肿也较为多见，在系部出现肿胀，奶牛运动时表现重度支跛行，以蹄尖轻轻负重（图5-3-83）。

【诊断】 蹄尖脓肿和白线脓肿可根据症状结合修蹄诊断。蹄冠以上的各种脓肿，都可对脓肿进行穿刺诊断，穿刺针流出脓液即可确诊。

图 5-3-81 蹄球部脓肿

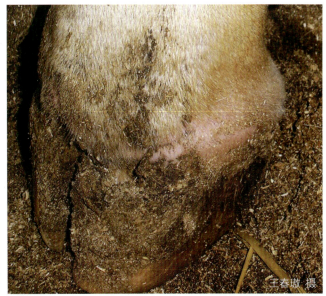
图 5-3-82 蹄球肿胀、脓肿

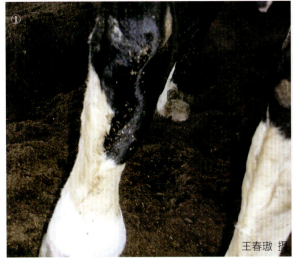
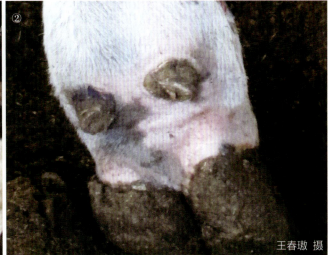
图 5-3-83 系部脓肿

【治疗】 蹄部脓肿的治疗方法是切开排脓、冲洗与引流。由于脓肿的部位不同，治疗方法也有很大差别。

1）白线的脓肿：蹄部清洗、碘酊消毒后，用钩刀挖开真皮化脓对应处的角质，直到脓液排出为止。还要检查真皮蓄脓处有无坏死组织，如果存在坏死组织，对坏死组织也要取出，但操作要仔细，尽量避免蹄真皮的出血。然后用3%过氧化氢冲洗脓腔，再用生理盐水冲洗，创口敷以去腐生肌散，包扎蹄绷带。健指（趾）蹄底粘上木质蹄垫后饲养于干净干燥的环境中。

2）球部关节后脓肿（图 5-3-84）：手术切开排

图 5-3-84 蹄球脓肿

脓。手术在无菌操作下进行。采用掌（跖）神经传导麻醉，在指（趾）远轴侧球部角质上用蹄刀挖开角质（图5-3-85），除去角质后有的脓液即可流出，对深部不能排出的脓液，可以用生理盐水冲洗（图5-3-86）。有的脓肿在深部难以接近，可用套管针从此切口对着球的轴侧部上方刺入，通过脓肿到达球部上方皮肤，并在此处切开皮肤。插入硬塑料管，用大量消毒液冲洗，再用生理盐水冲洗和加青霉素的生理盐水冲洗，除去脓肿内的纤维蛋白块和一切坏死组织，创内用碘甘油纱布条填塞引流，包扎，定期换药，直到化脓过程停止。

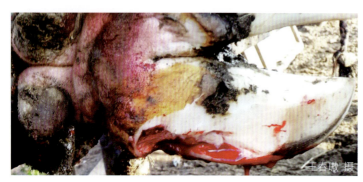

图5-3-85　挖开蹄球脓肿外角质，排出脓液

图5-3-86　用生理盐水冲洗脓腔深部

3）球节部的脓肿：可将牛保定于修蹄台上，也可在全身麻醉下对患肢进行保定（图5-3-87），切开脓肿，排出脓液（图5-3-88）。对脓腔内坏死组织及纤维素，可用止血钳取出（图5-3-89）。用0.1%新洁尔灭冲洗脓腔后，用浸有碘甘油的灭菌纱布绷带填塞入脓腔内引流。

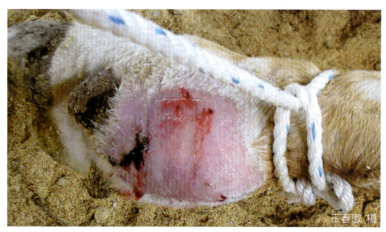

图5-3-87　对奶牛保定与术部剃毛

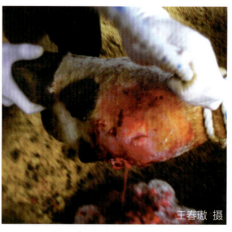

图5-3-88　切开排除脓液

【预防】　蹄部脓肿的发生都与奶牛的护蹄工作好坏有关，与粪道、卧床及运动场的管理工作有关，还要重点关注如何减少围产期奶牛的应激，严防出现亚临床性瘤胃酸中毒。

要保持牛舍、卧床及粪道的舒适度，保持环境干净、干燥，粪污及时清理，减少各种蹄部的损伤。

（马卫明　王春璈）

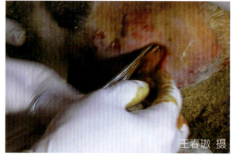

图5-3-89　用止血钳伸入脓腔内取出坏死组织与纤维素

第四节 四肢关节疾病

一、支原体关节炎

支原体关节炎（Mycoplasmal Arthritis）是由支原体感染引起的一种非化脓性、关节内组织呈干酪样坏死、重度跛行的关节病。各饲养阶段的奶牛都可发生。初乳与常乳的巴氏灭菌不好，支原体没有灭活，犊牛喝了以后感染支原体病。犊牛可在10~15日龄发病，犊牛支原体关节炎大多呈地方流行性。成母牛、青年牛与后备牛的支原体关节炎大多散发。奶牛分娩应激可引起支原体关节炎的地方性流行。

【病因】 有关支原体病的病原及传播途径的详细内容见本书第二章第二节。

【症状】 奶牛一个关节或数个关节突然发生肿胀、疼痛，运步时呈现中度到重度的跛行，运步时不敢负重，呈三脚跳跃前进（视频5-4-1、视频5-4-2），多见于腕关节、跗关节、膝关节、系关节等。触诊患病关节，呈弥漫性肿胀、无波动，关节正常轮廓消失，关节严重变形。屈曲与伸展关节都异常困难，疼痛明显（图5-4-1、图5-4-2），严重的支原体关节炎奶牛卧地不起（图5-4-3）。随着病程的延长，关节肿胀越发严重，关节不能伸展，失去留养价值（图5-4-4）。

视频5-4-1 犊牛跗关节支原体关节炎

视频5-4-2 泌乳牛腕关节支原体关节炎

图5-4-1 支原体腕关节炎，重度跛行，患肢悬垂

图5-4-2 支原体腕关节炎，腕关节硬肿

图5-4-3 支原体腕关节炎，奶牛卧地不起

图5-4-4 犊牛支原体关节炎

【病理变化】 对发病的关节进行剖检，关节滑膜层、关节软骨及关节囊纤维层都出现大量干酪样坏死组织（图5-4-5、图5-4-6），关节内无渗出液，无化脓性液体。因此，在诊断支原体关节炎时，对关节进行穿刺采样很难抽出液体，在治疗支原体关节炎时，向关节内注射药物也是难以完成的。

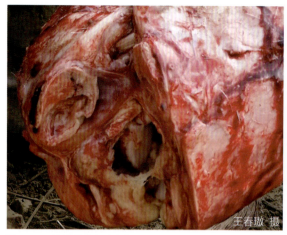

图5-4-5 腕关节内坏死组织

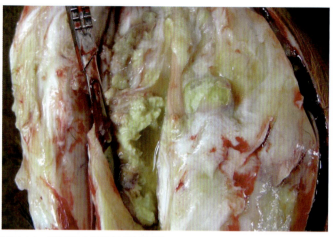

图5-4-6 膝关节内干酪样坏死组织

【诊断】 根据临床症状和病理剖检变化可以初步诊断。确诊需要做支原体病原的检查。将关节内干酪样病料接种到支原体培养基，在5%二氧化碳培养箱内培养3~7d，在培养基上长出煎鸡蛋样菌落，即可确诊为支原体感染引起的关节炎（图5-4-7、图5-4-8）。

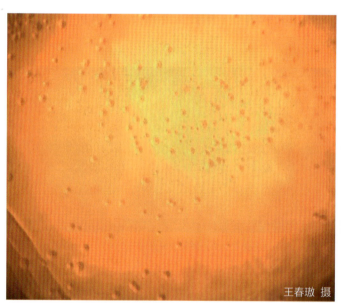

图5-4-7 支原体培养基上的菌落1

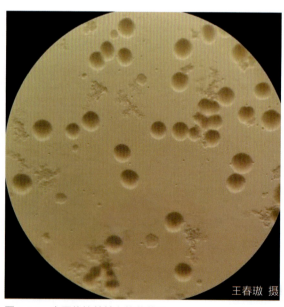

图5-4-8 支原体培养基上的菌落2

【治疗】 病的早期可选择对支原体敏感的药物，如恩诺沙星、泰乐菌素、加米霉素等药物肌内注射，同时配合非甾体抗炎药进行治疗，每天注射1次，连续用药6d，如果用药2个疗程病牛的跛行症状还没有缓解，对这种病牛要放弃治疗；对于严重的支原体关节炎，难以治愈，淘汰病牛。

（马卫明　王春璈）

二、化脓性关节炎

化脓性关节炎（Pyogenic Arthritis）在各饲养阶段的牛都可发生，但以哺乳犊牛的化脓性关节炎更为多见。发病关节大多为腕关节、跗关节和系关节。犊牛发病日龄为3~30日龄。引起关节化脓的细菌有链球菌、大肠杆菌、葡萄球菌、沙门菌和棒状杆菌等。

【症状】 化脓性关节炎多发生在前肢腕关节、后肢跗关节和系关节，运步时出现跛行，跛行程度为中度到重度（图5-4-9），严重的卧地不能起立。病牛体温升高，采食量降低，有的采食停止。患病关节囊肿胀，外形改变。触诊化脓关节，表现疼痛、温热、有波动（图5-4-10）。

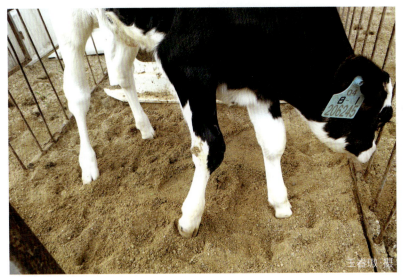
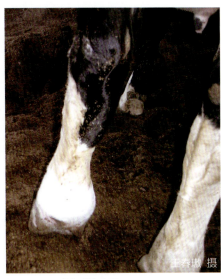

图 5-4-9　犊牛化脓性关节炎　　　　　　　　　　　图 5-4-10　球节感染化脓

【诊断】 根据临床症状和局部触诊可初步诊断，确诊需要对化脓关节进行穿刺诊断。妥善保定患病肢体，用碘酊消毒关节囊皮肤，酒精脱碘后，于关节肿胀波动最明显处刺入针头（图5-4-11、视频5-4-3），或用连接针头的注射器直接穿刺关节囊抽出关节内脓液（图5-4-12）。脓液从浓稠白色到稀薄灰色并具有臭味。根据穿刺液性状即可得出化脓性关节炎的诊断。穿刺液经实验室细菌培养与鉴定，可明确细菌感染的类型。

视频 5-4-3　跗关节化脓穿刺，抽出脓液

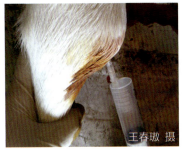
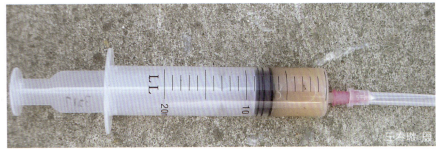

图 5-4-11　腕关节穿刺抽出脓液　　　图 5-4-12　穿刺液混浊，呈脓性

【治疗】 早期发现患病关节，早期使用抗生素治疗，可使关节化脓过程停止。如果关节已经化脓，需要及时切开排脓，若不做切开排脓就盲目使用抗生素，会延误了治疗时机，使病情恶化。正确的治疗方法是切开化脓的关节囊，排出化脓性液体，用生理盐水冲洗关节囊，创内上药、引流与定期换药处理。

具体操作方法：全身麻醉，侧卧保定，充分显露患肢。对化脓的关节部皮肤剃毛、清洗与消毒，切口位于关节囊波动明显处，将切口方向垂直地面，排出脓液（图5-4-13、图5-4-14）。对切开的关节囊，先用3%过氧化氢冲洗化脓囊腔，再用生理盐水冲洗化脓囊腔，最后用碘甘油灭菌纱布条填塞到脓腔内，包扎关节保护绷带（图5-4-15、图5-4-16）。

图 5-4-13 准备切开关节病脓肿

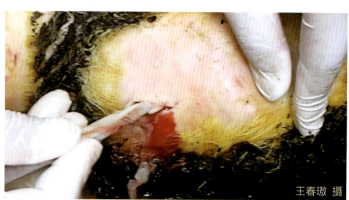

图 5-4-14 切开并排出脓液

图 5-4-15 在脓腔内填塞碘甘油纱布条引流

图 5-4-16 包扎绷带，单栏护理

对关节内脓性液体不太多的病例，可以不切开关节囊，对关节穿刺放液，用生理盐水青霉素液，反复冲洗化脓的关节，直至放出的冲洗液变为透明液为止（视频5-4-4）。

（马卫明　王春璈）

视频 5-4-4
对关节化脓，不切开关节囊的关节穿刺冲洗方法

三、非化脓性关节滑膜炎

关节滑膜炎（Arthrosynovitis）是关节囊滑膜层的渗出性炎症，是奶牛常见关节病。分为急性滑膜炎和慢性滑膜炎，且以慢性滑膜炎为多见。

【病因】 关节滑膜炎的特点是不并发关节软骨损害的关节滑膜层的炎症。临床常见的有跗关节的急性和慢性滑膜炎。

引起本病的主要原因是卧床舒适度太差、卧床垫料太少、卧床结构不合理，也见于铺垫老化的橡胶垫卧床上饲养的奶牛。由于垫料太少，奶牛卧于硬的床面上，关节长期受到卧床的摩擦而发生慢性滑膜炎。在关节捩伤、挫伤和关节脱位的情况下都能并发滑膜炎；牛走在不平的挤奶通道上，每天3~4次往返于牛舍与挤奶厅，牛的关节囊容易受损而发生滑膜炎；某些传染病，如布鲁氏菌病的并发病也能引起关节滑膜炎。

急性出血性滑膜炎主要发生在跗关节，由于跗关节受到钝性暴力伤害，如推粪车的冲撞，奶牛发情爬跨时后肢用力引起跗关节囊滑膜层的损伤等。

【症状】 本病的特点是滑膜充血、滑液增量及关节的内压增加和肿胀。急性炎症初期滑膜及绒毛充血、肿胀，滑膜的浆液渗出物增多，以后关节腔内存有透明或微混浊的浆液性渗出物，有时浆液中含有纤维素片。在关节发生挫伤或捩伤时，滑液可能带有血红色。

（1）**慢性滑膜炎** 由于引起奶牛滑膜炎的病因不能去除，关节滑膜层反复受到不良因素的刺激，则容易引起慢性滑膜炎（图5-4-17）。规模化牧场奶牛的关节滑膜炎不是来自急性滑膜炎，而是逐渐发生的。慢性关节滑膜炎多发生于牛的跗关节。

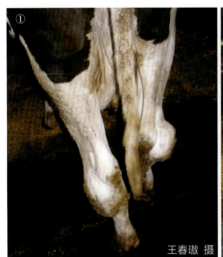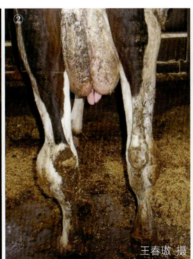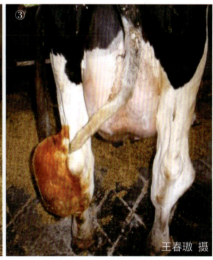

图5-4-17 跗关节慢性滑膜炎

慢性滑膜炎特点是关节的纤维囊增殖肥厚，滑膜丧失光泽，绒毛增生肥大、柔软、呈灰白色或浅蓝红色。关节囊膨大，积存大量渗出物，呈微黄透明或带乳光，黏度很小，渗出液量多至原滑液量的15~20倍（图5-4-18），其中含有少量淋巴细胞、分叶核白细胞及滑膜的细胞成分。

奶牛的慢性浆液性滑膜炎表现为关节囊高度膨大，触诊有波动、无热痛。临床称此为关节积液。他

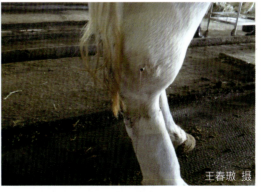

图5-4-18 慢性滑膜炎穿刺液清亮

动运动屈伸患病关节时，因积液窜动，关节外形随之改变。奶牛运动时无明显跛行，但患病关节活动不灵活。还由于关节囊内大量积液的影响，关节屈伸缓慢，容易疲劳。如果积液过多时，常引起轻度跛行。

（2）急性浆液性滑膜炎　关节腔积聚大量浆液性炎性渗出物，或因关节周围水肿，患关节肿大、热痛，指压关节憩室凸出部位，明显波动。渗出液含纤维蛋白量多时，有捻发音。他动运动患关节明显疼痛。站立时患关节屈曲，免负体重。两肢同时发病时交替负重。运动时，表现以支跛为主的混合跛行，跛行严重的牛，采食量降低，泌乳量下降。对患病关节穿刺，流出混浊带有血色的液体（图5-4-19、图5-4-20）。

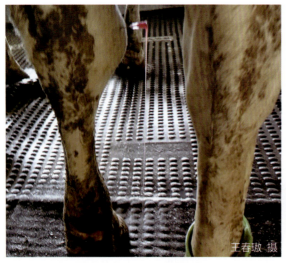
图 5-4-19　跗关节急性滑膜炎穿刺液呈浅红色

图 5-4-20　急性滑膜炎穿刺液呈浅红色

【诊断】　根据临床症状可初步诊断，确诊可通过关节囊穿刺，根据穿刺液性状进行诊断。

慢性浆液性滑膜炎的穿刺液为透明清亮的稀薄液体；急性关节滑膜炎的穿刺液有的混有血液。

穿刺方法：奶牛在柱栏内保定，也可在挤奶台上穿刺。在关节囊积液最明显处剃毛、清洗、碘酊消毒，酒精脱碘（视频5-4-5），用灭菌针头刺入关节囊内，从针头流出带有血色的液体（视频5-4-6、视频5-4-7）。这种关节滑膜炎大多是由外伤引起的。

视频 5-4-5
奶牛在柱栏内保定，穿刺部剃毛、清洗与碘酊消毒（王春璈 摄）

视频 5-4-6
用灭菌注射针头穿刺跗关节囊，流出黑红色液体（王春璈 摄）

视频 5-4-7
在挤奶台上进行跗关节关节囊穿刺诊断，穿刺液呈浅红色（王春璈 摄）

【治疗】　治疗原则为制止渗出、促进吸收、排出积液、恢复功能。

患急性浆液性滑膜炎时，病牛安静。为了镇痛和促进炎症转化，可使用2%利多卡因

15~25mL 对患关节腔注射，或用 0.5% 利多卡因青霉素对关节内注入。对慢性滑膜炎，关节积液过多，可先进行关节穿刺抽液，同时向关节腔注入盐酸利多卡因青霉素，包扎压迫绷带。

可的松利多卡因青霉素关节内注射疗法，对于急、慢性滑膜炎的治疗效果都好。常用醋酸氢化可的松 2.5~5mL 加青霉素 100 万 IU，配以 0.5% 盐酸利多卡因 25~30mL，注射到患病关节内，隔天 1 次，连用 3~4 次。在注药前先抽出渗出液适量（40~50mL）然后注药，立即用绷带加压包扎患病关节。有资料显示，外源性加大关节内的压力可促进关节内液体的扩散和吸收，因此在关节内注入药液后常采用压迫绷带。

（马卫明　王春璈）

四、关节捩伤（关节扭伤）

关节捩伤（关节扭伤）（Sprain of Joint）是指关节在突然受到间接的机械外力作用下，超越了生理活动范围，瞬时间的过度伸展、屈曲或扭转而发生的关节损伤。本病是奶牛常见和多发的关节病，最常发生于系关节和冠关节，其次是膝关节、肩关节和髋关节。

【病因与病理】　奶牛在卧床躺卧时，常常将前肢越过挡胸板（管）伸向前方，如果挡胸板（管）与卧床之间留有较大的空间，前肢伸入卧床前挡胸（管）板下方，在奶牛起立时，挡胸板（管）对冠关节和系关节坎卡、挤压，而奶牛又急速拔腿，而引起系关节、冠关节的捩伤（图 5-4-21）；奶牛在修蹄台不合理的保定，保定绳对前肢或后肢系关节、冠关节的捆绑，在奶牛挣扎欲起的过程中，也可引起关节的捩伤；挤奶通道地面不平，误踏深坑或深沟、跌倒等也会引发本病。这些是机械外力的速度、强度和方向及其作用下所引起的关节超生理活动范围的侧方运动和屈伸，轻的会引起关节韧带和关节囊的全断裂及软骨和骨骺的损伤；急剧关节侧动，在损伤侧韧带的同时还可能撕破骨膜和扯下骨片，成为关节内的游离体；韧带附着部的损伤，可引起骨膜炎及骨赘。

关节囊或滑膜囊破裂常发生于与骨结合的部位，易引起关节腔内出血或周围出血，或引起浆液性、浆液纤维素性渗出。如滑膜血管断裂时，发生关节血肿，或由于损伤其他软部组织，造成循环障碍、局部水肿。软骨和骨骺损伤时，软骨挫灭、骺端骨折，破碎小软骨片最终引起关节的化脓性瘘管，并表现重度的跛行（图 5-4-22、图 5-4-23）。

图 5-4-21　奶牛前肢伸入前挡胸管前方，引起系部关节捩伤

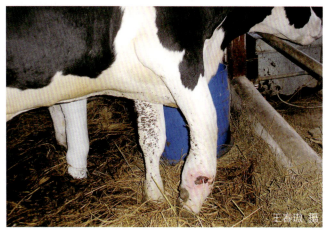

图 5-4-22　系部关节捩伤，系部外侧皮肤破损

【症状】 发生关节捩伤的奶牛，表现出关节肿胀、疼痛、温热、关节变形、骨质增生、跛行等症状。

（1）跛行 受伤后立即出现跛行。行走数步后，疼痛减轻，这是原发性剧烈疼痛的结果。炎症性疼痛跛行在伤后12~24h出现，跛行程度随运动而加剧。中度、重度捩伤时表现中度到重度跛行，站立时患肢减负或免负体重，仅仅以蹄尖触地（图5-4-24）；运步时呈现中度到重度的支跛行。组织损伤越重，跛行也越重。如果损伤骨组织时表现为重度支跛行，在站立时，患肢屈曲以蹄尖着地，免负体重，时时提起患肢或悬起不敢着地。运步时呈三脚跳跃前进（图5-4-25）。

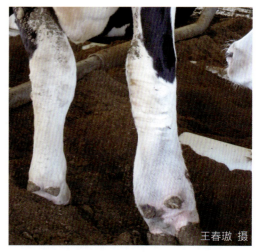

图5-4-23 系部关节捩伤，造成增生、变形

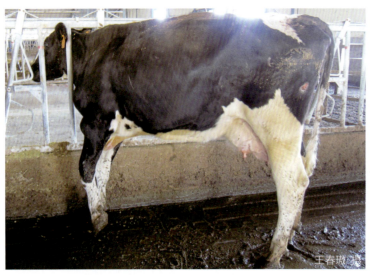

图5-4-24 系部重度关节捩伤的站立姿势，蹄尖触地

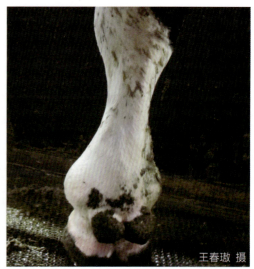

图5-4-25 系关节捩伤肿胀、变形

（2）疼痛 原发性疼痛在受伤后立即出现，是关节滑膜层神经末梢对机械刺激的敏锐反应。对炎性反应性疼痛，韧带损伤痛点位于侧韧带的附着点纤维断裂处，触诊可发现这种疼痛。他动运动有疼痛反应，当使受伤韧带紧张，立即出现抽腿疼痛反应。同时，转动关节向受伤的一方，使损伤韧带弛缓，则疼痛轻微或完全无痛。进行他动运动检查，有时发现关节的可动程度远远超过正常活动范围，这是关节侧韧带断裂和关节囊破裂的典型表现，此时疼痛明显。

（3）肿胀与化脓性瘘管形成 发生捩伤的关节肿胀，出现在病程的两个阶段。病初炎性肿胀，是关节滑膜出血、关节腔血肿、滑膜炎性渗出的结果，特别是关节周围出血和水肿时，肿胀更为明显；另一种肿胀出现在慢性经过的骨质增殖形成骨赘时，表现为硬固肿胀（图5-4-26）。四肢上部关节外被有厚的肌肉，患部肿胀不甚明显。轻度捩伤则基本没有明显肿胀；中等度捩伤有程度不同的肿胀；只在严重关节捩伤时，炎症反应越剧烈，肿胀也越严重。当捩伤的关节损伤到骨组织时，由于没有采取外固定，损伤的骨组织始终处于活动状态，骨组织难以修复，甚至引起过骨坏死，导致关节的化脓性瘘管形成（图5-4-27）。

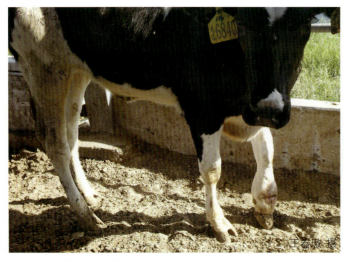

图 5-4-26 慢性系关节挫伤，系部局部增生、变形

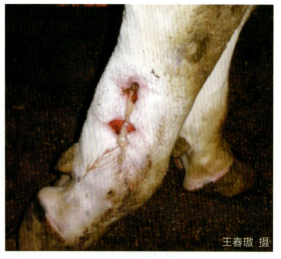

图 5-4-27 重度关节挫伤，深部有游离的骨碎片形成化脓性瘘管

根据炎症反应程度和发展阶段而有不同表现。一般伤后经过 0.5~1d，温热和炎性肿胀、疼痛和跛行同时并存，并表现有一致性。仅在慢性过程关节周围纤维性增殖和骨性增殖阶段有肿胀、跛行，但无温热。

（4）骨赘 慢性关节挫伤可继发骨化性骨膜炎，常在韧带附着处形成骨赘，关节变形，跛行长期存在。

【诊断】 根据临床症状和对关节部的局部检查，可以确定诊断。

【治疗】 关节挫伤的治疗原则为制止出血和炎症发展，减少关节的活动；镇痛消炎、预防组织增生，恢复关节机能。

1）装置绷带：对重度的关节挫伤，为制止关节腔内的出血和渗出和止痛、抗炎为目的，可以装置复方醋酸铅散（安德列斯）湿绷带（图 5-4-28）。

①复方醋酸铅散 250~300g，用凉水和成糊状，待用。

②卷绷带放于凉水中浸泡浸透，取出绷带用手轻轻挤压出多余水分。

③用 5% 碘酊消毒挫伤的关节。

④将调成糊状的复方醋酸铅散均匀的涂敷于受损关节的皮肤上，涂敷厚度为 0.5~0.6cm。

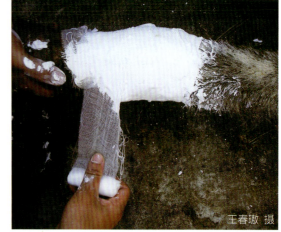

图 5-4-28 犊牛关节病装置绷带

⑤用湿的卷绷带包扎挫伤的关节，每包扎一层绷带，都要在绷带的表面涂敷一层复方醋酸铅散糊剂，需要包扎 4~6 层，在最后一层绷带外用手均匀地涂抹复方醋酸铅散糊剂。

⑥绷带装完后，每隔 3~4h 用凉水向绷带上喷洒凉水，使绷带始终保持湿润状态。

⑦绷带每 24h 更换一次，连续用 3d。绷带装置方法同上。

为减少受损关节的活动，特别是当关节韧带发生撕裂，或关节的骨发生损伤时，应在伤后

12h 内装置石膏绷带。石膏绷带既有减少受损关节的渗出，又有固定受伤关节、促进断裂韧带愈合和骨损伤的修复作用（图 5-4-29~ 图 5-4-31）。

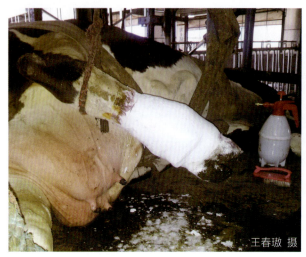

图 5-4-29　对关节挫伤的牛包扎石膏绷带

图 5-4-30　全身麻醉、石膏绷带固定

石膏绷带的固定时间，依据关节挫伤的程度而定，关节韧带撕裂的关节挫伤，可装置 10~15d，如果关节骨组织发生损伤，石膏绷带应装置 20~30d。

2）促进吸收：关节内出血不能吸收时，可关节穿刺排出，同时通过穿刺针向关节腔内注入 0.25% 普鲁卡因青霉素，注射后立即包扎关节加压绷带。

3）镇痛抗炎：用 1% 利多卡因 10~15mL，并配合醋酸泼尼松 125mg、青霉素 200 万 IU，向患病关节肿胀明显处注射，每隔 2d 注射 1 次，连用 3~5 次。

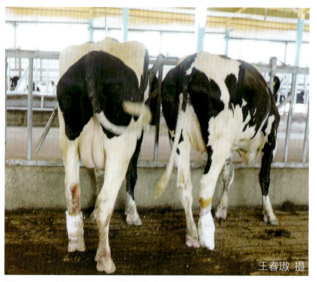

图 5-4-31　关节挫伤石膏绷带固定后的牛

4）使用非甾体抗炎药：这是规模化牧场最常用的镇痛、抗炎药，常用的有美洛昔康、氟尼辛葡甲胺，具有良好的镇痛、抗炎作用。

5）手术治疗：对慢性、增生性化脓性瘘管的关节挫伤，手术切除增生的瘘管壁组织，取出瘘管底部的坏死组织、异物、游离的骨碎片，创内用抗生素软膏纱布绷带条进行引流，并用绷带包扎。以后，每隔 2~3d 处理 1 次，创口经 12~18d 愈合（图 5-4-32、图 5-4-33）。

6）预后：除重症者外，绝大部分病例预后良好。如果不能早期治疗，对严重的关节挫伤不包扎压迫绷带或固定石膏绷带，仅仅注射抗炎药，常引起关节周围的结缔组织增生、关节变形；对关节内外骨损伤的病例，如果没有采取石膏绷带外固定的措施，最终形成关节部的化脓性瘘管、关节增生、变形而失去留养价值。

图 5-4-32　慢性化脓性瘘管的关节挫伤

图 5-4-33　切除瘘管壁坏死、瘢痕组织

（马卫明　王春璈）

五、关节挫伤

牛经常发生关节挫伤（Contusion of Joint），多发生于系关节、腕关节和跗关节，而膝关节、肩关节也时有发生。

【病因】　卧床垫料太少，牛在起卧时腕关节碰撞无垫料的卧床地面，是发生腕关节挫伤的主要原因（图5-4-34）。挡胸板（管）装置不合理，距离卧床床面太高，奶牛的前肢可经挡胸板（管）下面伸到前方，当奶牛起立时猛然抽腿，挡胸板（管）引起前肢球节、冠关节的挫伤；也有的挡胸板断裂失修（图5-4-35），在奶牛起卧时前肢球关节、冠关节受到断裂的挡胸板的碰撞而发生挫伤；当奶牛的前肢越过挡胸板（管）伸向前方、蹄部伸入卧床底座的钢管下面，在牛起立时而发生球节或冠关节挫伤（图5-4-36）。有时奶牛的前肢伸到颈枷内的两个立柱间，前肢腕关节及掌部卡在立柱间，奶牛试图抽退发而发生挫伤；赶牛通道的地面太滑，奶牛滑倒后也可发生关节的挫伤；推粪车在粪道上推粪时的冲撞，也是引起关节挫伤的原因之一。

图 5-4-34　卧床垫料太少引起腕关节挫伤

图 5-4-35　卧床挡胸板断裂，可引起关节挫伤

【症状】 关节发生挫伤时，常见受伤的关节皮肤有溢血、关节肿胀、患部疼痛和出现跛行。

（1）**溢血** 指血管壁受损伤而出血，溢血的程度与受伤血管的种类、数量、大小及周围组织的性状有关。一般疏松组织内溢血较多，致密组织中较少。少数毛细血管损伤时，溢血呈斑点状，在牛体上多不明显，不易受人注意；较多毛细血管和小血管损伤时，在组织间隙内呈弥漫性肿胀。血液渗漏于组织内时呈现扁平的肿胀，当较大的动脉和静脉分支受损伤时，流出的血液能将周围组织挤开而形成血肿。溢血斑随着红细胞的崩解及血红蛋白的变化，可逐渐变为绿色、褐色、黄色，最后被吸收、消散。

图 5-4-36 奶牛前肢伸到前方的钢管上下，易发生系部及腕关节挫伤

（2）**肿胀** 由于炎性渗出物积聚、血液和淋巴液渗出、肌纤维或韧带断裂等引起。轻微挫伤时肿胀常不明显或为轻度局限性肿胀，在无色素的皮肤上可见到紫红色的区域肿胀，局部温度稍高，较坚实（图5-4-37）。发生在四肢上部的挫伤，除局部变化外，其下方可出现无热的捏粉样肿胀。

（3）**疼痛与跛行** 关节挫伤后的牛疼痛明显，表现跛行。疼痛是由于渗出物和肿胀压迫神经末梢，以及神经末梢受到扭伤、挫灭所引起。疼痛的程度与受伤部位、损伤程度有关，仅伤及皮肤及皮下组织的疼痛较轻，伤及肌肉、韧带及骨组织则常有明显痛感；轻度挫伤时疼痛多呈一时性，重度挫伤时可出现暂时性知觉丧失。关节挫伤后的跛行程度与受挫关节的损伤程度呈正相关。由于发生挫伤的关节局部疼痛，可引起奶牛采食量的降低及泌乳量下降。

根据关节挫伤的程度可分为轻度挫伤和重度挫伤。轻度挫伤时，受伤局部皮肤被毛脱落，皮下出血，局部稍肿，随着炎症反应的发展，肿胀明显，有指压痛，他动患关节有疼痛反应，出现轻度跛行。重度挫伤时，患部常有擦伤或明显伤痕，有热痛、肿胀，病后经24~36h则肿胀达高峰。初期肿胀柔软，以后坚实。关节腔血肿时，关节囊紧张膨胀，有波动，穿刺可见血液。软骨骨骺损伤时，症状加重。奶牛站立时，以蹄尖轻轻着地或不能负重。运动时出现中度或重度跛行（图5-4-38）。

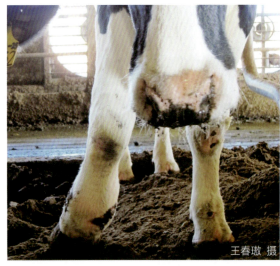

图 5-4-37 右前肢系部挫伤，系部肿胀与局部呈暗红色

图 5-4-38 左前肢球节发生挫伤，患肢不敢负重

【诊断】 根据临床症状和发病原因，即可做出诊断。

【治疗】 首先判定关节损伤的程度，可将奶牛保定在修蹄台上，进行他动运动检查，判定有无骨损伤，判定有无韧带断裂（图5-4-39），凡关节活动范围增大的关节挫伤，都需要进行关节的固定，可用夹板绷带或石膏绷带固定。挫伤关节的固定不仅起到制止溢血、减少渗出的作用，还具有固定关节、减少活动、促进损伤组织修复的作用。大型牧场许多有慢性变形性关节病的奶牛，都是因发病后没有及时做到关节固定，导致关节严重变形而被淘汰。

在包扎固定绷带前，先对受伤的患肢用0.1%新洁尔灭大范围清洗与消毒，除去患部的污物后，用纱布擦干，再用5%碘酊消毒（图5-4-40），然后包扎石膏绷带（图5-4-41）。对于石膏绷带的固定时间，仅仅韧带的撕裂可固定15d；如果关节骨组织发生损伤，需要固定20~30d。

如果关节韧带和骨组织无异常变化，为了制止渗出和止痛，可以包扎复方醋酸铅散绷带，其装置方法见上节关节捩伤治疗部分。

在包扎绷带前必须对受伤的关节进行清洗与消毒，否则可能发生感染。为了预防感染可用头孢噻呋钠肌内注射，一般用药3d。一旦继发感染化脓，必须按照化脓性创伤处理。奶牛关节挫伤后的化脓，都是因早期没有做好消毒与预防感染引起的。对化脓的关节必须进行化脓创的处理（图5-4-42），否则感染会向深部组织蔓延，引起大面积的坏死，奶牛失去留养价值而被淘汰。

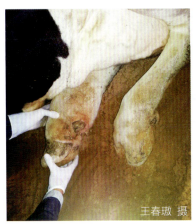

图5-4-39 检查挫伤的关节，判定有无骨折或韧带断裂　　图5-4-40 用5%碘酊大范围消毒

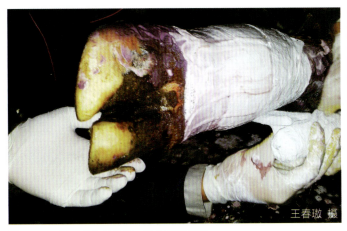
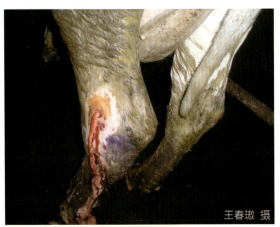

图5-4-41 严重挫伤的关节，包扎石膏绷带　　图5-4-42 跗部发生挫伤，感染化脓

轻度关节挫伤时，一般不需要包扎压迫绷带，但必须对挫伤的关节部，特别是皮肤溢血、部分被毛脱落的部位，用5%碘酊进行消毒。

非甾体抗炎药美洛昔康，对发生重度挫伤的奶牛是必须应用的药物，发病后应立即肌内注射，每次15~20mL，每2d注射1次，连用2~3次。

（马卫明　王春璈）

六、关节脱位

关节脱位又称脱臼（Dislocation of Joint），是关节骨端的正常的位置的改变，因受力学或病理的某些作用，失去其原来状态。关节脱位常是突然发生，也有的间歇发生，奶牛多发生在髋关节和膝关节。

【病因】　外伤性脱位最为常见，如在挤奶通道或粪道上突然滑倒，在运动场上奔跑过程中上后肢的蹬空、关节强烈伸曲、肌肉不协调地收缩等。直接外力的作用，使关节活动处于超生理范围的状态下，关节韧带和关节囊受到破坏，导致关节脱位，严重时引发关节骨或软骨的损伤。

病理性脱位是关节与附属器官出现病理性异常时，加上外力作用引发脱位。

【症状】　关节脱位的共同症状包括：关节变形、异常固定、关节肿胀、肢势改变和运动障碍。

1）关节变形：因构成关节的骨端位置改变，使正常的关节部位出现隆起或凹陷。

2）异常固定：因构成关节的骨端离开原来的位置被卡住，使相应的肌肉和韧带高度紧张，关节被固定不动或者活动不灵活，他动运动后又恢复异常的固定状态，带有弹拨性。

3）关节肿胀：由于关节的异常变化，造成关节周围组织受到破坏，因出血、形成血肿及比较剧烈的局部急性炎症反应，引起关节的肿胀。

4）肢势改变：呈现内收、外展、屈曲或者伸张的状态。

5）运动障碍：伤后立即出现。由于关节骨端变位和疼痛，患肢发生程度不同的运动障碍。

由于脱位的位置和程度的不同，上述症状会有不同的变化。在诊断时要根据视诊、触诊、他动运动做出诊断。

1. 髋关节脱位

【病因】　奶牛的髋关节脱位最为常见，奶牛的髋关节窝浅、股骨头的弯曲半径小、髋关节韧带（尤其是圆韧带、副韧带）薄弱是主要内因，有些牛没有副韧带。

本病常发生在人工助产后，由于在助产时不恰当地用力牵拉胎儿，而导致髋关节脱位；或站立分娩助产过程中，奶牛突然倒地而发生髋关节脱位；奶牛在修蹄车上粗暴的保定，特别是将后肢无限度抬高保定或大幅度外展保定，也可能引起髋关节脱位。

【症状】　当股骨头完全处于髋臼窝之外时，是全脱位；股骨头与髋臼窝部分接触时是不全脱位。根据股骨头变位的方向，髋关节脱位的类型又分为前方脱位、上方脱位、内方脱位和后方脱位。

髋关节脱位常并发韧带断裂或股骨头骨折，奶牛不能站立，勉强站立后，出现重度跛行，患肢不能负重。

在发生髋关节脱位的同时，股骨头的圆韧带也发生断裂，这是髋关节脱位后关节难以复位与关节复位后难以固定的原因。

髋关节脱位的牛站立时以蹄尖着地，重度跛行（图5-4-43）。一人通过直肠检查用手触诊髋臼窝，另一人抬起患病后肢上下晃动后肢，直肠内的手即可感到有明显的股骨头的碰撞音。

髋关节脱位的股骨头移位的方向不同，患肢的跛行表现也不同。奶牛最常见于前上方脱位和后方脱位。

（1）前上方脱位　股骨头移位于前上方，患肢变短，股骨几乎呈直立位置，病肢外展，两侧大转子不对称，病肢大转子向前向外凸出，运步时患肢拖拉前进，或三脚跳行。他动运动可听到股骨头和髂骨的摩擦音（图5-4-44）。

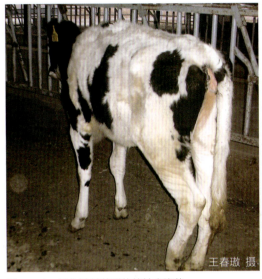
图5-4-43　奶牛髋关节脱位的站立姿势

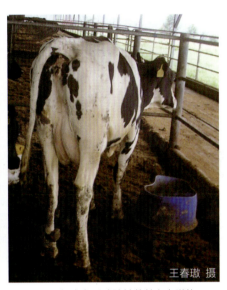
图5-4-44　奶牛左后肢髋关节前上方脱位

（2）股骨头后方脱位　股骨头移位于坐骨外支下方，奶牛站立时病肢向侧方叉开，病肢比键肢长，运步时呈三脚跳或病肢以蹄尖接地拖拉前进（图5-4-45）。

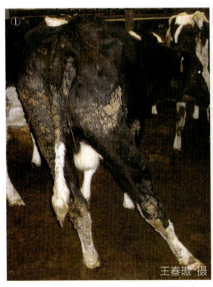
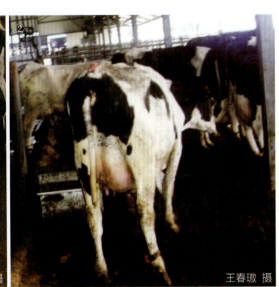
图5-4-45　奶牛右后肢髋关节后方脱位

（3）**股骨头内方脱位**　股骨头移位于耻骨横支下方或移位于闭孔内，这两种移位都使患肢变短，患肢不能负重，只能以蹄尖着地。

（4）**股骨头外上方脱位**　股骨头移位于髋臼上方，患肢显著缩短，呈内收和伸展姿势，肢的跗关节比对侧高数厘米。髋关节处外形改变，大转子的轮廓变得明显，运步时患肢拖拉并向外划弧。

【诊断】　可以通过直肠检查，结合对患肢的他动运动进行诊断，或一人将手放于髋关节处，另一人抬起患肢进行他动运动，压在髋关节处的手感觉有无骨摩擦音（图5-4-46、图5-4-47）。

图 5-4-46　奶牛髋关节脱位的直肠检查

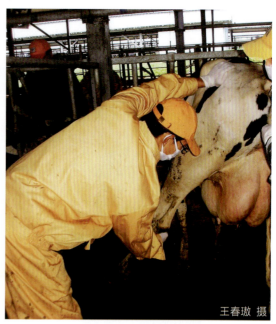
图 5-4-47　奶牛左后肢髋关节脱位的检查

【治疗】　到目前为止，奶牛髋关节的完全脱位还没有整复与固定后不再复发的成功病例。若成母牛髋关节脱位并发股骨头的骨折，应列为淘汰范围。股骨头的不完全脱位，在没有并发关节囊、韧带的损伤时，也很难得到令人满意的整复效果。在规模化奶牛场，兽医人员在确定了髋关节脱位后，对髋关节不完全脱位的牛，可通过注射非甾体抗炎药，以减轻奶牛的疼痛和炎症的发展。有些病例没有经过治疗，当肿胀逐渐消退后，患关节可以恢复到一定的程度，但是会遗留比较明显的功能障碍。

2. 髌骨（膝盖骨）脱位

奶牛的髌（膝盖骨）脱位偶有发生，分外伤性脱位和习惯性脱位。根据髌骨的变位方向，又可分为上方脱位、外方脱位及内方脱位。奶牛以上方和习惯性脱位为多见，多为一后肢发病。

【病因】　营养状态不良，特别是具有维生素D缺乏症的牛，可能引起关节、韧带松弛，易发生髌骨的上方脱位；奶牛在挤奶通道上滑倒、跳跃、撞击等，由于股四头肌的异常收缩，常能引起髌骨上方脱位。另外，膝盖内直韧带或膝盖内侧韧带剧伸和撕裂、慢性膝关节炎等病理状态均能引起髌骨外方脱位，当外侧韧带断裂时，则可能发生内方脱位。

【症状】

（1）髌骨上方脱位　奶牛突然发生跛行后，运动时患病后肢向后方伸直，膝关节、跗关节及球节都处于伸展状态，患肢不能屈曲，以蹄前壁着地拖曳前进。如果在运动中突然发出复位声，脱位的髌骨自然复位，恢复正常肢势。但在运动中经常出现髌骨上方移位的症状，又经常恢复正常的运步状态，如此反复发作。再发间隔时间不定，有的仅间隔几步，有的时间长些。这种称为习惯性髌骨上方脱位（视频5-4-8）。如果发生脱位后一直处于脱位状态，称为稽留性髌骨上方脱位。

髌骨上方脱位病的发生是由于髌骨移位到股骨滑车面的上方，被异常固定于股骨内侧滑车嵴的顶端，内直韧带高度紧张，患病后肢不能屈曲，又称髌骨垂直脱位。站立时大腿、小腿强直，呈向后伸直姿势，膝关节、跗关节完全伸直而不能屈曲，以蹄前壁着地（图5-4-48、图5-4-49）。

视频5-4-8
左后肢习惯性髌骨上方脱位（王春璈 摄）

图5-4-48　右后肢髌骨上方脱位

图5-4-49　左后肢髌骨上方脱位

（2）外方脱位　因外力作用引起膝内直韧带受牵张或断裂，髌骨向外方脱位。站立时膝、跗关节屈曲，患肢向前伸，以蹄尖轻轻着地。运动时除髋关节能负重外，其他关节均高度屈曲，表现支跛。跛行状态很类似于股四头肌麻痹症状。触诊髌骨外方变位，其正常原位出现凹陷，同时膝直韧带向上外方倾斜（图5-4-50、图5-4-51）。

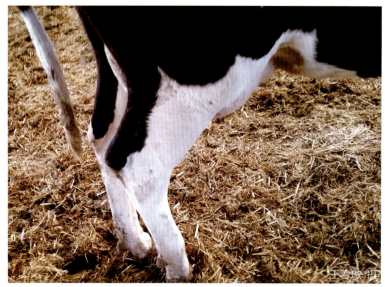

图 5-4-50　右后肢髌骨外方脱位（侧面观）

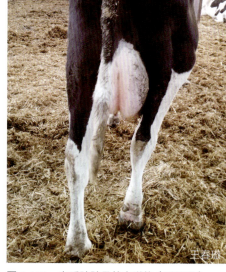

图 5-4-51　右后肢髌骨外方脱位（后面观）

（3）内方脱位　因股膝外侧韧带断裂，髌骨固定于膝关节的上内侧方，膝直韧带向上内方倾斜。

【诊断】　应注意牛的髌骨上方脱位与股二头肌转位的鉴别诊断。股二头肌转位时，患肢伸展程度比较小，膝盖仍保持活动性，髌骨韧带也不甚紧张。明显摸到凸出的大转子。这些症状在髌骨上方脱位时不出现。

【治疗】　对于稽留性上方脱位，可给病牛注射肌松剂后强迫使其急速侧身后退或直向后退，脱位的髌骨可自然复位。应耐心反复做如上动作。如确实不能整复再改为手术疗法。

可采用牛髌骨上方脱位内直韧带切断术。进行左后肢髌骨上方脱位内直韧带切断术时，病牛可保定于修蹄台上。如果是右后肢髌骨上方脱位，则全身麻醉后保定于铺有垫草的地面上，患肢在下位。

术部剃毛、清洗与消毒，局部用 0.5% 盐酸普鲁卡因或利多卡因进行浸润麻醉。用手触诊股骨滑车内侧嵴，然后再触诊胫骨结节，二者连一条直线，切口在这条直线的中点。另一种选择切口的方法是先确定胫骨结节，由胫骨结节向上方可摸到软骨样的棒状内直韧带。在胫骨结节稍上方内直韧带与中直韧带之间的沟内，做一长 4~5cm 的皮肤纵切口，切开皮下组织、浅筋膜。用手指触诊膝内直韧带，用弯止血钳在膝内直韧带与膝中直韧带之间插入，止血钳紧贴膝内直韧带下方，由膝内直韧带对侧穿出，张开止血钳，使膝内直韧带充分暴露，用手术刀切断膝内直韧带，此时髌骨即可复位。抽出止血钳，创内撒布青霉素药粉，缝合筋膜和皮肤。手术中注意勿伤及关节囊。

对习惯性脱位，可沿弛缓的韧带的皮下注入 25% 葡萄糖注射液 30~40mL。也有报道用 90℃液体石蜡沿弛缓的韧带的皮下注入，注射 5~8mL，以促进疤痕组织的形成，加强韧带的固着。也有用削蹄疗法的，即切削患肢的外侧蹄负重面，踵壁多切削，蹄尖壁少切削，使蹄负重面造成内高外低的倾斜状态。患肢在运动时可表现内向捻转步样，对外侧蹄负重面倾斜度的切削应分数次逐渐调整，直至机能障碍消失。

稽留性髌骨上方脱位如及时整复，预后尚可。外方及内方脱位时，预后不良。习惯性脱位，经治疗预后多良好。

（马卫明　王春璈）

七、关节创伤

关节创伤（Articular Trauma）是指各种不同外界因素作用于关节囊，引起关节囊的开放性损伤。多发生于系关节、腕关节和跗关节，关节创伤多发生在关节的前面和外侧面。

【病因】 锐利物体致伤，如奶牛在粪道上受到刮粪板棱角的损伤，也有滑倒在粪道上的奶牛受到刮粪板钢丝绳的损伤；也有的是推粪车的碰撞所引起的损伤。

【症状】 根据关节囊的穿透有无，分为关节透创和非透创。

1）关节非透创：关节皮肤出现破口或缺损、出血、疼痛，轻度肿胀（图5-4-52），创口深部的关节囊纤维层和滑膜层是完整的，创腔深部与关节腔不通。

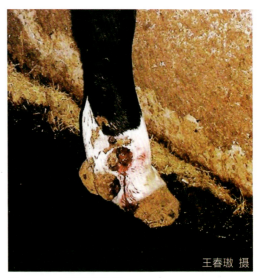

图5-4-52　系关节非透创

2）关节透创：新鲜的关节透创，关节的皮肤及关节囊出现创口，出血、疼痛，除具有新鲜创伤的特点外，还从创口内流出浅黄色、黏稠的滑液。关节囊的纤维层和滑膜层发生破裂后可暴露关节腔（图5-4-53），关节处的腱、腱鞘或黏液囊也可能遭受不同程度的损伤，有的在创口下方形成创囊，内含挫灭坏死组织和异物，容易引起感染（图5-4-54）。

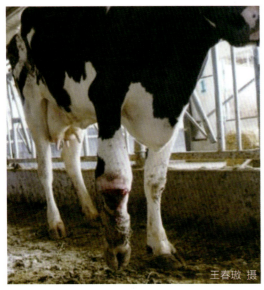

图5-4-53　腕关节透创，腕前部的皮肤缺损

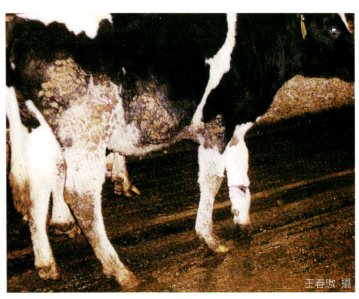

图5-4-54　腕关节内侧非透创，皮下有创囊

【诊断】　为了诊断关节部的创伤是否为关节透创，可通过关节穿刺注药的方法进行诊断，于关节创伤创口一侧的关节囊部位，注射针头刺入关节囊内并注入生理盐水，如从关节囊伤口流出生理盐水，证明为透创。诊断关节创伤时，忌用探针检查，以防污染和损伤滑膜层。

从伤口内流出黏稠透明、浅黄色的关节滑液是关节透创的典型症状。在关节透创发生后，从创口内流出的滑液中可能混有血液或纤维素形成的絮状物。因损伤的关节不同及关节创口部位不同，滑液流出的状态也不同，当跗关节的胫距关节囊发生透创而且伤口较大时，则滑液持续流出；关节囊发生的刺创时，由于创口小，只有他动运动屈曲患病关节时才流出滑液。关节透创在病的初期无明显跛行，当继发感染转为化脓性关节炎后，奶牛出现跛行。如果不及时进行外科处理，关节囊创口感染进一步加重，创口长期不闭合，滑液流出不止，奶牛抗感染力降低，出现全身感染症状。

1）急性化脓性关节炎：关节及其周围组织广泛的肿胀、疼痛、水肿，从创口内流出混有滑液的浅黄色脓性渗出物，对关节透创局部触诊和他动运动时疼痛剧烈，站立时以患肢轻轻负重，运动时跛行明显，病牛精神沉郁，体温升高，严重时形成关节旁脓肿，有时并发化脓性腱炎和腱鞘炎。

2）急性腐败性关节炎：发病迅速，患病关节表现急剧的肿胀，从伤口流出混有气泡的污灰色带恶臭味稀薄渗出液，伤口组织进行性变性坏死，患肢不能活动，全身症状明显，精神沉郁，体温升高，食欲废绝。

【治疗】　治疗原则为防治感染，增强抗病力，及时合理地处理伤口。

对创伤周围皮肤剃毛、清洗，用5%碘酊消毒。

对新发生的关节透创，要彻底清理伤口，切除挫灭的组织，清除创内的异物及游离的碎骨片，消除伤口内盲囊，用生理盐水青霉素液冲洗关节创。冲洗关节腔的方法是由伤口的对侧向关节腔穿刺注入，忌由伤口直接向关节腔冲洗，以防止污染关节腔。关节囊创口不整齐的或创内污染严重的，经彻底清创后，创口不缝合，创内撒布青霉素，然后用无菌纱布覆盖创面，再用绷带包扎受伤关节。

对关节透创创口整齐的关节透创，清创后，创内撒布青霉素，用肠线或丝线缝合关节囊，然后包扎绷带，或包扎有窗的石膏绷带，以便于术后观察关节透创的愈合情况。

术后全身应用抗生素，要注意奶牛体温的变化和关节创口局部的变化，当缝合的创口严重肿胀、渗出和体温升高等症状出现后，要拆开缝合线，排除创内的渗出液，畅通引流，创伤定期换药等措施，使创伤完成二期愈合。

对已发生感染化脓的关节创伤，要除去坏死组织，用生理盐水青霉素液穿刺洗涤关节腔，清除异物、坏死组织和骨的游离碎片，创内覆盖浸有碘甘油的纱布敷料，再用卷绷带包扎受伤关节。术后每隔2d换药1次，直至感染被控制，创口可二期愈合。

对新鲜的关节透创的治疗，除局部进行创伤处理以外，为防止关节内的感染，尽早使用抗生素疗法、磺胺疗法、普鲁卡因封闭疗法、碳酸氢钠疗法等。

（马卫明　王春璈）

第五节　腱与腱鞘的疾病

腱是由多数胶原纤维束所构成。腱的机能是传导来自肌肉的运动和固定有关的关节。指浅屈肌腱和指深屈肌腱在肌腹下方各有其副腱头，固定于前臂和掌部，构成肢体稳定的弹性装置，以加固系骨和系关节的正常位置而支撑体重。腱的活动要比任何组织都大。腱在通过关节和骨处，具有方便其实现机能活动的黏液囊和腱鞘。腱鞘构成囊状的滑膜鞘包在腱外，它由纤维层与滑膜层构成。纤维层位于外层，坚固致密，起固定腱位置的作用。滑膜层在内，由双层围成筒状包于腱外。在滑膜层的脏、壁两层折转处有腱系膜联系，为神经、血管、淋巴管的通路。在两层滑膜间的滑膜腔中有扁平上皮状结缔组织细胞，能分泌滑液，当腱鞘发病时滑膜液增多。

奶牛四肢的腱及腱鞘常发生的疾病有跟骨头皮肤与跟腱化脓、腱鞘炎、腱与肌肉的断裂、腱挛缩等。

一、跟骨头皮肤与跟腱化脓

跟骨头皮肤与跟腱化脓（Suppuration of Calcaneal Skin and Tendon）是奶牛最常发生的疾病之一，由卧床管理不良引起。

【病因】　在卧床垫料不足的情况下，奶牛卧于缺乏垫料的卧床上，后肢跟骨头接触卧床的坎墙，无论是在卧下还是奶牛起立时，后肢的跟骨头都要碰撞坎墙，引起跟骨头局部皮肤的挫伤，久而久之，跟腱及其周围组织发生慢性增生性、化脓性炎症。

【症状】　跟骨头处的皮肤受到卧床坎墙的碰撞与摩擦，引起皮肤的挫伤、溢血、渗出，细菌经皮肤小的创口侵入跟骨头处皮下，引起皮下及跟腱的肿胀、感染、化脓，脓液蓄积到跟腱前方二侧的疏松组织内。感染进一步发展，坏死化脓范围越来越大，脓液越来越多，最后压迫跟骨头处的皮肤发生坏死、破溃流出脓液，并形成化脓性瘘管，经瘘管口不时向外排脓（图5-5-1、图5-5-2），

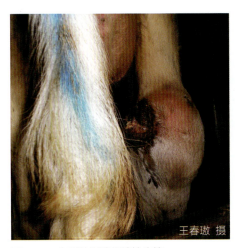

图 5-5-1　右后肢跟腱化脓性瘘管

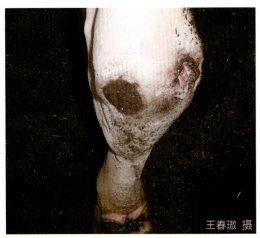

图 5-5-2　跟骨头化脓，形成脓痂与瘘管

在跟骨头前方跟腱两侧，蓄积了大量坏死组织与脓液，治疗时必须切开化脓性瘘管口，排出深部蓄积的坏死组织与脓液，然后化脓很快停止，病牛很快康复。

跟骨头处感染的皮肤外常常粘有泥土、粪便，形成一厚层脓性痂皮覆盖在化脓坏死的皮肤表面，这种病例给人的假象是以为感染已经停止，其实组织化脓与坏死过程在痂皮下持续进行，去掉痂皮可以看到有大量赘生肉芽组织。奶牛表现中度到重度跛行，采食量降低，泌乳量下降（图 5-5-3、图 5-5-4）。对这样的赘生肉芽组织必须切除，创围皮肤上皮细胞才能向肉芽面爬行，创面就可以愈合。

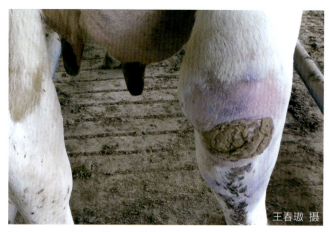
图 5-5-3　跟骨处覆盖化脓性痂皮

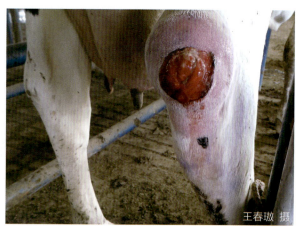
图 5-5-4　揭去脓痂，下面有赘生肉芽组织

【诊断】　根据发病部位和临床症状即可诊断。

【治疗】　对跟骨头皮肤的新鲜创，清洗掉皮肤上粘的污物，用碘酊消毒。根据损伤的程度，进行清创、上药与绷带包扎。对仅皮肤表皮层的损伤，经清洗与碘酊消毒后，对局部包扎绷带。要定期进行创伤处理与更换保护绷带。应用抗生素和非甾体抗炎药，以消除跟骨头处皮肤的感染和促进炎症消退。

当跟骨头处皮肤的感染不能控制时，跟骨头的皮下和跟腱前方周围疏松组织内出现了化脓性炎症，跟腱前方周围疏松组织内积存了大量的脓液、坏死组织及蛋白凝块，发病时间长的牛，在跟腱的一侧常常形成化脓性瘘管，不时向外排出脓液，如果对这种化脓性感染不处理，跟骨头周围的感染与化脓就会越来越严重。临床上最多见的病例是跟骨头处的化脓引起局部皮肤的大面积坏死，感染的创面上有大量坏死组织和赘生肉芽组织（视频 5-5-1）。

跟骨头皮肤感染化脓创的处理方法如下：

①对病牛在保定栏内进行保定。

②用消毒水或生理盐水彻底清除创面上的污物与坏死组织，显露不健康的肉芽组织（视频 5-5-2）。

③在创围剃毛、清洗，碘酊消毒创围（视频 5-5-3、视频 5-5-4）。

④检查肉芽面是否健康，凡高出周围皮肤缘的肉芽称为赘生肉芽，必须切除。切除赘生肉芽的原则是切至与皮肤周缘在同一水平面上（视频 5-5-5、视频 5-5-6）。

⑤彻底清除跟腱周围的坏死组织及脓液（视频 5-5-7）。

视频 5-5-1
跟骨头处皮肤大面积缺损，形成高出皮肤创缘的肉芽组织，创围剃毛，清理肉芽创面（王春璈 摄）

⑥用生理盐水清理肉芽创面（视频5-5-8）。

⑦将浸有魏氏流膏的无菌纱布条填塞到创内，外包扎绷带。以后每隔2-3d换药1次，直至痊愈（视频5-5-9）。

【预防】 跟腱及跟骨头的感染过程一般是渐进性的慢性过程，发病初期往往不被人所注意，当出现跛行后才发现跟腱与跟骨头处肿胀、感染、化脓。为此，兽医要加强巡栏，尽早发现跟骨头皮肤感染的病牛，早治疗。挤奶厅是发现跟骨头处皮肤是否有病的最好场所，兽医要定期到挤奶厅观察奶牛的后肢跟骨头处皮肤是否发生感染，根据发病情况，提出加强卧床管理、减少发病的预防措施。

（马卫明　王春璈）

二、腱鞘炎

奶牛的腱鞘炎（Tenosynovitis）在后肢常发生的有趾外侧伸肌腱腱鞘炎（图5-5-5），在前肢的有指长伸肌腱鞘炎及指部腱鞘炎（图5-5-6）。

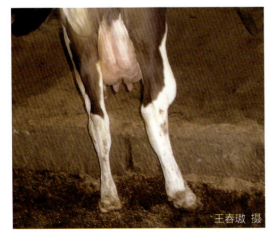

图5-5-5　趾外侧伸肌腱腱鞘炎

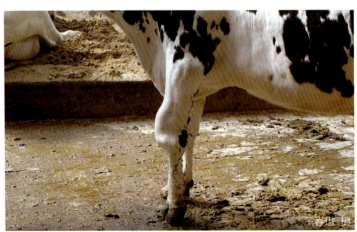

图5-5-6　指长伸肌腱鞘炎

【病因与病理】 一个病因为机械性损伤：如挫伤、压迫，腱的过度牵张，保定不当。另一个病因是感染，如布鲁氏菌病、结核病、周围组织炎症及化脓性关节炎的蔓延。

腱鞘受机械性损伤后，腱鞘壁和腱系膜的血管被破坏，在腱鞘腔、腱鞘壁及其周围的软组织内出血，代谢紊乱，以致在腱鞘壁及其周围结缔组织中发生无菌性炎症。被损伤的组织中充满渗出液，腱鞘腔内积聚大量渗出液与滑液，呈黏稠的浅黄色，有时血液和渗出液同时进入腱鞘腔内，并有絮状纤维素沉降于腱鞘下部。当转为慢性过程后，腱鞘的纤维层外壁肥厚，滑膜层的绒毛形成纤维性增生物，呈肉芽组织样构造，严重时腱鞘各层互相粘连，腱的活动性降低。周围结缔组织高度增殖，有的病例常因腱鞘组织中钙盐沉积，引起腱及腱鞘的骨化。

腱鞘创伤侵入病原菌时，腱鞘腔内化脓，滑膜层内皮脱落，腱鞘内壁形成肉芽组织，常因治疗不及时而最终导致穿孔。

【症状】 本病分非化脓性腱鞘炎与化脓性腱鞘炎。

1）非化脓性腱鞘炎：分为急性腱鞘炎和慢性腱鞘炎。急性腱鞘炎根据炎性渗出物性质分为浆液性、浆液纤维素性和纤维性腱鞘炎。急性浆液性腱鞘炎较多发，腱鞘内充满浆液性渗出物，有的在皮下肿胀呈索状肿胀，温热疼痛，有波动。有时腱鞘周围出现水肿，患部皮肤肥厚；有时与腱鞘粘连，患肢机能障碍。

急性浆液纤维素性腱鞘炎的渗出物中有纤维素凝块，因此患部除有波动外，在触诊和他动患肢时，可听到捻发音，患部的温热疼痛和机能障碍都比浆液性严重。有的病例渗出液或纤维素过多，不易被吸收。

慢性腱鞘炎同急性经过，也分为3种。

慢性浆液性腱鞘炎常自急性型转变而来或慢性渐进发生。滑膜腔膨大、充满渗出液，有明显波动，温热疼痛不明显，跛行较轻（图5-5-7、图5-5-8）。

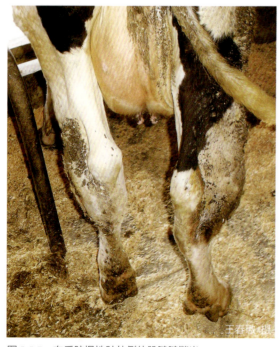

图5-5-7 右后肢慢性趾外侧伸肌腱腱鞘炎

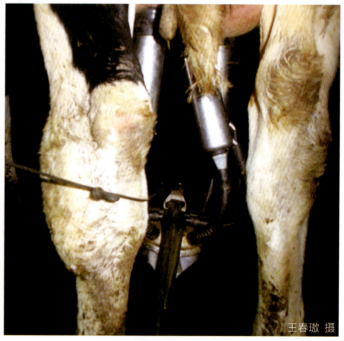

图5-5-8 左后肢趾外侧伸肌腱腱鞘炎

患慢性浆液纤维素性腱鞘炎时，腱鞘各层粘连，腱鞘外结缔组织增生肥厚，严重者并发骨化性骨膜炎。患部仅有局限的波动，有明显的温热疼痛和跛行。

慢性纤维素性腱鞘炎，滑膜腔内渗出大量纤维素，因腱鞘肥厚、硬固而失去活动性，轻度肿胀，温热，疼痛，并有跛行。触诊或他动患肢时，表现明显的捻发音，纤维素越多，声音越明显。病久常引起肢势与蹄形的改变。

2）化脓性腱鞘炎：分急性经过和亚急性经过。滑膜感染初期为浆液性炎症，患部充血和敏感，如果有创伤，流出黏稠含有纤维素的滑液。经2~3d，则变为化脓性腱鞘炎，病牛体温升高，疼痛，中度混合跛行。如果不及时控制感染，可蔓延到腱鞘纤维层，引起腱鞘范围更广的感染，表现重度的混合跛行。有的病例引起腱鞘壁的部分坏死和皮下组织形成多发性脓肿，最终破溃。病后往往遗留下腱和腱鞘的粘连或腱鞘骨化。

【治疗】 以制止渗出、促进吸收、消除积液、防治感染和粘连为治疗原则。

急性炎症初期，在病初可用复方醋酸铅散绷带包扎，以减少炎性渗出，镇痛与消炎，并减少病牛的运动。

在炎症的急性期，可对腱鞘进行穿刺，排除腱鞘内渗出液，同时注入1%普鲁卡因青霉素10~50mL，并打压迫绷带（视频5-5-10）。间隔2~3d，再穿刺抽液1次，穿刺后向关节内注射普鲁卡因青霉素，同时要包扎压迫绷带。

也可以应用醋酸泼尼松150~200mg、青霉素100万~400万IU、1%盐酸普鲁卡因10~15mL，注入腱鞘内，每3~5d注射1次，连用2~4次。

如果腱鞘腔内纤维凝块过多而不易分解吸收时，可手术切开排除，切开部位应在腱鞘的下角，有利于排液。

对化脓性腱鞘炎，要切开排脓，清除坏死组织，使用普鲁卡因青霉素冲洗，创内填塞抗生素软膏纱布条引流，每隔2~3d换药1次，直至痊愈。

视频5-5-10
指外侧伸肌腱鞘炎，对腱鞘腔内注射普鲁卡因青霉素

（马卫明 王春璈）

三、腱与肌肉的断裂

腱与肌肉的断裂（Rupture of Tendon and Muscle）是腱与肌肉的连续性破坏而发生分离。奶牛临床上常见屈腱断裂、跟腱断裂及腓肠肌断裂。按病因可分外伤性腱、肌肉的断裂和症候性腱、肌肉的断裂，前者又可分为非开放性腱、肌肉的断裂和开放性腱、肌肉的断裂；按损伤程度可分部分腱、肌肉的断裂，不全腱、肌肉的断裂和全断裂。腱与肌肉的全断裂多发生于肌肉与肌腱的移行部位或腱的骨附着点。

【病因】 一是屈肌腱的断裂大多常因刀及铲等锐利物体所致；二是由于腱疾病而使腱弹性丧失、腱坏疽和化脓，均可继发跟腱断裂；三是滑倒、跌倒或奶牛发情时的爬跨，引起后肢腱的断裂；四是母牛在站立分娩时也可引起腱断裂。

【症状】 腱、肌肉的断裂的共同症状是患腱弛缓、断裂部位缺损，又因溢血和收缩，断端肿胀，断裂部位温热和疼痛，并有跛行。开放性腱断裂常感染化脓，并发化脓性腱鞘炎，预后不良，患肢功能障碍，有的表现异常肢势；征候性腱断裂，伴有原发病的体征。

1. 屈腱断裂

1）指（趾）深屈肌腱断裂：皮下屈腱断裂以指（趾）深屈肌腱为最多。开放性断裂多在掌部或系凹部。完全断裂时，突然呈现支跛。站立时以蹄踵或蹄球着地，蹄尖翘起，系骨呈水平位置。运动时，患肢蹄摆动，以蹄踵和蹄球着地，球节高度背屈、下沉，后方短步。断裂发生于骨附着部位时，系凹蹄球间沟部热痛肿胀，腱明显弛缓。如果断裂发生于球节下方，则可触到断端裂隙。如果与指（趾）浅屈肌腱同时断裂时，则蹄尖翘起更明显（图 5-5-9）。

2）指（趾）浅屈肌腱断裂：完全断裂多发生在受锐利物体的损伤时，如铁锹的铲伤。发生后皮肤创口裂开，有新鲜创伤的特点。站立时，以蹄尖着地减轻负重。运动时，患肢着地负重的瞬间球节显著下沉，蹄尖稍离地面翘起（图 5-5-10）。

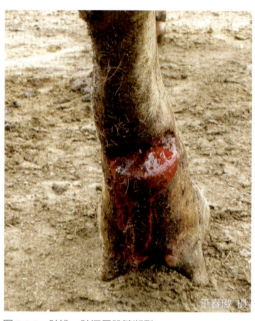

图 5-5-9 趾浅、趾深屈肌腱断裂

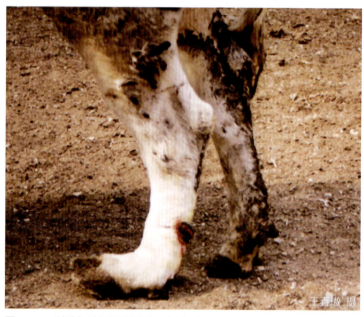

图 5-5-10 趾浅与趾深肌腱断裂，蹄尖翘起

3）悬韧带断裂：单独发生的较少，常发生于分支处。病后突发支跛，患肢负重时，球节明显背屈、下沉，但蹄尖并不向上翘，患肢蹄负面可全部着地。悬韧带完全断裂时，患肢负重时球节下沉，以蹄踵着地，蹄尖翘起稍离地面。如果断裂发生在两个分支处，局部有疼痛性肿胀。如果并发籽骨骨折，可听到骨摩擦音。

【诊断】 根据临床症状即可确诊。

【治疗】 非开放性腱断裂一般不用缝合，可用石膏绷带加强固定，保持腱断端密接，经 2 个月后腱端可愈合。

开放性断裂，如果腱断裂整齐，组织没有挫灭也没有水肿，污染也不很严重时，可缝合腱断端。在无菌手术操作下，扩开创口，彻底消毒后进行缝合。用 18 号缝合线缝合，也可用合成纤维缝合材料进行腱的缝合，如银线、合金线等，或用碳纤维束缝合。缝合后配合外固定。

1）腱的缝合：腱断裂后因肌肉的强力收缩，使腱的断端向两端退缩，为了使腱的断端对合，要在全身麻醉下进行。要用圆缝针。缝合线选用拉力强而不易吸收的丝线、银线、合金线等、或用碳纤维束缝合。

2）缝合法：有 Wilm 法、lange 法和中村法。先用 lange 法做基础缝合，然后用 OMS 膜（软性可吸收性体内植入膜）或取自自体的筋膜，包围比基础缝合的全长略长些。将 OMS 膜与腱进行加强缝合，从而加固缝合的断端。也可用碳纤维缝合法，碳纤维可诱发腱的再生，因此使用碳纤维束缝合腱的断端，包扎石膏绷带，腱的再生愈合快速，是腱断裂缝合的好方法（图 5-5-11）。

3）固定：一般使用石膏绷带包扎于患腱处，有助于缝合断端的接近，防止拉断缝合线或撕裂缝合的断端，有保护和促进愈合的作用（图 5-5-12~图 5-5-14）。

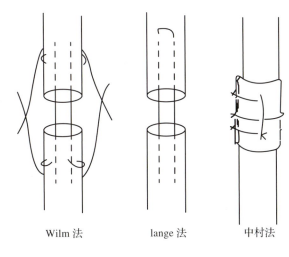

图 5-5-11　腱的缝合方法

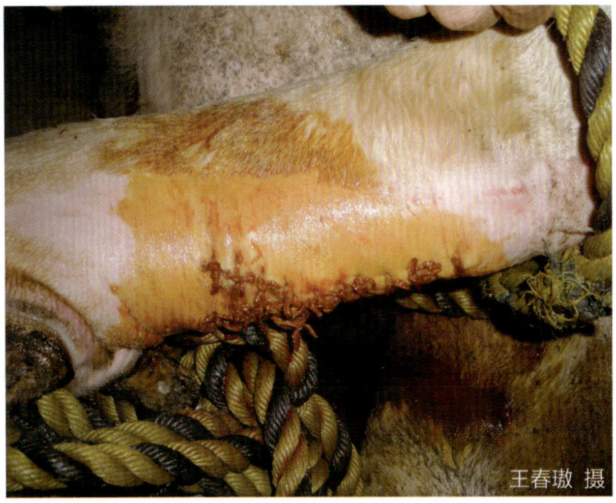

图 5-5-12　屈肌腱断裂已缝好

图 5-5-13　全身麻醉下包扎夹板绷带

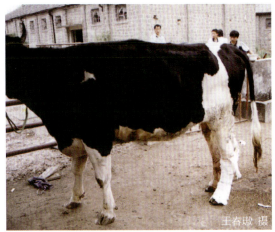

图 5-5-14　屈肌腱断裂手术缝合后的牛

术后使用抗生素，预防与治疗术部的感染，用石膏绷带或夹板绷带固定是治疗屈肌腱开放性断裂的最重要环节，绷带固定最少要保留 30d。

2. 腓肠肌断裂

【病因】　腓肠肌和跟腱有伸展与固定跗关节的作用。腓肠肌与跟腱断裂常发生于奶牛，特别是当母牛发情爬跨时，因后肢支撑体重，后肢飞节高度紧张而发生腓肠肌的断裂；奶牛在滑腻的地面上行走时滑倒瞬间，奶牛为了支撑体重导致腓肠肌与跟腱的过度用力而发生断裂；母牛在站立分娩时，助产人员过度用力牵拉胎儿，均容易引起奶牛的跟腱断裂。

【症状】 断裂部位多在跟结节处，患部肿胀疼痛，有时可以摸到断裂的缺损部，后抬举后肢屈曲跗关节无抵抗。腓肠肌断裂后，奶牛在站立时患肢前踏，跗关节高度屈曲并下沉，膝关节伸展，患侧臀部下降，小腿与地面平行，跖部倾斜，跟腱弛缓。运动时，表现以支跛为主的重度混合跛行，如两后肢同时发病，两后肢跟骨以下部分与地面平行触地，运动困难（图5-5-15、图5-5-16、视频5-5-11）。

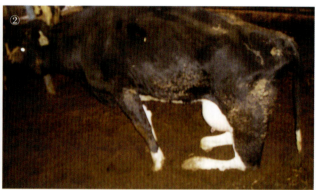

图 5-5-15　腓肠肌断裂 1

图 5-5-16　腓肠肌断裂 2

视频 5-5-11
奶牛两后肢腓肠肌断裂的运步状态

腓肠肌断裂处局部肿胀，病初局部柔软，温热与疼痛不明显，随着发病时间的延长，局部肿胀明显，从跗关节上方到膝关节之间的后肢外侧面肌肉失去正常弹性，呈坚实的木板样硬度。

【诊断】 根据临床症状即可确诊。

【治疗】 腓肠肌与跟腱完全断裂一般无治愈希望，确诊后应当淘汰，如犊牛发生断裂的部位在腱质部和肌腱的移行部位时，可试用缝合法，然后包扎石膏绷带。

（马卫明　王春璈）

四、腱挛缩

【病因】 犊牛的屈腱挛缩（Contracture of Tendon）多为先天性的，大多与奶牛的维生素 D 缺乏有关，主要由于屈腱先天过短所造成。常发生在两前肢。

【症状】 犊牛先天性屈腱挛缩的程度不同，症状表现不一。轻度先天性挛缩，以蹄尖负重（图5-5-17）。重度的挛缩病例球节基本不能伸展，球节背面接触地面行走（图5-5-18）。

图5-5-17 犊牛两蹄尖着地，系部直立

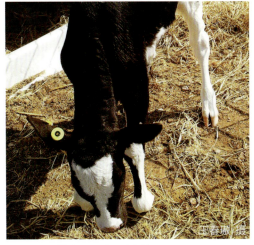
图5-5-18 犊牛两前肢屈腱挛缩

【诊断】 根据临床症状即可确诊。

【治疗】 对先天性屈腱挛缩，分为患肢外固定矫正法和手术切短挛缩的腱矫正法。

1）患肢外固定矫正法：包扎石膏绷带或夹板绷带进行矫正（图5-5-19）。在包扎绷带前，首先将患肢系部强行拉直，如果能够拉直到正常姿势，就可以用外固定法进行矫正，如果强行牵拉系部仍然不能恢复正常的姿势，就不能用外固定方法矫正。

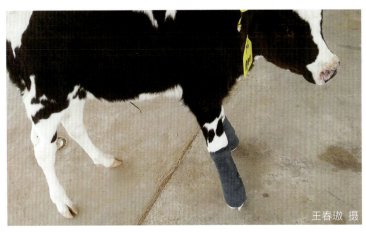
图5-5-19 用夹板绷带矫正腱挛缩

将患肢的系部拉直至蹄负重面完全着地的状态，然后用石膏绷带或夹板绷带固定。绷带固定15d左右，在绷带固定期间，还要补充维生素D。

2）手术切短挛缩的腱矫正法：先确定腱截断术的切口定位。将犊牛侧卧保定，一人抓住前肢挛缩的患肢腕关节，另一人抓住患肢系部，将蹄部伸直，与此同时用手触诊屈肌腱格外紧张的部位，一般是在系凹部或掌部指深屈肌腱格外紧张，也有的是在肘头下方指屈肌腱的尺头格外紧张，还有的是腕关节后上方指浅屈肌腱的腱头和指深屈肌腱的腱头过度紧张引起的前肢腕关节不

第五节 腱与腱鞘的疾病

能伸展。这3个部位的腱挛缩，分别称为肘部腱挛缩、腕部腱挛缩和系部腱挛缩。总之，在手术前要仔细触诊和牵拉患肢，确定引起系部屈曲和患肢不能正常伸展的原因，严重的腱挛缩（图5-5-20、视频5-5-12）是系部和腕部都存在腱挛缩的新生犊牛，对腱挛缩的部位都要做腱截断术。

视频 5-5-12
手术前犊牛先天性腱挛缩，两前肢不能运步（王春璈 摄）

对犊牛全身麻醉，术部常规剃毛、消毒，将蹄部用绷带包扎，在掌部切口上方也用绷带包扎，仅仅显露掌部切口处（图5-5-21），在掌部的掌沟处做一与屈肌腱平行的皮肤小切口，注意不要损伤与屈肌腱平行的掌动脉、掌静脉和掌神经，切开皮肤后，用止血钳伸入皮肤切口内钝性剥离到对侧皮下后（图5-5-22），然后退出止血钳，改为手术刀平行于屈腱插入切口内，然后将手术刀旋转90°，使刀刃对准指深屈肌腱。与此同时，助手伸展蹄部使屈肌腱紧张，术者切断指深屈肌腱，缝合皮肤切口（图5-5-23）。助手再抓住蹄部伸展，观察系部挛缩是否得到纠正。大多数轻度腱挛缩牛可以完全恢复正常姿势，但有的犊牛仍然有明显的腕部腱挛缩（图5-5-24、视频5-5-13），需要做腕部后上方腕部的腱截断术。

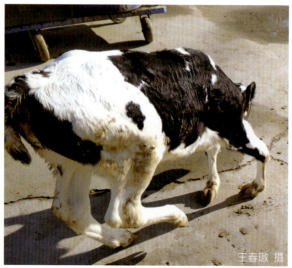

图 5-5-20 新生犊牛严重的腱挛缩

图 5-5-21 屈腱挛缩术部隔离

图 5-5-22 止血钳从切口内向对侧剥离，用手术刀切断深屈肌腱

图 5-5-23 缝合皮肤切口

图 5-5-24 第1次手术后腕关节不能伸直

视频 5-5-13
第1次手术，截断掌部指深屈肌腱，腱挛缩有所好转，但仍然显示腕部不能伸展，需要截断腕部屈肌腱（王春璈 摄）

犊牛仍要做全身麻醉，用绷带包扎腕关节下方掌部和肘头下方的肢体，显露腕关节后上方，术部按常规处理，助手抓住蹄部强力伸展，术者用手触诊腕关节后上方，找到最紧张的屈腱，对准紧张的屈腱，切开皮肤，显露下面紧张的屈腱并切断屈腱。然后，让助手再次强力伸展蹄部，腕关节的挛缩得到纠正。同法，做另一肢的腕部屈肌腱截断术，两前肢的系部和腕部挛缩完全得到纠正（图5-5-25、图5-5-26、视频5-5-14、视频5-5-15）。

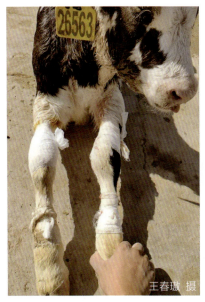
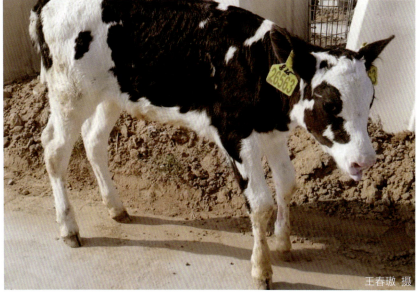

图5-5-25　腕部腱挛缩腱截断术后麻醉状态下的牛

图5-5-26　手术后腱挛缩得到完全纠正

【预防】　先天性腱挛缩与母牛妊娠期间维生素D的缺乏有关。对妊娠后期特别是进入干奶期的奶牛，要有营养全面的预混料，预混料存放时间不能太长，以防预混料中的维生素D被破坏。养殖场的奶牛要有室外运动场，使母牛有充足的阳光浴时间。治疗新生犊牛的先天性腱挛缩，在外固定或手术矫正后，还要补充维生素D，以加速犊牛腱挛缩的康复。

视频5-5-14　第2次手术，进行腕部腱截断术，犊牛麻醉苏醒后的站立与运步状态（王春璈　摄）

视频5-5-15　手术后10d，犊牛基本恢复正常运步（王春璈　摄）

（马卫明　王春璈）

第六节　黏液囊疾病

在皮肤、筋膜、韧带、腱、肌肉与骨、软骨凸起的部位之间，为了减少摩擦常有黏液囊存在。黏液囊有先天性和后天性两种。后天性黏液囊大小各异，这与组织活动的范围、疏松结缔组织的紧张性和状态、组织被迫移位的程度，以及新形成的组织间隙内含物（淋巴、渗出液）的数量和性质有关。

黏液囊壁分两层，内被一层间皮细胞，外由结缔组织包围。奶牛枕部、鬐甲部、肘部、腕部、坐骨结节部、膝前部、跟结节等部位有黏液囊。最易引起炎症的是腕前皮下黏液囊。黏液囊疾病发病多为一侧性，有时也两侧同时发病。

【病因】 通常牛在起立时，两后肢先起立，两前肢腕关节跪在地面，然后再伸出前肢站立起来（图 5-6-1、图 5-6-2），每天多次反复，易引起腕部挫伤，尤其当卧床坚硬不平、垫料不足或卧床没有垫料时，更易引发本病。牛在湿滑的地面上发生猝跌，也可导致腕前皮下黏液囊炎（Bursitis）。另外，长期爬卧的病牛、布鲁氏菌病病牛也易继发本病。

图 5-6-1 奶牛起立时腕关节跪地姿势

图 5-6-2 奶牛起立时先伸出一前肢，另一前肢再站起

【症状】 腕前皮下黏液囊炎在临床上可分为急性浆液性、纤维素性及化脓性腕前黏液囊炎 3 种。

（1）急性浆液性腕前黏液囊炎 在腕关节前下方有局限性圆形肿胀，触诊热痛明显、有波动、有捻发音，运动时有轻度跛行或跛行不明显（图 5-6-3、图 5-6-4）。

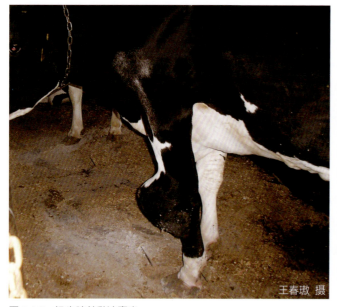

图 5-6-3 奶牛腕前黏液囊炎

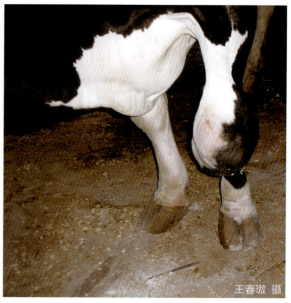

图 5-6-4 奶牛左前肢腕前黏液囊炎

（2）纤维素性腕前黏液囊炎　病牛腕关节前面发生局限性带有波动的隆起，逐渐增大，无痛、无热。病程较长的牛，患部皮肤被毛卷缩，皮下组织肥厚。脱毛的皮肤上皮角化，呈鳞片状。触诊肿胀部坚硬，无热痛反应，运动无跛行。肿胀过大可出现轻度跛行。黏液囊内充满胶冻样纤维蛋白样组织，在胶冻样组织内有大量黏液囊液（图5-6-5、图5-6-6），这就是为什么对黏液囊穿刺时不能排空黏液囊内液体的原因。对这种类型的黏液囊炎不能穿刺排空囊内液体，向黏液囊内注射药物，药物也不能扩散到黏液囊的全部，保守药物治疗往往是无效的。

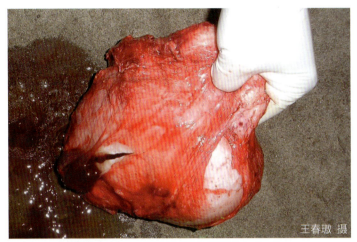
图5-6-5　黏液囊内充满胶冻样坏死组织

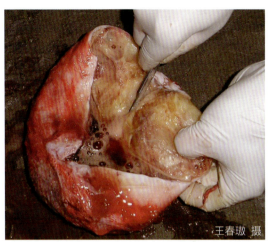
图5-6-6　黏液囊内海绵样组织内蓄积液体

（3）化脓性腕前黏液囊炎　黏液囊感染化脓菌，则形成化脓性黏液囊炎。腕关节出现弥漫性肿胀，触诊有波动和热痛。运动时跛行明显。穿刺有浓汁排出（图5-6-7、图5-6-8）。

图5-6-7　化脓性腕前黏液囊炎的穿刺诊断

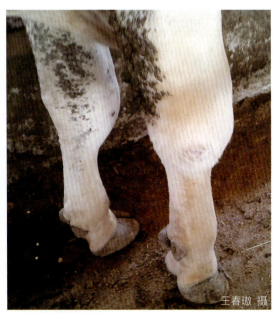
图5-6-8　化脓性黏液囊炎

【诊断】　应注意与腕关节滑膜炎和腕桡侧伸肌腱鞘炎相区别。本病肿胀部位于腕关节前面略下方；腕关节滑膜炎的肿大部主要位于腕关节的上方和侧方；腕桡侧伸肌腱鞘炎呈纵行分节肿胀。患急性滑膜炎和腱鞘炎的病牛，病肢跛行显著，而患浆液性黏液囊炎时，通常无跛行或跛行轻微。

【治疗】 对浆液性黏液囊炎穿刺放液后，再向黏液囊内注入药物，常用0.5%盐酸普鲁卡因30mL、醋酸可的松125~250mg、青霉素400万IU，混合后注入。注药后在腕关节交叉包扎压迫绷带。间隔1d解开腕关节处的压迫绷带，检查黏液囊是否又膨胀起来，如果黏液囊又充满了液体，可再次穿刺黏液囊，放出囊内液体，再次注药和包扎压迫绷带。如果经过两次放液、注药、包扎压迫绷带无效时，应改为手术治疗。

手术方法有黏液囊的完整摘除术和黏液囊的切开、放液、引流术。现分别介绍两种手术方法的适应证和操作方法。

1）黏液囊完整摘除术：对于特大的浆液性黏液囊炎和纤维素性黏液囊炎实施手术完整摘除。对病牛进行全身麻醉，侧卧保定，局部按常规剃毛与消毒（图5-6-9）。

在黏液囊的正前面的正中线上略下方做纵行皮肤切口，切口长度要超过黏液囊的纵径长度。仅仅切开皮肤囊而不要切开皮下的黏液囊壁，用止血钳钳夹皮肤切口创缘，提起皮肤创缘，用手术刀或弯钝手术剪剥离皮肤与黏液囊壁的联系，将黏液囊整体剥离下来（图5-6-10~图5-6-14）。

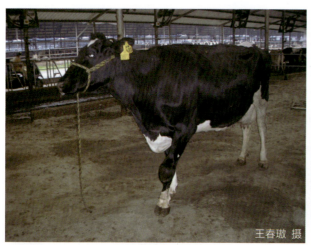

图5-6-9 注射盐酸赛拉嗪麻醉初期状态

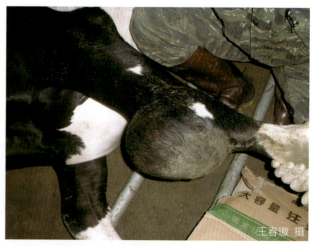

图5-6-10 侧卧保定，固定患肢

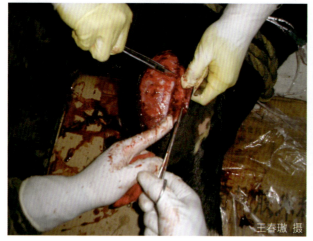

图5-6-11 剥离皮肤与黏液囊壁

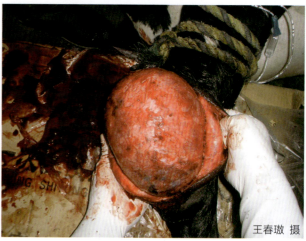

图5-6-12 钝性剥离皮肤与黏液囊壁

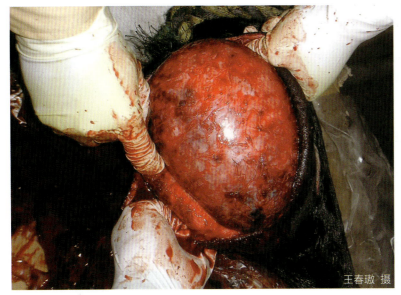
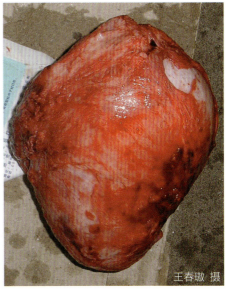

图 5-6-13　钝性分离皮肤与黏液囊　　　　　　　　图 5-6-14　黏液囊已完整剥离下来

　　将两侧皮肤皮瓣合拢，用手术剪或手术刀切除多余的皮肤，生理盐水冲洗皮下创面，创面撒布青霉素药粉，结节缝合手术创口，包扎腕部的压迫绷带。

　　2）切开、放液引流术：对化脓性黏液囊炎一般是采取切开排脓肿、冲洗与防腐药引流等措施，创口经二期愈合。现将具体操作方法介绍如下：

　　①保定：一般在修蹄台上，也可在保定栏内进行。

　　②麻醉：在修蹄台上切开黏液囊一般不需麻醉，在保定栏内切开化脓性黏液囊时，可注射镇静剂量的盐酸赛拉嗪。

　　③切口：在腕前黏液囊正前面稍下方切开，切口长 3~4cm。

　　④排除脓液、冲洗与引流：每隔 2~3d 对黏液囊创腔更换引流纱布条，直至创口愈合为止（图 5-6-15~ 图 5-6-20）。黏液囊炎的切口愈合时间为 15d 左右。

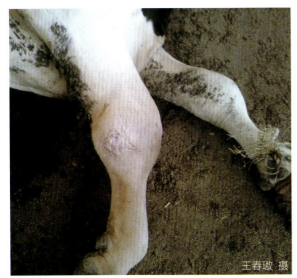

图 5-6-15　全身麻醉，侧卧保定　　　　　　　　　图 5-6-16　局部剃毛与消毒

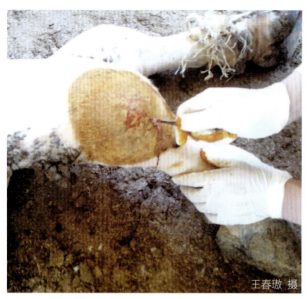
图 5-6-17　切开囊壁，放出脓液

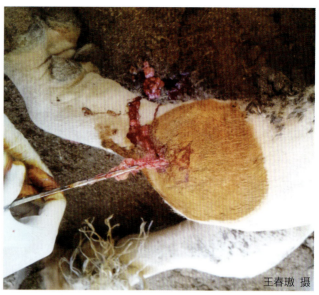
图 5-6-18　伸入止血钳夹取坏死组织

图 5-6-19　用 3% 过氧化氢冲洗脓腔

图 5-6-20　用浸有碘制剂的绷带塞入囊内

（马卫明　王春璈）

第七节　外周神经损伤

常见的外周神经损伤有坐骨神经、胫神经、腓神经、闭孔神经、桡神经等。

一、坐骨神经及胫神经、腓神经的损伤

坐骨神经为全身最粗的外周神经，其纤维主要来自 L6 腰神经和 S1、S2 荐神经，经坐骨大孔穿出骨盆腔，在臀肌群和荐坐韧带间向后延伸，再经股骨大转子和坐骨结节之间绕至髋关节后方，并沿股二头肌和半膜肌之间下行，分为胫神经和腓神经。

【病因】　奶牛滑倒引起的坐骨神经麻痹临床较多见。

【症状】

1）坐骨神经损伤：坐骨神经全麻痹时，髋关节和跗关节下沉，球节屈曲。站立时，患肢以蹄前壁或球节背面着地。运步时，肌肉颤抖，以蹄尖着地行走。膝关节远端皮肤感觉消失。坐骨神经不全麻痹时，病牛能站立负重，但球节仍屈曲，跗关节较健侧低。患肢可运步，但不能快步运行。

2）胫神经麻痹：胫神经是坐骨神经的一分支，分布于腓肠肌、腘肌和趾浅、趾深屈肌。胫神经是混合神经，其运动纤维分布于上述肌群，感觉纤维分布于肢的下部，奶牛滑倒后有时发生胫神经麻痹。站立时，跗关节、球节及冠关节屈曲，病肢稍伸向前方，以蹄尖壁着地，病肢还能站立并能负重。因胫神经提供跖、趾部的感觉传导，故胫神经麻痹可导致该区域的痛觉消失。胫神经麻痹后股部肌肉很快萎缩。

3）腓神经麻痹：腓神经为坐骨神经一分支，在胫骨近端外侧稍下方分腓浅神经和腓深神经。腓神经是混合神经，腓浅神经较大，在第 4 趾固有伸肌与腓肠肌之间的沟中延伸。腓深神经在小腿上端分出分支分布于小腿外侧肌肉后，其主干在趾长伸肌深面向下伸延，支配跖趾关节及趾背轴面皮肤。奶牛滑倒后或产后瘫痪恢复期有时引起腓神经损伤，滑倒后或产后瘫痪较长时间卧于硬地面，腓神经受到压迫引起麻痹。腓神经麻痹导致跗关节伸直和过度伸张，而球节则过度屈曲。患肢以球节和蹄的背侧着地而负重。因跗关节不能正常屈曲，跗关节呈伸张状态。在患肢负重的瞬间，球节向前屈曲，呈现明显的凸球症状。腓神经感觉纤维分布于跖、球部背面，腓神经麻痹可引起这些区域感觉丧失（图 5-7-1、图 5-7-2）。

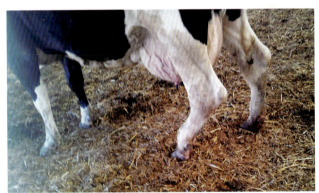

图 5-7-1　腓神经麻痹牛的凸球症状

图 5-7-2　两后肢腓神经麻痹

【诊断】　根据临床症状即可做出诊断。

（马卫明　王春璈）

二、闭孔神经损伤

【病因】　粪道或赶牛通道地面太滑，或粪道地面防滑沟太浅，起不到防滑作用，奶牛易发生滑倒引起闭孔神经损伤。

【症状】　闭孔神经为运动神经，其纤维来自 L4、L7 腰神经，沿髂骨体的内侧面向闭孔伸延分支于闭孔内肌，穿出闭孔后分支于闭孔外肌和耻骨肌、内收肌和股薄肌等股内侧肌群。当闭孔神经损伤后，神经发生麻痹而引起内收肌群的麻痹，两后肢向双侧过度叉开，从而呈现一种青蛙伏卧的姿势（图 5-7-3）。

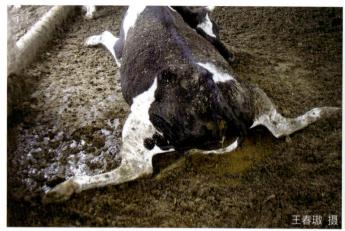 

图 5-7-3　奶牛滑倒后的蛙坐姿势

闭孔神经麻痹的同时常常伴发内收肌断裂、骨盆骨骨折、髋关节脱位、髋关节内骨折等疾病的发生。

【诊断】　根据临床症状即可做出诊断。

（马卫明　王春璈）

三、桡神经麻痹

【病因】　奶牛的桡神经麻痹分全麻痹、部分麻痹和不全麻痹。桡神经是以运动神经为主的混合神经，自臂神经丛发出后向下方分布于臂三头肌、前臂筋膜张肌、臂肌、肘关节，并分出桡浅和桡深两大分支。桡浅神经分布于前臂背面皮肤，桡深神经分布于前肢腕指伸肌。因该神经主要分布于固定肘关节的肌群和伸展前肢的所有肌群，所以桡神经麻痹时，由于掌管肘关节、腕关节和指关节伸展机能的肌肉失去作用，因而患肢在运步时提伸困难，负重时肘关节等不能固定而表现过度屈曲。

本病最多发生于在鱼骨式挤奶厅挤奶的牛，由于奶牛在挤奶台上站立的位置发生错位，或由于奶牛体型过大在挤奶台上过度拥挤，导致前肢外侧的肩部、肘部受到横杠的挤压，引起桡神经的受压而常发生麻痹，当奶牛从挤奶台出挤奶厅时，立即出现桡神经麻痹。另外，横卧保定于硬化地面上的奶牛，接触地面上的前肢肩部和肘部受到压迫后也会引起桡神经的麻痹。在肩部后方注射药物也有发生桡神经麻痹的报道。

当奶牛滑倒时，前肢的肩部、肘部受到坚硬地面或其他物体的冲撞、挫伤都能引起本病的发生，特别是长时间侧卧硬地上的滑倒牛，最容易发生桡神经的麻痹。

【症状】

1）桡神经完全麻痹：站立时肩关节过度伸展，肘关节下沉，腕关节形成钝角，此时掌部向后倾斜，球节呈掌屈状态，以蹄尖壁着地。运动时患肢各关节伸展不充分或不能伸展，所以患肢不能充分提起，前伸困难，蹄尖曳地前进，前方短步，但后退运动比较容易。由于患肢伸展不灵活，不能跨越障碍，在不平地面快步运动容易跌倒，并在患肢负重瞬间，除肩关节外，其他关节都屈曲。患肢虽负重不全，如在站立时人为地固定患肢成垂直状态，尚可负重，此时如将患肢重心稍加移动，则又回复原来状态。快步运动时，患肢机能障碍症状较重，负重异常，臂三头肌及臂部的伸肌都陷于弛缓状态（图5-7-4、视频5-7-1、视频5-7-2）。皮肤对疼痛刺激反射减弱，发病15d后肌肉逐渐萎缩。

图5-7-4 桡神经完全麻痹

2）桡神经不全麻痹：原发性的出现于病初，或出现于全麻痹的恢复期。站立时，患肢基本能负重，随着不全麻痹神经所支配的肌肉或肌群过度疲劳，可能出现程度不同的机能障碍。运动时，肘关节伸展不充分，患肢向前伸出缓慢，为了代偿麻痹肌肉的机能，臂三头肌及肩关节的其他肌肉发生强力收缩，将患肢远远伸向前方。同时在患肢负重瞬间，肩关节震颤，患肢常蹉跌，越是疲劳或在不平地上运动时，症状越明显（视频5-7-3）。

视频5-7-1 在鱼骨式挤奶台挤奶后发生的桡神经完全麻痹

视频5-7-2 桡神经完全麻痹

视频5-7-3 桡神经不全麻痹

【诊断】 根据临床症状即可确诊。不全麻痹如确诊困难时，可做试验证明，在站立状态提起对侧健肢，变换头部位置，牵引病牛前进或后退，转移体重的重心，此时肘关节及以下所有各关节屈曲。

（马卫明 王春璈）

四、神经损伤的治疗

治疗原则是除去病因，恢复机能，促进再生，防止感染，预防瘢痕形成。

前边介绍了多种不同神经发生的损伤，不能治愈有闭孔神经、坐骨神经损伤，应对发病后的牛进行淘汰。对胫神经、腓神经和桡神经的麻痹，可以采用下列方案治疗。

奶牛发生胫神经、腓神经和桡神经麻痹后，立即转移到地面铺有垫草的康复牛舍，尽量减少牛的运动，对患肢进行按摩，桡神经麻痹时按摩肩部、臂三头肌、肘部、前臂部（视频5-7-4）；腓神经麻痹时，按摩后肢跗关节以上趾长伸肌和趾外侧伸肌之间的肌沟；胫神经麻痹时，按摩腓肠肌、腘肌和趾浅、深屈肌。按摩的重点放在神经的径路上。每次按摩5min，每天2次。如果采用针灸或电针灸会更好，电针灸对麻痹神经的兴奋与恢复有好处，应是值得提倡的治疗方法。

视频 5-7-4
对桡神经麻痹牛的患肢按摩

同时，应用药物治疗。补钙，补充维生素 B_1 是必要的，因亚临床低血钙发生的腓神经麻痹和产后瘫痪的恢复期出现的腓神经麻痹，都与钙的缺乏有关，为此需要静脉补充10%葡萄糖酸钙500mL。肌内注射维生素 B_1 30~40mL。

神经麻痹经15d的治疗还不能康复的牛，神经所支配的肌肉发生萎缩，应该淘汰。

（马卫明　王春璈）

第八节　肢蹄病评分与肢蹄病的防控

一、肢蹄病运步评分

规模化牧场奶牛肢蹄病健康状况评估可通过运步评分的方法来判断。运步评分是目前国际通用的牛群肢蹄健康状况评估方法。目前广泛应用的是美式评分法（Sprecher et al., 1997）。

1. 评分标准

运步评分将奶牛从肢蹄正常至严重跛行分为5个等级，分别记为1~5分。运步评分时，要观察两个重点部位，一为脊柱，二为步态，具体评分方法参见表5-8-1。1分的牛为肢蹄健康的牛，2分和3分的牛可视为临床跛行不明显的牛，4分和5分的牛为临床上已表现跛行状态的牛。无论是牛个体还是群体，当分值超过1时，需判定导致步态异常的原因，并进行处理。

表 5-8-1　运步评分标准

等级	状态	特征	具体情况
1	正常	平直	牛站立和运步时，背部均平直。步态正常
2	轻度跛行	平直或微弓	站立时背部保持水平，运步时背部微弓，步态轻微异常
3	中度跛行	弓背	有拱背表现，站立时患肢前伸、后踏或外展；运步时患肢负重时间缩短，提举不充分，患趾悬蹄较对侧健肢悬蹄高
4	重度跛行	弓背	拱背明显。患肢不能负重或悬提着；运步时提伸困难，常呈三脚跳跃前进，健肢悬蹄明显较对侧患肢悬蹄低
5	严重跛行	弓背，患肢不负重	拱背明显。运步困难，患肢完全不负重。三脚跳跃运步

对于牛群的肢蹄健康状况，重点应考虑两个方面，一是评估其发病率、持续时间和经济损失；二是考虑如何降低发病率。通过运步评分法评估牛群肢蹄健康状况，群体平均运步评分的分值目标为小于1.40，各分值牛所占比例参见表5-8-2。平均分越高，其引起的损失较多。跛行引起的损失中，泌乳量、奶质量、治疗费用和劳力等损失是可以直接计算的，但跛行导致的繁殖力下降能够引起更大的损失。据 A. David Weaver 等报道，繁殖性能损失占跛行导致的经济损失的34%。繁殖性能损失主要由参配率降低、配准天数延长和情期受胎率降低导致。

表 5-8-2　牛群运步评分目标

运步评分	目标比例
1	75%
2	15%
3	9%
4	0.5%
5	0.5%

2. 如何进行评分

群体运步评分要每月进行1次，也可根据牧场奶牛跛行的具体情况随时进行评分。群体运步评分最好在奶牛从挤奶厅回牛舍的赶牛通道上进行，至少由3个兽医完成，其中1人是具有临床经验的兽医，负责观察与确定奶牛运步异常的评分，1人记录跛行牛号与分值，第3个人记录在挤奶通道上牛的数量并对重度跛行牛进行标记，最后统计出健康牛（1分）、轻度跛行牛（2分）、中度跛行牛（3分）、重度跛行牛（4分）、严重跛行牛（5分）各有多少头牛及所占的百分比。在挤奶通道上进行运步评分是对泌乳牛进行的，要有计划地对牧场所有泌乳牛进行，最后统计出牧场泌乳牛肢蹄病的发病率及不同跛行级别的占比。

对干奶牛、青年牛的评分可在转牛通道上进行，也可在牛舍内进行，具体方法参照上述方法。

运步评分时，一看奶牛弓腰，二看奶牛点头运动，三看奶牛伸低头运动。凡出现点头运动和伸低头运动的牛都有不同程度的弓腰，因此，重点观察的是点头运动与伸低头运动。点头运动病在前肢，俗语说：点头行，前肢痛，低在健，抬在患。伸低头运动病在后肢，俗语说：伸低头行，后肢痛，伸在患，缩在键。凡出现点头运动和伸低头运动的牛，都是重度或严重跛行的牛，应记4分，对三脚跳跃运动的牛，记5分。对轻度弓腰和稍有点头运动、伸低头运动的牛可记2分或3分。

上述运步评分还不能反映奶牛肢蹄病的发病部位和病的类型，为此，要对4分和5分的牛进行标记或记下耳号，将这些牛转群到病牛舍，进行跛行牛的系统诊断，确定病肢和病部，以便提出治疗方法与防控方案。

二、肢蹄病防控要点

运步评分反映了牛群肢蹄病的发病状态和肢蹄病的严重程度，对评估牧场奶牛肢蹄病很有价值，但这种评估方法是宏观的、笼统的，它不能给兽医或牧场管理人员提出是什么原因引起的肢蹄病，也不能为兽医或管理人员提出有效的防控措施。因而，运步评分要与肢蹄病诊断方法相结合，遵照肢蹄病的诊断程序，明确患有肢蹄病的牛是发生了什么肢蹄病，是传染性肢蹄病还是营养代谢性肢蹄病；是不是由于卧床管理、粪道粪污清理管理中存在的问题引起的肢蹄病；是由于粪道防滑措施不力引起的肢蹄病，还是因地面过于粗糙、石子裸露引起的肢蹄病；是由于修蹄与蹄保健失误引起的肢蹄病，还是传染性肢蹄病；是蹄病还是四肢骨、关节、筋腱、黏液囊引起的疾病。为此，应在肢蹄病运步评分的基础上，通过肢蹄病的系统诊断，明确每一头跛行牛的发病原因；计算在各种不同的跛行病牛中，蹄跛行和肢跛行各占的百分比；统计每一种肢蹄病的发病率是否在肢蹄病标准发病率范围内，为提出合理的预防措施提供实际数据。

1. 了解跛行程度与疾病的关系

（1）引起重度跛行和严重跛行的疾病

①蹄病：急性蹄叶炎、蹄底溃疡、白线病、蹄底挫伤、蹄冠脓肿、蹄球脓肿、蹄冠蜂窝织炎及趾间蜂窝织炎。

②关节病：支原体关节炎、化脓性关节炎、坏死杆菌关节炎、严重的关节捩伤与关节创伤、关节脱位。

③黏液囊、腱鞘与腱的疾病：臂二头肌腱下黏液囊炎、化脓性腕前黏液囊炎、化脓性腱鞘炎、化脓性跟腱炎、腓肠肌断裂与屈腱断裂。

④神经损伤：闭孔神经麻痹，坐骨神经麻痹，桡神经完全麻痹。

⑤骨的损伤：四肢各部位骨折。

（2）引起中度跛行的疾病

①蹄病：亚急性蹄叶炎、指（趾）间炎与增殖、蹄裂、蹄球糜烂、蹄疣病。

②关节病：关节挫伤与关节捩伤。

③黏液囊、腱鞘与腱的疾病：化脓性腕前黏液囊炎、指外侧伸肌和趾长伸肌腱鞘炎、跟腱化脓感染。

④神经损伤：桡神经部分麻痹、腓神经麻痹。

（3）引起轻度跛行的疾病

①蹄病：慢性蹄叶炎、蹄球糜烂、变形蹄、蹄底磨灭过度（蹄底过薄）、蹄底角质糜烂、蹄疣病。

②关节病：非化脓性关节滑膜炎。

③黏液囊炎与腱鞘跟腱疾病：非化脓性腕前皮下黏液囊炎、非化脓性腱鞘炎、跟骨头皮肤与跗关节皮肤表皮层磨损。

2. 根据肢蹄病的发病原因分类

（1）**传染性肢蹄病**

①蹄病：蹄疣病。

②关节病：支原体关节炎、化脓性关节炎（大肠杆菌、链球菌、沙门菌等）、坏死杆菌关节炎。

（2）**营养代谢性肢蹄病**　蹄叶炎、蹄底溃疡、变形蹄、亚临床低血钙、腱挛缩、维生素 D 缺乏症。

（3）**管理问题引起的肢蹄病**　腕前皮下黏液囊炎、指（趾）部腱鞘炎、跟骨头皮肤化脓及跟腱化脓、跗关节非化脓性滑膜炎、跗关节皮肤磨损、腓长肌断裂、屈腱断裂、四肢骨折、蹄叶炎、蹄球糜烂、白线病、蹄底溃疡、蹄疣病、变形蹄。

3. 肢蹄病的防控

根据肢蹄病运步评分和肢蹄病的系统检查，确定肢蹄病的性质，对已经发生的肢蹄病进行治疗。在明确了肢蹄病发病原因的基础上，提出肢蹄病的防控方案。有关肢蹄病的详细内容可参考本章各节内容。

（马卫明　王春璈）

第六章 难产、助产与产科疾病

第一节 难产与助产

一、分娩生理及激素调控

分娩（Parturition）是胎儿在母体子宫中发育成熟后，经母体阴道排出的一个过程，标志着一个独立个体的诞生。分娩是奶牛生产中最重要的一个环节，了解奶牛的分娩生理基础和分娩过程中的激素变化，对于控制奶牛繁殖及产后相关疾病尤为重要，尤其是可以帮助临床兽医更好地鉴别生理性分娩和异常分娩，从而判断母牛和胎儿是否需要介入助产来完成分娩。

一般来说荷斯坦奶牛的妊娠期是281d，近几年调查发现，国内牧场奶牛平均妊娠期只有276d左右，青年牛可能只有273d，妊娠期长短与奶牛的品种、营养、产量、繁殖策略及疾病因素均有一定关系。牧场需要根据牛群的实际情况确定转围产的时间，保证围产期长度及营养调控，最大限度降低难产及围产期酮病的发生，并关注临产牛的表现以便及时转入产房。妊娠与分娩之间的分娩启动，生理学改变是子宫颈的生化成熟和子宫平滑肌收缩势能的释放，体液、生化、神经、机械因素均参与这一过程的调节。

（1）分娩的激素调控　奶牛分娩前后外周血液激素浓度的变化决定了奶牛分娩进程与分娩顺利与否。分娩前后，有多种激素的合成和分泌发生明显变化，其中最重要的是雌激素、孕酮、前列腺素及催产素。分娩前雌激素和前列腺素的合成与分泌发生变化，增强子宫颈结缔组织的生化成熟，为后续子宫颈的扩张做好准备。黄体退化在分娩启动所必要的内分泌变化中起到重要作用。关于这些激素在分娩中所起的作用，目前已经较为明确。这几种激素的起效方式如下：

1）雌激素：增加收缩蛋白的合成；增加催产素和前列腺素激动剂受体的数量；增加钙调节蛋白的合成；增加肌球蛋白轻链激酶的活力；

增加间隙连接数量（平滑肌细胞间传递电子和分子信息的低阻通道）。

2）孕酮：减少间隙连接数量；减少激动剂受体的数量；抑制前列腺素的合成及催产素的释放；增加钙的结合。

3）前列腺素（PG）：分娩启动及子宫肌收缩控制。前列腺素$F_{2\alpha}$和前列腺素E刺激子宫收缩，前列腺素I_2抑制子宫收缩。分娩期间子宫组织中促进前列腺素F合成酶的表达上调，而使参与前列腺素失活的酶的表达下调。前列腺素可通过影响间隙连接的数量和平滑肌细胞内钙离子流动而起效。

4）催产素：也称缩宫素，妊娠末期和分娩初期催产素都保持在低水平。当胎头出现在阴门及胎膜排出时催产素水平迅速升高达到峰值。妊娠末期和分娩开始时催产素受体增加，这主要取决于孕酮水平的下降和雌激素水平的升高。催产素通过两种方式刺激子宫收缩，一是增加前列腺素的释放，并发挥协同效应，二是增加细胞内质网钙离子的释放，进而增加肌球蛋白轻链激酶磷酸化。

雌激素水平在产前处于低位，临产前一个月开始启动，逐渐升高，在产前2d的时候达到最高，然后再逐渐衰减，到产后第3天，雌激素的水平恢复低位，并持续维持低位水平给孕酮让位，促进孕酮代谢，雌激素和孕酮再次交叉升高和降低，为下一次排卵做准备。产前孕酮水平是最高的，随着妊娠黄体的逐渐退化，孕酮含量逐渐下降，在产前5d时与雌激素水平有交叉，孕酮下降到一定程度后，雌激素升高才会启动分娩。雌激素升高到更高水平时，前列腺素也会参与。前列腺素水平产前一直处于低位，在产前3d开始随着雌激素和孕酮的相互替代作用而升高，在产后3d达到峰值，产后15d内一直维持高位，此后下降到正常水平。这也是奶牛产后7d甚至产后14d内，通过注射外源性前列腺素无法增加子宫平滑肌收缩能力和子宫排出能力，无法预防和治疗胎衣不下及产后子宫炎的激素代谢基础。催产素在产前含量非常低，产前3d左右随着其他激素的变化，催产素含量会出现急剧升高的过程，在产前2~3h升到最高，产后急剧下降，下降以后随着每天的挤奶工作在低位水平上下波动。因此，产后立即挤初乳不仅对初乳质量有利，也利于内源性催产素的分泌和释放，从而对胎衣排出及恶露排除等有正向作用。

分娩启动最初是由胎儿下丘脑-垂体-肾上腺轴开始的，胎儿通过合成和释放肾上腺激素，在促进自身成熟的同时，也向母体传达胎儿成熟的信号，胎儿的成熟导致了胎盘孕酮的降低及前列腺素$F_{2\alpha}$的释放。孕酮含量变化是维持妊娠所必须且重要的机制，其对子宫有阻滞作用，能够使处于繁殖阶段的子宫平滑肌处于静止状态，以保证妊娠的进行，孕酮的来源主要有母体妊娠黄体和胎盘两部分，妊娠黄体的退化对于分娩的启动至关重要，而前列腺素$F_{2\alpha}$是导致妊娠黄体溶解退化的关键性激素。除此之外，前列腺素$F_{2\alpha}$还能刺激松弛素的释放增加，松弛素会使子宫颈、骨盆韧带、会阴部松弛变软，为胎儿的排除做好产道的准备。雌激素与孕酮对分娩的作用是相反的，雌激素会通过增强子宫肌的收缩能力来促进子宫肌处于活跃状态，并且它能增加子宫的催产素和前列腺素激动剂的受体。催产素的释放主要是由于胎儿在进入产道后，刺激阴道前端和子宫颈的感受器，反射性引起催产素的释放，催产素可增强子宫肌的收缩能力，并与前列腺素协同，直接引起子宫肌的收缩。

（2）分娩的生理过程　在母牛进入分娩阶段后，典型的生理性分娩过程分为三个阶段，分别是：第一产程、第二产程、第三产程。每个产程都有其标志性的事件和平均的持续时长，一旦出现异常，如某一产程延长，就需要及时进行检查，并判断是否需要人为介入分娩。

1）第一产程：奶牛无明显外部变化，主要为产道的改变。子宫颈结构发生变化，能够扩张；子宫肌开始收缩；胎儿姿势发生变化以便于排出，包括胎儿围绕自身纵轴发生旋转及伸展四肢。胎儿伸展的过程决定了产犊时的胎势和胎向，一定程度上决定了是否会发生胎儿因素造成的难产。子宫颈扩张是生化变化和子宫颈平滑肌、子宫平滑肌共同作用的结果。子宫肌胶原成分改变从而使基质软化，子宫颈水分增加使胶原纤维相互分离，并且在子宫伸展力的作用下，使以前没有活化的蛋白酶接近分解胶原蛋白分子的敏感位点。这些变化通过细胞因子、前列腺素、肽类激素和类固醇激素的相互复杂作用介导，表现出典型的炎性过程特点。奶牛的子宫颈外口最初发生横向扩张，之后圆锥状的子宫颈在子宫颈内口扩张前同步缩短。当子宫颈扩张后，阴道和子宫形成一个连通的管状通道，膨胀的尿膜绒毛膜随后进入其中。奶牛从子宫颈扩张开始到犊牛排出之间，整个产程的持续时间约为9h，第一产程通常持续6h左右。

第一产程的一个特征是子宫肌开始有规律收缩，称为阵缩。分娩奶牛表现出不适和轻微腹痛。牛分娩前宫缩的时间间隔约为12min，并且主要发生在躺卧时，而后逐渐转变为蠕动性收缩。妊娠的最后2h，宫缩频率达到12~24次/h，胎儿排出期增加至48次/h。胎盘边缘出现分离和出血。胎儿更加活跃，伸展身体转变胎势（30min从腕关节屈曲变成前蹄进入子宫颈）。胎儿的自发性活动可能是胎儿对第一产程子宫收缩造成的子宫内压升高的生理反应。宫缩无力可能与分娩前数天的内分泌时序性紊乱有关。第一产程只有阵缩，而无努责。

2）第二产程：胎儿排出。第二产程开始的标志是出现努责（腹部收缩）。奶牛每次宫缩后可出现8~10次努责，此阶段宫缩频率为24~48次/h。尿囊绒毛膜囊向后的移动受到胎盘附着部位的限制和牵拉，先行膨出阴门外，而后破裂（图6-1-1）。膨出的羊膜连同胎儿的一部分推入骨盆入口处，刺激引起骨盆反射，导致腹肌强力收缩。胎儿及胎膜在产道内的扩张，导致垂体后叶释放大量催产素，进而加强宫缩。羊膜囊通过阴道露出阴门（图6-1-2、图6-1-3），再经过进一步努责后，包在羊膜中的胎儿肢体显露，称为先露（图6-1-4）。此过程中羊膜撑破，流出羊水。随后胎头显露，宫缩和努责达到顶点，在胎儿枕部排出时产力达到最大。稍后，进一步努责，胎儿的胸部、

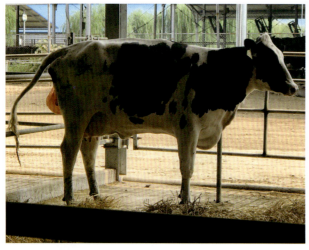

图6-1-1　尿囊膨出

图6-1-2　羊膜囊膨出，可以看到羊膜囊内的胎儿蹄子

图 6-1-3 尿囊（下方水囊）、羊膜囊（上方水囊）同时膨出　　图 6-1-4 破水，胎儿先露

臀部、后肢产出（图 6-1-5）。胎儿产出完成后，第二产程结束。临床上为方便判定，将尿囊羊膜囊膨出或破水或胎儿先露作为第二产程的开始。第二产程一般持续 30min 至 4h，平均为 70min，头胎牛的第二产程较经产牛长。

正常分娩时，胎儿皮肤表面与产道不直接接触，包裹在胎儿体表的羊膜及羊水，可以产生润滑作用。在需要助产的病例中，由于难产过程中羊水消失殆尽，羊膜破损，推荐使用足量润滑剂替代羊膜和羊水产生润滑作用，降低胎儿与母体产道的摩擦。在脐带未断时，包裹

图 6-1-5 胎儿完整产出，脐带未断

或破裂的羊膜遮盖胎儿面部，并不产生呼吸刺激。脐带断裂后，鼻腔接触空气和／或长时间代谢产生的高碳酸血症，引发犊牛的自主呼吸。

3）第三产程：努责基本停止、子宫肌的收缩仍旧持续。妊娠最后几天胎盘成熟化（胶原化），白细胞迁移和活力增加，确保胎盘分离。牛第三产程一般持续 6~8h，胎衣排出后，第三产程结束。第三产程的持续时间即为胎衣排出时间，为 6~8h，有的牛产后胎衣排出时间推迟至产后 12h，如果 12h 或 24h（两个判定标准）仍未脱落，判定为胎衣不下。

在临床生产中，荐坐韧带后缘完全松弛和乳房突然增大并流出不透明样的初乳，是奶牛分娩开始的前兆，一旦发现待产母牛有上述表现，应当对其增加关注，每小时巡圈一次。待产奶牛进入第一产程时从外观上不易判断，并且该阶段将牛转入产房会造成应激，可能影响子宫颈口开张过程及胎儿胎向、胎势的改变，从而造成难产或影响整个产程。而进入第二产程后转牛，即使发生轻微应激，第二产程持续时间也不会有大的改变，因此推荐在奶牛进入第二产程后再转入

产房。在整个分娩过程中，需要及时注意奶牛是否有不同于生理性分娩的异常表现，如表现不安、荐坐韧带后缘完全松弛12h后仍无努责、第一产程持续时间过长（超过6h）、进入第二产程30min至1h后无正常进展等，检查是否有原发性宫缩无力、子宫颈口开张不全、子宫扭转，评估是否有难产倾向，确定难产原因，并迅速决定是否需要助产干预。

（曹 杰）

二、难产及处置方法

奶牛分娩时，胎儿娩出受阻称为难产（Dystocia）。难产是奶牛常见的产科疾病之一。发生难产后，通过各种方法解除难产的过程称为助产。助产成功与否不但影响母牛和新生犊牛的健康，有时还会危及生命造成死淘。了解难产的发病原因，掌握难产的诊断和助产方法，对兽医来讲非常重要。

1. 提高接产成活率与难产的预防

（1）奶牛分娩过程　奶牛分娩依次经过分娩启动期、子宫颈口开张期、胎儿排出期、胎衣排出期及产后子宫快速恢复期。掌握奶牛的正常分娩过程，早期判断奶牛是否发生难产，对难产奶牛积极助产。

分娩启动期在奶牛产前一个月就已经开始，胎盘分泌的雌激素开始增多。分娩前大约72h，由于孕酮减少并达到最低水平，大量雌激素生成，浓度急剧升高，同时催产素、前列腺素、松弛素、甲状旁腺素的浓度也随之升高，此时分娩启动的实质性阶段正式开始。

奶牛在第一产程一般无明显的临床表现，采食与反刍减少，放牧或围产圈密度小的情况下牛可能离群，有的牛出现回头顾腹，末期进入胎儿排出期。在此期间要密切观察母牛的表现，一般情况下宫缩2h后子宫颈口就已完全开放，如果宫缩4h子宫颈口还不开张，就要检查产道、胎势和胎向有无异常。如果宫缩时间超过6h，还不能进入胎儿排出期，一般都存在产道或胎儿的异常，必须进行产道或直肠检查，以确定子宫颈口不能开张的原因。临床上最多见的是子宫扭转导致的子宫颈口不能开张。接产人员必须了解并记录每一头临产牛开始进入第一产程的时间，每隔1h观察一次这些奶牛的表现，难产牛积极助产，以提高接产成活率。

推荐在奶牛进入第二产程后将牛转入产房完成产犊。第二产程平均持续时间为70min，但也可能短至20min，或长至4h。为提高接产成活率，接产人员应每隔30min观察一次奶牛并确认第二产程是否顺利。牧场应在围产牛舍相邻区域设置专用产房，并分隔成单独的产栏，每个产栏的面积为15~20m³。良好的产犊管理的优势在于，一是便于接产员在围产牛舍每小时巡圈，及时观察进入第一产程牛的表现，及时将进入第二产程的牛转到产栏内产犊；二是确保产栏内的牛分娩过程不受外界干扰，便于每隔30min观察进入第二产程的牛是否进展顺利，如需助产可在产栏内操作或转至柱栏内保定后助产；三是胎儿产出后可立即进行新生犊牛分离、擦干、断脐、灌服初乳及打耳标等工作，进行母牛的产后检查及常规保健工作。有的牧场无专用产房，奶牛在围产圈舍分娩，很多犊牛产在粪道上。这种管理模式一是不利于分娩母牛的产程监控，无法及时判断是否发生难产及助产处置，产犊后母牛的检查和保健工作延迟，增加犊牛出生死亡及大牛发生难产及产科疾病的可能性；二是犊牛可能接触更多的粪污及大牛舔舐，造成致病微生物的早期接触感染，如大肠杆菌、沙门菌、隐孢子虫、副结核等，增加犊牛疾病的发生率；三是集中产犊期间，无法将新生犊牛与母牛精准对应，给选种选配工作带来负面影响。

胎儿产出后，子宫继续收缩促使胎盘分离。正常胎衣排出的时间为6~8h，如果12h或24h仍未排出，称为胎衣不下。

（2）分娩顺利完成的3个因素

1）产力：将胎儿从子宫排出的力量，称为产力。它是由子宫肌及腹肌的有节律收缩共同构成的。子宫肌的收缩，称为宫缩，是分娩过程中的主要动力。腹肌和膈肌的收缩，称为努责。它与宫缩协同，对胎儿产出也起十分重要的作用，是分娩过程中的主要动力。

产力异常，包括产力出现过早、产力不足和产力减弱，是造成难产的原因之一。妊娠母牛营养不良、疾病、疲劳、分娩时外界因素的干扰等，都可使母牛产力减弱或不足。此外，给子宫收缩剂不适时，也可造成产力异常，如催产素注射过早，可使产力过早出现，胎儿来不及调整自己的胎势、胎位和胎向而造成胎儿头颈侧弯、腕关节前置等胎位异常性难产；给予大剂量的麦角制剂，可引起子宫的持续收缩造成胎盘早剥，导致胎儿窒息。

2）产道：产道的大小、形状及是否柔软松弛等，影响分娩的过程。产道由软产道和硬产道共同构成。软产道由子宫、阴道、尿道生殖前庭及阴门构成；硬产道指骨盆。

骨盆畸形，骨折，子宫颈、阴道及阴门的瘢痕、粘连和肿瘤，或者配种过早发育不良，都可造成产道狭窄和变形，影响胎儿的产出。

3）胎儿因素：胎儿因素主要指胎儿与母体产道的关系。如胎儿与产道的相对大小，胎儿与产道的相对位置、方向及姿势等。

①胎儿过大：干奶期精饲料饲喂过多，母牛体况评分在3.75分以上，可能导致胎儿过大。性控精液的难产指数较高，而且性控精液大多在青年牛上使用，因而头胎牛难产比例可能较高。

②胎向：即胎儿的方向，也就是胎儿身体纵轴与母体身体纵轴的关系。胎向包括纵向、横向和竖向。纵向是胎儿纵轴与母体纵轴互相平行，又分为正生纵向和倒生纵向两种情况。横向是胎儿横卧于子宫内，胎儿的纵轴呈水平与母体纵轴呈十字形垂直，分为背横向和腹横向两种。竖向是胎儿站立或倒立于子宫内，胎儿纵轴上下与母体纵轴呈十字垂直，它分为背竖向和腹竖向两种。纵向是正常胎向，横向和竖向是异常胎向，可导致难产。

③胎位：即胎儿的位置，也就是胎儿背部与母体的腹部或背部的关系。胎位包括上位、下位和侧位三种。上位也称背荐位，胎儿伏卧于子宫内，背部在上，接近母体的背部或荐部。下位也称背耻位，胎儿仰卧于子宫内，背部在下，接近母体的背部或耻骨。侧位也称背髂位，胎儿侧卧于子宫内，背部位于一侧，接近母体的髂骨。上位是正常胎位，下位和侧位是异常胎位。

④胎势：即胎儿的姿势，也就是胎儿各部分是伸直的或是屈曲的，正常的胎势是在正生时，胎儿的头颈和两前肢伸直；倒生时两后肢伸直。其他胎势均为异常胎势，如头颈侧弯、腕部前置、坐骨前置等。据统计，胎势异常造成的难产占胎儿性难产的90%以上。

提高接产成活率应从营养入手。我国奶牛场追求高产的情况下，产犊时体况评分超过3.75分以及头胎牛使用性控精液同时体况超标,是造成难产高发的主要原因。预防难产应从干奶期之前的饲养管理开始,低产群就应进行体况评分,调整低产、干奶及围产期饲料配方及干物质采食量,保证进入干奶期牛的体况在3~3.5分,并且在干奶前期无体况增加、围产期无体况大幅增减。干奶时进行体况评分,直肠检胎时确定胎儿大小,为后期的营养调控提供依据。同时,接产时不要过早干预,积极监控,及时检查难产牛,选择正确的助产方法完成助产,以提高接产成活率。

2. 难产牛的检查

难产早期精准的诊断与正确助产,直接决定了难产助产的效果。对有难产预兆的牛,经过仔细检查,确定难产的原因,选择正确地助产方法。

(1) **查询病史** 了解母牛预产期,判断胎儿大小,确定助产难易程度;明确年龄及胎次,判定骨盆发育程度,据此推测分娩过程的快慢。

(2) **母牛的全身检查** 检查母牛的全身状况时,除一般全身检查项目如体温、呼吸、脉搏等外,还要注意母牛的精神状态,如躁动不安、开始努责的时间、频率及强弱程度,判断并确定母牛的全身状况能否经受住助产。检查阴门及尾根两旁的荐坐韧带、荐椎与髂骨之间的荐髂韧带是否松弛,以便确定骨盆腔及阴门能否充分扩张。

(3) **胎儿及产道检查**

1) 胎儿检查:除检查胎儿的姿势、方向、位置有无异常外,还要检查胎儿的死活、体格大小、进入产道的深浅。

手臂戴一次性长臂手套,对母牛外阴部用0.1%新洁尔灭溶液消毒。手套外涂助产润滑剂后,伸入产道内触摸胎儿的前置部分有无反常。

①胎位、胎势及胎向:通过触诊其头、颈、胸、腹、背、臀、尾及前后腿的解剖特点及状态,判断胎位、胎向及胎势的异常。

检查时,首先要弄清楚胎儿前置部位露出的情况有无异常。如果前腿已经露出很长而不见唇部,或者唇部已经露出而看不到一条或两条前腿,或者仅看见尾巴,而看不见一条或两条后腿,应把手伸入产道内确定胎儿异常的性质及程度,不要把露出的部分向外拉,否则可使胎儿的姿势反常加剧,给矫正工作带来更大的困难。

有时在产道内发现两条以上的腿,这时应仔细判断是同一胎儿的前后腿,还是双胎,或者是畸形。前后腿可以根据腕关节和跗关节的形状及肘关节的位置不同做出鉴别。

②胎儿大小:胎儿与产道相对大小可确定是否容易矫正和拉出。这从胎儿与产道间隙的大小做出判断。

③胎儿进入产道的深浅:如果胎儿进入产道很深而不能推回,且胎儿较小,异常不严重的,可先试行拉出;若进入尚浅时,则应先矫正异常的胎势、胎位或胎向。

④胎儿死活:对胎儿死活的判定,决定着助产方法的选择。如果胎儿已经死亡,在保全母牛及产道不受损伤的情况下,可对它采用任何措施。如果胎儿还活着,应考虑挽救母子双方的方法。

鉴别胎儿生死的方法如下:

正生时，可将手指伸到胎儿口内，注意有无吸吮动作；捏拉舌头，注意有无活动。也可用手指压迫其眼球，注意头部有无反应；或者牵拉前肢，感觉有无回缩动作。如果头部姿势异常无法摸到，可以触诊胸部或颈部动脉，感觉有无搏动。

倒生时可将手指伸入肛门，感觉是否收缩。也可触诊脐动脉是否搏动。如果肛门外面有胎粪，则表示活力不强或已死亡。对反应微弱、活力不强的胎儿和濒死胎儿，必须仔细检查判定。濒死胎儿对触诊无反应，但在受到锐利器械刺激引起剧痛时，则出现活动。检查胎儿时，发现有任何一种活动，均代表胎儿还活着。只有在胎儿一点活的迹象也没有时，才能做出死胎的判定。此外，胎毛大量脱落、皮下气肿、触诊皮肤有捻发音、胎衣、胎水的颜色污浊，并有腐败气味，都说明胎儿已经死亡。脱落的胎毛很难完全从子宫中清除，往往会导致子宫感染或不孕。

2）产道检查：检查阴道的松软及滑润程度、子宫颈的松软及扩张程度；子宫颈有无扭转，这是接产人员应特别注意的问题，一旦确定为子宫扭转，就应立即采取滚转整复或立即进行剖腹产手术；骨盆腔的大小及软产道有无异常等，如骨盆腔变形、软产道畸形等均会使产道狭窄，影响胎儿的产出。

处理难产时，究竟应当采用什么手术方法助产，通过检查后应正确、及时而果断地做出决定，以免延误时机给助产工作带来更大困难。

（4）**产后检查** 产后检查的目的，是判断子宫内是否还有胎儿，软产道是否有拉伤，此外还要检查母牛能否站立及全身情况。

助产过程中若怀疑有子宫及软产道发生损伤的可能性，产后一定要检查产道损伤的程度并及时处理。通过以上检查，可以确定母牛的预后。

3. 接助产常用器具和物品

（1）**常用器具** 助产器（图6-1-6）、常用产科器械包、产科绳或产科链（图6-1-7）。

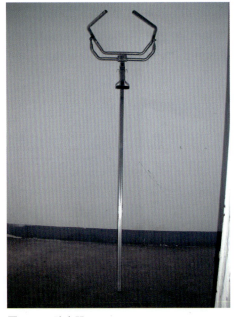

图6-1-6 助产器

图6-1-7 产科链

（2）**其他物品**　长臂手套、助产润滑剂、5%或10%碘酊、5%新洁尔灭、缩宫素、注射器、水桶与毛刷、肥皂、温水、毛巾、浴巾、塑料布、垫草、常规外科手术器械及敷料、手提式高压灭菌器、电炉、1#PGA缝合线、碘甘油、碘酸、保定绳、速眠新、盐酸赛拉嗪、盐酸苯噻唑、2%盐酸普鲁卡因、生理盐水、头灯等。

牧场产房内应有以上必备的物品，一套用于紧急情况下剖腹产的灭菌好的常规外科器械，另一套手术器械用于常规下的产道创伤的处理。消耗性物品使用过后要及时补充，做到整洁、有序、方便、高效。

4. 常见难产助产

（1）**胎儿过大助产术**　胎儿过大，有绝对过大和相对过大之分。绝对过大，是母牛骨盆正常而胎儿体型特大，导致娩出困难。相对过大，是骨盆狭窄而胎儿正常，致使娩出不能。第一种类型的胎儿过大，大多发生在性控精液配种的头胎牛，或进入围产期体况超过3.75分的牛，另一种情况是由青年牛配种过早引起的。在奶牛的分娩中，大多数是因胎体过大引起的难产，也有因胎儿过大又伴发胎势异常而导致的难产。

【助产方法】　胎儿过大的助产，可通过人工协助强行拉出胎儿。强行拉出胎儿只有在具备下列条件时方可进行：子宫颈口已完全开张，非骨盆腔狭窄的娩出困难，胎位、胎势、胎向正常或矫正后正常才可强行拉出。

胎儿正生时，术者手伸入产道，先将两前肢分别缚以产科绳（图6-1-8、图6-1-9），趁母牛努责之际，连同两前肢拉出产道（图6-1-10），将接产器顶部卡在奶牛的臀部，将系好两前肢的产科绳连接到助产器上，手动控制助产器的手柄与奶牛努责频率相一致，即当牛努责时向后拉动助产器手柄，使胎儿头部通过骨盆露出于阴门外（图6-1-11），继续拉动接产器手柄，配合母牛的努责使胎儿的肩部通过骨盆。此时稍停片刻，接产员清除胎儿口、鼻内黏液，使其口腔内的羊水流出，胎儿出现第一次呼吸（图6-1-12）。继续拉动助产器手柄，使胎儿的髋部通过骨盆，胎儿完全产出（图6-1-13）。

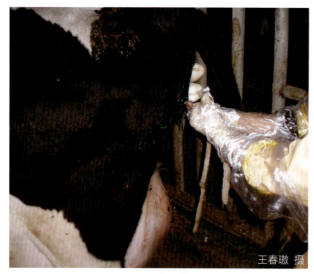

图6-1-8　胎儿过大，在两个前蹄上系产科绳

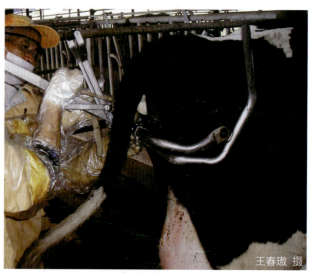

图6-1-9　在母牛臀部装置助产器

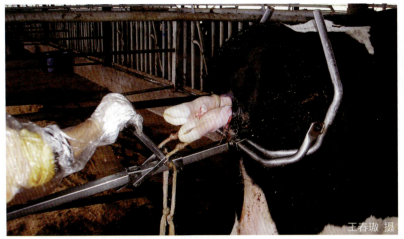
图 6-1-10 拉动手柄，胎儿两前肢向外露出

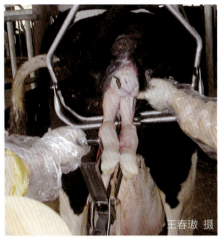
图 6-1-11 胎儿的鼻端已露出

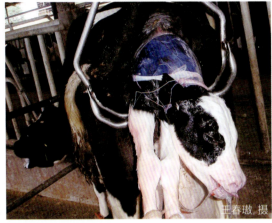
图 6-1-12 胎儿的肩部、胸部已通过骨盆，胎儿出现呼吸

图 6-1-13 胎儿的髋部通过骨盆，胎儿落地

正确使用助产器，在牛努责时拉动手柄，不要盲目强行拉出以免导致产道撕裂。助产前向产道内涂布干粉润滑剂20g，等待5min使其与产道内剩余的羊水充分混合达到润滑作用，保持产道的滑润是接产胎儿过大、减少产道撕裂的必要条件。当没有助产器或助产级别相对较低时，可用人力向外牵引胎儿，由于胎儿的肩部宽度大于胎儿的头部，向外牵引时不要同时拉动两前肢。应先拉动一个前肢，使两肩端之间成为斜向，然后拉动另一前肢，使两个肩部一前一后通过骨盆腔（图6-1-14）。

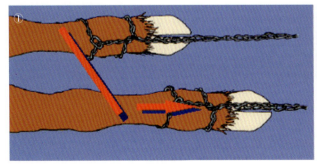
图 6-1-14 胎儿肩部通过骨盆的拉前肢的方法

倒生时的诊断。倒生时，阴道内检查可触摸到两个蹄子，沿蹄部向肢体上方触诊可触及跗关节和胎儿的尾、臀部、肛门。通常倒生比例的牛为2%~4%，倒生牛即便胎位正常，几乎也都需要助产才能完成产犊。有研究表明，妊娠的前5个月，胎儿的体位在不断变化；在妊娠5.5~6.5月龄时，胎儿体位变动频繁，处于正生或是倒生位；妊娠6.5月龄以上基本无变化。为降低奶牛倒生比例、降低难产助产比例，牧场应关注妊娠5.5~6.5月龄牛的密度和应激情况，保证该阶段奶牛有足够的采食和躺卧空间，将预防性修蹄等应激较大的工作前移或后移，使用防疫通道进行免疫的牛场改成颈枷免疫等。接产员要密切观察牛的表现，如果胎水破裂后30min仍不见胎儿的蹄部，必须进行产道检查。确定倒生后，立即在两后肢系部拴系助产绳、安装助产器，拉出胎儿（图6-1-15~图6-1-17）。倒生助产时，注意脐带不要卡在硬产道与胎儿之间，以防长时间的脐带压迫引起胎儿血液循环中断导致死亡。接产过程中还要注意脐带是否有缠绕，这也会引起胎儿的血液循环中断。确诊倒生后，接产时间要尽量缩短，但缩短拉出时间并不是盲目拉出，要与母牛的努责协调一致。如果站立助产的母牛体力不支而突然倒地，接产员应立即将母牛进行侧卧保定，再进行助产牵拉（图6-1-18）。牵拉胎儿时要使胎儿后躯略有扭转，因母牛骨盆腔的上下内径通常大于骨盆腔左右的横径，扭转后的胎儿臀部易通过骨盆腔。

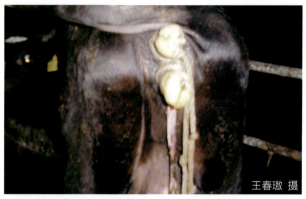

图6-1-15 倒生胎儿的两后蹄露出阴门外

图6-1-16 装置助产器

图6-1-17 两后肢已拉出

图6-1-18 牵拉过程中，母牛倒地，将牛侧卧，继续拉出胎儿

助产无效时，应立即行剖腹产术。

胎儿落地后，立即用毛巾擦净口、鼻内黏液，对呼吸微弱的犊牛使用呼吸器通气，耳窝内注入凉水刺激呼吸反射。当强行拉出胎儿无效时，应及早确定剖腹产。

（2）**胎头侧弯助产术** 胎头侧弯也叫头颈侧弯，指头颈弯曲偏于自身肩胛或胸壁上，胎儿两前肢伸入产道，一长一短，前肢短的一侧是头颈弯曲侧。胎儿的这种姿势如果不能调整过来，一定会造成难产。根据弯曲程度分为：唇部向后，唇部向下，或头颈扭转唇部向上而额部向下。在诊断时要区别是下位难产还是胎头侧弯。胎头侧弯难产在临床上属于常见情况，占胎势不正难产的三分之二。

诊断胎头侧弯难产的方法是，阴门外可见两蹄底朝下的前肢，而且一长一短。一般短的一侧即为头颈偏斜弯曲的一侧。另侧前肢越长，表明头颈弯曲程度越大，难产越复杂，助产越困难。

产道检查可依据颈部的项脊、额部、下颌等来触摸确定头颈偏向何侧与偏斜的程度（图6-1-19）。牛的颈部较短，检测者手可触摸到眼眶、耳部、鼻端，根据触摸判定向何侧弯曲，给矫正提供依据。

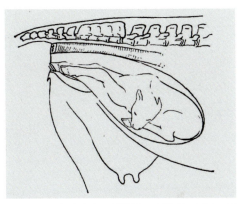

图6-1-19 牛胎儿头一侧偏斜，阴道内两前肢一长一短

【助产方法】 若母牛难产时间短、状态较好，可令母牛以前低后高的姿势站立。如果母牛不站立则进行侧卧保定。使弯曲的胎头位于保定的上侧，把母牛后躯垫高。这种体位可利用胎儿自然向腹腔内移动的惯性，为矫正反常姿势创造条件。将阴门外露出的前肢或产道内的前置器官拴系助产绳，便于矫正后拉出。

对头颈弯曲程度较轻的胎儿，术者手伸入产道后，寻找非屈曲侧眼眶，沿眼眶下滑即可找到胎儿鼻端。然后手心向上，手背向下即可摸到胎儿鼻端。在助手用产科梃推动胎儿的同时，术者臂膀依靠髂骨干作为支点，用力将向侧偏斜的胎头向上向对侧抬推，同时向骨盆腔内牵拉，即可将胎头矫正导入产道（图6-1-20）。在下颌骨体挂上长柄产科钩或两眼眶挂上复钩强行拉出产道。

胎头弯曲程度不大、额部楔入骨盆腔时，术者用拇指、中指捏住两眼眶，在助手向子宫腔内推送胎儿的同时，左右摇动并向上向后推抬胎头，即可将胎头矫正，最后强行拉出（图6-1-21）。

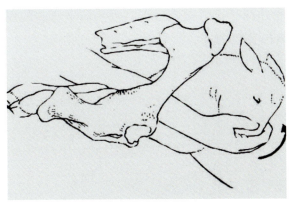

图6-1-20 手握鼻端向上向对侧推胎头，调整胎头

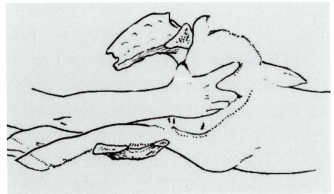

图6-1-21 捏住两眼眶向上向后推胎头，矫正胎头侧弯的异常姿势

若难产时间较长，由于子宫收缩将胎儿颈部嵌闭在骨盆腔入口处较紧，或因胎颈弯曲程度较大，单纯徒手矫正有困难，可用产科器械借助助手的力量进行矫正。操作时将产科绳打一单滑结，套在食指、中指、无名指上并带入产道。借手的触摸下滑到下唇，而将单滑结套住下

颌并拉紧绳索。在助手牵拉产科绳的同时，术者握住鼻端向上向对侧抬头，即可将侧弯胎头矫正（图6-1-22）。

若上述矫正仍不奏效，可用短柄产科钩钩住正常侧的眼眶稍稍拉动胎头，使胎头接近骨盆入口，术者迅速握住鼻端，向后抬拉胎头导入骨盆腔，连同前肢一同把胎儿拉出产道。

也可利用导绳器把双股产科绳围绕胎颈穿过，拉出产道后作成单滑结移近胎颈，将绳的一股由项脊移至颜面鼻梁处，抽紧绳索固牢鼻端，助手、术者互相配合即可将胎头矫正（图6-1-23）。不用更换器械，直接连同两前肢把胎儿拉出。

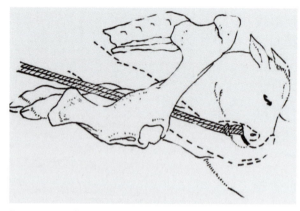 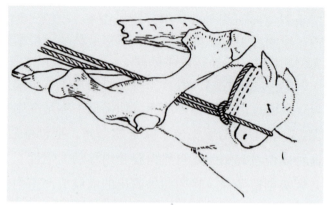

图6-1-22　用产科绳套住下颌矫正向一侧偏斜的胎头　　　　图6-1-23　借助产科绳直接矫正拉出侧弯的胎头

上述几种矫正方法只是为叙述方便而分别单独讲述，在实践中可灵活运用，有些病例要用两种或两种以上的方法矫正。有时不得不将一前肢或两前肢推回产道，待侧弯胎头矫正后，再拉出推回的前肢。

胎头侧弯难产时，如果推退矫正不奏效，或操作时间过长（一般超过30min），再继续矫正可能引起产道严重水肿，更难以完成助产，应果断采取剖腹产术。

（3）胎头下垂助产术　胎头下垂是胎儿两前肢或一前肢伸入产道，而头颈向下弯曲，胎儿下颌抵触自身胸前（图6-1-24）。本难产的时间越长，胎儿在子宫收缩推送下，胎头向下弯曲的程度越大，所以又按弯曲程度区分为额部前置、项部前置、颈部前置。

【助产方法】　母牛保定和其他准备工作与胎头侧弯难产助产术相同。额部和项部前置时，术者手伸入产道沿胎头颜面部下滑握住下颌，在助手将胎儿向子宫腔内推送的同时，术者用力向上抬胎头并向后拉，即可将胎头矫正并导入产道。术者的手必须握住下颌而不能握住上颌向后拉动，否则在牵引时胎儿的上下颌势必张开，下颌门齿可能划破子宫壁而导致子宫破裂。

徒手矫正有困难时，可利用产科梃、产科绳协助矫正。术者在胎儿颈基部与一侧前肢之间安放产科梃，同时将绳索带入产道。在助手用梃推送胎儿的同时，将绳

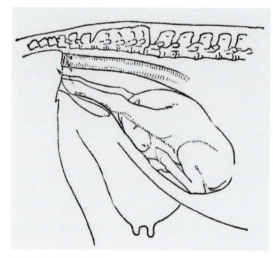

图6-1-24　胎头下垂

套住胎儿下颌齿槽间隙,交给另一助手拉动。术者将手移至胎儿额部,向上向后推送胎儿。这样三方配合即可将下垂胎头矫正(图6-1-25)。

若母牛全身情况良好,可仰卧保定。这样胎儿体躯就向母牛脊背移动,使本来紧紧顶住腹壁的胎儿改变体位。术者在产道内易于握住鼻端,用力向后向下拉压胎头,即可将胎头矫正(图6-1-26)。这种操作方法术者便于用力,对中等体型的奶牛效果好。

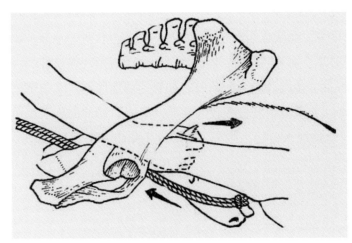
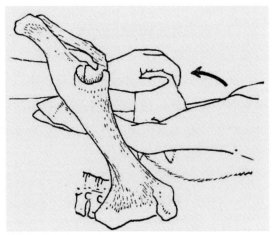

图6-1-25　用产科绳套住胎儿下颌矫正胎头　　　　　图6-1-26　胎头下垂,母牛仰卧,握住鼻端矫正胎头

若颈部前置,胎儿楔入骨盆腔较深,而且堵塞严密,用上述方法矫正较为困难,可用双孔梃矫正。首先将双孔梃两股孔眼的绳索系好,术者将绳引进产道套入胎儿口内,然后一面拉动绳索,一面将梃叉移至胎儿额部(图6-1-27)。绳索固定后,术者手握胎儿鼻端,在助手推送双孔梃的同时,用力向上抬托鼻端,即可矫正导入产道(图6-1-28)。

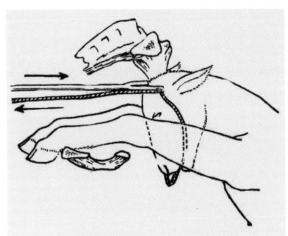

图6-1-27　用双孔梃将绳引进胎儿口中,将梃叉移至胎儿额部　　图6-1-28　术者用力向上抬托胎儿鼻端,以矫正胎头下弯

上述难产徒手或器械矫正无望时,可施行碎胎术。通常碎胎是将胎儿头颈锯断或截除一侧前肢,在矫正胎儿姿势后强行拉出,但碎胎术对奶牛产道的损伤十分严重,而且碎胎术也有困难,一旦确诊不能矫正胎位时,应迅速进行剖腹产术。

(4)胎头后仰助产术　胎头后仰是胎儿头颈向上向后仰至自身背部,胎儿鼻梁与胎背相接。

这种难产多由胎头侧弯而继发（图6-1-29）。

【助产方法】 将后仰的胎头变成胎头偏斜，而后按照胎头侧弯的矫正法进行矫正。

如后仰胎头楔入骨盆腔不深，术者可将产科梃置于胸骨前方，然后握住鼻端，在助手推送胎儿的同时，术者向后拉头，并左右摇晃而将胎头拉直。当徒手矫正不力时，可借助产科绳套住下颌牵拉胎头。这一操作也要用手握住鼻端，否则易导致产道破裂。

如矫正无效，尽快进行剖腹产术。

（5）前肢腕关节屈曲助产术 腕关节屈曲可为一前肢或两前肢同时发生。阴门外仅见一前肢伸出或都见不到前肢，屈曲的腕关节必然要引起肩关节、肘关节屈曲，因此增加肩胛围直径，导致难产。

胎儿一肢腕关节屈曲后，在母牛阴门处可见一条蹄底向下的前肢；如果为两前肢同时腕关节屈曲则看不见胎蹄。通常胎儿头颈不露出阴门外。如果母牛骨盆腔较大而胎儿略小，屈曲的腕关节可进入产道，胎头露出阴门；反之，腕关节抵于骨盆腔入口处，胎头可露出或不露出（图6-1-30）。

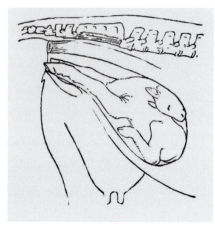
图6-1-29 牛胎头后仰下弯

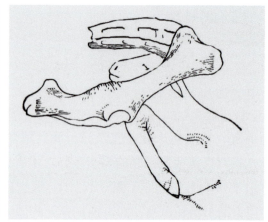
图6-1-30 牛胎儿腕关节屈曲

【助产方法】 母牛保定同于胎头侧弯难产助产术。矫正时，助手用产科梃顶在胎儿前肢正常侧肩端与胸壁之间，术者手伸入产道，沿着屈曲的腕关节下滑顺球节握住蹄尖。术者手心向上，手背向下，在助手推送胎儿的同时，术者用力向上向后抬拉，使异常侧的所有关节高度屈曲，并将前肢缓缓拉直，导入骨盆腔内（图6-1-31）。

如果腕关节屈曲较深，手触不到胎儿蹄尖，可先握掌部，先向上抬举并向前推送前肢，使该前肢各个关节屈曲，手再下滑握住蹄尖，即可将前肢拉直并导入骨盆腔（图6-1-32）。

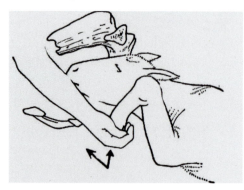
图6-1-31 握住蹄尖拉直前肢

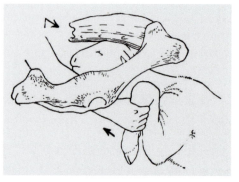
图6-1-32 先握掌部再握蹄尖矫正前肢

某些情况也可先握蹄头，然后助手将胎头推向子宫腔内，如此相互配合而拉直前肢。

用产科绳拴系屈曲肢的系部拉直前肢，效果显著。操作方法有两种：一种方法是用产科绳打好单滑结，带入产道后开张手指将单滑结由蹄尖套入；另一种方法是利用导绳器将产科绳自胎儿系部穿过，拉出产道后，将绳端穿入另一端绳环扣上，拉紧而将系部固定。最后术者握住腕关节下方，用力向上向后推送腕关节，就可拉直前肢（图6-1-33）。

双孔梃在矫正屈曲的腕关节时也很奏效。把双孔梃股环孔上的绳索绕过腕部并抽紧，使梃端位于腕关节下方。在母牛坐骨弓上垫以纱布，以防推送时梃杆压迫软组织。术者手入产道保护梃端，助手向上向前推送腕关节。在推送一定距离后，术者再握蹄尖，相互协作拉直前肢（图6-1-34）。

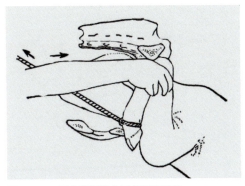

图6-1-33 用产科绳缚住系部拉直前肢

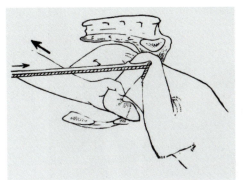

图6-1-34 双孔梃推送，手拉球节矫正前肢

如果腕关节屈曲是双侧性，矫正一侧后再矫正另一侧。如推退矫正无效胎儿已死亡，可施行碎胎术。方法为腕关节截断和与前肢截除术。条件具备的情况下，剖腹产手术取出胎儿更为稳妥。

（6）前肢肘关节屈曲助产术 胎儿肘关节屈曲的难产较少。因一侧或两侧前肢未伸直，肘关节屈曲于骨盆腔入口处，结果也出现肩关节屈曲，增大了肩胛围而导致难产。

这种难产在外观上可表现为分娩延迟。有时在阴门处见到一前肢或两前肢稍稍露出。产道检查可发现臂骨几乎呈垂直状态，肘关节位于肩关节下方（图6-1-35）。

【助产方法】 此种难产易于矫正，只要稍将胎儿向子宫腔内推送，同时拉动屈曲的前肢，很容易将异常侧前肢拉直。如一人矫正有困难，可将产科绳拴系在屈曲侧前肢的系部，术者在推送骨盆腔内的胎头或肩胛时，由助手拉动产科绳，即可将肘关节屈曲的前肢拉直（图6-1-36）。

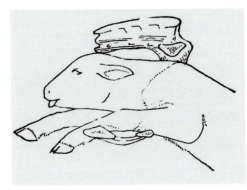

图6-1-35 牛胎儿肘关节屈曲

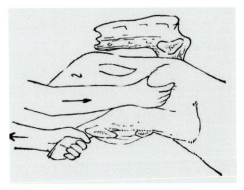

图6-1-36 牛胎儿肘关节屈曲的矫正

（7）前肢肩关节屈曲助产术　正常分娩时，胎儿两前肢伸直，胎头置于两前肢之间的上方。如肩关节屈曲，则一前肢或两前肢向后伸入胎儿腹侧或腹下，从而导致胎儿肩胛围扩大。产道检查可摸到胎头或仅一前肢，沿胎颈向前探查可摸到屈曲侧的肩端及前臂部（图6-1-37）。这种难产多因腕关节屈曲而继发。

【助产方法】　难产发生时间短、胎儿前躯楔入骨盆腔内并不紧密的，术者可反手伸入产道，沿肩部下滑握住前臂部，用力向后拉动，即可变肩关节屈曲为腕关节屈曲，再按腕关节屈曲矫正，把前肢拉直（图6-1-38）。

图6-1-37　牛胎儿肩关节屈曲

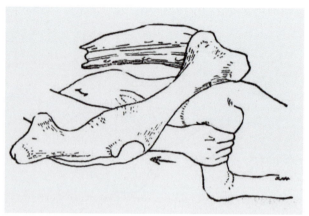

图6-1-38　肩关节屈曲的矫正方法：手拉前臂部，变肩关节屈曲变为腕关节屈曲

如果一人徒手操作不奏效时，可将产科绳拴系在腕部上方，将产科梃端安放在对侧或同侧肩端与胸壁之间。术者用手护住梃端以防滑脱时戳破子宫壁。在助手推梃的同时，另一助手拉产科绳（图6-1-39）而将肩关节屈曲变为腕关节屈曲（图6-1-40）。

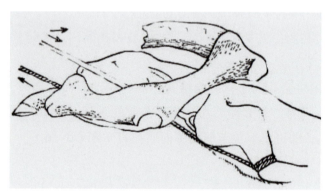

图6-1-39　在推梃的同时，拉动产科绳

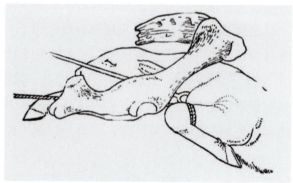

图6-1-40　变肩关节屈曲为腕关节屈曲

用双孔梃矫正此种难产，操作得当也能奏效。操作时先将双孔梃上一股绳穿过胎儿前臂部而后拉出体外再穿过股环孔并抽紧（图6-1-41），使梃端慢慢移动到腕关节上方（图6-1-42），然后拉动梃柄，即可将肩关节屈曲变成腕关节屈曲（图6-1-43）。最后术者握蹄尖（图6-1-44），向上向后推送腕关节，而将前肢拉直（图6-1-45）。

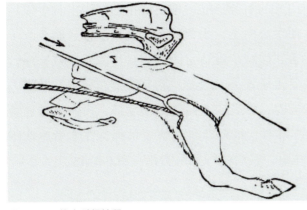
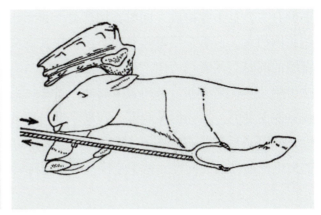

图 6-1-41　将产科绳抽紧　　　　　　　　　　　图 6-1-42　使梃移至腕关节上方

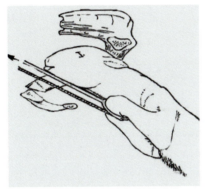
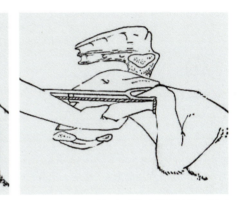

图 6-1-43　拉动梃柄，变肩关节屈曲为腕关节屈曲　　图 6-1-44　手握蹄尖　　　图 6-1-45　用双孔梃向后推动送腕关节，同时将前肢拉直

在胎儿小而母牛骨盆腔大的情况下，可不加矫正，强行拉出肩关节屈曲的胎儿。

上述方法无效且胎儿已死亡时可实行碎胎术。碎胎术是将胎儿头部截下，然后将颈部推退到骨盆腔深部，然后手伸入产道内，抓住腕关节向后拉动，使肩关节屈曲变为腕关节屈曲，然后手再抓住胎儿的球节向后拉动，使前肢完全拉出，最后再拉动两前肢将胎儿拉出。

（8）跗关节屈曲助产术　倒生时，胎儿的正常姿势是两后肢伸直进入产道，阴门娩出。妊娠后期的胎儿四肢在子宫腔内呈屈曲状态。分娩时，如果胎儿活力不旺盛或子宫收缩太快，在胎儿尚未变成分娩姿势，后躯已被推入骨盆腔，这就形成一后肢或两后肢跗关节屈曲（图 6-1-46）。因股骨、胫骨及跗骨折叠屈曲，胎儿通过骨盆部的体积增大，造成难产。

一侧跗关节屈曲，阴门处见到一蹄底朝上的后肢。产道检查可摸到屈曲的跗关节、尾部及肛门，其位置在耻骨前缘或与臀部一同楔入骨盆腔入口处。

【助产方法】　跗关节屈曲的助产原则和前肢腕关节屈曲类似。母牛最好以站立姿势助产。这种体位在术者矫正助产时更为方便。

将产科梃顶在胎儿坐骨弓下方的凹陷内，这样推送产科梃

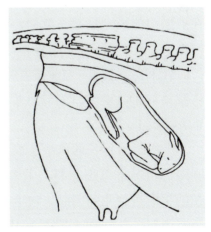

图 6-1-46　胎儿两后肢跗关节屈曲

不但有力，且不致滑脱。同时，用产科绳将露出阴门外的后肢拴好，稍向后拉动。当术者手摸到屈曲侧的跗关节后，沿着跖骨向下滑动握住蹄尖，使手心向上，手背向下，在助手推送胎儿入子宫腔的同时，术者用力向上抬举屈曲后肢的所有关节，以减少旋转空间，同时将后肢拉直并强行拉出胎儿。如果为双后肢跗关节屈曲，矫正一后肢后再矫正另一后肢。胎儿臀部和屈曲后肢楔入骨盆腔深部时，可先握住跗部，在助手推送胎儿的同时，术者向上向前推动跗部，再向下握住蹄尖，即可将后肢拉直（图6-1-47）。徒手矫正力量不够时，借助产科绳缚住系部，在术者握住跗部向上向前推送的同时，助手牵拉产科绳而将后肢拉直，最后强行拉出胎儿（图6-1-48）。

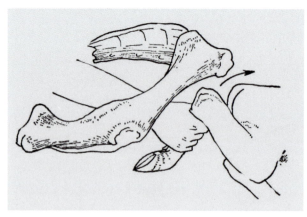 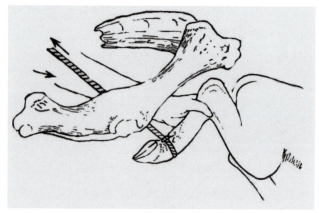

图6-1-47 胎儿两后肢跗关节屈曲，用手先向前推动跗关节，然后再将后肢拉直　　图6-1-48 牛胎儿两后肢跗关节屈曲，用产科绳协助矫正跗关节屈曲，强行拉直后肢

用双孔梃矫正屈曲的跗关节也很奏效，具体方法同前肢腕关节屈曲矫正法。若胎儿楔入骨盆腔较深，且是一侧性跗关节屈曲，胎儿体积小，母牛骨盆腔宽大，可将跗关节屈曲变为髋关节屈曲，强行拉出胎儿。当母牛强烈努责、胎儿被推送楔入骨盆腔很深时，若推退矫正无效考虑碎胎术或剖腹取胎术。

（9）髋关节屈曲助产术　髋关节屈曲（坐生、坐骨前置），倒生的胎儿一后肢或两后肢髋关节屈曲而其他关节均伸直，置于自身的腹下或腹侧，使臀部体积增大而导致难产。此种难产在牛多见，往往是因跗关节屈曲继发而来。

一后肢髋关节屈曲，阴门处可见一蹄底向上的后肢，在产道内能摸到尾部与肛门。两后肢髋关节屈曲，在阴门处未发现异常，但产道检查可确定髋关节屈曲难产。

【助产方法】 与前肢肩关节屈曲助产术类似。首先将髋关节屈曲变为跗关节屈曲，然后按跗关节屈曲的矫正方法矫正。

难产时间不长的母牛，取站立保定，在努责不十分剧烈的情况下可不麻醉。术者手入产道握住胫骨下部，在助手推送胎儿的同时，向上向后用力拉动，变髋关节屈曲为跗关节屈曲（图6-1-49）。用双孔梃使髋关节屈曲变为跗关节屈曲，其效果更好。操作时将双孔梃安放

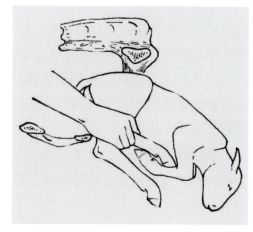

图6-1-49 牛难产，髋关节屈曲的矫正，徒手变髋关节屈曲为跗关节屈曲

于跟骨处并拉紧绳索（图 6-1-50）。在推送胎儿的同时，拉动双孔梃变髋关节屈曲为跗关节屈曲（图 6-1-51～图 6-1-53）。

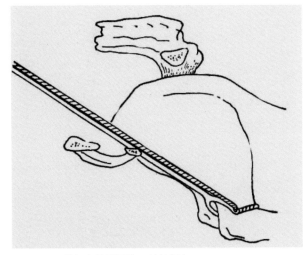

图 6-1-50　将梃安放跟骨处，并拉绳索

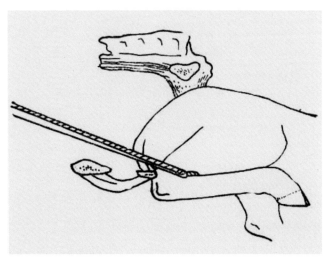

图 6-1-51　拉动双孔梃

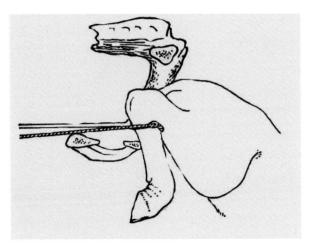

图 6-1-52　移动双孔梃至跗关节下方，变成跗关节屈曲

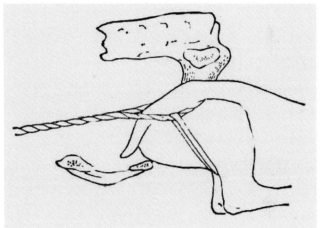

图 6-1-53　髋关节屈曲、胎儿小骨盆腔大的情况可不矫正强行拉出胎儿

因母牛体躯过大，术者手不能触及胎儿胫骨或向后拉动力量不足时，可利用导绳器引绳缚住胫骨上部，将产科梃顶在坐骨弓处，令助手推梃拉绳，变为跗关节屈曲。

胎儿小而母牛骨盆较大时，无论是一肢或双肢髋关节屈曲，均可在不加矫正的情况下强行拉出胎儿。如拉活的胎儿，左右两后肢各用一根绳子绕过腹股沟处，然后在产道外将绳头拧在一起将胎儿强行拉出。矫正难度很大的死胎，可施行碎胎术或剖腹取胎术。

（10）胎儿下位助产术　胎儿下位分娩时，胎儿仰卧于母体子宫腔内而引起难产。有正生下位和倒生下位两种类型。

正生下位阴门处可见两蹄底向上的前肢，沿着前肢触摸到腕关节、唇、颈腹侧、气管与前胸等（图 6-1-54）。

倒生下位时可见两蹄底向下的后肢，产道内可摸到跗关节、臀端与肛门等（图 6-1-55）。

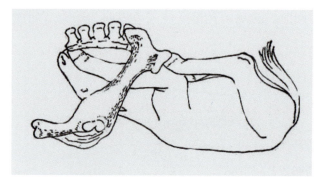

图 6-1-54　胎儿下位正生

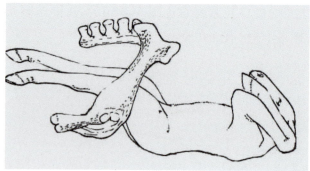

图 6-1-55　倒生下位

【助产方法】　不论哪种下位，首先必须将胎儿变成上位或侧位，然后再按正生胎势不正难产或倒生胎势不正难产的矫正方法矫正。

倒生下位难产时，若两后肢伸出阴门外较多，可在两后肢之间，用木棍与绳做"8"字缠绕固定，向子宫腔内注入润滑剂，术者握住木棍，根据胎儿情况扭转木棍，将下位胎儿扭成上位（图 6-1-56）。

正生下位变成上位的基本方法和倒生下位相同，只是操作时较为复杂。因正生下位除两前肢外，尚有胎头需要矫正。

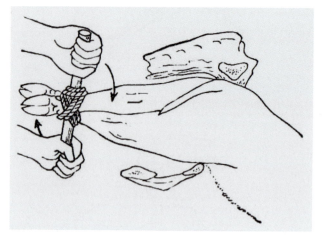

图 6-1-56　倒生下位难产助产，将下位胎儿扭成上位

在临床实践中，用固定胎儿与翻转母体的方法来矫正胎位，往往可收到良好效果。但必须向子宫内灌注入大量润滑剂，然后将胎儿推回子宫，并使一前肢变为腕关节屈曲，若后肢先露则变为跗关节屈曲。术者用力握住掌部加以固定，助手迅速翻转母体，将下位胎儿扭成上位。为达此目的，有时往往需要多次重复翻转才能有效。此操作需要母牛状态良好才能经受住翻转刺激。

（11）胎儿侧位助产术　胎儿侧位分为正生侧位和倒生侧位两种。多数情况下可认为是正常分娩姿势，只有特别严重的侧位才会造成难产。根据分娩延迟、非胎儿性过大和母牛骨盆腔狭窄，即能做出正确判定。

【助产方法】　倒生侧位（图 6-1-57），胎儿两髋结节之间的距离较母牛骨盆入口的垂直直径短，胎儿的骨盆围进入母牛骨盆腔并无困难，难产时稍加扭动胎儿后肢即可变为上位。但在正生上位时，往往因胎头妨碍，难以通过骨盆腔。矫正的关键是矫正胎头，通常需推退胎儿，擒住眼眶，将胎头扭正。对活胎，有时可用力捏其眼球，借胎儿自身反射即能矫正；对死胎，则需使用产科钩、产科绳协助矫正。用产科绳牵引两前肢的同时，术者手握侧位肘突，向上抬托胎儿即可矫正拉出（图 6-1-58）。

（12）胎儿竖向助产术　胎儿竖向是胎儿身体的纵轴与母体的纵轴呈上下垂直状态而难产，这是一种比较复杂的难产，又分为腹部前置竖向和背部前置竖向。

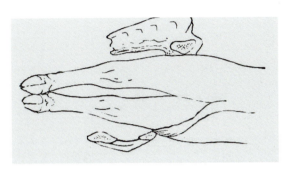

图 6-1-57 倒生侧位

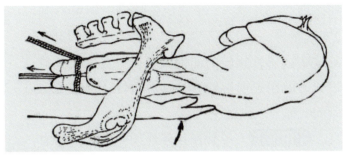

图 6-1-58 正生侧位，在牵引两前肢的同时，术者上托胎儿即可矫正侧位为正生上位

在臀部向上腹部前置时，可见两后肢伸入产道，临床观察很像倒生，但长时间排不出胎儿。头部向上腹部前置时，有时外观似正常分娩状。产道检查后肢各关节屈曲，胎儿呈犬坐状。背部前置竖向，在产道入口处仅可摸到一硬固胎体，仔细分辨可触到其脊背。

【助产方法】 竖向难产的助产原则是，首先把难产胎儿变成正生或倒生纵向，而后再变成上位。为此就要求有较大的回旋空间。在子宫剧烈收缩或难产时间较长时，矫正这种难产相当困难。

当胎儿腹部前置竖向，可推送两前肢，同时令助手牵引两后肢，变胎儿为倒生下位（图6-1-59），然后再按下位矫正方法矫正。若为背部前置竖向，首先把胎儿变成倒生上位。方法是用复钩钩住项脊外拉，同时用双孔梃向后推胎儿后躯。然后再按髋关节屈曲矫正方法矫正。也可把胎儿变为正生下位（图6-1-60），再按下位矫正方法矫正竖向难产胎儿。

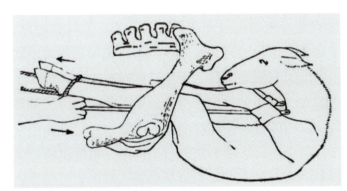

图 6-1-59 胎儿竖向助产，在推送两前肢的同时，牵引两后肢，变腹部前置竖向为倒生下位

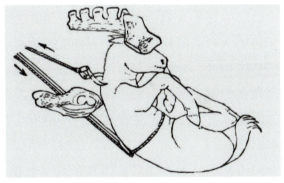

图 6-1-60 竖向难产矫正助产时，变背部前置竖向为正生下位

（13）胎儿横向助产术

【助产方法】 本难产的矫正原则和竖向难产类似，见图 6-1-61、图 6-1-62。

5. 子宫扭转的处理方法

子宫扭转（Uterine Torsion）是指子宫、一侧子宫角或子宫角的一部分围绕自身纵轴发生扭转。奶牛从妊娠70d到分娩的任何时期都可发生本病，但90%的病例在临产前发生，一旦发生

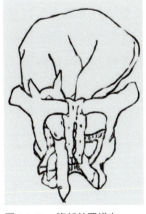

图 6-1-61 腹部前置横向

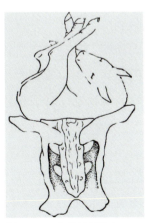

图 6-1-62 背部前置横向

扭转即会引起难产。子宫扭转的程度从 90° 到 270° 不等，大多数病例扭转后涉及子宫颈形状的改变。子宫扭转的部位大多在子宫颈及其前后，涉及阴道前端的称为颈后扭转，位于子宫颈前的称为颈前扭转。

【病因】 尽管在具体病例中很难查明引起子宫扭转的确切原因，但任何能使母牛围绕其身体纵轴急剧转动的动作，都可成为子宫扭转的直接原因，比如分娩时间过长、急起急卧、突然跌倒或滑倒，腹部的悬垂，剧烈的胎动，子宫肌肉松弛等。子宫扭转可分为子宫左方扭转与子宫右方扭转（图 6-1-63）。

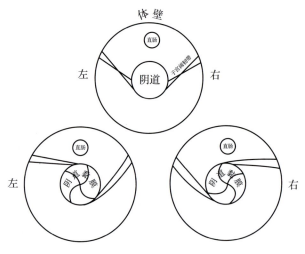

图 6-1-63 牛子宫正常和异常方向
上：子宫正常位置 左：子宫右方扭转 右：子宫左方扭转

单侧子宫角受孕，尤其是单侧子宫角的双胎受孕，可能是奶牛易发生子宫扭转的生理性基础。大多数的子宫扭转发生在分娩前，部分病牛可能在产前一个月甚至更长时间就已发生小角度的子宫扭转，只是因未影响子宫和胎儿的血流供应而不表现临床症状，直到发生进一步的扭转而影响到胎儿和子宫的血液供应。尽管大多数子宫扭转病例发生在分娩时的第一产程，但子宫扭转也会发生于妊娠中晚期。这些牛的子宫扭转超过 180°，表现为类似于肠梗阻的绞痛症状。Roberts 报道称早在妊娠 70d 时就已观察到母牛的子宫扭转。

奶牛妊娠末期的子宫扭转与子宫的形态特点关系密切。由于孕角很大、子宫伸向腹腔内，子宫的大弯向前伸展，而小弯伸展不明显，子宫角的前端游离在腹腔内，子宫角的后端由子宫阔韧带相连，导致子宫前端的位置不稳定。牛卧地时前躯先卧倒，而起立时后躯先起，导致子宫角在牛起立或卧下的过程中在腹腔内呈悬空状态。如果母牛急转身体，胎儿和子宫由于重量大不能随之转动，孕角就可能向一侧发生扭转。母牛的腹腔左侧被庞大的瘤胃占据，妊娠子宫多位于右侧，所以子宫向右方扭转的情况较多。由于阴道后端有周围组织固定，因此扭转处多为阴道前端或子宫颈前。胎儿在宫缩中发生反应，在胎儿调整胎位或胎势的过程中也可能导致子宫扭转。

此外，饲养不当及运动不足，尤其是长期限制母牛运动，子宫及其支持组织弛缓，腹壁肌肉松弛，也是子宫扭转的诱因。使用橡胶垫卧床的牧场，奶牛躺卧时身体向侧方倾斜角度大，妊娠后期牛站立时子宫易发生扭转（图 6-1-64）。

【症状】 发生子宫扭转后，如果扭转不超 90°，母牛可能不表现任何症状。如果子宫扭转超过 180°，因子宫阔韧带伸长而有腹痛症状。随着扭转处血液循环障碍的加剧，腹痛越来越明显。病牛表现不安、踏地、焦虑、心动过速、

图 6-1-64 橡胶垫卧床上的牛躺卧姿势异常，易引发子宫扭转

食欲减退和举尾。病牛有时不愿卧下，频繁起卧或急躁。随病程的发展，可能出现食欲废绝、心动过速、急腹症等表现。当扭转的子宫坏死破裂后，羊水和腐败的胎膜进入腹腔或胎儿经破裂子宫进入腹腔，引起腹膜炎、败血症，最终可能导致死亡（图6-1-65、图6-1-66）。

图6-1-65　子宫扭转

部分病例在妊娠中期发生子宫扭转，并且扭转多超过180°。扭转角度小的牛可能不表现症状，扭转大的牛有时候被当成其他急腹症而误诊。

【诊断】　尽管子宫扭转造成的腹痛并不常见，但是当母牛表现有腹痛并已经妊娠4个月以上，就应怀疑是否发生了子宫扭转，可通过阴道检查和直肠检查加以确诊。由于扭转牵拉，用开腔器检查时往往看不到子宫颈口，同时开腔器插入困难。

图6-1-66　子宫扭转，子宫壁严重出血

（1）**子宫颈前扭转**　在临产前发生的扭转，扭转不超过180°，阴道检查时子宫颈口稍微开张，子宫颈弯向一侧；扭转360°时，子宫颈口完全封闭，不弯向一侧。视诊子宫颈阴道部呈紫红色，子宫颈栓红染。子宫颈前扭转，阴道变化不大，需做直肠检查确诊。

直肠检查时，在耻骨前缘可触及子宫体上不平滑，有一块软的组织。子宫体两侧的阔韧带从两侧向扭转处交叉，一侧韧带达到此处的前上方，另一侧韧带达到其后下方。不超过180°的扭转时后下方韧带比前上方韧带紧张，子宫朝着韧带紧张侧扭转，两侧子宫动脉绷紧。扭转超过180°时，两侧韧带都紧张，韧带内静脉怒张。韧带及子宫动脉的紧张程度与子宫扭转的程度相一致。

（2）**子宫颈后扭转**　阴道检查时阴道壁紧张，阴道腔越向前就越窄。阴道壁有一定的螺旋状皱襞，通过阴道壁螺旋状褶可以判断子宫扭转的方向：阴道背侧壁向哪一侧旋转，子宫就向哪一侧扭转。在180°以内的扭转，手能勉强进入阴道，而在阴道下壁上可触及一个皱襞，并且由此向一侧弯转（图6-1-67）。扭转270°时手不能进入，扭转360°时管腔闭锁，阴道检查也看不到子宫颈口，只能看到前端的皱襞。直肠检查与子宫颈前扭转相同。

若确认为子宫扭转，一定要分清子宫扭转的方向，确诊的方法是：术者站在奶牛正后方伸出右手，手背朝上，手心朝下，拇指朝左，探入阴道，检手随阴道腔前进。如果手背逐渐向右，手心逐渐向左，拇指逐渐朝上，呈顺时针方向前进，是右方扭转；反之，是左方扭转。除上述检查外，有的子宫扭转病例可导致阴门形态的改变，扭转严重的病例，一侧阴唇肿大歪斜。阴唇的肿胀与子宫扭转的方向相反，如子宫左方扭转时右侧阴唇出现肿大（图6-1-68）。

图6-1-67　子宫颈后扭转的阴道检查（左方）

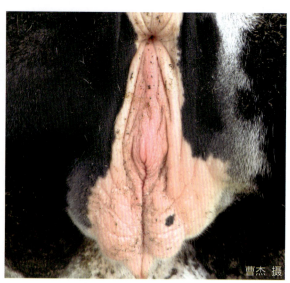
图6-1-68　子宫左方扭转，右侧阴唇轻度肿大

【治疗】　在临产时发生的扭转，首先应纠正扭转，然后拉出胎儿。子宫扭转的处理方法通常有4种：产道内矫正法、直肠内矫正法、翻转母体矫正法、剖腹产。

1）产道内矫正法：借助胎儿矫正扭转的子宫。此方法能否成功，主要取决于两个因素，即术者的手臂能否进入子宫颈及胎儿是否活着。对母牛在后海穴麻醉，保定于前低后高的保定架内。术者手进入母牛的子宫颈内抓住还活着的胎儿的两眼眶，在掐压两眼眶的同时，向扭转的对侧转动胎儿，通过胎动使扭转的子宫复位。

2）直肠内矫正法：若子宫向右方扭转，术者手经直肠进入右侧子宫下侧方，向上向左侧翻转，助手用肩或背部顶住右侧腹下部向上抬，另一个助手在右胺部由上向下施加压力，扭转较轻的病例有时能够矫正。

3）翻转母体矫正法：翻转矫正法是利用母牛突然翻转时子宫不翻转的原理，达到纠正子宫扭转的目的。翻转时遵循的原则为：左—左—左、右—右—右，即左方扭转时病牛左侧卧向左翻，右方扭转时右侧卧向右翻。如果应用得法，大部分的子宫扭转病例可以得到矫正。

①直接翻转法：在翻转母体前，要做全身检查，对性情不安、不好翻转的母牛，可进行全身浅麻醉。速眠新注射液2~3mL/或盐酸赛拉嗪3~5mL，肌内注射，使病牛倒卧于扭转的一侧，即

右方扭转右侧卧，左方扭转左侧卧，倒卧后再做直肠检查，进一步确定滚转方法（图6-1-69）。将病牛的两前肢和两后肢分别保定，由两人保定牛头，四个人保定两前肢和两后肢。保定人员协调一致，先使牛仰卧位，四肢向上，稍停片刻（图6-1-70），然后猛然使牛的头颈和四肢倒向左侧卧（图6-1-71）。由于胎儿重量大，子宫不随母体的转动而复位。在翻转过程中，每翻转一次都要进行一次阴道检查（图6-1-72），防止矫枉过正。若翻转一次不成功，要将奶牛慢慢翻转至原有姿势，再快速翻转（图6-1-73）。翻转成功的标志是：阴道内皱襞消失，阴道内腔变大，手可以清楚地摸到子宫颈和子宫颈口。

图6-1-69 滚转前的直肠检查，判定扭转方向以确定滚转方向

图6-1-70 将翻转牛四肢保定后，准备仰卧

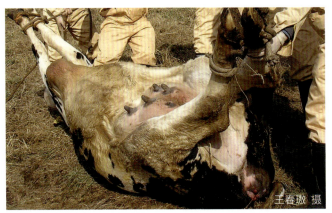

图6-1-71 将子宫扭转牛仰卧、晃动躯体后突然将牛翻向对侧

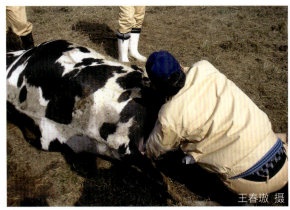

图6-1-72 滚转整复后再做直肠检查确定认子宫复位情况

②木板压迫腹部翻转母体法：将母牛放倒，向扭转侧横卧（如果右侧扭转则右侧卧），腹壁上放上长3m、宽20cm的木板，一端着地，术者站立于着地的一端，将前肢和后肢分别用绳子绑住，将绳头留下约90cm，每边大约用3人的力量向与扭转的相同方向迅速拉绳子使牛回转（图6-1-74）。反复翻转2~3次后，将消过毒的手伸入产道检查一下是否解除了扭转。进行采用

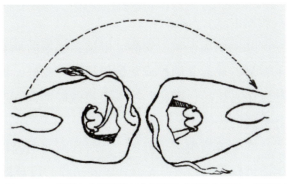

图6-1-73 矫正右方扭转的母牛翻转法（母牛右侧卧，仰翻后为左侧卧）

这种方法凡是在 270° 以下的扭转而且在胎儿活着的情况下，大部分是成功的。这种方法最好在稍微倾斜的草地上进行。

图 6-1-74　木板压迫腹部翻转法

当扭转的程度较轻，子宫颈口开张的时候，让母牛站立，在母牛腹下横上厚板子向上抬子宫，从阴道或直肠内抓住胎儿的一部分来回摇动子宫，一口气向扭转的相反方向回转也能整复。

③产道固定胎儿翻转法：如果分娩时子宫发生扭转，手能伸入子宫颈，从产道内抓住胎儿的一条腿，固定住胎儿，手抓住不动，再翻转母体，子宫扭转可以复位。

4）剖腹产：上述方法达不到矫正目的时，进行剖腹产术。

与产前发生的子宫扭转可用的治疗方法不同，妊娠中期发生的子宫扭转最好通过剖腹手术进行矫正。由于胎儿体重不足，尝试使用木板压迫腹部翻转母体法通常不成功，并且会进一步损害早已受损的子宫，同时有出血、产生漏出液或渗出性腹膜积液的风险。某些早期病例尝试滚动矫正时失败，随后的剖腹检查显示出严重的血性腹膜积液及明显的出血。被忽略的病例、子宫扭转严重的病例及出现明显的血管受损的病例，矫正后可能会出现胎儿死亡和最终流产。延误的病例还可能发生子宫坏死并死于败血症。剖腹产术中应评估腹膜腔、子宫状况及胎儿活力，给予支持治疗，如输液、全身性抗生素和非甾体抗生素抗炎药。

【预防】　正如前面病因介绍，任何能使母牛围绕其身体纵轴急剧转动的动作，都可成为子宫扭转的直接原因。因此，牧场应当做好饲养管理，采取相应措施避免以上风险因素。

①细化分群，避免爬跨：妊娠奶牛主动爬跨其他空怀发情母牛时，前肢腾空立起，造成子宫起伏晃动诱发本病。因此细化分群显得尤为重要。产前 21d 的围产牛单独分群管理也可有效降低本病发生。

②运动场平整、安静、舒适：妊娠后期奶牛喜静，在干燥地带平卧或平躺休息，运动场地不平整易造成起立困难或翻倒等情况；此外，惊吓等应激也会导致奶牛突然闪躲等行为，从而容易导致子宫扭转。因此，牧场应当做好饲养管理工作，建设平整的运动场地及为奶牛们营造一个安静舒适的环境。

③完善繁殖记录资料，及时诊断：明确预产日期，及时转群，定时巡圈，对过了预产期的母牛应进行直肠检查，及时诊断和治疗，以免延误时机。

（曹　杰）

三、剖腹产

奶牛分娩时，胎儿娩出受阻，经产道助产或药物助产都无效的情况下，应尽早施行剖腹产术（Caesarean）。

1. 适应证

发生子宫扭转经滚转整复不能复位的奶牛；产道过于狭窄、胎儿过大、子宫颈口不开张或开张不全的奶牛；胎儿横向、竖向，裂体畸形，子宫破裂，胎儿严重气肿的奶牛，均应尽早实施剖腹产术。

2. 术前检查

术前对母牛进行全面检查以确定手术通路、手术方法及治疗药物。检测母牛的体温、脉搏、呼吸、可视黏膜颜色，毛细血管充盈度、皮肤弹性和皮肤温度，以判定母牛是否发生脱水。通过母牛的精神状态、可视黏膜、心律及呼吸状态、皮肤温度特别是肢端、耳部的皮肤温度，是否还存在努责表现等，判定母牛是否发生休克。对于发生休克的母牛均应进行抗休克疗法。通过直肠和产道检查，确定母牛难产是由子宫扭转引起的还是因胎位、胎势异常，产道狭窄，子宫颈开张不全等原因引起的，为选择保定姿势和手术途径提供依据。通过腹部触诊以确定胎儿在右侧腹腔还是在左侧腹腔，在腹底部还是胎儿已上抬至腹腔上部，为确定手术通路提供依据。检查难产牛有无瘤胃臌气、积液、扩张的状态，如存在，可在术前导胃、放气以降低腹内压，并选择站立保定、左肷部中下切口进行手术。

3. 麻醉、保定与手术通路

（1）侧卧保定手术　用速眠新全身麻醉，1.5~2.5mL，肌内注射，术部2%盐酸普鲁卡因浸润麻醉。切口选择右（左）肋弓下斜切口，采取左侧卧（图6-1-75）或右侧卧（图6-1-76），其他侧卧保定可供选择的手术通路包括乳静脉与腹白线之间平行切口、乳静脉背面平行乳静脉切口及腹白线切口等，但由于腹压影响，手术操作相对困难。手术时牛体前肢和颈部下面应垫草垫，将两

图6-1-75　左侧卧保定

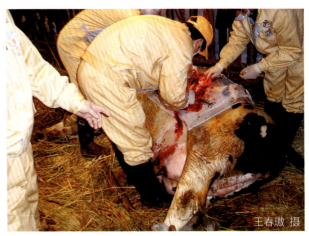

图6-1-76　右侧卧保定

前肢和两后肢分别捆绑在地面上的立柱上，也可将两前肢和两后肢分别捆绑在一根长3.5~4m、粗10cm以上的木头上，限制四肢利于手术的进行。

（2）站立保定手术　速眠新镇静，0.5~0.8mL，肌内注射，术部2%盐酸普鲁卡因浸润麻醉。左肷部中下切口。对于发生瘤胃臌气者，站立手术为最佳选择。

4. 手术方法

切口长30~40cm，常规切开腹壁显露子宫（图6-1-77）。在站立保定左侧腹部切口，术者手臂伸入腹腔，探查子宫的位置是否接近左侧腹壁切口，如果子宫不靠近左侧腹壁切口，术者双手抓住胎儿的某一部位，连同子宫壁向切口处牵引，绝大多数奶牛的子宫壁不能拉出腹壁切口外，需用大块灭菌纱布在子宫的四周进行隔离，如果子宫能牵引到左侧腹壁切口外，也需用灭菌纱布进行隔离，充分显露子宫。

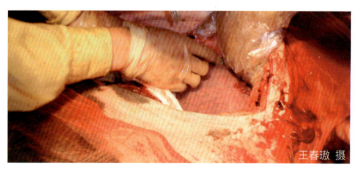

图 6-1-77　显露子宫

若在右侧腹壁做切口进行剖腹产，无论是站立保定还是侧卧保定，在腹壁切开后都不能直接显露子宫，在膨大的子宫外面有大网膜覆盖，为了显露子宫，需将大网膜连同大网膜上隐窝内的肠管一起向腹部前方牵拉，在向腹部前方牵拉大网膜时，务必将大网膜上隐窝内的肠管一同挤拉到腹部的前方肋弓内，并用大块灭菌纱布填塞肠管，防止肠管再度回复到后方。在向前牵拉大网膜时，因网膜张力很大，不能盲目牵拉，需要由助手将庞大的子宫向腹部对侧推挤，同时术者随机将大网膜拉向奶牛腹部前方（视频6-1-1、视频6-1-2），这样操作，可顺利的显露子宫。

切开子宫壁：凡子宫不能拉出腹壁切口外的，就在靠近腹壁切口处的子宫壁上做切口，这种切开是盲目切开，但要求切口整齐，切口要够大，一般要求切口长25~30cm。能拉到腹壁切口外的子宫壁，要一次切透子宫壁，切口长30cm，但不切开胎膜，使胎膜在内压作用下向外膨出后再行切开，这样可使羊水流到切口外，避免污染腹腔（视频6-1-3）。

视频 6-1-1
在死亡的干奶牛上演示大网膜与子宫的关系，在向前牵拉大网膜时，一定将网膜内的肠管一起拉向前方，防止肠管涌出（王春璈 摄）

视频 6-1-2
术者向前牵拉大网膜时，助手向对侧推子宫，大网膜才能够拉向前方，肠管仍在网膜囊内（王春璈 摄）

视频 6-1-3
在死亡的干奶牛的子宫上，演示切开子宫壁而不切开羊膜囊，防止羊水污染腹腔，拉出胎儿（王春璈 摄）

在腹腔内盲目做子宫壁切口很难做到仅切开子宫壁而不切开羊膜囊。子宫切开后，术者手臂伸入子宫内，拉出胎儿两后肢或两前肢，然后将胎儿拉出子宫外（图6-1-78），同时助手抓住子宫壁切口创缘，防止在拉出胎儿时子宫壁坠落入腹腔内，以免大量胎水流入腹腔。助手牵拉子宫壁切口创缘，防止子宫回缩，尽量剥离可见的胎衣，但不应强行剥离，以免造成大出血。用灭菌纱布吸干子宫内液体，准备缝合子宫。选用1号PGA缝合线，从后向前缝合子宫。缝合速度要快，防止子宫收缩后影响操作。子宫第1层做连续伦贝特缝合，第2层做库兴式缝合（图6-1-79、图6-1-80），可保证子宫壁内外层均无缝合线外露，防止子宫内膜炎及腹腔脏器粘连的发生。在缝合子宫第一层的最后一针拉紧缝合线前，从创口向子宫内注入20%长效土霉素20mL或利福昔明100mL或含有800万IU青霉素的生理盐水500mL，灌入子宫腔内，预防术后子宫感染。

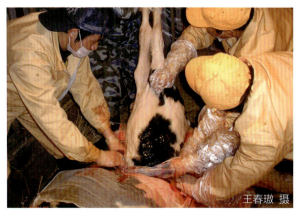

图6-1-78 术者拉住胎儿的后肢或前肢将胎儿拉出

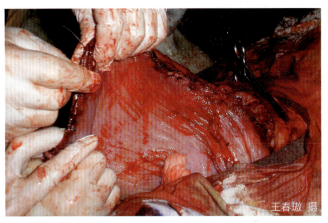

图6-1-79 子宫壁的缝合

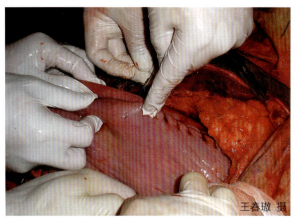

图6-1-80 伦贝特缝合

对于子宫扭转的病例，在闭合子宫切口后再行整复。整复与否的判断方法为：术者手在腹腔内检查子宫角是否复位，子宫体、子宫颈是否尚有扭转。也可让助手从直肠入手，检查子宫颈是否尚有扭转，协助术者将子宫整复好。

腹壁切口采用12号或18号缝合线缝合。在进行肋骨弓下斜切口手术时，对腹膜做连续缝合，腹直肌、腹横肌做连续缝合，腹黄筋膜做间断缝合，皮下组织和皮肤一层做间断缝合。腹黄筋膜一定要缝合严密，否则可能引起腹壁疝。左肷部中下手术时，常规闭合手术创口。

5. 术中与术后护理

手术中密切观察出血量和全身状态。对手术中出血量较多的母牛，应当补液并使用止血药，用0.9%生理盐水2000mL、5%葡萄糖注射液2000mL、10%葡萄糖酸钙500mL，静脉注射，酚磺乙胺30~50mL，肌内注射。5%盐酸头孢噻呋，1.1~2.2mg/kg体重，肌内注射，1次/d，连用

5d；或硫酸头孢喹肟，1mg/kg 体重，肌内注射，1 次 /d，连用 3d。同时配合氟尼辛葡甲胺、美洛昔康等非甾体抗炎药，预防子宫、腹腔及创口感染。为促进子宫复旧，术后可使用缩宫素 100IU 肌内注射，并灌服益母草膏。术后 7~10d 拆除皮肤缝合线。

（曹　杰　王春璈）

四、阴门侧切助产术

1. 适应证

阴门侧切助产术（Episiotomy）是凡胎儿过大或阴门过于狭窄的难产奶牛，为避免强行拉出胎儿引起产道撕裂而采用的助产方法。特别适合用于正生、胎儿头部不能娩出的难产牛。

2. 保定与麻醉

一般难产的牛已经处于卧地分娩状态，就地采取侧卧保定，不需要保定前后肢即可完成阴门侧切助产术。术部用 0.5% 盐酸普鲁卡因局部浸润麻醉或不麻醉也可进行手术。

3. 手术方法

1）切口定位：右侧卧保定的牛，切口在阴门的左侧；左侧卧保定的牛，切口在阴门的右侧。从阴门裂向阴门的前上方（臀部）切开，切口长度以能松解紧缩的阴道腔为原则，也就是能把胎儿头部娩出，一般切口长 15~20cm。

对倒生并发胎头侧弯的难产牛，阴门向臀部方向的切口长 30cm。

2）切开阴门：手术刀从阴门外的皮肤向前上方臀部切开，切口深度直达阴道腔内，如果胎儿还活，小心不要切到胎儿，如果胎儿已经死亡，就大胆切开，从皮肤、肌肉直至把阴道黏膜切开。

当紧缩的阴道已经松解，正生的难产胎儿的胎头即可娩出。对倒生难产的胎儿，要装置助产器牵拉胎儿，若仍然拉不出来，多是胎儿头部侧弯引起的（视频 6-1-4、视频 6-1-5）。

由于阴道壁受到难产胎儿的挤压，在切开皮肤肌肉的过程中很少出血，不要担心止血的问题。紧缩的阴道松开了，正生难产的胎儿胎头就很容易拉出了（图 6-1-81）。

视频 6-1-4
对倒生并发胎头侧弯的难产牛，强行牵拉不出胎儿时，准备做阴门侧切，对会阴部大范围清洗与碘酊消毒，定位切口（王春璈 摄）

视频 6-1-5
从阴门向臀部切开阴道壁全层，切口长 30cm，伸手探查阴道已经松解，装置助产器，准备拉出胎儿（王春璈 摄）

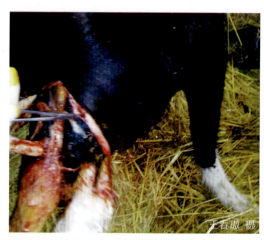
图 6-1-81　正生难产，阴门侧切，显露胎头

对倒生并发胎头侧弯的难产牛，阴门侧切后仍然拉不出胎儿，需要将死亡的胎儿腰部截断（视频6-1-6），再用产科梃将截断的胎儿腰部推回到子宫腔深部，兽医手臂伸入子宫内牵引出胎儿两前肢并拴系产科绳（视频6-1-7），产科绳连接助产器，拉出胎头侧弯的胎儿（视频6-1-8）。

对正生难产的牛，当阴门侧切后，胎头很容易娩出（图6-1-82）。

视频6-1-6
松解阴门后仍拉不出胎儿，从腰部截断胎儿（王春璈 摄）

视频6-1-7
用产科梃将截断的胎儿推回到子宫腔深部，拉出胎儿并在其两前肢拴系产科绳（王春璈 摄）

视频6-1-8
产科绳连接助产器，拉出胎头侧弯的胎儿（王春璈 摄）

图6-1-82 正生难产胎儿的头部已经娩出

用生理盐水冲洗创内，连续缝合阴道黏膜层（视频6-1-9），用生理盐水冲洗创内，向创内撒布青霉素粉（视频6-1-10），然后连续缝合肌肉层（视频6-1-11），最后间断缝合皮肤（视频6-2-12、图6-1-83）。

视频6-1-9
用生理盐水冲洗阴道壁切口，缝合阴道壁黏膜层（王春璈 摄）

视频6-1-10
用生理盐水冲洗阴道壁肌肉层，撒布青霉素粉剂（王春璈 摄）

视频6-1-11
缝合阴道壁肌肉层，用碘酊消毒皮肤创缘（王春璈 摄）

视频6-1-12
缝合皮肤切口（王春璈 摄）

图6-1-83 正生阴门侧切，阴道壁切口肌肉层已经缝合完毕

4. 术后护理

术后使用头孢类抗生素，肌内注射，每天1次，连续用药4d，术后10d拆除皮肤创口缝合线。

（曹 杰 王春璈）

第二节 产科疾病

一、胎水过多

临床上常见的胎膜和胎儿水肿（Dropsy of the Fetal membranes and Fetus）包括三种情况，即胎盘水肿（Oedema of the Placenta）、胎膜囊积水（Dropsy of the Fetal Sacs）和胎儿积水（Dropsy of the Fetus）。胎膜囊积水的主要特征是尿囊腔或羊膜囊腔内蓄积过量的液体。前者称为尿囊积水或尿水过多（Hydrallantois），后者称为羊膜囊积水或羊水过多（Hydramnios）。它们可单独发生，也可同时发生，其间也无任何必然的联系。胎水过多是一种散发病，通常发生于妊娠的最后3个月。羊水过多一般和遗传因素有关，常伴有胎儿畸形，占病例的5%~10%。尿水过多更为常见，常和胎盘缺陷有关，占病例的90%左右。7%的病例这两种情况同时发生。胎盘水肿及胎儿积水常由布鲁氏菌病等疾病引起的胎膜感染引发；伴有尿水过多的胎儿一般体积缩小或者浸溶。爱尔夏牛典型的全身水肿胎儿，一般与尿水过多无关，通常胎衣也出现水肿。胎盘水肿一般问题不大，而尿水过多和胎儿水肿可能影响妊娠或分娩。

胎水的正常量在各种家畜和不同个体之间不尽相同。牛的羊水正常量为1.1~5.0L，尿水为3.5~15L，平均约为9.5L。当发生胎水过多时，胎水总量可高达100~200L，并且胎水会变稀薄，同时尿水和羊水的成分也会发生改变。

胎水过多最初统称为羊水过多，但后来Neal（1956）和Arthur（1957）发现，积水实质上更多位于尿囊内，因此称为尿水过多更为准确。尿水过多占胎水过多总发病率的90%，而在德克斯特牛的"牛头梗样犊"发病过程中，属羊水过多。

【病因】 牛胎水过多的确切原因还不完全清楚，大部分的胎水过多出现在妊娠的最后3个月。德克斯特牛的"牛头梗样犊"例外，一般在妊娠的第3个月或第4个月即可出现过量的羊水。

尿水过多可能与胎膜功能失常有关。Arthur（1957）提出的假说认为，母体与胎儿的不相容造成胎膜功能失常，是胎水过多的主要原因。空角通常不参与胎膜功能，功能性母体胎盘面绒毛小叶的数量异常减少，在孕角形成了代偿性的附属性子宫肉阜（图6-2-1）。组织学上，子宫内膜出现非感染性变性和坏死，胎儿体积缩小。通常在妊娠6~7个月时，尿囊液的产生速度加快，即可表现出胎膜功能障碍。尿囊液的产生失去控制，导致大量积液。绒毛水肿影

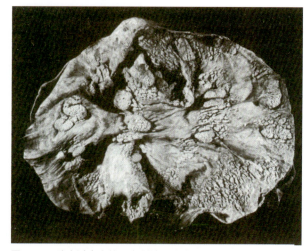

图6-2-1 胎水过多牛的子宫剖检，注意附属性子宫肉阜

响液体交换是其病理基础。

在一些病例，胎水过多常与遗传因素或胎儿先天性缺陷有关，并常伴有胎儿缺陷（无脑畸形、裂体畸形、软骨营养障碍），如德克斯特牛的"牛头梗样犊"。

怀双胎的牛更易发生胎水过多，在 Neal 和 Arthur 统计的 11 个胎水过多病例中，就有 4 个为双胎。母体和胎儿的各种疾病，如重症胎儿水肿、急性肝炎、肾炎等，也可引发胎水过多。严重的营养缺乏也会引起尿水过多。人工授精妊娠的奶牛尿水过多发病率为 0.07%，体外受精并接受胚胎移植的牛尿水过多的发病率升高到 1.8%。

【症状】 积液的主要外在表现是，在妊娠最后 3 个月出现进行性腹部膨胀，腹胀后期会引起食欲减退，起立及运动困难。尿水过多往往导致腹部的快速膨胀（数天至数周），从后部看，腹部呈圆形。羊水过多通常表现为腹部膨胀较为缓慢（一般在几个月内），腹部肌肉拉伸，呈典型的"梨形"腹部。在妊娠后期，出现的症状越晚，母牛可维持到分娩的概率就越大。胎水过多的牛一般体温正常，但会出现心动过速、焦虑、食欲减退以及脱水等现象。如果在妊娠 6~7 个月时腹部已经明显膨胀，则临产前母牛的病情会非常危险（图 6-2-2）。尿水的总量可达 270L，母牛起卧困难，以至影响呼吸和食欲。全身情况随疾病的加重而逐渐恶化，变得消瘦和虚弱，最终可导致久卧不起，甚至死亡（图 6-2-3、图 6-2-4）。有时母牛症状可因流产而得到缓解。病情较轻时，妊娠可以继续进行，但胎儿发育不良，甚至体重达不到正常胎儿的一半，往往在出生时或

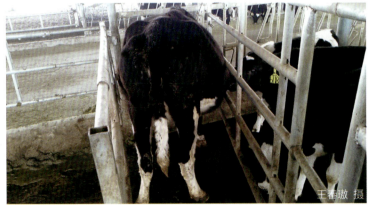

图 6-2-2 青年牛胎水过多，离预产期还有 15d，左侧腹围明显增大（左腹下方）

图 6-2-3 青年牛胎水过多，右腹围大

图 6-2-4 胎水过多，子宫大量积液、膨大，胎水约有 300kg

出生后死亡。由于子宫弛缓，子宫颈开张不全及腹肌收缩无力，常发生难产。尿水过多的病例，产后常发生胎衣不下、急性子宫炎及不孕症等并发症，通常预后不良；羊水过多的病例，产后虽然也发生胎衣不下，但很少引起子宫炎，预后良好。因发病牛的采食量减少及胎儿营养需求等原因，可能会导致酮病等营养代谢病。

疾病后期也可能会因为巨大的腹部重量引起肌肉骨骼疾病，如劳损性肌病、髋部损伤、髋关节脱位及股骨骨折等。因尿水过多发展更为快速，因此发生肌肉骨骼损伤的情况更常见。

【诊断】 在妊娠期的最后3个月，奶牛腹部出现明显的胎水性膨胀，即可做出诊断。直肠检查腹内压升高，子宫膨胀、紧张，占据整个腹腔。尿水过多时，子宫角膨胀并落在腹底部，由于子宫壁紧张，被增加的液体紧紧拉伸，通常摸不到胎儿和子叶。羊水过多时，一般可摸到子叶，有时也可摸到胎儿，但子宫角较难摸到。子宫壁变薄，子宫内液体波动明显。

【治疗】 胎水过多的治疗，主要取决于妊娠牛症状的严重程度。尿水过多并已出现趴卧的母牛，治疗效果不佳且预后较差，应及时淘汰。如任其发展，大多数牛将会发展成躺卧不起、心血管衰竭及严重的肌病等。大多数发病牛处于负能量平衡的状态，在分娩后4~6周，乳房松弛，泌乳量难达到预期。对尿水过多症状轻微的牛和羊水过多牛，可给予治疗。

①对症状轻微并且临近分娩的母牛，可给予适当治疗，以维持到分娩。在分娩过程中应谨慎，可能发生难产，如需要可进行助产。

多数病例脱水严重、电解质平衡紊乱，应静脉大量补液予以纠正。对腹部膨胀严重并影响呼吸的病例，应进行子宫穿刺放液。放液的速度应控制在1L/min，一次的放液量不应超过50L，因放液量达到或超过50L时，即可引发流产。极少数早期病例在放液15~20L后可逐渐康复。

②如发现胎儿已经死亡，应尽早终止妊娠。地塞米松25mg配合溶黄体剂量的前列腺素肌内注射，24~48h后可终止妊娠。对于腹部膨胀严重的病例，可采用与胎儿干尸化病例同样的治疗方法，即进行人工流产。此外，一次或重复注射20~40mg地塞米松，也可用于人工流产。注射溶黄体剂量的前列腺素1次或2次，同样有效。

人工流产时，通常子宫颈口开张不全，子宫弛缓、阵缩无力，要定期评估宫颈扩张程度及胎儿的体位，但一般胎儿较小，可进行牵引取胎。有些病例可能需要截胎。

也可实施剖腹产术。可采用两步手术法，即第1天用套管针进行子宫穿刺，将导液管导入子宫并留置过夜，缓慢放出胎水；第2天进行常规剖腹产手术。这样可避免手术过程中因腹压过大而内脏涌出，以及突然大量放液而引起休克和血液循环障碍。也可在术前1h用内径较粗的导管放出胎水，缩短手术时间。改进的一步剖手术法操作如下：常规切开腹腔，先打开预定切口的1/2，充满胎水的子宫即可膨出切口外。在膨出的子宫上做一个长2cm小切口，缓慢放出胎水。随着子宫内压降低，逐渐扩大腹壁和子宫切口。如果将胎水排放的时间控制在15~20min，母牛一般不会出现不适或血液循环障碍，可顺利完成剖腹产。一般胎儿较小，因此切口不必过大。脱水的牛可使用10%浓盐水1500mL静脉输液，而后灌服60~80L温水，扩大血容量，防止休克的发生。当存在酮病或低血钙时，同时治疗。

在子宫张力减弱、全身情况恶化以前，越早施术，预后越好。人工流产或剖腹产后，全身应用抗生素以防止发生急性子宫炎，直至胎衣完全排出、子宫开始正常复旧为止。

（曹 杰）

二、阴道脱及子宫脱

1. 阴道脱

阴道脱（Prolapse of Vagina）是指阴道的上壁、侧壁和底壁组织及肌肉松弛扩张，连带子宫和子宫颈后移，使松弛的阴道壁形成折壁，嵌堵于阴门内（又称阴道内翻）或突出于阴门之外（又称阴道外翻）。有的病例阴道部分脱出，也可能出现阴道全部脱出（图6-2-5）。阴道脱常发生于妊娠末期，但也可发生于妊娠3个月后的各个阶段及产后期。

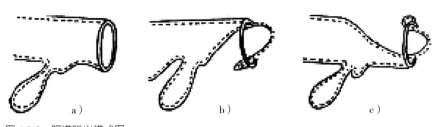

图6-2-5　阴道脱出模式图
a）正常阴道　b）阴道下壁脱　c）阴道上壁脱

【病因】　阴道脱有遗传倾向，具体病因多种多样，但与母牛骨盆腔的局部解剖构造可能有一定的关系。由于部分生殖器官和子宫阔韧带及膀胱圆韧带具有延伸性，直肠生殖道凹陷、膀胱生殖道凹陷和膀胱耻骨凹陷"空间"的存在，为膀胱、子宫和阴道向后延伸，使其脱出阴门外提供了解剖学上的条件，但只有在骨盆韧带及其邻近组织松弛、阴道腔扩张、壁松软，又有一定的腹内压时才可能发生。阴道脱多发于体况超标的干奶期奶牛，其主要可能原因有三：一是上次产犊时的损伤导致盆腔和会阴部松弛，二是妊娠后期雌激素水平的升高导致产道后部松弛，三是妊娠后期腹腔压力过大。同理，当奶牛躺卧在前高后低的卧床上，奶牛保持"前高后低"的姿势，奶牛腹内压力推向后躯，可引起阴道脱的发病率升高。任何伴有腹压持续增高的情况，如胎儿过大、胎水过多、瘤胃膨胀、便秘、腹泻、产前瘫痪及产后努责过强等，致使腹压增大时，阴道脱的发病率明显升高。使用橡胶垫卧床的牧场，奶牛躺卧姿势过度倾斜，影响会阴部血液回流，容易引发产前阴门水肿，继而发生阴道脱及子宫扭转（图6-2-6）。

妊娠初期的奶牛发生阴道脱，多与雌激素过高有关，如患有卵巢囊肿和饲料中含有较高的可产生类雌激素效应的霉菌毒素——玉米赤霉烯酮，后者很容易判断，因为除了阴道脱，还可见到外阴肿胀、卵巢囊肿和青年牛乳房过早发育等症状，以及有群发趋势。

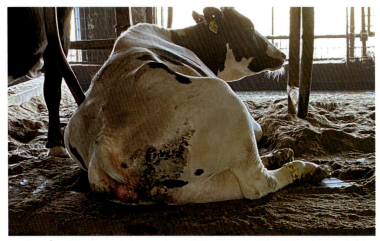

图6-2-6　使用橡胶垫卧床的牧场，奶牛卧姿异常，产前阴道脱比例相对增高

产后阴道脱的情况非常少见，一般发生在胎儿过大或者难产助产时产道严重损伤的情况下，损害盆腔神经，最后发展成反复性、顽固性阴道脱，体格检查时能发现会阴、外阴、骨盆韧带和坐骨区域极度松弛。此类情况往往对单纯的矫正治疗无反应，甚至还可能严重影响泌乳量和后续配种。此外，外阴部畸形也容易导致阴道脱。

【症状】　临床常见阴道壁的腹侧脱出，并且一般脱垂多从阴道腹侧的尾端滚动到阴道前庭。阴道侧壁脱出只有在很严重的病例才能看到。很多干奶牛阴道脱都较轻微（又称习惯性阴道脱），只有在奶牛卧下时，才能看到前庭及阴道下壁形成皮球大、粉红色、湿润并有光泽的瘤状物堵在阴门之内。母牛起立后，脱出部分能自行缩回，阴道壁一般无损伤，或者有轻微潮红。若临近分娩，此类牛一般不需要治疗，待产犊后能自行恢复（图 6-2-7）。若离预产期还有数周甚至数月，应及时治疗，否则病情继续发展，脱出的阴道壁逐渐变大，会使病牛起立后仍不能缩回或无法缩回（图 6-2-8）。阴道黏膜长期暴露，可能发生水肿、感染、浅表坏死，甚至形成白色假膜（图 6-2-9、视频 6-2-1）。黏膜瘀血，变为紫红色；黏膜水肿，严重时甚至可与肌层分离，因受地面、自身尾巴的摩擦及粪尿污染，常使脱出的阴道黏膜破裂、感染、糜烂或者是坏死，严重时可继发全身感染甚至死亡。冬季则易发生

视频 6-2-1　稽留型阴道脱

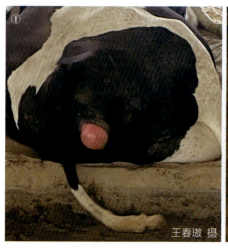

图 6-2-7　产前阴道脱

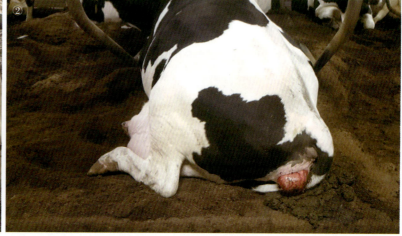

图 6-2-8　产前阴道脱（严重）

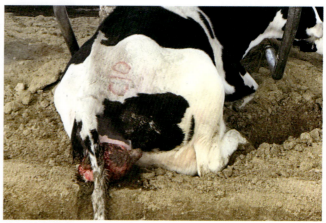

图 6-2-9　产前阴道脱，脱出部分黏膜水肿、破溃

冻伤。根据阴道脱的大小及损伤炎症的轻重，病牛有不同程度的努责。干奶牛过度努责，可能引起直肠脱、胎儿死亡、流产早产等问题。

【诊断】 根据外阴凸出的圆形、粉红色或红色脱垂物，即可做出诊断。此外需与阴道血肿、前庭大腺囊肿和肿瘤鉴别诊断。

【治疗】 早期干预是成功治疗本病的关键。根据发病奶牛所处的生理阶段、病情轻重程度选择治疗方法。

干奶牛的阴道脱，如站立后能自行缩回，一般不需要任何治疗，只需将牛提前转到产房或干燥的运动场上。如果是因卧床前高后低引起的，卧床保持平整即可解决习惯性阴道脱。如果程度较重，并且离产犊还有一段时间，应考虑及时治疗，防止脱出的阴道发生感染、冻伤等，影响正常分娩。治疗可考虑暂时手术缝合阴门上部的皮肤，通常对2~3周后分娩的奶牛效果良好。

考虑到病牛的剧烈疼痛，若有大出血还会引发休克等，局部麻醉比全身麻醉更为安全，且有利于病牛随时从躺卧状态站立，以方便手术操作，还可避免全身麻醉导致的瘤胃臌气继续增大腹压，不利于手术整复。当病牛有出血时，可以肌内注射酚磺乙胺，表面出血处可以喷洒肾上腺素；深处大出血应及时结扎止血。

（1）**阴门基部缝合法** 术前进行硬膜外腔麻醉。清洗还纳脱出的阴道后，在阴门的上部两侧皮肤与黏膜交界处各切除皮肤2~5cm，然后将两侧黏膜和皮肤分别缝合。缝合后阴门的长度变短，能够有效防止阴道脱出。在产犊时视情况将缝合部位拆开，防止出现外阴撕裂。对有重度阴道脱，特别是产后发病的牛，应采取更为有效的治疗方法，将脱出的阴道还纳并固定。

（2）**阴道壁整复固定法** 术前进行硬膜外腔麻醉（视频6-2-2），或采用2%盐酸普鲁卡因50mL后海穴注射（视频6-2-3）。将尾巴拉向一侧固定，用0.1%高锰酸钾或0.1%新洁尔灭清洗脱出的阴道壁，彻底清除阴道壁上的污物，用生理盐水冲洗后，再用20%土霉素涂敷在黏膜上，将脱出的阴道还纳回去。还纳脱出阴道的方法为：在皮肤与阴道黏膜的翻转处，用手指缓缓向阴道内推压，逐步地把整个脱出的阴道还纳回去，手臂伸入阴道内用手掌展平阴道壁（视频6-2-4）。

视频6-2-2
阴道脱牛的荐尾硬膜外腔麻醉

视频6-2-3
后海穴注射盐酸普鲁卡因麻醉

视频6-2-4
清洗消毒，在阴道黏膜上涂土霉素药液后还纳

阴道壁的固定方法有两种，一种是阴门基部垂直纽扣固定法，另一种是阴道壁臀部固定法。

1）阴门基部垂直纽扣固定法：碘附消毒阴门基部皮肤，然后用大号弯三棱针系12号或18号的1m长缝合线，针先穿系一个青霉素瓶胶塞，将胶塞推移至接近线尾处。针从阴门基部右侧皮肤外进针，阴道黏膜出针。为防止针尖误伤阴道内其他组织，术者左手应从阴道内保护，然后针在阴道腔内左侧阴道黏膜进针，左侧阴门基部皮肤出针。针再穿系上一个青霉素瓶胶塞

并将胶塞推移至皮肤出针，针再从胶塞外进针，并在阴门基部的皮肤外进针，左侧阴门黏膜出针。针再从右侧阴道黏膜进针，右侧阴道基部皮肤出针。针再从右侧阴门外胶塞进针。两线尾均在右侧阴门基部的青霉素瓶的胶塞上，拉紧缝线，使阴门基部靠拢，结打在青霉素瓶胶塞上。纽扣缝合完成后应为垂直地面的方向，切忌水平方向缝合，这样可防止牛的努责造成缝合线对阴门皮肤的勒伤。按同样方法，在阴门基部再做 2~3 个同样的缝合，此种固定方法牢固而安全（图 6-2-10、图 6-2-11）。

图 6-2-10　阴道脱阴门缝合固定

图 6-2-11　阴道脱阴门缝合完毕

也可用纱布绷带卷压垫代替青霉素胶盖进行固定，这种纱布压垫更为牢固，其缝合固定方法见视频 6-2-5、视频 6-2-6。

术后护理：术后 3d 内限制奶牛饲喂量，减少腹内压，有利于减轻奶牛的努责。在术后 4d 内，用 2% 普鲁卡因青霉素进行后海穴封闭，每天 1 次。7d 后拆除阴门基部固定线。

2）阴道壁臀部固定法：需准备自制的阴道臀部固定缝合线导针。针长 15~20cm，用最细的电工螺丝刀制作，或用 14 号自行车辐条制作。将尖端磨尖，距尖端 2.5~3cm 处用钢锉开一个 3mm 深的缺口，缺口朝针柄的方向倾斜；准备 18 号缝合线和 8 个纱布压垫，以及固定线导针、缝合线、纱布压垫消毒备用（图 6-2-12、图 6-2-13）。

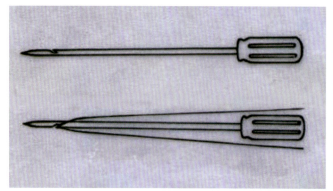

图 6-2-12　阴道壁臀部固定缝合线诱导针

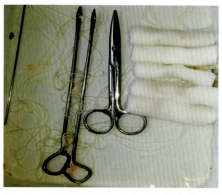

图 6-2-13　阴道壁臀部固定器械、缝合线、压垫与诱导针

麻醉和清洗消毒方法同前。阴道壁整复后，术者手伸入阴道内将阴道壁展平，探查两侧阴道壁与两侧臀部固定的部位，一般在距荐椎两侧 10~15cm、距尾根 10~15cm 的臀部，每一侧需做两个相距 5~8cm 的固定线。在荐椎两侧的臀部皮肤上剃毛、清洗和消毒，并用 2% 盐酸普鲁卡因局部浸润麻醉，在臀部左、右两侧皮肤上各做两个相距 5~8cm、长 1cm 的小切口。

对阴道腔用 0.1% 新洁尔灭冲洗后，手术人员的右手持双股 18 号缝合线进入阴道腔内，左手持缝合线导穿刺针从奶牛左侧臀部小切口内向阴道腔内穿刺，右手指示穿刺针穿入的方向，当穿刺针进入阴道腔后，将双股缝合线钩挂在穿刺针端的倒沟内，左手向外拔出穿刺针，将缝合线引出臀部外。阴道腔内的双股缝合线圈内放入拇指粗的纱布压垫后，将臀部外的缝合线拉紧，并在臀部小切口外再放一个纱布压垫，将缝合线打结在纱布压点上。一般在左右臀部各装置两个固定线（图 6-2-14~ 图 6-2-17）。

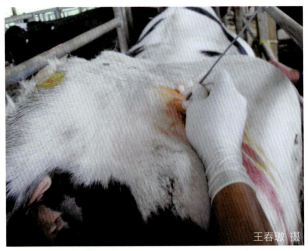

图 6-2-14 阴道脱臀部固定：向阴道内刺入导针，将固定线勾出

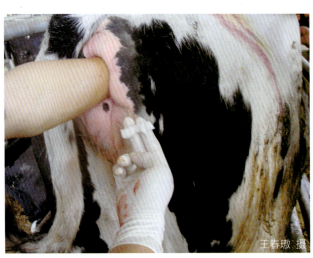

图 6-2-15 阴道内固定线套入纱布压垫

图 6-2-16 牵引固定线，使阴道内纱布压垫压紧，臀部再放纱布压垫，打结

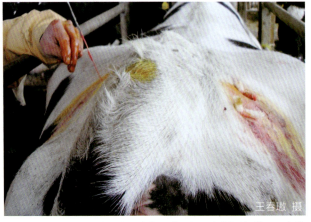

图 6-2-17 右侧臀部的两个固定线已装置好，左侧臀部装置固定线

术后护理与注意事项如下：

①纱布压垫的大小应适宜：纱布压垫应有手指粗，不能短于 4cm，纱布压垫过小则固定不确实。

②固定线的松紧度要适宜，不能过紧，也不能过松。固定线过松起不到固定作用；固定线过紧时，阴道壁的黏膜层受纱布压垫的压迫而发生压迫性坏死，压垫进入黏膜下，甚至进入阴道壁内。臀部的纱布压垫也向皮内凹陷，甚至会进入皮下。

③术后用 2%盐酸普鲁卡因 100mL、青霉素 800 万 IU，后海穴封闭，每天 1 次，连用 5d，减少努责、消除阴道炎症。

④术后 5d 减少饲喂量，以减轻腹内压。加强卧床管理，保持卧床平整，防止卧床前端过高。

⑤ 7d 后拆除固定线：拆线时间延迟，可引起线道感染；阴道内的压垫因黏膜感染而凹入阴道黏膜下或进入深部，臀部皮肤外的压垫可陷入皮下，对此种情况，需扩大皮肤小切口，将纱布压垫从皮肤小切口中拉出。对未发生感染的病例，应先拆除臀部外的压垫，拆线前要用碘酊彻底消毒臀部外的线结，再拆除线结、取下纱布压垫，然后手进入阴道腔内，抓住阴道黏膜外的纱布垫向阴道腔内牵引，将缝合线完全取出。

此外，对阴道轻度脱出的妊娠牛注射孕酮，可能起到一定的治疗效果。由卵泡囊肿引起的阴道脱，整复后首先要治疗原发病，卵泡囊肿治愈后阴道就不再脱出。

2. 子宫脱

子宫角前端翻入子宫腔或阴道内，称为子宫内翻（Inversion of Uterus）；子宫全部翻出于阴门之外，称为子宫脱出（Prolapse of Uterus）。二者为程度不同的同一个病理过程。子宫脱出可发生于产后 24h 内，尤以产后 6h 高发；产后超过 1d 发病的牛极为少见。本病死亡率为 10%~20%。

【病因】 对于奶牛而言，子宫脱出一般是非遗传性的，其基本致病机制是由难产和低钙血症引起的子宫收缩无力，并且多胎牛受此影响更大。此外，封闭式管理、缺乏运动、里急后重，以及重力效应（如前高后低的姿势）、消耗性慢性疾病也是子宫脱出可能的诱因。

（1）产后强烈努责 子宫脱出主要发生在胎儿娩出后不久、部分胎儿胎盘已从母体胎盘分离。此时仅腹肌收缩的力量就能使沉重的子宫进入骨盆腔，进而脱出。因此，如果母牛在第三产程存在某些能刺激母牛发生强烈努责的因素，如产道及阴门撕裂、胎衣不下等，使其腹压增高，就可能导致子宫内翻及脱出。

（2）难产助产或胎衣不下 在第三产程，部分胎儿胎盘与母体胎盘分离后，脱落的部分胎衣悬垂于阴门之外，会牵引子宫使之内翻，特别是当脱出的胎衣内存有胎水或尿液时，会增加胎衣对子宫的拉力。若此时母牛还站在前高后低的斜坡上，就会加快发病进程。分娩第三产程子宫的蠕动性收缩（3.5~4 次/min）及母牛的努责，更容易导致子宫脱出。此外，难产时产道干燥，子宫紧包胎儿，如果未充分润滑即强力拉出胎儿，子宫常随胎儿翻出阴门之外。

（3）子宫弛缓 子宫弛缓可延迟子宫角和子宫颈的收缩，使之更易受腹肌收缩和胎衣牵引的影响。临床上也常发现，许多子宫脱出病例都同时伴有不同程度的产后低血钙，而低血钙是造成子宫弛缓的主要因素，可使子宫脱的风险增加 3 倍。此外，妊娠时胎儿过大、双胎或多胎妊娠、胎水过多，致使子宫高度扩张而弛缓，也可能在分娩后造成子宫脱。

【症状】 子宫轻度内翻，能在子宫复旧过程中自行复原，常无外部症状。子宫角尖端通过子宫颈进入阴道内时，病牛表现轻度不安，经常努责，尾根举起，食欲、反刍减少。如母牛产后仍有明显努责时，应及时进行检查。手伸入产道，可发现柔软、圆形的瘤样物。直肠检查时可发现，肿大的子宫角似肠套叠，子宫阔韧带紧张。病牛卧下后，可以看到凸入阴道内的内翻子宫角。子宫角内翻时间稍长，可能发生坏死及败血性子宫炎，有污红色、带臭味的液体从阴道排出，全身症状明显。子宫内翻后，如不及时处理，母牛持续努责时即发展为子宫脱出。肠管进入脱出的子宫腔内时，病牛往往有疝痛症状。肠系膜、卵巢系膜及子宫阔韧带有时被扯破，其中的血管被扯断时，即引起大出血，很快出现黏膜极度苍白、战栗、脉搏变弱、趴卧、心率升高等急性贫血症状。穿刺子宫末端有血液流出，多数病牛在1~2h死亡。经产奶牛在不同程度上还会伴发产后低钙血症，表现为虚弱、沉郁、皮温湿冷、焦虑不安，甚至虚脱昏迷，需要与失血性休克相鉴别。

脱出的子宫都较大，有时还附有尚未剥脱的胎衣。如胎衣已脱离，则可看到黏膜表面上有许多暗红色的子叶（母体胎盘），并极易出血（图6-2-18、图6-2-19）。有时脱出的子宫角分为大小不同的两个部分，大的为孕角，小的为空角，每一角的末端都向内凹陷。脱出时间稍久，子宫黏膜即瘀血、水肿，呈黑红色肉冻状，并发生干裂、坏死，血浆蛋白大量渗出，血容量下降，脱水、休克甚至发生死亡。冬季发生子宫脱，特别是在北方地区，脱出的子宫很容易发生冻伤及坏死。子宫脱出整复后，如护理与治疗不当，很容易继发腹膜炎、败血症等。整复及时、用药得当，大部分都可康复。

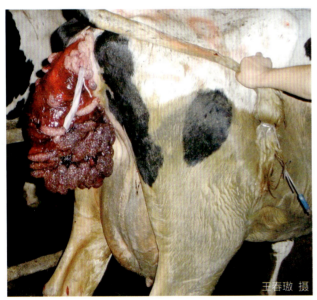

图6-2-18 奶牛子宫脱出，子宫黏膜充血、水肿

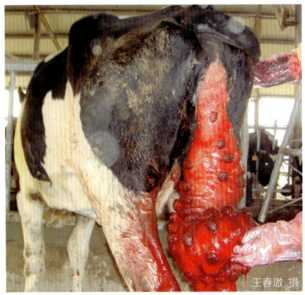

图6-2-19 奶牛子宫完全脱出，子宫黏膜出血、渗出

【诊断】 根据临床症状即可做出诊断。

【治疗】 子宫脱是奶牛临床上的急诊病例，发现后必须及早实施手术整复。子宫脱出的时间越长，整复越困难，所受外界刺激越严重，预后也越差。发现子宫脱出后，应尽量使奶牛保持安静，清洗暴露的子宫并用含0.03%碘的稀碘液或0.1%新洁尔灭浸泡的大块洁净塑料布将拖出的子宫托起保护。将脱出的子宫抬高到坐骨位置甚至更高，尽量避免血管损伤和水肿，然后等待兽医进行全面体况评估后再进行后续处理。评估要点包括母牛的全身情况、有无严重脱水、有无

严重出血、有无休克症状、是否有低血钙及奶牛所处的环境是否适合手术等，根据检查结果在整复前进行必要的处理。

进行整复时，在荐尾间硬膜外腔麻醉以减轻母牛的努责，是顺利整复的必要前提。整复时的保定很重要，发生子宫脱出后，对不愿或不能站立的奶牛，整复前应将其后躯尽可能垫高；对子宫脱出还能站立的奶牛，站立保定下进行整复，尽量使其后肢站于高处，后躯越高，腹腔器官越向前移，骨盆腔的压力越小。当奶牛站立困难时，可在奶牛两髋结节处装置奶牛起立辅助架，用铲车将奶牛后躯吊起，保持前低后高状态。整复前，先用0.1%新洁尔灭将子宫及外阴和尾根区域充分清洗干净，除去其上黏附的污物及坏死组织。黏膜上的小创伤，可涂布抑菌防腐药，大的创伤用羊肠线进行缝合。然后，用碘酊消毒外阴部皮肤，再用酒精棉球脱碘。注意，碘酊不能接触到子宫黏膜。

用0.1%新洁尔灭冲洗子宫后，再用大量生理盐水冲洗子宫，最后用含青霉素的生理盐水冲洗子宫，在冲洗子宫过程中，都要用0.1%新洁尔灭消毒的大块塑料布托住子宫，防止子宫下垂。整复时的阻力越小，操作起来越顺利。保定前应先排空直肠内的粪便，防止整复过程中排便，污染子宫。

如果胎衣尚未脱落，可试行剥离，如剥离困难又易引起母体组织损伤时，可不剥离，但是要剪掉胎衣的游离部分，整复子宫后按胎衣不下处理。为了减少子宫黏膜的渗出出血，可在冲洗子宫前，先静脉注射硼葡萄糖酸钙500mL，肌内注射酚磺乙胺30mL。由助手用塑料布将子宫兜起提高，使它与阴门等高，并将子宫摆正，然后整复。整复脱出的子宫前，必须检查子宫浆膜腔中有无肠管和膀胱，如有，应将肠管先压回腹腔并将膀胱中尿液导出，再行整复。为了避免损伤子宫黏膜，也可用绷带把子宫从下至上缠绕起来，由一助手将它托起，整复时一面松解缠绕的绷带，一面把子宫推入产道。整复时助手要密切配合，掌握住子宫，并注意防止已送入的部分再脱出。整复时应先从靠近阴门的部分开始，为了增加子宫黏膜的润滑和抗感染作用，可用长效土霉素涂敷在子宫壁黏膜上再整复。将手指并拢，用手掌或者用拳头压迫靠近阴门的子宫壁（切忌用手抓子宫壁），将它向阴道内推送。推进去一部分后，由助手在阴门外紧紧顶压固定，术者将手抽出来，再以同法将剩余部分逐步向阴门内推送，直至脱出的子宫全部送入阴道内。整复也可以从子宫角末端开始，即将拳头伸入子宫角尖端的凹陷中，将它顶住，慢慢推回阴门之内。上述两种方法，都必须趁病牛不努责时进行，而且在努责时要把送回的部分紧紧压住，防止再脱出。如果脱出时间已久，子宫壁变硬，子宫颈也已缩小，整复就极其困难。这种情况下必须耐心操作，切忌用力过猛、过大，否则更易使子宫黏膜受损。整复后，给牛提供一个前低后高的环境十分重要。

脱出的子宫全部被推入阴门之后，在确认子宫角确已恢复正常位置并且无套叠后，向子宫内注入利福昔明子宫灌注剂100mL或20%长效土霉素20mL，每2~3d用1次，连用2~3次，或全身使用抗生素，预防产后子宫炎；皮下或肌内注射50~100IU催产素（也可静脉注射，静脉注射催产素后，子宫壁在注射后30~60s即开始收缩），以及进行荐尾间硬膜外腔麻醉防止病牛努责，以免再次脱出。在整复前注射促子宫收缩药物（如催产素和麦角新碱）的疗效有争议，建议在整复完成后再给药。若奶牛有低血钙表现，应考虑口服补钙或静脉补钙，以增强子宫的收缩能力。此外，在整复后缝合部分外阴以预防再次脱出是常见治疗手段，但这种方法对子宫脱出并不适用，甚至可能掩盖子宫脱出到阴道的病情，因为子宫脱出的根本原因是子宫收缩无力，所以将子宫还纳到原本的解剖位置并增加子宫张力的治疗就足以预防本病的复发。

若子宫脱出后无法进行整复，可进行子宫切除术，保留奶牛的一个泌乳周期，但子宫切除术很少成功，发生致命性大出血的概率很高。子宫切除术的适应证为：无法还纳者，子宫有严重的损伤与坏死、还纳后有可能引起全身感染者。奶牛子宫脱切除术都是在反复整复无效的情况下施术的，由于脱出子宫体积大，子宫黏膜受到外界刺激、尾根摩擦及反复整复等操作，引起子宫黏膜的渗出和出血十分严重，病牛严重脱水和失血；另外，子宫壁本身组织内就有大量的血液，对其子宫全切除会进一步加重病牛的失血。为此在术前必须对病牛进行补液、强心和抗休克疗法，如有条件最好输血，这样才有可能使病牛安全接受手术，以提高手术的治愈率。

本病虽然有10%~20%的死亡率，并且产犊到下一次受孕时间有轻微延长（10~20d），但若无并发症一般预后良好，大多数牛在完成子宫炎治疗和常规监测后，可继续繁殖，并且在之后的产犊期，也不会有易发子宫脱出的倾向。术后3d复查子宫脱的奶牛，以及时评估牛只恢复情况。

术后护理：术后每天测定体温，术后4d内，每天使用头孢类抗生素以控制子宫的感染，术后第2天静脉注射硼葡萄糖酸钙500mL。对奶牛饲喂良好的TMR和及时供给饮水。

【预防】 子宫脱本身很难预防。加强干奶牛的饲养管理，在临近分娩时，应注意观察母牛，如有不安、努责等现象，应详细检查，做到早发现早治疗。规范难产奶牛的助产程序，做好产后奶牛亚临床低血钙的防控工作，降低子宫脱的发生风险。

（曹 杰）

三、产道损伤

1. 产后出血

产后出血（Postpartum Hemorrhage）一般是在分娩过程中，由于子宫、子宫颈、阴道及阴门的损伤或撕裂而引起的。临床上奶牛产后子宫出血的发病率较低，通常为3%左右，但一旦出现产后子宫异常出血，很难治愈，并有可能导致奶牛贫血。

【症状】 可见血液从阴道中呈点滴状或间歇性流出，尤其在卧下时流出的血量较多，并黏附于阴门周围、尾根及臀部等处（图6-2-20）。如果出血量很多，母牛会出现黏膜苍白、虚脱、出汗及心跳加快等现象。

一般来说，在分娩过程中有少量出血是正常现象。但在剖腹产等情况下，如果剥离胎衣等处理不当，术后会出现严重的、有时甚至是危及生命的出血。由于反刍动物的胎盘组织特点，只有在子宫内

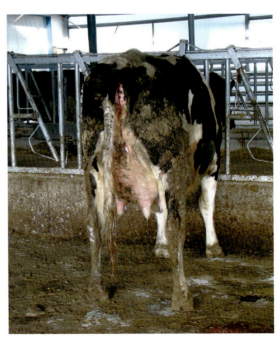

图6-2-20 产后阴道出血

膜发生大面积创伤时，子宫腺窝周围的毛细血管才会有明显出血。在临床上，严重的出血多由胎儿四肢、产科器械或者助产人员的手臂对产道造成的损伤所引起。大量的血液可能积聚在子宫内或阴道穹隆处，然后经阴道排出，或经子宫破口进入腹腔。

【诊断】 在分娩及产后期，产道大量出血极易引起母牛死亡，因而对出血的及时发现及正确诊断处理具有很重要的意义。

发现出血后，立即用0.1%新洁而灭溶液清洗消毒外阴，手进入产道，检查子宫内是否仍有胎儿未娩出及产道的完整性，确定出血的位置和产道损伤的程度，进而有针对性地采取治疗措施。

【治疗】 产后产道如有轻微的出血，一般不需要治疗。如果出血是由于子宫损伤所致，应立即注射催产素，促进子宫及血管收缩，然后再除去血凝块。如确诊子宫破裂立即剖腹手术治疗。当出血严重或持续不断时，还应注意产道后段是否有撕裂创。分娩后立即发生严重的阴道出血时，需要缝合止血。采取的方法取决于出血点的解剖位置及出血点是否能看见或够得到。用开腔器牵开外阴以观察出血部位。如果血液来自阴道壁上的破裂血管，可用手按压出血部位进行止血，或用止血钳夹住破裂的血管。如果仍然难以制止出血，应采用盲针缝合法止血。具体做法为，弯圆针系1或2号羊肠缝合线，术者手心持针进入产道内进行缝合，针穿出后两线在体外打结，而后用手将线结推入阴道内缝合部位，打紧线结。如此多次缝合，直至不再出血为止。

如果奶牛失血过多，应考虑给牛输血和输液，以补充血容量，防止休克。可根据奶牛失血的估算量进行输血。选择体况良好、副结核阴性、牛病毒性腹泻及牛白血病病毒阴性的牛作为供血奶牛，每个供体一次可采血2~3L。采血时采用5%氯化钙作为抗凝剂，用量为全血的20%（即100mL 5%氯化钙可抗凝400mL血液）。氯化钙本身具有抗过敏的作用，并且补充钙离子也有止血的功效。

也有的阔韧带中的血管破裂而发生严重的腹腔内出血，这些血管可以是卵巢动脉、子宫动脉或髂外动脉。破裂的原因可能是由于血管变性，再加上分娩时的压力而引起。这类出血极为严重，可使母牛在数小时内死亡。治疗时可经肷部腹壁切口结扎血管，但预后较差。

2. 直肠阴道瘘

直肠阴道瘘（Rectovaginal Fistula），也称肛门与阴门间隔缺损（Anal and Vulval Septal Defect），可分为先天性和后天性两种情况。先天性的是在肛门和阴门之间形成一道明显的裂隙，肛门括约肌腹侧面发育不全，肛门腹侧面无皮肤覆盖，从而使肛门阴门贯通。犊牛排出的粪便在直肠末端下行，经过阴道排出（图6-2-21）。

后天性肛门阴门裂，多是由于母牛分娩过程中，难产助产时将阴门上联合处向上撕裂至肛门下缘造成。如不及时缝合撕裂的阴门，轻微病例最后瘢痕形成而使阴门上方塌陷，排粪时粪便进入阴道；严重病例撕裂处持续性感染，经久不愈。由于粪便污染造成产道感染而影响繁殖，最终淘汰（图6-2-22~图6-2-24）。

难产助产时有时会将阴道上壁损伤并形成穿孔直至直肠，引起直肠阴道瘘，若在助产后没有进行产道检查，几天后发现奶牛排粪时一部分粪便会经阴道排出（图6-2-25、图6-2-26）。

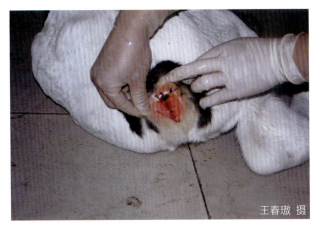
图 6-2-21 犊牛先天性直肠阴道间隔缺损

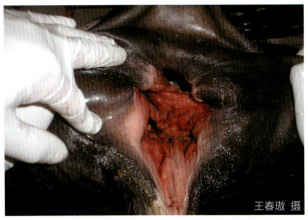
图 6-2-22 直肠阴道瘘

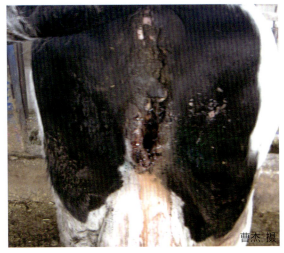
图 6-2-23 成母牛阴门撕裂

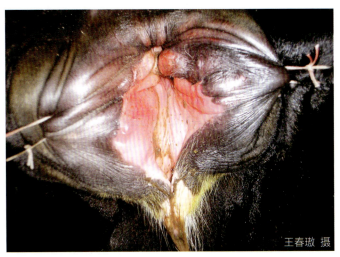
图 6-2-24 直肠阴道瘘，用牵引线向两侧拉开阴门，显露肛门与阴门上联合的缺损处

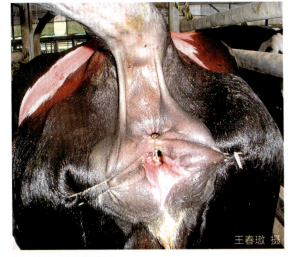
图 6-2-25 直肠阴道瘘

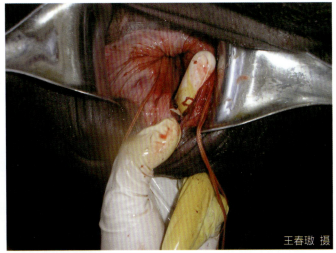
图 6-2-26 直肠阴道瘘，手指经阴道进入直肠内

【症状】 新产牛产后进行产道检查时发现阴道与肛门之间组织发生撕裂，导致肛门阴门末端贯通，病牛排粪时从阴门排出。先天性病牛通常无其他异常临床表现。阴门撕裂的病牛，由于

疼痛而表现举尾、摆尾，两后肢交叉站立。撕裂处粪便污染，感染化脓，最后形成永久性通道。发病过程中还可能出现阴道炎、子宫炎或尿路感染等并发症。严重病例体温升高，食欲及泌乳量下降。继发生殖系统感染的病牛，长期表现阴道炎和子宫内膜炎症状，繁殖障碍。

【诊断】 本病较易诊断，直肠触诊检查结合病史即可确诊。

【治疗】 手术是唯一确实的治疗方法。奶牛临床中先天性直肠阴道瘘的发病率仅为万分之一，只能手术治疗，施行会阴部肛门成形术进行修补。后天发病牛，撕裂超过6h局部即可发生感染，手术无法确保彻底清创，会直接影响缝合效果，因此早发现早治疗是手术成功的关键，超过8h的病例，手术效果不确实，可按照感染创进行局部处理。

术前应进行直肠和阴道检查，确定肛门与阴门间隔缺损或撕裂的长度。先天性缺损或撕裂过长的病例，由于位置过深，可能影响手术操作而无法成功。手术过程如下。

1）保定与麻醉：对犊牛进行侧卧保定，对成年牛站立保定。犊牛用速眠新或盐酸赛拉嗪全身麻醉，成年牛用2%盐酸普鲁卡因进行荐尾硬膜外腔麻醉。

2）术前准备：犊牛术前禁食24h，不限饮水。成母牛产后撕裂应立即手术。术前掏出直肠内蓄粪，清洗肛门及阴门，碘酊大面积消毒。对于犊牛，为防止手术中排粪污染术部，可用纱布块在直肠内填塞。填塞前用18号丝线在纱布块上缝合打结，线尾留于肛门背侧固定在尾部，以便术后取出纱布。

3）手术方法：

①先天性肛门与阴门间隔缺损：在手术修补时，需将肛门下缘与阴道之裂隙内侧的黏膜层切除，用1号PGA或羊肠缝合线进行间断缝合，使肛门下缘裂隙封闭，再将肛门两侧皮肤各切除1.5cm宽、2cm长范围，使肛门下缘皮肤对齐，将皮肤两创缘间断缝合。阴门上缘裂隙处的黏膜层切除2.5cm宽、5cm长，经彻底止血后，用羊肠线间断缝合，以封闭阴门上联合。取出直肠内填塞的纱布块。

②后天性阴门撕裂：于肛门下缘与阴门上联合撕裂处，彻底切除撕裂污染的组织，使之形成新鲜的对合创面。生理盐水冲洗干净后，用1或2号羊肠线缝合，先将阴道背侧黏膜进行间断缝合，而后将直肠腹侧阴道背侧黏膜进行间断缝合，最后间断缝合肛门阴门间隔的皮肤创缘。

对于发病时间长、撕裂处已形成瘢痕的，需要切除瘢痕组织，使之形成新鲜创面后，进行肛门与阴门间隔成形术（图6-2-27）。

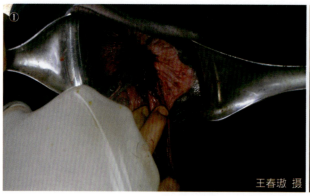 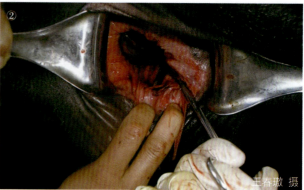

图6-2-27 直肠阴道瘘修补术，用手术剪休整创口边缘，使之形成新鲜创面

4）术后护理。术后饲养管理要防止便秘，减少直肠内的粪便量。可使用盐酸头孢噻呋或头孢噻呋钠，2.2mg/kg体重，1次/d，肌内注射，连用5d。保持肛门与阴门局部卫生，及时清除肛门与阴门上的粪便，术后3d内每天用碘酊消毒创口，防止感染。7d后拆除缝合线。

3. 产道损伤

新产牛产后疾病种类繁多，产道损伤是最常见的疾病。一般产道损伤的发病率在2%以内，如发病率高于2%，可能与胎儿过大、双胎比例高、倒生比例高等带来的难产率升高有关，也可能与助产时机及操作不当或者传染性脓疱性外阴阴道炎等传染病有关。产道损伤牛如不及时处理或处理方法不当，会导致产道感染、坏死、化脓，有的牛发生败血症死亡，也有的形成产道脓肿、粘连，导致久配不孕。每头牛产后都应立即检查产道情况，如有产道损伤，应根据严重程度及时采取有效的措施进行治疗。

【病因】 育成牛配种时间过早，或产犊时体况评分在3.75分以上的奶牛，分娩时大多存在轻重不同的产道撕裂伤。头胎性控精液配种的牛，大多存在胎儿过大，在产犊时容易引起产道软组织的损伤。泌乳后期能量水平过高导致干奶牛体况过肥，干奶期干物质采食量过高导致体重增加，都可能造成胎儿后期体重增长过快，在产犊时容易引起难产或自然分娩情况下胎儿蹄尖划伤产道，造成产道黏膜或肌层的撕裂。

奶牛分娩时，胎位、胎势、胎向异常，在调整异常体位如操作不当，手臂或产科器械也会造成产道损伤。另外，不恰当的过早使用催产素、分娩过程受到严重干扰的牛，胎位没有得到很好地调整，胎膜过早破裂，产程延长，产道干燥，拉出胎儿时产道未使用润滑剂充分润滑，常常发生产道软组织的撕裂。

强行拉出、粗暴接产是导致产道软组织撕裂的主要原因，接产员没有按照接产操作规程进行接产，对各种出现的胎位异常不会处理，也是引起产道损伤的主要原因。

【症状】 奶牛产道黏膜、肌肉发生撕裂，表现疼痛、弓腰、举尾（图6-2-28）。产道撕裂口的深浅、长度、破口方向因牛个体不同也会不同。轻度撕裂伤，仅仅是黏膜层撕裂；重的撕裂伤创可深达肌层，甚至到达盆腔疏松组织内。最常见的损伤部位是阴道上壁、侧壁的黏膜与肌肉组织，其次是子宫颈的纵裂口，更为严重的是子宫破裂。临床上将产道损伤分为以下几种类型。

（1）单纯性阴道黏膜/肌肉组织撕裂 产后阴道黏膜层破裂，一般无明显出血，阴道壁的肌肉撕裂时出血较多，但常常被分娩过程中胎盘分离与脐带断裂导致的出血所掩盖，只有当破裂口中较大的动、静脉出血时才易发现。产后48h产道创口感染，创内组织坏死（图6-2-29），阴门肿胀严重，奶牛体温正常或偏高，采食与反刍减少，后期泌乳量明显降低。产道损伤的病程很长，坏死组织的净化需要40d左右的时间，产道

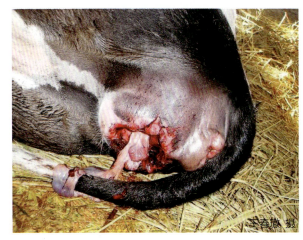

图6-2-28 产道损伤，牛疼痛、卧地不起

内常常形成瘢痕、粘连或脓肿。脓肿的大小不一，小的有鸡蛋大，大的如排球大，甚至挤压直肠影响排粪。不应将阴道壁上的脓肿判定为肿瘤，或把子宫壁或子宫颈附近的脓肿误认为是子宫肌瘤。奶牛只有极个别的情况如牛白血病病毒感染，才会出现阴道、子宫等部位的多发性肿瘤，牛白血病病毒阳性牛发展为肿瘤的概率低于5%，生殖道肿瘤的概率更低。脓肿发生的部位有的在阴道壁，有的在子宫颈，也有的在子宫角上，脓肿囊壁较厚，不容易破裂。产道脓肿的奶牛，后期影响发情与配种，是国内大型牧场奶牛繁殖障碍性疾病的原因之一。

（2）败血症型　产道组织发生撕裂创的牛，常常伴有胎衣不下。产后采食与反刍减少或停止，阴门肿胀、悬吊黑红色的胎衣碎片，体温升高，如果诊断与治疗不当，可发生败血症死亡（图6-2-30）。

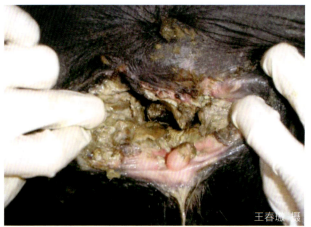

图6-2-29　产道损伤，阴道黏膜肌肉坏死

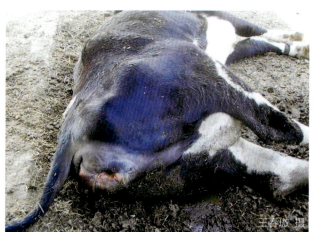

图6-2-30　产道损伤，因败血症死亡

（3）卧地不起型　产道损伤严重的奶牛，由于创伤感染、坏死、疼痛，感染向盆腔深部蔓延（图6-2-31），产后不久奶牛卧地不起。也可能在难产助产强力拉出时，引起荐椎及盆神经丛的损伤，奶牛卧地，采食量明显降低或不吃，消瘦，因护理不当，形成褥疮（图6-2-32），最后被淘汰。

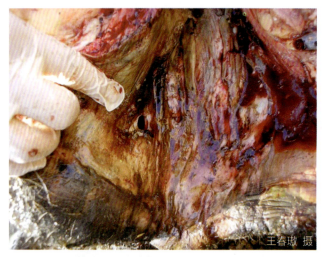

图6-2-31　产道损伤死亡牛的盆腔，手指处是阴道壁的穿孔

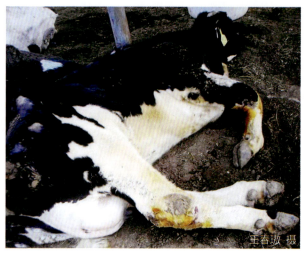

图6-2-32　产道损伤牛卧地不起、消瘦、形成褥疮

【诊断】　检查是否有产道损伤是接产工作的最后一项，每头完成产犊的奶牛，不论是难产助产还是自然分娩的牛，在完成胎儿接产工作后，都要立即对其进行全身状态及产道的检查。检

查内容包括：奶牛的精神状态、心跳、呼吸及可视黏膜颜色，重点检查有无双胎未产出的胎儿、产道有无撕裂创。用0.1%新洁尔灭清洗阴门上的血凝块及污物后，戴消毒过的长臂手套进入产道内探查有无创口，要确定创口的长度、方向、深度，确定处理方案。由于大部分产道损伤都位于阴道黏膜处，触诊不好确定时，可使用开腔器进行阴道检查。金属开腔器需使用干燥箱高温干燥灭菌，使用时插入阴道内打开开腔器，配合手电或头灯，可清楚地看到阴道腔各处的损伤情况。产后24h，阴道软组织撕裂伤创面变为黑红色；产后48h，撕裂创面感染化脓、坏死。阴道内感染、化脓的速度远远快于奶牛其他部位的外科感染。

【治疗】 产道损伤诊断与处理程序如下：

①新产牛第二产程结束后，立即进行产道检查，对助产的母牛和自然分娩牛均必须进行。

②对全身情况差的母牛，如呼吸频率加快、可视黏膜苍白，心跳次数超过90次/min的，要分析原因，分析是产犊出血过多引起的还是阴道创口或子宫出血引起的。在做产道检查时，要确定撕裂创口有无出血，如果撕裂创口出血，应立即对撕裂创口进行止血，对创口进行缝合；如果不是撕裂创口的出血，要检查子宫内有无出血，还是内脏破裂引起的内出血。最常见的是子宫破裂（图6-2-33、图6-2-34），这与接产过程中强行牵拉有关，在胎儿胎位和胎势没有调整好的情况下，强力快速拉出是导致子宫破裂的主要原因。子宫破裂的诊断，可以戴长臂消毒手套经阴道伸入子宫内触诊，也可通过腹腔穿刺诊断。子宫破裂的牛一经确诊，肌内注射催产素100IU后，立即进行开腹手术，将子宫牵引到腹壁切口外，按照剖腹产手术的操作流程，使用1号PGA或羊肠线双层内翻缝合子宫破裂口，闭合腹壁切口前用大量生理盐水冲洗腹腔，术后5d全身应用抗生素及非甾体抗炎药，控制腹腔内感染。术后7d拆除皮肤缝合线。

图6-2-33 新产牛子宫破裂，子宫壁上的破口

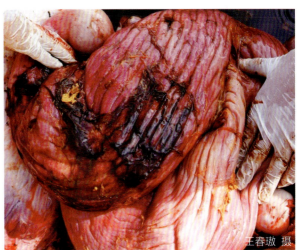

图6-2-34 子宫破裂，奶牛产后36h死亡

③对产后运动无力、体温较低、反应迟钝的奶牛，如出现产后低血钙症状，及时进行静脉补钙处理。

④对产道损伤出血严重、撕裂创大于5cm或已深达肌层的牛，均应缝合处理。2%盐酸普鲁卡因荐尾硬膜外腔麻醉，也可肌内注射速眠新1~1.5mL全身浅麻醉，在牛站立情况下进行缝合。0.1%新洁尔灭清洗消毒会阴部，同时用0.1%新洁尔灭冲洗阴道腔，清除血凝块及胎衣碎片。

用弯圆针系 1 号 PGA 或 1-2 号羊肠线，手持弯圆针进入阴道内，缝合撕裂创口，拉紧缝合线打第一个线结，左手拉紧缝合线，右手继续缝合破裂口，每缝合一针，都要拉紧缝合线。如果创口距离阴门较近，助手开张阴门，术者可用持针钳夹持缝针缝合撕裂创，如果撕裂创位于阴道深部，术者右手持缝合针进入阴道腔内，探查创口的方向、长度、深度后，进行连续缝合。每缝合一针都要将针退出阴道腔外，将缝合线拉紧，使撕裂创口闭合，缝完最后一针时，再用一个缝针在创口末端缝合一个线结，拉紧两根缝合线后，打结，剪断缝合线。术后不用拆线。术后创口局部每天涂布碘甘油，全身应用头孢噻呋或头孢喹肟，控制产道感染，同时可配合使用非甾体抗炎药达到镇痛、抗炎的目的。考虑到胎衣排出及恶露等影响，不建议延期拆线，以防出现线道感染。对产道损伤的病牛，无论是产道撕裂还是子宫破裂，均不建议使用丝线进行缝合。与肠线等缝合线相比，使用 PGA 缝合线的好处是抗感染能力强，不易出现线道排异及感染。

对产道撕裂仅深入到黏膜层，长度小于 5cm 并且无严重出血的，可不用缝合，局部涂布碘甘油，1 次 /d，连用 5d。产后 3d 内应用非甾体抗炎药，如美洛昔康、氟尼辛葡甲胺等，降低产道疼痛对采食等方面的影响。

内服中药对产道损伤有辅助治疗作用，以清下焦湿热为主：黄芩 30g、当归 30g、苍术 30g、川断 30g、牛膝 30g、杜仲 30g、山药 30g、茯苓 30g、炒槐花 30g、黄柏 25g、香附 30g、陈皮 30g、鱼腥草 30g、双花 30g、连翘 30g、赤芍 25g、蒲公英 30g、甘草 15g，1 次 /d，连用 3~5d。

4. 产道脓肿

在任何组织或器官内形成外有脓肿膜包裹，内有脓汁潴留的局限性脓腔时称为脓肿。按部位划分，产道脓肿可分为阴道壁脓肿、子宫颈脓肿和子宫脓肿三种类型。发生阴道壁脓肿的奶牛大多有难产史，在分娩时由于助产不当造成不同程度的阴道撕裂（图 6-2-35）。自然分娩时也会造成轻微的阴道撕裂，一般影响不大。严重的阴道创伤可能伤及阴道壁部分或全层时，如果不及时检查并处理，很可能继发细菌感染形成阴道壁脓肿。

子宫颈感染或创伤可能导致明显的临床症状，如难产引起的子宫颈脓肿，输精管的使用不当也会戳破或损伤子宫颈，引发慢性感染或脓肿。与子宫内膜炎类似，大多数子宫颈慢性感染是由化脓放线菌引起的，有时也出现其他细菌的混合感染。

子宫脓肿可由分娩时子宫壁的损伤、小的子宫穿孔、子宫内膜感染后通过输卵管伞部扩散引起。病理学上表现轻度子宫破裂或子宫外膜炎。感染母牛通常有难产史，或是进行过子宫灌洗。对产后 14d 内的母牛进行子宫灌洗是导致子宫颈远端、子宫体背侧损伤的主要原因。硬质的子宫灌药枪导致的机械性损伤，会造成子宫颈、子宫壁部分或全层撕裂，继而发生细菌感染，最终导致脓肿的产生。另外，灌洗时导入子宫的液体过多

图 6-2-35 产道脓肿

时，由于压力的作用造成输卵管伞部外渗，子宫内细菌定植后也可能出现子宫外壁的脓肿。发生胎衣不下时，很多人尝试剥离胎衣，如果操作不当，很可能损伤子宫壁形成局限性脓肿。化脓放线菌为主要的病原菌，但也应该考虑毛滴虫感染，尤其是当牛群中有多个病牛出现时。

【症状】 发病初期，部分奶牛可能由于阴道、子宫的全层撕裂而表现典型的腹膜炎症状，食欲减退、心率加快、弓背、不愿活动、发热，有的牛表现里急后重。子宫脓肿的典型病例有难产、子宫内膜炎或胎衣不下病史，并接受过相关治疗。有的牛可能出现外阴部脓性分泌物，这可能是脓肿破溃或有窦道与产道相连造成的排脓。

产道脓肿通常没有全身症状，要到产后检查或配种前例行检查时才能发现。当阴道壁上由巨大脓肿时，在直肠检查时有感到盆腔狭窄，手向阴道内伸入困难，伸入盆腔压痛和不同程度的粘连。在阴道、子宫颈、子宫体或子宫角上或周围组织能触及圆形或卵圆形肿块。脓肿大小为鸡蛋到篮球大不等。阴道下壁的脓肿可能在阴道检查时才能触及。

巨大的子宫壁脓肿可能压迫瘤胃，造成前胃弛缓。在左右两侧肷部听诊结合叩诊，可能听到类似皱胃变位或盲肠扭转时的钢管音。这是由于脓肿腔内脓汁液体与感染产气的结果，与皱胃变位时钢管音的产生原理相同。这种来源于子宫壁的腹腔巨大脓肿通常在钢管音区域相对靠后的位置，并且结合直肠检查很容易鉴别。

较大的深部脓肿未能及时治疗时，脓肿膜可发生坏死，最后在脓汁的压力下可穿破皮肤自行破溃，也可向深部发展，压迫或侵入邻近的组织和器官，引起感染扩散，而呈现较明显的全身症状，严重时可能引起败血症。

【诊断】 产道脓肿通常在阴道检查和直肠检查时容易触及，B超检查更有帮助。阴道触诊时要注意区分血肿和脓肿。可经诊断性穿刺检查后确诊。根据脓汁的性状并结合细菌学检查，可进一步确定脓肿的病原菌。

【治疗】 对于距离阴门较近的阴道壁脓肿，可直接切开引流，用过氧化氢清洗脓腔，再用生理盐水冲洗。局部用药可选择碘甘油、魏氏流膏等。每2~3d冲洗上药1次，直至痊愈。对阴道深部的脓肿，局部可采用脓肿抽出法处理，利用注射器将脓肿腔内的脓汁抽出，然后用生理盐水反复冲洗脓腔，抽净腔中的液体，最后灌注青霉素生理盐水。可用一个带长胶管的粗针头刺入脓肿腔内，胶管的另一端留在体外，经胶管排除脓汁，并用胶管向脓肿腔内灌注消毒液冲洗脓腔。局部治疗的同时，可根据病牛的情况配合应用抗生素及非甾体抗炎药，并采用对症疗法。

对子宫脓肿采用全身性抗生素治疗，成功率可能不高。子宫脓肿往往需要手术治疗，包括切开引流或脓肿摘除，即站立保定，左（右）肷部切口，将附着于子宫体的脓肿切除。探查子宫角、卵巢等器官的粘连情况并加以解除。对与腹腔粘连严重无法切除的巨大脓肿，淘汰母牛。

（曹 杰）

四、胎衣不下

胎衣不下（Retained Fetal Membranes）是奶牛的一种常见产科疾病。胎衣不下在奶牛比肉牛更常见。母牛分娩后胎衣在正常时限内不排出，即称为胎衣不下或胎衣滞留。奶牛通常在产后

6~8h排出胎衣，如超过12h或24h仍未排出，则认为是发生了胎衣不下。胎衣不下有两个时间判定点，一般以24h作为判定标准，如果24h胎衣不下的比例低于5%，可将12h作为标准进一步加强和提升产后疾病的管理。正常牛群胎衣不下的发生率在3%~10%，发生率的中位数为4.9%。异常分娩母牛（难产、双胎、流产和早产等）、围产期营养严重失衡及布鲁氏菌感染牛群，胎衣不下发病率可达10%~50%。流产、早产、胎水过多、子宫扭转、双胎、难产及热应激和围产期低血钙等都会导致胎衣不下的发病率增高。

胎衣不下通常不影响奶牛的健康，仅食欲和体温发生轻微变化。部分病例会继发感染，出现产后子宫炎及典型的败血症，如治疗不及时可引起死亡。Martin等分析了胎衣不下对奶牛泌乳和繁殖表现的影响，结果表明病牛的泌乳量几乎不受影响，但首次配种时间较正常牛延迟4d，空怀期延长19d，配妊输精次数增加0.2次。一项研究表明，胎衣不下奶牛在后续胎次可能会有更高的发病风险，其发病机制也可能与遗传因素相关。患病奶牛产后发生代谢性疾病、乳房炎、子宫炎及流产的概率会更高。同时，患有胎衣不下的牛对子宫和其他感染的抵抗力下降，可能与围产期奶牛相关的嗜中性粒细胞功能障碍有关。

【病因】 产后胎衣的分离和排出是一种正常的生理过程。胎盘的正常成熟和松弛过程在产后期就开始启动，并以胎盘内胶原物质的结构改变（变性）为标志。在分娩时，子宫收缩引起子宫内压增大、血流减少及物理性牵拉，最终使胎衣脱落并排出。

胎衣不下受流产、难产、双胎、低血钙、热应激、母牛年龄和胎次的增加、早产、引产、子宫炎症、内分泌失调、嗜中性粒细胞功能减退和营养缺乏等多种因素的影响，其确切的发病机理还不太清楚。目前认为胎衣不下主要是胎膜绒毛与母体子宫肉阜分离受阻或子宫张力不足、无力造成的，具体原因如下：

1）早产（自发性或诱导性）：在这种情况下，参与胎衣正常产出的体液和组织结构条件尚未成熟。这种成熟包括胎盘内胶原分子结构的改变及滋养外胚层双核细胞数量的改变。

2）难产：难产可能导致机体产生并释放一种特殊的化学物质，而这种物质可抑制胎盘内胶原分子结构的改变，从而影响胎盘的成熟和松弛，导致胎衣不下的发生。Han IK等研究表明，分娩异常及妊娠天数异常是引起胎衣不下的最重要的风险因素。

3）妊娠期延长可能引起母体子宫肉阜过度生长。

4）剖腹产、子宫扭转及其他类型的难产引起创伤和绒毛水肿。

5）分娩前后类固醇激素代谢失衡：产前激素水平与奶牛胎衣不下相关性的研究很多。Grunert等研究表明，产前15d或7d直至分娩前，胎衣不下奶牛外周血液雌激素水平（雌二醇）较胎衣正常脱落奶牛偏低。Peter和Bosu发现，胎衣不下奶牛产前PGFM（前列腺素$F_{2\alpha}$的代谢产物）和皮质醇升高。Chew等发现，胎衣不下奶牛的外周血液孕酮水平升高、雌二醇和催产素水平降低。产前孕酮升高可抑制胶原酶活性，延迟子宫复旧。

6）前列腺素：为确定某些与分娩和胎衣排出相关的内分泌调控机制，Wischral等测定了胎衣不下奶牛及正常牛产前类固醇激素（孕酮、雌二醇）和前列腺素的浓度变化。结果表明，分娩时正常牛血清前列腺素$F_{2\alpha}$浓度及其代谢产物PGFM的浓度均高于胎衣不下奶牛，但在产后12h后，胎衣不下奶牛PGFM浓度升高，且高于正常牛；胎衣不下奶牛产前24h、48h和72h时

PGEM（前列腺素 E_2 的代谢产物）的浓度均高于正常牛。高水平的前列腺素 $F_{2\alpha}$ 在胎衣正常脱落过程中起重要作用，RFM 与雌激素和前列腺素 $F_{2\alpha}$ 的缺乏有关，这可能是产前代谢应激导致机体大量合成前列腺素 E_2 和类固醇的结果。正常分娩奶牛产前前列腺素浓度跃升，有溶解黄体的作用，从而降低孕酮水平，启动分娩。

7）白细胞：白细胞活性降低与奶牛围产期免疫功能降低有关，可增加胎衣不下的发生率。发生胎衣不下的奶牛，产犊前持续 2 周可以检测到嗜中性粒细胞向胎盘组织的迁移减少，这些奶牛嗜中性粒细胞的其他功能也受到损害。Gilbert 等发现，胎衣不下奶牛的嗜中性粒细胞超氧负离子产生量在产后第 1 周、第 6 周降低，产后嗜中性粒细胞变形能力受损。胎衣不下奶牛和胎衣正常脱落奶牛的嗜中性粒细胞变形能力均在产后 1~3 周应答性增强。

8）应激：奶牛在应激状态释放的糖皮质激素，可刺激胎盘组织产孕酮，并可阻断蛋白水解酶活性，也可增加胎衣不下发生的概率。同时，应激产生的糖皮质激素也会抑制嗜中性粒细胞的功能，增加发病率。

9）传染病（流产或未流产）引起的炎症反应，造成母体组织和胎儿组织粘连，如布鲁氏菌病等。对许多胎衣不下病例的观察发现，其子宫收缩的频率和幅度均比正常牛大很多，而有些病例与子宫张力下降有关，如胎水过多（尿囊积水）、分娩时间延长及低钙血症或亚临床低血钙时表现出的子宫平滑肌过度延伸及收缩无力。如果子宫肉阜和绒毛分离正常，子宫张力的缺乏不可能引起胎衣不下。

一些营养性因素，如干奶期营养水平过高及维生素 A、维生素 E、胡萝卜素和硒的缺乏，也可导致胎衣不下。维生素 A 水平低下与胎衣不下、子宫炎和流产均有关系。在缺硒地区，硒缺乏的牛胎衣不下、子宫炎和卵巢囊肿的发病率可能升高。维生素 E 可提高嗜中性粒细胞的功能，其缺乏可能与胎衣不下的发生有关。

【症状】 产犊后随时间的推移，母体的子宫肉阜会坏死并脱落，子宫开始复旧，使胎衣排出体外。如果滞留的胎衣未做处理，数天后自溶和细菌造成的腐坏最终可使胎儿的绒毛从母体子宫肉阜中游离出来，随恶露排出。发生胎衣不下时，可以看到胎衣从外阴凸出或悬吊于阴门外。当胎衣滞留在子宫中或仅进入子宫颈或阴道时，临床症状不明显，需要进行阴道检查才能发现。一般情况下，发病的奶牛除了食欲和泌乳量有轻微下降外，无其他明显的临床症状。是否表现更为严重的临床症状，取决于产后子宫炎等继发病。产后子宫炎是最常见的继发病，20%~50% 的胎衣不下牛会继发产后子宫炎，其临床表现参见子宫炎相关章节。当有产后子宫炎出现时，还会间接继发其他疾病特别是代谢性疾病，如酮病、皱胃变位、乳房炎等。因此在临床上遇到患此类疾病的牛，应进一步诊断确定是否与胎衣不下有关，是继发、并发还是单独发生，从而确定在治疗时是否需要对胎衣不下进行干预。

胎衣不下可分为全部不下及部分不下 2 种。

（1）胎衣全部不下 整个胎衣未排出来，胎儿胎盘的大部分仍与母体胎盘连接，仅见一部分已分离的胎衣悬吊于阴门之外。脱露出的部分主要为尿膜绒毛膜，呈土红色，表面有许多大小不等的胎儿胎盘。严重子宫弛缓的病例，胎衣则可能全部滞留在子宫内；有时悬吊于阴门外的胎衣可能断离；在这些情况下，只有进行阴道或子宫触诊，才能发现子宫内是否还有胎衣滞留。

经过 1~2d，滞留的胎衣开始腐败分解，夏天腐败更快，从阴道内排出污红色的恶臭液体，内含腐败的胎衣碎片，病牛卧下时排出得多。由于感染及腐败胎衣的刺激，可能发生急性子宫炎，腐败分解产物被吸收后，出现典型的毒血症和败血症症状。病牛精神沉郁、拱背、常常努责，体温升高，食欲及反刍减退；胃肠机能紊乱，有时发生腹泻、瘤胃弛缓、积食及臌气（图6-2-36）。

（2）胎衣部分不下　胎衣大部分已经排出，只有一部分胎儿胎盘残留在子宫内，从外部不易发现。诊断的主要根据为：恶露排出的时间延长，有臭味，其中含有腐烂胎衣碎片（图6-2-37）。

如果不进行治疗，大多数滞留的胎衣在产后 3~12d 分离排出。部分牛由于子宫颈口闭锁，完全滞留在子宫内的胎衣可能在子宫内滞留更长的时间，直至第一次发情后才能排出。因此，应根据产房胎衣排出的记录和临床表现、阴道检查等情况，及时诊断。

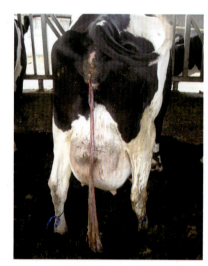
图 6-2-36　全部胎衣不下

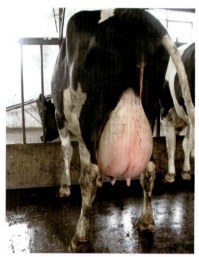
图 6-2-37　部分胎衣不下

【诊断】　根据临床症状或阴道检查即可做出诊断。

【治疗】　目前，对胎衣不下是否进行治疗及采用何种治疗方法还存在很大争议，主要是因为大部分的胎衣不下病牛并不表现任何异常，而且许多研究表明，让其自行排出滞留的胎衣，其后续繁殖表现几乎不受影响。Moller 等研究发现，治疗子宫内膜炎的药物往往会对随后的妊娠产生抑制作用，而未治疗也未进行胎衣剥离的牛，其妊娠率与正常牛并无明显区别。因此，如果胎衣不下牛很健康，可不治疗；而对于少数发展成产后子宫炎或毒血症、败血症出现全身症状的牛，转为产后子宫炎或产后败血症的治疗（图6-2-38、图6-2-39）。有难产、双胎、引产、肥胖或脂肪肝的胎衣不下奶牛，是产后子宫炎的高风险牛，可能在产后 24h 即需要预防性治疗。

图 6-2-38　奶牛胎衣不下、败血症死亡

图 6-2-39　胎衣不下死亡的奶牛，子宫内的胎衣腐败、化脓感染

胎衣不下常规治疗方法有以下几种。

(1) **不采取任何治疗措施**　如果胎衣不下奶牛临床无其他表现（体温正常、食欲正常、泌乳量正常），可不进行治疗，但应密切关注产后期表现，在进行产后检查时确定是否采取治疗措施。

(2) **激素治疗**　关于在不同时间采用不同剂量的催产素、前列腺素和雌激素来防治胎衣不下或加速滞留胎衣排出的报道很多，但在治疗效果及对奶牛后续繁殖表现的影响上，还存在争议。

①前列腺素：利用前列腺素治疗胎衣不下的理论是增强子宫平滑肌的收缩及局部炎症反应。曾有研究表明，对分娩后 8h 内尚未完全排出胎衣的母牛，肌内注射 25mg 的前列腺素 $F_{2\alpha}$，可使胎衣不下的发生率显著下降。Risco 等的研究表明，产后 12、16d 两次应用前列腺素 $F_{2\alpha}$ 治疗的奶牛，第一次配妊率最高；而产后早期单独使用促性腺激素释放激素（GnRH）治疗或 14d 后联合前列腺素 $F_{2\alpha}$ 治疗，不能提高胎衣不下奶牛的繁殖表现。但也有研究表明，奶牛产后自身产生的前列腺素可维持高浓度直至产后 14d 左右，因此一般来讲产后 14d 内使用外源性前列腺素对胎衣不下和产后子宫炎的治疗意义不大。

②雌激素及其类似物：雌激素具有较强的刺激母牛子宫收缩的作用，并同时增加子宫对催产素的敏感性。应用雌激素类药物治疗胎衣不下，适用于子宫收缩力不足、子宫弛缓的母牛。Risco 等对比了采用盐酸头孢噻呋和雌二醇治疗胎衣不下对奶牛产后子宫炎的预防及繁殖表现的影响，结果表明，盐酸头孢噻呋有良好的预防子宫炎作用，但在繁殖表现上与雌二醇治疗组及空白对照组无显著差异；而雌二醇治疗对预防子宫炎和子宫复旧均无帮助，而且雌二醇治疗组产后 200d 内的受孕率明显下降。目前，许多国家已经禁止在泌乳牛上使用雌激素，因此采用此方法进行治疗时应谨慎。

③催产素：催产素能刺激奶牛子宫收缩，促使胎儿及胎衣的排出，因此很多牛场采取产后立即肌内注射 100IU 催产素的方法，用于胎衣不下的预防。有研究表明，奶牛分娩后于后海穴注射 50~80IU 催产素，能有效防止胎衣不下；此类制剂应在产后尽早使用，但对分娩后超过 24h 或难产后继发子宫弛缓者，效果不佳。但更多的研究表明，产后立即应用催产素预防胎衣不下的效果不佳，这可能与胎衣不下奶牛在分娩前后雌激素水平低于正常牛，致使子宫对催产素的敏感度降低有关。每次挤奶时奶牛自身也会产生大量的内源性催产素。Miller 等研究了产后注射催产素对胎衣不下的预防作用，采用 100IU/ 头的剂量于产后 3~6h 注射，差异不显著。曹杰（2007）在试验中发现，胎衣不下奶牛产后雌激素 E_2 水平一直较健康奶牛偏低，胎衣不下奶牛产后期对催产素的敏感性降低，因此也制约了其对胎衣不下的预防作用。产后使用催产素也许只是一种安慰剂，因此很多牧场已停止使用催产素预防和治疗胎衣不下。

(3) **子宫内治疗**　胎衣不下是产后急性子宫内膜炎的重要诱因之一，可导致兼性厌氧菌和专性厌氧菌在子宫内大量繁殖。对胎衣不下奶牛是否应进行子宫内抗生素治疗存在争议。有研究表明，对于感染坏死杆菌和化脓放线菌的牛，土霉素治疗可缩短感染时间。胎衣排出前子宫内抗生素治疗，不能缩短子宫感染时间，但能改变细菌区系。研究同时发现，胎衣脱落前使用抗生素治疗，会延缓子宫内膜的脱落，并且不能缩短复旧时间。但有学者认为，虽然胎衣脱落时间会延长，但子宫内抗生素治疗可改善身体状况，对能量负平衡的恢复有利。能量负平衡的最低点对繁殖表现有很大影响，食欲恢复对第一次配种时间有正面影响。

向子宫腔内投放土霉素或利福昔明，可起到防止胎衣腐败、延缓溶解的作用，等待胎衣自行排出。每次投药前应轻拉胎衣，检查胎衣是否已经脱落，并将子宫内聚集的液体通过直肠按摩的方式尽量排出。使用20%长效土霉素注射液进行子宫内灌注，10~20mL/次，隔2~3d用1次，直至胎衣排出（图6-2-40）；或利福昔明子宫注入剂，100mL/次，3d用1次，连用2次，严重者可给药3次。若夏季胎衣不下奶牛极易发生子宫感染而出现产后子宫炎或产后败血症，可采用此方法对高风险胎衣不下奶牛预防性治疗。子宫灌注抗生素，严格意义上属于奶牛产后子宫炎及子宫内膜炎的治疗方法，使用方法等在相关章节进行详细讨论。考虑到胎衣不下奶牛子宫内膜本身损伤较大，抗生素可能产生局部刺激，过早投药可能干扰胎衣自行排出，一般对产后5d内的新产牛尽量避免子宫灌注抗生素。可使用中药进行子宫灌注，如益母红等，促进胎衣的排出及子宫复旧，产后即可使用且无抗生素残留的问题。

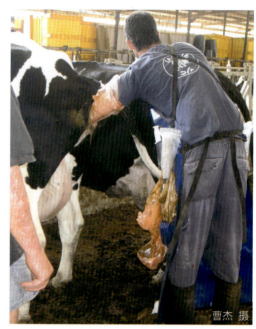

图6-2-40　产后阴道检查，有必要时子宫送药

子宫灌注药物时最好使用专用硬质灌药枪及一次性枪套，也可使用输精枪外套进行操作，硅胶管或橡胶管等软管不易通过子宫颈口，可能出现折转，并且反复使用即使消毒也有增加感染的风险。灌注时动作要轻柔，防止造成阴道穹隆和子宫体穿孔。如子宫颈口已闭锁，改为注射抗生素全身治疗。土霉素子宫灌注，为防止个体牛奶中抗生素超标，应控制投药比例及剂量（用药牛不超过泌乳牛的5%，一次剂量不超过20mL）；投药时不建议使用高浓度的葡萄糖注射液或浓盐水稀释，稀释后的土霉素更易吸收，反而会增加奶中土霉素残留值及残留风险。使用利福昔明子宫灌注剂，按说明使用无弃奶期。

（4）全身疗法　少数胎衣不下奶牛继发急性子宫炎，出现败血症等全身症状，体温升高，可视黏膜红染，呼吸加快，精神沉郁，食欲减退或废绝。对此类牛应及时采取全身疗法，并结合子宫内灌注抗生素进行治疗。有研究表明，体温升高至39.5℃以上再全身应用头孢噻呋治疗，比手工剥离胎衣及子宫内抗生素治疗更为有效。出现全身症状后，全身应用抗生素和非甾体抗炎药非常必要。常选用青霉素类药物进行静脉输液。考虑到抗生素的靶器官及子宫局部药物分布情况，推荐使用盐酸头孢噻呋，1.1~2.2mg/kg体重，肌内注射，1次/d，连用3~5d；或硫酸头孢喹肟，1mg/kg体重，肌内注射，1次/d，连用3d。

（5）人工剥离胎衣　人工剥离胎衣一直颇受争议，手工去除仍紧粘于肉阜的胎衣，所造成的危害比益处大得多，而且对子宫内膜的进一步损伤或刺激可导致子宫严重感染或创伤，还会产生严重的后遗症，包括急性子宫炎、败血症、腹膜炎及第一次排卵延迟等。因此不建议使用这种"激进型"的方法治疗胎衣不下。临床上对胎衣不下超过4d的牛，建议通过直肠按摩子宫，诱导胎衣脱落（视频6-2-7），也可以对悬吊于阴门外的胎衣轻轻牵引，一边牵引一边旋转胎衣，耐心操作，不可急躁牵拉，防止胎衣在牵拉过程中断裂，经耐心细致轻轻牵拉，胎衣可瞬间脱落下来，随之排出大量稀薄恶臭液体（视频6-2-8）。也有的将悬吊在阴门外的胎膜在跗关节以上处剪断，防止胎膜污染乳区。反复使用防腐剂或抗生素溶液进行子宫冲洗，同样不适于胎衣不下及产后子宫炎奶牛的临床治疗。

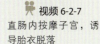

视频6-2-7 直肠内按摩子宫，诱导胎衣脱落

视频6-2-8 轻轻牵引阴门外的胎衣，使其脱落

【预防】加强围产期奶牛管理，日粮中应特别重视与奶牛胎衣不下相关的维生素A、D、E和碘、硒等的补充。避免出现热应激、过度拥挤、频繁转群和饲料调整，因为这些应激因素均会影响奶牛嗜中性粒细胞的功能及分娩启动过程中激素的时序性调节，从而增加胎衣不下等产后疾病的发病风险。钟蓓蕾等试验表明，当产出死胎或所产犊牛初生重小于或等于34 kg时，或者分娩体况小于2.75时，母牛发生胎衣不下的风险增加，此外双胎、难产、产道撕裂的牛也易出现胎衣不下，产后应关注这些高风险牛。

（曹 杰）

五、子宫炎及产后败血症

1. 子宫炎

子宫炎（Metritis）是产后子宫内膜或子宫内膜及更深层感染的通用术语，这类感染可能会引起败血症，并对以后繁殖产生影响。子宫炎是奶牛常见的产科疾病，按发病时间和严重程度分为产后子宫炎、子宫内膜炎（Endometritis）和隐性子宫内膜炎（Subendometritis）。

Sheldon等（2001）将产后子宫炎定义为发生于产后10d内的生殖系统疾病，通常直肠检查发现子宫异常扩大，伴随恶臭、红棕色及水样子宫分泌物，并可能会导致全身症状，如发热（体温大于39.5℃）、食欲不振、精神沉郁等。通常产后子宫炎发病率小于10%，感染严重程度大，临床表现明显，治疗不及时有可能出现败血症、内毒素血症而引起死亡。产后子宫炎主要通过延迟子宫内膜再生干扰子宫功能，或影响子宫内的内分泌激素信号通路的方式，干扰正常的卵巢功能及影响胚胎发育的方式，影响繁殖性能，包括显著延迟第一次配种时间和降低第一次配种妊娠率，产后100d和150d妊娠率降低，增加配种次数等。

Sheldon等（2006）将子宫内膜炎定义为产后21d检查时，阴道分泌物呈脓性（脓大于50%），子宫颈长度大于7.5cm；或产后26d检查时，阴道分泌物呈黏液脓性。子宫内膜炎一般发病率为20%左右，感染较为轻微，临床表现不明显，采食量和泌乳量影响较小，一般只有产后检查时才能发现，但对繁殖指标有很大影响。有研究表明产后大于21d，奶牛阴道分泌物中脓性成分比例与整个妊娠期的妊娠率呈负相关，与子宫内膜的损伤程度和感染程度呈正相关。子宫内膜炎有33%~77%的自愈率，随阴道分泌物中脓性成分增多，自愈能力下降。奶牛子宫内膜炎的发生会延长空怀期10~31d，增加配种次数和屡配不孕牛数量。

要区分细菌污染和感染这两个概念。产后2周子宫受细菌污染极为常见且多为混合感染。在产后的早期阶段，多达93%的奶牛会发生子宫细菌污染，至产后46~60d时污染率降低到9%。Griffin的调查显示，在产后4周时仅有30%的牛子宫内有细菌存在，且大多为非病原性的。若环境良好，多数母牛可在卵巢功能恢复之前清除宫内污染；如果母牛在分娩过程中出现难产、子宫创伤或发生胎衣不下，子宫免疫和防御能力降低、子宫内膜和子宫腔内吞噬细胞的吞噬能力降低时，入侵的病原体可能引发产后子宫炎或子宫内膜炎。因为在产后18d内，子宫具有较强的自净能力，所以若在产后7~10d没有发生感染，在第10~20天一般不会发生新的感染；如果在产后7~10d出现感染但已治愈，再次发生感染的可能性也不大。一般来说，在产后前几周出现的子宫感染对繁育的影响不是很大，但在分娩21d后子宫中仍然存在有化脓性棒状杆菌，尤其是在分娩50d后仍有感染时，可能会导致子宫复旧延迟和子宫内膜炎或子宫积脓，此时母牛的繁殖表现会受到严重影响。

隐性子宫内膜炎指在分娩21d以后，奶牛阴道不再有异常分泌物流出，但子宫内膜仍有炎性反应，直肠检查也难以发现子宫存在变化的子宫内膜炎，患隐性子宫内膜炎的牛往往屡配不孕。其判定标准为产后21~33d时，子宫细胞学样品中嗜中性粒细胞数量大于18%，或产后34~47d，子宫细胞学样品中中性粒细胞数量大于10%。

【病因】 从子宫炎病牛子宫内分离到的细菌主要有化脓放线菌、大肠杆菌、变形杆菌、坏死拟杆菌、葡萄球菌、链球菌、棒状杆菌、假单胞菌、绿脓杆菌、嗜血杆菌等，不同地区和不同季节引起牛子宫炎的细菌种类和各种细菌所占的比例不同。产后1~3d子宫内大肠杆菌感染是一个常见的致病因素，特定大肠杆菌感染为其他厌氧菌或兼性厌氧菌的感染铺平了道路，特别是坏死拟杆菌等。化脓放线菌是产道特别是子宫慢性感染和脓性渗出物的另一主要病原菌。真菌、支原体、病毒也可引奶牛子宫炎。一些传染病，如布鲁氏菌病、弯曲杆菌病、牛传染性鼻气管炎、牛病毒性腹泻、赤羽病等病毒性疾病，以及钩端螺旋体病和毛滴虫病，病牛的炎症反应可以蔓延到子宫，都会直接或间接引发子宫炎。此外，患阴道炎、子宫颈炎时往往并发子宫炎。

细菌、真菌等污染子宫主要发生于分娩和产后21d内。在这段时间，生殖道敏感，母牛自身的防御力下降，特别是在子宫或产道出现损伤的情况下，就更容易感染。发生难产和胎衣不下、产犊时或产犊后处置不当或宫缩乏力造成恶露滞留，菌体大量繁殖也可以引起子宫炎。胎衣不下奶牛，在天气炎热或应激很大的情况下，有继发产后子宫炎的可能，尤其是在炎热的7~9月，北方牧场有80%~90%的胎衣不下牛会转变为产后子宫炎，甚至50%会出现明显的临床症状，如虚弱、发热等，同时可能表现皱胃变位和酮病的高发。产房不干净、助产时器械消毒不严会进一步增加产道感染和产后子宫炎的概率。

弯曲杆菌和毛滴虫可以由感染的公牛通过本交感染母牛造成子宫炎。尽管人工授精技术已经在很大程度上减少了由于自然交配造成的疾病传播，但人工授精的器械进入生殖道前消毒不严格，或者操作人员在人工授精时操作不慎造成子宫的损伤也可以引发子宫炎或子宫内膜炎。

此外，有些微生物是阴道常住菌，如支原体、嗜血杆菌等，这些微生物在某些特定条件下也可以成为引起子宫炎的主要原因。

【症状及诊断】 尿囊绒毛膜脱落后，子宫肉阜开始坏死，通常在产后12d内完全脱落。腐坏的子宫肉阜、残留的胎水及脐破裂流出的血液一起形成恶露。恶露是一种黏性的、颜色从黄色到褐色、无异常气味的液体。正常的牛产后会从子宫排出 1~2L 恶露，绝大部分恶露在产后 2~3d 排出，而产后 14~18d 恶露才会完全消失。奶牛通过恶露排出及嗜中性粒细胞的聚集和吞噬作用清除子宫内细菌污染，子宫自净能力基本在产后 18d 消失。通过观察产后恶露变化，大致能判断奶牛子宫自净的程度（表 6-2-1）。恶露本身不会有令人不愉快的味道，如恶露中出现其他性质和颜色的恶臭物质，就表明子宫炎的发生。研究表明，产后子宫炎的主要致病菌化脓放线菌和大肠杆菌，均与恶露中的臭味高度相关。而产后 10d 内无恶露出现或发生乳房炎也同样必须警惕是否发生子宫炎。

表 6-2-1　产后正常恶露的类型、颜色和数量

产后天数 /d	恶露类型	颜色	每天排出量 /mL
0~3	黏稠带血	清洁透明、红色	≥ 1000
3~10	稀、黏带颗粒或稠带凝块	褐红色	500
10~12	稀、黏、血	清洁透明、红或暗红色	100
12~15	黏稠，呈线状，偶尔有血	清洁透明、橙色	50
15~20	稠	清洁透明	≤ 10

产后子宫炎通常在产后 10d 内发病，7d 内发病的占绝大多数。产后子宫炎发生的风险因素包括：疾病因素，如难产、胎衣不下、流产、皱胃变位、酮病和产后低血钙等；非疾病因素，如牧场管理（牛群大小和饲养环境）、年份、双胎、胎次及产犊季节等。产后子宫炎发病急，出现败血症或内毒素血症的牛表现发热，体温升高至 39.5~41.5℃，也有部分奶牛不发热。病牛食欲不振、泌乳量下降、精神沉郁、脱水、心跳加快、胃肠道弛滞，因内毒素血症出现黄色稀便。随着病程发展，病牛出现卧地不起，而后死亡。临床上，在产后 1~3d 猝死的情况常有发生，解剖死亡牛发现，子宫异常膨大、子宫黏膜严重出血、子宫内蓄积大量污红色的恶臭稀薄液体（视频 6-2-9），产后 2d 内死亡的牛，子宫膨大，表面平滑，子宫黏膜严重出血，胎衣没有完全脱落（视频 6-2-10、视频 6-2-11），经实验室诊断为大肠杆菌感染引起的新产牛的死亡。在没有实验室诊断条件的牧场，兽医对猝死牛又不做病理剖检的情况下，常对产后 1~3d 猝死的牛错误诊断为梭菌感染引起的猝死，这是目前我国基层兽医不了解大肠杆菌在新产牛子宫炎发病过程中的严重性导致的。在产后 6~12d 发生子宫炎的牛的外阴部具有恶臭气味，有红棕色及水样子宫分泌物排出并污染尾根和会阴部，但只有约 60% 的子宫感染牛表现可见的尾部恶露，另一部分牛的恶露积存在阴道内，只有直肠检查或阴道窥镜检查时才能发现。直肠检查发现子宫松弛膨胀，子宫颈扩张，轻轻按摩子宫体、子宫颈和阴道时，外阴会排出恶臭的子宫分泌物（视频 6-2-12、图 6-2-41、图 6-2-42），通过恶露类型对产后子宫炎做出分类和治疗判定。超声检查有助于确定子宫的大小、壁厚及是否存在胎衣不下。与正常牛相比，产后子宫炎奶牛每天干物质采食量下降 5~7kg，因此容易继发皱胃变位和酮病。

视频 6-2-9 产后 24h 死亡的牛，子宫异常膨大，黏膜出血，子宫内积存大量恶臭、稀薄的污红色液体

视频 6-2-10 产后 2d 死亡的牛，子宫内有大量污红色液体

视频 6-2-11 产后 2d 死亡牛的子宫不复旧，子宫黏膜出血，胎衣没有完全脱落

视频 6-2-12 直肠按摩子宫，排出大量恶臭、稀薄的污红色液体

图 6-2-41　因急性子宫炎死亡的牛的子宫化脓

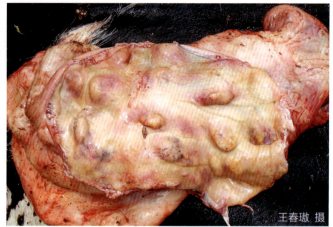

图 6-2-42　患产后子宫炎的牛的子宫内膜化脓感染

　　子宫内膜炎通常指产后 21d 之后的子宫内膜感染或炎症。难产、胎衣不下和产后子宫炎是子宫内膜炎的风险因素。子宫内膜炎奶牛通常临床症状不明显，采食与泌乳正常，部分牛躺卧时阴门有脓性分泌物。与产后子宫炎一样，只有不到 60% 的牛子宫颈口脓性分泌物会流到阴门外。因此在进行产后 21~28d 的产后检查时，子宫内膜炎需直肠检查子宫角、子宫颈复旧情况结合子宫颈口分泌物评分综合判定。直肠检查按摩子宫角和子宫颈，或使用阴道窥镜或开腔器检查，子宫内膜炎奶牛的子宫颈口有脓性分泌物，直肠检查触诊妊娠期子宫角及子宫颈增粗，评分标准见表 6-2-2。利用超声扫描图像可以观察子宫壁的厚度变化、子宫内脓汁量的多少做出快速判断（图 6-2-43~ 图 6-2-45）。需要注意鉴别部分子宫颈口分泌物异常的属于子宫颈炎，子宫内膜无异常。

表 6-2-2　产后子宫内膜炎评分表

临床症状			分值
恶露	特征	恶臭	3
		无臭	0
		血样	3
	流量	>50%脓汁	3
		<50%脓汁	2
		白色团块	1
		正常	0

（续）

临床症状					分值
最大子宫角直径	大	头胎牛	>5.5cm	多胎牛 >6.0cm	2
	中		3.5~5.5cm	4.0~6.0cm	1
	小		<3.5cm	<4.0cm	0
子宫颈直径	大	头胎牛	>7.0cm	多胎牛 >7.5cm	2
	中		4.5~7.0cm	5.0~7.5cm	1
	小		<4.5cm	<5.0cm	0
总体临床评分			严重		8~10
			中度		4~7
			轻微		1~3
			正常		0

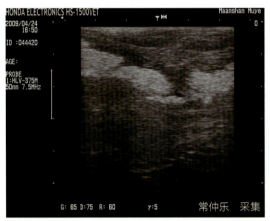

图6-2-43 子宫内膜炎的超声图像，中等回声区肥厚，存在少量强回声区。中等回声区为子宫内膜回声，强回声区为子宫内脓汁回声，表明子宫宫腔内存在少量脓汁

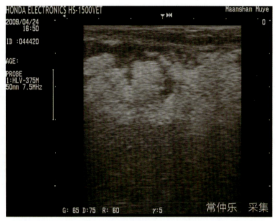

图6-2-44 子宫内膜炎的超声图像，中等回声区肥厚，存在大量强回声区和无回声区。中等回声区为子宫内膜回声，强回声区为子宫内脓汁回声，无回声区为均匀液体回声，表明子宫宫腔内存在大量脓汁和分泌物

隐性子宫内膜炎也称为亚临床子宫内膜炎，指产后28d之后的奶牛，直肠检查时无器质性变化，只是发情时分泌物较多，有时分泌物不清亮透明，而是略微混浊，母牛发情周期正常，但屡配不孕。常用的诊断方法是细胞学检查方法，用20mL无菌生理盐水冲洗子宫或使用细胞刷，以获得子宫内膜细胞，并将其（也有采用子宫颈口黏液）涂到载玻片上，晾干，吉姆萨染色后镜检，对100个细胞计数，计算嗜中性粒细胞所占的百分比，以评价子宫内膜的感染情况。有时这种方法的检出率只有50%，因此很少用于临床型子宫内膜炎的诊断。超声扫描技术可以敏感地发现子宫内膜厚度变化和子宫内有无分泌物，可以快速判断子

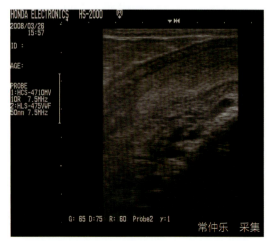

图6-2-45 子宫内膜炎的超声图像，中等回声区肥厚，存在大量强回声区。中等回声区为子宫内膜回声，强回声区为子宫内脓汁回声，表明子宫宫腔内存在大量脓汁

宫内变化，但对于子宫内膜变化不明显的隐性子宫炎，其准确性稍差（图6-2-46）。

子宫炎的早期诊断与早期治疗，是牧场兽医产后护理工作的重要内容，要抓好以下几个要点。

1）测定奶牛体温：产后护理时要有专人测定奶牛体温，对体温异常牛（体温超过39.2℃）要用红色蜡笔在臀部标记。产后护理兽医看到此标记，要全面检查新产牛。对产后2d内的新产牛，每天2次测定奶牛体温，凡体温异常牛，都要做临床检查。

图6-2-46　隐性子宫内膜炎的超声图像，中等回声区较厚，散布无回声区。中等回声区为子宫内膜回声，无回声区为质地均匀液体回声

大约有15%的子宫炎牛，体温没有升高。因此，如果仅以体温是否升高判定子宫炎牛，往往将已经发生子宫炎的牛误认为健康牛，甚至转群到健康泌乳牛舍，引起奶牛的死亡。奶牛死亡的天数大多在产后20d。对兽医没有发现死亡之前发病过程的死亡奶牛做病理剖检，发现奶牛患有严重的化脓坏死性子宫炎（视频6-2-13）。

2）直肠检查：通过直肠触诊子宫的大小、复旧状态、子宫内是否积气、积液及积液的性状，判定奶牛是否发生了子宫炎。凡子宫壁平滑、不复旧、积液、积气的，都是子宫炎牛。通过直肠按摩子宫，凡排出恶臭、稀薄、污红色或黑红色液体的牛，都是子宫炎牛。对所有产后第3天、第5天、第7天、第9天的牛都要普遍做直肠检查。对臀部标记体温高的牛，也要做直肠检查。

冷应激和热应激都会引起子宫炎的发病率升高。北方牧场冬季对滑倒、劈叉、运动无力、卧地不起的牛，要认真诊断，这些牛可能就是因子宫炎导致的滑倒、劈叉与卧地不起，要全面检查卧地不起牛，特别是做直肠检查。例如，对北方一个大型牧场卧地不起牛舍内数头没有治愈希望的牛做病理剖检发现，奶牛发生了子宫炎（视频6-2-14、视频6-2-15）。

视频6-2-13　产后27d死亡的牛，有化脓坏死性子宫炎

视频6-2-14　产后28d卧地不起牛的子宫炎病理变化

视频6-2-15　产后12d淘汰牛的子宫病理变化

南方牧场夏季（8月）产后20d内死淘率高达28%，子宫炎奶牛发病后卧地不起，经1~2d死亡。兽医在对发病牛没有做直肠检查，对死亡牛没有做病理剖检诊断的情况下，易误认为奶牛中暑引起的死亡，这是严重的诊断失误（图6-2-47~图6-2-50）。

【治疗】　产后子宫健康的监控方案见图6-2-51。产后子宫炎及子宫内膜炎的总体治疗原则是抗菌消炎，促进炎性产物排出和子宫机能恢复。由于发病时间和严重程度不同，两类子宫炎的治疗方法也有区别。

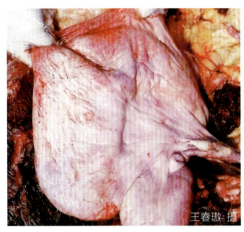
图 6-2-47 产后 11d 死亡的子宫炎牛的子宫

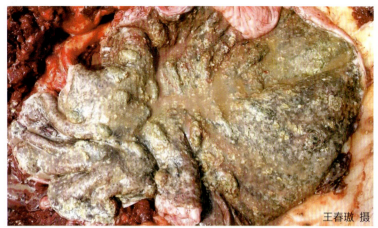
图 6-2-48 产后 11d 死亡的牛的子宫黏膜化脓坏死

图 6-2-49 产后 12d 死亡的子宫炎牛的子宫

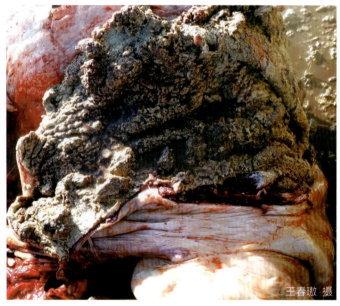
图 6-2-50 产后 12d 死亡的子宫炎牛的子宫，黏膜坏死

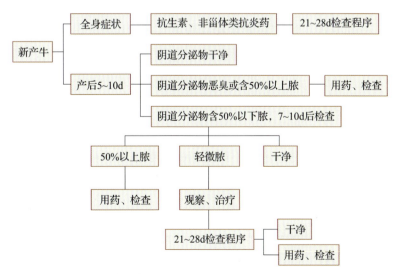
图 6-2-51 产后子宫监控方案

(1) **产后子宫炎** 产后子宫炎奶牛出现全身症状，发热并表现败血症和毒血症时，应给予全身抗生素治疗，同时配合输液支持疗法，扩充血容量对抗休克。抗生素建议使用盐酸头孢噻呋，1.1~2.2mg/kg体重，肌内注射，1次/d，连用3~5d；或硫酸头孢喹肟，1mg/kg体重，肌内注射，1次/d，连用3d。同时应配合使用非甾体抗炎药，如氟尼辛葡甲胺或美洛昔康，抗炎退热并对抗内毒素血症。与土霉素相比，头孢菌素类药物在治疗大肠杆菌感染为主的急性子宫炎方面效果更佳。也可使用普鲁卡因青霉素22000IU/kg体重，1次/d，肌内注射；或氨苄西林11~22mg/kg体重，2次/d，肌内注射或静脉注射，在子宫内也可达到有效的抑菌浓度，但弃奶期相应延长。

产后10d内的牛如果没有明显感染，不必进行子宫内抗生素治疗，因为抗生素可能对再生的子宫内膜造成物理性损伤，还可能抑制机体局部对微生物的免疫应答反应，对人工授精的影响尤为严重。因此，对于没有全身症状的奶牛，如果阴道分泌物恶臭或含有50%以上的脓，建议全身应用上述抗生素或子宫内灌注利福昔明或土霉素进行治疗；如果阴道分泌物无恶臭并且含有少量的脓，可观察5~7d后再检查确定是否需要治疗。值得注意的是，产后5d内的产后子宫炎奶牛，不建议进行子宫内抗生素治疗，推荐全身应用抗生素，原因是一方面子宫内灌注抗生素会增加子宫排出恶露的压力、灌注过程中有可能导致子宫破裂、子宫分泌物通过输卵管伞漏至卵巢和腹膜腔；另一方面，产后5d内子宫内灌注抗生素会使子宫受到刺激造成发炎的子宫组织对内、外毒素的吸收量增加，影响子宫的恢复。

伴发或继发的低钙血症和酮病必须同时治疗。出现严重脓血症或毒血症的产后子宫炎病牛需要在发病早期进行支持疗法，但多数预后不良，易导致子宫永久性损伤或因内毒素血症而死亡。

(2) **子宫内膜炎** 子宫内膜炎奶牛的治疗包括激素治疗、全身抗生素治疗、子宫内抗生素治疗等多种方案。

1) 激素治疗：前列腺素$F_{2\alpha}$用于治疗子宫内膜炎的原理为前列腺素$F_{2\alpha}$可溶解黄体，促发情，促进子宫收缩，从而排出子宫内的病原及脓性物质，同时在发情时可转变局部的免疫反应，为子宫提供适宜胚胎发育的环境，从而提高妊娠率。应注意的是，对没有黄体的病牛使用前列腺素$F_{2\alpha}$治疗子宫内膜炎，不能改善繁殖性能，因此只有在卵巢上存在功能性黄体时才具有较好的治疗效果。

促发情的激素还有雌激素、促性腺激素释放激素（GnRH）和阴道内孕酮。欧盟规定禁止对肉用和奶用动物使用雌激素，我国规定雌激素只可应用于治疗，用药期间所产牛奶不可上市，并且大量使用雌激素会对下丘脑-垂体轴产生负反馈调节，导致奶牛不发情和卵巢囊肿；阴道内孕酮对患有阴道和子宫感染的牛具有禁忌证，均已不使用。

2) 全身抗生素治疗：由于子宫内膜炎奶牛在产后21d后才发病，此时奶牛已转至大群挤奶，因此在全身应用抗生素治疗时应尽量选择不弃奶的抗生素，在大群完成治疗。推荐使用无弃奶期的盐酸头孢噻呋或头孢噻呋钠，1.1~2.2mg/kg体重，肌内注射，1次/d，连用3~5d。

3) 子宫内抗生素治疗：在使用合适的抗生素、应用适当的剂量，在子宫内膜上及子宫腔内分泌物中达到有效抑菌浓度，可有效治疗子宫内膜炎，且不影响子宫内膜功能。因此子宫内投药需进行抗生素种类和剂型的选择。可在子宫内使用的抗生素主要包括头孢匹林和土霉素，近期利福昔明子宫注入剂已在国内上市。

头孢匹林对子宫内膜炎的治疗效果较为理想，有研究报道，在头胎牛中，以产后34d阴道分泌物呈脓性或呈云雾状伴有/无脓斑作为子宫内膜炎的诊断标准，进行子宫内灌注头孢匹林，可明显改善第一次配种妊娠率。头孢匹林建议用于产后14d以上的奶牛，使用时每头牛20mL，一次投药有效作用时间为7d，大部分奶牛仅需用药1次，无弃奶期。

土霉素子宫内投药可达到治疗子宫内膜炎目的，且治疗成本较低，但其具有不能很好穿透子宫壁杀死化脓放线菌、直接刺激子宫内膜的缺点，并且有弃奶风险，因此在子宫内投药时，需严格按照剂量进行治疗。20%长效土霉素注射液子宫内灌注，10~20mL/次，隔2~3d用1次，一般需治疗2~3次。需要注意的是，土霉素子宫灌注时会造成个体牛的牛奶中抗生素超标，因此需控制子宫内投药牛不超过泌乳牛的5%，并且一次剂量不超过20mL。

可使用利福昔明子宫注入剂，100mL/次，3d用1次，连用2次，严重者可给药3次，无弃奶期。

2. 产后败血症

产后败血症（Puerperal Septicemia）是指产后致病菌或条件致病菌侵入血液循环，并在血液中生长繁殖，产生毒素而发生的急性全身性感染。若侵入血液的细菌被机体防御系统所清除，无明显毒血症症状则称为菌血症；败血症伴有多发性脓肿且病程较长者称为脓毒血症。

【病因】 奶牛产后败血症多由产后急性感染导致，最常见的为急性乳房炎（坏疽性乳房炎）和产后子宫炎导致的败血症。具有致病性或条件致病性的各种细菌均可成为败血症的病原体。当病原菌数量大、毒力强时，致病菌甚至可通过破损的皮肤、黏膜侵入机体，也可从潜伏的病灶中释放出来，经淋巴管或静脉进入血液循环系统并在其中繁殖。病原释放的外毒素或内毒素引发宿主的单核细胞和淋巴细胞释放炎症因子，这些炎症因子随血液快速循环到全身多组织器官，从而引发全身炎症反应综合征（Systemic Inflammatory Response Syndrome，SIRS），其中血浆中肿瘤坏死因子-α的浓度与临床症状的严重程度相关。全身炎症反应综合征继续发展可引发弥散性血管内凝血（Disseminated Intravascular Coagulation，DIC）。在严重的败血症病例中，细菌的细胞壁、抗原抗体复合物和内毒素等可引起血管内膜的损伤，进而血小板黏附、形成血小板血栓。严重失控的血液高凝状态引起的多器官功能障碍综合征（Multiple Organ Dysfunction Syndrome，MODS）是DIC高死亡率的原因。一旦凝血开始，随着凝血因子和血小板的消耗，血液由最初的高凝状态变为低凝状态，加上纤溶系统被激活，二者共同作用，使得DIC也表现出血性素质。

新产牛乳区受到金黄色葡萄球菌、坏死杆菌等病原菌感染时，可能会引起乳房坏疽，以头胎牛多发。产后立即发病，病牛全身症状明显，感染乳区皮温降低，高度肿胀，热痛明显，呈现青紫色，与周围健康组织界线明显，如果不及时治疗可迅速转为败血症而死亡（图6-2-52）。

产后子宫炎与胎衣不下、难产、死胎或双胎有关，常发生在产后7d内，多表现为频繁努责，有少量红褐色混有组织碎块的恶臭分泌物从阴道中流出。化脓放线菌和大肠杆菌是产后子宫炎最主要的致病菌，其次还包括坏死杆菌、拟杆菌和变形杆菌等。发病牛子宫内膜受到破坏，子宫内大量病菌可经损伤的子宫内膜侵入血液，从而引发产后败血症（图6-2-53）。

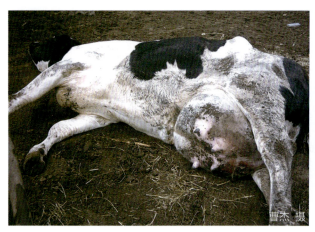
图 6-2-52 乳房坏疽、败血症

图 6-2-53 产后子宫炎、败血症

【**症状**】 临床表现随导致败血症的致病菌种类、数量、毒力及病牛抵抗力的强弱不同而异。轻者仅有一般感染症状，重者可发生脓毒性休克、弥散性血管内凝血、多器官功能衰竭等，如不及时治疗，病牛往往经过 2~3d 死亡。

产后败血症发病初期，体温突然上升至 40~41℃，触诊四肢末端及耳尖有冷感。临近死亡时，体温急剧下降，且常伴发痉挛。整个病程呈现稽留热是产后败血症的特征，体温升高后维持在 40~41℃的高水平达数天或数周，24h 内体温波动范围不超过 1℃。体温升高的同时，病牛精神极度沉郁。病牛常卧下、呻吟、头颈弯于一侧，呈半昏迷状态；反应迟钝，食欲废绝，反刍停止；泌乳量骤减，2~3d 后完全停止泌乳；眼结膜充血，且微带黄色，后期结膜发绀，有时可见小出血点，眼前房积脓（图 6-2-54、图 6-2-55）；脉搏微弱，可达 90~120 次/min，呼吸浅而快。

图 6-2-54 产后败血症，结膜充血，眼前房积脓

图 6-2-55 产后败血症治愈后结膜及前房恢复正常

产后脓毒血症的病牛症状不一，但都是突然发生，呈弛张热型（体温达 39.5℃以上，24h 内温差在 1℃以上，但最低时也高于正常体温）。发病初体温一般会升高 1~1.5℃，表现为急性化脓性炎症，但待脓肿形成或者脓肿灶局限化后，体温又下降，甚至恢复正常。脓毒性休克的病牛即使在静脉补液后，仍表现为低血压（平均动脉压小于 8.67kPa）。

【治疗】 治疗时采用抗菌治疗及支持疗法，同时积极治疗乳房炎、胎衣不下、产后子宫炎等原发病。

①抗菌治疗：应尽早使用抗生素。当病原菌不明时，可根据细菌入侵途径及特点（见病因部分）、临床表现等选择药物。通常应用广谱抗生素，或针对革兰阳性球菌和革兰阴性杆菌的两种抗生素联合用药，而后根据细菌培养和药敏试验结果进行调整。

可采用5%盐酸头孢噻呋注射液，2.2mg/kg体重，肌内注射，每天1次；联合10%恩诺沙星注射液，5mg/kg体重，肌内注射，每天1次；或配合其他抗生素静脉输液。同时，辅助非甾体抗炎药，达到抗炎、抗内毒素、抗休克的目的。美洛昔康，2.5mL/100kg体重，单针静脉推注；或氟尼辛葡甲胺，2mg/kg体重，1次/d，静脉推注或肌内注射，连用3~5d。

②支持疗法：为了增强机体的抵抗力，促进血液中有毒物质排出和纠正电解质平衡，防止脱水，可静脉注射葡萄糖和生理盐水；补液时添加5%碳酸氢钠及维生素C。另外，根据病情还可以应用强心剂、子宫收缩剂等。注射钙剂可作为败血症的辅助疗法，对改善血液渗透性，增进心脏活动有一定的作用。可静脉输注5%氯化钙300mL或10%葡萄糖酸钙500mL。对于严重病例，有时输血疗法也能起到很好的作用。

（曹 杰）

六、产后截瘫

产后截瘫（Puerperal Paraplegia）是指产后闭孔神经损伤导致的奶牛单侧或双侧后肢不能内收。闭孔神经为运动神经，其神经纤维来自第4至第7腰神经，主要支配后肢外展肌的运动功能。

【病因】 奶牛发生闭孔神经麻痹，多因胎儿过大、胎位胎势不正或胎儿畸形压迫神经，难产时产程过长或助产时强力牵引，引起单侧或双侧闭孔神经损伤。怀双胎的母牛由于分娩过程延长、胎儿总体积增大，挤压骨盆及后躯神经等原因，其产后截瘫发病率显著高于单胎母牛。闭孔神经沿髂骨体内侧通过，难产能压迫闭孔神经，尤其在头胎产犊或胎儿过大时更易发生。研究表明，实际产后瘫痪涉及的不仅是闭孔神经麻痹，也可同时损伤坐骨神经及其他神经。第6腰神经在荐骨嵴突腹侧通过，难产时也易受到压迫。闭孔神经支配后肢几个外展肌的运动，而第6腰脊神经分出坐骨神经分支到半腱肌、半膜肌及腓神经分支。

奶牛产后体质过度虚弱、肌肉乏力松弛、韧带紧张性降低，病牛起立困难，强行起卧或运动中的滑倒、挣扎也可导致产后截瘫。在光滑地面上或冰上劈叉，后肢内收肌撕裂时，也可能出现产后截瘫的症状。另外，产后虚弱、卧地不起较长时间的母牛，如未能有效治疗或护理不当，由于后躯肌肉受压迫、缺血造成相应的肌肉组织水肿、损伤及坏死，也可导致产后截瘫。

【症状】 奶牛产后截瘫绝大多数在分娩后立即发生，也可发生于产后3~5d，以后躯无力、无法站立为主要临床表现。

若地面情况良好，单侧或双侧闭孔神经损伤的病牛能够起立和负重。病牛站立时后肢呈外展姿势。真正的产后截瘫是由于第 6 腰神经的坐骨神经分支和闭孔神经同时损伤引起，病牛的症状可能是单侧性也可能是双侧性的。单侧性症状包括后肢不能内收、球节屈曲、以球节和蹄背侧着地站立。后两种症状与坐骨神经损伤密切相关，尤其当腓神经纤维损伤时，实质上是一种腓神经麻痹的临床表现（图 6-2-56）。单侧患病奶牛可在人工辅助下站立和负重。而双侧坐骨神经和闭孔神经损伤时，牛两后肢向外劈开，呈蛙坐式，腹部着地（图 6-2-57、图 6-2-58）。严重病例两后肢完全叉开，与身体长轴垂直。

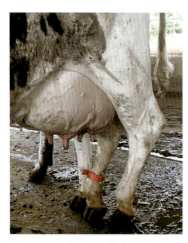

图 6-2-56 产后 70d 的泌乳牛，双后肢轻度腓神经损伤，球节屈曲

图 6-2-57 闭孔神经损伤，呈蛙坐姿势，两后肢外展

图 6-2-58 闭孔神经损伤，无法站立，刮粪板拖拉导致腹侧多处皮肤挫伤

产后截瘫的牛极易发生髋关节脱位、股骨头或股骨颈骨折等并发症。髋关节脱位时，患肢表现疼痛，在直肠检查的同时做患肢的他动运动，可感觉到骨摩擦音。此外，有的牛腰部受到损伤不能站立，表现为弓腰或腰椎的某一部分比较凸出。

【诊断】 本病应与单纯性内收肌肌病、骨盆骨折、髋关节脱位、股骨骨折、产后瘫痪等相鉴别。一般单侧损伤病牛预后良好。

【治疗】 产后截瘫发现后立即治疗的效果较好，否则肌肉的损伤会使病情加重。可使用地塞米松 20~40mg，肌内注射，可同时使用非甾体抗炎药，连用 3~5d。产后截瘫治疗时暂不考虑糖皮质激素与非甾体抗炎药两类药物同时使用的副作用（主要是加重肾损伤）。

此外，应当加强病牛的护理工作。在治疗期给病牛提供充足的饲草、饲料和饮水，让其自由采食。病牛应放置在地面防滑、宽敞的厩舍或临时搭建的围栏内。如奶牛能够自行站立，应在两后肢跗部拴系脚绊，脚绊之间绳长 60~75cm，防止站立时两后肢外展造成更大的损伤。病牛趴卧时间过长应帮助病牛更换体位，在其趴卧的地方增加垫草，防止发生褥疮。可对病牛后躯给予适度按摩，如采用脚踩方式，每天 2 次，每次 30min 以上，也可以用松节油和 10% 樟脑酒精（1∶1）擦拭后躯、臀部及大腿。

若奶牛试图站立，应人工提举牛尾辅助其站立。若两肢瘫痪，应安置髋结节吊牛夹，辅助病牛站立（图 6-2-59、图 6-2-60）。经常评价病牛的后肢支持功能，如果其能自行站立，应迅速去除吊带夹，让其自然站立。站立期间可人工挤奶，以防乳汁积聚引发乳房炎。病牛重新站立至少需要 10~14d 或更长时间。对躺卧的牛每天应检查其是否有并发症发生，如果内收肌损伤常表现股内侧与后乳房基部间肌肉明显的肿胀，也可能并发髋部和股部损伤及腓肠肌损伤。如发生这些并发症，病牛预后不良。

图 6-2-59　装置髋结节吊牛夹

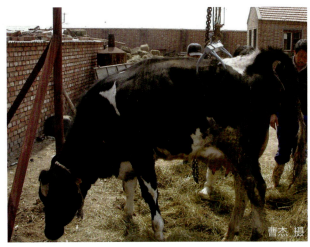

图 6-2-60　吊牛夹辅助站立

（曹　杰）

第七章 繁殖障碍性疾病

第一节 流产

严格来讲，无论流产（Abortion）还是早产（Premature Delivery）都不是一种疾病，而是多种因素造成雌性动物妊娠中断的一种现象。

妊娠是胎儿在母体子宫内生长发育的过程。妊娠期是指从精卵结合到发育成熟的胎儿娩出的这段时期。母牛的妊娠期为275~282d，预产期的推算方法为：配种月份减3（1~3月配妊牛月份加9），日期加6。妊娠中断包括胚胎死亡、流产、早产。胚胎死亡一般出现在受精后42d内，可分为早期胚胎死亡（小于17d）和晚期胚胎死亡（17~41d），二者的区别为奶牛的间情期是否受到影响，早期胚胎死亡的牛间情期不变，而晚期胚胎死亡的牛会表现为间情期延长（Santos等，2004）。流产指确妊母牛，其胎儿发育不足210d排出母体的现象。早产指确妊母牛，在妊娠210~260d娩出活胎儿的现象。不同妊娠期的妊娠中断虽然被人为划分为胚胎死亡、流产和早产，但在临床上常根据胎儿进化的特点划分为胚胎死亡和流产。根据Overton等报道，妊娠损失（包括晚期胚胎死亡、流产和早产）按人工授精后的时间来划分，比例约为：小于10%（28~42d）、小于6%（42~70d）和小于5%（70~260d）。

一、流产概述

奶牛流产常指妊娠期42~260d的妊娠中断，妊娠42d以前的妊娠中断称为胚胎死亡，妊娠260d至产后24h内死亡的犊牛常称为死产。正常状态下，外国健康的牛场年流产率为3%~5%，但我国的牛场约为10%。因流产可对牛场造成巨大的经济损失，所以是牛场兽医、繁殖和管理人员重点关注的问题之一。虽然流产的原因很多，但研究人员一直与生产相结合探寻各种诱因，以期防止其发生。

【病因】 虽然流产的原因很多，但通常可分为以下几类。

（1）**遗传缺陷** 胎儿的遗传缺陷可导致流产。遗传缺陷引发的流产

常难以诊断，多呈散发，罕见群发病例。有遗传缺陷的胎儿，可能表观正常，但其在母体子宫内可能因抑制发育造成流产。有时，遗传缺陷与部分病原微生物一样可以导致胎儿的明显生理异常。

（2）**应激** 在牛场中，任何应激均可能导致奶牛流产，如饲养员的粗暴操作和其他牛的顶撞、滑倒等机械性应激。另一重要的应激为热应激，虽然热应激对受胎率的影响比对流产的影响更大，但其能够影响奶牛的繁殖性能。虽然有报道表明环境温度突然升高可导致流产，但不能说明热应激是造成流产的常见原因。同样，有些高热性疾病也可导致奶牛流产。

（3）**毒素** 有毒物质造成的流产在临床上较为多见，毒素既可造成流产，又能导致早期胚胎死亡。奶牛对硝酸盐和亚硝酸盐，甚至富含亚硝酸盐的饲料（如干旱季节或地区的牧草、植物等）都非常敏感。如果奶牛采食硝酸盐和/或亚硝酸盐含量非常高的饲料（粗饲料中含量超过0.55%时），会发生流产，妊娠后期的牛尤为明显。

有毒植物中毒在部分地区也是引起奶牛流产的重要因素，如松针、野干草、柏树枝、欧刺柏、小叶樟等。

重金属中毒也可引起奶牛流产，如铅中毒、镉中毒等。

真菌毒素是另一大类可引发流产的毒素，已知玉米赤霉烯酮、黄曲霉毒素和麦角毒素能够引起流产。虽然目前尚未确定饲料中自然污染的状况如何，但日粮中高浓度玉米赤霉烯酮确能导致流产。而黄曲霉毒素超过母体的耐受量可能导致胎儿流产。麦角毒素是由麦角菌属真菌产生的毒素，麦角菌可生长于多种牧草和小禾本科植物的籽实中，如小麦、大麦和燕麦。麦角毒素可引起奶牛的流产和其他健康问题。

（4）**病原微生物** 虽然很多流产的原因不明，但牧场暴发流产多与传染病有关。病原微生物无疑也是各实验室诊断出的最常见原因，多种细菌、病毒、霉菌和寄生虫等可导致不同阶段的流产（表7-1-1）。

表7-1-1 引起奶牛流产的常见微生物因素

病毒	细菌等	霉菌	原虫
牛病毒性腹泻病毒	布鲁氏菌	烟曲霉	犬新孢子虫
牛传染性鼻气管炎病毒	钩端螺旋体	毛霉属	胎儿三毛滴虫
蓝舌病病毒	李氏杆菌	沃尔夫被孢霉	弓形虫
赤羽病病毒	胎儿弯曲杆菌	黄曲霉	肉孢子虫
	牛流行性流产病原菌		
	脲原体		
	昏睡嗜血杆菌		
	支原体		
	衣原体		
	沙门菌		
	贝氏立克次体（Q热）		
	无浆体		
	化脓隐秘杆菌		
	大肠杆菌		
	链球菌		
	芽孢杆菌		

1）细菌等：有研究人员对牧场流产样品进行了10年的跟踪和检测，可确诊为细菌引发的流产占14.49%。最常检出的细菌为化脓隐秘杆菌、芽孢杆菌、产单核细胞李氏杆菌和大肠杆菌等。

①化脓隐秘杆菌、芽孢杆菌和链球菌属细菌均可引起奶牛暴发性流产，这些细菌都是环境中的常在菌，可随母牛的血流透过胎盘屏障侵袭胎儿。虽然母牛感染这些细菌后不发病，但胎儿对这些细菌更加敏感，很大程度由于其免疫系统尚未发育完全。细菌进入胎儿体内后，大量增殖可导致胎儿死亡，最终致使胎儿从母体子宫内排出。有些实验室的检测数据表明，这些细菌是引起奶牛流产的最常见细菌。

②流产布鲁氏菌：虽然其他种的布鲁氏菌可以感染奶牛，但能够引起流产的布鲁氏菌主要为流产布鲁氏菌。流产布鲁氏菌曾经在很多国家和地区流行，但目前在奶牛养殖业发达的国家已被控制，目前已有14个国家和地区宣布清除了布病，成为无疫病区。我国自1952年首次报道在广西发现本病以来，大部分省、市、自治区均有发生。近几年，随着养牛业的发展，牛只及其制品调运日趋频繁，致使布病疫情在一些地区有所抬头，局部地区甚至暴发流行，造成严重的经济损失及公共卫生安全危害。牛的布鲁氏菌病可通过免疫方法控制，国外多用S19和RB51两种疫苗控制，我国目前主要使用A19疫苗控制，均可收到良好的预防效果。

③昏睡嗜血杆菌：虽然有报道表明，通过试验性感染昏睡嗜血杆菌能够引起奶牛流产，但多数学者认为本菌并非奶牛的重要流产原因。同样，也有人报道昏睡嗜血杆菌可引起奶牛不孕症，但结果尚有争议。

④钩端螺旋体：钩端螺旋体病具有地方流行性，在北美，哈德乔型和波蒙那型两个血清型的钩端螺旋体比较重要。波蒙那型钩端螺旋体常可导致妊娠后期的奶牛暴发流产，因牛并非其主要宿主，牛群多由野生动物或猪的尿液污染水源造成感染，发病牛群多散发流产。但牛是哈德乔型钩端螺旋体的主要宿主，感染后可在牛的肾脏或生殖道建立慢性感染过程。其后，在牛后续的生命周期中间歇性排毒。这些慢性感染过程可导致早期胚胎死亡、流产、死产，或早产、弱犊。流产胎儿常已自溶。哈德乔型钩端螺旋体可通过接触尿液、乳汁或胎水在牛群中水平传播，也可通过胎盘垂直传播。

对于钩端螺旋体，国外通过疫苗预防，国内尚未有同类产品。

⑤产单核细胞李氏杆菌：本菌感染奶牛后可导致流产和其他常见的疾病（如"转圈病"）。虽然本菌在奶牛场环境中随处可见，但暴发疾病时多可在质量差或二次发酵的青贮中分离到大量的李氏杆菌。奶牛感染后约1周即可发生流产，流产牛妊娠时间最短可至4个月，多见于妊娠后期。流产胎儿常自溶。母牛可能表现临床症状，痊愈后仍可二次感染。该菌是牛场中造成习惯性流产的常见细菌性因素。

⑥胎儿弯曲杆菌：胎儿弯曲杆菌性病亚种是一种革兰阴性杆菌。其主要传播途径为本交，但也可能通过接触污染的垫料或输精用具传播。奶牛感染本菌后，可表现阴道、子宫颈、子宫内膜和胎盘的炎症反应。感染牛可表现不孕、早期胚胎死亡，也可在妊娠4~7个月发生流产。奶牛常可在感染后3~6个月清除体内的微生物。牛场使用一次性输精外套，可避免本病的发生。

⑦脲原体和牛生殖道支原体：这两类微生物引起奶牛流产较为少见，但当脲原体感染未接触过本病病原的牛群后，可暴发流产。除能引起流产外，此类微生物还能导致奶牛不孕。但因脲原

体和牛生殖道支原体是奶牛生殖道常在菌，所以较难确定其是否为引发流产的病原。

⑧衣原体：流产衣原体和衣原体样 Waddlia 亲衣原体可感染奶牛，二者均可引起流产。流产衣原体可引起妊娠 6~8 个月的牛流产或产出弱犊。病原可通过消化道或呼吸道接触传播，通过粪便、尿液或排泌物（鼻腔分泌物、眼分泌物、阴道分泌物、胎水、胎衣等）排出。上述两种衣原体能在子宫肉阜上增殖，可导致奶牛的子宫内膜炎，属人畜共患病病原，可导致妇女流产。

⑨牛流行性流产：这是一种引起妊娠后期牛流产的疾病。当年发病后，第二年常不会再次暴发。本病病因不明，可能由一种新的细菌引起，目前怀疑这种细菌是黏球菌目变形杆菌种中的一个亚种。这种疾病主要报道于美国，由蜱传播。

⑩其他：除上述细菌外，其他病原菌也可导致奶牛流产，如巴氏杆菌、假单胞菌、沙门菌、葡萄球菌等。这些细菌均可通过血源性传播，侵害胎儿胎盘引发流产，流产多在妊娠后期。

2）病毒：

①牛病毒性腹泻病毒（BVDV）：BVDV 对奶牛的影响非常广泛。当病毒感染妊娠牛后，可通过胎盘进入胎儿体内。未免疫的奶牛在妊娠早期感染 BVDV 后，可引起早期胚胎死亡和流产，未流产的胎儿可形成木乃伊胎。如果奶牛在妊娠 42~125d 时感染 BVDV，可能流产或娩出持续感染犊牛。妊娠中期感染的母牛，可造成流产或娩出先天缺陷的犊牛。妊娠后期胎儿在子宫内感染时，病毒对胎儿的影响不大，但犊牛出生时 BVDV 抗体呈阳性，偶可见妊娠后期感染导致流产的情况。当母牛接触病原后（耐过或免疫接种），母体可保护胎儿的发育，但保护率不能达到 100%，部分病毒仍可感染胎儿。

②牛传染性鼻气管炎病毒（IBR、BHV-1）：IBR 对牛是一种高度传染性的疱疹病毒，可引发奶牛多种病征，最常见的是呼吸道疾病（肺炎、"红鼻子病"）。这种病毒还是奶牛最常诊断出的病毒性流产病原。IBR 引发的流产可从妊娠 4 个月至妊娠末期，可能在牛群中流行过后几周才发生流产。例行免疫有效的 IBR 疫苗，可防止本病群发。

③蓝舌病毒（BTV）：BTV 是一种环状病毒，通过吸血昆虫主要是库蠓传播。妊娠 100d 以内的母牛感染后，胎儿可能重吸收或流产。妊娠 75~100d 时感染，可造成死产、弱犊或先天性脑缺损的犊牛。妊娠 150d 后感染常对胎儿无影响。

④赤羽病病毒：赤羽病是由赤羽病病毒引起的一种疾病。本病最早发现于澳大利亚、日本、中东、南非和土耳其，可感染牛、绵羊和山羊。病毒由蚊子、库蠓等吸血昆虫传播。胎儿在妊娠前期感染后，常娩出后短时间内死亡或伴有先天性感觉神经、运动神经或视神经损伤。妊娠中期感染的胎儿，可导致关节挛缩、神经性斜颈、脊柱后凸或脊柱侧弯。

有时奶牛在感染状态下，虽然病原微生物并未侵及胎儿，也可引起流产。如急性型大肠杆菌性乳房炎引起内毒素血症（母牛可见内毒素血症的症状，如精神沉郁、瘤胃蠕动性减弱、体温升高等），也可致使母牛流产。其机理为内毒素导致大量前列腺素或其他激素释放，引发流产。佛罗里达大学的一些最新研究表明，患有临床型乳房炎的牛流产的概率是临床健康牛的 2 倍。

妊娠期内的奶牛注射弱毒苗也可引起流产。虽然弱毒苗里面的抗原已致弱，但其仍能刺激机体的免疫系统，触发一系列的炎性反应。其他刺激性较强的疫苗也有可能引起流产，免疫妊娠母牛时应慎重。

3）寄生虫：

①犬新孢子虫是一种原虫，感染成年牛后，除流产不表现其他任何症状。新孢子虫病是一种较新的疾病，20世纪80年代后才逐见被报道。犬新孢子虫引起散发性妊娠中期（4~5个月）的牛流产，偶可见妊娠3个月的牛。牛场中，同群牛可能有很多虽然感染犬新孢子虫，但不发生流产。奶牛感染犬新孢子虫发生流产后，虽然可留群并再次妊娠，但可能再次流产。在子宫内感染但未流产的胎儿，虽然出生后表现与健康犊牛无异，但常终生带虫。在北京地区，本病已成引起牛群流产的主要因素之一。虽然国外已有商品化新孢子虫病疫苗，但其效果尚未证实。

②胎儿三毛滴虫是鞭毛虫纲毛滴虫科的一种原虫，多由本交或人工输精工具被污染引起奶牛的性病。感染牛常可表现出早期胚胎死亡、不孕或妊娠5个月内流产。通常，感染牛可在90d后自净。目前，大多数奶牛通过人工授精方式受孕，牛场中已罕见本病。

4）真菌：多种霉菌和酵母菌可导致真菌性奶牛流产，虽然最早可见于妊娠60d，但多发于妊娠的6~8个月。圈养、采食霉变牧草或青贮的奶牛多发。虽然其引发的流产机理不明，但多认为是奶牛经消化道和呼吸道感染后，霉菌孢子随血流穿过胎盘感染胎儿所致。烟曲霉是真菌性奶牛流产最常见的病原，沃尔夫被孢霉是南半球较常见的病原。其他病原如曲霉菌、犁头霉菌、根霉菌、青霉菌、念珠菌和拟球酵母菌等均可引起奶牛流产。真菌性流产常伴发胎盘炎和胎衣不下，多无其他临床症状。偶可见感染沃尔夫被孢霉引发流产后，奶牛发生严重肺炎的病例，严重者可在流产后72h内死亡。真菌性流产多呈散发，但有的牛群长期饲喂霉变饲料，流产率可高达10%~20%。

（5）**医源性因素** 在生产实践中，除上述原因外，还可能见到因兽医或其他人员操作失误导致的医源性流产，常见原因有误用药物、大失血、灌服大量泄剂或使用破坏黄体的激素等。其中最常见的是误用地塞米松引发的流产。

（6）**自发性流产**

①胎膜及胎盘异常：胎膜异常往往导致胚胎死亡。例如，无绒毛或绒毛发育不全，可使胎儿与母体间的物质交换受到限制，胎儿不能发育。这种反常有时为先天性的，有时则可能是因为母体子宫部分黏膜发炎变性，绒毛膜上的绒毛不能和发炎的黏膜发生联系而退化。

②多胎：子宫内胎儿的多少与遗传和子宫容积有关。牛产双胎，特别是两个胎儿在同一子宫角内时，流产也比怀单胎时多。这些情况都可以看作是自发性流产的一种。

③胚胎发育停滞：在妊娠早期的流产中，胚胎发育停滞是胚胎死亡的一个重要组成部分。发育停滞可能是因为卵子或精子有缺陷，染色体异常或由于配种过迟、卵子老化而产生的异倍体；也可能是由于近亲繁殖，受精卵的活力降低。因而，囊胚不能附植，或附植后不久死亡。有的畸形胎儿在发育中途死亡，但也有很多畸形胎儿能够发育到足月。

【**症状**】 由于流产的发生时期、原因及母牛反应能力不同，流产的病理过程及所引起的胎儿变化和临床症状也很不一样。但基本可以归纳为4种，即隐性流产、排出不足月的活胎儿、排出死亡而表观正常的胎儿和延期流产。其中，第1种属于早期胚胎死亡范畴之内，下面对其他3种流产的症状做简要介绍。

（1）**排出不足月的活胎儿** 这类流产的预兆及过程与正常分娩相似，胎儿是活的，但未足月即产出,所以也称为早产。产出前的预兆不像正常分娩那样明显,往往仅在排出胎儿前 2~3d 乳腺突然膨大,阴唇稍微肿胀,乳头内可挤出清亮液体,牛阴门内有清亮黏液排出。

(2)排出死亡而表观正常的胎儿　这是流产中最常见的一种。胎儿死后,它对母体好似异物一样,可引起子宫收缩反应(有时无反应,见胎儿干尸化),于数天之内将死胎及胎衣排出。

妊娠初期的流产,因为胎儿及胎膜很小,排出时不易发现,有时可能被误认为是隐性流产。妊娠前半期的流产,事前常无预兆。妊娠末期流产的预兆和早产相同。胎儿未排出前,直肠检查摸不到胎动,妊娠脉搏变弱。阴道检查发现子宫颈口开张,黏液稀薄。

如果胎儿小,排出顺利,预后较好,以后母牛仍能受孕。否则,胎儿腐败后可以引起子宫炎或阴道炎症,以后不易受孕;偶尔还可能继发败血病,导致母牛死亡。因此,必须尽快使胎儿排出体外。

(3)延期流产(死胎停滞)　胎儿死亡后由于阵缩微弱,子宫颈管不开张或开放不大,死后长期停留于子宫内,称为延期流产。依子宫颈是否开放,其结果有两种。

1)第 1 种为胎儿干尸化(木乃伊胎):胎儿死亡,未被排出,其组织中的水分及胎水被吸收,变为棕黑色,好像干尸一样,称为胎儿干尸化。按照一般规律,胎儿死后不久,母体就把它排出体外。但如黄体不萎缩,仍保持其机能,则子宫并不强烈收缩,子宫颈也不开放,胎儿仍可留于子宫中。因为子宫腔与外界隔绝,阴道中的细菌不能侵入,如果细菌也未通过血液进入子宫,胎儿就不腐败分解。以后,胎水及胎儿组织中的水分逐渐被吸收,胎儿变干,体积缩小,头及四肢缩在一起(图 7-1-1)。

干尸化胎儿可在子宫中停留一个相当长的时期。母牛一般是在妊娠期满后数周内,黄体的作用消失而再发情时,才将胎儿排出。排出胎儿有时也可发生在妊娠期满以前,个别的干尸化胎儿则长久停留于子宫内而不被排出。

排出胎儿以前,母牛不出现外表症状,所以不易发现。但如果经常注意母牛的全身状况,则可发现母牛妊娠至某一时间后,妊娠的外表现象不再发展。直肠检查感到子宫呈圆球状,其大小依胎儿死亡时间的不同而异,且较妊娠月份应有的体积小得多。一般大如人头,但也有较大或较小的。内容物很硬,这就是胎儿。在硬的部分之间较软的地方,是胎体各部分之间的空隙。子宫壁紧包着胎儿,摸不到胎动、胎水及子叶。有时子宫与周围组织发生粘连。卵巢上有黄体。摸不到妊娠脉搏。

图 7-1-1　干尸化胎儿(妊娠 4 个月,引自齐长明等《奶牛疾病学》)

图 7-1-2　妊娠 4 个月的胎儿浸溶

2)第 2 种为胎儿浸溶(图 7-1-2):妊娠中断后,死亡胎儿的软组织分解,变为液体流出,而骨骼则留在子宫内，称为胎儿浸溶。

胎儿死后，究竟发生浸溶还是干尸化，关键在于黄体是否萎缩及子宫颈是否开放。如果黄体萎缩，子宫颈管就开放，微生物即沿阴道侵入子宫及胎儿，胎儿的软组织先是气肿，2d后开始液化分解而排出，骨骼则因子宫颈开张不全而滞留于子宫内。

胎儿浸溶比干尸化少见，有时见于牛。

牛胎儿气肿及浸溶时，细菌引起子宫炎，因而可使母牛表现败血症及腹膜炎的全身症状。病牛先是在气肿阶段精神沉郁，体温升高，食欲减退，瘤胃蠕动减弱，并常有腹泻。如果为时已久，上述症状即有所好转，但病牛极度消瘦，经常努责。胎儿软组织分解后变为红褐色或棕褐色的难闻黏稠液体，在努责时流出，其中并可带有小的骨片。最后仅排出脓液，液体沾染在尾巴和后腿上，干后成为黑痂。

【诊断】

（1）查看病史　内容包括以下几点。

①牛群中有新入群的牛。

②确妊后返情。

③确妊牛有血样或黏液脓性阴道排泌物排出。

④排出胎衣或胎儿。

⑤青年牛乳房早发育、排乳。

⑥每个流产病例均应记录完整的病史，要记录的信息包括：牛号、年龄、品种、胎次、临床表现；配种记录（如配种日、与配公牛、配种方式等）。

⑦个体与群体。包括流产头数、其他疾病表现、体况、牛群的流产史。

⑧流产前2周内的治疗和免疫史。

⑨流产前1个月内的转群史。

⑩流产史及诊断结果。

⑪饲喂和日粮管理。

⑫犬、猫和其他动物接触史。

⑬牧场变化，如水源等。

（2）调查风险因素

①流产的风险因素可归类为感染性（细菌、病毒、原虫、真菌）或非感染性（医源性、母源性、胎儿或胎衣病变、营养性）。

②非感染性流产可能偶发或散发（营养缺乏或使用某些药物），感染性流产更可能同群中几头或更多的牛发生。

③风险因素可能因为生物安全管理措施缺乏或执行不到位、有传播媒介出现、毒素污染、密度过大等出现。

（3）临床检查　发现妊娠母牛有分娩征兆时，先行确认妊娠天数，判定是否为流产后再行诊断。

阴道检查，发现子宫颈开张，在子宫颈内或阴道中可以摸到胎骨。视诊还可看到阴道及子宫颈黏膜红肿。

直肠检查可以帮助诊断胎儿浸溶，并和胎儿干尸化进行鉴别。子宫的情况一般和胎儿干尸化时相同，子宫壁厚，但可摸到胎儿参差不平的骨片，捏挤子宫可能感到骨片互相摩擦。子宫颈粗大。如果在分解开始后不久检查，因软组织尚未溶解，则摸不到骨片摩擦；然而这时借阴道检查，仍能和胎儿干尸化及正常妊娠区别开来。

有时胎儿浸溶发生在妊娠初期，胎儿小，骨片间的联系组织松软，容易分解，所以大部分骨片可以排出，仅留下少数。最后子宫中排出的液体也逐渐变得清亮。如果畜主不了解母牛所患疾病，多误认为屡配不孕而来求诊，可使兽医误诊为子宫内膜炎。

发生胎儿浸溶时，母牛体温升高、心跳呼吸加快、不食、喜卧，阴门中流出棕黄色黏性液体。偶尔浸溶仅发生于部分胎儿，如果距产期已近，排出的胎儿中可能还有活的。

发生胎儿浸溶时，预后必须谨慎，因为这种流产可以引起腹膜炎、败血症或脓毒血症而导致死亡。对于母牛以后的受孕能力，则预后不佳，因为它可以造成严重的慢性子宫内膜炎，子宫也常和周围组织发生粘连，使母牛不能受孕。

（4）**实验室诊断**　流产的原因很难确定，即使样品采集、运送、检测均符合要求，确诊率也不足30%（Chase et al.，2017）。对很多流产病例来讲，引发流产的原因可能出现在流产前数周或数月，使病因更难以确定。对于流产样品，实验室诊断方法常可采用细胞学检查、微生物培养和血清学检测等。

1）采样：对于流产病例，实验室诊断需采集胎儿（心血）、流产母牛及同群处于流产风险中奶牛的血液样品，有时需采集10%同群母牛的血液样品进行血清学、细菌学或病毒学检测。采集胎儿组织样品时，需要采集胃内容物、胸腔液、腹腔液、肾脏、肝脏、肺、脾脏和胸腺；流产母牛需采集阴道排泌物、子宫拭子和胎衣样品。

样品需按实验室诊断要求采集，采样、运输过程中要保证无菌，运送样品要尽可能在冷藏条件下完成。如果牧场不能自行准确采样，可将完整胎儿送至实验室，可用于剖检和组织病理学检查。

2）流产胎儿剖检：进行胎儿尸体剖检前，先测量胎儿的头臀长度和重量。观察胎儿是否发育异常，是否存在体表损征，以及是否有浸溶或干尸化的征象。剖开胎儿后，可进行病理解剖学观察，同时将整个胎儿（最佳）或肝脏、脑、胸腺、心脏、脾脏、肾脏、胃、肺、骨骼肌的样品使用福尔马林固定和冷冻新鲜样品，并送至病理实验室做进一步诊断。采集眼房液（冷冻保存），测定硝酸盐和亚硝酸盐含量。

3）胎盘检查：做绒毛尿囊（包括子叶）和羊膜的外观检查，判断是否存在胎盘炎（增厚、退化、渗出）。再检查脐带，观察是否存在发育异常或损伤，如果有损伤征象，涂片检查。对任何表观异常部位，都应使用福尔马林固定和冷冻保存新鲜样品送至实验室检查。

【**治疗**】　在规模化牛场，难以见到奶牛流产的征兆，多在流产后见到胎儿才能确认。如果在妊娠检查时发现干尸化胎儿，首先可使用前列腺素制剂，随后或同时应用雌激素，溶解黄体并促使子宫颈扩张。同时，因为产道干涩，应在子宫及产道内灌入润滑剂，以便子宫内容物排出。

有时胎儿头颈及四肢蜷缩在一起，且子宫颈开放不大，若用一定力量或试图截胎但仍不能将胎儿取出，最好通过剖腹手术取出，采用站立保定右肷部切开，避免污染腹腔。

若胎儿浸溶，如果软组织已基本液化，必须尽可能将胎骨逐块取净。分离骨骼有困难时，根据情况先将它破坏后再取出。操作过程中，术者必须防止自己受到感染，同时防止污染腹腔。

取出干尸化及浸溶胎儿后，因为子宫中留有胎儿的分解组织，必须用消毒液或5%~10%盐水等，冲洗子宫，并注射子宫收缩药，促使液体排出。对于胎儿浸溶，因为有严重的子宫炎及全身变化，必须在子宫内注入抗生素，并特别重视全身治疗，以免发生不良后果。

【预防】 虽然引起流产的原因很多，但加强牛群健康管理是降低和预防流产的最佳方法。

1）应注重牛群的基本生物安全管理，这样可降低牛场中传染性或感染性疾病的发病率，避免传染源在牛群内传播。牛场生物安全管理应从购买奶牛、参观访问人员、环境管理和牛群免疫等几个方面综合考虑，制订切实可行的措施。对于规模化牛场，应尽量自繁自养，避免将新购入的牛与原场牛直接混群饲养。来访人员应更换干净、消毒的衣服或一次性隔离服，进场前要彻底消毒靴子、用具等可能接触到奶牛的物品。还要严格执行检疫免疫措施，改善群体健康状况和免疫状态，降低奶牛流产的风险。加强环境消毒，控制环境中的病原微生物数量。

2）提高奶牛福利。给奶牛提供充足的日粮和饮水，保持环境的干燥舒适，尽量减少奶牛应激。加强饲料管理，避免发霉变质。如果有条件，可定期检测饲料中的霉菌毒素含量。

3）对于选用的生物质（如种公牛冻精、胚胎等），应要求供方提供相应的检测报告，防止病原流入牛群。

4）在发生流产时，除了采用适当处理措施，以保证母牛及其生殖道的健康以外，还应对整个畜群的流产原因进行详细调查分析，必要时采样送至实验室检查。一经确诊，立即采取有效的具体预防措施。调查材料应包括饲养模式及制度（确定是否为饲养性流产）；管理情况，是否受过伤害、惊吓，流产发生的季节及气候变化（损伤性及管理性流产）；母牛是否发生过普通病、牛群中是否出现过传染性及寄生虫性疾病；治疗情况、流产时的妊娠月份、母牛是否为习惯性流产等。

总之，防治流产的主要原则是加强牛场生物安全管理，改善牛群健康状况；在可能情况下，制止流产的发生；当不能制止时，应尽快促使死胎排出，以保证母牛及其生殖道的健康不受损害；然后分析流产发生的原因，根据具体原因提出预防方法；杜绝自发性、传染性及寄生虫性流产的传播，以减少损失。

二、流产的鉴别诊断

对兽医和牛场工作人员来讲，流产的原因及诊断一直是一个巨大的挑战。虽然有的牛场流产率会逐年升高，但也会有某一时间段突然增加的现象。为此，需要多方合作以确定其原因。健全的牛场记录体系有助于研究流产问题，必要时应采样送至实验室检测。因流产的原因复杂，对于流产的实验室诊断来讲，世界范围内最高检出率为40%，多为感染性因素。针对流产的鉴别诊断，除部分有特异性病变的病例，均应送检。采样时，应将整个流产胎儿、部分带有肉阜的胎衣和母体血液样品送至实验室进行检测。送检时，应详细记录母牛胎次、妊娠时间、与配公牛、胎儿性状等，送检记录单参见图 7-1-3。

非传染性流产，除有典型的病变外难以诊断确切原因；传染/感染性流产，不同病原可引发不同妊娠阶段的流产，通过实验室送检可进行鉴别诊断。传染/感染性流产的相关信息参见表 7-1-2。

```
一、流产病例送检样品清单
1. 流产胎儿
2. 胎盘和/或羊膜囊
3. 母牛血液（抗凝和非抗凝血液各 1 份）
4. 母牛乳汁样品
5. 羊水（无菌绵拭子）
请将所有病料置于 4℃保存（冰袋），当天送检，最长不要超过 2d。
二、病例基本信息
场别：          牛号：
胎次：    配妊日期：       流产日期：         妊娠天数：
与配公牛号或精液批次：
母牛来源：       ○自繁              ○引进
有无流产病史：   ○有                ○无
有无流产先兆：   ○有                ○无
乳房及乳汁是否有变化：○乳房炎        ○正常
胎衣是否滞留：   ○是        ○否
有无恶露：○有（颜色、气味_____）    ○无
最近一次免疫接种时间和疫苗名称：_____
既往病史（外伤史、近期使用药物情况等）：_____
_____
_____
_____
请在相应○内打√。
```

图 7-1-3　奶牛流产病例采样基本信息表

表 7-1-2　常见的传染/感染性流产的相关信息

	常见病原	流产时间	传播方式
细菌	流产布鲁氏菌	多在妊娠 5 个月后，头胎牛多发	多由黏膜接触传播（舔舐感染牛流产胎儿、胎衣等）
	钩端螺旋体	妊娠后期（波蒙那型）或任何时间（其他血清型）	饮水污染（野生动物或其他家畜）
	产单核细胞李氏杆菌	妊娠中期或后期，常发于后期	多因采食腐败或二次发酵的青贮而传播
	脲原体和支原体	多发于妊娠后期（6~8 个月），也可见于其他阶段	感染动物传播，人工输精操作不规范
病毒	牛病毒性腹泻病毒（BVDV）	多发于妊娠早期和中期	多由持续感染牛或急性感染牛排毒所致

(续)

常见病原		流产时间	传播方式
病毒	牛传染性鼻气管炎病毒（IBR、BHV-1）	多发于妊娠中期和后期	动物接触，通过呼吸道传播
	蓝舌病毒（BTV）	多发于妊娠早期和中期	由吸血昆虫（库蠓）传播
	赤羽病病毒	多发于妊娠早期和中期	由吸血昆虫（蚊子、库蠓）传播
寄生虫	犬新孢子虫	多见于妊娠中期（4~5个月），妊娠3个月以上均可发	牛场内散养的犬，犬粪污染饲料感染奶牛
	胎儿三毛滴虫	多见于妊娠5个月内	本交、人工授精操作不规范
	真菌	多见于妊娠6~8个月	采食霉变饲料，经消化道、呼吸道感染

注：本表改编自 Lorenza W. Lyons, M. Daniel Givens 等。

病料送至实验室后，如果资料不全，首先应判断产流产胎儿母牛的妊娠时间，判断方法以胎儿特征估测（表7-1-3）。

表7-1-3 不同妊娠时间的胎儿特征

妊娠时间	胎儿特征
2个月	小鼠大小
3个月	成牛老鼠大小
4个月	小猫大小
5个月	大猫大小
6个月	小犬大小（被毛开始生长）
7个月	体表被覆纤细的被毛
8个月	被毛完全覆盖体表，齿龈微凸
9个月	切齿长出

注：本表改编自 Homer K. Caley。

对资料齐全的病料，先观察有无典型病变。如真菌性流产，胎儿皮肤呈败革状（图7-1-4），皮肤上可能有环形病灶，胎儿胎盘呈坏死性病变（图7-1-5）。

图7-1-4 真菌性流产（妊娠6.5个月的胎儿）

图7-1-5 真菌性流产的胎儿胎盘

如果无特征性病变，根据妊娠时间，对相应的病因（参照表 7-1-2）按图 7-1-6 的流程做病原学检查。

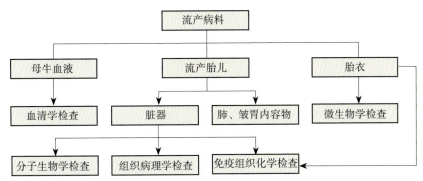

图 7-1-6　流产病料的实验室诊断流程

血清学检查常可鉴别诊断布鲁氏菌病、钩端螺旋体病、牛病毒性腹泻、牛传染性鼻气管炎、蓝舌病、新孢子虫病等疾病，可选用市售 ELISA 试剂盒进行检测。微生物学检查可将胎儿肺抹片、皱胃内容物涂片后，用革兰染色、抗酸染色、柯氏染色等方法鉴别是否有布鲁氏菌；然后再将肺和皱胃内容物接种于血琼脂、麦康凯平板和李氏杆菌显色培养基上，37℃培养 24~48h，然后观察菌落生长情况，如果不能确定是哪种细菌，可革兰染色后做进一步生化鉴定。

对采集的胎儿脏器组织样、胎衣等病料，还可用分子生物学、组织病理学或免疫组织化学等方法检查。如布鲁氏菌病可通过微生物学方法、血清学方法或分子生物学方法确诊；新孢子虫病可通过血清学方法、免疫组织化学法、荧光抗体染色法（图 7-1-7）或分子生物学方法确诊。诊断方法可参考实验室诊断专业书籍。

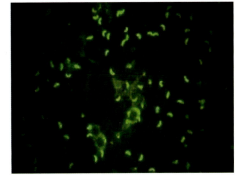

图 7-1-7　犬新孢子虫荧光抗体染色

【鉴别诊断概要】

（1）引起流产的感染性因素

1）病毒：

①牛病毒性腹泻病毒（BVDV）。

②牛疱疹病毒 1 型（BHV-1），又称为牛传染性鼻气管炎病毒。首次接触本病毒的牛群可暴发流产，流产率可达 25%~60%。

③牛疱疹病毒 4 型（BHV-4），常与其他病原混合感染。

④蓝舌病病毒（BTV）。

⑤流行性出血病病毒（EHDV）。

⑥裂谷热病毒（RVF；死亡率为 10%~70%，任何妊娠阶段的牛均可发生流产，流产率可达 80%~90%）。

⑦赤羽病病毒（AKAV）。

⑧施马伦堡病毒（SBV）。

2）细菌等：

①布鲁氏菌（流产布鲁氏菌），流产率可高达 70%。

②李氏杆菌（产单核细胞李氏杆菌），散发，偶可见流产率大于15%。

③弯曲杆菌（胎儿弯曲杆菌委内瑞拉亚种、胎儿弯曲杆菌胎儿亚种、空肠弯曲杆菌）。

④钩端螺旋体，哈德乔型和波蒙那型钩端螺旋体是对流产最主要的钩端螺旋体，暴发时流产率最高可达50%。

⑤牛分枝杆菌，引起结核病。

⑥昏睡嗜组织菌，原称为昏睡嗜血杆菌。

⑦沙门菌。

⑧化脓隐秘杆菌，原称为化脓杆菌。

⑨牛支原体和差异脲原体。

⑩流产衣原体，仅限于鹦鹉热衣原体。

⑪贝氏立克次体。

⑫无浆体，又称边虫、微粒孢子虫、乏质体。妊娠晚期的牛首次接触嗜吞噬细胞无浆体感染的蜱时可暴发流产。

⑬其他机会致病菌：大肠杆菌、巴氏杆菌、假单胞菌、葡萄球菌、链球菌和芽孢杆菌。

3）原虫：

①犬新孢子虫，牛感染后进而表现流产。

②胎儿三毛滴虫。

4）真菌：

①曲霉菌（烟曲霉），是已报到引起牛流产的最常见真菌性病原。

②念珠菌。

③接合菌。

（2）引起流产的非感染性因素

1）医源性因素：如注射前列腺素 $F_{2\alpha}$ 或糖皮质激素。

2）母源性因素：应激；系统性疾病；激素紊乱，肾上腺功能障碍；子宫或子宫颈病变；创伤，如妊娠期间出血。

3）环境性或营养性因素：

①营养不良。

②微量元素缺乏。

③有毒植物：松针、疯草、毛叶苕（偶发流产）、植物源性雌激素含量高的植物、硝酸盐含量高的植物等。

④黄曲霉毒素。

⑤禾谷镰刀菌，产生玉米赤霉烯酮。

⑥有机磷。

⑦硝酸盐肥料（氮肥）。

⑧维生素A、硒缺乏或中毒，碘缺乏。

4）胎儿或胎盘性因素：双胎或多胎、脐带捻转、先天畸形。

（马 翀）

第二节 其他繁殖障碍性疾病

一、生殖器官发育不全

雌性动物生殖器官发育不全（Hypoplasia of Reproductive Organs）主要表现为卵巢和生殖道体积较小，机能较弱或无生殖机能。例如，正常牛的卵巢直径在1cm以上，而卵巢发育不全的牛卵巢直径小于1cm；即使有卵泡，其直径也不超过3mm。生殖器官发育幼稚型牛的生殖器官常常发育不全，即使达到配种年龄也无发情表现，有时虽然发情，但屡配不孕。

子宫发育不全的类型包括：生殖器官发育幼稚、输卵管或宫管连接处堵塞、子宫角缺、单子宫角、子宫内膜腺体先天性缺失、无管腔实体子宫角、子宫角过小、子宫颈的形状和位置异常、双子宫颈（牛双子宫颈的发病率平均为0.3%~7%）、子宫颈闭锁等。

【病因】 造成生殖器官发育不全的原因有多种，有先天因素也有后天因素，先天因素如遗传缺陷或者母犊是异性孪生，异性孪生的母犊中约有95%患不育症。后天因素有犊牛生长发育阶段出现营养极度缺乏造成犊牛发育极度不良，患有某些疾病造成犊牛发育极度不良，疾病影响到下丘脑、脑垂体的分泌机能或者造成甲状腺及其他内分泌腺机能紊乱，均可以导致生殖器官发育不全。

【症状】 异性孪生不育的母犊不发情，外部检查发现阴门狭小且位置较低，阴蒂较长，绝大多数的异性孪生母牛的乳房极不发达，乳头与公牛相似；阴道短小，直肠检查时难以触摸到子宫角，触摸到子宫角时会发现子宫角犹如细绳，而且子宫细小，卵巢如西瓜籽大小，也不易触摸到。

生殖器官发育幼稚型的母牛达到配种年龄时不发情，有时虽发情，但却屡配不孕，直肠检查时可发现生殖器官的某些部分发育不全，如子宫颈细小，有的子宫颈只有筷子粗细；子宫细小，在触摸子宫时子宫无收缩反应；卵巢很小，有的甚至只有豌豆粒大小。

双侧卵巢发育不全的牛，母牛无第二性征，子宫颈细小；但单侧卵巢发育不全的牛能够表现出母牛的第二性征，子宫可以发育至正常母牛水平，也能够出现发情，对这种单侧卵巢发育不全的牛难以做出诊断，但往往不育。

有的牛是在子宫颈外口之后或在子宫颈内有一宽1~5cm、厚1~2.5cm的组织带，用开腔器视诊时发现子宫颈好像有两个外口；有的则是由组织带将子宫颈管全部分开并各自开口形成双子宫颈（图7-2-1、图7-2-2）。极少数的病例，形成完整的两个子宫颈，甚至为双子宫，每个子宫各有一个子宫颈。另有一种情况是双子宫颈之间的组织带向后延伸，形成纵隔，将阴道前端或者整个阴道一分为二。

在一般情况下，双子宫颈病牛可以正常妊娠，但在分娩时胎儿身体的不同部分可能分别进入不同的子宫颈而发生难产。在各有一子宫颈的双子宫母牛进行人工输精时，可能误将精液输入排卵卵巢对侧的子宫中而影响受胎。

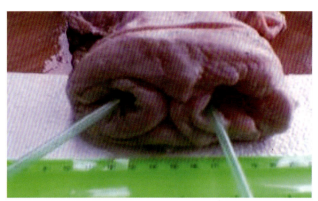

图 7-2-1　双子宫颈病牛的子宫颈
[来自 Iraqi Journal of Veterinary Sciences，2008，22（2）：59-67]

图 7-2-2　双子宫颈病牛的子宫颈剖面
[来自 Iraqi Journal of Veterinary Sciences，2008，22（2）：59-67]

阴道触诊时，可以摸到双子宫颈中间的组织带；直肠检查则可发现子宫颈要比正常的宽而扁平。

患子宫内膜腺体先天性缺失的牛不发情，直肠检查可以发现其卵巢上有功能性黄体，子宫正常。这些牛摘除黄体后出现发情，并形成新的黄体，屠宰后剖检发现这些牛子宫内无腺体，有些牛无腺窝或腺窝区。

个别生殖器官发育不全的牛，生殖器官大小形状与正常繁殖母牛间无明显区别，但在进行人工授精时，输精枪无法通过子宫颈进入子宫体，剖检时会发现牛子宫颈内近子宫体一侧的皱襞完全封闭。这种子宫颈完全封闭发生的概率很低。输精枪无法通过子宫颈的育成牛在初配牛群中发生的比例较高，但这种牛主要是由于子宫颈闭合紧造成输精枪无法通过子宫颈，往往不是由于子宫颈皱襞完全封闭造成的，一般在经过处理后可以正常配种。

【诊断】　诊断奶牛是否患有生殖器官发育不全，主要是通过对奶牛发情史、外生殖器官的观察及通过直肠检查内生殖器官的发育状况综合判断。一般患有生殖器官发育不全的奶牛发情不规律；异性孪生不育的母犊不发情，阴门狭小且位置较低，阴蒂较长，直肠检查时难以触摸到子宫角，子宫细小，卵巢小且不易触摸到；生殖器官发育幼稚型的母牛外生殖器官没有明显的特征，但直肠检查时可发现生殖器官的某些部分发育不全，如子宫颈细小、子宫细小、子宫角细小、一侧或双侧卵巢小。

单纯子宫颈异常的牛，发情周期正常，外阴与正常牛无区别，利用开腔器实施阴道视诊时可发现子宫颈有两个外口，个别牛在直肠检查则可发现子宫颈比正常的宽而扁平。

子宫颈完全闭合的牛只有在输精操作时才能够发现。

子宫内膜腺体先天性缺失牛，仅表现为屡配不孕，目前活体无明显鉴别手段。

【治疗】　对于子宫颈完全闭合的母牛，配种人员发现母牛生殖器官正常但输精时不能够将输精枪送入子宫体时，首先应当考虑利用雌激素处理母牛，雌激素处理有利于子宫颈的开张，用药时最好直接实施子宫颈局部用药，这样高剂量雌激素直接作用于子宫颈，便于在较短的时间内使子宫颈开张，一般在子宫颈局部注射雌激素 4~8h 后输精枪可以通过子宫颈。如果局部注射雌激素后输精枪仍然不能通过子宫颈，表明该牛子宫颈的某些皱襞完全连在一起，造成子宫颈的完全闭合，对这种牛可以考虑利用外科手术的方法疏通。由于手术操作比较困难，生产上往往将这种牛淘汰。

对于双子宫颈或双子宫奶牛，在配种时首先检查排卵侧卵巢，然后沿排卵同侧的子宫颈口，用输精枪将精液输入排卵同侧的子宫角，可以实现母牛的妊娠，但双子宫颈的牛在分娩时应当采用外科手术将子宫颈管内的组织韧带切除，奶牛可以正常分娩，以后生殖可以恢复正常。

【预防】 为预防先天性因素造成生殖器官发育不全牛，在选择公牛时应当避免使用带有能够造成天性生殖器官发育不全隐形基因的公牛；新生犊牛主要依靠及早发现与及时淘汰，如对于异性孪生的母犊以早期淘汰为主。如果牧场希望对异性孪生的能繁殖母犊留种，可以采用以下两种方法检测母犊。一是利用核型分析的方法检测母犊血液中的白细胞中是否存在含 Y 染色体的白细胞。二是利用试管涂上润滑油试探着插入母犊阴道，凡是异性孪生不育的母犊都无法将试管插入。

预防后天因素造成的生殖器官发育不全，主要靠加强犊牛的饲养管理，保障犊牛的营养和提高犊牛的抗病力，减少营养不良或疾病引起的生殖道发育不全。

（常仲乐）

二、卵巢囊肿

卵巢囊肿（Ovarian Cyst）通常是指在卵巢上无黄体存在的情况下，直径为 2.5cm 以上的卵泡持续存在 10d 以上的卵巢。据报道，奶牛卵巢囊肿的发生率为 10%~13%，是引起牛发情异常和屡配不孕的重要原因之一，患卵巢囊肿的奶牛产犊间隔明显延长。卵巢囊肿可分为卵泡囊肿（Follicular Cyst）和黄体囊肿（Luteal Cyst）2 种。卵泡囊肿是由于发育中的卵泡上皮变性，卵泡壁结缔组织增生变厚，卵细胞死亡，卵泡液被吸收或者增多而形成。研究表明，产后早期至产后第 1 次发情期间是第 1 个卵泡囊肿发生高峰期，产后早期发生的卵泡囊肿多数可以自愈；第 2 次卵泡囊肿发生高峰在产后 190~220d；黄体囊肿是由于未排卵的卵泡壁上皮发生黄体化，或者排卵后由于某些原因造成黄体化不足，在黄体内形成空腔并蓄积液体而形成；黄体囊肿由于黄体组织持续分泌孕酮抑制垂体分泌促性腺激素，所以卵巢中无卵泡发育，因此母牛不表现发情。

【病因】 引起卵巢囊肿的原因很多，发生的确切机理尚不完全明了，涉及的因素包括以下几点。

（1）内分泌失调 研究发现外周血浆雌激素浓度的改变可以导致卵巢囊肿的发生（Wiltbank et al., 1961），外周血浆孕激素浓度的改变也可以引起卵巢囊肿的发生（Cupps et al., 1971）。1973 年 Erb 等发现，不论单独利用 17β-雌二醇或孕激素处理，或者是雌激素和孕激素联合处理，只要使母牛血浆 17β-雌二醇和孕激素的浓度达到妊娠后期水平，便可以造成牛卵泡囊肿的发生率升高。此外，在发情期利用促肾上腺皮质激素、促黄体素抗血清（Nadaraja and Hansel, 1976）或雌激素抗血清（Randel et al., 1977）处理都可以引起卵泡囊肿。

（2）泌乳量和季节因素 高产奶牛发生卵泡囊肿的比例较高，尤其在泌乳高峰期。患卵泡囊肿的奶牛其泌乳量比不发生卵泡囊肿的牛高，长期舍饲的牛在冬季发病较多。

（3）营养不平衡 干奶期营养缺乏，如饲料中缺乏维生素 A，缺乏微量元素硒时发病率升高。据 Harrison 等报道（1984），在干奶期饲喂缺硒日粮的牛卵巢囊肿的发生率可以达到 47%，而在干奶期通过注射补充硒的对照组,卵巢囊肿的发生率只有19%。日粮中雌激素含量较高时可以造成内分泌紊乱,也可以引起卵巢囊肿。

(4)与分娩后的时间有关 多数卵巢囊肿发生于产后45d内,泌乳早期处于能量负平衡状态,如果出现严重的能量负平衡或者在泌乳早期阶段单纯为了追求高产,饲喂高蛋白质日粮的奶牛卵泡囊肿的发生就会升高。

(5)与围产期的应激因素有关 双胎分娩、难产、胎衣不下、子宫炎及产后瘫的牛卵巢囊肿的发病率均升高,据Fujimoto和Yutaka(1956)报道,他们所研究的36头患卵巢囊肿的牛中24头牛同时患有子宫炎。

(6)与遗传有关 卵巢囊肿的遗传力变化较大,一般在5%,遗传力高的可达43%,重复力的范围在6%~27%,患过卵巢囊肿的牛再患囊肿的概率为15%~75%,而且荷斯坦奶牛患囊肿的概率要比娟珊牛、更赛牛、爱尔夏牛患卵泡囊肿的概率高。在同一品种的不同家系间,患卵巢囊肿的发生率也不同。瑞典自1954年开始通过淘汰后代患卵巢囊肿率高的公牛,到1961年时其奶牛卵巢囊肿发病率就从1955年的10.8%降至5.1%,到1977年时降低到3%。

(7)年龄因素 尽管所有年龄的牛均有患卵巢囊肿的可能,但发病较高的牛为经产2~5胎的牛或者4.5~10岁的牛。

(8)与奶牛的管理有关 据Chase报道,在干奶时奶牛的膘情过度肥胖,分娩后发生卵巢囊肿的概率就会升高。

此外,生活环境恶劣,腐蹄病等因素也会增加奶牛患卵巢囊肿的概率。

由此可知,卵巢囊肿的成因非单个因素单独作用引起,而是多种因素和一些未知因素共同作用的结果。在卵巢囊肿的发生过程中下丘脑、垂体、卵巢和肾上腺等内分泌机能的失调参与了卵巢囊肿的诱发。

【症状】 卵泡囊肿最显著的临床表现是出现"慕雄狂"。母牛患卵泡囊肿时,发情周期被破坏,发情周期变得异常,有的牛发情周期缩短,有的牛发情周期延长,发情征兆明显、发情旺盛,哞叫、不安、经常爬跨其他母牛,甚至持续发情,阴门流出的分泌物较正常发情的牛多。外观上背毛干燥,神经紧张;采食和反刍出现异常,逐渐消瘦,骶骨与髂骨间的韧带松弛,尾根突出;直肠检查会发现子宫收缩无力,子宫颈松弛,卵泡直径可达3~5cm,有的与正常排卵前卵泡的直径大小相当,也有的牛卵巢上有许多小的囊肿。在直肠检查时发生卵泡囊肿的牛阴道也会像发情牛那样有黏液流出,但流出的黏液量大,而且黏液中含水量大。

黄体囊肿的临床症状是卵巢肿大而缺乏性欲,长期乏情。直肠检查时,牛的囊肿黄体与囊肿卵泡大小相近,但壁较厚而软。

通过组织学检查可以发现囊肿卵泡中产生甾体激素的粒细胞发生闭锁;囊肿液中含有高浓度的孕酮,患黄体囊肿的牛卵泡闭锁并有发生黄体化,但研究表明囊肿的大小与激素含量无明显关系。

【诊断】 诊断母牛是否患有卵巢囊肿,首先要调查了解母牛的繁殖史,然后进行临床检查。如果发现母牛有慕雄狂的表现、发情周期短或者发情周期不规则,以及乏情,便可怀疑母牛患有卵巢囊肿。

直肠检查时发现，囊肿卵巢为圆形、表面光滑；卵巢有凸出于卵巢表面的结构且具有液体充盈感，大小比排卵前的卵泡大，直径通常在2.5cm左右，也有直径超过5cm的囊肿，但不多见。囊壁的厚度差别很大，卵泡囊肿的壁薄且容易破裂，黄体囊肿壁很厚。囊肿可能只是一个，也可能是多个的，检查时很难将单个大囊肿与同一卵巢上的多个小囊肿区分开。仔细触诊有时可以将卵泡囊肿与黄体囊肿区别开来，卵泡囊肿的壁较薄，弹性较强，波动不明显，囊肿的临近区域较为坚硬，在直肠触诊时奶牛不会有痛感；而黄体囊肿的壁较厚，弹性较弱，波动较明显，囊肿的临近区域无明显硬实感，在直肠触诊时奶牛有时会有痛感。如果发现囊肿与正常卵泡大小相似，可隔2~3d再检查一次以避免误诊。

卵泡囊肿和黄体囊肿可以利用激素测定的方法进行区分。母牛患卵泡囊肿时，血浆孕酮浓度低；母牛患黄体囊肿时血浆孕酮浓度高。囊肿可发生不同程度的黄体化，因此孕酮浓度可能在一段时间内高，但仍比处于功能性黄体期和妊娠期的母牛要低。卵巢囊肿病牛的血浆雌激素浓度与正常牛的相似或略高，睾酮浓度与正常牛相近，促黄体素的浓度则略高。目前，测定激素的方法是利用放射免疫分析法（RIA）或酶联免疫法（EIA），一般检测血浆或脱脂乳的孕激素浓度水平，孕激素浓度小于1ng/mL时表明母牛患了卵泡囊肿，孕激素浓度大于1ng/mL表明母牛患了黄体囊肿。测定孕激素浓度水平不仅可以区分卵泡囊肿和黄体囊肿，还可判定疗效，若治疗10d后孕激素浓度水平由小于1ng/mL升至1ng/mL以上，则可以认为卵泡囊肿发生了黄体化；若孕激素浓度水平仍小于1ng/mL，则可以认为治疗无效。

直肠检查时，有时也有可能将某些卵巢的正常结构误认为是卵巢囊肿。因为正常排卵前的卵泡直径有时可以达到2.5cm，但正常排卵前卵泡壁薄，表面光滑，凸出于卵巢表面；除卵巢变化外排卵前的子宫具有发情时的特征，触诊时张力增加，而患卵巢囊肿的牛的子宫与乏情牛相似，比较松软。通过卵巢变化和子宫变化的综合分析可以区分卵巢囊肿与正常排卵前的卵泡。

不同发育及退化阶段的黄体也易与卵巢囊肿相混。在发情周期的前5~6d，黄体表面光滑、松软。随着黄体发育，其质地变成与肝脏类似，此时很容易与卵巢囊肿区别；但间隔7~10d重复检查便可以对卵巢囊肿和正常黄体进行区别，一般卵巢囊肿经过7~10d再检查时质地和大小无明显区别，而排卵后尚未完全黄体化的囊性黄体经过7~10d就已经完全黄体化，质地变硬。

利用B型超声诊断仪进行超声扫描可以正确地分辨出90%以上的黄体囊肿和75%以上的卵泡囊肿。长期不发情的牛，卵巢上存在2.5cm以上的卵泡时几乎可以断定为患卵泡囊肿（图7-2-3、图7-2-4），但有时有些发生卵泡囊肿牛的卵泡囊肿直径与正常排卵卵泡大小相似，单独利用B型超声诊断仪难以判断，但这部分牛可以通过对其发情周期的变化结合卵巢B型超声扫描图像做出判断，患卵泡囊肿的牛一般长期不发情或者发情周期很不规律，在超声检查时会发现卵巢上在相同位置持续存在大小相同的直径在2.0cm左右的与排卵卵泡大小相似的无回声区，而且在牛无发情表现时卵巢上也存在相同的无回声区，这样就可以将与排卵卵泡相混淆的卵泡囊肿发现，也有的患卵巢囊肿的牛的卵巢存在多个直径在2.0cm左右的卵泡，利用B型超声扫描，可以发现在卵巢区域出现多个直径在2.0cm左右的无回声区（图7-2-5）。如果在卵巢的无回声区外卵巢实质回声区内还包围着一层与卵巢实质回声区质地不同的回声区，则此牛可以判断为黄体囊肿（图7-2-6）。

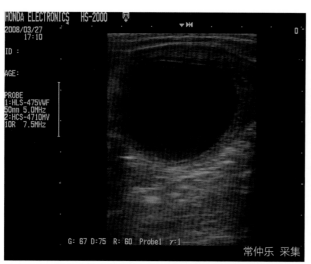

图 7-2-3 卵泡囊肿的超声图像，本超声图像显示卵巢增大，在卵巢区域出现无回声区，无回声区直径约为 3cm，具患卵泡囊肿的明显特征

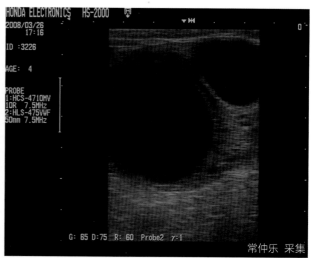

图 7-2-4 卵泡囊肿的超声图像，本超声图像显示卵巢增大，在卵巢区域出现两个无回声区，其中一个无回声区直径约为 3cm，另一个无回声区直径约为 1.5cm，直径为 3cm 左右的无回声区为卵泡囊肿，直径为 1.5cm 左右的无回声区可能是发育接近成熟的卵泡。结合此牛发情周期不规律的表现，可以判断此牛患有卵泡囊肿

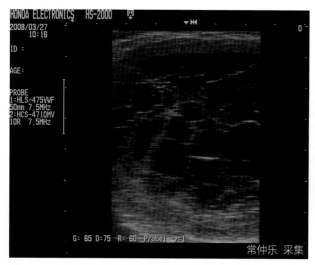

图 7-2-5 卵泡囊肿的超声图像，本超声图像显示卵巢巨大，在卵巢区域出现多个无回声区，无回声区间可见分隔光带，无回声区直径大小不一，最大直径可达 2cm，卵巢纵轴直径超过 6cm，结合此牛长期无发情症状且直肠检查卵巢巨大，表明此牛具患囊内分隔型卵泡囊肿的特征

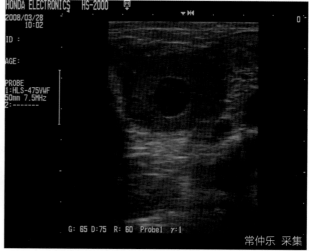

图 7-2-6 黄体囊肿的超声图像，本超声图像显示卵巢区域的中等回声团包裹无回声区域，在中等回声区域与中等回声区域内的无回声区间存在分隔光带，卵巢内见囊性结构，在中等回声团外围存在大小不一的无回声区。结合此牛长期无发情症状的表现可以判断此牛患有黄体囊肿

【治疗】 卵巢囊肿为变化性的结构，产后早期发生的囊肿，有时无须治疗就可自行消退，母牛恢复正常的发情周期，但也可发生新的囊肿。尽管患卵巢囊肿奶牛随着自身体质的变化部分可以自愈，自愈率会随着产后时间的延长发生变化，但自愈率也只有 20% 左右；对卵巢囊肿病牛如不及时处理和治疗就会降低牧场的繁殖率，延长奶牛的产犊间隔，影响经济效益，因此需要尽早地发现并及时治疗卵巢囊肿。

治疗时可采用激素疗法也可以采用手术的方法。

1）卵泡囊肿的激素治疗：囊肿的激素治疗主要是通过直接引起囊肿黄体化而使母牛恢复发情周期。常用治疗囊肿的激素有促性腺激素、前列腺素、促性腺激素释放激素及其类似物等。

①促黄体素（LH）制剂：常用于治疗卵巢囊肿的外源性促黄体素是人绒毛膜促性腺激素（HCG）和猪、羊脑垂体促性腺素（GTH）。HCG的使用剂量是静脉注射5000~20000IU或肌内注射10000~20000IU；GTH的注射剂量一般为100~200IU。LH制剂治疗卵巢囊肿的治愈率平均为75%左右（65%~80%）。治疗产生效应的病牛经常在治疗后20~30d出现发情；在治疗后3~4周一般不需要重复用药，除非病牛持续表现出强烈的慕雄狂症状。

HCG除采取静脉注射外还可以采用腹腔注射或囊肿内注射。腹腔注射或囊肿内注射的用量较小，一般为1000~2000IU。这种注射方法比较经济；但操作复杂，而且有副作用，利用HCG处理后双胎或三胎的比率会升高，双胎或三胎的发生率最高可达50%，并可引起胎膜和胎儿水肿、肝脏和肾脏变性。

LH是蛋白质激素，给病牛重复注射可引起免疫反应；应用多次之后，会由于产生免疫反应而使疗效降低，在使用时应当谨慎。

②促性腺激素释放激素（GnRH）及其类似物：对于促性腺激素释放激素的类似物，现有的国产制剂有LRH-A2、LRH-A3等。GnRH及其类似物用于卵泡囊肿效果显著，肌内注射GnRH类似物20 mg/（头·次）。治疗后产生效应的母牛大多数在18~23d发情。治愈率、从治疗至第1次发情的间隔时间及受胎率与使用HCG治疗的效果相似；而且重复应用很少发生免疫反应，也不会降低疗效。此外，GnRH类似物还有预防作用，如在母牛产后注射GnRH可预防卵巢囊肿的发生。目前生产上常在分娩后1个月左右实施生殖器官检查，如果发现奶牛出现卵巢囊肿，即注射GnRH，对于这种处理过的牛在处理后1周再进行检查，如果有必要可以再利用GnRH实施第2次处理。

③孕酮：利用孕酮治疗卵巢囊肿需要多次注射，每头牛每次肌内注射孕酮50~100 mg，每天或隔天注射1次，连续注射2~7次，总量为200~700mg。一般经过10~20d治疗可使60%~70%的病牛恢复正常发情周期，但目前人们对孕酮引起囊肿消退的机理还不清楚。

④前列腺素（$PGF_{2\alpha}$）及其类似物：$PGF_{2\alpha}$对卵巢囊肿无直接治疗作用，而是继GnRH或HCG之后使用$PGF_{2\alpha}$或其类似物处理以提高治疗效果，缩短从治疗至第1次发情的间隔时间。应用GnRH或HCG后第9天注射$PGF_{2\alpha}$ 0.3~0.6mg后，奶牛治疗后表现发情的时间可从18~23d缩短到平均12d左右。

⑤地塞米松：对于多次应用其他激素治疗无效的牛，肌内注射10~20mg地塞米松可能收到较好的效果。

2）卵泡囊肿的手术治疗：

①挤破囊肿：这是最早采用的一种治疗卵巢囊肿的方法，具体操作是将手伸入直肠，将发生囊肿的卵巢握于手中，用手指捏破囊肿。这种方法只对囊肿中充满液体的病例较易实施，捏破囊肿一般没有困难。但操作不慎往往会引起卵巢损伤，造成出血量较多，或者囊肿被挤破后卵巢与周围组织粘连，造成对生育的不良影响，这种方法现在已很少使用。

②囊肿穿刺术：囊肿的穿刺有徒手穿刺和超声介导的囊肿穿刺2种方法。徒手穿刺就是用一

只手将卵巢牵引靠近体壁内侧，使操作人员能从体外触摸到卵巢（一般位于耻骨前缘位置），以触摸到卵巢的这个点作为穿刺点，然后把穿刺点附近的毛剪净，用酒精棉球彻底消毒，另一只手用穿刺针从外部穿刺点慢慢刺入卵巢囊肿部位，将积液由针头排出体外，直肠内的手可轻轻地配合挤压卵巢，使其能彻底排净，待排净后用注射器注入青霉素 160 万 IU 和链霉素 100 万 μg，以防止卵巢发炎。由于徒手穿刺不能很好地对皮肤消毒，穿刺过程中也可能伤及直肠壁，造成卵巢受到污染引发卵巢炎，一般在生产中应用较少。超声介导的穿刺方法已经在奶牛胚胎体外生产中得到应用，而且被证实短期或低频率使用对奶牛无明显副作用。超声介导的卵泡穿刺是一只手在直肠内固定卵巢，另一只手操作超声阴道内探头，利用超声定位卵泡位置，将穿刺针延穿刺线准确刺入卵泡，在观察到穿刺针刺入囊肿后，将囊肿内的液体抽吸干净。发生囊肿的奶牛经囊肿穿刺后一般在 6d 内可发情，并可配种。

【预防】 由于引起卵巢囊肿的因素很多，而且人们至今也没有发现引起卵泡囊肿的主要因素，因此预防卵巢囊肿也就没有明确有效的措施，但根据目前的知识，能量负平衡是造成卵巢囊肿的重要因素之一，因此产犊后降低能量负平衡的程度和持续时间能够显著地减少卵巢囊肿的发生率。降低能量负平衡可以通过加强奶牛的饲养管理、提高奶牛体质和抗病力、确保在奶牛各个生理阶段能够达到奶牛的正常膘情范围（体况评分为 2.5~3.5 分）来实现。对于舍饲的高产母牛，在泌乳前期除了提高日粮的能量浓度以减少能量负平衡对体况的影响外，还应适当增加奶牛的运动量；处于泌乳早期的高产奶牛适当减少挤奶量也可以在一定程度上降低卵泡囊肿的发生率。

避免滥用生殖激素，生殖激素使用不当也会造成卵泡囊肿。

为了降低牧场卵巢囊肿的发生率，在选择种公牛时除了关注公牛生产性能指标外，还应当注意其后代囊肿的发生率，这就要求选择种公牛时要选择经过后裔测定的公牛，由于在公牛性能评分中并没有单独列出公牛后代的囊肿发生情况，所以参考后裔测定数量和后代经济效益指标选择公牛也可以在很大程度降低遗传因素造成的影响。

高产奶牛在产后采用同期排卵定时输精技术可以在一定程度上减少囊肿的发生率，提高奶牛的受胎率，从而达到缩短产犊间隔的目的。目前，常用的同期排卵处理方案有两种，一种是 11d 处理的同期排卵方案，即随机选择一天对奶牛注射 100 μg GnRH，7d 后注射前列腺素 $F_{2\alpha}$，注射前列腺素 $F_{2\alpha}$，2d 后第 2 次注射 GnRH，注射 GnRH 后 12h 对经过处理的全部牛输精。另一种方法被称为经过预处理的同期排卵方案（图 7-2-7）。据报道采用同期排卵处理技术，在第 2 次注射 GnRH 后可以诱导 73% 的奶牛排卵，发生囊肿的牛中 37% 的牛在人工授精后妊娠。

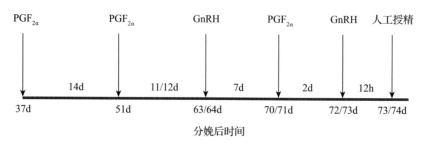

图 7-2-7 经过预处理的同期排卵方案

（常仲乐）

三、卵巢炎

卵巢炎（Ovaritis）根据病程可分急性和慢性两种。卵巢炎病例在临床上多数查不出明显症状，尤其是在卵巢的体积大小变化不明显时更难查出，因此将它引起的繁殖障碍也列于屡配不孕之内。严重的双侧性卵巢炎由于卵子的生成和排卵受到干扰，从而引起不育；但单侧性卵巢炎或部分卵巢组织发炎时，并不一定就会影响受精。卵巢炎的发病率通常较低。

【病因】 急性卵巢炎多数是由于卵巢受创伤、子宫炎、输卵管炎或其他盆腔器官的炎症引起。在某些情况下，如直肠检查时操作粗鲁引起卵巢损伤、对卵巢进行按摩、对囊肿进行穿刺造成损伤时，病原微生物经血液和淋巴进入卵巢也可发生卵巢炎。患结核病时也可继发卵巢炎。

【症状】 母牛患急性期卵巢炎时表现精神沉郁，食欲减退，甚至体温升高。慢性期一般无全身症状，但发情周期往往不正常。

急性卵巢炎的特征症状是母牛对触诊反应敏感，患卵巢炎的卵巢肿大2~4倍、呈圆形、柔软而表面光滑，卵巢上无黄体和卵泡。卵巢炎引起组织纤维化及粘连，特别是在组织纤维化或粘连初期，不一定能触诊出来。当急性炎症转为慢性时，卵巢体积逐渐变小，质地有软有硬，表面也高低不平。触诊时有时有轻微疼痛，有时无疼痛反应。

【诊断】 奶牛患急性卵巢炎时，根据母牛的精神状态及直肠触诊时母牛对触诊反应，结合触诊到的卵巢特征，可以初步诊断。目前，对急性和慢性卵巢炎单纯通过外观和直肠触诊都难以做出准确诊断。

【治疗】 卵巢炎的治疗原则：在急性期，在大剂量应用抗生素及磺胺类药物治疗的同时，加强饲养管理，以增强机体的抵抗力。在慢性炎症期，实行按摩卵巢的同时结合药物及激素疗法。治疗卵巢炎的激素主要有雌激素或其类似物、促性腺激素释放激素或其类似物、促卵泡素、马绒毛膜促性腺激素、人绒毛膜促性腺激素。

【预防】 目前对卵巢炎还没有有效的疗法，主要以预防为主。首先，要加强饲养管理，提高奶牛机体的抗病力，保证饮水质量，保证饲料质量，要饲喂精粗饲料搭配合理、质量好、营养全的配合饲料；日粮中的蛋白质、能量、微量元素和维生素要满足奶牛的营养需要，还要按奶牛不同生理阶段的特性，在奶牛生长发育、繁殖、泌乳等不同时期分别制定饲料配方，以满足不同生理状态的营养需要。其次，要合理安排奶牛饲喂、运动、挤奶时间。再次，改善奶牛的饲养环境，减少奶牛患子宫炎的概率。此外，减少直肠触诊的频率，也是减少子宫炎的措施之一。例如，国外采用"早晚配种原则"，即早晨发现奶牛发情傍晚配种，傍晚发现发情则早晨配种，既不影响奶牛的受胎率，还可以减少由于直肠触诊操作不慎造成的卵巢炎。

（常仲乐）

四、持久黄体

妊娠黄体或周期黄体超过正常存在时间而不消失，称为持久黄体（Persistent Corpus Luteum）。妊娠黄体或周期黄体在组织结构和对机体的生理作用方面没有区别。由于黄体分泌孕酮，抑制卵泡成熟和发情，如果黄体在非妊娠状态持续存在便可引起乏情，造成不育。约有26%的母牛在非妊娠期间会发生持久黄体。

【病因】 舍饲、运动不足、饲料单纯、缺乏矿物质及维生素等均可引起持久黄体。泌乳量高的母牛在冬季易发生持久黄体。

持久黄体常和子宫炎症引起的前列腺素分泌减少等有关。子宫积液、积脓，子宫内有异物，胎儿干尸化等，都会使黄体不消退形成持久黄体。有子宫病变的母牛，由于子宫内膜或其腺体不能释放前列腺素，也可以引起持久黄体。

此外，早期胚胎死亡也可以引起持久黄体。在妊娠早期，胚胎由于感染或者发育异常而死亡时，母牛一般会恢复正常的发情周期，但如果胚胎死亡发生时间在胚胎着床以后，由于母体与胎儿间发生了妊娠识别，从而阻断了黄体溶解途径，因此胚胎死亡后黄体不能正常溶解，母牛也会长期不返情，这种情况引起的持久黄体并非真正的持久黄体，而是妊娠提早中止但没有被诊断出来。

【症状】 患持久黄体的牛发情周期停止，有时会误以为是妊娠。直肠检查时可以发现卵巢上存在黄体，不能检查到黄体的母牛至少有一侧也会存在埋入卵巢内的黄体，触诊时可以发现卵巢体积较大且质地稍硬。

【诊断】 如果母牛超过了应当发情的时间而不发情，间隔一定的时间（10~14d），经过2次以上的检查，在卵巢的相同部位触摸到同样的黄体，即可诊断为持久黄体。为了鉴别持久黄体与妊娠黄体，必须仔细触诊子宫。母牛患持久黄体时，黄体的一部分呈圆周状或蘑菇状凸起于卵巢表面，比卵巢实质稍硬。但有些持久黄体位于卵巢中央，有时甚至难于摸清楚，对这种位于卵巢中央的黄体可以采用B型超声扫描方法进行区分，在卵巢的超声扫描图像中黄体为中等回声区（图7-2-8）。

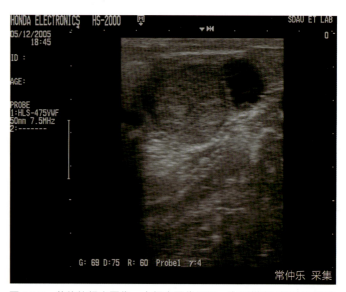

图7-2-8 黄体的超声图像，本超声图像显示，在卵巢实质区有回声均匀的中等回声区，在中等回声区外围一侧存在少量直径很小的无回声区，另一侧出现几个连接到一起的无回声区，中等回声区为黄体的超声扫描图像，无回声区为卵泡的超声扫描图像。图像表明此牛卵巢中央存在黄体

对于继发于早期胚胎死亡的持久黄体，如果胎儿死亡发生在妊娠60d前后，由于胎儿尚小，流产时很难发现；有的则是胎儿在子宫中发生浸溶，而后引起持久黄体。对于这样的病例，应当结合检查卵巢和子宫的情况综合进行判断。有必要可以利用B型超声扫描方法诊断子宫内是否存在胎儿，妊娠30d以后子宫超声扫描可以清晰地观察到胎儿的存在，在妊娠50d后子宫超声扫描可以清晰地观察到胎儿的心跳；也可通过测定血浆或乳汁中孕激素浓度进行判断。

超声扫描技术与直肠检查方法在判断奶牛是否患有持久黄体时的情况相似，均不能通过一次检查进行判断，必须结合牛发情史综合考虑或者间隔10~14d进行第二次检查才能够判断。

【治疗】 治疗单纯的持久黄体的有效方法是利用前列腺素或人工合成的前列腺素类似物，如氯前列烯醇。用药方式既可以采用肌内注射也可以子宫内注射，由于前列腺素溶解黄体是要通过血液循环到达卵巢才能够起作用，而且前列腺素的半衰期短，肌内注射用量要远大于子宫内注射，但肌内注射操作简单。可以肌内注射氯前列烯醇 0.4~0.6mg，子宫内注射量为 0.2~0.3mg。病牛注射前列腺素或其类似物后大多在 3~5d 发情，配种能受胎。

此外，促卵泡素、马绒毛膜促性腺激素、雌激素及促性腺激素释放激素类似物等也可用于治疗持久黄体，但这些激素的使用主要是通过提高动物体内雌激素浓度，促进子宫蠕动使子宫产生的前列腺素到达卵巢溶解黄体。单独使用雌激素后，奶牛很快会出现发情征兆，但往往是假发情，实际操作过程中要结合卵巢的直肠检查结果进行，如果卵巢上无发育成熟的卵泡排卵，需要等到下一次发情，卵巢上才能有发育成熟的卵泡。

持久黄体并发子宫疾病时，应同时治疗。只要治愈这些疾病，持久黄体就会自行消失，有时为了结合治疗子宫疾病也会同时使用前列腺素及其合成类似物。

【预防】 为预防持久黄体的发生，要加强奶牛的饲养管理，提高奶牛机体的抗病力，保证精粗饲料搭配合理。日粮中蛋白质、能量、微量元素和维生素要满足奶牛的营养需要，还要按奶牛不同生理阶段的特性，在奶牛生长发育、繁殖、泌乳等不同时期分别制定饲料配方，以满足不同其生理状态的营养需要。还要合理安排奶牛饲喂、运动、挤奶时间。改善奶牛的饲养环境，减少奶牛患子宫炎的概率。

（常仲乐）

五、卵巢静止

卵巢静止（Inactive Ovary）是卵巢的机能受到扰乱，卵巢上无卵泡发育，也无黄体存在，卵巢处于静止状态，又称卵巢机能减退。本病如果长期得不到治疗则可发展成卵巢萎缩。卵巢萎缩通常是指卵巢体积缩小而质地硬化、无活性，性机能减退。有时是一侧或两侧卵巢都发生萎缩及硬化，发情周期停止，长期不孕。在卵巢萎缩的过程中，性机能逐渐减退，卵巢体积逐渐缩小，发情症状不明显，卵泡发育不良，甚至发生闭锁。严重萎缩时，不但卵巢小、质地硬，而且母牛长期不发情，子宫收缩，变得又细又硬。

【病因】 卵巢静止和卵巢萎缩的主要原因：一是高产奶牛更容易发生卵巢萎缩，当奶牛体质衰弱，年龄大，又加上饲养管理不当，易使卵巢发生萎缩，变小且硬。二是卵巢疾病的后遗症，如卵巢炎、卵巢囊肿继发的后遗症。三是内分泌机能失调，尤其是促黄体素分泌异常。

【症状】 母牛长期无发情表现，直肠检查会发现卵巢质地松软，卵巢上无卵泡发育也无黄体存在，有时卵巢上存在着小的颗粒。如果发生了卵巢萎缩，卵巢的体积会缩小，质地变硬，在卵巢上触摸不到卵泡或黄体的存在。

【诊断】 根据母牛长期无发情表现结合直肠检查及超声诊断可以做出诊断。采用超声诊断，可以发现在声波图像卵巢实质区回声均匀，实质性回声区内不存在无回声区或者仅有很小的无回声区存在（图 7-2-9）。

【治疗】 治疗卵巢静止和卵巢萎缩首先应改善饲养管理条件，供给全价日粮，以促进母牛体况的恢复。为了加速恢复卵巢机能，可通过直肠按摩卵巢和子宫，每隔3~5d按摩1次，每次10~15min，促进局部血液循环。

也可进行激素治疗：肌内注射促卵泡素100~200IU；肌内注射人绒毛膜促性腺激素2000~3000IU，必要时间隔1~2d重复处理1次；肌内注射马绒毛膜促性腺激素1000~2000IU；肌内注射促排卵素2号100~400μg。

在无上述激素时也可以利用雌激素或三合激素处理，雌激素对性中枢有兴奋作用，在有孕激素预处理的情况下可引起母牛外部发情征象。雌激素可以促进生殖器官血管增生、血液供给旺盛、机能加强，有助于卵巢机能的恢复。

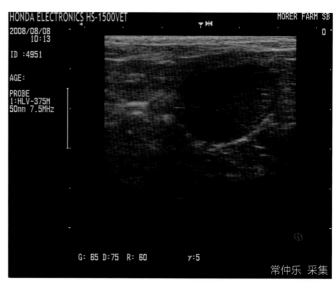

图7-2-9 卵巢静止的超声图像，本超声图像显示在卵巢实质区有回声均匀的中回声区，在中回声区不存在无回声区或者仅有很小的无回声区存在，中等回声区为卵巢的超声扫描图像，无回声区为卵泡的超声扫描图像，超声扫描卵巢实质区回声均匀可以认为卵巢质地均一、无黄体存在，卵巢上存在数量很少直径很小的无回声区，表明此卵巢处于静止状态

【预防】 预防卵巢静止的方法与预防持久黄体的方法相同，要加强饲养管理，提高奶牛机体的抗病力，保证日粮中精粗饲料搭配合理，蛋白质、能量、微量元素和维生素要满足奶牛的营养需要。要合理安排奶牛饲喂、运动、挤奶时间。

（常仲乐）

六、输卵管炎

据Scott R等估计，有3%~8%的屡配不孕是由输卵管问题造成的。输卵管问题中最常见的就是输卵管炎、输卵管积液、输卵管积脓、输卵管腹膜炎。

输卵管炎（Salpingitis）是输卵管受感染或发炎。由于子宫经输卵管与盆腔相通，所以子宫及盆腔有炎症时均有可能扩散到输卵管，使输卵管发生炎症，直接危害精子，此外，由于输卵管内膜分泌能力受影响，干扰精子和卵子的通过，这些因素都可能影响到卵子受精或者受精卵从输卵管壶腹部向子宫方向的运行，从而影响生育力引起不孕。

【病因】 引起输卵管炎的病原菌较多，包括链球菌、弯曲杆菌、葡萄球菌、大肠杆菌和化脓棒状杆菌等。引起输卵管炎的因素也有很多，大多数病例为继发于阴道或子宫的上行性感染引起，感染可通过淋巴管扩散至输卵管。顽固性子宫内膜炎、子宫外膜炎等炎症均可能波及输卵管。损伤性的输卵管炎可能与胎儿三毛滴虫、胎儿弯曲杆菌及感染生殖道的其他微生物引起。

【症状】 输卵管炎发病初期无明显变化。

对于慢性输卵管炎，由于结缔组织增生，管壁增厚，通过直肠触诊可以触摸到如绳索状状的输卵管（正常输卵管直肠触诊一般感觉不到）。急性炎症，如输卵管阻塞时，黏液或脓性分泌物会积存在输卵管内则呈现波动的囊泡，按压时有疼痛反应，若急性期得不到及时治疗，往往会继发输卵管纤维组织增生，造成输卵管闭塞，在输卵管液能够反向顺利流至子宫的情况下，输卵管内就不会有积液存在，一旦输卵管液不能够反向流至子宫则会形成输卵管积液或积脓。牛患结核性输卵管炎时，则会触摸到输卵管粗细不一，并有大小不等的结节。

【诊断】　在发病初期，输卵管一般无形态变化，因此发病初期诊断比较困难，当病变严重到输卵管变硬时，可通过直肠检查做出诊断。

【治疗】　原发性较轻的输卵管炎经及时治疗可能会痊愈，康复具有生育能力。继发性的输卵管炎，特别是由于分泌物增多、发生粘连而造成的阻塞则难以治愈。

治疗时多数是采取1%~2%氯化钠溶液冲洗子宫，然后注入抗生素及雌激素以促进子宫、输卵管收缩，排出炎性分泌物，使输卵管、子宫得到净化，恢复生育能力。

在输卵管发生轻度粘连时，采取输卵管通气法有时也能奏效。也可采用输卵管通水的方法治疗。输卵管通水是判断输卵管是否通畅的一种方法，就是利用采胚管将亚甲蓝溶液或生理盐水注入有积液或积脓一侧的子宫角，再从子宫角流入输卵管，根据推注药液时阻力的大小及液体反流的情况，判断输卵管是否通畅。在输卵管发生轻度粘连时，通过液体的一定压力，可使梗阻的输卵管恢复通畅。因此，此法也可以用于疏通发生轻度粘连的输卵管。

单侧输卵管炎病牛可能有生育能力，双侧输卵管炎病牛往往失去生育能力，应及时淘汰。

【预防】　预防输卵管炎的发生，首先应当加强奶牛的饲养管理，尤其是干奶期的管理，减少难产、胎衣不下、恶露滞留的发生，对出现子宫内膜炎症的牛要及时治疗。尤其对难产牛、胎衣不下的牛、恶露滞留的牛，要跟踪治疗。还要对人工授精技术人员加强技术培训，强化其对器械卫生消毒工作重要性的认识，杜绝不规范操作。

（常仲乐）

七、输卵管积液与输卵管积脓

输卵管积液（Hydrosalpinx）的大多数病例是并发于输卵管炎的。奶牛患输卵管积液的比例要比其他动物高。输卵管炎除发展成输卵管积液外，还可以发展成输卵管积脓（Pyosalpinx）。输卵管积液时，由于输卵管变粗且具有液体波动，通常仔细的直肠检查就可以做出诊断。

【病因】　正常生理状态下，输卵管内膜上皮纤毛的摆动使输卵管液能够从输卵管伞侧流入盆腔，一旦输卵管管腔黏合，就会阻止输卵管内液体向盆腔流动，这些液体就会积累或反向流向子宫。发生输卵管积液或积脓时，由于输卵管中积聚有黏液或者脓液，会使输卵管扩张。由于输卵管阻塞，精子和卵子难以通过，还影响卵子的正常收集，并影响受精，造成奶牛不孕。

输卵管积液的原因目前尚不十分明了，许多研究人员认为输卵管积液或积脓是由炎症引起的，而且他们也都发现了输卵管积液或积脓时伴有子宫炎症发生的现象，2008年Azawi对屠宰场中屠宰牛的检查发现患输卵管积液或积脓的牛都伴有输卵管粘连和慢性子宫内膜炎。也有人认为衣原体感染是造成输卵管积液的主要因素。盆腔炎症可以引起输卵管积液或积脓。还有人提出结核病的发生也可以引起卵管积水或积脓。但也有人认为输卵管积液或积脓与遗传有关。

【症状】 发生输卵管积液或输卵管积脓的牛一般表现正常的发情周期，但多数屡配不孕。

在直肠检查时，对积液或积脓少的牛仅能够触摸到输卵管变粗，质地稍硬；积液量多时可以通过直肠检查发现在子宫角外区域有囊泡存在。但牧场工作人员往往忽视这一现象。确诊子宫输卵管积液或输卵管积脓，超声检查是一个有效的手段。由于输卵管内液体充盈和输卵管扩大，输卵管积液可以清晰地通过超声扫描发现，但如果积液或积脓很少，超声扫描也就难以发现。人医上常采用输卵管造影术判断不明显的输卵管积液或积脓。由于条件限制，输卵管造影术在牧场使用还不现实，但可以利用输卵管通水结合超声扫描实施判断。

【诊断】 过去诊断输卵管积液或输卵管积脓主要是通过直肠检查判断，随着超声扫描技术的应用，超声扫描技术成为诊断输卵管积液或输卵管积脓的有效手段。

直肠检查时能够触摸到输卵管变粗、质地变硬；有时虽触摸不到输卵管，但可在子宫角外侧输卵管所在区域触摸到囊泡（图7-2-10~图7-2-12），可以基本判断为卵管积液或输卵管积脓。

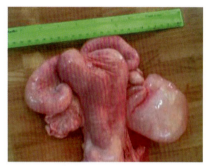

图7-2-10 单侧输卵管积液的生殖器官
左侧输卵管正常，右侧输卵管膨大，内部充满液体 [Iraqi Journal of Veterinary Sciences, 2008, 22（2）：59-67]

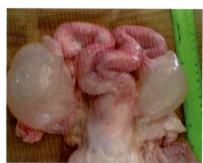

图7-2-11 双侧输卵管积液的生殖器官
双侧输卵管膨大，内部充满液体 [Iraqi Journal of Veterinary Sciences, 2008, 22（2）：59-67]

图7-2-12 子宫双侧输卵管积脓的生殖器官
双侧输卵管粗大，内部充满脓汁 [Iraqi Journal of Veterinary Sciences, 2008, 22（2）：59-67]

超声扫描诊断输卵管阻塞、输卵管积液、输卵管积脓的方法主要是利用阴道探头检查。检查者通过在直肠的手控制子宫及子宫阔韧带便于阴道探头对输卵管扫描，由于输卵管积液中液体一般为清亮或者琥珀色、质地均一的黏液，因此在超声扫描图像中输卵管积液为均匀的无回声区，一旦发现输卵管内出现膨大的无回声区存在，则可以诊断为输卵管积液，如果在输卵管内出现膨大的低回声区且质地不匀则可诊断为输卵管积脓。患输卵管积液的超声图像见图。

输卵管通水结合超声扫描的具体方法：先用二路冲胚管向子宫角注入亚甲蓝液或生理盐水，同时利用超声监视宫管结合部和输卵管，观察到注入的液体能够顺利通过输卵管进入盆腔则说明输卵管畅通。如果输卵管回声截面增大然后再回缩则说明输卵管出现轻微阻塞，并在通水后疏通。

【治疗】 患输卵管积脓或输卵管积液的牛，治疗价值不大，除非伴有子宫内膜炎或生殖道其他部位有明显感染同时存在时，用抗生素、前列腺素进行治疗。治疗可按输卵管炎的疗法治疗，经2~3个疗程仍不见效者，可淘汰病牛。如果输卵管积液或积脓的直径较小，且仅仅是由于炎症愈后输卵管内黏液阻塞或轻微粘连引起，可以利用输卵管通水实施疏通。输卵管通水方法见输卵管炎部分。但是若输卵管积液或积脓是由于输卵管阻塞、输卵管粘连造成了器质性病变，则难以采用输卵管通水的方法实施治疗。输卵管通水疏通时可以利用超声实时监控子宫角和输卵管的变化，一般在输卵管被疏通之前，会观察到子宫角和输卵管子宫侧的充水，随着疏通子宫角和输卵管子宫侧的充水逐渐增加，液体压力增大，压迫输卵管，迫使阻塞部分开放，注入输卵管的液体带着输卵管的积水或积脓经输卵管伞侧流入盆腔，对母牛实施输卵管疏通术后应当注射抗生素，以防止继发感染。输卵管通水时应注意，如果注水量过多造成压力过大，则容易造成输卵管的破裂。

单侧输卵管积液或积脓的直径较大或输卵管积液或积脓的直径虽小但采用输卵管通水不能疏通的奶牛，往往受胎率会受到严重影响，建议及时淘汰。

如果发现奶牛双侧输卵管受损，出现双侧输卵管积液或双侧输卵管积脓，往往是奶牛完全丧失繁殖能力，应当及时淘汰。

【预防】 预防输卵管积液与输卵管积脓的措施与预防输卵管炎的措施相同。此外，还应对产后泌乳牛加强强饲养管理，保证饮水质量，保证饲料质量，提高奶牛机体的抗病力，对患有输卵管炎的病牛，应当及时治疗。

（常仲乐）

八、子宫外膜炎

子宫外膜炎（Perimetritis）是牛患子宫炎的最为严重的表现，感染穿过整个子宫壁引起浆膜发炎、渗出和纤维素性粘连。

【病因】 子宫外膜炎的发生主要由难产引起。子宫和生殖道后段的物理性损伤使得细菌从子宫腔和子宫内膜扩散进入深层。由于严重的子宫扭转使血管受到损伤，随后的助产操作也可以诱发子宫外膜炎。子宫外膜炎还可以导致腹膜炎。患子宫外膜炎的牛常出现腹膜的广泛性渗出，纤维素蛋白沉着并黏附于其他内脏的表面。

【症状】 子宫外膜炎发生的初期主要表现为腹膜炎症状，患子宫外膜炎的牛产后1~5d会表现出心动过速、胃肠停滞、精神沉郁、厌食、身体脱水、弓背、不愿活动、卧下后不愿站起、保护腹部，有时呼吸时会发出呻吟。有些病牛会出现里急后重。通过直肠检查可以发现盆腔内脏器官有纤维素性粘连和炎症，以致直肠不能移动，而且检查者的手被锁定于一固定的位置。

【诊断】 通过直肠检查，如果能够触摸到子宫体可感觉到由于大量纤维素蛋白的沉积粘连引发的捻发音，而且可能触诊到子宫体外的脓肿。一旦触诊清楚盆腔内特征，判断为子宫外膜炎后，最好不要再进行直肠触诊，以免加重病情，造成子宫破裂，或引起病牛剧烈疼痛增加里急后重的危险。

【治疗】 子宫外膜炎发生死亡的比例很高，预后难以恢复正常，一般发现母牛发生子宫外膜炎常常以及时淘汰为主要处理方法。如果母牛有较高的价值，值得强化治疗，则应全身使用抗生素治疗，而且需要较长时间的治疗。生存下来的牛会缓慢持续好转，体温、心率和食欲逐渐恢复正常。治疗期间（3~4周）避免触诊生殖道。恢复期的牛生殖道与后腹会出现广泛性粘连。应当停止配种，每间隔2周使用前列腺素处理以促进子宫内容物排出，但粘连会明显影响子宫内容物的排出，应当每隔1月进行1次直肠检查评估恢复的情况。粘连一般可以在5~6个月的时间内被吸收。配种后并可能妊娠。

【预防】 预防子宫外膜炎的发生，主要就是避免难产的发生，对育成牛配种过早很容易造成难产，因此，育成牛不能配种过早，在对育成牛的与配公牛的选择也应当考虑难产问题。

对经产牛要从泌乳后期、干奶期和围产期的饲养管理入手，避免奶牛过肥，防止胎儿在这一阶段体重过大，从而避免产道狭窄或胎儿过大引起难产。

做好产前检查，如果摸到胎儿是正生前置部分俱全，即唇和两蹄都可摸到且正常，可让母牛自然分娩，如果有异常，就应当及时进行矫正和助产，避免难产的发生。

助产难产牛时，助产人员应遵守操作规程，严格消毒，并戴长手套。若无条件，手臂经清洗消毒后涂油再进行救助操作，并注意检查指甲是否平整，以防止损伤产道。助产操作时用力要平稳缓慢，防止粗暴操作引起子宫脱。

在产后密切关注恶露排出情况，并根据恶露变化对奶牛及时处理。

产后10~26d，注意恶露颜色、气味、稀稠度、排出量及有无异常，并根据情况选择性治疗。避免对子宫内膜炎的过度诊断，对与子宫复旧有关的正常分泌物不必过度处理。如果分泌物脓大于50%、有恶臭，可注射1次氯前列醇，促进恶露、炎症渗出物排出，促进子宫恢复，如有发热症状可注射抗生素。

若为胎衣滞留和新产子宫炎高发病率牛群，在产后15d左右应对胎衣滞留等异常分娩牛，注射一次氯前列醇，有助于促进子宫恢复。

（常仲乐）

九、子宫脓肿与粘连

【病因】 子宫脓肿与粘连（Uterine Abscesses and Adhesions）可能是由于分娩时子宫壁的损伤造成子宫内膜的穿孔及局部或弥散性炎症和感染，通过子宫壁扩散在子宫外形成脓肿。除分娩时子宫壁的损伤造成子宫内膜的小穿孔可以引起子宫脓肿与粘连外，对子宫冲洗也是造成子宫脓肿与粘连主要原因。对产后2周以内的牛进行子宫冲洗，操作人员往往会忽视正在复原的子宫需要排出恶露，而且由于这时的子宫重量较大也会阻碍子宫颈的回缩，这时进行子宫冲洗灌注，往往会造成子宫颈远端、子宫体背侧被冲洗管损伤。冲洗灌注造成的子宫壁部分或全层的撕裂引起细菌侵入，会导致子宫出现脓肿和粘连，特别是产后患子宫内膜炎时进行的子宫冲洗和灌注更容易导致子宫脓肿与粘连。

【症状】 患子宫脓肿与粘连的牛通常无全身性症状，病情要到配种前进行直肠检查时才能发现。在直肠检查触诊时可以发现紧贴子宫体和子宫角处有圆形或卵圆形的坚实团块。脓肿的大小因损伤和子宫内容物渗出程度的不同造成差异很大，小的约有鸡蛋大小，大的可能会有篮球大小，并且在与子宫相连处可能有纤维蛋白性或纤维性网状粘连。子宫脓肿一般通过直肠检查难以与子宫瘤、囊肿区别，通过超声扫描或利用穿刺针抽取内容物可以找到区别的证据。由于子宫外的脓肿有一完整的脓肿膜，因此脓肿与子宫腔不通，浓汁不会流入子宫腔内。发生子宫脓肿的牛出现发情，但屡配不孕。发生网状粘连的可能会波及部分或全部生殖道，由于粘连子宫被固定在骨盆腔前部、骨盆前缘或耻骨前缘后部区域，因此子宫难以回缩。有些粘连质地脆弱或是纤维蛋白性粘连，容易被手弄断，在直肠检查时应当特别小心别动这些粘连，以免撕裂输卵管或子宫角。另外，由于子宫的下垂不利于有效地排出子宫内容物，因此有广泛粘连的牛常常伴有子宫内膜炎。这种牛往往很长时间内见不到发情。

【诊断】 对子宫脓肿与粘连主要通过直肠触诊的手段，根据子宫脓肿与粘连的症状特征做出诊断。

【治疗】 子宫脓肿的保守治疗是采用全身抗生素治疗或碘化物治疗，先用青霉素[22000IU/(kg·d)]治疗2~4周，但保守治疗并不能有效地治疗子宫脓肿与粘连，通常需要外科手术方法将脓肿摘除。奶牛站立保定，做肷部后切口，根据子宫角脓肿的部位确定肷部切口的位置，如果脓肿在左侧子宫角，就做左肷部后切口（图7-2-13）。切开腹壁，手进入腹腔探查子宫，将子宫拉出到腹壁切口外（图7-2-14），充分显露子宫角上的脓肿（图7-2-15），将子宫角用灭菌纱布隔离（图7-2-16），对脓肿进行剥离，严格小心操作，防止剥破脓肿膜。然后完整摘除脓肿。缝合子宫壁切口，用生理盐水冲洗子宫壁后，将子宫还纳回腹腔内。但子宫如果出现多个脓肿，在处理上就会更为困难。生产中对子宫脓肿伴随广泛粘连且经治疗后不能受孕的牛一般进行淘汰。而子宫上存在多个脓肿的牛也常常伴随广泛粘连，生产中无治疗的实际意义，建议停止配种，在泌乳后期淘汰。

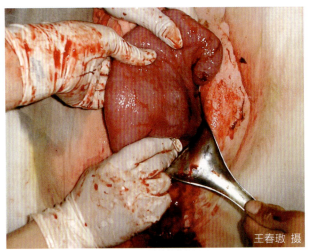
图7-2-13 在肷部切开腹壁，将子宫角牵引到切口外

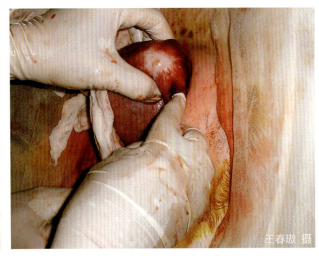
图7-2-14 将子宫角拉出腹壁，显露子宫壁脓肿

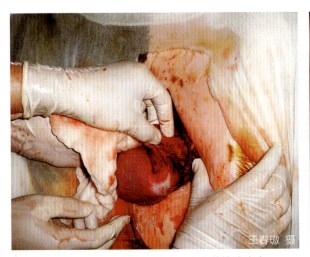
图7-2-15 用灭菌纱布隔离子宫角，准备完整摘除脓肿

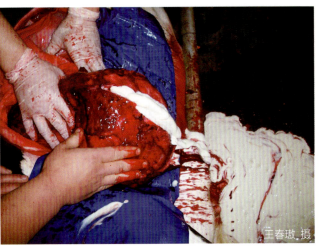
图7-2-16 完整摘除下来的子宫壁脓肿

【预防】 子宫脓肿与粘连关键靠预防。预防子宫脓肿与粘连一是要加强奶牛的管理，保证奶牛在干奶期能够达到理想膘情，即奶牛的体况评分不能超过3.5分，以防止过肥引起的难产发生。在干奶期和围产期通过改善奶牛的营养和加强运动，增强奶牛机体的抵抗力，减少子宫炎的发病率。

发生难产实施助产时，应当遵守难产救助的原则，助产人员应遵守操作规程，严格消毒，助产操作时用力要平稳，防止粗暴操作，以防止损伤产道。

禁止对产后两周以内的牛进行子宫冲洗，在发现恶露较多、含脓性分泌物较多时可以注射催产素或前列腺素增强子宫的蠕动，加速恶露排出。

（常仲乐）

十、子宫积液与子宫积脓

子宫积液（Hydrometra）是指子宫内积有大量棕黄色、红褐色或灰白色的稀薄或黏稠液体，蓄积的液体稀薄如水者也称子宫积水。

子宫积脓（Pyometra）多由脓性子宫内膜炎发展而成，其特点为子宫腔中蓄积脓性或黏脓性液体，子宫内膜出现炎症病理变化，多数病牛卵巢上存在有持久黄体，因而往往不发情。子宫积脓超过2个月或出现大量积脓的牛其以后繁殖的可能性很小。

【病因】 慢性卡他性子宫内膜炎发生后，子宫颈黏膜肿胀阻塞子宫颈口，以致子宫腔内炎症产物不能排出便造成子宫积液。子宫积脓大多发生于产后早期（15~60d），而且常继发于分娩期疾病如难产、胎衣不下及子宫炎。母牛患子宫积液或积脓时往往会出现持久黄体，持久黄体的出现是由于子宫发生感染，子宫内膜异常，而使产后排卵形成的黄体不能退化所致。配种之后发生的子宫积脓，可能与胚胎死亡有关，其病原是在配种时进入子宫或胚胎死亡之后所感染。在发情周期的黄体期输精，或给妊娠牛错误输精、冲洗子宫引起流产等均可导致子宫积脓或积液。

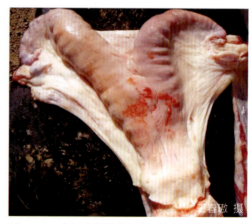

图7-2-17 患子宫积脓的子宫，解剖出的病牛子宫的子宫角肥大，质地柔软，内有液体波动

【症状】 患子宫积液或子宫积脓的牛，黄体持续存在，所以发情周期终止，长期不发情，除了子宫颈完全不通时不能排出分泌物外，往往不定期从阴道中排出分泌物。直肠检查触诊子宫时子宫显著增大。触诊患子宫积液牛的子宫时会感到壁薄，有明显的波动感，两子宫角大小相等或者一角膨大，有时子宫角下垂，无收缩反应，也摸不到胎儿和子叶。阴道检查时有时可见子宫颈阴道部轻微发炎。患子宫积脓的牛的子宫往往与妊娠2~4个月的子宫相似，在个别病例中还可能更大；子宫壁变厚，但各处厚薄及软硬程度不一；整个子宫紧张，触诊有硬的波动感或面团感（图7-2-17、图7-2-18）。当子宫内聚积的液体量

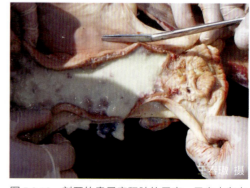

图7-2-18 剖开的患子宫积脓的子宫，子宫内存在大量脓液

多时，子宫中动脉有类似妊娠的脉搏，而且两侧对称。

【诊断】 子宫积液与子宫积脓的诊断可以根据奶牛长期不发情的表现，结合直肠检查和阴道检查综合做出判断。在诊断中要注意子宫积液、子宫积脓与同等大小的妊娠子宫的区分。子宫积液、子宫积脓与同等大小的妊娠子宫的鉴别，常常有很大困难。为了做出正确诊断，除注意子宫壁是否很薄、有无收缩反应、液体波动是否很明显外，需进行数次检查。子宫积液时，间隔10~20d检查，子宫不随时间增长而相应增大，有时几次检查所查出来的两个子宫角的大小不恒定（图7-2-19）。

传统方法中，子宫积脓、积水与胎儿干尸化、胎儿浸溶要通过直肠触诊和阴道检查相结合的方法进行检查区别与判断（表7-2-1），但随着大型奶牛场对B型超声诊断仪的使用，可以利用B型超声回声所产生的图像清晰地判断出是正常妊娠还是发生了胎儿死亡、子宫积液或积脓，子宫积脓超声图像见图（图7-2-20）。

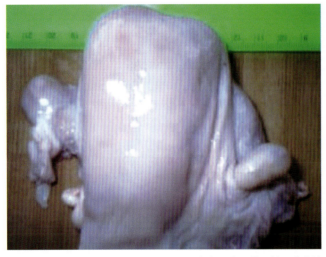

图7-2-19 患子宫积液的子宫，解剖出的病牛子宫质地柔软、内有液体波动，两子宫角大小相等
[Iraqi Journal of Veterinary Sciences，2008，22（2）：59-67]

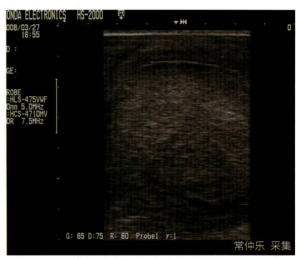

图7-2-20 患子宫积脓的子宫超声图像，图像显示中等回声区肥厚，在中等回声区内存在大量较强回声区。中等回声区为子宫内膜回声，较强回声区为子宫内脓汁回声，表明子宫宫腔内存在大量脓汁

表7-2-1 牛正常妊娠3~4个月的子宫与类似妊娠的病态子宫的鉴别诊断

类型	直肠检查	阴道检查	阴道排出物	发情周期	全身症状	重复检查变化
正常妊娠	子宫壁薄而柔软，妊娠3~4个月以后可以触到子叶，两侧子宫中动脉有强度不等的妊娠脉搏，卵巢上有黄体	子宫颈关闭，阴道黏膜颜色比平常稍浅，分泌黏液	无	停止循环	全身情况良好，食欲及膘情有所增加	间隔20d以上重复检查时，子宫体积增大

（续）

类型	直肠检查	阴道检查	阴道排出物	发情周期	全身症状	重复检查变化
子宫积液	子宫增大，壁很薄，触诊波动明显，整个子宫大小与妊娠1.5~2个月的相似，分叉清楚，两角大小多相等，卵巢有黄体，可能出现类似的脉搏，但两侧强度均等	有时子宫颈及阴道有发炎现象	不定期排出分泌物	紊乱	无	子宫增大，但有时反而缩小，两子宫角的大小比例可能发生改变
子宫积脓	子宫增大，与妊娠2~4个月相似，两角大小相等，子宫壁厚，但各处厚薄不均，感觉有硬的波动，卵巢有黄体，有时有囊肿，子宫中动脉有类似妊娠的脉搏，且两侧强度相等	子宫颈及阴道黏膜充血微肿，往往积有脓液	偶尔在发情或子宫颈黏膜肿胀减轻时，排出脓性分泌物	停止循环，患病久时，偶尔出现发情	一般无明显变化，有时体温升高，出现轻度消化紊乱现象	子宫形状、大小和质地大多无变化

注：引自《兽医产科学》，赵兴绪，2002。

【治疗】 过去治疗子宫积液时常常采用冲洗子宫的方法，现在已经很少使用。采用连续注射雌激素后再使用催产素也是过去常用的方法，但由于连续注射雌激素后，血液和奶中雌激素的残留量较大，现在也很少使用。目前，治疗子宫积液或子宫积脓主要是利用前列腺素及其类似物，如氯前列烯醇等药物治疗。大多数子宫积液或子宫积脓可通过1次或几次前列腺素药物的治疗顺利排出。一般注射后24h左右即可使子宫中的液体排出，经过3~4d病牛可能出现发情，并随之排卵。如果一次注射前列腺素药物未能治愈，需要间隔9~14d重复使用该药物治疗。氯前列烯醇肌内注射剂量为0.4~0.6mg。

【预防】 预防子宫积液和子宫积脓主要靠预防子宫炎的发生，具体措施参见子宫炎预防部分，如果奶牛患有子宫炎应当及时进行治疗。

（常仲乐）

十一、子宫内膜囊性增生

子宫内膜囊性增生（Endometrial Cystic Hyperplasia）是指子宫内膜内分泌障碍、子宫内膜增生变性失去分泌机能，最终导致母牛不育的疾病。子宫内膜囊性增生的表现有多种形式：一是表现为单纯的子宫内膜腺增生过厚，这种表现往往是子宫内膜囊性增生的开始阶段。二是子宫内膜的增生现象表现为子宫内膜呈"蜂窝"型增生。三是子宫内膜的增生现象表现为子宫内膜增厚时伴有息肉的出现。四是子宫内膜增生现象表现为子宫内膜的萎缩。患子宫内膜囊性增生的牛占不育牛的22%~30%。子宫内膜囊性增生的发生是长期患病的结果。

【病因】 奶牛发生子宫内膜囊性增生往往与内分泌紊乱有关系。单纯性的子宫内膜腺增生往往被认为是由于体内雌激素和孕激素分泌不平衡，子宫内膜对体内高雌激素状态的一种生理反应，一般反应为子宫内膜肥厚，但子宫内膜无结构性变化。由于日粮营养不平衡、维生素和矿物质缺乏，长期饲喂蛋白质过多的饲料，维生素缺乏，含雌激素类似物较高的饲料，都可以造成内分泌机能的紊乱，进一步引起子宫内膜囊性增生。可以说奶牛营养不平衡和日常的饲养管理不好是引起子宫内膜变性的主要原因。消瘦的奶牛也能使子宫内膜发生变性，慢性子宫内膜炎都可使子宫内膜发生内分泌障碍、造成子宫内膜的增生和变性；此外，随着奶牛年龄增大，进入繁殖机能停止期也会出现子宫内膜的萎缩。一般来说，子宫内膜囊性增生的发生是长期营养不良、长期患有慢性子宫内膜炎的结果。如果子宫内膜增生严重、达到无法控制的地步，有可能即发子宫内膜瘤。

【症状】 多数患有子宫内膜囊性增生的牛，发情周期紊乱或长期无发情表现。直肠检查卵巢时会发现卵巢上无成熟卵泡，也无黄体存在，即使有些牛表现发情征兆，卵巢也不排卵。对子宫直肠触诊会因子宫内膜增生类型不同子宫的表现症状也不一样。在发病早期，对单纯的子宫内膜腺增生的牛进行直肠检查时子宫与正常牛无明显区别，在发病中期以后进行直肠检查时发现子宫体积肥厚、子宫壁松弛、子宫收缩后反应减弱；对子宫内膜呈"蜂窝"型增生的牛进行直肠检查时发现子宫体积肥厚、子宫壁松弛、子宫实质地不均匀，在子宫实质内存在液泡波动感；对伴有息肉的子宫内膜囊性增生牛进行直肠检查时发现子宫体积肥厚、子宫壁松弛、子宫实质质地不均匀，在子宫实质内有一些团块状结构；对子宫内膜萎缩的牛进行直肠检查时发现子宫体积缩小、子宫壁坚实、子宫收缩后反应减弱或消失。触诊发现卵巢坚实，或出现卵巢囊肿；子宫壁部分松弛，部分膨大，有时强烈收缩。在利用超声扫描时可以发现子宫内膜腺囊性增生的声像图，所有病例的子宫体均显示不同程度的增大，主要表现为子宫内膜不同程度的增厚，回声增强；典型病例可在增厚、增强的子宫内膜处显示出多个大小不等的暗区回声，呈蜂窝状；少数病例在内膜周围可见到实质性低回声结节。

【诊断】 对子宫内膜囊性增生的确诊，除病史和子宫、卵巢的直肠触诊及根据母牛的症状诊断外，超声扫描是快速有效的手段。

【治疗】 治疗子宫内膜囊性增生主要通过激素诱导母牛发情并诱导排卵为主。如果患子宫内膜囊性增生的奶牛胎次较少，可以阶段性使用孕激素治疗，以实现雌激素与孕激素分泌的平衡，使奶牛恢复正常的发情周期。一般每头牛每次肌内注射孕酮 50~100mg，每天或隔天注射 1 次，连续注射 1 周后停药，观察发情，在奶牛出现发情表现 12h 后注射促性腺激素释放激素 100mg 诱导排卵。

对于子宫内膜发生萎缩的病牛还可以利用注射雌激素的方法诱导子宫内膜的增生。通常应用激素制剂治疗，甲酸雌二醇，一次皮下注射 100mg；孕马血清，一次皮下注射 1500~3000IU，间隔 1 周重复 1 次。

【预防】 预防奶牛子宫内膜囊性增生，要加强奶牛的饲养管理，提高奶牛机体的抗病力，保证精粗饲料搭配合理，日粮中蛋白质、能量、微量元素和维生素要满足奶牛的营养需要，同时还要按奶牛不同生理阶段生理学的特性，在奶牛生长发育、繁殖、泌乳等不同时期分别制定饲料配方，以满足不同生理状态的营养需要。还要制定合理的淘汰制度，对已经进入繁殖机能停止期的老龄牛，适时淘汰。

（常仲乐）

十二、子宫颈炎

子宫颈炎（Cervicitis）是子宫颈黏膜及子宫颈深层的炎症，炎性分泌物直接危害精子的通过和生存，所以往往造成不孕。

【病因】 子宫颈炎主要是由于子宫颈受到创伤如手术助产过程中造成子宫颈的创伤、感染、冲洗子宫时某些化学药物的刺激造成，目前认为子宫颈炎多数都是由于难产引起的。老龄牛或者发生严重难产的牛，易发生的子宫颈外口脱出，引起子宫颈的感染。子宫颈炎也可继发于慢性子宫内膜炎，阴道或外阴损伤造成的阴道吸气或尿潴留引起的慢性阴道炎，也容易导致子宫颈炎。输精时操作不慎，输精管会戳破或损伤子宫颈，引发子宫颈的慢性感染造成子宫颈炎。子宫颈炎也可能通过性传播引起，如衣原体、淋球菌、毛滴虫等就可以通过交配传播引起子宫颈炎。

【症状】 患子宫颈炎的牛的阴门常常会有黏液性脓性分泌物排出，这种牛屡配不孕，输精时会发现子宫颈粗大，有时子宫颈很难用手把握完全。直肠检查时可发现子宫颈阴道部松软、水肿、肥大呈菜花状，子宫颈变粗大、坚实。使用内镜检查时，常会发现子宫颈水肿、暗红、子宫颈外口肿胀。患子宫颈炎后可能会继发炎症自愈的纤维化，因此也往往造成子宫颈狭窄。经产牛子宫颈狭窄常常是由子宫颈炎造成的。

【诊断】 子宫颈炎的诊断，主要依靠子宫颈的直肠触诊和阴道检查综合做出判断。

【治疗】 患子宫颈炎的母牛应当停止配种，并及时进行药物治疗。

子宫颈炎发病时还伴有阴道炎或子宫内膜炎时，在治疗子宫颈炎的同时还需要对阴道炎和子宫内膜炎进行治疗。可参考治疗子宫炎、阴道炎的方法。如果是由于创伤造成的单纯子宫颈炎时，可使用防腐消毒药物擦拭受感染的子宫颈。消毒药物可以使用碘制剂如1:5倍稀释的复合碘溶液拜净或碘甘油。擦拭时可用宫颈钳拉回子宫颈以便进行局部处理。一般一周内要重复处理3~4次。单纯子宫颈炎也可以使用醋酸氯己定栓或宫得康放入子宫颈口进行治疗。

【预防】 预防子宫颈炎首先是加强饲养管理，杜绝本交的出现，选择公牛时利用难产率较低的公牛进行配种，加强泌乳后期和干奶期的管理，降低难产的发生率。助产时，应准备充分，助产人员应严格消毒助产器械和手臂，规范操作，避免对产道损伤和感染。在进行人工授精和子宫冲洗时，应当严格操作，避免子宫颈的损伤和感染。

（常仲乐）

十三、阴道炎

阴道炎（Vaginitis）是继子宫炎、卵泡囊肿之后影响牧场奶牛繁殖的又一常见疾病。阴道炎可表现为急性和慢性两种情况，是牧场中引起不孕的常见疾病之一。

【病因】 奶牛分娩时的创伤是奶牛原发性阴道炎的主要原因。此外，人工授精操作不慎造成的损伤和感染也可以造成原发性阴道炎。

继发性阴道炎常见于子宫内膜炎、子宫和阴道脱出、胎衣不下等疾病。由于粪、尿及阴道和子宫分泌物在阴道内积聚而引起感染发生阴道炎。

某些传染病也可以造成阴道炎。如牛传染性鼻气管炎、牛病毒性腹泻、布鲁氏菌病、李氏杆菌病、弯曲杆菌病、牛传染性脓疱性阴道炎、滴虫性阴道炎等。

外阴畸形、瘢痕组织使阴唇分开或导致阴道积气的牛也容易发生阴道炎。

【症状】 单纯性的轻度阴道炎病牛一般无全身症状，不定期地从阴门中流出黏脓性分泌物，分泌物粘在阴门、尾根和臀部周围的被毛上并形成干痂。阴道检查可以发现阴道黏膜轻度肿胀并伴充血或出血（图7-2-21、图7-2-22）。

图7-2-21 产后24h，奶牛阴道黏膜充血、肿胀

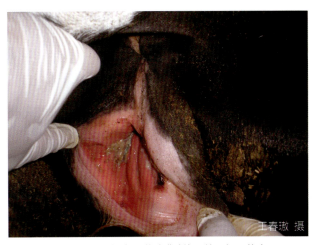

图7-2-22 产后24h，奶牛阴道黏膜感染，处于坏死状态

重度阴道炎一般与粗暴的接产、强行拉出胎儿有关，或与产后没有对产道的创伤进行处理，产道的破裂口没有缝合有关。产后24h，阴道黏膜、肌肉组织出现明显的炎症，产道创伤发生感染，病牛不断努责，从阴门排出恶臭的脓性分泌物，病牛常有弓背、翘尾、尿频、体温升高、精神沉郁、食欲下降、泌乳量减少的症状，化脓感染症状可持续很长一段时间。进行阴道检查，用阴道开腔器打开阴道后可见阴道黏膜特别是阴瓣前后的黏膜充血、肿胀、糜烂、坏死和出血，阴道内有脓性分泌物，当肌层发生感染时，阴道轮廓不清，大面积组织发生糜烂、坏死，严重的发生败血症死亡（图7-2-23、图7-2-24）。

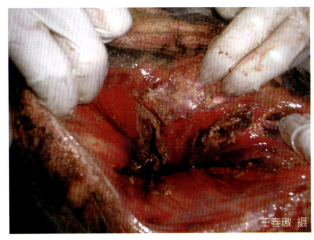

图7-2-23 奶牛阴道黏膜肌肉组织感染后发生坏死

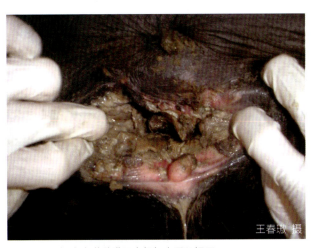

图7-2-24 奶牛产道黏膜肌肉组织大面积坏死

也有的病例可发展成为浮膜性、颗粒性阴道炎，翻开阴唇可看到粟粒大的黄色斑点和水疱状病变，这种阴道炎的传染力强，有时一栋牛舍大部分牛都可能患上这种阴道炎。发生阴道炎的牛在实施人工授精时会发现阴道壁明显肿胀、质地变硬，有时伴有阴道积气。有时手在直肠内对阴道施压或向后掏粪或使子宫回缩，会发现有清亮或混浊的液体排出。

【诊断】 根据阴道内黏膜和肌肉组织的局部症状即可做出诊断。

【治疗】 对阴道黏膜肌肉组织无明显损伤的阴道炎，可以采用局部治疗，利用稀释过的消毒防腐药物进行灌注，同时治疗并发的子宫炎或子宫颈炎。对慢性阴道炎可先用稀释过的消毒防腐药物冲洗，然后再用抗生素灌注子宫和阴道。但由于造成阴道炎的病原菌不清，最好是通过细菌培养和药敏试验确定使用的抗生素。治疗阴道炎时应当每天重复治疗，或根据治疗效果确定治疗次数和频率。

阴道冲洗常用的消毒防腐药物有1:500倍稀释的拜净、0.1%高锰酸钾稀释液、0.05%~0.1%新洁尔灭。阴道水肿严重时可用2%~5%氯化钠溶液冲洗，有大量浆液性渗出物时用1%~2%的氢氧化铝液冲洗。

在无条件进行细菌培养和药敏试验的牧场，主要采用广谱抗生素治疗。在阴道冲洗后局部涂抹消毒剂或抗生素类软膏，如0.5%碘甘油、1:3倍稀释的拜净、土霉素软膏、磺胺软膏、氯霉素栓或醋酸氯己定栓等，也有人使用甲硝唑阴道泡腾片治疗。

对于阴道黏膜、肌肉组织大面积糜烂、坏死的病例，将牛赶到保定架内进行保定，用2%盐酸普鲁卡因进行荐尾硬模外腔麻醉后，用0.1%高锰酸钾冲洗阴道，打开阴门，用手术剪清除坏死的组织，然后用生理盐水冲洗阴道，最后用1:5倍稀释的拜净或0.5%碘甘油涂敷在阴道黏膜肌肉感染处。根据阴道黏膜肌肉感染的程度，可1~2d处理1次。对具有全身症状的奶牛，还要全身使用抗生素治疗，以避免奶牛发生败血症。

【预防】
①加强饲养管理，减少由于妊娠牛过度肥胖造成的难产。
②加强检查和助产管理，减少难产和由于助产操作不当引起的产道损伤。
③加强人工授精员的技术培训，杜绝由于人工授精工作造成的生殖道损伤。
④在育种工作中加强公牛的选择，纠正母牛尻部不良结构，提高母牛的繁殖能力。

（常仲乐）

十四、屡配不孕

屡配不孕（Repeat Breeding）是指母牛发情周期及发情期正常，临床检查生殖道无明显可见异常，但繁殖适龄母牛及青年母牛输精三次及以上不能受孕。屡配不孕并非是一种独立的疾病，而是许多原因引起繁殖障碍的结果。屡配不孕长期以来一直是阻碍奶牛业生产发展的重大问题之一，据报道其发生率高达10%~25%。它虽然不会危害母牛的生命，而且有的病牛经过适当的治疗之后仍然可以受孕，但屡配不孕引起的经济损失巨大。据统计，在奶牛业中由于繁殖障碍引起的经济损失有10%~15%归咎于屡配不孕，在生产中应当重视。

【病因】 引起屡配不孕的原因很多，也很复杂，有些原因是属于母牛本身的，有些则来自公牛，也有些来自环境及饲养管理方面，或者是由这些因素中的两种或多种共同引起。虽然不受孕的是母牛，但也往往与公牛或饲养管理有关，尤其是在有多数母牛屡配不孕的牛群，更应考虑这些方面的原因。总的来说，屡配不孕的原因大致可以归为两类，即：受精失败及早期胚胎死亡。

（1）**受精失败** 受精是奶牛繁殖过程中至关重要的关键环节，受精成功与否受许多因素的制约，其中任何一种因素失调或者异常便可以导致受精失败。

1）遗传因素：公牛或者母牛出现了基因或者染色体异常，产生异常精子或卵子，精子异常或卵子异常往往不能正常受精。例如，发生罗伯逊易位的母牛就会产生染色体异常的卵子；性染色体三体的母牛、有些遗传异常的母牛会产生出老化卵子，这些异常的卵子在与精子相遇时难以完成受精。

2）免疫性受精障碍：精子具有免疫原性，可以刺激机体产生抗精子抗体，雌性动物接受多次输精后，如果生殖道损伤或在感染情况下，精子抗原可刺激机体产生抗精子抗体，可与外来精子结合而阻碍精子与卵子结合，导致屡配不孕。

雌性动物对精子抗原既有体液免疫反应，又有细胞免疫反应，在雌性生殖道（特别是子宫）中有巨噬细胞和其他免疫细胞，可吞噬精子。此外，子宫颈腺体细胞也具有吞噬精子的作用，当精子接触到这些吞噬细胞和嗜中性粒细胞时，吞噬细胞能立即辨认出并予以吞噬。

在雌性生殖道内，局部免疫反应的部分主要是子宫颈，其次是子宫体、子宫角和输卵管，阴道的作用很小。子宫颈能产生分泌免疫球蛋白的浆细胞，可分泌多种免疫球蛋白，如IgA、IgG、IgM等。如果生殖道受大肠杆菌、葡萄球菌等病原微生物感染，可使子宫颈浆细胞增殖，黏液中出现更多的IgA。此外，如果生殖道发生炎症时，抗体的产生较正常时可快1~2倍。生殖道内严重的炎症可造成形态和机能障碍，从而导致强烈的吞噬作用，促使精子抗体的产生，引起精子凝集。

3）卵子发育不全、卵子老化或排卵延迟：卵子发育有缺陷必然导致受精失败，排卵延迟或推迟配种也可使卵子老化，从而引起一系列退行性变化。卵子老化过程不很严重时，虽然仍可受精，但合子难以存活。

4）卵巢炎：卵巢炎的病例在临床上多数查不出症状，尤其是在卵巢的体积大小变化不明显时更难查出，因此将它引起的繁殖障碍也列入屡配不孕。

5）输卵管疾病：输卵管对排出的卵子接纳和输送起到极为重要的作用，它还参与精子的获能和运送，因此其解剖结构或机能出现任何异常都会阻碍受精的完成，从而导致受精失败。输卵管积液、输卵管炎和输卵管机能异常的母牛都会发生屡配不孕。在屡配不孕母牛中，其发病率占10%左右。但输卵管机能障碍在临床上极难通过检查确定。

6）子宫疾病：引起不育的子宫疾病中最常见的是子宫炎及子宫内膜炎。患轻型子宫炎或者某些类型子宫内膜炎的病牛也常无明显的症状，诊断比较困难。关于这两种疾病的详细情况，请参看本书有关部分。此外，子宫组织内的腺体囊肿和子宫的内分泌失调也可引起受精失败。

7）生殖道畸形：单侧输卵管阻塞的母牛也许可以受孕，尤其是对侧卵巢排卵时，然而两侧输卵管均阻塞、卵子难于通过的母牛则不会妊娠。子宫内膜异常的母牛，由于受精卵不能存活和附着，而导致胚胎死亡。De Krulf观察了连续4次发情输精的400头母牛，其中19%的母牛生殖道结构缺陷，14头屡配不孕母牛中的10头屠宰后发现单侧或双侧输卵管有缺陷。

8）技术管理水平：在技术管理力量薄弱的牛场，由于识别母牛发情的经验不足或工作疏忽大意，不能及时检查出发情母牛，造成漏配或配种不及时，会使许多母牛屡配不孕。另外，人工输精技术不良、精液处理和输精技术不正确往往引起大批母牛不孕。

9）精液品质：目前，规模化奶牛场不存在养殖公牛配种的情况，但也会出现由于精液品质造成的问题。尽管在牧场购买精液时进行了精液品质检查，可以避免公牛精液品质不良问题的发生，但如果购入精液后出现保管和使用问题，则会影响到精液的品质，从而影响受胎率。一旦这种问题出现，往往造成大量母牛屡配不孕。

（2）早期胚胎死亡　早期胚胎死亡主要是指胚胎在附植前后发生的死亡，为屡配不孕的主要原因之一。奶牛的受精率一般能够达到90%，受精后胚胎损失可达29%~39%，占牛繁殖失败的5%~10%。胚胎损失发生的主要时间段在受精后43d以内，大多数早期胚胎死亡发生在配种后8~19d，占胚胎损失的25%~30%（表7-2-2）。

表7-2-2　不同妊娠时间胚胎损失的原因

受精后时间	受精率	造成胚胎损失的原因
0d	90%	卵母细胞差、排卵延迟、孕激素分泌不足
10~13d	80%	胚胎质量差或胚胎的发育能力差
19d	60%~65%	子宫内环境与胚胎发育不一致
42d	50%~55%	感染、直接影响胚胎发育或胎盘功能的因素

发生在受精后15d内的胚损失，往往是由于发生了排卵延迟、受精异常、胚胎染色体畸形等原因造成胚胎发育能力较差不能够正常发育而出现损失，由于胚胎损失时间在周期性黄体溶解前后，因此一般对发情周期的长度无影响。胚胎的发育与子宫的发育不同步，胚胎不能正常附植也会造成胚胎的早期死亡。发生在受精后16~42d的胚胎损失，往往是由于胚胎发育与子宫内环境变化不同步，或者子宫受感染使胚胎的发育、着床或者胎盘的发育受到影响所致，子宫内环境造成的早期胚胎死亡要远高于由于胚胎质量差造成的胚胎死亡。配种35d后发生胚胎损失，可能会有胚胎或胎膜流出，但在大型牧场奶牛数量较多时难以发现是哪头牛出现了早期流产，此外在35~45d出现早期胚胎死亡后胎儿或胎膜常常也会被母体吸收。尽管母牛会在胚胎损失后其卵巢上的黄体会溶解，母牛仍然会返情，但由于胚胎损失时功能性黄体已经发育成妊娠黄体，因此母牛返情的时间要比正常发情周期的时间延迟。

造成早期胚胎死亡的有营养、遗传、应激等因素。

1）营养因素：营养过剩和营养不足对胚胎损失均有影响。母牛产犊时，保持适度体况才能获得最大泌乳量和最高繁殖性能。如果在母牛产犊前饲喂过量碳水化合物，使其过肥，易引起难产、代谢紊乱，特别是产后瘫痪、酮病、胎衣不下和子宫炎，使早期胚胎死亡率升高。饲料中蛋白质含量过高，蛋白质经瘤胃发酵会转化成氨，进入血液循环，血液中氨浓度的升高会影响到胚胎的发育，造成早期胚胎损失。日粮中磷、碘不足时，会造成奶牛妊娠需配种次数增加，甚至出现屡配不孕。缺乏镁时，既不发情，配种后妊娠率也降低，且妊娠维持不超过3周。日粮中维生素 A、维生素 B、维生素 D、维生素 E 缺乏都会导致奶牛不孕。饲料中缺乏维生素 A、维生素 B 时会造成发情周期失调，并且生殖腺变性；缺乏维生素 D 时可以造成发情表现不明显，排卵延迟；缺乏维生素 E 时可以引起隐性流产。饲料中的钙、磷、钠、钼等元素过量能抑制丘脑下部-垂体轴的活动，降低受精率或影响胚胎质量，也可通过改变母体内分泌而影响胚胎的存活。

饲草中所含雌激素类似物过多（如饲喂过多鲜豆科牧草），也会引起生殖机能紊乱，可使胚胎的存活数降低，也可以引发卵巢囊肿。奶牛长期采食霉变饲料可以造成慢性食物中毒，而食物中毒可以造成排出卵子的质量下降，卵子不能正常受精，也可以造成胚胎的早期死亡，表现为屡配不孕。

2）遗传因素：遗传因素造成早期胚胎死亡主要有两方面的因素：一是患有染色体畸变的母牛，其生殖内分泌发生紊乱，或者生殖器官发生畸形，不利于胚胎的生长发育。母牛和公牛染色体发生易位或性染色体嵌合，均可导致胚胎死亡。如发生染色体 1/29 罗伯逊易位的母牛，配种后 90d 的返情率明显高于正常牛。二是胚胎本身的遗传物质异常，直接影响了胚胎的生长发育能力，或者干扰了胚胎对母牛子宫内环境变化的适应能力，从而引起胚胎死亡。如尿苷酸合成酶缺乏症（DUMPS）是常染色体隐性遗传疾病，患尿苷酸合成酶缺乏症的胎儿在妊娠 2 个月时会死亡。有研究表明荷斯坦牛和夏洛来牛的早期胚胎死亡比例要比其他品种高。

3）应激因素：热应激、引起发热的疾病也容易造成胚胎的损失。奶牛生存的适宜温度范围为 -13~25℃，环境温度超出这一范围，就会造成奶牛的热应激或冷应激、特别是在空气湿度大、通风和降温或保温不良时会加重这一问题。

热应激可以造成胚胎发育中断，尤其以二细胞期胚胎对热应激最为敏感。热应激可以影响奶牛的繁殖率，受热应激的奶牛，体内孕酮的水平要比正常情况下的高，雌激素水平要比正常情况下的低，以致影响发情期促黄体素的分泌，出现短促发情的概率升高。因此，有些牛发情可能观察不到，即使发情，受热应激影响也会造成所排卵子的质量较差、不受精和异常胚胎的数目增加、不孕、早期胚胎死亡甚至流产的比例都会升高。配种前后受热应激的牛受胎率也会显著下降。热应激不仅会影响母牛的发情排卵，还会影响母牛的子宫内环境。研究人员在夏季对成母牛实施人工授精和将成母牛的胚胎移植到初配牛子宫以分析热应激对卵母细胞和子宫的影响，结果表明热应激对子宫的影响要大于对卵巢的影响。妊娠后期的牛也可能会由于热应激的影响造成早产，导致胎衣不下和代谢病的出现，严重的还会出现中暑死亡。长江以南地区的一些牛场，进入夏季后由于母牛发情表现不明显，再加上降温措施不利，夏季奶牛受胎率很低，因此许多牛场在高温高湿季节就会停止配种。

对于开放式饲养的奶牛，严寒时期也会出现冷应激。为了保持体温，奶牛必须增加能量摄入以维持身体的热量。这一时期除环境温度会造成冷应激外，风速、空气湿度都能够与室温结合，加重冷应激的影响程度。奶牛出现冷应激后繁殖机能也会下降，而封闭牛舍一旦出现通风不良，则会造成空气中氨、甲烷等气体的含量升高，进一步引发出一系列的问题。

4）繁殖技术因素：母牛卵子排出后只能存活 6~12h，公牛精子在子宫内只能存活 24~48h。如果输精过早，当卵子排出时，精子已经老化；如果输精太晚，当精子进入输卵管时，因卵子等候太久，卵子也已老化。老化的精子与卵子的受精率会明显降低，即使老化的配子完成了受精过程，只要有一方老化，胚胎的发育能力都会受到影响，容易导致胚胎质量和发育能力差，进而发生早期胚胎死亡。重复配种也会造成胚胎的死亡，妊娠母牛会有一定比例的妊娠后发情，如果对上次配种记录不清，输精前又未做细致检查，对已经妊娠的牛再次输精，往往会造成胚胎的早期死亡。此外，掌握不好妊娠诊断技术也可能造成胚胎死亡。对于一些刚刚从事繁殖工作的技术人员，他们期望提高技术水平，往往会试着做 50d 前的妊娠诊断，这一阶段子宫妊娠变化较小，尤其在 40d 以前，一旦操作不当就会造成胎儿的早期死亡，发生隐性流产。

5）传染病因素：可以造成受精失败或早期胚胎死亡的疾病包括细菌性繁殖传染病（主要有布鲁氏菌病、李氏杆菌病、弯曲杆菌病、钩端螺旋体病及沙门菌病等）、病毒性繁殖传染病（主要有牛传染性鼻气管炎、牛病毒性腹泻、蓝舌病等）及原虫性繁殖传染病（如滴虫病、弓形虫病等）等。在一般情况下，通过与病牛直接接触或通过被感染的饲草、饲料、饮水、空气及人工授精器具间接接触而感染。部分种公牛有可能是病原微生物的携带者及散布者，这是引起繁殖障碍的潜在因素。病原微生物能寄生于包皮或生殖器官而有时不引起临床症状，但病原微生物可以通过被感染的包皮等生殖器官直接污染精液。在母牛发情时由于交配或人工授精，病原微生物可直接感染生殖器官，另一途径是通过淋巴、血液循环到达生殖器官，使配子（精子、卵子）不能结合，或使早期胚胎死亡或胎儿死亡流产。

【症状】 繁殖适龄母牛及青年母牛输精 3 次及以上不能受孕。

【诊断】 主要根据奶牛的发情记录和配种记录进行判断。

【治疗】 对于发生屡配不孕的牛，应及时查明病因。由于引起屡配不孕的因素复杂，因此在预防和处理屡配不孕问题时就必须查明牛屡配不孕的原因，然后根据实际情况，制订切实可行的计划，采取具体措施，消除屡配不孕的原因。如果引起受精失败和胚胎死亡的原因未能消除，继续配种，屡配不孕常常会继续发生。

对于屡配不孕发生率高的牧场，首先，要排除精液的影响，检查配种用的精液是否出现问题，排除精液的影响，一旦精液出现质量问题或者保存不当都会引起高比例的屡配不孕。其次，检查发情鉴定人员的实际操作，观察配种人员精液处理的操作过程和分析不同配种员所配种奶牛受胎率、发情鉴定准确性，配种前精液的处理操作和输精人员的输精技术也是造成屡配不孕的因素。观察配种人员精液处理的操作过程，可以发现在精液处理操作中的问题；分析不同配种员所配种奶牛受胎率的比例，可以发现配种员间的差异；通过对发情鉴定制度的检查、发情鉴定人员的实际操作观察及受胎率低的配种员操作观察和输精技术检查可以发现是否存在繁殖技术问题。再次，从饲养管理制度入手分析是否存在饲养管理性问题，饲养管理性问题影响面大，在找出原因后应及时消除，奶牛的繁殖力一般可以恢复正常。但对于一个牧场，如果存在明确的饲养管理制度，往往在制度上和饲料配方上检查不出问题，因为任何牧场在制订管理制度时都会参考大量相关专业文献，制度往往是合理的；饲料配方多参考美国 NRC 标准或者中国奶牛饲养标准，通过计算基本上与饲养标准能够相符。但牛在牛舍的运动、反刍与采食的表现、牛舍中奶牛所采食的日粮却能够明确清晰地反映出饲养管理的问题。因此，进入牛舍观察牛的膘情状况、精神状态、采食、反刍及运动、观察日粮的组成成分也就非常必要。进入牛舍还可以发现牛舍环境是否对奶牛产生影响，如是否存在牛舍气温过高、湿度过大、饲养密度过大、牛舍通风不良、氨气浓度过高等问题。此外，进入饲料原料车间观察饲料原料的类型、品质、保管方法，结合牛舍内奶牛日粮的品质综合分析也是判断饲养管理问题的一个十分重要的途径，如观察使用的饲料原料可以发现饲料原料是否出现霉变，饲料中是否使用棉粕、菜籽饼等，通过对日粮配制过程的观察结合牛舍中观察到的日粮情况可以分析棉粕、菜籽的使用是否超标，这些观察对分析屡配不孕的原因都具有一定的指导意义。

如果是由于繁殖技术问题造成的屡配不孕，通过更换和培训技术人员，屡配不孕的发生率很快就可以降低，牛群的受胎率也可在较短的时间内恢复正常。

如果是由于饲养管理问题造成的屡配不孕，应当及时解决饲养管理中出现的问题，奶牛的屡配不孕率会逐渐降低，但牛群配种受胎率恢复正常水平需要较长的一段时间。

对于由抗精子抗体而引起的屡配不孕可让母牛停止配种1~2个情期，使母体内的抗体效价降低或消失后再行配种。对发生胚胎死亡，卵巢上存在黄体、子宫内存在死亡胎儿或内容物的牛，注射前列腺素及其类似物，以促进子宫内容物的排出；在子宫恢复正常后，实施发情处理。

查明屡配不孕的原因，还要从母牛机体的总体情况出发，进行全面的检查。不仅要详细检查生殖器官，而且要进行全身检查，如有些卵泡囊肿的牛发情不正常，配种后已发生屡配不孕，输卵管炎也可以影响到受精环境和早期胚胎发育，子宫炎的发生虽然对受精影响不明显但对于胚胎的早期发育和着床会产生显著的影响。

本章其他部分介绍了由于患有生殖系统疾病造成的屡配不孕，具体治疗方案可以参阅相关内容。

【预防】

1）预防屡配不孕首先应当制订并严格执行精液入场、保存与使用的技术规程，避免不合格的公牛精液入场，以及防止在保存和使用过程中出现任何不良问题影响精液质量。

①及时淘汰遗传缺陷牛，不仅减少因遗传因素引起的胚胎死亡，而且可降低饲养成本，提高奶牛生产的经济效益。

②制定合理的技术人员上岗制度，对新从事繁殖工作的人员实施培训和考核，对发情鉴定、配种和妊娠诊断技术员也要定期进行培训与考核，避免由于技术问题造成的屡配不孕。

③及时准确观察奶牛发情情况，做到适时配种，操作规范。为了避免奶牛排卵延迟，确保在输精后的7~18h排卵，减少卵母细胞发育质量差或排卵延迟引起的胚胎质量差造成的早期胚胎损失，在输精前可以注射促性腺激素释放激素或其类似物诱导卵泡成熟和排卵，注射促性腺激素释放激素或其类似物的时间一般以输精前6h至输精时为宜。注射促性腺激素释放激素或其类似物不仅可以诱导成熟卵泡排卵，还有助于排卵后黄体的形成，对减少由于黄体发育不良、孕酮分泌不足造成的早期胚胎死亡也具有一定的作用。配种后，在周期性黄体发育期注射适量促性腺激素释放激素、促黄体素或人绒毛膜促性腺激素可以促进黄体的发育，可以避免黄体功能不全或黄体溶解造成的胚胎损失。

④加强饲养管理，创造良好的饲养条件。确保饲料的合理组成和营养充足，避免日粮能量不足或营养不平衡引起代谢病，防止矿物质、微量元素和维生素的缺乏，必要时补充磷、碘、维生素A等。奶牛在不同的生理阶段体况评分过高或过低都会影响配种受胎率，同时也反映出饲养管理中存在问题，因此制订合理的分群方案和不同生理阶段的饲养管理标准，保证奶牛在不同生理

阶段都能够维持理想的膘情，也是预防屡配不孕的一项重要措施。

⑤保证牛舍的温度、湿度和适宜的通风，定时对牛舍清理和消毒。在高温季节，尤其是高温高湿地区通过设计合理的牛舍、积极地采用通风、喷雾、喷淋等多种手段最大限度地降低热应激的影响。在低温季节，尤其是低温且湿度较高的地区，要注意牛舍的保温并提高日粮能量浓度水平，减少冷应激的影响，在注意牛舍保温的同时注意通风换气，避免由于牛舍密封造成的牛舍内氨气、甲烷等气体浓度超标造成中毒。

⑥制定合理的妊娠诊断时间和次数，有条件（牧场有超声诊断仪）的情况下可以考虑实施一个妊娠期内四次妊娠诊断的方案，即在配种后30~40d、50~60d、100d左右和干奶时4个时间段实施妊娠诊断方案，以减少由于胚胎死亡造成的空怀；无超声诊断仪的牧场，可以考虑实施一个妊娠期内3次妊娠诊断，即在配种后50~60d、100d左右和干奶时3个时间段实施妊娠诊断，在妊娠诊断发现母牛空怀时及时处理并配种以减少由于胚胎死亡造成的空怀。

2）预防并及时治疗产科病及代谢病的发生，如流产、难产、胎衣不下、乳热症、酮病、子宫炎、乳房炎等。

①关注产后子宫的恢复与健康。在产后10d以后关注子宫分泌物的变化，如排出的恶露颜色及质量异常，特别是带有臭味是子宫感染的征候，应及时进行治疗，减少子宫感染造成的屡配不孕。产后20~40d应进行配种前的检查，确定生殖器官的状态及卵巢、黄体的发育情况，对子宫、卵巢状态异常的牛应当及时处理，具体处理方法见卵巢疾病或子宫疾病部分。

②在牛场的日常管理中积极预防牛病毒性腹泻和牛传染性鼻气管炎的发生。

③对查不出原因的屡配不孕牛，要反复多次检查，注意鉴别是根本不能受精，还是早期胚胎死亡，只有在对这两种情况确诊后才能采取相应的防治措施，收到良好的效果。

④对于根本不能受精的牛或者出现严重繁殖障碍无继续利用价值的牛应当及时淘汰。对于查明为早期胚胎死亡或暂时问题造成不能受精的母牛应给予及时的对症治疗。

（常仲乐）

十五、不孕症的综合防治

1. 选择优质精液并制订精液入场、保存和使用规程并严格遵守

在选择公牛时，除关注与正常生产性能相关的经济指标外，还应当关注对公牛携带隐性遗传基因的检测，避免携带不良隐性遗传基因的公牛精液进入牧场，此外还应当考虑公牛对受胎率的影响，选择生育能力强、难产率低的公牛，提高牧场的受胎率和分娩后母牛的健康水平。

此外，制订精液入场、保存与使用的技术规程，避免不合格的公牛精液入场，以及防止在保存和使用过程中出现任何不良问题影响精液质量。

2. 及早淘汰先天性不育的母牛

有95%左右的异性孪生母犊不能生育，尽管可以利用检查母犊阴道的办法发现能够生育的孪生母犊，但由于需要较多经验且也有出错概率，对这些孪生母犊可以及时淘汰。如果将这些孪生母

犊养大，不孕的孪生母牛到初情期时不能发情，外部检查时也会发现不孕的孪生母牛阴门狭小且位置较低，阴蒂较长，阴道短小。直肠检查时摸不到子宫颈且子宫角细小，卵巢大小如西瓜籽。

3. 加强育成牛的饲养管理

对青年母牛必须提供足够的营养物质和平衡饲料，及时进行疫病预防和驱虫，保证其健康成长，以便按时出现有规律的发情周期，发挥其正常的繁殖潜力。

4. 根据不同的季节和母牛的生理阶段调整母牛的日粮水平

夏季高温季节和冬季寒冷季节应当增加日粮浓度水平，以保证奶牛的能量需要。在泌乳前期，为减少能量负平衡的影响，应当适当增加奶牛日粮浓度；在泌乳后期，要根据奶牛的体况水平调整牛的日粮水平，对过胖的牛应当降低日粮浓度，对过瘦的牛应当提高日粮浓度，以便奶牛能以理想的体况进入干奶期，避免过肥或过瘦对分娩及分娩后配种受胎率造成影响。

5. 加强繁殖管理

（1）**防止繁殖技术不良造成不孕，提高牧场繁殖技术水平** 制订并严格遵守发情鉴定、妊娠诊断、人工授精的制度和操作规程，使技术人员做到不漏配、不错配，适时准确输精。即在进行发情鉴定时，仔细观察、详细记录，准确判断发情母牛，不错过合适的配种时间，输精操作正确规范，精液处理合理，以提高母牛的受胎率；对于已经配种的母牛应当适时进行妊娠诊断并准确判定，不配妊娠后发情的母牛，避免造成妊娠后发情母牛的胚胎损失。

（2）**尽可能创造条件，实现妊娠母牛的早期妊娠诊断** 输精后30~45d，应实施早期妊娠检查，以便及时查出未妊娠母牛，减少空怀引起的损失。早期妊娠诊断要尽量做到100%准确，若有疑问时要在一段时间后再重复诊断一次。由于在妊娠的中、后期，妊娠母牛仍然有5%~10%发生流产，因此对已确定妊娠的母牛，在妊娠中期和后期还要重复检查，对有流产史的母牛更应多次重复检查。对空怀母牛应加强复配管理，采取诱导发情、同期发情、同期排卵定时输精等技术，及早对空怀母牛配种，以缩短产犊间隔。

（3）**加强产前管理** 干奶后期奶牛应加强运动。妊娠后期牛应及时转入产房，一般在产前8~12h即可转入产房。加强产房的卫生管理，由于分娩牛抵抗力较弱，阴门松弛，产道口松开，阴门常有分泌物或恶露排出，最易被细菌感染，所以在每次清扫产房、牛床及排尿池时应撒石灰，并将临产母牛的产床用3%来苏儿消毒，再换上新垫草。对出现临产症状的分娩牛要用0.1%高锰酸钾清洗外阴部及其周围。尽量让临产牛自然分娩。需要助产时，应准备充分，助产员应严格消毒助产器械和手臂，操作规范，避免产道损伤和感染。对产后牛要加强监护，随时观察母牛的状况，产后12h胎衣仍不下者应及时进行处理，以减少产后疾病的发生。犊牛产出后立即清理污染的垫草，并对室内用3%来苏儿喷洒消毒，换上新垫草。

（4）**全面定期检查繁殖母牛，及时发现及处理卵巢机能障碍**

1）产后7~14d：经产母牛的全部生殖器官（包括子宫、子宫颈和卵巢）可能仍在腹腔内，妊娠时的位置上。至产后14d，大多数经产牛的两子宫角已大为缩小，初产牛的子宫角已退回骨盆腔，复旧正常的子宫质地较硬，可以摸到角间沟。触诊子宫可以引起收缩反应；排出的液体数量和恶露颜色已接近正常。如果子宫壁厚，子宫腔内积有大量的液体或排出的恶露颜色及质量异常，特别是带有臭味，则是子宫感染的征候，应及时进行治疗。在此期间，对发生过难产、胎衣不下或其他分娩及产后期疾病的母牛应注意仔细检查。

2）产后14d前：检查时，往往可以发现退化的妊娠黄体，这种黄体小而比较坚实，且略凸出于卵巢表面。分娩正常的牛，卵巢上通常有1~3个直径为1.0~2.5cm的卵泡，因为正常母牛到产后15d时虽然大多数不表现发情征候，但已发生产后第一次排卵。如果卵巢体积较正常的小，其上无卵泡生长，则表明卵巢处于静止状态，这种现象一方面是导致母牛全身虚弱的某些疾病引起的，另一方面就是摄入的营养物质不够所引起的。

3）产后20~40d：在此期间应进行配种前的检查，确定生殖器官有无感染，确定卵巢和黄体的发育情况。产后30d，初产母牛及大多数经产母牛的生殖器官已全部回到骨盆腔内。在正常情况下，子宫颈已变坚实，粗细均匀，直径为3.5~4.0cm。子宫颈外口开张，通过阴道检查发现子宫颈口排出或黏附有异常分泌物往往是存在炎症的象征。由于子宫颈炎大多是继发于子宫内膜炎，应进一步检查，确定原发的感染部位，以便采用相应的处理措施。

4）产后30d：母牛子宫角的大小会因年龄差异有很大的差别，但在正常情况下，任何年龄的牛的子宫角在触诊时都感觉不出子宫角的腔体，如果触诊时摸到子宫角的腔体，则是子宫复旧延迟的象征，可能存在子宫内膜炎。触诊子宫时可同时进行按摩，促使子宫腔内的液体排出，触诊按摩之后再做阴道检查往往可以帮助诊断奶牛是否患有子宫内膜炎。产后20~40d子宫如发生明显的异常，通过直肠检查一般都能发现。

产后30d时，许多母牛的卵巢上都有数目不等的正在发育的卵泡或退化的黄体，这些黄体是产后发情排卵形成的。在分娩后，泌乳早期阶段母牛安静发情极为常见，因此产后未见到发情的母牛只要卵巢上有卵泡或黄体，就证明卵巢的机能活动正常，不是真正的乏情母牛。

5）产后45~60d：对产后未见到发情或者发情周期不规律的母牛应当再次进行检查。到此阶段，正常母牛的生殖器官已完全复旧，如有异常，易于发现。检查时，可能查出的情况和引起不发情的原因包括下列几类。

①卵巢体积缩小，其上既无卵泡，又无黄体。这种情况是由导致全身虚弱的疾病、饲料质量低劣和严重的能量负平衡所引起的。这样的母牛除去病因（治愈原发性疾病、改善饲养管理）之后，调养几周通常都会发情，不需进行特殊治疗。

②卵巢质地、大小正常，其上存在功能性黄体，而且子宫无任何异常的母牛，表明卵巢机能活动正常，很可能为安静发情或发情正常而被漏检的母牛。对这种母牛应仔细触诊卵巢，并根据黄体的大小及坚实度估计母牛当时所处的发情周期阶段，并估计下次发情出现的可能时间，届时应注意观察或改进检查发情的方法。如果要使母牛尽快配种受孕，在确认它处于发情周期的第6~16天时，可注射前列腺素$F_{2\alpha}$，处理后见到发情时输精，或者治疗后80h左右定时输精。

③对子宫积脓引起黄体滞留而不发情的母牛，一旦确诊，先应注射前列腺素$F_{2\alpha}$，溶解黄体促使子宫内容物排出，其后见到发情时再按子宫内膜炎处理，用抗生素进行治疗。

④卵巢囊肿是母牛产后不发情或发情不规则的常见原因之一。产后早期发生本病的母牛多数

可以自愈，不必进行治疗。在表现慕雄狂症状或分娩 60d 以后发现的病例可用激素（促性腺激素释放激素、促黄体素）治疗。除非是持续表现慕雄狂症状的病例，经过 1 次用药之后，30d 以内一般不需要重复治疗，以便生殖器官有足够的恢复时间。

6）分娩 60d 以后：对配种 3 次以上仍不受孕，发情周期和生殖器官又无明显异常的母牛应在发情的第 2 天或者输精时反复多次检查，注意鉴别是根本不能受精，还是受精后发生早期胚胎死亡。引起母牛屡配不孕的其他常见病理情况有排卵延迟、输卵管炎、隐性子宫内膜炎和老年性气膣。

（5）建立完整的繁殖记录　每头牛都应当有完整准确的繁殖记录，建立繁殖记录时，表格应该简单实用，使一般饲养人员也可就观察到的情况及时进行记录。一般来说，繁殖记录应该包括分娩或流产的时间、发情及发情周期的情况、配种及妊娠情况、生殖器官的检查情况、父母代的有关资料、后代的数量及性别、预防接种和药物使用，以及其他有关的健康情况。针对使用信息管理系统的牛场，也应当将建立简易繁殖记录登记表，以便一般饲养人员使用。

6. 加强牧场的管理、完善管理措施

在母牛不育中，管理不善引起的不育所占的比例较大，如母牛的乏情、屡配不孕等均与管理有很大关系，因此改善管理措施也是有效防治不育的一个重要方面。重视奶牛体况评分，体况评定是当今奶牛饲养管理中的一项实用技术，体况反映奶牛身体能量储备的状态。不同的生理时期和泌乳阶段应该有不同的体况评分，不合理的体况将会导致奶牛健康状态、繁殖率及泌乳持久力下降。生产中应根据不同生理和泌乳阶段相应调整奶牛的营养水平，以维持奶牛的健康和正常繁殖机能。

7. 预防应激发生

奶牛生活的最佳环境温度范围为 4~24℃，温度超过 24℃、低于 -12℃（荷斯坦奶牛）或 -1℃（娟姗牛）就会影响到奶牛的泌乳量，但高温对奶牛的影响要比低温影响更严重。

（1）预防热应激的预防措施　在我国南方，热应激是造成奶牛泌乳量下降和受胎率降低的主要因素。热应激可以造成泌乳量下降 15%~20%，还会导致氧化应激，氧化应激可以造成胚胎死亡率、早产、胎衣不下的比例升高，严重降低奶牛的繁殖率，此外还会造成乳房炎发病率的升高。尽管热应激难以避免但可以通过如下的一些措施降低其造成的影响。

1）提供充足的清凉干净的饮水，并对水源实施遮阴处理。随着气温升高，奶牛对水的需求量也随着增加，当温湿指数高于 80 [温湿指数：干湿球温度计的干球温度（℃）+0.36× 干湿球温度计的湿球温度（℃）+41.2]，奶牛的饮水量会增加 50%。水源最好置于奶牛经常活动的区域，或者置于挤奶返回通道附近，对水源要实施遮阴处理。

2）改善待挤厅的条件，让奶牛在待挤厅感到舒服。由于待挤厅奶牛密度高，在高温季节，如果待挤厅没有通风、降温和遮阴措施，待挤厅就是奶牛应激最严重的地方。

3）在牛的食槽边遮阴与降温。在食槽边遮阴与降温可以使奶牛在采食时感到舒服，适当提高奶牛的采食量。

目前,为了减少热应激对奶牛的影响,我国南方的一些牧场开始采用喷雾-吹风循环或者喷雾-喷淋-吹风循环的降温模式降温,这种水、雾与吹风降温模式可以很好地起到降低热应激的作用,但在喷雾、喷淋降温处理中,应当注意减少水雾中水珠的直径、喷淋中水流速度和风扇转速,并对持续时间进行调整,避免因地面湿滑造成奶牛的滑倒。

4)增加奶牛日粮的能量浓度,在日粮中增添抗氧化剂。增加日粮投喂频率,尤其注意在早、晚天气凉爽时投喂饲料。能量浓度的提高可以减少高温季节奶牛采食量下降造成的泌乳量下降和膘情下降。

(2)预防冷应激的预防措施 作为恒温动物,奶牛要保持其正常的体温,在奶牛适宜的温度范围内奶牛不必消耗更多的能量去维持其体温的恒定,一旦温度低于奶牛适宜温区的临界温度底线,为了保持其正常的恒定体温,奶牛就会通过降低其基础体温、增加其新陈代谢的速率,消耗较多的能量以产生维持基础体温所需的热量。这就需要增加每天的能量摄入量以补充能量的过多消耗,会显著地加重产后泌乳高峰期的奶牛的能量负平衡,造成受胎率下降,冷应激的影响随着风速的增大、空气湿度的增大及奶牛被毛湿润或被毛上泥巴结块的存在而增强。如果奶牛能够维持理想膘情,受胎率一般受影响较小,但由于外界气温过低时,牧场往往会采用封闭牛舍的措施为奶牛提供保温,这就造成牛舍通风不良,暖气中的甲烷、氨在牛舍含量升高,使牛早期胚胎发育受到影响,屡配不孕的发生率升高。

1)关注气温变化,在气温降低时适当增加奶牛日粮中能量水平,并保证供应充足的日粮。

2)避免饲喂结冰的饲料,保证奶牛有充足的饮水,并对饮水适当加温。水温过低会使奶牛的饮水量受到影响,进而影响奶牛的采食量。

3)对牛舍实施保湿,同时保障牛舍有适宜的通风。

4)给奶牛提供干燥的卧床。保持奶牛体表被毛干燥,被毛潮湿或有泥块会降低被毛的保温效果。

8. 科学饲养,供应平衡日粮

根据母牛不同时期的营养状况确定日粮组成。防止营养不平衡,充分重视日粮中矿物质和微量元素的供应。对体弱牛,应供应充足的蛋白质、维生素、矿物质及微量元素,保证优质干草的饲喂量;对过肥牛,控制精饲料喂量,充分供应优质干草和多汁饲料。产前营养水平不应过高,防止母牛过肥;产后母牛一般都处于能量负平衡,此时要加强饲养,提高饲料品质,供应充足的优质干草,促进食欲,提高采食量,但严禁为追求泌乳量而过度饲喂精饲料。

9. 预防疾病

制定积极的防疫制度,避免或减少影响奶牛繁殖障碍的疾病发生。导致牛不孕、死胎、流产和其他生殖障碍的病毒有牛传染性鼻气管炎病毒、牛病毒性腹泻病毒、牛副流感病毒 3 型及肠毒病毒等。

(常仲乐)

第八章 营养代谢性疾病

第一节 低血钙、爬卧综合征及低血镁

一、产后瘫痪及亚临床低血钙

产后瘫痪（Postpartum Paralysis）也称产乳热（Milk Fever），以血钙浓度降低到正常值以下为标志，是奶牛一种常见的代谢疾病。产后瘫痪通常发生在产后 3d 内，表现为肌肉僵硬、震颤、步态不稳到卧地不起，如果不及时治疗可能会导致死亡。亚临床低血钙指奶牛血钙浓度降至正常范围以下，但没有卧地不能起立的症状。北美和澳大利亚奶牛产后瘫痪的发病率约为 3.5%，欧洲约为 6.5%。大约有 5% 的产后瘫痪是在产犊过程中发生的，接产员对这种情况称为产后不起。Timothy A. Reinhardt 等人发现饲喂产前低钙日粮的奶牛，约有 50% 的经产牛出现亚临床低血钙。我国近 5 年新产牛离子钙检测结果显示，荷斯坦经产牛产后亚临床低血钙的发病率为 60%~80%，控制良好的牧场亚临床低血钙的发病率为 24% 左右，产后瘫痪发病率为 0.5%~1.0%，部分问题牧场产后瘫痪的阶段发病率可达 5%~12%，给牛场造成巨大的经济损失。产后瘫痪发病奶牛比健康奶牛的免疫力更低，患病奶牛会增加其他产后疾病的易感性，如胎衣不下、酮病、皱胃变位、消化不良、免疫力低下及乳房炎等多种疾病。因此，对奶牛产后低血钙的防控十分重要。

【病因】 成年奶牛正常的血液总钙浓度为 2.05~2.69mmol/L，离子钙浓度为 1.06~1.33mmol/L，低于这一范围即可称为低血钙。奶牛产后血钙浓度低于正常范围且卧地不起的归为产后瘫痪，产后血钙浓度低于正常范围且无临床症状的奶牛均归为亚临床低血钙。

奶牛分娩前后需要从骨骼动员一定数量的钙，来补充因产犊及初乳中钙流失造成的血钙降低。通常情况下，奶牛产后 1 个月内要动员 9%~13% 的骨钙用于泌乳，也就是我们所说的奶牛泌乳期骨质疏松症。产后 12~24h 时，奶牛血钙浓度降至最低。通常奶牛可通过自身钙调节机制动员骨骼中的钙，在产后 2~3d 恢复血钙水平，一旦调节失衡，就

会发生产后瘫痪。

血浆中的钙平衡通过甲状旁腺素（PTH）来调节。当血钙浓度出现生理性降低时，机体产生 PTH。PTH 的作用体现在 3 个方面：增加破骨，促进肠道对钙的吸收（借助 1,25- 双羟维生素 D_3），增强肾小管对钙的重吸收。围产期饲喂低钙日粮，产犊后立即转为高钙日粮，是最常用的控制产后瘫痪的营养策略。围产期饲喂低钙日粮的奶牛，血钙在产犊前处于临界值上下，PTH 的分泌处于机动状态，产犊后可立即产生大量的 PTH 参与低血钙的调控。PTH 的钙调节机制受多种因素的影响，其中最重要的影响因素是机体酸碱平衡对 PTH 调节的影响。代谢性碱中毒时，降低了 1,25-双羟维生素 D_3 对小肠黏膜上皮细胞合成的钙结合蛋白运送离子钙的能力，减少了离子钙从肠道进入血液的数量。只有在酸性环境下，1,25-双羟维生素 D_3 才能将肠道黏膜上皮细胞表面上的钙结合蛋白以离子钙载体形式运送到血液中，以增加血钙浓度。通过在围产期奶牛日粮中添加阴离子盐，使奶牛处于代偿性酸中毒的状态，提高 1,25-双羟维生素 D_3 反应性，从而降低产后瘫痪和亚临床低血钙症的发生率。值得注意的是，单价阳离子如钾离子和钠离子可能通过它们的碱化效应及随后降低组织对 PTH 的反应，导致低血钙的发生，因此饲喂无论低钙日粮还是添加阴离子盐的围产期中高钙日粮，都应尽量避免使用高钾饲草。

PTH 钙调节机制的另一个影响因素为血镁的浓度。低镁血症会影响 PTH 的分泌并降低机体对 PTH 的敏感性。血镁的正常范围为 0.70~0.91mmol/L，当血镁浓度小于 0.65mmol/L 时，会直接增加产后瘫痪的风险。这也部分解释了临床上奶牛低镁搐搦和低钙血症经常同时发生的原因。对于低镁血症继发的低血钙，应通过补充镁来治疗，单纯性补钙的效果不佳。

其他因素，尤其是年龄、品种和内分泌如雌激素水平，在奶牛低血钙的发展过程中也有很大影响。随着年龄的增加，由于骨细胞数量的减少，骨骼中可供利用的钙减少，并且老龄奶牛外周组织中 PTH 受体减少，无法动用足够的骨钙，同时肠道钙吸收也会减少。因此，胎次越高、泌乳量越高，发生产后瘫痪的概率就越高。荷斯坦头胎牛泌乳量一般比经产牛低，且成骨细胞活性和钙利用率高，很少发生产后瘫痪。临床发现，娟姗牛的产后瘫痪发病率比荷斯坦奶牛高。尽管对这种品种易感性原因尚无一个极具说服力的解释，但两个因素可能在其中起作用：与荷斯坦奶牛相比，娟姗牛初乳中的钙浓度较高；娟姗牛肠道中 1,25- 双羟维生素 D_3 受体的数量较少。因此对于娟珊牛来讲，头胎牛也应按照荷斯坦经产牛的方案进行产前钙调控或产后补钙处理，预防亚临床低血钙及产后瘫痪的发生。在奶牛妊娠的最后几天雌激素水平迅速增加，而雌激素对骨骼中钙动员有负效应，进而影响血钙恢复，但雌激素并不是产后瘫痪高发生率和低血钙加重的主要原因。

正常奶牛的血钙在产后第 3 天趋于稳定，但亚临床低血钙在某些奶牛中持续更长的时间，特别是经产牛或采食量恢复慢的奶牛，因此需要结合牧场的情况进行产前、产后的钙营养调控。

【症状】 奶牛低血钙多发生于产前 24h 至产后 72h。最初奶牛仅表现兴奋、不安和食欲减退。这一阶段许多奶牛头部周围受到刺激时会伸出舌头，这只是奶牛想攻击人或想逃走但不能实现时做出的举动。奶牛渐渐失去体温调节的功能，直肠温度的高低依赖于周围环境温度。当周围环境温度低于 20℃时，体表温度降低，导致奶牛四肢湿冷。瘤胃收缩减弱直至停止。奶牛因肌肉无力表现为步履蹒跚或倒地，倒地后通常不能再站立。头转向胸部或呈 S 形弯曲。低血钙症时，心率加快，并有时出现瘤胃臌气。

通常根据临床表现可将产后瘫痪分为3个阶段，这样便于兽医大致判断奶牛血钙降低的程度。第一阶段，离子钙浓度从1.06mmol/L降到0.85mmol/L，奶牛开始出现症状，肌肉僵硬、震颤，但还可以站立。由于后肢越发僵硬，病牛不愿运动和采食，步态蹒跚。离子钙浓度降至0.85mmol/L时就有可能进入这个状态。第二阶段，离子钙浓度下降到0.75mmol/L左右，奶牛无法站立，当离子钙浓度下降到0.6mmol/L时卧地不起。病牛眼神呆滞、呼吸急促、心跳加快。随着疾病的继续发展，多数牛由于肌肉收缩无力，头转向后方，置于一侧肋部。第三阶段，离子钙浓度下降到0.5mmol/L，奶牛四肢直伸，侧卧于地，失去知觉，处于濒死状态。换句话说，如果奶牛产后血液离子钙浓度下降到0.5mmol/L以下，补钙治疗大概率可能无效。

在规模化牧场中见到的都是已经出现卧地不起的牛，对卧地不起的产后瘫痪牛，根据精神状态与趴卧姿势，又可分为轻度、中度与重度3个级别，血清离子含量对应上述3个阶段。

【诊断】 通常根据发病特点及临床表现进行诊断。实验室诊断血清总钙浓度小于2mmol/L或血液离子钙浓度小于1.06mmol/L，如无临床表现判定为亚临床低血钙，出现临床症状的趴卧奶牛判定为临床低血钙即产后瘫痪。

通过检测发现，奶牛对低血钙的耐受性很强，一般血液离子钙浓度低于0.6mmol/L（血清总钙浓度为1.2mmol/L）时才出现站立不稳及趴卧表现。临床表现为全身肌肉瘫痪，病牛神情淡漠，体温、皮温下降，病牛虽然意识清楚，但知觉迟钝，瘤胃蠕动差，排粪迟滞。典型姿势为头颈向体侧弯曲，人为地将其矫正至正常姿态松手后又恢复原状。一般多发生在经产牛，荷斯坦头胎牛发生较少。

怀疑奶牛发生产后瘫痪时，应与产后爬卧综合征等疾病引起的趴卧进行鉴别诊断。

产道损伤造成的爬卧一般有助产病史，助产用力过大，可能造成闭孔神经麻痹，两后肢呈蛙卧式向外侧伸展。腓神经麻痹时前肢起立无障碍，后肢球关节向前凸出（凸球）。有的牛腰部受到损伤不能站立，表现为弓腰或腰椎的某一部分比较凸出。髋关节脱位时，患肢表现疼痛，在直肠检查的同时做患肢的他动运动可感觉到骨摩擦音。产后败血症者也表现趴卧不起，但体温升高，全身症状严重，静脉血液黏稠，脱水，可视黏膜发绀，抗生素治疗有一定效果或效果显著。

低钾血症造成的趴卧主要由肌肉松弛、病牛不能站立造成。病牛一般食欲正常，精神状态良好，瘤胃蠕动基本正常，泌乳量没有明显下降，后躯臀部和腿部的肌肉张力下降，触诊柔软。缺钾的牛一般前肢表现正常，后肢无力，会不时尝试后肢起立而又倒下，因此会出现躺卧位置的改变。

单纯的低镁血症时发病率很低，也可表现趴卧不起，特异症状是肌肉震颤。但应注意产后瘫痪与低镁血症同时发生的牛，除具有产后瘫痪症状外，还具有抽搐症状。

实验室诊断时，血钙的检测受到多种因素的影响（如溶血等），并且时效性也是不容忽视的问题。血中的钙离子以3种形式存在：40%为结合钙、10%为螯合钙、50%为离子钙。结合钙是与白蛋白结合的钙，螯合钙以磷酸盐、硫酸盐的形式存在。结合钙和螯合钙为非弥散性钙，均无生理功能。离子钙也称游离钙，为生理活性钙，更能反映体内钙的代谢状态。手持式血气分析仪（图8-1-1）可在牧场现场检测全血离子钙，并且能同时评价血液pH、葡萄糖、钾离子等指标，可为临床病例的鉴别诊断及精确治疗提供依据。

【治疗】 治疗低血钙最常规的方法是静脉注射，以达到迅速恢复血钙浓度的目的。静脉注射钙溶液，可很快恢复骨骼肌张力和胃肠道平滑肌的功能。在静脉补钙期间，奶牛常打嗝、排便或排尿。输注过快有的出现心力衰竭。

凡在卧床上发生产后瘫痪的牛，不要立即用铲车转运牛，应先给牛静脉补钙后再转运牛；凡在粪道上发生产后瘫痪的牛，都应该立即用铲车将牛转运至软地或铺有垫草的地方，再静脉补钙。

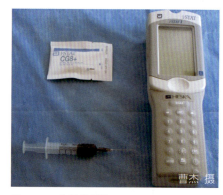

图 8-1-1 血气分析仪

常用的补钙药物有 5%氯化钙、10%葡萄糖酸钙及 30%硼葡萄糖酸钙等。血清总钙的正常值在 2.05~2.69mmol/L，产后低血钙的发展程度与临床症状不完全相关。离子钙浓度为 0.85mmol/L 左右时，多数奶牛能够站立，但有轻微的虚弱、瘤胃臌气和食欲减退；浓度为 0.6mmol/L 时，大多数奶牛不能站立；浓度低于 0.5mmol/L 时，大多数产后瘫痪奶牛昏迷。以此推算，一头 700kg 的奶牛，将血液离子钙浓度从 0.6mmol/L 提升到 1.25mmol/L 时，需要大约 18.2g 的钙。1 瓶 500mL 的 5%氯化钙含钙约 9g，1 瓶 500mL 的 10%葡萄糖酸钙含元素钙约 4.7g，1 瓶 500mL 的 30%硼葡萄糖酸钙含元素钙约 11.4g。因此，对于不能站立的奶牛（体重 700kg，血清离子钙浓度为 0.6mmol/L），一次静脉补钙的剂量为 5%氯化钙 1011mL、10%葡萄糖酸钙 1972mL 或 30%硼葡萄糖酸钙 798mL。也可按照每 100kg 体重 2g 钙简单估算补钙总量（稍微偏高）。

静脉补钙时应注意输液速度，一般以 1g/min 为宜，避免对心脏的刺激，冬季输液时应注意加温保温。在给产后瘫痪奶牛静脉输注钙溶液的过程中，心率通常会有一定程度的下降。如果出现心率过缓、心率突然升高，要减慢输液速度或停止输液。药物选择上，输液治疗时硼葡萄糖酸钙注射液优于氯化钙和葡萄糖酸钙注射液，因其成分中含镁，并且硼酸具有酸化血液的作用，对 PTH 的钙调节机制也有帮助。而氯化钙输液时如果渗出到血管周围会引起广泛的坏死和组织脱落。

大多数患有产后瘫痪的病例，只需简单治疗（图 8-1-2、图 8-1-3）。如果复发，除了补充钙以外，还应该考虑补充镁。但也有患有产后瘫痪的牛血清镁含量正常或偏高，这可能与 PTH 较高和肾小管对镁的重吸收增加有关。产后牛患低磷血症的可能性极小，特别是产后瘫痪的牛，因此不用同时启动磷的补充。过度用磷治疗除了会促进软组织矿化以外，还会导致钙磷复合物的产生，加重低钙血症。口服补钙一般只用于预防亚临床低血钙或产后瘫痪病例输液后防止复发，而不直

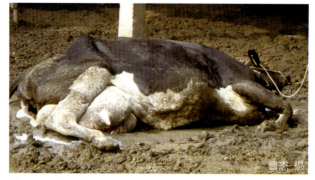

图 8-1-2 产后瘫痪，静脉输液

图 8-1-3 治疗后牛立即站立

接用于产后瘫痪的治疗。对于产后瘫痪的奶牛，如其在输液治疗后能够站立，可在2h后经口补钙，达到预防复发的目的。

在产后瘫痪的诊断与治疗中，要特别重视的是瘫痪奶牛是否并发了代谢性酮病，对几个大型牧场产后瘫痪牛的血液β-羟丁酸进行测定发现，70%的瘫痪牛并发代谢性酮病，重度瘫痪病牛的血清离子钙（iCa）含量在0.4~0.5mmol/L时，β-羟丁酸大多在3.6mmol/L以上，病牛处于侧卧大躺姿势，奶牛反应迟钝（视频8-1-1、图8-1-4、图8-1-5）；中度产后瘫痪牛血清离子钙含量在0.6mmol/L左右，奶牛处于俯卧状态（视频8-1-2），头颈胸呈S状弯曲，血清β-羟丁酸大多处于亚临床型酮病范围（图8-1-6）；轻度的产后瘫痪牛，血清离子钙含量在0.7mmol/L左右，奶牛头颈部能正常抬起，血清β-羟丁酸大多为阴性（图8-1-7、视频8-1-3~视频8-1-5）。患并发代谢性酮病的产后瘫痪牛，在补钙的同时，还要治疗酮病。

视频8-1-1
重度产后瘫痪牛的卧地状态（王春璈 摄）

视频8-1-2
中度产后瘫痪牛的卧地姿势（王春璈 摄）

视频8-1-3
轻度产后瘫痪牛，产后立即不起，驱赶不起，反应迟钝（王春璈 摄）

视频8-1-4
轻度产后瘫痪牛，驱赶不起（王春璈 摄）

视频8-1-5
轻度产后瘫痪牛，头颈能抬起，精神异常（王春璈 摄）

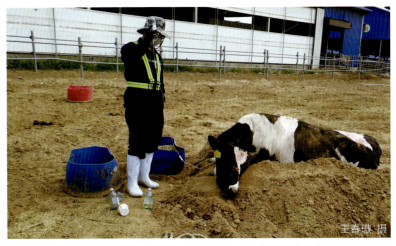

图8-1-4 重度瘫痪牛，离子钙含量为0.45mmol/L，β-羟丁酸含量为3.6mmol/L

图8-1-5 重度瘫痪牛，离子钙含量为0.6mmol/L，β-羟丁酸含量为3.3mmol/L

图8-1-6 中度瘫痪牛

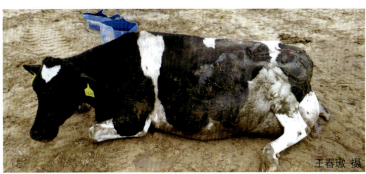

图8-1-7 轻度瘫痪牛

产后瘫痪牛的治愈率为轻度产后瘫痪治愈率不低于90%；中度产后瘫痪治愈率不低于70%；重度产后瘫痪治愈率不超过40%。

产后瘫痪牛的治愈率高低与对瘫痪牛的护理好坏密切相关，每天至少2次协助牛改变躺卧姿势，防止后肢和前肢引起压迫性神经麻痹。前肢往往出现桡神经麻痹，后肢往往出现腓神经麻痹（视频8-1-6），产后瘫痪引起的桡神经和腓神经的麻痹很难治愈，建议在卧地不起牛的牛舍，装置协助奶牛站立的倒链或遥控站立装置（图8-1-8、图8-1-9、视频8-1-7）。

图8-1-8 奶牛辅助站立装置

图8-1-9 大型牧场室内奶牛辅助站立装置

一般经3d的药物治疗仍不能站立的牛，大多预后不好。

【预防】当奶牛产后瘫痪发病率超过5%时，即认为牛场出现了严重问题。在牧场奶牛产后瘫痪出现问题时，奶牛产前产后钙的调节能力严重失衡，产后瘫痪的治愈率会低至40%左右（图8-1-10）。

产后瘫痪的预防应从产后亚临床低血钙的控制入手。康奈尔大学的学者建议，产后12~24h对不同胎次的奶牛采样，用30%的发病率作为亚临床低血钙问题的分界线。一旦超过这一限度，就需要进行产后亚临床低血钙的预防和控制。产后低血钙的预防主要有两个渠道：围产期阴离子盐调控和产后补钙。

视频8-1-6 产后瘫痪发病3d，牛的两后肢腓神经麻痹，吊起后，两后肢球节屈曲（王春璈 摄）

视频8-1-7 产后瘫痪牛的辅助站立装置（王春璈 摄）

围产期日粮中添加阴离子盐，需定期监测尿液pH，由于部分阴离子盐可能影响食欲而影响围产牛的干物质采食量，因此需要选择更好的产品。使用阴离子盐将围产期的日粮阴阳离子差（DCAD）调整到每100g干物质 $-10\sim-15$ mEq。酸化效果可通过饲喂5d后的围产牛尿液pH调控到5.5~6.5进行评价。

图8-1-10 产后瘫痪高发时的病牛区

产前低钙日粮+产后补钙是另一种常用的预防亚临床低血钙及产后瘫痪的方法。丙酸钙、氯化钙和硫酸钙是常用的口服补钙的钙源，一般将氯化钙做成钙棒并添加保护性外涂层使用，丙酸钙相比于氯化钙腐蚀性较小，还可以提供生糖先质（丙酸），但成本更高。口服补钙时要注意用量，依据钙源的不同，每天补钙的总量在50~125g，过量口服补钙和反复静脉注射钙溶液会导致高钙血症的发生，继而启动降钙素造成低血钙。娟姗牛和荷斯坦经产牛，产后立即灌服补钙，一次即可，或在产后第1天的0h和12h两次投钙处理，对于之前胎次有产后瘫痪史的高风险牛，推荐在产后第2天再口服补钙1次。荷斯坦头胎牛产后亚临床低血钙的比例很低，因此不用进行补钙处理。

围产期超高钙日粮的调控方法对产后瘫痪的控制也同样有效。

维生素D的代谢也会影响日粮中钙的吸收，补充维生素D可降低产后低血钙的发病率，在奶牛产前4d单次注射羟基维生素D或双羟维生素D。

（曹 杰）

二、爬卧综合征

爬卧综合征（Downer Cow Syndrome）是由多种原因造成的病牛爬卧不起，主要原因包括：产道损伤，产后败血症，关节、骨、肌肉的损伤；各种物质的缺乏如缺铁、缺钾、缺镁、缺磷等。目前，倾向于认为本病是产后瘫痪的重症表现。

【病因】 本病的病因大致可分为四类：代谢性、产科性、外伤性和其他。

(1) **代谢性因素** 凡能引起生产瘫痪的原因均可诱发本病。产后瘫痪治疗不及时，钙制剂补充量不足，未及时纠正镁等微量元素的缺乏导致钙调节机制失衡，常可发展为爬卧综合征。产后瘫痪病牛躺卧6h以上，就可引起局部肌肉缺血性坏死（劳损性肌病），受影响的主要是后肢，表现肿胀、僵硬。B. Jorsell指出，在发生产后瘫痪的病牛中，有4%~35%最后变为爬卧不起，有产后瘫痪病史的牛比一般牛易感性高10倍。因此，母牛爬卧不起综合征可认为是产后瘫痪的后遗症。

除钙代谢障碍外，低磷血症、低镁血症并发低血钙时，也可导致爬卧不起。当低钾血症并发低钙血症时，通常也会引起爬卧综合征。有时牛后肢向后伸，发展为在地上爬行，病牛有站起的欲望，但两后肢无力，臀部、股部肌肉松弛、无力。

(2) **产科性因素** 胎儿过大，产道开张不全，加之暴力助产，可损伤产道及周围神经，如果同时伴有低钙血症，一般会发展为爬卧综合征。

(3) **外伤性因素** 主要指大腿肌肉及关节周围组织损伤，或因压迫性损伤，引起卧倒不起。如在分娩时摔倒，或者强迫起立时不慎跌倒，或因产房地面太滑而跌倒等，均可引起后躯肌肉和神经的损伤。一旦伴有低钙血症，经钙剂治疗后，病牛仍无法站立。

(4) **其他因素** 乳房炎、子宫炎、腹膜炎等产后败血症也会引起本病的发生。头胎牛难产的概率大，而高胎次经产牛产后瘫痪多发，因此本病以头胎牛和高胎次牛多见。

【症状】 持续爬卧是本病的主要表现。有些牛几乎无站立的欲望，多数企图挣扎站立，但最终失败。最后，后肢伸展或呈部分屈曲，或仅能使后肢略有提高，前肢因未受影响，牛在地面爬行，尤其地面光滑时，表现更为明显。多数病牛频频试图站立，然而其后肢不能完全伸直，只能以部分屈曲的两后肢沿地面爬行，力图站立。有的病牛两后肢向后前伸而呈现出犬坐姿势或蛙坐姿势。如果进行人工辅助，尚可勉强站立。但有些牛无站立欲望，人工辅助不起作用。

产道损伤的牛一般有助产史。助产用力过大，可能造成闭孔神经麻痹或荐椎损伤，两后肢平展。腓神经麻痹时前肢起立无障碍，后肢球关节向前凸出（凸球）。腰部受损不能站立的病牛，表现弓腰或腰椎的某一部分比较凸出，试图起立时疼痛加剧，冬季气温低时由于疼痛出汗，奶牛躯干部会出现雾气蒸腾的现象。髋关节脱位时，患肢表现疼痛，在直肠检查的同时做患肢的他动运动，可感觉到骨摩擦音。

产后败血症奶牛体温升高，全身症状重剧。静脉血液黏稠，脱水，可视黏膜发绀，并且抗生素治疗有一定效果或效果显著。

低钾血症一般出现在产后15d内，主要是低钾造成后躯肌肉的松弛，不能站立造成趴卧。病牛一般食欲正常，精神状态良好，瘤胃蠕动基本正常，泌乳量没有明显下降，后躯臀部和腿部的肌肉张力下降，变得柔软。病牛通常前肢正常，后肢无力，因此又称爬牛，类似人低钾血症时的重症肌无力。

低镁血症时除趴卧不起外，特征性症状是肌肉震颤。病牛精神状态较好，吃喝泌乳基本正常，但不能爬行。

【诊断】 本病的诊断首先在于排除其他原因引起的瘫痪，同时病牛有产后瘫痪的病史，经过2次钙制剂静脉输液治疗后24h内仍不能站立的，可判定为爬卧综合征。有的母牛分娩后，无任何明显的原因而表现为躺卧不起，并于24h不能站立，也属于爬卧综合征。本病大多数伴有低钙血症、低磷血症、低镁血症、低钾血症，如果为神经肌肉损伤引起，血清钙、磷、镁浓度有时也在正常范围之内。通常根据症状结合直肠检查及神经肌肉检查可做出判断。

【治疗】 由于本病病因复杂，因此治疗的前提是分清原发性的还是继发性的，是可复性的还是永久性的，再针对病因对症治疗。

①对败血症病牛要积极抢救，使用大剂量抗生素治疗，并采取补液、补碱等措施扩充血容量、纠正酸中毒。

②对低钾血症的奶牛，可用10%氯化钾30~50mL，加入2000mL的5%葡萄糖注射液或生理盐水中缓慢静脉注射（每100mL液体中10%氯化钾不超过3mL）。补钾的液体浓度不可过高，输注速度不可过快，药液温度不可过低（最低为20℃），避免引起静脉炎和心脏抑制。轻症病例可口服补钾，120g氯化钾口服，间隔12h再次120g氯化钾口服。经口补钾比静脉输液更安全，但剂量过大时可能引起腹泻。

③对缺镁的病牛，可采用30%硼葡萄糖酸钙420mL，静脉输液；或采用25%硫酸镁60mL，加入到500mL的5%葡萄糖注射液中快速输注。为防止复发，随后使用25%硫酸镁溶液200mL，分4个点皮下注射。

④对腰间椎损伤出现趴卧的牛，发病6h内即接受治疗的，可使用激素封闭疗法，醋酸泼尼松250mg＋氨苄西林2g+0.5%盐酸普鲁卡因100mL，腰荐部两侧分点皮下或肌内注射，1次/d，连用3~5d。发现不及时的奶牛（超过6h），氟尼辛葡甲胺25mL，静脉推注或肌内注射，1次/d，

连用 3~5d。

⑤出现髋关节脱位等情况，因其预后不良，一经确诊即刻淘汰。

有些病牛可于 1~2d 自行站立或在人工辅助下站立。在有条件的情况下，用吊牛架将牛吊起可减少缺血性肌坏死。让病牛卧在垫草松软厚实的地面上，每天翻身数次，防止牛滑倒或在翻身过程中再次损伤。已站立起来的牛，应继续治疗 2~3d 以巩固疗效，防止再次卧倒。

（曹 杰）

三、低镁搐搦

低镁搐搦（Hypomagnesemic Tetany）又称青草搐搦，是由各种原因引起的血镁降低所致的一种矿物质代谢紊乱性疾病。本病自 1930 年首先由荷兰报道以来，世界各国如英国、新西兰、澳大利亚、美国等均有发生，发病率高低不等，死亡率为 2%~12%。

【病因】 镁是一种主要的胞内阳离子，作为酶反应的辅助因子，对很多代谢途径都至关重要。细胞外的镁在正常的神经传导、肌肉功能和骨矿物质形成方面起到重要作用。正常奶牛血镁浓度为 0.7~0.91mmol/L。放牧奶牛低镁血症多与采食过多的青嫩牧草有关。一般来讲，生长迅速的青嫩牧草中镁、钙、钠、可溶性糖和粗纤维含量低，而钾、氮、磷含量高。当瘤胃液中氨或钾的浓度升高时，镁的吸收减少。快速生长的饲草含镁少而含氮高，低镁高氮的共同作用可引起低镁血症和低钙血症。以氨化玉米青贮为基础的干奶期日粮或以尿素为主要的非蛋白氮补充料可能会导致继发性的镁缺乏。舍饲奶牛低镁血症多与饲料中镁含量不足、摄入量减少或摄入镁的吸收率降低有关。镁在瘤胃、网胃中的吸收主要取决于镁的溶解度，当瘤胃 pH 上升至 6.5 以上时，镁的溶解度随之下降。放牧动物的瘤胃 pH 往往较高，牧草中还含有有机化合物，如不饱和脂肪酸，它会使镁形成不溶性镁盐。当饲喂高精饲料日粮时，瘤胃 pH 通常低于 6.5，镁的溶解度会随之升高。镁的主动吸收受钾离子浓度的影响，当瘤胃中钾离子浓度过高时，镁离子透过瘤胃壁的能力下降，只有在瘤胃中镁离子浓度大于 4.0mmol/L（高于血镁浓度 4 倍以上）时，其吸收方式变为被动吸收，才能摆脱钾离子的影响。因此，当饲料中镁的含量达到 0.35%~0.4%时，镁的吸收可经受高钾的挑战。

由于低血镁直接影响钙调节机制，因此低镁血症的奶牛往往伴发低血钙。有研究表明，血镁浓度小于 0.65mmol/L 时，奶牛产后瘫痪及亚临床低血钙的易感性增加。

镁在反刍动物体内的调节机理尚不完全清楚。机体大部分的镁存在于骨骼中，但骨骼并不是镁的重要来源。由于机体内缺乏易于动员的大量镁贮，血清镁的精细平衡在很大程度上取决于饲料中镁的每天摄入量。镁存在于体液和细胞中，具有抑制神经、肌肉兴奋的功效。由于镁摄入量及其吸收率降低，出现低镁血症，镁失去正常生理功能，引起神经、肌肉兴奋性增强，继而出现抽搐、惊厥等临床表现。

中度低镁血症（0.5~0.7mmol/L）与饲料摄取量减少、神经紧张、乳脂和泌乳量减少有关。这可能是一些奶牛的长期问题，容易被忽视。它也可以使这些动物易患低钙血症。

群发性的低镁搐搦在成母牛较为罕见，但延迟断奶的哺乳犊牛有时会发生低镁血症，有报道表明以牛奶为主食的犊牛肠道的镁吸收能力会较正常下降很多。慢性腹泻也可能导致犊牛的低镁血症。

【症状】 奶牛低镁血症很少表现严重的临床症状。奶牛血镁浓度在 0.5~0.7mmol/L 时，一般不会出现过多的临床表现；血镁浓度降低到 0.4~0.5mmol/L 或更低时，肌肉开始震颤，随后兴奋性过高，如果不治疗，奶牛会发展为惊厥、四肢抽搐，血镁值进一步降低将会导致奶牛死亡。

急性发病的奶牛常常在采食时突然停止，感觉过敏，抬头鸣叫，盲目奔跑，步态蹒跚，肌肉震颤，两耳竖立。由于肌肉的过度活动，体温升高至 40~40.5℃，呼吸加速，心跳加快，心音高亢，四肢搐搦而卧地不起。惊厥时，病牛角弓反张，双腿呈划水状，眼球震颤，眼睑回缩，空嚼磨牙，口吐泡沫。安静时，病牛静卧，当遇有突然刺激如惊吓、抽打等，惊厥再次发作。如果治疗不及时可导致死亡。

【诊断】 轻度低镁血症在泌乳早期食欲不振的奶牛中可能更常见，并且轻度低镁血症常伴有轻度低磷血症和轻度低钙血症。重度低镁血症奶牛常具有轻度到中度低钙血症。泌乳期奶牛的临床症状并不典型，然而长期低镁血症会降低生产能力，且牛易患低钙血症。

有条件的话，可采集血液测定血清镁离子及钙离子浓度。值得注意的是，对于严重的病例，惊厥和四肢抽搐可能导致严重的肌肉损伤及细胞内镁离子的外漏，此时测定血镁浓度并不可靠。濒死期或死前 12h 采样时，奶牛脑脊液、眼房液和尿液能更可靠地判定其镁离子含量。

由于低镁血症直接影响产后钙的代谢，因此对于群体性镁离子的状态评价尤为重要。单个病例或仅根据食欲不振无法确定整个奶牛群的镁离子状态。产后 12h 是镁离子评价的最佳时期。可随机选择 12~15 头产后牛进行测定，如果大多数奶牛的血镁浓度低于 0.8mmol/L，则可认为围产期奶牛日粮中镁的利用和吸收存在问题。每群测定 10 头奶牛尿中镁与肌酐的比率是评价牛群健康状况的有效方法。此比率可校正肾保水的程度，比单一镁浓度能更好地反映镁的状况。在新西兰，牛群该比率的平均值低于 1.0，表明奶牛缺镁。

【治疗】 奶牛表现为低血镁症性搐搦时，需要立即治疗。奶牛出现狂躁不安和肌肉震颤时，在经非消化道补充镁之前，首先要镇静。根据神经症状的不同，可用低剂量的盐酸赛拉嗪或速眠新进行治疗。这种情况下，静脉内补镁效果较好，但要注意滴注速度，以防引起心脏和神经肌肉毒性。对患有低血镁症且步态不稳的奶牛，将血清中镁浓度从低于 0.4mmol/L 提高到正常值，需要 2~3g 的镁。因为许多奶牛同时并发低钙血症，因此选择含钙的注射液可降低复发率。对于单纯性低镁血症奶牛，可静脉注射 25%硫酸镁 60mL；同时并发低血钙的奶牛，可选用 30%硼葡萄糖酸钙 420mL 静脉注射。硫酸镁静脉注射应至少在 5min 内完成。为防止复发，可经皮下至少 4 个部位再注射浓度为 25%的硫酸镁溶液 200mL。有时治疗效果不理想，这与疾病发作到进行治疗的时间间隔有关。在治疗后至少 30min 不应该刺激牛起立，以避免引发抽搐和惊厥。病牛一般在治疗后 1h 左右恢复，这是脑脊液镁浓度恢复正常所需的时间。许多牛会在 12h 内复发，并需进一步治疗。

经口灌服镁是治疗奶牛轻度或中度低血镁症以及疾病防止复发的一种安全有效的方法。灌服前要确保动物存在良好的吞咽反射。在产后灌服时加入硫酸镁 90g，可达到预防的作用，并有利于维持钙动员机制的正常，同时预防发生产后瘫痪。

（曹 杰）

第二节 酮病与脂肪肝综合征

一、酮病

酮病（Ketosis），也称为醋酮血症，是高产奶牛常见的营养代谢性疾病，会导致奶牛泌乳量下降、牛奶低蛋白和低乳糖、体重减轻、食欲不振，繁殖性能变差，甚至可能继发子宫炎、乳房炎、皱胃变位等，但有时也不表现任何临床症状。亚临床酮病的发病高峰在产后第5天，在早期泌乳期的总发病率为40%~60%，远高于临床酮病2%~15%的发病率。奶牛集约化养殖的国家酮病发生非常普遍，多发于夏季和春季冷热应激季节。酮病已成为影响我国规模化奶牛场最严重的营养代谢性疾病，造成的影响高于瘤胃酸中毒和产后瘫痪。

临床上酮病以血液、尿、乳中的酮体[β-羟丁酸（β-Hydroxybutyric acid，BHBA）、乙酰乙酸、丙酮]含量增高，血糖浓度下降，消化机能紊乱，体重减轻，泌乳量下降，繁殖性能变差，间断性出现神经症状为主要特征。有时仅通过临床症状很难区分酮病的严重程度，考虑到酮病与围产期管理及其他疾病的密切关系，亚临床酮病及酮病的牧场水平评估及防控意义更大。

【病因】 酮病的发生与奶牛围产期能量负平衡及体脂动员有关，可发生于妊娠最后2周和泌乳早期（产后0~70d），90%的病例发生在泌乳期的前60d，产后40d内为集中高发期。

（1）产生原因 妊娠最后几周，激素作用和瘤胃体积减小，从而引起干物质采食量减少；产前3周至产后6周，奶牛处于能量负平衡状态，此时奶牛会动员体脂，游离性脂肪酸在肝内氧化不全，生成的酮体可以进入肝外组织继续氧化供能，以弥补能量缺口。这是高产奶牛正常的适应性调节，但如果此时任何应激因素影响采食，破坏了代谢调节平衡，就可能出现酮病。亚临床酮病指泌乳早期临床表现正常的奶牛，其血浆β-羟丁酸的值高于1.2mmol/L（也有文献将此指标定义为血浆β-羟丁酸高于1.4mmol/L）。

酮病的本质为葡萄糖缺乏或血液酮体的原发性升高，究其原因可分为3种情况。一是产后干物质采食量不足、能量不足造成的酮病，此时肝脏糖异生的能力会受到最大程度的刺激，当肝脏的糖异生能力不能弥补由葡萄糖前体不足而导致的葡萄糖缺乏时，奶牛开始动员体脂供能，游离性脂肪酸快速进入肝脏线粒体中，导致高生酮率和高酮血症，然而游离性脂肪酸很少转化为甘油三酯，因此肝脏中很少有脂肪的积累，此类酮病多发生在产后3~6周内，称为Ⅰ型酮病。二是表现为脂肪肝的酮病，在该类酮病中，肝脏的糖异生能力没有得到最大的刺激，因此肝脏线粒体摄入的游离性脂肪酸并不活跃，过多的游离性脂肪酸则是在细胞质中代谢成了甘油三酯，牛由于肝脏分泌的极低密度脂蛋白少，因此转运甘油三酯到外周的能力差，导致了脂肪在肝脏内的蓄积，而脂肪肝又会进一步造成肝脏糖异生功能下降，加上在产后应激状态下，奶牛干物质采食量不足，更容易发生脂肪肝性酮病，此类酮病多发生在产后1~2周，个别的牛在产前已经发生，称为Ⅱ型酮病。Ⅱ型酮病牛体况大都超标，目前国内70%的牧场面临的是Ⅱ型酮病。三是原发性生酮先质摄入量过多，造成血液酮体的升高，常见的原因主要是青贮质量差、丁酸含量超标，可发生在产前及产后70d内的任何时期，称为富丁酸青贮性酮病。酮病的影响因素主要包括以下几个方面。

1）高产：高产奶牛在泌乳前几周伴随着更高水平的能量负平衡，这是因为泌乳量在产后4~6周达到高峰，但干物质采食量的高峰要到产后8~10周才能达到，摄入的能量不能满足泌乳需求，进而导致酮病的发生。

2）胎次：任何胎次的牛都可能受到影响，但一项调查结果显示，经产奶牛临床酮病的发病率为9%，高于头胎牛1.5%的临床酮病发病率。此外，酮病的发病率从第1次产犊开始增加，到第四次产犊时达到高峰。这与经产牛泌乳量逐胎提高、产犊体况不断下降有关。

3）饲料因素：饲喂大量质量低的青贮、突然换料等应激因素均可导致奶牛干物质采食量降低。饲料中能量不足能直接导致酮病；脂肪含量过高，也会影响干物质采食量，同时增加肝脏脂肪沉积，诱发酮病。此外，制作不好的青贮中富含生酮先质——丁酸，奶牛每天摄入50~100g丁酸即可诱发亚临床酮病，如果摄入量超过200g则可能直接导致临床酮病。饲料中钴、碘、磷等矿物质的缺乏也可使酮病的发生率升高。

4）产犊时体况超标：体况超标影响产后食欲的恢复。此外，产前营养过剩可引起脂肪肝，而脂肪肝能导致肝脏代谢紊乱、糖原合成障碍，使血中酮体含量升高，从而引发酮病。有研究表明，围产期的体脂动员在产前21d甚至更早时间就开始出现，这一过程中奶牛分解体脂供能，同时部分脂肪沉积在肝脏中，加重脂肪肝的严重程度。产前体况评分越高的牛，干物质采食量影响越大，体脂动员程度越高，脂肪肝的严重程度越高，产后发生酮病的概率越大。若围产前期牛过肥，在围产前期即可发生酮病。

5）管理因素：产前转群、密度大、各种围产期操作（如免疫注射、乳头药浴等）引起的应激，会导致奶牛的干物质采食量急剧下降，使得奶牛更易患上酮病。因此，建议产前21d应避免各种可能性的应激因素，在第二产程将待产奶牛转入产房分娩，并且产后尽快转入新产牛群，尽量降低转群应激。

6）继发于其他疾病：在泌乳早期，任何影响食欲及干物质采食量的疾病都可能继发酮病，其中皱胃变位、产后子宫炎、子宫内膜炎和蹄病与继发性酮病的关系最为密切。

（2）**发病机制** 泌乳开始后，葡萄糖是合成乳糖和乳蛋白的主要原料，并且乳腺在营养物质（尤其是葡萄糖）分配上具有优先地位，每产生1L乳糖含量为4.8%的牛奶，需消耗50g葡萄糖；每产生1L乳蛋白含量为4%的牛奶，需消耗30g葡萄糖。为满足泌乳需要，奶牛从两个来源获得营养：食物和体储。产后60d内，泌乳量达到45kg的奶牛，每天需消耗2kg体脂和350g体蛋白。反刍动物从日粮中直接吸收的葡萄糖很少，能量和葡萄糖主要来自瘤胃微生物酵解纤维素生成的挥发性脂肪酸——乙酸、丙酸和丁酸，其中丙酸生糖，乙酸、丁酸和体脂动员产生的游离性脂肪酸均为生酮先质。乙酸被转运到外周组织和乳腺，代谢为长链脂肪酸，以脂质的形式储存或者作为乳脂分泌。生糖先质主要有丙酸、生糖氨基酸、甘油和乳酸，异生作用在肝脏和肾皮质中完成。奶牛大约50%的葡萄糖靠丙酸异生提供，增加丙酸盐的浓度能减少肝脏对其他生糖先质的利用。丙酸盐在瘤胃中由纤维素、蛋白质和淀粉产生，增加日粮中谷物的含量可以有效增加丙酸盐浓度。丙酸盐通过门静脉进入肝脏，由糖异生作用转化为葡萄糖。缺乏葡萄糖时，骨骼肌和心肌可利用脂肪酸供能，大脑可利用酮体供能，因此在围产期能量负平衡状态下，血酮的生理适应性升高是奶牛的一种自我调节。然而当脂代谢调节失控时，就会出现高酮血症和肝脏脂肪的过度蓄积。奶牛体脂动员产生游离性脂肪酸，其在肝脏被代谢为乙酰辅酶A，在丙酸盐和草酰乙酸充足的情况下，乙酰辅酶A会通过三羧酸循环充分氧化为水、CO_2及释放大量能量；在丙酸盐或草酰乙酸不足的情况下，肝脏的三羧酸循环受到限制，乙酰辅酶A在转化为乙酰乙酰辅酶A后，随之代谢为乙酰乙酸盐和β-羟丁酸，乙酰乙酸可自发转化为丙酮，因为丙酮具有挥发性，所以可在呼出气体中闻到烂苹果气味，同时在瘤胃中挥发的丙酮可经过瘤胃菌群转化为异丙醇并被再次吸收。血液中的异丙醇与神经型酮病的发生密切相关。酮体还有一种来源是丁酸盐在瘤胃上皮被转化为β-羟丁酸，然后进入血液。除肝脏外，其他组织均可利用酮体，但如果酮体的产生量超过利用量，就会出现积聚而引起酮病（图8-2-1）。

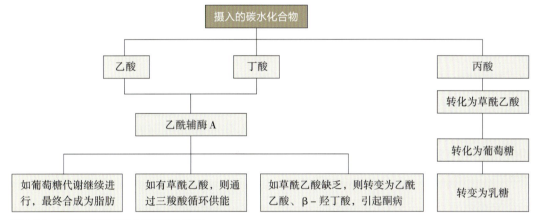

图8-2-1 反刍动物碳水化合物代谢示意图

激素对于身体代谢的调控作用十分重要。伴随奶牛血液中葡萄糖和丙酸盐的下降，胰岛素也下降，而胰岛素可以促进组织对葡萄糖的利用并抑制糖异生，促进脂肪的生成并抑制其分解。胰高血糖素是胰岛素的拮抗激素，在奶牛泌乳早期，胰高血糖素比率降低，可刺激脂肪分解和肝脏中酮体生成。生长激素是奶牛泌乳量和脂肪分解的决定因素，因此高浓度的生长激素也能起到间接调控的作用。

总之，影响能量供应减少、葡萄糖需求增加、外周脂肪分解增加的因素都可能导致酮病。然而，奶牛对酮体的耐受程度存在个体差异，低酮血症可能出现明显症状，而高酮血症也可能不表现临床症状。

饲料营养低下或食欲不振造成采食减少，瘤胃中丙酸的产量随之降低。丁酸是乙酰辅酶A的先质，最终生成酮体，因此瘤胃中丁酸的量增加也会导致酮病，这就是食欲正常的牛采食大量富含丁酸的青贮后也会出现酮病的原因。

【症状】根据临床症状将酮病分为两个类型——消耗型和神经型，其中以消耗型最为常见。

（1）消耗型　原发性或自发性酮病最常见于泌乳期的第1个月内，大多在泌乳期的第2~4周出现。最初的几天病牛食欲下降，拒食精饲料和青贮，仅采食少量干草；泌乳量明显下降且乳汁容易形成泡沫；奶牛反应迟钝，被毛干枯、逆立。虽然体重下降，但通常体温、呼吸、心跳等表现正常，瘤胃蠕动减弱。皮下脂肪过度消耗导致皮肤弹性降低。呼出气体、尿液和乳汁中有烂苹果的气味（丙酮味），加热时气味明显，但这种气味只有在病情严重时才能闻到，大多数病例不易闻到。消耗型酮病极少引起死亡和神经型，如不及时治疗，病程延长，泌乳量很难恢复到正常水平。

继发性酮病具有与原发病相关的症状，常由皱胃变位、产后子宫炎、子宫内膜炎及蹄病等继发。有证据表明，酮病与皱胃变位两种疾病之间存在密切的关系，二者可相互继发或同时发病。奶牛场一段时期内皱胃变位的发病率大于8%时，高度提示牛群有群发性酮病的风险。

亚临床酮病的病牛症状轻微，仅表现泌乳量的轻微下降，病初血糖水平下降不显著，尿酮浓度升高，后期血酮浓度才升高，这种情况只有通过检测血酮和血糖才能确诊。

（2）神经型　患神经型酮病的奶牛常表现为不停地舔自身和其他物体、具有攻击行为、头颈部异常弯曲。神经型酮病通常很少见。病牛常在消耗型酮病的基础上突然发病，初期表现兴奋，精神高度紧张、不安，大量的流涎，磨牙，空口咀嚼；视力下降，走路不稳，横冲直撞，不断鸣叫（视频8-2-1~视频8-2-4、图8-2-2、图8-2-3）。个别病例全身肌肉紧张，四肢叉开或相互交叉，震颤、吼叫，感觉过敏，通常持续1~2h，每隔2~3h复发1次。这种兴奋过程一般持续1~2d后迅速转入抑制期，反应迟钝，精神高度沉郁，严重者处于昏迷状态。少数轻型病牛仅表现精神沉郁，头低耳耷，对外界刺激的反应下降。神经型酮病的病理基础是酮体是一种脂溶性物质，可自由通过血脑屏障为大脑提供能量，但大量酮体在大脑中蓄积可引发脑损伤，表现神经型酮病。神经性酮病的奶牛表现不能站立或共济失调，与病牛的血糖过低直接相关。

视频8-2-1
产后40d的临床型酮病牛，出现转圈症状，β-羟丁酸含量为4.6mmol/L（王春璈 摄）

视频8-2-2
临床型酮病牛，表现兴奋、不安，磨牙，全身哆嗦（王春璈 摄）

视频8-2-3
临床型酮病牛，做转圈运动

视频8-2-4
临床型酮病牛，停止采食，不时鸣叫（王春璈 摄）

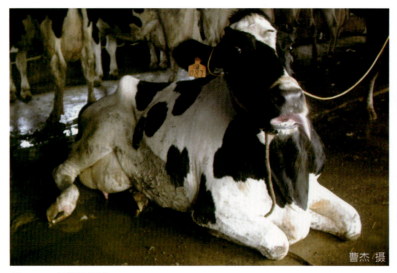

图8-2-2　神经性酮病

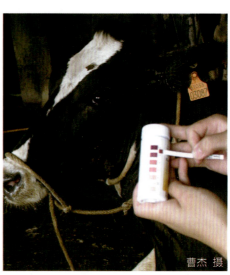

图8-2-3　神经性酮病，尿酮检测呈强阳性

酮病持续时间过长的奶牛常出现肝脂沉积（图 8-2-4、图 8-2-5）。肝脂沉积常可通过超声检查和肝脏活检证实。患慢性酮病体脂动员和肝脂沉积的奶牛体重显著减轻，食欲减退，尽管干物质采食量减少，但仍产少量的奶。病牛可能出现低糖血症导致体质虚弱，脂肪在肌肉蓄积引起的肌无力和/或低钾血症。一些奶牛死亡或被淘汰，或者出现由于经常治疗引起的并发症，例如长期静脉注射葡萄糖引起的静脉炎、强制灌服丙二醇等引起的口腔损伤。

图 8-2-4 围产前期死亡的牛的脂肪肝

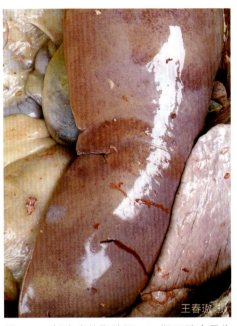

图 8-2-5 新产牛的脂肪肝，β-羟丁酸含量为 6.8mmol/L

妊娠后期的奶牛也可能发生酮病，对一个大型牧场围产前期的奶牛随机采血测定 β-羟丁酸含量，亚临床型酮病发病率为 11.7%，这种酮病牛与奶牛体况超标有关（视频 8-2-5、视频 8-2-6），其他疾病或影响干物质采食量的因素常为其诱发因素。本病早期症状常与产后期酮病相同，如果不及时治疗可能导致死亡。

【诊断】 酮病的特征为酮血症、低糖血症，尿中和乳中出现酮体。酮病一般发生在产犊后或临产前，泌乳量下降，体重减轻，拒食精饲料，体温、呼吸、心跳正常，瘤胃蠕动正常。病牛呼出的气体及尿、乳中有烂苹果气味，但不应将气味表现作为临床诊断依据。血糖从正常的 50~77mg/dL 范围降低到 20~35mg/dL，但继发

视频 8-2-5 干奶期经产牛体况超标（王春璈 摄）

视频 8-2-6 围产前期的奶牛体况超标（王春璈 摄）

于其他疾病的酮病牛血糖会高于 50mg/dL。挤奶厅挤奶系统的在线乳成分分析，如阿菲金魔盒系统，可提示乳中脂蛋比的变化，能在一定程度上提示酮病，如脂蛋比大于 1.2 提示为亚临床酮病，脂蛋比大于 1.4 提示为临床酮病。对被在线预警的奶牛，判定临床酮病和亚临床酮病时应进行血酮检测，确定进一步的治疗方案。

血液白细胞及分类计数对酮病没有诊断价值。酮病奶牛的肝酶活性普遍升高，但都在正常范围内，肝组织活检是判断肝损伤程度的唯一准确方法。血浆非酯化脂肪酸（NEFA）和总胆红素的浓度升高。Ⅱ型酮病的检测关键点在于产前的NEFA，以分娩为界，分娩前3d NEFA的平均浓度为0.3mmol/L；分娩后9d内，可上升到约0.7 mmol/L，此后逐渐降低。总胆红素升高并非肝损伤和体脂动员的特异性指标，除胆红素以外，酮症期间奶牛血液中胆固醇（TC）、高密度脂蛋白（HDL）、低密度脂蛋白（LDL）浓度显著降低。血浆胆固醇的减少与肝细胞的极低密度脂蛋白（VLDL）分泌减少或乳腺对胆固醇的利用率增加有关。瘤胃中挥发性脂肪酸（VFA）的含量升高，丁酸盐的浓度较丙酸盐和乙酸盐显著升高（表8-2-1）。

表8-2-1 风险评估的酮病类型及评估方向

表现	酮病类型		
	Ⅰ型酮病	Ⅱ型酮病	富丁酸青贮型
描述	饲料不足（干物质采食量，DMI）	牛肥胖，有脂肪肝	饲喂湿青贮
血液β-羟丁酸（BHBA）	非常高	高	高或非常高
血液非酯化脂肪酸（NEFA）	高	高	高或正常
血糖	低	低（最初可能高）	不确定
体况	可能瘦	通常过肥	不确定
肝糖原异生	高	低	不确定
肝脏病理	无	脂肪肝	不确定
高发时期	产后3~6周	产后1~2周	不确定
预后	非常好	不良	良好
检测关键点	产后BHBA	产前NEFA	青贮VFA分析
防控关键点	产后管理和营养	产前管理和营养	更换青贮

亚临床酮病几乎不出现临床症状，酮病检测的金标准仍是酮体的检测，包括血酮、尿酮和乳酮。目前已有商品化的酮病检测试纸条，主要通过检测血、尿、乳中的β-羟丁酸或乙酰乙酸来监测奶牛酮病。

1）血酮检测：血液β-羟丁酸（BHBA）作为酮病诊断的金标准。1.2~3.0mmol/L为亚临床酮病；大于或等于3.0mmol/L为临床酮病。其中血酮含量大于2.0mmol/L时奶牛即有泌乳量下降的风险；血液BHBA含量超过1.75mmol/L即表明饲料中能量严重不足。血酮检测是酮病诊断中最为准确的方法，目前多采用血酮仪进行血酮的快速诊断（图8-2-6）。血酮检测同样适于牧场水平酮病风险评估，为酮病的整体防控提供依据（视频8-2-7）。

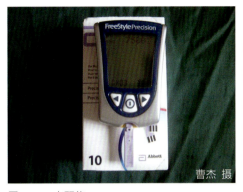

🎬 视频 8-2-7
对转圈牛，采血测定 β-羟丁酸含量为 4.4mmol/L（王春璈 摄）

图 8-2-6　血酮仪

2）尿酮、乳酮检测：可以用 Ketolac BHB（Hoechst）检测条检测尿中或乳中的 β-羟丁酸，操作简便易行，是检测亚临床奶牛酮病的常用方法之一（图 8-2-7、图 8-2-8）。尿酮检测试纸条更适用于单个牛的酮病检测，由于仅有 64% 的牛可通过刺激自主排尿，兽医应熟练掌握导尿的方法来完成检测（图 8-2-9）。曹杰等通过对比检测发现，尿酮检测试纸条检测达到 0.5mmol/L 时（结果为最浅的阳性，试纸条判定结果为 ±），其对应血浆 BHBA 含量达到 1.4mmol/L，可判定为亚临床酮病，需要进行相应治疗；尿酮检测试纸条检测达到 4.0mmol/L 时（结果为深红色阳性，试纸条判定结果为 ++），其对应血浆 BHBA 含量达到 3.0mmol/L 以上，可判定为临床酮病，需要进行补液治疗（表 8-2-2）。需要注意的是，很多乳酮检测试纸条检测的为乳中乙酰乙酸含量，其敏感性和特异性差，不适于酮病的检测。

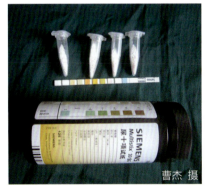

图 8-2-7　尿酮检测试纸条及酮粉

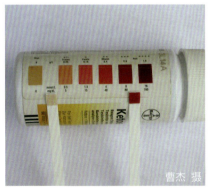

图 8-2-8　尿酮检测试纸条结果判定

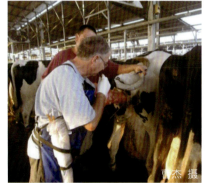

图 8-2-9　导尿及尿酮检测

表 8-2-2　酮粉法检测尿酮的判定标准

反应现象	结果判断	报告方式
立即出现深紫色	强阳性	+++ 至 ++++
立即呈现浅紫色后渐转深紫色	阳性	++
逐渐呈现浅紫色	弱阳性	+
5min 内无紫色出现	阴性	−

牛场也可通过Rothera's试验检测尿中的酮体。该法经济简便，具体操作为：在白色瓷片或离心管中放置少量Rothera's试剂（含硝普钠3g、无水碳酸钠3g、硫酸铵100g），滴加一滴尿，如出现粉红色至紫色，证实含有酮体。通常正常的尿中也含有少量酮体，因此只有乳酮也出现阳性时才能判定为阳性。曹杰等通过对比试验发现，由于酮粉法检测的是尿中乙酰乙酸和丙酮含量，因此准确性较低，但如果在1min内迅速变为深紫色（+++至++++），其对应血浆BHBA含量检测值高于3.0mmol/L，可判定为临床酮病，低于此结果的情况下无法准确判定亚临床酮病。

如果怀疑青贮有问题，应及时检测青贮中挥发性脂肪酸的含量，确定是否为丁酸含量超标引发的酮病。正常青贮中丁酸湿重含量为0.01%，质量差的青贮中丁酸含量可达湿重的2%。

在产后护理时，对出现以下临床症状的牛，都要采血测定血酮：过度肥胖的牛；采食量降低的牛；产后不吃的牛；产后泌乳量降低的牛；产后瘤胃蠕动力不好的牛；产后排粪少与粪便臭的牛；会阴部有明显臭味的牛；出现神经症状的牛。产后采血测定血酮不是限定到产后5d进行，而是根据产后牛的症状决定是否采血测定血酮。体况严重超标的新产牛，产后第2天大约有20%的牛就是酮病牛。测定血酮判断牧场奶牛酮病的发病率不能以产后护理时对病牛采血测定的数据进行统计，要对产后15d和产后25d的牛随机采样进行测定，统计发病率。

【治疗】 酮病的治疗原则主要有三条：尽快恢复血糖水平；补充肝脏三羧酸循环中必需的草酰乙酸，使体脂动员产生的脂肪酸完全氧化，从而降低酮体的产生速度；增加日粮中的生糖先质，特别是丙酸。治疗酮病的目的是恢复维持正常泌乳所需的能量代谢。最常用的方法包括：500mL 50%葡萄糖，静脉注射，每天1次；灌服350~600mL丙二醇，每天1次，连用3~5d。这些治疗方法根据个体病例的具体需求可联合使用。丙二醇应灌服给药，尽量不要加入到饲料中。

静脉注射葡萄糖溶液可暂时恢复血糖水平，一般可维持2h。灌服丙二醇可以维持血糖水平。丙酸钙可在瘤胃中发酵，可能引起消化系统紊乱；甘油在瘤胃中可转化为丙酸，但也可转化为生酮酸，因此在治疗时丙二醇的效果要好于丙酸钙和甘油。考虑到大量静脉补糖可引发一过性高血糖，而高血糖又会影响后续食欲及干物质采食量的恢复，因此酮病治疗时使用50%葡萄糖注射液500mL，静脉注射，一次即可。神经性酮病的奶牛属于个例，需要每4~6h静脉补充一次高糖直至神经症状稳定；对于特别轻微的亚临床酮病牛，仅通过每天1次灌服丙二醇350~600mL，连用3~5d，即可达到治疗的目的。

对干物质采食量不足引起的Ⅰ型酮病，治疗周期短，治疗效果好；而由肝脂沉积或脂肪肝引起的Ⅱ型酮病，不仅治愈率低，治疗时间长，而且在停止治疗后的3~5d可能复发。如果Ⅱ型酮病奶牛需要持续输入葡萄糖，应每隔24~36h皮下注射200 IU的胰岛素。

对妊娠期酮病的奶牛需及时治疗，以免出现不可逆性脂肪沉积和多器官衰竭。必要时采用激素诱导分娩或剖腹产。使用葡萄糖的支持疗法也很有必要。如果产后最初几天治疗中断，这些奶牛常在48h内复发为严重的甚至是致死性酮病。

【预防】 预防酮病最重要的原则是应避免一切在围产期影响奶牛干物质采食量的因素，如良好的饲养管理、转群管理及脂肪肝管理。如果泌乳早期临床酮病发病率高于10%或亚临床酮病发病率高于30%，则认定为群体问题。

1）预防Ⅰ型酮病的关键在于产后满足奶牛泌乳初期的能量需求，对于一些牛而言仅需稍稍调整饲料中的玉米添加量即可。除此之外，还需注意围产期供应充足并有一定长度的粗饲料，刺激瘤胃功能；产前2周开始增加精饲料，以调整瘤胃微生物菌群，并逐步向产后的高产日粮转变。

2）预防Ⅱ型酮病的关键在于产前的脂肪肝管理。在围产期奶牛和新产牛日粮中添加莫能菌素是预防酮病的一个很好的选择。研究发现，围产期给予奶牛莫能菌素，可减少50%酮病的发生率，并能降低游离性脂肪酸的浓度。此外，莫能菌素还有助于减少氨气和甲烷的排放量，进而提高奶牛的饲料转化率。

3）如果牛场的酮病高发，建议在围产期前、后21d的日粮中添加过瘤胃烟酸20g/（头·d），过瘤胃烟酸可促进脂肪酸和酮体氧化供能，减少酮体蓄积，同时抑制体脂动员，从而达到控制酮病的目的。或在产前21d的日粮中添加25%过瘤胃胆碱60g/（头·d），或添加20g/（头·d）50%过瘤胃胆碱。过瘤胃胆碱可加速脂肪从肝脏中转移出去的速度，从而缓解脂肪肝酮病。钴缺乏导致的酮病目前仅在钴缺乏地区加以考虑。近年的研究表明，在围产期奶牛日粮中添加0.21mg/kg的钴足以满足高产奶牛的需求，无须额外添加钴和维生素B_{12}。

4）奶牛产犊时不能过肥，体况评分保持在3.5分左右（5分制）为宜，超过此标准即可认为过肥。肥胖是导致机体产生胰岛素抵抗的重要因素，因此肥胖不论从脂肪肝、肝脂肪沉积或胰岛素抵抗的角度来说，都是Ⅱ型酮病重要的致病基础。值得注意的是，对于体况评分普遍偏高的牛群，围产期不能通过调整饲料能量水平进行减肥，因为所有的奶牛产前21d均开始动员体脂，人为的能量不足会增加体脂动员，从而加剧脂肪肝的严重程度。任何主动控制体况的措施只能在产前1个月之前完成。预防富丁酸青贮性酮病的关键在于监测青贮丁酸含量，调整青贮使用量及下一年青贮制作工艺。丁酸超过2%的青贮最好销毁。

5）围产期管理与奶牛酮病息息相关，可通过管理因素确保营养调控的有效性。管理因素涵盖范围非常大，有三项工作需要引起重视。

①第一项工作是确保围产期长度：据统计，国内经产牛产犊时实际妊娠天数在276~277d，头胎牛为272~273d。如果按照281d妊娠进行围产牛转群操作，很多牛的实际围产期仅有14d，因为时间不够长，阴离子盐最少需要14d起效，而过瘤胃烟酸、胆碱需要产前21d起效，营养调控达不到效果。牧场需要每月统计前3个月的产犊数据，把过长和过短的实际妊娠天数去掉后（各10%），取实际产犊天数的平均值来确定转围产的时间。比如平均妊娠天数为276d，可在255d时转入围产圈，而进入干奶期的时间不变，因为干奶55~70d都可以保证干奶效果。头胎牛和经产牛应分别计算，各自确定围产期调控的方案。

②第二项工作是减少助产比例：分娩损伤是酮病的一个非常大的影响因素，所以牛场需要把助产率降到合理水平。通常3%~5%的助产率在可接受范围。如果助产率超过10%、产道损伤超过2%，新产牛的酮病将会有增加趋势。

③第三项工作是围产牛的干物质采食量：牛群正常的情况下，围产期干物质采食量应维持在12~14kg/d。有些牧场使用阴离子盐后围产期干物质采食量偏低，也有部分牧场偏高。需要强调的是，除个别超高产牛场，围产期奶牛干物质采食量达到15~18kg/d是有问题的，因为此时看不到体脂蓄积或者牛变肥，但奶牛内脏脂肪已经蓄积，一旦产犊，酮病就可能暴发。采食

量低于标准的情况下，要想尽一切办法提高干物质采食量。另外，饲料能量水平太低也不行，会加速体脂动员。

（曹 杰）

二、脂肪肝综合征

脂肪肝综合征（Fatty Liver Syndrome）也称为肥牛综合征、牛妊娠毒血症，是由于干奶期或妊娠期母牛日粮能量水平过高，奶牛过度肥胖而引起的消化、代谢、生殖等机能失调的综合表现，以分娩前或分娩后食欲废绝、胃肠蠕动停止、精神沉郁、间有黄疸为特征。本病死亡率较高，主要发生于围产期奶牛。

【病因】 干奶期能量过高，会使较多的能量以脂肪形式储存于体内。干奶期精饲料饲喂过多，对瘤胃造成极大的应激，会导致奶牛产后消化机能减退，食欲降低，生糖先质缺乏，糖异生受阻，血糖下降，因此奶牛会在妊娠晚期、分娩期、泌乳早期经历一段时间的能量负平衡，此时就需要动员体脂来弥补能量缺口，这一过程一般从产前21d开始，一直延续到产后1个月。在脂肪分解过程中，中性脂肪分解为甘油和非酯化脂肪酸（NEFA），随后NEFA离开细胞进入血液，并随血液进入肝脏，在肝脏中，NEFA与甘油重新结合生成甘油三酯。牛容易患上脂肪肝，一是因为产前血液中脂肪酸过量，甘油三酯生成量增多；二是因为其合成极低密度脂蛋白的能力有限，因此肝脏甘油三酯的转出能力也有限，二者共同作用致使奶牛围产期甘油三酯容易在肝内蓄积。在正常生理条件下，肝脏脂肪总量在产犊前几周开始增加，在产犊后1周达到20%左右（以湿重计），之后缓慢下降，到产犊后26周低于5%的正常水平，但如果奶牛围产期体脂动员过度，过多的脂肪蓄积在肝脏时，就会表现出脂肪肝的一系列症状。临床上脂肪肝综合征多发于产后对能量需求突然增加的产前营养状况良好的牛及妊娠期突然断食的多胎牛和肥胖牛。产犊后第1个月，5%~10%牛患有严重的脂肪肝，30%~40%患有中度脂肪肝。此外，游离脂肪酸在肝脏内氧化不全会导致酮体生成增多，血中酮体浓度也会相应升高。

脂肪动员过程中形成大量的NEFA浸润于肌细胞间隙和子宫肌层，可引起骨骼肌和平滑肌运动障碍，诱发母牛卧地不起、皱胃变位、胎衣停滞、子宫炎等综合征。血中NEFA含量增多，促使钙离子向脂肪细胞转移，再加上NEFA与镁离子可形成螯合物，不仅可诱发低镁血症，同时由于低镁血症间接影响骨钙动员，致使低血钙的发生。由于脂肪肝影响雌激素和孕酮的代谢，临床上表现出不孕症、产犊间隙延长等繁殖障碍。

下列因素与脂肪肝综合征的发生有关。

1）饮食和环境因素：干奶期日粮能量过高是重要的影响因素，日粮能量本身过高，或母牛实际干物质采食量超过营养需要量，都可能引发体况超标。奶牛产犊时过度肥胖，会伴有不同程度的脂肪肝，但产前一般不表现症状。如果产后干物质采食量不足，体况迅速下降，动员的体脂有一部分沉积在肝脏上，加重脂肪肝的程度，肝脏合成糖原功能不足，很容易出现脂肪肝的系列症状。

2）遗传因素：本病的发生与牛的品种也有一定关系，有些品种的奶牛，本身脂肪肝的风险很高，产后发病的可能性也大大增加。

3）继发于其他疾病：产后任何影响干物质采食量的疾病都可能导致脂肪肝，如酮病、皱胃变位、乳房炎、胎衣不下、产后瘫痪等，均可诱发脂肪肝综合征。

由于奶牛妊娠毒血症与牛场的饲养管理有很大关系，繁殖情况、饲料配方均有影响，因此发病常呈地方流行性。发病与胎次、月份无明显关系。多在产后发病，泌乳量越高、产后体况下降越多，发病越多。

【症状】 急性病例在分娩后立即表现症状。病牛精神沉郁，食欲废绝，瘤胃蠕动微弱，少奶或无奶；可视黏膜发绀、黄染；初期体温升高至 39.5℃以上，目光呆视，对外界反应差。有的牛腹泻，排出恶腥臭的黄褐色稀便，对药物无反应，于 2~3d 死亡或因后期卧地不起而被淘汰。

亚急性病例多于产后 3d 开始发病。病牛主要表现为酮病。食欲降低或废绝，泌乳量下降，粪便量少且干，尿液含有酮体的特殊"烂苹果"气味，酮体检测呈阳性。病程延绵，呈渐进性消瘦。有的病牛伴发乳房炎、胎衣不下。出现乳房炎时，乳房肿胀，乳汁呈脓性或水样，乳酮检测呈阳性。产道内蓄积大量褐色具腥臭味的恶露。药物治疗无效，后期卧地不起，呻吟，磨牙，衰竭死亡。

【诊断】 本病的发生有其自身特点，病牛肥胖，产犊后突然食欲废绝、躺卧时应怀疑本病。诊断中应与皱胃变位、单纯性酮病、胎衣不下和产后瘫痪相区别。皱胃左方变位可根据左肷部特征性钢管音鉴别。产后瘫痪常在分娩后立即发生，趴卧并出现典型的 S 形头颈侧弯，对钙制剂等治疗反应明显。本病易与母牛爬卧综合征混淆，两种综合征从临床症状上很难区别，但从病史上看，脂肪肝综合征奶牛一般过度肥胖，爬卧综合征与奶牛肥胖与否关系不大。除以上特征外，可能表现出的症状还包括胎衣不下、子宫内膜炎、卵巢功能不全、低钙血症、低镁血症、酮病和乳房炎等。产前发生时应与皱胃阻塞、迷走神经性消化不良及腹膜炎相鉴别。

实验室检测以病牛血液中 NEFA 含量升高和 β-羟丁酸增加、总胆红素浓度增加、肝酶活性增加（尤其是天冬氨酸转氨酶和鸟氨酸氨甲酰基转移酶）、肝脏活检脂肪含量增加为主要特征。NEFA：胆固醇是一个能够反映肝脂肪百分比的参考比率，因为 NEFA 反映肝脏脂质代谢的能力，胆固醇则反映肝脏再酯化和极低密度脂蛋白输出的速率，这个比率越高肝脂肪的百分比越高。

对死亡的奶牛剖检，死亡牛都是产前 1 周和产后 1 周内的肥胖牛（图 8-2-10、图 8-2-11），牛的皮下脂肪变性、色黄（图 8-2-12），大网膜黄染（图 8-2-13），肝肿胀变性、质脆（图 8-2-14）。患有严重脂肪肝的奶牛解剖表现还包括：肠壁水肿（图 8-2-15）、子宫炎（图 8-2-16）与皱胃黏膜出血（图 8-2-17），脑垂体坏死和退化，胰腺和淋巴系统退化等（图 8-2-18）。

图 8-2-10　产后 4d 死亡的牛，体况超标

图 8-2-11　产前 2d 死亡的牛，体况超标

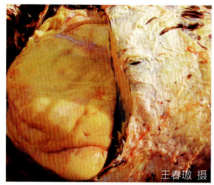
图 8-2-12　皮下与大网膜沉积大量脂肪

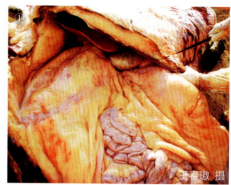
图 8-2-13　大网膜沉积大量脂肪

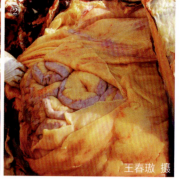

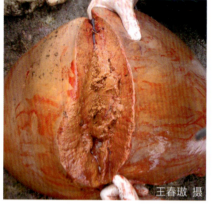
图 8-2-14　肝脏质脆

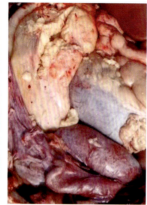
图 8-2-15　肠壁出血与肿胀，脂肪变性坏死

图 8-2-16　子宫炎

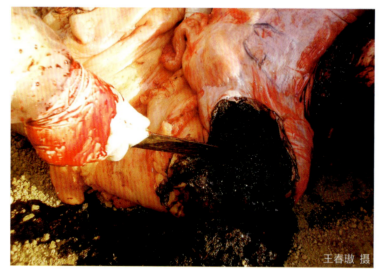
图 8-2-17　皱胃黏膜出血

图 8-2-18　脂肪肝综合征，表现网膜变性、肠系膜脂肪坏死

组织学变化包括：肝实质中出现脂肪囊肿；个体肝细胞的体积增大；肝细胞内的线粒体损伤，细胞核、粗面内质网和其他细胞器压缩、体积减小和数量减少。患轻度脂肪肝时，甘油三酯的积累仅限于肝静脉附近的肝小叶中心部分；患中度和重度脂肪肝时，甘油三酯的积累则延伸到中带部分，然后扩散到门静脉周围。

【治疗】 对本病的治疗应慎重，若完全丧失食欲者，常导致死亡。对尚能维持一定食欲者，应采取综合治疗，静脉补充葡萄糖、钙制剂、镁制剂等。治疗中心原则为降低体脂动员率，促进肝脏内 NEFA 的完全氧化及增加极低密度脂蛋白对甘油三酯的运出效率。推荐治疗方案为静脉注射 50% 葡萄糖溶液 500mL 1 次；口服丙二醇 600mL，每天 1 次，连续 5d；20mg 地塞米松，肌内注射 1 次；维生素 B_{12}，1~2mg/次，肌内注射，2~3d 1 次；20mg 异黄酮，多次肌内注射。另外，还可以同时灌服 5~10L 的健康瘤胃液、10~30L 水和多种电解质溶液配合治疗。胰岛素利于外周葡萄糖吸收，因此也是治疗药物参考项之一，但临床应用的结果好坏参半。此外，研究发现产后第 8 天开始连续 14d 皮下注射 15mg/d 的胰高血糖素，可降低 3.5 岁以上奶牛的肝脏甘油三酯浓度，但此方法在牛场并不适用。

【预防】 保持妊娠期间良好体况，防止过度肥胖，及时治疗产前、产后的其他常发病。具体做法为，对妊娠后期母牛分群饲养，并密切观察牛体重的变化，将干奶期体况评分高于 4.0 的牛定为高风险牛；定期检测产前牛血液中 NEFA 及产后牛 β-羟丁酸的含量；对血酮升高的病牛，及时治疗酮病。需要注意的是，奶牛在产前 21d 开始动员体脂，因此干奶后期奶牛一定不能通过减料或降低能量浓度来控制体况评分，否则脂肪肝奶牛会因为能量不足而大量动员体脂，加剧脂肪肝的程度。NRC 建议，从干奶期到产犊前 21d，应饲喂大约含有 1.25 Mcal/kg 泌乳净能的日粮，产犊前最后 3 周内饲喂含有 1.54~1.62 Mcal/kg 泌乳净能的日粮，以帮助奶牛适应围产期的能量需求变动；围产期饲喂较高比例的非纤维碳水化合物（NCF）日粮，可以促进瘤胃微生物对泌乳期 NCF 的适应，并增加丙酸盐的浓度，促进糖异生。此外，围产期日粮中可添加过瘤胃葡萄糖 60g/d，补充血糖，降低体脂动员幅度。

（曹 杰）

第三节 犊牛营养代谢疾病

一、先天性佝偻病

广义上讲佝偻病（Rickets）是生长骨软骨内骨化失败，导致生长板的深度和宽度增加，尤其是长骨（肱骨、桡骨、尺骨和胫骨）和肋骨的肋软骨。佝偻病的最终结果是骨矿化减少或缺陷。在负重的压力下，干骺和骨骺的未钙化软组织发生变形，会导致长骨干的内侧或外侧变形。由于体重的影响，长骨的纵向生长速度下降，长骨末端加宽，关节明显增大。在增厚和加宽的骺板内，邻近干骺端的小梁骨可能有出血和微小骨折。慢性情况下，出血区可能大部分被纤维组织替代，放射学上视为"骨骺炎"，临床上视为长骨末端和肋骨肋软骨连接处肥大。骨骺的这些变化可能导致骨骺分离。关节软骨可能保持正常，或者关节下塌陷导致关节软骨沟槽和折叠，最终导致退行性关节病和骨软骨病。牙齿生长不规则，而且牙齿磨损很快。下颌骨生长迟缓，并伴有牙齿排列异常。佝偻病有一定的遗传倾向，有研究发现新西兰柯利黛绵羊存在常染色体隐性遗传，与 25-羟基维生素 D_3-24-羟化酶（负责维生素 D 分解代谢的酶）基因表达增加有关。

第三节 犊牛营养代谢疾病

维生素 D 是动物骨骼生长和钙化所必需的一种脂溶性维生素。维生素 D 缺乏可引起体内钙、磷代谢障碍，导致骨骼病变、新生犊牛发生先天性佝偻病与后天性佝偻病、成年动物发生骨营养不良。体内维生素 D 主要有外源和内源维生素 D，维生素 D 来源于维生素 D_2 原与维生素 D_3 原。维生素 D_2 来源于植物性饲料中的麦角固醇（维生素 D_2 原），经阳光照射后转化为维生素 D_2，即麦角钙化醇。维生素 D_3 来源于动物皮肤中的 7-脱氢胆固醇（维生素 D_3 原），经阳光照射后转化为胆钙化醇，维生素 D_2、D_3 统称为钙化醇。维生素 D 是一种前体维生素，在动物体内通过肝、肾的羟化作用转变成活性型的 D_3，即 1,25-双羟维生素 D_3 [1,25-$(OH)_2D_3$] 后，才具有生理活性（图 8-3-1）。

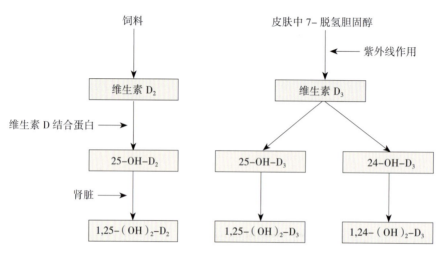

图 8-3-1　维生素 D 的转化示意图

犊牛佝偻病的早期阶段，食欲和生长速度可能不会受到严重影响，直到疾病进展并引起相当大的疼痛。疼痛导致的持续卧姿将间接影响牛的采食量。矿化不良的骨骼容易骨折。缺磷地区的原发性磷缺乏和犊牛缺乏维生素 D 是常见的情况。长期在室内饲养的牛常出现维生素 D 缺乏导致的佝偻病。放牧牛也可能在冬季阳光照射不足时，无法促进皮肤从 7-脱氢胆固醇合成维生素 D_3，出现维生素 D 缺乏性佝偻病。在室内集中饲养的生长迅速的幼牛中，钙、磷和维生素 D 的同时缺乏会导致腿部无力，表现为僵硬、不愿意活动和生长迟缓。某些情况下会发生跟腱断裂和自发性骨折。

【病因】　维生素 D 的外源性来源是饲料，内源性来源是从皮肤中获取，因而饲料中维生素 D 缺乏，或奶牛得不到阳光的照射，是奶牛维生素 D 缺乏的根本原因。奶牛长期饲养在舍内，无舍外运动，缺乏紫外线照射，体内合成的维生素 D_3 过少，则可能产生维生素 D_3 缺乏。长期饲喂幼嫩饲草，饲草中维生素 D_2 含量少，或预混料中维生素 D 缺乏，都会发生维生素 D 缺乏。

奶牛妊娠期间缺乏维生素 D，胎儿发育所需要的维生素 D 不足，新生犊牛可发生先天性维生素 D 缺乏症。新生犊牛对维生素 D 需要量较大，且主要来源于乳和皮肤内合成。如果犊牛在舍内饲养，得不到阳光的照射，犊牛不能从皮肤获得维生素 D，只能从牛奶中获得维生素 D，因此，牛奶中维生素 D 含量不足或缺乏，可造成犊牛后天性维生素 D 缺乏症。奶牛患胃肠道疾病时，维生素 D 吸收利用障碍，肝、肾疾病致维生素 D 的羟化作用受阻，不能转变为有生理活性的

1,25-$(OH)_2D_3$。维生素 D_2 活性代谢产物 1,25- 二羟麦角固醇的生物活性仅为维生素 D_3 的代谢物 1,25- 二羟胆钙化醇的 1/10~1/5，因此在犊牛的颗粒饲料中必须添加维生素 D_3，才能防止犊牛的佝偻病。

当饲料中钙、磷比例失调，或者饲料中缺乏微量元素，如铁、铜、锌、锰、碘、硒，或者锶、钡的含量过多等影响钙和磷的吸收利用时，奶牛对维生素 D 的需要量增加，未能恰当补充维生素 D，可造成维生素 D 的缺乏症。

犊牛的甲状腺、胸腺等功能障碍，也可影响机体对钙、磷代谢和维生素 D 的吸收与利用，从而诱发佝偻病。此外，缺乏维生素 A 和维生素 C 也是佝偻病一大致病因素。维生素 A 易于氧化，在粗饲料储存期间，可损失大部分的活性，但维生素 A 参与骨骼有机质中黏多糖的合成过程，也是胚胎发育和犊牛骨骼生长发育必需的物质。维生素 C 是羟化酶的辅助因子，能够促进有机质的合成。犊牛缺乏维生素 A 和维生素 C，也可导致骨骼畸形而发生佝偻病。

有的大型牧场在一个阶段内所产的犊牛，有 80% 的犊牛出现先天性佝偻病，经化验干奶牛血液中钙（总钙和离子钙）的含量，iCa（离子钙）：干奶牛、围产牛、新产牛都低于正常范围，99% 的牛是亚临床低血钙。TCa（总钙）：干奶牛、围产牛在正常范围，新产牛 TCa 100% 都低于正常范围。由此得出犊牛先天性佝偻病是在奶牛的干奶期逐渐发生和形成的。

【症状】 新生犊牛患先天性维生素 D 缺乏症，表现四肢软弱、球节屈曲或腕关节屈曲、跪地行走（图 8-3-2），严重时犊牛不能起立，在人为辅助的情况下犊牛可勉强站立。犊牛患后天性维生素 D 缺乏症，病初表现发育迟滞，精神不振，消化不良，严重异食，舔食卧床上的垫料、粪便，引起消化障碍、腹泻。犊牛常常静卧于卧床的一处而不愿站立或走动，强迫站立和运动时表现紧张，肢体软弱，心跳和呼吸加快。站立时，肢体交叉，腕关节弯曲或外展，关节肿大、变形，甚至腕关节不能屈曲，出现严重跛行。两前肢腕关节向外侧凸出而呈内弧圈状弯曲或两后肢跗关节内收而呈八字形分开（图 8-3-3）。

图 8-3-2 先天性佝偻病的牛双前肢球节屈曲

图 8-3-3 先天性佝偻病的牛腕关节屈曲、肿大

肋骨和肋软骨连接处出现骨性念珠状物。犊牛生长发育迟滞，牙齿排列不整、松动、齿质不坚而易磨损或折断，尤以下颌骨明显，严重时不能闭合口腔，伸舌，流涎，影响到呼吸和采食。

病情继续发展，可引起营养不良，贫血，生长停止，成为僵牛（图 8-3-4、图 8-3-5）。发病犊牛往往伴发咳嗽、腹泻、呼吸困难、贫血，有的还表现神经过敏，间或出现痉挛、抽搐等症状。

图 8-3-4 奶牛患佝偻病，四肢腕关节肿胀、弓腰、生长迟滞　　图 8-3-5 新生犊牛患佝偻病，两前肢腕关节增生，外展呈八字形

成母牛患维生素 D 缺乏，病初出现以异食为主的消化机能紊乱，舔舐卧床上的垫料，最常见的是吃卧床上的沙子、锯末、泥土，在皱胃内或十二指肠乙状弯曲部沉淀淤积，刺激胃肠黏膜充血、出血、溃疡。奶牛排粪减少、腹泻、消瘦、弓腰、腰部僵直，运步拘谨，单肢或多肢跛行，或各肢交替出现跛行，经常卧地，不愿起立，泌乳量明显降低。

【诊断】　根据临床症状可初步诊断，常年在封闭式牛舍内饲养的奶牛，犊牛出生后出现关节屈曲、不能正常站立症状；犊牛患后天性佝偻病时，表现关节变形；成母牛出现异食和消化障碍；在肋骨和肋软骨交界处呈串珠状增大，即可做出诊断。

有条件时，可对病牛进行 X 线影像检查。病牛骨骼的 X 线影像学特征是长骨变形且端部扁平或呈杯状凹陷，骨骺增宽而形状不规则，骨质变薄且密度降低（图 8-3-6～图 8-3-9）。

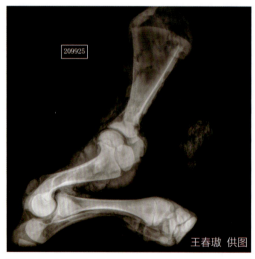
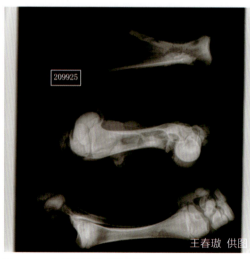

图 8-3-6 在骨干、关节周围及骨干外围形成大量钙化灶　　图 8-3-7 在关节处形成钙化灶

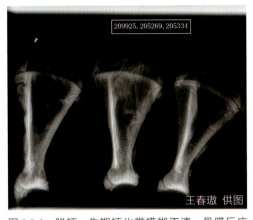
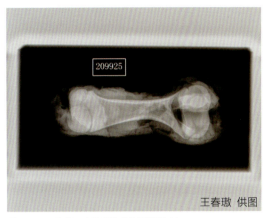

图 8-3-8　脱钙，先期钙化带模糊不清，骨膜反应明显　　图 8-3-9　在骨干周围形成大量钙化灶

犊牛的维生素 D 缺乏症要与犊牛关节炎进行鉴别。犊牛关节炎是因感染细菌引起的肿胀，引起关节炎的病原微生物有沙门菌、链球菌、支原体及真菌等，常发生的关节为腕关节、跗关节，表现关节热、肿、痛和关节化脓，关节穿刺抽取关节肿胀部的液体，涂片、革兰染色，可看到革兰染色阳性球菌或革兰染色阴性杆菌。

【治疗】　较小的骨骼关节畸形通过适当的治疗可以恢复，病牛的食欲和身体状况改善很快，但严重的病例关节肿大等症状通常会持续存在。治疗原则是消除病因，调整日粮组成，在饲料中添加维生素 D。对封闭式牛舍饲养的奶牛，维生素 D 的添加量需增大；对开放式牛舍饲养的奶牛，可增加户外运动和晒太阳时间。对因肠道疾病引起的维生素 D 缺乏，要积极治疗胃肠道疾病。

对犊牛先天性或后天性佝偻病，使用维生素 ADE 注射液，2mL，一次肌内注射；30% 硼葡萄糖酸钙注射液，0.75mL/kg 体重，缓慢静脉注射，1 次/d，连用 3d。治疗的同时对系关节使用弹力绷带进行绷带外固定或夹板外固定，防止治疗恢复期间关节皮肤磨损而造成化脓感染。

也可以使用维生素 D_2 胶性钙注射液，犊牛 2mL/次，成年牛 10mL/次，肌内注射，每天 1 次或隔天 1 次，连续注射 7~10d；维生素 ADE 注射液，成年牛 10mL，一次肌内注射，必要情况下 2 个月后再次注射。应用以上药物时，应注意不可长期大量使用，应根据牛的年龄、身体状况做适当的调整。当已经有明显的维生素 A 中毒的表现时，不能继续使用维生素 ADE 注射液。

对严重的系关节屈曲不能伸直的犊牛，用夹板绷带外固定进行矫正，固定时间根据关节屈曲的程度而定，一般固定 7~10d 后可拆除（图 8-3-10、图 8-3-11）。在外固定的同时，补充维生素 D 及钙制剂。

【预防】　本病的预防应当从加强母牛的饲养管理工作着手。对饲料均衡严格把控，要根据奶牛营养的需要在奶牛预混料中添加维生素 D，预混料存放时间不能过长，要注意日粮中的钙、磷比例，从而保障母牛对于磷及维生素 D 的合理摄入。选用优质饲草，保障母牛得到足够的日光照射，也可定期用紫外线灯照射（光源和动物之间的距离为 1~1.5m，照射时间为 5~15min）。开放式牛舍要保证奶牛有足够的户外运动，对有胃肠道、肝脏、肾脏疾病的奶牛要及时治疗。总之，确保母牛各项身体机能完善，以保证犊牛胎儿健康发育，预防本病发生。发生犊牛先天性佝

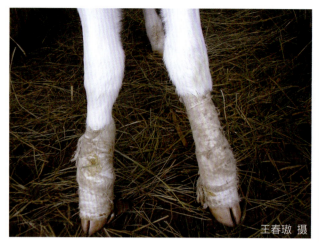
图 8-3-10　对先天性佝偻病犊牛进行夹板固定

图 8-3-11　先天性球节屈曲，进行夹板绷带矫正

偻病的牧场，奶牛进入干奶期可一次性注射维生素 ADE 注射液 25~30mL；同时统计有集中高发倾向的公牛，建议停用此类公牛的精液。

（曹　杰）

二、犊牛异食癖

犊牛摄入正常食物以外的物质称为异食癖（Pica）。大多数情况下异食癖与饮食营养缺乏有关，包括缺乏常规营养素及纤维素、各种盐类、维生素或矿物质等元素。对于活动空间小的圈养动物来说，异食癖也可能是一种刻板行为。此外，腹膜炎或胃炎引起的慢性腹痛和中枢神经系统紊乱，包括狂犬病和神经性酮病，也是引起异食癖的原因。犊牛异食最常见的是吞食圈舍内的垫料，如锯末、稻壳、麦秸、稻草、沙子等。由于犊牛的瘤胃黏膜还没有充分发育，吞食的异物大多进入瘤胃后刺激瘤胃黏膜，引起瘤胃黏膜出血性炎症。异物进入皱胃内，引起皱胃黏膜的溃疡，造成犊牛消化障碍、腹泻，严重的发生死亡。

【病因】　异食癖的发病机制目前还不清楚，但常与营养不良、寄生虫、肥胖，以及磷、盐类物质、蛋白质、微量营养素缺乏有关。目前，牧场使用犊牛岛单栏饲养或犊牛圈多头混养两种方式饲养哺乳犊牛。犊牛岛饲养的犊牛，常用稻草、麦秸等作为垫料；犊牛圈饲养的犊牛，常用锯末、稻壳、沙子或麦秸作为垫料；断奶犊牛一般使用犊牛栏饲养，常用锯末、稻壳、沙子或干牛粪作为垫料。

犊牛是草食动物，1周龄以后就有个别犊牛吃铺垫的麦秸、稻草，但采食量很少，对犊牛健康影响不大。如果垫料是锯末、稻壳，犊牛吃入后容易在瘤胃、皱胃及肠道内蓄积，就会刺激胃肠黏膜引起炎症。在新生犊牛缺乏维生素 C、维生素 D 及微量元素的情况下，犊牛的异食现象更为严重，表现为吞食垫料，特别是在更换新的垫料后，犊牛吃垫料的情况严重（图 8-3-12）。1月龄以内的犊牛，瘤胃容积与瘤胃黏膜都没有发育完全，吞食的垫料有的进入瘤胃，引起瘤胃阻塞。垫料进入皱胃内，引起皱胃黏膜的充血、出血、溃疡、穿孔等，或引起肠管的炎症、阻塞、穿孔等病理变化，在犊牛的抵抗力降低的情况下，继发细菌性感染，使病情加重、死亡（图 8-3-13）。

图 8-3-12 犊牛吃垫料

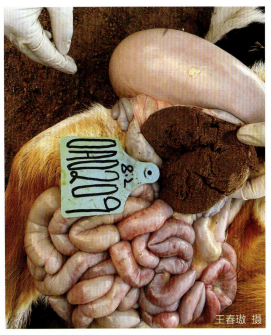

图 8-3-13 犊牛瘤胃内积沙

【症状】 发病犊牛的日龄大多在20~30日龄，病犊消瘦，1d可腹泻数次，粪便常常黏附于尾根、后肢的皮肤上，粪便的颜色呈灰色、绿色、黄色、褐色等，有的粪中带有肠黏膜。发病初期体温正常，吃奶正常，当继发细菌感染后，体温升高到39.6℃以上，心跳加快，脱水，眼窝下陷，眼结膜苍白（图8-3-14）。犊牛常常卧于一处，不愿起立，吃奶减少，进一步消瘦。对右腹部进行冲击式触诊，胃肠内有积液的现象，身体极度衰竭。有的发生弥漫性腹膜炎，甚至死亡。

当犊牛抵抗力降低后，常会继发细菌、真菌感染，使病情复杂化。

【病理变化】 死亡犊牛消瘦，瘤胃内积存大量异物，皱胃扩张，内有大量黑红色液体，黏膜出血，皱胃幽门部常常蓄积稻壳或锯末，刺激幽门或十二指肠发生糜烂。死亡犊牛大多有局限性或弥漫性腹膜炎（图8-3-15~图8-3-21）。

图 8-3-14 发病犊牛眼结膜苍白

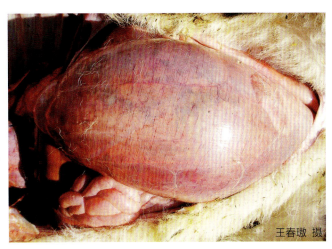

图 8-3-15 死亡犊牛皱胃扩张、积液

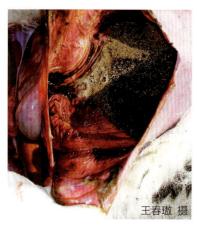
图 8-3-16 皱胃内有大量黑红色液体

图 8-3-17 皱胃黏膜出血

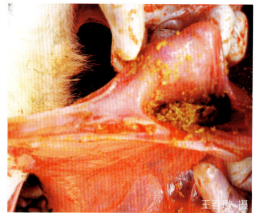
图 8-3-18 幽门部蓄积稻壳

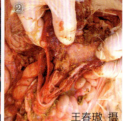
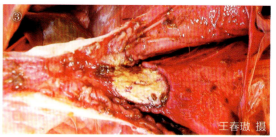
图 8-3-19 幽门糜烂

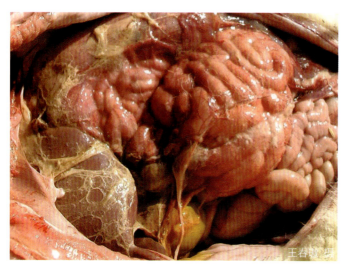
图 8-3-20 腹腔内有大量纤维素，肠管粘连

图 8-3-21 弥漫性腹膜炎

【诊断】 根据病史、临床症状观察、病理剖检变化即可做出诊断。犊牛抵抗力降低后，继发细菌、真菌感染。确定继发的细菌感染需要进行实验室诊断，找到病原。诊断时要注意仔细分辨原发病因。临床上要与中枢神经系统疾病相区分。采取吞食卧床稻壳垫料死亡的犊牛肺、肝、脾、肠管等脏器病料进行细菌分离培养，可能检测到链球菌或沙门菌、大肠杆菌、小芽孢杆菌及真菌。

【治疗】 犊牛吞食锯末、稻壳垫料引起腹泻、死亡的牧场，一经确诊应及时更换所用垫料，新生犊牛使用羊草、麦秸或稻草更合适，即使有少量吞食也不会引起大的问题。及时更换被粪尿污染的垫料，保持环境干燥、卫生、舒适。

对反复性臌气的犊牛，怀疑吞食垫料及其他异物的，可进行皱胃切开术，取出瘤胃和皱胃内的异物（图 8-3-22~ 图 8-3-24）。

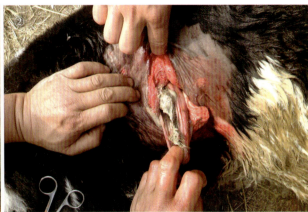

图 8-3-22　切开哺乳犊牛胃取皱胃异物

图 8-3-23　皱胃内草团

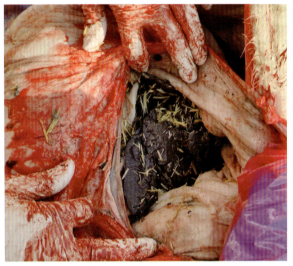

图 8-3-24　皱胃内的犊牛岛内壁保温泡沫

消除犊牛吞食垫料的原发病，如维生素 D 缺乏引起的异食现象，对围产期的牛注射维生素 D_2 胶性钙 10mL 和维生素 ADE 注射液 10mL；对新生犊牛注射维生素 D_2 胶性钙 2mL，1 次 /d 或隔天 1 次，连用 4~5d。对维生素 C 缺乏症的犊牛，用维生素 C 注射液 500mg，肌内注射，1 次 /d，连用 7d。

对于吃垫料引发腹泻的犊牛，病初可用益生菌类药物，按推荐剂量放入奶中饮用，1 次 /d，连用 7~10d。对腹泻伴有体温升高的犊牛应使用抗生素，如庆大霉素 20 万 IU，2 次 /d，肌内注射，连用 3~5d。也可用 15%~20% 复方磺胺间甲氧嘧啶，200mg/kg 体重；甲氧苄啶，5~8mg/kg 体重；碳酸氢钠，每头犊牛 5g，放入奶中随奶一起喂入，2 次 /d，连用 3~5d。对脱水犊牛视情况静脉补液或经口补充电解质。

【预防】　为预防犊牛吞食垫料，主要预防犊牛发生先天性维生素 D、维生素 C 缺乏症。对发病的牧场，要制定合理的干奶牛预混料配方。新生犊牛采用犊牛圈集中饲养时，不能铺垫锯末、稻壳，最好以麦秸、稻草、羊草等作为垫料。发病多的情况下也可给犊牛提供舔砖，以缓解可能存在的矿物质和维生素缺乏。

（曹 杰）

三、犊牛硒缺乏

犊牛硒缺乏症（Selenium Deficiency）是以硒缺乏造成的骨骼肌和心肌变性，并发运动障碍和急性心力衰竭的一种营养代谢病，因其疾病的症状特点，又称为白肌病、肌营养不良等。犊牛缺硒常同时伴发维生素 E 缺乏，因此也并称为硒和维生素 E 缺乏症。本病可在奶牛的各年龄段发生，但主要发生在生长发育较快的 1 周龄至 4 月龄的犊牛，且疾病症状最为明显。

硒在奶牛体内发挥抗氧化的重要作用。其功能主要表现在两个方面：一是参与自由基的清除和自由基损伤的修复过程，如奶牛体内的不饱和脂肪酸在分解代谢时，会产生大量的自由基，这些自由基会攻击正常的细胞，造成分子损伤，而硒能清除或稳定这些自由基，修复水化自由基引起的硫化合物的分子损伤；二是硒作为多种酶类的重要组成部分，发挥抗氧化功能，如硒是谷胱甘肽过氧化物酶（GPx）、硫氧还蛋白还原酶（TrxR）等的重要组成部分。谷胱甘肽过氧化物酶是体内清除过氧化物和自由基的重要酶类，它能保护细胞膜免受伤害。

【病因】 机体硒或维生素 E 缺乏或两者同时缺乏是本病的病因。造成犊牛缺硒的原因一般有以下几点。

①牧场自制混合饲料，饲料原料缺乏科学配比，造成牛缺硒。

②青贮饲料存放时间过长或制作工艺不达标，造成硒元素流失，当植物性饲料含硒量低于 0.05mg/kg 时，就有可能引起缺硒。

③日粮中不饱和脂肪酸含量偏高，如同时饲喂豆粕和亚麻籽油等。

④饲料加工、储存过程不合理。高温高湿环境会破坏维生素 E，造成硒流失。

⑤放牧奶牛因所在地区缺硒导致硒摄入不足，尤其是当土壤含硒量低于 0.5mg/kg 时。

⑥日粮中含硫氨基酸、微量元素缺乏或者维生素 A 含量过高。

⑦胃肠疾病或肝胆疾病，造成硒和维生素 E 的吸收障碍。

【症状及病理变化】 硒缺乏症主要引起骨骼肌和心肌变性，根据缺硒牛死后剖检结果显示，典型的病变表现为背部、腿部和肩部的骨骼肌双侧对称性损伤，尤其肩胛骨肌肉呈典型的"翼状"。肌纤维杂乱排列，间距变宽，肌肉苍白、坚硬、切面干燥。心脏肥大，心肌出现典型的"虎斑心"。皮下和肌间结缔组织水肿。

在临床症状上，根据牛的硒缺乏严重程度，又可以分为急性型、亚急性型、慢性型 3 种表现。

1）急性型：外表健康的牛，在外界应激因素（惊吓、极速奔跑）的作用下，表现为极度兴奋不安，突然吼叫，倒地猝死。

2）亚急性型：犊牛精神沉郁或兴奋，不愿走动，强迫运动时，四肢肌肉震颤，容易疲劳出汗，食欲减退或废绝。体温一般正常，偶有发热。呼吸急促甚至困难，可达 80~100 次 /min。心率加快，脉搏可达 120~150 次 /min。可视黏膜发绀，眼结膜潮红或苍白，鼻孔流出白色泡沫，听诊肺部湿啰音。

3）慢性腹泻型：犊牛主要以消化系统障碍为主，表现为食欲减退或废绝，异食，消化不良，顽固性腹泻，渐进性消瘦。新生犊牛一般表现急性腹泻，脱水，很快死亡，1月龄左右的犊牛顽固性腹泻，腹泻次数增多，消瘦，被毛粗乱，衰竭死亡。犊牛硒缺乏症的发病率在40%以上，死亡率高（图8-3-25）。死亡犊牛组织主要表现组织软化、坏死、出血与水肿等病理变化，心外膜出血与坏死，心内膜出血，心耳出血水肿；肾脏软化、出血、坏死；肝脏坏死，出血；小肠出血水肿，皱胃黏膜出血水肿；肺黄染、气肿，气管黏膜黄染与水肿；脑膜出血、水肿；肌肉苍白、质脆（图8-3-26~图8-3-39）。

图8-3-25 缺硒引起的犊牛死亡

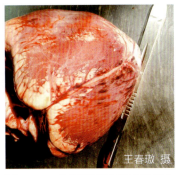

图8-3-26 缺硒引起的死亡犊牛的心脏："虎斑心"

图8-3-27 缺硒引起的死亡犊牛的心脏：心肌坏死

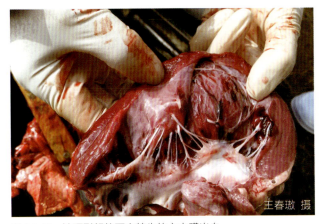

图8-3-28 缺硒引起的死亡犊牛的心内膜出血

图8-3-29 缺硒犊牛的心脏，心耳水肿

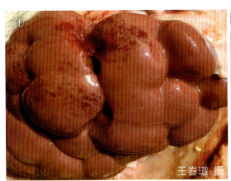

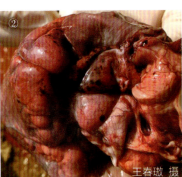

图8-3-30 缺硒犊牛的肾脏软化、坏死、水肿

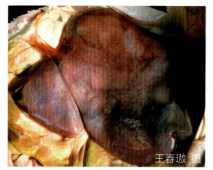  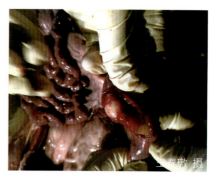

图 8-3-31　缺硒犊牛肝脏坏死　　　图 8-3-32　缺硒犊牛肝小叶坏死　　　图 8-3-33　缺硒犊牛肠管出血与水肿

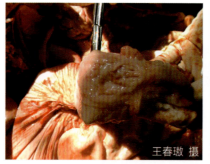  

图 8-3-34　缺硒犊牛皱胃黏膜出血、水肿　　图 8-3-35　缺硒犊牛肺黄染与气肿　　图 8-3-36　缺硒犊牛气管黏膜出血、黄染

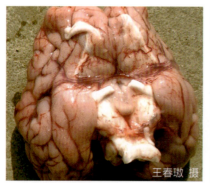 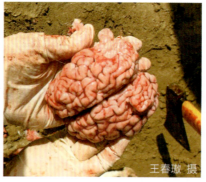 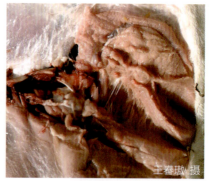

图 8-3-37　缺硒犊牛大脑水肿　　　图 8-3-38　缺硒犊牛大脑出血　　　图 8-3-39　缺硒犊牛肌肉质脆、苍白

【诊断】　根据病牛的发病年龄、是否群发、临床表现、剖检变化，有条件的，结合实验室诊断，综合做出初步诊断。诊断重点主要包括以下几点。

①犊牛因应激刺激，突然发病，且有典型的运动障碍。

②饲料采购、配制与饲养环节存在问题，同群牛均有不同程度的临床表现，非单头牛发病。

③化验饲料中硒的含量，饲料中硒含量低于 0.05mg/kg，可能发病；如果低于 0.02mg/kg，必然发病。缺硒严重的地区，如果预混料硒添加不足，新生犊牛即可发生硒缺乏症。代乳粉和犊牛颗粒补充料中如果没有添加硒，就会引起哺乳犊牛的硒缺乏症。

④根据病理变化——缺硒引起组织坏死、水肿、组织软化、出血诊断。

⑤根据临床症状——顽固性腹泻诊断。

⑥实验室检查牛红细胞谷胱甘肽过氧化物酶的活性，正常为 19.0~36.0U/L，一般活性在 7.8~8.6U/L 时，基本可确诊为牛的硒缺乏。

【治疗】 在确诊为牛硒缺乏时，及时使用亚硒酸钠和生育酚醋酸酯（或维生素E）进行治疗，预后效果较好。在干奶牛、围产牛的预混料中增加亚硒酸钠维生素E添加量。

对发病的犊牛，注射0.1%亚硒酸钠维生素E注射液，2~4mL/（头·d），每天1次，用药3d；也可在代乳粉中加入亚硒酸钠维生素E粉剂。犊牛注射亚硒酸钠维生素E未见过敏现象。

对成母牛，在干奶期使用0.1%亚硒酸钠维生素E注射液，20~30mL/头，肌内注射，治疗用药时1次剂量注射即可。成母牛使用亚硒酸钠维生素E时，可能出现过敏现象，因此，推荐剂量为10~15mL。或使用0.1%亚硒酸钠皮下或肌内注射，犊牛每次8~10mL/头，成年牛15~20mL/头，同时肌内注射维生素E，犊牛1200~1800IU/头，成年牛2400~3000IU/kg体重，一次剂量注射。

【预防】 本病的主要预防措施是为牛补充硒和维生素E。

实践证明，给妊娠后期母牛和新生犊牛注射亚硒酸钠注射液，对提高母牛繁殖率、犊牛成活率有良好的作用。中等体形的奶牛从妊娠期到泌乳期每天每头应补充10mg硒，生长期犊牛每天应给予硒0.1mg/kg。饲料硒的添加剂量为0.3mg/kg，也可使用硒金属颗粒（由铁粉9g与硒1g制成），投入瘤胃中缓释，每次投给1粒可保证6~12个月的硒需要。高发地区每年冬季对母牛皮下注射0.1%亚硝酸钠维生素E注射液10~15mL或注射0.1%亚硒酸钠溶液，每次15~20mL，同时注射维生素E3000IU，达到预防的效果。

（曹 杰）

四、维生素C缺乏症

维生素C缺乏症（Vitamin C Deficiency）是体内抗坏血酸缺乏或不足致使毛细血管壁通透性增大而引起的一种出血性疾病，又称为坏血病。新生犊牛的先天性维生素C缺乏较为常见，以鼻端皮肤充血，齿龈充血、出血，胃肠黏膜出血，齿龈溃疡、坏死，关节肿胀，抗病能力下降为临床特征。

奶牛可以在肝脏内合成维生素C，而犊牛在大约3周龄以后才开始合成维生素C。由于成母牛基本不会缺乏维生素C，并且维生素C为水溶性维生素本身不稳定，因此成母牛预混料中不会添加维生素C。如果饲料原料单一或奶牛肝脏合成障碍，且胎儿快速发育的后期维生素C需要量增加，不能满足胎儿发育的需要，易发生新生犊牛的先天性维生素C缺乏症。

【病因】 维生素C是一种水溶性维生素，极其不稳定，受pH、温度、氧气、酶、紫外线、金属离子等影响，广泛存在于青饲料、胡萝卜和新鲜乳汁中。犊牛出生后10~20d体内不能合成维生素C，必须从母乳中获取，因此母乳中维生素C量不足或缺乏，或者由于高温杀菌过程中造成热损失，均能导致犊牛发生后天性维生素C缺乏症。犊牛先天性维生素C缺乏症比较多见，特别是封闭式牧场，由于奶牛预混料中没有加入维生素C，在饲料单一、缺乏青绿饲料的情况下，奶牛自身合成的维生素C的能力不能满足胎儿快速发育的需要，新生犊牛发生先天性维生素C缺乏症。另外，凡是能引起肝脏内合成障碍的因素，都可能导致维生素C的缺乏。常见的部分急性、热性传染病，代谢性疾病，中毒性疾病如酮病、妊娠毒血症、农药中毒和某些化学药品中毒等都有诱发的可能。

维生素C有氧化性和还原性两种形式，所以在组织中自成氧化还原体系，其还具有光学异构体，自然界存在的是L-抗坏血酸。维生素C缺乏可引起机体的氧化还原反应障碍、胶原和黏多糖的合成障碍，毛细血管间壁组织的间质形成不良，毛细血管壁孔隙增大，血管间质减少，通透性增强，表现为小静脉和小动脉的弯曲度增大，血管粗细不一，动脉管收缩，静脉管扩张，机能毛细血管数量减少。维生素 C 缺乏还与抗体的生成和网状内皮系统机能的减弱有关，因此发病犊牛的自然抵抗力和免疫反应性降低，对疾病的易感性增强。

【症状】 犊牛先天性维生素 C 缺乏症的特征是犊牛体温、呼吸、脉搏均正常，食欲下降，生长缓慢。主要表现为鼻端皮肤呈红色，特别是鼻端白色皮肤的犊牛，皮肤呈红色。打开犊牛口腔，牙龈充血，出现"坏血病伞"的特征性病变，严重的呈暗红色（图 8-3-40、图 8-3-41），切齿生长缓慢甚至松动。30% 的病犊还可能观察到眼部有病变，巩膜脉周水肿，球结膜对称性出血。舌黏膜在显微镜下可观察到舌乳头与乳头之间有出血点，部分乳头脱落。犊牛还可能发生毛囊角质化过度，表皮脱落结痂、秃毛，关节肿胀、疼痛、喜卧、运动障碍等。鼻端皮肤呈红色与齿龈充血的犊牛发病率一般为 20%~100%。一年四季都可发病，常常在 1~2 个月所产的犊牛均集中出现临床症状，而后产的新生犊牛又都正常，阶段性反复出现。发病轻的犊牛精神与吃奶一般正常，经 7~10d，鼻端红色消退，齿龈充血消退，恢复正常。发病严重的犊牛，常常排出血色的粪便，犊牛抵抗力降低，如果不进行治疗，因低血容量休克而死亡。患维生素 C 缺乏症的犊牛，极易继发细菌性肠炎，如沙门菌感染、链球菌感染、梭菌及真菌感染等。

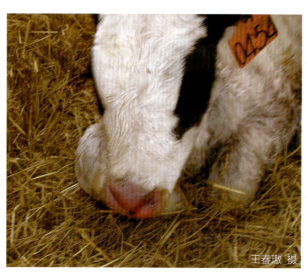

图 8-3-40　犊牛患先天性维生素 C 缺乏症，鼻端皮肤呈红色

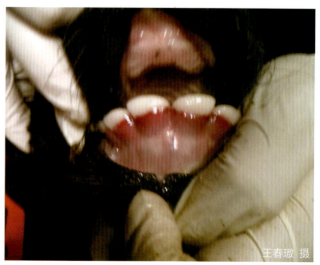

图 8-3-41　犊牛患先天性维生素 C 缺乏症，牙龈充血，呈暗红色

哺乳犊牛的后天性维生素 C 缺乏症很少见。后备牛及育成牛的维生素 C 缺乏症，初期可出现精神不振，食欲减退，随病情发展可表现为出血性素质。出血部位多见于背部、颈部、口腔及齿龈，严重时，大量流涎，口腔有难闻气味，颊和舌甚至发生溃疡和坏死，齿龈坏死和萎缩，牙齿松动或脱落。皮肤发生皮炎或结痂性皮肤病，出血多发于背部和颈部，毛囊周围有出血点，或融合呈现出血斑，随之红细胞和血红蛋白减少和白细胞减少，继续发展可出现正细胞性贫血。

【病理变化】 因维生素 C 缺乏症死亡的犊牛，除犊牛鼻端皮肤呈红色，牙龈充血、出血外，还可见皱胃黏膜出血（图 8-3-42）、肠管浆膜出血斑、小肠弥漫性充血、出血（图 8-3-43、图 8-3-44），肾盂出血（图 8-3-45）。

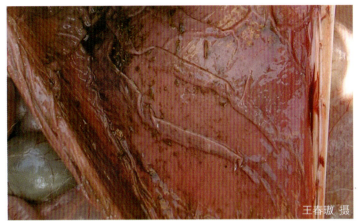
图 8-3-42 新生犊牛皱胃黏膜充血、出血

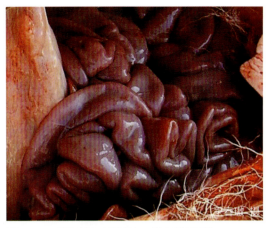
图 8-3-43 新生犊牛小肠充血、出血呈暗红色

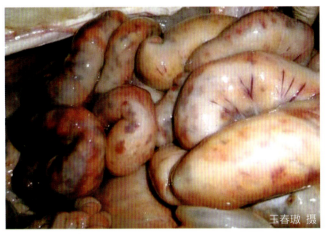
图 8-3-44 新生犊牛小肠浆膜上的出血斑

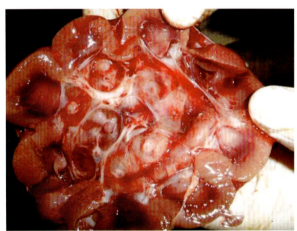
图 8-3-45 肾切面肾盂出血

【诊断】 先天性维生素 C 缺乏症，根据本病典型的临床症状，病理解剖变化即可做出诊断，但应与牛传染性鼻气管炎进行鉴别。可采集新发病犊牛的深部鼻咽拭子，进行牛传染性鼻气管炎病毒的 PCR 检测。

【治疗】 凡新生犊牛鼻端皮肤发红的和齿龈充血的，应用维生素 C 注射液，每头 700~800mg，皮下注射，每天 1 次，连续注射 7~10d，同时在奶中加入电解多维。对出现腹泻的犊牛，监测体温，如果体温升高，应用 15%~20% 复方磺胺间甲氧嘧啶，200mg/kg 体重，甲氧苄啶 5~8mg/kg 体重，碳酸氢钠每头犊牛 5g，加入奶中饲喂，2 次/d，连用 5d。对腹泻严重的犊牛，还可用庆大霉素注射液，20 万 IU/头，肌内注射，2 次/d，连用 3~5d。对脱水的犊牛，视严重程度静脉补液或经口补充电解质，及时纠正犊牛的水、电解质紊乱。

【预防】 应根据奶牛的状态制订饲料配方，防止饲料单一，夏季可补充部分青绿饲草。奶牛亚临床型酮病发病率高的牧场，预混料中可尝试添加过瘤胃维生素 C。有新生犊牛的红鼻子病与牙龈充血的牧场，对新生犊牛应补充维生素 C，并且避免使用自行喷粉的大包乳粉饲喂犊牛，大包乳粉在喷粉过程中易造成多种维生素的损失，如不进行复配直接使用，会造成哺乳犊牛多种维生素及微量元素缺乏。

（曹 杰）

第九章 前胃疾病与皱胃疾病

第一节 前胃疾病

一、胃的组成与功能

牛的胃由 4 个胃室组成，即瘤胃、网胃、瓣胃和皱胃，前 3 个胃室合称前胃。饲料按顺序流经这 4 个胃室，其中一部分特别是粗饲料未经充分咀嚼就被吞咽进入瘤胃，浸泡和软化一段时间后，经逆呕重新回到口腔，经过再咀嚼，再次混入唾液并吞咽进入瘤胃。这 4 个胃室并非连成一条直线，而是相互交错存在。

1. 瘤胃

瘤胃是一个大的发酵罐，成年母牛的瘤胃容积可达 150L 左右。瘤胃的功能如下：

1）暂时储存饲料。牛采食时把大量饲料储存在瘤胃内，休息时将大的饲料颗粒反刍入口腔内，慢慢嚼碎，嚼碎后的饲料迅速通过瘤胃，为再吃饲料提供空间。

2）微生物发酵。饲料不断进入和流出瘤胃，唾液也很稳定地进入瘤胃，调控酸碱度。瘤胃微生物和纤毛虫根据饲料类型进行不同的发酵，将摄入的日粮营养成分发酵生成挥发性脂肪酸（Volatile Fatty Acids，VFA）、二氧化碳、甲烷和氨等，并利用它们合成微生物蛋白、B 族维生素和维生素 K 等。为了保持瘤胃的正常功能和合成 B 族维生素及蛋白质，瘤胃细菌和原虫需要不断从日粮中获得营养物质，包括：a. 能量，除粗纤维等可以缓慢释放的能量外，牛还需要一定量的可以快速释放的能量，如糖、糖蜜或淀粉。牛在饲养中必须考虑适当的精粗比来配合日粮，才能使饲料利用率达到最高值。b. 氮源，分为降解速度快的氮源（如尿素）和降解速度慢的氮源（如豆饼），两者比例合适才能使微生物生长速度达到最快。生产中一般要求前者占 25%，后者占 75%。c. 无机盐，以钠、钾和磷为最重要，如果饲料中使用尿素，也必须考虑硫和镁。对微生物生长比较重要的微量元素是钴，因为钴不但有利于微生物的生长，还是合成维生素 B_{12} 的原料。d. 未知因子，也叫生长因子。对于牛，有两个重要的未知因子来源，一个是苜蓿，另一个是酒糟，两者都能刺激瘤胃微生物的生长。瘤胃微生物发酵饲料的过程中产生了大量二氧化碳、甲烷和氨，还有少量的氢气、硫化氢、一氧化碳及其他气体。正常情况下，牛将这些气体经呼吸道排出，有时未能及时排出，就会导致瘤胃臌胀。

2. 网胃

网胃位于瘤胃前部，实际上这两个胃并不完全分开，因此饲料颗粒可以自由地在两者之间移动。网胃内皮有蜂窝状组织，故俗称蜂窝胃。网胃的主要功能如同筛子，随着饲料吃进去的重物如钉子和铁丝，都存在其中，因此，美国的牛仔都称网胃为"硬胃"。

3. 瓣胃

瓣胃是第三个胃，其内表面排列有组织状的皱褶。目前对瓣胃的作用还不十分清楚，一般认为它的主要功能是吸收饲料内的水分和挤压磨碎饲料。

4. 皱胃

牛的皱胃也称为真胃，其功能与单胃动物的胃相同，是分泌消化液，使食糜变湿。皱胃的消化液内含有酶，能消化部分蛋白质，基本上不消化脂肪、纤维素或淀粉。饲料离开皱胃时呈水状，然后到达小肠，进一步消化，未消化的物质经大肠排出体外。

（黄克和）

二、前胃生理学特点与前胃疾病的关系

1. 瘤胃内环境的特点

1）反刍动物的瘤胃可看作是一个供厌氧微生物繁殖的发酵罐，在整个消化过程中起着重要作用。瘤胃内容物发酵产生大量气体及酸类物质，受唾液中碳酸氢盐的调节和缓冲，使 pH 保持在 5.5~7.5 范围内。当精饲料过多时，会造成瘤胃 pH 降低，引起有益微生物减少，而有害微生物大量繁殖；若摄取大量尿素，碱度升高（pH 升至 7.5 以上），瘤胃运动也受抑制；骤然改变谷物饲料，也会引起瘤胃内环境的改变。瘤胃内所产生的气体二氧化碳占 50%~70%、甲烷占 20%~45%，尚有少量的氢、氧、氮和硫化二氢等，这些气体约有 1/4 被吸收后通过肺排出，部分被微生物利用，大部分通过嗳气排出。嗳气是一种反射动作，其中枢位于延髓，由于刺激延髓感受器引起瘤胃背囊收缩而嗳气，并通过嗳气把瘤胃内微生物带进肺，产生免疫性。牛在健康状态下每小时嗳气 17~20 次，以保持产气与排气处于相对动态平衡。若平衡被打破，即可导致瘤胃臌胀。

2）瘤胃内微生物种类多而复杂，约占瘤胃总容量的 3.6%。瘤胃内微生物中的纤毛虫数量多，每克瘤胃内容物中含有 60 万~180 万个，纤毛虫能发酵糖类，产生乙酸、丁酸和乳酸、二氧化碳、水及少量丙酸；也能水解脂类、氢化不饱和脂肪酸，具有降解蛋白质和吞噬细菌的能力；纤

毛虫本身随同内容物进入皱胃和小肠时被消化利用，是反刍动物蛋白质的主要来源之一。但瘤胃内纤毛虫的种类和数量极易受饲料和饲喂方法的影响，pH 是其中的一个重要影响因素，当 pH 低于 5.5 时，纤毛虫活力降低，甚至消失。反刍动物发生乳酸中毒时瘤胃内纤毛虫数量显著减少；出现瓣胃阻塞和皱胃积食的胃经冲洗后瘤胃内纤毛虫近于消失，所以在术后应喂给健康牛反刍上来的草团以补充纤毛虫的数量。

瘤胃内最主要的微生物是细菌，种类多而数量大，已知有 29 个属 63 个种，每克瘤胃内容物中含有细菌 150 亿~250 亿个，细菌的作用有的是发酵糖类和分解乳酸，有的是分解纤维素、蛋白质和合成蛋白质、维生素等。纤维素分解菌类约占瘤胃内活菌总数的 1/4，特别是嫌气杆菌属更为重要，能分解纤维素、纤维二糖果胶等，产生甲酸、乙酸和琥珀酸。嗜碘菌属主要合成蛋白质，同时在乳酸杆菌、丙酸杆菌和甲烷杆菌的协同作用下将纤维素分解并产生乙酸、丙酸、丁酸、二氧化碳和甲烷等。

瘤胃内微生物与宿主之间及其微生物群系之间有着相互依存、相互制约和共生的关系。若瘤胃内微生物群系的共生关系被破坏，即可导致前胃疾病的发生，乃至菌血症的严重自体中毒现象。

2. 瘤胃内的合成

1）挥发性脂肪酸的合成。瘤胃微生物将饲料中的纤维素和其他糖类发酵水解为纤维二糖、葡萄糖或其他单糖，作为自身繁殖的能量。在发酵过程中，微生物大量增殖，其发酵的最终产物为挥发性脂肪酸、二氧化碳及甲烷等，并被瘤胃吸收。葡萄糖是由瘤胃产生的丙酸、乳酸及小肠中的氨基酸等在肝脏中合成的。

2）蛋白质的合成。进入瘤胃中的饲料蛋白质，有 50%~70% 被瘤胃中微生物蛋白分解酶分解为氨基酸，经脱氨基酶的作用形成氨，供微生物利用、瘤胃壁吸收、代谢后排出。瘤胃内微生物能直接利用氨基酸合成蛋白质；另外，瘤胃内的氨除被微生物利用外，其余的被吸收后在肝脏内经鸟氨酸循环转变为尿素，若这一循环被打破，即可引起氨中毒。

3）维生素的合成。瘤胃内微生物可以合成维生素 B_1（硫胺）、核黄素、泛酸、吡哆酸、烟酸、生物素、肌醇、叶酸、维生素 B_{12} 等 B 族维生素和维生素 K，这对维持反刍动物的生命活动和健康具有重要意义。

这些物质的合成、吸收和利用成为反刍动物能量代谢和蛋白质代谢的重要来源，如果反刍动物前胃功能紊乱，就会引起营养物质代谢障碍，乃至发生疾病。

3. 反刍动作

反刍是反刍动物特有的消化机能，是复杂的反射动作，即先由饲料刺激网胃、瘤胃前庭和食道沟黏膜感受器，通过传入神经兴奋延髓逆呕中枢，再由传出神经传到有关肌肉，引起逆呕动作。这种动作先由网胃收缩，将部分内容物（100~120g）上升到贲门口，然后关闭声门裂引起吸气动作，造成胸膜腔内压的急剧下降，食道随之扩张，将食团从贲门口经食道逆送到口腔，从而形成反刍动作。进入口腔内的食团被充分咀嚼再咽下，经食道沟进入瓣胃，然后再将食团逆呕入口腔进行咀嚼，如此反复进行下去。每次逆入口腔中的食团一般经 40~60 次咀嚼后咽下。反刍动作是在喂食后 0.5~1h 即开始，每次反刍 40~50min 为一个周期，每昼夜反刍 8~10 个周期，共达 7~8h。当反刍动物反刍减少或停止，都说明该动物发生了疾病，应查明病因并及时处理。

4. 前胃运动及其神经体液的调节作用

前胃运动互相协调一致，呈有节奏、有规律的连贯性运动，这种运动是在网胃前壁运动中枢神经的调节下完成的。运动顺序为：先从网胃连续收缩 2 次，1~2 次 /min，反刍时网胃开始收缩前增加一次附加收缩，使其中的内容物逆呕到口腔。

瘤胃紧接着网胃进行第二次收缩，先从瘤胃前庭开始，瘤胃前背囊发生强烈收缩，将网胃液状内容物挤洒到瘤胃的泡沫状食糜上，继而瘤胃腹囊收缩，使其中的内容物搅拌和运转。瘤胃收缩次数，采食时平均 2.8 次 /min，反刍时平均 2.3 次 /min，休息时平均 1.8 次 /min，每次收缩持续时间为 15~25s。检查瘤胃收缩情况可用听诊器听诊监听，也可用手掌触压在左肷部来感觉。当瘤胃蠕动力减弱或蠕动消失，表明牛前胃或其他部位患有疾病，应注意检查。

瓣胃运动与网胃和瘤胃收缩互相衔接和配合，起到唧筒（水泵）作用，将吸入瓣胃的液体内容物，以及经反刍咽下进入瓣胃的饲料饲草在叶片间进行研磨加工后进入皱胃内。

支配前胃运动的中枢神经在延髓，在大脑皮层的统一控制下，通过副交感神经和交感神经进行调节。前胃运动也受体液的调节，神经紧张时，交感神经抑制性增强，肾上腺皮质激素分泌增多，呈现应激状态，前胃运动减弱甚至消失，应用丙酸钠、乙酸钠、丁酸钠静脉注射时，瘤胃运动即被抑制，其后逐渐恢复。血糖升高时，瘤胃运动也受到抑制。反之，血糖下降时，瘤胃运动先减弱后增强。在临床实践中，诊断与治疗时应特别注意。

5. 瘤胃内渗透压变动与脱水关系

瘤胃是一个消化、合成、吸收的重要器官。瘤胃黏膜上皮组织除水分可自由通过外，还和血液之间不断地进行离子交换，交换液体量达 15L/h，这种交换可使瘤胃内水分与体液之间的渗透压保持相对稳定的平衡状态。在某些病理状态下或由于饲料调配不当，过度饲喂淀粉饲料，造成瘤胃内菌群失调，产生大量乳酸，引起瘤胃炎，发生酸中毒，导致瘤胃积液；又因治疗用药不当，过多使用大量盐类泻剂，使瘤胃内渗透压升高，血液内大量水向瘤胃腔内渗透，进一步加剧瘤胃积液，致使机体脱水，病牛表现为眼球下陷、皮肤干燥、结膜发绀、尿液短少而浓黄，血液黏稠，出现微循环障碍。

6. 瘤胃内腐败产物的形成与自体中毒的关系

在病理条件下，蛋白质于瘤胃内乃至肠道内，由于微生物的作用而腐败酵解，形成组胺、腐胺、尸胺、色胺、酪胺等物质，而这些物质毒性很强，能引起血管扩张、血压下降、皮肤潮红、微循环障碍，导致自体中毒，引起循环虚脱。不仅如此，蛋白质的腐解产物由于脱氨基酶的作用，也可形成氨。氨是有毒化合物，可产生肝性脑病，引起兴奋、痉挛、共济失调。与此同时，还形成酚、甲酚、吲哚等，这些也都是有毒物质。在患前胃疾病及肠道疾病过程中，肝脏的解毒机能与肾脏的排毒作用降低，乃至消失，加重自体中毒，导致死亡。因此，在牛病防治中，注意防止自体中毒，是提高前胃疾病防治效果的重要措施之一。

7. 前胃疾病与瘤胃弛缓的关系

前胃疾病主要是在饲料、饲养管理不当及环境变化的情况下而发生的，因神经反应性降低，迷走神经机能紊乱或受损害，导致代谢机能异常、血钙水平下降、体液调节障碍，常诱发瘤胃弛缓。瘤胃弛缓发生后，瘤胃内容物运转停滞，导致瘤胃积食，瘤胃积食又进一步加重瘤胃弛缓。由于瘤胃积食发生，造成瘤胃内容物排出异常，而逐渐将瘤胃内容物排入瓣胃，进入瓣胃后的内容物，水分逐渐被瓣胃吸收，使内容物变干涸而形成瓣胃阻塞，致使动物进一步发生消化障碍，进一步加重瘤胃弛缓。与此同时瘤胃内微生物菌群失调，内容物异常酵解，产气与排气失去平衡，瘤胃运动力减弱，常导致瘤胃膨胀，气体压迫胃壁进一步加重瘤胃弛缓。瘤胃内微生物酵解过程加剧，菌群失调，产生大量有机酸，特别是乳酸，导致瘤胃炎和酸中毒，从而使全身机能进一步恶化。总之，前胃疾病乃至皱胃疾病，都是在瘤胃弛缓的基础上发生发展起来的，而前胃疾病又可引发瘤胃弛缓，它们之间相互影响使病情逐渐加剧。因此，研究与防治前胃疾病，必须重视瘤胃弛缓的病因及病理机制的研究，防止前胃疾病的发生，保证奶牛健康，提高生产性能。

（黄克和）

三、瘤胃弛缓

瘤胃弛缓（Rumen Atony）又称为前胃弛缓，是反刍动物前胃（包括瘤胃、网胃、瓣胃）当然主要是瘤胃的弛缓，即中兽医学中的脾胃虚弱、前胃兴奋性和收缩力降低的疾病。本病是由于各种病因导致前胃神经兴奋性降低，肌肉收缩力减弱，瘤胃内容物运转缓慢，微生物平衡失调，产生大量发酵和腐败物质，引起消化障碍，食欲、反刍减退乃至全身机能紊乱的一种综合征，并不是一种独立的疾病，许多疾病会继发瘤胃弛缓。奶牛的瘤胃弛缓在临床上是一种比较多见的消化道疾病，虽然对奶牛的生命威胁不大，但是如果不及时治疗，同样能直接影响奶牛的健康和生产性能。

【病因】 中枢神经系统和植物性神经机能紊乱，是发生消化不良，导致瘤胃弛缓的主要因素。迷走神经所支配的神经兴奋与分泌的偶联作用及肌肉兴奋与收缩的偶联作用都是通过迷走神经末梢释放的神经介质——乙酰胆碱来实现的。迷走神经机能紊乱，特别是血钙水平降低时，乙酰胆碱释放减少，神经体液调节功能减退，从而导致瘤胃弛缓的发生和发展。按病因，可以将其分为原发性瘤胃弛缓和继发性瘤胃弛缓。

（1）**原发性瘤胃弛缓** 也称为单纯性消化不良，与饲养管理和自然气候的变化有关，导致原发性瘤胃弛缓的可能因素如下：

①单一长期饲喂粗纤维含量多、营养水平低的稻草或豆秸等饲草，机体消化机能陷于单调和贫乏状态，一旦变换饲料，即引起消化不良；草料质量低劣，草料纤维粗硬，刺激性强，难于消化；饲喂变质的饲料，冻结的块根，霉败的酒糟、豆渣、粉渣及豆饼等糟粕。

②矿物质和维生素缺乏，饲料日粮配合不当，特别是缺钙引起低血钙症，影响神经体液的调节机能，成为瘤胃弛缓的主要发病因素之一。

③饲养管理方面缺乏饲养标准，不按时饲喂，饥饱无常；饲喂精饲料过多，饲草不足，影响消化功能；突然加大饲喂豆谷类精饲料比例，突然变换新收的谷物或优良青贮饲料，任其采食。

④应激反应引起的，如因严寒、酷暑、饥饿、疲劳、断乳、离群、恐惧、感染与中毒等诸多因素的刺激或手术、创伤、剧烈疼痛的影响。

⑤环境方面，若牛舍阴暗潮湿，过于拥挤，不通风，环境卫生不良，运动不足，缺乏光照，神经反应性降低，消化道陷于弛缓，也易导致本病的发生。

（2）**继发性瘤胃弛缓** 通常被视为一种临床综合征，病因比较复杂。导致继发性瘤胃弛缓的可能因素如下：

①消化系统疾病：常继发于创伤性网胃腹膜炎，迷走神经胸支和腹支受损，腹腔脏器粘连，瘤胃积食，瓣胃阻塞，以及皱胃溃疡、阻塞或变位或肝脏疾病等。由于口炎、舌炎、齿病等引起咀嚼障碍，影响消化功能或肠道疾病、腹膜炎及外产科疾病反射性抑制时，也可继发本病。

②营养代谢疾病：骨软症、生产瘫痪、酮病或产后血红蛋白尿病及某些中毒性疾病等，都可因消化功能紊乱而伴发瘤胃弛缓。

③某些传染病与寄生虫病：结核、前后盘吸虫病、肝片吸虫病、细颈囊尾蚴等慢性体质消耗性疾病，以及梨形虫病、锥虫病等侵袭病，都常呈现消化不良综合征。

④用药不当：如长期大量应用抗生素，瘤胃内菌群共生关系受到破坏，因而发生消化不良，呈现瘤胃弛缓。

另外，其他各种内、外不良因素，造成神经反应性降低，在本病的发生发展上也起着重要的作用。由于收缩力弱，瘤胃内容物异常分解，产生大量有机酸，造成pH下降，瘤胃菌群共生关系遭到破坏，纤毛虫的活力减弱或消失，毒性强的微生物异常增殖，产生大量的有毒物质造成中毒，消化道反射性活动受到抑制，食欲、反刍异常。瘤胃内容物不能正常运转与排出。瓣胃内容物停滞，伴发瓣胃阻塞，消化机能更趋紊乱，并因蛋白质腐败分解，形成组胺、腐胺、尸胺等有毒物质，导致前胃应激性反应而陷于弛缓状态。若病情进一步发展，瘤胃内容物腐败分解和酵解产生的有毒物质增多，可导致肝脏解毒机能降低，发生自体中毒。并因肝糖原异生作用旺盛，形成大量酸性产物，引起酸中毒症或酮血症。同时，由于有毒物质的强烈刺激，致使前胃黏膜发生炎性反应，皱胃及肠道发生炎症，以及出现腹膜炎的病理变化，渗透性增高，发生脱水。

【**症状**】 牛瘤胃弛缓在临床上表现出的症状有急性和慢性两种情况。

（1）**急性型瘤胃弛缓** 多呈急性消化不良、精神委顿、神情呆滞，表现为应激状态。病牛食欲减退或废绝，反刍减少或停止，体温、呼吸、脉搏及全身机能状态无明显异常；瘤胃收缩力减弱，蠕动减少或正常，瓣胃蠕动音低沉，泌乳量下降，时而嗳气，有酸臭味，便秘，粪便干硬、呈深褐色。一般病例病情轻，容易康复。如果伴发前胃炎或酸中毒，则病情急剧恶化，呻吟，磨齿，食欲、反刍废绝，排出大量棕褐色糊状便，恶臭；精神高度沉郁，皮温不整，体温下降；鼻镜干燥，眼球下陷，黏膜发绀，脱水。

（2）慢性型瘤胃弛缓 多为继发性因素引起或由急性转变而来。大多数病例食欲不定，有时正常，有时减退或消失；常虚嚼、磨牙、异食，舔砖吃土或摄食被尿粪污染的褥草、污物；反刍不规则、无力或停止；嗳气减少，气体带有臭味；病情时好时坏，消瘦，皮肤干燥、弹性减退，被毛逆立、干枯无光泽，体质衰弱；瘤胃蠕动音减弱或消失，内容物停滞、稀软或黏硬。多数病例网胃与瓣胃蠕动音减弱或消失，瘤胃轻度膨胀；腹部听诊肠蠕动音微弱或低沉；便秘或下痢或下痢与便秘交替出现；排糊状粪便，散发腥臭味；潜血反应往往呈阳性。后期伴发瓣胃阻塞，精神沉郁，鼻镜龟裂，不愿走动或卧地不起，食欲废绝，反刍停止，瓣胃蠕动音消失，继发瘤胃臌胀，脉搏加快，呼吸困难；眼球下陷，结膜发绀，全身衰竭、病情危重。

【诊断】 本病由于致病因素和病牛的体质不同，病变和症状不尽相同，其基本特征是前胃消化不良，食欲时好时坏，出现偏食现象，反刍减弱，瘤胃功能减退、停滞和蠕动减弱，有时呈间歇性瘤胃臌气，体温、脉搏、呼吸无显著变化。通过检测瘤胃内容物性质的变化，可作为诊断和治疗的依据。

（1）**瘤胃液 pH 检测** 瘤胃液 pH 的消长变化直接影响其中纤毛虫的存活率和菌群共生关系。泌乳牛正常情况下 pH 为 5.5~6.8，瘤胃弛缓时 pH 下降至 5.5 或更低，也有少数病例 pH 升至 8.0 或更高。

（2）**瘤胃内纤毛虫检测** 正常的瘤胃内纤毛虫平均密度约 100 万个/mL，在本病发展过程中，纤毛虫存活率显著降低，甚至消失。

（3）**鉴别诊断** 应注意与其他以瘤胃弛缓为常见临床症状的前胃和皱胃疾病等，以及继发瘤胃弛缓的其他系统疾病进行鉴别诊断。

①酮病：主要发生于产犊后 2 个月内的奶牛，血液、尿液及奶中酮体含量明显增多。

②创伤性网胃腹膜炎：病牛泌乳量下降，姿势异常，体温中等或升高，腹壁触诊有疼痛反应，白细胞数升高。

③迷走神经紊乱型消化不良：病牛往往无热症，瘤胃蠕动减弱或增强，腹部膨大。

④皱胃左方变位：奶牛通常于分娩后发病，在左侧腹部肩端水平线上、倒数第 1~3 肋间范围内叩诊结合听诊可听到特殊的钢管音。

⑤瘤胃积食：多因过食造成瘤胃内容物充满、坚硬，腹部膨大，瘤胃扩张。异物性的瘤胃弛缓，由于奶牛采食时不仔细咀嚼，直接吞咽，很容易把混入草料中的铁钉等金属异物吞入胃中。

【治疗】 治疗原则是治疗原发性疾病，以消除病因；清理胃肠，以加强瘤胃的蠕动功能；促进反刍，以恢复消化机能；制止异常发酵和腐败过程，以改善瘤胃环境，恢复正常微生物区系；通便消积，消食健胃，兴奋前胃感受器，以强脾健胃；防酸止酵，强心补液，以防止脱水和自体中毒为主；改善饲养，加强护理，兼有并发症者宜治疗并发疾病。

（1）**消除病因，治疗原发性疾病** 针对原发性瘤胃弛缓，首先减少或停喂精饲料，供给充足的饮水和易消化的粗饲料 2~3d；其次可灌服平胃散、健胃散 2~3 副；还可以用人工盐、酵母粉、舔砖，同时肌内注射神经性兴奋药，以促进反刍。一般情况下治愈率达 95% 以上。针对继发性瘤胃弛缓，必须以治疗原发性疾病为主。因过敏性因素或应激反应所致的瘤胃弛缓，可同时肌内注射 2% 盐酸苯海拉明注射液 10mL。

（2）清理胃肠　对于采食大量精饲料而症状又比较重的病牛，应采取洗胃治疗，可用硫酸钠（或硫酸镁）300~500g、鱼石脂 20g、酒精 50mL、温水 6000~10000mL，一次内服，以促进胃肠内容物的清除；或用液体石蜡 1000~3000mL、苦味酊 20~30mL，一次内服。重症病例应在洗胃之前，先进行强心补液。

（3）接种纤毛虫　洗胃后，及时向瘤胃内接种纤毛虫。以移植瘤胃内容物的方法，来重建菌群是很有效的，可以从屠宰场获取瘤胃内容物，也可在健康牛反刍时取食团，还可吸取健康牛的瘤胃液。若瘤胃液少，可以灌生理盐水再吸取，过滤后给病牛灌服，效果较好，可重复使用。

（4）促进瘤胃蠕动和反刍　酒石酸锑钾（吐酒石），宜用小剂量，每次 2~4g，加水 1000~2000mL 内服，每天 1 次，连用 3 次。此外，还可皮下注射新斯的明（10~20mg）或毛果芸香碱（30~100mg）。但对于病情重剧、心脏衰弱、老龄和妊娠牛则禁止应用，以防虚脱和流产，可应用"促反刍液"（5%葡萄糖生理盐水 500~1000mL、10%氯化钠注射液 100~200mL、5%氯化钙注射液 200~300mL、20%安钠咖注射液 10mL），一次静脉注射，同时肌内注射维生素 B_1。

（5）应用缓冲剂　首先测定瘤胃内容物的 pH，再根据其酸碱性选用合适的缓冲剂。当瘤胃内容物 pH 降低时，宜用氢氧化镁（或氢氧化铝）200~300g、碳酸氢钠 50g、常水适量，一次内服；或应用碳酸盐缓冲剂（CBM）：碳酸钠 50g、碳酸氢钠 350~420g、氯化钠 100g、氯化钾 100~140g、常水 10L，一次内服，每天 1 次，可连用数次。当瘤胃内容物 pH 升高时，宜用稀醋酸（30~100mL）或常醋（300~1000mL），加常水适量，一次内服；或应用醋酸盐缓冲剂（ABM）：醋酸钠 130g、冰醋酸 30mL、常水 10L，一次内服，每天 1 次，可连用数次，以改善瘤胃内环境，增强前胃功能。

（6）防止脱水和自体中毒　当病牛呈现轻度脱水和自体中毒时，应静脉注射 25%葡萄糖注射液 500~1000mL、40%乌洛托品注射液 20~50mL、20%安钠咖注射液 10~20mL，并皮下注射胰岛素 100IU。同时，可静脉注射樟脑酒精注射液 100~200mL，并配合抗生素。

（7）中药治疗　根据辨证施治原则，对脾胃虚弱、水草迟细、消化不良的牛，着重健脾和胃、补中益气，宜用加味四君子汤，每天 1 副，连服 2~3 副。对体壮实、口温偏高、口津黏滑、粪干、尿短的病牛，应清热泻胃火，宜用加味大承气汤或大戟散，灌服。牛久病虚弱、气血双亏，应以补中益气、养气益血为主，用加味八珍散，灌服，每天 1 副，连服数副。病牛口色浅白、耳鼻俱冷、口流清涎、水泻，应温中散寒、补脾燥湿，宜用加味厚补温中汤，灌服，每天 1 副，连服数副。

1）加味四君子汤：党参 100g、白术 75g、茯苓 75g、炙甘草 25g、陈皮 40g、黄芪 50g、当归 50g、大枣 200g，共为末，灌服，每天 1 副，连服 2~3 副。

2）加味大承气汤：大黄、厚朴、枳实、苏梗、陈皮、炒神曲、焦山楂、炒麦芽各 30~40g、芒硝 50~150g，玉片 15~20g、车前子 30~40g，莱菔子 60~80g，共为末，灌服。

3）大戟散：大戟、千金子、大黄、滑石各 30~40g、甘遂 15~20g、二丑 20g、官桂 10g、白芷 10g、甘草 20g，共为末，清油 250mL，灌服。

4）加味八珍散：党参、当归、熟地、黄芪、山药、陈皮各 50g，茯苓、白芍、川芎各 40g，甘草、升麻、干姜各 25g，大枣 200g，共为末，灌服，每天 1 副，连服数副。

5）加味厚补温中汤：厚朴、陈皮、茯苓、当归、茴香各50g，草豆蔻、干姜、桂心、苍术各40g，甘草、广木香、砂仁各25g，共为末，灌服，每天1副，连服数副。

（8）**针治疗法**　脾俞、百会、关元俞等穴。

1）脾俞。取穴部位为倒数第3肋间，髋骨翼上角水平线处的髂肋肌沟中，左右侧各一穴；针法为小宽针、圆针或火针向内下方刺入3cm，毫针6cm。脾俞穴针治，主治消化不良、肚胀、积食、泄泻。

2）百会。取穴腰荐十字部，即最后腰椎与第1荐椎棘突间的凹陷中，一穴；针法为小宽针、圆利针或火针直刺3cm，毫针3~5cm。百会穴针治，主治腰胯风湿、闪伤、二便不利、后躯瘫痪。

3）关元俞。取穴部位为最后肋骨与第1腰椎横突顶端之间的髂肋肌沟中，左右侧各一穴；针法为小宽针、圆利针或火针向内下刺入3cm，毫针4.5cm，或向脊椎方向刺入6~9cm。关元俞穴针治，主治慢草、便结、肚胀、积食、泄泻。此三穴均为牛躯干部穴位。

（9）**其他**　可用红糖250g、胡椒粉30g、生姜200g（捣碎），开水冲，候温内服，具有和脾暖胃、温中散寒的功效；或取茶叶150~200g、水8~10kg，先将清水烧至沸腾，加入茶叶，浸泡15min，而后再煮沸5min，过滤去渣，候温一次灌服。每天1次，一般1~2次见效，4~5次痊愈。作用机制据近代医学研究，茶叶含咖啡因、茶碱、可可碱，咖啡因有加强大脑皮质兴奋的作用，并能兴奋呼吸中枢、血管运动中枢和迷走神经等。所以服用茶水后，有强心利尿、兴奋胃腺细胞、增强胃液分泌和前胃收缩等效果，从而促进了前胃运动机能的恢复。对于继发性瘤胃弛缓，应先治愈原发性疾病之后，再用本方治疗。对于瘤胃积液的牛，应先导胃、洗胃后，再用本方治疗。茶水一定要温服，过凉容易引起病牛拉稀。体温升高，宜用抗生素及解热镇痛药，脱水严重者宜输入等渗葡萄糖、生理盐水。

【预防】　瘤胃弛缓的发生多因饲料变质、饲养管理不当而引起。因此，预防本病应加强饲养管理，改进饲养方法，注意饲料选择，防止霉变。日粮应根据生理状况和生产性能的不同而合理配制。依据饲养标准，不可突然变更饲料或任意加料，防止单纯追求泌乳量而片面追加精饲料，加强饲料保管，严禁饲喂发霉变质的饲料。对于继发性疾病的预防，要及时准确诊断和治疗原发性疾病。

牛只应适当运动，并须保持安静，避免奇异声、光、音、色等不利因素的刺激和干扰而引起应激反应。注意保持牛舍清洁卫生和通风保暖，提高牛群健康水平，防止本病的发生。

（黄克和）

四、瘤胃积食

瘤胃积食（Ruminal Impaction）是因奶牛采食了大量难以消化的粗硬饲料或易膨胀的饲料，在瘤胃内堆积，使瘤胃体积增大，后送机能障碍，胃壁扩张，导致瘤胃运动和消化机能障碍，前胃的兴奋性和收缩力减弱，形成脱水和毒血症的一种疾病。本病又叫急性瘤胃扩张或瘤胃食滞，中兽医称其为宿草不转或胃食滞，临床特征是瘤胃体积增大且较坚硬。

在兽医临床上通常把由于过量采食粗硬饲料引起的叫瘤胃积食，其特点是口腔稍酸臭，舌尖有薄的舌苔，口腔黏滑，瘤胃臌胀，腹围增大。而把由于采食过量碳水化合物精饲料引起的叫瘤胃酸中毒，其特点是中枢神经兴奋性增高，视觉紊乱，脱水和酸中毒（见本节"十、瘤胃酸中毒"）。后备牛、青年牛、干奶牛、泌乳牛均可发病，其中以老龄体弱的舍饲牛多见。

【病因】 瘤胃积食的主要原因是饲养管理不当而导致过食。

（1）过多地采食难以消化的粗硬饲料或容易膨胀的饲料 如贪食了大量的麦草、豆科牧草、谷物、苜蓿、紫云英、甘薯、胡萝卜、马铃薯等，特别是在在饥饿时采食过量的谷草、稻草、豆秸、花生藤、甘薯蔓、棉花秸秆等含粗纤维多的饲料，缺乏饮水，难以消化，从而引起积食；也有采食过量谷物饲料如玉米、小麦、燕麦、大麦、豌豆等，大量饮水后饲料膨胀，从而引起积食。

（2）牛体质弱、消化能力差、运动不足、劳役过度 尤其是饱食后服重役，如长期舍饲的牛，运动不足，神经反应性降低，一旦变换饲料，便容易贪食；或长期放牧的牛突然转为舍饲，采食大量难以消化的粗干草而发病，耕牛因食后即役或役后即食而影响消化功能，产后及长途运输后也可发生本病。

（3）患有其他胃肠道疾病 如瘤胃弛缓、皱胃及瓣胃疾病、创伤性网胃炎、便秘，或牛长期处于饥饿状态，消化力减弱，若此时饲喂大量难以消化的饲料就可引发本病。

（4）饲料管理不善，突然更换饲料 如长期饲喂粗饲料，在更换为精饲料时没有良好过渡，会导致牛采食了过多的精饲料而发病。

（5）饲养管理和环境卫生条件不良 特别是奶牛，容易受到各种不利因素的刺激和影响，精神恐惧不安，妊娠后期运动不足、过于肥胖、中毒与感染，发生应激等是本病的诱因。

一般而言，瘤胃积食是在过食和瘤胃弛缓的基础上发生和发展的。由于瘤胃积食，其中的内容物浸渍、浸出、溶解、合成和吸收的全部消化程序遭到严重的破坏，并因菌群失调、腐败分解旺盛而产生大量的有毒物质。革兰阳性菌，特别是牛链球菌大量增殖，产生大量的乳酸，使pH下降，瘤胃内纤维分解菌和纤毛虫活性降低，或被杀灭，菌群共生关系出现失调，腐解产物增多，引起瘤胃炎、瘤胃渗透性增强，发生脱水。又因影响血液中二氧化碳的结合力，使酸碱平衡失调，碱储下降，神经体液调节机能更加紊乱，病情急剧发展，呼吸困难，血液循环障碍，肝脏解毒功能降低，腐解产物被吸收，引起自体中毒，发生兴奋、痉挛、血管扩张、血压下降，以及虚脱等严重现象。

【症状】 发病初期，由于病牛采食大量的饲料，使瘤胃内容物大量增加，引起消化机能紊乱，刺激瘤胃的感受器，使其兴奋性升高，蠕动增强，产生腹痛，久之就会由兴奋转为抑制，瘤胃蠕动减弱，内容物后送机能障碍，逐渐积聚而发生膨胀，从而导致病牛食欲减退、反刍减少，甚至停止，鼻镜干燥，表现为腹痛、不安、后蹄经常踢腹（图9-1-1），起卧呻吟，有的磨牙、摆尾且腹围显著增大，左侧肷部

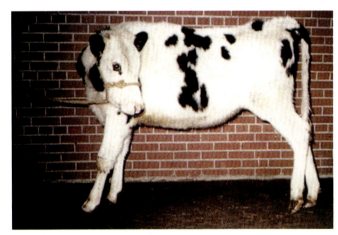

图9-1-1 瘤胃积食牛回头顾腹，后蹄踢腹

膨满（图 9-1-2），通常排软粪或排粪减少，粪呈黑色带有恶臭味。积聚的食物内部可发生腐败发酵，产生分解产物和有害气体及乳酸，这些有害物质能够刺激黏膜，引起炎症和坏死，吸收后引起自体中毒和酸中毒，使全身症状加重，同时由于腹压的增大，压迫膈肌，加上自体中毒有害物质的作用，影响心肺活动，使心跳、呼吸发生变化，可观察到病牛拱背、站立不安、四肢无力、卧地不起等（图 9-1-3）。触诊瘤胃充满、坚实，左肷窝膨隆。病牛精神沉郁，呼吸加快，若不及时治疗，常因脱水、代谢性酸中毒、衰竭或窒息而死亡。少数病例在采食后 12h 内不出现明显的症状，反刍、嗳气及瘤胃蠕动都正常；腹围增大，触诊瘤胃时，内容物较多，且较坚硬，用力按压后可形成压痕（呈面团状），奶牛食欲、反刍及嗳气减少或停止，空嚼、口腔干燥，鼻镜随着病情的加重而逐渐干燥，并有轻度脱水；听诊瘤胃，病初蠕动次数增加，但随着病程的延长，则蠕动减弱或消失；开始时排粪便次数增加，但数量并不多，以后次数减少，粪便变干，后期坚硬呈饼状；心跳、呼吸随着腹围的增大而加快并出现呼吸困难，皮温不整，温度下降，全身颤抖，眼球下陷，黏膜发绀，发生脱水与自体中毒，卧地不起、陷于昏迷状态。

图 9-1-2　瘤胃积食牛的左肷部膨满、坚硬、腹围显著增大

图 9-1-3　瘤胃积食牛衰竭，卧地不起

本病的病程经过，与内容物性质有直接关系。轻度的经治疗 1~2d 即可康复。一般病例，及时治疗，经过 3~5d 便可以痊愈。但严重病例，多因瘤胃陷于高度弛缓，内容物膨胀，药物治疗多无效果，如果不采取手术治疗，预后不良。

由于采食过多的精饲料而引起的，病情发展急剧。特别是含淀粉丰富的谷物，容易膨胀和酵解，呈现酸中毒，往往在 2~3d 死亡。一般病例，常常伴发胃肠炎，发生下痢。如果瘤胃开始蠕动，食欲与反刍有所恢复，不断嗳气，说明病情逐渐好转，预后良好。

【诊断】　根据过食的病史，腹围增大、瘤胃内容物多且坚硬、呼吸困难、腹痛等症状比较容易诊断。不过必要时应与下列疾病进行鉴别：瘤胃弛缓、急性瘤胃臌气、创伤性网胃炎、皱胃阻塞、皱胃变位、霉烂山芋中毒、肠套叠、生产瘫痪、子宫扭转等。

（1）**瘤胃弛缓**　是舍饲牛的常见疾病，由前胃机能紊乱，使前胃收缩力和兴奋性降低而引起，主要因饲养管理不当或其他胃肠道疾病、寄生虫病和传染病等引发。病牛食欲和反刍减少或者停止，喜欢卧伏，瘤胃蠕动次数减少。病初，体温、呼吸、脉搏一般无变化，粪便干硬，泌乳量减少；之后腹泻和便秘交替发生，但量少，粪便中有未消化的饲料，恶臭。腹泻期间有腹痛现象，瘤胃轻度膨胀，其内容物呈粥状，不断嗳气，并呈现间歇性瘤胃臌气，病牛逐渐消瘦。

（2）**急性瘤胃臌气**　是反刍动物采食了大量易发酵的饲料，迅速产生了大量气体而引起的。本病病情发展急剧，病牛精神沉郁，食欲废绝，反刍停止；随着病程发展，病牛呆立不动，心搏亢进，黏膜发绀，呼吸急促，皮温不整，左肷部显著膨胀，瘤胃壁紧张而有弹性，叩诊呈鼓音。

（3）**创伤性网胃炎**　主要是由于病牛误食入饲料中的铁钉等尖锐的异物，异物进入网胃后，刺伤、穿透网胃壁，从而发生网胃炎，甚至损伤其他脏器，引起其他脏器的炎症。病牛呈现顽固性的瘤胃弛缓症状，精神沉郁，姿势异常，多取前高后低姿态，愿走上坡路而不愿走下坡路，卧地时表现为非常小心，网胃区疼痛，体温一般多升高至40~41℃，脉搏加快，瘤胃蠕动减弱或消失，瘤胃内容物松软或黏硬，周期性瘤胃膨胀，病程较长，应用副交感神经兴奋药物，病情显著恶化。

（4）**皱胃阻塞**　又称为皱胃积食，是由于大量食物积聚并阻塞于皱胃，使胃壁扩张，体积增大，胃黏膜及胃壁发炎，食物不能进入肠道所致。本病发病缓慢，初期表现为瘤胃弛缓，瘤胃积液，喜卧，右下腹部显著膨隆，精神沉郁，食欲减退，进而食欲、反刍消失。临床特征为前胃弛缓，胃肠蠕动废绝，皱胃扩大，对皱胃进行冲击式触诊，可感到坚硬增大的皱胃轮廓。排粪减少，附有大量黏液，后期不排粪。

【治疗】　治疗原则是促进瘤胃内容物的运转，消食化积，制止发酵，恢复前胃运动机能，防止脱水和自体中毒。

（1）**按摩疗法**　首先让牛绝食1~2d，并进行瘤胃按摩，在牛的左肷部用手掌按摩瘤胃，每次约10min，每隔30min按摩1次，同时灌服大量的温水，效果更好。

（2）**下泻疗法**　使用盐类泻剂，可用硫酸镁（或硫酸钠）500~800g、液体石蜡（或植物油）1500~2000mL、鱼石脂15~20g、75%酒精50~100mL、常水6~10L，一次灌服。

（3）**增强瘤胃蠕动**　可用兴奋瘤胃蠕动药物，如10%高渗氧化钠0.3~0.5L，静脉注射，同时肌内注射新斯的明20~60mL；或可皮下注射促反刍注射液等，以兴奋前胃神经，促进瘤胃内容物的运转与排出。

（4）**补液**　病牛因饮食废绝或泻剂应用后导致的明显脱水，应及时静脉补液（包括糖、电解质、碱、维生素C等），如25%葡萄糖0.5~1L、复方氯化钠或5%糖盐水3~4L、5%碳酸氢钠0.5~1L等，一次静脉注射。当血液碱储下降，酸碱平衡失调时，先用碳酸氢钠200~300g、常水适量，内服，每天1次。再用5%碳酸氢钠溶液300~500mL，或者11.2%乳酸钠溶液200~400mL，静脉注射。必要时，可用维生素B_1 2~3g，静脉注射，以促进丙酮酸的氧化脱羧，解除酸中毒。如果反复注射碱性药物，出现碱中毒症状，呼吸急速，全身抽搐时，宜用稀盐酸15~30mL内服。

（5）**健胃**　若瘤胃内容物已排空而食欲尚未恢复时，可用健胃剂，如大蒜酊、木别酊、龙胆末等，中药可推荐使用加味大承气汤方剂。加味大承气汤主治结症、便秘，功效为攻下热结、破结通肠，其证见粪便秘结、二便不通、口干、舌燥、苔厚、脉沉实等。

中兽医称瘤胃积食为宿草不转，认为本病是各种原因造成的胃功能失调，"受纳"和"腐熟"水谷机能受到严重阻碍。治疗时应以健脾开胃、消积化滞、健脾开胃、泻下为主。其方法如下：

1）大蒜萝卜冲剂：大蒜200g、炒大萝卜籽300g、人工盐100g、豆油600g，将蒜捣碎、萝卜籽研成末，混合豆油和人工盐加温水内服，可消食开胃、消积导滞。

2）半夏连翘冲剂：取半夏 90g、连翘 30g、山楂 180g、神曲 60g、茯苓 90g、陈皮 30g、莱菔子 30g，捣研成细末，开水冲调，候温对患畜每次灌服 150g 即可。

3）厚朴大黄冲剂：取厚朴 60g、大黄 100g、枳实 80g、牵牛子 40g、槟榔 100g、芒硝 350g，将前五味药水煎 2 次，溶化芒硝内服。

4）茯苓木香冲剂：茯苓 30g、木香 15g、厚朴 15g、刘寄奴 30g、木通 18g、神曲 18g、枳壳 30g、槟榔 30g、青皮 18g、山楂 30g、甘草 30g，水煎，候温灌服。

5）加味大承气汤：大黄 60~90g、枳实 30~60g、厚朴 30~60g、槟榔 30~60g、芒硝 150~300g、麦芽 60g、藜芦 10g，共为末，灌服，服用 1~3 副。过食者加青皮、莱菔子各 60g；胃热者加知母、生地各 45g，麦冬 30g；脾胃虚弱者加党参、黄芪各 60g，神曲、山楂各 30g，去芒硝，大黄、枳实、厚朴均减至 30g。

（6）**针治** 食胀、脾俞、关元俞、顺气等穴。

1）食胀。取穴部位为左侧倒数第 2 肋间与髋结节下角水平线相交处，一穴；针法为小宽针、圆利针或毫针向内下方刺入 9cm，达到瘤胃背囊内。食胀穴针治，主治宿草不转、肚胀、消化不良。

2）脾俞。取穴部位为倒数第 3 肋间，髋骨翼上角水平线处的髂肋肌沟中，左右侧各一穴；针法为小宽针、圆针或火针向内下方刺入 3cm，毫针 6cm。脾俞穴针治，主治消化不良、肚胀、积食、泄泻。

3）关元俞。取穴部位为最后肋骨与第 1 腰椎横突顶端之间的髂肋肌沟中，左右侧各一穴；针法为小宽针、圆利针或火针向内下刺入 3cm，毫针 4.5cm，或向脊椎方向刺入 6~9cm。关元俞穴针治，主治慢草、便结、肚胀、积食、泄泻。此三穴均为牛躯干部穴位。

（7）**手术疗法** 对于积食严重的病例，药物治疗无效时，应立即进行瘤胃切开术，手术操作方法见本节"十二、瘤胃切开术"。

【预防】 本病的预防，在于加强经常性饲养管理，合理使用 TMR，应按饲料日粮标准饲养，避免突然变换饲料，防止过食、偷食，同时保证饮水充分。

（黄克和）

五、瘤胃积沙

瘤胃积沙（Ruminal Sabulose）是由于牛采食了大量的泥沙，泥沙沉积在瘤胃中，不能排出而产生的一种消化障碍性疾病。临床上主要以食欲减退或废绝、排出一些黑色软粪、粪便中含有沙粒为主要特征。

【病因】 奶牛吃进泥沙等异物的主要原因有两种。一种是在风沙大的地区草料中混有细沙。在沙质土牧场放牧，因牧草上容易带有一定量的沙子，特别是在牧草的叶柄部分更容易存有细沙；雨后牧草上沾沙多及牧草根部附带着沙土等；尤其在早春牧草返青的时候放牧，或草料不洁都容易随采食将沙带进胃肠中；长期饮用混有泥沙的渠水、河水、涝地水，或经常在积有细沙的水流急湍的浅溪、浅滩处饮水，就很容易随水带入泥沙并积于胃肠中而致病。

另一种是奶牛尤其是犊牛缺乏维生素 D 或缺乏矿物质引起异食而吃沙，特别喜欢吃卧床上的垫沙（视频 9-1-1）。进入胃肠道内的沙，一部分则因重力作用沉积于胃肠。根据食入量的不同，有的可于短时间内积聚大量细沙而发病；有的则经数月或者多年才能发病。进入胃肠的沙，积于瘤胃底部，也有的在皱胃底部和十二指肠沉积。随着胃内积沙的增多，瘤胃蠕动和分泌机能随之减弱。当瘤胃积沙达到一定量时，积沙压迫胃壁，引起瘤胃蠕动减弱，便会发生瘤胃弛缓。奶牛采食减少，反刍减少，消瘦，泌乳量降低。犊牛吃沙后拉稀、被毛粗乱、生长发育缓慢。

视频 9-1-1
奶牛吃卧床上的垫沙

【症状】　病牛精神沉郁，食欲减退，反刍减少，鼻镜时干时湿，口腔发干，神情不安，目光凝视，左侧与右侧腹部下沉（图 9-1-4），有较长时间的排粪动作，但是往往不见有粪便排出，偶尔排出一些黑色软粪（图 9-1-5），水洗粪后可见沙子，不断发出微弱的呻吟声。触诊腹部，躲闪不安，瘤胃下部坚硬。听诊瘤胃蠕动音减缓且次数减少，后期消失，肠音初期增强、后期消失。体温、脉搏、呼吸正常。奶量减少或停奶，卧地不起。排便量少，用药后排便量增加，并含有大量沙子。若为 30~70 日龄的有异食现象的犊牛，可观察犊牛舔食卧床上的垫料（图 9-1-6），如沙子、稻壳、锯末等，异物进入瘤胃，在瘤胃不断蠕动下，逐渐积聚成团，引起瘤胃阻塞（图 9-1-7），影

图 9-1-4　奶牛吃沙后腹部下沉

图 9-1-5　直肠检查取出黑色软粪

图 9-1-6　犊牛舔食卧床上的垫料

图 9-1-7　犊牛瘤胃有锯末阻塞

响犊牛的采食和消化吸收，时间稍长，犊牛表现为被毛粗乱、消瘦、贫血、前胃弛缓、泄泻、发育受阻。若异物团在犊牛反刍时堵塞食道沟，可引起瘤胃臌气，甚至死亡。

【诊断】 奶牛瘤胃积沙初期诊断比较困难，中后期可直肠检查，掏出直肠内的粪便，用手感觉粪内有无沙子，或用水清洗粪便进行确诊。若为犊牛，可以通过观察是否有啃食泥巴、舔食砖头等异食现象。主要根据上述症状及问诊，并结合牛场卧床垫料及运动场上有无沙子等情况，可以初步确定病牛有无食入沙子的可能，并对病牛的粪便用水清洗，如发现有沙子则可确诊为瘤胃积沙。

【治疗】 治疗原则为针对瘤胃积沙现象，首先排空瘤胃内容物，以增加瘤胃蠕动，并适时调节瘤胃内环境，及时补液，同时针对犊牛异食现象，进行综合防治。

（1）下泻疗法 液体石蜡2000mL、硫酸钠500~750g，配成4%~6%水溶液，分别用胃管投服，上、下午各1次，直到2d后能顺利排出软粪，食欲、反刍有所恢复。然后减少液体石蜡用量为1000mL，上、下午各1次，停止使用盐类泻剂，直到2d后食欲好转，粪内不再含沙子。

（2）增加瘤胃蠕动 在瘤胃开始蠕动时，可应用新斯的明促进瘤胃内容物的运转和排出。发病期间坚持牵遛病牛，有利于恢复机体的神经调节机能，促进瘤胃内容物运转，加速积沙的排出。

（3）调节瘤胃内环境 可用酵母片100片、生长素20g、胃蛋白酶15片、龙胆末50g、麦芽粉100g、石膏粉40g、滑石粉40g、多糖钙片40片、复合维生素B 20片、人工盐30~100g，混合一次内服，每天1剂，连用5d。

（4）其他诱因 维生素D缺乏引起的，要补充维生素D；盐缺乏引起的，可在预混料中加入盐，也可在牛舍内添加舔砖；钙缺乏引起的，补充钙盐，并注射一些促进钙吸收的药物，如内服鱼肝油20~60mL；贫血和微量元素缺乏引起的，可内服氯化钴0.005~0.04g、硫酸铜0.07~0.3g；缺硒引起的，肌内注射0.1%亚硒酸钠5~8mL；调节中枢神经时，可将安溴50~80mL或盐酸普鲁卡因0.2~0.5g，加入10%葡萄糖中静脉注射。

（5）中药疗法 榔片100g、川朴50g、积实50g、二丑30g、木香30g、三仙各50g、草蔻30g、草果30g、大黄25g、芒硝20g、甘草25g，水煎灌服，每天1次。

（6）手术疗法 严重的瘤胃积沙，可通过瘤胃切开手术，进行瘤胃灌洗法取出瘤胃内的积沙，手术方法见本节"十二、瘤胃切开术"。

【预防】 在封闭式牛舍或无运动场的牛舍，预混料中应加入食盐，要增加预混料中维生素D的量；具有先天性维生素D缺乏症的犊牛，奶中应加入维生素D；互相吸吮而具有"舔癖"的犊牛，应配戴防舔圈（图9-1-8）。要满足不同阶段的奶牛对各种营养的需要，特别是矿物元素（如钙、磷、钠、钾）的量、必需微量元素的量和适当的比例。定期驱虫，保持圈舍清洁。

（黄克和）

图9-1-8 配戴防舔圈的犊牛

六、瘤胃内异物

瘤胃内异物（Ruminal Alienum）是由于饲草、饲料中有塑料纸片、毛团、编织袋片、保定绳、塑料绳、衣物碎片等不能消化的异物被牛误吞入瘤胃内，这些异物与瘤胃内饲草相互缠结，形成篮球大的草团影响瘤胃蠕动与反刍，发生消化机能障碍而发病。

【病因】 瘤胃内异物的形成，原因主要有两方面。一方面，相对于其他动物，牛的舌面比较粗糙，在放牧采食过程中对各种坚硬物的刺激不敏感，因此，易将混入草料的不能消化的异物，如塑料纸片、编织袋片、衣物碎片和金属（如铁丝、铁钉、铜丝、缝针、别针、发夹等）等，食入瘤胃，或者是吞食了大块的坚硬饲料及其异物，如甘薯、马铃薯、玉米棒、苜蓿块等，也有的牛具有异食现象，将混入TMR中的塑料绳、保定绳吃入瘤胃内。吞食的这些东西不能被消化，加之瘤胃不停地蠕动使这些异物与饲草被揉成足球大甚至篮球大的团块，或由于摄入的异物比较尖锐可直接刺伤胃壁，从而影响瘤胃的生理机能，继发各种疾病。另一方面，反刍动物（尤其是30~70日龄的犊牛）由于缺乏无机盐及微量元素或维生素D，引起代谢机能紊乱，因而会舔食、啃咬或摄入无营养价值或不应吃的异物，如泥巴、砖瓦、石块、塑料、尼龙、橡胶类制品，吞入瘤胃，从而引起消化障碍，继发各种疾病。

【症状】 病牛表现为食欲不振，反刍减少，甚至废绝，脊背拱起，回头顾腹，后肢踢腹，磨牙，站卧不定，渐进性消瘦，消化机能紊乱，食欲减退，精神不振，喜卧，粪便稀薄、泌乳量降低或停止泌乳。如果不通过手术取出异物，奶牛最终衰竭、死亡。

听诊瘤胃蠕动次数明显减少，这是由于在瘤胃、网胃内有一些异物与饲草缠绕成团，多阻塞在瘤网孔处。误食的异物，多停留在瘤胃、网胃内。瘤胃蠕动减弱，心跳加速，呼吸深而快，鼻镜干燥，排软粪，体温多正常。

有些奶牛吃入异物后的一段时间内，突发严重的瘤胃臌气，经放气和投服消胀消气药后无效，再经手术取出大量塑料绳（图9-1-9~图9-1-11）。

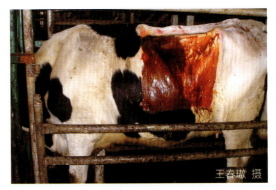

图9-1-9 对吃入大量塑料绳的奶牛进行术部准备

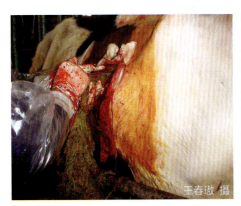

图9-1-10 将瘤胃切开，取出瘤胃内异物

图9-1-11 从瘤胃内取出的塑料绳

【诊断】 病牛的体温、粪便及饮水都正常，但是瘤胃蠕动次数减少、蠕动音减弱，吃草减少，反刍减少，反刍困难，瘤胃内液体逐渐增多，冲击式触诊时常有振水音。病牛因长期吃草减少而逐渐消瘦，出现脱水明显、呻吟、磨牙等状况。在左侧倒数第1~3肋间进行叩诊与听诊可出现小范围的钢管音，钢管音仅限于1个肋间，位置偏上，有时位置不固定。有的病牛瘤胃高度充满，使左肷部膨隆，用手触诊左肷部呈坚实感木板样硬度，出现瘤胃积食症状。用兴奋瘤胃蠕动药、泻剂、健胃剂都无效时，应考虑将左肷部切开，进行手术诊断。

应注意与皱胃积食、皱胃变位、创伤性网胃炎、腹腔内积脓和弥漫性化脓性腹膜炎等进行鉴别诊断。

（1）**皱胃积食** 病牛随病程延长而停止吃草，不反刍，鼻镜湿润，排粪少或仅排一点稀黑黏粪，有的不排粪或2~3d排1次或无蠕动音，瘤胃内常充满液状内容物，右腹部下沉，其特有症状是用手在右侧腹下的皱胃区进行触诊，可触及轮廓明显且坚硬的皱胃。皱胃完全阻塞常常引起奶牛死亡，剖检可见皱胃膨大（图9-1-12）。

图9-1-12 死亡奶牛的皱胃，轮廓增大

（2）**皱胃变位**

1）皱胃右方变位：在右侧髋关节与倒数第1~3肋间范围内进行叩诊结合听诊有高朗的钢管音，随着病程的延长钢管音越来越明显。当病牛表现为不吃、不反刍，发病1~2d后心率达100次/min以上，排少量黑色稀粪，全身情况恶化快，治疗不及时，便会因休克死亡。

2）皱胃左方变位：大多是在头胎牛产后10~30d发病。病牛消瘦，腹围缩小，精神呆滞，眼球向眼眶内凹陷，脱水明显，瘤胃蠕动音弱，排粪少，排黏黑色粪便，在左侧肩关节水平线与倒数第1~3肋间范围上方区域内叩诊结合听诊，可听到典型的钢管音，钢管音在发病过程中持续存在。

（3）**创伤性网胃炎** 病牛常有反复的瘤胃臌气，阵发性腹痛，吃草减少，反刍无力，肘头外展。在急性阶段常体温升高，转入慢性后体温正常。用兴奋瘤胃蠕动药可使病情加重，在网胃区叩诊常有鼓音，用金属探诊常呈阳性。

（4）**腹腔内积脓和弥漫性化脓性腹膜炎** 一般有冲洗子宫或剥离胎衣的经过，有体温升高的病史，化脓形成后体温转入正常或稍高。病牛精神沉郁，鼻镜干燥，两鼻孔常有脓性鼻涕，食欲废绝，反刍停止，瘤胃蠕动音减弱或消失。在其左右侧腹部倒数第1~3肋间叩诊与听诊常有钢管音。弥漫性化脓性腹膜炎病例在左右侧叩诊时都可听到钢管音，并且在右侧腹腔局限性积脓的病例，在右肷部及其最后肋骨处，叩诊有钢管音，音调偏低。其特有症状是，两侧腹部均膨大（弥漫性化脓性腹膜炎），对腹部叩诊有水平浊音，对腹部冲击式触诊常有振水音，对腹腔穿刺常发现脓性液体（图9-1-13）。

图9-1-13 对患有弥漫性化脓性腹膜炎的奶牛腹腔穿刺

【治疗】 治疗原则是增强瘤胃蠕动机能，促进瘤

胃内容物排出，调整与改善瘤胃内生物学环境，防止脱水与自体中毒，必要时可进行瘤胃切开术。早期确诊，及时排出阻塞物。

（1）**清肠消导** 可用硫酸镁（或硫酸钠）300~500g、液体石蜡（或植物油）500~1000mL、鱼石脂15~20g、酒精50~100mL、常水6~10L，一次内服，应用泻剂后，可皮下注射毛果芸香碱或新斯的明，以兴奋前胃神经，促进瘤胃内容物运转与排出。

（2）**洗胃** 用健胃或助泻药无明显效果时，考虑洗胃。当阻塞物是饲料时，可用直径4~5cm、长250~300cm的胶管或塑料管1条，经牛口腔导入瘤胃内，然后来回抽动，以刺激瘤胃收缩，使瘤胃内液状物经导管流出。若瘤胃内容物不能自动流出，可在导管另一端连接漏斗，向瘤胃内注温水3000~4000mL，待漏斗内液体全部流入导管内时，取下漏斗并放低牛头和导管，用虹吸法将瘤胃内容物引出体外。如此反复，即可将饲料洗出。

（3）**吃入金属异物导致损伤的预防与处理** 可给牛的网胃内投入磁铁预防金属异物对网胃的损伤，对没有投放磁铁的奶牛，如果怀疑奶牛吃入金属异物，可用磁铁打捞器吸出异物，必要时做瘤胃切开术。

（4）**增强瘤胃蠕动力、促进反刍** 可静脉注射10%氯化钠注射液500~1000mL，或者先用1%食盐水20~30L洗涤瘤胃后，再静脉注射10%氯化钙注射液100mL、10%氯化钠注射液100mL。必要时，可接种健康瘤胃液。

（5）**静脉补液** 病牛饮食欲废绝，脱水明显时，应静脉补液，同时补碱，如5%葡萄糖生理盐水2000~3000mL、5%维生素C注射液10~20mL，静脉注射，每天2次，达到强心补液、维护肝脏功能、促进新陈代谢、防止脱水的目的。

（6）**防止自体酸中毒** 当血液碱储下降、酸碱平衡失调时，先用碳酸氢钠100~150g、常水适量，内服，每天2次，再用5%碳酸氢钠注射液300~500mL或11.2%乳酸钠注射液200~300mL，静脉注射，另用1%呋喃硫胺注射液20mL，静脉注射，以促进丙酮酸脱羧，解除酸中毒。如果因反复使用碱性药物而出现呼吸急促、全身抽搐等碱中毒症状时，宜用稀盐酸15~40mL或食醋200~300mL，加水后内服，并静脉注射复方氯化钠注射液1000~2000mL。

（7）**手术疗法** 瘤胃切开术，适用于重症而顽固的瘤胃内异物，应用药物不见效果或阻塞物太大时，可以切开瘤胃，进行瘤胃切开术，取出瘤胃内异物，手术方法见本节"十二、瘤胃切开术"。

【预防】 要加强管理，定时定量饲喂，防止因饥饿而采食过急；合理调制饲料，不喂霉败、冰冻等质量不良的饲料，不要突然变换饲料，适当切碎块根饲料，防止异物混入等；补给青绿饲料、胡萝卜、酵母粉、发芽饲料、骨粉和多维添加剂等。

（黄克和）

七、瘤胃臌气与犊牛瘤胃周期性膨胀

瘤胃臌气（Ruminal Tympany）又称为瘤胃臌胀，俗称青草胀、蛤蟆症、黄沙胀，是多胃动物非传染性内科疾病中的一种消化器官疾病，多因瘤胃、网胃内容物急剧发酵，产生大量游离气体致使瘤胃、网胃急剧扩张，膈与胸腔脏器受到压迫，呼吸与血液循环障碍，并发生窒息现象。

临床上以呼吸困难、反刍、嗳气障碍、腹围急剧增加为主要特征。按病因常分为原发性瘤胃臌气和继发性瘤胃臌气，按病情发展过程常分为急性瘤胃臌气和慢性瘤胃臌气，按其性质常分为泡沫性瘤胃臌气和非泡沫性瘤胃臌气。犊牛反复发作的瘤胃臌气现象称为犊牛瘤胃周期性膨胀。

【病因】

（1）**原发性瘤胃臌气** 是由于奶牛直接采食大量的容易发酵饲草料而引起的。主要是因为奶牛采食大量易发酵产气的青饲料，如含水量过高的开花前幼嫩豆科植物，尤其是苜蓿、紫花苜蓿和三叶草等，其次是萝卜叶、马铃薯叶、酿造残渣（糠糟、酒糟）、谷类作物的再生草、冰冻多汁饲料（如青贮饲料、甘薯、甜菜等）、发霉或腐烂饲料等。在瘤胃细菌的参与下过度发酵，迅速产生大量气体，致使瘤胃急剧增大，从而压迫胃壁血管，使其吸收气体能力减弱，嗳气生理反射机能受到抑制，胃壁急性扩张，出现反刍、嗳气及排泄机能障碍。

（2）**继发性瘤胃臌气** 主要由于奶牛前胃运动机能减弱，嗳气机能障碍引起，胃内产生的气体不能被正常排出而蓄积于瘤胃中，造成反复发生慢性瘤胃臌气。常见于瘤胃弛缓、创伤性网胃炎、瘤胃与腹膜粘连、食道阻塞、瓣胃阻塞、迷走神经性消化不良，以及偷食、误食毒草（如毒芹、乌头、颠茄、毛茛、闹羊花等）等中毒性疾病、严重的风湿疾病和破伤风的病程中。

（3）**泡沫性瘤胃臌气** 最明显的特点是气体都以稳定的泡沫形式夹杂于瘤胃液内，主要原因是采食了豆科牧草。本病的发生与瘤胃内容物的性状密切相关，其中植物蛋白起着主要的发泡剂的作用，饲料中植物蛋白的含量及消化率则成为潜在的影响因素。在一定的时间内，在饲料和动物本身因素影响下使瘤胃内形成了较高浓度的饲料小颗粒，从而增加了动物发生臌气的可能性。发生的原因为：

1）采食豆科植物，如开花前的苜蓿、紫云英、野豌豆，或者马铃薯叶、萝卜缨、白菜叶、再生草等，采食过多时会迅速发酵，产生大量的气体。

2）采食堆积发热的青草或者经风霜雨露、冰霜冻结的牧草，特别是霉败的干草及多汁易发酵的青贮饲料，舍饲的奶牛，突然饲喂这类饲料，往往引发本病。

3）饲料搭配不合理，或者调理不当，谷物饲料过多而粗饲料不足；或给予的黄豆、豆饼、花生饼、酒糟等未经浸泡和调理；或饲喂胡萝卜、甘薯、马铃薯等块状的饲料；或因矿物质不足，钙磷比例失调等，都可能是本病发生的致病因素。

4）犊牛瘤胃周期性臌胀的发生，多因采食颗粒料或难以消化的易发酵饲料，如粉碎的玉米秸秆等。

（4）**非泡沫性瘤胃臌气** 又称为游离气体性瘤胃臌气，主要是因为采食了会产生一般性气体的牧草、幼嫩多汁的青草、堆积发热的青草、霉败饲草、品质不良的青贮饲料等。

正常情况下，饲料在瘤胃内经微生物发酵后不断产生气体，其中一部分气体被微生物利用，随后被动物机体吸收；一部分随饲料的后移而进入肠道，由肛门排出；大部分气体集中在背囊，随着定期嗳气和反刍而排出体外，使瘤胃内产气量和排气量保持动态平衡，不致发生臌气。奶牛采食大量易发酵饲料后快速产生大量气体，此时气体、食团、瘤胃之间的压力极不平衡，造成瘤胃内容物超过贲门，同时由于压力感受器和化学感受器受到刺激，从而导致嗳气障碍，气体的不断产生，致使瘤胃过度紧张，刺激瘤胃壁的神经肌肉，引起瘤胃痉挛性收缩，出现腹痛。本病的发生要有 4 个基本因素：瘤胃的 pH 下降至 5.6~6.0；大量气体聚集；有一定量的可溶性蛋白质；有足够数量的阳离子与表面膜的蛋白质分子结合。现在有专家指出由豆科植物引起的臌气中，叶蛋白是主要的起泡剂，也有人指出瘤胃内黏滞性物质的增多与细菌的增加有关，但产生泡沫的机理还不完全清楚。轻微的瘤胃臌气可引起瘤胃兴奋、蠕动加强，而运动加强又增加了瘤胃内容物的起泡。发生本病的病牛常因气体不能排出而集聚于瘤胃内，致使瘤胃容积增大，压力增高，气体压迫瘤胃壁血管而妨碍对挥发性脂肪酸的吸收，又因瘤胃内环境的改变，正常发酵机能被破坏，异常发酵产物硫化氢、二氧化碳增多，直接对瘤胃出现毒害作用，加剧了病情的发展。扩张的瘤胃压迫肝、肺、脾、膈等脏器。肺因受压致使呼吸面减小而缺氧，出现呼吸加快，同时血液回流受阻，导致全身血液循环障碍，血液中二氧化碳蓄积，组织缺氧，可视黏膜发绀，常因窒息死亡。

【症状】 急性泡沫性瘤胃臌气，发病快、急，在采食易发酵饲料过程中或者采食后很短的时间内迅速发生，15min 内产生臌气，病牛表现为不安，频繁顾腹。其显著特征是：腹围迅速膨大，尤以左肷部上方膨大明显，肷窝消失、向外凸出（图 9-1-14、图 9-1-15）；瘤胃蠕动先增强，后减弱或消失，腹壁紧张而有弹性，用力按压也不能触及瘤胃内容物，叩诊呈鼓音；饮食废绝，反刍嗳气停止，瘤胃内容物呈粥状，胃管插入时有泡沫状唾液从口中流出或喷出；呼吸困难，严重时张口呼吸，头颈平伸，眼球震颤、凸出，呼吸频率增至 60 次 /min 以上。发病后期表现为心力衰竭，血液循环障碍，静脉怒张，脉搏加快（120 次 /min），呼吸困难，黏膜发绀，目光恐惧，出汗，站立不稳，步态蹒跚，往往突然倒地、痉挛、抽搐，陷于窒息而死亡（图 9-1-16、视频 9-1-2~ 视频 9-1-4）。

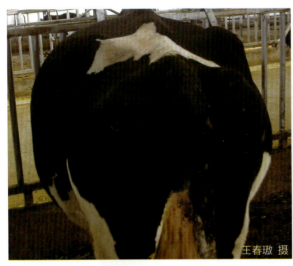
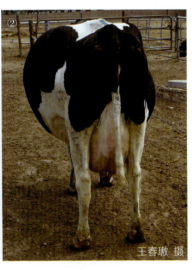

图 9-1-14 急性瘤胃臌气的病牛

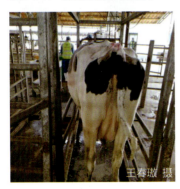

图 9-1-15 泡沫性瘤胃臌气的病牛　　图 9-1-16 奶牛因泡沫性瘤胃臌气而死亡

视频 9-1-2 急性泡沫性瘤胃臌气，腹围膨大，两后肢不时交互抬起，有腹痛表现（王春璈 摄）

视频 9-1-3 泡沫性瘤胃臌气，将瘤胃切开后取出瘤胃内泡沫（王春璈 摄）

视频 9-1-4 泡沫性瘤胃臌气，掏出瘤胃内泡沫（王春璈 摄）

慢性泡沫性瘤胃臌气，大多是有急性泡沫性瘤胃臌气的病牛经灌服液体石蜡、鱼石脂、酒精后，臌气症状有一定缓解，继续用药治疗，臌气症状仍然不能消退。瘤胃臌气可以持续数天，采食与反刍减少，泌乳量降低，逐渐消瘦。如果不采取瘤胃切开、用温水冲洗瘤胃腔的治疗措施，病牛最终被淘汰。

非泡沫性瘤胃臌气的病牛通常发病较为缓慢，食欲减退，反刍停止。左肷部臌胀，触诊肷部紧张但是其症状与泡沫性瘤胃臌气相比较轻，通常臌气呈现出一定的周期性，常反复发作，发病时间没有一定的规律。病程可达几周甚至数月，发生便秘或者下痢，逐渐消瘦、衰弱。由食管阻塞或者食管痉挛引起的病例则会导致瘤胃臌气的急剧产生或者恶化。

【诊断】 首先要确定是急性还是慢性、原发性还是继发性。急性和最急性病例往往必须先进行紧急治疗。原发性瘤胃臌气凭借病史和症状就能做出诊断，而继发性的病因复杂、症状各异，必须经系统检查才能确诊。

原发性瘤胃臌气的诊断比较容易，可根据病史及其临床症状，如饱食了多汁的青草、易发酵的饲料，病牛表现为腹围增大，左肷部尤为明显，有时甚至高于脊柱，叩诊有鼓音，呼吸困难，结膜发绀。诊断时应与瘤胃积食、食管阻塞、创伤性网胃心包炎，以及一些中毒病进行鉴别诊断。继发性瘤胃臌气最重要的一个特征是周期性或者间隔时间不规则的反复发作，故诊断也并不困难，但是病因不容易确定，必须进行详细的临床检查、分析才可以做出诊断。

对于确定是泡沫性还是非泡沫性瘤胃臌气的最有效的方法是插入胃管（图9-1-17），此外瘤胃穿刺也可作为鉴别的方法。泡沫性瘤胃臌气，在穿刺时，只能从导管针中断断续续排出少量气体，针孔常被堵塞；泡气困难（图9-1-18、视频9-1-5、视频9-1-6）；而非泡沫性瘤胃臌气，则排气较为容易，膨胀明显减轻。

图9-1-17 插入硬质橡胶管进行放气

图9-1-18 对瘤胃进行穿刺放气，确定为泡沫性

【治疗】 本病的治疗原则是排气减压，缓泻止酵，急则治标，缓则治本，对症治疗，标本兼治。治标就是通过手术（瘤胃穿刺术、瘤胃切开术）和应用制酵剂、抗泡剂等药物使气体排出和减少气体的产生，常用降逆下气剂

视频9-1-5
泡沫性瘤胃臌气，插入硬质橡胶管进行放气，胃管内放不出气体（王春璈 摄）

视频9-1-6
泡沫性瘤胃臌气，插入乳胶胃管进行放气，将胃管举高，仍放不出气体（王春璈 摄）

使气体从口腔和肛门排出。治疗方法视病因而异，对继发性瘤胃臌气则应积极消除原发性疾病，进行对症治疗。

1. 急性或最急性瘤胃臌气

以瘤胃穿刺放气为先，将器械、术部严格消毒，穿刺部位选在左肷窝部的中央或左侧髋关节与最后肋骨中点连线的中央。将套管针用力垂直刺入瘤胃内，刺入后拉出针心，气体则自套管孔排出。泡沫性瘤胃臌气排气较少，需经套管针注入抗沫剂，常用花生油、豆油、棉籽油、奶油300~500mL（视频9-1-7）。对伴发高度呼吸困难的奶牛则应果断施行瘤胃切开术，取出瘤胃内大部分内容物（视频9-1-8、视频9-1-9），并用大量温水冲洗瘤胃腔（视频9-1-10），将食盐50g、碳酸氢钠100g，用水溶解后灌入瘤胃内（视频9-1-11），再向瘤胃内填塞TMR 2kg（视频9-1-12），有条件的可再移植健康奶牛的瘤胃内容物3~5L，效果更好。药物治疗可根据慢性或亚急性瘤胃臌气所介绍的方法酌情选用。

视频9-1-7
经胃的插管向瘤胃内灌入止酵药（王春璈 摄）

视频9-1-8
在瘤胃内套入洞巾，掏出瘤胃内容物（王春璈 摄）

视频9-1-9
在瘤胃内套入洞巾，取出瘤胃草团（王春璈 摄）

视频9-1-10
泡沫性瘤胃臌气，掏空瘤胃内容物后，用温水冲洗胃腔，反复冲洗（王春璈 摄）

视频9-1-11
将食盐50g、碳酸氢钠100g，用水溶解后倒入瘤胃内（王春璈 摄）

视频9-1-12
向胃腔内填塞TMR 2kg（王春璈 摄）

2. 慢性或亚急性瘤胃臌气

（1）从口中排出气体　取一光滑有气味的木棍（如椿树、樟树）横置于病牛口中，两端系绳固定于角根后部，牵牛至斜坡上，保持前高后低姿势，引牛咀嚼，保持10~15min，可促其嗳气而达到减压消胀的作用；也可从口腔向瘤胃内插入胃导管使气体通过胃导管排出，待腹围缩小后经胃导管灌入制酵剂；或者在左肷窝部反复涂擦松节油并用草鞋或绳反复按摩，每次持续10~15min，可促进嗳气。

（2）药物治疗　适时强心以改善血液循环，肌内注射安钠咖或樟脑5~15mL及维生素B_1 10mL，促进胃肠蠕动；内服止酵剂，如鱼石脂10~12g（先用酒精溶解），兑水经口给予；经口给予以油类泻剂为主的泻下药及健胃剂，如液体石蜡500~1000mL，或将硫酸钠500~800g溶于4000~8000mL水中进行灌服，用10%氯化钠配合氯化钙和安钠咖溶液静脉注射，以促进瘤胃蠕动、兴奋反刍。

3. 泡沫性瘤胃臌气

可用消沫药，如消沫片（二甲硅油和氢氧化铝合剂）40~50片加常水适量灌服，或松节油30~50 mL加植物油90~150 mL内服，或灌入消气灵或瘤胃内注射土霉素250~500mg（20万~50万

IU）或青霉素 500 万~800 万 IU，事后应接种新鲜瘤胃液。

4. 反复发作的瘤胃臌气

反复发生瘤胃臌气的成年病牛宜用酒石酸锑钾 4~6g 与硫酸镁 400~500g 加常水配成 5~8mL 溶液，一次经胃管投服。治疗犊牛瘤胃周期性臌胀最行之有效的方法是胃管放气减压与洗胃相结合，注意一定要间歇缓慢放气，切勿因快速放气造成急性脑贫血而危及生命，不建议采取瘤胃穿刺放气治疗。

5. 中医疗法

中兽医称瘤胃臌气为气胀病或肚胀，治疗以行气消胀，通便止痛为主。

1）牛用消胀散：炒莱菔子 15g，枳实、木香、青皮、小茴香各 35g，玉片 17g，二丑 27g，共为末，加清油 300~500mL，大蒜 150~200g 捣碎冲服。

2）木香顺气散：木香 30g，厚朴、陈皮各 10g，枳壳、藿香各 20g，乌药、小茴香、青果（去皮）、丁香各 15g，共为末，加清油 300~500mL，用水冲服。

3）穴位针灸疗法：先用冷水洗口，通关为主穴，山根、耳尖、百会、蹄头为配穴。在一些医疗设备不齐全的情况下，发生急性瘤胃臌气时可用醋、稀盐酸、大蒜、食用油等内服，起着及时消胀和止酵的作用。

反复发作的瘤胃臌气，多因吃入异物引起，如果经药物治疗无效，可考虑做瘤胃切开术，进行胃腔内探查，取出异物。

【预防】 初春放牧时应先让奶牛采食干草后再食青草，在生长良好的苜蓿地放牧不要超过半小时，以后逐渐增加；不要喂大量容易发酵不易消化的饲料，也不要喂发酵腐败饲料；应避免早春季节奶牛过多采食青嫩豆科牧草；避免在清晨有露水或下霜的草场放牧，变换饲料要有过渡适应阶段。

平时必须加强饲养管理，注意精粗饲料比例，特别是断奶前后的犊牛，要限制颗粒精饲料的喂量。

目前预防奶牛瘤胃臌气成功的唯一方法是用油和聚乙烯等阻断异分子的聚合物，每天喷洒饲草或制成制剂每天灌服 2 次。

（黄克和）

八、创伤性网胃腹膜炎

创伤性网胃腹膜炎（Traumatic Reticuloperitonitis）俗称铁器病或铁丝病，是由于金属或其他尖锐异物（针、钉、钢丝、硬竹枝等）等混杂在饲料里，被采食进入网胃，导致网胃、腹膜损伤及炎症的疾病。这些尖锐异物被采食后穿刺网胃造成网胃壁的穿孔，开始伴有急性局部性腹膜炎，然后发展为急性弥漫性或慢性局部性腹膜炎，或转变为其他器官损伤的后遗症，包括心包炎、迷走神经性消化不良和膈、肝、脾化脓性损害。

由于本病发生过程复杂，给诊断和预后带来很大困难，除常具有创伤性网胃腹膜炎综合征外，有时还具有继发创伤性心包炎、脾炎、肝炎、膈疝等其他病征。

【病因】 牛采食比较特别，一般都是快速的，也不咀嚼，以唾液裹成食团，这种情况下往往将随同的金属物吞咽进入网胃里。因此，在饲养管理不当、饲料加工过程粗放或调理饲料不精心的条件下很可能将金属或者尖锐异物带入网胃，导致本病的发生。

对于奶牛而言，主要是饲料加工过程粗放、饲养粗心大意、对饲料中金属异物的检查和处理不细致。饲草饲料中的金属异物，常见的有饲料粉碎机与铡草机的销钉，其他如铁钉、纽扣、缝针等被奶牛采食后进入网胃底部，或者进入瘤胃中，随同内容物运转进入网胃，随着网胃的收缩运动过程，金属异物刺损网胃。造成腹内压增高的某些条件，如瘤胃积食或者臌气、手术保定、分娩等，都会造成本病的发生和发展。尖锐的金属物及玻璃片进入网胃时，危害性最大，很有可能对周围的脏器造成进一步的损伤，引起急剧的病理变化。

事实上，并不是采食了混有金属物或者尖锐的异物就一定会造成本病的发生。创伤的形成是有一定条件的。经过屠宰可以证明，在网胃中能发现各种各样的金属异物，其中主要的是铁丝和铁钉，虽然有时数量很多，但发病率不是很高，因为异物的硬度、直径、长度、尖锐性、存置于网胃中的部位、网胃运动时对异物的压力，以及异物与胃壁之间所呈现的角度等因素，都与能否形成创伤、创伤的性质和程度有很大关系。若网胃中存在的金属异物数量很多，但都不具备一定的穿孔条件，那么，至多也只能导致瘤胃弛缓。有时虽只有1个或2个金属异物进入网胃，但具备了穿孔条件，就能发生创伤性网胃腹膜炎，甚至是致死性的（图9-1-19）。

由于异物尖锐程度、存在部位及其与胃壁之间呈现的角度不同，所以创伤的性质也不同，大体上分为穿孔型、壁间型和叶间型。在异物对向胃壁之间越接近于90°角就越容易导致胃壁穿孔，越接近于0°或180°角（即与胃壁呈同一水平面），穿刺胃壁的机会就越少。

穿孔型必然伴有腹膜炎，最初常呈局部性，以后痊愈或发展为弥漫性（图9-1-20、视频9-1-13）。重度感染则呈急性，以后死亡或转为慢性。可继发膈肌脓肿或膈肌薄弱及破裂，形成膈疝。若穿刺脾脏、肝脏、肺等器官，

视频9-1-13
奶牛弥漫性腹膜炎

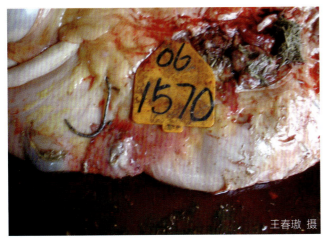

图9-1-19 因创伤性网胃腹膜炎而死亡的牛吃入的钢丝

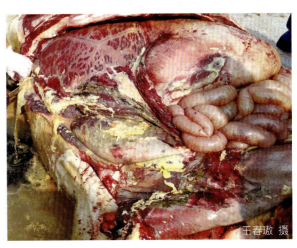

图9-1-20 弥漫性腹膜炎症状

也可引起这些器官的感染而形成脓肿，但最常发的则是创伤性心包炎。异物往往暂时性地保留在脓肿或瘘管内。随异物穿刺方向而定，还可向两侧胸壁穿刺，以致形成胸壁脓肿。

壁间型会引起瘤胃弛缓，或损伤网胃前壁的迷走神经支，导致迷走神经性消化不良或壁间脓肿，若异物被结缔组织包围，则形成硬结。

叶间型损害是极其轻微的，叶间穿孔时无出血，临床上缺乏可见病征，有时则牢固地刺入蜂窝状小槽中。这种情况下由于异物暂时被固定而不能任意游走，可减少向其他重要器官转移的危险。

【症状】 典型的病例主要表现为消化紊乱，网胃和腹膜的疼痛，以及包括体温、血象变化在内的全身反应。

（1）消化扰乱 食欲减退或废绝，反刍缓慢或停止。瘤胃蠕动微弱，可呈现持续的中度臌气，粪量减少、干燥，呈深褐色至暗黑色，常覆盖一层黏稠的液体，有时可发现潜血。

（2）网胃疼痛 典型病例精神沉郁，拱背站立，四肢集拢于腹下，肘外展，肘肌震颤，排粪时拱背、举尾、不敢努责，每次排尿量也减少。呼吸时呈现屏气现象，呼气抑制，为浅表呼吸。有人发现压迫胸椎脊突和胸骨剑状软骨区，可发现呼气呻吟声。病牛立多卧少，一旦卧地后不愿起立，或持久站立，不愿卧下，也不愿行走。病牛为了减轻腹部疼痛，站立时常以后肢踏在尿沟内，或在卧下时，先是后肢屈曲，臀部下沉及坐地，然后是前肢腕部屈曲及下跪（所谓"马卧动作"）。据观察，当牛群放出到运动场时，病牛总是最后离开圈舍，且行走缓慢；而当放回圈舍时，病牛则迟迟逗留在运动场内，最后才返回圈舍，给予强迫运动时，病牛两前肢摸索前进，特别是下坡或急转弯时，急性病例表现为十分缓慢和小心，甚至不肯继续前进，同时伴有呻吟声（音低沉、弱，不注意则听不到）。此外，还可发现病牛不敢跨越沟渠，或在前进中遇到一般障碍物就踌躇不前。

（3）全身症状 当呈急性经过时，病牛精神较差，表情忧郁，体温在穿孔后第1~3天升高到40.5℃以上，以后可维持在39.5℃左右，奶牛采食减少或不食，逐渐消瘦。若异物再度转移，导致新的穿刺伤时，体温又可能升高。有全身明显反应时，呈现寒战、浅表呼吸、脉搏达100~120次/min。患病泌乳牛的典型症状，就是在发病的一开始便发现泌乳量显著下降。当伴有急性弥漫性腹膜炎时，上述全身症状表现得更加明显。

（4）血液学变化 血液学变化是最典型的，对诊断和预后有重要参考意义。典型的病例，第1天白细胞总数可增高至8000~12000个/μL，并继续增高12~24h，可高达14000个/μL以上。其中，中性粒细胞比例由正常的30%~35%增高至50%~70%，而淋巴细胞比例则由正常的40%~70%降低至30%~45%。这种情况是奶牛血象变化的一般规律，因而在无并发症的情况下，淋巴细胞与中性粒细胞比值呈现倒置（由正常的1.7：1.0转为1.0：1.7）。严重的病例，伴有明显的中性粒细胞核左移现象，以及出现中毒性白细胞（细胞质的空泡形成、不正常着色、细胞膜破裂、核脱出核不规则等），甚至在早期就可见到白细胞的核脱出现象。慢性病例，白细胞水平在很长时间不能恢复正常，并且单核细胞比例持续高达5%~9%，而缺乏嗜酸性粒细胞这一点颇有诊断意义。发生急性弥漫性腹膜炎时，白细胞总数往往急剧下降，但大多数并发严重继发病的病例，一般其白细胞总数下降不一致，或是总数急剧下降，或是总数伴同中性粒细胞总数一致地急剧升高，并同时出现一定比例的未成熟的中性粒细胞。

（5）**其他症状** 胃内异物的迁移，会导致症状相应地减轻或加重，特别是由于腹内压增高（如当妊娠、分娩、配种、运输、过劳、瘤胃膨气时），以致症状突然恶化。也有曾一度出现消化不良的病征，但随后病征迅速消失，并自然痊愈。若异物向胸壁下方或侧方转移，可刺入胸骨或肋间肌，形成胸壁脓肿，当皮肤穿孔后，异物可达于体表。若异物向前方透过膈肌并进入心包，可引起创伤性心包炎。若向上前方（通常偏向左侧）进入肺，则呼吸加快，肺部出现啰音，不久呼气呈现腥臭味。若膈肌变薄或脓肿形成及破裂，可导致膈疝。若发现败血症、高热及多发性化脓性关节炎，常表明继发创伤性脾炎，且于左侧最后两肋间叩诊有疼痛。若于右侧这个部位叩诊，有类似疼痛，同时奶牛逐渐消瘦、贫血和慢性臌气（当肝脏食道沟区脓肿时），则可疑为创伤性肝炎。

【诊断】 由于临床上十分典型的病例不多，所以诊断时应该系统观察，善于从多种现象中发现疾病的主要特征和变化的基本规律，特别对早期伴有慢性腹膜炎的病例，单凭一两项类似病征，很难做出正确诊断。

由于胸骨剑状软骨区的疼痛是不可避免的（只是在时间上和程度上的不同），因此建议用器官（网胃）叩诊法（用拳头或150~280g的叩诊锤叩诊网胃）或剑状软骨区触诊法帮助诊断。有不少病例经过检查，不能轻易地说就是一种"阳性"结果。也曾建议用一根木棍通过剑状软骨区的腹底部给予猛然抬举，给网胃施加强大压力进行检查，但对检查结果不易做出客观的解释，如急性病例的反应可能是明显的，可即使有明显反应，也不能表明就是创伤性网胃炎所致。当肝脏坏死病或皱胃穿孔性溃疡的损害波及腹膜时，都可产生相似结果。为了区别起见，对肝脏损害须补充右前腹上方叩诊，对皱胃损害须补充右前腹下方叩诊。其他类似的疼痛检查，如沿膈肌在胸壁上附着点的压诊、网胃的透热疗法或感应电疗，对检查结果同样不容易做出正确的解释。至于所谓"反射性疼痛试验"，那就更靠不住了。已提出的反射性疼痛试验有两种，一种是用鬐甲部皮肤捏诊，以观察网胃在鬐甲部产生的反射性疼痛；另一种是借前方乳头挤奶，以判断网胃在乳头产生的反射性疼痛（阳性反应表现为不安、头伸直、颈下垂、呻吟声延长、交替踏足等）。由于牛的个体敏感性有差异，该诊断方法仅供参考。

对于网胃和心包囊的金属异物，利用金属探测器检查（能在胸壁60cm以内检查出18mm长的针头，而粗针头则能在整个网胃区和心包囊周围检查出来），一般可获得阳性反应。但要注意，凡探测呈阳性者，未必表明已造成穿孔，且其他一些非铁质的金属物或塑料等硬质的尖锐物，也可导致网胃壁的穿孔（如硬竹枝会造成穿孔）。若探测为阴性，则大致可以排除铁器损伤。有时虽然异物转移到网胃区之外，但尚保留网胃腹膜炎综合征也是可能的。金属探测器与金属异物摘出器的结合，对牛群的普查和预防确实有价值，而在手术前判断异物存在的位置，以及在手术后和缝合前判断异物是否完全被取出，应用金属探测器辅助检查是必要的。

曾有人使用内腔镜（用一种镜头装置，通过剑状软骨和脐线中央的腹壁切口插进腹腔）作为一种直视诊断，这种方法在创伤的初期能发现网胃浆膜上存在红斑，若未发现红斑，也不能随便下结论。

腹腔穿刺液呈浆液、纤维蛋白性，能在15~20min内凝固，Rivalta反应呈阳性（2滴冰醋酸加 100mL 蒸馏水，再加 2 滴穿刺液，呈白色沉淀即为阳性，表明含蛋白质在 4% 以上），并在显微镜下发现大量白细胞及一些红细胞。然而，由其他原因导致的腹膜炎，其穿刺液也具有类似的变化，因此单项穿刺液检查是没有意义的。

理想的诊断方法是借 X 线检查。当应用 X 线诊断创伤性网胃腹膜炎时，宜同金属异物探测器检查结合进行，以弥补二者的不足。对于一些可透性的异物，通过 X 线检查，仍然不能做出区别。X 线检查仅用于研究，牧场奶牛疾病的 X 线诊断是难以实现的。

血液学上的特殊变化，对诊断有参考意义。这种变化根据疾病的病程、腹膜损害的程度和炎症变化的范围，在白细胞总数和白细胞象方面有明显的差异（表 9-1-1），但不应孤立地满足于血液学诊断。

表 9-1-1　奶牛几种常见病的白细胞总数和白细胞分类变化表（Gibbons et al., 1970）

病例	年龄（岁）	体温 /℃	临床诊断	白细胞总数 /（个/μL）	白细胞成分（　%）								注释
					髓细胞	中髓细胞	杆状中性粒细胞	成熟中性粒细胞	淋巴细胞	单核细胞	嗜酸性粒细胞	嗜碱性粒细胞	
一	5	40.6	急性乳房炎	1800	0	0	0	6.5	75.5	16.5	1.5	0	病程不足 24h
				9050	0	9.5	20.5	29.5	26.0	12.5	1.5	0.5	第 2 天
二	4	39.5	创伤性网胃炎	2200	2	4	4	27	53	8	2	0	白细胞减少症伴有核左移
三	2	40.3	创伤性心包炎	11450	0	0	0	71	25	2	2	0	中性粒细胞增多，但不呈现白细胞增多症
四	2	39.4	创伤性网胃炎而伴有局部性腹膜炎	20550	0	0	0	65	24	4	7	0	中性粒细胞增多同时呈现白细胞增多症
五	4.5	38.9	化脓性肝炎	36000	0	1	5	79	9	6	0	0	严重白细胞增多症，不治而亡
六	10	38.5	急性大肠杆菌性乳房炎（第 6 天）	7800	4	23	8	7	51	7	0	0	严重核左移，死亡
七	4	39.5	子宫炎而伴有转移性肺炎	16250	0	0	18±	63	17	2	0	0	杆状中性粒细胞含有中毒性颗粒，病牛死亡

由于本病诊断较复杂，所以要求务必掌握疾病的基本特征。例如，在病史上注意到饲料种类与来源，与腹内压增高的关系；在临床上注意到消化扰乱、胸壁疼痛、肘部外展、泌乳曲线骤然

下降，以及临床白细胞象变化和特种检查结果（金属探测器、X线等）；在治疗上注意到按一般消化不良（瘤胃弛缓）给予药物治疗的反应。无论直接诊断还是间接诊断，若能充分注意到这些问题，并予以综合分析，确诊是不难做到的。

【治疗】 治疗方法有保守疗法和手术疗法两种。

(1) **保守疗法**

1) 站台疗法：即让病牛站立在一种站台上，实际上是奶牛的卧床，使病牛前躯升高，以减低腹腔网胃承受的压力，促使异物由胃壁上退回到胃内。将卧床前方垫高，使病牛前躯提高至15~20cm，同时肌内注射普鲁卡因青霉素500万IU及双氢链霉素5g，并且在临床症状出现后的24h以内就开始治疗，可获得较高的痊愈率，但有少数病例仍可能复发，要坚持10~20d或症状消失后24h以内停止。

2) 磁铁石疗法：即用磁铁石（如由铅、钴、镍合金制成，长5.7~6.4cm，宽1.3~2.5cm）经口投至网胃，同时肌内或腹腔内注射青霉素300万~500万IU、链霉素5g（腹腔内注射，须混于橄榄油中），痊愈率可达50%，但约有10%病例可能复发。

3) 其他保守疗法：其目的是为了暂时性地减轻瘤胃和网胃的压力，如投服油类泻剂，并随后投服制酵剂（如鱼石脂15g、酒精40mL，加水至50mL，每天2~3次）。

(2) **手术疗法** 是目前认为治疗本病的一种比较确实的办法。一种是瘤胃切开术，另一种是网胃切开术，采用前者较多。但对大型的奶牛，常不能达到检查网胃的目的，这时以采用后者为宜。

网胃手术是在左侧第9肋前缘切开腹壁，从腹腔和前胃解剖学研究中发现，这里正好是瘤胃前和网胃界之间的部位，既可将网胃拉向切口，也可将瘤胃拉向切口。但继发瘤胃臌气时，由于网胃向前略推移至第8肋骨，在这里切开后做网胃手术就困难。在第9肋骨部位切开腹壁后，有时既不切开网胃，也不切开瘤胃，仅从外表检查就能查明是否穿孔或是否与邻近组织粘连。已知腹腔的前界是膈肌与各个毗邻的肋骨固定附着点连成的一条线，这条线从第9肋骨斜至第8、第7肋软骨，最后附着在胸骨剑状软骨上。因此选择在第9肋骨部位切开腹腔，对网胃和瘤胃都接近，截除一部分肋骨及肋软骨可无损于膈肌。病牛取站立保定，用2根皮带将其垂直地分别在胸骨区和髋骨区固定在保定栏上。用3%盐酸普鲁卡因溶液30mL，分别对第8、9、10肋骨进行肋间神经传导麻醉或局部浸润麻醉。手术是对准第9肋骨中部做一个12~15cm的切口，切开皮肤、肌肉直至切到骨膜，对第9肋骨骨膜做一个纵切口，在切口的上下两端各做一个横切口，剥离骨膜，用线锯或肋骨剪截断肋骨10cm，其下端保留部分肋软骨；然后切开腹膜，显露腹腔，此时务必防止损伤膈肌。为了防止瘤胃或网胃内容物污染腹腔，要用灭菌纱布做好隔离，如果做瘤胃切开，须将瘤胃壁浆肌层缝合在创口的皮肤创缘上；若做网胃切开，须将网胃壁浆肌层与切口皮肤创缘缝合固定。切开胃壁，立即套入隔离洞巾，用手伸入胃腔内探查内异物，取出异物后，用0.1%新洁尔灭溶液冲洗胃壁切口，取下洞巾，再次用生理盐水冲洗胃壁切口。胃壁切口第一道为全层缝合，第二道为浆膜-肌层缝合，缝完后用生理盐水冲洗胃壁，拆除胃壁与皮肤的固定线；然后用生理盐水冲洗胃壁，并将胃壁送回腹腔内；最后缝合腹壁腹膜、肌肉和皮肤切口。术后使用抗生素控制感染，切口常可达到第一期愈合。

选择手术疗法时，需先研究病牛术前体温和血象变化情况，再考虑术中及术后可能发生哪些问题。据报道，从 200 例奶牛的体温和血象变化情况，可分析出手术后可能会出现的 4 种预后（表 9-1-2）。

表 9-1-2　病牛术前体温和血象变化

临床诊断	体温 /℃	中性粒细胞（%）	淋巴细胞（%）	单核细胞（%）	嗜酸性粒细胞（%）	嗜碱性粒细胞（%）
正常奶牛	38.6	33	62	2	3	0
早期伴有腹膜炎	39.4~41.7	68	29	1	2	0
伴有局部性腹膜炎及粘连	38.8~40	57	38	2	3	0
伴有广泛粘连	38.6~38.8	46	45	6	3	0
创伤性腹膜炎	40.5~41.6	71	15	9	5	0

需要注意的是，在手术疗法时，当取出异物之后和缝合瘤胃之前，须用金属探测器做一次补充检查，确定为阴性结果才能缝合。此外，在没有确诊之前，不宜用瘤胃兴奋剂。

慢性病例，可能由于异物已被包埋于网胃壁内，必须采用手术疗法。穿孔后的急性局部性腹膜炎，结合持续的抗生素应用，手术疗法的痊愈率也比较高。能早期确诊的急性弥漫性腹膜炎，配合广谱抗生素治疗（如 2~3g 土霉素，溶于 4000mL 生理盐水中进行腹腔内注射）的手术疗法，也是有痊愈希望的；然而有一部分病例，由于转为慢性弥漫性腹膜炎，虽然看外表似乎是健康的，但实际上已极大地丧失了生产力。

【预防】　第一，应加强饲养管理工作，注意选择和调理饲料，防止饲料中混杂金属异物。第二，在村前屋后、铁工厂、作坊、仓库、垃圾堆等地不要任意放牧。从工矿区附近收割的饲料和饲草，也应该注意检查，特别是奶牛或肉牛饲养场、种畜繁殖场。加工饲料时，应该增设清除金属异物的电磁装置，除去饲料、饲草中的异物，以防止本病的发生。第三，不可将碎铁丝、铁钉、缝针、发卡及其他金属异物随地乱抛，加强饲养管理工作。第四，建立定期检查制度，特别是对饲养场的牛群，可请兽医人员应用金属探测器进行定期检查，必要时再用金属异物摘除器从瘤胃和网胃中摘除异物。第五，目前已经有许多奶牛场应用磁笼投放到奶牛网胃内，终生不再取出，已起到预防创伤性网胃炎的作用。第六，新建的奶牛场或饲养场，应该远离工矿区、仓库和作坊，乡镇与农村的饲养场，也应该远离铁匠铺、木工房及修配车间，减少本病的发生机会，从而保证牛群的健康。

（黄克和）

九、瓣胃阻塞

瓣胃阻塞（Omasum Impaction）又称为瓣胃秘结，中兽医称之为百叶干，是由于前胃的机能障碍，瓣胃的收缩力减弱，大量内容物在瓣胃内积滞、干枯，使瓣胃扩张、坚硬、疼痛而发生阻塞，导致严重消化不良的一种疾病。因其内容物停滞压迫、胃壁麻痹、瓣叶坏死，引起全身机能变化，奶牛常常继发于皱胃阻塞之后，是前胃疾病中发病率较少但又十分严重的一种疾病。

【病因】 本病的病因，通常见于瘤胃弛缓，可分为原发性和继发性两种。

（1）**原发性瓣胃阻塞** 主要见于长期饲喂柔软、刺激性小或缺乏刺激性的饲料；其次，过多饲喂粗硬、坚韧、含纤维素多的难以消化的饲草或饲草中混有泥沙、饲料的突然改变及饲喂后饮水不足都可引起。

（2）**继发性瓣胃阻塞** 常见于皱胃阻塞、皱胃变位、皱胃溃疡、牛肠便秘、腹腔脏器粘连、生产瘫痪、黑斑病甘薯中毒、急性热性病及血液原虫病等。在这些疾病经过中，往往伴发本病。

【症状】 瓣胃阻塞，急性的较为少见，通常呈慢性的发展过程，病程可持续3周以上。发病初期，病牛精神迟钝，时而呻吟，泌乳量下降；食欲不定或减退，便秘，粪便干燥、色暗；瘤胃轻度膨胀，瓣胃蠕动因微弱或消失。于右侧腹壁（第8~10肋间的中央）触诊，病牛疼痛不安；叩诊，浊音区扩大。病情进一步发展，病牛精神沉郁，鼻镜干燥、龟裂，空嚼、磨牙，呼吸浅快，心悸，脉率增至80~100次/min。食欲废绝、反刍停止，瘤胃收缩力减弱。瓣胃内容物充满、坚硬如木，指压无痕，其容量增大2~3倍。

轻症病例，及时治疗，可以痊愈。急性病例，经过3~5d，病牛卧地不起，陷于昏迷状态。晚期病例，神情忧郁，体温升高0.5~1℃，皮温不整，结膜发绀，瓣胃邻近的腹膜及内脏器官，多具有局限性或弥漫性的炎性变化。瓣叶间内容物干涸，如饼干，可捻成粉末状。瓣胃叶与干涸的内容物粘贴在一起，瓣胃叶变菲薄，有的大片坏死。此外，肝、脾、心、肾及胃肠等部分，具有不同程度的炎性病理变化。食欲废绝，排粪停止或排出少量黑褐色恶臭黏液。尿量减少，呈黄色或无尿。呼吸急促，心悸，脉率可达100~140次/min，脉搏节律不齐，毛细血管再充盈时间延长，体质虚弱，卧地不起，医治无效，预后不良。

1）瓣胃穿刺检查：用15~18cm长穿刺针，于右侧第9肋间与肩关节水平线相交点进行穿刺，进针时感到有较大阻力。

2）直肠检查：直肠内空虚、有黏液，并有少量暗褐色粪便附着于直肠壁。

3）血液学检查：病初可见中性粒细胞总数增高，病后1~2d，出现淋巴细胞比例轻度增高的白细胞减少现象。随瓣胃炎症及小叶坏死的发展，又出现白细胞总数升高，尿呈黄褐色，酸性反应，含有大量蛋白质、尿蓝母及尿酸盐。

【诊断】 瓣胃阻塞多与前胃其他疾病和皱胃疾病的病征互相掩映，颇为类似，临床诊断有时困难。虽然如此，也可以根据病史调查。根据其临床病征，如瓣胃蠕动音低沉或消失，触诊瓣胃敏感性增高，叩诊浊音区扩大，粪便细腻、纤维素少、黏液多等表现，结合瓣胃穿刺进行诊断，必要时可进行剖腹探诊。在论证分析时，应注意同瘤胃弛缓、瘤胃积食、创伤性网胃腹膜炎、皱胃阻塞、肠便秘及可伴发本病的某些急性热性病进行鉴别诊断，以免误诊。

【治疗】 本病多因瘤胃弛缓而发病，治疗原则应着重增强前胃运动机能，促进瘤胃内容物排出作用，增进治疗效果。

初期，病情轻的，可用硫酸镁或硫酸钠400~500g、常水8000~10000mL，或液体石蜡1000~2000mL，或植物油500~1000mL，一次内服。同时应用10%氯化钠溶液500~1000mL、20%安钠咖注射液10~20mL，静脉注射，增强前胃的神经兴奋性，促进前胃内容物的运转与排出。病情重剧时，可同时皮下注射士的宁0.015~0.03g加毛果芸香碱0.02~0.05g或新斯的明

0.01~0.02g 或卡巴胆碱（氨甲酰胆碱）1~2mg。但需要注意，体弱、妊娠、心肺功能不全的病牛，忌用这些药物。

瓣胃注射，可将 10% 硫酸钠溶液 2000~3000mL、液体石蜡或甘油 300~500mL、盐酸普鲁卡因 2g、盐酸土霉素 3~5g，配合一次瓣胃内注入。注射部位，在右侧第 9 肋间与肩关节水平线相交点，略向下方刺入 10~20cm，判明针头已刺入瓣胃时，方可注入。病牛具有肠炎或全身败血症现象时，可根据病情发展，静脉注射撒乌安注射液 100~200mL 或樟脑酒精注射液 200~300mL，注意及时输糖补液，缓和病情，防止脱水和自体中毒。

对于严重的病例，依据临床实践，目前多在触诊后采取瓣胃冲洗疗法，即用瘤胃切开术，采用胃管插入网瓣孔，冲洗瓣胃，效果好。

瓣胃阻塞的胃腔冲洗：瘤胃切开后，先将瘤胃内容物基本掏空，随之左手持胃导管端插入网瓣胃孔内（重剧的瓣胃阻塞，因网瓣胃孔多被干涸内容物阻塞，须用手指掏出部分阻塞物，再插入胃管），导管另一端在体外接一漏斗灌入等渗温盐水，待瓣胃沟冲出一定空间后，手持导管端进入瓣胃沟内，用温水浸泡和手指松动胃内容物相结合的方法，将瓣胃叶间干涸内容物清除掉。切忌急于沟通皱瓣胃孔，以免瓣胃叶间干涸内容物未被清除前，使大量温盐水进入皱胃。瓣胃左后上方叶间内容物，手指不易触及，为加快排出此处胃内容物，术者手退回瘤胃腔内，隔瘤胃右侧壁按压瓣胃，使其叶间内容物脱落，并随温盐水反流入网胃和瘤胃腔内。温盐水的持续灌注，手指对内容物的不断松动和隔着胃壁对瓣胃的按压，瓣胃内容物都可被除尽。反流入瘤胃内的水及瓣胃内容物，可用虹吸法排出。

关于经皱胃切开冲洗瓣胃阻塞内容物的手术途径，只有在皱胃阻塞、牛体形大而经瘤胃切开不能触及网瓣胃孔的情况下，才做皱胃切开和瓣胃冲洗。如果没有发生阻塞，皱胃切开后，皱胃壁处于塌瘪状态，手与导管无法进入皱胃腔内，因而无法对瓣胃进行冲洗。

按中医辨证施治原则，牛百叶干是因脾胃虚弱，胃中津液不足，百叶干燥，着重生津。清胃热，补血养阴，润燥通便，宜用藜芦润燥汤：藜芦 60g、常山 60g、二丑 60~100g、川芎 60g、滑石 90g、液体石蜡 1000mL、蜂蜜 250g，水煎后加滑石、液体石蜡、蜂蜜，内服。

在治疗过程中，应加强护理，让其充分饮水，给予青绿饲料，有利于恢复健康。

【预防】必须加强经常性的饲养管理，特别是应注意粗饲料和精饲料的调配，饲料不能铡得过短，精饲料不能碾得过细，麦麸、豆饼不能搭配过多，以免影响消化机能。糟粕饲料也不能长期饲喂过多，注意补充矿物质饲料，并给予适当运动。此外，还需注意清除饲料中的异物，防止发生创伤性网胃炎，避免损伤迷走神经，增强体质，保证牛群健康。

（黄克和）

十、瘤胃酸中毒

奶牛日粮中精饲料比例过大，即食入大量富含碳水化合物的精饲料，在瘤胃内很快被瘤胃微生物发酵产生大量乳酸，随后乳酸被吸收进入血液而引起的乳酸中毒，称为瘤胃酸中毒（Ruminal Acidosis）。临床上以急性和重剧性瘤胃弛缓、脱水、瘤胃 pH 明显降低、粪尿呈酸性、瘤胃消化机能紊乱、瘫痪和休克为特征。本病也称为酸性消化不良、乳酸性酸中毒、急性食滞和瘤胃过食等，主要发生于3~6岁、1~3胎的奶牛，5胎后的奶牛发病较少。一年四季均可发生，但以冬季春节发病率最高。临床牛和产后3d内的奶牛发病较多，发病与泌乳量成正相关，泌乳量越多，发病率越高，1982年我国首次报道了奶牛发生本病。

【病因】

（1）**发病原因**　瘤胃酸中毒的主要原因如下：

1）日粮配方不科学：奶牛日粮中添加过高比例的精饲料，食入后会在瘤胃内生成大量的挥发性脂肪酸，明显高于瘤胃正常能够吸收的量，促使挥发性脂肪酸大量积聚，从而导致瘤胃pH明显降低，进而引发本病。同时，如果瘤胃pH低于5.6时，绝大部分糖基会被酵解变成乳酸，而乳酸自身也会促使瘤胃pH进一步降低，且乳酸还能够导致瘤胃蠕动速度减慢，使瘤胃微生物平衡被破坏，间接造成挥发性脂肪酸积累过多。

2）日粮配制不当：唾液作为奶牛机体重要的瘤胃缓冲剂，不仅利于采食，且反刍也是唾液分泌和进入胃液起缓冲作用的主要途径。但如果高谷物低纤维日粮或纤维饲料加工过细，会导致奶牛反刍减少，唾液无法发挥正常的缓冲作用，从而引发本病，表现为间歇性腹泻、采食量减少、乳脂率降低，严重影响生产性能。一般在两种情况下较容易发病：一是从低精粗比日粮突然过渡到高精粗比日粮，改变太快；二是不精确地计算干物质采食量导致不合适的精粗比。

3）瘤胃壁损伤：本病的发生还与瘤胃乳头的大小及密度密切相关，因为瘤胃乳头的吸收面积决定着有机酸的吸收速度。低pH引发的瘤胃壁炎症及角化不全会降低瘤胃壁对有机酸的吸收能力，增加动物发病的风险。一般泌乳初期较中期及后期的泌乳奶牛更易发病，因为干奶期瘤胃乳头的长度及密度会减少，导致泌乳初期奶牛的瘤胃酸吸收能力显著下降，而随着高精饲料的饲喂，瘤胃乳头的长度和密度都将增加，从而使得瘤胃壁对有机酸的吸收能力得到修复。但是随着酸中毒进程的推进，低pH引发的瘤胃壁损伤及瘤胃乳头角化不全，会导致瘤胃上皮对挥发性脂肪酸的吸收功能障碍，从而加剧酸中毒的严重程度。

此外，脱缰偷食大量精饲料和粮食致病的，也比较常见。

（2）**发病机制**　本病的主要发病机制是乳酸中毒和内毒素中毒。

1）由乳酸中毒引发的瘤胃酸中毒：大量饲喂富含碳水化合物的精饲料而缺乏干草时，易消化的碳水化合物（淀粉、可溶性糖）很快发酵，产生大量的挥发性脂肪酸（主要是乙酸、丙酸和丁酸）和乳酸。此时产乳酸杆菌等革兰阳性菌大量繁殖，使革兰阴性菌和纤毛虫的生存环境受到抑制和破坏，从而产生大量的乳酸，使瘤胃的pH急剧下降。当pH下降到5.4以下时，其他微生物受到抑制，尤其是纤毛菌素和纤毛虫可被杀死，某些利用乳酸的细菌也被抑制。当pH下降到5.0以下时，就成为单一的乳酸发酵。瘤胃内产生的大量乳酸，不仅使瘤胃的pH降低，而且下行之后，可使网胃、瓣胃、皱胃和肠道的pH也下降，甚至正常情况下呈碱性的大肠内环境此时也成为酸性。由于高浓度的氢离子作用于消化道的感受器，可反射性地抑制瘤胃的运动和反刍；过多的酸被瘤胃和小肠吸收后，对瘤胃的运动中枢产生抑制；由于反刍停止，瘤胃不能得到来自唾液的碳酸氢钠以中和产生的酸，因而使瘤胃的酸越来越多。酸中毒时，由于大量乳酸在瘤胃内蓄积，使瘤胃内的渗透压明显升高，因而就有大量的体液随血液循环进入瘤胃内，引起机体脱水、血液浓稠。与此同时，由于大量乳酸及其他有毒产物对胃肠道的刺激，使其发炎而腹泻，就更会加重了脱水程度。

2）由内毒素中毒引发的瘤胃酸中毒：当瘤胃内的pH下降至5.4以下时，瘤胃内的微生物大量死亡，释放出较多的细菌内毒素，一方面可抑制瘤胃运动，另一方面可促进内源组胺的释放，加上酸中毒时瘤胃产生的大量组胺，使其含量明显增多。过多的组胺和内毒素被吸收后，都可抑制瘤胃运动，严重时发生瘤胃麻痹。从临床实际出发，一般认为上述因素不是单一的，而是共同发挥作用，即瘤胃pH下降、乳酸蓄积，引起了瘤胃内细菌区系结构的改变，产生内毒素。内毒素的吸收，作用于组织器官，引起了组织的损伤，加剧了酸消化不良症候群的病理现象发生。

【症状】 根据过食精饲料的多少、饲料的种类和个体耐受力不同，通常将症状分为最急性型、急性型和慢性型。

（1）**最急性型** 常在采食后几小时内出现中毒症状，发病急骤，突然死亡。一般病牛表现为精神沉郁、腹胀、腹痛、不愿走动、步态不稳、喜卧、不断起卧；呼吸急迫，心跳加快；瘤胃内容物多，但不坚硬，以后则变软呈液状；瘤胃弹性降低，蠕动微弱或停止；阵发性痉挛，食道逆蠕动、呕吐、弓背伸腰、蹬腿踢脚、呻吟、目光呆滞，最后横卧于地，死前病牛张口吐舌，从口内吐出泡沫带血的唾液（图9-1-21～图9-1-23）。

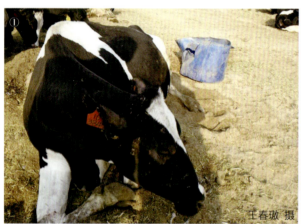

图9-1-21 急性瘤胃酸中毒的奶牛

图9-1-22 瘤胃内积存大量黄色酸臭液体

图9-1-23 皱胃黏膜出血性变化

（2）**急性型** 采食一定量的粗饲料后或按正常饲喂后采食多量精饲料或整粒籽实，一般在采食后1~2d呈现上述症状，但比较缓和。常见于产后母牛，分娩前精神、食欲正常，分娩后即可出现症状，表现为精神沉郁、食欲废绝、肌肉震颤。腹泻者，排出黄褐色（视频9-1-14）或黑色、带黏液的粪便。胃肠道内出现不同程度的充血、出血和水肿，黏膜脱落，瘤胃尤其严重，瘤胃内容物多而稀，有酸奶样臭味。呼气带酸臭味，少尿或无尿。后期呈昏睡状，多在发病后1~2d死亡（视频9-1-15）。

（3）**慢性型** 病牛症状轻微，常呈现瘤胃弛缓、腹泻，食欲减退，胃肠炎和溃疡明显，尤以小肠为甚，瘤胃黏膜可用手抹下；肝脏肿大，质脆、色黄，有脓肿；心肌松软，内、外膜有出血点；除皱胃外，所有胃肠道的pH均降低，盲肠和结肠内容物呈酸性，排出灰色带有气泡的酸臭粪便（图9-1-24）。伴发蹄叶炎时，病牛步态紧张、步幅短小（视频9-1-16、视频9-1-17），站立困难。慢性瘤胃酸中毒牛，常常出现变形蹄，蹄冠肿胀，蹄壁角质出现苦难线（图9-1-25~图9-1-28）。

视频9-1-14
瘤胃酸中毒的奶牛卧地不起，排出黄色水样粪便（王春璈 摄）

视频9-1-15
因急性瘤胃酸中毒而死亡的奶牛，瘤胃内积存大量黄色液体（王春璈 摄）

视频9-1-16
蹄叶炎牛，运步时步样黏着、两前肢交叉（王春璈 摄）

视频9-1-17
蹄叶炎牛，运步时步样小心黏着（王春璈 摄）

图9-1-24 慢性瘤胃酸中毒的奶牛粪便

图9-1-25 蹄叶炎牛的变形蹄

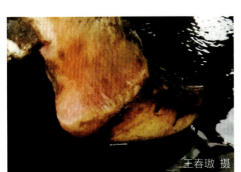
图9-1-26 变形蹄的蹄冠肿胀，蹄壁角质出现苦难线

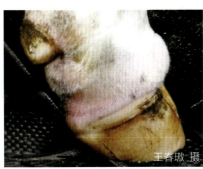
图9-1-27 蹄叶炎牛，蹄冠肿胀、充血

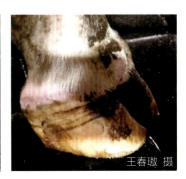
图9-1-28 蹄叶炎牛，蹄冠充血，蹄壁角质出现苦难线

【诊断】 主要根据临床症状、流行病学进行初步诊断。

本病以瘤胃内容物及血液中乳酸浓度升高为特征，血液中乳酸、碱储及尿液、胃液中 pH 的测定，均有助于确诊。

血液浓稠，血中乳酸含量增加，L-乳酸达 12.09mmol/L，总乳酸为 26.64mmol/L。碱储下降，pH 也下降，可以用 pH 试纸蘸取少量瘤胃穿刺液，观察试纸颜色，更为准确的测定方法是采用酸度计（图 9-1-29）测定瘤胃穿刺采取的瘤胃液（图 9-1-30、图 9-1-31）。其方法为：将需要瘤胃穿刺的奶牛锁定在颈枷上，一人保定牛尾，防止奶牛后躯左右摆动，术者在奶牛左侧肷窝正中处剃毛，剃毛范围同鸡蛋大小，先用碘酊消毒、酒精脱碘，再用手术刀在术部做一个 3~4mm 的皮肤小切口（视频 9-1-18），然后将瓣胃穿刺针经皮肤小切口快速刺入瘤胃内，再用 50mL 注射器连接穿刺针上的胶管，抽吸瘤胃液，一般采取 15mL 左右即可。退下采瘤胃液的注射器（视频 9-1-19），更换一个抽吸空气的注射器，连接穿刺针胶管端，向瘤胃内打气，立即拔下穿刺针，用碘酊消毒小切口，松解保定（视频 9-1-20）。穿刺针头和手术刀都用 0.1% 新洁尔灭溶液浸泡消毒，注射器都是一次性的且无菌。穿刺采瘤胃液的牛，术后不需要用药，也无不良影响。一般一个牛舍采 10 头牛瘤胃液。在规模化牧场新产牛和高产牛有 10%~15% 发生腹泻时，这些腹泻牛的瘤胃内 pH 大多在 5.0 左右。

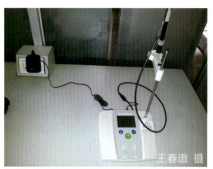
图 9-1-29　酸度计

图 9-1-30　瘤胃穿刺采瘤胃液

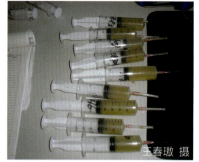
图 9-1-31　采取的瘤胃液

视频 9-1-18
将奶牛锁定颈枷上，一人保定牛尾，术者在穿刺部剃毛、碘酊消毒、酒精脱碘，用手术刀在术部做一个 3~4mm 的皮肤小切口（王春璈 摄）

视频 9-1-19
术者用瓣胃消毒的穿刺针，经皮肤小切口快速刺入瘤胃腔内，连接大注射器抽取瘤胃液 15mL 左右，卸下注射器（王春璈 摄）

视频 9-1-20
术者用一个大注射器吸上半管空气，然后连接穿刺针胶管向瘤胃内打气，立即拔下穿刺针，用碘酊消毒小切口，松解保定（王春璈 摄）

瘤胃内纤毛虫数量减少、消失，细菌区系的变化是以革兰阴性菌受到抑制和革兰阳性菌增殖为主要特点，乳酸由正常的 2.2mmol/L 增加到 80mmol/L 以上。组胺、酪胺、色胺、乙醇、细菌内毒素、氨气含量均增高，则可以确诊为瘤胃酸中毒，且不论是否出现了典型的酸中毒症状，都应该按照瘤胃酸中毒治疗。随分娩而发病者，因其体温降低、卧地不起常与产褥热相似，应进行鉴别。尿素、非蛋白氮含量增高，谷草转氨酶活性升高，维生素 B_1 含量降低，血钙偏低；尿液

pH 下降呈酸性，尿比密增加，尿中有蛋白、酮体、葡萄糖；粪便带血呈酸性。慢性型血尿变化不明显。

【治疗】 本病的治疗原则是调整日粮组成，制止乳酸产生，解除酸中毒和脱水。奶牛一旦发生瘤胃酸中毒，多半因为内毒素而导致死亡。

（1）**最急性型** 应及时实施瘤胃切开术，洗出瘤胃内容物，将健康牛瘤胃液 10~20L 和少量干草一起置于瘤胃内。同时静脉快速注射 5% 碳酸氢钠 3000~5000mL，以纠正酸中毒；接着静脉注射复方氯化钠注射液 1500~2000mL、5% 葡萄糖生理盐水 4000~5000mL，往往可收到良好效果。

（2）**急性型** 可用瘤胃灌洗法。将一根内径为 25~28mm 的橡皮管送入瘤胃，灌入温水直至左肷窝明显胀大为止，然后利用液体虹吸法将瘤胃内液体排空。经 10~15 次冲洗可使瘤胃几乎排空。洗胃成功后，瘤胃中不必放入碱化剂，但全身酸中毒仍需按最急性型的方法治疗。

（3）**亚急性病例** 可用氢氧化镁或氧化镁 500g，加水适量内服，也可用氢氧化钙（新鲜石灰）500g，加水 10L，取上清液用胃管灌服，随后按摩瘤胃以促进充分混合。静脉注射 5% 碳酸氢钠 1000~1500mL、复方氯化钠 2000~3000mL。

为防止继发蹄叶炎，可用氯苯那敏（扑尔敏）300mg，肌内注射；非甾体抗炎药（美洛昔康或氟尼辛 15mL），肌内注射。出现休克症状时，可用地塞米松 60~100mg，肌内或静脉注射。一般有轻微低钙血症，可用 10% 葡萄糖酸钙 200~400mL，静脉注射。

当病牛兴奋不安、甩头时，可在输液中加入甘露醇或山梨醇，用量为每次 250~300mL，本药具有降低颅内压、解除休克的作用。病牛全身中毒减轻、脱水缓解但仍卧地不起时，可以补充低浓度的钙制剂，常用 2%~3% 氯化钙 500mL，静脉注射，一方面可减少渗出，另一方面可补充血钙浓度，加强心肌收缩，增强全身张力。为了防止机体继发感染，可使用抗生素，如庆大霉素 80 万 ~240 万 IU、四环素 300 万 IU，随输液时一起加入。

采用中药治疗的原则是清肝利胆，解毒消炎。应用茵陈散，即茵陈 100g，龙胆草、菊花、远志、栀子、连翘、郁金、黄连、金银花、白芍各 50g，丹皮、大黄、黄芪、黄柏、甘草、木通各 40g，水煎去渣，候温灌服。根据体质及病情变化，酌情加减用药。

对治疗后的病牛，还应每天检查数次，观察有无意外恶化的迹象直至明显康复为止。治疗后第 3 天，病牛开始吃干草，瘤胃蠕动，排出大量软粪，但应继续补液。

【预防】 本病由于发病急、病程短、预后不良和死亡率高而又无特效疗法，故预防是关键。

（1）**建立科学的饲喂制度** 适宜的饲喂制度和科学的管理方式是保障动物健康成长，避免发病的前提。分群饲养，依不同生理阶段随时间调整日粮水平，严格防止精饲料喂量过大。不要突然变更饲料或变更饲养制度；要合理安排饲料，即使变化，也要逐渐更换，以使瘤胃微生物有个适应过程。

（2）**合理搭配日粮中的碳水化合物** 不同类型的碳水化合物饲料在瘤胃中的发酵速度不同，如可溶性糖、淀粉、半纤维素及纤维素被降解的时间分别为 12~25min、1.2~5h、8~25h、1~4d。即便是同类型饲料不同来源，其代谢的时间与方式也不尽一致，如小麦淀粉和马铃薯淀粉的降解速率分别为每小时 34% 和 5%；而与硬冬小麦相比，软冬小麦在瘤胃内发酵产生的乳酸较少。这就意味着饲粮中选择慢速发酵的饲料较快速发酵的饲料，其瘤胃酸中毒发生的可能性更小。

（3）日粮中补充维生素 B_1　维生素 B_1 具有刺激部分瘤胃微生物生长、维持微生态平衡的功能。过去研究认为瘤胃微生物能产生维生素 B_1，因而日粮中不需要添加。但在规模化、高精饲料饲养条件下，由于瘤胃 pH 的降低和微生物区系的改变，则可能导致维生素 B_1 产生菌的减少或维生素 B_1 的破坏，而不能满足反刍动物对维生素 B_1 的需要。

（4）日粮中添加缓冲剂　反刍动物可以通过产生唾液来中和瘤胃中过多的酸性物质，通过增强瘤胃壁乳头活力和厚度，促进对挥发性脂肪酸和乳酸的吸收。在日粮中添加一些弱碱性缓冲物，如碳酸氢钠、氧化镁、碳酸钙等，可中和瘤胃产生的有机酸，并可提高瘤胃内容物的流通率而发挥缓冲效应。

（5）添加电子受体　苹果酸、琥珀酸等是瘤胃内重要的电子受体，也是瘤胃微生物发酵生成丙酸的中间产物。在高精饲料中添加电子受体，可提高干物质消化率、丙酸浓度与 pH，降低乙酸与丙酸的比值和乳酸的积累，有效地减少本病的发生。

（6）添加乳酸利用菌　向瘤胃中添加乳酸利用菌等微生物，如埃氏巨型球菌 B159 可以阻止乳酸的积累和提高 pH，并可改变瘤胃微生物发酵模式。

（7）添加物理有效中性洗涤纤维　物理有效中性洗涤纤维（peNDF）是指日粮中可刺激反刍动物瘤胃蠕动，并促进反刍和唾液分泌的中性洗涤纤维。通过增加日粮中 peNDF 的含量提高动物唾液分泌量，比在日粮中添加缓冲剂能更有效地提高瘤胃 pH。

（8）添加离子载体类抗生素　给反刍动物饲喂离子载体类抗生素也能有效地减少瘤胃微生物乳酸的产生量。莫能霉素是目前反刍动物育肥过程中使用最广泛的一种抗生素。大量研究表明，莫能霉素能有效降低甲烷产生量、乙酸与丙酸的比值和蛋白质在瘤胃降解为氨的比例，并能通过降低挥发性脂肪酸和乳酸的产生量来提高瘤胃 pH。

（黄克和）

十一、前胃肿瘤

纤维乳头瘤（Fibropapilloma）常见于奶牛远侧食道、网胃或瘤胃，但是其生长部位和体积一般不足以导致临床症状。另一重要的前胃肿瘤是淋巴肉瘤，但在皱胃更为多见。

【病因】　牛消化道疣通常由牛乳头瘤病毒（4-型 DNA）引起。该病毒能诱发奶牛口腔、食道和前胃的纤维乳头瘤。在世界上一些地区，奶牛摄入有致癌物质的植物如欧洲蕨，可引起纤维乳头瘤发生癌变。

【症状】　除非出现臌气，否则患纤维乳头瘤的病牛外观和食欲正常，位于食道末端或贲门区的大瘤块可能引起嗳气障碍，病牛出现间歇性迷走神经性消化不良或慢性臌气。淋巴肉瘤可在前胃胃壁及相关淋巴结呈现单发性或多发性损伤，病牛可能出现臌气和迷走神经性消化不良。

【诊断】　纤维乳头瘤的大多数病例是在进行剖腹探查术和胃切开术时才被确诊的。尽管内镜可用于检查食道末端的肿瘤，但可疑病例在实施瘤胃切开术前很难做出判断。对于淋巴肉瘤，如果其他靶器官、外周淋巴结或直检触及脏器瘤块用细胞学检查证实，便基本可以确诊。大约

50%患皱胃淋巴肉瘤的病牛，在腹腔液中能发现肿瘤细胞。

【治疗】 治疗纤维乳头瘤最有效的方法是瘤胃切开术，切除肿瘤；淋巴肉瘤目前难治愈。在国外会使用异氟泼尼龙和泼尼松（酒精作为基质，每千克体重1mg，肌内注射），以改善奶牛在妊娠后期的临床症状，使奶牛存活时间足够长而分娩出足月的牛犊，虽然这已成功地用于少数病例，但是小牛可能会感染牛白血病病毒。

（黄克和）

十二、瘤胃切开术

【适应证】
1）严重的瘤胃积食，经保守疗法无效者。
2）创伤性网胃炎或创伤性网胃心包炎，需要将瘤胃切开取出异物。
3）误食了有毒饲料、饲草，并尚在瘤胃中滞留，需要手术取出毒物并进行胃冲洗。
4）瓣胃梗塞、皱胃积食时，可通过瘤胃切开术及胃冲洗来治疗。
5）网瓣胃孔角质爪状乳头异常生长者，可通过瘤胃切开术拔除。
6）前胃炎、迷走神经性消化不良的病牛，经保守疗法不能治愈者，也可选用本手术治疗。
7）网胃内结石、网胃内存留的异物如塑料布、塑料管等，可将瘤胃切开取出结石或异物。

【术前准备】 对有严重瘤胃臌气者可通过胃管放气或瘤胃穿刺放气以减轻瘤胃臌气；对伴有严重水、电解质平衡紊乱和代谢性酸中毒者，术前应给以纠正；对进行胃冲洗者应准备瘤胃内双列弹性环橡胶排水袖筒、温水及导管等。

【麻醉与保定】 一般采用站立保定（视频9-1-21、图9-1-32），或行右侧卧保定。采用局部浸润麻醉，也常用腰旁神经传导麻醉。

视频 9-1-21
奶牛泡沫性瘤胃臌气，在站立保定下做瘤胃切开术（王春璈 摄）

图 9-1-32 瘤胃切开术的保定与术部准备

【手术通路】 瘤胃切开术经常在左肷部做手术通路。左肷部前切口适用于体形很大的病牛的网胃探查与胃冲洗；左肷部中切口用于通常体形的病牛，并兼用于网胃探查、胃冲洗及右侧腹腔部分探查术；左肷部后切口常作为瘤胃积食手术或右侧腹腔大部分探查术的手术通路。

【手术方法】 常规术前准备，打开腹腔，充分暴露瘤胃。

（1）瘤胃固定　瘤胃固定的方法一般有4种。

1）瘤胃浆膜肌层与切口皮瓣连续缝合固定法：显露瘤胃后，用弯三角针做瘤胃浆膜肌层与腹壁切口皮肤创缘之间的环绕一周连续缝合（图9-1-33、图9-1-34），针间距为1.5~2cm。胃壁显露宽度为8~10cm，上、下角间距离为25~30cm，缝毕检查切口下角是否严密，必要时应做补充缝合并加纱布垫。

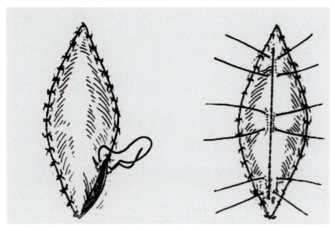

图9-1-33　瘤胃浆膜肌层与切口皮缘做一周连续缝合示意图

图9-1-34　瘤胃浆膜肌层与皮肤创缘连续缝合固定

2）瘤胃六针固定舌钳夹持外翻法：显露瘤胃后，在切口上、下角与周缘，做六针纽孔状缝合，将胃壁固定在皮肤或肌肉上（图9-1-35）。打结前应在瘤胃与腹腔之间填塞浸有普鲁卡因青霉素溶液的纱布，将纱布一端置于腹腔内，另一端置于腹壁切口外，打结后胃壁紧贴在腹壁切口上，使瘤胃术部充分显露。瘤胃壁固定之后，在凸出的瘤胃壁周围和切口之间，均填塞浸有普鲁卡因青霉素溶液的纱布，外盖一小创布，并用巾钳固定在皮肤上。最后在小创布孔周围填塞浸有普鲁卡因青霉素溶液的纱布，以便在切开胃壁外翻时，胃壁的浆膜层能贴在纱布上，减少对浆膜的刺激和损伤。

3）瘤胃四角吊线固定法：将胃壁预定切口部分牵引至腹壁切口外，在胃壁与腹壁切口间填塞大块无菌纱布，并保证大纱布牢固地固定在局部。在瘤胃壁切口的左上角与右上角、左下角与右下角依次用缝合线穿入胃壁浆膜肌层，做成预置缝线。每个预置缝线相距5~8cm。切开胃壁以后，再由助手牵引预置线使胃壁浆膜紧贴术部皮肤，并将其缝合固定于皮肤上（图9-1-36）。

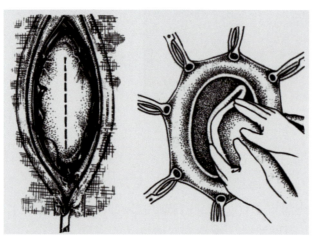

图9-1-35　瘤胃六针固定与舌钳夹持外翻法示意图

图9-1-36　瘤胃四角吊线固定法示意图

4）瘤胃缝合胶布固定法：瘤胃暴露后，用一边长约70cm、中央部带有6cm×12cm长方形孔的塑料布或橡胶洞巾，将瘤胃壁与中央长方形四周连续浆膜肌层缝合，使塑料布或橡胶洞巾的长方形孔紧贴胃壁上，形成一隔离区，在瘤胃壁和洞巾之间填塞大块灭菌纱布，并保证纱布牢固，不易掉落，再将洞巾四角展平固定在切口周围，即可在长方形孔中央切开瘤胃（图9-1-37）。

（2）**瘤胃切开** 此阶段为污染手术，所用器械、敷料应与无菌器械分类放置。各种瘤胃固定法后的瘤胃切开操作稍有差异，但切口长度一般均为15~20cm。

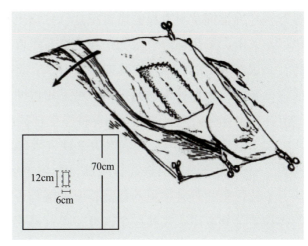

图9-1-37 瘤胃缝合胶布固定法示意图

1）瘤胃浆膜肌层与切口皮缘连续缝合固定后，用浸有普鲁卡因青霉素溶液的大块纱布隔离创围，在切开线上方用手术刀先将瘤胃壁做一小切口，缓慢放出气体，然后由上向下逐渐扩大切口至15~20cm，胃壁切口上下角距缝合处2~3cm，胃壁切口缘两侧各做3个纽孔状缝合，以牵引外翻胃壁黏膜，外翻的胃壁浆膜与皮肤间应仔细地填塞纱布垫，纽孔状缝合线端用巾钳固定在皮肤隔离巾上。胃壁黏膜外翻，可防止胃内容物污染胃壁浆膜，并减轻手臂频繁进出对切口的机械性刺激。

2）瘤胃六针固定后，先在瘤胃切开线的上1/3处，用手术刀刺透胃壁（约一个舌钳头的宽度），并立即用舌钳夹住胃壁的创缘，向上向外拉起，防止胃内容物外溢，然后用手术剪向上、向下扩大胃壁切口，分别用舌钳固定并提起胃壁创缘，将胃壁拉出腹壁切口向外翻，随即用巾钳把舌钳柄环夹住，固定在皮肤和创布上，以便胃内容物流出，然后再套入橡胶洞巾。

3）瘤胃四角吊线固定后，在显露的胃壁中央切开瘤胃壁，由助手牵引预置线使胃壁浆膜紧贴术部皮肤，并将其缝合固定于皮肤。

4）瘤胃缝合胶布固定后，在长方形孔中央切开瘤胃。

（3）**放置洞巾** 在15cm的瘤胃切口内放置橡胶洞巾（图9-1-38）。橡胶洞巾是由正方形（边长70cm）的防水材料（橡胶布、油布、塑料布等）制成。洞孔直径为15cm，洞孔弹性环是用弹性胶管或弹性钢丝缝于防水洞孔边缘制成的。使用时将洞巾弹性环压成椭圆形，把环的一端塞入胃壁切口下缘，另一端塞入胃壁切口的上缘，将洞巾四周拉紧展开，并用巾钳固定在隔离巾上，准备掏取瘤胃内容物和进行网胃探查。

胃腔内探查与各病区的处理 瘤胃切开后便可对瘤胃、网胃、网瓣胃孔、瓣胃、皱胃及贲门进行探查，并对各型病区进行相应的处理。

图9-1-38 在瘤胃切口内放置橡胶洞巾

（1）**瘤胃内探查与处理** 由麦秸、花生秧、甘薯藤等粗纤维类饲草料引起的瘤胃积食，可掏出胃内容物总量的 1/2~2/3（图 9-1-39）。缠结成团的应尽量取出，剩余部分也要掏松并分散在瘤胃各部。对饲料中毒（如有毒饲料、黑斑病甘薯、农药、灭鼠药等）的病牛宜在早期施行手术，将有毒胃内容物取出，并用大量盐水冲洗，放入相应的解毒药物。为加速毒物的排出，可采用胃冲洗法，将瓣胃、皱胃内容物尽早洗出。对泡沫性臌气要在取出部分胃内容物后，用等渗温生理盐水灌入瘤胃，冲洗胃腔，清除发酵的胃内容物。

（2）网胃的探查与处理　术者手臂进入瘤胃后，自瘤胃前背盲囊向前下方，经瘤网胃孔进入网胃。首先检查网胃前壁和胃底部每个多角形黏膜隆起褶——网胃小房，确定有无针、钉、铁丝、木片、竹片等异物刺入胃壁，或胃壁是否有硬结和脓肿。已刺入网胃壁上及游离于网胃底部的异物要全部取出，尤其对小铁钉、图钉等较小的异物更应仔细探查，胃壁上的脓肿可用手术刀片小心切开，排出脓汁，并检查脓腔内有无异物，若有，应一并取出。网胃壁上的硬结往往是异物刺入点，应注意检查异物是否已穿出胃壁，向网胃腔方向提拉胃壁，可确定网胃是否与周围组织器官粘连。若自网胃硬结处与附近组织形成索状瘘管，可判断其异物穿出后所损伤器官的位置。网胃底部常存有大量泥沙、石粒及大量铁屑，探查时可用手或磁铁吸附取出，也可用金属探测器做一次最后的彻底复查（图 9-1-40）。

图 9-1-39　奶牛瘤胃内绳子缠结成团，经瘤胃切开取出

图 9-1-40　从网胃内取出金属异物

（3）网瓣胃孔的探查与处理　网瓣胃孔位于网胃右方，是通往瓣胃的孔口，口径有 3~4 指宽，在开张状态下可通过一个拳头，探查时可发现网瓣口角质状乳头增生，增生的乳头似鸟爪状，呈棕色而硬如皮革，长约 3cm，其上半部粗硬，下半部稍软，易于用手拔出，乳头根部呈浅白色，异常生长的角质爪状乳头一般有 15~20 根，能引起网瓣口狭窄或阻塞，使网胃内容物通过时受阻，临床常表现为慢性瘤胃弛缓的症状，保守疗法很难治愈。对此增生的角质爪状乳头应拔除，手术效果良好。

（4）瓣胃阻塞的探查与处理　奶牛瓣胃阻塞时，在瘤胃腔前柱肌下部，隔着瘤胃壁触摸瓣胃，其体积较正常增大 2~3 倍，且坚实、指压无痕。网瓣口常呈开张状态，口内与瓣胃沟中充满干涸胃内容物，瓣胃叶间嵌入大量干燥如豆饼样物质。瓣胃冲洗前，先将瘤胃内容物基本掏空，然后术者左手进入网瓣口，取出干涸内容物，将双列弹性环的橡胶排水袖筒（图 9-1-41）洞巾放入瘤胃腔内，再插入胶管，并用漏斗灌注大量温盐水，以泡软瓣胃沟内的干涸内容物。一面灌水，一面用手指松动瓣胃沟及瓣胃叶间的内容物，泡软冲碎的内容物，随水反流至网胃和瘤胃腔内，在瓣胃叶间干涸的内容物未全部被泡软冲散之前，切不可将瓣皱胃口阻塞部冲开，以免灌注的水大量涌入皱胃并进入肠腔而造成不良后果，通常瓣胃左上方叶间的干涸内容物最难于泡软冲散，手指的松解动作也难以触及该部，应把手退回至瘤胃腔内，在前柱肌下部隔胃按压瓣胃的左上角，促使瓣叶间的干涸内容物松散脱落，这样反复的灌注温盐水及手指松动干涸内容物和隔胃按压相结合的方法，可将瓣胃内容物全部冲散除尽。大量冲洗瓣胃反流到瘤胃的液体，不断地经瘤胃壁的切口排出。冲洗用水量为

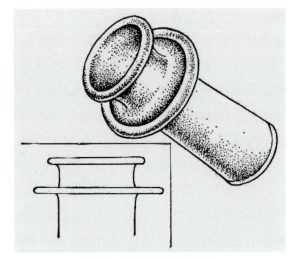

图 9-1-41　双列弹性环的橡胶排水袖筒示意图

250~400kg。手指松动瓣胃叶间的干涸内容物时，切勿损伤叶片，以免造成叶片血肿或出血，影响手术效果。

（5）皱胃积食的处理　皱胃积食常继发于瓣胃阻塞，因此冲洗的步骤应为首先冲洗瓣胃。当瓣胃沟和大部分瓣胃叶间的干涸内容物已被泡软冲散后，手持胶管进入瓣皱胃口内冲洗皱胃内的干涸内容物。对皱胃前半部的干涸内容物经边灌注边用手指松动的方法冲开，随水反流至瘤网胃腔内，并从切口排出，反流的冲洗液混有胃酸味。皱胃后半部的干涸内容物，手难以直接触及松动，主要依靠温盐水浸泡冲洗与体外抬扛按摩的方法松动解除，也可在瘤胃腹囊处，隔瘤胃壁对皱胃进行按摩。皱胃内的干涸内容物比瓣胃内的易于泡软冲散。在皱胃幽门部阻塞物被冲开前，一定要确定瓣胃与皱胃的干涸阻塞物已被基本冲散解除，方可将皱胃幽门部冲开，至此皱胃积食的胃冲洗术即完成（图 9-1-42）。

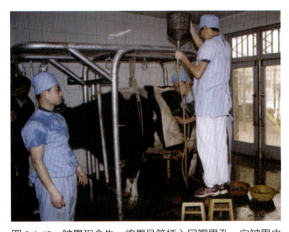

图 9-1-42　皱胃积食牛，将胃导管插入网瓣胃孔，向皱胃内灌注温盐水，冲洗皱胃

（6）瘤网胃内液体的排出　冲洗后将瘤胃网骨内过多的液体经胶皮管虹吸至体外，胃内液体水平面保持在瘤胃的下 1/3 处即可。向胃内填入 1.5~2.5kg 青干草或健康牛的瘤胃内容物，以刺激胃壁恢复收缩力，促进反刍。

清理瘤胃壁切口与缝合　病区处理结束后，除去橡胶洞巾（视频 9-1-22），用温生理盐水冲洗干净附着在胃壁上的胃内容物和凝血块，拆除纽孔状缝合线。对胃壁切口进行自下而上的连续全层缝合，要求平整、严密，针间距离要均匀。用温生理盐水再次冲净胃壁浆膜上的凝血块，然后手术过程由污

视频 9-1-22
胃腔处理完毕后，取下洞巾，助手提起胃壁上的水平纽扣固定线，使瘤胃切口两创缘合拢，有利于切口的清理与缝合（王春璈 摄）

染手术转变为无菌手术，因此，手术人员应重新洗手消毒，去掉污染器械物品和敷料，用灭菌纱布清理胃壁切口缘，并用青霉素生理盐水溶液冲洗胃壁，然后对瘤胃浆肌层做水平褥式内翻缝合（即库兴氏缝合）或连续垂直褥式内翻缝合。缝合完毕，再用青霉素生理盐水溶液冲洗创内胃壁与皮肤创缘，然后拆除瘤胃与皮肤的固定线（视频9-1-23）。将瘤胃牵引到腹壁切口外，用青霉素生理盐水溶液冲洗后，局部涂以抗生素软膏，将瘤胃还纳回腹腔内。

视频 9-1-23
拆除瘤胃与皮肤的固定线，牵引瘤胃壁将瘤胃壁拉出皮肤创口外，用生理盐水冲洗后还纳回腹腔内（王春璈 摄）

视频 9-1-24
连续缝合腹膜与腹横肌（王春璈 摄）

腹壁切口的缝合分为腹膜与腹横肌的连续缝合（视频9-1-24），在接近完全闭合腹膜切口前，向腹腔内灌入含青霉素800万IU的生理盐水500mL，然后完全闭合腹膜切口。用生理盐水冲洗创内，清除创内血凝块和蓄积的液体，再用灭菌纱布蘸去血水与渗出液，创内撒布400万IU青霉素粉，连续缝合腹内与腹外斜肌，再次用生理盐水冲洗，最后间断缝合皮肤，用碘酊消毒已缝合的皮肤创口。

【术后治疗与护理】 术后禁食36~48h，待瘤胃蠕动恢复、出现反刍后开始给以少量优质的饲草。术后12h即可进行缓慢的牵遛运动，以促进胃肠机能的恢复。术后不限饮水，对术后不能饮水者应根据其脱水的性质进行静脉补液；术后4~5d，每天使用抗生素，如青霉素、链霉素。术后还应注意观察原发病的消除情况，有无手术并发症，并根据具体情况进行必要的治疗。

（马敬国　马卫明）

第二节　皱胃疾病

一、皱胃的解剖生理特点与皱胃疾病的关系

皱胃（Abomasum）为一个梨状囊，位于腹腔底壁及网胃与瘤胃腹囊的右后方，与第11~13肋骨下方腹壁相对。皱胃起始部宽大，为底部，与瓣胃相连，称为瓣皱胃间孔，该口宽大；在瓣皱胃间孔处两侧的黏膜上各有一个有横褶，称为瓣胃帆，可防止皱胃内容物逆流入瓣胃。皱胃后端变窄，称为幽门，与十二指肠相接。皱胃中部称为胃体部。皱胃背侧缘凹陷称为胃小弯，与瓣胃接触；腹侧缘凸出称为胃大弯，与腹底壁相接触，自剑状软骨部沿肋弓伸向最后肋间隙的下部。皱胃小弯和大弯上都有网膜附着，胃大弯上为大网膜附着，胃小弯上为小网膜附着。

皱胃黏膜平滑而柔软，形成12~14个稍呈螺旋形排列的皱褶，称为螺旋褶，上面覆盖皱胃黏膜，极大地增大了皱胃黏膜的吸收面积。靠近瓣胃处有贲门腺体分布，在胃体部有胃体腺体分布，在幽门部有幽门腺体分布。皱胃幽门部有环形肌层组成的发达的括约肌，在做腹腔探查时，不要把幽门的肥厚误认为增生性疾病。正常情况下，皱胃内仅有适量的粥状内容物。凡皱胃腔内积存大量液体、大量饲草、泥沙时，都是异常的病理状态。皱胃积液时，皱胃扩张，像一个充满液体的大水囊，这是大肠杆菌感染引起的，各饲养阶段的牛都可发生。皱胃完全阻塞时，其体积扩大到2~3倍，触之坚硬。皱胃左方变位时，其位置由右侧腹底部移至腹腔左侧，介于瘤胃与

左侧腹壁之间，由于幽门没有完全阻塞，部分食糜仍可向十二指肠后送，因此食欲出现反复，病程可拖得很长。严格意义上的皱胃右方变位仅指胃体部顺时针或逆时针上行至最后肋骨后缘或前缘，皱胃扭转则是皱胃沿身体的长轴顺时针或逆时针反转。皱胃右方变位和扭转均会导致瓣胃向腹底部移位，引起幽门和瓣皱胃口的闭塞，导致皱胃黏膜炎性渗出，皱胃大量积液、脱水和代谢性碱中毒，如果不及时治疗可导致死亡。

皱胃黏膜全部被覆柱状腺上皮，分为贲门腺区、幽门腺区和胃底腺区，胃液的成分为盐酸、胃蛋白酶、凝乳酶、脂肪酶及少量黏液等，以消化由前胃连续运转进入皱胃的内容物。

皱胃的运动，是在大脑皮层控制下，通过交感神经和副交感神经进行调节，皱胃液的分泌连续不断，是在神经体液因素调节下进行的。胃液的分泌是由前胃进入皱胃的食糜中的外源性刺激物——低级脂肪酸，通过内源性刺激物——乙酰胆碱、胃泌素和组胺共同作用而完成。皱胃内容物的 pH 是影响胃泌素释放的主要因素。来自前胃的食糜略呈酸性，并且有高度缓冲性，使皱胃 pH 升高，刺激胃泌素释放，促进胃液的分泌；pH 降低时，则胃泌素释放受到抑制，胃酸分泌减少，从而使皱胃 pH 保持在 2~2.5 范围内。同时，胃液还受到肠抑胃素的自动反馈和调节。

皱胃的消化过程受饲料、饲养管理及神经体液调节多方面的影响，奶牛的饲料、饲养管理不当、神经体液调节紊乱，以及前胃疾病、肠道疾病、代谢疾病、产科疾病及应激反应性疾病都会影响皱胃的正常消化生理过程，从而引起皱胃疾病。

（马卫明　王春璈）

二、皱胃左方变位

皱胃的正常解剖学位置改变，称为皱胃变位。皱胃变位是奶牛常见的一种皱胃疾病，按其变位的方向分为左方变位（Left Displacement of Abomasum，LDA）和右方变位（Right Displaced Abomasum，RDA）两种类型。皱胃左方变位是指皱胃由腹中线偏右的正常位置，经瘤胃腹囊与腹腔底壁间潜在空隙移位于腹腔左壁与瘤胃之间的位置，是临床常见病型。

很多疾病如酮病、产后低血钙、乳房炎、子宫内膜炎等均能继发皱胃变位。近几年随着奶牛单产的不断提高，围产期疾病高发，皱胃变位的发病率也在逐年升高，部分牛场的月发病率达到 8%，甚至更高，应引起兽医的高度重视。

【病因】　皱胃变位的确切病因尚不清楚，但可能与以下因素有关：

（1）**各种原因引起的皱胃弛缓**　当皱胃弛缓时，皱胃蠕动功能下降，引起皱胃扩张和积气，皱胃容易发生漂移，往往先游走到瘤胃左下方，然后再移到瘤胃和左侧腹壁之间。至于皱胃弛缓的原因，包括分娩期的应激、产后子宫炎、前胃弛缓、过食高精饲料日粮引的瘤胃慢性酸中毒、肠附着损伤性大肠杆菌而导致的皱胃黏膜溃疡、产后亚临床型低血钙引起的胃肠蠕动功能降低、代谢性酮病继发皱胃左方变位等。对一个万头牧场皱胃左方变位发病原因的调查发现，有 38% 皱胃变位牛是继发于代谢性酮病。酮病与皱胃变位是产后代谢性疾病中相关程度最高的两种疾病，奶牛先发生代谢性酮病，后发生皱胃左方变位。当一个奶牛场奶牛皱胃左方变位的月发病率超过 6% 时，该牧场的亚临床型酮病发病率会超过 50%。

（2）**分娩与皱胃的机械性转移**　奶牛分娩与皱胃机械性转移是引发皱胃左方变位的重要因素。该理论认为皱胃的正常位置之所以会改变，直接原因是奶牛妊娠后期胎儿快速增大并向腹腔下沉，膨大的子宫将瘤胃向上抬高及向前推移，当母牛分娩后，由于子宫的快速收缩，腹腔这一部分的压力骤然释去，而瘤胃尚未下沉，瘤胃腹囊与腹底壁之间出现大的空间，皱胃便从瘤胃下面移到腹腔左侧。由于皱胃内积气，皱胃向上漂移，致使皱胃置于左腹壁与瘤胃之间，同时也由于皱胃含有相当多的气体，很容易进一步漂移到左侧腹腔的上方（图9-2-1）。部分皱胃左方变位牛的皱胃转移到最后肋骨后缘的左肷部，用手在最后肋骨后缘触诊，即可触及积气的皱胃。皱胃是否在产前已经发生了小范围的左方变位，需要进一步的调研，但产后2~3d发生的皱胃左方变位，验证了奶牛分娩后子宫体积很快缩小，腹腔底部出现较大的空间，弛缓扩张积气的皱胃可经瘤胃底部游走至瘤胃左侧与左腹壁之间，从而发生变位的理论。由于皱胃左方变位的牛可发生在奶牛不同的泌乳阶段，奶牛皱胃弛缓始终是皱胃左方变位的前提条件（图9-2-2）。

图9-2-1　剖检皱胃变位后的死亡奶牛，可见皱胃臌气，位于瘤胃左侧

图9-2-2　皱胃弛缓，黏膜上有无数个小溃疡

皱胃左方变位可发生在各饲养阶段的泌乳牛，在8年前对皱胃左方变位牛统计大多发生在头胎牛，近几年我们统计皱胃左方变位与奶牛胎次无明显差异。各泌乳阶段的牛都可发生皱胃左方变位，但80%皱胃左方变位牛发生在泌乳天数为30d以内，也有的牛在泌乳后期发生了皱胃左方变位，临床上发现有妊娠5个月的牛发生了皱胃左方变位。

正常牛的皱胃位于腹底部下方的瘤胃和网胃的右侧（图9-2-3）。奶牛因分娩应激或代谢性酮病等原因，干物质采食量不足而导致瘤胃充盈度降低，瘤胃体积缩小，促使瘤胃在腹腔内上抬和前移，瘤胃腹囊与腹腔底壁之间出现较大的空间，已经发生弛缓的皱胃就可从右侧腹腔向左侧腹腔移位。由于皱胃内积存较多的气体，皱胃会逐渐上浮，胃大弯向上扩张，皱胃向上移到瘤胃的左纵沟与左腹壁之间，有的上移到瘤胃背囊上方，在左侧肷部最后肋骨后缘可触及积气的皱胃。有的上移到瘤胃的前腹盲囊与左腹壁之间，还有的移至瘤胃前背盲囊和左腹壁之间（图9-2-4），变位的皱胃被瘤胃和左腹壁包围，受到压迫（图9-2-5）。皱胃内容物逐渐减少，运动力逐渐降低，引起奶牛的消化系统功能紊乱，采食明显减少，反刍减少，排粪减少或排出少量恶臭、黏腻的粪便。奶牛出现严重的营养不良状态，逐渐消瘦，泌乳量明显降低或乳房萎缩无奶，如果不及时纠正会最终衰竭而被淘汰。

 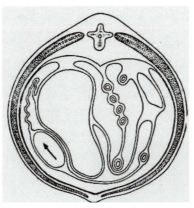 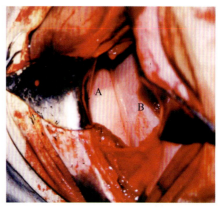

图 9-2-3　皱胃在大网膜浅层固定下的正常位置　　图 9-2-4　皱胃左方变位的位置　　图 9-2-5　皱胃左方变位时，皱胃移至最后肋骨后方。将左胁部切开显示扩张的皱胃，A 为皱胃，B 为瘤胃

【症状】　皱胃左方变位绝大多数病例发生在分娩后 7~30d，少数发生在泌乳 40d 以后，个别发生在产前 3 个月至分娩之间。本病一开始就出现食欲减退，可能拒食各类饲料，或时好时坏。有些病牛虽然有饥饿表现，但只采食几口就不再吃了。大多数病牛对粗饲料仍保留一些食欲。泌乳量伴随采食量的降低可减少 1/3~3/4，极少伴有轻微腹痛。在规模化牧场的皱胃左方变位牛，有的并发轻度的瘤胃臌气。排粪减少，且呈糊状、黏腻、粪臭味大，个别排少量稀粪。粪中很少见到潜血或明显的血液。最终奶牛乳房缩小，泌乳量明显下降或无奶，瘦弱，腹围缩小、卷缩、弓腰，呈"片牛状"。

多数病牛外表正常或轻度沉郁，鼻镜保持湿润，眼窝下陷，出现明显的脱水现象（图 9-2-6）。体温、呼吸、脉搏基本正常，瘤胃蠕动减弱，但内容物极少完全积滞。在左侧中部第 11 肋间听诊，能听到与瘤胃蠕动时间不一致的皱胃音。奶牛皱胃移动到左侧最后肋骨后方，此部位显示膨隆（图 9-2-7）。

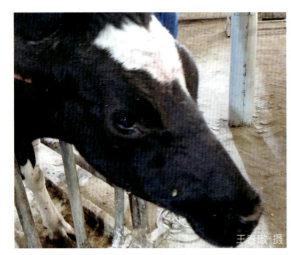 

图 9-2-6　皱胃变位牛，眼球凹陷，脱水明显　　图 9-2-7　皱胃胃左方变位，左侧最后肋骨后方膨隆

【诊断】　采取听诊和叩诊相结合的诊断方法。左方变位奶牛一般于左侧腹壁听诊结合叩诊时出现特征性"钢管音"，以钢管音为主要依据，结合病史和临床症状可做出诊断。

"钢管音"诊断法：在左侧倒数第 1~3 肋间及左骹部，一边叩诊一边听诊，若听到典型的钢管音可诊断为皱胃左方变位。除皱胃左方变位外，创伤性网胃腹膜炎、皱胃阻塞及瓣胃阻塞造成的瘤胃积液、瘤胃异物等疾病，在左骹部听诊结合叩诊也会出现钢管音，应注意鉴别。皱胃左方变位的钢管音范围是在左侧肩关节水平线上与倒数第 1~3 肋间的上方范围内，而上述几种疾病出现的钢管音是在最后肋骨上端或左骹部，位置不固定（图 9-2-8、图 9-2-9）。

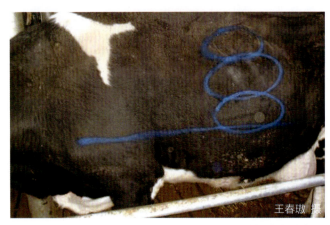

图 9-2-8 叩诊出现钢管音的不同部位：最上方的小范围钢管音是皱胃积沙、皱胃阻塞、皱胃内毛球的叩诊区

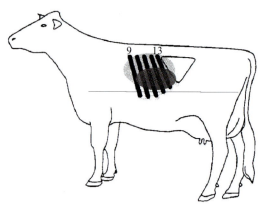

图 9-2-9 在示意图中下方黑色椭圆形范围为左方变位的钢管音范围，上方浅色椭圆形范围为皱胃阻塞、创伤性网胃腹膜炎、瓣胃阻塞的钢管音范围

用拳头冲击左骹部，可感觉到腹壁与瘤胃之间存在空隙，这是由皱胃的存在造成的。另外，直肠检查时发现瘤胃背囊明显右移，而背囊的外侧部压力降低，也可作为诊断的参考。

实验室诊断时，皱胃变位奶牛出现低钾血症、低氯血症和代谢性碱中毒（有的奶牛因同时发生酮病而导致血液 pH 在正常范围内），血清尿素氮含量升高，粪便潜血试验呈阳性。

【治疗】

（1）皱胃左方变位盲针固定技术　皱胃左方变位盲针固定是一种微创手术固定技术，创口小，对牛体损伤小，6~8min 完成手术，手术后不用抗生素，不弃奶，手术成功率在 85% 以上。

皱胃左方变位盲针固定技术有两种不同的方法：全身麻醉仰卧保定固定法和翻板式盲针固定车保定固定法。无论采用哪种保定固定法，都应做好下列准备：

【术前准备】　在做盲针固定前，兽医再次对奶牛进行听诊与叩诊，确实听到钢管音的奶牛才做盲针固定术。

【器械与其他物品准备】　穿刺套管针、针芯、把柄 1 套，固定线（套管栓），固定板，青霉素瓶胶盖（每头牛 2 个），止血钳 3 把，手术剪 1 把。上述器械用 0.1% 新洁尔灭溶液浸泡消毒（图 9-2-10、图 9-2-11）。

还要准备剃毛刀、刀片、5% 碘酊棉、75% 酒精棉、装有 75% 酒精的喷壶和 0.1% 新洁尔灭溶液的喷壶、纸巾等。凡采用地面仰卧保定进行盲针固定的，要有 1 根 6m 长的保定绳、3 根 2.5m 长的保定绳；凡采用翻板式盲针固定车进行盲针固定的，要有 4 根 2.5m 长的保定绳。

1）全身麻醉仰卧保定固定法：给奶牛在柱栏内拴系保定绳，绳的长端在奶牛颈部围一圈打结后，再在胸部和腹部各围一圈，将长端在背部暂时打结固定，防止松脱。注射盐酸赛

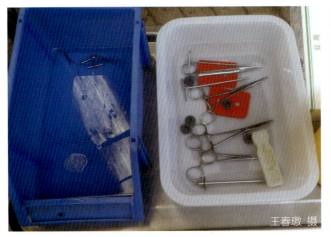

图 9-2-10　器械用 0.1% 新洁尔灭溶液浸泡消毒

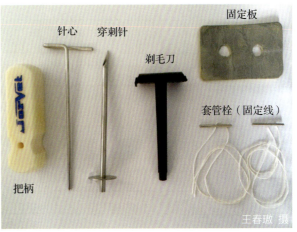

图 9-2-11　盲针固定器械

拉嗪 1.0mL/ 头，打开颈枷，让奶牛进入倒卧场地（视频 9-2-1）。

待奶牛进入麻醉状态后，将笼头绳拴系在立柱上，保定人员向后用力牵引长绳，使奶牛俯卧在地面上（图 9-2-12），重新调整胸围绳和腰围绳，尽量拉紧腰围绳，并在腰部系紧打结，防止腰围绳松脱（图 9-2-13）。

各有 1 人保定奶牛两前肢和两后肢，保定两前肢的绳与胸围绳拉紧，使两前肢充分屈曲保定，保定两后肢的绳暂时不与腰围绳系紧。前后各有 2 人扶持奶牛的前肢和后肢，使奶牛处于仰卧状态，捆后肢的绳再与围绳拉紧，使两后肢充分屈曲保定（图 9-2-14、图 9-2-15）。

视频 9-2-1
在柱栏内拴系保定绳，经听诊与叩诊确定钢管音，注射盐酸赛拉嗪（王春璈 摄）

图 9-2-12　将笼头绳拴系在立柱上，后面长绳用力向后牵引牛俯卧

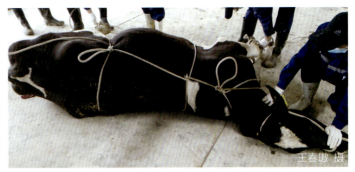

图 9-2-13　奶牛右侧倒卧后，将腰围绳系紧并打结，防止松脱

图 9-2-14　将两前肢保定于胸围绳上，使两前肢充分屈曲

图 9-2-15　将保定后肢的绳与腰围绳系紧打结

奶牛处于仰卧位置后，保定人员扶持奶牛使奶牛处于仰卧保定状态。此时，兽医进行叩诊与听诊，寻找钢管音，确定穿刺部位（图 9-2-16）、术部剃毛（图 9-2-17）后进行清洗与碘酊消毒。

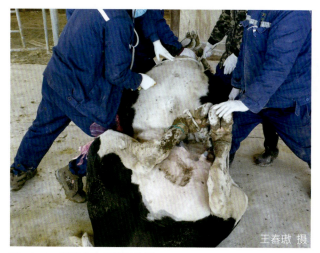
图 9-2-16 叩诊检查钢管音位置

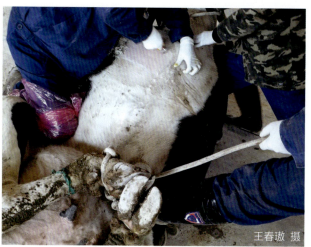
图 9-2-17 术部剃毛

向皱胃内快速穿刺套管针，立即经套管针放入 T 型固定线，拔下套管针，用止血钳钳夹固定线（视频 9-2-2）。距离第一个穿刺点 4~5cm 处再次向皱胃内穿刺套管针，立即经套管针放入 T 型固定线，继续放出皱胃内气体，待皱胃内气体基本放完后，拔下套管针，用止血钳钳夹固定线，准备打结（视频 9-2-3）。

用止血钳穿过青霉素瓶胶盖，经固定板孔钳夹固定线，将青霉素胶盖推顶到压垫固定板上，再用相同的方法固定第二个青霉素瓶胶盖及压垫。提起 2 根固定线，助手五指并拢置于压垫板上打结（视频 9-2-4），剪去过长的线尾，用碘酊消毒后，准备松解保定绳。先将前、后肢绳结松解，再将奶牛由仰卧位转向右侧卧，继续解除前、后肢保定绳（视频 9-2-5），与此同时，给奶牛静脉注射盐酸苯噻唑 1mL，经 2min 便可完全苏醒。

视频 9-2-2 向皱胃内快速穿刺套管针，立即经套管针放入 T 型固定线，拔下穿刺套管针，用止血钳钳夹固定线（王春璈 摄）

视频 9-2-3 距离皱胃第一个穿刺点 4~5cm 处再次穿入套管针，系好固定线，放气，拔下套管针，用止血钳固定，准备打结（王春璈 摄）

视频 9-2-4 将青霉素瓶胶盖紧压在固定压垫上，助手的手伸入 2 根固定线内，协助术者做固定线打结（王春璈 摄）

视频 9-2-5 用碘酊消毒后，将奶牛向右侧卧，松解前肢与后肢保定绳（王春璈 摄）

2）翻板式盲针固定车保定固定法：由 2 人完成盲针固定手术，不麻醉，操作方法如下：

①让奶牛经赶牛通道进入翻板式固定车内（图 9-2-18）。

②调整保定带，使 2 条保定带处于奶牛胸部和腹部下方，打开电机开关，使胸带与腹带紧贴奶牛的胸腹部，逐渐将奶牛吊起，旋转至奶牛仰卧位时关闭电机开关（视频 9-2-6）。

③将奶牛两前肢和两后肢分别与翻板式固定车的前、后立柱保定（视频 9-2-7）。

图 9-2-18 奶牛进入翻板式固定车内

④用 0.1% 新洁尔灭溶液冲洗术部的被毛，准备剃毛（视频 9-2-8）。

⑤术部剃毛，面积要够大（视频 9-2-9）。

⑥术部剃毛后，先用 0.1% 新洁尔灭溶液冲洗（视频 9-2-10），再用洁净的纸巾擦干（视频 9-2-11）。

⑦术部用碘酊消毒（视频 9-2-12）、酒精棉球脱碘（视频 9-2-13）后，还要用酒精喷壶对术部进一步消毒（视频 9-2-14）。

⑧穿刺：叩诊确定钢管音部位后，向皱胃内快速穿刺套管针，套管针内立即向外喷放气体，表明穿刺成功。立即将 T 型固定线经套管针送入皱胃内，快速拔下套管针，用止血钳钳夹固定线。第二个穿刺点不用叩诊钢管音，在距离第一个穿刺点后方或前方 3~4cm 处，快速向皱胃内穿刺套管针，T 型固定线经套管针送入皱胃内，套管针继续放气，当套管针内不再有气体放出时，即可快速拔下套管针，用止血钳钳夹固定线（视频 9-2-15）。

⑨装置压垫与打结：术者用止血钳穿过青霉素瓶胶盖和压垫上的孔，夹持固定线，将胶盖和压垫推挤到穿刺点处，再按相同的方法将第二根固定线穿系胶盖和压垫，然后提起 2 根固定线，助手五指并拢放在压垫上，并在拇指上打结，以保持线结足够的长度，然后进行碘酊消毒（视

频 9-2-16）。

松解四肢的保定绳（视频 9-2-17），打开电机开关，待翻板式固定车逐渐翻转到奶牛正常站立状态时，继续放松胸带与腹带，然后关闭电机开关（视频 9-2-18），打开前颈枷，让奶牛走出固定车（视频 9-2-19）。

视频 9-2-16 装置压垫与打结方法（王春璈 摄）
视频 9-2-17 松解四肢的保定绳（王春璈 摄）
视频 9-2-18 翻板式固定车逐渐翻转到奶牛正常站立状态时，继续放松胸、腹带，然后关闭电机开关（王春璈 摄）
视频 9-2-19 打开前颈枷，让奶牛走出固定车（王春璈 摄）

3）盲针固定操作的注意事项：

①在奶牛仰卧保定前，再次听诊与叩诊，确定钢管音后，再进行保定。凡没有钢管音的奶牛，不要进行仰卧保定，第 2 天再次听诊与叩诊，确定是否有钢管音。凡站立保定下叩诊出现钢管音的变位牛，在仰卧保定后，无须叩诊与听诊钢管音了，按照下面第五条确定穿刺点的方法，直接穿刺即可。

②地面倒卧保定进行盲针固定的场所，要求卫生，地面最好铺橡胶垫。

③所有穿刺固定器械都要严格进行消毒，术部严格消毒，手术中严格坚持无菌操作。

④固定线打结不要过短也不能过长，对于中等体形的奶牛，打结时的线结长度用并拢的 4 个手指确定；对于大体形的奶牛，打结时的线结长度用并拢的 5 个手指测量确定。

⑤穿刺部位的确定方法：奶牛仰卧保定后，从腹正中线向前触诊，可触及剑状软骨的最高点，从最高点向后一个手掌后的区域为皱胃区，如图 9-2-19、图 9-2-20 所示。

图 9-2-19 盲针固定穿刺部位的确定：图中直线为腹正中线，蓝色点为剑状软骨的最高点，弧形线为肋弓，中间蓝色圆形区为皱胃

图 9-2-20 图中红点为剑状软骨的最高点，手掌后为皱胃

对第一个穿刺点可以经听诊与叩诊确定穿刺部位，第二个穿刺点无须叩诊，在距离第一个穿刺点前方或后方 3~4cm 处穿刺即可进入皱胃内。

盲针固定时一定使奶牛处于仰卧位，无须左右晃动牛体，只要奶牛处于仰卧位，皱胃就已经恢复正常位置了。当听不到钢管音时，不要盲目说皱胃粘连，也不要放弃穿刺，因为当皱胃内气体较少时可能不出现钢管音。只要奶牛站立保定时出现钢管音了，仰卧保定后皱胃就能复位，听不到钢管音，可以盲目穿刺，也能成功。

4）盲针固定术不成功的原因：

①由于35%以上的皱胃左方变位牛是继发于代谢性酮病，部分皱胃左方变位牛是继发于子宫炎，术后要治疗这两种原发病，特别要治疗代谢性酮病，如果代谢性酮病不能治愈，奶牛会逐渐消瘦，无奶而被淘汰。

②穿刺针孔皱胃液渗漏，引起局限性腹膜炎或弥漫性腹膜炎，这种情况与对皱胃反复穿刺有关。穿刺过程中操作粗暴，在保定不确实情况下进行穿刺固定，因奶牛的挣扎而套管针没有固定确实，引起穿刺套管针左右摇摆，胃壁穿刺孔扩大，拔出套管针后，皱胃壁穿刺孔不能闭合、皱胃液渗漏，从而引起局限性或弥漫性腹膜炎。

③固定线打结与术后拆线：打结不能太短，中等体形的牛用并拢的4个手指置于压垫上打结，体形较大的牛要用并拢的5个手指置于压垫上打结。打结过短，2根固定线强力牵拉皱胃壁，在奶牛起立时，固定线断裂，也可能引起皱胃穿孔。由于线结打得太短，置于皱胃内的2个T型固定栓紧紧压在皱胃黏膜上，一般经7~10d，固定栓可潜入黏膜下，进一步进入皱胃壁肌层，甚至经皱胃壁脱出。为防止固定线T型栓陷入皱胃壁黏膜肌层内，进一步引起T型栓脱出而导致局限性或弥漫性腹膜炎的发生，在皱胃变位盲针固定后的第2~3天，要观察固定线装置情况，如果压垫贴附在皮肤上，说明固定线打结的长度不紧不松；如果压垫没有贴附在皮肤上，而是悬垂状态，说明固定线打结太长了，但已无法再重新缩短打结的长度了。如果压垫紧紧压在皮肤上，而且压垫向腹内凹陷，说明固定线打结太紧了，如果不拆掉固定线结，皱胃内T型固定线栓紧紧压在皱胃壁黏膜上，经5~6d T型栓会陷入皱胃壁黏膜肌层内，再经皱胃壁穿出，引起皱胃内容物渗漏，导致局限性或弥漫性腹膜炎。

术后10d左右即可拆除固定线，特别是线结打得过短的奶牛，拆线时间不能超过10d。

④第二个套管针穿刺放气要充分，当皱胃内气体很多时，如果不把气体放出，在松解保定后，皱胃还可能向左侧漂移，皱胃内T型固定栓牵拉皱胃壁，会引起皱胃壁的压迫性坏死（图9-2-21~图9-2-23），最终引起皱胃穿孔，导致局限性或弥漫性腹膜炎。

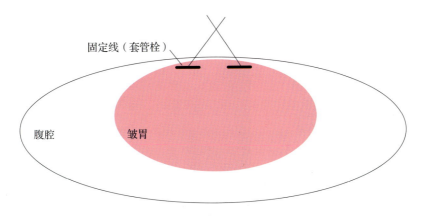

图9-2-21　T型固定栓与皱胃壁的关系示意图

图 9-2-22　皱胃盲针固定引发胃穿孔

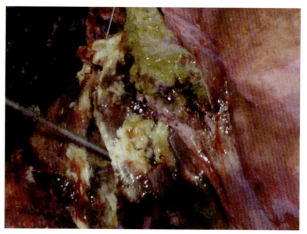
图 9-2-23　皱胃盲针固定引发局限性腹膜炎、皱胃壁坏死

盲针固定术后的奶牛一般不用抗生素，术后检查奶牛体温、胃肠蠕动是否正常，观察奶牛采食量是否恢复正常。采食量已经恢复正常的奶牛，即可回到泌乳牛群饲养与正常挤奶。

在施行盲针固定术过程中反复穿刺皱胃的奶牛，或穿刺套管针内大量向外排液的奶牛，为防止穿刺皱胃处渗漏引起局限性腹膜炎，可使用抗生素控制腹腔内的感染。

（2）皱胃左方变位牛手术治疗　常用的手术方法根据切口和固定方法的不同，可分为3种：站立保定右肷部切口整复固定法、站立保定左肷部切口整复固定法、左侧横卧保定右侧腹底壁切开整复固定法，兽医可根据熟练程度选择相应的手术方法。现将各种手术方法介绍如下：

1）站立保定右肷部切口整复固定法：

①保定：对奶牛进行柱栏内站立保定，为防止其尾巴摆动，要对尾巴拴系固定。

②消毒：

a.术部清洗、剃毛与消毒：用清水大范围地冲洗右肷部，彻底清洗掉牛体上的污物。术部剃毛范围要够大，后到髋结节，上到腰椎横突，向前到倒数第1肋骨。剃毛后，用肥皂刷洗、清水清洗、擦干；术部用5%碘酊消毒，由术部中心向外围消毒1次，间隔1~2min再消毒1次，最后用75%酒精消毒、脱碘（视频9-2-20、视频9-2-21）。

b.器械准备与消毒：常用器械有手术刀、手术剪、止血钳、持针钳、创巾钳、镊子、缝合针、缝合线、止血纱布等，手术器械与敷料经高压灭菌后使用。

手术前应将手术用的所有灭菌器械摆放到器械台面上，皱胃网膜固定针线及缝合腹膜、肌肉和皮肤的缝合针线，都要穿系好，针线要妥善保护，防止污染（图9-2-24、视频9-2-22）。

视频 9-2-20 术部用碘酊第1次消毒（王春璈 摄）

视频 9-2-21 术部用酒精脱碘（王春璈 摄）

视频 9-2-22 高压灭菌器械与敷料应摆放整齐（王春璈 摄）

图 9-2-24　手术器械的摆放

皱胃放气硅胶管及针头，用0.1%新洁尔灭溶液浸泡消毒。

c.手术人员手的准备与消毒：手术人员穿手术衣，要戴长臂一次性手套，用0.1%新洁尔灭溶液消毒手套后，再戴灭菌乳胶手套。

③麻醉：腰旁神经传导麻醉配合局部浸润麻醉。腰旁神经传导麻醉时用2%~3%盐酸普鲁卡因或利多卡因，麻醉最后肋间神经、髂下腹神经、髂腹股沟神经（图9-2-25、图9-2-26）。具体操作步骤如下（视频9-2-23）：

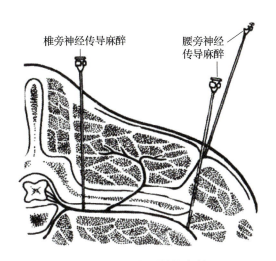

图9-2-25 腰旁神经传导麻醉入针刺入部位

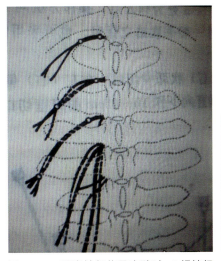

图9-2-26 腰旁神经传导麻醉时，3根神经走向与腰椎横突的关系

视频9-2-23 腰旁神经传导麻醉

a.最后肋间神经麻醉：用手触诊最后肋骨上端后面的腰椎，触诊第1腰椎横突的前角，局部消毒后，针头对准前角刺入皮下，然后继续向深部刺入，当针头抵达腰椎横突前角骨面时，针头滑过前角，再向下刺入0.5cm，注射麻醉药10mL，然后将针头退至皮下再注射10mL。

b.髂下腹神经麻醉：用手触诊第2腰椎横突的后角，针头对准后角垂直刺入直到后角骨面，然后针头越过后角继续向深部刺入0.5cm，注射麻醉药10mL，然后针头退至皮下再注射10mL。

c.髂腹股沟神经麻醉：用手触诊第4腰椎横突的前角，其注射麻醉药的方法与以上2根神经的麻醉相同。

局部浸润麻醉时用0.5%盐酸普鲁卡因或0.5%利多卡因，在术部的皮下刺入针头注射麻醉药，然后将针头再沿预定切开线的皮下向两端推进，边进针边推药；针头再向肌肉层注射。麻醉药的注射范围为手术切口的长度（视频9-2-24）。

④术部消毒与隔离：用75%酒精棉球消毒术部后，进行术部隔离，用创巾钳固定（视频9-2-25）。

⑤切开腹壁：于右肷部预定切开线切开皮肤12~15cm，对皮肤切口内的出血，用纱布压迫止血或钳夹止血。切开腹外斜肌，钝性分离腹内斜肌、腹横机，用纱布压迫止血，显露腹膜。用手术镊夹持腹膜，向外轻轻牵引腹膜，用手术剪剪开腹膜至所需长度。

视频9-2-24 术部局部浸润麻醉

视频9-2-25 术部隔离

⑥探查皱胃与放出皱胃内气体：术者手经右肷部切口伸入腹腔内，手臂经瘤胃后背盲囊上方和直肠下方伸入左侧腹腔内。手在瘤胃左侧与左侧腹壁之间向前探查，即可触及左方变位的皱胃。然后术者手臂退出腹壁切口，手持带针头的放气胶管伸入腹腔内，针头于积气的皱胃最明显处刺入，皱胃内积气经放气管的另一端放出（视频9-2-26）。

判断放气管内气体放出的方法，可用耳听法或将胶管端插入水瓶内，观察水中气泡的冒出情况继续放出皱胃内气体，为了便于观察放气是否顺畅，可将放气管插入水瓶中观察气泡的冒出情况，待皱胃内气体放出后，皱胃体积缩小、塌瘪，拔下穿刺放气针，退出腹腔外（视频9-2-27）。

为了使兽医更好地理解手在腹腔内进行穿刺皱胃放出气体的具体方法，可通过动画演示来掌握（视频9-2-28）。

⑦皱胃复位：术者手伸入腹腔内，手经瘤胃下方伸入腹腔左侧。手臂将瘤胃向上抬高，手继续向腹腔左前方伸入，手掌将皱胃推挤到右侧腹腔，然后手退出腹腔。为了便于兽医理解皱胃复位的方法，也可通过动画演示来掌握（视频9-2-29）。

为了使皱胃完全复位，双手在右肷部切口内抓住大网膜，向上、向切口外牵引，边牵引边向腹腔内还纳大网膜，当显露网膜上脂肪耳状突起，或显露皱胃的胃大弯时，都表明皱胃已经复位（视频9-2-30）。

视频9-2-26
术者手臂戴手套，用生理盐水冲洗，伸入腹腔探查变位的皱胃后，手持带放气针头的胶管进入腹腔内，穿刺皱胃，从管另一端放出皱胃内积气（王春璈 摄）

视频9-2-27
放气完毕，拔下针头，手臂退出腹腔（王春璈 摄）

视频9-2-28
动画演示：探查变位的皱胃，放出皱胃内积气，退出手臂，牵拉大网膜使皱胃复位

视频9-2-29
动画演示：向切口外牵引大网膜，显露大网膜上的脂肪耳状突起，或显露皱胃的胃大弯时，即可确认皱胃完全复位

视频9-2-30
牵引大网膜显露脂肪耳状突起或显露皱胃的胃大弯，表明皱胃已经复位（王春璈 摄）

⑧皱胃固定：用手抓住大网膜，在距皱胃幽门10~15cm处的大网膜上做一个穿通网膜的缝合、打结，线尾应保留（视频9-2-31）。缝针再在腹壁切口的前缘，经腹膜、肌肉到皮下出针，距穿出点4~5cm处再由肌肉层穿入，经腹膜层穿出，然后进入腹腔内，与网膜上的固定线的线尾拉紧打结，使网膜紧贴腹壁腹膜上，剪去线结外的缝合线，准备腹壁切口的缝合（视频9-2-32）。

⑨缝合腹壁切口：对腹膜层进行连续缝合，每逢合一针就要拉紧缝合线，在腹膜切口接近闭合前，用生理盐水500mL、青霉素800万IU的混合溶液，灌入腹腔内，继续缝合剩余的腹膜切口。当腹膜切口缝合到最后一针时，助手用手掌抵在右侧腹壁上用力挤压腹壁，排空腹腔内气体，立即拉紧腹膜缝合线、打结。然后用生理盐水冲洗创内，清理腹壁切口内血凝块及渗出物，用纱布蘸去创内多余的盐水，再在创内撒布青霉素粉。

视频9-2-31
大网膜穿系固定线，固定线线尾应保留（王春璈 摄）

视频9-2-32
固定线与腹壁切口前缘肌肉层固定，这是缝合固定的操作方法（王春璈 摄）

连续缝合腹横肌与腹内斜肌，每缝一针都要拉紧缝合线，使肌肉间不留间隙。缝毕，用生理盐水冲洗、灭菌纱布拭干，然后缝合皮肤切口。先用5%碘酊消毒皮肤创缘，再向创内撒布青霉素粉，间断缝合皮肤切口。注意，线结距离不可过大，防止皮肤创缘内翻。缝毕，用碘酊消毒缝合的皮肤切口。

最后松解保定，将奶牛送回康复牛舍。

⑩术后护理与拆线：术后每天测定体温，检查胃肠蠕动及排粪便的状态，经过10~12d便可拆线。

术后输液以纠正低血钾、低血氯和代谢性碱中毒。凡是皱胃变位的奶牛，术前要检测血酮，确定是否左方变位继发于酮病。如果原发病为酮病，在手术后必须同时治疗酮病，否则影响奶牛的恢复。

术后奶牛用药程序如下：

a. 静脉注射10%氯化钠注射液500mL、0.9%氯化钠注射液1000mL+青霉素3200万IU，每天1次，连用3d。

b. 灌服液体石蜡2000mL、丙二醇300mL、健胃散500g，仅灌服1次。

在大型牧场中皱胃左方变位牛手术成功率一般在85%以上，如果皱胃左方变位牛是继发于代谢性酮病，治愈率会明显降低，尽管手术后也采取了治疗酮病的各种措施，但治愈率仍然较低，一般在65%左右。

手术治愈率是指手术后的奶牛采食量和泌乳量都恢复正常。凡手术后采食量降低、乳房逐渐萎缩、消瘦的奶牛，泌乳量降低，都是不成功的。手术不成功的原因有：奶牛皱胃左方变位继发于代谢性酮病，皱胃内有积沙、毛球、草团，皱胃炎（常常有积液与皱胃扩张、排出黑粪），严重子宫炎，在手术过程中没有坚持无菌操作而引起局限性腹膜炎或弥漫性腹膜炎。

2）站立保定左肷部切口整复固定法：

①将病牛站立保定，用3%盐酸普鲁卡因进行腰旁神经传导麻醉、0.5%盐酸普鲁卡因进行术部浸润麻醉。在左肷部前做切口，先切开皮肤20~25cm，再依次切开皮肌、腹外斜肌，钝性分离腹内斜肌、腹横肌和腹膜，显露腹腔。

②术者手经左肷部切口进入腹腔内探查皱胃的轮廓，手抓住皱胃壁缓慢向腹壁切口外牵引，显露部分皱胃壁。助手立即用穿系18号医用缝合线的DA针，做不穿透胃壁全层的浆膜肌层缝合，针在胃壁上的进针与出针的距离一般为3cm，然后打结。打结时要求线结与胃壁保持2cm的距离，打完结后，将线尾保留。然后在距线结2.5~3.0cm的胃壁上，用DA针做一个浆膜肌层的缝合，与线尾打结，打结时线结与胃壁保持2cm的距离。剪去线尾，松开牵引胃壁的手，皱胃回落入左侧腹腔内，DA针留置在腹壁切口外（视频9-2-33）。

③整复皱胃：术者手伸入腹腔内，手掌平压在皱胃上，将皱胃经瘤胃下方推向右侧腹腔，一边向右侧腹腔推送皱胃，一边放松固定线，DA针仍留在左侧腹壁切口外。进入右侧腹腔内的手，将皱胃复位到正常位置（视频9-2-34）。

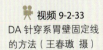

视频9-2-33 DA针穿系胃壁固定线的方法（王春璈 摄）

视频9-2-34 术者手在腹腔内整复皱胃，手掌平压在皱胃上并向右侧腹腔推送皱胃（王春璈 摄）

在整复皱胃过程中要排空皱胃内气体，如果皱胃气体不能排空，整复皱胃便较为困难。排空皱胃内气体的有效方法是，手抓住线结处的胃壁，向腹腔底部推送。在向右侧腹腔推送皱胃的过程中，皱胃内的气体即可快速向后排空进入肠道。

④确定 DA 针的穿出部位（视频 9-2-35）：DA 针的穿出部位是在右侧第 10~11 肋间向下做一条垂线，该垂线与右侧乳静脉相交，该交点与腹正中线之间的中点为固定线穿出点。对预定穿出点先用碘酊消毒。

⑤ DA 针穿出腹壁外：术者手臂再次用 0.1% 新洁尔灭溶液清洗消毒，手抓持 DA 针，（妥善保护针体），经腹壁切口进入腹腔内。术者将 DA 针从腹腔内向腹壁外穿出，当针穿出皮肤后，助手立即将 DA 针缓缓向外拉出，继续向外牵引固定线。与此同时，术者在腹腔内的手放松固定线，当助手将固定线全部拉出后，术者进一步检查固定线是否已被全部拉出。助手牵引出的固定线不能放松，应始终处于紧张状态。术者的手在腹腔内确定皱胃壁与穿出的腹壁之间有 2~3cm 的距离后，指示助手用止血钳于皮肤穿出点钳夹固定线。此时，术者的手臂即可退出腹腔内（视频 9-2-36）。

⑥固定线打结（视频 9-2-37）：助手用手术剪在距皮肤穿出点 20cm 处剪断固定线，2 根线分别从皮肤压垫的圆孔中穿入，向上推送压垫，使压垫与皮肤密接后，将 2 根固定线打结。打结完毕，剪去线尾，用碘酊消毒 DA 针的穿出点及压垫，再进行左侧腹壁切口的缝合。

⑦腹壁切口的缝合：在缝合腹壁切口前，先向腹腔内灌入 500mL 生理盐水和 800 万 IU 青霉素的混合溶液（视频 9-2-38），然后术者手进入腹壁切口内，夹持腹膜创缘，连续缝合腹膜。

视频 9-2-35 确定 DA 针的穿出部位（王春璈 摄）
视频 9-2-36 DA 针穿出腹底壁的操作方法（王春璈 摄）
视频 9-2-37 固定线打结（王春璈 摄）
视频 9-2-38 向腹腔内灌入青霉素生理盐水溶液（王春璈 摄）

缝合肌肉时，要完全闭合钝性分离的肌肉组织，消除肌肉间的间隙或创囊。肌肉缝合完毕，先用生理盐水冲洗创内，再用灭菌纱布清理创内，然后做皮肤切口的缝合。缝合皮肤切口前，先用 5% 碘酊棉消毒皮肤创缘，并在创内撒布青霉素粉，然后间断缝合皮肤。缝合完毕，调整缝合缘，防止皮肤创缘内翻，并用碘酊消毒皮肤缝合的每个线结及皮肤切开线。

⑧术后护理与拆线：同站立保定右肷部切口整复固定法。

3）左侧横卧保定右侧腹底壁切开整复固定法：

①盐酸赛拉嗪 1mL/ 头，肌内注射，待奶牛进入浅麻醉后，左侧横卧保定，将两前肢和两后肢分别捆绑在 1 根长木头上，以限制前、后肢的活动。牛头下和前肢下方垫以草垫，以防止肢体长时间与硬地面接触，造成压迫性桡神经麻痹。

②切口定位的方法：术部切口位于右侧乳静脉上方平行乳静脉，先将术部清洗、剃毛、消

毒。常规切开开腹壁后，显露腹腔，术者手臂经切口伸入腹腔内，探查皱胃。术者手抓住皱胃壁，与此同时保定人员将木头抬起，逐渐抬高，使奶牛四肢朝天，并向对侧倾斜45°，而牵拉皱胃的手臂一直保持在紧张状态，随着奶牛从仰卧姿势向对侧45°转移，皱胃随之进入右侧腹腔而复位。然后将奶牛恢复原来的左侧卧保定，术者将皱胃向切口外牵引。若皱胃内有较多的气体，可穿刺放气减压后使皱胃恢复正常位置。然后将皱胃大弯处的网膜显露于切口外，将网膜与腹壁切口上缘肌层做水平纽扣缝合，按常规闭合腹壁切口（图9-2-27~图9-2-35）。

③术后护理与拆线：同站立保定右肷部切口整复固定法。

图9-2-27　左侧横卧保定

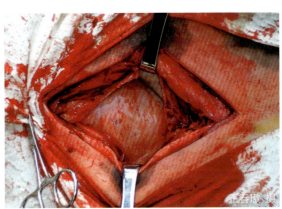

图9-2-28　显露腹腔

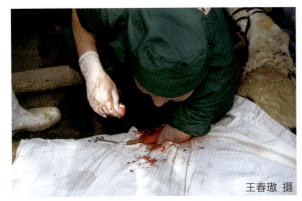

图9-2-29　探查皱胃

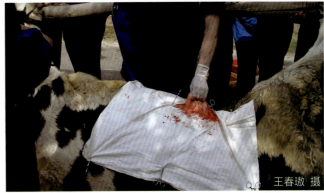

图9-2-30　抬起木头使奶牛仰卧并向对侧45°转位，皱胃进入右侧腹腔

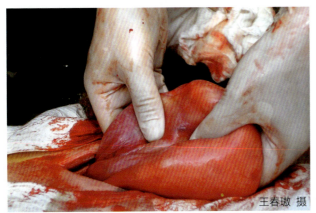

图9-2-31　将皱胃牵引至切口外

图9-2-32　放出皱胃内的气体

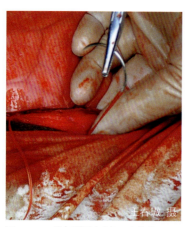
图 9-2-33 将网膜固定在切口上缘的肌层上

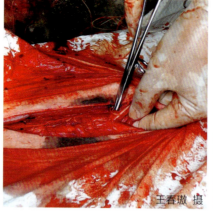
图 9-2-34 关闭腹腔切口

图 9-2-35 打结系绷带

（马卫明　王春璈）

三、皱胃右方变位

奶牛皱胃扭转（Volvulus of Abomasum）是奶牛的一种急腹症，发病急，病情发展快，如不尽早做出诊断并实行皱胃整复手术，奶牛会因脱水、代谢性碱中毒、衰竭而被淘汰。

奶牛皱胃扭转，分为顺时针扭转、逆时针扭转和纵向扭转。图 9-2-36 是皱胃顺时针扭转的示意图，皱胃向腹腔的后上方扭转，膨胀的皱胃向后、向上可到达右侧腹腔的肷窝部。图 9-2-37 是皱胃逆时针扭转的示意图，皱胃向前上方移位至膈的后方和瓣胃的前方。

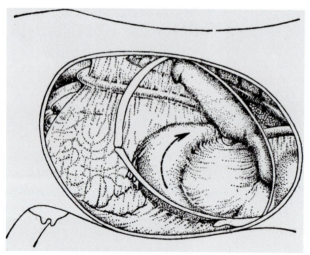
图 9-2-36 皱胃顺时针扭转的示意图

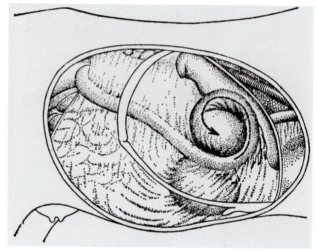
图 9-2-37 皱胃逆时针扭转的示意图

【病因】　发病原因与皱胃左方变位相同，皱胃弛缓是发生本病的基础。右方变位病例可发生于各饲养阶段的成母牛，发生皱胃变位的牛多与饮用不洁的水有关，引起皱胃的异常蠕动，皱胃发生漂移。在一些规模化牧场皱胃右方变位常发生在产后 15d 和临近干奶期两个阶段。产后 15d 发生皱胃右方变位的机理同皱胃左方变位。另一高发时期出现在临近干奶期，是由于此阶段至干奶期泌乳量持续下降，机体由能量负平衡转为正平衡。妊娠后期也易发病，是因为妊娠易出现消化系统的紊乱，如果发生皱胃弛缓，产气增加，由于妊娠子宫占位的关系，只能向上漂浮，从而发生右方变位的概率增加。

急性顺时针扭转通常呈180°~270°，瓣胃和皱胃都发生旋转，从右侧看来是顺时针方向，瓣胃接近腹腔底部而皱胃置于瓣胃的后上方，同时导致幽门完全阻塞，皱胃内液体积聚，随后发生脱水及碱中毒。亚急性扭转时，有少量内容物可以通过幽门部，积液和扩张的程度比较轻，不妨碍皱胃的血液供给，碱中毒和脱水的发生也相对比较慢。

皱胃的逆时针方向扭转，是皱胃扭转到瓣胃前上方，而将皱胃置于网胃与膈之间。与此同时瓣胃向前下方移位，瓣皱胃孔也扭转不通。本病发病急，如手术不及时，常常引起死亡。

严格意义上的皱胃扭转则是皱胃沿身体的长轴顺时针或逆时针反转，临床上时有发生，发病急，皱胃黏膜出血、坏死，很快发展为内毒素休克死亡（图9-2-38~图9-2-40）。

图 9-2-38 皱胃沿牛体纵轴顺时针扭转

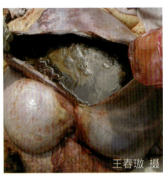

图 9-2-39 扭转的皱胃内有大量血水

图 9-2-40 皱胃右方变位，皱胃黏膜严重出血

【症状】发病较急，病牛饮食欲废绝，迅速脱水，眼球下陷、精神高度沉郁。腹痛，两后肢踢腹或两后肢不时交替负重（视频9-2-39），有时呈蹲伏姿势。皱胃沿体轴顺时针或逆时针扭转的病牛，发病的严重程度比皱胃右方变位更为严重，病程更短，临床所见的病牛，一般经8~12h死亡。皱胃右方变位的病牛，2~3d后心跳加快至90次/min以上。体温偏低或正常。瘤胃蠕动音弱，内容物多，随病程发展可能出现瘤胃积液、扩张。由于皱胃内积液、扩张，可看到右腹部膨胀，右侧肷窝消失（图9-2-41）。

视频 9-2-39 皱胃右方变位牛有腹痛表现

病牛排粪减少，拉黑色浓稠粪便，也有的排出黑色带有腥臭味的少量稀粪。对右腹部进行冲击式触诊可听到振水音，右侧倒数第1~3肋间及右肷部出现大范围的钢管音（图9-2-42）。体温

图 9-2-41 皱胃右方变位，右腹围增大

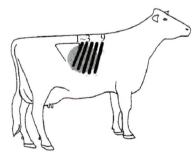

图 9-2-42 皱胃变位钢管音范围

与呼吸无明显异常。并发瘤胃积液的病牛，左侧最后几个肋间上方也出现大范围的钢管音。发生皱胃右方变位的病牛，一般会出现不同程度的酮尿，尿量减少，尿色深黄，并出现低血钾、低血氯、代谢性碱中毒和血液尿素氮的升高。

病程一般较短，如不采取及时治疗，全身情况恶化，常因脱水和代谢性碱中毒而死亡。

【诊断】 皱胃右方变位会导致幽门阻塞而引起皱胃积液和臌气，因此右侧最后肋弓及肋弓后方明显膨胀。通过右侧腰旁窝的听诊、叩诊、冲击式触诊，可以证实皱胃呈顺时针方向扭转。也可通过直肠检查，摸到扩张而后移的皱胃。皱胃逆时针扭转时在倒数第3~5肋间叩诊出现钢管音。

在诊断时不能进行穿刺术，因为极度扩张的皱胃壁已变得较薄，当穿刺针拔下后，针孔会大量渗漏胃内容物，后果严重。

应与皱胃阻塞、原发性酮病、胎水过多及盲肠扭转等疾病进行鉴别诊断。皱胃阻塞时，扩张的皱胃是在右侧肋弓下方部位，触诊类似西瓜的轮廓与硬度。原发性酮病时，腹壁检查皱胃无异常，采血测定β-羟丁酸含量大于或等于1.2mmol/L，对葡萄糖治疗有良好反应。胎水过多时，可通过直肠检查在腹腔后下方摸到膨胀的子宫。盲肠扭转时钢管音集中在右肷部区域，并可通过直肠检查加以确诊。

实验室诊断皱胃扭转的病牛，会出现严重的代谢性碱中毒和低钾血症。

【治疗】 凡是已经确诊为皱胃右方变位的病牛，都应尽早进行手术，手术时间越早，治愈率越高。手术是治疗奶牛皱胃右方变位的唯一有效方法。

1）术前应对瘤胃高度积液的病牛进行导胃减压，对出现明显脱水和代谢性碱中毒的病牛应进行输液纠正。考虑到幽门阻塞及瘤胃积液，术前不能经口补液。

2）保定、术部准备、麻醉：对病牛进行柱栏内站立保定（图9-2-43），将尾巴拴系固定，右腹部大范围剃毛、清洗，术部碘酊消毒与酒精消毒后，采用腰旁神经传导麻醉，配合术部浸润麻醉。

图9-2-43 柱栏内站立保定，大范围剃毛、清洗与消毒

3）右肷部前切口：切口尽量向前移，以便显露皱胃。切开腹壁肌肉时，要逐层切开，防止在切开肌肉时用力过大而误切皱胃壁，引起皱胃液大量流出而污染腹腔。切开腹膜后应注意观察，若从切口内流出浅红色带有纤维素的大量腹水，则表明皱胃扭转后发生了炎性渗出；若伴有臭味气体出现，则表明皱胃扭转部发生了坏死或穿孔；切开腹膜后即有小肠从腹部切口内涌出时，表明在发生皱胃扭转后，因皱胃极度扩张，附着在皱胃大弯处的网膜发生了断裂，此时应立即用灭菌生理盐水纱布堵塞隔离肠管，防止肠管进一步脱出，便于手术操作。

皱胃顺时针变位的病牛，当腹膜切开后即可显露积液扩张的皱胃。为了充分显露皱胃，可用腹部创钩牵开腹部切口两侧创缘（图 9-2-44）。

4）皱胃隔离、皱胃插管、放液：用灭菌大纱布在皱胃与腹壁切口的下角之间填塞，充分隔离腹腔。在皱胃壁上做不穿透胃壁的荷包缝合线，线圈直径 4cm。缝毕，剪断过长的缝合线，两线尾用止血钳钳夹，由助手扶持（图 9-2-45）。

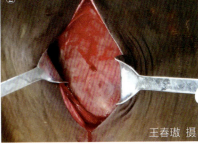
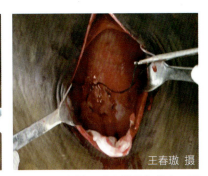

图 9-2-44　用创钩牵开创缘，显露皱胃

图 9-2-45　在皱胃壁上做荷包缝合，两线尾用止血钳钳夹

在荷包缝合线圈内切开皱胃壁，快速插入放液插管，拉紧荷包缝合线防止插管脱出。选择放液插管的粗细是根据皱胃积液的多少确定的，当皱胃积液不多时，可用图 9-2-46 中较细的插管；当皱胃内大量积液时，要选择图 9-2-47 中的插管。图 9-2-48 所示的皱胃内积液呈喷射状流出，图 9-2-49 所示的皱胃内积液放出量最大达 3 万 mL 以上。

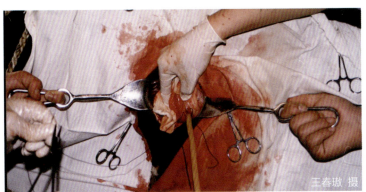

图 9-2-46　在皱胃壁上插入乳胶管

图 9-2-47　在皱胃内插入胃管

图 9-2-48　皱胃内积液呈喷射状流出

图 9-2-49　快速排出积液

5）拔出插管，清理胃壁，缝合皱胃壁切口：放液完毕，术者用手抓住插管处皱胃壁，将皱胃牵引到腹腔外，拔下放液插管，拉紧荷包缝合线，用 3-0 Vicryl 缝合线连续全层缝合皱胃切口，每缝合一针都要拉紧缝合线，缝毕剪断线尾。用生理盐水冲洗皱胃壁，清除胃壁上的污物，再对皱胃切口做连续内翻浆肌层缝合，缝毕，用生理盐水冲洗皱胃。将皱胃还纳回腹腔内。整复皱胃后，皱胃不需固定。

术者手臂伸入腹腔内，首先探查瓣胃，如果瓣胃移入腹部前下方，则术者先用手掌托起瓣胃向腹部后上方拨动，然后将皱胃向腹部前下方推压，皱胃复位后不再漂起来。如果瓣胃移到腹部后下方，需将瓣胃向前上方拨动，然后将皱胃向下方推压即可复位。

6）腹壁切口缝合：连续缝合腹膜切口，每缝合一针都要拉紧缝合线。在腹膜切口接近闭合前，向腹腔内灌注生理盐水 500mL、青霉素 800 万 IU 的混合溶液，然后完全闭合腹膜切口。用生理盐水冲洗创口，清除创内的血凝块，用纱布拭干后，在创内撒布青霉素 400 万 IU，准备肌肉的缝合。

连续缝合腹横机、腹内斜肌、腹外斜肌，每逢一针都要拉紧缝合线，防止肌肉间留有间隙。缝毕，在创内撒布青霉素 400 万 IU，准备皮肤的缝合。皮肤创缘用碘酊消毒，然后间断缝合皮肤切口，防止皮肤创缘内翻。缝毕，用碘酊消毒。

7）术后护理：

①纠正代谢性碱中毒：常用 10% 氯化钠注射液静脉注射，每天 1 次，每次 1000mL，连用 3d。

②全身应用抗生素：常用青霉素 3200 万 IU、庆大霉素 200 万 ~300 万 IU、生理盐水或 5% 葡萄糖氯化钠 1000~1500 mL，静脉注射，每天 1 次，连用 3~4d。

（马卫明　王春璈）

四、皱胃阻塞

皱胃阻塞（Abomasal Impaction）也称为皱胃积食，是由于迷走神经机能紊乱导致的幽门排空障碍。皱胃阻塞会引起消化机能障碍、瘤胃积液、自体中毒和脱水，常导致病牛死亡。

【病因】　阻塞大多是由饲料与饲养管理不当而引起的。本病冬春季节发病较多，这与冬春季节青绿饲料缺乏，很多青贮饲料、干草不足的养殖户，采用谷草、麦秸、玉米、高粱秸秆或稻草等过于粗硬的饲料喂牛有很大关系。另外，冬季水槽容易结冰而造成奶牛饮水不足，也是皱胃阻塞的诱发因素之一。奶牛饲料搭配不良，喜食泥沙的奶牛或饲草质量不好、含土含沙量过大，被奶牛吃入也能引发本病。犊牛相互舔舐，造成皱胃内纤维球而阻塞幽门的情况也很常见，我们将在相关章节单独讨论。

皱胃阻塞可能主要与迷走神经紊乱或受损伤有关。迷走神经分为背腹两支。背支主要支配前胃，而腹支则支配前胃和皱胃。在迷走神经机能紊乱或受损伤的情况下，加之受到饲养管理不当因素的影响，即反射性地引起幽门痉挛、皱胃壁弛缓和扩张；或在皱胃炎、皱胃溃疡、幽门部狭窄、网胃异物损伤、胃肠道运动障碍的情况下，由前胃进入皱胃的内容物就会大量积聚，形成阻塞，继而导致瓣胃秘结，加重其病情的发展过程。在皱胃阻塞过程中，前胃机能也受到反射性抑制，出现消化障碍，食欲、反刍废绝，呈现迷走神经消化不良综合征。在皱胃阻塞过程中，瘤胃内容物不能向后输送,导致瘤胃内容物腐解过程加剧,产生大量的刺激性有毒物质,引起瘤网胃黏膜组织炎性渗出,瘤胃内大量积液,全身机能状态显著恶化,发生严重的脱水和自体中毒现象。

皱胃阻塞可分为两种类型。皱胃完全阻塞时,皱胃内充满干涸的饲草,皱胃体积扩张2~3倍,内容物坚实,含水量少,用手指难以掏出(图9-2-50、图9-2-51)。皱胃不完全阻塞时,皱胃底部及幽门部有板结成块的草团,皱胃的液体和少量内容物可以向后排空,板结成团块的草团影响皱胃的正常运动,临床上曾遇到病牛皱胃内仅有1~2个盐水瓶大小的草团,便足以影响到奶牛的采食与反刍,泌乳量明显降低。有的成母牛皱胃内形成的毛球,阻塞幽门或进入十二指肠引起肠阻塞,也会出现皱胃的不完全阻塞。

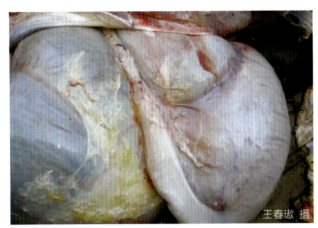
图9-2-50 皱胃完全阻塞

图9-2-51 皱胃内全部充满干涸积粪

皱胃完全阻塞的病例,皱胃极度扩张和伸展,体积显著增大,甚至是正常的2倍以上。胃壁受胃内阻塞物压迫,大多呈暗红色,血运不良。局部缺血的部分,胃壁菲薄,容易撕裂。内容物过度充满、坚实,重量有的可达50kg以上。皱胃黏膜炎性浸润、坏死、脱落,有的幽门区和胃底部散在出血斑点或溃疡。瓣胃体积增大,瓣胃沟显著扩张,内容物积滞、黏硬,瓣叶上粘着干涸饲草,瓣叶坏死,黏膜大面积脱落。瘤胃内充满大量粥状内容物和液体,散发特殊性腐败臭味,黏膜也有炎性变化和出血现象。皱胃不完全阻塞的病例,病牛病程较长,皱胃底部或幽门区有板结成块的积粪,可引起皱胃局部充血,黏膜发生坏死。

【症状】 发病初期,病牛表现为前胃弛缓,食欲、反刍减退或消失,有的病例则喜饮水。瘤胃蠕动音减弱,瓣胃音低沉,腹部无明显异常;尿量减少,粪便干燥或伴发便秘现象。随着病情发展,病牛食欲废绝,反刍停止,腹部显著增大,瘤胃内容物充满,腹部膨胀或下垂(图9-2-52),瘤胃与瓣胃蠕动音消失,肠音微弱;常常呈现排粪姿势,有时仅排出少量糊状、棕褐色带有大量黏液的粪便或排少量黑色稀粪,尿量少而浓稠,呈黄色或深黄色,具有强烈的臭味。也有的病牛连续3d表现为瘤胃臌气,兽医连续3d灌服液体石蜡,第4天瘤胃臌气消退,皱胃发生完全阻塞。在皱胃阻塞过程中,由于反复灌服盐类泻药,瘤胃内出现高渗状态,瘤胃大量积液,冲击式触诊瘤胃呈

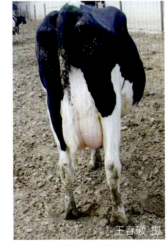
图9-2-52 皱胃阻塞右腹下垂

现振水音。在左侧或右侧肷窝及肋间叩诊结合听诊，在左侧倒数第1~4肋骨上端，或右侧倒数第1~2肋骨上端，可听到钢管音。

严重病例，病牛右侧腹中部向后下方局限性膨隆。以两手掌抵触右侧腹部肋骨弓的后下方皱胃区进行冲击式触诊，可感触到皱胃显著扩张的轮廓及坚硬度。而皱胃不完全阻塞时，进行体外冲击式触诊可感触到皱胃轮廓不明显或隐约感触到皱胃内容有硬块的轮廓。皱胃阻塞的病牛绝大多数继发瓣胃阻塞。直肠内有少量粪便和成团的黏液，混有肠黏膜组织。体形较小的奶牛，手经直肠伸入骨盆腔前缘右前方、瘤胃的右侧下腹区，能摸到向后伸展扩张的、呈捏粉样硬度的部分皱胃。体形较大的奶牛，直肠内不易触诊。

病牛精神沉郁，被毛逆立，污秽不洁，体温无变化，个别病例在中后期体温上升至40℃左右。严重病例出现心脏衰竭，脉搏微弱，心率达100次/min以上。血液常规检查见红细胞压积升高，中性粒细胞增多及伴有核右移，但有少数病例白细胞总数减少，中性粒细胞比例降低。发病末期的病牛精神极度抑郁，不时努责而排不出粪便，两后肢不时踢腹，体质虚弱，瘤胃积液，皮肤弹力减退，鼻镜干燥或流脓性鼻涕，眼球下陷，结膜发绀，舌面皱缩，血液黏稠，呈现严重的脱水和自体中毒症状。

此外，犊牛的皱胃膨胀积液是哺乳犊牛常见病，多与分泌型大肠杆菌感染有关，皱胃内有大量酪蛋白牛奶所形成的乳凝块和大量灰黑色液体，导致皱胃显著膨胀。犊牛发病较急，表现为持续下痢，体质瘦弱。腹部膨胀而下垂，用拳冲击式触诊腹部，可听到一种类似流水的异常音响。有些犊牛兽医通过犊牛口腔向皱胃内插入胃管，企图放出皱胃内液体，其结果导致皱胃穿孔或皱胃黏膜严重出血而死亡（参考本书第二章第二节大肠杆菌病）。

急性皱胃阻塞较为少见，通常多为慢性病理发展过程。病牛病程持续2~3周或更长，病情逐渐恶化，食欲废绝，反刍停止，全身虚弱，常常左侧位卧地，不断呻吟，如不进行手术，大多死亡。

继发于创伤性网胃腹膜炎的病牛，迷走神经受到严重损伤，反复发生瘤胃臌气，伴随皱胃和瓣胃的扩张、阻塞，以致麻痹；食欲完全废绝，显著消瘦。

【诊断】 皱胃阻塞的临床表现，与前胃疾病、皱胃变位和肠阻塞的症状很相似，往往容易误诊。但皱胃阻塞病程发展到中后期，有其特征性表现，根据右腹部皱胃区局限性膨隆，用双手掌进行冲击式触诊可触及阻塞皱胃的轮廓及硬度，是诊断本病的最关键方法（图9-2-53、图9-2-54）。

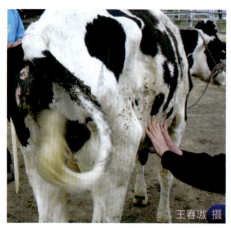

图9-2-53　站立保定下的皱胃触诊

图9-2-54　横卧保定下的皱胃触诊

在左肷窝进行叩诊或在倒数第1~3肋间上端叩诊,并在该部进行听诊,呈现较低调的钢管音,即可确诊,但须注意与下列疾病进行鉴别。

1)皱胃阻塞常常与前胃弛缓相混淆:前胃弛缓时右腹部皱胃区不膨隆,触诊皱胃无异常。应用上述听诊结合叩诊方法检查,不呈现钢管叩击音,两者不难鉴别。

2)与皱胃变位的鉴别诊断:皱胃变位病牛的瘤胃蠕动音低沉而不完全消失,并且从左肷至肘后水平线部位进行听诊,可以听到由皱胃发出的一种高朗的叮铃音。在左侧倒数第2肋间的髋结节水平线用手指叩诊结合听诊,可听到钢管音等特征性音调。而皱胃阻塞的钢管音偏上,范围较小,时有时无。至于皱胃顺时针扭转,则于右腹部肋弓后方和倒数第1~3肋间上端进行叩诊和听诊时,呈现典型的钢管音,结合临床症状分析,也易鉴别。

【治疗】 皱胃不完全阻塞,应根据病情发展过程,着重消积化滞,防腐止酵,缓解幽门痉挛,促进皱胃内容物排出,防止脱水和自体中毒。

发病初期,皱胃运动机能尚未完全消失时,可用硫酸钠500~1000g、液体石蜡1000~1500mL、鱼石脂20g、95%酒精50mL、常水6000~8000mL,混合内服。但需注意,如果奶牛已发生脱水,忌用泻剂。

在病程中,为了改善病牛中枢神经系统调节作用,促进胃肠机能,增强心脏活动,促进血液循环,防止脱水和自体中毒现象,可及时应用10%氯化钠溶液1000mL、20%安钠咖溶液30mL,静脉注射;5%葡萄糖生理盐水3000~4000mL、维生素C30~50mL、庆大霉素160万~240万IU,静脉注射。此外,还可适当地应用磺胺类药物,防止继发感染。

必须指出,由于皱胃阻塞多继发瓣胃阻塞,药物治疗效果不好。因此在确诊后,要及时施行瘤胃切开术,掏空瘤胃内容物,将胃管插入网瓣胃孔,通过胃管灌注温水来冲洗瓣胃和皱胃,达到疏通的目的,或直接做皱胃切开进行皱胃与瓣胃冲洗,效果非常理想。皱胃完全阻塞的病例,胃壁已经过度扩张和麻痹,必须采取手术治疗。

皱胃阻塞的手术途径分为两种:瘤胃切开胃冲洗术和皱胃切开胃冲洗术。一般来说,中等体形以下的奶牛通过瘤胃切开进行胃冲洗,可充分对瓣胃与皱胃进行探查与病区解除;而大体形奶牛的瘤胃切开进行瓣胃、皱胃的冲洗,由于术者手臂长度受限制,很难探查到瓣皱胃口,因而需采用皱胃切开进行胃冲洗,现分别介绍这两种手术方法。

(1)瘤胃切开皱胃冲洗术

1)将病牛站立保定,进行腰旁神经传导麻醉,配合术部0.5%盐酸普鲁卡因浸润麻醉。左肷部前切口,按常规做瘤胃切开,掏空瘤胃内容物。探查瘤胃、网胃内有无异物,若有则取出异物及刺入网胃壁的钢丝、铁丝,以消除原发性疾病。探查网瓣胃孔,用胃导管端插入网瓣胃孔内,另一端接漏斗灌注温水。手应进入网瓣胃孔内,用手指松动干涸硬粪,冲散的干涸内容物随水反流入瘤胃内,直至冲开瓣胃沟,到达瓣皱胃孔。手抓持胃导管端,经瓣胃沟进入瓣皱胃孔内(手顺瓣胃沟向下方探查即进入皱胃)继续灌注温水。中等体形的奶牛,用手可探查到皱胃腔内各个部位。一边向皱胃内灌注温水,一边用手指松动干涸的胃内容物,将皱胃内容物全部泡软,并随水反流至瘤胃内。

2)用虹吸法排出瘤胃内水、反流至瘤胃内的瓣胃和皱胃内容物。应反复多次灌水冲洗和虹吸排出。当奶牛体形过大，手不能触及皱胃后半部的干涸内容物时，应采取向皱胃内一边灌水一边在牛体外对皱胃区撬杠按摩的方法使皱胃内容物松散开，也可在瘤胃腔内隔着皱胃壁对皱胃进行按摩，以解除皱胃的干涸内容物。冲洗完毕，用虹吸法吸出瘤胃腔内过多的水及沉积在底部的泥状细碎的饲草。

3）向瘤胃腔内填入2~2.5kg TMR并灌注健康牛瘤胃液500mL或健康牛反刍于口腔内的草团，按常规缝合瘤胃，闭合左肷部腹壁切口。

（2）皱胃切开胃冲洗术

1）对瘤胃高度积液的奶牛，术前应先进行导胃减压（图9-2-55）。将病牛左侧卧保定，两前肢和两后肢分别拴系固定在柱栏的立柱上，前肢的肩下和头部用草垫垫好，以减少其摩擦和压迫。用速眠新或盐酸赛拉嗪全身麻醉。

2）待奶牛保定好以后，术者在其右侧腹侧壁触诊皱胃，选择皱胃轮廓最明显处的腹壁上做切口。一般选择在乳静脉上方做平行切口，也可在乳静脉下方平行乳静脉做切口，切口长15cm左右。局部剃毛、消毒，配合术部0.5%盐酸普鲁卡因浸润麻醉（图9-2-56、图9-2-57）。

图9-2-55 术前导胃减压

图9-2-56 皱胃切开切口定位及术部隔离

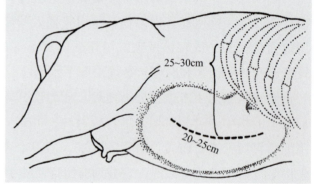

图9-2-57 皱胃切口示意图

3）于术部切开皮肤显露腹黄筋膜达腹直肌，止血后对腹直肌进行钝性分离，显露腹横肌膜和腹膜。切开腹横肌膜和腹膜显露皱胃。当皱胃发生不完全阻塞时，阻塞部位常位于幽门部和胃底部，可将皱胃从切口内拉出，充分显露皱胃。当皱胃发生完全阻塞时，皱胃从切口中拉不出来，只能用灭菌纱布填塞于腹壁切口和皱胃壁之间，以防切开皱胃后皱胃内容物污染创口。然后用灭菌塑料布或灭菌橡胶布在皱胃预定切开线的周围缝合固定，缝合时用弯圆针或直圆针仅穿过皱胃壁的浆膜肌层，展开橡胶布，用巾钳固定在隔离创巾上（图9-2-58~图9-2-62）。

4）切开皱胃，套入橡胶洞巾。切开皱胃后，对皱胃切口创缘的出血可用结扎法进行止血，用手指伸入切口区，掏出靠近皱胃切口内的积粪，然后再套入橡胶洞巾，手持胃导管端伸入皱胃

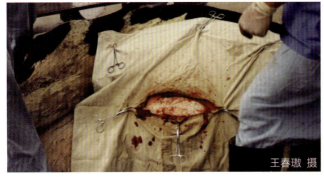
图 9-2-58 切开皮肤显露腹黄筋膜

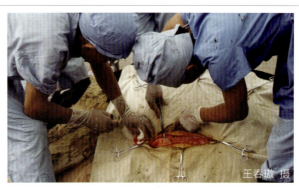
图 9-2-59 切开腹黄筋膜显露腹直肌

图 9-2-60 皱胃完全阻塞时，用纱布隔离腹壁切口

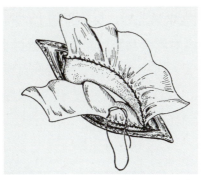
图 9-2-61 将胶布连续缝合在皱胃预定切开线两侧

图 9-2-62 展开橡胶布，用巾钳固定

内，另一端连接漏斗向皱胃内灌入温水，一边灌水一边用手指松动皱胃内硬结的积粪，必要时术者手抓持导管端，进入胃腔内，对准皱胃的阻塞处冲洗，这样被冲散的皱胃内容物随水自皱胃切口内流出，直至将整个皱胃内容物全部冲净为止。值得特别注意的是，皱胃内积粪必须全部冲出，特别是幽门部积粪注意冲散和掏出，否则预后不良（图 9-2-63~图 9-2-66）。

由于手臂和手在皱胃内操作，如果操作时不小心损伤了皱胃黏膜，可引起皱胃黏膜的出血，从皱胃内反流出来的水变成浅红色。此时可降低水的温度，改为凉水可起止血作用。另一方面立即静脉注射 20% 葡萄糖酸钙 250mL，很快即可止血。

皱胃阻塞的病牛经常继发瓣胃阻塞，若瓣胃内容物不除

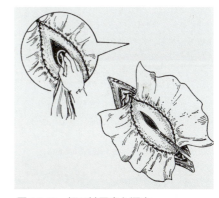
图 9-2-63 切开皱胃套入洞巾

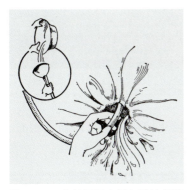
图 9-2-64 向皱胃腔内插入胶管并灌入温水

图 9-2-65 经皱胃切口插入塑料管冲洗

图 9-2-66 手在皱胃内松动板结的积粪

去,瓣胃会下垂压迫空虚的皱胃,可造成皱胃的压迫性阻塞。因此,凡有瓣胃阻塞的情况,在皱胃内容物冲洗排空的基础上,术者手持导管端经瓣皱胃孔进入瓣胃内,清除瓣胃叶片间隙中干涸的胃内容物。冲洗界限不要沟通网瓣胃孔,否则瘤胃内大量液状内容物经瓣皱胃孔及皱胃切口向体外倾泻,病牛常可发生急性虚脱而预后不良。

对于皱胃不完全阻塞的病牛,切开皱胃后无须插管做胃冲洗,手可经皱胃切口伸入皱胃腔内,取出皱胃内的草团(图 9-2-67)。

5)胃壁缝合时,对已遭受机械性损伤的皱胃壁创缘做部分切除,是预防皱胃瘘的有效措施。将皱胃壁向切口外牵引,用生理盐水清洗后,拆除胃壁上的隔离塑料布。用手术剪剪除胃壁切口挫灭的组织,用 3-0 Vicryl 缝合线对胃壁黏膜层先做一层连续康乃尔式全层缝合(图 9-2-68)。除去填塞纱布,用生理盐水冲洗皱胃,再用 3-0Vicryl 缝合线对皱胃肌层进行连续缝合(图 9-2-69)。用生理盐水充分清洗后,再用 3-0Vicryl 缝合线对皱胃胃壁浆膜层进行连续缝合,最后对皱胃壁进行伦巴特缝合,用青霉素生理盐水溶液冲洗胃壁后,在胃壁涂布红霉素软膏,将皱胃还纳腹腔内(图 9-2-70)。

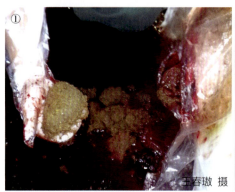

图 9-2-67 取出皱胃内的草团

图 9-2-68 胃壁切口的两层缝合

图 9-2-69 皱胃壁切口肌肉层的连续缝合

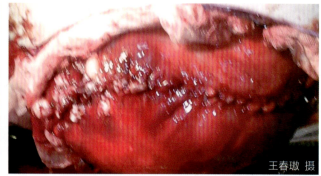

图 9-2-70 皱胃壁的伦巴特缝合

6)腹壁切口的闭合。先用灭菌纱布填塞切口,以防止皱胃和网膜从切口中脱出而妨碍缝合。用 18 号缝合线对腹膜、腹横肌、腹直肌及腹黄筋膜进行间断缝合。缝毕用生理盐水冲洗,在创内撒上青霉素粉 400 万 IU,然后连续缝合腹部皮肌,进行皮肤间断缝合,外打结系绷带。

7)术后护理。术后使用抗生素 4~6d,输液纠正代谢性碱中毒及低血糖等。为促进奶牛胃肠功能的恢复，术后可适当使用四消丸 180~200g、胃复安（甲氧氯普胺）200mg、液体石蜡 500~1000mL，经口灌服。给予健胃剂以促进食欲的恢复。出现反刍后可适当给予 TMR，逐日增多。

（马卫明　王春璈）

五、皱胃内纤维球

犊牛的急性腹部胀气，除单纯性消化不良外，常与啃舔被毛在胃内形成毛球，继而阻塞幽门有关。如不及时治疗，会很快死亡。

皱胃内纤维球（Fibrous Ball in Abomasum）在成年牛时有发生，多是由于皱胃弛缓引起，进入皱胃内的饲草纤维大多为羊草和青贮玉米秸秆的细长纤维，因皱胃弛缓不能排空，这些细长的纤维逐渐在皱胃内缠结成团并逐渐增大，小的如鸡蛋大，大的如垒球。在瘤胃内形成的纤维草团，经过网瓣胃孔直接下行，通过瓣皱胃孔进入皱胃。由于皱胃内草团间歇性阻塞幽门，病牛出现皱胃不完全阻塞的症状，引起消化机能障碍、采食与反刍减少、消瘦、泌乳量降低、脱水、慢性发病过程，常导致死亡。

【病因】　缺乏维生素 D 的犊牛，常常相互舔舐被毛及卧床上的垫料。犊牛岛可防止犊牛相互舔舐造成的皱胃阻塞、相互吸吮乳头造成的瞎乳区及其他传染病的传播。将多头犊牛放在大栏内一起饲养，这就给犊牛创造了相互舔舐的机会（图 9-2-71）。部分犊牛舔舐自身被毛，可能与皮肤感染造成的局部瘙痒有关（图 9-2-72）。被毛经口腔及食管沟，直接进入皱胃，在胃蠕动作用下形成毛球（图 9-2-73~图 9-2-75）。

图 9-2-71　犊牛相互舔舐

图 9-2-72　犊牛自舔，肘后方胸壁无毛

图 9-2-73　犊牛皱胃内的大量毛球

图 9-2-74　犊牛皱胃内的毛球

图 9-2-75　犊牛皱胃内的大毛球

成年牛皱胃内草团的形成有两种可能，一是瘤胃内形成的纤维草团，在特定条件下可经过网瓣胃孔直接下行，通过瓣皱胃孔进入皱胃；另一种是瘤胃内难以消化的粗纤维进入皱胃后，在皱胃蠕动作用下逐渐积聚形成大小不等的纤维球（图9-2-76、图9-2-77）。

王春璇 摄
图9-2-76 犊牛皱胃内大小不等的纤维球

曹杰 摄
图9-2-77 干奶牛皱胃内草团

【症状】 发病犊牛通常前期无任何异常表现。一旦毛球阻塞幽门，立即出现急腹症表现。由于胃内滞留奶块异常发酵，短时间内即可出现皱胃扩张积气，腹围增大。腹痛症状明显，不安，躁动。由于腹压过大挤压胸腔而呼吸困难（图9-2-78），如不采取措施，常在短时间内死亡。

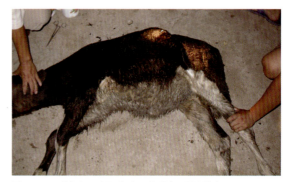
图9-2-78 皱胃毛球阻塞牛，左肷部明显膨出

成年牛皱胃内的草团形似木塞，随皱胃蠕动间歇性阻塞幽门，出现类似皱胃左方变位的症状，临床对皱胃左方变位的奶牛进行手术整复时，常常发现皱胃内有纤维球。病牛体温、呼吸、脉搏基本正常，病初食欲间断性反复，泌乳量伴随采食量的变化而呈现波动，当纤维球堵塞幽门后，病牛伴有腹痛，当纤维球退回到皱胃腔内时，腹痛消失。在纤维球形成并逐渐增大过程中，病牛表现为皱胃弛缓、扩张，并常常发生皱胃左方变位。瘤胃蠕动减弱，出现前胃弛缓症状。病牛眼球下陷，脱水，补液治疗效果不佳。一旦完全阻塞幽门，很快出现更为严重的消化机能障碍、瘤胃积液、自体中毒等症状，如不及时治疗也会死亡。

【诊断】 犊牛皱胃内毛球，根据发病特点及临床表现不难诊断，应与单纯性臌气相鉴别。单纯性臌气的病牛，对皱胃穿刺放气后，给予镇痛药物并牵遛运动，很快恢复；皱胃毛球阻塞的病牛，放气后很快又发生臌气。

成年牛发病时诊断相对较难，需和皱胃积沙、瘤胃异物、皱胃左方变位等疾病进行鉴别。

【治疗】 犊牛应立即进行穿刺放气，防止因呼吸困难而死亡。无论是犊牛还是成年牛，手术都是本病的根治方法。

由于犊牛的瘤胃尚未发育完全，因此可选择左肷部切口进行皱胃切开术，取出皱胃内毛球。

成年牛大多表现为前胃弛缓症状，也有的表现为皱胃左方变位症状，对出现上述症状的奶牛，在药物治疗无效的情况下，应尽早进行腹腔探查术。若能确诊，应选择右侧乳静脉上方切口做皱胃切开术，取出皱胃内草团（图9-2-79、图9-2-80）。

图 9-2-79　奶牛皱胃手术中的保定与术部

图 9-2-80　切开皱胃取出纤维球

（马卫明　王春璈）

六、皱胃积沙

皱胃积沙（Abomasal Sabulose）是奶牛场的常见病，严格意义上讲属于皱胃不完全阻塞的一种类型。沉积于皱胃内的泥沙易板结成块，引起奶牛皱胃弛缓、扩张、溃疡、变位等一系列临床表现。有时皱胃积沙与瘤胃积沙同时发生。

【病因】　预混料营养不全，特别是维生素D含量不足或生产的预混料日期过长，维生素D氧化失效，导致奶牛体内维生素D缺乏引起钙的吸收不足，奶牛出现异食现象，特别是高产奶牛，更容易出现钙的缺乏，易发生采食卧床垫料或吞食运动场上的泥沙而引起皱胃积沙。

运动场内不设置盐槽或舔砖；饲料中矿物质缺乏、钙磷不足或比例失调，都可能造成奶牛异食而舔食沙土。铺垫卧床及运动场的新沙土，奶牛尤喜舔食（图9-2-81）。多年不垫沙土的老运动场，奶牛可在运动场的某些地方掘成坑，从坑内舔食新鲜沙土（图9-2-82）。异食较为严重的奶牛，不但舔食沙土，而且吸饮运动场低洼处积存的污水，甚至喝其他牛的尿液。另外，粗饲料中沙土等杂质含量过多，也是造成皱胃积沙的原因之一。

图 9-2-81　舔食新沙

图 9-2-82　从坑内舔食沙土

【症状】 患病奶牛的症状因食入沙土的多少而异，食入较少的奶牛仅表现为食欲下降、消化不良。食入较多的奶牛可表现为食欲废绝、泌乳量锐减。有的病牛出现顽固性水样腹泻，很快消瘦，但腹部下沉，尤其是下腹部较宽，形成所谓的"梨形腹"。伴有皱胃炎和皱胃溃疡的病牛，直肠检查可掏出焦油状粪便（图 9-2-83）；病程较长的表现为贫血，精神委顿。单纯皱胃积沙的病牛精神状态尚好，体温、呼吸和脉搏正常。直肠检查可掏出含大量泥沙的粪便（图 9-2-84）。

图 9-2-83　从直肠内掏出含沙的粪便

图 9-2-84　从直肠内掏出的黑色粪便

【诊断】 根据病史和临床症状可做出初步诊断。用清水过滤粪便，有时可发现大量泥沙。进行直肠检查取出直肠内粪便，粪便多呈煤焦油色，可用手感觉粪内有无沙粒。皱胃积沙牛常伴有皱胃弛缓与扩张，有的伴有皱胃移位和皱胃积液，在左侧倒数第 1~2 肋骨的上方进行听诊与叩诊有时出现钢管音，钢管音时有时无。怀疑皱胃积沙时，可对病牛进行皱胃触诊，积沙的皱胃体积变大，内容物坚实。

开腹探查可以确诊本病。瘤胃积沙者瘤胃腹囊内有大量积沙，泥沙板结，平铺在胃底部；皱胃积沙者伴有皱胃扩张，皱胃积沙的厚度因个体不同而有很大差别，有的积沙厚 10cm 以上，轻度积沙厚度为 3~4cm，触诊皱胃底部可感到硬度增大。

【治疗】 本病的治疗方法分为保守治疗和手术治疗两种。

（1）保守疗法　按传统的保守疗法（灌服油类泻剂、加强运动）通常很难收到疗效，多数病牛最后转归死亡。齐长明等采用如下方法进行治疗，收治的 7 头奶牛全部治愈。具体操作为：

1）用机械方法对瘤胃腹囊和皱胃大弯部进行振荡，使板结的积沙松散，和胃内食糜混合而后送。取 2m 长、30cm 宽的木板 1 块，用麻袋布缠好，以免硌伤牛体。将木板置于站立保定的奶牛腹下，牛体两侧各站 1 人，抬动木板，有节奏地上下振动，每次 30min 左右，每天 3~4 次。这种方法非常有效，2~3d 后，病牛粪便量增加，大量泥沙开始外排，用清水过滤粪便，可验证诊断并大概估算出病牛每天排出的泥沙量。随着泥沙的排出，病牛的全身症状逐渐改善，食欲增加，饮水量增加，右肷部及其前下方的钢管音消失。

2）每天灌服液体石蜡 2000~3000mL，可连续灌服 3~5d。

3）奶牛禁食或喂少量青干草，饮水不限。林格尔氏液 5000~8000mL 或 10% 氯化钠 300~500mL，静脉注射，1 次 /d。

上述方法同时采用，疗效明显。

（2）手术治疗

1）采用速眠新注射液全身麻醉，肌内注射，用药剂量为1mL/100kg体重。将病牛左侧卧保定，于右侧腹底部肋弓下剃毛消毒后，做一与肋弓平行的斜切口，切口长15~20cm，切口位置在皱胃胃体表投影处。常规打开腹腔后，用消毒创巾或塑料布严密隔离创口。将部分皱胃壁牵引至腹壁切口外，打开皱胃后再次用塑料布隔离，防止腹腔污染。可持胃导管进入皱胃内，胃导管另一端连接漏斗向皱胃内灌注温水，同时手指松动皱胃底部板结的泥沙，使泥沙与水混合后经皱胃切口流出体外，不能用手从胃底部挖掏板结的泥沙，必须用大量水冲洗才能将泥沙洗出（图9-2-85），最后用虹吸法将胃腔内冲洗液体吸出体外。

图9-2-85　皱胃积沙经切开冲洗出

2）胃壁切口的缝合。将皱胃切口部分向外牵引，用0.1%新洁尔灭溶液冲洗后，将皱胃切口边缘的组织剪除一部分，使皱胃切口形成新鲜创面后，用生理盐水冲洗皱胃壁，清理胃壁上的血凝块及异物后，用可吸收缝合线对胃壁黏膜层进行连续缝合。缝毕，用生理盐水冲洗创面，再用可吸收缝合线对皱胃切口的浆膜肌层进行连续缝合。缝毕，用生理盐水冲洗胃壁，最后对胃壁切口进行浆膜肌层内翻缝合，再用生理盐水冲洗胃壁，将皱胃还纳腹腔内。单纯的瘤胃积沙者，可站立保定，施行瘤胃切开术，吸出瘤胃内的液体后用手取出泥沙。大部分病例为皱胃和瘤胃同时积沙，但瘤胃内的泥沙较少，仅取出皱胃积沙后，采用保守疗法，大部分病牛可以治愈。

（马卫明　王春璈）

七、皱胃炎与皱胃溃疡

1. 皱胃炎

皱胃炎（Abomasitis）是奶牛的一种多发病，主要与饲料、饲草、某些化学物质、前胃消化机能障碍及病原微生物的感染有关，引起皱胃黏膜及黏膜下组织的炎症。其病理变化表现为渗出性炎症、出血性炎症、溃疡穿孔性炎症反应和黏膜水肿性炎症。临床上表现为排粪异常，如排出黑色、灰色或巧克力色粪便，采食量降低，泌乳量降低。皱胃炎可发生在各个饲养阶段的牛，但以泌乳牛和犊牛高发。

【病因】　临床上皱胃炎最多见于大肠杆菌感染引起。另外，给奶牛饲喂质量差、霉变的青贮饲料；奶牛由于维生素D缺乏引起的异食现象，如奶牛吞食卧床沼渣垫料、锯末垫料、稻壳粉垫料、沙子垫料，采食运动场上的泥土等；围产前期过多地饲喂阴离子盐引起的瘤胃酸中毒；饲喂高精饲料日粮引起的瘤胃酸中毒；饲喂大量酒糟和产后护理过程中过多地灌服阿司匹林等，都可引发皱胃炎。

此外，皱胃淋巴肉瘤也是皱胃炎的致病因素。肝脏疾病与慢性贫血所引起的神经营养障碍，同样也能诱发皱胃炎。

【症状】 由于发病原因不同，所表现的临床症状也不同。

（1）大肠杆菌感染引起的皱胃炎 大肠杆菌感染后，皱胃黏膜发生渗出性炎症，严重的发生出血性炎症，引起皱胃积液、膨胀（图9-2-86、图9-2-87），皱胃黏膜严重出血（图9-2-88、图9-2-89），积液的颜色呈灰色或暗黑色（图9-2-90、图9-2-91），犊牛和泌乳牛都可发生。发病后奶牛体温升高到40℃，不久体温便下降至39℃以下，奶牛精神高度沉郁，采食与反刍停止，卧地不起。奶牛右侧腹围增大，对右侧腹部进行冲击式晃动，出现振水音。奶牛不出现腹泻症状，不久发生内毒素休克、死亡（图9-2-92）。大肠杆菌引起的皱胃渗出与出血性变化，请查看本书第二章第二节。

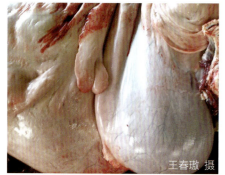

图9-2-86 皱胃积液、膨胀

图9-2-87 皱胃积液严重膨胀

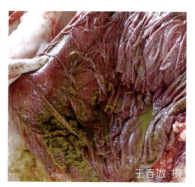

图9-2-88 皱胃黏膜出血

图9-2-89 皱胃黏膜严重出血

图9-2-90 犊牛皱胃内大量黑色积液

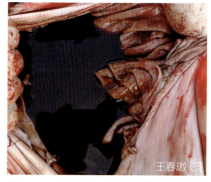

图9-2-91 泌乳牛皱胃内容物为大量酱油色液体

图9-2-92 大肠杆菌感染引发皱胃炎而处于休克状态的奶牛

（2）犊牛采食异物引起的皱胃炎　犊牛采食卧床垫料，特别是采食了少量的稻壳和锯末垫料容易引起皱胃炎，采吃大量的锯末垫料或稻壳垫料，可引起犊牛死亡（图9-2-93、图9-2-94）。

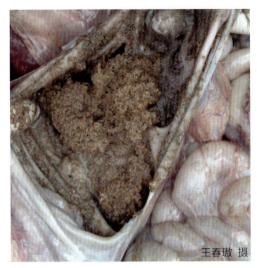

图9-2-93　犊牛采食锯末垫料引起死亡　　　　　图9-2-94　犊牛采食稻壳垫料引起死亡

犊牛在18日龄前由于不反刍，采食了卧床铺垫的稻草后，稻草在瘤胃内和皱胃内缠结成团（图9-2-95），刺激瘤胃和皱胃引发炎症，并常常继发大肠杆菌或沙门菌感染，引起腹泻、脱水、死亡。也有的新生犊牛采食了卧床铺垫的细沙，引发皱胃炎而死亡（图9-2-96）。

图9-2-95　犊牛瘤胃内缠结成团的稻草　　　　　图9-2-96　皱胃内积存的大量泥土

泌乳牛采食霉败的青贮饲料或卧床垫料后，引起腹泻，排出水样黑色粪便或少量黏性黑色粪便。奶牛精神差，食欲减退，反刍减少，泌乳量降低。随着病程的发展，病牛表现为精神沉郁，鼻镜干燥，眼球下陷，被毛逆乱无光泽，皮肤弹性降低，明显消瘦，排出大量水样黑色粪便，卧地不起，严重脱水，全身衰竭，最后死亡（图9-2-97）。泌乳牛采食了卧床铺垫的沙子，沙子沉淀到皱胃底部，积沙刺激皱胃黏膜引发炎症，导致皱胃积液、膨胀，在奶牛免疫力降低的情况下，继发大肠杆菌感染，最终死亡（视频9-2-40、视频9-2-41）。

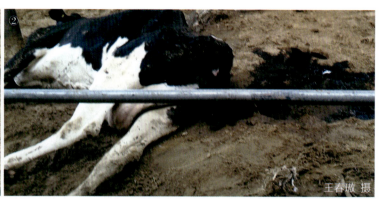

图 9-2-97 皱胃炎病牛排出水样黑色粪便

值得注意的是，尽管皱胃炎是由多方面因素引起的皱胃黏膜的炎症，但是，奶牛在皱胃炎的发病过程中，都逃脱不了大肠杆菌感染，如果仅认为是非感染性的皱胃炎而忽视了大肠杆菌感染的防控，其后果是严重的。

视频 9-2-40 皱胃积存大量黑色液体和积沙，继发大肠杆菌败血症而死亡

视频 9-2-41 皱胃积存大量液体，皱胃黏膜出血，继发大肠杆菌败血症而死亡

【诊断】 本病除严重的皱胃炎病例以外，一般的皱胃炎特征不明显，临床诊断困难。通常根据病牛消化不良、触诊皱胃区敏感、结膜及口腔黏膜黄染、具有便秘或腹泻现象、有时伴发呕吐等，做出初步诊断。

由于本病主要表现为消化机能障碍，应与前胃弛缓、皱胃阻塞及创伤性网胃炎等疾病相鉴别。发生前胃弛缓时，奶牛瘤胃蠕动无力、不充盈，反刍无力或次数减少。发生创伤性网胃炎时，奶牛体温升高，站立和运动姿势异常；肘部肌群震颤，慢性瘤胃臌气，叩诊剑状软骨后方腹底部出现鼓音，扛抬压迫剑状软骨后方，可引起疼痛反应。发生皱胃阻塞时，奶牛皱胃蠕动音消失，触诊右腹部皱胃区局限性膨隆，可触及增大的皱胃轮廓。

【治疗】 皱胃炎的治疗原则为抗炎、保护胃黏膜，纠正代谢性碱中毒。使用非甾体抗炎药，灌服液体石蜡，静脉注射生理盐水或10%氯化钠注射液。根除引起皱胃炎的发病原因，杜绝奶牛采食异物。调整日粮配方和使用抗生素药物治疗后通常预后良好。犊牛可给予胃得乐，经口投药；成年牛可给予抗组织胺药，灌服次硝酸铋（碱式硝酸铋）、碳酸镁等。针对大肠杆菌感染要使用抗生素。

2. 皱胃溃疡与穿孔

皱胃溃疡与穿孔（Abomasal Ulcers and Perforation）是奶牛和犊牛常见的疾病，常常在一个阶段内散发或呈地方流行性。皱胃溃疡是指皱胃黏膜及其深部组织出现了久经不愈合的病理性的肉芽创。犊牛皱胃穿孔最早发病是在15日龄，但最多见于断奶前后的犊牛。泌乳牛的皱胃穿孔大多发生在泌乳60d以内，也有的在产后第3天穿孔。皱胃穿孔后，引发弥漫性腹膜炎，发生败血症而死亡。在临床上皱胃溃疡常常在皱胃黏膜上出现数个溃疡病灶，而皱胃穿孔仅仅在皱胃壁上出现1个穿孔病灶，皱胃黏膜上也没有溃疡病灶，这说明两种病理变化不存在前因后果的关

系。这种皱胃穿孔性疾病是由肠附着损伤性大肠杆菌感染引起的，而皱胃溃疡与奶牛采食的饲料有密切关系。皱胃穿孔这部分内容请参看本书第二章第二节有关内容。

【病因】 皱胃溃疡与奶牛高精饲料日粮有关，高精饲料日粮饲养的奶牛会出现不同程度的瘤胃酸中毒。热应激期间由于增加了精饲料的饲喂量，瘤胃酸中毒的发病率会增加。围产后期的高精饲料日粮，同样会加重瘤胃酸中毒的风险，容易继发皱胃溃疡。

对皱胃变位死亡牛进行病理解剖时发现，皱胃黏膜同时存在溃疡病灶，表明皱胃左方变位与皱胃溃疡这两种疾病可能同时发生或相互继发。

在对死亡奶牛进行病理解剖时发现，凡皱胃穿孔的奶牛都表现为弥漫性腹膜炎。无菌采集肺、肝及皱胃和小肠黏膜病料进行细菌培养与分离鉴定，都是大肠杆菌感染，细菌经小鼠毒力实验，确定大肠杆菌为致病菌株。对皱胃穿孔后死亡的哺乳犊牛和断奶犊牛的病料进行细菌分离培养与鉴定，并对分离的细菌进行毒力实验，确定为致病性大肠杆菌。这些死亡的泌乳牛和犊牛，生前都有过腹泻病史。犊牛最早从10日龄开始腹泻，到20日龄死亡。有的犊牛从15日龄腹泻，到断奶前后死亡，期间，犊牛腹泻次数明显减少，但生长缓慢，被毛粗乱，卧地不起，吃奶量减少或不吃奶，最后死亡（图9-2-98）。对死亡的犊牛进行解剖时发现，皱胃穿孔引起了弥漫性腹膜炎（图9-2-99）。

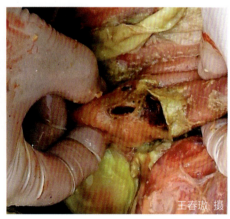

图 9-2-98　断奶前犊牛衰竭，卧地不起

图 9-2-99　皱胃穿孔弥漫性腹膜炎

牧场饲养犊牛的管理人员经常问及犊牛腹泻和皱胃穿孔的原因，他们给犊牛喂完初乳后都测定犊牛体内免疫球蛋白含量，都在正常范围内，但仍然发生腹泻和死亡。这是因为感染犊牛腹泻和穿孔的病原菌是肠附着损伤性大肠杆菌，血清型为F型，这类细菌不进入犊牛血液循环内，而是附着在胃肠黏膜上皮细胞表面，会引起分泌性腹泻，并对局部黏膜上皮细胞引起溃疡或穿孔。F型大肠杆菌的致病位点是胃肠黏膜上皮细胞，如果新生犊牛出生后立即饲喂高含量的免疫球蛋白的初乳，初乳中的免疫球蛋白与胃肠黏膜上皮细胞接触后，会对胃肠黏膜上皮细胞产生保护力，封闭了F大肠杆菌在胃肠黏膜上皮细胞的定植位点，F型大肠杆菌就不能再在胃肠黏膜上皮细胞的位点上居住与繁殖，就不会引起分泌性腹泻和对胃肠黏膜的损伤，这是初乳对胃肠黏膜上皮细胞的局部免疫作用，与犊牛吃完初乳后血清抗体含量高无关。

另外，在卧床铺垫稻壳的犊牛岛或犊牛舍，犊牛采食卧床上的稻壳，导致皱胃黏膜溃疡的病例常有发生，这是木质化的稻壳对皱胃黏膜的刺激损伤而引起的溃疡（图9-2-100、图9-2-101）。

图 9-2-100　犊牛采食卧床垫料

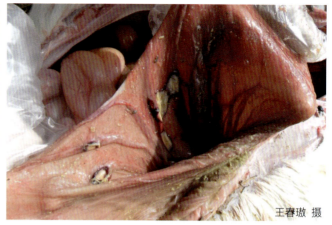

图 9-2-101　犊牛采食卧床上的稻壳致使皱胃黏膜出现数个溃疡

【症状】　皱胃溃疡牛一般都具有腹泻症状，溃疡局部病灶的出血，可引起粪便性状异常，如粪便呈灰色、黑色或煤焦油色（图 9-2-102、图 9-2-103），采食量降低，逐渐消瘦，泌乳量下降。

图 9-2-102　直肠检查手上黏附黑色黏腻粪便

图 9-2-103　皱胃溃疡牛排出黑色稀粪

皱胃穿孔发生前，奶牛仅表现为精神沉郁，采食量降低和粪便异常。皱胃一旦发生穿孔，皱胃内容物进入腹腔，就会引发弥漫性腹膜炎，奶牛体温升高，采食与反刍停止，全身情况迅速恶化，卧地不起，不排粪或仅排出少量黏腻粪便，出现败血性休克，直至死亡。皱胃穿孔是在奶牛死亡后经病理解剖时发现的（图 9-2-104、图 9-2-105），在死亡前一般没有人诊断出来。如果对皱胃穿孔牛进行腹腔穿刺，根据腹腔穿刺液的变化，可诊断奶牛发生了弥漫性腹膜炎。

图 9-2-104　犊牛皱胃穿孔

图 9-2-105　泌乳牛皱胃穿孔

在临床上可以依据皱胃是否发生出血、穿孔及疾病的严重程度，将皱胃溃疡进行分类，但任何兽医临床学家，在皱胃发生溃疡过程中，在缺少诊断设备和化验室条件的牧场是很难确定奶牛皱胃溃疡的严重程度和级别的。

皱胃穿孔后奶牛主要表现为弥漫性腹膜炎症状，体温升高，死亡前体温下降，奶牛采食与反刍停止，不排粪或仅排出少量黏腻粪便，腹围增大，胃肠蠕动音缺失，卧地不起，一般经 12~48h 死亡。奶牛死亡后的腹腔内，有大量浅黄色腹水，大网膜、肝脏和所有肠管表面覆盖一层浅黄色纤维素，引起胃肠粘连（图 9-2-106）。

【诊断】　皱胃溃疡与皱胃穿孔，在病牛死亡前一般难以真正确诊。出血性皱胃溃疡的诊断基于苍白黏膜、高心率、黑粪症、低红细胞比积（PCV）和低蛋白血症。B 超声对犊牛及成年牛的弥漫性腹膜炎的诊断有很大帮助。

【治疗】　皱胃溃疡与穿孔是没有治疗意义的疾病。皱胃穿孔不可能治愈，奶牛会很快死亡。皱胃穿孔几乎是奶牛死亡后通过病理解剖时发现的，根本谈及不上治疗问题。除非并发皱胃变位的皱胃溃疡牛，在手术整复后使用抗生素和抗酸保护剂，但这种变位牛泌乳量难以恢复正常，毫无饲养价值，最后还是淘汰。

图 9-2-106　皱胃穿孔牛引发弥漫性腹膜炎

犊牛皱胃穿孔是由细菌感染引起的疾病，犊牛在皱胃穿孔前都有腹泻发病史。凡有皱胃穿孔散发的牧场，在治疗犊牛腹泻时，要使用抗生素以减少后续继发皱胃穿孔的发生。

犊牛皱胃溃疡多与犊牛采食卧床垫料有关，凡犊牛采食卧床垫料的牧场，在围产期奶牛的预混料中要增加维生素 D 的添加量，也可在围产前期给奶牛注射维生素 ADE 注射液。在新生犊牛出现异食现象的牧场，要给新生犊牛注射维生素 AD 注射液。

仅少量出血的皱胃溃疡，要调整日粮配方，并给予抗酸保护剂或收敛剂，但在奶业限定奶牛使用药物中是很难做好用药治疗的。

（马卫明　王春璈）

第十章 肠管疾病

第一节 肠管解剖学特点与疾病诊疗的关系

奶牛的结肠和小肠以总肠系膜悬挂于腹腔内。总肠系膜的两层浆膜由脊柱向下并向左右分开，将结肠初袢、终袢和盲肠的一部分及旋袢的肠段包在中间。在旋袢的周缘，两层浆膜合并形成短的空肠系膜，将空肠悬挂于结肠袢的周围。

奶牛的肠管位于牛体正中面右侧，与瘤胃右侧面相接触，借总肠系膜附着于腰下部。奶牛的肠管分为十二指肠、空肠、回肠、盲肠、结肠和直肠（图10-1-1、图10-1-2）。

（1）十二指肠　十二指肠长约1m，自幽门起（位于第10~13肋骨下端）向背侧走，到肝脏的脏面，形成第一段弯曲（乙状弯曲）；第二段弯曲（髂弯曲）沿腰椎横突的下方向后方走，到髋结节处再转向前

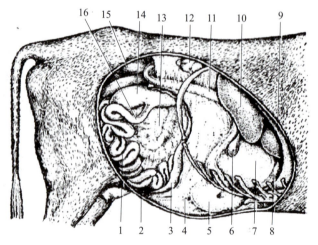

图10-1-1　奶牛腹腔内脏右侧面示意图
1—空肠　2—深、浅网膜结合处　3—网膜深层　4—网膜浅层　5—皱胃
6—胆囊　7—瓣胃　8—网胃　9—膈　10—肝右叶　11—十二指肠　12—右肾
13—结肠袢　14—盲肠　15—直肠　16—回肠

方；第三段弯曲向前走与结肠末端相邻近，延接总肠系膜的空肠部。

纤维球阻塞、肠积沙的常发部位是乙状弯曲和髂弯曲。瘤胃积食或严重瘤胃臌气，可压迫髂弯曲和第三段弯曲而继发十二指肠假性梗阻。

（2）空肠、回肠 空肠、回肠呈密袢状弯曲，围绕在总肠系膜周缘呈花环状排列，位于结肠袢的前、腹、后缘。内侧面接瘤胃腹囊的右侧面，外侧和腹侧为大网膜所包裹，背侧邻接结肠，前方邻接瓣胃和皱胃。空肠有时在瘤胃后背盲囊后端的左侧，有极少部分空肠管进入左侧腹腔。回肠末端经回盲口进入盲肠。空肠、回肠有时发生肠梗阻，回肠部易发生肠套叠。奶牛发生副结核

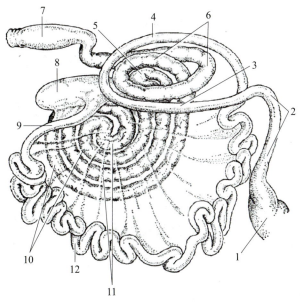

图 10-1-2 奶牛的肠管示意图
1—皱胃 2—十二指肠乙状弯曲 3—十二指肠髂弯曲
4—十二指肠第三段 5—结肠初袢 6—结肠终袢 7—直肠
8—盲肠 9—回肠 10、11—结肠旋袢 12—空肠

病后，空肠与回肠壁增厚，黏膜褶增多数十倍，肠壁厚薄不均。奶牛发生肠结核病时，肠黏膜上布满粟粒大的肉芽肿结节。空肠与回肠全部在网膜上隐窝内。

（3）盲肠 盲肠末端的1/3呈游离状，前1/3固定，位于腹腔右侧总肠系膜的两层浆膜之间，在网膜上隐窝内，长约75cm。自回盲肠交界处起，盲肠沿网膜上隐窝内面向后上方走，末端为圆形盲顶部，常位于骨盆腔入口的右侧，它的位置变化很大，可以向背侧和腹侧弯曲。当盲肠发生扭转时，引起盲肠严重臌气、积液、右肷部膨隆，腹腔探查时，要探查盲肠的位置是否正常。

当奶牛盲肠位置正常，但盲肠臌气又存在不排粪的临床症状时，是结肠梗阻的重要标志。盲肠扭转与盲肠严重臌气后，右肷部膨隆，在右肷部叩诊与听诊出现钢管音，要注意与皱胃右方扭转的鉴别诊断。

（4）结肠 结肠位于腹腔右侧，大部分位于总肠系膜两层浆膜之间，形成双袢状椭圆形环状弯曲，袢部之间由疏松结缔组织互相连接，肠系膜很短，整个结肠袢在网膜上隐窝内。结肠袢的左侧面邻接瘤胃，右侧面紧贴大网膜并与空肠袢的前、腹、后缘相连接。

结肠可分三部分，即初袢、旋袢和终袢（图10-1-3、图10-1-4）。

1）初袢：为结肠的前段，呈S状盘曲，

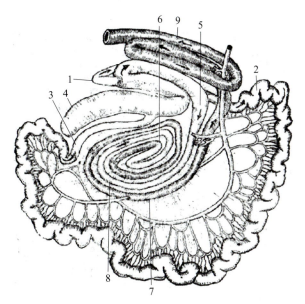

图 10-1-3 网膜上隐窝内的肠管示意图（右侧面）
1—十二指肠第三段 2—空肠起始部 3—回肠 4—盲肠
5—结肠向心回的起始部 6—结肠中曲 7—结肠离心回
8—结肠向心回 9—结肠乙状弯曲

大部分位于右髂部小肠和结肠旋袢的背侧。

2）旋袢：为结肠的中段，肠管盘曲成圆盘状，分向心回、中曲和离心回三部分。向心回和离心回互相交错，在牛各旋转1.5圈，中曲是旋袢中央部盘曲的肠管。结肠袢的左侧面回转径路比较清楚（图10-1-5）。探查时，手沿瘤胃右侧面与结肠袢之间入手，手心对着结肠袢，探查肠袢上有无便秘点。

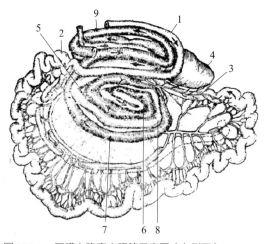

图10-1-4 网膜上隐窝内肠管示意图（左侧面）
1—十二指肠第三段 2—空肠起始部 3—回肠 4—盲肠 5—结肠向心回的起始部 6—结肠中曲 7—结肠离心回 8—结肠向心回 9—结肠乙状弯曲

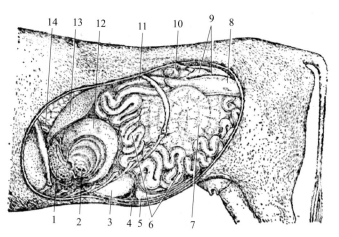

图10-1-5 牛结肠袢左侧面回转经路示意图（瘤胃已除去）
1—网胃 2—瓣皱胃口 3—皱胃 4—网膜浅层 5—网膜深层 6—空肠 7—结肠袢 8—盲肠 9—结肠初袢 10—右肾 11—十二指肠第二段 12—瓣胃 13—脾 14—肺

3）终袢：结肠末端离肠袢后，沿十二指肠末端背侧向后走，经右肾腹侧面，斜向右侧近骨盆腔口形成乙状弯曲，延接直肠。

（5）**直肠** 结肠的末端连接直肠，直肠末端连接肛门。奶牛场兽医通过直肠检查观察粪便性状，是诊断奶牛疾病最常用的方法。

（6）**小网膜** 小网膜起自肝脏的脏面，主要止于皱胃和十二指肠第一段，将瓣胃包在里面，其腔隙是网膜囊的一部分。在肝脏与十二指肠间，形成网膜孔，可容一两指通过。腹腔经此孔与网膜囊相通。皱胃的大弯与小弯分别与大、小网膜相连。所以皱胃的脏面位于网膜囊内，而壁面直接与腹壁相接。

（7）**大网膜** 除了十二指肠乙状弯曲和髂弯曲外，大网膜覆盖肠管右侧面及大部分瘤胃壁表面。大网膜分为深、浅两层（图10-1-6），浅层由瘤胃左纵沟起向下走，绕过瘤胃腹囊，再向上转到右侧，覆盖于网膜深层的外面，再向前走，终于十二指肠的第二段（髂弯曲）和皱胃的大弯。深层起于瘤胃右纵沟，向下方绕过肠袢到它的右侧面，被大网膜浅层所覆盖，末端进入十二指肠系膜的内层。

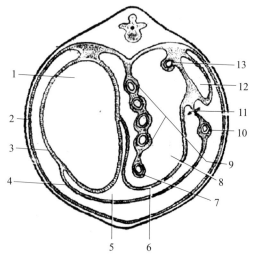

图10-1-6 奶牛大网膜断面示意图
1—瘤胃 2—腹膜壁层 3—腹膜脏层 4—网膜浅层 5—网膜腔 6—网膜深层 7—空肠 8—网膜上隐窝 9—结肠袢 10—十二指肠第一部 11—网膜孔 12—肝脏 13—十二指肠第三部

网膜深、浅两层在瘤胃后沟的附着部互相连接吻合，同时在十二指肠第二段（髂弯曲）和结肠的起始部互相连接吻合，两层之间的腔称为网膜腔，腔内无任何器官。

网膜深、浅两层自瘤胃左、右侧纵沟向下走，再向上转到右侧，包被总肠系膜上的结肠袢、空肠、回肠和盲肠。此间隙称为网膜上隐窝。网膜上隐窝的后口，是网膜深浅两层互相连接吻合处，此口称为网膜上隐窝间口（图10-1-7）。

腹腔探查瓣胃、皱胃、十二指肠的第一段及第二段、肝脏及胆囊，都在网膜上隐窝外，手经右胁部腹壁切口在大网膜与右侧腹壁之间向上方可探查到十二指肠横行弯曲，手向前方伸入，可探查到十二指肠 S 状弯曲、胆囊和瓣胃，手向前下方腹腔底壁可探查皱胃。在网膜上隐窝内可探查到十二指肠第三段、空肠、回肠、盲肠、结肠袢和子宫等。当皱胃发生左方变位时，有时发生大网膜的撕裂，此时肠袢可进入网膜上隐窝外。

奶牛肠性腹痛的发病率比皱胃疾病的发病率要低得多，表现为肠性腹痛的病例主要是肠梗阻（纤维球阻塞、肠积沙）、肠扭转、肠痉挛及肠套叠。肠套叠、肠扭转主要发生于空肠与回肠，有时也可发生于盲肠，肠嵌闭和肠绞窄都极为少见。

（马卫明　王春璈）

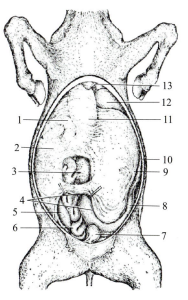

图 10-1-7　奶牛大网膜深、浅层与网膜上隐窝间口示意图
1—幽门　2—大网膜浅层　3—大网膜深层
4—网膜上隐窝间口　5—盲肠
6—空肠　7—膀胱　8—瘤胃后背盲囊
9—瘤胃左纵沟上的大网膜浅层　10—瘤胃背囊　11—皱胃　12—瘤胃前腹盲囊
13—剑状软骨

第二节　肠管常发生的疾病

一、肠痉挛

肠痉挛（Intestinal Spasm）是由于某种原因引起肠管平滑肌发生痉挛性收缩，并以明显间歇性腹痛为特征的一种急性腹痛性疾病。犊牛及青年奶牛有时发生本病，泌乳牛较少发生。临床上以急性腹痛、肠蠕动增强、不断排粪为特征。

【病因】　肠痉挛多因外界气温和温度的剧烈变化而发病，如牛舍受冷风吹袭，或在炎热暑天为了预防热应激让奶牛用冷水淋浴、暴饮冷水，采食冷湿饲草，采食霉败腐烂的饲草与饲料，犊牛饮变质的奶等都会引起发病；当奶牛发生消化不良、胃肠炎症、肠道溃疡、肠道寄生虫及某些毒素等都可能引起肠痉挛的发生。

【症状】　本病以间歇性腹痛为临床特征，腹痛发作时病牛表现为极度不安，举尾弓腰、后肢踢腹或后肢踏地，回头顾腹，个别的还不时起卧，或突然倒地，四肢伸展或划动，不久又安静站立，腹痛时病牛心跳加快、呼吸急促、出汗，间歇期则心跳呼吸正常。体温一般正常。每隔 10~15min 腹痛 1 次，每次腹痛持续时间 5~10min 不等。腹痛时病牛排稀粪或水样粪，但粪量逐渐减少。腹痛期间胃肠蠕动音增强，有时不用听诊器在数步之外就可听到高朗的肠鸣音，随肠鸣音的增强排粪次数增多。本病持续时间从几十分钟到几个小时，发病后如果及时治疗，腹痛很快消失，也有不给予治疗而自然康复的。个别病牛经治疗后症状不见好转，而全身情况恶化较快者，应考虑继发了肠套叠或肠扭转，必须及时进行诊断与救治。

【诊断】 根据临床症状，出现阵发性腹痛、肠鸣音增强、不时排粪、口腔湿润，而间歇期一切正常时，可诊断为肠痉挛。

在发病过程中应注意与肠套叠、肠变位进行鉴别，这两种病通过直肠检查可触及异常肠段，还可通过腹腔穿刺液来区别，这两种疾病腹水性状变为浅红色并含有大量蛋白质，而肠痉挛腹水无异常变化。

【治疗】 治疗原则是解除痉挛、镇痛。

1）常用安乃近 30~50mL 皮下注射，或灌服颠茄酊 40~50mL，或静脉注射安溴注射液 80~100mL，或肌内注射盐酸消旋山莨菪碱注射液 30~50mg，或皮下注射硫酸阿托品 0.025~0.05g。以上这些药物均可解除奶牛肠痉挛。

2）清肠止酵：常用液体石蜡 500~1500mL、水合氯醛 8g、樟脑粉 9g、复方樟脑酊 20~40mL、陈皮酊 50~80mL 灌服，还可用鱼石酯 20~30g、40%酒精 100mL 灌服。

若病程较长，肠音由强转弱并逐渐消失，心跳加快，全身情况变坏，可能继发了肠扭转或肠套叠，应及时确诊并尽早施术。

（马卫明　王春璈）

二、肠梗阻

肠梗阻（Intestinal Obstruction）是因肠弛缓导致肠内容物积滞，与奶牛饲养管理不当有关。奶牛肠梗阻发生的部位，据统计，十二指肠梗阻占 65%，结肠梗阻占 20%，空肠梗阻占 10%，回肠梗阻占 5%，盲肠积粪和盲肠扩张在奶牛中也有发生。

十二指肠梗阻以髂弯曲与乙状弯曲多发，第三段发生较少（图 10-2-1）。梗阻物如苹果大小或更大，阻塞物多为纤维球、毛球、粪球或积沙。这些梗阻物是在皱胃内形成的，皱胃收缩将毛球、粪球、纤维球或积沙排入肠管后，可在肠管的不同部位阻塞引起肠梗阻，阻塞部前方的肠管臌气、积液。

空肠便秘偶有发生，阻塞物多为粪球、纤维球或毛球。回肠在进入盲肠的回盲口处，有时发生套叠（图 10-2-2）。

结肠梗阻多位于结肠旋襻的中曲部，其次为结肠襻末端，梗阻物如苹果大小，多为粪性阻塞（图 10-2-3）。

盲肠梗阻常发生在盲结口。盲肠积粪与盲肠扩张时其体积增大 1~3 倍，且盲肠尖下垂而进入盆腔内。

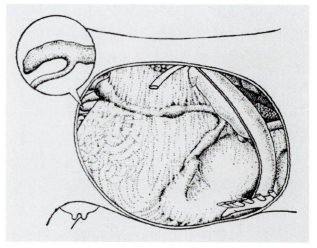

图 10-2-1　十二指肠梗阻常发生的部位：乙状弯曲、髂弯曲及第三段，小图示为盲肠空虚

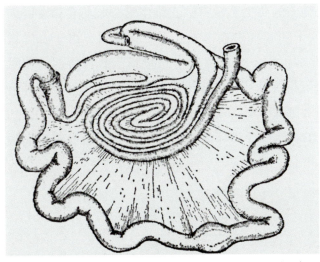

图 10-2-2 网膜上隐窝内的空肠袢经常发生的病变部位：空肠梗阻，空回肠交界处的肠套叠。图示为阻塞部

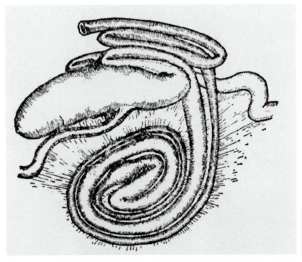

图 10-2-3 结肠旋袢肠梗阻时，阻塞部前方的肠管臌气，盲肠明显臌气

由于肠弛缓是肠梗阻的基础，因此病牛同时伴有肠弛缓现象。

本病一般见于成母牛，并以老龄成母牛发病率较高。

【病因】 奶牛肠梗阻通常多与饲喂质量差的粗饲草有关，也与奶牛反刍次数少或反刍时咀嚼次数少、饲草中的纤维没有咀嚼碎便进入瓣胃与皱胃有关。这些富含纤维素的粗饲草对胃肠道的刺激引起胃肠道的兴奋，然后胃肠道蠕动和分泌减退，最终引起皱胃与肠弛缓，皱胃和肠内容物的排空变慢，皱胃与肠内容物蓄积。另外，泌乳牛长期饲喂高精饲料日粮，大量高浓度的酸性物质进入皱胃，引起皱胃蠕动弛缓，皱胃内较长的饲草粗纤维不能随皱胃的收缩进入肠管，长的纤维仍停留在皱胃内，这些饲草纤维随着皱胃的蠕动与搅拌，逐渐相互缠结成团，这种大小不等的纤维性草团一旦被推挤入十二指肠，可在十二指肠内引起梗阻（图 10-2-4、图 10-2-5）。

图 10-2-4 奶牛皱胃内大小不等的纤维球

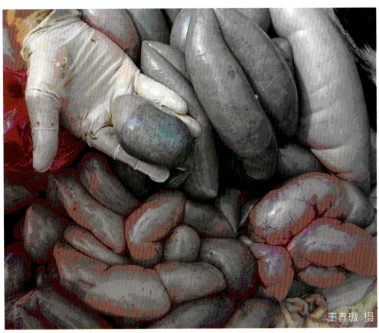

图 10-2-5 从皱胃进入空肠中的纤维球，引起空肠阻塞

日粮营养不全，特别是长期在封闭式牛舍内饲养的奶牛，常常缺乏维生素 D，便会舔食卧床上的垫料，如沙子、泥土等，引起皱胃积沙。沙子随皱胃内容物进入十二指肠后，由于十二指肠的解剖特点，沙子常常在十二指肠的乙状弯曲部沉积下来，引起十二指肠乙状弯曲部的梗阻（图 10-2-6）。新生犊牛不能排出胎粪，表现为努责排粪姿势，但排不出粪便，是渗出性大肠杆菌感染后引起的弥漫性腹膜炎，肠粘连导致新生犊牛不能排出粪便（图 10-2-7、视频 10-2-1）。到目前还没有关于新生犊牛胎粪积聚引起的肠梗阻的报道，千万不要误诊。如果奶牛腹腔内出现肿瘤，压迫肠管肠腔不通，也会引起肠梗阻。

视频 10-2-1 新生犊牛弥漫性腹膜炎

图 10-2-6 奶牛十二指肠积沙，奶牛眼窝下陷，右腹膨胀下沉

图 10-2-7 新生犊牛弥漫性腹膜炎肠粘连，排粪困难

【症状】 排粪减少到不排粪是本病的主要特征。病初病牛有腹痛表现，两后肢交替踏地，呈蹲伏姿势。有时表现为后肢踢腹，拱背，努责，呈排粪姿势，泌乳量明显降低。病程延长以后，梗阻肠段麻痹、肠蠕动音消失，奶牛采食停止、反刍停止，鼻镜干燥，结膜污秽或黄染，口腔干臭，有灰白或浅黄色舌苔，通常不见排粪，频频努责时，仅排出一些胶冻样黏液。

直肠检查，肛门紧缩，直肠内空虚，有时在直肠壁上附着少量的干燥粪屑，或蓄积少量胶冻样黏液。

发病后期，病牛眼球凹陷，可视黏膜干燥，皮肤弹性下降，目光无神，腹围增大，鼻镜干裂，机体衰竭，卧地后起立困难，心脏衰弱，心律不齐，脉搏快、弱。在结肠、空肠、回肠梗阻的奶牛，对其右腹部进行冲击式触诊有明显振水音，对右腹部胀气积液肠段叩诊，可出现明显的金属音调。病程一般 6~12d，若不治疗，病牛大多以脱水和机体衰竭而死。

【诊断】 本病的诊断应抓住以下要点：

肠梗阻病牛一般表现为不吃、不反刍、不排粪，不时做排粪姿势。在结肠、空肠、回肠肠梗阻时，病牛不时努责做排粪姿势，可排出一些胶冻样的白色黏液性团块，右腹围增大，对右腹部用拳头进行冲击式触诊可出现振水音，叩诊右腹部可出现明显的金属音调。根据临床症状，结合病史及直肠检查结果进行综合分析，可以确诊病牛发生了肠梗阻，但要与瘤胃积食、皱胃阻塞、瓣胃阻塞进行鉴别诊断。

1）瘤胃积食病牛，瘤胃向右腹部扩张，瘤胃压迫十二指肠，可引起假性肠阻塞。瘤胃高度充满，触诊瘤胃内容物如木板样硬度。

2）皱胃阻塞病牛，在右腹下皱胃区触诊，可触及坚硬的皱胃。

3）瓣胃阻塞病牛，缺乏肠梗阻的临床特点，会排出一些球状粪便。

【治疗】

（1）保守疗法　早期可应用泻下剂进行通便，同时注意补液和强心。常用的泻下剂为：将硫酸镁或硫酸钠1000~1500g配成8%溶液，并配合液体石蜡1500~2500mL，经口灌服。经3~4h再灌服食盐250g、常水25000mL。皮下注射拟胆碱药，如新斯的明100~200mg或毛果云香碱50~100mg，以兴奋胃肠蠕动，加速梗阻物的排出。

结肠后段的肠梗阻可考虑温水深部灌肠。至于用硫酸镁和液体石蜡进行瓣胃注射，不是一种有效而科学的方法，不宜提倡。

实践证明，用药物治疗一般疗效较差，特别是在投入大量盐类或油类泻剂后，会进一步增加胃肠内渗透压，使腹围进一步扩大，加重脱水。也有个别的病牛经投服泻剂后而排下梗阻物，但随之继发严重的肠炎而加重脱水，导致酸中毒而死亡。因此，凡确定肠梗阻的病牛，应果断采取手术治疗。

在临床实践中，若经直肠检查发现了肠梗阻，也可在直肠内破结。值得注意的是，奶牛的肠壁较薄，在破结时应考虑到肠壁有破裂的可能。只要坚持谨慎仔细地隔肠按压，大多数可获良好的效果，但在直肠内发现肠梗阻肠段的概率较低。

一些高产奶牛因皱胃积沙和肠积沙引起的不排粪，经直肠检查时，如果感到直肠内有沙子，也应进行腹腔探查手术。

（2）手术疗法

1）适应证：凡经临床确诊为肠梗阻者，均应尽早采用剖腹探查术，确定肠梗阻肠段后，进行隔肠按压、隔肠注水或肠侧壁切开取出阻塞物。

2）术前准备：术前对严重脱水的病牛应补液，对瘤胃积液、扩张的病牛应导胃减压。

3）保定与麻醉：在六柱栏内站立保定，采用右侧腰旁神经传导麻醉和术部局部浸润麻醉。

4）切口定位：根据临床检查结果，采用右肷部前切口、右肷部中切口和右肷部后切口。十二指肠乙状弯曲采用右肷部前切口；十二指肠髂弯曲、空肠和结肠采用右肷部中切口；回肠和盲肠采用右肷部后切口。

5）手术方法：在手术部切开皮肤18~20cm，依次切开皮下组织、腹外斜肌，钝性分离腹内斜肌和腹横肌，剪开腹膜，显露腹腔。

奶牛肠梗阻物大都由鸭蛋大到苹果大小，个别的有盐水瓶大小。怎样正确寻找到梗阻肠段是能否完成这一手术的关键，为此，必须熟练掌握腹腔探查方法。

腹腔探查是借助肉眼的直接观察和手的触摸来检验各器官的位置、大小、坚硬度等，以确定病变的部位、性质及能否进行手术。腹腔探查的熟练程度是建立在熟练掌握胃肠的局部解剖学基础上的，也是建立在掌握胃肠正常生理功能基础上的，能否准确而快速地探查到发病部位及能否正确地解除发病肠段的病变，是临床兽医手术基本功能力的具体体现。

在右肷部切口内进行右侧腹腔探查术的方法如下：

①腹水性状及腹内出现气味的判定：在右肷部切开腹壁肌肉和腹膜后，正常情况下腹腔内无气味，仅有少量浅黄色透明腹水。若切开腹膜后，有粪臭气体或腐败气体向外喷出，常表示有胃肠破裂、肠穿孔、网胃穿孔后所引起的弥漫性腹膜炎的发生；若在切开肷部切口显露腹横肌时发现肌肉颜色异常，呈浅黄色坏死状态，当显露腹膜层时，腹膜与网膜发生了粘连，或腹横肌及腹膜层出现大量新生血管，这些病理变化都是弥漫性化脓性腹膜炎的表现，切开腹膜后可有大量恶臭化脓性液体经切口向外流出。若腹水为浅红色或血样，可疑为肠变位、肠套叠等。

②腹腔、网膜及内脏的观察：切开腹膜后应仔细观察腹内脏器的位置是否正常。当皱胃右方顺时针扭转时，高度积液扩张的皱胃可后移至右肷部，切开腹膜后即可看到扩张积液的皱胃；当皱胃右方逆时针扭转时，皱胃位于倒数第3肋骨之前的腹腔内，向前可达横膈，高度积液膨胀。

当切开腹膜后就可看到空肠袢，说明肠管位置发生了改变，其改变的原因有：由于某种原因引起大网膜撕裂，小肠从破裂的网膜中脱出，例如，在严重皱胃右方变位的病例中会出现大网膜在皱胃大弯处撕裂。发生了肠变位，由于变位的肠管高度积液、积气，可使肠管从网膜上隐窝涌出而位于网膜上隐窝外。

十二指肠梗阻时，可发现阻塞前的肠段发生臌气；十二指肠髂弯曲梗阻时，可直接观察到梗阻肠段。

③探查方法：

a. 在网膜上隐窝外探查：术者手经右肷部切口内伸入，先检查十二指肠是否异常，然后手向前下方探查可探查到十二指肠乙状弯曲部，在乙状弯曲的稍前方的梨形囊状物为奶牛的胆囊，发病奶牛的胆囊往往充满胆汁，不要把胆囊的膨大误认为胆囊阻塞，这是因为胆囊的排空受小肠消化的控制，当奶牛不吃、不反刍时，胆囊内胆汁很少排空，因而胆囊膨大并积存胆汁。手再向腹下探查即可探查到皱胃，正常的皱胃内容物为粥状，当皱胃内容物呈生面团状或有坚硬感且轮廓明显增大时，皱胃的长度可达60cm，直径可达40cm，这是皱胃阻塞或积食的标志；当皱胃内有积沙时，积沙在胃底部，根据积沙的多少来决定是否做皱胃切开术。一般少量积沙不必做皱胃切开术，皱胃内严重积沙时，可引起皱胃不完全阻塞的症状。一般情况下，严重的皱胃积食和严重的皱胃积沙都应该进行手术治疗。中等体形以下的奶牛，可做瘤胃切开术，进行胃冲洗，排出内容物。大体形奶牛应做皱胃切开术取出皱胃内积粪和积沙。做腹腔探查时手在皱胃的前上方可探查到瓣胃，瓣胃呈球形，正常情况下的瓣胃内容物为生面团状，当瓣胃发生阻塞时，瓣胃体积增大，内容物坚硬如石状，对此，应当做瘤胃切开术，进行瓣胃冲洗来治疗。

当皱胃发生扭转时，无论是顺时针还是逆时针，都会引起瓣胃的位置发生改变。瓣胃向腹内下方移位，并伴有网瓣胃孔处的不同程度的扭转，在做腹腔探查时，应仔细查找瓣胃移位的方向及程度，并应给以正确的整复。

b. 在网膜上隐窝内探查：术者左手经肷部切口伸入腹腔内，向骨盆腔方向伸入，找到网膜上隐窝间口，再进入网膜上隐窝内，首先探查盲肠，确定盲肠有无臌气，若盲肠臌气，则盲肠后方的结肠袢有阻塞，若盲肠不臌气，则应重点探查小肠。空肠与结肠的大部分和盲肠可由网膜上隐窝间口引至肷部切口外排除病变（图10-2-8）。不能经网膜上隐窝引出的肠袢，则需切开大网膜深、浅两层，将病部肠管经网膜切口引至腹腔外进行处理（图10-2-9、图10-2-10）。必须指出，在切开两层网膜时应对通过切开线上的血管进行双重结扎，并在两层网膜切开线两侧用10号缝合线作为牵引线，或用两把舌钳夹持，以便在排除肠管病变后对网膜切口顺利闭合。还应当指出，空肠与结肠的便秘点，在网膜外也能触及，并可隔着网膜用肠钳固定患部秘结肠管，进行肠侧壁切开术（图10-2-11），但在便秘点取出的同时，往往在网膜下的已被切开的肠管会从肠钳上滑脱进入腹腔，大量肠腔内容物流入腹腔，会造成严重后果（图10-2-12）。

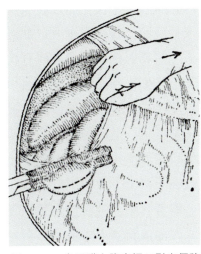
图10-2-8　自网膜上隐窝间口引出便秘点，用肠钳夹持固定，做肠侧壁切开

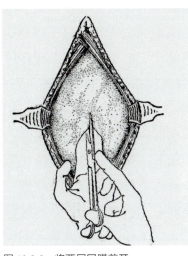
图10-2-9　将两层网膜剪开

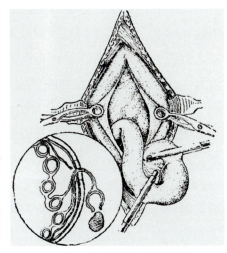
图10-2-10　用肠钳夹闭便秘点两端肠管

对于腹内压很大的病例，在探查小肠便秘结点时，手在腹腔内移动有困难，为快速找到便秘点，手在腹腔内前进时手掌呈鱼尾状摆动，这种动作可快速探查到大量臌气肠段间的便秘点。

c. 套叠肠段的探查：肠套叠常发生在犊牛或育成牛，近年来在临床上接诊的病例都是成年牛，有的是2胎以上的乳牛。套叠肠段常发生在空肠与回肠。腹腔探查时，

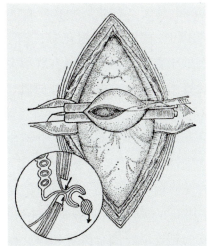
图10-2-11　用肠钳夹住便秘点及两层大网膜，并全部切开，排除便秘点

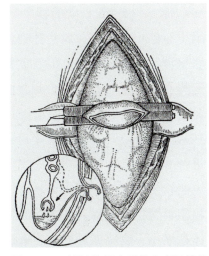
图10-2-12　排除秘便点后的空虚肠管从肠钳上滑脱回腹腔内，若肠内容物流入腹腔，会造成严重后果

在网膜上隐窝内，如果发现有一段手臂粗、肉样感、表面光滑的肠段，即是肠套叠肠管。套叠肠段在未坏死前，向腹腔外牵拉该肠段时病牛疼痛敏感，为了减少牵拉时的疼痛，可用2%盐酸利多卡因对套叠部肠系膜进行喷雾。在腹腔探查时由于套叠肠管的长度与发病时间不同，奶牛的病理变化与全身情况也不同。当套叠肠段很短时，全身症状发展缓慢；当套叠肠段较长时，套叠部肠管血液循环发生障碍、瘀血、坏死，并与相邻的肠管发生粘连。

d. 腹腔内肿瘤的探查：手进入网膜上隐窝内，探查肠系膜根部有无肿瘤。如果在肠系膜上发现鸡蛋大、拳头大、盐水瓶大的肿块，肿块会压迫肠管引起肠梗阻。在腹腔探查时若能将肿块经网膜上隐窝牵引至腹壁切口外，可做肿块切除术；若有数个肿块，且绝大多数肿块无法显露，建议将这类病例淘汰。奶牛的腹腔肿瘤大多是奶牛白血病引起的，对常常发生腹腔肿瘤的牧场，应做奶牛白血病的检疫。

e. 腹腔内积脓、弥漫性化脓性腹膜炎的探查：近年来奶牛的腹腔积脓和弥漫性化脓性腹膜病例逐年增多。引起本病的原因是不恰当地冲洗子宫引起子宫的穿孔或冲洗液经输卵管伞开口部逆流入腹腔，或者不恰当地进行产道内助产引起子宫破裂，或在进行人工授精时损伤了子宫或直肠破裂，但最多见的是在冲洗子宫或剥离胎衣过程中引起的子宫穿孔。在发病过程中因腹腔内积脓、积气，对腹部叩诊结合听诊时常常出现钢管音，不要把这种疾病形成的钢管音误诊为皱胃左方变位。在做剖腹探查切开腹壁肌层时，即可发现深层肌肉失去正常颜色，呈暗黄色的坏死状态，并与腹膜层粘连。当腹腔大量积脓时，切开腹膜后，脓汁即从切口向外流出，整个右侧腹腔内积满了浅黄色恶臭的稀薄脓汁。手进入右侧腹腔进一步检查，发现在子宫下方及周围有大量纤维素附着，手经直肠下方绕到左侧腹腔，左侧腹腔内也有大量脓汁。编者在治疗弥漫性化脓性腹膜炎病牛时，采用左右肷部插灌液管、腹下部插入排液管，术后每天经灌液管灌入大量青霉素生理盐水溶液对腹腔进行冲洗，冲洗液经腹下排液管排出，经 8~10d 的冲洗仍不能控制腹膜炎的感染状态时，应将病牛淘汰。

曾有一头 45 日龄的犊牛，发病十余天，右肷部膨胀使右肷窝消失，吃奶量逐日减少，排粪减少至停止，体温在病初升到 40℃ 以上，病后期体温正常；病牛瘤胃积液，经导胃后，左腹部膨胀积液状态明显消退，但右肷部仍处于膨胀状态，叩诊右肷部及倒数第 1~2 肋间出现钢管音，决定将右侧腹壁切开进行右侧腹腔探查术。切开皮肤、腹外斜肌、腹内斜肌，显露腹横肌，在钝性分离腹横肌后，发现腹膜增厚约 3mm，腹膜上有大量新生血管形成。腹膜硬度增加，腹膜向切口外膨出。小心切开增厚腹膜后，从切口内排出恶臭气体，并流出乳白色奶样稠状的液体，对液体进行 pH 测定为 9.0，说明这个空腔不是皱胃。又对牛口腔插管导出瘤胃内容物，pH 测定为 4.0，说明犊牛瘤胃处于酸中毒状态。右侧腹腔切开的是一个巨大的脓肿。经切口向脓肿腔内插入手指粗塑料管，导出脓汁 4000mL，并用 0.1% 新洁尔灭溶液冲洗脓腔，排净冲洗液后，脓腔壁塌瘪，体积缩小，剥离脓肿壁与腹壁腹膜的粘连后，闭合脓腔切口，探查右侧腹腔脏器，发现肠祥与脓肿膜全部粘连，建议将此犊牛淘汰。

f. 梗阻肠段的解除：一般由粪球阻塞的病例，对病部进行隔肠按压，即可破结。当由纤维球、毛球引起阻塞时，隔肠按压与隔肠注水都难以解除，对这样的秘结点可采用肠侧壁切开的方法解除秘结点。当由沙子造成阻塞时，也需要切开肠壁，取出阻塞的积沙。肠切开的操作如下：

将秘结点肠段引至腹壁切口外，用生理盐水纱布垫保护隔离，用两把肠钳闭合秘结点两侧肠腔，由助手扶持使之与地面成 45°角张紧固定。术者用手术刀在秘结点肠系膜对侧肠壁上做一个纵切口，切口长度以能顺利取出阻塞物为原则。助手用手从切口两侧推挤秘结点，使病粪自切口滑入器皿内，以防术部污染。肠切口用酒精棉球擦拭后转入肠切口的缝合（图 10-2-13、图 10-2-14）。

十二指肠乙状弯曲部的梗阻，因乙状弯曲部肠段肠系膜很短，向切口外牵引梗阻肠段、充分显露梗阻肠段往往受限，为了防止切开肠管后肠内容物对腹腔与切口的污染，要用灭菌纱布严格隔离后，再切开梗阻肠段，取出纤维性阻塞物（图10-2-15）。

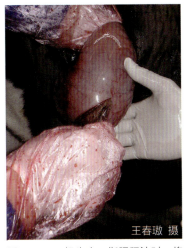

图10-2-13 奶牛十二指肠积沙时，将肠管牵引出腹壁切口外，固定隔离后切开肠壁

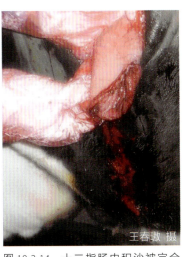

图10-2-14 十二指肠内积沙被完全取出，肠管切口朝下，防止肠液污染术部

图10-2-15 十二指肠乙状弯曲梗阻时，切开肠壁，取出纤维性阻塞物

肠切口的缝合可用 1~2 号缝合线做全层连续缝合，缝毕用生理盐水冲洗后转入第二层伦巴特缝合，除去肠钳，检查有无渗漏后再用生理盐水冲洗肠管，将肠管还纳回腹腔内。还纳肠管时，如果是空肠、回肠、结肠与盲肠，必须将肠管还纳回网膜上隐窝内。如果是切开网膜后进行的肠切开手术，肠管还纳后还应将已切开的两层网膜切口连续缝合起来。腹壁切口的缝合同奶牛的左右肷部切开的手术缝合方法。

g. 术后护理：术后禁饲 30~48h，不限饮水；当奶牛出现排粪和反刍后可适当饲喂优质易消化的饲草；术后 4~5d 使用抗生素以控制腹腔内炎症；当奶牛有脱水表现时还应补液。术后适当运动，以促进肠蠕动功能的恢复，必要时给予轻泻剂、兴奋胃肠蠕动药和温水灌肠，都有利于本病的尽快恢复。

（马卫明　王春璈）

三、肠套叠

肠套叠（Intussusception）是一段肠管伴同肠系膜套入与之相连续的另一段肠管肠腔内，形成三层或更多层肠壁重叠现象，导致套叠部肠腔闭塞，肠壁及肠系膜血管血运不良、水肿及缺血性坏死，由此产生毒血症、休克而死亡。本病是奶牛的一种严重的急腹症，若诊断失误、治疗不当常常引起死亡。本病常发生回肠段套叠，其次是空肠与空肠的套叠或空肠与回肠的套叠，回肠与结肠的套叠，套叠长度不等。

奶牛的肠套叠并不是罕见的一种疾病，在犊牛、育成牛和成母牛都有发生。近年来在临床上发生的肠套叠奶牛，有的是 2 胎或 3 胎牛。犊牛的肠套叠在临床上较为常见，在犊牛腹泻治疗过程中，要注意检查犊牛是否继发了肠套叠，一旦发生了肠套叠，应及时按肠套叠的治疗方案进行治疗。

【病因】 本病多继发于腹泻的奶牛，在腹泻过程中发生；也会继发于肠痉挛的奶牛。某些肠道内寄生虫的刺激，因吃了冰冷的、腐败霉变的饲草饲料，腹腔内肿瘤或炎性增生物的刺激，都可能诱发本病。

当肠管受到某些致病因素刺激后，其正常蠕动机能发生紊乱，两个相连接的一段肠管，特别是空肠、回肠交界处的肠段，其近心端发生痉挛性收缩而远心端肠段发生弛缓扩张，致使近心端处于痉挛收缩状态下的肠管连同肠系膜窜入弛缓扩张的后段肠管的肠腔内，造成三层肠壁的重叠。套入端又称为套叠鞘部（图10-2-16），在套叠的初期，套叠鞘部瘀血水肿较轻，无明显炎性渗出物，随着病程的延长，套叠鞘部及整个套叠的内外肠壁均发生炎性水肿，使肠壁变厚，血运不良，时间久了可致肠壁毛细血管破裂，血液渗入肠腔内和腹腔内，致使排的粪中常常带有血块，而腹水被染成浅红色。

随病程的延长，套叠部肠管的炎症进一步发展，血液循环中断，肠壁发生坏死（图10-2-17），肠腔内的细菌及其代谢产物和坏死肠壁的蛋白分解产物，经没有屏障功能的坏死肠壁弥散到腹腔内，再经腹膜吸收后而引起奶牛的中毒性休克。

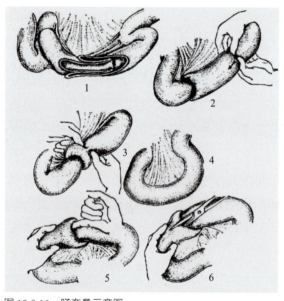

图10-2-16　肠套叠示意图
1—空肠套叠切面　2—用手自套叠的顶端将套入部向前推挤
3、4—经推挤，肠管复位　5—推挤复位有困难时，可将小手指插入套叠鞘内扩张紧缩环　6—也可用剪刀剪开鞘部与套入部

图10-2-17　套叠肠段发生了坏死

奶牛对肠套叠肠坏死后引起的中毒性休克的耐受力较大，临床上曾接诊过发病9~12d的两头肠套叠奶牛，手术中发现套叠坏死的肠管呈浅灰色，肠壁薄似一张牛皮纸，经手术切除坏死肠段、进行肠管端端吻合术而治愈。

【症状】 发生肠套叠后，病牛突然发生腹痛，后肢踢腹或后肢交替踏地，举尾，有时频频起卧，站立时背腰下沉呈凹腰表现，病牛不吃草不反刍，排粪次数增多，但每次排粪量减少。发病 12~24h，由于套叠部肠管瘀血、水肿和麻痹后，腹痛减轻或腹痛消失，病牛精神委顿、鼻镜干燥，嘴角上常常有白色垂缕状黏液（图 10-2-18）。常做排粪姿势，粪中常带有黏液和少量血凝块，或排出少量煤焦油样粪便，发病 3~4d 后排粪完全停止。随着发病时间的延长，心律快，达 90 次 /min 以上，病牛腹围变大（图 10-2-19），在右腹部进行冲击式触诊可感到有轻度的振水音。

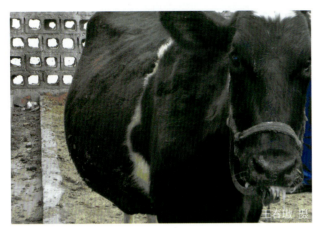
图 10-2-18　肠套叠牛右腹围增大，鼻镜干燥，口角有黏液

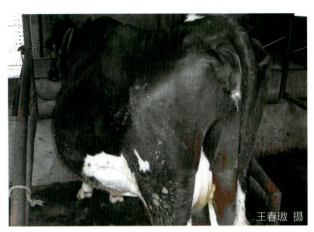
图 10-2-19　肠套叠牛，腹围增大

病牛体温在病的初期正常，在病的后期略有升高，当发展为肠坏死和腹膜炎时，体温升高至 40℃左右。直肠检查时，直肠内有少量黏粪或黏液，隔直肠壁进行腹内探查，有时可触及手臂粗的光滑且富有弹性肉样感的套叠肠段。病的后期，病牛心律达 120 次 /min 以上，皮温降低，精神呆滞，反应迟钝，发展为中毒休克状态，预后不良。

【诊断】　有腹痛病史、排粪减少，排带有黏液、血凝块样的粪便或少量煤焦油样粪便，腹围变大，对体形较小的奶牛做直肠检查能触及手臂粗的肉样感的肠段，腹腔穿刺腹水呈浅红色混浊样，即可初步诊断，确诊需做剖腹探查。

【治疗】　肠套叠的初期，在不完全套叠时，可试用温水高压灌肠法进行复位，特别是犊牛的肠套叠用高压灌肠法可能矫正套叠肠段。但对完全套叠或套叠时间长的奶牛，由于肠套叠部肠管都有不同程度的瘀血与水肿，温水灌肠复位法多不能奏效。因此，一旦确诊发生了肠套叠，就应采取紧急手术进行救治。

开展奶牛急腹症手术的诊断与治疗工作，可以在条件优越的奶牛医院内，也可以在条件简陋的各种类型的奶牛场中进行，要在开展奶牛手术中有所创新，不能唯条件论。实践证明，在奶牛场现场进行手术，只要坚持手术无菌操作，创口愈合良好，也会取得满意效果。

（1）术前准备　术前脱水严重的病牛应进行补液、强心，使用抗生素等药物，以提高奶牛对手术的抵抗力。

（2）保定与麻醉　对成母牛进行六柱栏内站立保定，犊牛可进行侧卧保定。成母牛采用腰旁神经传导麻醉，术部进行局部浸润麻醉。犊牛可进行全身麻醉。

（3）切口定位　可选择右肷部中切口，也可选择左肷部后切口。选择右肷部中切口，可以对空肠、回肠及结肠的套叠进行手术；选择左肷部后切口除可解除奶牛空肠、回肠的套叠手术外，还可进行左侧腹腔探查，以确定瘤胃、网胃有无并发的疾病，可以一并解除。

（4）**手术方法**　于左肷部术部切开皮肤、皮肌、腹外斜肌后，钝性分离腹内斜肌、腹横肌，剪开腹膜，显露腹腔，然后进行左侧腹腔探查，以检查腹腔内有无异常（图10-2-20）。

图10-2-20　腹腔探查

1）左侧腹腔探查术。左肷部切开后，首先仔细观察瘤胃，特别注意观察瘤胃与左侧腹壁之间有无皱胃，探查网胃与腹膜有无粘连、网胃与膈有无粘连或形成索状瘘管。术者手经瘤胃后背盲囊后方、直肠下方进入右侧腹腔。手在网膜上隐窝内可探查到盲肠、小肠袢及结肠袢；在腹腔探查中，若发现有手臂粗、光滑而呈肉样感的肠段即可判定为肠套叠肠段，在套叠的前方肠管高度积液，术者可用手掌托住套叠部肠段，缓缓向左侧切口搬移，当一只手无法托动时，术者两只手都进入腹腔将肠管向切口外搬移，切忌用手指直接抓掐肠壁向外猛拉，以防套叠部已坏死的肠管破裂而污染腹腔。在向外搬移套叠肠管时，由于肠系膜变紧张，病牛可能有肠系膜牵拉痛。为此，要求保定人员妥善保定，防止病牛突然卧地而使已托出腹腔外的肠管严重污染，在术前进行六柱栏保定时就应考虑到术中病牛是否会突然卧地。为此，在进行六柱栏保定时，在病牛的腹下系好腹吊绳。一旦肠套叠部肠管显露于腹壁切口外后，为了减少肠系膜的牵拉痛，可以用2%盐酸利多卡因对套叠肠管肠系膜根部进行肠系膜神经的传导麻醉；也可用2%盐酸利多卡因对肠系膜喷雾，进行表面麻醉，都可减少病牛的疼痛反应。

将套叠肠管搬移到腹壁切口外后要妥善保护，并仔细检查套叠肠管的范围和套叠肠管的活力，以确定切除坏死肠管的范围（图10-2-21）。

2）判定肠管活力。在下列情况下可判定套叠肠管已发生了坏死：肠管呈蓝紫色、黑红色或灰白色；肠壁菲薄、无弹性，肠管浆膜失去光泽；肠系膜血管无搏动；肠管失去蠕动能力等。若判定可疑，可用温生理盐水纱布热敷5~10min，若肠管颜色无改变，肠蠕动不出现，肠系膜血管仍无搏动，可判定套叠肠管确实已经坏死（图10-2-22），应进行坏死肠管切除与肠吻合术。

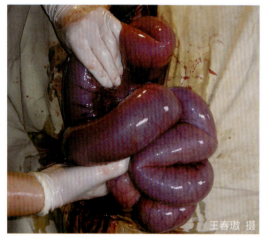

图10-2-21　套叠肠管显露于左肷部切口外，呈蓝紫色，积液、扩张，处于坏死状态

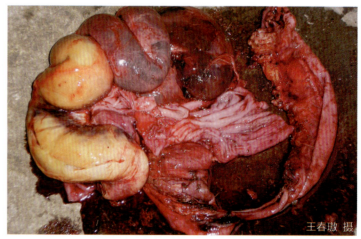

图10-2-22　奶牛肠套叠被切除的坏死肠段，全长2m

3）坏死肠管切除与肠吻合术。术者将套叠部近心端和远心端健康肠管向切口外牵引，显露出健康肠管后，于套叠肠段两端健康肠管上夹持肠钳。观察并判定支配欲切除肠管上的肠系膜血管走向，做双重结扎后剪断坏死肠管肠系膜血管，切除坏死肠管，进行端端吻合术（图10-2-23）。由于肠套叠部肠管水肿、瘀血严重，套叠部近心端肠腔内严重积液、扩张，大段肠管盘曲在一起，难以看清肠系膜血管走向，使很难正确地双重结扎支配坏死肠管上的肠系膜血管，为此可先在套叠肠管两端的健康肠管上切断肠管。从两端向上切断肠系膜，对肠系膜血管的出血立即用止血钳钳夹，再逐个地对钳夹出血点进行贯穿结扎或单纯结扎，这样的操作方法，可能在切断肠管与肠系膜时出血较多，但不会过多地结扎血管，保证了吻合后的肠管有足够的血液供应。

坏死肠管切除后，用生理盐水冲洗两个健康的肠管断端，清除肠管上的血凝块和肠腔内容物后，将两个健康肠管断端合拢并齐，于两肠管的肠系膜侧和对肠系膜侧系牵引线（图10-2-24），然后，对内侧两层肠壁进行全层连续缝合（图10-2-25），内层肠壁缝合完毕，开始转入外层肠壁的康奈尔缝合，即缝针从外层肠壁的浆膜层进针、黏膜层出针，再从同侧的黏膜层进针、浆膜层出针，继续进行康奈尔缝合，直至外层肠壁的康奈尔缝合完毕（图10-2-26），然后用生理盐水冲洗，最后进行外层肠壁的伦巴特（浆膜肌层内翻）缝合（图10-2-27），缝闭再缝合肠系膜缺损缘。

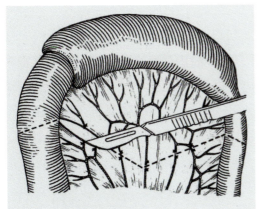

图10-2-23 肠套叠坏死肠段的切除范围模式图：将肠系膜血管双重结扎，切断

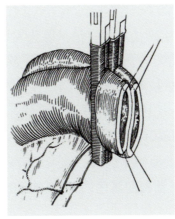

图10-2-24 将两个健康肠管断端合拢，系牵引线

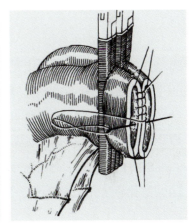

图10-2-25 全层连续缝合内层肠壁

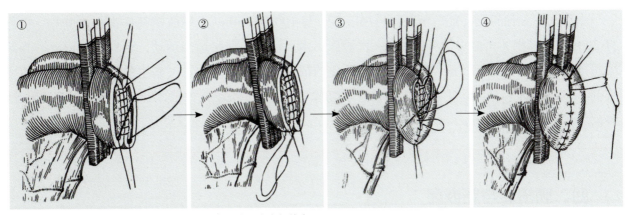

图10-2-26 内层肠壁缝合完毕，开始转入外层肠壁的康奈尔缝合

最后用含青霉素的生理盐水冲洗吻合好的肠管，肠壁上涂红霉素软膏后（图10-2-28），将肠管还纳回腹腔内。经左肷部切口向腹腔内还纳已吻合好的肠管时，术者用手托住肠管，经直肠下方、瘤胃的后方推送到右侧腹腔网膜上隐窝内。

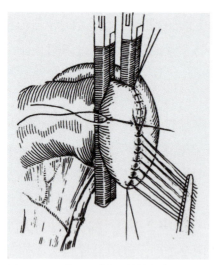
图10-2-27 外层肠壁伦巴特缝合（浆肌层内翻缝合）

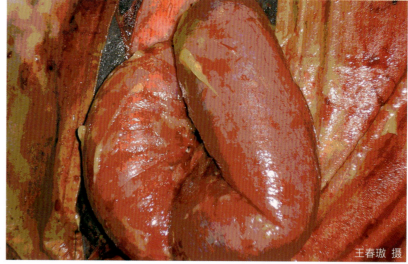
图10-2-28 将奶牛肠套叠坏死肠段切除后，进行肠管端端吻合术，表面涂红霉素软膏

4）腹壁切口的闭合。用生理盐水纱布清拭除去左肷部切口内血凝块后，用7号缝合线对腹膜与腹横肌进行自下而上的连续缝合，待缝到切口上缘时，向腹腔内灌入含有400万IU青霉素的生理盐水溶液500mL，然后拉紧缝合线打结。用生理盐水再次冲洗创内，清除创内的血凝块后，向创口内撒入青霉素400万IU，再用7号缝合线连续缝合腹内斜肌和腹外斜肌，缝毕再用生理盐水冲洗创内，皮肤创缘用碘酊消毒后，用10号缝合线对皮肤进行间断缝合，外打结系绷带。

5）术后护理。术后护理的原则是抗菌、抗炎、解毒、润肠通便、防止粘连，术后4~5d采用10%氯化钠500~1000mL、5%葡萄糖氯化钠2500~3000mL、头孢噻呋钠2g、5%维生素C 60mL，静脉注射，1次/d。

在治疗过程中，根据奶牛的具体情况，还可用5%碳酸氢钠1000mL、5%~10%葡萄糖酸钙300~500mL，静脉注射，1次/d，连用2d，以减少腹腔内的炎性渗出和解除代谢性酸中毒。

术后为了加速胃肠功能的恢复，可用液体石蜡1000~1500mL、磺胺嘧啶片120~150片、小苏打200g、食母生（干酵母）300片，一次灌服。术后注意让奶牛适当运动，禁饲24h以上，当奶牛出现排粪和反刍后可以适当饲喂优质易消化的饲草饲料，不限饮水。奶牛的肠套叠手术成功率很高，本部分内容中的病牛，经手术治疗，切除空肠2m，给予良好的术后护理后完全康复，恢复泌乳量和受孕。

（马卫明 王春璈）

四、肠扭转与肠嵌闭

肠扭转（Intestinal Vovulus）是肠管本身伴同肠系膜呈索状扭转的一种肠纵轴扭转，造成肠管闭塞不通。肠嵌闭（Intestinal Incarceration）是一段肠管坠入与腹腔相交通的天然孔或后天性病理破裂孔内，肠管遭受挤压产生疼痛、肿胀、瘀血和坏死。这类疾病是奶牛的急腹症，如果诊断不及时，造成嵌闭肠管坏死，常常引起死亡。

肠扭转的肠管多为空肠，空肠的部分肠管连同肠系膜沿纵轴扭转。奶牛的盲肠扭转也有时发生，盲肠先扩张而后伴随盲肠的扭转。肠嵌闭在犊牛常发生于脐疝疝轮处，此外，肠系膜、大网膜更容易在疝孔处发生嵌闭。膈肌如果发生破裂，有时肠管会经膈肌破裂口窜入胸腔而发生嵌闭。

【病因】 肠扭转的发生多与肠痉挛和肠弛缓的肠运动失调有关，而盲肠扭转的病因与高精饲料日粮有关。盲肠内容物可产生挥发性脂肪酸，饲喂高精饲料日粮和青贮饲料是盲肠产生挥发性脂肪酸的日粮基础，高浓度的脂肪酸可引起盲肠弛缓；其他因素如急性乳房炎、子宫炎及产道拉伤等疾病发生过程中所产生的内毒素血症都可导致盲肠弛缓，使盲肠内产生气体增多而又无法排出，致使盲肠臌气、扩张、积液、积粪，进一步膨胀，就会导致盲肠按顺时针方向扭转。肠扭转可以发生于各种年龄的奶牛，但临床见到的大多数为成母牛。

肠嵌闭在犊牛常见于脐疝，而在成母牛常发生大网膜、肠系膜的破裂孔所致的肠嵌闭（图10-2-29）。

肠扭转和肠嵌闭是奶牛的急腹症，发生扭转和肠嵌闭的初期，扭转部或嵌闭处肠管血液循环不良，从而引起嵌闭肠管的瘀血和水肿，随着嵌闭时间的延长，扭转处和嵌闭处肠管血液循环障碍的程度进一步加重，直至局部血液循环完全中断，从而引起扭转肠管和嵌闭肠管的缺血性坏死（图10-2-30）。坏死肠管肠腔内的细菌及其代谢产物和坏死肠壁蛋白质分解产物，经无生命力的肠壁弥散到腹腔内而引起奶牛的内毒素性休克。

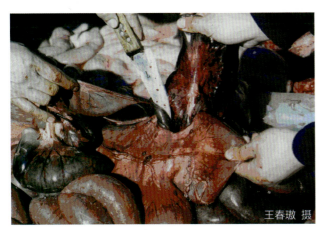

图10-2-29 奶牛肠管窜入肠系膜破裂孔内而发生肠嵌闭

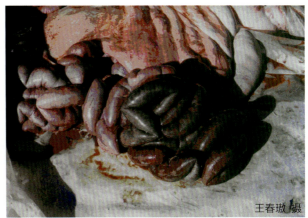

图10-2-30 扭转的肠管坏死

【症状】 奶牛发生肠扭转或肠嵌闭后立即发生腹痛，表现为后肢踢腹，不时用两后蹄踏地，回头顾腹，凹腰举尾，排粪停止，不吃不反刍，腹围膨胀。肠管完全扭转或肠管完全嵌闭的病牛，病部肠管经过8~12h即可发生坏死，肠管坏死后，病牛的腹痛症状消失，精神沉郁，脉搏加快，呼吸浅表无力，反射能力降低，眼球凹陷，脱水明显。盲肠扭转的病牛，右腹部明显膨胀，右肷窝消失，在右肷窝上部叩诊结合听诊有时出现钢管音，进行冲击式触诊右肷部和右腹部常有振水音。直肠检查时可触及扩张充满粪液的盲肠。小肠扭转时经直肠检查在骨盆腔内触及类似充气后的自行车内胎粗细且光滑的积液积气的盘曲肠段。

肠嵌闭全身症状与肠扭转相同,受嵌闭的部位是天然孔或后天性病理性孔道,如脐疝的疝轮嵌闭、膈疝的疝孔嵌闭、大网膜或肠系膜破裂孔的嵌闭。被嵌闭肠段不能从嵌闭处退出或拉出。被嵌闭肠管臌气、积液、扩张,触之光滑富有弹性。本类疾病病情发展快,病牛常于24~36h因中毒性休克而死亡。

【诊断】 根据临床症状和直肠检查即可初步诊断,必要时进行腹腔穿刺,穿刺液的性状如为混浊的浅红色,可说明腹内肠管发生了扭转或嵌闭,但最后确诊还需做剖腹探查术。

【治疗】 在未确诊之前,应先镇痛、镇静、补液强心和解除代谢性酸中毒。但盲肠扭转常伴有低血钾和代谢性碱中毒,在补液和用药时应特别注意纠正代谢性碱中毒。

在初步诊断为本病后,应尽早做手术探查,争取在发生扭转或嵌闭的肠管坏死之前进行手术整复。若扭转和嵌闭的大段肠管已发生了坏死,病牛常常进入中毒性休克阶段,即便进行了坏死肠管切除和肠吻合术,大多数病牛也会预后不良。其手术方法与肠套叠的基本相同。

(马卫明 王春璈)

五、腹泻性疾病

腹泻(Diarrhea)是奶牛最常发生的一类疾病,是奶牛胃肠道疾病的临床主要表现形式。引起奶牛腹泻的病因很多,可分为病原微生物引起的腹泻、寄生虫疾病引起的腹泻、营养与代谢障碍引起的腹泻、各种应激性因素引起的腹泻等。奶牛腹泻的粪便性状因发病原因不同而有很大差别。具有腹泻症状的疾病种类很多,牧场兽医遇到奶牛腹泻病例时,如何确定奶牛腹泻的疾病性质,如何找到奶牛腹泻的发生原因并提出合理的防控方案,对牧场兽医来说是至关重要的。为此,本部分内容主要介绍奶牛腹泻性疾病的诊断和鉴别诊断要点,以供牛场兽医学习之用。

【病因】 引起奶牛腹泻的原因有:

(1)传染性疾病

1)病毒性传染病:轮状病毒、冠状病毒等引起的病毒性腹泻。

2)细菌性传染病:大肠杆菌病、沙门菌病、链球菌病、奶牛副结核病、梭状芽孢杆菌病。

3)真菌。

(2)寄生虫疾病 小球隐孢子虫病、球虫病。

(3)营养代谢性疾病 奶牛瘤胃酸中毒、维生素C缺乏症、维生素D缺乏、硒缺乏症。

(4)饲养管理不良引起的腹泻

1)长期饲喂霉败的饲草、青贮饲料或喂饮不洁的饮水。

2)犊牛喝了巴氏消毒不好的初乳或常乳,奶桶与水桶脏、长期不消毒,病牛奶桶与健康犊牛奶桶交叉使用,都会引起病原菌的感染,形成胃肠炎而发生腹泻。

3)未断奶犊牛吞食了卧床上不洁的垫料,如锯末、稻壳粉、麦秆或沙子;成年牛舔食了卧床上的沙子,或饲草饲料中含有大量的沙子、泥土等,都会引起奶牛胃肠炎。

4）卧床不清洁、不平整、过度潮湿；粪道积粪、清粪不及时，牛舍不消毒，饲养环境很差，奶牛容易遭受致病菌的感染。

5）滥用抗生素导致细菌耐药性产生，奶牛体内菌群失调而引起腹泻。

（5）**继发性腹泻** 继发于皱胃疾病，如皱胃内积沙、皱胃内异物、皱胃不完全阻塞、皱胃溃疡、皱胃右方扭转。

（6）**医源性腹泻** 产后护理时灌服配方中的硫酸镁用量超过120g/头，会引起腹泻。

【症状】

1）病牛排泄稀粪或排出水样粪便，呈喷射状（图10-2-31、视频10-2-2）。粪便性状各异，有的粪中混杂有血液、黏液和肠黏膜组织，有的混有脓液、气泡，具有恶臭味。粪便呈水泥灰色、米黄色、煤焦油色、巧克力色、血色等（图10-2-32~图10-2-36）。病牛肠音初期增强，后期减弱甚至消失；病牛尾根及后躯黏附大量粪便，肛门松弛，排便失禁（图10-2-37）；炎症波及直肠时常常表现为排粪动作，仅仅排出一点胶冻样黏液但无粪便排出，同时有痛苦的表现，呈里急后重现象（视频10-2-3）。

视频10-2-2 排泄稀粪或排出水样粪便，呈喷射状（王春璈 摄）

视频10-2-3 子宫炎病牛有排粪动作和痛苦的表现，呈里急后重现象（王春璈 摄）

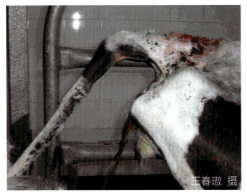
图10-2-31 排粪呈喷射状

图10-2-32 病牛的粪便性状和颜色——水泥灰色稀粪

图10-2-33 病牛的粪便性状和颜色——米黄色稀粪

图10-2-34 病牛的粪便性状和颜色——煤焦油色稀粪

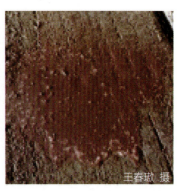
图10-2-35 病牛的粪便性状和颜色——巧克力色稀粪

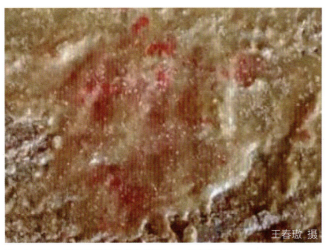
图 10-2-36　病牛的粪便性状和颜色——血色稀粪

图 10-2-37　腹泻病牛后躯黏附粪便

2）病牛精神沉郁，采食与反刍减少或废绝，饮欲初期增加而后期减少，眼结膜先潮红后黄染，舌苔厚腻，口腔干臭。病初体温升高到 39.7℃ 以上，中期体温降至常温。随着病情的发展与抵抗力的降低，病牛体温降低，甚至降至正常体温以下；病牛快速消瘦，脱水，眼窝凹陷，血液浓稠，尿量少或无尿，耳、鼻、四肢末端冷凉。泌乳牛泌乳量显著降低，犊牛常常蜷卧于卧床的一角，强行驱赶也无力起立支撑，勉强站立，走路摇晃。病牛被毛逆立无光泽，伴有程度不同的腹痛症状。病牛脉搏快、无力，严重时全身肌肉抽搐，痉挛或昏迷，最后因脱水、心力衰竭而死亡。

【病理变化】　肠管出血性变化，肠黏膜出血，呈红色（图 10-2-38），肠管膨胀积液，充满出血性液体（图 10-2-39）。严重的肠壁水肿、出血、增厚（图 10-2-40）。肠管化脓性、纤维素性变化，肠黏膜脱落（图 10-2-41），由于纤维蛋白的渗出和肠黏膜的坏死，在黏膜表面形成霜样或麸皮状覆盖物（图 10-2-42）。由皱胃疾病引起的腹泻，皱胃黏膜出血、溃疡（图 10-2-43）。当皱胃穿孔时（图 10-2-44），奶牛很快发生弥漫性腹膜炎，最后因败血症而死亡。

【诊断】　根据病牛腹泻的临床症状，可得出初步诊断，由于腹泻的病因很多，必须进行鉴别诊断。

图 10-2-38　泌乳牛直肠黏膜出血

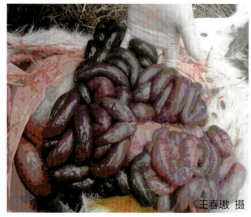
图 10-2-39　犊牛出血性肠炎的肠管出血

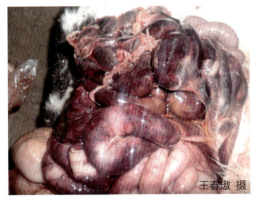
图 10-2-40 出血性肠炎导致肠壁水肿、出血、增厚

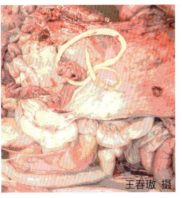
图 10-2-41 奶牛肠管的肠黏膜脱落

图 10-2-42 奶牛肠管的肠黏膜覆盖一层麦麸样物

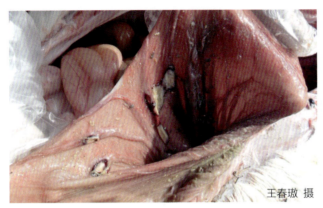
图 10-2-43 皱胃黏膜出血、溃疡

图 10-2-44 泌乳牛胃壁穿孔

（1）细菌性传染病引起的腹泻

1）奶牛副结核病腹泻：常发生在 3 岁以上的奶牛。水样腹泻，发病后期奶牛消瘦、颌下水肿，用药无效。病理特点是小肠肠壁增厚、凹凸不平，肠壁黏膜褶增高、增多数十倍，确诊需做血清学诊断或病原（图 10-2-45）检查。有关副结核病的详细内容见本书第二章第二节。

2）沙门菌性腹泻：常发生在 15 日龄以后的犊牛。粪便中带有肠黏膜，肠黏膜附着一层坏死样麦麸状物，肠系膜淋巴结肿大（图 10-2-46），黏膜脱落后肠壁变薄、呈透明状。脾脏肿大（图 10-2-47）。确诊需做细菌学培养与鉴定。

图 10-2-45 奶牛副结核病的肠壁黏膜褶增高、增多数十倍

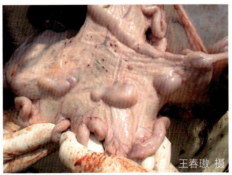
图 10-2-46 肠系膜淋巴结肿大

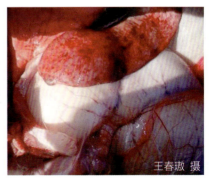
图 10-2-47 脾脏肿大

3）大肠杆菌性腹泻：常发生在 8 日龄以内和 12~18 日龄的犊牛。另外，各饲养阶段的奶牛都可发生大肠杆菌性腹泻，确诊需采取死亡牛的病料做细菌培养与鉴定。有关内容请查看本书第二章第二节。

4）链球菌性腹泻：粪便常常带有血凝块，死亡牛的肠腔内有血凝块，确诊需采取死亡犊牛肠黏膜、肝脏等病料直接涂片，经革兰染色、镜检，可发现大量单个存在或 2~3 个相连的革兰染色阳性球菌（图 10-2-48）。

5）梭菌性腹泻：犊牛易感染，粪便常常呈巧克力色。取肠黏膜、肝脏直接涂片，经革兰染色、显微镜观察，可看到大量革兰染色阳性带有芽孢的大杆菌（图 10-2-49）。也可采集腹泻牛的粪便，检测粪中有 α 毒素，确定为 A 型梭菌感染引起的腹泻。

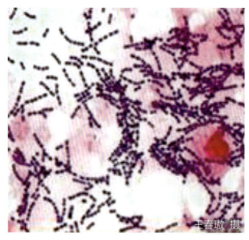

图 10-2-48　肠黏膜细菌分离、培养后的细菌涂片，经革兰染色、镜检为阳性球菌

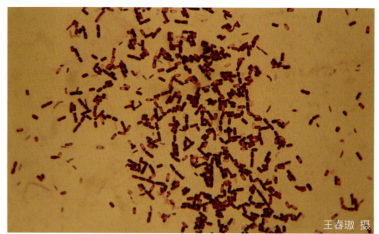

图 10-2-49　腹泻牛的肠黏膜抹片，经革兰染色、镜检，可看到带有芽孢的大杆菌

（2）病毒性传染病引起的腹泻

1）病毒性腹泻（黏膜病）：各饲养阶段的奶牛都可感染而引起急性腹泻，腹泻牛的体温呈现双相热。如果继发大肠杆菌感染，可出现死亡；如果没有继发大肠杆菌感染，一般经 7~10d，腹泻牛症状减轻，腹泻停止，并产生抗体。确诊需做病毒分离鉴定及血清学检查。

2）轮状病毒性腹泻：10~20 日龄犊牛易发生。常常与小球隐孢子虫合并感染引起腹泻，轮状病毒腹泻的占比为 10%~40%，如果不继发大肠杆菌感染，一般经 7d 左右腹泻停止。确诊需做实验室诊断，可用 ELISA 四联试剂盒测定腹泻牛粪中的轮状病毒、冠状病毒、小球隐孢子虫和大肠杆菌。

（3）营养缺乏性因素引起的腹泻

1）新生犊牛先天性维生素 C 缺乏症引起的腹泻：新生犊牛牙龈充血，鼻端皮肤为红色与齿龈出血（图 10-2-50~图 10-2-52），心外膜出血（图 10-2-53），肠系膜出血（图 10-2-54），皱胃黏膜充血、出血（图 10-2-55），体温正常，极容易继发大肠杆菌或沙门菌感染而引起腹泻，死亡率高。不要把新生犊牛鼻端红和牙龈红当成传染性鼻气管炎，有关研究单位已经检测出 1 例新生犊牛鼻端皮肤及牙龈的红色不是病毒性感染，是先天性维生素 C 缺乏症。鉴别方法是采集新生犊牛鼻拭子进行 BHV-1 的 PCR 病毒检测。

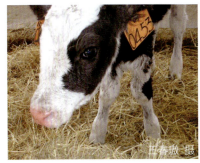
图10-2-50 新生犊牛鼻端皮肤红

图10-2-51 新生犊牛牙龈充血

图10-2-52 新生犊牛口腔与齿龈出血

图10-2-53 新生犊牛心外膜出血

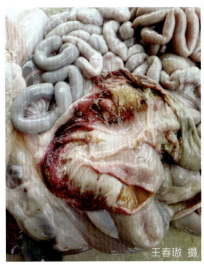
图10-2-54 新生犊牛肠系膜出血

图10-2-55 新生犊牛皱胃黏膜出血

2）维生素D缺乏症：新生犊牛出现异食癖，采食卧床垫料或舔舐自身被毛，异物对瘤胃和皱胃黏膜的刺激引起胃肠黏膜炎症，导致腹泻。

3）硒缺乏症：是新生犊牛和哺乳犊牛硒缺乏症，会引起新生犊牛腹泻，运动无力，死亡率高。对死亡犊牛进行病理解剖，发现硒缺乏症的典型病理变化即可确诊。其病理变化为：肌肉组织变性坏死；虎斑心（图10-2-56），肝脏软化、坏死（图10-2-57），肾脏软化、出血、坏死（图10-2-58），脑软化（图10-2-59）。

（4）奶牛皱胃疾病引起的腹泻　最常见的皱胃疾病是皱胃积沙、皱胃内异物、皱胃不完全阻塞等（图10-2-60），奶牛表现为排粪减少、腹泻，用药物治疗无效。通过对皱胃触诊，可发现皱

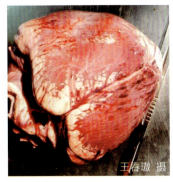
图10-2-56 虎斑心

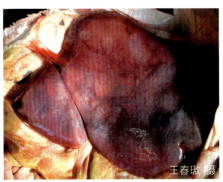
图10-2-57 肝脏软化、坏死

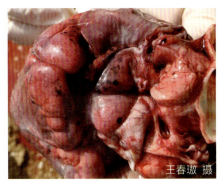
图10-2-58 肾脏出血、坏死

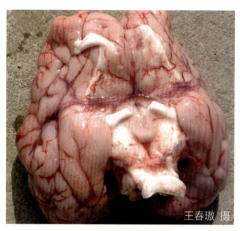 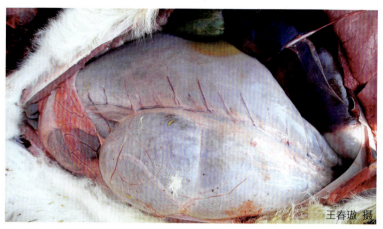

图 10-2-59　脑软化、水肿　　　　　图 10-2-60　犊牛皱胃不完全阻塞，引起腹泻死亡

胃的轮廓明显、硬度增大。还可进行直肠检查，如果直肠内的粪便中有沙子，即可初步得出皱胃积沙的诊断。确诊需做腹腔探查术。

（5）瘤胃酸中毒引起的腹泻　高精饲料日粮饲养下的奶牛，因过食精饲料而引起瘤胃酸中毒。特别是在热应激期间发病率更高。奶牛瘤胃酸中毒分为急性瘤胃酸中毒、亚急性瘤胃酸中毒和慢性瘤胃酸中毒。

奶牛瘤胃酸中毒的原因：精粗比过高的饲料配方，TMR全混合日粮搅拌不均匀，TMR全混合日粮含水量不够，挑食精饲料。瘤胃酸中毒可以引起奶牛腹泻。有关瘤胃酸中毒的病理过程请查看本书第九章第一节的相关内容。

【治疗】　本病的治疗原则为消除致病因素，消除炎症，止泻，补充血容量，维护心脏功能，纠正代谢性酸中毒或纠正代谢性碱中毒，补充钾离子，增强机体抵抗力。

（1）查明引起腹泻的原因，消除致病因素

1）对怀疑传染病引起的腹泻，要采集病料，如腹泻牛的粪便及死亡牛的肠管、脾、肝、肺、肾，进行病原分离与鉴定，或采集病牛的血液进行血清学诊断，明确传染病原。

2）治疗犊牛先天性维生素C缺乏症，给新生犊牛补充维生素C，每头犊牛每天补充维生素C 700mg，肌内注射，连用7~10d。

3）预防维生素C缺乏症的发生，给干奶期的奶牛每天补充维生素C 2000~3000mg，直到分娩为止。

4）对成母牛的皱胃内积沙、异物、阻塞，也与饲料的营养不全有关，特别是封闭式牛舍，维生素D的需求量增大，必须增加饲料中维生素D的添加量，才能满足奶牛营养的需要，否则奶牛舔食卧床上的垫料、吞食异物，会引起皱胃内积沙、异物或皱胃的不完全阻塞，导致消化障碍，引起腹泻，进一步发展为胃肠炎。

5）对于饲养管理不良引起的腹泻，如犊牛饲喂变质的初乳与牛奶，或饲喂没经过巴氏消毒的牛奶，或使用没有刷洗与消毒的奶桶等都会引起犊牛传染性群发性腹泻。因此，要严格执行初乳与牛奶的巴氏消毒程序，严格进行初乳的质量检查，加强奶桶、水桶的刷洗与定期消毒。

（2）正确选用抗生素治疗　抑制肠道内致病菌繁殖，消除胃肠道感染过程，是治疗严重腹泻的根本措施，适用于各种病型，应贯穿于整个病程。可依据病情和药物敏感试验，选用抗菌消炎药物，如黄连素（小檗碱）、氟苯尼考、庆大霉素、氧氟沙星、环丙沙星、恩诺沙星、百福他（长效土霉素）、头孢噻呋、磺胺间甲氧嘧啶、酞磺胺噻唑或琥珀酰磺胺噻唑等。

用药注意事项：未断奶犊牛，可选用细菌敏感的抗生素原粉或磺胺药原粉放入牛奶中饮入。不能经口投药的，可肌内注射或静脉注射。后备牛、青年牛、成母牛不能经口投服抗生素，可选用磺胺类药物经口投药。泌乳牛抗生素或磺胺类药物的应用要注意弃奶期。

（3）缓泻与止泻　两种不同的治疗措施，必须切实掌握好用药时机。在肠音弱、粪干、色暗或排粪迟滞、有大量黏液、气味腥臭者，为促进胃肠内容物排出，减轻自体中毒，应采取缓泻，常用液体石蜡（或植物油）500~1500mL、鱼石脂10~30g、酒精50mL，内服；也可以用硫酸钠100~300g（或人工盐150~400g）、鱼石脂10~30g、酒精50mL，常水适量，经口投服。在用泻剂时，要缓泻，不能用药后引起剧泻。当病牛粪稀如水、频泻不止时，应止泻，常用吸附剂和收敛剂：木炭末，一次100~200g，加水1~2L，配成悬浮液经口投服；或用硅炭银片30~50g、鞣酸蛋白20g、碳酸氢钠40g，加水适量灌服；也可用蒙脱石粉剂灌服，或将蒙脱石粉放入桶内让犊牛自由采食。

（4）抑菌消炎

1）经口投服药：磺胺间甲氧嘧啶50~100mg/kg体重、甲氧苄啶5~10mg/kg体重、碳酸氢钠25mg/kg体重、维生素C 5~8mg/kg体重，经口投服，对于未断奶犊牛可放入牛奶中吃入。2次/d，连用4~5d。

原发病为病毒感染，又继发细菌性传染病的奶牛，可用下列药物治疗：磺胺间甲氧嘧啶50~100mg/kg体重、甲氧苄啶5~10mg/kg体重、碳酸氢钠25mg/kg体重、维生素C 5~8mg/kg体重、利巴韦林20~30mg/kg体重，对于未断奶犊牛可放入牛奶中，2次/d，连用3~4d。对于断奶犊牛和青年牛可放于饲料中，2次/d，连用3~4d。泌乳牛不用。

2）注射给药：肌内注射庆大霉素1500~3000IU/kg体重、氟苯尼考20~25mg/kg体重、环丙沙星2~5mg/kg体重等抗生素。

（5）扩充血容量、维持心脏功能、纠正代谢性酸中毒和补充钾离子　静脉补充等渗氯化钠、葡萄糖氯化钠注射液、5%碳酸氢钠和10%氯化钾等。由皱胃疾病引起的腹泻，不可用碳酸氢钠，要静脉注射生理盐水；也可给病牛输入全血或血浆、血清。为了维护心脏功能，可应用安钠咖。在病牛的饮水中加入口服补液盐，每20kg水加入1kg口服补液盐，对补充电解质、预防与治疗腹泻牛的脱水效果很好。

（6）中药治疗　以清热解毒、消黄止痛、活血化瘀为主。宜用郁金散（郁金36g，大黄50g，栀子、诃子、黄连、白芍、黄柏各18g，黄芩15g）或白头翁汤（白头翁72g，黄连、黄柏、秦艽各36g）。

（7）加强护理、提高机体抵抗力　搞好牛舍卫生；能少量采食的病牛，应给予易消化的饲草、饲料和清洁饮水。

【预防】　贯彻"预防为主"的原则，严格执行犊牛饲养管理规程，新生犊牛按时喂足优质的初乳，奶桶定期清洗消毒。为了提高新生犊牛抵抗力，保持胃肠道菌群的稳定，可在牛奶中加入有益菌，每头犊牛 50mL，每天 1 次，对预防腹泻有一定作用。为减少各种应激，犊牛舍要保温、干燥、通风。对已经确诊的病毒性肠炎并继发细菌性传染病的牧场，应选择相应的疫苗进行接种。对寄生虫引起的胃肠炎，应做好驱虫工作。

（马卫明　王春璈）

六、黏液膜性肠炎

奶牛黏液膜性肠炎（Mucomembraneous Enteritis）是在致病因素的作用下，肠壁发生的一种特殊的炎症反应。它是在变态反应的基础上，渗出纤维蛋白和大量黏液形成的膜状物，被覆在肠黏膜上，引起消化障碍。奶牛多发生于空肠和回肠。

【病因】　黏液膜性肠炎的病因，多数人认为是在变态反应的基础上发生的，并与副交感神经紧张性增高有关，与这两点有关的常见病因有：

1）饲料过于单纯，质量不良，缺乏维生素。
2）肠道机能紊乱，肠道菌群关系发生变化，产生大量的细菌毒素和细菌代谢产物。
3）饲喂霉败饲料，引起饲料中的真菌毒素增加及霉败饲料变质的异性蛋白产物增加。
4）肠道内和肝脏内寄生虫及其代谢产物。
5）服用敌百虫、硫酸钠、砷制剂等药物。
6）长途车船运输、拥挤、卫生条件差、冷热及疫苗接种等应激因素，都可促进本病的发生。

【症状】　发病初期，采食与反刍减退，瘤胃蠕动音减弱或消失。泌乳量降低，呼吸与脉搏加快，常有轻度腹痛现象。排粪呈里急后重症状，排出腥臭的稀薄粪便。经 12~15h 后，病情缓和，腹痛症状消失。经过 5~6d 或更晚一些，病情又加剧，呈现腹痛，不断努责，终于排出灰白色或黄白色的膜状管型或索状黏液膜，长短不一，短的只有 20~30cm，长的可达几米以上（图 10-2-61、图 10-2-62）。当这种膜状物排出后，腹痛症状减轻或者消失，病牛康复。严重病例，病程较长，持续下痢，有的往往反复排出膜状结构物和腥臭粪便，有时伴发严重的肠炎。经治疗的奶牛大多也能逐渐痊愈。

【诊断】　凡发现排出的粪中存在黏液膜性物质时，即可得出诊断。但在本病的初期黏液膜性物质尚未从粪中排出前，往往不易确诊。本病要与沙门菌性肠炎进行鉴别诊断，沙门菌性肠炎全身症状明显，有时也排出肠黏膜，但不是完整的套袖样膜状物，在肠壁的黏膜上形成纤维蛋白性假膜，一般多呈糠皮

图 10-2-61　后备牛排出的膜状管型黏液膜

图 10-2-62　后备牛排出的大量管型黏液膜

状，病情较为重剧。

【治疗】 黏液膜性肠炎，病情较轻，炎性产物可以自行排出，有的不经治疗也能康复。但病情重剧的，首先应根据病因，应用抗过敏药物，消除变态反应，并及时应用油类泻剂清理胃肠，促进康复过程。

抗过敏药物，通常应用盐酸苯海拉明 0.55~1.1mg/kg 体重，肌内注射；或者应用盐酸异丙嗪 0.55~1.1mg/kg 体重，肌内注射。必要时可以配合维生素 C、氯化钙或葡萄糖酸钙进行治疗。如需清理胃肠，一般可用油类泻剂，如植物油或液体石蜡 500~1500mL 灌服。

此外，根据病情发展，重剧病例必须注意强心输液，必要时也可应用抗生素。要防止脱水、自体中毒和继发感染，必要时静脉补充液体与电解质。

【预防】 根据本病的发生原因，应注意加强饲养，给予富有营养和富含维生素的饲料，搞好防疫、消毒与卫生管理，防止感染性因素和侵袭性因素侵害，保持机体良好的神经反应性和消化机能，避免中毒性因素的刺激和影响，从而预防本病的发生。

（马卫明　王春璈）

七、胃肠积沙

奶牛胃肠积沙（Gastrointestinal Sabulose）时有发生，特别是 2 胎以上的奶牛发病率更高，病程很长，奶牛逐渐消瘦，泌乳量降低，常因诊断与治疗失误而导致淘汰。

【病因】 奶牛舔食卧床、粪道、饲喂通道及颈枷上的异物，是导致胃肠积沙的原因。引起舔食异物的原因是饲料中的维生素、微量元素不能满足奶牛营养的需要，最常见的是维生素 D 的缺乏；另外，食盐的缺乏也会引起奶牛舔舐颈枷、水泥地面等现象的发生。当苜蓿、羊草中混入沙子、泥土，奶牛吃入混有沙子、泥土的饲草与饲料后，比重较大的沙子便沉积在瘤胃腹囊底部、皱胃胃底部及十二指肠乙状弯曲部，同时引起胃肠弛缓，出现消化机能障碍与排粪障碍等症状。

【症状】 当奶牛吃入少量沙子时，一般无异常表现。但当大量沙子存留于瘤胃腹囊或皱胃胃底部时，常常引起奶牛胃肠蠕动减弱，排稀粪，排粪减少，呈现前胃弛缓症状；当沙子经皱胃进入十二指肠沉淀于乙状弯曲部，在没有完全阻塞的情况下，奶牛排粪减少，反刍减少，逐日消瘦，泌乳量明显降低；当乙状弯曲部被大量沙子阻塞时，奶牛反刍减少或停止，排粪停止或仅排出一点带有黏液的粪便，右腹部膨大下垂，眼窝凹陷，流口水增多，消瘦（图 10-2-63）。

【诊断】 根据临床症状和直肠检查发现排粪减少、粪中带有沙子及触诊皱胃轮廓增大，可得出初步诊断。确诊需做右腹部腹腔探查术。

【治疗】 治疗原则是消除病因，提高胃

图 10-2-63　胃肠积沙的奶牛，眼窝凹陷

肠的蠕动能力，排出积沙。发病初期可采用提高胃肠蠕动能力的药物，结合灌服下泻药物进行治疗。

(1) 可用下列处方

1) 10% 氯化钠注射液 1000mL、5% 葡萄糖氯化钠 1500mL、庆大霉素 2000~3000IU/kg 体重、维生素 C 3~4g，静脉注射，1 次/d，连用 3~4d。

2) 灌服下列药物：液体石蜡 2000~3000mL、硫酸镁 500~1000g、磺胺间甲氧嘧啶 25~50mg/kg 体重，1 次/d。灌服后 36h 仍不能排出积沙时，可再灌服 1 次，经 2 次灌服泻剂无效时，应采取手术治疗。

(2) **手术方法** 有横卧保定与站立保定两种方法完成手术。

1) 横卧保定下的手术方法：

①病牛的保定、麻醉、切口定位：十二指肠积沙的病牛，一般都有皱胃内积沙，如果仅仅去除十二指肠内的积沙，皱胃内的积沙不取出，病牛的临床症状虽可暂时缓解，但最终还会因皱胃内积沙而导致淘汰。

左侧卧保定，不仅可以完成十二指肠乙状弯曲部的手术，也可对皱胃切开取出皱胃内的积沙、异物。

对腹围大、瘤胃积液的病牛先进行导胃，减轻胃内压后，采用速眠新对病牛进行全身麻醉，剂量按每 100kg 体重 1mL，肌内注射，也可使用盐酸赛拉嗪，1mL/头，肌内注射。进入麻醉后，进行左侧卧保定。

切口定位在右侧乳静脉上方，平行乳静脉，距离乳静脉 4~5cm 处。

②手术方法：切开皮肤、皮肌、腹黄筋膜、腹直肌、腹横筋膜与腹膜，手进入腹腔内向背部探查十二指肠，检查十二指肠内有无异常与积沙，然后在切口内向下探查皱胃的轮廓、硬度，确定皱胃内有无异物、有无积沙及积沙的数量。

③十二指肠积沙的处理：十二指肠积沙的肠段，经腹壁切口缓缓引出切口外，用灭菌纱布隔离后进行肠切开，取出积沙，清洁创口后进行肠壁切口的缝合。

④皱胃内积沙的处理：当胃底部积沙厚 2~3cm 时，可向皱胃内注射液体石蜡 500~1000mL，然后隔胃壁对积沙部进行按摩，使积沙与液体石蜡混合后，将积沙与油推挤到十二指肠内，继续将进入十二指肠内的积沙与油向肠段后推挤。如果皱胃内积沙很多，积沙厚度在 3cm 以上时，应做皱胃切开术，取出皱胃内积沙（图 10-2-64）。

2) 站立保定下的手术方法：

①对病牛进行柱栏内站立保定、腰旁神经传导麻醉，术部局部浸润麻醉，右侧肷部前切口切开腹壁。手进入腹腔内探查十二指肠、皱胃及其他脏器有无异常，特别要明确皱胃内有无积沙。如果十二指肠积沙同时伴有皱胃内积沙，在解除十二指肠积沙后，要对皱胃积沙进行处理。

②十二指肠积沙的处理：首先将十二指肠积

图 10-2-64 皱胃切开的保定与切口定位

沙的肠段缓缓牵引出切口外（图10-2-65），进行肠侧壁切开，取出积沙，冲洗肠壁切口，缝合肠壁切口，用生理盐水冲洗后，将十二指肠还纳回腹腔内。

③皱胃内积沙的处理：右手经腹壁切口进入腹腔底部，用手心托起皱胃底部向腹壁切口处移动，另一只手将大网膜向上提，使皱胃靠近腹壁切口，然后将皱胃壁的一部分暴露在腹壁切口外，并用灭菌纱布隔离，防止皱胃缩回（图10-2-66）。切开皱胃，向皱胃腔内插入胃管，胃管的另一端连接漏斗，向胃腔内灌注温水。为了将皱胃内积沙全部洗出，手要进入皱胃胃腔内将积沙搅动起来，使积沙与水经切口流出体外（图10-2-67）。清理胃壁切口后，用肠线缝合胃壁第一层切口；再次清理胃壁切口，用肠线对胃壁进行第二层伦巴特缝合（图10-2-68）；最后用生理盐水清洗胃壁，将皱胃还纳回腹腔内。

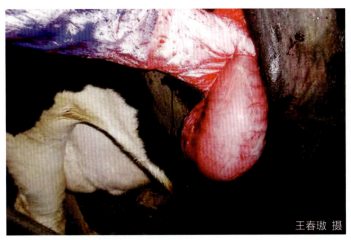

图10-2-65　将十二指肠积沙的肠段牵引出切口外

图10-2-66　将皱胃牵引到切口外，用灭菌纱布隔离

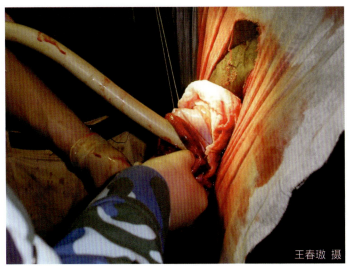

图10-2-67　将胃管插入胃壁切口内，向胃内灌注温水，排出积沙

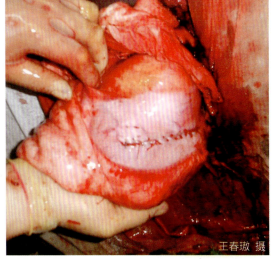

图10-2-68　缝合胃壁切口，用生理盐水冲洗后，将皱胃还纳入腹腔内

3）术后护理：抗菌、消炎、促进胃肠功能的恢复，用抗生素治疗4d以上，根据奶牛的全身情况，还要采取补液、强心、抗炎等措施，一般经5~6d即可恢复正常。

【预防】　根据奶牛营养的需要制定饲料配方，特别要补充维生素D、食盐及微量元素。在封闭式牛舍，更要增加维生素 D 的用量。加强巡栏，发现奶牛异食现象后，应查明饲料配方有无问题、预混料存放时间是否过久，因为预混料存放 30d 以上，有些维生素就已经氧化，故不能饲喂存放过久的预混料。

（马卫明　王春璈）

八、弥漫性或局限性腹腔积脓

弥漫性腹腔积脓（Diffuse Intraperitoneal Empyema）或局限性腹腔积脓（Local Intraperitoneal Empyema）是由于在某些病理因素作用下，病原菌进入奶牛腹腔，引起急性弥漫性或局限性腹膜炎，体温升高、精神沉郁、胃肠蠕动减弱和全身中毒综合征。本病发生后如不能及时诊断与治疗，大多因中毒性败血病而死亡。

【病因】腹腔积脓的牛大多为泌乳牛，个别的也有育成牛。成母牛发病的原因大多有人工助产、剥离胎衣、冲洗子宫或人工授精的病史，可能在上述治疗操作过程中引起子宫的穿孔，使产道内病原菌经穿孔漏入腹腔引起感染。也可发生在子宫冲洗的过程中，向子宫内灌注大量子宫冲洗液时，冲洗液经子宫角进入输卵管，再经输卵管伞开口处逆流入腹腔，从而引起腹腔内的感染。另外，饲草中混入了金属异物，如钢丝、钢钉等，随奶牛吃草时吃入，金属异物穿透网胃壁而引起弥漫性腹膜炎。临床上曾接诊一例 4 月龄犊牛患局限性腹腔积脓的病例（图 10-2-69），更多的是发生在泌乳牛（图 10-2-70）。局限性积脓的部位大多在右侧腹腔，手术中有时可在积脓的腔内找到金属异物，进一步检查发现金属异物引起肠穿孔导致腹腔感染化脓。金属异物肠管穿孔的部位大多在十二指肠乙状弯曲部，少数的在空肠、结肠部穿孔。奶牛吃入金属异物后发生的创伤性网胃腹膜炎，是引起腹腔积脓的主要原因。

图 10-2-69　4 月龄犊牛右侧腹腔积脓

图 10-2-70　右侧腹腔积脓病牛，消瘦恶病质状态

奶牛化脓性腹膜炎的范围因病因不同而有区别。因子宫穿孔引起的多为弥漫性化脓性腹膜炎，因创伤性网胃炎引起的多为左侧腹腔的化脓性腹膜炎，而肠穿孔引起的多为右侧腹腔的感染与积脓。

【症状】发病初期病牛体温升高至 39.6~41℃，胃肠蠕音减弱，吃草减少，反刍减少，精神较差，有时后肢踢腹，排粪减少，尿量少。随着病程的延长，病牛体温一般在39.5℃左右，鼻镜干燥，吃草与反刍进一步减少，瘤胃蠕动音减弱，有时发生瘤胃臌气，消瘦，眼窝凹陷，脱水明显。发病后期病牛精神高度沉郁，不吃草，不反刍，但能饮水。弥漫性化脓性腹膜炎病牛，发病初期与中期，腹围增大、弓腰、腹壁紧张、敏感（图10-2-71）。局限性腹腔积脓病牛，积脓的局部向腹部外膨隆。

图10-2-71 弥漫性化脓性腹膜炎奶牛，弓腰、腹壁紧张

弥漫性化脓性腹膜炎的后期，病牛进入毒血症阶段，用手冲击式触诊腹壁，腹壁松软，有振水音；用拳头对右侧腹壁进行冲击式触诊时，腹腔内脓液随着右侧腹壁的挤压流向左侧腹腔，出现左侧腹壁振动。叩诊左右侧腹部，同时用听诊器听诊，在腹部的上方常常出现钢管音，但钢管音位置不固定。

对于右侧腹腔积脓的病牛，叩诊右肷部上方并结合听诊，常常出现钢管音，且钢管音位置固定。病情进一步发展，病牛腹围更加膨大，卧地不起，全身肌无力，心律达120次/min以上，呼吸频率增加，最后因毒血症而死亡。

【病理变化】 弥漫性腹腔积脓，是由各种原因引起的腹膜腔感染化脓的过程。渗出的大量纤维蛋白引起瘤胃与腹膜，肠管与肠管之间的大范围粘连，在腹腔内渗出的纤维蛋白呈网状或呈隔状将积脓的腹腔分隔成数个脓腔。

局限性腹腔积脓常局限于腹腔内某一部位，脓腔的周围被一厚的脓肿膜包裹，在腔内有大量恶臭的浅灰色稀薄脓汁，并常有少量的积气。在积脓部位内的所有脏器表面都被覆一层浅灰色脓肿膜，脓肿膜下的脏器浆膜表面呈颗粒状，触摸或刺激易出血。积脓处的腹膜与腹壁深层肌肉都处于变性坏死状态。

【诊断】 根据病史、临床症状及腹腔穿刺进行诊断（图10-2-72、图10-2-73），必要时做剖腹探查诊断。

图10-2-72 奶牛腹腔积脓穿刺诊断

图10-2-73 奶牛腹腔穿刺，腹腔液经针头流出

本病的后期，病牛常因腹腔内肠管、胃壁的粘连而胃肠蠕动音消失。由于感染化脓过程中产生的气体在脓腔内积存，叩诊腹部并结合听诊常常有钢管音，有时误诊为皱胃左方或右方变位，应注意鉴别。皱胃左方变位牛逐渐消瘦，腹围缩小，体温正常，这与弥漫性腹腔积脓不同。通过对腹腔积脓牛的腹腔穿刺液的诊断即可区分，皱胃左方变位牛的腹腔穿刺液无异常改变。

【治疗】 对于弥漫性腹腔积脓的病例，通过切开左右侧腹壁，放出脓液并用大量生理盐水冲洗，术后腹腔放置灌液管和排液管，每天经灌液管向腹腔内灌入大量青霉素生理盐水溶液，经排液管放出，经数天的处理，病牛腹腔内感染可得到有效控制，结合使用大量抗生素，一些早期感染病例可以得到康复。兽医临床上见到的病例都是晚期重症病例，采用上述处理方法仍不能控制，最后以死亡而告终。因此，对这类晚期病例一旦确诊，建议淘汰。

对于局限性腹腔积脓的病例，可采用切开腹壁放出脓汁（图10-2-74、图10-2-75），并向脓腔内灌入大量0.1%高锰酸钾溶液，反复冲洗与引出，直至灌洗液中脓性物干净为止。然后用青霉素生理盐水溶液冲洗脓腔，最后向脓腔内放置塑料或橡胶引流管，每天经引流管灌注冲洗液冲洗脓腔，可使奶牛病情得到缓解。

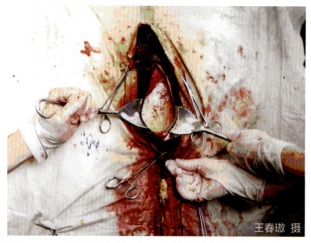 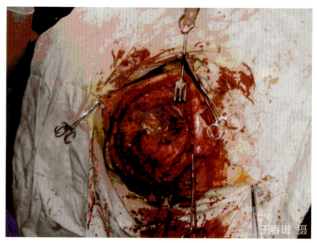

图10-2-74 右侧腹腔积脓，切开腹壁深层组织有黄色纤维素附着　　图10-2-75 右侧腹腔积脓，切开腹膜后发现腹腔深部蓄脓

若腹腔内脓腔与周围组织粘连，特别是与肠管粘连，可引起粘连性肠梗阻，这类病例也无治愈希望，建议淘汰。

总之，一旦确诊了腹腔积脓，长时间使用抗生素和补液疗法都是无效的。在通过剖腹探查后，确定为弥漫性腹腔积脓或局限性腹腔积脓，腹内肠管已经发生广泛粘连时，均应果断淘汰病牛。对于局限性腹腔积脓、腹内脏器未粘连的病例，通过切开脓腔排脓和持续灌洗与引流，有可能使病牛康复。

【预防】 严格掌握直肠检查与子宫内投药操作规程，严格掌握接产操作规程。发生直肠与子宫破裂的病牛要及时进行缝合与抗生素治疗。防止饲草中混入金属异物，对于创伤性网胃炎病牛要及时诊断并实施手术，摘除网胃内异物。

（马卫明　王春璈）

九、直肠脱垂

直肠黏膜或直肠壁全层脱出于肛门之外，称为直肠脱垂（Rectal Prolapse），各种年龄的奶牛都可发生。

【病因】 直肠先天性发育不全，或盆腔内组织特别是直肠各层之间的纤维附着坚固性较差的奶牛易发生直肠脱垂，也因肛门括约肌和提肛肌无力等引发本病；继发于某些疾病，如便秘时用力排粪的努责、长时间腹泻、里急后重、母牛分娩时强烈努责及阴道脱垂等。

奶牛卧床结构不合理，如卧床前高后低，在卧床上奶牛身体处于前高后低的斜面上，腹部的压力集中到直肠、会阴部，可引起奶牛直肠脱垂。

【症状】 奶牛发生直肠脱垂的程度不同，其临床症状也不同。直肠脱垂在临床上分为三级：一级又称为脱肛，是直肠黏膜脱垂；二级为直肠全层脱垂（图10-2-76、图10-2-77）；三级是直肠及结肠全层脱垂。

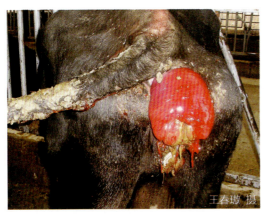

图 10-2-76　奶牛直肠全层脱出，黏膜水肿

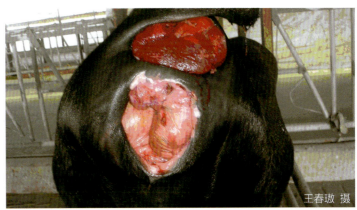

图 10-2-77　伴发阴道脱垂的直肠脱垂

1）直肠黏膜脱垂：奶牛在站立时或腹内压减小后，脱出的直肠黏膜可缩回到直肠内，当奶牛卧地或腹内压增大以后，直肠黏膜脱出于肛门外。直肠黏膜脱垂，奶牛排粪不受影响，采食与反刍正常。

2）二级和三级直肠脱垂：脱出部分不能缩回到直肠腔内，脱出初期直肠黏膜呈粉红色，随着脱出时间的延长，直肠黏膜会受到尾根部被毛的摩擦与尾部的压迫，奶牛卧地后脱出的直肠受到地面、卧床的摩擦与污物的污染，直肠黏膜出现水肿，颜色暗红。当直肠黏膜发生创伤后，黏膜层感染化脓、坏死，进一步感染可引起肌层的感染与坏死。奶牛排粪次数增多，但每次仅排出少量粪便，表现里急后重，并常常引起阴道的脱出。奶牛采食与反刍减少，消瘦，泌乳量降低。严重的直肠全层坏死，最后淘汰。三级脱垂常常伴发结肠的套叠，奶牛排粪困难，如不及时整复与固定，直肠脱出部分发生大段坏死，奶牛会发生败血症而死亡。

【病理变化】 一级直肠脱垂（脱肛），因脱出的直肠黏膜可以缩回到直肠内，一般不会引起直肠黏膜坏死。二级和三级直肠脱垂，因脱出的时间不同而有很大的差别。脱出时间短的，直肠黏膜呈粉红色；脱出时间长的，直肠黏膜水肿，严重时黏膜出现坏死病灶或破裂、出血。脱出时间更长的，直肠黏膜呈黑红色，黏膜干性坏死，严重时直肠全层坏死。

【诊断】 根据直肠脱垂的临床症状，即可做出诊断。但伴发结肠脱出的直肠脱垂，常伴发结肠的套叠，由于结肠系膜的牵引，脱出的直肠末端向背侧翘起（图10-2-78）。

【治疗】 直肠脱垂的治疗方法，应根据发病程度及脱垂直肠的病理变化进行选择。常用的治疗方法有：肛门环缩术、直肠脱垂黏膜环切术、脱垂直肠部分切除术、脱垂直肠全切除术等。

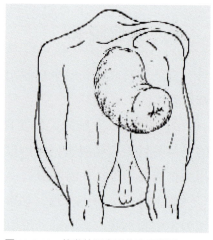

图 10-2-78　伴发结肠套叠的直肠脱垂

1. 肛门环缩术

（1）适应证　适用于肛门收缩无力或肛门松弛的直肠脱垂，也可用于治疗肛门失禁的病例。

（2）术前准备　术前用温水灌肠，清除直肠内蓄粪，用0.1%新洁尔灭溶液清洗附着在脱垂直肠黏膜上的污物。

（3）保定与麻醉　成母牛可在六柱栏内站立保定，犊牛侧卧保定。犊牛采用速眠新全身麻醉，1mL/100kg体重，肌内注射；成母牛用2%盐酸普鲁卡因做荐尾硬膜外腔麻醉，然后还纳脱垂直肠，将其推送回去并用手臂展平。

（4）手术方法　用弯三棱针系10号丝线，先穿系1个青霉素瓶胶盖，缝针在距肛缘2.5~3cm处的6点钟处刺入皮下、3点钟处穿出（图10-2-79），缝针再穿系1个青霉素瓶胶盖（图10-2-80）。缝穿第二个胶盖的方法是先从胶盖外面进针、胶盖内面出针，再从胶盖旁开0.2~0.3cm处进针、胶盖外面出针，将胶盖推至3点钟处与肛缘皮肤密接。缝针于2~3点钟处的皮外进针于皮下，经12点钟处出针，再按上述方法穿系1个胶盖，在9点钟处同样缝合，至6点钟处穿出，并经6点钟处胶盖内面进针、胶盖外面出针，逐渐拉紧6点钟处胶盖上的两股缝合线，使肛门缩小（图10-2-81）。肛门缩小的程度以不影响奶牛排粪为原则，犊牛可容纳2个手指即可，线尾打活结。

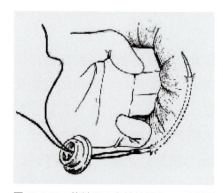

图 10-2-79　缝针于6点钟处刺入、3点钟处穿出

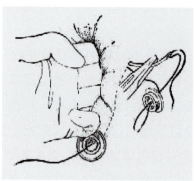

图 10-2-80　缝针在3点钟处穿出后，穿系第二个胶盖，在2~3点钟处进针

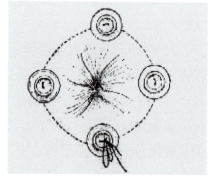

图 10-2-81　肛门环缩术完成

（5）术后护理　注意排粪是否畅通。若排粪时困难，应解开肛门环缩术的两线尾活结，放松的程度以能排出粪便为度。术后经后海穴深部注射0.5%盐酸普鲁卡因80mL、青霉素400万

IU，1次/d，连用3d（图10-2-82）。

2. 脱垂直肠黏膜环切术

（1）**适应证** 脱出的直肠黏膜发生严重的水肿及坏死时，可将坏死黏膜切除。

（2）**保定与麻醉** 成母牛在六柱栏内站立保定，犊牛侧卧保定。犊牛采用速眠新全身浅麻醉，1mL/100kg体重，肌内注射；成母牛可进行荐尾硬膜外腔麻醉。

图 10-2-82 经后海穴注射盐酸普鲁卡因和青霉素

（3）**手术方法** 先用0.1%新洁尔灭溶液冲洗脱出的直肠黏膜，除去上面污染的粪便、污物后，在距肛门外约2cm处环形切开直肠黏膜层，并切至黏膜下层，但不要切至肌层（图10-2-83、图10-2-84）。将切开的黏膜层向下翻转做钝性剥离，直到脱出部的顶端为止（图10-2-85）。用手术剪将已翻转剥离下的黏膜层横断剪除（图10-2-86），其黏膜下的肌层即可发生皱缩，然后将脱出部顶端的黏膜层边缘上提并与肛门缘处的黏膜层断缘对齐，用铬制肠线进行间断缝合（图10-2-87），缝合一周后，用0.1%新洁尔灭溶液冲洗后，将脱垂直肠还纳回肛门内，用手指伸入直肠内将其展平，并用磺胺软膏或土霉素软膏涂于直肠黏膜上。

（4）**术后护理** 术后3d内用土霉素软膏向直肠内灌注，用青霉素肌内注射3d，或经后海穴注射普鲁卡因青霉素。给予优质饲草，让其自由饮水，防止便秘和腹泻等。

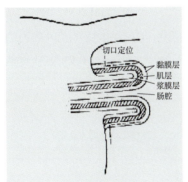

图 10-2-83 直肠结构示意图

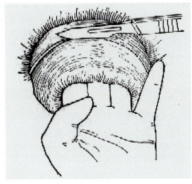

图 10-2-84 距肛缘2cm处环形切开直肠黏膜，深达黏膜下层

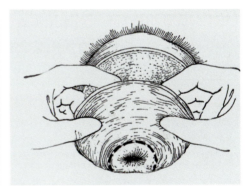

图 10-2-85 向下剥离并翻转黏膜层

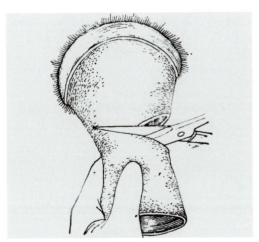

图 10-2-86 剪除黏膜层

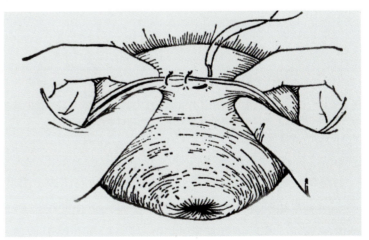

图 10-2-87 将脱出部切除的顶端黏膜断缘与肛门侧黏膜断缘对合后进行间断缝合

3. 脱垂直肠部分切除术

（1）**适应证**　直肠脱出的部分为直肠腹膜部，并有增生和严重水肿而不能复位或已有坏死、穿孔的病例。

（2）**保定与麻醉**　成母牛在六柱栏内站立保定，犊牛侧卧保定。犊牛采用速眠新全身麻醉，1mL/100kg体重或盐酸赛拉嗪1~1.5mL/头，肌内注射；成母牛用2%盐酸普鲁卡因或盐酸利多卡因进行荐尾硬膜外腔麻醉。

（3）**手术方法**　先用0.1%新洁尔灭溶液清洗脱出的直肠黏膜层，然后在距肛缘2.5~3cm处用2根盐水封闭针按十字交叉方式穿过脱垂直肠，固定脱垂肠管，以防将直肠切断后其断端退缩回肛门内。环形切开脱垂肠管的外层肠壁（前壁）。如果脱垂肠管较长，可切开直肠荐骨陷凹和直肠膀胱（生殖）陷凹的腹膜褶，此时常与腹腔相通。另外，如果陷凹内有小肠嵌入，应将小肠还纳回腹腔内。若脱出直肠较短，则仅仅切入内、外脱垂直肠的间隙，尚未进入腹腔。切开外层肠壁后，对出血进行结扎止血。

向下翻转外层肠壁的方法：从外层肠壁环形切口的创缘向下做一个与环形切口相垂直的纵切口，使两者相交呈"T"形，以利于外层病变肠壁向下翻转伸直（图10-2-88、图10-2-89）。在病变肠壁与健康肠管移行部位的健康肠段上切除病变的外层肠段（图10-2-90），立即将直肠前、后两环形创缘对整齐，在距两断缘1.0~1.5cm处用铬制肠线对肠壁浆膜、肌层进行间断缝合，针距为0.5~0.8cm，然后将内层直肠断缘全层与肛缘下直肠断缘全层用铬制肠线进行间断全层缝合（图10-2-91）。

图10-2-88　脱垂直肠部分切除术的肠壁切除范围示意图

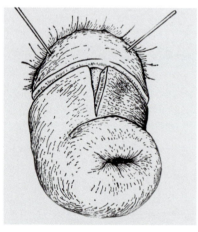

图10-2-89　2根金属针按十字交叉方式固定，在距肛缘3cm处环形切开外层直肠壁全层，自外层断缘向下做纵形切口

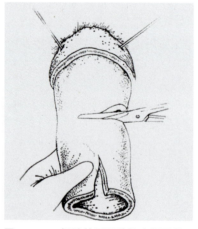

图10-2-90　切除外层肠壁的病部肠段，保留内层健康部分

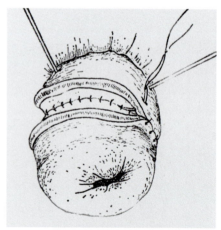

图10-2-91　将内外肠壁浆膜肌层间断缝合，内外肠壁断缘全层再进行间断缝合

缝毕，涂上土霉素软膏，将直肠还纳回肛门内，并用手展平。

（4）**术后护理**　术后加强饲养管理，防止便秘。防止直肠内蓄粪，应及时用手掏出蓄积在直肠内的粪便。术后用青霉素3~5d，或经后海穴注射普鲁卡因青霉素，以预防术部的感染。

4. 脱垂直肠全切除术

（1）**适应证** 脱出的直肠发生坏死，或虽没有完全坏死但因肿胀严重而无法还纳者，应将其全切除。

（2）**保定与麻醉** 成母牛在六柱栏内站立保定，犊牛侧卧保定。犊牛采用速眠新进行浅麻醉，1mL/100kg体重，肌内注射；成母牛用2%盐酸普鲁卡因或2%盐酸利多卡因进行荐尾硬膜外腔麻醉。

（3）**手术方法** 先用0.1%新洁尔灭溶液冲洗脱出的直肠，在肛缘下方距肛缘2cm处按十字交叉方式插入钢针，以固定内外层直肠壁，在距肛缘下4cm处环形切开外层肠壁的一小部分（图10-2-92），用手指经切口伸入，探查内、外肠壁之间有无肠管坠入，如确有肠管，应将其推送入腹腔内。

一边切断外层肠壁一边用铬制肠线对内外肠壁的浆膜肌层进行间断缝合（图10-2-93），直至外层肠壁环形切断，随之完成内外肠壁浆膜肌层间断缝合。

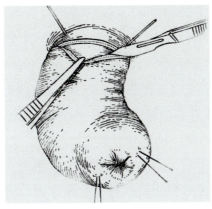

图10-2-92 切透外层肠壁

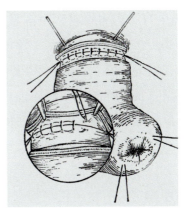

图10-2-93 间断缝合内外肠壁的浆膜肌层

在内外肠壁环绕一周的浆膜肌层间断缝合完成之后，在浆膜肌层缝合线结的远侧1.5~2.0cm处切断内侧肠壁的一部分，然后将已切断的内层肠壁的全层与外层肠壁的断缘全层用铬制肠线进行间断缝合，边切边缝（图10-2-94、图10-2-95）。此层缝合的肠壁组织较第一层缝合的组织要少些，以免术后肠狭窄。缝毕，涂土霉素软膏，将其还纳回肛门内，并用手展平（图10-2-96）。

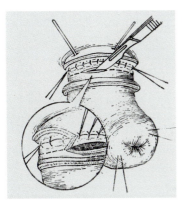

图10-2-94 边切透内层肠壁，边间断全层缝合内外肠壁的断缘

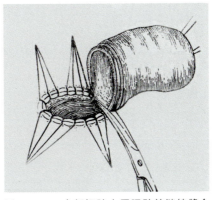

图10-2-95 全部切除内层肠壁并继续缝合完毕

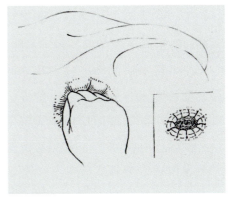

图10-2-96 还纳肠管，用手在肛门内展平

（4）术后护理 直肠切除吻合的缝合线尽量使用可吸收的，若使用丝线缝合浆膜肌层，会影响直肠腔的膨大，常常使吻合口狭小，在吻合口前方的肠腔内蓄粪，造成排粪困难，应特别注意防止肠狭窄的发生。若术后出现直肠内蓄粪，应当用温肥皂水灌肠以排出蓄粪。

术后4~5d全身应用抗生素或经后海穴注射普鲁卡因青霉素，以预防直肠内的感染。术后喂易消化的优质饲草，防止便秘的发生。

（马卫明　王春璈）

十、盲肠扩张和扭转

盲肠扩张和扭转（Cecal Dilatation and Vovulus）是奶牛肠管本身伴同肠系膜呈索状扭转的一种疾病，造成肠管闭塞不通。青年牛和泌乳牛均可发生，但泌乳早期的牛高发，特别是饲喂易发酵的精饲料和玉米青贮饲料者。

【病因】 奶牛盲肠内容物可产生挥发性脂肪酸，对盲肠黏膜产生刺激作用，引起盲肠弛缓与积气，导致盲肠扩张。日粮中高水平的精饲料和玉米青贮饲料是产生挥发性脂肪酸的饲料来源。各种导致胃肠弛缓的因素，都使盲肠内产生的气体无法排出而引发盲肠扩张。单纯性盲肠扩张时，盲肠内会滞留大量气体和少量液体；盲肠进一步膨胀则会导致盲肠自身按顺时针方向旋转（从右侧观察），即盲肠扭转，盲肠内气体与液体进一步增多，病牛的全身情况也进一步加重。

【症状】 盲肠扩张初期病牛表现为食欲不振、排粪减少和腹部膨胀，食欲下降、泌乳量减少，体温、呼吸正常。随病情发展，右腹显著膨胀，病牛呈轻度或中度腹痛，后肢踏地或踢腹。叩诊右腹呈鼓音或叩诊结合听诊出现钢管音，右上腹冲击式触诊有振水声，病牛出现中度脱水。应注意与皱胃右方变位进行鉴别诊断。

盲肠扭转的病牛，泌乳量锐减，食欲及排粪急剧减少，右腹上部肷窝显著向外膨胀，瘤胃蠕动减弱、臌气，心率加快（80~100次/min），眼窝下陷，皮温降低，进入休克状态。

直肠检查可在右后腹内触摸到膨胀的盲肠，臌气膨大的盲肠可移至盆腔入口处，盲肠的一侧纵带紧张，这是盲肠扭转的标志。

对盲肠扭转牛的右腹上部肷窝区叩诊呈鼓音，有时听到金属音，叩诊结合听诊可出现钢管音，应注意与皱胃右方变位进行鉴别诊断。

犊牛患本病的特征是右腹膨胀、厌食、排粪急剧减少、脱水、心率加快、腹痛、卧地。对右肷窝和最后数个肋间区叩诊出现大范围鼓音区，对右腹冲击式触诊有振水音。右侧肷窝消失，严重的盲肠扩张或扭转发展为盲肠破裂，导致肠内容物漏出和弥漫性腹膜炎。犊牛体温升高，采食减少或停止，最后发生败血症而死亡（图10-2-97）。

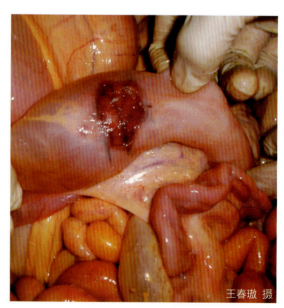

图10-2-97　犊牛盲肠扩张、溃疡，引起腹膜炎而死亡

王春璈 摄

【诊断】 根据临床症状和直肠检查可做出诊断。应与奶牛皱胃右方变位进行鉴别诊断。

盲肠臌气与盲肠扭转时，直肠检查易触及臌气与扭转的盲肠，而皱胃右方变位时，直肠检查很难触及皱胃。皱胃右方变位与皱胃扭转时的右腹部叩诊结合听诊可出现典型的钢管音；皱胃内液体的 pH 一般在 4 以下，而盲肠内容物的 pH 都在 7 以上。

【治疗】 盲肠扩张而无盲肠扭转的病牛，需用轻泻剂与减少胃肠发酵剂。液体石蜡 500~2500mL、硫酸镁 250~1500g、磺胺间甲氧嘧啶 25~50mg/kg 体重、鱼石脂 25~50g、水 2500~3000mL，灌服，24~36h 还不能大量排粪与消除盲肠臌气时，可再灌服 1 次，经 2 次灌服无效时，应转入手术治疗。

盲肠扭转的病牛，一旦确诊则需立即进行右肷部切开腹壁，整复扭转的盲肠，手术方法同肠切开术。当扭转的盲肠已经坏死时，可进行盲肠部分切除术。术后 4~5d 应用抗生素治疗，根据病牛的全身情况采取补液、强心等治疗措施。加强护理，给予易于消化的饲料，逐渐恢复高精饲料日粮。

（马卫明　王春璈）

第十一章 外科感染与损伤

第一节 脓肿

脓肿（Abscess）是奶牛常发的一种外科疾病，是可在任何组织或器官内发生的外有脓肿膜包裹，内部组织溶解液化形成局限性蓄脓腔的病理过程。脓肿是化脓性致病菌感染奶牛机体后引起的局限性炎症过程。在解剖腔内（如胸膜腔、腹膜腔、关节腔、子宫腔、角窦等）有脓汁潴留时则称为蓄脓，临床上常见的有关节腔蓄脓、角窦腔蓄脓、胸膜腔蓄脓、子宫蓄脓等。局部化脓感染是脓肿形成的主要原因。

【病因】 临床上奶牛发生的脓肿多由致病菌通过皮肤或黏膜的伤口直接或间接感染引起。引发脓肿的致病菌主要是葡萄球菌、化脓性链球菌、大肠杆菌、绿脓杆菌和腐败菌；结核杆菌或放线杆菌感染容易导致奶牛的冷性脓肿。另外，注射时不遵守无菌操作规程也很容易引发脓肿。比如某些牧场的奶牛在疫苗接种后发生的脓肿，就是因为不消毒接种疫苗的局部皮肤、不更换注射针头、连续应用污染的注射针头（图11-1-1）。另外，静脉注射水合氯醛、氯化钙、高渗盐水及砷制剂等刺激性强的化学药品时，若将药液漏注到静脉外，局部组织则会发生坏死、化脓或形成脓肿。致病菌还可通过血液或淋巴循环由原发病灶转移至某一新的组织或器官内形成转移性脓肿。在手术过程无菌操作不严格、将已污染的缝合线植入切口内等操作，都可引起术后局部的感染、化脓或形成脓肿。

脓肿形成的过程是在致病菌的感染作用下引起的。感染的初期，

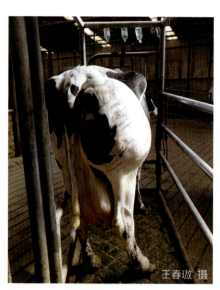

图11-1-1 奶牛股部的大脓肿

炎性病灶内发生酸度增高、血管壁扩张、渗透性增强等反应，而后伴有以嗜中性白细胞为主的大量渗出。继而病灶内部发生体液循环障碍及炎性细胞浸润，使局部组织代谢紊乱，导致细胞大量坏死和有毒产物的积聚。中性粒细胞分泌的蛋白溶解酶可促进坏死组织溶解与液化，溶解液化的组织与白细胞和细菌共同形成脓汁。随着病灶内组织溶解液化，周围新生的肉芽组织形成一层脓肿膜，将脓汁完整包裹起来，随着脓肿膜的形成，脓肿逐渐成熟。

脓肿内的脓汁由脓清、脓球、坏死分解的组织细胞及细菌组成。脓清一般不含纤维素，因此不易凝固。脓球一般是由多种细胞组成，以分叶核白细胞为最多，其次是淋巴细胞、嗜酸性粒细胞、嗜碱性粒细胞、单核细胞、巨噬细胞及少量红细胞。病灶周围形成的脓肿膜是脓肿与健康组织的分界线，它具有限制脓肿扩散和减少病牛从脓肿病灶吸收有毒产物的作用。脓肿膜由两层细胞组成，内层为坏死的组织细胞，外层是具有吞噬能力的间叶细胞，在脓肿治疗过程中，不要用力挤压脓肿，以防脓肿膜破裂，导致细菌的扩散。

【症状】 奶牛发生脓肿后的临床症状因脓肿的大小和发病部位的不同而有很大差别。当脓肿发生在四肢的关节部时，奶牛出现明显的跛行症状。当脓肿发生在直肠及阴道壁上时，奶牛出现消瘦、繁殖障碍、久配不孕等症状。当脓肿发生在乳腺上时，奶牛的泌乳机能显著降低甚至不能泌乳。体积巨大的脓肿在发病感染的初期，奶牛会出现体温升高、采食与反刍减少等明显的全身症状；脓肿成熟以后，奶牛的体温则恢复正常。在脓肿整个发病期间，奶牛的泌乳量降低。体积很小的脓肿一般对奶牛的采食、反刍和体温影响不大。临床上奶牛发生的脓肿一般大小不一，从鸡蛋大、拳头大、碗口大乃至脸盆大。

根据脓肿发生的部位可分为浅在性脓肿和深在性脓肿两类。根据脓肿病程经过的时间长短可分为急性脓肿和慢性脓肿两类。

（1）浅在性脓肿 浅在性脓肿常发生于皮下结缔组织、筋膜下及表层肌肉组织内。

在感染的初期（1~2d），局部肿胀与周围无明显的界限。触诊局部温度增高、坚实、有疼痛反应；经 3~4d 后，肿胀部位与周围健康组织之间形成明显的分界线，形成局限性肿胀；发病 5~8d，肿胀内部组织溶解、液化形成脓液，脓液蓄积于外有脓肿膜包裹的脓腔内，用手触诊肿胀部位出现明显的波动。

触诊脓肿时是否出现波动，与脓腔内的脓液多少密切相关。脓肿腔内脓液越多、内压越大，触诊时波动感越不明显，会呈弹性抵抗的坚实感觉。脓腔内压力不大时，触诊波动感明显。当病程继续延长，脓肿腔内脓液越来越多时，脓液持续对脓肿膜和皮肤压迫，引起脓肿膜和皮肤的压迫性坏死，脓肿膜与皮肤溶解、破溃，排出脓液，但常因皮肤溃口过小及溃口不在脓肿的最下方，脓汁及其脓腔内的坏死组织不易排尽。

浅在性慢性脓肿一般发生缓慢，而且脓肿膜较厚，一般不会破溃，虽有明显的肿胀，但波动感不明显，也缺乏温热和疼痛反应。这种脓肿常常发生在颈部及乳腺的皮下，而且大多由金黄色葡萄球菌感染引起（图 11-1-2、图 11-1-3）。

奶牛四肢部的浅在性脓肿较为多见，脓肿成熟后可自行破溃，但因脓腔内坏死组织不能完全排出，并且牧场兽医对已破溃的脓肿也很少处理，四肢下端又容易受到粪污的污染，这些脓肿最终常常形成化脓性窦道或陈旧性肉芽肿，并引起局部明星的增生变形。

图 11-1-2　奶牛颈部的浅在性脓肿

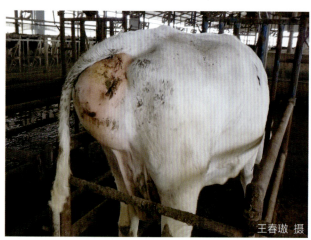
图 11-1-3　奶牛会阴部的巨大脓肿

（2）深在性脓肿　深在性脓肿常发生于深层肌肉、肌间、骨膜下及内脏器官。由于其发生部位深在，加之被覆较厚的组织，因此局部增温不明显。临床上常出现皮肤及皮下结缔组织的炎性水肿，触诊时有疼痛反应并常有指压痕。可在压痛和水肿明显处穿刺，抽出脓汁即可确诊。若较大的深在性脓肿未能及时采用切开排脓治疗，脓肿膜可发生压迫性坏死，继而脓肿膜破溃，脓汁流向深部组织，引起感染扩散，而呈现较明显的全身症状，严重时还可能引起败血症。内脏器官的脓肿常常是转移性脓肿或败血症的结果。

奶牛阴道壁、子宫壁上的脓肿较为常见，其发病原因多与人工助产有关，不正确的助产、强行拉出胎儿，导致阴道软组织撕裂，产后对撕裂创伤没有进行缝合等处理的奶牛，往往在阴道壁上形成脓肿。阴道壁的脓肿大小不一，小的如鸡蛋大，大的脓肿几乎占据整个盆腔，直肠检查时入手困难，严重的可影响排粪。另外，子宫壁上的脓肿也较为常见，其发病原因与产后的胎衣不下、子宫炎等有关，也与奶牛分娩时子宫壁的损伤有关。直肠检查时可触及子宫壁上的脓肿，如鸡蛋大或拳头大。繁育人员常常误认为是子宫肌瘤，这是错误的判断，应找兽医进行手术治疗，经手术治疗无效的奶牛应当淘汰处理。

奶牛颌下与喉部周围发生的脓肿，常常压迫喉头和气管而引起呼吸困难，脓肿位置深在、大小不一，感染的病原菌有放线杆菌、金黄色葡萄球菌、棒状杆菌、芽孢杆菌等，具有明显的传染性，一般呈地方流行性（图 11-1-4、图 11-1-5、视频 11-1-1）。

图 11-1-4　奶牛喉部附近的脓肿，引起呼吸困难

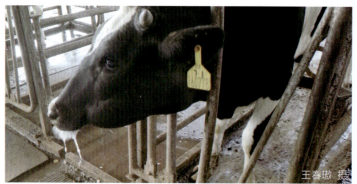
图 11-1-5　奶牛喉部附近的脓肿，引起流涎

【诊断】　浅在性脓肿根据病史及临床症状比较容易做出诊断；对于深在性脓肿，有条件的牧场可采用超声波检查，特别对子宫壁、阴道壁上的脓肿更具有重要的诊断意义。

脓肿的穿刺诊断，是诊断脓肿的最可靠方法，操作简便，诊断准确率高，但在穿刺时必须注意严格无菌操作。脓肿尚未成熟时不宜穿刺，否则可引起感染的扩散。脓腔内脓汁过于黏稠时常不易排出脓汁，要注意观察穿刺针孔内是否有黏稠的脓汁或脓块附着，若有脓汁附着就可以确诊是脓肿；也可以将少量青霉素生理盐水溶液注入脓腔内，再用注射器回抽，如果见到少许脓汁，即可确诊（视频11-1-2、视频11-1-3）。

视频 11-1-1
奶牛喉部脓肿引起的呼吸困难（王春璈 摄）

视频 11-1-2
奶牛右后肢股部脓肿的穿刺诊断（王春璈 摄）

视频 11-1-3
奶牛会阴部脓肿的穿刺诊断（王春璈 摄）

脓肿诊断需要与血肿、淋巴外渗、疝进行鉴别。穿刺诊断是鉴别诊断的最简便的方法。穿刺液为脓汁者为脓肿，流出鲜红色血液或黑红色液体者为血肿，流出清亮的浅黄色或浅红色液体者为淋巴外渗。穿刺过程应严格无菌操作，严防造成新的污染。疝有疝轮、疝囊和疝内容物，在改变体位或减少腹内压后疝囊缩小，用手触诊可触及明显的疝轮。

【治疗】

（1）**消炎、止痛及促进炎症产物的消散吸收**　当局部肿胀正处于急性炎性细胞浸润阶段时，可局部涂擦樟脑软膏；或用冷却疗法，常用的有复方醋酸铅溶液冷敷、鱼石脂酒精、栀子酒精冷敷（将山栀子捣碎，研成粗粉，以温水调成糊状，加入少许酒精，包敷于伤处）；或在四肢部打复方醋酸铅散绷带，抑制炎症渗出及止痛。当炎性渗出停止后，可用温热疗法，以促进炎症产物的消散吸收。局部治疗的同时，可根据病牛的情况配合应用抗生素治疗。

（2）**非甾体抗炎药**　可给予非甾体抗炎药，这类药物具有很好的抗炎、止痛、消肿等作用，如美洛昔康、氟尼辛葡甲胺等。

（3）**病灶周围封闭疗法**　在发病初期，将400万IU青霉素钠溶解在40~60mL 0.5%盐酸普鲁卡因溶液中，然后将此混合溶液分点注射于炎症病灶周围的皮下与肌肉组织内，连用2~3d。

（4）**促进脓肿成熟**　当局部炎症产物已无消散吸收的可能时，局部可用鱼石脂软膏、鱼石脂樟脑软膏涂敷在局部皮肤上；或用温热疗法，如45℃温水热敷，每次15min，以促进脓肿的成熟。待脓肿局部出现明显的波动时，应立即进行手术治疗。

（5）**手术疗法**　脓肿形成后不能等待脓肿的自溃排脓。等待脓肿自溃排脓的做法，是一种消极的做法，不仅延长了奶牛康复时间，更重要的是在脓肿发病期间，影响奶牛的发情与配种，降低泌乳量。因此，治疗脓肿的原则是：脓肿一旦成熟，就要切开排脓。

脓肿切开排脓的时间要掌握得当，脓肿尚未完全成熟前，不能切开排脓，只有脓肿完全成熟后才能切开排脓。凡局部出现明显波动的，说明脓肿已经成熟。触诊时感到弹性抵抗的脓肿，说明脓腔内脓液多。脓液越多，内压越大，触诊时弹性抵抗越明显，甚至感到脓肿部呈木板样硬度。

脓肿排脓常用的手术方法有：

1）脓汁抽出法：奶牛的阴道壁脓肿、子宫颈脓肿，由于发病部位深，看不到，可采取粗针头穿刺排脓。其方法是：先用0.1%新洁尔灭溶液冲洗阴道腔，然后将粗针头连接长30~40cm的乳胶或硅胶管，术者手持粗针头进入阴道腔内，用手指探查阴道深部的脓肿部位，选其肿胀最明显处，将针头用力刺入脓腔内，乳胶管另一端放低，利用虹吸原理放出脓液。为了将脓腔内的脓液全部放出，可用生理盐水冲洗脓腔。方法如下：盐水瓶连接双联球，乳胶管另一端连接针头，将针头与盐水瓶连接，双联球打气，盐水瓶内的液体经穿刺乳胶管进入脓腔内，然后将连接盐水瓶的针头拔下，再利用虹吸原理放出脓腔内的液体，经反复多次冲洗，使脓腔内的脓液全部洗出。最后向脓腔内灌入碘甘油20mL（图11-1-6）。

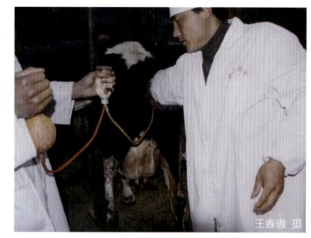

图11-1-6 奶牛阴道深部脓肿的穿刺排脓与脓腔冲洗

2）脓肿切开法：脓肿成熟出现波动后应立即切开，切口应选择波动最明显且容易排脓的部位。首先对局部进行剃毛、消毒（图11-1-7、图11-1-8），然后再根据情况做局部或全身麻醉（视频11-1-4）。切开时，用外科手术刀用力刺入脓腔内，当手术刀切入脓腔后，手术刀阻力突然降低，同时从切口内流出大量脓液，此时手术刀不要立即抽出，而是继续向下或向上切开，使整个切口长3~4cm，保持切口内外各层组织不交错并在一个平面上，这样才能保证脓液畅通排出（视频11-1-5、图11-1-9、图11-1-10）。严防手术刀多次切开，也要防止手术刀损伤对侧脓肿膜。巨大的脓肿，可在脓肿的上端和下端各做一个切口（即对口切开），从上切口内插入冲洗管向脓腔内灌注冲洗液，从下切口放出脓液和冲洗液。大的脓肿腔内常常有大量纤维性坏死组织，一般不能从切口内自动流出，需要用长镊子或长止血钳取出（视频11-1-6），必要时伸入手指取出。切口不能过大，否则难以愈合。

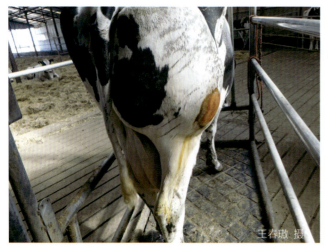

图11-1-7 碘酊消毒

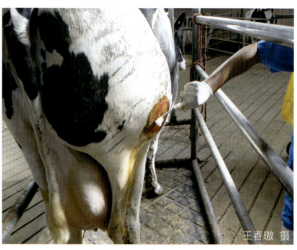

图11-1-8 酒精脱碘

图11-1-9 切开脓肿

图11-1-10 脓肿切开后脓液畅通排出

视频11-1-4
局部浸润麻醉

视频11-1-5
将手术刀刺入脓腔后，再向下切开脓肿囊壁，扩大切口使脓液畅通排出（王春璈 摄）

视频11-1-6
对流不出来的脓块，用止血钳取出（王春璈 摄）

阴道腔壁上的巨大脓肿，针头穿刺难以完成排脓，必须切开。切开前先用消毒液冲洗阴道腔，然后手术人员手持手术刀片进入阴道腔内，在手指探查确定切开部位后切开脓肿。

深在性脓肿切开时一定要进行局部或全身浅麻醉，如果在不麻醉的情况下切开各层组织，由于病牛的疼痛不安，不能保证切口在一个垂直面上，往往导致各层组织相互交错，影响脓液的排出。切开过程中若发现血管出血，应进行钳夹止血或结扎止血。脓肿切开后，脓汁要尽量排尽，但切忌用力压挤脓肿壁（特别是脓汁多而切口过小时），也不能用纱布等用力擦拭脓肿膜里面的肉芽组织，否则有可能损伤脓肿腔内的肉芽组织防卫面而使感染扩散。

脓肿切开后，可选用3%过氧化氢、1%高锰酸钾或0.1%新洁尔灭溶液冲洗脓腔。若是大的脓腔，可用消毒的胃导管作为冲洗管对脓腔进行冲洗，冲洗管的另一端连接漏斗灌入消毒液（视频11-1-7），也可用双联球向脓腔内灌入消毒液（图11-1-11、图11-1-12）。然后将魏氏流膏纱布条或碘甘油纱布条填塞入脓腔内，纱布条的长度以脓腔的大小而定，大约占1/4的脓腔体积，纱布条的一端牵引到脓腔切口的下端3~4cm，进行引流（视频11-1-8、图11-1-13、图11-1-14），切口不予缝合；每天换药1次，先抽出填塞的纱布条（视频11-1-9），再用消毒液冲洗脓腔，然后将涂有魏氏流膏或碘甘油的纱布条填塞入脓腔内，这样连续治疗6d；从第7天开始不向脓腔内填塞纱布条，改用注射器向脓腔内灌入魏氏流膏，直至康复。

视频11-1-7
冲洗，先用0.1%新洁尔灭溶液冲洗脓腔，后用生理盐水冲洗（王春璈 摄）

视频11-1-8
在脓腔内填塞土霉素纱布引流条（王春璈 摄）

视频11-1-9
换药，抽出填塞的纱布引流条，用消毒液冲洗脓腔（王春璈 摄）

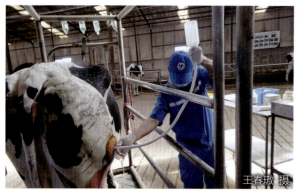
图 11-1-11　冲洗脓腔

图 11-1-12　脓肿腔也可用双联球冲洗

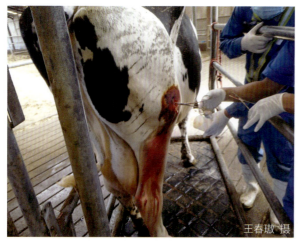
图 11-1-13　在脓腔内填塞纱布引流条

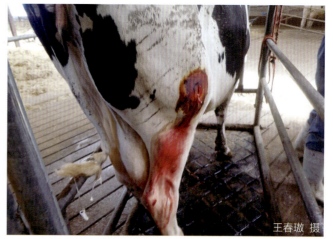
图 11-1-14　纱布引流条安装完毕

3）脓肿摘除法：脓肿摘除的优点是创口可达一期愈合，缩短创口愈合时间，对奶牛的健康有利。此种方法常用于慢性浅表性脓肿的摘除及子宫壁肌层内脓肿的摘除。手术严格执行无菌操作，切开皮肤后，钝性剥离脓肿膜与健康组织的联系，待脓肿膜被完整剥离出后，即可摘除脓肿（图 11-1-15、图 11-1-16）。脓肿完整摘除后，用生理盐水冲洗术部，将脓肿占位部的缺陷进行缝合，消除组织内的腔隙，最后缝合皮肤切口。术后一般不用抗生素。

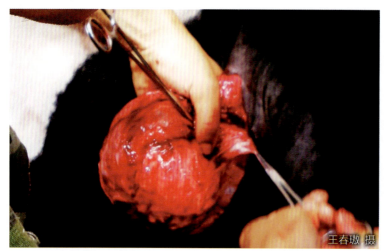
图 11-1-15　颈部脓肿完整摘除

图 11-1-16　切开脓肿膜流出白色黏稠脓液

【预防】 严格执行疫苗接种与兽医注射药物过程中的无菌操作规程，使用的注射器及注射针头要严格消毒，不使用已污染的注射针头，1个针头只能使用1次，用过的针头要清洗、灭菌后再用。牛舍定期消毒，保持卧床干燥、卫生，保持牛体卫生。

（闫振贵　王春璈）

第二节　蜂窝织炎

蜂窝织炎（Phlegmin）是皮下、筋膜下、肌肉间疏松结缔组织内发生的急性弥漫性化脓性感染，或发生急性弥漫性非化脓性坏死性炎症。奶牛蜂窝织炎最常发生的部位是前肢的前臂部，其他部位也可以发生。本病的特点是发病急，扩散迅速，与周围组织界限不清，呈现弥漫性肿胀，常伴有明显的全身症状。

【病因】 病原菌经皮肤或黏膜的小创口侵入皮下的疏松结缔组织内，引起急性弥漫性炎症。用污染的带菌注射针头注射后的感染、瘤胃臌气穿刺放气时无菌操作不严的感染、刮粪板老化的断裂钢丝绳对奶牛肢体皮肤刺伤后的感染、卧床前挡板及固定前挡板螺丝对前肢损伤后的感染、卧床坎墙对后肢的挫伤引起的感染等，都会引起蜂窝织炎。另外，刺激性强的化学药品误注或漏入皮下疏松结缔组织内也可引起感染。

引起蜂窝织炎最常见的致病菌有溶血性链球菌、金黄色葡萄球菌、大肠杆菌等，这些细菌是引起化脓的常在菌。弥漫性非化脓性坏死性蜂窝织炎的病原菌是坏死杆菌或支原体感染，这是牧场奶牛四肢部蜂窝织炎最多发的细菌感染。

蜂窝织炎的发生与发展与奶牛机体的防御机能、局部解剖学特点，以及致病菌的种类、毒力和数量密切相关。当机体营养不良，维生素缺乏，局部发生瘀血、肿胀等情况下，自身防御机能显著下降时，皮肤或黏膜发生的小创口就可能引起蜂窝织炎。存在皮肤小创口的蜂窝织炎，大多是化脓性蜂窝织炎（图11-2-1）；找不到皮肤创口的蜂窝织炎，大多为非化脓性坏死性蜂窝织炎（图11-2-2）。

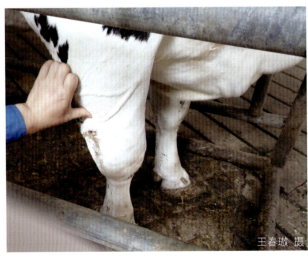

图11-2-1　奶牛前臂部蜂窝织炎，检查皮肤上有一个小创口，流出脓性液体

图11-2-2　奶牛左前肢蜂窝织炎

【症状】 奶牛蜂窝织炎最常发生的部位是前肢的前臂部、系部与蹄冠部、腕关节周围、颈部、颌面部、胸壁及臀部等。

蜂窝织炎的共同症状是感染发展迅速，感染的局部出现大面积肿胀，局部增温，疼痛剧烈和机能障碍。全身症状主要表现为病牛精神沉郁，体温升高，食欲不振、泌乳量显著降低，奶中体细胞数明显升高。由于发生部位和感染程度不同，蜂窝织炎的临床症状也有所不同。

（1）皮下蜂窝织炎　常发于四肢系部球关节、冠关节及腕关节。病初局部出现弥漫性渐进性肿胀，患病关节轮廓明显改变，触诊时热痛反应非常明显。初期肿胀呈捏粉状且有指压痕，后期变得坚实，局部皮肤紧张，无可动性。如果治疗不当，感染可向关节囊、关节韧带蔓延，甚至侵入关节腔内。患病关节部的皮肤上一处或多处发生灶状化脓，患肢出现严重的跛行（图11-2-3）。

（2）筋膜下蜂窝织炎　常发生于前肢的前臂筋膜下、后肢的小腿筋膜下的疏松结缔组织内。其临床特征是患肢的腕关节以上或后肢跗关节以上出现弥漫性肿胀，触诊患部呈现坚实感，热痛明显，病牛出现明显跛行，采食量降低，泌乳量降低，奶中体细胞数明显升高，体温一般无明显改变。由于感染发生在前臂筋膜下，一般不出现灶状化脓（图11-2-4、图11-2-5）。

图11-2-3　奶牛腕关节蜂窝织炎

图11-2-4　奶牛前臂部蜂窝织炎

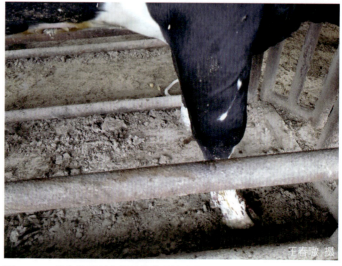

图11-2-5　奶牛腕部以上的肢体弥漫性肿胀

（3）**肌间蜂窝织炎**　发生在肌间的蜂窝织炎常表现为患部肌肉肿胀、肥厚、坚实、界限不清，机能障碍明显，触诊和他动运动时疼痛剧烈。与此同时，与此相邻的皮下组织也发生感染并出现弥漫性肿胀，皮肤可动性受到很大的限制。感染可沿肌间和肌群间大动脉及大神经干的径路蔓延。患部肌肉组织发生炎性水肿，继而形成脓性浸润并逐渐发展成为化脓性溶解。对局部进行穿刺时常流出血样脓液。另外，病牛出现明显的全身症状，体温升高，精神沉郁，食欲不振，泌乳量下降，奶中体细胞数明显升高（图11-2-6）。

由于感染的病原菌不同，奶牛蜂窝织炎的炎症类型也有所不同，常见的有浆液性、化脓性、坏死性、厌氧性和腐败性等。单纯的溶血性链球菌、金黄色葡萄球菌引起的感染，病变部常出现化脓性感染的特征，若感染程度较重、感染时间又很长时往往导致组织坏死；若感染了厌氧菌，则会出现厌氧性和腐败性感染的特征。在临床上，有时会同时出现两种或两种以上的感染类型，如化脓性蜂窝织炎伴发皮肤、筋膜和腱的坏死则称为化脓性坏死性蜂窝织炎，也常见到化脓菌和腐败菌混合感染而引起的化脓腐败性蜂窝织炎。

（4）颌面部蜂窝织炎　由于误食了坚硬的杂草（如狼针草）或饲草中混入的尖锐金属异物，刺伤口腔黏膜而引起蜂窝织炎，病牛的下颌部往往急剧肿胀，局部严重变形，采食困难，采食量减少，咀嚼困难。打开病牛口腔，可发现舌下、两颊、上腭等部位的黏膜部位发生肿胀，触诊敏感疼痛。此外，病牛还常伴有体温升高、泌乳量降低、奶中体细胞数升高及流涎的表现（图11-2-7）。

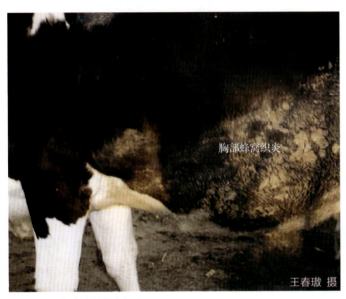

图11-2-6　奶牛胸壁蜂窝织炎

图11-2-7　奶牛下颌部蜂窝织炎

（5）指（趾）部蜂窝织炎　此种蜂窝织炎常常发生在冠关节和球节，病牛表现重度支跛，站立时系部和球节屈曲，减负或免负体重，蹄尖着地或将患肢提起，运步时患肢不敢负重，呈三脚跳跃前进。本病可发生在前肢和后肢，但以后肢发生较多。病牛冠关节蜂窝织炎大多继发于蹄底真皮的化脓性疾病，蹄底真皮部的脓液上行性感染，引起蹄冠部的蜂窝织炎，蹄冠部出现弥漫性肿胀，皮肤充血，触诊疼痛，常常在蹄冠部或系部出现化脓病灶，破溃后流出恶臭脓性物，化脓灶经久不愈合，形成化脓性窦道（图11-2-8）。化脓性窦道的形成，

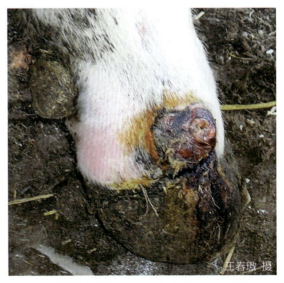

图11-2-8　奶牛冠关节部蜂窝织炎，形成化脓性窦道

标志着深部存在坏死组织，如坏死的肌肉组织、关节韧带、软骨或骨组织。指（趾）部蜂窝织炎发病的同时，常伴有体温升高、采食量减少、泌乳量降低和奶中体细胞数升高等全身症状。

（6）颈部蜂窝织炎　颈静脉周围因漏注刺激性药物（如10%葡萄糖酸钙溶液），漏出的药液较少时，一般不发生大面积的肿胀；当漏出的药液较多时，在注射后1~2d局部出现渐进性肿胀，有明显的热痛反应。随着病程的发展，颈静脉沟中可出现炎性水肿，呈高低不平的捏粉样硬度的肿胀。漏出的药液越多，肿胀范围越大，可波及颈中部到胸前部的广大区域。颈静脉周围组织内有大量渗出液，会引起局部组织的血液循环障碍，导致组织的大面积坏死与溶解。病牛头颈部活动受限，精神沉郁，食欲与反刍减退，体温升高。肿胀消退后可出现一处或多处小脓灶，脓灶破溃后，不断排出混有组织碎片的脓液（图11-2-9）。

值得重视的问题是，规模化牧场奶牛非化脓性坏死性蜂窝织炎发病率呈现逐年升高的趋势，病牛的肢体皮下、筋膜下组织坏死，坏死组织很少出现溶解、液化，不发生化脓，这类蜂窝织炎难以治愈。对没有治愈希望的病牛应淘汰处理（图11-2-10），做病理剖检可发现其皮下和筋膜下组织都处于坏死状态（图11-2-11）。最后经实验室检验证明，这类蜂窝织炎是由坏死杆菌感染引起的病变。

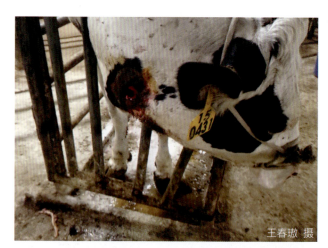

图11-2-9　静脉注射葡萄糖酸钙漏药后引起组织的大面积坏死

图11-2-10　淘汰扑杀左前肢弥漫性肿胀的病牛

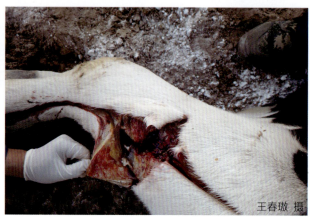

图11-2-11　病牛皮下、筋膜下组织坏死，无渗出液

【诊断】　根据临床症状可得出初步诊断，确诊需要采取病料送实验室化验。在临床实践中发现，凡不化脓、干酪样坏死的病变组织做细菌培养，在血平板和麦氏培养基上都不生长，需要用支原体特殊培养基进行培养或PCR检测，对坏死杆菌的检测需做厌氧培养。在临床实践中对奶牛蜂窝织炎的诊断应该高度重视对病原的分离鉴定。

【治疗】　在治疗蜂窝织炎病牛前，一定仔细检查患部皮肤上有无小的创口。对皮肤上有小创口的蜂窝织炎，需要检查创内的病理变化，应该先将创围剃毛、清洗、消毒，然后用止血钳探查创内有无坏死组织，彻底冲洗创内后，再向创内灌注防腐抗菌药物（图 11-2-12~ 图 11-2-15、视频 11-2-1~ 视频 11-2-4）。

图 11-2-12　将创围剃毛

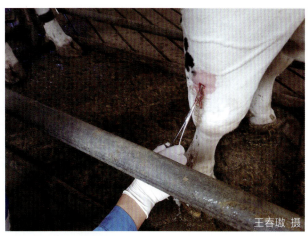
图 11-2-13　用止血钳探查创内

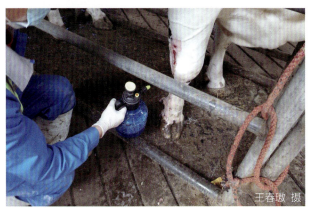
图 11-2-14　用 0.1% 新洁尔灭溶液冲洗创围与创口

图 11-2-15　向创内灌注土霉素溶液

视频 11-2-1
检查创内有无坏死组织，用止血钳取出坏死组织（王春璈 摄）

视频 11-2-2
用 0.1% 新洁尔灭溶液冲洗创内（王春璈 摄）

视频 11-2-3
用生理盐水冲洗创内（王春璈 摄）

视频 11-2-4
向创内注入土霉素溶液（王春璈 摄）

蜂窝织炎的治疗原则是减少炎性渗出、抑制感染扩散、减轻组织内压、改善全身状况、增强机体抗病能力，局部和全身疗法并重。

（1）局部疗法

1）控制炎症发展，促进炎症产物的消散吸收：在发病最初的 24~48h，当炎症继续扩散，组织尚未出现化脓溶解时，为减少炎性渗出，可用复方醋酸铅散绷带包扎或涂以醋调制的复方醋酸铅散。当炎性渗出基本平息后，可用 25% 硫酸镁湿敷，也可用 20% 鱼石脂软膏或雄黄散外敷，促进炎症产物的消散吸收。蹄冠部蜂窝织炎还可采用 5% 硫酸铜溶液蹄浴，并及时切开蹄底病变部，要彻底清除牧场内可能损伤蹄部的异物。

2）封闭疗法：发病初期，可在健康组织与肿胀交界处用0.5%盐酸普鲁卡因青霉素溶液进行封闭，四肢可进行环状封闭，1次/d，连用2~3d。

3）手术切开：蜂窝织炎一旦形成化脓性坏死病灶，应尽早切开、清除坏死组织并做引流处理（图11-2-16）。对皮肤上存在创口的病例，要仔细检查创内组织的化脓情况，有无坏死组织，排液是否通畅。创内用消毒液冲洗；深部有坏死组织时，可用镊子或止血钳取出，没有活力的组织都要彻底清除；最后创内用浸有魏氏流膏的纱布条引流，或向创内灌注土霉素药液。每1~2d换药处理1次，冲洗创腔并更换引流纱布条。

图11-2-16　奶牛系部蜂窝织炎，切开排脓

经上述治疗后，若病牛体温出现暂时下降后又复而升高，患部肿胀加剧，全身症状恶化，这说明可能有新的病灶形成，或存有脓窦及异物，或引流纱布干涸堵塞等，进而影响排脓。此时应检查创口，消除脓窦，去除异物，更换引流纱布条，保证渗出液或脓液能顺利排出。待局部肿胀明显消退，体温恢复正常，局部创口可按化脓创处理。

凡不化脓的蜂窝织炎，切开减压是无效的，使用抗生素和非甾体抗炎药也是无效的。

（2）全身疗法　早期应用抗生素疗法、磺胺疗法，常用的抗生素有青霉素、链霉素、阿莫西林、头孢噻呋钠、庆大霉素等；常用的磺胺药有磺胺间甲氧嘧啶、磺胺嘧啶及甲氧苄啶。选择敏感药进行肌内注射，病情严重的病牛应该静脉给药。

【预防】　严格执行注射过程中的无菌操作，更换老化的刮粪板钢丝绳，保持卧床平整、卫生，对病牛要加强饲养管理，发现奶牛异常及时检查与治疗。

（闫振贵　王春璈）

第三节　厌氧性感染（气性坏疽、恶性水肿）

厌氧性感染（Anaerobic Infection）是一种严重的外科感染，一旦发生，预后多为慎重或不良。因此，在临床上必须尽可能预防厌氧性感染的发生。引起厌氧性感染的致病菌主要有产气荚膜杆菌、恶性水肿杆菌、溶组织杆菌及腐败弧菌等，这些致病菌均属革兰阳性菌，并且广泛存在于人畜粪便及施肥的土壤中，都能形成芽孢并需要在不同程度的缺氧条件下才能生长繁殖。在生长繁殖过程中，产气荚膜杆菌能产生大量气体，而恶性水肿杆菌能产生少量气体，其他几种致病菌均不产生气体。上述几种厌氧菌的感染，属于传染病的范畴，其流行病学特点、诊断、症状、预防等内容，请参看本书第二章第二节，本节重点介绍感染后的局部症状及治疗部分。

临床上常将厌氧性感染分为厌气性脓肿、气性坏疽、厌气性蜂窝织炎、恶性水肿及厌气性败血症，其中常见的是气性坏疽及厌气性脓肿。

厌氧性感染有以下共同的病理特征：局部组织（主要是肌肉组织）发生坏死及腐败性分解、水肿和气体的形成（大部分厌氧性感染）、血管栓塞形成；局部血液循环障碍和淋巴循环障碍；局部肌肉呈煮肉样，切割时无弹性、不收缩、几乎不出血。

【病因】

1）缺氧：所有厌氧性感染的致病菌均在缺氧的条件下容易生长繁殖。因此，盲管创、深刺创、有死腔的创伤、创伤切开和坏死组织切除不彻底、紧密的棉纱填塞、创伤的密闭缝合等成为厌氧性感染发生的有利条件。在混合感染时，特别是需氧菌和厌氧菌混合感染时，因需氧菌消耗了氧，这就给厌氧菌的生长繁殖创造了有利条件。

2）软组织挫灭：尤其是肌肉组织的大量挫灭。受到挫灭的组织丧失血液供应进而发生坏死，厌氧菌就很容易在挫灭的组织中生长繁殖，并进而引起感染。

3）局部解剖学的特点：臀部、肩胛部、颈部等部位的肌肉层很厚，外面又有致密的深筋膜覆盖，因此当这些部位发生较严重的损伤时，很容易造成缺氧的环境，再加上有大量挫灭的肌肉组织，这就给厌氧菌的生长繁殖创造了极为有利的条件。另外，颌面部也是常被厌氧菌污染的部位，当颌面部发生损伤及创内被厌氧菌污染时，容易发生厌氧性感染。

4）机体的防卫机能降低：大失血、过度疲劳、营养不良、维生素缺乏及慢性传染病所致的全身性衰竭常常是容易发生厌氧性感染的内因。

5）给奶牛注射药物及疫苗接种过程中的感染、饲草中混入金属异物或饲草中尖锐草棒等刺伤口腔黏膜导致的感染、产房的严重污染及助产时的产道感染等，都有可能诱发厌氧性感染。

【症状】

1）恶性水肿：常见于奶牛的颌面部感染。发病初期，创伤周围出现水肿和剧痛，有明显的全身症状。几个小时后水肿迅速向周围扩散，头部发生变形，形如河马头（图11-3-1、图11-3-2）；感染迅速向颈部蔓延，很快发展成无热无痛的弥漫性肿胀，触诊局部皮肤温度降低、有指压痕、有捻发音，局部组织坏死、腐败、液化、水肿，肌肉呈煮肉样，切割时无弹性、不收缩，切开局部流出大量恶臭腐败液体。另外，全身症状明显，体温升高，采食与反刍停止，心动过速，严重脱水；病牛一般经2~3d死亡。

图11-3-1 恶性水肿牛，头部急剧肿胀

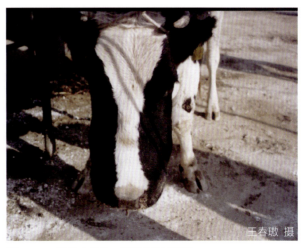

图11-3-2 恶性水肿牛，颌面部急剧肿胀

2）气性坏疽：气性坏疽又称气肿疽，发病初期，局部出现疼痛性肿胀，并迅速向外扩散，在颈部、背腰部、胸腹侧、臀部出现大面积的肿胀，触诊肿胀部出现气性捻发音，肿胀明显处内部的肌肉组织坏死、液化，并产生气体，内压增大；临床上曾遇到因局部内压大，皮肤发生爆裂的病例，皮肤破裂后随之流出大量暗红色恶臭稀薄的液体。在严重肿胀的外围区域的肌肉组织坏死，呈黑红色海绵状（图11-3-3、图11-3-4）。病牛全身情况严重，一般经2~3d死亡。

图11-3-3　厌氧性气性坏疽牛，臀部感染

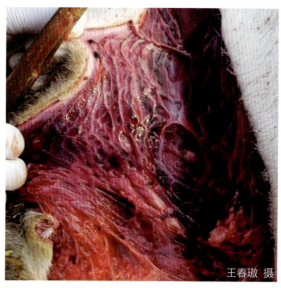

图11-3-4　感染的肌肉组织呈黑红色海绵状

3）奶牛乳腺感染厌氧菌，可引起急性乳房炎。此种感染往往在两次挤奶之间突然发生，乳腺急剧肿胀，热痛明显，触诊有捻发音，挤出的奶汁呈暗红色并有臭味与气泡，体温升高到41~42℃，采食与反刍停止，呼吸快，心率在100次/min以上，一般经2~3d死亡。

4）腐败性感染时，由于病牛经感染灶吸收了大量腐败分解的有毒产物和各种毒素，因而体温显著升高，并出现严重的全身性紊乱。

【诊断】　根据临床症状即可做出初步诊断，确诊需进行细菌分离培养与鉴定。

【治疗】

1）确诊后全身立即使用广谱抗生素：首次应用必须加大剂量，必要时几种抗生素联合应用。常用的药物有头孢噻呋钠、庆大霉素、强力霉素、恩诺沙星、甲硝唑及磺胺间甲氧嘧啶等。

2）彻底清创：伤口应广泛切开，完全开放后排出组织内坏死腐败渗出液，切除坏死组织，除去被污染的异物，消除脓窦，切开筋膜及腱膜，减低组织内压，消除静脉瘀血，改善血液循环，排出毒素，创造一个不利于厌氧性致病菌生长繁殖的条件。然后用氧化剂、氯制剂及酸性防腐液处理感染病灶，可用3%过氧化氢溶液、0.5%高锰酸钾溶液、中性盐类高渗溶液及酸性防腐液冲洗创口。

3）创口开放治疗。

4）经综合治疗无明显好转的病牛，应立即淘汰。

5）对病牛污染的场所要彻底消毒。

【预防】 厌氧性感染是一种传染病，确定诊断后，应立即隔离病牛，对病牛污染的场所彻底消毒，对死亡的病牛进行无害化处理。对全群健康奶牛进行疫苗接种，并对全场进行消毒。

必须严格遵守药物注射、疫苗接种过程中的无菌操作规程。加强巡栏，发现异常牛，及时检查，确定为本病后及时治疗。

（闫振贵　王春璈）

第四节　淋巴外渗、血肿

一、淋巴外渗

奶牛在钝性外力作用下，致使皮肤或筋膜与其下部组织发生分离，淋巴管发生了断裂，淋巴液瘀积于皮下或者肌肉组织间隙中，临床上表现为受挫部位的淋巴液积聚。淋巴外渗（Lympho-extravasation）常发生于奶牛颈部、胸前部、腹侧部、股内侧部等淋巴管比较丰富的部位。

【病因】 奶牛身体因受到钝性外力的强行滑擦，皮下、肌间的淋巴管断裂后引起淋巴液流出，由于淋巴管断端不易形成栓塞，因而淋巴液持续不断地流出，引起淋巴液的积聚。

【症状】 淋巴外渗在临床上发生缓慢，一般于伤后 3~4d 出现肿胀，并逐渐增大，有明显的界线，呈明显的波动感（视频11-4-1），皮肤不紧张，炎症反应轻微（图11-4-1~图11-4-3）。穿刺液为橙黄色半透明的液体，或其内混有少量的血液，呈浅红色。发病时间较久的病例，渗出的淋巴液会越来越多，形成巨大的囊腔。病牛常表现为精神沉郁，采食与反刍减少，消瘦，泌乳量下降等。

视频 11-4-1
奶牛背腰部淋巴外渗，触诊有明显的波动感
（王春璈 摄）

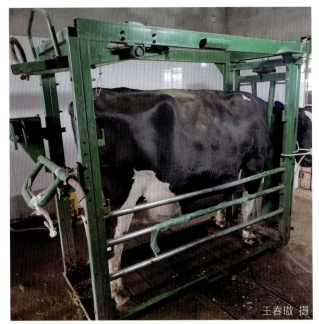

图 11-4-1　奶牛右腹下部的巨大淋巴外渗

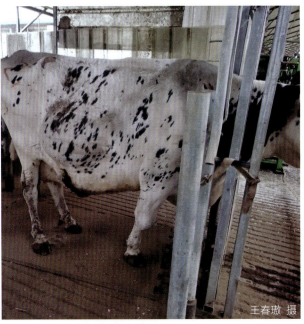

图 11-4-2　奶牛腹部的巨大淋巴外渗

奶牛淋巴外渗多发生在乳腺前下方的右侧腹壁上，乳腺前下方腹壁肿胀明显，有的与乳腺相连，导致乳腺的皮下也蓄积大量淋巴液，导致乳腺轮廓明显增大，肿胀处有指压痕，但热与痛不明显，也有的淋巴外渗在乳房后上方（图11-4-4），牧场兽医常常将此处的淋巴外渗误诊为乳房水肿。发病奶牛泌乳量明显降低，奶中体细胞数升高，甚至出现血乳，逐日消瘦，采食减少，如不进行治疗，体况会越来越差，淋巴外渗部位可能会发生感染，严重时病牛发生败血症而死亡。

图11-4-3 奶牛左前腹下的巨大淋巴外渗

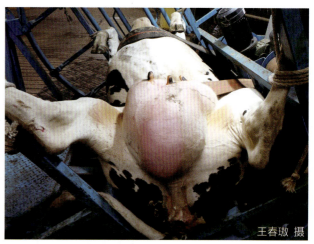
图11-4-4 奶牛乳房上的淋巴外渗

【诊断】 根据局部症状及穿刺进行诊断，穿刺液为微黄色半透明的液体，有的为浅红色，即可得出诊断（视频11-4-2）。

【治疗】 淋巴外渗的治疗原则是不能按摩、不能热敷也不能冷敷，不能用刺激疗法，也不能采取反复穿刺来缩小淋巴外渗的体积。治疗淋巴外渗的方法是在严格无菌操作下，切开淋巴外渗囊壁，排出囊内蓄积的淋巴液，取出囊腔内析出的纤维素和没有生命力的挫灭组织，然后用生理盐水彻底冲洗囊腔，再向囊内填塞淋巴外渗固定液浸泡的纱布或绷带，填塞的纱布或绷带数量要求将囊腔的各个部位都接触到，不能留有大的空隙，为此，要根据淋巴外渗囊腔的大小，充分准备足够量的纱布或绷带，并配制足量的淋巴外渗固定液。

视频11-4-2 腹部淋巴外渗穿刺诊断，流出清亮液体（王春璈 摄）

（1）术前准备

1）配制淋巴外渗固定液：按照淋巴管固定液配方（75%酒精100 mL、38%甲醛1mL、5%碘酊0.5mL，混合均匀）配制适量溶液，一般中等大小的淋巴外渗囊腔（约排球大小）大约需要2000mL固定液，巨大的淋巴外渗囊腔（约脸盆大或更大）需要3000~4000mL固定液。配制好的淋巴外渗固定液，置于无菌的大口容器内备用。

2）准备好向淋巴外渗囊腔内填塞的纱布或绷带，将纱布或绷带浸泡在淋巴外渗固定液中待用（图11-4-5、视频11-4-3）。

视频11-4-3 淋巴外渗固定液浸泡绷带的准备（王春璈 摄）

3）准备好冲洗囊腔的青霉素生理盐水溶液、冲洗囊腔的管子、注射器等用品。

4）准备一套常规无菌手术器械。

（2）手术方法

1）保定：将病牛站立保定于柱栏内，牛尾拴系固定在柱栏的横梁上。奶牛乳腺上发生的淋巴外渗可以仰卧保定。

2）术部准备：术部大范围剃毛，巨大的淋巴外渗需要做对口切开，为此，术前要计划好切口部位，并做好剃毛与消毒工作。

3）麻醉：皮肤切口做局部浸润麻醉，也可不麻醉直接切开。

图 11-4-5　在已消毒的桶内盛放淋巴外渗固定液浸泡的纱布

4）手术过程：手术全程都在无菌操作下进行。

①切开囊壁，放出淋巴液：用手术刀一次性切透皮肤囊壁（视频 11-4-4），应根据囊腔的大小确定切口的长度，一般中等大小淋巴外渗（约排球大）做一个 4cm 左右的切口即可；巨大的淋巴外渗（约脸盆大小）需要做一个大约 10cm 大小的切口，便于手臂伸入囊腔内取出挫灭的无生命力组织。另外，为了便于对囊腔进行冲洗，可以在囊的上部和底部各做一个小切口。一旦切开囊壁，大量淋巴液自动向外涌出。在放液过程中，可能会有纤维素块阻塞，这时可用止血钳取出后继续放液（视频 11-4-5），巨大的淋巴外渗放液量甚至多达 30000mL。

②取出囊腔内的纤维素块和没有生命力的挫灭组织：对于囊腔内残存的纤维素块和挫灭组织，要用止血钳多次伸入囊腔内取出；处理囊腔内的一些索状组织时要小心，因为这些索状组织可能是神经或血管，切记不要强力牵拉。若是特大型囊，止血钳不能触及深部，施术兽医需要将手伸入囊腔内探查并取出里面的纤维素块和挫灭组织（图 11-4-6、视频 11-4-6）。

③冲洗囊腔：用生理盐水冲洗囊腔，大的淋巴外渗可用消毒的胃导管连接漏斗进行冲洗，反复多次，直至流出的液体变清亮为止（视频 11-4-7）；中等大小的淋巴外渗可用一次性输液器连接生理盐水瓶冲洗（视频 11-4-8）。然后用 1 瓶含 800 万 IU 青霉素的生理盐水冲洗囊腔，液体可保留囊内或让其自由流出。

图 11-4-6　取出腔内纤维素块和失活的筋膜

视频 11-4-4
切开奶牛右腹部淋巴外渗囊壁，淋巴液从切口中排出

视频 11-4-5
切开奶牛右腹下巨大淋巴外渗囊壁，淋巴液排出不畅，有纤维素块阻塞，用止血钳取出

视频 11-4-6
用手伸入囊腔内取出大量坏死组织

视频 11-4-7
巨大的淋巴外渗可用消毒胃导管连接盐水瓶冲洗囊腔

视频 11-4-8
中等大小的淋巴外渗用输液器连接盐水瓶冲洗囊腔

④向囊腔内填塞淋巴外渗固定液浸泡的纱布或绷带：一般巨大的淋巴外渗用纱布填塞，中小型的淋巴外渗用绷带填塞。操作时需要2人配合进行，术者手持长的止血钳或辅料钳，夹持纱布向囊腔内填塞，助手协助术者扶持纱布，防止纱布接触有菌区而被污染，引起术后囊内感染，绝不允许被污染的纱布填塞入囊内。填塞过程中，需要耐心仔细，要将囊内各个部位都要填塞到位，才能结束填塞工作（视频11-4-9、视频11-4-10）。

⑤缝合切口：囊壁切口需要进行缝合，可以采用连续缝合的方法，也可以进行间断缝合，缝合完毕后用碘酊消毒切口。

（3）术后护理

1）术后消炎使用青霉素或头孢类抗生素，肌内注射，1次/d，连用5d。

2）术后24~36h拆开切口，取出囊内填塞的所有纱布或绷带，此项操作仍然严格执行无菌操作，绝不能马虎（视频11-4-11、视频11-4-12）。更不能忘记取出纱布，临床上有在术后30d才取出纱布的案例。

视频11-4-9
向囊腔内的各个部位填塞经淋巴管固定液浸泡的纱布

视频11-4-10
中等大小的淋巴外渗可用淋巴固定液浸泡的绷带填塞到囊腔内，填塞绷带要求接触到囊腔的各个部位

视频11-4-11
奶牛在柱栏内保定，消毒切口，拆开缝合线，抽出填塞的纱布绷带（王春璈 摄）

视频11-4-12
奶牛在柱栏内保定，消毒切口，拆开缝合线，抽出填塞的纱布（王春璈 摄）

3）用生理盐水反复多次冲洗囊腔，直至排出的液体变清亮后再用含青霉素的生理盐水冲洗。冲洗完毕，切口可不再缝合，但切口过大时需要进行部分缝合，缩小至2个线结时不再缝合。

4）向囊腔内灌注20mL 20%百福他，仅灌注1次即可。

5）一般情况下，术后1周奶牛即可恢复正常，泌乳量也会恢复正常。

（闫振贵　王春璈）

二、血肿

血肿（Hematoma）常由挫伤引起，在较强的外力作用下，奶牛皮下组织中的血管破裂，溢出的血液分离周围组织，形成充满血液的腔洞。血肿是规模化牧场奶牛常见的一种疾病（视频11-4-13、视频11-4-14），由于大部分牧场兽医对本病的诊断与治疗不当，导致奶牛发生血肿的局部肿胀不能及时消退，泌乳量也明显发生了降低，严重的还会引起奶牛的淘汰。

视频11-4-13
奶牛左后肢臀部的巨大血肿，病程很久，牧场计划淘汰（王春璈 摄）

视频11-4-14
奶牛左后肢股部的巨大血肿，引起奶牛跛行，运步困难（王春璈 摄）

【病因】　血肿常由软组织的非开放性损伤引发，

如奶牛发情爬跨时，被爬跨的奶牛的胸腹侧部、背腰部等部位受到爬跨牛的冲撞，引起被爬跨的奶牛的胸腹侧部或背腰部的皮下、肌肉组织内血管断裂而形成血肿。另外，奶牛的腹下部和乳腺部受到其他奶牛的顶撞、推粪车辆的碰撞等，都可以发生胸腹侧和乳腺部的血肿。奶牛在受到挤压、棒打、骨折、刺创的情况下也可形成血肿。临床上根据受损伤的血管不同，血肿可分为动脉性血肿、静脉性血肿和混合性血肿（视频11-4-15）。

【症状】 血肿常位于皮下、筋膜下、肌间、骨膜下及浆膜下等部位。血肿的临床特点是肿胀迅速增大，大约经1d血肿就达到一定体积，触诊呈明显的波动感或饱满有弹性，温热与疼痛轻微；经过7d左右，血肿内的血液大部分形成血凝块，血管的断端已形成血栓，此时触诊血肿周围坚实，中央有波动，可感到有捻发音（图11-4-7）。穿刺时，可排出黑红色血液（视频11-4-16、视频11-4-17）。巨大的血肿有时可见病牛贫血、采食与反刍减少等全身症状，浆膜下的巨大血肿难以诊断，可引起奶牛失血性休克甚至死亡。图11-4-8是一例做病理剖检时发现的浆膜下巨大血肿。

视频 11-4-15
奶牛右腹部的巨大混合型血肿，切开囊壁流出大量红色液体（王春璈 摄）

视频 11-4-16
奶牛背腰部的血肿穿刺，从针头内流出黑红色液体，这是血肿的重要诊断方法

视频 11-4-17
奶牛背腰部的血肿穿刺，抽吸到注射器内的穿刺液体呈现黑红色，确诊为血肿

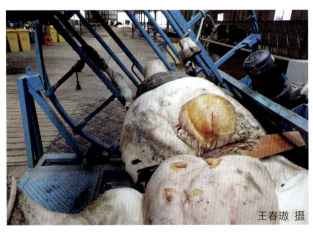
图 11-4-7 奶牛乳房前方腹下的巨大血肿

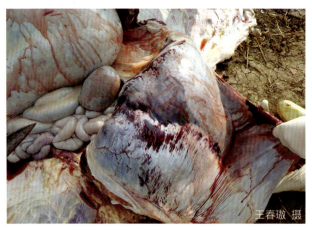
图 11-4-8 奶牛浆膜下的血肿

【诊断】 血肿的诊断根据临床症状，结合穿刺即可确诊。一般情况下，若穿刺液显示为鲜红色，说明是刚刚发生的血肿；若穿刺液为黑红色，说明这是发病1周左右的血肿；若穿刺液为浅红色，说明为混合型血肿，即血肿与淋巴外渗都发生的疾病。

【治疗】 血肿的治疗重点应从制止出血、防止感染和排出积血着手。对于大的血肿要在出血确实凝固之后，才能进行手术切开，除去血凝块和液体部分，如果在出血没有停止的情况下切开血肿囊壁，可能找不到出血点，难以止血。但如果血肿在切开前奶牛出现贫血、心率加快等临

床症状时，为了抢救奶牛生命，应立即切开受挫部，找到出血点，结扎止血。

（1）切开血肿囊壁，取出血凝块　小的血肿，初期可于患部涂碘酊，装压迫绷带，可能起到止血作用；大的血肿经4~5d，血肿内的出血已经停止，血肿内的血液也已形成血凝块，即可手术切开血肿。具体操作如下：

患部剃毛、清洗、消毒，皮肤切口用0.5%盐酸普鲁卡因溶液做浸润麻醉或对病牛注射盐酸赛拉嗪进行浅麻醉。切开血肿囊壁（视频11-4-18），血肿腔内的黑红色液体随即流出，但血凝块不会自动流出来，需要术者用手或器械取出血凝块。切口过小时，术者的手无法进入血肿腔内，只能用止血钳向外夹取血凝块（视频11-4-19、视频11-4-20）。血凝块的硬度近似生豆腐，用止血钳或镊子很难夹住，因此用止血钳或镊子夹取血凝块的方法是不可取的，最有效的方法是用手掏出。为此，必须确定切口的大小，巨大的血肿仅仅伸入手指是探查不到血肿腔的深部，需要将整个手掌伸入血肿腔内，这就要求切口长度在10cm以上，才能快速顺利完成手术。几乎所有在牧场工作的临床兽医都是做了小切口，用止血钳夹取血凝块，用了很长时间也取不干净，结果大量血凝块仍然积存在创内，引起局部的肿胀长期不消退，甚至引起严重的感染，最后导致病牛被淘汰。血肿做小切口切开时，用手指探查不到血肿深部的血凝块，兽医就采取挤压血肿外皮肤的办法，给血肿内施加压力，迫使血凝块排出（视频11-4-21、视频11-4-22），这样的操作给病牛造成了巨大痛苦，最后站立不稳倒地了。这些错误的操作，都应当改正。关于血肿切口的大小与取出血凝块的方法，临床兽医在术前一定做好计划，不能盲目进行手术。

（2）冲洗血肿囊腔　用生理盐水反复冲洗血肿囊腔，直至流出清亮液体后停止冲洗。冲洗创内的方法多种多样，超大型血肿可用消毒的漏斗和胃管向血肿囊腔内灌洗，也可用小动物灌胃管冲洗，还可以用大的注射器连接硅胶管进行冲洗（视频11-4-23~视频11-4-25）。对皮肤切口进行缝合，切口下角留置引流条。

视频11-4-18
切开血肿囊壁，流出很少量黑红色液体，血凝块没有流出切口外（王春璈 摄）

视频11-4-19
奶牛腹下的巨大血肿，用止血钳反复夹取血凝块，夹不出来（王春璈 摄）

视频11-4-20
奶牛背腰部的巨大血肿，血肿波及背腰部右侧，兽医用止血钳夹取血凝块，有少量破碎的血凝块流出切口外（王春璈 摄）

视频11-4-21
奶牛右后肢臀部的巨大血肿，兽医伸入3个手指取出血凝块，因切口小，手指探查不到血肿囊腔深部，反复操作，奶牛疼痛站立不稳，企图卧地（王春璈 摄）

视频11-4-22
挤压血肿周围区域的皮肤，迫使深部血凝块排出，这种操作对创内组织也是一种破坏，而且不能保证所有血凝块流出创外（王春璈 摄）

视频11-4-23
用大注射器吸入生理盐水连接硅胶管进行冲洗（王春璈 摄）

视频11-4-24
用灌胃管冲洗血肿囊腔，导管端连接输精枪或硬质管伸入血肿囊腔各个部位进行冲洗（王春璈 摄）

视频11-4-25
用新的消毒的漏斗与胃管快速冲洗血肿囊腔，最后的生理盐水瓶中加入青霉素（王春璈 摄）

（3）缝合血肿囊壁切口　血肿囊壁和疏松组织做连续缝合，间断缝合皮肤，在切口的下角插入引流纱布条或小的引流管，以利于创内渗出液的排出。

（4）术后护理　术后消炎使用青霉素或头孢类抗生素，每天注射1次，连续用药4d。另外，加强病牛的饲养管理，保持良好饲养环境，切口内引流条在第3天抽掉，切口缝合线在第8天拆除。

（闫振贵　王春璈）

第五节　骨折

骨的完整性或连续性因外力作用遭受破坏时，称为骨折（Fracture）。骨折的同时常伴有周围软组织不同程度的损伤。奶牛的骨折在规模化大型牧场中并不少见，奶牛因骨折而被淘汰的情况常有发生。骨折的奶牛淘汰率高的原因，一方面是四肢上部骨折难以进行骨折部位的固定，骨折部难以愈合；另一方面是兽医技术力量薄弱，对骨折的奶牛不会治疗，采取一律淘汰的做法，致使很多能治愈的奶牛被淘汰，造成了一定的经济损失。为此，提高兽医人员对奶牛骨折救治的理论与实践技能很有必要。

奶牛发生骨折后，兽医应当对发生骨折的奶牛做出预后的判定。

（1）**骨折后应立即淘汰的奶牛**　凡发生四肢各部位开放性严重污染的骨折、腰椎骨折、前肢腕关节以上的骨折、后肢跗关节以上的骨折、四肢的粉碎性骨折、四肢各部位的关节内骨折等的病牛，除具有重大饲养价值的个别奶牛外，都应当淘汰。

（2）**需要治疗的骨折**

1）前肢腕关节以下的、后肢跗关节以下的非开放性骨干骨折，经对骨折部位的外固定，骨折部位能够完全愈合，骨折愈合后的奶牛能恢复正常的运动。

2）考虑奶牛的经济价值。除了特殊情况外，骨折病例首先应考虑病牛经治疗后能否恢复正常的运动，如果不能恢复正常的运动，就应该淘汰。

3）考虑病牛的年龄。青年牛、后备牛及犊牛的四肢下部的非开放性骨折，经对骨折部的整复与外固定后，骨折部愈合的效果较好，在骨折局部外固定治疗期间一般对生长发育无明显影响。即便四肢下端发生的开放性骨折，经彻底的清创、整复、缝合皮肤创口与骨折部的外固定或内固定，术后采取消炎、抗菌治疗等措施，大多预后良好。但犊牛的骨折内固定材料，如果采用接骨板固定时，一般应在骨折愈合后拆除，否则对骨骼发育有一定的影响。育成牛与青年牛的骨折时有发生，特别是进口奶牛，进入牧场后不适应牧场的环境，常常在不良外力作用下发生四肢的骨折。凡四肢下端的非开放性骨折，通过夹板绷带或石膏绷带的外固定，大多可以治愈，骨折愈合后对奶牛的生长、发育与繁殖无明显影响。泌乳牛四肢下端的骨折，如果是泌乳量很高的奶牛，也可考虑进行骨折部的外固定，但发生骨折的奶牛不能到挤奶厅挤奶，如果不能解决挤奶问题，可能继发乳房炎，对此种骨折的奶牛是治疗还是淘汰，应根据牧场的条件而定，不能千篇一律的治疗或淘汰。

4）考虑骨折部位及特征。奶牛的四肢长骨骨折较为常见。一般来讲，四肢上端的骨折，其

第五节 骨折

解剖复位和固定制动很困难，肱骨和股骨骨折的治愈率很低，而掌骨和跖骨骨折的治愈率较高。

奶牛骨折发生的同时常伴有周围软组织不同程度的损伤。许多骨折最初为闭合性骨折，由于对发生骨折的奶牛救治不及时，没有得到及时的现场临时外固定，便很可能由闭合性骨折转变为开放性骨折。也有的在将奶牛从骨折的现场赶到兽医治疗室的途中，由于没有对骨折部位进行临时固定，奶牛在三脚跳跃前进过程中，因骨折的肢蹄悬垂，骨折的部位异常活动，骨折断端将骨折部位的皮肤刺透，转变为开放性骨折。开放性骨折的预后应谨慎，应考虑感染、神经损伤及血液供应等因素对愈合的影响。奶牛的四肢长骨骨折多为斜骨折或螺旋骨折，在外固定或内固定复位时较横骨折困难。

【病因与分类】

（1）骨折的原因　可分为外力性骨折和病理性骨折两种类型。

1）外力性骨折：骨折都发生在被打击、挤压、重物压轧、蹴踢、角顶等各种机械外力直接作用的部位。母牛在起卧或发情爬跨时，可发生四肢长骨、髋骨或腰椎的骨折。肢蹄嵌夹于卧床前挡板下、颈枷的立柱间而不能缩回时的强烈挣扎或犊牛进入歪斜的围栏铁管之间，犊牛站立不稳倒地后，在强烈挣扎过程中发生四肢的骨折。犊牛四肢进入栅缝隙等时，肢体常因急剧旋转而发生骨折。肌肉突然强烈收缩，可导致肌肉附着部位骨的撕裂。

2）病理性骨折：病理性骨折是有骨质疾病的骨发生骨折，如患有佝偻病、骨软病，以及衰老、妊娠后期或高产奶牛泌乳期、营养神经性骨萎缩、慢性氟中毒、四肢骨关节畸形或发育不良等，这些处于病理或某些特殊生理状态下的骨质疏松脆，应力降低，在很小的外力下也可发生骨折。

（2）骨折的分类　骨折可根据发生原因、性质、程度及软组织的情况等进行分类，方法很多。临床上较有实际意义的有两种。

1）根据骨折处局部皮肤或黏膜的完整性是否被破坏进行分类：

①开放性骨折：指皮肤或黏膜破裂，骨断端常露出皮外，容易发生感染化脓。

②闭合性骨折：骨折处皮肤或黏膜完整，与外界不相通。

2）根据骨折的程度及形态进行分类：

①不全骨折：骨的完整性或连续性仅有部分被破坏，如发生骨裂或骨膜下骨折（多发生在犊牛）。

②完全骨折：骨的完整性或连续性完全被破坏，骨折处形成骨折线。完全骨折因断离的方向不同，可分为横骨折、纵骨折、斜骨折、螺旋骨折、嵌入骨折、穿孔骨折等。骨折部位可发生在骨干、骨骺、干骺端或关节内。此外，如果骨折仅发生在一个部位，则称为单骨折，最多折成两段；如果破裂成两段（块）以上，则称为粉碎骨折，骨折线可呈T、Y、V字形等（图11-5-1）。

【症状】　奶牛四肢发生骨折后，会突发重度跛行（视频11-5-1）。四肢完全骨折的奶牛，运动时呈三脚跳跃前进，患肢悬垂，不敢着地。当发生不完全骨折时，患肢出现重度跛行，运动时患肢以蹄尖着地，呈现重度的支跛。当四肢上部发生骨折，如股骨骨折、膝关节内骨折、髂骨骨折、坐骨骨折时，奶牛大多卧地不起。奶牛腰椎骨折时常常伴有脊髓损伤，而出现截瘫。奶牛的

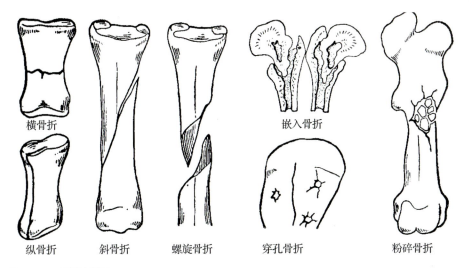

横骨折			嵌入骨折	
纵骨折	斜骨折	螺旋骨折	穿孔骨折	粉碎骨折

图 11-5-1　骨折示意图

视频 11-5-1
断奶犊牛前肢桡骨非开放性骨折，重度跛行，跳跃前进（王春璈 摄）

全身症状依骨折的部位和程度不同而有所不同，可能出现食欲减退、反刍减少、泌乳量下降等表现。

（1）骨折的特有症状

1）肢体变形：骨折两断端因受伤时的外力、肌肉牵拉力和肢体重力等的影响，造成骨折段的移位。常见的有成角移位、侧方移位、旋转移位、纵轴移位，包括重叠、延长或嵌入等。骨折后的患肢呈弯曲、缩短、延长等异常姿势（图 11-5-2、图 11-5-3、视频 11-5-2）。

视频 11-5-2
后备牛左后肢股骨骨折，股部肿胀，奶牛不敢运步，重度跛行（王春璈 摄）

图 11-5-2　奶牛右前肢掌骨骨折

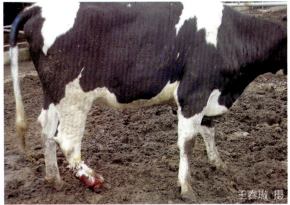

图 11-5-3　奶牛右后肢跖骨骨折

2）异常活动：在骨折后的肢体负重或他动运动时，出现屈曲、旋转等异常活动。但肋骨、椎骨、蹄骨、干骺端等部位的骨折，异常活动不明显或缺乏（图 11-5-4、视频 11-5-3）。

3）骨摩擦音：骨折两断端互相触碰，可听到骨摩擦音，或有骨摩擦感。但在不全骨折、骨折部肌肉丰厚、局部肿胀严重或断端间嵌入软组织时，通常听不到。骨骺分离时的骨摩擦音是一种柔软的捻发音。诊断

视频 11-5-3
奶牛左后肢胫骨骨折，他动运动检查，出现异常活动（王春璈 摄）

四肢长骨骨干骨折时，常由一人固定近端后，另一人将远端轻轻晃动，若为完全骨折，则可以出现异常活动和骨摩擦音（图11-5-5）。

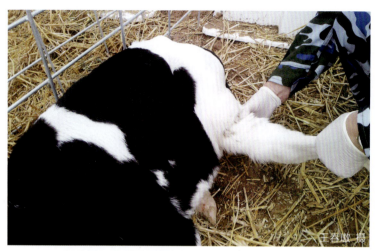

图 11-5-4　犊牛股骨骨折导致异常活动

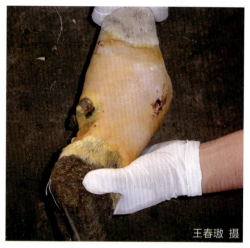

图 11-5-5　骨折的检查，出现骨摩擦音

（2）骨折的其他症状

1）出血与肿胀：骨折时骨膜、骨髓及周围软组织的血管破裂出血，经创口流出或在骨折部发生血肿，加之软组织水肿，造成局部显著肿胀。闭合性骨折时肿胀的程度取决于受伤血管的大小、骨折的部位及软组织损伤的程度。肋骨、掌（跖）骨等部位的骨折，肿胀一般不严重；肱骨、桡（尺）骨、胫（腓）骨等部位的骨折，肿胀明显，致使骨折部不易被摸清。

2）疼痛：骨折后骨膜、神经受损，骨折部疼痛明显，其程度常因奶牛的年龄、骨折部位和性质的不同而不同。

3）功能障碍：奶牛骨折后因剧烈疼痛而立即发生不同程度的功能障碍，如四肢骨骨折时突发重度跛行，脊椎骨骨折伤及脊髓可致受伤部往后的躯体出现麻痹等。但棘突骨折、肋骨骨折时，功能障碍表现可能不显著。

4）全身症状：轻度骨折一般全身症状不明显。严重的骨折伴有内出血、肢体肿胀或者内脏损伤时，可并发急性大失血和休克等一系列综合症状。闭合性骨折于损伤2~3d后，因组织破坏后分解产物和血肿的吸收，可引起轻度体温上升。骨折部若继发细菌感染时，体温升高，局部疼痛加剧，食欲减退，继发前胃弛缓等。

【诊断】　根据外伤史和局部症状，结合临床检查，全骨折很容易确诊。另外，根据临床实际需要，可用下列方法辅助诊断不全骨折、蹄骨骨折、髋骨及骨盆骨折。

（1）**他动运动**　对怀疑发生骨折的患肢进行他动运动检查，如果患部出现异常活动和骨摩擦音，即可做出诊断。对四肢下端的骨折，可将患肢抬起，一手固定骨折上部肢体，另一手活动骨折下方肢体，进行屈曲、伸展、内旋、外展等活动，以确定局部有无异常活动或骨摩擦音（图11-5-6）。对四肢上部的骨折检查时，也需要进行他动运动检查，对膝关节、股骨的骨折检查方法是：检查人员将手掌放在膝关节、股骨相应位置，另一人用双手抓住后肢下端，上下活动患肢，检查人员用手掌感觉有无骨摩擦音（图11-5-7）。

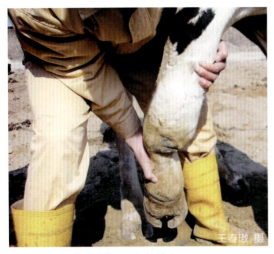

图 11-5-6 奶牛前肢掌骨骨折的检查

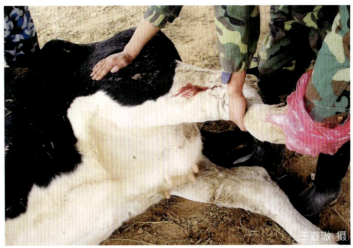

图 11-5-7 奶牛膝关节（胫骨）骨折的检查

（2）**直肠检查** 常用于髋骨、骨盆骨骨折的辅助诊断，有助于触诊到骨折部位的情况而确诊。实际诊断时，助手将后肢远端轻轻晃动，如有骨折发生，直肠检查者的手可以感觉到异常活动和摩擦感（图 11-5-8）。

开放性骨折除具有上述的变化外，还可以见到皮肤及软组织的创伤。有的形成创囊，骨折断端暴露在外，创内变化复杂，常含有血凝块、碎骨片或异物等（图 11-5-9）。

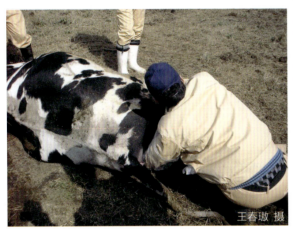

图 11-5-8 直肠检查以诊断骨盆及髋骨有无骨折

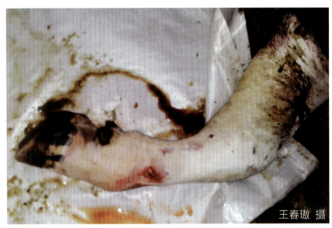

图 11-5-9 奶牛掌骨开放性骨折

（3）**X 线检查** X 线检查可以清楚地了解到骨折的形状、移位、骨折后的愈合情况等，特别适用于不全骨折、蹄骨骨折等。但是，截至目前，我国规模化牧场还没有开展 X 线在奶牛兽医临床检查骨折中的应用工作。

【治疗】 针对骨折，必须采取综合的治疗方法，才能收到满意的治疗效果。临床实践上常常应用的治疗方法有局部整复与外固定、手术内固定、病灶周围封闭、绷带包扎、内服药物、物理疗法及营养疗法等。另外，要严格做好治疗期间的饲养管理与护理工作。

（1）**骨折的现场急救** 奶牛发生骨折后，巡栏人员应尽可能地保持动物安静，给骨折部位采取适当制动处理，防止骨折断端移位和避免闭合性骨折发展为开放性骨折。可用毛巾、纱布、棉花等作为衬垫，竹片、木板、硬纸板等作为夹板，用绷带或细绳将骨折部上、下两个关节同时固定。如果奶牛疼痛不安或有骚动时，宜使用全身镇静剂，可以减少骨折部的继发性损伤，减轻疼痛。临时处理结束后，尽快请兽医或送动物医院治疗。

（2）骨折复位与外固定

1）骨折外固定的方法：包括夹板绷带外固定、石膏绷带外固定、改良式托马斯支架外固定或两种方法同时使用。现在可以使用的石膏外固定材料很多，包括商品化石膏绷带、热塑性的聚酯聚合体（乙醛烯）、聚亚胺酯树脂或玻璃纤维。其中玻璃纤维制成的石膏具有很大的优点，强度为普通石膏的5倍，并且重量轻，有利于术后的恢复。

①夹板绷带固定法：采用竹板、木板、铝合金板、铁板等材料，制成长、宽、厚与患部相适应，强度能固定住骨折部的夹板数条。包扎时，将患部清洁后，用5%碘酊大面积消毒，包上衬垫，于患部的前、后、左、右放置夹板，用绷带缠绕固定。包扎的松紧度，以不使夹板滑脱和不过度压迫组织为宜。为防止夹板两端损伤患肢皮肤，内部的衬垫应超出夹板的长度或将夹板两端用棉纱包裹（图11-5-10~图11-5-14）。

图11-5-10 奶牛右前肢系骨骨折

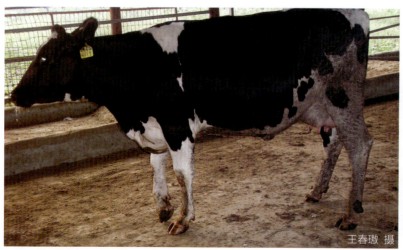

图11-5-11 奶牛右前肢掌骨骨折的站立姿势

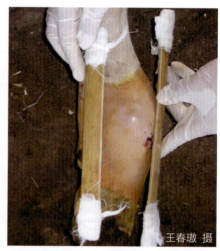

图11-5-12 测量使用夹板的长度

图11-5-13 完成夹板绷带固定

图11-5-14 在麻醉状态下完成夹板绷带固定

②石膏绷带固定法：石膏具有良好的塑形性能，制成的石膏管型与肢体接触面积大，不易发生压创，对大、小奶牛的四肢骨折均有较好的固定作用。但用于大体型的奶牛四肢下端骨折的石膏管型，最好夹入金属板、竹板等材料加固。

③托马斯支架绷带固定法：此种固定方法可以用于前肢或后肢长骨骨折。使用时，腋窝或腹股沟要承受最大的压力并长时间与支架接触，因此应做好衬垫。托马斯支架必须按照个体情况不同而设计，如环的远端和近端的圆周、前侧支杆和后侧支杆的长度等。对于后备牛，可考虑稍微将托马斯支架做大一点，允许患肢的生长发育。为了维持肢的伸展，蹄部应与支架的底部支撑环进行固定。

石膏绷带外固定与托马斯支架外固定同时使用的效果更好。无论采用哪种外固定，均应定期检查，以防外固定材料磨损皮肤或绷带本身滑脱、破裂，或出现骨折部位的移位。有条件的牧场可在术后每周进行X线检查。一般犊牛骨折愈合能力非常快，4~5周即可形成大量骨痂，4周可解除外固定。成年牛骨折部位愈合良好的情况下6~8周可解除外固定。

术后进行适当的功能锻炼可以改善局部血液循环，增强骨质代谢，加速骨折修复和患肢功能恢复，并且能防止肌肉萎缩、关节僵硬、关节囊挛缩等后遗症，这是治疗骨折的重要组成部分。骨折的功能锻炼包括早期按摩、对未固定关节做被动的伸屈活动，以及让奶牛自由采食、自由活动等，以促使其早日恢复功能。

2）骨折外固定的具体操作：

①检查骨折部位，确定治疗方案：为了顺利检查骨折部的变化，应尽量在镇痛和局部肌肉松弛的情况下进行。一般可采用盐酸赛拉嗪注射液进行镇静镇痛，剂量一般为体重1mL/100kg体重，肌内注射。然后拆除骨折患部的临时固定材料（图11-5-15），检查骨折处的局部变化，确定骨折的性质，如骨干骨折、关节内骨折、斜骨折、横骨折、螺旋形骨折、粉碎性骨折、骨折有无移位等（图11-5-16），根据检查结果，确定治疗方案。

图11-5-15 拆除骨折临时固定材料

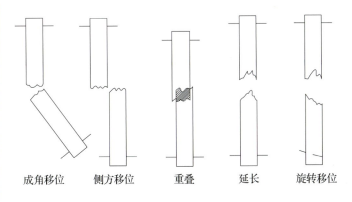

图11-5-16 骨折的移位示意图

②骨折部的复位：奶牛四肢下端（前肢腕关节下方、后肢跗关节下方）的闭合性骨折，通过外固定进行治疗效果良好。骨折复位可使移位的骨折端重新对位，重建骨的支架作用，时间越早越好，力求做到一次整复正确。

整复时用细铁丝在蹄冠部缠绕一周（或在蹄尖部打孔将铁丝穿入），向远端牵引，使病肢保持伸直状态。术者对骨折部进行托压、挤按等处理，使断端对齐、对正；按"欲合先离，离而复合"的原则，先轻后重，沿着肢体纵轴做对抗牵引，然后将骨折的远侧端移动到近侧端，根据变形情况整复，以矫正成角、旋转、侧方移位等畸形，力求达到断端解剖复位。复位是否正确，可以根据肢体外形抚摸骨折部轮廓，在相同的肢势下，按解剖位置与对侧健肢对比，以观察移位是否已得到矫正。骨折部复位后，牵引的铁丝一直保持紧张状态，直到外固定完成为止（图 11-5-17）。用5%碘酊对骨折肢体大范围消毒，从蹄部直至消毒到骨折部上一个关节为止。

③石膏绷带外固定的操作顺序：将石膏绷带卷放入温水（25~30℃）盆内，当绷带卷内气泡冒完时，将绷带卷取出，用双手挤压绷带卷中过多的水分后（图 11-5-18、图 11-5-19），从蹄冠开始向上做环形绷带包扎，绷带卷在肢体上进行滚动缠绕，不准用力加压缠绕打绷带，每打完 1 层都要用手抹平绷带卷外的石膏泥，打完一个石膏卷后再将第二个石膏卷放入水中泡，如此往复进行，一般先打 4~5 层（图 11-5-20、图 11-5-21、视频 11-5-4）。

图 11-5-17 骨折复位过程中，牵引的铁丝一直处于拉紧状态

图 11-5-18 石膏绷带

图 11-5-19 轻轻挤压石膏绷带，挤出过多的水分

图 11-5-20 从蹄冠开始打石膏绷带

图 11-5-21 给骨折部打石膏绷带

用竹板固定后，再用石膏绷带在竹板外缠绕，每打 1 层都要将石膏绷带外的石膏泥抹平，在竹板外打完 2 层后，将蹄冠部的脱脂棉向上翻转，肢体上端的脱脂棉向下翻转，用脱脂棉包裹竹板的两端后，再用石膏绷带缠绕 3~4 层，最后将绷带外的石膏泥抹平，等待石膏绷带硬化（图 11-5-22~图 11-5-24）。在石膏绷带硬化后，给奶牛注射盐酸苯噁唑，使其苏醒站立。

视频 11-5-4
犊牛前肢桡骨骨折，打完石膏绷带后等待犊牛苏醒（王春璈 摄）

图 11-5-22 石膏绷带打上 4 层后，再将石膏泥抹平

图 11-5-23 奶牛后肢系骨骨折采用石膏绷带固定

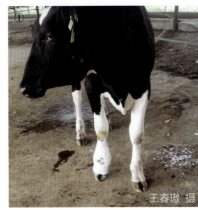
图 11-5-24 奶牛前肢系骨骨折采用石膏绷带固定

为了加强石膏绷带的坚固性，在打完 4~5 层石膏绷带后，用脱脂棉在石膏绷带外面缠绕，使患肢上下保持均匀一致，以利于放置竹板。在蹄冠部和骨折的上部要用厚层脱脂棉包绕，以防止竹板对蹄冠部和上方皮肤的压迫引起皮肤的坏死。在石膏绷带的前、后、内、外各附上 1 根竹板，用铁丝固定（图 11-5-25、图 11-5-26）。

图 11-5-25 在石膏绷带外再用脱脂棉包扎，使上下一样粗，附上 4 根竹板铁丝固定
图 11-5-26 用铁丝固定竹板

④对于四肢下端的开放性骨折：凡骨折断端整齐、没有脱落游离的骨碎片、局部污染不严重、发病时间很短的奶牛，要打开窗石膏绷带。

开窗石膏绷带的特殊操作是在打石膏绷带时，对骨折处的创伤面保留一个窗口，以便以后对创伤进行外科处理。打石膏绷带时，在骨折皮肤破溃处附上铁丝编制的桥型支架后，再打石膏绷带，待石膏绷带硬化后，用石膏刀切开桥型支架外的石膏绷带，显露桥型支架，作为以后处理创伤的窗口。也可按创口的大小选择相应直径的塑料瓶，将塑料瓶截断后，取有瓶底的部分扣在创口上，再打石膏绷带，待石膏绷带硬化后，用石膏刀切开瓶底外的石膏绷带，显露瓶底，以后换药时取下瓶底，换完药后再在创面上扣上瓶底。

首先对奶牛进行全身麻醉，骨折处剃毛、消毒，清除创伤内部的血凝块、异物，用青霉素生理盐水溶液冲洗创腔，创围用碘酊消毒后，创面撒布青霉素，然后对骨折处进行复位，再打开窗石膏绷带（图11-5-27~图11-5-30）。

图 11-5-27　系骨开放性骨折，清创

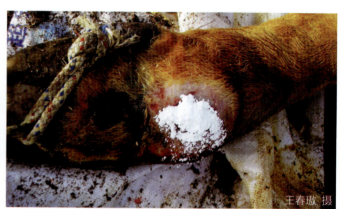

图 11-5-28　创面撒布青霉素粉

图 11-5-29　患肢打开窗石膏绷带

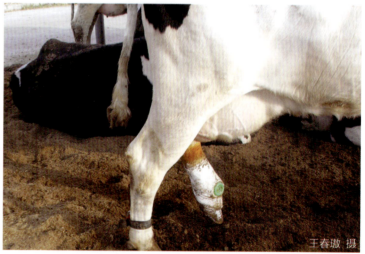

图 11-5-30　奶牛麻醉苏醒后站立

（3）药物治疗与护理　术后5d内，注意检查奶牛的体温、采食与反刍情况，特别注意石膏绷带的松紧度。用手背感觉蹄壁的温度，如果蹄壁变凉、体温升高、采食与反刍异常时，可能是因为石膏绷带装置过紧，引起骨折肢体的血液循环障碍，应拆开绷带进行检查，但这种情况在临床上很少发生。

应用抗炎与镇痛药，可使用非甾体抗炎药（氟尼辛葡甲胺或美洛昔康）。如果骨折处的皮肤有创伤,但不是开放性骨折,为防止局部皮肤的创伤感染,可肌内或全身注射抗生素,注射维生素 ADE 注射液。另外,适当补充钙剂,配合内服中药接骨散,以促进骨新生。

骨折的奶牛可单栏饲养或放入病牛舍内饲养,让其自由活动、自由采食,注意绷带的装置情况,发现绷带松动时,应及时加固,确保骨折外固定的牢固性。后期要注意进行恢复性的机能锻炼,适当加强运动,以利于康复。绷带拆除时间,犊牛一般 3~4 周,成年牛一般 5~8 周(图 11-5-31、图 11-5-32、视频 11-5-5~视频 11-5-7)。

图 11-5-31 骨折外固定饲养的奶牛

图 11-5-32 打石膏绷带骨折的奶牛

视频 11-5-5
犊牛前肢桡骨骨折,固定 21d 后拆除石膏绷带。牧场内没有专用拆石膏绷带的石膏锯和石膏刀,这是犊牛管理人员拆除石膏绷带的过程(王春璈 摄)

视频 11-5-6
拆除石膏绷带后,检查骨折处原始性骨痂已经形成(王春璈 摄)

视频 11-5-7
拆除石膏绷带后,检查骨折局部已经形成原始性骨痂(王春璈 摄)

(4)外固定拆除后的奶牛饲养 绷带拆除后,骨折的奶牛还会有轻度到中度的跛行,这是正常现象(视频 11-5-8~视频 11-5-11)。随着肢体的运动和负重,在应力线上的骨痂不断得到加强和改造,骨小梁逐渐调整而变成紧密排列成行的、成熟的骨板,同时在应力线以外的骨痂逐步被噬骨细胞清除,使原始骨痂逐渐被改造为永久骨痂,奶牛的骨折部完全康复。犊牛的骨折愈合快,但跛行完全消退需要 70~80d(视频 11-5-12)。

视频 11-5-8
左前肢桡骨骨折的犊牛,打石膏绷带 21d 的站立姿势(王春璈 摄)

视频 11-5-9
桡骨骨折的犊牛,打石膏绷带 21d,肢体有些变形,需要拆开绷带(王春璈 摄)

视频 11-5-10
桡骨骨折 21d 的犊牛,已经拆除石膏绷带,表现为中度跛行(王春璈 摄)

视频 11-5-11
桡骨骨折后经石膏绷带固定 40d 的犊牛,绷带可以拆除,跛行基本消退(王春璈 摄)

视频 11-5-12
桡骨骨折 80d 的犊牛,40d 拆除了石膏绷带,现在完全康复(王春璈 摄)

（5）**长骨骨折内固定** 在考虑使用内固定时，最重要的还是考虑经济因素。对一些特别重要的后备牛，其长骨骨折可以考虑内固定，成年牛的内固定材料选取与手术均有很大困难，一般不采用。除治疗成本外，手术的成功率也受到诸多因素的影响，内固定材料的选择、术后恢复及功能重建等因素都直接影响手术的效果。因此奶牛骨折的内固定技术开展仅限于研究机构和高校，牧场奶牛的骨折内固定技术的开展还需要一个学习与实践的过程。

（闫振贵　王春璈）

第六节　创伤与处理

创伤（Trauma）是规模化牧场奶牛常发生的外科病之一，由于诊断与处理不当，常常引起感染、化脓，甚至坏死，感染严重的还可引起病牛发生败血症而死亡。因此，牛场兽医需要掌握奶牛各种创伤的诊断与处理方法，提高创伤的治愈率。

创伤是指奶牛的皮肤、黏膜完整性遭到破坏的一种损伤，如奶牛横窜卧床时颈杠引起背腰部皮肤的创伤（图11-6-1），奶牛卧床前档胸板引起的胸下皮肤创伤（视频11-6-1、图11-6-2），垫料太少引起的跟骨头处的创伤（图11-6-3），奶牛分娩助产引起的产道拉伤（图11-6-4）、阴门创伤（图11-6-5）等。

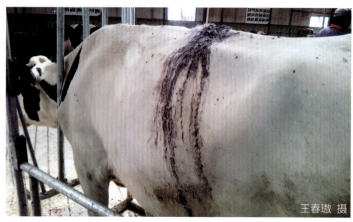

图11-6-1　奶牛横窜卧床引起的创伤

视频11-6-1
奶牛胸下方皮肤大面积撕裂创，发病1周，没有处理，计划淘汰
（王春璈 摄）

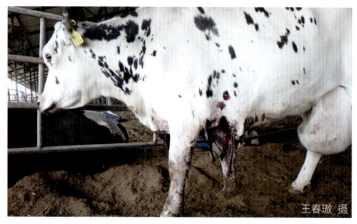

图11-6-2　奶牛胸下方皮肤大面积撕裂创

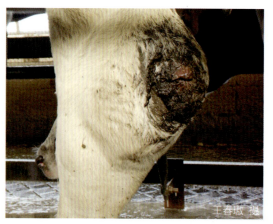

图11-6-3　奶牛跟骨头处创伤感染，被脓痂覆盖

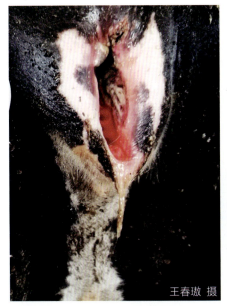
图 11-6-4 奶牛产道拉伤，继而感染

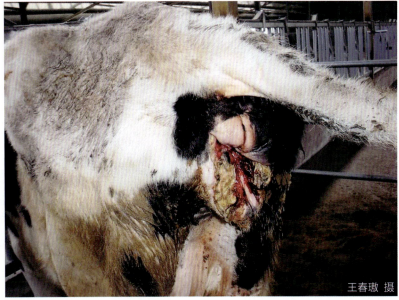
图 11-6-5 分娩助产引起阴门创伤，感染化脓

1. 奶牛创伤的分类及症状

（1）按伤后经过的时间分类

1）新鲜创：伤后的时间较短，一般不超过 8h，创内尚有血液流出或存有血凝块，且创内各部组织的轮廓仍能识别，有的创伤虽被污染，但尚未出现感染症状（视频 11-6-2）。

2）陈旧创：伤后经过时间较长，创内各组织的轮廓不易识别，出现明显的创伤感染症状，有的创伤感染排出脓汁，有的创伤化脓形成结痂，有的创伤出现肉芽组织。

> 视频 11-6-2
> 新产牛产道拉伤的检查，新鲜创，阴道壁上方黏膜和皮肤上有创口、出血（王春璈 摄）

（2）按创伤有无感染分类

1）无菌创：通常将在无菌条件下所做的手术创称为无菌创。

2）污染创：创伤被细菌和异物所污染，但进入创内的细菌并未侵入组织深部发育繁殖，也未呈现致病作用。

3）感染创：进入创内的致病菌大量生长繁殖，对机体呈现致病作用，使伤部组织出现明显的创伤感染症状。

2. 创伤的愈合

（1）第一期愈合 创伤第一期愈合是一种较为理想的愈合形式，伤口愈合后，其形态学和生理变化均不显著，仅留下线状疤痕，甚至不留疤痕，整个愈合过程需 6~7d。创伤第一期愈合的条件为：创缘、创壁整齐，创口吻合良好，无肉眼可见的组织间隙，炎症反应较轻微，没有感染，无菌手术创切口经缝合后可达到第一期愈合。

（2）第二期愈合 创伤第二期愈合的特征是伤口化脓，继而增生大量的肉芽组织充填创腔，创面形成疤痕组织，这一过程长达数周、数月或更长时间（图 11-6-6、图 11-6-7）。创伤第二期愈合的条件为：当伤口大，伴有组织缺损，创缘及创壁不整齐，创内存在异物，创伤发生严重污染，发生了细菌感染时，这样的创伤要通过第二期愈合（图 11-6-8）。

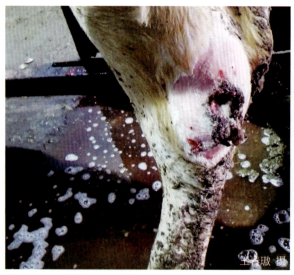

图 11-6-6　跗关节皮肤化脓创

图 11-6-7　背腰部大面积肉芽创

创伤第二期愈合，分为炎性净化和组织修复两个阶段的愈合过程。

1）炎性净化阶段：创伤炎性净化阶段是创伤部从感染、肿胀、增温、疼痛开始，发展为创内组织坏死、溶解、液化、形成脓液的阶段。创内出现大量的浆液纤维素性化脓性渗出物。纤维素及化脓性炎性产物在创面上形成一层很厚的脓痂，脓痂下面的组织继续化脓、坏死（图 11-6-9）。坏死的组织与健康组织之间逐渐形成化脓性分界线（图 11-6-10）。

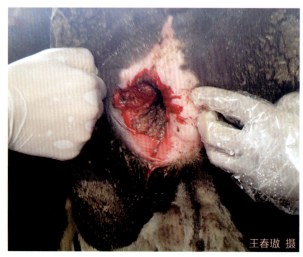

图 11-6-8　产道拉伤，创伤经过二期愈合

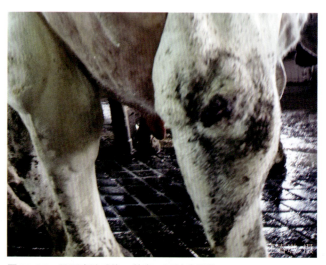

图 11-6-9　跟骨皮肤感染，外有一层脓痂覆盖

2）组织修复阶段：在组织化脓、坏死的过程缓和后，创内出现了粉红色的肉芽组织，这表明创伤已经过渡到组织修复期。健康的肉芽组织呈粉红色，较坚实，表面湿润、平整、呈颗粒状，并附有很少的一层黏稠的灰白色脓性物（图 11-6-11、视频 11-6-3）。

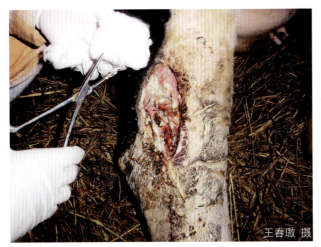
图 11-6-10 坏死皮肤与健康皮肤之间有明显分界线

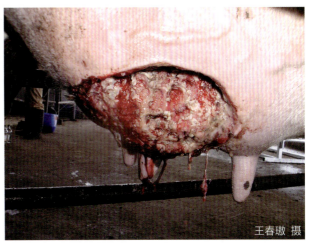
图 11-6-11 坏死皮肤脱落后，肉芽面处于感染状态，肉芽开始生长

在肉芽组织生长的同时，创缘的上皮组织也开始增殖，上皮组织由创伤的皮肤缘向肉芽组织表面爬行生长，覆盖了创伤的肉芽面而愈合。当肉芽面较大，由创缘生长的上皮不足以覆盖整个肉芽面时，最终以瘢痕组织形成。为了防止瘢痕组织形成，应对肉芽面进行皮肤移植。

当肉芽面长期受到不良刺激时，可引起肉芽组织异常生长，异常生长的肉芽称为赘生肉芽。赘生肉芽影响创面的愈合，必须切除（视频 11-6-4）。

切除赘生肉芽后的肉芽面，要保持其高度与皮肤创缘在同一水平面上，创伤周围皮肤缘的上皮组织才能够向肉芽面爬行愈合。

当整个肉芽面的高度超过了创围皮肤边缘的高度时，创伤皮肤周缘的上皮组织也不能向肉芽面爬行。这种高出于创围皮肤缘的肉芽面应当全部切除（图 11-6-12）。

为了促进肉芽组织健康生长，可在肉芽面涂敷油膏类药物，如魏氏流膏或抗生素软膏，以控制肉芽面的感染。较大的肉芽面，即便是健康肉芽组织，创围的皮肤缘上皮组织也不能完全覆盖创面，应当进行皮肤移植。

视频 11-6-3 肉芽面与周边皮肤创缘在同一水平线上，肉芽面健康（王春璈 摄）

视频 11-6-4 切除赘生肉芽组织（王春璈 摄）

图 11-6-12 整个肉芽面高出皮肤创缘

3. 创伤的治疗

（1）创伤的治疗原则

1）凡是新鲜创伤，应经清创后对创口进行缝合。

2）发生的创伤已经超过24h了，如果经彻底的清创后，创伤仍符合第一期创伤愈合条件，建议按第一期愈合的创伤进行处理。

3）创伤创口不整、创内组织被严重破坏、创口不能缝合的新鲜创伤，经清创后对创伤进行包扎，防止创伤感染。

4）凡是已经感染的化脓创伤，彻底清创后，创口不缝合，创腔上药引流后，用绷带包扎，并定时换药。

（2）创伤治疗

1）创伤治疗的程序：在第一次处理创伤时，都要按下列步骤处理。

①创围剃毛：用剃毛刀剃去创围的被毛，是创伤处理过程中必须执行的规程，不得马虎（视频11-6-5）。

②清洁创围：用0.1%新洁尔灭溶液清理创围，清除污物、被毛、泥土、粪污后，再用0.1%新洁尔灭溶液清洗干净，用纱布擦干（视频11-6-6）。

③碘酊消毒：用5%碘酊棉消毒创围，但禁忌用碘酊涂抹创面。

④清理创面与创腔：用0.1%新洁尔灭溶液冲洗创面，除去创面上的异物、血凝块或脓痂。当创面有创囊时，用镊子夹持0.1%新洁尔灭棉球伸入创囊内清除脓液和坏死组织。

创腔较深时可选用奶牛输精枪外套塑料管插入创囊深部，向创囊内灌注3%过氧化氢进行冲洗，排净创囊深部的蓄脓，要反复多次冲洗。当创伤深部有大块坏死组织或游离的骨组织时，也要取出，不能遗留在创内，清除创内异物、坏死组织要彻底，再用生理盐水冲洗创内，最后用生理盐水棉球轻轻地擦拭创面，以便除去创内残存的液体和污物（视频11-6-7）。

当创腔深，出现创囊渗出液与脓液无法排出的情况时，可在创囊底部对应的部位，切开一个2~3cm的小切口，切口直达创囊腔内，有利于创内渗出液或脓性产物的排出。

⑤创伤引流法与包扎：对创腔深、创道长、创内有坏死组织或创底潴留渗出物等时，常用绷带条浸以魏斯流膏，把绷带条导入创道深部，绷带条的另一端留置在创口下角。创面再覆盖一层魏氏流膏脱脂棉，外打保护绷带（视频11-6-8）。

视频11-6-5
创围剃毛（王春璈 摄）

视频11-6-6
用新洁尔灭棉球清理创围（王春璈 摄）

视频11-6-7
用生理盐水棉球清理创腔深部，清除创腔内化脓性液体（王春璈 摄）

视频11-6-8
给创面打保护绷带（王春璈 摄）

创面平整的创伤，无须填塞绷带引流条，可将魏氏流膏倒在一层脱脂棉上，再将魏氏流膏脱脂棉敷在创面上，外打保护绷带。

⑥创伤换药：

a.凡是创口可以缝合的新鲜创，缝合完毕后，创口用碘酊消毒，待创口完成第一期愈合后拆线，中间不必处理。当缝合的创口化脓了，要拆除皮肤化脓处的线结，如果是从创内向外流脓，说明创内有感染源，如植入污染的缝合线、坏死组织、骨碎片等，要拆开缝合线，用止血钳伸入创内，夹取缝合线。诸如坏死组织或骨碎片这些无生命力的异物是导致内部化脓的根源，必须彻底清除。

b. 创口不能缝合的新鲜创、化脓创或肉芽创，创面敷以魏氏流膏，包扎绷带或开放引流，每 2~3d 换药 1 次。

规模化牧场奶牛创伤是常见的疾病，牧场兽医对创伤的处理必须按照上述规程执行，可以显著提高牧场奶牛创伤的治愈率，提高牧场生产的经济效益。

（闫振贵　王春璈）

第七节　皮肤移植术

奶牛的皮肤移植术（Skin Graft）是治疗创伤及其他因素所致皮肤缺损的常用方法。临床实践证明，奶牛的皮肤移植成活率高，可以作为奶牛创伤治疗的重要方法，以减少大面积皮肤缺损造成奶牛淘汰的经济损失（图 11-7-1、图 11-7-2）。

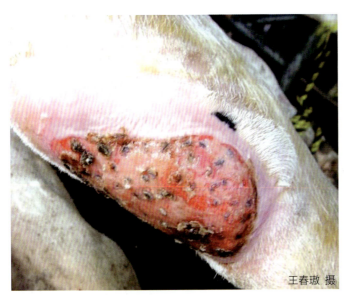

图 11-7-1　奶牛跗部肉芽面植皮 15d

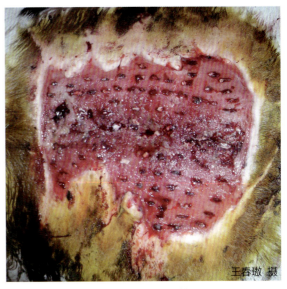

图 11-7-2　奶牛背腰部肉芽面植皮 7d 创面

奶牛皮肤移植是采用牛自体颈部、胸部、下腹部、肩部、臀部的健康的全厚或断层皮片进行移植，称为自体游离皮肤移植。游离皮肤移植适用于奶牛皮肤有较大的缺损、皮肤不能直接缝合的新鲜创，创面超过 10cm×10cm 的肉芽创和长久不愈合的经切除的瘢痕创。规模化牧场奶牛皮肤移植最多见于奶牛横窜卧床导致的背腰部皮肤大面积挫灭、坏死创伤的治疗，奶牛跗部皮肤感染创伤的治疗和胸部皮肤大面积缺损创的治疗。

移植的皮肤能否成活主要取决于移植的皮肤与受皮组织是否建立了有效的血液循环。影响移植皮片成活的因素包括创面感染、皮片移动、移植的皮块下面带有过多的皮下脂肪及皮肤移植后能否定期换药处理创面等。

1. 创面的准备

奶牛皮肤移植是在皮肤缺损的肉芽面上进行的，健康的肉芽面，应当是坚实、平坦、色泽红润、分泌物较少、无水肿的健康肉芽组织（图 11-7-3）。

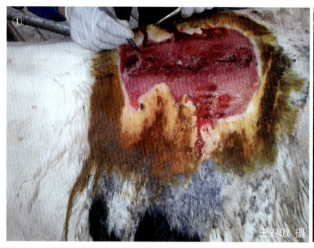 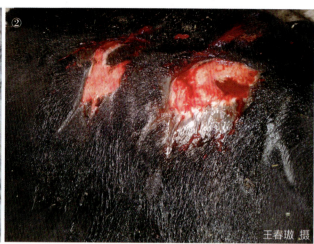

图 11-7-3　奶牛背腰部健康肉芽面

（1）**新鲜创的处理**　对皮肤创缘不能缝合的新鲜创创面充分止血，切除撕裂的游离皮肤，清理皮下与肌肉间被挫灭的组织，用生理盐水冲洗干净后，在其上面覆盖一层涂有抗生素软膏的4层灭菌纱布，外覆一层塑料布，连同纱布一起缝合固定在皮肤上，缝合线打活结。每隔1~2d解开塑料布，用生理盐水棉球擦拭创面，然后用青霉素生理盐水溶液冲洗创面，创面周围的皮肤用碘酊棉球消毒，更换新的抗生素软膏灭菌纱布。经10d左右创面肉芽组织形成，当肉芽组织创面与皮肤创缘接近在同一水平面时，即可准备在肉芽面上进行皮肤移植。

（2）**感染化脓创肉芽创面的准备**　临床上肉芽创面都是处于化脓创经过创伤的炎性净化阶段转化为肉芽形成阶段的，对于大面积感染化脓创（图11-7-4），需要耐心的认真处理。比如切除坏死的皮肤创缘时，切除范围要多一些，不能保留已经发生坏死的皮肤创缘（视频11-7-1）。清理创面与创腔更要彻底，一定切除所有创面和创腔内的坏死肌肉。在奶牛横窜卧床引起的创伤，胸腰部脊椎的棘突常常伴发骨折，需要将游离的骨组织一并取出。只有完全清除了创内的坏死组织，创伤的炎性净化过程才会缩短。感染严重的创伤，炎性净化时间需要15d左右，在创伤炎性净化过程中，肉芽组织也逐渐开始生长。为了加速肉芽组织的生长，要每隔2d处理创腔与创面1次，处理完毕后，创面用纱布垫保护。肉芽创面受到异物刺激时，往往长出赘生肉芽，肉芽面高低不平。防

图 11-7-4　奶牛腹部下方大面积化脓创皮肤坏死

视频 11-7-1
奶牛腹部下方陈旧性化脓创，皮肤撕裂，应切除游离的坏死皮肤，做清创手术（王春璈 摄）

止赘生肉芽生长的措施就是清创要彻底。

健康的肉芽面是平整的、坚实的、鲜红色，用生理盐水棉球触碰肉芽面不易出血，肉芽面的高度与创缘皮肤几乎在同一水平面上。在计划皮肤移植前的三四天，每天用含青霉素的生理盐水棉球清除肉芽面上的分泌物，对过度生长的肉芽组织要切平，肉芽面要用抗生素软膏灭菌纱布垫保护。如果创面肉芽组织已经瘢痕化，则应切除，使其形成新鲜创面，待新鲜肉芽接近创围皮肤创缘时再植皮。

植皮的前一天和植皮时，用含青霉素的生理盐水清洗肉芽面。

2. 取皮术

在取皮术与皮肤移植的整个手术过程中，手术人员必须坚持严格的无菌操作，手术过程中所用的各种器械、敷料都要进行高压灭菌，这是保证皮肤移植成功的必要条件。

（1）**供皮区准备**　一般选在病牛的颈部两侧或下腹部，植皮前一天对供皮区进行剃毛、清洗，用0.1%新洁尔灭溶液消毒。取皮前，再用0.1%新洁尔灭溶液消毒供皮区，然后用75%酒精棉球消毒供皮区皮肤。

（2）**保定与麻醉**　植皮牛在六柱栏内站立保定，头部确实固定，四肢部的皮肤移植应当横卧保定。术部用0.25%盐酸普鲁卡因溶液在供皮区进行局部浸润麻醉。

（3）**取皮术**

1）皮肤断层取皮：术者和助手各持1块消毒的木板（约8cm×6cm×1cm）压在供皮区两端，使供皮区皮肤紧张、平坦。术者用手术刀或刮胡刀刀片与皮肤呈45°角，切至皮肤全厚度的1/3（薄层皮片）~2/3（中厚皮片），然后使刀刃与皮肤平行，以拉锯的动作切下皮片，立即将皮片放入青霉素生理盐水溶液中保存（3000IU/mL以上）。

切中厚皮片的判断标志是：创面呈稀疏的点状出血，皮肤颜色为灰色或褐色。

对供皮区的皮肤创面，用无菌纱布压迫止血后，敷以纱布进行包扎，或开放让其自行愈合。

2）皮肤全层取皮：在取皮区做梭形皮肤切口（图11-7-5、视频11-7-2），取皮面积与需植皮面积之比为1∶8。取皮时手术刀紧贴皮下剥离，不要带着皮下脂肪。

取下的皮肤放置于灭菌的带盖器械盘内，用青霉素生理盐水溶液浸泡保存（图11-7-6）。

奶牛颈部的皮肤梭形创口采用全层间断缝合（视频11-7-3），碘酊消毒后打结系绷带。

（4）**皮片处理**　无论是断层皮片还是全层皮片，都需要将皮片剪成3mm×6mm的皮肤小块。全层皮肤在剪成皮肤小块前，先用手术剪将皮肤下面灰白色的脂肪组织剪除，不允许皮片下带有脂肪，然后再剪成小块（视频11-7-4~视频11-7-6）。

视频11-7-2
手术在严格无菌操作下进行，切下梭形切口内全层皮肤（王春璈 摄）

视频11-7-3
缝合颈部皮肤梭形切口，纠正皮肤创缘内翻（王春璈 摄）

视频11-7-4
将皮肤剪成0.5cm宽的条状（王春璈 摄）

视频11-7-5
剪除皮条上的皮下脂肪组织（王春璈 摄）

视频11-7-6
将条状皮肤剪成3mm×6mm的皮肤小块，在青霉素生理盐水溶液中保存（王春璈 摄）

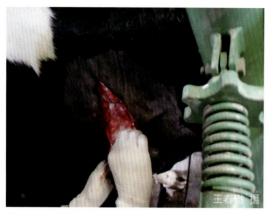

图 11-7-5　做梭形切口，取下全层皮肤

图 11-7-6　皮块在青霉素生理盐水盘中保存

3. 皮片的移植

皮肤的移植方法较多，临床上最常用小块皮片嵌植法。皮片贴植法皮片容易脱落，成功率低，为此，皮片嵌植法是牧场奶牛皮肤移植首选的方法。小块皮片移植前，再次用青霉素生理盐水溶液清理肉芽面（视频 11-7-7），接着进行小皮片的肉芽面嵌植。所用器械为无齿手术镊子、尖头手术刀片和手术刀柄，刀片与刀柄要配套，也可用枪状刀或兽医用小宽针。术者右手持手术刀、枪状刀或小宽针，左手用镊子夹持皮片，手术刀与肉芽面呈 30°~40° 角刺入肉芽面内，刺入深度为 1cm，手术刀再与肉芽面改为垂直状态，使肉芽面创口开张，左手镊子将夹持的皮片塞入肉芽创口内，松开镊子的同时要立即抽出手术刀，皮片即嵌植到肉芽面内了（视频 11-7-8、视频 11-7-9）。要求皮片的 4/5 埋在肉芽面内，也可以全部埋在肉芽面内。在肉芽面做嵌植皮片时，肉芽面的小创口会有少量出血，血液流向肉芽面下部，影响下部肉芽面的移植操作。为此，植皮的顺序是从肉芽面下部向上部进行，以 1.5~2.0cm 的间距植皮，皮块的表皮层向外，嵌植皮片要求整个肉芽面被全部覆盖。为了提高嵌植皮片的速度，可由 2~3 人交替操作移植。

4. 皮片移植后肉芽创面的处理与保护

整个肉芽面移植完成后，创面存在很多血凝块（视频 11-7-10），用青霉素生理盐水棉球将血凝块轻轻蘸除，使创面洁净。最后再用青霉素生理盐水溶液清洗植皮肉芽面，转为植皮肉芽面灭菌纱布保护垫的安装。

视频 11-7-7
皮肤移植前，再次用青霉素生理盐水溶液清理肉芽面，将上面的分泌物清理干净（王春璈 摄）

视频 11-7-8
皮片嵌植的方法是在肉芽面上用尖头手术刀做创囊，将皮块嵌入创囊内（王春璈 摄）

视频 11-7-9
跟骨头处肉芽创的皮肤移植采用嵌植法（王春璈 摄）

视频 11-7-10
奶牛腹部肉芽面皮肤移植完成，创面有血凝块，需要用青霉素生理盐水溶液浸泡的棉球蘸除（王春璈 摄）

肉芽面保护垫分为3层，第一层为接触植皮肉芽面的抗生素软膏，第二层为4层灭菌纱布垫，第三层为防水塑料布。抗生素软膏的配制：将1000g白凡士林装入带盖的搪瓷缸内，在电炉上加热至100℃，维持15min后，停止加热。当温度降至40℃时将20g阿莫西林粉剂或恩诺沙星粉剂倒入搪瓷缸内，与凡士林混合，用消毒的玻璃棒搅匀、备用（图11-7-7）。

取与创面的大小相当的2层灭菌纱布，将阿莫西林或恩诺沙星软膏涂抹在纱布上，然后将纱布覆盖在植皮的创面上。第二层为4层灭菌纱布垫，第三层为塑料布防水层，将保护纱布垫缝合固定在创围的皮肤上，线结要打活结，便于换药时解开（图11-7-8、图11-7-9）。

图11-7-7　配制的抗生素软膏

图11-7-8　在肉芽皮肤移植创面覆盖抗生素软膏

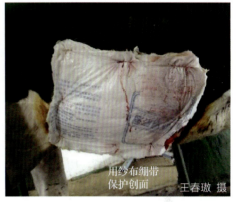

图11-7-9　纱布保护垫外包塑料布以防水，并缝合固定在皮肤上

5. 植皮创面的变化

皮块移植后的36h内，皮片依靠肉芽面渗出的血浆，通过渗透作用来获得营养。皮片移植48h，皮片与肉芽创囊内微细毛细血管连接再通，皮片与肉芽结合牢固。

皮片移植后第3天，可见到皮肤创缘上皮组织向肉芽面爬行；皮肤移植后第7天，肉芽面缩小；皮肤移植后第15d，周缘皮肤上皮可向创内爬行5cm以上，距离皮肤创缘5cm范围内的皮片被皮肤创缘的上皮完全覆盖，创面明显缩小。

创内移植的皮片增大，靠近创面中心部的皮块与皮块之间的上皮相互连接。皮肤移植后28d，创面完全由上皮覆盖。图11-7-10~图11-7-22是奶牛胸部大面积肉芽创皮肤移植后皮肤上皮生长变

图11-7-10　皮肤移植0天

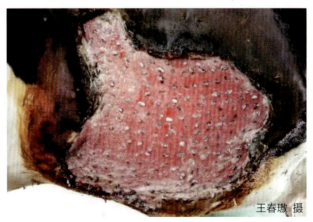

图11-7-11　皮肤移植第3天

第七节 皮肤移植术

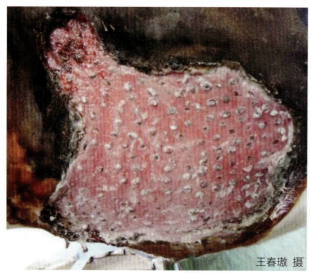

图 11-7-12　皮肤移植第 5 天

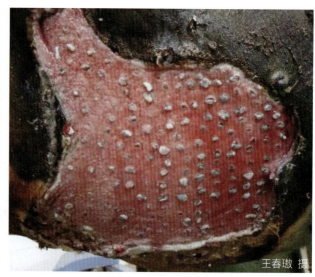

图 11-7-13　皮肤移植第 7 天

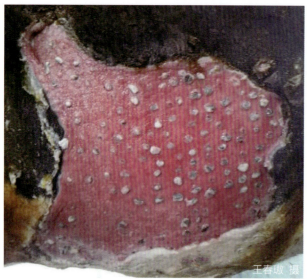

图 11-7-14　皮肤移植第 9 天

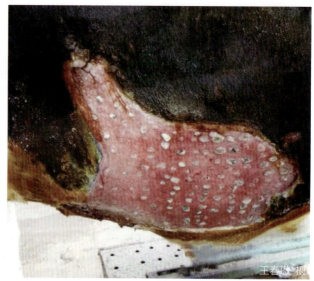

图 11-7-15　皮肤移植第 11 天

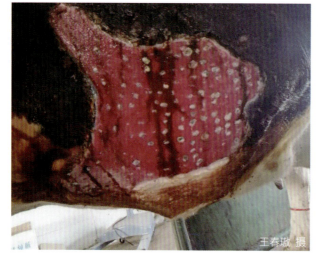

图 11-7-16　皮肤移植第 12 天

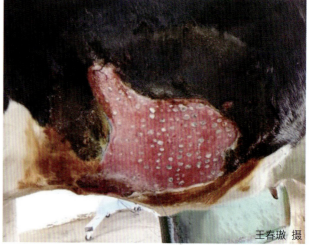

图 11-7-17　皮肤移植第 13 天

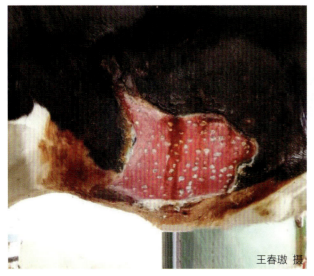
图 11-7-18　皮肤移植第 15 天

图 11-7-19　皮肤移植第 20 天

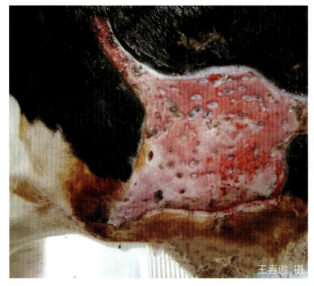
图 11-7-20　皮肤移植第 22 天

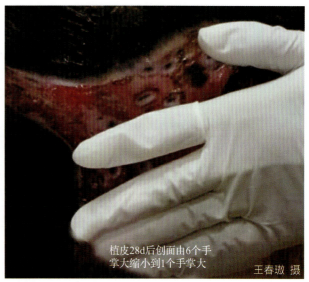
图 11-7-21　皮肤移植第 28 天

图 11-7-22　皮肤移植第 28 天，奶牛的左侧皮肤修复完好

化图。在皮肤移植当天肉芽面积有成人6个手掌大小,到皮肤移植第28天,创面还有1个手掌大小,且创面已经由上皮覆盖。

6. 术后护理与换药

从皮肤移植第3天开始换药。解开纱布垫与皮肤的固定线结,取下覆盖的凡士林纱布。在揭下凡士林纱布时要小心,必要时可用生理盐水将创面的血痂湿透后再小心揭下。

用青霉素生理盐水溶液清理创面,观察移植的皮块有无异常、有无创面感染、皮块有无脱落等。处理完后,更换覆盖阿莫西林或恩诺沙星凡士林软膏的灭菌纱布,每3d更换1次。皮肤移植15d后,在皮片生长良好的情况下,可以采取开放疗法,但需要每隔1d用生理盐水喷洒植皮区,直至到移植后20d结束。

(闫振贵　王春璈)

第十二章 中毒性疾病

动物中毒性疾病主要由自然因素（工业污染或矿区有毒矿物质、有毒植物和动物毒素）和人为因素所致。奶牛中毒性疾病多归结于人为因素，主要包括饲料加工、储存及使用不当，农药对环境的污染，治疗用药不当及人为的环境污染物中毒等。其中，饲料加工、储存及使用不当引起的饲料中毒和饲料中添加药物与治疗用药使用不当引起的化学药物中毒是规模化牧场中最常见的两大类奶牛中毒病。本章主要介绍这两大类奶牛中毒病的病因、中毒机理、临床症状、病理变化、诊断、治疗和预防方法。

第一节 饲料中毒

饲料是奶牛业发展的物质基础，饲料中均衡的营养物质为维持奶牛正常生命活动和最佳生产性能所必需。但是，饲料在生长、生产、加工、储存和运输过程中都可能产生一些有毒有害物质，对奶牛健康带来不良影响。饲料毒物分为两类，即饲料源性毒物和饲料沾染性毒物。前者是饲料中天然存在或饲料中的成分在加工过程中转化而产生的毒物，如硝酸盐、亚硝酸盐、氢氰酸、棉籽饼毒、菜籽饼毒、龙葵素和酒糟毒；后者为饲料被霉菌污染而产生毒素或配合饲料中添加了过量的饲料添加剂，它们通过饲料被奶牛采食而可能导致中毒。

一、硝酸盐和亚硝酸盐中毒

硝酸盐和亚硝酸盐中毒（Nitrate and Nitrite Poisoning）是由于奶牛采食大量含硝酸盐的饲料而引起的中毒病，临床上多见的是饲料中硝酸盐转变为毒性更大的亚硝酸盐，被奶牛摄入而引发中毒。临床特征是突然发病、眼结膜发绀、呼吸困难、血液呈暗红色和呼吸困难。通常发生于以蔬菜类植物作为青绿饲料饲喂的牛场，奶牛一次性采食过多而容易

引起中毒。如果不能及时进行有效的救治，就会发生死亡。

【病因】 自然界中的硝酸盐细菌在适宜的温度、水分等条件下大量繁殖，迅速将饲料植物中的硝酸盐还原为亚硝酸盐。因此，亚硝酸盐的产生，主要取决于饲料中硝酸盐的含量和硝酸盐还原菌的活力。硝酸盐主要聚积于植物的茎叶中，而不是在果实和种子中；其中绿叶菜最高。硝酸盐还原菌在环境温度 20~40℃、相对湿度 80% 以上时活力最强。因此，当青绿多汁的茎叶类饲料经日晒雨淋或堆垛存放而腐烂发热时，容易使硝酸盐还原菌活跃，产生大量亚硝酸盐而导致奶牛中毒。生产中比较常见的中毒原因是牧场采用富含茎叶的蔬菜加工厂下脚料作为青绿饲料喂牛，堆积的蔬菜类植物放置时间过久而导致亚硝酸盐的大量产生。此外，奶牛瘤胃中含有一定数量的产琥珀酸弧菌和黄化瘤胃球菌等，它们在瘤胃 pH 为 6.3~7.0 的内环境条件下可将硝酸盐转变为亚硝酸盐，而导致中毒。

【中毒机理】 亚硝酸盐是一种具有强氧化作用的毒物，被吸收进入血液后可使氧化血红蛋白中的二价铁（Fe^{2+}）脱去电子而被氧化成高铁（Fe^{3+}）血红蛋白，后者失去携氧能力，造成血液缺氧。同时，亚硝酸盐可直接作用于血管平滑肌，具有松弛平滑肌的作用，导致血管扩张、血压下降、外周循环衰竭。

亚硝酸盐引起的血红蛋白氧化是可逆的，正常血液中的辅酶Ⅰ、谷胱甘肽、维生素 C 等均可使高铁血红蛋白还原为正常的血红蛋白，并恢复其携氧功能。因此，奶牛若采食少量的亚硝酸盐，体内可自行解毒。

【症状】 奶牛常于采食后 1~5h 发病，发病延迟可能是瘤胃中硝酸盐转化为亚硝酸盐之故。可能出现流涎、腹痛、腹泻，甚至呕吐等症状。

（1）**呼吸型** 病牛突然发病，表现呼吸困难、气喘明显、黏膜发绀、血液变成巧克力色等。大部分病牛呼吸频率大约为 40 次/min，脉搏为 80 次/min，体温基本正常或者在 37℃以下。发病后期或者症状严重的病牛，进行抗生素治疗、强心、补液及抑制发酵等措施效果不明显，这可作为本病的治疗性诊断，区别于感染性肺炎。

（2）**消化型** 病牛表现出不同程度的瘤胃臌气，左肷窝中度膨胀，叩诊鼓音区扩大，听诊瘤胃蠕动音减弱且无力，同时食欲减退或者完全废绝，反刍停止，嗳气明显减少。部分病牛出现泡沫状流涎，伴有磨牙、呻吟、弓背及下痢等症状。

（3）**神经型** 病程持续时间长，症状严重时病牛体质日渐衰弱，步态不稳，甚至卧地不起，伴有一定的神经症状，如肌肉震颤和抽搐，最后因心脏衰弱、呼吸极度困难而死亡。

【病理变化】 腹部膨胀，口鼻呈暗紫色，并流出浅红色泡沫状液体，眼结膜呈棕褐色，血液凝固不良呈煤焦油状或巧克力色（暴露在空气中经久不能变成鲜红色）。肺充血、出血、水肿，气管与支气管充满白色或浅红色泡沫样液体。胃肠道出血、充血，黏膜易脱落，尤以瓣胃黏膜脱落明显，呈现明显的急性胃肠炎病变。心内外膜、心肌有出血点，心肌变性、坏死。

【诊断】 根据发病急、瘤胃臌气、可视黏膜发绀等临床症状，血液颜色及凝固不良、口鼻有泡沫状液体、实质器官出血等特征性剖检变化，结合饲喂青绿饲料的加工及储存情况，可做出初步诊断。确诊需进行变性血红蛋白检查和亚硝酸盐检验。

【治疗】 特效解毒药是亚甲蓝和甲苯胺蓝，配合应用维生素 C 和高渗葡萄糖溶液，疗效更好。症状较轻者，仅需安静休息，静脉注射适量的糖盐水即可。严重气喘、呼吸困难者需肌内注射尼可刹米。严重病例应及时静脉注射特效解毒药亚甲蓝或甲苯胺蓝，配合应用葡萄糖和维生素C；还应采用强心、补液和兴奋中枢神经等支持疗法。应用解毒剂的同时，可用高锰酸钾溶液灌服或洗胃，阻止细菌对硝酸盐的还原作用。

【预防】 加强饲料管理。青绿饲料最好现采现喂，避免采集后长时间堆放。少量储存时，要摊开呈薄层；必须大量储存时，最好制成青贮。对于新鲜饲料，避免形成霜冻；对已变质的青绿饲料，应禁止饲喂，必须饲喂时，应尽可能去除已腐烂部分。

（王　林）

二、氢氰酸中毒

氢氰酸中毒（Hydrocyanic Acid Poisoning）是由于奶牛采食大量含氰苷的植物或者青饲料，经胃内酶的水解和胃液盐酸的作用产生氢氰酸，引起以呼吸困难、震颤、惊厥和血液呈鲜红色为特征的中毒性疾病。本病发生急，病程短，一旦发病，如没有得到及时治疗，短时间可使病牛窒息而死亡。

【病因】 世界上有很多植物氰苷含量足以引起动物中毒，在能引起中毒的可食用植物中，与规模化牧场奶牛氢氰酸中毒密切相关的饲草饲料主要有以下几类：

（1）木薯　是我国南方地区重要的杂粮之一，含很高的淀粉和其他营养成分。干木薯片是良好的饲料，但其中含有较多氰苷。当奶牛大量采食或加工处理不当的含氰苷的木薯饲料时，可发生氢氰酸中毒。

（2）亚麻籽　亚麻籽中含的氰苷主要是亚麻苦苷，其榨油后的残渣（亚麻籽饼）可作为奶牛饲料。若采用机器榨油法，亚麻籽饼中的氰苷不被破坏而含量很高，容易引起奶牛中毒。

（3）牧草　许多牧草如苏丹草、三叶草、箭草等也含有氰苷。

【中毒机理】 奶牛摄入大量含有氢氰酸衍生物氰苷的植物，在胃酶及胃酸的作用下产生游离氰氢酸，进而引发中毒现象。氢氰酸中毒的发病时间非常短，氢氰酸进入血液后，氰离子迅速地同氧化型细胞色素氧化酶的辅基三价铁结合，形成稳定的氰化高铁细胞色素氧化酶复合体，使其不能转变为具有二价铁辅基的还原型细胞色素氧化酶，从而丧失其传递电子和激活分子氧的作用，阻止了组织对氧的吸收，导致机体内的组织缺氧。

长期摄入氰苷含量较低的植物可引起慢性中毒，主要是氢氰酸在肝脏转化为硫氰酸盐，干扰甲状腺对碘的转移，增加了促甲状腺激素的含量，引起妊娠奶牛和胎儿甲状腺肿大。

【症状】 急性中毒发病迅速，奶牛在采食中或采食后半小时左右突然发病，初期表现为呼吸急促、精神兴奋；随病情发展而出现口流白色泡沫状唾液、呻吟、磨牙，伴发瘤胃臌气，可视黏膜呈鲜红色；接着发生极度呼吸困难，呼出气体有苦杏仁气味。后期精神沉郁，全身极度衰弱无力，很快倒地躺卧，体温下降，后肢麻痹，肌肉痉挛，甚至全身抽搐，瞳孔散大，反射机能减弱或消失，呼吸浅表，脉搏微弱，最后因心力衰竭和呼吸麻痹而死亡，很少能存活1~2h及以上。

【病理变化】 可视黏膜呈樱桃红色，血液呈鲜红色、凝固不良，体腔和心包腔内有浆液性渗出物，心外膜、各组织器官的浆膜和黏膜面有斑点状出血，实质器官变性。口鼻流出带有泡沫状的液体，气管和支气管内充满大量浅红色泡沫状液体，支气管黏膜和肺充血、出血。瘤胃内容物有苦杏仁味，皱胃和小肠有出血点。

【诊断】 根据摄入含氰苷植物（木薯、亚麻籽饼及相关牧草）的病史，结合发病突然、病程进展迅速、呼吸高度困难、血液和可视黏膜呈鲜红色等临床特征，可做出初步诊断。确诊需要对饲料、血液、瘤胃内容物、肝脏和肌肉组织进行氰化物分析。

【治疗】

（1）特效解毒

1）亚硝酸盐和硫代硫酸钠联合使用 发病后立即用5%亚硝酸钠溶液，剂量为10~20mg/kg体重，静脉注射。随后再注射5%~10%硫代硫酸钠溶液，按30~40mg/kg体重加入10%葡萄糖溶液内缓慢静脉滴注。

2）4-二甲氨基苯酚 是一种高效高铁血红蛋白形成剂，它能使氰化血红蛋白转化为高铁血红蛋白，后者与细胞色素氧化酶竞争氰离子，形成氰化高铁血红蛋白，从而恢复氧化酶的活性，解除氰化物的急性中毒症状。一般按10mg/kg体重静脉注射或肌内注射，1h左右再静脉注射硫代硫酸钠溶液。

（2）其他治疗 静脉注射50%葡萄糖溶液250~500mL，促进排泄。必要时，应用大剂量维生素C及小剂量亚甲蓝静脉注射。

【预防】 尽量限用或不用氰苷含量高的植物饲喂奶牛。以亚麻饼作为奶牛饲料时，应做去毒处理（高温、盐酸处理）后再饲喂。长期用含氰苷植物或青饲料饲喂时，应注意补充碘，防止奶牛发生条件性碘缺乏症。

（王　林）

三、棉籽饼中毒

棉籽饼中毒（Cottonseed Cake Poisoning）是奶牛采食大量含游离棉酚的棉籽饼而引起的以全身水肿、出血性胃肠炎、血红蛋白尿、肺水肿、肝脏和心肌变性与坏死为特征的中毒性疾病。本病主要发生于犊牛，成年奶牛较少发生。

【病因】 棉籽饼富含蛋白质，粗蛋白质含量高达36%~40%，必需氨基酸含量在植物中仅次于大豆饼，是奶牛的优质蛋白质饲料。棉籽饼的主要有毒成分是棉酚，中毒的主要原因是由于棉籽饼未做去毒或减毒处理，喂量过大或连续饲喂，饲料中缺乏钙、铁和维生素A，妊娠奶牛和犊牛特别敏感。相对而言，犊牛阶段因其瘤胃发育不全，对棉酚易感；成年牛瘤胃已发育完全，棉酚在瘤胃中能被细菌和瘤胃可溶性蛋白质结合，结果形成结合棉酚而毒性减弱，故成年奶牛较少中毒。

【中毒机理】 棉酚对奶牛的毒性作用机理还不十分清楚。棉酚被摄入后，大部分在消化道形成结合棉酚，再由粪便排出，被吸收的棉酚排泄缓慢，在体内有蓄积作用。目前已明确的毒性机理主要有以下几个方面：

1）棉酚具有直接损害作用，在消化道内可刺激胃肠黏膜，引起出血性炎症。吸收后损害心脏、肝脏和肾脏等实质性器官，使之发生变性、坏死。

2）棉酚可引起凝血酶原不足和生长缓慢，可能与抑制蛋白质的合成有关。

3）棉酚可与铁离子螯合，从而干扰血红蛋白合成和对血液中铁的正常利用，造成铁缺乏、溶血性贫血和营养不良。棉酚还与蛋白质和氨基酸结合，使这些营养物质不能被吸收利用。

4）棉酚能影响奶牛生殖功能，引起母牛子宫强烈收缩，引起流产；破坏公牛的生精上皮，导致精子畸形、死亡，引起公牛不育。

5）棉籽饼中维生素 A 含量很低，犊牛长期饲喂可引起夜盲、运动失调、关节肿大、食欲降低等与维生素 A 缺乏有关的症状。

6）降低棉籽饼中赖氨酸的有效性。游离棉酚的活性醛基可与棉籽饼中赖氨酸的氨基结合，发生美拉德反应，使赖氨酸失去效能，从而大大降低棉籽饼中赖氨酸的有效利用，限制了棉籽饼在饲料中的利用。

【症状】 棉酚是一种蓄积性毒物，奶牛在短时间内采食棉籽饼而引起急性中毒的情况很少，多数是在饲喂棉籽饼 1~3 个月后才出现临床症状。

发病犊牛食欲降低，精神萎靡，体弱消瘦，行动迟缓乏力，腹泻，黄疸，呼吸迫促，流鼻涕，肺部听诊有明显的湿啰音，视力障碍或失明，有时因心肌损害而突然死亡。发病成年牛食欲下降，反刍减弱，渐进性衰弱，四肢浮肿；严重时腹泻，排出恶臭、稀薄的粪便，并混有黏液和血液甚至脱落的肠黏膜，心率加快，呼吸急促或困难，咳嗽，流泡沫状鼻涕，全身性水肿，可视黏膜发绀，妊娠牛流产。病程较长者出现畏光、视觉障碍、甚至失明等与维生素 A 缺乏相似的症状。部分牛可发生血红蛋白尿或血尿。

【病理变化】 病牛呈全身性的水肿变化，表现为下颌间隙、颈部和胸腹皮下组织出现浆液性浸润，特别是水肿部位更明显，胸腔、腹腔和心包积聚大量浅红色液体。皱胃和小肠黏膜呈明显的出血坏死性炎症。心脏扩张，心肌松软，心内、外膜点状出血，病程长者心脏明显肥大。肝脏充血、瘀血、肿大，呈灰黄或土黄色，质脆。肺充血、瘀血、出血、水肿，间质增宽，支气管内充满浅黄色泡沫状渗出物。

【诊断】 根据奶牛长期大量饲喂棉籽饼或棉籽的病史，结合呼吸困难、视觉障碍等临床症状和全身水肿、体腔积液、心肌变性与坏死等剖检病变可做出初步诊断。饲料中游离棉酚含量的测定为本病的确诊提供证据。一般认为，小于 4 月龄的犊牛日粮中游离棉酚的含量高于 100mg/kg，即可发生中毒。成年牛对棉酚的耐受量较大，但日粮中游离棉酚的含量应小于 500 mg/kg。

【治疗】 尚无特效解毒药。病牛应立即停喂含有棉籽饼或棉籽的日粮，同时进行洗胃、催吐、下泻等排除胃肠内毒物。常用 0.03%~0.1% 高锰酸钾溶液，或 5% 碳酸氢钠溶液洗胃，用硫酸钠或硫酸镁进行缓泻。同时给予青绿饲料或优质青干草补饲，必要时补充维生素 A 和钙磷制剂。缓解肺水肿和心脏损害是治疗本病的关键。此外，也可口服硫酸亚铁，成年牛每次 7~15g，配以乳酸钙、碳酸钙和葡萄糖酸钙等钙盐制剂。

【预防】

（1）**限制棉籽饼的饲喂量** 严格按照国家饲料卫生标准规定中对饲料中游离棉酚的限量标准进行饲喂：成年牛不高于500mg/kg，犊牛不高于100mg/kg。

（2）**合理搭配、平衡营养** 在饲喂棉籽饼时应在日粮中补充蛋白质、赖氨酸、钙、维生素A、维生素D等营养物质，也可供给青绿多汁饲料，如青草、胡萝卜等，来提高奶牛对棉酚的耐受性。

（3）**掌握科学饲养技术** 不同生理阶段的奶牛对棉酚敏感性不同，哺乳期犊牛、断奶前犊牛和妊娠奶牛对棉酚较为敏感，最好不饲喂棉籽饼。

（王 林）

四、酒糟中毒

酒糟中毒（Brewery Grain Poisoning）是由于奶牛长期采食大量新鲜的或已经酸败的酒糟，引起的以腹痛、腹泻及神经机能紊乱等为主要特征的一种中毒性疾病。临床上因酒糟所含毒性成分不同所表现的症状有一定的差异。

【病因】 酒糟是酿酒后的副产品，新鲜的酒糟含有12%的粗蛋白质和6%左右的粗脂肪，并有少量的糖、酵母和乙醇，可增进食欲，常作为饲料。当长期饲喂，或突然大量饲喂，或用酸败的酒糟饲喂，都可引起奶牛中毒。

【中毒机理】 酒糟的成分十分复杂，其有毒有害成分常因酿酒原料、酿酒工艺而变化，根据主要的毒性成分的毒性作用可归纳为以下几类：

（1）**乙醇** 主要作用于中枢神经系统，首先使大脑皮层兴奋性增强，中毒奶牛表现兴奋；进而表现步态蹒跚，共济失调；最后因延髓血管运动中枢和呼吸中枢受到抑制，出现呼吸障碍和虚脱，严重者因呼吸中枢麻痹而死亡。乙醇主要在肝脏内代谢，过量的乙醇可引起肝细胞脂肪变性。另外，乙醇还可引起贫血，导致低血糖、心肌病变和多发性神经炎。

（2）**甲醇** 甲醇在体内的氧化分解和排泄速度缓慢，可产生蓄积毒性作用，主要麻醉神经系统，对视神经和视网膜有特殊的选择作用，会引起视神经萎缩，重者可致失明。

（3）**醛类** 主要为甲醛、乙醛、丁醛等，毒性比相应的醇强，其中甲醛是细胞质毒，在体内可被分解为甲醇。乙醛及其代谢产物对肝细胞有直接损伤作用，还可导致肝细胞产生炎症反应，进一步加重肝细胞损伤。醛类物质有广泛的刺激毒性和生殖毒性。

【症状】 突然一次大量饲喂酒糟时可引起急性中毒。病牛开始呈现兴奋不安，心跳加快，呼吸急促；随后呈现腹痛、腹泻等胃肠炎症状，步态不稳；后期四肢麻痹，卧地不起，体温下降，因呼吸中枢麻痹而死亡。部分轻者病牛表现为前胃弛缓，瘤胃消化机能紊乱，粪便恶臭带有黏液，或便秘、腹泻交替；可视黏膜潮红、黄染，结膜发炎；局部皮肤出现疹块、炎症和坏死。

慢性中毒的病牛出现长期消化紊乱，便秘或腹泻，并有黄疸，时有血尿，结膜发炎，视力减退甚至失明，出现皮疹和皮炎。部分慢性中毒的病牛牙齿松动，甚至脱落，骨质变脆。母牛不孕，妊娠牛可发生流产。若酒糟中含有其他有毒成分，症状可能变得复杂。

【病理变化】 皮下组织有出血斑，胃内容物有酒糟和醋味，胃肠黏膜充血、出血，结肠纤维素性炎症，直肠出血、水肿，肠系膜淋巴结充血、出血。心内、外膜出血。肺充血、水肿，肝脏、肾脏肿胀，质地变脆。脑和脑膜充血，脑实质常有出血。慢性中毒可见肝硬化。

【诊断】 根据大量长期饲喂酒糟的病史，结合腹痛、腹泻、神经症状及剖检变化可做出初步诊断，确诊应进行动物饲喂试验。

【治疗】 本病无特效疗法。发病后应立即停喂酒糟，并将病牛置于干燥通风良好的牛舍中，用碳酸氢钠溶液灌服或灌肠，同时采取补液、强心及其他对症治疗措施，如果兴奋不安可用镇静剂，呼吸衰竭可注射尼可刹米兴奋呼吸中枢，对胃肠炎、皮炎等采取相应的治疗措施。

【预防】 应用新鲜的酒糟饲喂，并严格控制饲喂量，一般不能超过日粮的1/3。注意酒糟的保管，同时防止酒糟因保管不善而变质。酒糟大量生产时，应采取晒干或烘干处理，在奶牛日粮中的比例应控制在20%~25%，不宜超过30%。严重酸败变质的酒糟不得用作饲料，应予以废弃。

（王 林）

五、黑斑病甘薯中毒

黑斑病甘薯中毒（Moldy Sweet Potato Poisoning）是奶牛采食一定量的感染了黑斑病的甘薯及其加工后的副产品引起的以气喘为主要症状的中毒性疾病。本病临床症状表现为严重的呼吸困难及皮下气肿，病理特征为严重的肺气肿和间质性肺气肿。

【病因】 甘薯黑斑病病原——甘薯长喙壳菌是一种死体营养寄生的霉菌，常寄生在甘薯表层组织，如甘薯的虫害部位和表皮裂口处。在一定的温度和湿度下，表皮受损的甘薯最易感染，使病薯局部外皮干涸，呈现凹陷的黄褐色或黑色斑块，并发出特异的臭气和苦味，继而变软霉烂。甘薯含糖量高，经窖储染菌后带有甘薯酒味，奶牛喜食，当其偷食或误食了暴露在野外的黑斑病甘薯后，会发生中毒；将带有黑斑病的甘薯削去外层病斑，切成小块直接喂牛，或切成小片、小粒晒干粉碎，拌入细米糠玉米粉喂牛，同样引起中毒。

【中毒机理】 黑斑病甘薯毒素有10余种，其中甘薯酮、甘薯醇、甘薯宁毒性最强。这些毒素均耐高温，即使经加工处理，仍不被破坏。因此，以黑斑病甘薯做酒、粉条时，在酒糟、粉渣中仍含有毒素，可引起奶牛中毒。这些毒素具有很强的刺激性，可引起出血性胃肠炎。毒素被吸收入血后，经门静脉到达肝脏，引起肝脏实质细胞肿大，肝功能降低。同时通过血液循环又可引起心脏内膜出血和心肌变性，心包积液；特别是对延髓呼吸中枢的刺激，可抑制迷走神经及兴奋交感神经机能，导致支气管和肺泡壁长期弛缓和扩张，气体代谢障碍，发生肺泡气肿和呼吸困难。严重时肺泡壁破裂，吸入的气体进入肺间质，并由肺基部窜入纵隔，再由纵隔疏松结缔组织侵入颈部和躯干部皮下结缔组织，形成皮下气肿。

【症状】 奶牛通常在采食后12~24h发病，病初表现为精神不振，食欲明显减少，反刍障碍。急性中毒时反刍停止，食欲废绝，空嚼磨牙，流涎，体温正常或偶有升高，全身肌肉震颤。发病后期病牛精神不安，表现出痛苦症状，泌乳量下降甚至停止，呼吸困难，高度气喘，呼吸频率可达80~100次/min甚至以上。随着病情的发展，呼吸动作加深而次数减少，重者张口呼吸，鼻孔开张，舌吐于口外。心脏衰弱，脉搏加快，可达100次/min以上，颈静脉怒张，四肢末梢发凉。由于呼吸用力而使呼吸音增强，可听到似拉风箱音，不时出现咳嗽。肺部听诊有干、湿啰音。因肺泡弹性减弱，出现呼气性呼吸困难，肩胛、腰背部皮下（脊椎两侧）发生气肿，用手触诊呈捻发音。后期病牛鼻孔流出大量鼻涕并混有血丝，口流泡沫性唾液；可视黏膜发绀，眼球突出，瞳孔散大，全身性痉挛，最后窒息而死亡。

【病理变化】 剖检的主要病理变化是肺显著膨大，比正常大1~3倍。肺胸膜变薄、透明、充气。肺小叶间质因水肿和严重的气肿而增宽甚至撕裂，有时在肺间质内形成鸡蛋大或拳头大的气泡。肺切面有大量血水和泡沫状液体流出，小叶间质因充气而呈蜂窝状。肺实质充血、出血和水肿，当肺中液体和气体排出后，肺体积即缩小。肺边缘肥厚，质地脆弱，易于撕裂和破碎，有时大小肺叶有出血斑块。纵隔严重气肿，支气管淋巴结和纵隔淋巴结的被膜下及实质内均有气肿，切开时有气体和泡沫涌出。气管黏膜充血，有时出血，管腔内聚积大量白色泡沫状液体。心包膜下有气泡积聚，心脏冠状沟脂肪上常见血瘀点、瘀斑，心内膜有点状出血。瘤胃膨大，皱胃空虚，黏膜弥漫性充血、出血或坏死。肠黏膜程度不等的充血、出血。肝脏稍肿大，脂肪变性。

【诊断】 根据采食或饲喂黑斑病甘薯的病史，结合呼吸困难、肺部啰音、皮下气肿等临床症状和严重肺气肿及肺水肿等特征病变，不难做出诊断。必要时用黑斑病甘薯及其酒精浸出液或乙醚提取物进行动物试验。

【治疗】 本病无特效解毒剂。治疗原则是促进体内毒物的排出，缓解呼吸困难和对症治疗。早期可催吐、洗胃或内服泻剂，洗胃可用温水、0.1%~0.5%高锰酸钾溶液或0.5%~1%过氧化氢，泻剂常用硫酸钠、硫酸镁或人工盐等。缓解呼吸困难可静脉注射5%~20%硫代硫酸钠溶液，配合静脉注射维生素C，有助于细胞的内呼吸。对于肺水肿病牛，可用20%葡萄糖酸钙或5%氯化钙溶液，缓慢静脉注射，也可用50%葡萄糖溶液静脉注射。其他对症治疗，包括用5%碳酸氢钠溶液静脉注射，以缓解酸中毒、强心、输氧等。

【预防】 禁用黑斑病甘薯喂牛，霉烂的甘薯应集中烧毁。收获和储存甘薯时，尽可能避免擦伤表皮，应妥善地保管好。

（王 林）

六、霉变饲料中毒

饲料霉变的典型特征是霉菌大量繁殖并产生毒素，动物采食后引起中毒反应。奶牛对大多数霉菌毒素的敏感性较弱，因为瘤胃微生物能有效地降解大部分霉菌毒素。但一次摄入大量霉菌毒素或长期小剂量摄入，经消化吸收分布到机体各组织器官，尤其对肝脏和肾脏损害严重，导致以消化机能障碍、营养不良、生长缓慢和免疫力下降等为特征的中毒病称为霉变饲料中毒（Moldy Feed Poisoning）。奶牛生产中少见霉菌毒素中毒的急性病例，但霉变饲料中毒已成为牛场中常见的中毒性疾病，严重危害牛群健康。霉菌毒素种类很多，本部分重点介绍对奶牛生产危害最大的3种霉菌毒素中毒，即黄曲霉毒素中毒、赭曲霉毒素中毒和玉米赤霉烯酮中毒。

【病因】 饲料发霉是由霉菌引起的，而霉菌的生长繁殖则主要与下列因素有关：

（1）气候与季节 霉菌生长繁殖需要一定的温度和湿度条件。与饲料卫生关系最为密切的霉菌大部分属于曲霉菌属、青霉菌属和镰刀菌属。它们大多数属于中温型微生物（嗜温菌），最适宜生长温度一般为20~30℃。特别是在我国南方地区，5~9月的各月平均气温均在20℃以上，平均相对湿度在80%以上，这种高温高湿的环境条件，特别是梅雨季节，霉菌生长繁殖最为旺盛，饲料霉变也大多发生在这个季节。

（2）饲料原料含水量高 饲料原料含水量高，在储存时便容易霉变。常见的是饲料原料不经干燥处理即用于配合饲料的生产，常会导致其产品的水分含量超标，并使配合饲料易于霉变。玉米、麦类、稻谷等谷实类原料的水分含量为17%~18%时是霉菌生长繁殖的最适宜条件。粉碎后的谷实类饲料，在水分含量高时更易发霉。因此，饲料原料的含水量应控制在防霉含水量（或称安全水分）之下（如谷实类一般为14%以下）。

（3）饲料加工过程中某些环节处理不当 在生产颗粒饲料时，如果冷却器及配套风机选择不当，或使用过程中调整校对不当，致使颗粒料冷却时间不够或风量不足，导致出机的颗粒料水分含量及料温过高，这样的颗粒饲料装袋后易发生霉变。在饲料制粒系统的颗粒料提升料斗和管道中积存的物料，如果未定期清理，可形成霉积料，脱落后进入成品仓和包装袋，易引起整批颗粒料霉变。此外，原料仓长期不清理或受到污染，积存在原料仓的物料（尤其是粉碎后的物料）易于发霉。

（4）饲料储存不当 饲料堆垛不合理，库存时间过长，运输时饲料受到雨淋、曝晒等，均容易引起饲料霉变。奶牛青贮饲料制备过程中没有压紧或密封不严，原料间隙有较多空气，也引起霉菌大量繁殖而导致青贮饲料发霉腐烂。

【中毒机理】 各种霉菌毒素的靶器官不同，其中毒机理有差异。

（1）**黄曲霉毒素**（Aflatoxin, AFT） 黄曲霉毒素是目前发现的最强的致癌物质，主要包括B_1、B_2、G_1、G_2、M_1、M_2等，其中B_1为毒性及致癌性最强的物质，毒性相当于氰化钾的10倍、砒霜的68倍。黄曲霉毒素的毒性靶器官主要是肝脏，表现为肝细胞核肿胀、脂肪变性、出血、坏死，以及胆管上皮、纤维组织增生。其次是肾脏，主要表现为肾近曲小管上皮细胞变性、坏死，有管型形成。

黄曲霉毒素在肝脏代谢后，形成环氧化物，与大分子物质尤其是核酸和核蛋白结合。毒性作用包括由于核DNA的烷基化而引发的突变、致癌、致畸、蛋白质合成减少及免疫抑制。蛋白质合成减少，导致必需的代谢酶和促生长的结构蛋白生成减少。黄曲霉毒素分子中的双呋喃环结构是产生毒性的重要结构，研究表明，黄曲霉毒素的细胞毒作用可干扰信息RNA和DNA的合成，进而干扰细胞蛋白质的合成，导致奶牛机体全身性损害。高剂量的黄曲霉毒素可引起严重的肝细胞坏死；长期低剂量的毒性刺激，会导致奶牛生长缓慢和肝脏肿大。

（2）**赭曲霉毒素**（Ochratoxins） 赭曲霉毒素是由多种生长在粮食（小麦、玉米、大麦等）和花生等农作物上的曲霉菌和青霉菌产生的。在4℃的低温下赭曲霉菌即可产生具有毒害作用浓度的赭曲霉毒素A（OTA）。赭曲霉毒素的毒性由强到弱的顺序是：赭曲霉毒素A（OTA）、赭曲霉毒素C（OTC）、赭曲霉素B（OTB）。赭曲霉毒素A主要在小肠内吸收，吸收后随血液循环分布在各组织器官，血液中的赭曲霉毒素 A 与血清白蛋白和其他血清大分子结合，与白蛋白结合的主要作用是延缓其从血流中转移到肝脏和肾脏细胞中。主要的毒性包括肾毒、肝毒、致畸、致癌、致突变和免疫抑制作用。

赭曲霉毒素 A 在体内最主要的作用是抑制蛋白质的合成，在苯丙氨酸-tRNA 合成酶反应过程中竞争苯丙氨酸，这种抑制，肾脏和脾脏比肝脏更敏感。赭曲霉毒素 A 是一种免疫抑制剂，可降低淋巴细胞数量，并使免疫球蛋白合成减少。赭曲霉毒素可导致中毒性肾损伤，能抑制牛羧肽酶 A 的活性；赭曲霉毒素 A 能牢固地结合在肾近曲小管，导致肾损伤。赭曲霉毒素 A 进入线粒体会抑制线粒体呼吸过程。同时，赭曲霉毒素 A 可增加肝细胞质中糖原的沉积，这也是赭曲霉毒素中毒的敏感指标。但是，低剂量的赭曲霉毒素可引起肝糖原含量增加，而较高的剂量则可降低肝糖原含量。

（3）玉米赤霉烯酮（Zearalenone，ZEA） 玉米赤霉烯酮是由镰刀菌产生的一种具有强雌激素样效应的霉菌毒素。在奶牛饲料原料中，玉米被赤霉烯酮污染最普遍。镰刀菌在玉米上繁殖一般需要 22%~25% 的湿度。在湿度 45%、温度 24~27℃时，培养 7d，或 12~14℃时，培养 4~6 周，玉米赤霉烯酮的产量最高。可以说，玉米赤霉烯酮是饲料污染最严重的霉菌毒素之一。在奶牛体内，玉米赤霉烯酮代谢为玉米赤霉烯醇，玉米赤霉烯醇有 α-玉米赤霉烯醇和 β-玉米赤霉烯醇两种异构体，β-玉米赤霉烯醇的雌激素活性比玉米赤霉烯酮高 3 倍，而 α-玉米赤霉烯醇的雌性激素活性较低。

玉米赤霉烯酮主要发挥雌激素效应，能与 17β-雌二醇竞争性结合细胞质雌激素受体，且甾体类雌激素 ICI182、780 能抑制玉米赤霉烯酮的作用，说明玉米赤霉烯酮发挥雌激素作用可能是由雌激素受体所介导。玉米赤霉烯酮与子宫雌激素受体的结合亲和力是雌二醇的 1/10，在 1~10nmol/L 浓度能刺激雌激素受体 α 和 β 的转录活性，是雌激素 α 的完全激动剂，但对雌激素受体 β 则发挥激动-拮抗剂的作用。玉米赤霉烯酮还具有免疫毒性和遗传毒性。体外研究证明，玉米赤霉烯酮能够抑制细胞活力、干扰细胞分裂周期、降低蛋白质和 DNA 的合成及诱导脂质过氧化，并具有浓度依赖特性。玉米赤霉烯酮可提高牛外周血淋巴细胞染色体畸变和姊妹染色单体交换率，使有丝分裂指数下降，导致淋巴细胞增殖能力下降，诱导淋巴细胞凋亡。

【症状】

（1）黄曲霉毒素中毒 犊牛对黄曲霉毒素较为敏感，表现为精神沉郁，耳部震颤，磨牙，口流泡沫；生长发育缓慢，鼻镜干燥，食欲不振；角膜混浊，失明，腹泻，粪便中混有血凝块和黏液，脱肛，里急后重，最后昏迷死亡，死亡率高。成年牛多呈慢性经过，表现为厌食，磨牙，前胃弛缓，瘤胃臌气，间歇性腹泻，泌乳量下降，但死亡率较低；妊娠牛早产、流产。

（2）赭曲霉毒素中毒 赭曲霉毒素主要毒害奶牛的肾脏和肝脏，肾脏是第一靶器官，只有剂量很大时才出现肝脏病变。奶牛赭曲霉毒素中毒的急性反应是精神沉郁，采食量下降，体重下降，消化功能紊乱，甚至腹泻，脱水，多尿，伴随蛋白尿和糖尿。妊娠牛子宫黏膜出血，甚至发生流产。

（3）玉米赤霉烯酮中毒 玉米赤霉烯酮中毒主要表现为雌激素综合征。中毒牛表现为食欲降低、体重减轻、兴奋不安、敏感、慕雄狂；阴门肿胀，阴道黏膜潮红、流出黏液，频做排尿姿势，子宫肥大，卵巢纤维样变性。泌乳牛泌乳量减少，青年牛乳腺增大、阴门肿大。母牛繁殖机能障碍，表现为久配不孕、受胎率低下、妊娠后流产或死胎。

【病理变化】

（1）**黄曲霉毒素中毒** 犊牛的主要病变是肝硬化、腹水和内脏器官水肿。胃肠黏膜水肿；肝脏质地坚硬，色苍白，有散在出血斑；胆囊扩张，胆汁变稠；多数有腹水，肠系膜、皱胃、结肠发生炎症肿胀，甚至出血；肾脏呈黄色、水肿。组织学变化为肝小叶结构被破坏，小叶中央肝细胞坏死，结缔组织广泛增生，将残留的肝细胞分隔成孤立的团块，中央静脉常被结缔组织部分或完全阻塞；胆管上皮细胞显著增生，呈双行的细胞索状，显有管腔，散在于肝小叶内。特征性的病变是肝脏纤维化及肝细胞瘤；胆管上皮增生，胆囊扩张。

（2）**赭曲霉毒素中毒** 奶牛中毒后的病理变化以肾脏为主，可见肾脏肥大，呈灰白色，表面凹凸不平，有小泡，肾实质坏死，肾皮质间隙细胞纤维化；近曲小管功能退化，肾小管通透性变差，浓缩能力下降；血浆总蛋白、白蛋白和球蛋白含量下降。慢性中毒的病牛还表现为凝血时间延长，骨骼完整性差，肠道脆弱及肠黏膜炎症等。

（3）**玉米赤霉烯酮中毒** 母牛阴部发炎，阴唇、阴道红肿，阴道分泌物增多；子宫增厚变大，卵巢发育不全，黄体变小，乳房炎。青年牛乳腺肿大。小公牛睾丸萎缩，种公牛精液品质下降。组织学变化为子宫壁多层细胞肥大，乳腺小管增生和上皮增生，子宫颈和阴道可见鳞状上皮化生。

【诊断】 根据奶牛采食发霉饲料的病史，结合3种霉菌毒素中毒的临床表现和病理变化，若更换无污染饲料后发病停止，病情逐渐减轻，可初步诊断。确诊必须采集饲料样品，进行各类霉菌毒素的含量测定。

（1）**对于黄曲霉毒素的检测** 可用简易方法鉴定，主要用于玉米样品，取可疑玉米放于盘中，摊成一薄层，直接在360nm波长的紫外灯下观察荧光。如果样品中存在黄曲霉毒素B_1，则可看到蓝紫色荧光，若为阳性再用化学方法检测。

（2）**对赭曲霉毒素中毒的确诊** 必须对饲料、肾脏和肝脏等样品进行赭曲霉毒素A测定，常用的方法有高效液相色谱法、薄层层析法和酶联免疫吸附法。

（3）**玉米赤霉烯酮含量的测定** 测定方法有高效液相色谱法、气相色谱法、薄层色谱法、毛细管电泳法、酶联免疫吸附法等。

【治疗】 3种霉菌毒素中毒均无特效疗法。中毒时应立即停喂霉变饲料，改喂富含碳水化合物的青绿饲料和高蛋白饲料，减少或不喂含脂肪过多的饲料。对于重症病例，应及时投服泻剂如硫酸钠、人工盐等，加速胃肠道毒物的排出。同时，采取保肝、护肾、强心等综合治疗措施。

【预防】 对于霉变饲料中毒的预防，关键是饲料的防霉和去毒，禁止饲喂发霉饲料，或将各类霉菌毒素含量控制在规定的允许量之内。当已明确奶牛饲料发霉而无法丢弃时，应根据饲料的霉变情况，科学使用脱霉剂。

（王 林）

七、马铃薯中毒

马铃薯中毒（Potato Poisoning）是奶牛采食富含茄碱（又称为马铃薯素或龙葵素）的马铃薯块茎或茎叶而刺激消化道，损害中枢神经系统及红细胞，引起以神经和消化机能紊乱，发生溶血现象的中毒性疾病。

【病因】 马铃薯又叫"土豆""洋芋"，是一种价格低、产量高、营养价值丰富的农作物，农牧民喜欢种植、食用、饲喂牲畜，但由于储存和饲喂不当，会发生家畜在食用马铃薯后中毒的现象。存在于植物中的主要以茄啶为糖苷配基构成的茄碱和卡茄碱两类共计6种不同的糖苷生物碱，是一类含氮甾体生物碱，其中 α-茄碱和 α-卡茄碱是主要成分。

马铃薯的外皮、幼芽及茎叶内都含有茄碱，在新鲜的茎叶中茄碱的含量以开花至绿果期最高，在未成熟的块根内含量可达1%，但在发芽的块根，特别是在阳光照射下，含量可高达0.5%。成熟、正常的马铃薯块茎中糖苷生物碱的含量极微（0.005%~0.01%），而且大部分集中在外皮和芽眼组织中。若储藏时间过久，含量会明显增加，由新鲜时的0.004%猛增至0.11%（9个月）乃至1.3%（18个月）。特别是储藏不当，被阳光照射而变绿、发芽、腐烂变质时，糖苷生物碱含量更高，在腐烂的块根中含量可达0.58%~1.34%，在胚芽内含量可高达4.76%。一般认为糖苷生物碱的含量达到0.02%以上，即能引起中毒。因此，部分牛场用含有马铃薯外皮的蔬菜加工副产品来喂牛时，容易引起马铃薯中毒。此外，马铃薯的茎叶内尚含有4.7%的硝酸盐，处理不当时，也能引起亚硝酸盐中毒。

【中毒机理】 马铃薯糖苷生物碱主要在胃肠道内吸收，通常在健康完整的胃肠黏膜中吸收很慢。但当胃肠发炎或黏膜损伤时，则吸收迅速。此类生物碱本身对胃肠道黏膜有较强的刺激作用，可引起重剧的出血性胃肠炎，又可促进黏膜对糖苷生物碱的吸收。毒物被吸收后，引起神经系统、心脏、肾脏、肝脏及血液等组织器官的损伤，对中枢神经系统有抑制作用，使呼吸中枢和运动中枢麻痹；具有强心作用，还可破坏红细胞引起溶血。毒素作用于皮肤后，引起牛体表皮肤有明显的湿疹样病变。

【症状】 因饲喂的马铃薯质量和全株部位的不同，引起牛的中毒程度及临床表现会有所差异，共同症状为消化系统和神经系统机能紊乱。根据临床表现分为神经型、胃肠型和皮疹型3种类型。

（1）**神经型** 主要见于急性严重中毒，初期兴奋不安，烦躁或狂暴，伴随腹痛和腹泻。很快转入抑制状态，精神沉郁，反应迟钝，后肢软弱无力，步态不稳，共济失调，个别牛四肢麻痹，卧地不起。呼吸无力、频率减少，流鼻涕，黏膜发绀，瞳孔散大，心率加快，意识丧失，休克，昏迷，2~3d后因循环衰竭和呼吸麻痹而死亡。

（2）**胃肠型** 主要见于慢性轻度中毒，病初食欲减退或废绝，口腔黏膜肿胀，流涎，腹痛，腹胀和便秘。随着疾病的发生和发展，出现腹泻，粪便中混有血液，体温升高，少尿或排尿困难，严重者全身衰弱。妊娠牛发生流产。

（3）**皮疹型** 主要表现是在口唇周围、肛门、尾根、四肢的系部，以及公牛阴囊、母牛阴道和乳房发生湿疹，或水疱性皮炎，伴有溃疡性口膜炎和结膜炎，皮疹严重者可发展为皮肤坏疽，也称马铃薯斑疹。

【病理变化】 尸僵不全，可视黏膜苍白或微黄染，血液呈暗红色且凝固不良。胃肠道呈出血性和卡他性炎症，黏膜上皮脱落。慢性病例大部分胃肠道呈黑色皮革状。肠系膜淋巴结肿大，出血。心、肝、肾等实质器官瘀血，轻度出血，脑充血、水肿，腹腔有积水，个别有肾炎发生。

【诊断】 根据病史调查（有采食出芽、腐烂的马铃薯或其青绿茎叶的病史，或有用马铃薯加工副产品喂牛的病史），结合神经系统、消化系统和皮肤的典型症状及病理剖检变化，即可初步诊断。采集剩余饲料、胃内容物等样品进行糖苷生物碱的定量分析，可为确诊提供证据。

【治疗】 目前尚无特效解毒药，对中毒牛应立即停喂马铃薯饲料，并尽快采取以下排毒和对症治疗。

（1）排出胃肠内容物 可用0.1%~0.5%高锰酸钾溶液洗胃，对于种牛可进行瘤胃切开术来取出大量有毒的马铃薯。也可应用油类或盐类泻剂，促进肠道有毒内容物的排出。

（2）对症治疗 对狂躁不安的病牛可应用镇静剂，如用盐酸氯丙嗪，剂量为0.5~1mg/kg体重，肌内注射。保护胃肠黏膜可内服吸附剂或收敛剂，必要时可肌内注射抗菌药物，以防止继发感染。发生皮疹时，可静脉注射10%葡萄糖酸钙溶液，对皮肤涂擦硫黄水杨酸软膏。对病情严重者，应采取补液强心等措施来改善机体状况，可静脉注射10%~50%葡萄糖、右旋葡萄糖酐和10%樟脑磺酸钠。对采食马铃薯茎叶的中毒者，还可用大剂量的维生素C或小剂量亚甲蓝，以解除高铁血红蛋白血症。

【预防】 避免使用出芽、腐烂或带绿皮的马铃薯或其未成熟的青绿茎叶作为饲料。做好马铃薯的储藏工作，不使其腐烂或受光照而变绿。即使完好的马铃薯，也要控制适当的饲喂量。避免使用马铃薯蔬菜加工的副产品喂牛。最好不要给妊娠牛饲喂马铃薯饲料。

（王　林）

第二节　化学药物中毒

药物是指用于预防、治疗、诊断动物疾病或有目的地调节动物生理机能的物质（含药物饲料添加剂），理论上凡是能通过化学反应影响生命活动过程（包括器官功能及细胞代谢）的化学物质都属于药物的范畴。化学药物中毒是指临床上治疗和预防奶牛疾病时，由于使用药物剂量过大、时间过长、给药途径错误、配伍不当等，或使用伪劣药物，导致动物机体发生病理性功能或器质的改变。临床上引起化学药物中毒的常见原因主要有：未能掌握药物的正常用量而用量过大，或由于体重估计偏差而导致用药量计算错误，或为了盲目追求药效而随意加大药物用量；药物浓度过高或静脉注射速度过快；用药途径不正确，不按规定给药途径给药；用药时间过长等。本节主要介绍临床上常见的治疗和预防奶牛疾病时所用药物引起的中毒性疾病。

一、磺胺药中毒

磺胺药中毒（Sulfonamides Poisoning）是奶牛用药剂量过大、用药时间过长，或有些磺胺药静脉注射速度过快所引起的以皮肤、肌肉和内脏器官出血为特征的急性或慢性中毒性疾病。

【病因】 磺胺药具有抗菌谱广、疗效确实、性质稳定、吸收较迅速、价格低廉、使用方便等优点，个别磺胺药能通过血脑屏障进入脑脊液，在脑部感染治疗中发挥重要作用。临床中磺胺药引起奶牛中毒的主要原因是用药剂量过大，用药时间过长，有些磺胺药静脉注射速度过快。一般认为，超过习惯用量150~220mg/kg体重即可引起中毒。有些奶牛一次口服220mg/kg可引起腹泻，440mg/kg会导致泌乳量下降、食欲不振、困倦、嗜睡、运动失调等。饮水减少或腹泻引起的脱水，可增加中毒的可能性，特别是高温环境和闷热的圈舍中水消耗增加时更常见。

【中毒机理】 对奶牛而言，磺胺药吸收后4~6h达到药峰浓度。药物被吸收后，一部分在肝脏内经过乙酰化变为无抗菌作用但有毒性的乙酰磺胺。乙酰磺胺溶解度小，若用量过大，则大量乙酰磺胺常在肾小管内析出结晶，造成肾小管阻塞和肾脏损害。磺胺药的溶解性在酸性尿中比在碱性尿中低，因此在应用磺胺药的同时，应用酸化尿液的药物会加重其毒性。过量的磺胺还可导致粒细胞缺乏，血小板减少，高铁血红蛋白形成，胚胎发育停止，甚至出现急性药物性休克。口服磺胺药可直接干扰瘤胃微生物合成B族维生素或肠道合成维生素K。

所有的磺胺药都可与血浆蛋白有不同程度的结合，用量过大，则血液中游离胆红素增高，会引起黄疸和过敏反应。由过敏还可引起造血系统功能失调和免疫器官的损害，使机体抵抗力下降。此外，磺胺药还是碳酸酐酶的抑制剂，过量的磺胺可引起多尿和酸中毒。

【症状】 磺胺药中毒的临床症状因奶牛年龄、给药途径和用药剂量的不同而有差异，主要表现为急性药物性休克、急性中毒和过敏反应。

（1）急性药物性休克 主要由快速静脉注射或大剂量口服而引起。中毒奶牛表现为瞳孔散大，失明，肌肉震颤，站立不稳，共济失调；有的病牛心跳加快，呼吸加快，汗出如油，四肢厥冷。

（2）急性中毒 病牛表现为大量流涎，呼吸急促，虚弱，共济失调，痉挛性僵硬。长期应用磺胺药导致慢性中毒的病牛表现为食欲降低，精神沉郁，血尿、蛋白尿、少尿；包皮或外阴部被毛上有磺胺结晶，个别病牛表现为粒细胞缺乏，轻度的溶血性贫血，白细胞减少，泌乳量降低，脊髓和周围神经髓鞘变性。

（3）过敏反应 个别过敏反应的病牛，主要表现为哮喘和荨麻疹。

【病理变化】 奶牛急性中毒时无明显病理变化。死亡的奶牛个别表现为心外膜出血，心包积液；肾脏肿大，被膜下出血；肝脏肿大，表面有出血斑。

【诊断】 根据奶牛临床中使用磺胺药的病史，过敏反应需了解对该类药物的接触史，结合临床症状，即可做出诊断。

【治疗】 中毒后应立即停止用药，轻度毒性反应可自行恢复。严重者应静脉输液5%葡萄糖生理盐水和复方氯化钠溶液，可促进毒物排出。在补液时，配合用5%碳酸氢钠溶液，使尿液呈碱性，以增加磺胺药的溶解度，降低尿结晶对肾脏的损害。

【预防】 选用磺胺药要注意其适应证，严格掌握用药剂量和用药时间。某些磺胺制剂药配合碳酸氢钠应用，并提供充足的饮水。有过敏史的奶牛禁用。

（王　林）

二、氟苯尼考中毒

氟苯尼考是人工合成的甲砜霉素单氟衍生物，对多种革兰阳性菌、阴性菌及支原体等均有效。其抗菌谱与抗菌活性优于氯霉素与甲砜霉素，属于动物专用抗菌药，在畜禽上广泛使用。成年反刍动物，口服无效，而且能引起消化机能紊乱。氟苯尼考中毒（Florfenicol Poisoning）主要见于犊牛或4~5月龄的青年牛，成年泌乳牛少见。

【病因】 氟苯尼考在呼吸道和消化道感染中具有很好的治疗效果，奶牛临床上常见到犊牛腹泻过程中长期大量口服用药或4~5月龄青年牛呼吸系统感染时，大剂量长期肌内注射而引起中毒。

【中毒机理】 长期使用氟苯尼考会导致机体产生免疫抑制；超剂量服用氟苯尼考，广泛损害肝脏、肾脏、肠道、心脏等多种器官组织，引起这些组织器官的器质性病理变化，进而导致机体消化吸收、循环、解毒和排泄等功能衰竭，这也是造成奶牛中毒死亡的原因之一。

【症状】 牛群发病后出现整体精神状况不佳，疲乏，不愿走动；病牛表现为腹胀，反刍停止，食欲废绝，磨牙，口角流涎等中毒症状，且不断有病牛死亡。个别中毒犊牛表现为剧烈腹泻，拉血。

【病理变化】 病死牛肺局部瘀血；右心室扩大，心壁变薄变软；肝脏呈土黄色，胆囊略肿大；肾脏变软，呈现土黄色；肠管广泛粘连，大肠、小肠黏膜广泛性出血，肠内充满气体，肠系膜淋巴结肿大、出血。

【诊断】 主要根据发病牛的用药史，结合临床症状和病理变化即可做出初步诊断。

【治疗】 立即停用氟苯尼考，经口灌服甘草绿豆汤解毒，配合葡萄糖和益生素，保肝解毒，提高发病牛只的抵抗力。发病严重的病牛静脉注射10%葡萄糖注射液、维生素C注射液、肌苷、辅酶A和三磷酸腺苷二钠。

【预防】 反刍动物生理结构与单胃动物有较大差异，故尽量避免口服抗生素。虽然对猪和鸡而言，氟苯尼考口服吸收良好，生物利用度高，但由于不同的给药途径和用量，会造成较大经济损失。因此建议给牛等反刍动物用药时，一定要严格按照使用说明书规范用药，以防止中毒事件发生。

（王　林）

三、莫能菌素中毒

莫能菌素中毒（Monenin Poisoning）是指奶牛因采食含有过量莫能菌素添加剂的饲料而引起的中毒性疾病。临床上主要表现为采食后精神沉郁，四肢发软，肌肉无力，腹胀腹泻，卧地不起，个别奶牛发生死亡。

【病因】 莫能菌素，又称为瘤胃素，是一种在反刍动物中应用较广泛的饲料添加剂，具有控制瘤胃中挥发性脂肪酸比例，减少瘤胃中蛋白质的降解，降低饲料干物质消耗，改善营养物质利用率和提高动物能量利用率等作用，是一种聚醚类离子载体抗生素。奶牛莫能菌素中毒的主要原因是养殖场为提高奶牛生长和生产性能，在饲料中添加过量莫能菌素而造成牛群发病中毒，甚至出现死亡。

【中毒机理】 莫能菌素是一个具有钠选择性的羧基离子载体，能特异地与某些离子（Na^+、Ca^{2+} 等）结合，之后自由迅速穿越细胞膜，使微生物内外离子浓度失去平衡，细胞代谢紊乱，最终导致细胞能量耗尽、细胞水肿甚至破裂，从而达到杀死或抑制微生物发育的目的。微生物对这类抗生素较动物体细胞敏感，一般在较低浓度下只对微生物有作用，而高浓度时才会造成奶牛中毒。

高浓度莫能菌素的毒性首先是由于它能增加细胞内钠离子的聚集，钠离子浓度的增高继而导致细胞质中钙离子的增加，这可能与 Na^+-Ca^{2+} 泵的交换引起钙从内质网、线粒体外流增加及向细胞外外流减少有关；而中毒水平的钙激活了磷脂酶和蛋白水解酶，从而导致骨骼肌和心肌细胞的损害。急性横纹肌溶解、坏死后肌红蛋白进入血液，严重者可阻塞牛肾小管引起急性肾功能衰竭甚至死亡。此外，莫能菌素还能通过增加糖酵解使肌肉中乳酸的产生剧增，从而出现不同程度的酸中毒血症。

【症状】 奶牛莫能菌素中毒主要表现为精神萎靡不振，食欲减退，昏睡和沉郁，四肢发软，肌肉无力，瘤胃蠕动弛缓，伴有轻度瘤胃臌气，腹胀腹泻，卧地不起，甚至出现死亡。

【病理变化】 剖检病理变化主要表现为腹腔有少量浅黄色积液；胃部积有未消化的草料，瘤胃内容物呈灰色，而且浓稠；小肠黏膜有脱落和出血，内容物为流体状；盲肠和大肠臌气；肝脏色泽发黄，质地变软；脾脏稍有肿大；肾脏质地变软；心包有少量积液，心肌有点状出血；肺呈现弥散性充血；骨骼肌出血和坏死，尤其是后腿中间部位更为严重。

奶牛发生急性或慢性聚醚类抗生素中毒时，血清中的天冬氨酸转氨酶（AST）、肌酸激酶（CK）、碱性磷酸酶（AKP）、乳酸脱氢酶（LDH）均明显升高，但血清中钠、钾、钙、氯等离子、总蛋白质及红细胞数、白细胞总数、血红蛋白含量均无明显改变。也有研究认为，代谢性酸中毒是莫能菌素中毒的典型表现，也可出现高钠血症、低氯血症、低钙血症等。

【诊断】 根据奶牛短期内摄入含有莫能菌素添加剂饲料的接触史，横纹肌溶解、急性肾功能不全特征性损害及其他脏器损害的临床表现，结合肌酸激酶异常增高、代谢性酸中毒、尿潜血阳性等有关实验室检查，并排除其他原因所致的类似疾病，方可诊断。流行病学调查和高效液相色谱法进行药物检测是确诊依据。鉴于兽医对聚醚类抗生素中毒不了解，易误诊为不明原因的横纹肌溶解症或单纯的急性横纹肌溶解症。因此，诊断时应排除其他病因。

【治疗】 目前尚无特效解毒药，主要采取对症支持治疗。早期发现奶牛中毒，应切断毒物，保护各脏器功能。维持水电解质和酸碱平衡是治疗本病的关键。

群体发病牛，应立即停喂添加大量莫能菌素的配合饲料。同时，在牛群饮水里加入5%葡萄糖可溶性粉和适量电解多维，让牛群自由饮用。症状较轻的，用25%葡萄糖注射液250mL、0.9%

生理盐水注射液1000mL、维生素C注射液20mL、20%安钠咖注射液20mL，混合后静脉滴注，2次/d。症状较重的，在上述输液基础上加入辅酶A 400U、三磷酸腺苷二钠40mg。

【预防】 合理控制奶牛饲料中莫能菌素的添加剂量，制定不同日粮组成、饲养方式、生长阶段奶牛的适宜用量，防止奶牛采食含有过量莫能菌素添加剂的饲料，引起中毒发病。

（王 林）

四、尿素中毒

尿素通常在牛羊养殖过程上用于秸秆的氨化，也可直接用于草食类动物的育肥，是现今推广的尿素、酒糟和精饲料育肥的3种方法之一。但在实际生产时，若用量或操作不当，则可导致牛羊尿素中毒（Urea Poisoning）。

【病因】 制作氨化饲料时尿素使用量过大，或尿素与农作物秸秆未混合均匀，从而引起饲喂的奶牛中毒。饲喂尿素（或氨化饲料）的同时饲喂大豆饼、蚕豆，增加了瘤胃中释放氨的速度。由于大豆饼与蚕豆中的脲酶能促进尿素分解成氨，短时间形成大量的氨，经瘤胃壁吸收进入血液与肝脏，血液氨浓度增高而发生中毒。当奶牛饮水不足、体温升高、肝机能障碍、瘤胃pH增高，以及处于应激状态等时，也可增加奶牛对尿素的敏感性而易发生中毒。

【中毒机理】 瘤胃微生物利用脲酶将尿素水解为二氧化碳和氨，再胺化酮酸而形成微生物蛋白，将非蛋白氮转化为奶牛可消化吸收和利用的蛋白质。氨的释放率依赖于摄入非蛋白氮的量、脲酶的活性和瘤胃pH。当瘤胃pH低于6.2时，尿素释放的氨与质子形成了带正电荷的氨离子（NH_4^+），水溶性高，吸收率低，并使pH升高；质子的大量消耗使氨离子的生成减少；pH为9.0时，NH_3/NH_4^+等于1，大量的氨很容易通过瘤胃壁被机体吸收。当牛摄入过量的尿素，瘤胃的pH可升高到11左右，脲酶活力旺盛。吸收的氨主要在肝脏代谢，如果进入肝脏的氨超过了肝脏的解毒能力，门静脉血液中的氨即渗过肝脏进入外周血液中。当外周血液中氨含量超过一定量时，可使肌肉、大脑和胰腺等组织器官的氨含量明显增加，出现中毒症状。中毒的严重程度同血液中氨的浓度密切相关，血氨浓度达20mg/L，即出现明显的中毒症状，达到50mg/L或以上时，可引起奶牛死亡。

尿素中毒时，除血氨含量升高外，血钾、血磷、乳酸盐等含量升高，谷草转氨酶和谷丙转氨酶等活性也升高，同时因高血钾使心脏传导系统受阻，奶牛出现心力衰竭而死亡。

【症状】 奶牛过量采食尿素后30~60min即可发病。病初表现为不安，呻吟，反刍停止，流涎，肌肉震颤，体躯摇晃，步态不稳。随后出现四肢抽搐，呼吸急促，腹围增大，卧地不起，哆嗦，排尿频繁，肚腹胀满，后肢踢腹，可视黏膜重度发绀，口吐白沫，呼吸急促，呼出气体有氨味；瞳孔轻度增大，排稀便。继而反复痉挛，呼吸困难，脉搏加快，从鼻腔和口腔流出泡沫样液体。发病末期全身痉挛出汗，瞳孔散大，肛门松弛，窒息死亡。发病时长超过一日龄，则会发生后躯不全麻痹。

【病理变化】 血液凝固不全，口黏膜充血，胃肠道黏膜充血、出血、水肿、糜烂；胃内容物呈黄褐色，有刺鼻的氨味，呈急性卡他性胃肠炎病变。肺呈支气管炎病变，支气管周围及肺泡充血、出血、水肿。鼻、咽、喉、气管充满白色泡沫。肾脏、肝脏瘀血，肿大，呈紫黑色。胆囊壁水肿，黏膜出血，胆汁稀薄。心外膜、心包膜有弥散性出血。肠系膜、肝门淋巴结肿大，呈灰白色。中枢神经系统有出血和退行性病变。

【诊断】 根据采食尿素的病史，奶牛呼出气体有氨气味及其他临床症状和剖检变化，可做出初步诊断。通过测定血氨浓度可进一步确诊。

【治疗】 发现奶牛急性中毒后，用大量温水反复洗胃和导胃，立即灌服食醋或醋酸等弱酸溶液，如1%醋酸1000mL；对腹围增大的奶牛，灌服胃复安片20片、硫酸钠500g、鱼石脂15g、医用酒精50~100mL，加水250mL，静脉注射25%葡萄糖500~1000mL，加复方氯化钠1000~2500mL、10%樟脑磺酸钠20mL、10%维生素C 10~50mL；同时，应用强心剂、利尿剂、高渗葡萄糖进行支持疗法。

【预防】 采用正确的尿素饲喂方法，即开始应用时，剂量应小，后续逐渐增加；一般尿素的日喂量控制在正常以下为好。饲喂方法应先喂草，后喂尿素，或将尿素与饲草均匀地拌和，使其随采食缓慢进入瘤胃，便于机体吸收，达到预期增重和增奶的效果。

严格化肥保管使用制度，防止奶牛误食尿素。尿素只能用于成年牛，因哺乳期犊牛的瘤胃还没有发育完全，微生物区系还不正常，不宜饲喂。

（王　林）

五、链霉素中毒

链霉素中毒（Streptomycin Poisoning）是指奶牛在治疗机体感染过程中，使用链霉素药品不纯（含有二链霉胺与链霉胍等杂质）或者大剂量应用时所导致的中毒性疾病。奶牛链霉素中毒，在兽医临床上较为少见，一旦中毒即可引起奶牛体内过敏反应，主要表现为共济失调、皮疹和皮肤瘙痒等症状。

【病因】 链霉素为兽医临床上常用的抗生素，对敏感细菌具有强大的杀菌作用，但由于滥用、乱用现象严重，致使耐用菌株大肆泛滥，或因其副作用的危害，常招致畜禽死亡。尤其是链霉素的过敏反应，故在用药时要特别慎重，药品不纯或大剂量应用时，可能发生中毒。链霉素的中毒作用主要包括过敏反应、毒性反应、二重感染及治疗反应等。过敏反应大多数为以前曾经应用过链霉素的动物，但也有首次用药后发生过敏反应的。过敏反应的临床症状表现为过敏性休克、皮肤过敏性疹块等。

【中毒机理】 链霉素为氨基糖苷类药物，在大剂量静脉滴注或腹腔注射时，与血液中的钙离子络合，体内游离的钙离子浓度下降，抑制了钙离子参与的乙酰胆碱的释放，出现四肢软弱无力、呼吸困难，甚至呼吸停止等毒性反应。链霉素在奶牛体内还可与血清蛋白结合，使机体产生过敏反应，出现发热、皮疹及嗜酸性粒细胞增多症，也可引起过敏性休克。

【症状】 急性病例多在用药后约15min表现出体温升高，呼吸困难，运动失调，抽搐，眼睑、面部、乳房、阴唇等部位水肿，结膜发绀，最后全身瘫痪，呼吸抑制，终因心跳停止而死亡。慢性病例表现为步态不稳，共济失调，四肢麻木，丧失听觉等。

【诊断】 根据大剂量应用链霉素或长期应用链霉素史，以及链霉素药品成分纯度检测并结合临床症状即可做出诊断。

【治疗】 发现奶牛中毒后应立即停止用药，立即用0.1%肾上腺素2~5mL，皮下注射；或用其1/3~1/2量，以10%葡萄糖溶液做10倍稀释，静脉注射1500~2000mL。经5~10min后，如果中毒症状未明显缓解，可再注射1次。为了促进体内的链霉素排出，可根据病情进行大量、多次输液。

【预防】 预防本病的关键是严格按照推荐剂量用药，严禁大剂量长时间持续用药及使用合格药品。链霉素对患肾病的奶牛敏感，应避免使用。

（王 林）

六、阿维菌素中毒

阿维菌素中毒（Abamectin Poisoning）是指在对奶牛驱虫时，擅自加大兽药阿维菌素使用剂量或用法不当而导致的以神经机能紊乱为特征的中毒性疾病。

【病因】 阿维菌素中毒主要与下列因素有关：

（1）使用产品不合格 一些生产厂家为降低生产成本，牟取暴利，推出了一些用阿维菌素菌丝体或菌丝体渣直接加入辅料配制的粉剂。这些菌丝体及菌丝体残渣含有大量未知的毒害成分，严重的可能引起奶牛腹泻，母牛流产，甚至中毒死亡。

（2）使用剂量过大 临床上大多数用药量为推荐剂量的10~20倍，有些甚至高达25倍，最低的也超过推荐剂量的5倍左右。大部分是由于用户没有仔细阅读说明书或有意加大剂量所致。牛羊的正常剂量为0.2mg/kg体重。据报道，犊牛经口给予0.7mg/kg体重阿维菌素后，100%（6/6）中毒；经口给予0.4mg/kg体重，也可引起较瘦弱的青年牛中毒。

（3）给药间隔时间过短 奶牛皮下注射阿维菌素的半衰期约为8d，长时间小剂量给药可引起中毒。

（4）给药途径错误 本品一般采取口服及皮下注射途径给药。每个皮下注射点不宜超过10mL，否则可引起注射部位不适或暂时性水肿。注射时若将药物直接推入静脉或动脉中，可引起超出奶牛耐受能力的需要浓度，导致急性中毒死亡。

（5）过敏反应 使用阿维菌素类制剂可能引发某些过敏反应，包括对药物本身的过敏、对溶剂及他辅料的过敏；另外，过敏反应还可能是由被药物杀死的寄生虫虫体所致。

此外，用于奶牛治疗皮蝇蛆病时，如果杀死的幼虫在关键部位，将会引起严重的不良反应。在脊椎管中，可引起瘫痪或蹒跚；在食管中，会导致流涎或胀气。

【中毒机理】 阿维菌素类药物的中毒机制仍不十分清楚。初步研究表明，阿维菌素可增加无脊椎动物神经突触后膜对氯离子的通透性，从而阻断神经信号的传递，最终使神经麻痹，并导致无脊椎动物死亡。这种作用的主要机制是通过增强无脊椎动物外周神经抑制递质γ-氨基丁酸（GABA）的释放，引起由谷氨酸控制的氯离子通道开放。哺乳动物外周神经传导介质为乙酰胆碱，GABA主要分布于中枢神经系统，在用治疗剂量驱杀哺乳动物体内外寄生虫时，由于血脑屏障的影响，药物进入其大脑的数量极少，与线虫相比，欲影响哺乳动物神经功能所需的药物要高得多。因此，当大量的阿维菌素类药物进入哺乳动物的大脑时，通过3条途径增加GABA受体的活性：①通过刺激突触前GABA的释放增强GABA对突触的影响；②增强GABA与突触后受体的结合；③直接发挥对GABA兴奋剂的作用。

【症状】 病牛表现为嗜睡、精神沉郁，共济失调，呼吸急促，肌肉无力，瞳孔散大，躺卧，四肢肌肉强直，严重者因呼吸麻痹而死亡。

急性中毒的病牛多于用药后6~8h发病，最快于注射后2h出现症状。表现为突然嚎叫，不自主咀嚼，流涎，口吐白沫，眼睑和咬肌有规律震颤乃至惊厥。步态蹒跚，倒卧后不能站立，四肢划动呈游泳状。舌麻痹而伸出口外，心跳、呼吸加快，脉搏快而弱。后期出现抽搐、痉挛、昏迷，大小便失禁、腹泻；听觉、痛觉、关节反射及肠蠕动音消失。

慢性病例比较多见，一般用药后24~48h发病。中毒奶牛表现为精神沉郁，食欲不振或废绝，黏膜发绀，流涎、腹痛、腹泻；出现意识障碍，转圈或盲目行走，碰到阻挡物后才改变方向或抵住不动，最后站立不稳，瘫卧在地，昏迷，呼吸、心率减慢，体温下降；四肢及耳变冷，瞳孔散大，甚至失明。

【病理变化】 剖检可见心脏浆膜大面积严重出血，肺大面积斑块状出血，气管和支气管严重出血；脾脏肿大，肝脏边缘肿大、钝圆，胆囊充盈且胆汁稀薄。四个胃的黏膜轻度出血，肠道严重出血。

【诊断】 根据使用阿维菌素的用药史，结合肌肉无力、共济失调、呼吸急促等临床症状，可初步诊断。必要时检测胃内容物和相关组织中阿维菌素的含量。

【治疗】 尚无特效解毒药，以强心、保肝、利尿及对症治疗为原则。口服导致急性中毒时可用活性炭和盐类泻剂来促进未吸收药物的排出。主要采取对症和支持疗法，严重呼吸困难病例可注射阿托品以抑制黏膜分泌，或肌内注射尼可刹米来缓解呼吸困难；急性过敏可用肾上腺素，同时强心、补液、补充能量。

【预防】 阿维菌素类药物虽较安全，除内服外，仅限于皮下注射，肌内和静脉注射易引起中毒反应。临床上应严格控制用药剂量和用药间隔期。因其从乳汁排出，泌乳牛产前1个月禁用，4月龄以下的犊牛禁用。阿维菌素类药物在体内排泄缓慢，对食品动物用药屠宰前应严格遵守休药期，肉牛的休药期为35d。

（王　林）

第十三章 头颈部疾病

第一节 眼病

一、传染性角膜结膜炎

奶牛传染性角膜结膜炎（Infectious Keratoconjunctivitis）又称为红眼病（Pinkeye），是世界范围分布的一种高度接触性传染性眼病。本病广泛流行于青年牛和犊牛，未曾感染过本病的成年牛也可感染。通常先侵害一只眼，然后再侵及另一只眼，两眼同时发病的较少。结膜和角膜均出现明显的炎症，眼睑肿胀，大量流泪，其后发生角膜混浊。本病是各国养牛业的一种较严重的眼病，使病牛生长缓慢，消瘦，泌乳量降低，给养牛业造成严重的经济损失。

【病因】 本病为多病原性传染病。已证实牛莫拉氏杆菌（又名牛嗜血杆菌）是本病的主要致病菌，立克次氏体、支原体或某些病毒（如牛传染性鼻气管炎病毒）等在本病的发生中起到辅助的作用。阳光中紫外线在本病的发生上有促进或联合致病的作用，因没有紫外线照射时人工感染牛莫拉氏杆菌的牛，其临床症状不明显。紫外线可以损伤角膜上皮或激活非致病型牛莫拉氏杆菌。患有黏膜病或带有黏膜病病毒的奶牛，易发生本病。

该菌为革兰阴性菌，由病牛分离的致病型菌株可溶血，菌落粗糙；由康复牛和犊牛分离的非致病型菌株不溶血，菌落光滑。致病型细菌有菌毛，有助于该菌黏附于角膜上皮，使角膜感染。其菌毛由菌毛素蛋白亚单位组成，菌毛素包括 a、b 两型，b 型可能与致病力有关。但目前还不清楚破坏角膜基质的具体化学介质。一种皮肤坏死性外毒素可能与角膜基质病变有关，趋化白细胞的化学因子和其他炎性防御机制可能导致角膜基质坏死，局部聚集的白细胞释放胶原酶，可促进角膜基质的坏死。感染该菌的强毒株后，奶牛机体可产生局部免疫和体液免疫，但保护力和免疫期尚不清楚。感染后康复的犊牛，一般不再发病，除非存在

免疫抑制，如感染了黏膜病病毒。

奶牛在任何季节都可发生传染性角膜结膜炎，但在天气炎热和潮湿的夏秋季节多发。呈地方流行性或流行性，青年牛群（6~24月龄）的发病率可达60%~90%。秋家蝇是传播牛莫拉氏杆菌的主要昆虫媒介，这类家蝇将感染牛眼鼻分泌物中的莫拉氏杆菌携带至未感染的牛眼中。直接接触病牛，或接触被病牛眼鼻分泌物污染的饲料、灰尘等，也可导致本病的流行。细菌在外界可存活数月，包括存活于病牛体表的污物中，引进牛时需要特别注意本病的检疫。

【症状】 本病的潜伏期为3~12d，青年牛的症状比犊牛重。初期，患眼畏光、流泪、眼睑肿胀、痉挛和眼裂闭锁（图13-1-1、图13-1-2），局部增温，疼痛敏感，其后角膜凸起，角膜周围充血，结膜和瞬膜红肿，或在角膜上出现白色或灰色小点。眼分泌物量多，初为浆液性，后为黏液脓性并粘在患眼的睫毛上，在眼睑上出现泪痕。

图13-1-1 传染性角膜结膜炎病牛眼有大量黏脓性分泌物

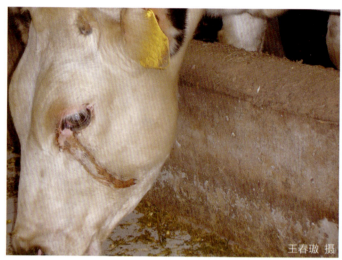
图13-1-2 传染性角膜结膜炎病牛畏光、流泪

发病初期或48h内角膜即出现变化，开始时角膜中央出现轻度混浊，用荧光素点眼略着色；角膜（尤其中央）呈微黄色，角膜周边可见新生的血管；经过1~3d，角膜中央或稍下方出现环形角膜溃疡，角膜水肿，瞳孔缩小，有的角膜后弹力层膨出；角膜缘深部有血管形成，自角膜缘向溃疡边缘分布。若治疗不当或病情发展，溃疡变深，后弹力层明显膨出，溃疡呈火山口样，其边缘发生融合、坏死；角膜水肿自边缘向溃疡部逐渐加重；溃疡的直径为1cm或更大，边缘不整齐，溃疡为凸出的卵圆形或圆锥形。病牛眼部疼痛严重，食欲和泌乳量下降。严重的，可发生角膜穿孔和全眼球炎。继发性眼前色素层炎，引起虹膜后粘连或白内障。

当新生血管进入溃疡灶，肉芽组织开始生长，火山口样溃疡内长出血肉芽组织，为角膜基质提供成纤维细胞，角膜溃疡渐渐愈合。随着角膜基质的重建，角膜中央形成肉芽肿（图13-1-3）。

图13-1-3 传染性结膜角膜炎病牛的角膜肉芽肿形成

肉芽组织从红色变为粉红色，最后变为白色，在溃疡处留下白色斑点，但对视力无明显影响。表层溃疡在愈合时仅发生上皮形成，深部溃疡的愈合是先长出肉芽，后有上皮形成。角膜水肿自外周向中央渐渐消退，深层血管逐渐萎缩，仅留下表层的血管分支。角膜完全重建需要数周或数月的时间。

并非所有病例的角膜都经历上述病理过程，病变轻的，经2~3周便自然吸收，角膜混浊由角膜边缘向中央逐渐消散。

【治疗】

1）首先应隔离病牛，单独饲养；清理地面，消毒厩舍，放牧的牛群，应转移变换牧场，控制、消灭家蝇；避免阳光直接照射。对症治疗有一定的疗效，治疗次数与康复的效果呈正相关。将病牛拴系治疗，可确保治疗的次数与效果。

2）用氨苄西林、庆大霉素、头孢噻呋、环丙沙星等抗菌药生理盐水冲洗牛眼，包括眼睑、结膜和角膜，可杀灭眼表面的牛莫拉氏杆菌。

3）向患眼结膜下注射庆大霉素30~50mg和青霉素30万~50万IU，1次/d，连续3d。结膜囊内应用庆大霉素软膏、金霉素软膏或防治乳房炎的含抗菌药软膏，可控制细菌感染。用1%阿托品软膏，松弛睫状肌和散瞳，可缓解疼痛并预防虹膜粘连或瞳孔闭合。或向患眼滴入1%硝酸银溶液、5%蛋白银溶液、2%硫酸锌溶液或50%葡萄糖溶液，可减轻眼睑和角膜的水肿。皮质类固醇类抗炎药抗炎效果好，但可降低局部抵抗力，临床上可与抗生素联合应用，且仅在病初或出现溃疡前局部用药1次；有溃疡的病例，禁用。

4）在局部应用抗生素的同时，全身应用同一种抗生素，可提高局部治疗的效果。

上述治疗方法对病牛眼的局部用药处理时，需要确实保定牛头，费时、费力、难度很大，因为规模化牧场后备牛与青年牛都是自由采食，不是拴系饲养，对眼内的用药处理需要保定牛，也非常困难。当规模化牧场奶牛发生传染性结膜角膜炎的地方性流行时，注意病牛隔离饲养、灭蚊蝇与牛舍消毒。治疗时采用向牛眼部喷雾抗生素溶液，可将阿莫西林、氨苄西林、头孢噻呋钠等抗生素，用生理盐水配制成1%~2%的溶液，装到小的喷壶中，向病牛眼部喷雾，每天喷雾3~4次，连续喷雾7d，其治疗效果明显。

对有重要育种价值的病牛，若做上下眼睑闭合术或瞬膜瓣遮盖术，在术前做球结膜下注射抗生素和眼结膜囊内用抗生素软膏，术后需要配合全身应用抗生素。

对发生角膜穿孔或继发全眼球炎的病例，建议施行眼球摘除术，以减轻病牛的痛苦。

目前还没有预防效果好的疫苗可使用，但注射疫苗可降低牛群的发病率，有一定的应用价值。

（李建基）

二、奶牛结膜炎、角膜炎和白内障

1. 结膜炎

结膜炎（Conjunctivitis）是指眼结膜受外界刺激和感染而引起的炎症，是奶牛的常见眼病。炎症类型包括浆液性、卡他性、化脓性、纤维素性炎症等。

【病因】 结膜对各种刺激敏感，常由于外来的或内在的轻微刺激而引起炎症，可能的病因如下：

（1）**机械性因素** 风起尘扬，灰尘、泥沙等异物落入结膜囊内或粘在结膜面上；牛泪管吸吮线虫（斯氏吸吮线虫和大口吸吮线虫）多出现于结膜囊或第三眼睑后方；眼睑位置改变，如内翻、外翻、睫毛倒长等；笼头不合适等。结膜外伤常与眼睑外伤同时发生，如刺伤、打伤、抗拒检查或处理时的撞伤等。侧卧保定不当时，下方的眼结膜会因摩擦而受伤、发炎。

（2）**化学性因素** 常见于各种化学药品或强刺激性消毒剂误入眼内，如碘酊、鱼石脂或福尔马林等。用碘化钠治疗牛放线菌病时，由于长时间大剂量用药而导致碘中毒，常出现结膜炎。

（3）**物理性因素** 如热水烫伤、烧伤、紫外线长时间照射等。夏季阳光的长期直射，也可导致结膜炎。

（4）**生物性因素** 多种病原微生物经常导致结膜炎。例如，牛传染性鼻气管炎病毒（BHV-1）、巴氏杆菌、牛莫拉克氏杆菌（牛嗜血杆菌）、牛眼支原体和差异脲原体等，但牛罕见衣原体性结膜炎。流行性感冒、牛恶性卡他热、牛瘟、牛炭疽等传染病，常出现症候性结膜炎，结膜炎仅是其临床症状之一。

（5）**免疫介导性因素** 如过敏性结膜炎、嗜酸细胞性结膜炎等。

【症状】 结膜炎的共同症状是畏光、流泪、结膜充血、结膜浮肿、眼睑痉挛、眼结膜有大量分泌物及白细胞浸润。

1）牛传染性鼻气管炎病毒（BHV-1）可引起非免疫牛或犊牛群的结膜炎，呈地方流行性；结膜炎可以是传染性鼻气管炎的症状之一，也可以是主要的临床表现，青年牛也常见。病牛结膜严重充血，眼分泌物浓稠；48~72h后，分泌物常由浆液性转变为黏液脓性，在睑结膜上有多灶性白斑。牛群内10%~70%的牛发病，表现为一侧性或两侧性结膜炎，角膜轻度混浊，但无溃疡。成年牛发病，可出现高热（40.5~42℃），精神沉郁，泌乳量下降，鼻孔流出浆液性或黏液脓性分泌物，鼻黏膜充血呈红色，有时并发呼吸道症状。发病5~9d，结膜白斑开始融合、脱落，结膜出现水肿；发病严重的牛，角膜边缘水肿，但中央透明，极个别的严重病例出现整个角膜水肿、混浊，外周有血管形成，眼部病变不易与牛传染性角膜结膜炎区别诊断，但角膜没有溃疡，而传染性角膜结膜炎病牛的角膜有溃疡。传染性鼻气管炎的早期特征性病变可持续几天，在眼分泌物中可分离到病毒，但7~9d后则不易分离到病毒；在病牛结膜分泌物中可分离到莫拉克氏杆菌，它是牛传染性角膜结膜炎的主要致病菌。

2）巴氏杆菌是牛上呼吸道的常见菌，可单独引起结膜炎或同时导致肺炎、败血症等疾病，犊牛更易感。牛眼支原体和差异脲原体在牛结膜感染时，常无其他临床症状，仅出现一侧或两侧眼结膜炎；开始时少数奶牛眼部有黏液或黏液脓性分泌物排出，7~10d后又有新的病例出现，发病率为10%~50%，传播的速度较缓慢，多数病牛有自愈现象。

炎症初期为浆液性或卡他性炎症，结膜潮红、肿胀、充血明显，眼流浆液、黏液或黏液脓性分泌物。在急性期，结膜肿胀明显（图13-1-4），疼痛敏感，分泌物稀薄似水样，继而变黏稠。炎症可波及球结膜，有时角膜面也见轻度混浊。在急性炎症后期或急性结膜炎因治疗不当转为慢性炎症时，肿胀减轻，轻微畏光或见不到畏光流泪，结膜轻微充血，呈暗红色、黄红色或黄色（图13-1-5）；经久的病例，结膜变厚，表面呈丝绒状，有少量分泌物。

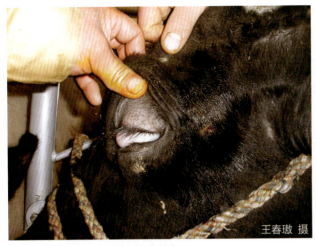

图 13-1-4　结膜炎病牛的眼结膜水肿

图 13-1-5　急性出血性结膜炎的眼前房有浅黄色渗出物

卡他性结膜炎治疗不当、化脓性致病菌感染或在某些传染病经过中常发生化脓性结膜炎，临床症状都较严重，常由眼内流出大量脓性分泌物，上、下眼睑被粘在一起（图 13-1-6），炎症常波及角膜，发生角膜混浊或形成溃疡。

【诊断】　根据临床症状做出初步诊断，要确定病原，需做细菌、病毒或支原体检查。初期，分泌物中会存有病毒，可将分泌物涂片后用荧光抗体做病毒检测；后期或康复的牛，则不易查到病毒，需要做血清学抗体检测。

图 13-1-6　后备牛化脓性结膜炎的眼睑闭合

【治疗】

（1）消除病因　应设法找到病因并将其消除。若是症候性结膜炎，则应以治疗原发病为主。

（2）遮光　将病牛放在暗厩内或装眼绷带。但当分泌物量多时，以不装眼绷带为宜。

（3）清洗患眼　用 3% 硼酸溶液或抗生素生理盐水等冲洗患眼。

（4）对症疗法

1）结膜充血、肿胀显著，分泌物稀薄且量多时，可用冷敷；当分泌物变为黏稠时，则改为温敷。处理后用 0.5%~1% 硝酸银溶液点眼（每天 2~3 次）。用药后 30min 左右，可将结膜表层的细菌杀灭，同时还能在结膜表面形成一层薄膜，对结膜面呈现保护作用。用过硝酸银溶液后 10min，需用生理盐水冲洗，避免过剩的硝酸银分解刺激结膜，并可预防银沉着。若分泌物已见减少或趋于吸收过程中，可用收敛药，其中以 0.5%~2% 硫酸锌溶液（每天 2~3 次）为宜。此外，还可用 2%~5% 蛋白银溶液、1%~2% 氢氧化铝溶液。肿胀严重、疼痛显著时，可用下述配方点眼：硫酸锌 0.1g、盐酸普鲁卡因 0.5g、硼酸 3g、0.1% 肾上腺素 2 滴、蒸馏水 100mL。

目前，有多种抗生素药膏或眼膏可用于牛结膜炎的治疗。结膜囊经上述药液冲洗后再用药膏，药膏在结膜囊内保留的时间长，治疗效果较好。例如，金霉素眼膏、红霉素眼膏，也有用庆大霉素或新霉素等抗生素与抗炎药制成的复方软膏制剂，均有良好的疗效。

2）也可用中草药水煎剂进行眼冲洗，如5%板蓝根溶液、2%黄连溶液等。中药方剂黄连2g、枯矾6g、防风9g，水煎浓缩至200mL左右后过滤，洗眼的效果良好。

3）球结膜下注射抗生素和糖皮质激素类药物，对牛不易做此操作，即使做眼睑皮下注射也困难。

4）治疗慢性结膜炎宜采用刺激疗法和温敷。局部可用2%硫酸锌或1%硝酸银溶液点眼，10min后用3%硼酸溶液冲洗，然后再温敷20~30min，最后结膜囊内用眼膏。

5）急性结膜炎时因病牛的眼睑痉挛显著，易引起眼睑内翻，造成睫毛刺激结膜与角膜。因此，对奶牛结膜炎可用表面麻醉剂点眼，如2%利多卡因、3%盐酸普鲁卡因等。奶牛低血镁时，经常见到短暂的但却明显的眼睑痉挛症状，导致机械刺激性的结膜炎。机械刺激性结膜炎，在解除刺激因素后可自愈。

6）病毒性结膜炎和出现角膜溃疡的病例，均应禁止使用糖皮质激素类药物。

7）采集分泌物做细菌分离培养和药敏试验，有助于选用疗效好的抗生素。若经过长时间治疗没有效果，应全面检查眼睛，以排除眼内存留异物的可能。

8）增加营养或维生素，改善病牛的营养状况，对其及早康复有积极作用。

2. 角膜炎

角膜炎（Keratitis）是常发的眼病，占眼科疾病的35%~65%，且常与结膜炎并发或相继发生。

【病因】 角膜炎多由于外伤引起，如打击、笼头或保定绳的压迫、尖锐物体的刺激、牛尾的抽打等，或因异物误入眼内而引起，如饲料、碎玻璃、碎铁片等。角膜损伤时，异物携带的细菌或结膜囊内存在的细菌及来自血液循环的细菌可侵入感染。此外，某些传染病如牛恶性卡他热、牛肺疫、牛传染性角膜结膜炎、牛传染性鼻气管炎，能并发角膜炎。眼眶窝较浅或眼球肿瘤导致眼球向外凸出的牛，其角膜暴露，易受到损伤和感染。邻近组织病变的蔓延，可诱发本病，如眼眶、眼球疾病或眼睑神经疾病（如面神经麻痹）导致角膜过多暴露，引起角膜干燥，失去泪膜保护，中央角膜上皮和其下面的间质发生坏死，形成深的角膜溃疡，难以愈合，若不处理或处理不当，可发生角膜穿孔。眼色素层的炎症，可继发角膜弥散性水肿，角膜周围的血管进入角膜，发生深层间质性结膜炎。眼色素层的炎症常与败血症、内毒素血症、恶性卡他热或其他全身性疾病有关。结膜型的牛传染性鼻气管炎，也可引起非溃疡性间质性结膜炎。

【症状】 角膜炎的共同症状是畏光、流泪、疼痛、眼睑闭合、角膜混浊，严重的病例出现角膜缺损或溃疡。深的溃疡灶，角膜基底层可向外膨出（图13-1-7、图13-1-8）。

1）病变轻的角膜炎，常不易被直接发现，但在阳光斜照下可见到角膜表面粗糙不平。角膜面上形成不透明的白色病灶，称为角膜混浊或角膜翳。角膜混浊是角膜水肿和细胞浸润的结果，如多形核白细胞、单核细胞和浆细胞等细胞浸润后导致角膜表层或深层变暗而不透明。混浊可能为局限性或弥漫性，也可呈点状或线状；混浊的角膜一般呈乳白色或橙黄色（图13-1-9）。

 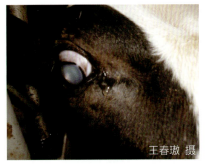 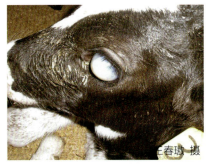

图13-1-7 后备牛角膜溃疡灶向外凸出　　图13-1-8 牛角膜炎病灶中心出现肉芽肿　　图13-1-9 角膜炎病牛的角膜全层混浊，呈乳白色

2）新的角膜混浊有炎症症状，境界不明显，表面粗糙稍隆起。陈旧的角膜混浊没有炎症症状，境界明显。深层混浊时，由侧面视诊，可见到在混浊的表面被覆有薄的透明层；浅层混浊则见不到薄的透明层，多呈浅蓝色云雾状。

3）角膜炎可见角膜周围充血，继而出现新生血管。表层性角膜炎的血管来自结膜，呈树枝状分布于角膜面上，可看到其来源。深层性角膜炎的血管来自角膜缘的毛细血管网，呈刷状，自角膜缘伸入角膜内，看不到其来源（图13-1-10）。

图13-1-10 角膜炎病牛的角膜血管形成

4）外伤性角膜炎常可找到伤痕，透明的角膜表面变为浅蓝色或蓝褐色。由于致伤物体的种类和力量不同，外伤性角膜炎可出现角膜浅创、深创或透创。角膜内存在异物或有溃疡时，会流泪、畏光和眼睑痉挛。眼睑长时间痉挛，导致眼睑肿胀、结膜充血和眼部疼痛敏感。角膜内如果有铁片存留，在其周围可见带铁锈色的晕环。对不明显的损伤或溃疡，用荧光素染料染色，上皮缺损处会被染成绿色，在紫外线照射下更为明显。疼痛和睫状肌反射性痉挛，可导致瞳孔缩小。疼痛和眼睑痉挛会给检查带来不便，可用2%利多卡因做耳睑神经传导麻醉，阻滞面神经对眼轮匝肌的支配，使眼睑变松弛。将牛头向下旋转，有利于显露角膜。

5）通过聚焦的强光线照射眼睛，多数角膜异物可以被发现。若将异物取出后或在未见到异物的情况下治疗后眼疼痛、眼睑肿胀和结膜出血没有好转，可用放大镜检查角膜或结膜内有无微小的异物。受伤后眼排出物开始为浆液性的，随着感染变为慢性或继发感染，排出物变为黏液脓性。

6）因角膜外伤或角膜上皮抵抗力降低，细菌侵入角膜，角膜的一处或多处呈暗灰色或灰黄色浸润，后期形成脓肿，脓肿破溃后便形成溃疡。用荧光素点眼可确定溃疡的存在及其范围，但当溃疡深达后弹力膜时不易着色，应注意辨别。角膜溃疡发生感染时，溃疡边缘的角膜坏死、融合，角膜水肿和溃疡周围血管形成更为明显，眼前房可见积脓或有纤维素渗出，眼有黏液脓性分泌物排出，瞳孔明显缩小。细菌毒素经过水溶性角膜基质被吸收，作用于虹膜并引起眼色素层炎，这是眼房内出现纤维素的原因。溃疡感染后，疼痛、畏光、流泪和眼睑痉挛更明显。

7）暴露性角膜炎出现的溃疡，多位于角膜中央或稍下方；面神经麻痹可引起暴露性角膜炎，此时眼睑反射消失。由于化学物质所引起的烧伤，病变轻的，仅见角膜上皮被破坏，形成银灰色混浊。角膜深层受伤时出现的溃疡其表面常呈浅黄色；严重时，角膜发生坏疽，呈灰白色。

8）损伤或病变严重的，角膜可发生穿孔，眼房液流失，眼前房内压降低，虹膜前移与角膜发生粘连或后移与晶状体发生粘连，导致视力丧失。

9）间质性角膜炎为非溃疡性的，角膜水肿，周围有血管向中央生长，这常是眼色素层炎的临床表现，同时出现眼睑痉挛、流泪、畏光、睫状肌和结膜充血、瞳孔缩小、眼前房内出现纤维蛋白蓄积。眼色素层炎，多属于全身性疾病的局部表现，需做全身检查，以确定病因。

【诊断】 根据上述临床症状即可做出诊断。

【治疗】 单纯角膜炎的治疗方法，如冲洗和用药的方法，与结膜炎的治疗方法大致相同。眼睑皮下或结膜下注射，无助于角膜炎的治疗，但可做球结膜注射。结膜注射需要确切的保定，这仅对犊牛、贵重的奶牛使用，一般的奶牛主要做眼部冲洗和结膜囊内用药。

1）在发生急性角膜擦伤、溃疡或非穿孔性撕裂时，若没有发生感染，最好使用广谱抗生素眼膏，以预防细菌感染。若溃疡或损伤部发生感染，最好做细菌分离培养和药敏试验，对有必要加强治疗的奶牛，结膜囊内用药配合球结膜下注射抗生素，但不建议用皮质激素（角膜溃疡病例禁用此药），每天用药2~3次。泌乳期奶牛，应考虑牛奶中抗生素残留与休药期的问题。常用抗生素为庆大霉素、氧氟沙星、头孢曲松、头孢噻呋等。角膜创伤的痊愈标准是病变部位有新的上皮覆盖。

2）为了促进角膜混浊的消散吸收，可向患眼吹入等份的甘汞（氯化亚汞）和乳糖（或白蔗糖）；用40%葡萄糖溶液点眼；每天静脉注射5%碘化钠溶液，连用1周；或每天内服碘化钠，连服5~7d。

3）疼痛剧烈时，可用1%阿托品软膏涂于患眼内，缓解睫状肌痉挛，散瞳，使病牛安静，每天1~2次。用5%氯化钠溶液点眼，每天3~5次；高渗溶液有利于减轻角膜和结膜的水肿。

4）冲洗患眼或冲洗眼内异物，最简便的方法是用注射器连接16号针头，向角膜面喷射生理盐水，借水流的力量冲去结膜囊内或角膜内的异物。先用2%利多卡因做耳睑神经传导麻醉和眼球表面麻醉，然后再做冲洗。若冲洗后异物仍然存留，需要用赛拉唑或速眠新镇静后通过手术取出异物。取出异物后，重点防治角膜感染。

5）角膜穿孔时，应严格消毒，防止感染。对于直径为2~3mm的角膜破裂，可用眼科无损伤缝针和可吸收缝合线进行缝合。对新发的虹膜脱出病例，可将虹膜还纳展平；脱出久的病例，可用灭菌的虹膜剪剪去脱出部，再经第三眼睑遮盖术予以保护。溃疡较深或后弹力膜膨出时，也可做结膜瓣遮盖术，可用附近的球结膜做成结膜瓣，覆盖固定在溃疡处，这时移植物既可起生物绷带的作用，又有完整的血液供应。或做上下眼睑闭合术，在外眼角侧缝针仅穿透眼睑皮下，不穿透睑结膜，做纽扣缝合，线结打在上眼睑上，使外眼睑的1/3闭合在一起。经验证明，角膜穿孔后虹膜一旦脱出，即使治愈，视力也会受到严重影响。若不能控制感染，应行眼球摘除术。

6）暴露性角膜炎，重点是消除角膜面干燥，预防感染，可应用抗生素软膏。若形成溃疡，先用生理盐水轻轻冲洗掉溃疡表面的痂皮、毛发、饲料、坏死的角膜组织等附着物，再用抗生素眼膏和阿托品眼膏。暴露性角膜炎愈合速度慢，通常需要数周的时间才能愈合；若治疗不当，易结膜水肿，眼睑肿胀，眼外观病变明显，但角膜没有其他肉眼可见病变。淋巴肉瘤有时侵害眼睑，导致眼睑弥漫性肿胀，球结膜水肿（图 13-1-13）。

其他症状有淋巴结肿大，排出黑粪，心音异常，子宫内可有肿块，或有神经症状等。淋巴肉瘤常损害皱胃、心脏、子宫、淋巴结和眼球后区域，也可导致颈部、躯干等处的皮肤肿瘤，在疾病的中后期可见到这些器官肿瘤的综合症状，不是单一眼部病变。但有的奶牛最先见到眼球突出，其他临床症状不明显。全血血细胞计数和牛白血病病毒检测有助于诊断，多数病牛为白血病病毒阴性。但在临床上，白血病病毒阳性的病牛，不一定有肿瘤存在。球后抽出物镜检，有助

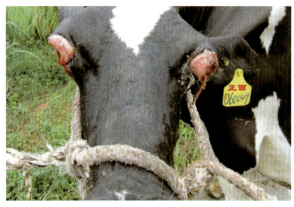

图 13-1-13　奶牛眼眶淋巴肉瘤

于确诊。本病在眼球通常不会出现肿瘤，少数病例累及结膜、角膜、眼睑或巩膜。为了缓解病牛的痛苦和获取活检样本，可做眼球摘除术。摘除眼球后的病牛，常在 3~6 个月后发生死亡。因此，仅对一些特殊的奶牛做治疗，如接近分娩、用于胚胎移植的奶牛，但治疗的效果不太理想。

（李建基）

第二节　头颈部其他疾病

一、耳麻痹

奶牛耳麻痹（Auricular Paralysis）是由支配耳部的运动神经受损，耳部肌肉松弛所致。耳神经来自面神经的耳睑神经分支。本病主要见于成年牛及性情暴躁的奶牛，为一侧性或双侧性耳麻痹。

【病因】　面神经为第七对脑神经，为混合神经，位于延髓前外侧，经面神经管出颅腔后，由下颌关节凸起稍下方转到咬肌外面，分出耳睑神经、耳后神经，分布于耳、眼睑等部位。主干沿咬肌表面前行与颞浅神经腹支混合，构成颊神经丛，然后继续前行并分出上颊支和下颊支，分布于鼻、唇和颊部肌肉（图 13-2-1）。下颌支由下颌骨后角沿颌骨内侧至血管压迹，再转至颌骨外侧，分布于面部。耳麻痹见于面神经麻痹、耳睑神经麻痹或耳神经麻痹；神经麻痹包括中枢性麻痹与外周性麻痹。

中枢性麻痹是指面神经的中枢损伤，多半是因脑部神经受压，如脑的肿瘤、血肿、挫伤、脓肿、结核病灶、多头蚴进入脑内的迷路感染等引起；其次是

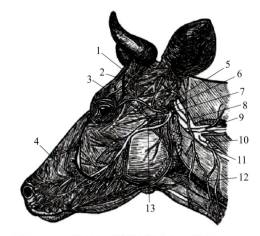

图 13-2-1　面神经与耳睑神经的分布示意图
1—耳神经　2—角神经　3—额神经　4—眶下神经　5—耳后神经　6—耳睑神经　7—面神经　8—第二颈神经耳、皮支　9—副神经　10—第三颈神经　11—面神经下颌支　12—颈静脉　13—颞浅神经腹支

传染病，如流行性感冒、乙型脑炎、李氏杆菌病、毒草及矿物质中毒等均可出现症候性面神经麻痹。

末梢性神经麻痹主要由神经干及其分支受到创伤、挫伤、压迫，长期侧卧于地，摔跌猛撞于硬物等原因引起。例如，笼头或颈圈过紧而压迫面神经，侧卧保定时因挣扎或用带环的笼头紧紧保定在硬面上而压迫面神经，中耳外侧肿块压迫面神经，或中耳炎导致面神经损伤等。用颈枷保定时，奶牛受惊吓或神经质牛往回用力抽头躲闪，眼眶后缘后部被紧紧夹住，夹住持续时间较久或反复被夹住、损伤，导致一侧或双侧耳睑神经麻痹。犊牛面神经麻痹常是因电热烫角或新生犊牛涂抹去角膏后引起的。电热烫角引起的多因局部感染所致，或烫角时因烫角的位置偏离角突中心而损伤面神经。去角膏涂抹引起的多由去角膏涂抹范围过大所致（图13-2-2）。

图13-2-2　犊牛两耳麻痹

【症状】　单侧性面神经全麻痹时，患侧耳歪斜呈水平状或下垂，上眼睑下垂，眼睑反射消失，鼻孔下塌，上、下唇下垂并向健侧歪斜，出现鼻镜歪斜。奶牛采食和反刍时常有饲料和唾液自患侧口角流出，用手打开口腔时可感到唇颊部松弛。角膜干燥，出现暴露性角膜炎。

两侧性面神经全麻痹多是中枢性病变的结果，呈现两侧性的上述症状，并出现咀嚼音低、流涎、两颊部残留大量饲料、咽下困难等症状。本病例除头部症状外，一般还有导致中枢性病变的疾病的其他症状。

耳睑神经麻痹时，眼轮匝肌和耳肌的运动障碍常同时出现。患侧眼上眼睑下垂，流泪，眼睑反射消失，耳下垂，常有暴露性角膜炎。在眼眶后方沿颧弓出现肿胀，因下颌关节疼痛而采食减少。双侧耳睑神经麻痹，需要与双侧中耳炎和脑干疾病进行区别诊断。本病缺乏前庭症状，病牛步态正常，能采食，唇不松弛，体温不高。

【治疗】　由中枢性或全身性疾病所引起的面神经麻痹应积极治疗原发病，预后视原发病的转归而异。凡由于外伤、受压等引起的末梢神经麻痹，在消除致病因素后可选择下列方法治疗：

1）在神经通路上进行按摩、温热疗法，并配合外用10%樟脑醋或四三一擦剂等刺激性药物，以减轻水肿和炎症。

2）在神经通路附近交替注射硝酸士的宁和樟脑油，隔天1次，3~5次为1个疗程；并配合使用维生素B_{12}和B_1，以兴奋神经纤维。

3）外周的神经损伤，可用消炎药做对症治疗，如地塞米松、醋酸泼尼松、非甾体类抗炎药（如氟尼辛葡甲胺、美洛昔康）等。地塞米松每天注射20~40mg，可快速控制炎症，但应认真考虑应用皮质类固醇的适应证，以免造成流产、停奶等不良现象。

（李建基）

二、舌麻痹

舌麻痹（Tongue Paralysis）是由支配舌的神经发生损伤引起舌的感觉与运动神经发生障碍的一种疾病。舌下神经属于运动神经，数根神经纤维起自延髓下方椎体后端两侧，穿过脑硬膜后集合成一个主干，经舌下神经孔向后下方行走，通过咽鼓管囊与寰枕关节囊之间向前下方行走，经过颈外动脉和咽侧面至舌骨舌肌表面，分布于舌部肌肉和颏舌骨肌，并与舌神经之间有吻合支。

舌神经起自三叉神经的下颌支（下颌神经），经下颌骨支与翼内肌之间，沿颏舌骨肌的内侧至舌根部，分为深、浅两支。浅支在茎舌肌表面伴随颌下腺管，经舌下腺内面分布于舌及舌底部黏膜。深支绕过茎舌肌及舌骨舌肌下缘，经舌骨舌肌与颏舌肌之间向前上方行走，通过颏舌肌表面至舌尖，分布于舌黏膜及蕈状乳头，并与浅支和舌下神经有吻合支（图13-2-3）。

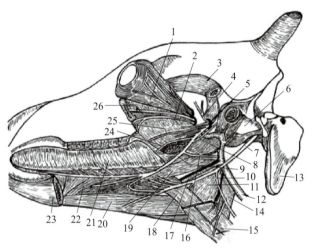

图13-2-3 舌神经与舌下神经的分布示意图
1—眼直肌 2—翼内斜肌（已切断） 3—颧弓（已切断） 4—颞深神经 5—三叉神经下颌支 6—鼓泡 7—舌下神经 8—鼓索神经 9—舌神经 10—至颈部的分支 11—舌骨咽肌 12—颈动脉 13—寰椎 14—甲咽肌 15—胸骨甲状舌骨肌 16—至颌下腺的分支 17—舌动脉 18—舌骨舌肌 19—茎舌肌 20—颏舌骨肌 21—舌 22—颏舌肌 23—下颌骨（已切断） 24—至软腭的分支 25—至颊肌的分支 26—眶下神经

【病因】 常见的病因有肉毒梭菌毒素中毒、李氏杆菌病和放线菌病等。肉毒梭菌为革兰阳性专性厌氧菌，其神经毒素可抑制胆碱能神经的神经肌肉结合部乙酰胆碱的释放，使肌肉松弛。细菌毒素存在于腐烂的动物尸体与植物、蔬菜中，奶牛采食了被污染的水、食料，如死老鼠、死鸟、变质青贮饲料、变质啤酒糟等，导致中毒；磷缺乏病牛，有异食癖，易采食腐烂的动物尸体或腐烂植物，或饮用不流动的水，其中也可有腐败菌生长。厌氧的伤口，如胃肠道伤口、深部肌肉的损伤和组织坏死等，可发生肉毒梭菌感染，机体因吸收其毒素而发生中毒。但是，奶牛采食被毒素污染的食料或水，是发生肉毒梭菌毒素中毒的常见原因。

放线菌肿、肿瘤、炎性病灶等均可导致舌神经损伤、麻痹。

新生犊牛舌麻痹，可见于人工助产时产科头套安置的位置不当，压迫舌神经引起的神经麻痹。

【症状】 若病变为一侧性的，发生部分舌麻痹，表现为一侧舌松弛，采食和咀嚼障碍，舌呈弯曲状；完全舌麻痹时，舌松弛柔软，自口腔脱出、下垂，咀嚼困难，不能吞咽，大量流涎。

毒素中毒和脑部病变导致的舌麻痹，多为舌完全麻痹（图13-2-4、图13-2-5）。

肉毒毒素中毒，先表现为身体的后1/4麻痹，然后发展为前1/4麻痹，最后呼吸肌麻痹，窒息死亡。采食毒素1~7d后出现症状，食欲不振，虚弱无力，站立的病牛低头、肌肉震颤、走路绊跌。毒素可同时引起面神经麻痹和舌麻痹，病牛表现不同程度的舌无力、舌松弛脱出，吞咽障碍，流涎，采食与饮水困难。躺卧的病牛，头常位于胁部，鼻镜着地，舌脱出口腔，流涎，多预后不良。

图13-2-4　舌神经麻痹牛的舌自一侧口角脱出　　图13-2-5　舌神经麻痹牛的舌自口腔脱出

炎性疾病和创伤，也可导致暂时性舌麻痹。中枢性舌麻痹、继发或伴发于全身性疾病，常表现为舌完全麻痹，如脑膜炎、肉毒梭菌毒素中毒、脑脓肿、放线菌病、李氏杆菌病、病毒性口炎等。病毒性口炎，伴有舌尖坏死，偶尔可在牛群内暴发。严重的放线菌病，其肿块（如下颌部放线菌肿）会压迫舌神经导致舌神经麻痹。舌麻痹也可见于脑部、神经径路上发生肿瘤的病例，与肿块压迫有关。

【治疗】　重点是消除病因，其次是应用兴奋、营养神经的药物和疗法（参见上述耳麻痹的治疗）。放线菌肿、肿瘤，可用手术的方法将肿块或瘤体切除。中枢性疾病，需要实行抗菌、抗炎、脱水、利尿等疗法。

新生犊牛舌麻痹，需要及时处理，确保能够吃到初乳非常重要，不能吸吮或自行采食的，可经胃管饲喂。经静脉输液疗法、应用抗炎药物和抗生素治疗也是必需的。如果舌麻痹持续至出生后10d以上，恢复正常功能的可能性很小，预后不良。

与受体结合的肉毒梭菌毒素，不易与受体分离，需要自然破坏、分解。应用抗毒素可中和、破坏循环内的毒素，不会在注射后立即见效。多价抗毒素血清，不易买到，且价格贵，但有条件的，在初期可以应用。对刚采食了毒素或刚发病的病例，可以洗胃、下泄，以排出毒素，泻剂宜采用液体石蜡和盐类泻药，不宜用镁盐，因为镁会抑制神经肌肉的功能，四环素类和氨基糖苷类抗生素也不宜使用。拟胆碱兴奋类药物如新斯的明，也不宜使用，其可导致病牛兴奋，继而导致呼吸衰竭。停喂有毒的食物或饮水，是最为关键的措施。

不能采食和饮水的病牛，可经胃管投饲、静脉输液来维持营养需要。注射类毒素，可以预防本病的发生。康复的奶牛不能持续产生抗体，也需要注射类毒素进行免疫。

（李建基）

三、额窦炎

额窦炎（Frontal Sinusitis）是指奶牛额窦壁黏膜的炎症，常为浆液性、黏液性或化脓性炎症，在窦腔内蓄积黏液性或黏液脓性分泌物。在临床上，分为急性额窦炎与慢性额窦炎，犊牛、青年牛和成年牛均可发生，且常与断角有关。

【病因】 急性额窦炎较常见。给犊牛电热烫角时如果操作不当，烫角器烫入角突过深，进入额窦或烫角后感染，均可引起额窦炎。犊牛期间未烫角的牛在角突长出后再去角，主要是由低位去角不良所引起，常发生于粗暴断角术之后，这与器械污染和技术有关，特别是没有断角经验的人，对牛施行断角术的危险性更大。断角后，常发生化脓性放线菌感染或细菌混合感染。

慢性额窦炎在牛断角后数月发生，或发病与断角术无关，因为本病可见于断角术良好的断角牛、无角牛或未断角牛。由于牛额窦与鼻腔相通，故鼻腔黏膜的炎症可直接扩展至额窦，在临床上可见于上呼吸道感染的病例，常为多杀性巴氏杆菌感染。慢性额窦炎有时继发于先前断角术的并发症，如断角后的轻度感染、颅骨碎片或坏死骨片等并发症。感染的细菌常为化脓性放线菌、多杀性巴氏杆菌、某些厌氧菌或多种革兰阴性菌（如埃希氏大肠杆菌）的混合感染。

此外，某些传染病、寄生虫病，如牛恶性卡他热、放线菌病等，以及肿瘤、异物等均可导致额窦炎。

【症状】

（1）急性额窦炎 病初由一侧鼻孔流出少量浆液性鼻涕，一般不被注意，尤其是常由于被舌舔去而未能发现，直至症状明显时才发现。病牛发热，一般为39.4~41.1℃，精神沉郁。随着病程的发展，分泌物由浆液性逐渐转为黏液性或黏液脓性，排出量也增多，干涸后黏附在鼻孔周围，为单侧或双侧鼻孔流出黏液脓性鼻涕，但绝大多数情况下呈现一侧鼻涕增多，有时一侧的鼻涕增多比较显著，另一侧较轻微，病牛低头、摆头时有较多分泌物从鼻孔中流出。头痛，表现为眼半闭半睁，伸头、伸颈，口鼻端放在支撑物上。叩诊额窦敏感，呈钝性浊音，在检查者靠近病牛头部时，病牛出现高度不安。如果在断角术不久发生急性额窦炎，自窦角突部的伤口可流出大量脓汁（图13-2-6），并形成厚痂。如果伤口部组织碎片或结痂阻塞角突部伤口，造成厌氧环境，可能继发破伤风。有的奶牛在去角后未封闭角窦腔，角窦感染后会继发额窦感染（图13-2-7）。

图13-2-6 后备牛额窦化脓

图13-2-7 奶牛角窦感染继发额窦炎

（2）慢性额窦炎　常是急性额窦炎未能及时治疗的结果。临床表现为病牛体况和生产性能持续性或间断性降低，窦内物质可经窦开口排入鼻腔，常见单侧鼻孔持续性或间断性流出脓性鼻涕。病牛精神沉郁，低头，头颈伸直，眼半闭，鼻镜靠在外界物体上，如水槽、围栏等，这是奶牛头痛的一种表现。持续性或间断性发热，取决于窦内分泌物的排出情况，脓性物质不能排出时，窦骨扩张和发热会持久、明显。额骨或是眶后憩室部的额骨增厚、臌胀，或窦周围的骨组织极度变软，似肿胀。去角后发生的角窦与额窦慢性感染，角根增粗，患侧额窦臌胀，会引起头颅的外形改变（图13-2-8），面部不对称性扭曲，特别是没有明显鼻涕流出的病牛，因开口于鼻腔的通道被阻塞，窦部臌胀更常见。有的病例，窦部臌胀是间断性的，随着窦开口的引流或疏通，窦内分泌物流出，窦骨肿胀减轻；额窦持续蓄脓达到足够压力时，可引起脑机能障碍，如出现头部顶墙或抵于饲槽、周期性癫痫或痉挛等症状，严重的病例，受侵蚀的窦骨发生糜烂、破溃，形成窦道或窦瘘。叩诊额窦病变部，声音变低，呈浊音，病牛敏感。额窦骨增生肿胀，可导致同侧的眼球轻度至中度突出，眼睑肿胀，结膜水肿，眼

图13-2-8　角窦与额窦慢性感染牛的头颅变形

有少量排泄物，眼分泌物初期为浆液性的，随着时间的推移，变成黏液脓性。患侧的鼻道气流减少，呼吸困难；有的继发脓毒性脑膜炎、硬脑膜脓肿和垂体脓肿，这常被忽视、误诊。破伤风可能是另一严重的并发症。慢性窦炎的病牛，偶尔因窦的球后部窦憩室感染造成眼眶软组织感染，导致眼眶部蜂窝织炎、病理性眼球突出、面部脓肿等；眼球软组织感染，反过来又可加重球后部窦憩室的感染。

如果窦内有骨折性损伤，鼻涕中常带有新鲜血液。如果鼻涕中混有草屑或饲料，表明龋齿或牙齿缺损使口腔与上颌窦相通（上颌窦炎）；牙根感染是成年牛上颌窦炎的常见病因，上颌窦炎可向上蔓延为额窦炎。窦内有坏疽或恶性肿瘤时鼻涕中混有腐败的血液。

【诊断】　经临床检查可以做出初步诊断，确诊可做X线检查、超声检查、抽出物细胞学检查、细菌分离培养或活组织检查。急性额窦炎，可依据临床症状、病史、窦部触诊与叩诊做出诊断。辅助性诊断是做细菌的分离培养和药敏试验，确定病原菌的种类和可以使用的敏感抗生素。

慢性额窦炎，依据临床症状、病史、窦部触诊与叩诊也可做出诊断，但应排除成年牛的其他有类似症状的疾病，如肿瘤。对颅骨部做X线检查，有助于确诊。

对病牛镇静和局部麻醉，用穿刺针刺入额窦腔采集脓性物质，做细胞学和细菌学检查，对确定炎症与肿瘤及病原体的种类，具有重要意义。

【治疗】　治疗的原则是抗菌消炎，做额窦腔的冲洗与引流。

（1）急性额窦炎　清洗角突部的伤口，除去脓性结痂、碎骨片等异物。用吸引器或连接橡胶管的注射器吸出脓汁，再用抗生素生理盐水或生理盐水与温和的防腐剂（如0.1%氯已定、新洁

尔灭或高锰酸钾溶液，0.5%聚维酮碘溶液）清洗窦腔，并选择敏感的抗生素做全身应用，连续应用7~14d。清洗时，先使病牛头倾斜，用药液灌满窦腔，然后扭转头部使药液流出、排空。反复用防腐剂冲洗后再用生理盐水冲洗，并以灭菌纱布导入窦内吸干液体，然后填入抗生素油剂纱布，包扎伤口，如此每1~2d处理1次，直至化脓减少或停止。抗生素首选青霉素类，然后根据药敏试验结果变换抗生素。全身应用抗炎药物，如水杨酸钠、氟尼辛葡甲胺、美洛昔康等，可加速炎症消退。局部与全身治疗相结合，疗程一般为2周。

（2）**慢性额窦炎** 常需要通过额窦的圆锯孔进行引流和灌洗。在额窦圆锯术的钻孔部位，一是位于额窦角突基部（角的前面），二是在两眼眶窝后缘的连线上距额中线3.8~4.0cm处。也可在眼眶后背侧、颞嵴的内侧做圆锯术，但这里可使感染通过受损软化的骨组织沿软组织扩散，导致眼眶部软组织感染（图13-2-9）。对2岁以下的奶牛做额窦圆锯术时，需要特别谨慎，因为青年牛额窦的口部和口内侧部尚未完全形成，额窦的内骨板不完整，圆锯术易损害颅腔壁或暴露颅腔。

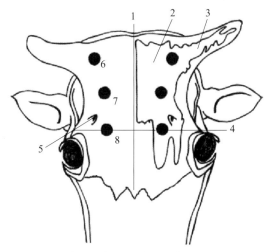

图13-2-9 额窦圆锯术的钻孔位置示意图
1—额正中线 2—额窦腔 3—角窦腔 4—两眼眶后部的连线 5—眶上孔 6—角基部圆锯孔 7—眼眶后背部、颞骨嵴内侧圆锯孔 8—两眼眶后缘连线上的圆锯孔

用上述方法做窦腔冲洗，在两个圆锯孔之间可放置排液管或引流物，以确保内容物可以通畅流出，并预防刀口过早闭合。环形圆锯口的直径最小为2~2.5cm，以防过早闭合。额窦内若为液性脓汁，则预后良好；若是脓性肉芽肿或实体组织，则预后慎重。依据细菌分离培养与药敏试验结果选用抗生素，连续使用2~4周。可应用消炎止痛药，如水杨酸钠、氟尼辛葡甲胺或美洛昔康等，以减轻病牛的痛苦。

时间过久的病例，窦内有肉芽组织，脓性物质较少，常发展为致命性脑炎，预后不良。若没有出现神经症状，则预后良好。神经症状和眼眶蜂窝织炎，是慢性额窦炎的严重或致死性并发症；继发眼眶蜂窝织炎的病例，常需要同时摘除患侧眼球，并做眼部引流。这类病例的治疗，需要长期使用抗生素，仔细处理伤口，做好病牛的护理。

化脓性放线菌感染，需要联合应用青霉素与链霉素，或单独大剂量使用青霉素，每天2~3次，连用2~4周；头孢噻呋、头孢喹肟、恩诺沙星或马波沙星，也有良好的疗效，或配合口服碘化钠。

因牙齿疾病发生上颌窦炎的病例，需要除去病牙。上颌窦炎时在上颌窦（或病牙对应的上颌窦位置）做直径为1.0~2.0cm的圆锯孔，做开放冲洗或插入塑料管进行冲洗。

联合应用中药辛夷散做辅助治疗。将辛夷45g、酒知母30g、沙参21g、木香9g、郁金15g和氢氧化铝9g，研细后开水冲服，每天1副，连服3~5副，重症病例连服4~6副，然后隔天服用1副。

（李建基）

四、食物反流与食管阻塞

1. 食物反流

食物反流（Food Reflux）是指动物在没有干呕动作的情况下其食管或瘤胃的内容物逆流进入口腔或鼻腔。其中，牛反刍属于生理性胃内容物反流。食物反流是疾病的一种症状，不是独立的一种疾病。在临床上，它可见于多种疾病。例如，巨食管症（食管内径变粗大，食物在食管内滞留）、食管裂隙疝（靠近胃的食管经膈食管裂隙向胸腔突出，食管腔阻塞或不通畅）、食管憩室（食管壁形成囊状凹陷，内蓄积食物）、食管炎、食道创伤或食道远端疣、食道阻塞等食管疾病，均可出现食物反流。创伤性网胃腹膜炎或迷走神经性消化不良，导致瘤胃内压升高或贲门括约肌松弛，可发生瘤胃内食物反流（视频13-2-1）。李氏杆菌病导致迷走神经核炎性反应，迷走神经过度兴奋导致食管逆向蠕动。咽部炎症、咽部肌肉松弛或咽部阻塞，因吞咽困难导致采食或饮水时水或食物反流。产后低血钙症，平滑肌松弛、瘤胃内压升高，易发生食物反流，且因病牛昏迷有引起异物性肺炎或窒息的风险。中毒性疾病，如夹竹桃中毒、砷中毒，也可出现食物反流或呕吐。

2. 食管阻塞

食管阻塞（Esophageal Obstruction）是食块或异物突然阻塞于食管腔内所致的吞咽障碍性疾病。

【病因】 食管阻塞的病因包括原发性与继发性两种。

（1）**原发性食管阻塞** 多是采食马铃薯、甘薯、萝卜等块根类饲料及苹果、西瓜等，因未能充分咀嚼就快速吞咽所致，也见于采食大块豆饼、花生饼、玉米棒的过程中。个别奶牛因食管机能障碍，在采食常规饲草、干粉饲料过程中发病，如全身麻醉尚未完全苏醒时采食、食管麻痹时采食等，偶因误咽胎衣、毛巾、缰绳、布匹、铁器等异物而发病。

（2）**继发性食管阻塞** 常见于食管狭窄、食管痉挛、食管麻痹、食管扩张的病例，在这种情况下，采食固体食物易发生食管阻塞。

【症状】 食管阻塞包括完全阻塞和部分阻塞，前者食物和水不能进入瘤胃，后者少量流质食物或水可以通过食管进入瘤胃。食管阻塞病牛，会在采食过程中突然发生退槽、停止采食，病牛神情紧张，骚动不安，头颈伸直，呈现吞咽动作，张口伸舌，惊恐不安，呼吸急促；因食管和颈部肌肉收缩，反射性地引起咳嗽。完全阻塞的病牛出现持续性大量流涎，咳嗽时从口腔、鼻孔流出大量唾液泡沫。

食管完全阻塞时，病牛采食、饮水均停止。若在食管上部阻塞，则为持续流涎；若为下部阻塞，则吞下的唾液先在食管内存留，颈部食管呈圆筒状鼓起，待内容物增加到一定程度时便出现呕吐或反流，内容物自口腔和鼻腔喷出，吐出物无酸臭味；因嗳气障碍，病牛迅速发生瘤胃臌气和压迫性呼吸困难。

食管不完全阻塞时，病牛唾液和流质食物可吞下，可饮水，不出现大量流涎和严重瘤胃臌气的现象。

【诊断】 根据突然发病、吞咽困难、大量流涎、颈部食管隔皮触诊出现圆筒状鼓起等临床症状，可以初步确诊。然后应用胃管探诊，经口腔或鼻腔插管，胃管不能插入瘤胃并有碰击硬物感。有条件的，可做 X 线检查，向食管腔内灌注硫酸钡做食管造影，可见硫酸钡停留在食管内不能进入瘤胃或有部分硫酸钡通过阻塞部位，可确定食管阻塞处和异物的形状与大小。

【治疗】 治疗的原则是尽快除去食管内异物和确保呼吸道通畅。

(1) **直接取出法** 咽后部食管阻塞，可经口腔取出异物。方法是肌内注射赛拉嗪（唑）镇静，0.003~0.006mg/kg 体重。安装开口器，术者手伸入口腔至咽部，直接取出异物；或在灯光照射下用异物钳直接取出阻塞物。与此同时，助手在奶牛颈部左侧自体外隔皮向口腔方向推移食管内的异物，使其靠近口腔或直接将其推入口腔，便于术者将其取出。

(2) **挤压法** 若异物位于颈中 1/3 以上的食管内，特别是异物为马铃薯、甘薯、胡萝卜等块根饲料时，可采用挤压法。参照上述疏导法，镇静后，先灌入少量解痉剂（如 2% 盐酸普鲁卡因或利多卡因）和润滑剂，再将病牛进行右侧卧保定，拉直头颈部。在颈部食管阻塞部下方放置木板，术者用手掌抵住食管内异物的下端，逐渐地向咽部方向挤压、推移异物，使其靠近或进入口腔。然后，自口腔取出异物。

(3) **疏导法** 当异物位于颈基部和胸腔部的食管内时，可采用胃管进行下推疏导食管。方法是采取上述方法对奶牛镇静，经口腔或鼻腔插入胃管，经胃管向食管腔内灌入 2% 盐酸普鲁卡因或利多卡因溶液 10mL、液体石蜡 50~100mL，用胃管缓缓向下试推异物。注意不宜用力过猛或过大，以防导致食管破裂。此法适合阻塞时间在 24h 内的病例。阻塞时间过长，食管壁发生炎性水肿或坏死，易发生食管破裂。若为草团、豆饼等较软的异物，可在胃管的体外端连接胶皮球，吸出食管内的液体，然后灌入 2% 盐酸普鲁卡因或利多卡因溶液 10mL 和少量液体石蜡，5min 后放低头部，一边向食管内适量打气，一边向下推送胃管，缓慢地将异物推送至瘤胃内。

颈部食管阻塞，包括颈基部食管阻塞，应尽量采取挤压法经口腔取出异物。若挤压法无效，首先考虑手术疗法，即颈部食管切开术，颈基部的异物可以在阻塞部头侧做食管切开术，用异物钳或长的带齿组织钳自食管切口夹出异物。若采用疏导法，有时异物自颈部被推移至胸段食管后不易再后行，结果导致胸部食管阻塞，增加了治疗难度。若不具备手术条件或考虑到经济问题，可试用疏导法。对于胸部食管阻塞，若异物位于近贲门侧食管内，且用疏导法治疗无效时，可采用瘤胃切开术（左肷部前切口），术者手自瘤胃切口伸至贲门处，用带齿的组织钳伸入食管内取出异物；与此同时，助手经食管插管自食管内后推异物。

在治疗前或治疗过程中，病牛常发生瘤胃臌气。此时应施行瘤胃穿刺放气，方法是在左肷部剪毛、消毒，然后用粗针头直接刺入瘤胃。针头的长度应为腹壁厚度的 2 倍以上，并在体外用胶带或绷带固定，以防在放气过程中针头滑出瘤胃或脱落。在放气的同时，向瘤胃内注入制酵剂，如鱼石脂酒精，以减少瘤胃产气。

病牛呼吸困难常见于两种情况：一种是因瘤胃臌气压迫膈肌导致的呼吸困难，另一种是因异物压迫气管导致的呼吸困难。前者经瘤胃放气可得到缓解或消除，后者需要做紧急气管切开术，以保证呼吸道通畅。异物压迫气管导致的严重呼吸困难，多见于咽后部食管阻塞，若延误手术时间，病牛常因窒息而死亡。

（4）**食管切开术** 适用于用一般保守疗法难以除去食管内异物的病例。奶牛多施行颈部食管切开术，对胸部食管的前段、中段发生的食管阻塞，常采取疏导法，疏导无效或导致食管破裂的病牛，常被淘汰，个别有价值的病牛，可做胸部食管切开术（在左侧第6~8肋间做开胸术）。本部分仅介绍颈部食管切开术。

1）麻醉与保定：全身麻醉配合局部浸润麻醉；对病牛进行站立保定或右侧卧保定，使其头颈伸直。

2）切口定位：分为颈静脉上方切口与颈静脉下方切口（图13-2-10、图13-2-11）。上方切口径路较近，下方切口径路较远；下方切口的创液或术后炎症、感染不易损伤颈静脉。沿臂头肌下缘0.5~1.0cm或胸头肌上缘0.5~1.0cm做12~15cm长的皮肤切口。

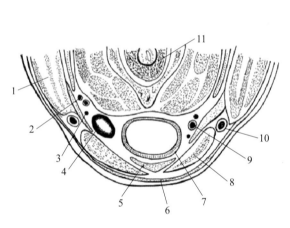

图13-2-10 颈部食管的解剖位置示意图
1—臂头肌 2—迷走神经干 3—返神经 4—食管 5—胸骨甲状舌骨肌 6—皮肌 7—气管 8—胸头肌 9—颈总动脉 10—颈静脉 11—颈椎

图13-2-11 显露颈部食管的皮肤切口位置示意图
1—颈静脉 2—上切口与下切口 3—上切口通路
4—下切口通路 5—食管 6—气管 7—臂头肌
8—胸头肌

3）术式：在阻塞部相对的体表位置皱襞切开皮肤，颈基部阻塞时切口常自颈中1/3与下1/3交界处向后做皮肤切口，切口长15~20cm。剪开皮肌和筋膜，钝性分离颈静脉与肌肉之间的疏松组织，不易分离的用剪刀剪断，但应保护颈静脉周围的筋膜。钝性分离肩胛舌骨肌后剪开深筋膜，至气管的背侧或左背侧寻找食管。食管呈细致的肌肉色，见到食管后钝性分离食管周围的筋膜，游离食管。常可用手指触及食管内的异物，直接分离食管阻塞部周围的组织，游离食管并牵引至切口外。

将食管牵引至切口外，用生理盐水纱布隔离、固定（图13-2-12）。若阻塞时间短、食管壁损伤轻，可在阻塞物处切开食管壁；若阻塞时间长、食管壁炎性水肿，应在阻塞物下方切开食管壁。切口的大小以刚好取出阻塞物为宜。切开全层食管壁，取出异物，擦净唾液和血液，用酒精棉球擦拭消毒后缝合食管切口。对食管壁做两层缝合，第一层用可吸收线内翻缝合黏膜层，第二层用可吸收线对纤维肌肉做间断缝合。食管周围的筋膜、肌肉和皮肤分别做间断缝合。若食管发生坏死（多为 48h 以上），可行食管切口开放，不缝合，创内填浸有防腐液的纱布，皮肤做假缝合。术后经静脉输液给予营养，每天处理伤口，取二期愈合。

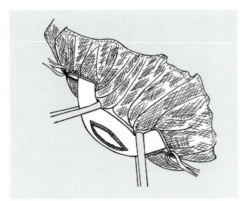
用纱布隔离食管，用肠钳夹闭食管腔，在食管的背侧纵向切开食管壁

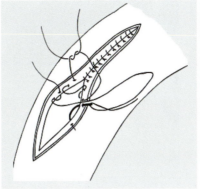
全层内翻间断缝合食管黏膜

间断缝合食管肌层和纤维膜

图 13-2-12　食管切开术示意图

术后 2~3d 禁食禁饮，静脉供给营养；以后饲喂柔软饲草。全身应用抗生素 5~7d，防治感染。食管壁愈合需 10~12d，在此期间注意饮食和颈部伤口愈合的情况。8~12d 后拆除皮肤缝合线。

（李建基）

五、颈枷病

奶牛颈枷病（Cow Stanchion-inducing Disease）是指奶牛上颈枷后，由于颈枷对颈部皮肤、皮下组织的挤压、摩擦与挫伤后引起的两耳后方颈部的局部肿胀，有的引起局部皮肤感染坏死，有的引起皮下形成脓肿、淋巴外渗与血肿等疾病的总称，称为颈枷病。

【病因】　发生颈枷病的奶牛大多胆小，容易受惊吓。奶牛上颈枷后，在颈枷处于锁定状态下，当 TMR 饲喂车开到饲喂通道上后，胆小的奶牛就会猛然倒退，颈部组织很容易发生挤压或发生挫伤。在畜牧兽医人员对奶牛进行检查或处理时，奶牛在颈枷锁定状态下，为躲避畜牧兽医人员的检查与处理，往往猛然后退，颈部皮肤与皮下组织容易发生损伤，最多见于肌肉组织中淋巴管断裂和肌肉组织的损伤，形成淋巴外渗，也有的局部发生感染引起局部皮肤坏死。

【症状】　当奶牛颈部受颈枷的挤压发生挫伤后，最常发生颈部的淋巴管断裂，出现淋巴外渗。在病的初期兽医或饲养人员很难发现奶牛发生了颈枷病，当淋巴外渗达到一定体积后，饲养管理人员或兽医才发现奶牛已经发生了颈枷病，淋巴外渗大小不一，有的在颈部一侧，也可发生在颈部两侧，可发生 1 个或数个淋巴外渗（图 13-2-13~图 3-2-16）。

王春璈　摄
图 13-2-13　奶牛颈部巨大淋巴外渗

图 13-2-14　奶牛颈左右两侧淋巴外渗　　图 13-2-15　颈枷病局部感染化脓　　图 13-2-16　奶牛颈枷病颈部两侧感染

【诊断】　根据临床症状和发病部位即可确定诊断，但要明确颈枷病的性质，是淋巴外渗还是血肿，是局部皮肤坏死还是皮肤与皮下感染化脓。

【治疗】　对颈枷病牛都需要治疗，不能淘汰，因为这些病是可以通过治疗获得康复的。治疗病牛要有专门的治疗场所，规模化牧场需要建立病牛治疗室，凡不建立病牛治疗室的牧场，病牛淘汰率升高，牧场生产效益降低。

病牛进入保定架内，局部清洗、剃毛、消毒。对淋巴外渗应在无菌操作下切开囊壁排出囊内蓄积的液体（视频 13-2-2）。放完囊内淋巴液后，还要用消毒的止血钳或手指伸入创内取出蓄积的纤维素凝块和破碎的无生命力的肌肉组织（视频 13-2-3）。用生理盐水冲洗囊腔后，向囊腔内填塞酒精、甲醛纱布绷带（视频 13-2-4）。具体操作方法及术后护理方法，见第十一章第四节淋巴外渗。

视频 13-2-2　　　　　　　　　视频 13-2-3　　　　　　　　　视频 13-2-4
切开囊壁排出积液　　　　取出囊内大量挫灭的无生命　　向囊腔内填塞酒精、甲醛纱布
　　　　　　　　　　　　组织　　　　　　　　　　　　绷带

当颈部受损的皮肤发生坏死或发生化脓时，处理的方法为切除坏死的皮肤，对皮下感染的无生命力的组织进行彻底清创，具体操作方法见第十一章第六节创伤与处理。

（王春璈）

第十四章 泌尿系统疾病

第一节 肾炎

肾炎（Nephritis）是指肾小球、肾小管或肾间质组织发生炎症的总称。根据发病部位可以分为肾小球肾炎和间质性肾炎，根据病程可分为急性肾炎和慢性肾炎。本病的主要特征是肾区疼痛、敏感，尿量减少，尿中多含有病理性产物。

【病因】 肾炎主要与感染、中毒、机械性因素刺激与免疫失调有关，确切病因尚不清楚。

（1）感染因素 多继发于炭疽、牛出血性败血症、口蹄疫、结核、传染性胸膜肺炎和败血症等。

（2）中毒性因素 可分为内源性因素和外源性因素两种。引起肾炎的内源性因素，通常有奶牛的胎衣不下、化脓性子宫内膜炎、急性乳房炎、肠套叠、肠扭转、腹膜炎和结核病等。常见的外源性因素，有饲喂霉败变质的饲料饲草、未脱毒或脱毒不彻底的棉籽饼、饲料饲草被农药或重金属（如砷、汞、铅、镉和钼等）污染，误食了有强烈刺激性的药物（如斑蝥、松节油等）等。

（3）机械性因素 踢打、冲撞等外力作用，或者在直肠检查时误将肾脏认为是便秘块而进行挤压，造成了肾脏损伤。

（4）免疫失调 常见于由结核杆菌、溶血性链球菌、肺炎双球菌、葡萄球菌、埃希氏大肠杆菌和钩端螺旋体等引起的细菌感染。外源性抗原形成的免疫复合物沉积在肾小囊基底膜也会引起肾炎。

（5）营养不良 可诱发肾炎，特别是硒缺乏症，可引起肾脏出血与坏死（图14-1-1、图14-1-2）。

【症状】 不同类型的肾炎，其临床症状有所不同。

（1）急性肾炎 病牛临床症状明显，体温升高，精神沉郁，消化不良，食欲减退。肾区敏感、疼痛，不愿走动。站立时拱背，两后肢收于腹下或叉开。强迫行走时，腰背弯曲、发硬，后腿僵硬，步态强拘，小

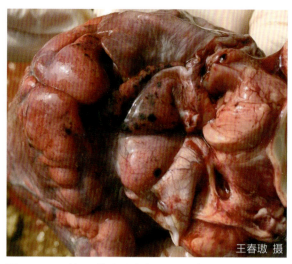
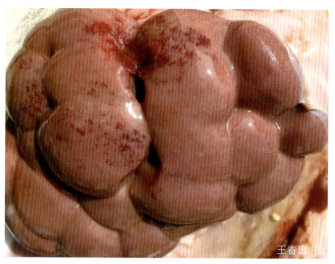

图 14-1-1　硒缺乏引起肾脏出血　　　　　图 14-1-2　硒缺乏引起肾脏出血与坏死点

步前进，在向病侧转弯时尤显困难。在病情严重时，病牛后肢提举不充分而拖拽前进。尿频，每次尿量少，有的病牛可能会无尿。尿液相对密度增高，如尿中含有大量红细胞时，尿呈粉红色，甚至深红色或红褐色。尿中蛋白质含量高达3%或更多。尿沉渣中可见透明管型、颗粒管型及红细胞管型，还经常有上皮管型和散在的红细胞、白细胞、肾上皮细胞和细菌等。

触诊肾区，病牛有疼痛反应。直肠检查时，触摸肾脏，肾脏肿大，病牛敏感，站立不安，甚至躺卧或拒绝检查。结膜呈浅白色。

动脉血压升高，主动脉第二心音增强。随着病程延长，病牛可出现血液循环障碍与全身静脉瘀血。在发病后期，通常在眼睑、腹下、胸前、阴囊部和会阴部发生水肿。病情严重时，可伴发喉水肿、肺水肿和腹腔积液。

重症病牛呈尿毒症症状，血液中非蛋白氮含量增高。病牛衰弱无力，意识模糊或昏迷，全身肌肉阵发性抽搐，呼吸困难，多有严重腹泻。

（2）慢性肾炎　临床多由急性肾炎发展而来，其症状与急性肾炎基本相似。因慢性肾炎发展缓慢，症状多不明显。

病牛衰弱，全身乏力。食欲减退，反刍少，有明显的消化不良或严重的胃肠炎，逐渐消瘦。脉搏加快，第二心音增强，血压升高。在发病后期，眼睑、腹下、胸底壁、会阴部多出现水肿，重症病牛会有肺水肿或体腔积液。尿液相对密度增高，蛋白质含量增加，尿沉渣中会有大量肾上皮细胞和管型（如上皮管型、颗粒管型），还会有少量红细胞和白细胞。

重症病牛多发慢性氮血症性尿毒症，血液中非蛋白氮含量可增高至1.16g/L，尿液中尿蓝母大量蓄积可增高到40mg/L。

（3）间质性肾炎　临床症状与肾脏损害程度有关。发病初期，表现为尿量增多，后期尿量减少，且尿沉渣中常见有少量蛋白质、肾上皮细胞、红细胞和白细胞。有时还会发现透明管型、颗粒管型。

血压升高，心脏肥大，心搏动增强，第二心音增强，脉搏充实、紧张。随病程延长，会出现心脏衰弱、心源性水肿、尿量减少、尿相对密度增高。直肠检查时，触诊肾脏，有坚硬感，体积缩小；无疼痛、敏感反应。最后病牛因肾功能衰竭，导致尿毒症而死亡。

【诊断】 根据病史和典型的临床症状，即可进行诊断。结合实验室诊断，即可确诊。间质性肾炎，还可通过直肠内触诊，会感知到肾脏硬固，体积缩小。

应注意与肾病鉴别诊断。肾病是因细菌或毒物直接刺激肾脏，引起肾小管上皮变性的一种非炎性疾病，通常肾小球损害轻微。临床可见有明显的水肿、大量蛋白尿和低蛋白血症，但不会有血尿和肾高血压。

【治疗】 肾炎的治疗原则是清除病因，加强护理，消炎利尿，抑制免疫反应和对症治疗。药物治疗主要是消除感染、抑制免疫反应、利尿消肿。

（1）消除感染 可选用以下药物。

1）抗生素：可用青霉素 1600 万 IU，肌内注射，每天 2 次；或用卡那霉素每千克体重 10~15mg，肌内注射，每天 2 次。

2）呋喃类药物：呋喃妥因钠盐的疗效最显著，0.5~1g，肌内注射，每天 2~3 次，1 个疗程 3~5d。

（2）抑制免疫反应 应用激素类药物。皮质激素主要影响免疫过程的早期反应，同时也有一定的抗炎作用。临床多选用醋酸泼尼松 50~150mg，内服，每天 2 次，在连续服用 3~5d 后，应减量 1/10~1/5；或用泼尼松龙 200~400mg，分 2~4 次肌内注射，可连续使用 3~5d；也可用地塞米松（氟美松）20~30mg，肌内或静脉注射；或用醋酸可的松或氢化可的松 20~300mg，肌内或静脉注射。

（3）利尿消肿 当病牛有明显水肿时，可酌情选用利尿剂。可用双氢克尿噻 0.5~2g，内服，每天 1~2 次，连用 3~5d 后停药；或用氯噻酮 0.5~1g，内服，每天或隔天 1 次；或用利尿素 5~10mg，内服；或用醋酸钾 10~30mg，内服；或用 25% 氨茶碱注射液 4~8mL，静脉注射。

（4）对症疗法 当心功能衰竭时，可选用安钠咖、樟脑或洋地黄等强心剂。当发生尿毒症时，可静脉注射 5% 碳酸氢钠注射液，200~1500mL；或在 5% 葡萄糖溶液 500~1000mL 中，加入 11.2% 乳酸钠溶液，静脉注射。当出现大量蛋白尿时，可应用苯丙酸诺龙或丙酸睾酮等，促进蛋白质合成，以补充机体蛋白。有大量血尿时，可应用止血药。

【预防】 加强饲养管理，保持日粮平衡、饲料品质良好，做好防寒保暖、防暑降温等措施，增强奶牛体质，提高抗病力。加强兽医防疫，控制奶牛常发的急性传染病的发生。对于奶牛易患的感染性疾病，要及时治疗，并使其尽早痊愈，防止转为慢性而持续地刺激肾脏。

（李建军）

第二节 膀胱炎

膀胱炎（Cystitis）是膀胱黏膜和黏膜下层的炎症，以尿频、尿痛和尿中出现较多膀胱上皮细胞、炎性细胞、血液和磷酸铵镁结晶为特征。临床上以卡他性膀胱炎多见，母牛多发。

【病因】 膀胱炎的发生通常与创伤、尿潴留、难产、导尿和膀胱结石等有关。其中，难产是奶牛膀胱炎的主要诱发原因，因为难产可能损伤分布到膀胱的荐神经，从而降低膀胱张力，干扰膀胱排空，尿潴留或直接通过尿道污染而使膀胱感染。常见病因如下：

（1）**细菌感染** 除某些传染病的特异性细菌继发感染外，主要是由化脓隐秘杆菌、大肠杆菌，其次是葡萄球菌、链球菌、绿脓杆菌和变形杆菌等经过血液循环和尿路感染而致病。

（2）**机械性刺激或损伤** 导尿管刺激或膀胱镜使用不当，引起膀胱黏膜的损伤。膀胱结石、膀胱内赘生物、刺激性药物（如松节油、酒精等）和尿潴留时的分解产物刺激导致膀胱黏膜发生炎症。

（3）**邻近器官炎症的蔓延** 肾炎、输尿管炎，尤其是母牛阴道炎、子宫内膜炎等蔓延到膀胱而导致膀胱炎。

（4）**毒物影响或矿物元素缺乏** 蕨中毒、尿潴留时的产生的氨引起的刺激、碘缺乏均可引发本病。

【症状】 急性膀胱炎的临床症状主要有病牛屡做排尿姿势、尿频，痛性尿淋漓，摇尾，排尿时不时蹄踢腹部等。直肠检查时，病牛疼痛不安、抗拒。因难产或其他神经性疾病导致荐神经受损的病牛，直肠触诊时可摸到膨大的弛缓的膀胱。尿液为血尿或脓尿，试纸检测时呈血液和蛋白阳性，尿液 pH 依尿中微生物和家畜日粮的不同而有变化。

慢性膀胱炎病牛排尿与急性病例类似，有时会因尿路梗塞而引起排尿困难。因病程较长，膀胱壁增生变厚，膀胱体积缩小，病牛表现为营养不良、消瘦、被毛粗乱、无光泽。

【诊断】 急性膀胱炎可根据疼痛性频尿、排尿姿势变化等临床特征进行诊断。在尿沉渣镜检时发现大量膀胱上皮细胞、红细胞、白细胞、脓细胞和磷酸铵镁结晶等，可有助于确诊。应该与肾盂肾炎、尿道炎进行鉴别诊断。肾盂肾炎表现为肾区疼痛，肾脏肿大，尿液中有大量肾盂上皮细胞。尿道炎在镜检时无膀胱上皮细胞。直肠检查时，触诊膀胱壁变厚、缩小，或膀胱弛缓、无收缩力等症状。

【治疗】

（1）**抗制细菌感染** 可用青霉素，每千克体重 2 万 IU；或用氨苄西林，每千克体重 10mg，肌内注射，每天 2 次。连续使用 7d。

（2）**促进膀胱排空** 当膀胱麻痹或弛缓并发膀胱炎时，可临时放置 Foley 导尿管排空膀胱，减少膀胱中的炎性沉积物。

（3）**保证充足饮水** 给病牛供给充足饮水，增加尿液排泄，有利于炎性产物排出。

（4）**取出膀胱结石** 细菌性膀胱炎容易继发膀胱结石，如果确诊有膀胱结石时，在使用药物抗菌消炎后应及时进行手术清除膀胱结石。

（5）**清除粘连组织** 犊牛因脐带或脐尿管粘连继发的膀胱炎，可在腹中线切开腹壁，显露膀胱，切除与膀胱粘连的组织，以游离膀胱。

【预防】 严格执行导尿操作规程，严格执行犊牛接产与断脐带操作规程，尽量减少经生殖道感染的机会。对患有生殖道和泌尿道感染的病牛，应及时治疗，防止继发感染。

（李建军）

第三节 膀胱麻痹及膀胱破裂

一、膀胱麻痹

膀胱麻痹（Bladder Paralysis）是膀胱平滑肌的收缩力减弱或丧失，导致尿液不能随意排出而潴留在膀胱内的一种非炎性疾病，以不能随意排尿、膀胱充满且无明显疼痛反应为临床特征。

【病因】 膀胱麻痹多为继发性的，主要有以下两种原因。

（1）**神经源性** 由于脑膜炎、脑部挫伤、中暑、电击、生产瘫痪或因脊髓震荡、挫伤、肿瘤等中枢神经系统的损伤，导致支配膀胱的神经功能发生障碍或调节排尿反射的中枢功能障碍，对膀胱的控制与支配作用消失，因此膀胱平滑肌或括约肌失去收缩能力。

（2）**肌源性** 因膀胱或邻近器官炎症波及膀胱深层组织，造成膀胱肌层的紧张度降低；或因尿道阻塞，尿液潴留引起膀胱过度充盈、膀胱肌过度伸张而导致弛缓，降低了收缩力，发生一时性的膀胱麻痹。

在发生膀胱麻痹后，因尿液潴留，造成细菌大量繁殖，尿液发酵生成氨，容易引发膀胱炎；另外，尿液大量积聚在膀胱中，病牛屡做排尿姿势，但无尿液排出或呈尿淋漓。

【症状】 膀胱麻痹的病因不同，病牛的临床表现也不相同。

（1）**脑性膀胱麻痹** 病牛丧失了对排尿的调节作用，只有当膀胱内压超过了括约肌紧张度时，才会排出少量尿液。直肠检查触诊膀胱，会感觉膀胱高度充满，在按压膀胱时尿液呈细流状喷出。

（2）**脊髓性膀胱麻痹** 病牛排尿减弱或消失，只有当膀胱内充满尿液时，经直肠内触压膀胱，会感觉膀胱内充满尿液。当膀胱括约肌麻痹时，排尿失禁，尿液不自主地呈滴状或线状排出，经直肠内触摸膀胱感觉空虚，导尿管容易插入。

（3）**肌源性膀胱麻痹** 病牛膀胱内充满尿液，频频做排尿动作，但每次排尿量不大。按压膀胱时有尿液流出，呈一时性排尿障碍。

以上各种原因引起的膀胱麻痹，在进行实验室检查时都没有尿管型。

【诊断】 根据病史、临床症状并结合直肠检查和插导尿管探查，不难做出诊断。

【治疗】 膀胱麻痹的治疗原则是兴奋膀胱、排出积尿和对症治疗。

（1）**兴奋膀胱** 可应用神经兴奋剂，提高膀胱平滑肌的收缩力，有助于排尿。可用硝酸士的宁15~30mg，皮下注射，每天或隔天1次，以兴奋脊髓；或用1%灭菌氯化钡溶液，每千克体重0.1g，静脉注射，对病牛的膀胱麻痹有较好的治疗效果。

（2）**排出积尿** 实施导尿术，防止膀胱内压过大而导致破裂。可通过阴道下壁经尿道外口插入导尿管排空膀胱内尿液，也可在直肠内实施膀胱按摩，排出积尿。

（3）**对症治疗** 可使用抗生素和尿道消毒剂，以防止感染。

（李建军）

二、膀胱破裂

膀胱破裂（Rupture of Bladder）发病急、病情变化快，若诊断和治疗拖延，病牛容易发生尿毒症而死亡，临床上公牛也有时发生。

【病因】

1）尿道结石、沙性结石或膀胱结石阻塞了尿道或膀胱颈，尿道炎引起的局部水肿、坏死或瘢痕增生等，都会继发尿路阻塞，上述是引起膀胱破裂的常见原因。也可见于阴茎头损伤、膀胱麻痹等。另外，结扎脐带的线结通过未闭合的脐尿管进入膀胱内也会阻塞尿道，引起膀胱积尿而导致膀胱破裂。

2）在膀胱内尿液充盈，内压大时，膀胱壁紧张、变薄，此时不恰当的横卧保定、努责、摔跌和挤压等引起腹内压增高的因素，都可导致膀胱破裂。

3）膀胱肿瘤、慢性蕨中毒和棉酚中毒等继发的膀胱炎，有时也会引起膀胱破裂。

4）在公牛膀胱尿液过度充满时采精，也有膀胱破裂的报道。

5）对公牛不正确地多次反复经直肠内膀胱穿刺导尿，可导致膀胱的不全破裂。尿液渗出到膀胱周围，会引发局限性的腹膜炎，造成膀胱和直肠的部分粘连，严重者会发生大范围粘连，甚至形成直肠-膀胱瘘。

6）犊牛脐炎也可能引起育成牛膀胱破裂。当胚胎的脐孔和脐带逐渐形成时，尿囊借脐带中的脐尿管与膀胱相通。犊牛出生后若患脐炎，炎症可沿脐尿管蔓延到膀胱，引发膀胱炎。如果炎症持续时间较长，炎症部位的膀胱壁会发生病变、变薄、韧性降低，容易发生尿渗漏或破裂。

7）骨盆骨折和粗暴的助产等原因，均可能引发膀胱破裂。

【症状】 膀胱破裂后尿液直接进入腹腔。膀胱破裂时间不同，临床症状轻重不等。常见症状主要有排尿困难、腹膜炎、尿毒症和休克等。

从尿道阻塞到膀胱破裂大约为3d。在膀胱破裂前，病牛采食与反刍停止，鼻镜干燥，时有排尿动作。在膀胱破裂后，因为膀胱内的压力突然消失，尿闭引起的腹胀、努责、不安和腹痛等症状突然消失，病牛暂时变得安静，尿意消失，不再出现排尿动作。因大量尿液进入腹腔，腹下部腹围迅速增大，在破裂后1d病牛下腹部即可呈圆形。冲击式触诊左右两侧腹部，有明显的振水音。腹部叩诊时有明显的水平浊音。穿刺腹腔时，有大量尿液从针孔冲出，呈棕黄色、透明，有尿味。于试管内加热，尿味更浓。若继发腹膜炎，穿刺液呈浅红色、较混浊，针孔常被纤维蛋白凝块阻塞。直肠检查时，膀胱不易被摸到，或膀胱空虚、皱缩。经数小时复查，膀胱仍然空虚，有时会隐约摸到膀胱破裂口。膀胱破裂的部位可以发生在膀胱的顶部、背部、腹侧和侧壁。

随着尿液进入腹腔，腹膜炎和尿毒症的症状逐渐加重。病牛精神沉郁，眼结膜充血，体温升高，心率加快，呼吸急促，肌肉震颤，无食欲。反刍停止，胃肠弛缓，瘤胃呈现不同程度的臌胀，便秘。

病牛膀胱不全破裂或裂口较小时，破裂口可以被纤维蛋白覆盖而自愈，但当腹压突然增大时可再度复发。

因直肠内膀胱穿刺导尿所引起的膀胱穿孔，在直肠检查时可触及不充盈的膀胱，直肠与膀胱间因有纤维蛋白的析出会呈捻发音。有的病牛会因尿液漏入腹腔，发生局限性腹膜炎。随着纤维蛋白的析出，病牛的膀胱与肠管、网膜和瘤胃等会发生广泛性粘连。少数病牛会在粘连范围内形成一个包囊，并与膀胱相通，囊内潴留尿液。在直肠检查时会发现病牛膀胱内尿液充盈不足，除排尿障碍外，一般无全身症状。有的病牛会形成膀胱-直肠瘘，可见粪中混有尿液。

【诊断】 根据病史、临床症状、直肠检查和腹腔穿刺即可进行诊断。必要时可肌内注射盐酸吖啶黄等染料类药物，于 30~60min 后再行腹腔穿刺，若穿刺液颜色和注入药物颜色相同，即可确诊。

【治疗】 膀胱破裂后，病情发展非常急剧，如不及时治疗，病牛极易发生死亡。为了提高治愈率，应该从三个方面统筹考虑。首先，要及时进行膀胱破裂修改术。其次，在术前、术后要使用抗生素，静脉补充电解质溶液。最后，要同时对导致膀胱破裂的原发病进行治疗。

膀胱破裂修改术的方法如下：

（1）**麻醉** 用速眠新进行全身麻醉，剂量为每 100kg 体重 1mL，肌内注射。术部配合使用盐酸普鲁卡因局部浸润麻醉。

（2）**保定** 病牛采取前躯右侧位，后躯半仰卧保定，左后肢跗部充分屈曲，对系部和跗部进行"8"形缠绕固定，并向后外方转位保定左后肢。

（3）**切口定位** 切口可选在左侧阴囊（乳房）和腹股沟管之间，紧靠耻骨前缘，距离腹中线 8~10cm 处，向前切开 18~20cm。

（4）**手术方法** 由后向前做平行腹中线的切口，分层切开腹壁各层，显露腹膜后，先剪一个小口，缓慢放出腹腔内的积尿，清除腹腔内的血凝块和纤维蛋白凝块。手指伸入骨盆口处检查膀胱，如果膀胱和周围组织发生粘连，应尽可能细致地分离解除粘连。用舌钳夹持固定膀胱后，轻轻地向切口外牵引。拉出后，仔细检查膀胱破裂口。修整创缘，切除坏死组织，然后检查膀胱内部，清除膀胱结石、沙性尿石和异物等。彻底冲洗腹腔和膀胱破裂口处，用可吸收缝合线，对膀胱破裂口进行两层缝合。第一层做连续缝合（破裂口小的可做荷包缝合），第二层做间断内翻缝合。缝合时缝针只穿过膀胱浆膜和肌层，不穿过膀胱壁全层。

对发生直肠-膀胱瘘的病牛，要同时修补膀胱破裂口和直肠破裂口。对膀胱麻痹、膀胱炎症明显的病牛，施行膀胱破裂口修补术的同时，做膀胱插管术，可减小破裂口缝合部的张力，保证修补部位愈合良好。手术方法是在膀胱前底壁做荷包缝合，在荷包缝合线圈内，做一个小切口，然后将医用 22 号蕈状导管插入膀胱内，拉紧荷包缝合线以固定导管。在腹壁切口旁的皮肤上做一个长约 1cm 的小切口，自小切口用止血钳钝性穿入腹腔，夹住导管的游离端，经小切口将其引出体外，将导管固定在腹壁上，尿液可经导管不间断排出。然后用大量灭菌生理盐水冲洗腹腔，清除纤维蛋白凝块，最后常规缝合腹壁全层。

施行膀胱破裂修补术的病牛，在术后因为有膀胱插管，大量尿液可经导管不间断引出体外，经下尿路尿道排出的不多。

因尿道阻塞引起膀胱破裂的病牛，如果全身状况尚好，在施行膀胱修补术的同时，可立即检查和确诊尿道阻塞部位并进行尿道切开术，取出阻塞物以恢复尿路的正常通路。如果病牛体质较差，则经对症治疗好转后再施行尿道手术。

（5）**术后护理** 施行膀胱修补术的病牛，在术后 1~2d 腹膜炎和尿毒症有所缓解，全身症状很快好转。此时，应该注意治疗原发病，使原尿路及早通畅，恢复排尿功能。

术后注意观察，要防止蕈状导管滑脱和阻塞，以保持排尿顺畅。若有阻塞，可用生理盐水、0.1%新洁尔灭溶液冲洗，以清除血凝块、纤维蛋白凝块、坏死组织或沙性结石等。

患膀胱炎的病牛，术后需要全身用药治疗，同时每天要通过膀胱留置导管用氯己定等消毒药冲洗 2~3 次，随后注入抗生素。经 5~6d 治疗后，可夹住导管头部，定时松开夹子放尿。待炎症减轻和尿路畅通后，可延长松夹放尿时间，直到拔管。若原发病已经治愈或排尿障碍基本解决，一般在术后 10d 左右可拔除蕈状导管，不应超过 15d。导管留置时间过长，可能形成膀胱瘘。

【预防】 在日常饲养中，要避免诱发膀胱破裂的因素；规范采精、膀胱穿刺导尿等操作。

（李建军）

第四节 公牛尿石症

尿石症（Urolithiasis）在奶公犊牛或公牛散发性疾病，也是育肥牛和放牧公牛泌尿道最重要的疾病。

【病因】 引起牛尿石症的病因或诱因通常有以下几种：

1）高精饲料日粮可提高尿黏蛋白含量，这些日粮是育肥肉牛尿石症的主要病因。

2）高磷日粮或日粮中钙、磷比例失衡，通常与高精饲料日粮有关。

3）牧草中含有大量二氧化硅或草酸盐。

4）维生素 A 缺乏和雌激素过多。雌激素可来自牧草、饲料和玉米赤霉烯酮等。这两个因素均可使黏膜鳞状化，产生固状核，导致尿道狭窄和上皮细胞过度脱落。

5）维生素 D 过多，可能会导致尿液中钙浓度增高。

6）雄性动物早期去势后，可导致远端泌尿道直径变窄，这是去势肉犊公牛和较小反刍动物尿石症的诱因之一。

7）水摄入量少，引起尿液浓缩而促使结石形成。

8）饲喂高精饲料日粮的育肥牛，为了预防瘤胃酸中毒而投喂了大量碳酸氢钠，导致尿液碱性，使尿液中盐类沉积在膀胱或尿道，引起尿结石。

奶公犊牛和公牛可散发尿石症。如果发生流行性尿石症，兽医必须调查所有可能的病因以尽快加以纠正。

【症状】 公牛尿道阻塞在临床上较为常见，常发在公牛的尿道乙状弯曲部。在肾脏、输尿管和膀胱也可能发生结石。泌尿道阻塞后，病牛主要表现为不断努责，做排尿姿势，但排尿不畅，呈滴状排出；排尿时出现后肢踢腹为特征的腹痛症状，食欲减少。在包皮被毛上可发现有沙粒样结石或结晶。若是仍有尿液排出，通常会带有血液。直肠检查时可以发现膀胱过度充盈，触诊骨盆部尿道有波动感。

公牛尿道破裂可导致尿液在皮下沉积，沿包皮和下腹部皮肤会形成指压留痕的弥散性水肿，最终引起局部组织坏死。

【诊断】 主要根据临床症状来进行诊断，通过直肠检查或腹部超声检查膀胱的完整性也是必需的。因为尿路结石最常发生在阴茎的乙状弯曲部，用手触诊该部位常常感到局部有结石的硬度感觉。

【治疗】 凡触诊乙状弯曲部有结石的牛，就要在乙状弯曲部做尿道切开术，取出结石。如果切开了乙状弯曲部发现没有结石，就要经乙状弯曲部尿道切口，插入合适口径的聚乙烯塑料管，向近心端和远心端插入尿道内，连接装有生理盐水的大注射器，推注生理盐水判断尿道近心端与远心端有无阻塞。如果向远心端注入生理盐水，不能经阴茎的尿道外口排出生理盐水，表明结石在阴茎远端，可将牛的阴茎包皮推向上方，暴露阴茎后触诊阴茎尿道沟内有无结石，若有结石就对准结石切开尿道取出结石，然后缝合尿道黏膜和阴茎筋膜。如果向近心端注入生理盐水，能畅通注入膀胱内，说明在阴茎乙状弯曲以上的尿道没有结石。如果向近心端注射生理盐水，不能进入膀胱内，说明结石在乙状弯曲以上，对这种病牛的处理方案是做尿道造口术。

对于遗传基础有价值的公牛，应采用耻骨后尿道造口术：将病牛进行站立保定，在两坐骨节连线与会阴部中线交点处，为尿道造口术部的上端。术部常规剃毛、清洗与消毒，局部浸润麻醉，切口上端为两坐骨结节连线与会阴部中线交点处，向下切开皮肤、肌肉，直达阴茎腹面，用手触诊阴茎腹面有一沟即尿道沟，对准尿道沟切开阴茎外膜、阴茎筋膜、尿道海绵体、尿道，显露光滑的尿道黏膜。用小弯三角针系 7 号缝合丝线将尿道黏膜创缘、阴茎筋膜创缘与同侧的皮肤创缘缝续缝合固定。同法，将另一侧的尿道黏膜、阴茎筋膜与皮肤创缘连续缝合固定，这样，切开的尿道就张开了，像一个椭圆形口，就可以作为病牛永久性的排尿口了。如果病牛的膀胱收缩能力很差，还可以经造口向膀胱内插管排尿。

【预防】 采取消除病因的措施，如更换营养不全的预混料；在高精饲料育肥阶段的牛，合理增加碳酸氢钠用量、减少棉籽饼的饲喂量等。在日粮中加入 4%~5% 的氯化钠，以促进牛饮水，可以降低尿液中溶质的沉积或蓄积。

（李建军）

第五节　公牛阴茎挫伤

阴茎挫伤（Contusion of Penis），是临床上公牛的常发病。

【病因】 常见于对包皮和阴茎部的直接损伤，如因打击或蹴踢，被栅篱或矮墙碰伤，交配时阴茎损伤，在人工采精时使用假阴道不当等。如果过度牵引阴茎，进行尿道探查时，也可引起阴茎挫伤。

阴茎血肿是常见的阴茎损伤性疾病之一，常发生于配种的公牛。在阴茎勃起时，海绵体充满血液，一旦阴茎受到机械外力作用，引起阴茎白膜的破裂即可形成血肿。

【症状】 常可发生于包皮、阴茎、尿道各部损伤或合并伤。

包皮过长的牛更易发生包皮部的撕裂伤或挫伤。阴茎和包皮的挫伤，损伤部会发生炎性肿胀、增温、疼痛，触诊敏感。在阴茎勃起时疼痛明显，病牛呈现拱背、步态强拘和拒绝配种。有的病牛会出现包皮严重肿胀、包皮口狭窄、阴茎不能外伸，有的会因阴茎末端和龟头肿胀而不能回缩到包皮内。随病程延长，病牛因起卧会进一步加重挫伤，甚至会发生化脓坏死，龟头呈紫红色或紫黑色。轻症者常出现尿频、排尿不畅或淋漓；重者发生尿闭，有可能继发尿道或膀胱破裂。

阴茎血肿多发于阴囊前方远端弯曲的阴茎背侧，有些病例在阴囊后方。血肿大小与白膜撕裂后试图交配的次数有关，于伤后立即发生，用针穿刺可确诊。正常情况下，血凝块不久即可机化，血肿周围组织出现血管增生，10d后伴发大量纤维变性，同时在白膜撕裂的边缘开始形成肉芽，因而手术治疗的最好时机约在发病后第5天。因为10d后向外拉出阴茎和缝合有困难，这是临床上治疗本病值得注意的问题。

【诊断】 根据临床症状，结合X线检查等可做出诊断。

【治疗】 阴茎挫伤，初期采用冷疗法。受伤2~3d后改为热疗法，如热敷、红外线照射、按摩等，同时涂抹止痛消炎药膏。在损伤部后段阴茎背侧可用普鲁卡因青霉素溶液进行封闭注射。

急性炎症期有排尿障碍的病牛，可进行直肠内膀胱穿刺排尿。损伤严重导致下尿道完全阻塞者，可施行膀胱内插管作为临时尿路。下尿道无法恢复的病牛，可考虑通过会阴部尿道造口，重建尿道。

阴茎血肿的病牛，保守治疗时需要尽可能地隔离公牛，为了防止感染和形成脓肿，宜行注射抗生素和蛋白水解酶治疗1周，也可用超声波疗法治疗。

如果血肿较大时需要手术治疗。将病牛进行右侧卧保定，左侧后肢向前上方转位，充分暴露术部。经全身麻醉或局部浸润麻醉，阴囊直前方广泛剃毛，做好术前准备。进行常规消毒后，铺无菌创巾。在肿胀处，从前上方向后下方做斜行皮肤切口，止于中线。分离皮下组织，直至可见阴茎血肿，最好用止血钳或手指钝性分离，排出血凝块。在该手术区域再铺无菌的小块手术创巾，将阴茎及其周围组织牵拉出皮肤切口，注意阴茎缩肌和阴茎汇合处。继续切开显露出阴茎背侧白膜上的破裂口，同时注意防止损伤阴茎背侧的血管和神经。修整白膜上的破裂口边缘，将创缘充分对合后，用1号聚羟基乙酸缝合线缝合破裂口。用3-0号聚羟基乙酸缝合线或铬制肠线缝合含有血管和神经的弹力组织层，缝合宜置于表层，以避免损伤血管和神经。将阴茎放回原位，用40~50℃温生理盐水冲洗血肿腔，分层缝合皮下组织和皮肤。术后一般肌内注射抗生素5d，种牛至少休息3个月，不予交配。

【预防】 规范人工采精与尿道检查时的操作；避免在交配时有外力损伤阴茎。

（李建军）

第十五章 血液循环系统疾病

第一节 心包炎

奶牛心包炎（Pericarditis）最常见的是由网胃内细长的金属异物刺伤心包而引起。向前刺穿网胃的金属器具会刺伤纵隔、心包甚至心肌。创伤性网胃腹膜炎偶尔也会引起脓毒性心包炎。异物和携带的细菌污染了心包液，可导致化脓性和纤维素性心包炎。

纤维素性心包炎可发生在患败血症的犊牛和成年牛，也可发生在患严重支气管肺炎的成年牛。这种心包炎很少像创伤性心包炎那样出现心包积液，也很少引起明显的心衰症状。

【病因】 多由饲料加工过程或在饲草中混有长短不一的金属异物，被牛吃入胃内所致。当瘤胃收缩时，尖锐的金属异物随食糜进入网胃，异物很容易刺伤网胃壁而引起创伤性炎症。在分娩、努责、过食、剧烈使役和瘤胃积食、瘤胃臌气等造成腹内压急剧增高的情况下，异物可穿透膈而刺伤心包或心肌，导致创伤性心包炎，并发细菌感染，继而发生化脓性心包炎（图 15-1-1、图 15-1-2）。当心包或心外膜发生化脓性炎症时，心包囊积存的纤维素和脓汁等炎性产物会压迫心脏，临床上出现心包填塞现象，影响心脏活动。如果及时确诊并进行手术和抗感染治疗，炎症可逐渐消退；如果病程延长，心包腔内脓液减少，会有大量

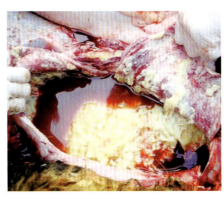

图 15-1-1 化脓性心包炎

图 15-1-2 心包腔内有大量腐败液体

纤维蛋白沉积于心包的壁层和脏层，形成肉芽组织并机化，特别是在心包脏层会形成纤维性瘢痕组织，导致心肌活动受限，最后形成缩窄性心包炎。

慢性缩窄性心包炎是因化脓性心包炎没有得到及时有效的治疗所造成的。主要的病变是在心包脏层上形成机化的纤维板，并构成一个紧缩在心脏四周的硬壳，厚度可达1~3cm，心包外膜也增厚，心包腔缩小，变得很狭窄，限制心脏的收缩和舒张，造成心血流受阻，中心静脉压增高，心脏排血量减少。这种创伤性心包炎继发的缩窄性心包炎与奶牛心脏结核形成的缩窄性心包炎是不同的，奶牛心脏结核引起的缩窄性心包炎，心包腔消失，在心脏表面形成很厚的一层纤维板，不化脓（图15-1-3）。

【症状】 病牛在发病初期主要表现为食欲减退、反刍无力、运步小心等症状，有时会用后肢踢腹或起卧不安。在没有出现胸前水肿、颌下水肿和颈静脉怒张等典型症状之前，通常容易被误诊为前胃弛缓或创伤性网胃炎。

随病情发展，病牛会出现本病的特征性症状与特异姿势：喜欢站在前高后低的地方，上坡容易，下坡难。颌下和胸下出现水肿，颈静脉明显怒张，颈静脉沟消失（图15-1-4、图15-1-5）。病牛空嚼咬牙，肘肌震颤，不愿走动，表现疼痛，肘关节外展，在胸壁腹侧或剑状软骨区叩击或直接压迫会引起疼痛反应。吃草少或反刍少，甚至反刍消失。

心包炎发展到心力衰竭时出现呼吸迫促和呼吸困难。心包扩张压迫肺，心输出量减少均可引起呼吸困难。

本病发病初期病牛体温可升高到40℃，之后经常也会有发热。听诊心脏，心音减弱、低沉，

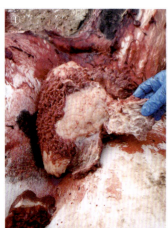

图 15-1-3 奶牛心脏结核引起的缩窄性心包炎

图 15-1-4 奶牛心包炎导致颌下水肿

图 15-1-5 奶牛心包炎导致胸前水肿

可听到与心搏一致的拍水音或金属音,有时也可听到心包摩擦音。心率可达 100 次 /min 以上。

【诊断】　根据创伤性心包炎的临床症状可以做出诊断。必要时可做心包穿刺、X 线、超声波、心电图等特殊检查来进行确诊。也可借助中心静脉压测定,当中心静脉压高过 28cm 水柱以上时,可确诊本病。

心包穿刺可用 18 号 8.75cm 的脊髓穿刺针或相近长度的胸套管针。首先在左侧胸部剪毛消毒,用手术刀在第 5 肋间肘关节顶部位置预先做一个皮肤小切口,然后穿刺。如果想连续引流需要准备 20 号 French 胸套针和导管伸入心包腔中(图 15-1-6),引流出的液体为脓性、恶臭,纤维蛋白凝块时常会阻塞引流管和针头。脓汁中的细胞成分主要是中性粒细胞,脓汁涂片径革兰染色容易发现细菌。

心包穿刺还可用来鉴别创伤性心包炎和心包积液(淋巴肉瘤累及心包膜等)。进行穿刺液的细胞学检查容易区分开这两种疾病。

【治疗】　对于没有发生明显的心包炎的早期病牛,可采取前高后低的姿势,以促使异物从胃壁退回;或将一磁铁投入网胃,吸取金属异物,同时使用青霉素、链霉素等抗生素治疗。对确诊的病牛进行全身使用抗生素和抗菌药治疗、心包腔引流的治愈率低,一般临床确诊为创伤性心包炎的病牛应当淘汰,不予治疗。

根据病牛发病程度和具体临床情况,通常可采取以下方法治疗。

(1)**瘤胃切开术**　本病一旦确诊,应尽早施行手术治疗,取出进入网胃内的异物;同时仔细剥离开网胃和膈之间的粘连。术后大剂量使用抗生素或磺胺类药物治疗,对急性心包炎尚有治愈的希望。但对严重胸前水肿和明显心衰的病牛不宜施行手术治疗。

(2)**心包穿刺**　病牛发生心包积液时,可用 18 号 8.75cm 脊髓穿刺针进行穿刺,以排出心包内的积液。先行左侧胸壁剃毛,常规消毒。在左侧第 4~6 肋间、肘关节水平线上,沿第 5 肋骨前缘进针,往前下方刺入,直到心包腔内,从针头内流出心包腔内化脓性液为止。在操作时要注意穿刺深度,不能刺入心肌内(图 15-1-6)。

(3)**心包切开引流术**　急性化脓性心包炎经心包穿刺抽脓和抗生素治疗后,症状仍未改善的,可考虑施行心包切开引流。病牛采用站立保定,将左前肢向前牵引,充分暴露第 5 肋骨处。在左侧第 5 肋骨上,于同侧肩关节水平线为切口上端,该肋骨与肋软骨交界处为切口下端,做一个 25cm 的切口。截除第 5 肋骨长约 15cm,纵行切开内层骨膜和胸膜。

心包多由于蓄脓扩张与胸壁胸膜紧紧相连,所以在切开肋胸膜与心包壁层时不易发生气胸。先用粗针头穿刺心包排脓,若脓液黏稠排除困难,可用生理盐水反复冲洗,排出脓液后再切开心包壁层。在心包与胸膜没有粘连时,先将心包壁层与胸膜切口边缘做连续缝合,然后再切开心包,以防止气胸和减少脓液对胸腔的污染。在固定缝合的心包壁层上做一个 10cm 的纵向切口,将心包切口缘固定缝合在浅筋膜上。

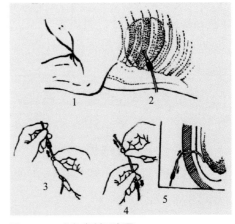

图 15-1-6　心包穿刺示意图
1—将左前肢向前伸展,显露肘后第 5 肋间隙
2—将穿刺针刺入心包腔内
3—将聚乙烯塑料管经穿刺针插入
4—塑料管继续向心包腔内插入
5—拔下穿刺针,塑料管留置于心包腔内,化脓性液体经塑料管不断流出

用注射器接乳胶管，用温青霉素生理盐水溶液反复冲洗心包腔，用手仔细探查和分离心包腔内纤维素粘连处，取出纤维素凝块，以保障引流和冲洗顺畅。仔细探查心脏后部的心包膈面有无异物刺入，如发现有金属异物刺入心脏后缘的心肌上，可用手指捏住取出，然后用温青霉素生理盐水溶液反复冲洗心包腔，直到冲洗液透明为止。

心包腔切开后引流通常有两种方法：第一种是开放式引流，即保留心包切口缘与胸膜、浅筋膜的缝合线，心包切口不关闭，采用橡皮片引流，切口局部用绷带敷料保护。术后每天冲洗1~2次，注意分离纤维素粘连，持续处理15~20d，心包内无渗出后，拔除引流物。创口开放，行二期愈合。第二种是封闭式引流，即拆除心包膜切口缘缝合线，缝合心包与胸膜切口。在心包腔低位处插一个25或26号乳胶蕈状导管，采用荷包缝合法将其固定在心包壁层上。再在胸壁切口旁皮肤上做一个小切口，引出导管尾端，并将导管缝合固定在体表皮肤上。关闭胸壁切口，经导管用温青霉素生理盐水溶液冲洗心包腔，冲洗完毕后用夹子关闭导管。在操作过程中注意用酒精消毒导管口。术后大约20d待心包炎症消退后，拔除导管，创口行二期愈合。

心包切开引流术后，病牛近期疗效良好，下颌及胸前水肿逐渐消退，颈静脉怒张消失，开始有食欲并反刍，泌乳量好转。但部分病牛远期疗效较差，常在术后20d左右，心包脏层纤维组织大量增生挛缩，心包腔高度狭窄，限制心脏舒张运动。左心室内压急剧增高，中心静脉压升高，最后病牛心力衰竭而死。

（4）心包部分切除术　对中、晚期化脓性心包炎的病牛，在进行心包引流术，心包减压、心包腔感染得到较稳定的控制，循环功能及全身状况有所改善后，可进行心包部分切除术以治疗缩窄性心包炎。

根据切除心包部位决定病牛的保定姿势：切除左侧心包需做右侧卧保定，切除右侧心包则需要做左侧卧保定。前肢尽量向前牵引，以充分暴露心区。

缩窄性心包炎病牛心功能严重受限，因而在实施全身麻醉时应进行严密监护。麻醉前按0.1mg/kg体重剂量，肌内注射0.1%硫酸阿托品注射液。有报道用0.25%硫喷妥钠静脉注射、用乙醚吸入麻醉维持在外科的浅麻醉和中麻醉范围，麻醉效果较好。在胸腔手术全程中，应用正压给氧控制呼吸。

切口定位于左侧臂三头肌后缘，上自肩胛骨中1/2处向后做一条水平线，下自肘突向后做一条水平线，在第4、5、6肋骨处做"匚"形皮瓣切口。切除第5、6肋骨，经肋间肌与胸膜先切一个小口，逐渐仔细扩大使切口为"匚"形，暴露胸腔。如果胸膜与心包无粘连，在切开胸膜后会发生肺萎陷。应向切口内插入食指和中指，用手术剪或刀扩大肋间肌与胸膜切口，充分暴露心包壁层。

心包切除术的顺序是，应先广泛性切除左侧心包壁层和心包脏层纤维板，间隔半个月后再行右侧心包壁层和脏层纤维板的广泛性切除。切除范围应在左、右膈神经以下的左、右侧心包脏及壁层、膈面与心尖部。

1）心包壁层的切除方法。在进行左侧心包壁层切除时，先用灭菌纱布将心包严密隔离，然后在左膈神经下方的左心室部心包壁层上做两条牵引线。助手提起牵引线，术者在心包壁层上做一个小的纵切口,以暴露心包腔。因术前已经做过心包引流术,一般可不做心包腔冲洗。扩大心包切口,术者手指进入心包腔仔细探查,取出金属异物和纤维素块等。用手术剪对心包壁层做放射状剪开,如壁层、脏层有粘连,应进行钝性分离。心包壁层的切除范围是,向后切至心包膈面,向下显露心尖部,向前切至左、右心室交界处,向上切至膈神经下方。应按预定范围在放射状切口做完整的成片切除,零星切除会增加手术困难,并拖延手术时间。最好选用胸腔剪剪除深部心包。

2)心包脏层纤维板的分离与切除。将心包壁层广泛性切除后,充分显露了心包脏层的纤维板。可见纤维板表面呈现高低不平整的颗粒状肉芽组织,其表面有少量纤维素。先在纤维板上做放射状切口,仔细地逐渐深切,直到切口内膨出浅白色的心包脏层为止。注意不能盲目深切,以免造成心肌和冠状血管的损伤。沿放射状切口,用小纱布球或手指钝性分离纤维板下较疏松的结缔组织。对粘连致密的纤维板下组织,不可强行进行钝性分离,应使用钝头弯剪仔细进行锐性剪开。在纤维板与心包脏层分界线明显暴露时,向四周扩大并做放射状剪开,剥离至预定切除范围为止。

如果心包脏层表面的纤维板形成时间过长,纤维板机化,自心包脏层形成病理性新生血管会延伸到纤维板中,在手术分离纤维板时,会发生弥漫性出血。可利用暂缓切除的纤维板片,做暂时性缝合,以压迫弥漫性出血点。待止血后,再做纤维板片的切除。在心尖部放置蕈状导管引流,3~4d 后拔除导管,10~15d 后再施行右侧心包部分切除术。

胸膜与肋间肌做间断或连续缝合,在第 4 肋骨截断处用不锈钢丝或粗丝线做固定缝合。

术后 24~48h,持续充分给氧。可给予高渗葡萄糖和维生素 C,注意补充钾,大剂量应用抗生素。及时抽出胸腔内渗出液和血液。严格控制输液量,以防心脏负担重引起心力衰竭。术后病牛胸前水肿逐渐消退,中心静脉压明显下降,并恢复到正常范围内。尿量增多,这是心脏机能开始恢复的良好征兆。

【预防】 加强饲养管理,防止喂养过程中牛食入金属异物,是预防本病的关键。在铡短和粉碎饲草料时,通过磁板将混杂在饲草料中的金属异物尽可能除去。也可在牛瘤胃内放置磁笼。不能将铁钉、铁丝等尖锐杂物放在草料库附近,以防金属异物混入饲草料中。

(李建军)

第二节　心力衰竭

心力衰竭(Heart Failure)又称为心脏衰竭、心功能不全,主要是因心肌收缩力减弱或衰竭,导致外周静脉血过度充盈,心脏排血量减少,动脉压降低,静脉回流受阻,从而引起呼吸困难、皮下水肿,甚至心搏骤停和突然死亡的一种全身性血液循环障碍综合征。

根据病程长短,可分为急性心力衰竭和慢性心力衰竭;根据病因,又可分为急性原发性心力衰竭和急性继发性心力衰竭。

【病因】

1)急性原发性心力衰竭,临床常见于容量负荷过重所导致的心肌负荷过重。多因在治疗过程中，向静脉过快地输入对心肌较强刺激性的药液，静脉输液量超过了心脏的最大负荷量。此外，麻醉意外、雷击和电击等，也会导致本病发生。

2）急性继发性心力衰竭，常继发于急性传染病（口蹄疫等）、某些寄生虫病、消化道疾病及各种中毒性疾病，主要是由病原菌或毒素直接侵害心肌所致。

3）慢性心力衰竭，也称作充血性心力衰竭，主要是心脏由于某些固有的缺损，在安静状态时不能维持循环平衡并出现静脉充血且伴有血管扩张、肺水肿或肢体末端水肿，心脏扩大和心率加快。本病多继发于亚急性或慢性感染、心脏本身的疾病（心包炎、心肌炎、心肌变性、先天性心脏缺陷等）、中毒病（棉酚中毒、黄曲霉中毒、含强心苷的植物中毒等）、甲状腺功能亢进、慢性肺气肿、慢性肾炎等。

【症状】　急性心力衰竭的病牛，精神高度沉郁，结膜发绀，浅在静脉怒张，出汗，呼吸迫促。心脏搏动加快，有时会出现心内杂音和节律不齐。随病情发展，全身症状加重，高度呼吸困难，听诊胸部有广泛的湿啰音，眼球突出，步态不稳，突然倒地，四肢阵发性抽搐，通常病牛在以上症状出现后短时间内死亡（图15-2-1）。

慢性心力衰竭的病牛，精神沉郁、食欲减退，不愿运动，易疲劳、出汗。呼吸频率增加，甚至呼吸困难，出现结膜发绀。心率加快，病牛在安静时可达130次/min以上。听诊时第一心音增强，第二心音减弱，心区扩大，常出现期前收缩和阵发性心动过速。

病牛左心衰竭和右心衰竭除具有心力衰竭的共同症状外，左心衰竭有明显的呼吸困难（图15-2-2），容易继发肺充血和肺水肿；右心衰竭会有明显的颈静脉怒张，胸腹下水肿及体腔积液。

图15-2-1　注射葡萄糖酸钙引起急性心力衰竭而死亡

图15-2-2　奶牛心力衰竭，呼吸困难

【诊断】　根据病因及本病的典型症状如静脉怒张、呼吸困难、垂皮与腹下水肿及心率加快、第一心音增强、第二心音减弱等做出诊断。

可采用心电图、X线检查和M型超声心动图检查等对本病进行辅助诊断。在临床诊断时，也要注意急性与慢性、原发性和继发性心力衰竭相区别。

【治疗】　加强护理，减轻心脏负担，缓解呼吸困难，增强心肌收缩力和心脏排血量，对症治疗是心力衰竭的治疗原则。

1) 急性心力衰竭的病牛，多来不及治疗而发生死亡。病程较长的可使用强心药物。病牛在进行麻醉时发生的心室纤颤或心搏骤停，可采用心脏按压或电刺激起搏。也可用小剂量的肾上腺素进行心内注射，如 0.1% 肾上腺素注射液 4mL 加 25% 葡萄糖 1000mL，静脉注射可用于急性心力衰竭的急救；复方奎宁注射液 15mL，肌内注射可用于治疗急性心力衰竭。

2) 慢性心力衰竭的病牛，要注意让其保持安静，给予易消化的饲料，以减少机体对排血量的要求，从而减轻心脏负担。也可根据病牛的体质和外周静脉瘀血情况等，酌情放血 1000~2000mL，可迅速解除呼吸困难的症状。之后再缓慢静注 25% 葡萄糖溶液 500~1000mL，以增强心肌机能，改善心肌营养。

3) 给予利尿剂，限制钠盐摄入，以消除病牛水肿和钠、水滞留，减轻心室容量负荷。常用双氢克尿噻 0.5~1.0g 内服；也可用呋塞米按 2~3mg/kg 体重内服或 0.5~1.0mg/kg 体重肌内注射。每天 1~2 次，连续用药 3~4d，停药几天后再连续用药数天。

4) 兴奋心肌和呼吸中枢，可缓解呼吸困难。发生急性传染病和中毒时的心力衰竭，可用 10% 樟脑磺酸钠注射液 10~20mL，皮下或肌内注射；也可用 1.5% 氧化樟脑注射液 10~20mL 肌肉或静脉注射。

5) 给予健胃、缓泻、镇静等制剂对症治疗，配合使用 ATP、辅酶 A、细胞色素 C、维生素 B、葡萄糖等进行辅助治疗。

6) 中兽医多用参附汤和营养散进行治疗。

【预防】 对于继发性心力衰竭，应及时治疗原发病。在输液或静脉注射刺激性较强的药液时，应注意掌握注射速度和剂量。

（李建军）

第三节　后腔静脉栓塞

后腔静脉栓塞（Posterior Vena Cava Embolization）多继发于肝门附近脓肿破裂后，脓栓进入后腔静脉。在奶牛临床上最常见的是肠源性肝脓肿的并发症。脓肿破裂后脓栓可能进入后腔静脉处形成血栓栓子，或停留在心脏与膈之间的静脉处。栓子还可以通过右心进入肺动脉循环引起急性死亡、急性呼吸困难或更常见的后腔静脉血栓形成综合征，继而出现鼻出血、咯血、贫血和肺炎。

【病因】 后腔静脉栓塞的发病机理是从前胃或皱胃开始的，炎性或溃疡性黏膜病变，使细菌进入门脉循环，随后形成肝脓肿。当脓肿位于肝门处或靠近后腔静脉时，才具有明显的危险性。从奶牛肝脓肿中最常分离出的微生物为坏死梭杆菌和化脓性放线菌。多数有肝脓肿的病牛无明显临床症状，除非脓肿破溃进入后腔静脉或形成多发性大脓肿。本病散发于小母牛和成年牛，犊牛罕见。在临床上，牛瘤胃炎、瘤胃酸中毒、皱胃溃疡和类似的损伤均能诱发本病。

【症状】 当肝脓肿破溃进入后腔静脉，形成静脉脓毒性血栓时，病牛可表现为下列综合征之一。

（1）**猝死综合征** 肝脏脓肿急性破裂，进入后腔静脉，造成大量血栓栓子进入右心至肺动脉引起栓塞、肺梗死、内毒素或外毒素血症及缺氧，导致猝死，这是成年奶牛急性死亡的常见原因之一。病牛可能没有明显的血栓栓塞发生的临床症状而突然发病死亡。

（2）**急性呼吸窘迫综合征** 本病发生于一群牛或牧场中的个别牛，病牛出现超急性呼吸窘迫，发热，用力呼吸，呼吸频率快和心率加快。通常可观察到病牛有肺水肿、皮下气肿和张口呼吸。听诊胸部，一般表现为呼吸音减弱，这是肺水肿、肺梗死与用力呼吸导致肺大泡造成的。临床表现为只有个别牛发生明显的下呼吸道疾病，但病牛没有过特异的应激或问题。

（3）**咯血、鼻出血、慢性肺炎、贫血综合征** 这类综合征与牛后腔静脉血栓形成有关，由一次或多次发生来自肝门脓肿的血栓栓子和随后在后腔静脉中出现脓毒性血栓形成造成的。脓毒性血栓栓子在肺动脉末端造成肺脓肿，并且在每个脓肿的近侧，受损肺动脉都形成动脉瘤。因牛肺动脉分支靠近支气管，脓肿增大，最后可以向呼吸道内破溃。脓性物质突然排入呼吸道内造成脓毒性支气管肺炎，并随之出现已经与呼吸道直接相通的动脉瘤有不同程度的出血，从而导致病牛咯血和鼻出血（视频 15-3-1、图 15-3-1）。病牛临床表现为生长不良并常复发支气管肺炎，发热，体温可高达 41℃ 以上。呼吸加快，听诊肺部有啰音、爆裂音或喘息音。有些病牛因后腔静脉内的脓毒性栓子导致心内膜炎，这也是通过右心和肺动脉导致慢性菌血症的根源。

视频 15-3-1
奶牛从口腔和鼻腔向外喷出大量血液，不久死亡

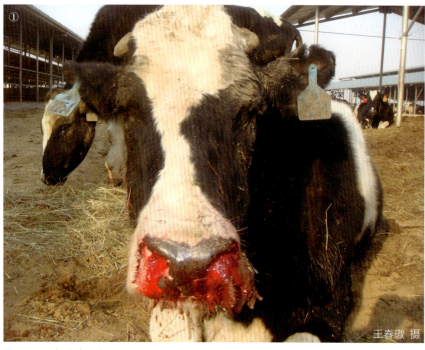
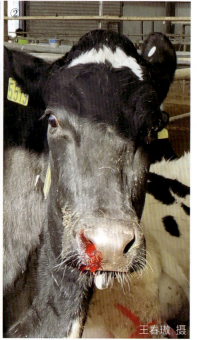

图 15-3-1　奶牛鼻出血

病牛咯血和鼻出血可能是间歇性轻度表现，也可能为急性重度表现，造成猝死。对鼻出血咯血死亡的病牛剖检发现，在肝脏上都有大小不一的数个脓肿（图 15-3-2、图 15-3-3）。临床伴有咳嗽和慢性支气管肺炎的鼻出血病牛，因为后腔静脉血栓形成的病理学变化是不可逆转的，其预后

要非常谨慎。如血栓形成阻塞了后腔静脉和造成门脉高压，在一些慢性病例也可形成右心衰竭和肝脏慢性瘀血，临床症状可能会有腹水、全身性内脏水肿和腹泻等。

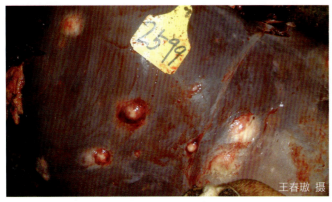

图 15-3-2 肝脏上有数个脓肿

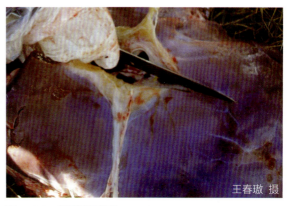

图 15-3-3 切开肝脏脓肿

【诊断】

（1）猝死综合征的诊断　病牛死亡之前一般都无明显临床症状表现，可能牛场内只有一头牛突然死亡。需要对突然死亡的病牛进行仔细的尸体剖检，可发现一个肝门脓肿灶破溃并进入后腔静脉。肺可能呈现肺大泡性气肿、肺水肿、肺梗死和肺动脉血栓形成。

（2）急性呼吸窘迫综合征的诊断　若牛场内有一头牛突然发生呼吸窘迫，通过调查发病史和临床检查，排除了严重下呼吸道疾病和急性呼吸窘迫的其他原因，这为诊断病牛患急性后腔静脉血栓形成提供了重要线索。病牛的血清球蛋白增高，大于 5.0mg/dL，但不能作为确诊依据。胸部X 线检查，可确定脓毒性栓子造成的单个或多个肺梗死灶和病炳灶的密度、弥散性肺水肿和肺大泡性肺气肿。在对症治疗后，病牛可逐渐恢复，但随后多出现后腔静脉血栓形成的典型症状，如咯血、鼻出血、贫血和慢性肺炎。急性症状改善和出现典型症状之间的平均时间为3~6 周。

（3）咯血、鼻出血、慢性肺炎、贫血综合征的诊断　这是后腔静脉血栓形成的最常见临床综合征。病牛表现为心率和呼吸频率增加，听诊肺部有啰音，持续或反复体温高。咯血和贫血是常见的症状，但有的病牛只是偶然或只有一次鼻出血，有的几乎没有任何先兆而发生急性出血。由于贫血病牛会出现心杂音，也可能有心内膜炎，有的病牛会出现后肢、腹部、乳房等有广泛性水肿和腹水。

如果病牛有全身性水肿，因胃肠道水肿，会观察到腹泻的临床表现。血清球蛋白增高，大于5.0mg/dL，中性粒细胞增多。胸部 X 线检查和超声波扫描可帮助确定肺脓肿病灶，有时会发现在后腔静脉中有病原性血栓。用内镜检查，可确诊病牛下呼吸道出血的部位，并可采集气管洗出物做细胞学培养诊断。

【治疗】对后腔静脉血栓形成引起急性呼吸窘迫的病牛，主要是对症治疗，方法如下：

①使用头孢菌素、青霉素和土霉素等广谱抗菌药，对坏死杆菌和化脓放线菌有效。

②对出现肺水肿症状的成年病牛，按 200~250mg 剂量，肌内注射呋塞米，每天 2 次。

③按 2.2mg/45kg 体重，皮下注射阿托品，每天 2 次，可扩张支气管和使支气管分泌物变。

④按推荐剂量使用阿司匹林或非甾体抗炎药物。

⑤按 250~500mg/450kg 体重使用氟胺烟酸葡胺，抵抗可能出现的内毒素血症。

经过上述治疗，如果病牛症状有所改善，则需要保持长时间使用青霉素，以灭活脓毒性血栓栓子。因为大的血栓多长期存在于后腔静脉，并可能继续出现持续性或间断性栓子，这种情况预后不良，很少有病牛能长期存活。对伴有典型肺炎、鼻出血、咯血和贫血症状的后腔静脉形成的病牛，因为已经有严重的病理学变化，一般无治疗意义。

【预防】 奶牛后腔静脉血栓形成的预防和控制，与饲料营养有关系。容易引起临床或亚临床瘤胃炎和皱胃溃疡的高酸性饲料，必须用缓冲剂中和，饲喂高能量饲料（如高湿度谷物）前，先饲喂干草或者全价混合饲料。

多数肝脓肿的病牛死亡之前无临床症状，但发生鼻出血和咯血的病牛常常在肝脏上有脓肿，脓肿形成与霉败的青贮饲料有关，要杜绝饲喂霉败的青贮饲料。当牛场出现一头以上后腔静脉血栓形成的病例时，要立即检查青贮饲料是否存在问题。

（李建军）

第四节　颈静脉周围炎

颈静脉周围炎（Perijugular Phlebitis）是奶牛常发生的疾病，多与静脉注射刺激性药物药液漏到血管外有关。

【病因】 常见的病因可分为医源性、感染性。

（1）医源性　主要是在临床操作过程中对静脉的损伤，如颈静脉采血、放血、注射等操作不当，所以也称为损伤性。损伤性或反复的颈静脉穿刺可引起颈静脉炎。保定不确实、术前准备不充分、不正确的静脉穿刺、静脉注射针头选择不当都会增加对颈静脉的损伤，如穿刺针太短或不适当放置，在牛骚动时容易划破静脉内膜；长时间放置静脉留置针等，都会增加发生静脉炎的风险。

静脉注射时，刺激性药物漏到血管外，如葡萄糖酸钙、氯化钙等钙制剂，葡萄糖高渗溶液最易引起局部组织的严重反应，会导致无菌性颈静脉周围炎，从而继发颈静脉炎。

（2）感染性　无菌操作不严格，病原微生物感染和扩散所致。例如，在临床中进行颈静脉采血和注射时消毒不严。

【症状】 根据炎症发生的范围和性质可分为下列几种：

（1）单纯性颈静脉炎　单纯的颈静脉本身组织的炎症，静脉管壁增厚，硬固而疼痛。触诊患部敏感，压迫颈静脉近心端，静脉怒张不明显。一般发病持续 5~6d 后会逐渐恢复正常。如果颈静脉全层同时发炎，则容易形成血栓。

（2）颈静脉周围炎　多半是发生在颈静脉沟上 1/3 与中 1/3 交界处，出现不同程度的急性炎症，有明显的肿胀与疼痛，并有高低不平的增生性肿胀。随病程发展，炎症现象逐渐消失，沿颈静脉径路常出现结节状条索样肿胀，病重时会充满颈静脉沟。压迫颈静脉，其远心端有怒张。

（3）血栓性颈静脉炎　在颈静脉沟出现炎性增温、触诊敏感，在血栓形成后则发生血流受阻，会出现条索状，硬而缺乏弹性。压迫颈静脉近心端时，其远心端不怒张，也摸不出任何波动感。

（4）化脓、坏死性颈静脉炎周围炎　颈静脉周围大面积肿胀、皮肤坏死、化脓，但颈静脉没有形成血栓（图 15-4-1）。病牛出现全身症状，体温升高，精神沉郁，食欲减退，感染已经波及颈静脉外膜。在处理颈静脉周围坏死化脓组织时，要仔细小心，千万要保护好颈静脉，防止颈静脉突然破裂，发生大出血。

【诊断】　根据有无颈静脉注射、颈静脉采血等病史，结合病牛临床症状可做出诊断。

图 15-4-1　化脓坏死性颈静脉周围炎

【治疗】　针对不同病因所引起的颈静脉炎采取具体治疗措施。随时更换静脉注射针头，以免刺激性药液漏到静脉外。对已知漏出钙剂的病牛，应立即在局部注射 10%~20% 硫代硫酸钠溶液 20~50mL，以促使其形成无刺激性的硫酸钙沉淀；或在漏药的局部做皮肤小切口，放出漏出的药液，切口不缝合。血栓性颈静脉炎，可用局部温热疗法或冷敷复方醋酸铅散、消炎消肿散等，不宜用具有分解性和刺激性强的软膏。

对于颈静脉周围蜂窝织炎，应当早期切开，深达受侵害的组织。切口长度为 6~8cm，用高渗盐溶液冲洗，同时做好引流。

对于严重的化脓性或血栓性颈静脉炎，只有做病段静脉切除术。沿颈静脉沟切开皮肤，分离皮下组织，暴露病部颈静脉。双重结扎切除段两端的颈静脉后，切除病段静脉。按化脓病灶处理创口进行治疗。

对于化脓坏死性颈静脉周围炎，按化脓创处理。

【预防】　在进行颈静脉注射、穿刺时注意进行无菌操作；避免刺激性药液漏到静脉外；保定确实、术前准备充分，保证正确操作静脉穿刺和静脉注射，避免对颈静脉造成损伤。

（李建军）

第十六章 呼吸系统疾病

第一节 肺炎

一、规模化牧场奶牛呼吸系统疾病发病特点与防控对策

在规模化牧场中，奶牛呼吸系统疾病是常见多发病。对一个大型牧场的奶牛疾病治疗数据进行统计，发病的奶牛有2316头，有33种疾病。没有治愈的奶牛有505头，淘汰率为21.8%，治愈率为78.2%。导致奶牛淘汰的疾病主要有肺炎、关节病、肠炎、乳房炎等。数据显示，奶牛肺炎（Pneumonia）是导致牧场淘汰奶牛最多的疾病（图16-1-1）。

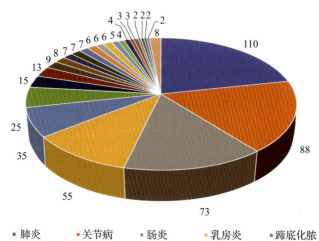

图16-1-1 某大型牧场导致奶牛淘汰的疾病统计

【症状】 奶牛呼吸系统疾病的共同症状是呼吸异常，咳嗽，流鼻涕，体温升高，采食量下降，泌乳量降低，死亡等。

（1）呼吸异常 呼吸异常表现多种多样，如呼吸频率增加，超过60次/min，严重的达到100次/min以上，奶牛呼吸用力，呈明显的腹式呼吸（视频16-1-1）；呼吸困难的程度不一，有的病牛表现为张口呼吸，口角上常常黏附一些白色黏沫（视频16-1-2）；有的病牛流出脓性鼻涕，呼吸无力、困难（视频16-1-3）；有的病牛表现为伸颈呼吸，呼吸异常困难（视频16-1-4）；也有的病牛的呼吸异常，不注意观察很难一眼看出，需要站在其旁仔细观察病牛的鼻翼有无随呼吸而前后移动，观察腹部是否出现腹式呼吸。

视频16-1-1
溶血曼氏杆菌肺炎牛，呼吸异常快

视频16-1-2
肺炎牛，呼吸异常困难，张口呼吸

视频16-1-3
病牛流鼻涕，呼吸异常困难

视频16-1-4
肺炎牛呼吸困难，伸颈呼吸

（2）体温变化 急性呼吸系统病牛的体温都会升高，慢性呼吸系统病牛体温无明显变化，或稍有升高。不同的呼吸系统病牛的热型也不一样，有的是稽留热，有的是弛张热，有的是间歇热。

（3）咳嗽 咳嗽是呼吸系统病牛的共同症状。不同的呼吸系统病牛表现不一，有的呼吸系统病牛咳嗽症状明显，也有的仅有轻微咳嗽或没有咳嗽。

（4）流鼻涕 不同的呼吸系统病牛，流鼻涕症状不同，支原体肺炎病牛很少流鼻涕，而肺炎链球菌病牛流鼻涕明显。

（5）采食量下降 采食量下降是各种呼吸系统病牛的共同症状，泌乳牛泌乳量降低，犊牛、后备牛生长减缓。

（6）淘汰与死亡 呼吸系统病牛淘汰与死亡率很高。淘汰率高的原因是牧场对呼吸系统病牛的诊断手段有限，绝大多数牧场兽医对呼吸系统病牛的诊断与治疗是根据临床症状和兽医经验用药，缺乏病原诊断实验室，奶牛发生呼吸系统疾病后不知道是什么病原，缺乏科学性选择敏感药物的依据；另外，牧场治疗呼吸系统疾病的药物种类很少，很多抗生素是不能用于泌乳牛的。皮质类固醇药、抗病毒类药物一律禁用。非甾体抗炎药由于休药期过长，泌乳牛用药后必须严格执行休药期，在休药期内的牛奶不能食用。所以，发生呼吸系统疾病的泌乳牛得不到有效的治疗，淘汰或死亡率很高。有些呼吸系统病牛患奶牛结核病，对出现呼吸系统症状的结核病病牛，兽医在不做检疫的情况下，盲目用药治疗，不仅浪费了药物，而且扩大了结核病病原的传播。患有支原体肺炎的慢性呼吸系统病牛，需要长期的用药治疗，不仅浪费了药物，而且也扩大了支原体病原的传播，这些病牛是应该淘汰的。

【诊断】 根据临床症状即可初步诊断为呼吸系统疾病。由于发病原因不同，需要对出现呼吸系统症状的病牛进行详细的诊断。诊断中要抓好以下几个关键点：呼吸异常的状态，是否流鼻涕；体温变化；死亡牛的病理剖检变化；实验室病原检测结果。规模化牧场奶牛呼吸系统疾病有支原体肺炎、巴氏杆菌病、溶血曼氏杆菌病、肺炎链球菌病。在诊断这些疾病时，要明确是单一感染还是混合感染或继发感染，要掌握这几种呼吸系统疾病的鉴别诊断方法。

（1）从临床症状方面对不同的肺炎进行鉴别诊断　不同的病原引起的肺炎都有独特的临床特点，要掌握各种病原引起的肺炎的临床特点。

1）支原体肺炎：各饲养阶段的奶牛都可发生支原体肺炎，断奶后的犊牛和后备牛是支原体肺炎的高发牛群，大多呈地方流行性。主要表现为呼吸快速，明显的腹式呼吸，咳嗽，不流鼻涕（图16-1-2）。如果新发生的支原体肺炎牛没有采取有效的治疗措施，则可能转为难以治愈的慢性支原体肺炎，最后被淘汰（图16-1-3）。泌乳牛支原体肺炎一般都是散发，很少见地方流行性，病牛发病急，病情恶化快，呼吸困难，药物治疗无效，死亡率高。

图16-1-2　被隔离的支原体肺炎牛群

图16-1-3　支原体肺炎牛，呼吸困难，口角有白沫

2）巴氏杆菌病：各饲养阶段的奶牛都可发病，可以单独发生，也常常继发于支原体肺炎，散发或呈地方流行性，引起奶牛的死亡。急性败血性巴氏杆菌病病牛，体温升高至40.0℃以上，呼吸频率在90次/min以上，张口、伸舌呼吸，呼吸异常困难（图16-1-4），常常发出喘鸣音，呼吸时出现甩头现象。急性败血性巴氏杆菌病，以发病急、病情恶化快、死亡率高为特点。皮下气肿型巴氏杆菌病，病牛的背部皮下积气，触诊背部出现捻发音，体温升高到39.5℃以上，采食停止，死亡率高（视频16-1-5）。

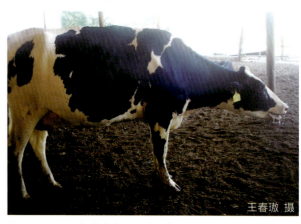

图16-1-4　巴氏杆菌病牛，呼吸困难

视频16-1-5
巴氏杆菌病牛，呼吸困难，背腰部皮下气肿

3）溶血曼氏杆菌病：常常呈地方流行性，青年牛、泌乳牛和干奶牛都可发病，常常继发于急性感染的病毒性腹泻，奶牛全身症状迅速恶化，卧地不起，流脓性鼻涕（图16-1-5），采食与反刍停止，发病严重的牛一般经2~3d死亡。

4）肺炎链球菌病：主要发生于断奶前后的犊牛，也可发生于后备牛，常常散发或呈地方流行性。病牛咳嗽，流脓性鼻涕（图16-1-6），体温一般在39.5℃左右，被毛粗乱，采食减少，病程较长，最后死亡。

图16-1-5 溶血曼氏杆菌病病牛，流脓性鼻涕　　图16-1-6 犊牛肺炎链球菌病，流脓性鼻涕

（2）从病理剖检变化进行鉴别诊断

1）在肺小叶发生肺炎的病原菌：支原体、肺炎链球菌，这两种病原引起的肺炎都在肺小叶上。

①支原体肺炎：急性支原体肺炎，肺小叶呈鲜红色，肺小叶实变。发病1周后肺小叶呈暗红色、间质增生、实变。病程长的慢性支原体肺炎，肺小叶全部实变，实变区逐渐向肺大叶蔓延，但很少见到整个肺大叶发生实变（图16-1-7、图16-1-8）。病牛通过加快呼吸，利用肺大叶换气以弥补肺小叶丧失的换气功能，因此肺大叶表现为气肿。

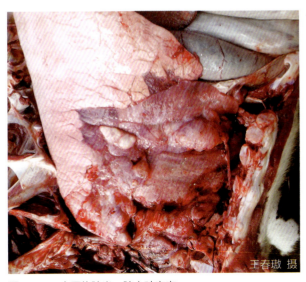
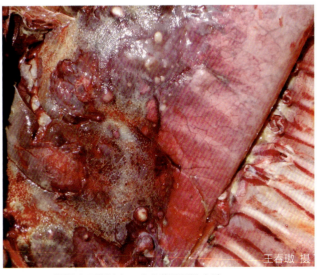

图16-1-7 支原体肺炎，肺小叶实变　　图16-1-8 慢性支原体肺炎，病变蔓延到肺大叶

②肺炎链球菌病：在肺的小叶上形成弥漫性黄豆大小的化脓灶，这种化脓灶从肺小叶的表面到肺的深部大量布满（图16-1-9、图16-1-10）。由于肺大叶代偿性呼吸，常常在肺大叶上出现肺大泡（图16-1-11）。

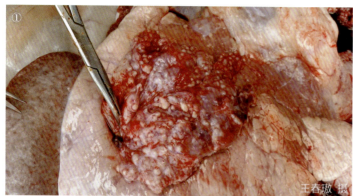
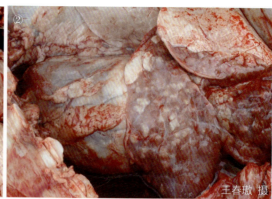

图16-1-9　肺炎链球菌病，肺小叶弥漫性化脓灶

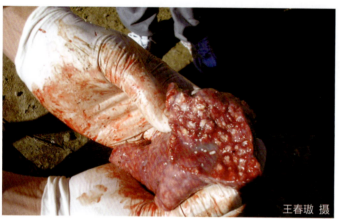
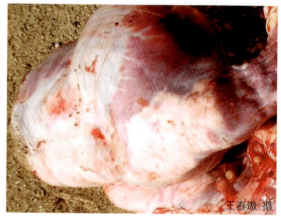

图16-1-10　肺炎链球菌病，肺小叶断面的化脓灶

图16-1-11　犊牛肺炎链球菌病，肺大泡

2）在肺大叶发生肺炎的病原菌：巴氏杆菌、溶血曼氏杆菌、枸橼酸杆菌与大肠杆菌，后两种细菌引起的感染不是以肺炎为临床特点，而是以急性败血症的发病过程为临床特点。但是，兽医在解剖死亡牛时，对枸橼酸杆菌病和大肠杆菌病肺的出血性变化要与巴氏杆菌病和溶血曼氏杆菌病进行鉴别。

①巴氏杆菌病与溶血曼氏杆菌病：猝死型和急性败血性巴氏杆菌病病牛的肺呈大理石样出血样（图16-1-12、图16-1-13），而溶血曼氏杆菌病病牛的肺实变、坏死、呈黑褐色（图16-1-14、图16-1-15）。

②大肠杆菌病与枸橼酸杆菌病：死亡牛的肺都是出血样变化，大肠杆菌败血症死亡牛的肺，肺大叶和肺小叶都呈鲜红色且均匀一致的出血（图16-1-16），而枸橼酸杆菌感染引起的肺出血呈黑红色，肺塌陷（图16-1-17）。

3）结核杆菌引起的肺的病理变化：奶牛结核病可发生在机体的多个部位，但最多见的是肺部结核。因此，对于不做结核检疫、不明确是否为结核病的呼吸系统病牛，在对死亡奶牛做病理剖检时，肺部出现大量绿豆大到黄豆大小的坚实结节，称为结核肉芽肿（图16-1-18、图16-1-19）。

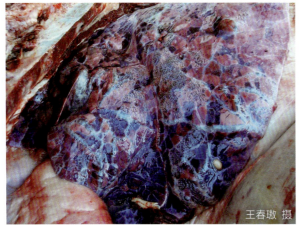
图 16-1-12 巴氏杆菌病，肺出血，呈大理石样变化

图 16-1-13 巴氏杆菌病，肺呈大理石样变化

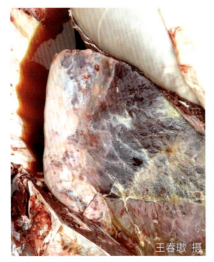
图 16-1-14 溶血曼氏杆菌病，胸水，肺出血、实变

图 16-1-15 溶血曼氏杆菌病，肺坏死、实变

图 16-1-16 大肠杆菌病，肺出血均匀一致，呈鲜红色

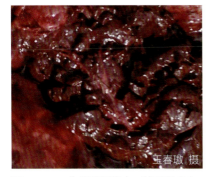
图 16-1-17 枸橼酸杆菌病，肺严重出血，呈黑红色，肺塌陷

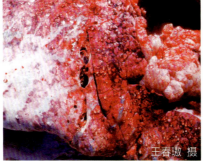
图 16-1-18 肺结核，肺部弥漫性结核肉芽肿

图 16-1-19 肺结核肉芽肿局部病灶的变化

（3）从实验室病原检测确定肺炎的性质　支原体是没有细胞壁的微小微生物，在支原体培养基上为煎鸡蛋样菌落，巴氏杆菌和溶血曼氏杆菌都是革兰阴性小杆菌，瑞氏染色显示两极染色，很像双球菌。巴氏杆菌在麦氏培养基不生长，溶血曼氏杆菌生长，菌落显示浅黄色。大肠杆菌与枸橼酸杆菌都是革兰阴性杆菌，进行生化特性枸橼酸盐利用试验，大肠杆菌呈阴性，而枸橼酸杆

菌呈阳性。

上述引起奶牛肺炎的各种细菌病的流行病学、临床特点、病理变化及实验室诊断方法的所有详细内容，可参考本书第二章细菌性传染病中的有关内容。

【治疗与预防】

（1）治疗原则　将发病牛隔离，经临床检查不能确定肺炎的性质时，采集发病牛的鼻腔分泌物或死亡肺炎牛的肺部病料做实验室诊断，确定病原，建立合理的治疗方案。

对病情严重、失去治疗价值的肺炎牛，立即淘汰或做无害化处理。对有治愈希望的肺炎牛，选择敏感抗生素治疗，与此同时，加强牛舍通风管理，加强牧场牛舍消毒，特别是病牛污染的牛舍应每天消毒1~2次。

（2）选用敏感抗生素

1）支原体肺炎：单纯支原体肺炎牛，可选用氟苯尼考、恩诺沙星、泰乐菌素等抗生素。支原体肺炎牛又并发巴氏杆菌感染或肺炎链球菌感染的，在选用上述其中一种抗生素的同时，配合头孢噻呋肌内注射或静脉给药。对新发的支原体肺炎，经用上述药物治疗1周左右，绝大多数病牛可以得到康复，治疗疗程不能少于1周，如果一见好转就停药，很可能转为慢性支原体肺炎，难以治愈而被淘汰。支原体肺炎牛继发巴氏杆菌病或肺炎链球菌病的，病情恶化快，更应积极救治，否则死亡率会大幅升高。

2）巴氏杆菌病和溶血曼氏杆菌病：选用头孢类和喹诺酮类抗生素。

3）肺炎链球菌病：选用头孢类和喹诺酮类抗生素。

4）大肠杆菌病和枸橼酸杆菌病：选用头孢类抗生素。

（3）疫苗接种　巴氏杆菌A型和B型二价灭活苗，每年3~4月接种。支原体肺炎和肺炎链球菌病尚无商品化疫苗。

（4）奶牛结核病呈阳性的牧场　要执行奶牛结核病的检疫与淘汰无害化处理程序。对结核阳性牧场内临床新发的呼吸系统病牛，要隔离饲养，不要盲目用药，首先做结核检疫，如果结核阳性，立即淘汰。凡不重视结核检疫与净化的牧场，不仅奶牛的安全得不到有效保证，而且牧场奶牛泌乳量也得不到提升，应引起牧场管理者的高度重视。

（5）加强牧场病毒性腹泻持续感染牛的检测与淘汰净化工作　建立牧场无病毒性腹泻持续感染牛的健康牛群，这对控制牧场奶牛呼吸系统疾病至关重要。

（王春璈）

二、病原微生物感染引起的肺炎

1. 小叶性肺炎

小叶性肺炎（Lobular Pneumonia）又称为支气管肺炎，是病原微生物感染引起的以细支气管为中心的个别肺小叶或几个肺小叶的炎症。其病理学特征为肺泡内积有卡他性渗出物，包括脱落的肺泡上皮细胞、血浆和白细胞等，所以也称为卡他性肺炎。

各品种和年龄的奶牛均可发病，但犊牛和老龄牛发生较多。多见于气温变化较为剧烈的早春和晚秋季节。

【病因】 本病病因复杂，既包括原发性或继发性感染因素，也包括饲养管理等诱发性因素。

（1）原发性因素 主要是病原微生物通过呼吸系统吸入进入肺部而感染发病。病原种类较多，包括细菌如肺炎链球菌、金黄色葡萄球菌、甲型溶血性链球菌、肺炎克雷伯菌、副流感嗜血杆菌、绿脓杆菌等；病毒如流感病毒、副流感病毒、冠状病毒等；牛支原体；衣原体如肺炎衣原体、鹦鹉热衣原体；寄生虫如肺线虫等。

（2）继发性因素 机体其他部位发生感染，病原微生物可通过血液、淋巴运行至肺部，导致肺部感染出现肺炎。

（3）诱发性因素

1）机体抵抗力降低：这类因素有很多，如受寒感冒、过劳、外伤、管理使用不当、应激等均可导致机体的抵抗力下降。

2）环境性因素：环境卫生恶劣、吸入有刺激性气体等可促进本病的发生和发展。

【症状】 病牛精神沉郁，食欲减退或废绝。反刍减弱甚至停止，泌乳量降低。体温升高，可比正常体温高 1~2℃，呈弛张热型。严重病例出现呼吸困难，表现为混合型呼吸困难，呼吸明显加快。脉搏加快，心音初期增强，后期减弱。可视黏膜充血潮红，后期因缺氧而发绀。初期表现干而短的疼痛咳嗽，随着病情的发展逐渐变为湿而长的咳嗽，疼痛减轻或消失，并有痰液咳出。流鼻涕，初期呈现浆液性，逐渐变为黏液性、脓性，鼻孔周围出现结痂。

（1）肺部检查

1）叩诊：肺部出现小面积浊音区，在浊音区周围呈过清音。由于肺炎的严重程度不一致，肺炎症部位及波及范围不同，要对整个肺区进行听诊，以判断炎症范围的大小，有助于对肺炎严重程度的判断。

2）听诊：肺泡呼吸音减弱，随炎性渗出物的改变，可听到湿啰音或干啰音，伴有纤维素渗出时可听到捻发音。

（2）血液学检查 细菌感染时，白细胞总数升高，可达 2×10^{10} 个/L，中性粒细胞比例增大，核左移，淋巴细胞比例降低，嗜酸性粒细胞和单核细胞减少。病毒感染时白细胞总数正常或降低。

【病理变化】 主要病变在肺的心叶、尖叶和副叶，为双侧性。发炎的肺小叶呈灰红色或灰黄色，切面出现许多散在的或弥漫性实变病灶，大小不一，形态不规整。支气管内有浆液性或黏液性甚至黏液脓性分泌物，支气管黏膜充血肿胀。严重者病灶相互融合，形成融合性支气管肺炎。肺大叶可伴有不同程度的代偿性肺气肿。

【诊断】 根据咳嗽、流鼻涕、呼吸困难、弛张热型，叩诊小片浊音区和听诊啰音和捻发音等典型症状，结合病理解剖变化和实验室病原检测即可做出诊断。

【治疗】 本病的治疗原则为加强护理、消除病因、杀菌消炎、止咳、平喘、祛痰、制止渗出和促进渗出物的吸收及对症治疗。

（1）加强护理、消除病因 将病牛放置于温暖且空气清新的牛舍内，供应充足的清洁饮水和易消化的营养丰富的饲草饲料。特别是对于发病的犊牛，环境的控制更为重要，牛舍温度最好能维持在 25℃ 以下，同时要保持良好的通风，若牛舍温度较低，则应采取必要的增温措施。针对发病因素采取相应的措施，以消除致病的因素，若为继发性小叶性肺炎，则同时要积极治疗原发性疾病。

（2）**杀菌消炎** 临床上多使用抗菌药物结合肾上腺皮质激素进行治疗。在有实验室检测的条件下，可判定小叶性肺炎为细菌感染还是病毒感染，若为细菌感染可进行药物敏感试验，根据结果选取敏感的抗菌药物进行治疗。在通常情况下，细菌性感染多为支原体、肺炎双球菌和肺炎链球菌等引起的感染。支原体肺炎选用喹诺酮类、氨基糖苷类、大环内酯类抗生素；如为肺炎链球菌，则首选药物为青霉素类和头孢菌素类，其次为大环内酯类抗生素，也可选用四环素类抗生素或磺胺类抗菌药物进行治疗。若为病毒性感染，则可选抗病毒药物进行治疗。若为寄生虫感染，则选择抗寄生虫药进行治疗。糖皮质激素可抑制炎症介质的释放，控制炎症的发展，配合肾上腺皮质激素可明显提高治疗效果，但这些激素类药物对于泌乳牛是禁用的。

（3）**止咳** 咳嗽为动物在长期进化中获得的反射性动作，有完整的反射过程，属于动物的保护性反应，有利于将呼吸道内的异物及病理性产物如痰液排出体外。在轻度咳嗽时不要急于止咳，在出现频繁的咳嗽时要进行及时止咳。

1）喷托维林：剂量为每次 0.5~1.0g，口服，每天 3 次。

2）甘草片：剂量为每次 15~30g，口服，每天 3 次。

3）杏仁水：剂量为每次 20~50mL，口服，每天 2 次。

（4）**平喘** 在发生小叶性肺炎时会出现炎性渗出物，在支气管内会导致气道狭窄和肺泡的通气功能降低，出现呼吸困难，必要时要及时应用平喘药物，缓解呼吸困难。

1）盐酸麻黄碱：剂量为每次 0.1~0.5g，肌内注射，每天 2 次。

2）氨茶碱：剂量为 2~4mg/kg 体重，深部肌内注射或静脉注射，每天 2 次。

（5）**祛痰** 痰是呼吸道炎症的产物，可刺激呼吸道黏膜引起咳嗽，并可加重感染。祛痰药能改变痰中的黏性成分，降低痰的黏滞度，使痰易于咳出。

1）氯化铵：剂量为每次 8~15g，口服，每天 3 次。

2）碘化钾：剂量为每次 2~10g，口服，每天 2 次。

3）远志酊：剂量为每次 30~100mL，口服，每天 3 次。

上述（3）（4）（5）中所提到的药物需要得到牧场管理部门的许可后方能采购用于治疗。

（6）**制止渗出** 在发病初期，为减少渗出物的渗出，可使用钙制剂。

1）10%氯化钙注射液：剂量为每次 100~200mL，静脉注射，每天 1 次。

2）10%葡萄糖酸钙注射液：剂量为每次 200~300mL，静脉注射，每天 1 次。

（7）**促进渗出物吸收** 在发病后期，为促进呼吸功能的恢复，可使用碘制剂、强心剂和利尿剂以促进渗出物的吸收。

1）碘化钾：剂量为每次 5~10g，口服，每天 1 次。

2）1%碘化钾注射液：剂量为每次 100mL，静脉注射，每天 1 次。

3）利尿素：剂量为每次 0.5~2.0g，口服，每天 1~2 次。

（8）**对症治疗** 体温过高时，可用非甾体抗炎药。

1）30%安乃近：剂量为每次 30~50mL。肌内注射，每天 1 次。

2）氟尼辛葡甲胺注射液，剂量为30mL/（头·天），肌内或静脉注射，每天1次。

2. 大叶性肺炎

大叶性肺炎（Lobar Pneumonia）也称为纤维素性肺炎，是以支气管和肺泡内充满大量纤维蛋白渗出物为特征的一种急性肺部的炎症。病变多起始于肺心叶及尖叶的局部肺泡，并迅速波及肺大叶，所以称为大叶性肺炎。

【病因】 目前认为大叶性肺炎的发病原因有两种，即非传染性因素和传染性因素。

（1）**非传染性因素** 过敏性因素在其中占有重要的地位，大多由于反复接触抗原而致敏发病，抗原大多来自微生物（细菌、真菌等）、动植物蛋白、药物和部分化学物质的有机尘埃。此外，也可因自体中毒或受寒感冒、过度疲劳、有害气体的强烈刺激而引起。

（2）**传染性因素** 肺炎双球菌、巴氏杆菌和溶血曼氏杆菌是奶牛发生大叶性肺炎的常见病因。此外，金黄色葡萄球菌、大肠杆菌、枸橼酸杆菌、坏死杆菌、支原体等在本病发生中也起到重要的作用。

变应原或病原体主要经呼吸随气流进入呼吸系统，通过支气管系统进行扩散，炎症通常开始于细支气管，并迅速波及肺泡，形成整个肺大叶的病变。

【症状】 病牛精神沉郁，食欲减退或废绝，反刍停止，泌乳量降低。脉搏加快，初期心音增强，后期减弱。心率可达80~100次/min。体温升高，可达41~42℃，呈现高热稽留。严重呼吸困难，呼吸频率可达50次/min以上，表现为混合型呼吸困难，病牛鼻孔开张甚至张口呼吸，呼出气体温度较高。可视黏膜初期潮红，但很快转为发绀。初期表现为短而干的咳嗽，并带有疼痛，后期出现长而湿的咳嗽。病牛自鼻孔流出浆液性、黏液性、黏液脓性及黄红色的类似铁锈色的鼻涕。

（1）**肺部检查**

1）听诊：由于病牛的大叶性肺炎分期（充血水肿期、红色肝变期、灰色肝变期和溶解吸收期）界限不明显，在肺的不同部位处于不同的阶段，因此在肺部听诊时可在不同部位听到湿啰音、捻发音，肺泡呼吸音减弱。

2）叩诊：在肺部的不同部位叩诊可出现半浊音、浊音、鼓音和过清音（未发生炎症的部分因代偿性呼吸增强而含气量增加）。随着疾病的痊愈，叩诊音恢复正常。

（2）**血液学检查** 血液中白细胞总数显著增加，可达2×10^{10}个/L以上，中性粒细胞比例显著增加，核左移。

【病理变化】 大叶性肺炎通常是双侧性的，肺的心叶、尖叶及肺大叶都发生炎症。大叶性肺炎的发生发展通常分为4个时期，但奶牛的大叶性肺炎，各部位分期有明显的交叉现象，在不同的部位可呈现出不同的炎症反应时期，因此，往往呈现出大理石样的外观。

（1）**充血水肿期** 本期以充血和水肿为特征。肺泡上皮脱落，以及肺泡和支气管内积有大量的白细胞、红细胞及少量的渗出液。病变部位体积增大，呈现深红色，切片光滑、湿润，按压时流出血样泡沫样的液体。此期肺泡具有部分通气功能，仍可以进行气体交换。切取小块肺组织放入水中，不下沉。

（2）红色肝变期 此期以大量纤维蛋白渗出为特征。渗出的纤维蛋白凝结，并混有大量的红细胞、白细胞及肺泡上皮，肺泡充实。外观呈红褐色、坚实，类似肝脏，故称为红色肝变期。切面干燥，呈颗粒状。此期由于肺泡被凝结的纤维蛋白、红细胞及白细胞充实，肺泡的呼吸功能迅速丧失，死亡率较高。切取小块肺组织放入水中，很快下沉。

（3）灰色肝变期 此期以纤维蛋白渗出和红细胞溶解为特征。由于纤维蛋白的进一步渗出和凝结，肺泡变得更加坚实，同时红细胞大量溶解消失，实变区的颜色由红褐色逐渐变为灰白色，故称为灰色肝变期。肺叶肿胀，质实，切面干燥，呈颗粒状。切取小块肺组织放入水中，很快下沉。

（4）溶解吸收期 此期以纤维蛋白分解和肺泡逐渐恢复通气为特征。渗出的蛋白质被白细胞释放的蛋白酶分解为可溶性蛋白胨及亮氨酸、酪氨酸等更简单的分解产物，被吸收或通过形成痰液排出体外，肺泡逐渐恢复通气功能。此期由于蛋白质分解，形成的蛋白胨及其他更简单的分解产物，其中部分对机体具有毒性，吸收后可导致机体发生自体中毒现象，部分牛可死于溶解吸收期。此期肺组织柔软，切面湿润。

大叶性肺炎在发生发展过程中，往往造成淋巴管受损，肺泡腔内的纤维蛋白等渗出物有时不能被完全吸收清除，由肺泡间隔和细支气管壁新生的肉芽组织加以机化，使病变部分的肺组织变成褐色肉样纤维组织，呈现出肺肉变。

奶牛的大叶性肺炎因发病程度和治疗情况不同而病程长短不一。病情较轻者在得到及时、正确的治疗情况下，可很快好转，不再继续发展；而病情较重的可因呼吸困难或出现并发症如肺脓肿、胸膜炎、败血症等而病程较长且死亡率较高。

【诊断】 根据高热稽留、叩诊呈大片浊音区，听诊出现湿啰音和捻发音，铁锈色鼻涕，白细胞明显增多，X线检查呈大片均匀的浓密阴影及不均匀的散在的模糊状阴影，即可做出诊断。在诊断时应注意与融合性小叶性肺炎和胸膜炎相区别。

（1）小叶性肺炎 多为弛张热型，肺部叩诊出现大小不等的浊音区，范围较小，X线检查表现为斑点状的渗出性阴影。

（2）胸膜炎 通常热型不定，触诊胸壁敏感，听诊有胸膜摩擦音，呼吸音和心音均减弱，叩诊呈水平浊音，胸腔穿刺有大量的渗出液流出。

【治疗】 治疗原则为加强管理、控制感染、制止渗出和促进炎性渗出物的吸收。

（1）加强护理 应将病牛置于通风良好、清洁卫生的环境中，供应优质易消化的饲草饲料，提供清洁饮水。

（2）控制感染 主要应用抗生素如青霉素类、头孢类、大环内酯类、四环素、喹诺酮类及磺胺类，有条件的可进行药物敏感试验，以便选择最敏感的药物进行治疗。

对于糖皮质激素，泌乳牛禁用这类药物，非泌乳牛可以使用。肾上腺皮质激素在大叶性肺炎的治疗上具有重要的作用，必要时可静脉注射地塞米松或氢化可的松，以降低机体对各种刺激的反应性，抑制炎症细胞积聚和炎症介质的合成与释放，控制炎症的发展。实践证明，在使用抗菌药物治疗大叶性肺炎时及时足量应用此类药物可明显提高治疗效果。

（3）制止渗出和促进炎性渗出物的吸收 可静脉注射10%氯化钙或10%葡萄糖酸钙溶液。当渗出物消散太慢时，为防止机化，可使用碘制剂，如碘化钾5~10g或碘酊10~20mL，加在流体饲料中或灌服，每天 2 次。

（4）对症治疗　体温过高时可用解热镇痛药物如安痛定或安乃近，肌内注射。剧烈咳嗽时可选用止咳祛痰药。出现心力衰竭时，可适当使用强心剂如樟脑磺酸钠。

3. 肺坏疽

肺坏疽（Gangrene of Lung）是由于误咽异物（食物、药物或食道反流物），或腐败性细菌侵入肺，所引起的肺组织坏死和分解，形成所谓的肺坏疽性肺炎。临床上以呼吸极度困难，两侧鼻孔流出脓性、腐败性和极为恶臭的鼻涕为特征。

【病因】

1）本病多因呼吸系统吸入或误咽异物，如小块饲料、黏液、血液、脓液、消化道反流物和其他异物而引起。所以，当奶牛患有咽炎、咽部麻痹、破伤风、生产瘫痪等疾病，由于咽壁脓肿或咽后淋巴结肿胀及食管阻塞，咽麻痹或痉挛而引起吞咽动作障碍时，都可发生吸入或误咽现象，从而引发本病。

2）对奶牛进行强迫灌药时，由于操作不当，常会将一部分药物误投入气管，从而发生异物性肺炎。

3）肋骨骨折、外伤及吞食尖锐的物体时，外物经创伤侵入肺组织，同时带入腐败性细菌，从而发生坏疽性肺炎。

4）在奶牛发生骨坏疽、坏死性蹄叶炎、创伤性心包炎、溃疡性心内膜炎、化脓性蜂窝织炎时，由于形成腐败性血栓，随血液流动侵入肺组织而发生肺坏疽。

【症状】

1）呼出气体具有恶臭味，随病程发展越来越明显，即初轻后重，是本病的主要特征。在发病初期即可出现呼出气体具有腐败性恶臭味的表现，这也是本病的早期特征，在临床上要密切注意这种特征性的表现。

2）两侧鼻孔流出有恶臭、污秽不洁的鼻涕，呈现褐色带红或浅绿色，低头或咳嗽时常大量流出，这也是本病的主要特征性表现，是区别于其他类型肺炎的主要依据。对鼻液进行检查，收集鼻液、静置，上层为混有泡沫的黏性液体，中层为浆液性液体，含有絮状物，下层为脓液，并混有或大或小的肺组织团块，加入 10% 氢氧化钾溶液后煮沸、离心、取沉淀，在显微镜下观察可见由肺组织分解出来的弹力纤维。

3）肺部检查：

①叩诊：发病初期往往在肺的前下部出现半浊音、浊音区，后期则呈现鼓音（已形成空洞的肺组织）、金属音（空洞周围被致密的结缔组织所包围，其中充满空气）、破壶音（空洞与支气管相通）。

②听诊：在初期可听到支气管呼吸音和湿啰音，后期可听到空瓮音（肺空洞与支气管相通）。

4）体温升高，呈弛张热型，并伴有寒战现象。呼吸困难，腹式呼吸。咳嗽，表现为湿长的带有疼痛性。心跳次数增加。

5）血液学检查：白细胞数升高，中性粒细胞比例增大。

6）X 线检查：可见被浸润组织呈轻微局限性阴影。

【诊断】 依据呼出气体的气味、两侧鼻孔有污秽而恶臭的鼻涕，其中含有小块肺组织和弹力纤维，叩诊和听诊音的变化及相关可靠的病史，即可对本病做出诊断。X 线检查则更有助于本病的确诊。

本病预后可疑，因吸入物的性质、数量及是否出现败血症而有较大差异。如果胃管灌服药液时，误插入气管内，灌入大量的液体，几乎在一瞬间就会死亡。有时病情进展缓慢，时间延长可达 9d 左右。

【治疗】 本病一旦确诊，立即淘汰，不予治疗。

（王振勇）

三、窒息

窒息（Asphyxia）是指奶牛的呼吸过程由于某种原因受阻或异常，所产生的全身各器官组织缺氧，二氧化碳潴留而引起的组织细胞代谢障碍、功能紊乱和形态结构损伤的病理过程。当奶牛体内严重缺氧时，器官和组织会因缺氧而发生广泛性损伤、坏死，尤其是大脑。窒息死亡通常分为六期，即呼吸困难期、吸气性呼吸困难期、呼气性呼吸困难期、呼吸暂停期、终末呼吸期及死亡，每期 0.5~1min，由于个体对缺氧的耐受性不同，不同时间持续时间也不相同，在上述六期中的任何一期均可以发生突发死亡。一般情况下，大脑能够耐受缺血缺氧窒息的时间为 1~6min，超过 6min，大脑会出现不可逆死亡。在临床上，由于窒息病情严重，病理进程极快，数分钟内即可导致死亡，因此窒息是危重症最重要的死亡原因之一。尽管病程短促，但仍然有一定的抢救时间，只要抢救及时，解除气道阻塞，呼吸恢复，心跳随之恢复。

【病因】 窒息发生的原因有很多，概括起来包括以下几种类别：

（1）机械性窒息 因机械作用引起呼吸障碍，如误咽（豆饼、萝卜、胡萝卜等大块饲料误咽入呼吸系统内）、误投（胃管投药、投入磁笼等误投到呼吸系统内）、绞缢（损伤喉、气管或致气管闭塞）等。不恰当的头颈部保定，如喉部脓肿穿刺诊断或切开排脓时的头部保定，使牛头向一侧歪斜时，有时引起奶牛窒息。

视频 16-1-6 病牛口鼻大量喷血，很快死亡

视频 16-1-7 泌乳牛突发呼吸困难，死亡后发现肺部脓肿破裂

（2）中毒性窒息 毒物致血红蛋白变性或使组织氧化酶功能减退或消失，或使细胞对氧的通透性降低，以及引起呼吸肌强直性痉挛等引起窒息。

（3）病理性窒息 大咯血（视频 16-1-6）、肺门处脓肿破裂后脓液进入气管（视频 16-1-7、图 16-1-20）、破伤风及狂犬病等传染病均可引起窒息。

（4）新生犊牛窒息 产道狭窄、胎儿过大或胎位异常、助产迟延、倒生时脐带受到压迫或胎盘早期剥离等均可以引起新生犊牛窒息。犊牛出生后鼻端抵在地上或墙角也可

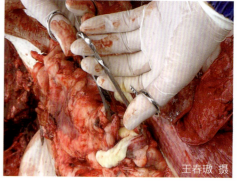

图 16-1-20 肺脓肿破裂，脓液进入气管内引起奶牛窒息而死亡

发生窒息。

（5）新产牛产后灌服保健产品　这是牧场新产牛窒息死亡的主要原因。有的牧场在1个月内因灌服保健产品导致死亡数头新产牛。究其原因有以下几个方面：

1）兽医缺乏经口插管给奶牛灌药的理论培训与实践操作的训练。将胃管误插入气管内，盲目灌药，当奶牛出现呼吸异常时才发现，此时大量药液已经灌入气管深部的肺内，即便立即停止灌药，也为时已晚，奶牛很快因窒息而死亡。

2）胃管经奶牛口腔舌背部向后插向咽腔再进入食管内，继续插入经过贲门进入瘤胃内再灌药才是最安全的。然而，很多奶牛灌药胃管的长度较短，从胃管牛鼻钳固定点到胃管头端总长才90cm，插入的胃管前端未到达瘤胃的贲门而不能进入瘤胃。当使用的是电动灌药设备时，由于药液流速快，大部分药液在食管内向后流入瘤胃，一部分药液反流回咽部并流入气管内，少量药液进入肺部，引起呼吸异常。大量药液进入气管和肺部，便会引起奶牛窒息而死亡。

【症状】　主要表现为呼吸困难，心跳加快而微弱，很快陷入昏迷或半昏迷状态，发绀明显，呼吸逐渐变慢而微弱，继而不规则，直到呼吸停止，心跳随之减慢而停止。瞳孔散大，对光反射消失。具体表现为以下几个过程：

（1）呼吸困难期　机体发生呼吸障碍，首先是氧气吸入的障碍，因机体内还有一些氧气残留，故短时间机体无症状（视频16-1-8、视频16-1-9）。

（2）吸气性呼吸困难期　机体新陈代谢耗去体内的残余氧并产生大量二氧化碳潴留，使体内缺氧加重，在二氧化碳的刺激下，呼吸加深加快，但以吸气过程最为明显，呼吸呈喘气状，此时心跳加快，血压上升。

（3）呼气性呼吸困难期　此期奶牛体内二氧化碳持续增加，呼吸加剧，呼气强于吸气，呈典型的窒息证象，并可能出现意识丧失、肌肉痉挛、甚至排尿排粪现象（图16-1-21、图16-1-22、视频16-1-10、视频16-1-11）。

视频16-1-8　灌药过程中发现奶牛呼吸异常，立即停止灌药

视频16-1-9　在颈枷上观察奶牛呼吸异常表现

视频16-1-10　奶牛呼吸异常困难，张口伸舌

视频16-1-11　奶牛严重缺氧，起卧不安，张口呼吸

图16-1-21　奶牛呼吸困难状态，严重缺氧

图16-1-22　奶牛伸颈、张口、伸舌呼吸

（4）**呼吸暂停期** 此期奶牛呼吸中枢由兴奋转为抑制，呼吸变浅、慢，甚至暂时停止，心跳微弱，血压下降，肌肉痉挛消失，状如假死。

（5）**终末呼吸期** 由于奶牛严重缺氧和过多的二氧化碳积蓄，呼吸中枢再度受刺激而兴奋，呼吸活动又暂时恢复，呈间歇性吸气状态，鼻翼扇动。同时血压下降，瞳孔散大，肌肉松弛，最终死亡（图 16-1-23、视频 16-1-12）。

图 16-1-23　奶牛呼吸停止，倒地死亡状态

视频 16-1-12
奶牛呼吸微弱直到停止，最终死亡

（6）**死亡** 此期奶牛呼吸停止，但尚有微弱的心跳，最后心跳停止而死亡。

上述窒息过程的任何阶段，皆可因心跳停跳而突然死亡。

【诊断】 根据病史、临床表现和体征即可做出诊断。

【治疗】 抢救窒息，必须争分夺秒，当机立断，不能犹豫不决。无论何种原因，保持呼吸系统通畅为首要任务。应先检查呼吸系统有无阻塞，并针对阻塞原因而采取相应的措施。

（1）**立即消除引起窒息的原因** 如因保定所致，则立即停止保定，让奶牛放松，恢复正常呼吸。

（2）**解除呼吸系统阻塞** 若呼吸系统内有黏液、脓液、坏死组织、胎膜、羊水、血液或异物存在时，应立即用橡皮导管经鼻腔或口腔插入气管内吸除。必要时立即做气管切开术，经气管切口插入橡胶管连接大的注射器抽吸气管深部的液体。若病牛已进入昏迷状态，舌下坠可阻塞呼吸道，需托起下颌或用舌钳拉出舌头，以维持呼吸系统的通畅。

（3）**刺激呼吸中枢和氧气吸入** 如无呼吸系统阻塞证象者，应考虑中枢麻痹或循环障碍的可能性，可使用尼可刹米皮下注射或静脉注射，对呼吸中枢具有较好的兴奋作用。

（4）**新生犊牛窒息** 首先用纱布或毛巾擦去口鼻腔内的黏液，将犊牛后躯抬高，可完全除去黏液。之后，再用草梗插入犊牛鼻腔内以刺激呼吸。采取上述措施仍不能恢复呼吸时，就用犊牛羊水吸引器抽吸，或施行人工呼吸，待呼吸转为正常后，可注射抗生素，以防呼吸系统感染。

（5）**其他措施** 对于病理性窒息则应在疏通气道、兴奋呼吸中枢和氧气吸入的基础上，积极治疗原发性疾病。

（6）**规模化牧场奶牛产后灌服保健药** 这对促进子宫收缩，促进胎衣脱落，补充能量、水和电解质，预防产后疾病具有重要的价值。但是，灌服液体药物时要掌握以下要点：

1）灌药器插管一定够长，插管前端一定经过瘤胃贲门进入瘤胃内。为此，胃管长度计量是从胃管鼻钳固定点到胃管头端的长度，需要 1.2m 以上（视频 16-1-13）。

2）插胃管后要判定是否插入正确，判定不准的不能灌药。其判定方法如下：

①插入食管内的感觉是有一定阻力，而插入气管的感觉是无阻力的空虚感。

②插入气管内奶牛出现咳嗽、不安，插入食管内奶牛无咳嗽表现。

③用手在奶牛颈部左侧颈静脉沟处向颈部深部触诊能感觉到胃管。

3）灌药过程中严防胃管滑出，为此，一定用胃管上的鼻钳牢牢固定在奶牛的两个鼻孔上。

4）灌药速度：凡胃管长达 1.2m 以上，胃管前端已经进入瘤胃的，灌药速度可快一些，1min 可灌入 30L 液体。凡胃管前端没有进入瘤胃内的，不能采用电动灌药器，可用人工唧筒式灌药方法灌药。

（王振勇）

四、过敏性肺炎

过敏性肺炎（Hypersensitivity Pneumonitis）又称为农民肺、外源性变应性肺炎，是指吸入含有真菌孢子、细菌产物、动物蛋白质和昆虫抗原的有机物成分等有机粉尘微粒变应原后，通过过敏反应所致的弥散性间质性肉芽肿性肺炎。反复吸入含嗜热放线菌干草引起的农民肺是其中的代表。

【病因】 已知能够引起过敏性肺炎的特异性物质数量很多，包括发霉的干草、谷物、甘蔗、大麦、干酪、青贮饲料、鱼肉、动物皮毛、马勃、鸟的羽毛、象甲、软木粉尘、湿化和空调系统污染的饮水、油漆等，这些物质大多属于微生物或体外的动物或植物蛋白质，也有些属于单纯的化学物质如油漆中的异氰酸盐。

本病虽然属于过敏性反应，但具体发病机制尚不完全清楚。一般认为是Ⅲ型过敏反应，是由免疫复合物沉着所致，且常能找到致病抗原的沉淀抗体。然而本病的弥散性间质性肉芽肿性肺炎更符合Ⅳ型过敏反应，且该反应也见于本病的动物模型，说明Ⅳ型过敏反应也参与了本病的病理过程。也有报告指出，Ⅱ型过敏反应及非免疫学机理均参与本病的发生。

过敏性肺炎的发生可能是一种复杂的过程，开始可能为免疫作用，在吸入抗原 4~48h 表现为免疫复合物介导的反应，病理组织学表现为肺泡壁水肿和中性粒细胞浸润及血管炎。吸入抗原后 12h 至数天，免疫反应可能转化为细胞介导的过程，组织学表现以单核细胞浸润为特征，包括淋巴细胞、浆细胞和多核巨细胞。数周至数月期间，肉芽肿逐渐形成。吸入抗原数周至数年，重复的免疫介导损伤肺泡壁并释放蛋白水解酶和纤维母细胞生长因子，结果引起肺纤维化。

通常认为奶牛的过敏性肺炎由干草小多孢菌和相关的微生物引起。多灰尘、发霉的干草在奶牛面前打开时释放大量的孢子，偶尔见到敲开大圆捆饲草时引发的病例，可能为迟发型过敏反应。

很多牧场在饲喂断奶犊牛粉料过程中，发现犊牛群发性咳嗽，但犊牛的体温和精神状态基本正常，这种犊牛群发性咳嗽的发病原因可能与过敏有关。

【症状】 奶牛的过敏性肺炎可导致呼吸窘迫或慢性呼吸系统疾病。临床表现依吸入抗原的多少、频率、时间及宿主对抗原的反应而不同，最常见的为慢性咳嗽，并无明显的疾病表现，但可以导致牧场50%以上的奶牛发病，生产性能下降10%~25%。因为病牛咳嗽严重影响采食，若把奶牛饲养在户外或到牧场放牧，则症状减轻，但不能完全停止。典型病例可分为急性型、亚急性型和慢性型。急性病例以肺泡和间质炎症的表现为主，亚急性病例以肺肉芽肿的表现为主，慢性病例则出现肺间质纤维化的表现。

（1）急性型　接触抗原数小时便出现咳嗽，主要表现为干咳、发热、寒战、皮肤瘙痒等。脱离致敏环境后，症状可逐渐缓解，再次接触抗原，症状可复发。

（2）亚急性型　主要症状为咳嗽和呼吸困难，可持续数天或数周。病牛食欲减退、四肢无力、体重减轻等，严重时可视黏膜发绀，听诊双肺有弥散性湿啰音。

（3）慢性型　主要表现为进行性呼吸困难和咳嗽，伴有四肢无力、体重减轻、可视黏膜发绀、双肺有湿啰音。因肺功能逐渐降低，心脏出现肥大现象，发展为肺心病。

通过X线检查急性型或亚急性型病例可见两肺野弥散性分布的粟粒状结节阴影且密度浅淡。有的可出现两肺野对称性分布的颗粒状阴影，或密度浅淡的不规则片状阴影，边缘模糊。慢性型病例表现为两肺野弥漫的线条状、网状阴影和多发小囊状透明区，形成蜂窝状影像，并伴有局限性或弥散性肺气肿。

【诊断】 根据病牛的病史、临床症状、缺乏明显的症状和高发病率有助于本病的诊断。气管洗出物样品呈现淋巴细胞性炎症并伴有巨噬细胞、淋巴细胞和一些浆细胞。对病牛血清可分析其抗小多孢菌和其他人类抗原的沉淀素，当为阳性时，只能作为提示，不能确诊，因为很多正常奶牛具有阳性抗体。

X线检查和病理剖检的特征性变化对本病的诊断具有重要的意义。

【治疗】 最有效的方法是停止接触致病抗原，如能避免再次接触抗原，急性型者可以自愈。进行粉尘控制和使用保护性面罩滤掉污染环境中的有害微粒是有效的预防措施，还可用化学方法控制抗原性微生物的生长。

改善饲养管理既可作为治疗，也可起到预防作用。舍外饲喂干草可减少危险性，特别是在奶牛采食干草之前几分钟或更长时间打开草捆会更好；把干草淋湿也可能有利。如果经济条件允许，最好把这批干草清除掉，以减少发病。应鼓励农民制作半干青贮饲草。接触病因性饲草的工作人员，应考虑使用外科口罩或防护面具，以防止自己发生农民肺。

（王振勇）

五、增生性肺炎

增生性肺炎（Proliferative Pneumonia）是在奶牛中观察到的另一种类型的急性呼吸窘迫，本病偶尔在牧场中发病率很高，但一般在一个牛群中仅仅有一头或几头牛发病。观察到的症状包括急性呼吸困难等，特征为呼吸加快、急促，张口呼吸，偶尔咳嗽及肺水肿。大致的病理变化为肺弥散性变重、坚实和湿润。进行病理组织学观察，可见肺泡上皮增生、肺泡闭锁和间质水肿等。

【病因】 本病确切的病因尚不清楚。大多数专家认为，氮气是引起本病的原因之一，而且与由二氧化氮引起的青贮者病相类似。然而，发生增生性肺炎的犊牛和成年牛常常没有接触青贮塔气体或环境中的氮气。其他理论包括：色氨酸代谢物如3-甲基吲哚、紫苏酮（已被证明与牛、绵羊、大鼠和小鼠急性呼吸窘迫有关），预先形成的毒素被吸收后通过瘤胃进入血液引起肺毒性；发霉甘薯的毒性是由茄病镰刀菌使甘薯酮产生的4-薯醇和有关的代谢产物，以及由感染甘薯产生的4-Hydroxymyoporone引起的4-薯醇对肺泡上皮细胞具有毒性作用所致。

【症状】 病牛出现严重的急性呼吸窘迫症候，呼吸急促，加深加快，张口呼吸，脉搏加快，体温升高，呼气时可能伴有呻吟声。病牛不愿活动，运动或应激时出现可视黏膜发绀。整个肺区肺泡呼吸音减弱，但听不到干啰音或湿啰音。一般情况下，双侧肺均有病变，但偶尔一侧肺病变更为严重。若得不到及时正确的治疗，病牛往往在24h内死亡。

病理剖检可见肺弥散性变重、湿润、坚实，伴有正在消散或已经消散的前腹侧巴氏杆菌性肺炎；病理组织学检查可见肺泡上皮增生、肺泡闭锁和肺间质水肿。一般认为，细菌性产物导致的迟发型过敏反应是诱发本病的原因。典型的巴氏杆菌性肺炎的早期症状与随后发生的急性增生性肺炎有2~4周的间隔期。

X线检查可见肺间质增宽和弥散性肺水肿的变化。

【诊断】 根据呼吸窘迫、加深加快、张口呼吸、偶见咳嗽并结合X线检查，可以做出诊断。

【治疗】 尽管本病的确切病因尚不清楚，但大多认为与氮气有关，且肺部的变化显示肺泡上皮增生、肺泡闭锁和肺间质水肿，采用下列治疗方法可取得一定的疗效。

1）使病牛远离任何氮气源，加强通风，改善设施。但应注意环境的突然改变可能会导致奶牛的应激，生产性能下降。在环境突然改变时要适当使用抗应激药物如电解质、维生素C等，以降低应激反应。

2）实施治疗前2~3d，可以考虑使用呋塞米，以控制肺水肿，按0.5~1.0mg/kg体重，肌内注射，每天1~2次。

3）使用阿托品，尽管其治疗机理尚不清楚，但实践证明这种治疗对同群病牛具有显著的效果，按0.048mg/kg体重，皮下注射或肌内注射，每天2次。

4）使用地塞米松有助于控制炎症介质的释放，减轻肺水肿，按10~20mg/头，肌内注射，每天1次，连续使用3d。注意，妊娠牛禁止使用。

5）静脉注射广谱抗生素，连续使用3~5d，以预防继发性细菌性肺炎。

（王振勇）

第二节 由呼吸道占位性肿块引起的呼吸系统疾病

一、上呼吸道阻塞

上呼吸道阻塞（Upper Airway Obstruction）是指上呼吸道的器官及其邻近的组织和器官结构异常，或发生炎症、肿瘤形成及上呼吸道内存在异物，导致上呼吸道狭窄而引起呼吸困难的一类疾病。由于病牛呼吸困难，需要加大呼吸力度，阻塞部位气体流速加大，出现局部黏膜水肿和肿胀，造成呼吸困难的程度进一步发展。

【病因】 上呼吸道阻塞发生的原因很多，包括鼻腔、喉、气管、支气管及其周围组织的疾病或上呼吸道内存在异物。

鼻炎、鼻腔囊肿、鼻甲增生、鼻息肉、鼻腔肿瘤、鼻中隔偏离、囊性鼻甲、颅骨异常、上额窦肿大、腮部囊肿、咽部囊肿、咽部脓肿、淋巴结肿大、喉部畸形、急性喉炎、喉返神经麻痹、气管手术或气管插管、舌后坠、肿瘤压迫、硬化性纵隔炎、呼吸道异物等均可导致上呼吸道阻塞。

临床中出现的上呼吸道阻塞最多见于放线菌感染后，引起的喉部脓肿压迫喉头或气管，导致吸气性呼系困难（图 16-2-1、图 16-2-2、视频 16-2-1、视频 16-2-2）。

图 16-2-1 喉部放线菌病脓肿引起的呼吸困难

图 16-2-2 喉部放线菌病脓肿为弥漫性肿胀

呼吸道内异物主要包括呼吸道内的病理性产物如血液、血块（如肺出血）、脱落的牙齿、痰液（如呼吸系统炎症）、误咽的各种异物。误咽通常发生在奶牛采食过程中突然受到惊吓，会厌软骨来不及遮住喉部时，一些大块食物会进入上呼吸道。也可见于在麻醉状态下，食物反流进入上呼吸道等，引起上呼吸道阻塞。喉返神经麻痹也是误咽的原因之一。

【症状】 不论何种原因引起的上呼吸道阻塞，病

视频 16-2-1 喉部放线菌脓肿引起的吸气性呼吸困难

视频 16-2-2 放线菌脓肿引起奶牛呼吸困难

牛都会出现吸气性呼吸困难，这也是最先观察到的临床表现。病牛在吸气过程中，吸气用力，吸气时间延长，重者常因吸气肌极度用力而胸腔负压增大，吸气时各肋间隙明显凹陷。因上呼吸道阻塞而变狭窄，常常产生可以听到的吸气音，并导致整个气管、支气管出现呼吸音。严重的上呼吸道阻塞，因病牛试图降低空气阻力而呈现张口呼吸，有时还可以听见打鼾声或鼾声性吸气。若为先天性因素引起，这种情况可能在出生时就存在或在出生后不久见到。

因囊肿或畸形造成的呼吸道狭窄，由于吸气性呼吸困难，通气量降低，为了维持正常的生理活动，病牛必须加大呼吸力度进行弥补，但却造成上呼吸道黏膜水肿和肿胀，使呼吸困难的程度进一步加重。

咽部脓肿或慢性上额窦炎的病牛可能出现体温升高。上额窦发炎、单侧鼻咽或上额窦肿瘤的病牛可出现单侧流鼻涕和1个鼻孔气流减少。有肿瘤发生时淋巴结病变可能为原发症状，如犊牛淋巴肉瘤和成年牛淋巴肉瘤，有软组织感染的病例可能为继发症状。有些病例，由于慢性炎症或肿瘤坏死，呼出的气体有一种腐臭味。饲养员可能发现从鼾声呼吸逐渐发展到张口呼吸的病理过程。炎症病变常常呈现出比肿瘤更为急性发展的过程，但这只是一般的情况，而不是规律性的表现。一些病例如慢性上额窦炎、咽或咽后部脓肿和淋巴肉瘤还可能出现明显的外向性肿胀。

【诊断】 在出现典型的吸气性呼吸困难时，就要考虑上呼吸道阻塞。但是要找到确切的发病原因则比较困难，必须进行一系列系统的检查，包括鼻腔、口腔、咽喉部检查，对怀疑喉部脓肿压迫引起的呼吸困难，可进行穿刺诊断（视频16-2-3）。

视频16-2-3
对喉部肿胀处穿刺，流出脓液，确诊为脓肿

开始的诊断程序为彻底的物理性检查和徒手检查，并注意检查口腔、鼻腔、咽喉部位有无病变和鼻孔的通气性，以及呼出气体的气味。

如果怀疑为慢性上额窦炎，应该细心检查上前臼齿和臼齿有无异常。

对没有治愈希望的上呼吸道阻塞牛，扑杀后进行病理剖检，发现在喉部附近有脓肿形成，有的脓肿附着在气管壁上，软腭、喉、咽部及气管黏膜增厚，呈黑红色，处于坏死状态且有数个小的化脓灶（图16-2-3）。这是病牛加大呼吸力度并引起气管黏膜炎症所造成的。

【治疗】 应遵循除去阻塞物、抗菌消炎和对症治疗的原则。

通过治疗炎症病变，使上呼吸道的外来压力解除，可解除上呼吸道阻塞。咽和咽后部脓肿需要用外科手术切开，对喉部附近的脓肿切开排脓，需要事先穿刺诊断，确定脓肿的部位与距离皮肤的深度，对病牛用盐酸赛拉嗪麻醉，使其处于镇静下再进行保定头部和术部处

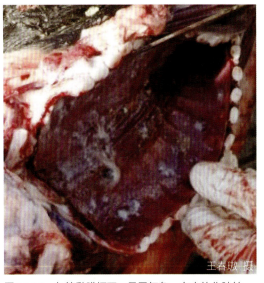
图16-2-3 气管黏膜坏死，呈黑红色，有小的化脓灶

理（图16-2-4）。然后切开脓肿，充分排出脓腔内脓液（视频16-2-4）。喉部附近的脓肿可能不止1个，要仔细检查，对所有脓肿都要切开排脓、冲洗、引流，并坚持术后定期换药，才有可能将病牛治愈。对喉部附近有数个脓肿的病牛，因手术难度大，可将其淘汰。

视频 16-2-4
切开脓肿排出脓液

图 16-2-4　对喉部放线菌病脓肿牛进行手术前保定

慢性上颌窦炎应采用环锯术治疗，摘除全部齿根部感染的牙齿，每天用稀释的消毒液或灭菌的生理盐水冲洗患部，并给予有效的全身性抗菌药物治疗1~2周。

一般情况下，肿瘤病理预后不良，这种病牛不应进行治疗，建议淘汰。犊牛淋巴肉瘤常因咽淋巴结肿大而引起上呼吸道阻塞性呼吸困难，成年牛淋巴肉瘤病例也可出现1个或多个巨大的咽淋巴结（10~20cm）造成呼吸困难。淋巴肉瘤确诊后的病牛通常在1~6个月死亡，建议确诊后及时进行淘汰。

（王振勇）

二、胸腔及下呼吸道占位性肿块

胸腔及下呼吸道占位性肿块（Space-occupying Masses in Thorax and Lower Airway）常波及肺实质、胸膜脏层、壁层或胸腔的其他结构，引起轻微的或明显的进行性呼吸困难或类似于充血性心力衰竭的症状。本病因特异性病变的不同而表现出相应的症状，如有胸腔或纵隔肿瘤时出现进行性消瘦，胸腔脓肿或胸膜炎时出现对抗生素无反应的发热症状。

【病因】　胸腔及下呼吸道占位性肿块主要是由于胸腔脓肿、胸膜炎、肺结核及淋巴肉瘤所致，不同类型的疾病发生原因不同。

1）胸腔脓肿、胸膜炎和结核病的发生主要是由病原微生物感染所致，见于胸壁透创、胸壁挫伤、巴氏杆菌病、支原体的感染及邻近部位炎症如肺炎的蔓延，同时也与机体抵抗力下降有关。

2）淋巴肉瘤的发生主要是由牛白血病病毒感染所致，但其发生发展与多种因素有关，包括免疫缺陷、辐射、遗传、细菌感染和环境因素（苯、除草剂、化学药物和重金属如钴、铬、镉的污染等）等。

【症状】　胸腔及下呼吸道占位性肿块的临床表现因原发疾病性质的不同而有较大的差

异性。

1）胸腔脓肿通常表现为病牛对抗生素无反应性发热，进行性呼吸困难，颈静脉或乳静脉怒张或搏动，腹部水肿，不愿活动。胸腔脓肿多为单侧性，病变的胸部腹侧肺音减弱甚至消失，心音减弱，对侧心脏因变位而靠近对侧胸壁使心音增强，高于正常。

2）胸膜炎表现为病牛进行性呼吸困难，腹侧胸区肺音减弱，胸壁疼痛，体温升高。当有大量的胸腔积液时，颈静脉和乳静脉可能出现搏动或怒张。

3）淋巴肉瘤多发生于奶牛4~24月龄，出现进行性呼吸困难，瘤胃臌气，生长受阻，渐进性消瘦。颈腹侧上部肿胀明显，并且常可延伸到胸腔入口。有些胸腺淋巴肉瘤肿块柔软，触摸时呈液体样肿胀，有时则较坚实。压迫气管、食道造成呼吸困难和嗳气受阻，其程度随肿瘤结节大小不同而不同。成年牛淋巴肉瘤的症状随肿瘤的数量、大小及被肿瘤波及的器官不同而不同。

【诊断】 胸腔及下呼吸道占位性肿块的诊断需要认真仔细的检查，认真听取每侧胸部不同部位呼吸音的强弱、性质，有无呼吸性啰音及性质，有无胸膜摩擦音及拍水音。叩诊时注意有无浊音区及浊音区的大小，是否存在水平浊音，心脏浊音区是否发生改变（包括大小和位置的改变）。叩诊时有无疼痛的表现。X线检查和超声波扫描对胸腔及下呼吸道占位性肿块的诊断具有非常重要的意义，可以诊断肿块的位置和大小，并可初步判断肿块的性质。

1）位于一侧胸腔的脓肿、浆液肿块或肿瘤团块将同侧肺抬高，并将心脏推向对侧胸腔，在患侧胸部肺音减弱，心音低沉。对侧胸部听诊可听到一致增强的支气管呼吸音和增强的心搏动音。胸部叩诊有助于确定患病区域。进一步进行X线检查和超声波扫描则可以确定肿块的位置和大小。

2）怀疑脓肿时，可进行血液学检查。脓肿病例可见血浆球蛋白增高，中性粒细胞增多。还可以进行胸腔穿刺，通过对病牛胸侧第5或第6肋间下部进行胸腔穿刺术，将抽出的液体或脓汁进行细胞学检查和培养，若不能获得液体，可采取病变组织进行活体细胞检查。

3）胸膜炎或胸腔渗出液可为单侧或双侧性，听诊可听到肺泡呼吸音减弱，心音减弱和拍水音，叩诊则出现水平浊音。若为单侧性，则表现为患侧胸腹腹侧肺泡呼吸音减弱。大量胸腔积液的病牛，呼吸困难显著，感觉心音遥远。胸部X线检查和超声波扫描有助于胸腔积液的确诊，并有助于证实是否存在膈疝。进行胸腔穿刺可证实胸腔积液，采取样品进行细胞学检查和培养分析，可区别感染、肿瘤或其他病因。

4）侵害肺实质、胸膜或胸腔淋巴结的胸腔肿瘤，因侵袭部位、大小不同，其症状多变，临床诊断较为困难。在进行全身性抗生素治疗后，仍然出现呼吸困难和进行性体重减轻的病例，结合其他部位和淋巴结逐渐明显肿大的表现，应重点怀疑此种情况。此时，采用胸部X线检查和超声波扫描可以诊断出肿瘤的部位、数量和大小。对肿瘤进行穿刺和细胞学检查则可以确定肿瘤的性质，有助于预后的判定。

【治疗】 单侧胸腔脓肿和浆液性肿块的病牛不予治疗，应淘汰。

对胸膜炎和胸腔积液的治疗需要引流和适当使用抗生素，以便控制肺炎。如果胸腔积液是由肿瘤引起的，应及时淘汰，不建议进行治疗。金属异物穿透膈肌可造成胸腔积液性胸膜炎、胸腔脓肿或者膈疝，一旦确诊立即淘汰。当化脓放线菌形成厚壁的胸腔脓肿时，慢性病牛也应淘汰。

（王振勇）

第三节　由青贮引起的呼吸系统疾病

二氧化氮中毒又称为青贮者病（Silo Filler's Disease），是指奶牛长期接触或一次性大量吸入新鲜青贮饲料中的二氧化氮（饲料青贮时无氧发酵可产生大量的二氧化氮）而引起的中毒性疾病，主要表现为咳嗽、呼吸加快、呼吸困难等。

【病因】　二氧化氮是由新鲜青贮饲料无氧发酵时产生的黄色气体，奶牛接触后可以引起下呼吸道损伤。因为该气体比空气重，所以，它位于新鲜青贮饲料特别是玉米青贮饲料的上侧，并处于较低的部位。当事先没有用吹风机把二氧化氮吹散，工作人员进入青贮塔或青贮塔斜槽时，因吸入该气体而出现很大的危险，对圈养于青贮塔斜槽附近的奶牛危险性最大。2000年有奶牛场在做青贮时晚上没有封窖，二氧化氮从青贮塔斜槽处逸出，致使附近的数头犊牛、老鼠、麻雀等动物死亡。

【症状】　二氧化氮可能对奶牛出现急性严重接触性毒性或慢性接触性毒性。二氧化氮气体遇到水分后转变为硝酸，对接触到的组织产生损伤。在呼吸道，硝酸可引起类似于无水氨造成的急性损伤和随后的阻塞性细支气管炎、间质纤维化。

慢性接触二氧化氮的病牛呈现慢性干咳和呼吸加快（高于40次/min），但很少出现其他症状。严重接触二氧化氮的病牛易出现湿咳、较严重的呼吸困难和肺水肿。

急性中毒的病牛，在吸入气体的当时可无明显症状或有眼及上呼吸道刺激症状，如咽部不适、干咳等，常经过6~7h的潜伏期后出现迟发型肺水肿、急性呼吸窘迫综合征，可并发气胸及纵隔气肿。肺水肿消退后2周左右出现迟发型阻塞性细支气管炎而发生咳嗽、进行性胸闷、呼吸窘迫及发绀。少数病牛在吸入气体后无明显中毒症状，而在2周后发生以上病变。胸部X线检查呈现肺水肿或两肺布满粟粒状阴影。

【诊断】　因为症状没有特异性，仔细观察临床表现和了解病史可能是诊断的关键。根据有无接触新鲜青贮饲料的历史和呼吸道症状，可以怀疑本病。肺活组织检查、X线检查和尸体剖检是可靠的诊断方法。

【治疗】　及时脱离危险环境是治疗本病的关键。

（1）早期、适量、短程应用糖皮质激素　对病牛可谨慎使用皮质类固醇，因其对地塞米松特别敏感，10~20mg/d，连用数天，分次给药，待病情好转后立即减量，大剂量应用一般不超过5d，必须考虑地塞米松引起继发感染和流产的危险。也可使用阿托品和呋塞米。

（2）全程应用抗生素　由于本病造成呼吸道黏膜严重损伤，极易发生呼吸系统感染，应全程使用抗生素控制继发感染。必要时可使用强心剂，但应减量使用。脱水剂和吗啡应谨慎使用。

（3）积极预防和控制肺水肿　保持呼吸道通畅，应用气管解痉剂，肺水肿发生时给予去泡沫剂如二甲硅油，必要时做气管切开术、机械通气等。

（王振勇）

第十七章 皮肤疾病

第一节 湿疹

湿疹（Eczema）是一种过敏性皮肤病，也称为接触性皮炎，泛指一系列持久和继发的皮疹，以局部脱毛、发红、水肿、瘙痒为主要特征，可伴有皮肤结痂、剥落、起泡、开裂、出血或渗血等症状。愈合后的病变区域有时有暂时性的色素沉着，很少形成疤痕。任何年龄的奶牛都可能发生，一般为散发性，偶见群发。湿疹不会引起病牛死亡，但是会使其精神不振，食欲降低，影响生长发育，降低生产性能。

湿疹按性质可以分为急性湿疹和慢性湿疹。急性湿疹以红斑、表皮糜烂和瘙痒为特征，可转变为慢性湿疹；慢性湿疹主要表现为细胞浸润、皮肤增厚和皮肤苔藓样硬化。湿疹按照病因可分为接触性湿疹、过敏性接触性湿疹和继发性湿疹3种。

【病因】 引起湿疹的病因多种多样，按照发病机制可分为三类。

有的物质本身刺激性大，在高浓度状态下直接与皮肤接触时发生湿疹。奶牛场常见的刺激性因素包括消毒用的生石灰、浓缩或高浓度的乳头消毒液等。高浓度的碘制剂本身具有很大的刺激性，能够引起接触性湿疹。难产助产、产后检查时清洗外阴用的消毒药及肥皂水如果不冲洗干净，也会造成奶牛会阴部及尾部周围的湿疹。其他外用药物用量过大时也会引发湿疹。长期腹泻、倒卧或处于环境差的运动场的奶牛，身体受粪、尿灼伤的部位会发生湿疹。哺乳犊牛口腔周围也可能由于长期接触牛奶或代乳粉而发生湿疹。

另一类物质本身就是变应原，即使很低的浓度和接触量即可导致皮肤湿疹的发生，比如植物、垫草，昆虫等。此类湿疹较少发生。

以上两类都属于原发性湿疹。除此之外，在一些慢性消化道疾病如胃肠卡他、便秘、维生素缺乏、内分泌机能紊乱等疾病的发病过程中，有时也会出现继发性皮肤湿疹。

【症状】 奶牛湿疹的发病率并不高，偶可见股内侧和乳房相互摩

擦的部位发病，股内侧皮肤和与之相对应的乳房皮肤发红，破溃、渗出。由于该部位的皮肤在奶牛运动时不断相互摩擦，一旦发病很难治愈，但对采食、泌乳等无明显影响（图17-1-1）。发生继发感染的病例，局部皮肤会发生糜烂，有特殊的臭味。其他的好发部位包括眼周、口腔周围、颈部、腰部、尾根及后肢等处（图17-1-2）。

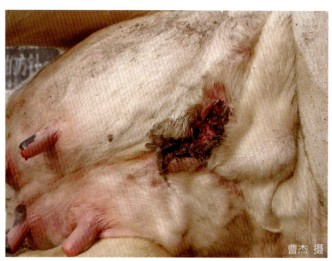
图17-1-1 乳房基部皮肤褶处湿疹

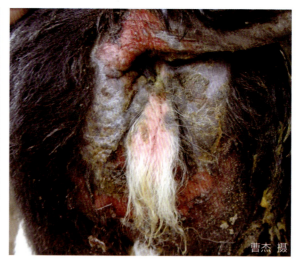
图17-1-2 腹泻犊牛会阴部湿疹

奶牛的急性湿疹，一般经红斑期→丘疹期→水疱期→结痂期→鳞屑期而痊愈。继发细菌感染时，可在丘疹期后发展为脓疱期，此时病变蔓延较快，有时诱发痤疮。急性湿疹病程短暂，恢复较快。除个别病例外，慢性湿疹多由急性湿疹转来。特点是皮肤的炎症波及真皮乳头层和血管周围的结缔组织，细胞浸润和结缔组织的增生致使皮肤变厚。病程较长时，皮肤呈苔藓样硬化。

【诊断】 根据病因中所涉及的因素，结合临床表现即可做出诊断。本病应与光敏性皮炎、皮肤真菌病、疥螨病进行鉴别诊断。

奶牛光敏性皮炎引起的皮损主要发生在浅色或无色素沉着的皮肤区域。荷斯坦奶牛黏膜与皮肤连接处和白毛区域是光敏性皮炎的常发区域。患有肝原性光致敏的奶牛可能出现黄疸，除皮肤病变外，可表现全身症候，如厌食、体重减轻、泌乳量下降。奶牛红细胞生成性卟啉症是一种先天性遗传缺陷，在发生皮肤光敏性皮炎的同时，出现贫血、红牙、红尿和发育障碍。疥螨病的特点是病牛瘙痒，舔、咬和在物体上摩擦患部。在病变部与健康部交界处刮取皮肤病料，可检出虫体。

【治疗】 首先应消除致病性刺激因素及治疗原发性疾病。在加强饲养管理，适当进行运动和日光浴，保持环境和牛体清洁、卫生的前提下，遵循抑制渗出、脱敏和防止继发感染的原则，一般局部外用药物即可收到很好的效果。

在局部治疗之前，要对病变及其周围皮肤进行清理，剪去或刮除被毛后，选用2%～3%氢氧化铝溶液、0.1%高锰酸钾溶液、3%硼酸溶液等清洗患部，去除渗出物和痂皮。渗出物多时，可用1∶1氧化锌滑石粉撒布；也可用炉甘石洗剂（炉甘石10g、氧化锌5g、苯酚1g、甘油5mL、石灰水100mL）或亚甲蓝硼砂液（亚甲蓝3g、硼砂5g、蒸馏水100mL）等药物来进行收敛；还可选用甲硝唑100mL、庆大霉素80万IU、林可霉素20mL、地塞米松15mg混合液外用喷涂，每天3次，以达到脱敏、止痒、抗感染的目的，一般10d左右即可痊愈。甲硝唑合剂配置后于冰箱内4℃冷藏，可保存40d，推荐用于后备牛的湿疹治疗。成母牛应考虑避免使用抗生素治疗，否则会有弃奶的风险。密斯陀粉局部涂敷，具有收敛、止痒、促进愈合等多方面的作用，对奶牛各部位的湿疹，特别是乳腺与股内侧皮肤的湿疹疗效显著。涂擦药物后，应尽量阻止病牛对患部进行啃咬、摩擦和舔舐。

严重病例可在局部治疗的同时，配合盐酸头孢噻呋或头孢噻呋钠，按1.1~2.2mg/kg体重，肌内注射，连用3~5d。犊牛可尝试配合地塞米松治疗。

对于顽固性病例，可以选择溴化钠、三溴合剂口服，或用苯海拉明、氯苯那敏等肌内注射，每天1~2次。

在治疗过程中也可配合中药疗法，外治可用苦参汤（苦参、蛇床子、白芷、双花、菊花、黄柏、地肤子各10~15g煎汤）洗涤，内治可用凉血消风散（当归20g、生地30g、知母30g、龙胆草25g、石膏60g、苦参25g、蝉蜕15g、防风30g、苍术30g、木通20g、车前子20g、甘草15g，水煎内服，适用于马和牛）。

（曹 杰）

第二节 荨麻疹

荨麻疹（Urticaria）是一种对免疫性或非免疫性刺激物产生的皮肤过敏反应。以局部皮肤水肿为特征，并发展成为明显的皮肤风疹。本病通常急性发作，并在数小时内消退。长期或是慢性病例可表现为皮肤上的风疹持续几天甚至几个月仍复发。与血管性水肿不同的是，荨麻疹通常在皮肤上出现各种各样的可触及的瘙痒性风团，而血管性水肿是累及皮下组织的大的弥漫性血管性肿胀。荨麻疹发生时可以是皮肤局部的过敏反应，也可能作为更严重的系统性过敏反应的一部分。对奶牛而言，血管性水肿通常是局限性的，易发于肛门阴门周围的体表。受损皮肤常出现水肿、被毛竖立，无脱毛现象。咽、鼻和喉的血管性水肿可引发呼吸困难现象。疫苗和药物引起的荨麻疹易发展为过敏性休克，病牛很快死亡。

【病因】 荨麻疹、血管性水肿和过敏反应是具有最明显临床症状的超敏反应或过敏反应。荨麻疹表现为因皮肤水肿而引起的皮肤疹块或黏膜肿胀，血管性水肿涉及皮下组织的较大肿胀或水肿斑块，而速发型过敏反应是这些超敏反应的极端表现，它的快速发作会引起平滑肌收缩和血管改变而造成严重的呼吸和心血管症状，除非立即处理，否则通常是致命的。3种反应可单独出现或同时出现。

虽然荨麻疹在许多情况下是过敏性的（如药物、疫苗、微生物、饲料及添加剂、体内寄生虫、昆虫叮咬、植物等引起），但非过敏性因素如皮肤的物理压力、酷热、寒冷、阳光及精神性应激也可引发奶牛荨麻疹，大部分属于Ⅰ型过敏反应。对于奶牛而言，大多数荨麻疹是由注射抗生素、疫苗、全血、静脉输液药物和饲料等多种物质所引起的。疫苗是发生荨麻疹的一个重要原因。口蹄疫疫苗、巴氏杆菌疫苗和布鲁氏菌A19疫苗偶尔引起速发型或迟发型过敏反应。布鲁氏菌A19疫苗接种后24h内可能产生与喉头相关的过敏反应，引起严重的喉头水肿。后备牛接种巴氏杆菌疫苗或布鲁氏菌A19疫苗后3d内偶见发生迟发型肺水肿而死亡的病例。生物制品中抗血清的使用也可能会引发速发型或迟发型过敏反应。药物中的青霉素、四环素、氨苄西林、各种磺胺药和链霉素最易引起奶牛的过敏反应。临床上大部分的药物过敏反应仅出现血管性水肿，导致呼吸困难、流涎及过敏性休克表现，很难见到皮肤荨麻疹。

昆虫叮咬偶尔会引起荨麻疹，但很少有更为严重的表现。干奶期延迟挤奶的牛可能发生α-酪蛋白变态反应，是引发荨麻疹的另一个原因（图17-2-1）。

当静脉输注全血或血浆时，可引起皮肤过敏反应，这可能是血型不同或输入太快造成的。静脉输液特别是配方液体偶尔可以引起荨麻疹和血管性水肿，这可能是由输液药品含杂质或内毒素等引起的。

饲料及添加剂也会引起个别奶牛荨麻疹。

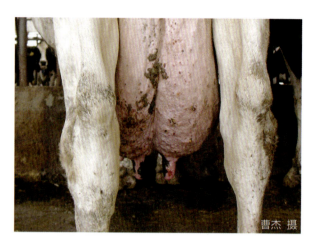

图17-2-1 乳房皮肤荨麻疹

【发病机制】肥大细胞脱颗粒释放炎症介质并导致皮肤水肿，是荨麻疹发生的原因。原发性毛细血管扩张引起皮肤红斑，受损毛细血管壁的渗出物导致真皮局部水肿，并形成水疱。一般情况下只累及真皮，有时还累及表皮；在极端情况下，水疱可能扩大成为血清凝块，发展为溃疡并排出。荨麻疹的病变通常在12~24h消退，但在复发性荨麻疹中，可能会在数天或数月内持续不断地出现慢性病变。

【症状】过敏几分钟至几小时内，奶牛身体各处出现数量不一且明显的皮肤疹块。皮肤隆起区域呈圆形或卵圆形，顶部平，轮廓清晰，直径为1~10cm，无渗出（图17-2-2），后期可能出现渗出、结痂及坏死性皮炎。除了植物或昆虫叮咬引起的荨麻疹，通常不会有瘙痒表现。有的头颈部和躯干部出现大面积小的皮肤水肿及竖毛（图17-2-3）。出现血管性水肿的病牛，眼睑、唇、外阴或肛门等处常出现明显肿胀。有时水肿区域可能会变成红色，特别是在无毛区更明显。一些奶牛仅仅局限在某一部位有肿胀表现，如最为常见的疫苗不良反应时肛门阴门的菊花样水肿；而另一些奶牛出现多中心黏膜皮肤交界处的肿胀。其他过敏现象包括颤抖、流涎、轻度瘤胃臌气、腹泻及低热。

图17-2-2 不明原因引起的青年牛荨麻疹

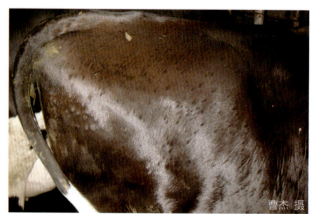

图17-2-3 疫苗免疫后引发荨麻疹

患有荨麻疹的奶牛可能会感到不安和疼痛，但单纯性荨麻疹一般不会危及生命，如果同时发生肺水肿或喉部水肿，可能迅速死亡。一般疫苗和药物引起的速发型过敏反应，血管和平滑肌的变化很快出现，甚至常发生在皮肤荨麻疹或血管性水肿之前。沉郁、呼吸困难、不安和被毛竖立是奶牛过敏反应的早期症状，后期症状包括流涎、鼻孔处有泡沫、虚脱、严重的呼吸困难、心房颤动及心脏骤停等。

【治疗】 自然恢复在偶然接触变应原的急性病例中很常见。在慢性或复发性病例中，变应原的识别和清除是首要的。

在临床中发生荨麻疹时最迫切的是要制止或防止过敏反应对病牛的急性影响。在奶牛出现荨麻疹或血管性水肿但无呼吸困难表现时，可以用抗组胺药和非类固醇类药物进行治疗。使用皮质类固醇药物时，对成母牛的使用剂量为500mg甲泼尼龙或40mg地塞米松，肌内注射，妊娠牛忌用。抗组胺药或氟尼辛葡甲胺可按照标准剂量使用。间隔8~12h重复治疗1~2次。

有呼吸困难的成年牛，除了上述治疗外，还应立即给予肾上腺素5~10mL，肌内注射。若有严重的喉水肿并威胁生命时，可进行气管切开术。若有严重的肺水肿时，可用呋塞米治疗，0.5~1.0mg/kg体重，静脉注射。一次治疗通常是足够的，但病变可能复发。局部可使用冷却收敛性洗剂如炉甘石或碳酸氢钠的稀溶液，也可使用肠外注射钙盐的方法。

【预防】 对于有α-酪蛋白变态反应的奶牛应立即挤奶，解除内源性变应原的积聚。考虑到可能多次出现过敏反应，大多数有α-酪蛋白变态反应的奶牛都应淘汰。

由饲料或饲料成分引起的过敏反应很难进行确切诊断，并且常为散发而不是呈地方流行性。然而，由于目前奶牛饲料配方中的原料多种多样，很难判断是哪种原料或添加剂引起的。当摄食大量玉米或小麦时，个别奶牛可能表现出荨麻疹和血管性水肿（特别是外阴和肛门处）。

疫苗免疫时出现过敏反应，应立即注射肾上腺素5~10mL，能很快消除过敏症状。临床上要尽量避免使用可能引起高过敏反应的疫苗及血清产品。

（曹 杰）

第三节 脱毛症

脱毛症（Alopecia）是奶牛常见的一类疾病，主要表现为头部及躯干部的局限性或全身性脱毛、结痂、红疹等。严格意义上来讲脱毛症是各种疾病在皮肤上引起的一种临床表现。

【病因】 能够引起脱毛的因素很多，对于奶牛最为常见的有蜱、疥螨、足螨、真菌、光敏性皮炎、接触性皮炎、发热、犊牛营养缺乏症、斑秃等。

1）引起脱毛的寄生虫性皮肤病主要是蜱和螨虫。硬蜱和软蜱是重要的传染性疾病的媒介，本身也可引起寄生性皮肤病。疥癣主要由足螨引起。牛足螨主要以表皮碎屑为食且寄生性强，其生活史中的2~3周都在宿主身上完成。足螨多发生于成年牛，通常牛群中10%~20%的奶牛出现轻度病变，病牛瘙痒、易怒，进而影响采食量和泌乳量。气温较高的月份，疥癣可能会自然消退。疥螨是奶牛身上最常见的螨虫，发病时以剧痒、湿疹性皮炎和脱毛为主要特征，患部逐渐向周围扩展，具有高度传染性。蠕形螨在奶牛身上很少有，发病时肩背部皮肤出现小的丘疹或结节、瘙痒，但不会引起脱毛等其他临床表现。

2）真菌感染是最常见的传染性皮肤病。皮肤真菌病也称为钱癣，常见于 2~4 月龄的犊牛，育成牛和成年牛也可发病。疣状毛癣菌是最常见的病原体，其次是须发毛癣菌，偶有红色毛癣菌引起发病的报道。潜伏期为 1~4 周，大多数病变会持续 1~3 个月，受污染物的机械刺激时，会加速接触感染。对奶牛而言，本病虽为非致死性疾病，但由于传染快，可在同群牛中迅速蔓延。另外需注意，外源性皮质醇的使用会加速本病的恶化。

3）光敏性皮炎和接触性皮炎属于过敏性皮肤病，有特殊的发病史（如疫苗接种等）及临床表现。当犊牛或奶牛患有严重的代谢性疾病、骨骼肌肉疾病、全身性疾病或单纯的饲养不当，被迫长时间躺在粪尿堆积的卧床上时，作为应力点的腹部和后肢就容易因粪尿灼伤而出现脱毛。由于长期的化学刺激，局部的皮肤呈现粉红色，属于接触性皮炎的一种，应与遗传性脱毛、毛发生长初期脱落和营养不良导致的脱毛相鉴别（图 17-3-1）。虱叮咬时，由于奶牛舔咬或蹭痒也会引起脱毛。另外，肉孢子虫病可能引发病牛耳郭及四肢末端不同程度的脱毛。

4）斑秃是一种罕见的自身免疫性皮肤病，生长期的毛囊作为抗原，可引起细胞和体液介导的自身免疫反应，没有明显的性别、年龄和品种差异。皮肤损伤可能是单发也可能是多发，由环状到椭圆的脱发区组成，而裸露的皮肤看起来很正常。病发部位常为面部、头部、肩部、胸部，深色毛发一般是首发部位。自发性再生的毛发比正常的毛发色浅、细软。

图 17-3-1 腹泻犊牛恢复后，后肢及会阴部脱毛

5）一些微量元素的缺乏也可导致脱毛，如遗传性锌缺乏症，也称为遗传性角化不全症，是一种常染色体的隐性遗传病，发病特征为从出生后 4~8 周开始，其面部、远端腿部和皮肤黏膜出现红斑、鳞屑、结痂和脱毛，深色毛发通常会褪色，尤其是眼周，似眼镜；碘缺乏可引起新生犊牛的全身黏液性水肿和脱毛；维生素 B_6 缺乏症，会导致犊牛厌食、生长不良、精神沉郁、皮毛暗淡、脱毛，个别严重的甚至出现严重的致死性癫痫，其特征为红细胞增多性贫血。皮肤的各类营养元素失衡也可能导致脱毛，如维生素 C 缺乏性皮炎，病牛的小腿、头部、腿部开始出现脱皮、脱毛、红斑、瘀点甚至瘀斑；锌反应性皮炎，发病部位多在面部、耳郭、皮肤黏膜连接处、远端腿部、侧面和尾部，病变由鳞屑和红斑逐渐发展为结痂和脱毛，病牛的疼痛感强烈或者消失；高脂代乳粉性皮炎，分离的脂肪粘在皮肤上，引起犊牛口鼻部、眼周部、耳郭基部、腿部脱毛和痤疮（图 17-3-2）；核黄素缺乏症，全身性脱毛及毛发粗糙、褪色、易断。此外，重金属中毒也会导致脱毛，如砷中毒时会伴随毛发干燥、暗淡、易脱，最后发展为脱毛和剥脱性皮炎；汞中毒会表现为进行性、广泛性脱毛等。

6）饲养管理不当时，也会在皮毛上有所反应，如因劣质牛奶喂养而营养不良的犊牛不仅瘦弱、被毛暗淡，甚至出现斑块状的脱毛。这种犊牛体温正常或偏低，受感染的病牛体温则会升高，多在 3~6 周后死于慢性腹泻或肺炎，虽然在死前 1~2d 躺卧，但仍有进食的欲望。坚持到断奶的犊牛，会在饲喂高能日粮后，体况迅速恢复。轻度冻伤会导致组织变得苍白和感觉减弱，随后是出现红斑、鳞屑和脱毛并伴随疼痛，因全身疾病而外周循环差的新生犊牛尤其容易冻伤。

此外，犊牛经历感染性疾病时出现持续性高热，在病愈后可能出现脱毛症，表现为腹部、后肢等局部脱毛严重，或者全身被毛稀松、皮肤发红（图 17-3-3）。

图 17-3-2 冬季气温低，代乳粉乳脂分离导致的口腔周围脱毛

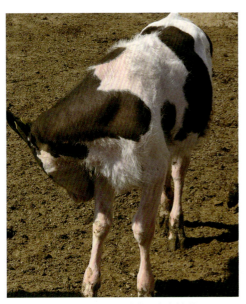

图 17-3-3 长期发热犊牛，痊愈后全身性脱毛

【症状】

1）发生皮肤真菌病时，真菌因其毒素和变应原可侵害皮肤角化层，导致渗出、脱毛和结痂。犊牛最常发病且病情严重，皮肤出现直径为 1~5cm 的圆形或卵圆形的结痂和脱毛。早期损伤的皮肤可能由于痂皮下有浆液性渗出物或继发脓皮症而隆起。由于瘙痒或人为拨去痂皮，可显露出下面潮湿、出血和有许多小凹窝的皮肤。痂皮多在 1~2 个月后自然脱落，以后病灶处可长出新毛。病变多发生在犊牛的头部、颈部和肛门周围，偶可见于其他部位，常为多病灶性的（图 17-3-4）。触痛、剧痒，能导致犊牛的营养状况下降。成年牛的皮肤病变可发生在乳房、乳镜、欣部皮肤或后肢，易传染给挤奶人员。

2）软蜱主要集中在尾根窝等部位发病，由于叮咬及接触性过敏反应造成尾根窝、会阴部、尾部脱毛和红疹。奶牛疼痛、摆尾、敏感不安，继而影响采食量和泌乳量（图 17-3-5、图 17-3-6）。值得注意的是，蜱除了能引发局部症状外，还能传染多种疾病，如无浆体病及莱姆病，对养殖人员也是很大的威胁。

图 17-3-4 犊牛眼周围真菌感染

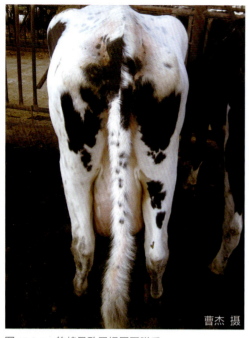
图17-3-5　软蜱导致尾根周围脱毛

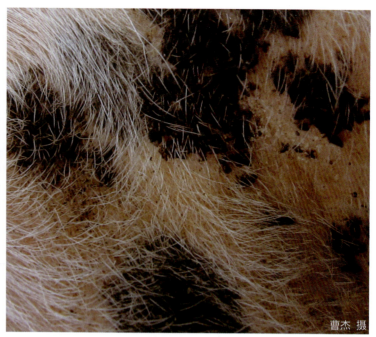
图17-3-6　尾根窝肉眼可见的大量软蜱

3）螨虫性皮肤病的特点为剧烈瘙痒，皮肤损伤包括局部结痂、脱毛、擦伤和皮肤增厚。在虫体和毒素的刺激作用下皮肤发生炎症，由于蹭痒导致渗出和结痂。痂皮被蹭破或除去后，创面有液体渗出及出血，重新结痂。随着皮肤角质层角化过度，患部脱毛，皮肤肥厚，失去弹性而形成皱褶。足螨皮损主要出现在尾根窝、尾根、会阴部、乳房后部、股内侧等部位，病牛出现瘙痒、不安、踩踏、强烈甩尾、蹭痒（图17-3-7）。疥螨的皮损主要集中在尾部、颈部、胸部、肩部、臀部和股内侧（图17-3-8）。由于瘙痒，病牛终日啃咬、摩擦和烦躁不安，直接影响生长发育和生产性能。若病情得不到控制，病牛表现虚弱，有的继发感染，严重时因衰竭而死亡。

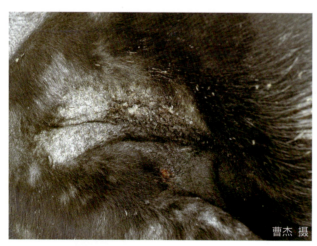
图17-3-7　尾根部足螨病灶

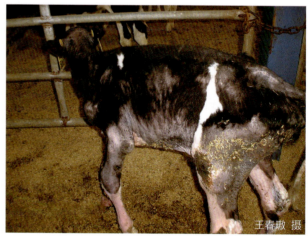
图17-3-8　犊牛全身性疥螨

【诊断】　在发病部位发现软蜱即可确诊，其他真菌病及螨虫性皮肤病可根据临床症状进行初步诊断。发病部位的皮肤刮片检查对螨虫及真菌的确诊很有帮助。

从病灶及其周围刮取皮屑及被毛，置于载玻片上，然后滴加 10%~20% 氢氧化钠或氢氧化钾溶液数滴，静置 15min 或徐徐加热使角质溶解后镜检。真菌感染时，可见孢子在毛干周围呈平行的链状排列，毛内毛外均有孢子存在；螨虫感染时可见到虫体。

其他引起脱毛的因素可根据病史及临床特征进行鉴别诊断。

【治疗】 蜱的治疗除手工摘除外，化学性药浴、喷淋和浇泼均可采用，但目前尚无针对蜱的特异性药物。伊维菌素对蜱引起的脱毛有一定的控制作用，按 1mL/40kg 体重，皮下注射，间隔 1 周再用药 1 次。

治疗螨虫时，乙酰氨基阿维菌素注射剂或浇泼剂、莫西菌素浇泼剂是最佳选择，特别是浇泼剂，使用方便，并且按推荐剂量使用没有弃奶期（乙酰氨基阿维菌素注射液也无弃奶期）。使用浇泼剂时应保证使用后 6h 内无降雨和喷淋干扰，以确保浇泼剂的透皮吸收，并且只用于颈腰背部的健康皮肤处。也可采用双甲脒水乳液（500mg/kg 体重）、溴氰菊酯水乳液（50~100mg/kg 体重）、二嗪农水乳剂（250~600mg/kg 体重）等体表喷淋，隔 7~10d 后再同法喷淋 1 次。伊维菌素、多拉菌素注射治疗仅用于后备牛，如害获灭、通灭等，按 0.3mg/kg 体重一次皮下注射，严重病牛间隔 7d 重复用药 1 次。伊维菌素类药物注射后弃奶期可能超过 35d，因此泌乳牛禁用。疥癣可以用 2% 石灰硫，每周 1 次，使用连续 4 周，有较好的效果。如果在患疥螨病的同时，局部继发细菌感染，则应同时采用抗生素治疗，5% 盐酸头孢噻呋或头孢噻呋钠，1.1~2.2mg/kg 体重，每天 1 次，肌内注射，连用 3~5d。

改善牛舍通风条件，降低湿度，增强光照，改善牛只的营养状况，有利于皮肤真菌病的痊愈。皮肤真菌病局部治疗时，应先清除病灶周围的被毛和鳞屑、痂皮等污物，然后应用下列抗真菌药物：10% 水杨酸酒精乳剂（水杨酸 10 份、碳酸 1 份、甘油 25 份、酒精 100 份）、10% 碘酊、10% 萘软膏、萘酚软膏或焦油软膏、氧化锌软膏或碘化硫油剂、复方苯甲酸软膏（Whit-field's ointment，含 6% 苯甲酸和 3% 水杨酸）。以上药物局部涂擦均可收到一定疗效，其中以复方苯甲酸软膏效果最好，具有溶解角质、抗菌和抗真菌的三重作用。由于口服或注射的抗真菌药物治疗成本较高（如盐酸特比萘芬、酮康唑、氟康唑等）或毒性大（如灰黄霉素），因此对于种公牛等价值较高的牛可以采用，效果良好，一般在奶牛场很少使用。

斑秃尚未有成功治疗的案例，有零星病变部位的奶牛可能在 1 年内自愈，广泛病变的奶牛难以恢复。其他病因引起的脱毛，应消除病因，对症治疗。

（曹 杰）

第四节 皮肤肿瘤

一、乳头状瘤（疣）病

乳头状瘤（疣）病 [Papillomatosis（Warts）] 是奶牛皮肤或黏膜最常发生的肿瘤，由牛乳头状瘤病毒（BPV）引起，常发于 6~24 月龄的后备牛。大多数乳头状瘤是良性的，且具有自限性，可在发生后的一定时期内脱落，痊愈的奶牛能获得一定的免疫力。致病的牛乳头状瘤病毒包括 1~6 型，尤其是 BPV2、BPV1，会在幼龄牛的头部、颈部、躯干、乳房和四肢引起典型的疣，可表现为各种形状，如指状、米粒状和蕨叶状。

【病因】 奶牛乳头状瘤病的病原为乳头瘤病毒属中的牛乳头状瘤病毒，可分为 6 型，其中 BPV1 和 BPV2 为牛皮肤纤维乳头状瘤的病原，BPV3 和 BPV4 分别为牛皮肤乳头状瘤和消化道乳头状瘤的病原，BPV5 引起牛乳头纤维乳头状瘤，BPV6 为牛非典型乳头状瘤的病原。奶牛乳头状瘤一般为良性，但也有报道 BPV4 病毒引起的奶牛消化道乳头状瘤可恶化为癌。

病毒的直径约为 5.5nm，有 72 个壳粒，核酸为单分子的环状双股 DNA，目前已知病毒至少含有 10 种多肽，在病毒粒子内部存在属的共同抗原。在血清学上，将 1、2、5 型 BPV 病毒归为一群，因为它们具有相同大小的基因组和部分相同的 DNA 序列；3、4、6 型 BPV 病毒为另一群，它们也具有共同的 DNA 序列，两群病毒之间的关系比较疏远。

1、5、6 型 BPV 病毒引起乳头和乳房皮肤上的疣，其中 BPV5 导致的是"米粒"状外观的乳头纤维乳头瘤。BPV4 引起的消化道疣和膀胱疣，可发展为鳞状细胞癌，膀胱乳头状瘤的恶化可导致所谓的"慢性地方性血尿"，病牛表现为排尿困难或痛性尿淋漓。BPV1 在公牛上引起阴茎的纤维乳头状瘤，偶尔在母牛的阴道和乳头上引起纤维乳头状瘤。BPV3 往往导致持续数年的非典型疣。

【流行病学】 奶牛乳头状瘤病呈世界性分布，在许多国家都有发病报道，以印度的流行较为严重，我国也有较多的报道，其中荷斯坦牛发病较多。本病多发于后备牛，在一个牛群中往往是犊牛和青年牛发病，成母牛不发病或很少发病，原因可能是成母牛存在抗体。

病牛是主要的传染源，病毒感染表皮的基底细胞，当这些细胞移行生长到皮肤表面，生长成瘤时便可向外界释出病毒，因此本病可呈地方流行性。日常生产设备和基础设施上可能存在病毒，如柱栏、卧床、刷子、围栏、挤奶机、颈枷、食槽、笼头等，这些病毒借助皮肤上的轻微创伤或者经口进入奶牛体内导致感染。另外，去角、打耳号、打背标等操作也可将病毒接种于皮肤，一些节肢动物也被怀疑有可能机械传播病毒。伤口感染病毒后，可迅速扩展到全身皮肤。如果病毒从消化道进入，可能会在消化道黏膜或生殖器官黏膜形成瘤体。另外，病毒也会通过交配或精液传播，在公牛的阴茎或母牛的外阴上生长，容易影响繁殖。

【症状】 皮肤型乳头状瘤具有明显的症状，常见于面、颈、肩、躯干和外生殖器，疣往往呈灰白色，有的扁平而宽基部，有的基部带有蒂与皮肤连接，玉米粒至核桃样大小不等，菜花状（图 17-4-1）。时间较长的疣表面粗糙，基部变细，最后脱落。

乳房型乳头状瘤可表现为各种形状，如指状、米粒状和蕨叶状（图 17-4-2、图 17-4-3）。发病牛群成母牛的发病率可达 30% 以上。在同一乳头上，上述 3 种不同形状的疣可同时存在。瘤体在乳头皮肤上可叠层生长，即在较大的瘤体上长出小的肿瘤。除成母牛外，其他牛一般不发病。干奶牛发病比泌乳牛轻，这可能与传染机会减少、局部很少受到摩擦有关。乳房皮肤偶有疣存在，但与乳头相比，发病概率极低。

青年公牛的阴茎疣影响繁殖，发病公牛常表现为采精或交配后阴茎和包皮出血，如果小母牛的阴道黏膜长有纤维乳头状瘤，除非瘤体很大，否则难以发现。

图 17-4-1　头部乳头状瘤　　　　　图 17-4-2　乳头孔及侧壁的乳头状瘤　　　　图 17-4-3　乳头侧壁的乳头状瘤

消化道型乳头状瘤大多数无明显症状，偶尔因影响嗳气而表现为迷走神经性消化不良。消化道疣很少能发现，除非进行口腔检查、食道内镜检查或瘤胃切开术，有些病变是在尸体剖检时发现的。

本病一般呈地方流行性，发生广泛，尤其是乳头和乳房皮肤的疣，几乎在同一地区的每个牛场都可见到，而且没有明显的季节性。

【诊断】　在大多数情况下，根据典型的疣的外观表现即可做出诊断。非典型病变，如消化道和膀胱的疣，可通过活检和组织病理学进行诊断。另外，还有其他实验室检查手段。

（1）病原鉴定　采取瘤体研磨，离心取上清液在电子显微镜下观察细胞核内病毒粒。

（2）接种　采取瘤体研磨离心的上清液，对健康牛或其他动物进行皮内接种，可形成特征性疣状物，或者接种鸡胚绒毛尿囊膜可见膜增厚。

（3）血清学试验　应用免疫荧光抗体技术、琼脂免疫扩散试验、酶联免疫吸附试验检查抗体。

【治疗】　由于皮肤疣通常是自限性的，因此很少需要治疗。但是由于自愈的时间不定（最多12个月），出于美观或出售的目的，有时也给后备牛进行治疗。治疗方法是通过手术对单个疣或瘤进行摘除或粉碎破坏，另外也可以使用电灼、激光、冷冻技术。虽然这些方法在临床上有局限性，但有研究认为破坏疣体能激发细胞介导的免疫反应，从而抑制牛其他部位的疣生长。

公牛阴茎的乳头状纤维瘤需要手术摘除，然后在瘤体基部施行冷冻手术。其中冷冻→解冻→冷冻的方法疗效最佳，肿瘤基部应至少冷冻至-30℃。有蒂的阴茎瘤比那些基部较宽的瘤容易治疗，可用丝线结扎促其脱落，不容易复发。阴道的乳头状瘤很少需要手术摘除，从基部切除或冷冻可能成功，但阴道肿瘤的血管往往很多，手术中要注意止血。乳头上的扁平或米粒状乳头疣很少治疗，但影响挤奶的乳头侧壁或乳头末端突起的乳头状瘤需要去除。

【预防】　由于本病是一种病毒性疾病，因此在饲养管理过程中要注重消毒和防范人为传播。发现病牛后，需要将其隔离。对于那些从未出现过本病并且发病头数少的奶牛场，淘汰病牛是可以考虑的。病牛用过的用具要严格消毒，并对圈舍进行消毒。在日常管理中，要注意定期消毒运动场，挤奶前药浴乳头要充分确实，清洁乳头时避免交叉使用毛巾，奶杯应每天严格消毒。清除圈舍和运动场内锋利的结构，如栏杆上锋利的金属焊点等。进行常规操作时注意消毒，如手术、注射、断角时。做好牛场的节肢动物杀灭工作，包括螨虫、蜱虫、蚊蝇等。

商业或自体疫苗已被广泛使用,并且取得了较好的效果。1931年,Biberstein首次报道了自体疫苗的制作方法:将疣体捣碎,冷冻和解冻2~3次,用1份瘤组织加9份生理盐水,混合后过滤,4℃保存。皮下注射1~5mL,每周1次,共注射3次。另外一种自体疫苗是用瘤组织榨出液加0.5%苯酚或甲醛灭活病毒,2~3月龄时注射免疫。自体疫苗兼有预防和治疗作用,但其临床效果有待进一步验证。疫苗的应用也有许多不足之处,如用于制备疫苗的病毒可能与致病的病毒不同型,当用作治疗时没有任何方法可以判定是疫苗的效果还是动物自愈。

(曹 杰)

二、淋巴肉瘤

淋巴肉瘤(Lymphosarcoma),又称为散发性淋巴肉瘤(SBL),是一种由于淋巴细胞异常增殖而表现为体内外广泛淋巴肿瘤和因淋巴肿瘤而引起的临床异常表现的疾病,其临床症状与牛白血病病毒(BLV)所致症状类似,但病牛BLV均为阴性,且本病主要发生于3岁以下的牛。本病有多种表现,可能累及脑、皮肤、胸腺、关节等多处淋巴组织,根据其发病特征可分为幼龄型、胸腺型和皮肤型3种。淋巴肉瘤的发病率较低,且只影响牛群中的个别牛只,一般不具有传染性,但是怀疑本病与遗传相关。

【病因】 淋巴肉瘤的致病因素还不确定,但可以确定的是本病是非传染性的。与牛地方性白血病相似,淋巴肉瘤病牛的淋巴样肿瘤是B细胞或T细胞谱系。由于特定B或T细胞发生恶性增殖,导致在淋巴组织中形成肿瘤,这些淋巴细胞具有极强的转移倾向,肿瘤的确切性质尚不清楚,目前认为主要是由赘生性淋巴细胞组成。

【症状】 目前认为淋巴肉瘤有3种类型,分别为幼龄型、胸腺型和皮肤型,它们之间在发病年龄、症状上存在一定的差异。

(1)幼龄型 主要发生在6月龄以内的犊牛,偶见6~24月龄牛发病。该型的犊牛可能在子宫内就已经发病,在出生时或出生后一段时间表现出来,特征是广泛的多处淋巴结肿大,主要影响骨髓、神经和大多数淋巴结,内脏器官如肝脏和脾可能会受到影响。犊牛表现为体重逐渐减轻,体表数个或所有淋巴结突然肿大,精神沉郁和虚弱无力,发热,心动过速,可能出现再生障碍性贫血,血液学检查有大量未成熟淋巴细胞。骨骼和骨髓坏死,累及胫骨、肋骨和脊椎骨,肢体主要神经弥漫性浸润,导致共济失调和轻瘫。由于肿瘤生长的位置差异而导致症状不同,如咽部淋巴肉瘤可能导致呼吸窘迫和吞咽困难。犊牛一般在典型症状出现后的2~8周死亡,剖检可能见到内脏器官肿胀和充血性心力衰竭。

(2)胸腺型 常见于6~24月龄的奶牛。其特征是胸腺的颈部和/或胸腔内部明显增大,偶尔扩散到其他淋巴结和骨髓,但很少涉及其他器官,偶见肿瘤块延伸到下颌骨、颅骨、心脏和肺部。胸腺肿块可能不明显或无法触及,具体取决于胸腺受影响的部分。典型的临床表现为颈静脉怒张和明显的下颌水肿,由于食管受压而表现出中度膨胀。该型病牛的寿命可达2年。

(3)皮肤型 发生于1~3岁的奶牛,其特征是颈部和躯干皮肤上有广泛的结节和肿块,以及内脏器官有广泛的淋巴肿瘤,尤其在疾病晚期。皮肤结节性肿块可发生于皮肤的任何位置,主要集中于颈部、躯干、臀部和后肢。病变最初从真皮开始，开始时皮肤外观正常，随着疾病发展，局部皮肤开始脱发、结痂、角化过度，最终形成斑块状、圆形、突起的结节，直径为1~10cm，患处周围淋巴结通常增大（图17-4-4）。肿瘤的数量很多，以致结节间无正常皮肤。有的结节或肿块最终形成溃疡灶，呈黑色、花椰菜样外观，并有臭味。有的结节不破溃，经过数周或数月的时间，中心逐渐凹陷并逐渐缩小，毛发再次长出，结节消失，周围淋巴结肿大，可能会在1~2年复发。疾病晚期病变通常会扩散到内脏器官，经过6~12个月，病牛可能发热、精神沉郁、异常消瘦、食欲减退，如果内脏没有肿瘤生长，病牛可能无其他临床症状。在温暖的天气，苍蝇和其他昆虫可能刺激破溃的结节，病牛会表现不适。

图17-4-4　肛门右侧皮肤及皮下肿瘤（直径为5cm）

淋巴肉瘤主要影响3岁以下的牛，偶见成年牛发病。成年牛淋巴肉瘤可出现单发或多发皮肤肿瘤，同时伴有典型的淋巴结肿大和靶器官病变，这种形式的皮肤肿瘤较大，通常呈斑块状，可能位于颈部、胸部或躯干、乳房或眼睑。

【诊断】　可根据病牛的临床表现和年龄做出初步诊断。体格检查首先确认病变的位置、质地等。细针穿刺、皮肤活检、小手术活检并结合组织病理学检查是诊断皮肤淋巴肉瘤的可行方法。胸腺、皮内结节和外周淋巴结是取样的重点。

血液学检查中淋巴细胞计数的增加和贫血可能提示着淋巴肉瘤，另外血液和生化检查也可能会出现高纤维蛋白原血症、低血糖和高乳酸血症。X线检查、超声心动图、超声检查也是有用的诊断手段。尸检显示淋巴结肿大和肿瘤性淋巴细胞浸润。

鉴别诊断主要包括牛地方性白血病、淋巴结炎、结核病、放线菌病、荨麻疹、传染性或无菌性肉芽肿，尤其是在淋巴肉瘤的早期，后期诊断会相对简单。首先要排除牛地方性白血病，通过检测BLV抗体进行鉴别。牛结核病可以通过PPD试验来区分。

【治疗】　本病尚无有效的治疗方法，一般建议直接淘汰。糖皮质激素可使淋巴肿瘤暂时溶解来缓解症状，但治疗效果不理想，因为肿瘤无法完全控制，而且奶牛会因药物治疗而遭受漫长的疾病病程或并发症。

【预防】　有报道本病可能与遗传相关，因此有相关疾病表现的牛只可以禁配。

（曹　杰）

三、鳞状细胞癌

奶牛的鳞状细胞癌（Squamous Cell Carcinomas，SCC）是一种多发于皮肤和被覆鳞状上皮的口腔、唇、生殖道、眼部黏膜的恶性肿瘤。该型肿瘤生长快，常呈乳头状或菜花样生长，癌体易破溃形成溃疡，且癌细胞经常通过淋巴通路转移，危害较大。在牛上发生较多的是眼型鳞状细胞癌和角型鳞状细胞癌，其次是皮肤型鳞状细胞癌。本病在印度和东亚地区发病较多，对印度的流行病学调查表明，鳞状细胞癌的发病率为5.4%~27.08%，不同品种的牛发病率有差异。

【病因】 引起鳞状细胞癌的病因尚不清楚，可能是多方面的。首先是外界对皮肤黏膜的不良刺激，如绳索引起的皮肤摩擦、昆虫叮咬、角的损伤、经久不愈的皮肤伤口等，均会使鳞状细胞癌发病率升高。再者牛鳞状细胞癌发生也与阳光照射、年龄、遗传学和牛乳头瘤病毒感染等有关。角膜瘤偶尔会转变成鳞状细胞癌。在某些位置缺乏色素的牛，该处的黏膜皮肤的癌变风险升高，如在一些白脸肉牛和荷斯坦奶牛的白色眼周或外阴等部位，另外临床中还观察到乳腺或耳尖部发生的鳞状细胞癌。对于5~10岁的荷斯坦奶牛，眼型鳞状细胞癌是影响成年牛眼睑和角膜的最常见恶性肿瘤。

【症状】 奶牛的鳞状细胞癌主要发生在阴门、肛门、会阴、眼部、角部，会阴部无色素者发病率高。据报道，非洲的欧洲品种牛常发生会阴部的鳞状细胞癌。约有20%的病例有广泛性淋巴转移。

典型的眼部肿瘤生长于眼睑或眼睑边缘，呈粉红色，外观扁平，似鹅卵石或菜花样，向外突起，可能表现为溃疡且经久不愈。通常坏死的白色或黄色"结霜"样物质覆盖粉红色、高度血管化的肿瘤表面，并有腐烂的气味。大量脓性分泌物会吸引苍蝇等叮咬，引起病牛的不适（图17-4-5）。

奶牛角型鳞状细胞癌在病初表现为角基部角质崩解、剥脱，角变得扭曲或倾斜，角质脱落后露出肿瘤。在病程中，额骨的角突可发生骨溶解。病变可侵害额窦、鼻腔、鼻甲、颅骨、垂体和眼窝。

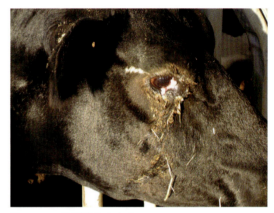

图17-4-5 结膜鳞状上皮癌

【诊断】 组织病理学检查结合局部症状可提供明确的诊断，也可进行细胞学检查和血液学检查。

【治疗】 确诊后，首先需要根据瘤体的状态及周围淋巴结的表现，确定有无发生转移。据报道，约有10%的牛鳞状细胞癌会发生转移。瘤体较小、周围淋巴结无异常的，一般可以进行治疗；瘤体大、有溃疡表现、周围淋巴结肿大的，可能已发生癌细胞转移，失去了进一步治疗的价值，建议尽早淘汰。临床上明显的被忽视或大的肿瘤比早期或小的病变更容易转移。与远处转移相比，局部组织浸润和局部淋巴结受累更为棘手。

临床上应根据肿瘤的解剖部位、大小等进行治疗，在不损伤组织功能的前提下，尽可能多地摘除瘤体周围组织（如眼睑），保留关键的正常解剖结构。角部的瘤体治疗相当困难，皮肤、眼部、外阴部位的肿瘤治疗相对简单。

鳞状细胞癌有多种治疗方法，如手术切除、冷冻手术、射频热疗、放射治疗等。对于早期、较小的眼睑鳞状细胞癌，治疗选择众多，如冷冻手术、射频热疗，但对于大的眼睑部病变，可能需要摘除眼球，彻底根除或剔除癌细胞。

除上述 3 种常见的皮肤肿瘤外，表 17-4-1 列出了其他几种少见的皮肤肿瘤，以及它们的临床特点。

表 17-4-1　其他皮肤肿瘤及临床特点

名称	临床特点
血管瘤（Angiomatosis）	5.5 岁牛易发，位于肩胛骨、背部和腰背部的柔软粉红色肿块，直径为 1.0~2.5cm，单个或多个的，易破、反复出血
脂肪瘤（Lipomatosis）	面部或后肢肌肉较大的肿块，触诊柔软，影响咀嚼、呼吸或运动
基底细胞瘤（Basal Cell Tumor）	单个的坚韧有波动的皮肤小结节，周围毛发脱落，有时溃烂，身体的任何部位，良性的
毛发上皮瘤（Trichoepithelioma）	单个的坚韧有波动的皮肤小结节，周围毛发脱落，经常溃烂，身体的任何部位，良性的
皮脂腺瘤（Sebaceous Adenoma）	单个的结节，身体的任何部位，特别是眼睑，良性的
皮脂腺癌（Sebaceous Adenocarcinoma）	单个的结节，身体的任何部位，特别是颌下，恶性的
纤维瘤（Fibroma）	单个的硬或软的真皮或皮下结节，身体的任何部位，特别是头、颈、肩部，良性的
纤维肉瘤（Fibrosarcoma）	单个的纤维状或柔软的真皮或皮下结节；身体的任何部位，特别是头、颈部，恶性的
血管内皮瘤（Hemangiosarcoma）	单个的结节，常坏死、溃疡和出血，身体的任何部位，特别是腿部，恶性的
血管外皮细胞瘤（Hemangiopericytoma）	单个的结节，身体的任何部位，特别是腭部，良性的
淋巴管瘤（Lymphangioma）	1 岁以下易发，先天性的，单个柔软的结节，身体的任何部位，尤其是腿、胸部，良性的
黏液瘤（Myxoma）	单个的柔软结节，身体的任何部位，尤其是耳郭、腿部，良性的
黏液肉瘤（Myxosarcoma）	单个的结节，身体的任何部位，恶性的
肥大细胞瘤（Mast Cell Tumor）	单个或多发的丘疹样结节，脱毛、红斑和溃疡，身体的任何部位，犊牛可先天存在多个病变；60% 的病变有广泛转移的可能性
黑色素细胞肿瘤（Melanocytic Neoplasms）	18 月龄以下中的发病率大于 50%，80% 的病变是良性的，单个的真皮至皮下硬质结节，灰黑色，身体的任何部位，特别是腿部

（曹　杰）

第十八章 犊牛疾病

第一节 犊牛胃肠生理与疾病的关系

犊牛出生后的最初几周，消化和代谢功能均处于过渡状态。虽然奶牛有4个胃，但早期犊牛阶段，其瘤胃功能还没有发育，所以不具备消化牛奶和饲料的能力，只有皱胃具备这些功能。犊牛由单胃动物逐渐发育转变为反刍动物，这种转变的特征是前胃（瘤胃、网膜和瓣胃）相对于消化道其他器官的大小和容量迅速增加。某些饮食性因素可影响犊牛的消化功能、酶活性和代谢功能。

一、瘤胃、网胃和瓣胃的发育

在牛的胚胎发育期中，与其他哺乳动物胚胎相似的原始胃在28d时出现。妊娠120d时，瘤胃大约是皱胃的1.5倍大，但在犊牛出生时，瓣-皱胃比瘤-网胃重并且体积更大。饲喂牛奶、干草和谷物饲喂的犊牛，4周龄时瘤-网胃占胃总体积的64%；到12周龄时，这个值增加到75%。这种容积比的增加趋势一直持续到成年奶牛，瘤-网胃占总胃容积的87%。以体重百分比表示时，在大约6周龄时瘤-网胃占胃总重量的比例达到最大（65%），此后没有变化。

饲喂牛奶、干草和谷物的犊牛，在12周龄时瘤-网胃和总胃容量大约是只饲喂牛奶犊牛的2倍，而皱胃大小相似。干饲料能刺激瘤-网胃和瓣胃的生长，而且干草比谷物对瘤胃的拉伸效果更强。Stobo等人发现，给犊牛饲喂不同水平的干草和精饲料，结果表明，与高精饲料日粮相比，饲喂高比例干草的犊牛瘤-网胃内容物重量增加41%并且容积更大。4~13周只饲喂牛奶的犊牛，瘤-网胃和瓣胃的生长与体重大致成正比；但同时饲喂谷物和干草，瘤-网胃的生长速度是体重的4倍，瓣胃的生长速度是体重的2.5倍。

与仅饲喂牛奶的犊牛相比，瘤-网胃中存在的固体饲料可刺激瘤胃肌肉组织的发育及瘤胃容量的增加。回顾性分析表明，饲喂干草和谷物

日粮犊牛的瘤-网胃体积在12~16周龄时可达到成年牛的比例，即23~36L/100kg体重，但在大约1岁之前，瓣胃一直在生长（相对于体尺）。

许多研究表明，前胃上皮的生长、吸收能力和代谢能力之间存在着密切的联系和相互依存的关系。犊牛出生时，瘤-网胃乳头高度小于1mm，随着固体饲料的摄入，它们迅速生长，到8周龄时达到最大长度（5~7mm）。与犊牛类似，同为反刍动物的羔羊瘤胃黏膜表面光滑，出生时为锥形乳头，直到8周龄其大小和长度一直增加。如果不给予固体饲料，瘤胃乳头基本上不会生长。瘤胃乳头的生长和伸长与瘤胃的功能发育密切相关。犊牛接受固体饲料后瘤胃乳头的正常发育可归因于发酵过程中释放的挥发性脂肪酸的存在。在刺激瘤胃黏膜生长的有效性顺序上，依次为丁酸盐、丙酸盐和乙酸盐。在饲喂固体饲料时，正常生产挥发性脂肪酸足以让犊牛获得最佳的瘤胃黏膜发育，乳头的长度和密度随日粮中精饲料比例和能量水平的增加而增加。与干草加开食料的日粮相比，全开食料日粮饲喂的犊牛瘤胃乳头要短得多。因此，一定比例的干草对于瘤胃乳头的最佳生长是必要的，这也是口感料的理论基础。

日粮组成对瘤胃黏膜的吸收能力和代谢活性也有影响。Sutton等人的研究表明，饲喂干草和谷物的犊牛，瘤-网胃对乙酸盐的吸收率从1周龄开始到13周龄增加了10倍以上，而仅饲喂牛奶的犊牛则没有增加。当使用生理盐水取代正常瘤胃内容物时，吸收率降低，但添加挥发性脂肪酸后吸收率又会增加。犊牛出生时瘤胃黏膜代谢活性较低，代谢活性的增加与结构发育密切相关。瘤-网胃和瓣胃的黏膜能够将瘤胃丁酸盐转化为酮类。瘤胃前背囊剥离的黏膜对挥发性脂肪酸的体外吸收试验显示，与喂牛奶的犊牛相比，喂食正常日粮至16周龄的犊牛具有显著的优势，丁酸盐的吸收量最大，其次是丙酸盐，乙酸盐的吸收量最小。饲喂干草+谷类的犊牛，88%的丁酸盐和72%的乙酸盐被转化为酮类，但对于仅饲喂牛奶的犊牛，这两个值分别只有29%和17%。

1周龄的犊牛开始向功能性瘤胃转变。尽管瘤胃的体积不断增大，但在6周龄时，犊牛的瘤胃功能在质量上与成母牛相似。采用固体饲料喂养的犊牛，瘤胃中挥发性脂肪酸的浓度在6~8周龄达到成母牛的比例。饲喂固体饲料的犊牛，在头3周瘤胃内需氧菌迅速减少，而仅饲喂牛奶的犊牛则没有同样的变化。瘤胃内需氧菌的减少伴随细菌总数的增加，这种趋势一直持续到12周龄。瘤胃内纤毛虫数量在3周龄前非常低，但在12周龄前迅速增加。瘤胃微生物的纤维素降解活性在犊牛6周龄时接近成母牛的水平。

二、皱胃的发育

不管饲喂何种日粮，犊牛皱胃的容积和肌肉组织的增长大致与体重成比例。促进瘤胃发育的因素（干草加谷物或挥发性脂肪酸）可显著增加皱胃胃底腺的生长。

（1）**食管沟** 食管沟是反刍动物胃内特有的附属结构，起自贲门，向下延伸至网-瓣胃间的半开放孔道，是食管的延续。当犊牛吮吸牛奶等液体时，食管沟收缩呈管状通道，起到将牛奶或液体自食管经瓣胃沟直接送入皱胃的作用。食管沟的闭合为反射性的，它的闭合是由吮吸的刺激或液体中的固体悬浮物刺激而引起，即犊牛受到哺乳条件反射后，分布于唇、舌、口腔和咽部黏膜内的感受器，通过神经（舌神经、舌下神经、三叉神经的咽支）传入延髓的反射中枢，由迷走神经传出，作用在食管沟，使其收缩呈管状，让牛奶或液体自食管进入皱胃。出生几周后，犊牛喝的水会进入瘤胃，但是1岁前的牛只要是喝奶都会刺激食管沟的闭锁。8周龄前的犊牛，喝进去的牛奶和水都会进入皱胃，不管是用桶喂还是用乳头喂。8周龄后，在喝水时食管沟的功能就不那么有效了。在刺激食管沟反射闭合方面，乳头比桶更有效。如果在牛奶中加水（稀释奶），对食管沟的刺激也会有异常，冷奶会导致食管沟闭锁不全，这种情况下部分牛奶会进入瘤胃。由于瘤胃中无消化酶，牛奶会在瘤胃中异常发酵，引起胀气和绞痛，并引发瘤胃炎。发酵奶及其产物进入肠道后引起腹泻及犊牛的生长发育不良。这是为何犊牛不能饲喂稀释奶（代乳粉稀释比例超过1∶7）及要保持奶温的理论依据。

（2）**胃液** 胃蛋白酶、凝乳酶和盐酸是皱胃的主要消化液。牛胚胎中的胃蛋白酶在胎儿形成后的第3个月就已被鉴定出来，而且出生时其活性相对较高。与此形成对比的是，犬、猫、兔和猪的胃在出生后1~2周内基本上没有胃蛋白酶活性。初生犊牛皱胃组织的蛋白水解活性在1日龄时低于8日龄，但浓度在15日龄时下降，在6周龄前相对稳定。在出生后的头2周，喂奶的犊牛主要分泌凝乳酶，但到6~8周龄，所有的犊牛胃内都出现了胃蛋白酶。喝奶后皱胃蛋白酶的产生量立即显著增加，但随后下降到喝奶前的水平。产酶量和产酸量与喝奶的量有关。皱胃中的牛奶也会增加胃酸的产生，不管是从奶桶、乳头喝奶，还是直接胃管灌服。

刚出生的犊牛，皱胃pH为6~7，阻止胃蛋白酶的工作，为初乳中免疫球蛋白进入肠道提供了便利。在饲喂初乳和常乳后，出生36h左右胃酸逐渐形成，皱胃内容物pH降至3~4。因此在犊牛出生的前48h，由于缺乏胃酸这一天然防御屏障的保护，犊牛更易出现胃肠道感染。5周龄时犊牛皱胃内容物pH降至2.9，大约1岁半的后备牛，离开皱胃的食糜pH约为2，并且变化很小。

（3）**凝乳功能** 进入皱胃的牛奶形成奶块，是消化吸收的第一步。酸性环境下，在凝乳酶作用下，奶块中的蛋白质（酪蛋白）凝固收缩，挤出乳清（含非酪蛋白乳清蛋白和乳糖等糖类）进入小肠进一步消化。如果皱胃中凝乳块形成不良，则含有酪蛋白的牛奶进入小肠后无法被消化，就会产生腹泻。考虑到胃酸、胃蛋白酶和凝乳酶的分泌量有一定惯性及时效性，因此喂奶时做到定时、定量才能保证皱胃的正常消化功能。

三、小肠的发育

犊牛只能通过初乳获得母源抗体，而抗体是大分子蛋白质，因此刚出生的犊牛肠道内壁细胞具有胞饮作用，可将免疫球蛋白整个吸收入血而不是当作普通的蛋白质消化掉。同时，初乳中也含有胰蛋白酶抑制剂，可阻止免疫球蛋白被消化。这些细胞在犊牛出生12h后开始脱落，在24~30h后完全消失。因此为完成被动转运，应尽早给新生犊牛灌服初乳，以达到最佳的免疫球蛋白转运率。

胰腺外分泌液是蛋白水解酶、淀粉水解酶和脂解酶的主要来源。在4~100日龄期间，犊牛的外分泌量增加大约6倍。在4周龄犊牛中，胰腺分泌流速在采食时最高，在采食后1~2h下降，8h再次上升。14周龄以上的犊牛，采食与分泌周期仍然存在，但不明显。与牛奶蛋白相比，大豆蛋白含量高的代乳粉会显著降低胰腺外分泌液的流量和酶活性。犊牛可以很好地消化乳蛋白，但不能有效地消化奶中的植物性蛋白。使用50%的大豆蛋白日粮，胰腺组织和肠内容物中胰蛋白酶和糜蛋白酶的活性均被显著抑制。当犊牛5周龄大时，大豆蛋白的利用率有了显著的提高。因此，含有植物性蛋白质的代乳粉只能用于日龄较大（大于21日龄）的哺乳犊牛。

年龄和饮食均对胰蛋白酶有影响。喝奶的犊牛胰腺组织总蛋白酶活性在第1天最低，到第8天几乎增加了2倍，此后一直稳定到第42天。胰腺的大小在1~6周增加1倍多，单位体重的总蛋白酶活性显著增加。有研究表明，犊牛小肠内容物中胰蛋白酶和糜蛋白酶活性及单位体重的体外蛋白质消化与犊牛的年龄或瘤胃发育直接相关。犊牛小肠上部2/3的蛋白水解活性高于小肠下部1/3的蛋白水解活性。随着瘤胃功能的发育，进入十二指肠的蛋白质主要来自瘤胃微生物，而不是直接来自饲料和牛奶。

四、碳水化合物的消化

犊牛喝奶时，乳糖几乎完全被利用。将牛奶中的乳糖加倍也不会降低利用率，但是腹泻会增加。正常饮食的犊牛，随着年龄的增长，摄入乳糖溶液后血糖的增加显著降低。对摄入葡萄糖的反应也随着年龄的增长而降低，但速度不如乳糖快。这两种碳水化合物之间的差异可能归因于可用于乳糖消化的肠乳糖酶随着年龄的增长而减少。新生犊牛小肠乳糖酶活性约为6周龄犊牛的2倍。反刍动物和单胃动物的一个显著区别是反刍动物的肠黏膜中没有蔗糖酶。据报道，蔗糖的消化率较低，摄入适量的蔗糖后会出现严重腹泻，并且喂食蔗糖溶液后血糖没有增加。

犊牛对淀粉的利用率比乳糖低得多。Shaw等报道，2日龄犊牛对淀粉的消化率为23%，40日龄时提高到98%。其他研究也表明淀粉的表观消化率随着年龄的增长而增加。Norris证明，喂食谷类的犊牛粪便中的酸和醇含量比喂食全脂牛奶的犊牛粪便中的酸和醇含量更高，并指出犊牛对淀粉的明显利用大部分是由于盲肠和结肠中微生物的部分分解所致。Dollar提出，在盲肠和结肠中发酵的淀粉基本上不可供动物使用。淀粉的消化率随着年龄的增长而增加。随着动物年龄的增加，摄入淀粉引起的血糖反应略有增加。在一项研究中，犊牛胰腺组织的淀粉降解活性是在出生至8d增加，但在6周内保持相对稳定，肠黏膜的麦芽糖酶活性没有改变。然而另一份报告显示，在3~8周龄大的时候，胰腺淀粉酶和肠道麦芽糖酶都有轻微的增加。对麦芽糖的血糖反应在7周龄时是3周龄时的2倍，但之后有所下降。可以想象，在正常的喂养条件下，犊牛断奶后对麦芽糖消化的最大需求将与犊牛断奶的时间一致。断奶时，瘤胃容量尚未完全发育，因此大量部分消化的淀粉可能从瘤胃转移到下消化道。犊牛大肠和盲肠中未降解或部分降解的碳水化合物导致微生物产生的有机酸增加，牛奶加上高乳糖或干草谷物日粮的犊牛下消化道中的有机酸浓度与瘤胃中的有机酸浓度一样高。

五、脂类代谢

Lambert证明了犊牛对脂肪的需要，他指出，犊牛在3周的无脂饲喂后会发生生长迟缓。高碳水化合物、无脂日粮导致犊牛神经肌肉损伤和轻瘫。脂肪在预防腹泻方面的有益作用已经提到。犊牛对乳脂的消化效率很高，可达94%~97%，脂肪的消化率为3%~9%。然而，高脂肪含量会导致腹泻的发生率更高。Garton讨论了瘤胃消化、吸收和日粮脂肪的变化。总的来说，含有长链脂肪酸的脂肪在瘤胃中的分解缓慢。瘤胃微生物导致脂肪酸从酯组合和半乳糖甘油三酯中释放。长链脂肪酸在瘤胃中没有任何程度的降解，只有一小部分通过前胃上皮被吸收。由于瘤胃的水解作用，进入十二指肠的总脂肪酸中有相当一部分是游离的。有证据表明，反刍动物小肠对脂类的消化和吸收与其他哺乳动物相似。

六、代谢类型的改变

作为一种功能性单胃动物，哺乳犊牛的大部分能量都以己糖的形式吸收，但一旦断奶并增加对瘤胃消化的依赖，瘤胃发酵产生的挥发性脂肪酸就成为犊牛最重要的单一能量来源。

出生时犊牛的血糖水平较高，为80~90mg/dL，在第6周或第7周前迅速下降，然后在50~77mg/dL时趋于稳定。在同一时期，血液有机酸（主要是乙酸盐）显著增加。一些研究表明，这种葡萄糖的降低与瘤胃功能的发育有关。2周龄犊牛的葡萄糖利用能力明显高于6月龄阉牛。与饲喂干草和谷物的犊牛相比，饲喂牛奶的犊牛静脉注射葡萄糖的吸收速度更快，这也表明了葡萄糖利用率与组织利用率的关系。成年反刍动物对注射葡萄糖的耐受性低于非反刍动物。调节犊牛利用葡萄糖能力变化的代谢因素尚未被明确界定。

Hansen和Ballard观察到，胎牛肝脏中葡萄糖转化为脂质的速度是成年奶牛肝脏的9倍。成年反刍动物肝脏不能从葡萄糖中合成脂肪酸与柠檬酸裂解酶和苹果酸酶的活性极低有关。当葡萄糖不被用作脂肪生成的碳源时，柠檬酸盐裂解途径是无效的。由于大量的乙酸盐直接在瘤胃中吸收，并且在反刍动物的循环血液中的浓度相对较高，因此葡萄糖不会成为脂肪的主要前体是合乎逻辑的。与高碳水化合物饮食相比，接受高脂肪饮食的犊牛肝脏中柠檬酸裂解酶活性较低。Howarth指出，与乳饲犊牛相比，用粗饲料喂养的犊牛肝脏糖酵解活性略低，转氨酶活性略高，这也表明肝脏酶对日粮有一定的适应性。

（曹　杰）

第二节　犊牛腹泻

犊牛是指6月龄以下的牛，分为哺乳期犊牛和断奶后犊牛。

犊牛饲养管理指标：从出生到60日龄的犊牛成活率为98%；断奶时犊牛的体重最少为出生重的2倍，日增重0.86kg；6月龄犊牛的指标为体重186~200kg，体高108~112cm，成活率为99%。

犊牛疾病发病率指标：断奶前腹泻发病率为10%，肺炎发病率为3%；断奶后腹泻发病率为3%，肺炎发病率为10%，0~2月龄疾病治愈率为92%。

【病因】

1. 管理问题引起腹泻

（1）**初乳问题** 质量不合格；饲喂数量不够；初乳吸收不好；初乳消毒不好。

1）初乳质量：如初乳免疫球蛋白的转移问题。新生犊牛大肠杆菌败血症几乎都是由于初乳免疫球蛋白转移被动免疫失败有关，如果新生犊牛没有获得足量的、高含量的免疫球蛋白初乳，就会发生大肠杆菌败血症。

初乳质量的判定用初乳密度计或初乳折光仪测定（图18-2-1~图18-2-3）。密度计要求初乳的液面与密度计绿色柱体在同一水平线上，比重大于1.050，表明初乳中免疫球蛋白含量在50mg/mL，合格。百利糖度大于或等于22%，初乳级别为优质，在18%~21%为合格，小于18%为不合格，22%以上可饲喂或保存。

将合格的初乳装入初乳灌喂袋内置于巴氏消毒机内消毒，温度设定为60℃，消毒时间为60min。待温度降至39~40℃，给犊牛灌服。多余的初乳在冰柜内保存，冷冻的初乳在初乳解冻机内解冻后加温至38~39℃再饲喂新生犊牛（图18-2-4）。

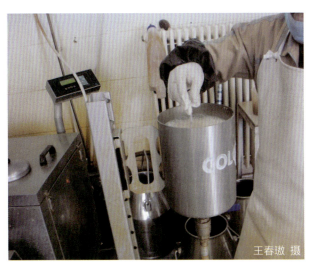

图18-2-1 用初乳密度计测定初乳质量

图18-2-2 绿色柱体与初乳液面在同一水平线上时质量最好

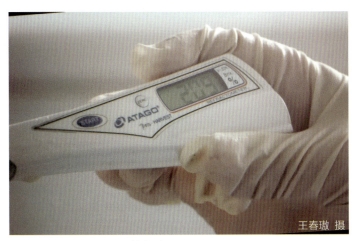

图18-2-3 用初乳折光仪测定初乳质量

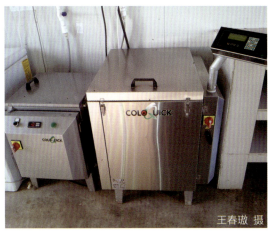

图18-2-4 初乳巴氏消毒机与解冻机

2）初乳饲喂量：饲喂时间越早越好，一般在出生后 0.5~1h。第一次饲喂量约为体重的 10%，体重在 30kg 以上的犊牛，饲喂 4kg；体重在 30kg 以下的犊牛，饲喂 3kg。第二次饲喂时间在第一次喂后 8h，饲喂 2kg。饲喂初乳后的 2~3 日龄新生犊牛，静脉采血，分离血清后采用医用手持式折光仪检测血清总蛋白，大于 5.5g/dL 判定为合格。初乳被动转运要求血清中 IgG 的含量至少达到 1000mg/dL，最好达到 1600mg/dL，免疫球蛋白检测的合格率应达到 100%。犊牛血清中 IgG 如果低于 500mg/dL 水平，犊牛极易感染败血性大肠杆菌，而处于 500~1000mg/dL 水平的犊牛能获得部分的抵抗力，仍存在发生败血性大肠杆菌病的风险。

（2）初乳与常乳消毒　初乳必须消毒，有些小牧场没有初乳巴氏消毒机，新生犊牛发生大肠杆菌败血症的概率远远高于有初乳巴氏消毒机的牧场。初乳与常乳的巴氏消毒要达标，其标准指标为：初乳消毒前细菌菌落总数小于 100000 个 /mL，巴氏灭菌后细菌菌落总数小于 10000 个 /mL，大肠杆菌菌落总数小于 5 个 /mL；常乳巴氏灭菌前细菌菌落总数小于 20000 个 /mL，巴氏灭菌后细菌菌落总数小于 1000 个 /mL，大肠杆菌菌落总数小于 5 个 /mL。

（3）代乳粉应用中的问题　存放过久的代乳粉质量是否合格，要进行检验。含有致病菌的代乳粉不能喂犊牛，有菌的代乳粉要经过巴氏消毒，并且要用巴氏消毒水配备代乳粉，代乳粉和水的比例按 1:6 进行溶解，溶解后的代乳粉，干物质含量要达到 13.5%~14%。代乳粉的使用指标范围为：蛋白质含量大于或等于 22%，脂肪含量为 17%~20%，乳糖含量为 38%~46%，要保证蛋白质和脂肪的含量。代乳粉的蛋白质均要求来源于乳蛋白，无植物蛋白来源，粗纤维含量小于 0.15%，灰分含量小于 10%。

代乳粉中维生素、微量元素含量为：钙 0.7%~0.9%，磷 0.6%~0.75%，维生素 D 10000IU/kg，维生素 A 50000IU/kg，维生素 E 150mg/kg。代乳粉饲喂日龄为：15 日龄以内犊牛必须饲喂牛奶。溶解代乳粉的水温介于 40~45℃，给犊牛饲喂的温度为 38~40℃，考虑到代乳粉沉降会导致干物质比例波动，建议溶解完的代乳粉应在 1h 内饲喂完毕。

（4）酸化乳问题　不能用有抗奶配制酸化乳。

2. 犊牛的营养缺乏引起的腹泻

维生素 C 缺乏症会引起胃肠黏膜屏障破坏而出现腹泻，维生素 D 缺乏会引起犊牛异食癖而导致腹泻，微量元素硒缺乏症会引起顽固性腹泻（见本书第八章第三节）。

3. 传染性腹泻

（1）病原　轮状病毒、冠状病毒、大肠杆菌、沙门菌、小球隐孢子虫、球虫，这是引起犊牛腹泻的六大病原，这六种病原引起的腹泻，分别在本书有关的章节中都做了非常详细的介绍，本节主要介绍这几种病原引起犊牛腹泻的典型症状与鉴别诊断要点，给牧场兽医在诊断与治疗犊牛腹泻中提供思路。

（2）各种病原引起犊牛腹泻的共有症状

1）排粪次数增多，腹泻犊牛排粪次数每天超过 5 次或更多。

2）粪便性状异常，排出水样稀粪（视频18-2-1）、粥样粪、不成形粪、巧克力色或带血的粪等（图18-2-5~图18-2-10）。

根据粪便形状可初步诊断出引起腹泻的病原，图18-2-8和图18-2-9可能是沙门菌感染引起的腹泻。图18-2-7和图18-2-10可能是球虫感染或梭菌感染引起的腹泻。但仅从腹泻的粪便性状不能确诊，需要做实验室诊断以确定腹泻的病原。

视频18-2-1
犊牛水样腹泻

图18-2-5 黄色粥样粪便

图18-2-6 粥样粪便

图18-2-7 巧克力色粪便

图18-2-8 带有肠黏膜的稠粪

图18-2-9 排出粪散开呈雪花样

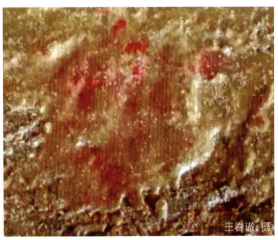
图18-2-10 带血的粪便

3）脱水：犊牛混合性脱水，水与盐都丢失，眼无神不光亮，精神差，眼球向眼眶内下陷（图18-2-11），皮肤弹性降低，毛细血管充盈时间延长，口干、唾液少、尿少。根据脱水的程度可分为轻度、中度、重度脱水。

4）代谢性酸中毒：腹泻的肠内容物中的碱性物质排出体外，引起代谢性酸中毒。但大肠杆菌败血症感染的犊牛，不脱水，不腹泻，死亡快，死亡率高。

5）代谢性碱中毒：犊牛发病后，没有明显腹泻，但腹围增大，特别是右侧腹围，皱胃内积存大量液体，液体性状一般为灰色或黑红色，这种病犊牛是代谢性碱中毒（图18-2-12、图18-2-13、视频18-2-2）。

视频 18-2-2
8日龄死亡犊牛的皱胃积气、积液

图 18-2-11 腹泻犊牛脱水，眼球凹陷

图 18-2-12 犊牛皱胃积存大量黑红色液体

【症状】

1. 轮状病毒与冠状病毒性腹泻

规模化牧场8~20日龄的新生犊牛腹泻，腹泻犊牛中的10%~40%是由轮状病毒感染引起的。可出现胃肠黏膜出血，粪便一般为水样，如果不继发细菌感染，经投服电解质和补水都可治愈。在同一个牧场内，轮状病毒感染引起的腹泻常常与小球隐孢子虫感染引起的腹泻同时发生。如果不继发大肠杆菌或沙门菌感染，一般都能耐过而逐渐康复。

经多次的实验室诊断，都没有发现由冠状病毒感染引起腹泻的实例。

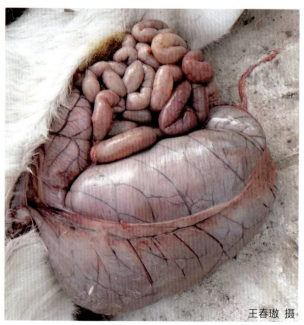

图 18-2-13 皱胃积液

轮状病毒的检验可使用 ELISA 诊断试剂盒，大型牧场的化验室都可以完成轮状病毒的检测。另外，胶体金试剂盒，可以在现场进行检测，方便、快速（图 18-2-14）。

2. 小球隐孢子虫引起的腹泻

这是一种由原虫感染引起的犊牛腹泻，15~18 日龄是高发期，发病率高，大约达到 30% 以上。近几年，由于牧场重视了犊牛场的环境卫生管理，减少了饲养密度，小球隐孢子虫的发病率已明显下降，有的牧场已很少发生。小球隐孢子虫引起的腹泻占腹泻犊牛的 40%~70%，如果不继发大肠杆菌或沙门菌的感染，大多数腹泻牛都能康复。小球隐孢子虫病可参考本书第三章第一节的相关内容。牧场对犊牛腹泻的检测情况见表 18-2-1、表 18-2-2。

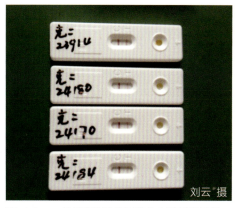

图 18-2-14　轮状病毒性腹泻胶体金试剂盒测定

刘云 摄

表 18-2-1　牧场 A 犊牛腹泻检测记录

犊牛腹泻检测记录						
序号	牛区/舍	牛号	检测结果			
			轮状病毒	冠状病毒	大肠杆菌 F5	小球隐孢子虫
1	8 舍	8109	−	−	−	+
2	8 舍	8117	−	−	−	+
3	8 舍	8040	−	−	−	−
4	断 1	7953	+	−	−	−
5	断 1	7901	−	−	−	−
6	断 1	7994	−	−	−	−
7	断 1	7939	−	−	−	−
8	断 2	8154	−	−	−	+
9	断 2	8153	+	−	−	−
10	断 2	8124	−	−	−	+
11	断 2	8163	−	−	−	+
12	新产	无	−	−	−	−
13	新产	无	−	−	−	−
14	新产	无	−	−	−	−

表 18-2-2　牧场 B 犊牛腹泻检测记录

犊牛腹泻检测记录						
序号	牛区/舍	牛号	检测结果			
			轮状病毒	冠状病毒	大肠杆菌 F5	小球隐孢子虫
1	断 1	9281	−	−	−	−
2	断 1	9291	−	−	−	+
3	断 1	9299	+	−	−	−
4	断 2	9307	−	−	−	−
5		9359	−	−	−	+
6		9371	−	−	−	+
7		9373	−	−	−	+
8		9378	−	−	−	+
9		9389	−	−	−	+
10		9393	−	−	−	+

检测结果显示：表 18-2-1 中小球隐孢子虫阳性率为 42.9%，轮状病毒阳性率为 14.3%。表 18-2-2 中小球隐孢子虫阳性率为 70%，轮状病毒阳性率为 10%。

对于小球隐孢子虫的诊断，还可以做粪便的虫卵检查，采用饱和盐水漂浮法，在显微镜下发现卵囊即可确诊（图 18-2-15、图 18-2-16）。

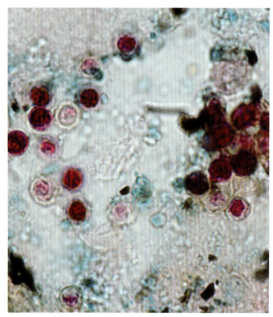

图 18-2-15　小球隐孢子虫卵囊

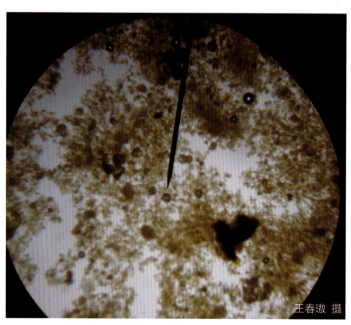

图 18-2-16　显微镜下小球隐孢子虫卵囊

3. 大肠杆菌感染引起的腹泻

（1）大肠杆菌在牛场环境内普遍存在　抗原的类型有菌体（O）抗原、荚膜（K）抗原、菌毛（F）抗原和鞭毛（H）抗原。

自大型牧场因腹泻死亡的犊牛分离出大肠杆菌，经无数次检测，毒力基因包含 K99、K88、F17、F18、F41、CS31A、Irp2、bfpA、eaeA、STa、STb、HIyA、STX1、STX2 共 14 个基因中，仅血清型 F17、F41、eaeA、Irp2、bfpA 为我国牧场中引起发病的大肠杆菌基因，其他的基因都为阴性。

（2）不同日龄犊牛感染大肠杆菌病的特点

1）1~8 日龄犊牛大肠杆菌病：

①急性死亡型：在出生 24h 即可发病，大多在 3~7 日龄发病，发病后很快死亡，不腹泻，不脱水，死亡过程中出现不同的神经症状（视频 18-2-3、视频 18-2-4），这是大肠杆菌败血症，细菌内毒素引起犊牛败血性休克死亡（详见本书第二章第二节的相关内容）。

视频 18-2-3　10 日龄犊牛大肠杆菌病的神经症状

视频 18-2-4　15 日龄犊牛大肠杆菌病的神经症状

②腹泻型：很多牧场负责犊牛的兽医说，犊牛喂完初乳就腹泻。犊牛精神极度沉郁，眼结膜充血或发绀，反应迟钝，心跳快速，眼窝下陷，脱水，病情严重的犊牛，卧地不起，死亡率占发病牛的 30%~50%（详见本书第二章第二节的相关内容）。

③新生犊牛肠粘连型大肠杆菌病（1~7 日龄）：犊牛不排粪或仅排出带有黏液的算盘珠状粪，腹围增大，直到死亡，在发病的初期能吃奶，5~6 日龄时不吃奶，7~8 日龄时死亡，属于分泌渗出性大肠杆菌（图 18-2-17、图 18-2-18）。这种渗出性大肠杆菌病，胃肠壁没有溃疡或穿孔，渗出液向腹腔内渗出，渗出的纤维蛋白，在纤维素酶的作用下转变为纤维素，附着在胃肠和肠系膜表面，引起粘连，胃肠失去蠕动能力，最终死亡（详见本书第二章第二节的相关内容）。

图 18-2-17　7 日龄犊牛排粪困难，肠粘连

图 18-2-18　8 日龄犊牛死亡，腹腔内渗出大量纤维素

2）8~15 日龄：是犊牛腹泻的高发日龄阶段。原发性病原主要是小球隐孢子虫与轮状病毒，在腹泻犊牛抵抗力降低后，又继发了大肠杆菌感染，引起死亡率升高。也有的牧场犊牛腹泻原发病就是大肠杆菌感染，这种大肠杆菌基因型大多属于 F17 或 F41。牧场负责犊牛的兽医对发生腹

泻的犊牛采血测定免疫球蛋白含量，几乎100%合格，但照样发生腹泻。犊牛血液内免疫球蛋白含量再高也不能保护，因为这是分泌性大肠杆菌性腹泻，与饲喂初乳的时间晚有关，胃肠黏膜表面上皮细胞没有得到免疫，大肠杆菌就定植在胃肠黏膜表面上皮细胞，引起胃肠黏膜上皮细胞的分泌性腹泻（详见本书第二章第二节的相关内容）。

3）1月龄至断奶前后：犊牛腹泻发病率明显降低，个别腹泻的犊牛是20日龄前腹泻没有完全康复的，大多呈慢性感染，被毛粗乱，生长弛缓，胃肠穿孔，最后死亡（详见本书第二章第二节的相关内容）。

（3）大肠杆菌病诊断中注意的问题

①不要把大肠杆菌定性为单纯引起腹泻的病原，大肠杆菌败血症不腹泻、不脱水，发病后很快发展成内毒素休克，有的出现神经症状，四肢划动、鸣叫、挣扎、死亡，有的发生猝死。

②渗出性大肠杆菌病大多在1~7日龄发生，腹腔内渗出大量纤维蛋白，引起肠管粘连，排粪困难或不排粪，直至死亡。

③有的新生犊牛皱胃内积存大量黑红色或灰色液体，腹部极度膨胀，出现脱水和低氯性碱中毒，死亡率很高。

④犊牛大肠杆菌感染后都有体温升高的过程，同时引起低血钙的发生，因而病牛大多卧地不能起立，病情进一步发展，体温降低，皮肤温度下降，病牛进入休克状态，难以治愈。

⑤要掌握死亡犊牛的病理剖检诊断技术，凡腹腔内和心包膜上附着黄色纤维素的死亡牛，凡皱胃黏膜水肿的死亡牛，凡皱胃穿孔的死亡牛，凡肺均匀一致的鲜红色出血、皱胃黏膜出血、肠管黏膜出血的死亡牛，都可以诊断为大肠杆菌感染引起的死亡。

⑥经病理剖检诊断还不能确诊的死亡牛，要在无菌操作下采取心包膜、肺、肝脏、脾脏、皱胃、肠管等脏器的病料，送检品控部门进行实验室诊断。实验室诊断给出的报告往往不是单一病原，常常有3种以上的病原，要明确这些病原中哪种是真正的致病微生物。凡心包膜、肺、肝脏、脾脏等病料经培养基培养与细菌分离鉴定出的大肠杆菌，便是导致犊牛死亡的真正致病菌。

⑦有的牧场犊牛在10~20日龄腹泻发病率高并发生死亡，测定腹泻犊牛的血清免疫球蛋白都在6.5g/dL范围内，为什么这么高的免疫球蛋白还发生腹泻？应与初乳中有无对抗引起腹泻病原的特定抗体有关。如果初乳中没有对抗特定病原的抗体，就不能产生对抗特定病原的免疫力。

4. 沙门菌感染引起的腹泻

这是犊牛常发生的腹泻，感染后的犊牛死亡率高。1~8日龄的犊牛很少发生沙门菌感染，1月龄后的犊牛沙门菌感染是高发阶段。有关沙门菌病的详细内容请查看本书第二章第二节。

5. 球虫引起的腹泻

3~6月龄的犊牛是球虫感染的易感日龄，有关球虫病的详细内容请查看本书第三章第一节。

6. 梭菌感染引起的腹泻

近两年，我国各地大型牧场3~7月龄犊牛发生腹泻，严重的排出血便，有的引起死亡。采取腹泻牛的直肠内粪便，做粪便虫卵的饱和盐水漂浮法，部分牧场检出了球虫卵囊，也有的牧场经过多次检查没有发现球虫感染，后来又对梭菌进行检验，检查粪便中 α 毒素，确定了是由梭菌感染引起的腹泻与便血（图 18-2-19）。

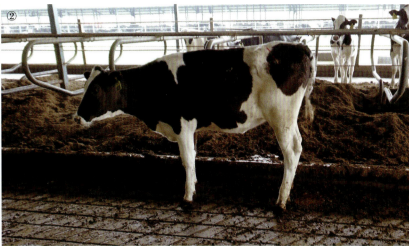

图 18-2-19　6 月龄犊牛排出带血的粪便

7. 饲喂高淀粉的颗粒料引起的犊牛腹泻

对一个大型牧场断奶 3 月龄犊牛腹泻现场调查发现，当犊牛颗粒料淀粉含量在 28% 时，腹泻发病率达到 60%，当颗粒料淀粉含量降到 25%，腹泻犊牛腹泻发病率为 10%，当淀粉含量降到 22% 时，腹泻的犊牛完全康复。由此，得出结论，高淀粉含量的颗粒料（超过 25% 时），会引起犊牛的腹泻。

【诊断】

根据发病年龄、临床症状、病理剖检变化特点、实验室诊断做出诊断，规模化牧场对犊牛腹泻的诊断一定做好这 4 个方面的检查。我国绝大多数牧场没有病原诊断实验室，可采病料送检高校或科研单位。如果能做好死亡犊牛的病理剖检诊断，对很多犊牛的腹泻就可以得出正确的诊断结果。

【治疗】　首先明确犊牛腹泻的发病原因，根除发病原因是减少发生腹泻的最主要环节，早发现、早治疗。

1）严防脱水，补水、补电解质。

2）腹泻牛主要表现为代谢性酸中毒，要解除代谢性酸中毒；对右腹部膨胀、皱胃积液而不腹泻的犊牛，要解除代谢性碱中毒。

3）抗休克治疗：镇痛、抗炎、强心、补充血容量。

4）对大肠杆菌感染、沙门菌感染引起的腹泻，要选用敏感抗生素，如庆大霉素、氟苯尼考、头孢类等药。

5）对球虫引起的腹泻，要选用地克珠利（百球清）、磺胺类药物、氨丙啉、莫能菌素等药。

6）对梭菌感染引起的腹泻，可用磺胺药经口投服。

【预防】 加强犊牛的饲养管理,搞好卫生与消毒,是预防犊牛腹泻最为重要的措施,犊牛饲养处的环境好与坏,直接关系到犊牛是否健康,肮脏便会引发疾病,卫生会带来健康。

消除引起犊牛腹泻的各种因素,即犊牛饲养管理人员与负责犊牛的兽医要加强巡栏,及时发现异常犊牛,找出发生异常的原因,及时纠正与处理。这些工作做好了,犊牛的腹泻发病率就会得到降低。

(王春璈)

第三节 犊牛脐部疾病

一、脐带出血

脐带出血(Omphalorrhagia)是指新生犊牛脐带断端的出血,发生在出生后或出生后不久,出血呈滴状流出。如果脐带在脐孔内断裂,或断端缩回到腹腔内,脐动脉出血进入腹腔,若不能及时发现,会导致新生犊牛死亡。

【病因】 犊牛的脐动脉在膀胱两侧延伸到脐孔,与脐静脉、脐尿管共同形成脐带。犊牛出生后,脐尿管逐渐闭合,脐静脉退化形成肝圆韧带,脐动脉退化形成膀胱圆韧带,脐尿管封闭(图18-3-1)。正常分娩后,脐带断裂,腹部血管收缩,留下1条从腹壁伸出的几厘米的脐带断端。脐带通常会在出生后7d内干燥脱落。如果脐带离腹部太近或剪得很短,出血和感染的风险就会增加。本病的发生主要是由于断脐后脐动脉不能完全闭合,封闭不全的脐动脉发生出血。脐动脉断端的出血多发生在母牛站立分娩时,在无人协助新生犊牛慢慢落地的情况下,胎儿突然落地,导致脐带突然断裂而出血(图18-3-2)。

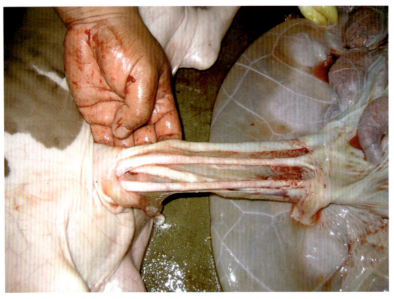

图18-3-1 解剖犊牛脐带,内含脐动脉2条、脐静脉1条、脐尿管1条

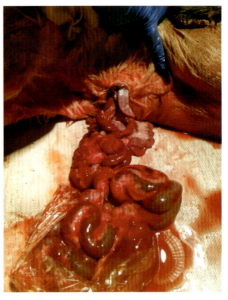

图18-3-2 产犊时脐带从脐孔位置断裂,出血、肠外露,需手术闭合脐孔

【症状】 新生犊牛的脐带出血分为外出血与内出血。脐带外出血的犊牛,可见到脐带断端滴血,但大部分脐带断端的出血能自然止住。若断脐带过短,脐带断端会经脐孔缩回到腹腔内,断端的出血流入腹腔,在脐孔外看不到出血,当出血达到一定量时,犊牛出现呼吸加快、可视黏膜苍白、全身无力、脉搏快而无力,很快发展成出血性休克而死亡。也有的发生在母牛站立分娩过程中,犊牛突然落地时,脐带断裂的同时引起腹腔内的膀胱及脐动脉出血。

【病理变化】 死亡犊牛可视黏膜苍白。因外出血而死亡的犊牛,脐带断端肿胀、未封闭。因内出血而死亡的犊牛,打开腹腔后,可看到腹腔内有大量血凝块和未凝固的血液,脐带断端缩回到腹腔内,脐动脉呈黑红色、充满血液(图18-3-3~图18-3-5)。

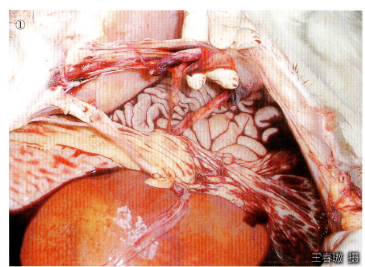
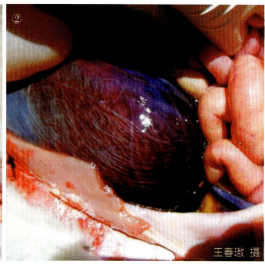

图18-3-3 脐动脉出血,脐带断端缩回腹腔内

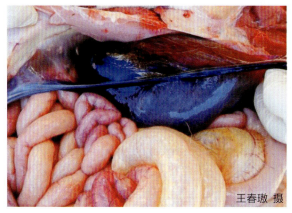
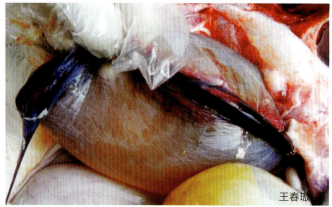

图18-3-4 脐动脉出血、膀胱壁出血 　　图18-3-5 脐动脉出血

【治疗】 脐带断端外出血,可用止血钳钳夹止血,也可用灭菌丝线结扎脐动脉断端,然后用5%碘酊消毒脐带与周围的皮肤。如果血液从脐孔中流出,可用12号丝线在脐孔周围做荷包缝合。如果犊牛的脐动脉断端已缩回脐孔内,向腹腔内出血时,应立即手术打开腹腔,探查从膀胱顶部延伸到脐孔的索状带,拉至腹部切口外,用丝线结扎止血。取出流入腹腔内的血液,用生理盐水冲洗腹腔后,闭合腹部切口。出血严重的犊牛,可使用输血疗法,输血1~2L。

(曹 杰)

二、脐带炎

脐带炎（Omphalitis）是新生犊牛脐带及周围组织的炎症，多为细菌感染引起的化脓性炎症。脐带炎包括脐静脉炎、脐动脉炎、脐尿管炎或其周围组织的炎症。脐部感染是新生犊牛最常见的疾病之一，发病率占新生犊牛的10%，死亡率占犊牛死淘的2%。本病可导致犊牛生长缓慢、关节疾病和其他菌血症相关的不良后遗症。

【病因】 新生犊牛在产出落地后，立即用5%~10%碘酊对脐带及脐带周围的皮肤进行消毒，脐带经5~7d干燥脱落，在脐孔处形成瘢痕和上皮。接产时脐带消毒不严、产房地面严重污染、犊牛舍卧床垫草被粪尿污染、卧床过度潮湿、运送犊牛的车未消毒、脐带断端过短、初乳被动转运失败及犊牛之间相互吸吮脐带等原因，都会引起脐带感染并发生脐带炎。脐部感染可导致腹腔内病变和体壁外的蜂窝织炎或脓肿。新生犊牛脐部感染会导致脐尿管或脐血管的肿胀、疼痛及增粗。细菌从脐带或尿管上行会引起机体的急性或慢性败血症，随后出现关节炎、脑膜炎、葡萄膜炎等。感染程度较低的情况下，犊牛可能在几月龄才出现临床症状。脐尿管残留及感染会引起膀胱炎或复发性尿路感染；脐静脉引起的慢性感染则会造成肝脓肿。

【症状】 病初脐孔周围肿胀、发热、有疼痛反应。犊牛弓腰，不愿行走。在脐孔处皮下可触摸到手指粗细的索状硬物，索状物末端有一排脓孔，排出少量有臭味的脓汁，经久不愈，称为脐部化脓性瘘管（图18-3-6）。有的在脐部形成脓肿，脓肿的大小不定，小的如鸡蛋，大的如垒球，脓肿往往随着时间推移而增大，如不仔细检查往往误诊为脐疝，因此应注意鉴别诊断。发生脐部化脓性瘘管和脐部脓肿的犊牛，一般都在30日龄以上。脐带坏疽时，脐带残段呈污红色，有恶臭。去掉脐带残段后，脐孔处有赘生肉芽，周围形成溃疡，常

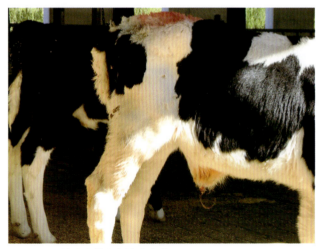

图18-3-6 犊牛脐带炎合并脐脓肿

有脓性渗出物。用镊子或止血钳顺沿脐孔探入，可探明窦道的方向，若窦道向前延伸，则为脐静脉发炎坏死，若窦道的方向朝后，则为脐动脉发炎坏死。在少数病例中，脐动脉和静脉可同时发炎。脐尿管感染并引起膀胱炎的犊牛会表现为尿频或排尿困难。

有的犊牛可能无外部感染的迹象，脐部干燥且表现为正常大小。通过腹部触诊脐动脉和脐静脉评估其大小和痛感是一种简单有效的方法。

临床上经常遇到脐部脓肿与脐疝同时发生的病例，在脐部有一个大的圆形囊状物，触诊囊状物紧张、坚实，在其基部可触及疝轮。手术时发现在疝囊的内部有脓肿和大网膜，大网膜与疝囊粘连。如果手术时把脓肿切开，脓液流入切口内，会严重污染手术创口。对于疝囊内有脓肿的病例，应完整摘除脓肿，不可切开。进行手术时，在切开疝囊后，要仔细剥离脓肿膜与疝囊之间的

粘连，完整摘除脓肿。然后剥离大网膜与疝轮、疝囊的粘连，将大网膜还纳入腹腔内，再进行疝轮的闭合。手术后的犊牛全身应用抗生素，以预防局部和全身的继发感染。

患脐带炎的犊牛，如果化脓菌沿脐动脉或脐静脉侵入肝脏、肺、肾脏及其他脏器，可引起败血症或脓毒血症，如化脓性关节炎、葡萄膜炎、脑膜炎、支气管肺炎、腹膜炎等，可能会使预后恶化。此时犊牛体温升高，精神沉郁，饮食欲废绝。如果炎症波及脐尿管，可引起膀胱炎。个别新生犊牛脐动脉上行感染时与肠管发生粘连，发病犊牛无粪便排出，仅喝少量奶和水，数天后死亡（图18-3-7）。脐带感染最常继发犊牛化脓性关节炎，多为大肠杆菌败血症造成。

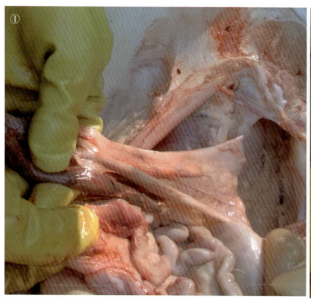 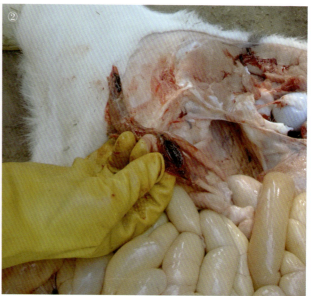

图18-3-7　脐动脉上行感染，与肠管粘连导致死亡

【诊断】　根据脐带局部的临床症状即可做出诊断。脐带炎要与脐疝进行鉴别诊断。

脐疝是腹腔内脏器经扩大的脐孔脱出到皮下的一种疾病，可分为可复性疝与粘连性疝。可复性脐疝，用手推压疝囊局部，疝内容物可还纳回腹腔，疝囊缩小。粘连性脐疝，在改变体位后疝囊形状也会缩小，但不能全部还纳回腹腔内。

脐带炎一般比脐疝体积小，外形大多呈柱状，用手触诊呈索状、硬固，脐带炎外的皮肤不紧张。当脐部感染形成脓肿后，脓肿的形状大多呈圆形，大小不等，皮肤紧张，触诊坚实，穿刺可流出脓汁。

【治疗】　脐带炎初期，可在脐孔周围皮下分点注射0.5%普鲁卡因青霉素溶液，并用5%碘酊对局部消毒，大多数可以治愈。当脐带炎形成化脓性瘘管时，可用3%过氧化氢或0.1%新洁尔灭溶液冲洗瘘管内的脓汁，去除坏死的脐带碎片，然后注入魏氏流膏或碘甘油，同时全身应用抗生素，但往往效果不好。根治的方法是手术摘除化脓性瘘管，具体方法是：采用速眠新麻醉，犊牛0.8~1mL，肌内注射，术部常规剃毛、清洗、消毒。在脐部增生的索状组织处，按索状组织平行方向做一个皮肤切口，剥离皮肤与索状组织的联系，尽量向索状组织的近心端剥离，显露出健康的组织，然后在健康组织上切断，完整摘除化脓性瘘管。创内用生理盐水冲洗后，缝合皮肤切口。

如果脐疝伴有脓肿形成，可在全身麻醉的情况下将脓肿完整摘除。方法是小心切开脓肿外的皮肤，切口长度应超过脓肿的直径，小心剥离皮肤与脓肿的联系，切记不要把脓肿膜剥破。将脓肿完整摘除后，用生理盐水冲洗创内，再检查疝囊内的腹腔脏器，如有粘连应小心剥离，向腹腔内还纳后，闭合疝轮。对合皮肤创游离缘，如果皮肤游离缘过长，可以切除过多的皮肤，然后对皮肤进行缝合。对脐部的单纯性脓肿，可直接切开脓肿，彻底排脓后，创口按化脓创处理。

手术后的犊牛全身应用抗生素，以控制炎症及败血症的发生。

【预防】 应经常保持产房、产圈和犊牛舍清洁干燥，并定期严格消毒；确保初乳的质量及灌服的及时性等。犊牛断脐后的脐带断端留5cm即可，每天用5%~10%碘酊消毒1次，直至脱落。为了促进脐带迅速干燥，出生后可将干燥消毒剂涂抹于脐带断端，如密斯陀或麦特爽粉。出生后5d内要再次检查是否发生脐部肿胀。在犊牛圈集中饲养的犊牛，要防止犊牛互相吸吮脐带。吸吮其他犊牛脐带的犊牛，可戴上防吸吮的鼻刺，或将其转移出犊牛圈单独饲养（图18-3-8）。

（曹　杰）

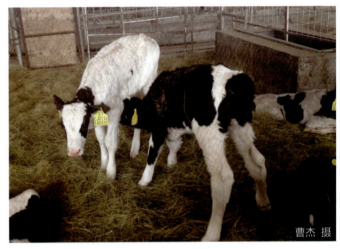

图18-3-8　犊牛圈中有的犊牛吸吮脐带

三、脐尿管闭锁不全

脐尿管闭锁不全（Urachal Atresia）又称为脐尿管瘘（Urachal Fistula），其特征是从脐带断端或脐孔经常漏尿或滴尿，犊牛时有发生。

【病因】 刚出生的犊牛膀胱呈长袋状，膀胱顶部与脐孔处相连，形成脐尿管。在正常情况下，犊牛断脐后脐尿管即自行封闭，恢复膀胱的储存与排尿作用。随着犊牛日龄的增长，膀胱逐渐退缩到盆腔内。如果脐尿管封闭不全，尿液就会从膀胱经脐孔流出或滴出。过去有对脐带进行结扎后断脐的犊牛，结扎线从脐尿管进入膀胱，下行到尿道引起尿道阻塞的多起报道，这也是脐尿管封闭不全引起的。当脐带断端感染发炎时，如果感染向脐孔深部蔓延，脐尿管的封闭处可能因被破坏而漏尿，同时还存在引发全身性败血症的风险。多头犊牛饲养在一起的情况下，有的犊牛有吮脐癖，脐带残端可能被舔坏而漏尿。

【症状】 有的犊牛断脐后即有尿液从脐带断端流出，但大多数病例是在脐带残端脱落后才被发现。犊牛排尿时，可见脐孔滴尿或连续流尿，也可表现为脐带残端连续湿润。腹下部被毛及皮肤被尿液长期浸渍，并引起腹下皮肤的炎症，甚至被毛脱落。继发于脐部感染的脐尿管未闭，脐部通常会增大，并且会有脓性分泌物流出。仔细观察脐孔处，可见脐孔创面中心有1个小孔，尿液即从此孔中流出。孔的周围肉芽组织增生，久不愈合（图18-3-9）。如果漏尿不多，对犊牛健康影响不大；如果漏尿多，犊牛会失去正常的排尿功能，机体消瘦、发出尿的难闻臭味。

【诊断】 根据断脐后脐孔漏尿的症状即可确诊。

【治疗】 如果犊牛出生后即从脐带断端滴尿,可用5%~10%碘酊消毒脐带断端,然后在紧靠脐孔处用消毒的缝合线结扎脐带。如果发生感染和坏死,应结扎并手术切除相关的部位。若脐带残段已脱落而从脐孔流尿时,应进行手术闭合脐孔,局部按常规剃毛、清洗与消毒,在无菌操

图 18-3-9 犊牛脐尿管闭锁不全

作下对脐尿管及周围组织分束结扎或对脐孔施行袋口缝合。如果脐尿管比较深在,应进行腹壁切开术,缝合膀胱顶部的索状漏尿处,方法是:脐孔周围的皮肤按常规剃毛、清洗与消毒,犊牛进行局麻或全身麻醉,于脐孔后的腹白线上切开腹壁将膀胱顶部向切口外牵引,切断膀胱顶部与脐孔相连的索状组织,将膀胱顶部的索状断端翻向膀胱腔内,用肠线对膀胱进行伦伯特缝合;如果用缝合线单纯结扎脐尿管,应对索状组织做双重结扎后切断,然后闭合腹壁切口。术后使用抗生素5d,以防止局部或腹腔内感染。

(曹 杰)

四、犊牛脐疝

初生后的犊牛,脐孔已经闭合。先天性脐孔过大或脐孔未正常闭合,大网膜、皱胃及肠管容易通过脐孔进入皮下形成脐疝(Umbilical Hernia)。犊牛脐疝可见于初生时,或者出生后数天或数周(图 18-3-10)。部分犊牛脐疝在出生后数月逐渐消失,大多数犊牛的脐疝会越来越大,需手术治疗,具体操作如下:

(1)适应证 可复性脐疝但有逐渐增大趋势的犊牛,应进行脐疝修补术;粘连性脐疝已影响胃肠蠕动而出现消化障碍的犊牛,应立即进行手术;脐疝合并脐带感染或脐部脓肿的犊牛,应立即进行手术。

(2)保定 根据现场条件确定保定方法。如果兽医室有适合犊牛的手术台,可采取半仰卧保定(图 18-3-11);在牧场内进行室外手术时,可将前后肢分别固定在颈枷上进行半仰卧保定(图 18-3-12)。术部剃毛、消毒。

图 18-3-10 犊牛脐疝

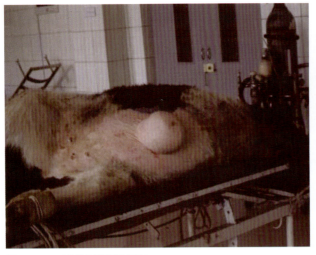

图 18-3-11 手术台半仰卧保定

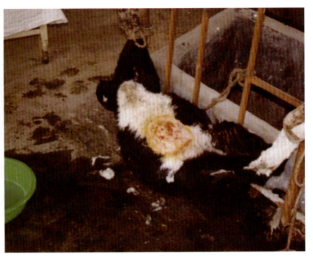

图 18-3-12 颈枷半仰卧保定

（3）**麻醉** 全身麻醉，视犊牛体重大小采用速眠新 0.8~1.5mL 或盐酸赛拉嗪 1.5~3mL，肌内注射。疝囊预定切开线使用 0.5% 盐酸普鲁卡因局部浸润麻醉。

（4）**手术通路及术式** 凡疝内容物与疝囊粘连者，在疝囊基部做纵向形切口（适合疝囊较大者，见图 18-3-13）；凡可复性疝可在疝囊顶部或疝囊基部做直线形切口（适合疝囊较小者），将皮肤囊皱襞切开（图 18-3-14、图 18-3-15），充分止血，然后小心切开疝囊壁内层（增厚的腹膜），显露疝轮。如果肠管从切口内涌出，说明在切开疝囊内层时将大网膜也切开了，需要将切开的大网膜缝合起来。如果疝轮处网膜与疝轮粘连，需要先剥离粘连。待疝囊壁内层腹膜与疝轮完全分离后，才能充分显示疝轮。将疝内容物直接还纳至腹腔内，为防止网膜从切口内涌出而影响疝轮的缝合，需用灭菌生理盐水纱布填塞到疝轮内再进行疝轮的缝合。先拉出填塞的纱布，然后闭合疝轮，用 10 号丝线对两侧疝轮做间断水平纽扣缝合（图 18-3-16）。疝轮缝合要紧密，不得留有间隙，缝闭用手术刀或手术剪切除疝轮表层增生的瘢痕组织（图 18-3-17），使疝轮形成新鲜创面，再做间断缝合（图 18-3-18）。为加强疝轮缝合后的牢固性，可将一侧疝囊的纤维性结缔

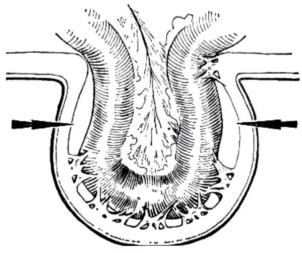

图 18-3-13 纵向梭形切开疝囊

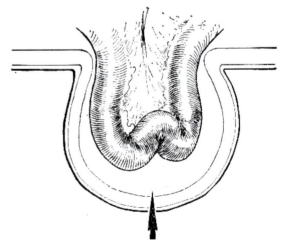

图 18-3-14 纵向直线形切开疝囊

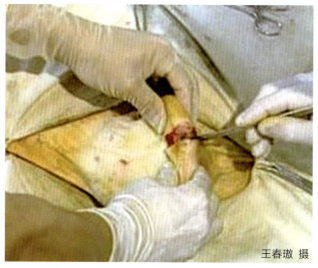

图 18-3-15　切开疝囊皱襞

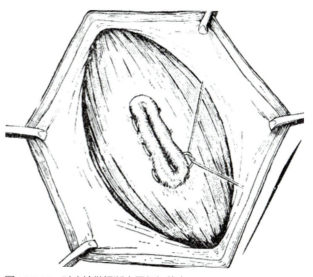

图 18-3-16　对疝轮做间断水平纽扣缝合

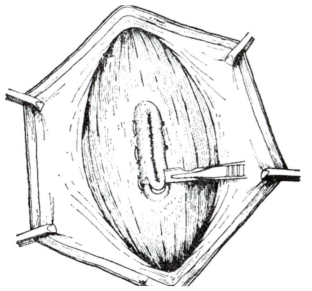

图 18-3-17　切除疝轮增生的瘢痕组织

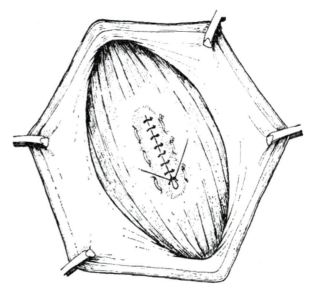

图 18-3-18　间断缝合疝轮新鲜创面

组织囊壁拉向疝轮的一侧，使其紧紧盖住已缝合的疝轮，并将囊壁缝在疝轮的外围，按同法将另一侧的囊壁按相反的方向覆盖在疝轮外面，并将其缝在疝轮外围。也可将多余的结缔组织囊壁切除，然后对两侧创缘进行间断缝合。最后切除多余皮肤，间断缝合皮肤。

如果术中发现并发脐脓肿，应完整摘除脓肿后再切开疝囊，防止不小心刺破脓肿而污染术部及腹腔。

（5）术后护理　术后犊牛单独饲养，限制其剧烈活动，防止腹压增高。用5%盐酸头孢噻呋或10%恩诺沙星，5mg/kg体重，肌内注射，1次/d，连用5d。疝囊内无肠粘连的犊牛，可配合氟尼辛葡甲胺等非甾体抗炎药术后镇痛。术后7~10d拆线。手术一般预后良好。

（曹　杰）

第四节 犊牛其他疾病

一、先天性直肠、肛门畸形

犊牛先天性直肠、肛门畸形疾病最常见的有先天性直肠肛门闭锁（又称为锁肛）和会阴部直肠阴道瘘。

1. 先天性直肠肛门闭锁（Congenital Anorectal Atresia）

【病因】 先天性直肠肛门闭锁以仔猪最常见，偶可见于犊牛、驹和羔羊。在早期胚胎中，尿生殖窦与后肠共同形成泄殖腔；在胚胎第7周时，中胚层向下生长隔离尿生殖窦和后肠，前者逐渐分化形成膀胱、阴道和尿道，后者则向阴部延伸形成直肠；在胚胎第7周末，会阴部凹陷形成原始肛，原始肛继续凹陷，直到直肠和盲肠端相遇，中间形成肛膜，肛膜破裂后形成肛门。先天性直肠肛门闭锁归结为后肠、原始肛或两者都发育不全所致。并发直肠膀胱瘘、直肠尿道瘘、直肠阴道瘘、直肠会阴瘘等时，可见稀粪从尿道或者阴道排出，若瘘管被粪块堵住，则同样会出现肠闭结症状，直到死亡。先天性直肠肛门闭锁较常见的有以下几种类型（图18-4-1）：

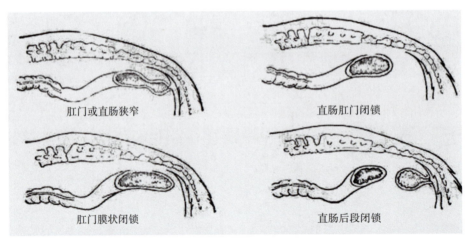

图18-4-1 先天性直肠肛门闭锁类型

（1）Ⅰ型 肛门或直肠狭窄，肛门已形成，但直肠后段狭窄。

（2）Ⅱ型 肛门膜状闭锁，即在肛门口部位有一薄膜覆盖（图18-4-2），不能排出胎粪。

（3）Ⅲ型 直肠肛门闭锁，即直肠盲端距肛门皮肤有一定距离，不能排出胎粪。

（4）Ⅳ型 直肠后段闭锁，即肛门肛管均正常，直肠盲端与肛管间有不等距离的盲闭，直肠

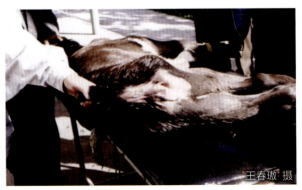

图18-4-2 犊牛肛门膜状闭锁

与肛管无肠腔连贯,不能排出胎粪。

4种类型中以Ⅱ、Ⅲ型较多,Ⅰ、Ⅳ型次之。

【症状】 主要症状为犊牛近肛门端肠梗阻,不能排出胎粪,时时努责,吃奶减少甚至停止。由于病理变化包括有无瘘管及瘘管的粗细、位置不同,临床症状也不一致。一般初生1~2日龄的犊牛因排不下粪便才被畜主发现而就诊。犊牛在24h内没有胎粪排出,出现腹胀、努责、腹痛、呼吸加快、不吃奶,随病程延长,全身情况恶化。

【诊断】 根据犊牛排粪障碍的症状即可确诊。

【治疗】

(1)治疗方法的选择 应根据先天性直肠肛门闭锁的情况而定。

1)Ⅰ型:一般只做肛门扩张即可。可用肛门塞子扩张,扩张由小渐大,使犊牛逐渐适应,在其排粪时将塞子取下,排完粪后再将塞子装在肛门内。

2)Ⅱ型:将肛门外的膜状皮肤及直肠末端的黏膜层做"十"字形切口,并将"十"字形切口范围内的皮肤及直肠黏膜层修剪成圆形口,再将黏膜层与皮肤创缘进行间断缝合。

3)Ⅲ型:根据直肠盲端距肛门的距离远近又分为近肛门端闭锁和远肛门端闭锁。近肛门端闭锁是指直肠盲端距肛门皮肤的距离在2cm以下,可进行会阴部肛门成形术。远肛门端闭锁是指直肠盲端距肛门皮肤的距离超过2cm,可进行会阴部肛门切开成形术。经剥离游离直肠后,牵引盲端接近肛门皮肤者,仍可完成肛门直肠成形术。

4)Ⅳ型:肛门肛管仍存在,但直肠封闭,直肠盲端很靠前,难以完成肛门直肠成形术,其手术方法尚待研究。

(2)手术方法

1)会阴部肛门膜状闭锁的肛门成形术:

①适应证:肛门膜状闭锁,在出生后1~2d进行手术。

②保定与麻醉:采用速眠新全身麻醉,犊牛剂量0.8~1mL,肌内注射。侧卧保定,将尾巴拉向体侧固定。

③术前检查:仔细检查犊牛直肠、肛门属何种类型的闭锁,可用手指或止血钳在对应肛门处向深部推顶,以判断肛门与直肠之间的距离(图18-4-3)。

④手术基本操作:在肛门膜状闭锁部的皮肤

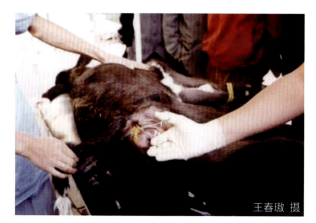

图18-4-3 止血钳隔皮肤向深部推顶

上做"十"字形切开,切开皮肤时注意避开肛门括约肌。切除"十"字形切口范围内的皮肤之后(图18-4-4),再按"十"字形切开直肠黏膜层,此时大量浅黄色胎粪向外排出,待胎粪排净后,用0.1%新洁尔灭溶液冲洗干净,再用生理盐水冲洗后,将"十"字形切口范围内的黏膜层切除后,将直肠黏膜与皮肤创缘对齐后进行间断缝合(图18-4-5)。

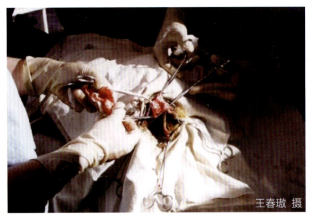
图18-4-4 按"十"字形切开皮肤,显露直肠盲端

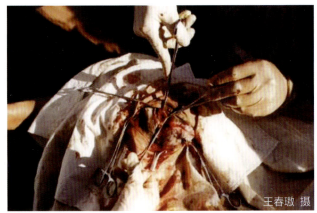
图18-4-5 切开直肠盲端,将直肠黏膜与皮肤间断缝合

⑤术后护理:术后用5%盐酸头孢噻呋,5mg/kg体重,肌内注射,1次/d,连用3~5d;或恩诺沙星,5mg/kg体重,肌内注射,1次/d,连用3~5d。注意排粪情况,防止直肠蓄粪和创口的污染。7d后拆除肛门周围的缝合线。

2)会阴部直肠近肛门端闭锁的肛门成形术:

①适应证:直肠肛门闭锁,直肠盲端距肛门皮肤的距离在2cm以下者。

②保定与麻醉:采用速眠新全身麻醉,犊牛剂量为0.8~1mL,肌内注射。侧卧保定,将尾巴拉向体侧固定。

③手术基本操作:手术切口在会阴部皮肤凹陷处,相当于肛门所在位置。在术部皮肤上做"十"字形切口,并切除"十"字形切口范围内的皮肤,使切口呈圆形。

用弯手术剪或止血钳钝性分离皮下组织,然后在肛门外括约肌的中间向深部分离。分离时稍向背侧方,用创钩牵开创口显露充满胎粪的直肠盲端。探查直肠盲端时可感到直肠盲端柔软而富有弹性抵抗,呈圆顶形。当增大腹内压或手术中犊牛骚动时,都会引起直肠盲端的膨大,以此作为判定依据。若判断仍无把握时,可用一针头穿刺进行诊断,以确定直肠盲端的位置。

游离直肠盲端,分离时应细心轻巧,防止盲端剥离过程中破裂而污染创口。电刺激找到直肠耻骨环肌、提肛肌、肛门外括约肌,以准确定位直肠拖出的路径。在剥离时尽量向背侧荐尾部分离,因腹侧邻近尿道。用缝合丝线在直肠盲端的浆膜肌层上缝合牵引线(图18-4-6),也可用艾利氏钳钳夹浆膜肌层向后牵引,使盲端显露并用牵引线固定。

在切口之外,若向后方牵引不够充分时,可用钝头弯手术剪沿直肠盲端的周围继续向前剥离,使直肠盲端游离出2.5~3.0cm长。若直肠游

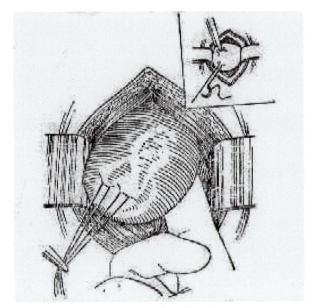
图18-4-6 游离直肠盲端,拉至切口外固定

离端不够长，即使勉强拉拢缝合，术后直肠回缩，必将造成直肠的瘢痕性狭窄。

缝合固定直肠盲端的方法为：将游离的直肠盲端拉向后方，在盲端前方距盲端 1.5~2.0cm 处的直肠壁与切口内的皮下组织做不穿透直肠黏膜层的间断缝合固定，缝合一周，缝毕后用艾利氏钳向外牵引，或用牵引线向外牵引，再用手术剪剪断盲端（图 18-4-7）。

将盲端切开，胎粪立即从切口内流出，待胎粪排空后，用 0.1% 新洁尔灭溶液充分冲洗干净，并用 0.1% 高锰酸钾溶液冲洗直肠，再用生理盐水冲洗直肠和切口周围，将灭菌纱布填塞入直肠内，以堵住尚未排净的胎粪向后排出，防止污染创口、妨碍手术操作。切除直肠盲端多余的肠壁，使盲端创口呈圆形。用 1 号 PGA 缝合线将直肠壁全层与皮肤创缘进行连续缝合固定（图 18-4-8）。缝毕，取出填塞入直肠腔内的纱布团，并用碘酊消毒皮肤切口。

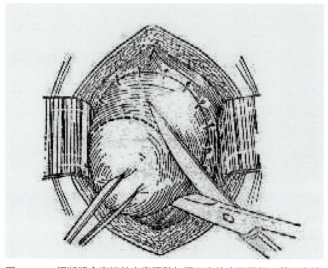
图 18-4-7　间断缝合盲端前方直肠壁与切口内的皮下组织，剪开盲端

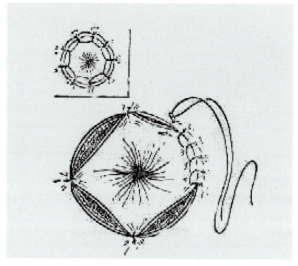
图 18-4-8　直肠壁内创缘与皮肤创缘做间断缝合

④术后护理：术后用抗生素 5d，预防术部感染。经常对肛门处创口用 0.1% 新洁尔灭溶液冲洗，保持局部干净。注意犊牛排粪是否正常，防止发生便秘和努责。7d 后拆除肛门周围的缝合线。

2. 会阴部直肠阴道瘘（Perineum Rectovaginal Fistula）

对于会阴部直肠阴道瘘，肛门成形术是根治方法。

①适应证：直肠肛门闭锁合并直肠阴道瘘。

②保定与麻醉：侧卧保定、臀部垫高，尾拉向一侧。采用速眠新全身麻醉，犊牛剂量为 0.8~1mL，肌内注射。

③切口定位：在肛门部位"十"字形切口，切口直径为 3~4cm。切除"十"字形切口范围内的皮肤，使人造肛门口呈圆形。

④手术基本操作：先用 0.1% 新洁尔灭溶液冲洗阴道及阴道与直肠之间的瘘管并对会阴部进行大面积消毒，在肛门所在部位做"十"字形皮肤切口，然后分离皮下组织，显露肛门括约肌，分离时因背面结缔组织疏松便于分离，故应从背面先钝性分离直肠的背侧壁，然后再分离直肠两

侧面。从阴道的瘘管内插入导尿管或血管钳作为向导，再分离直肠两侧面及直肠腹面以显露直肠阴道间的瘘管，沿插入的导管标志分离直肠腹侧壁及瘘管（图18-4-9），应仔细分离瘘管与周围组织的粘连，切勿剥破瘘管壁，否则会引起粪的污染。瘘管剥离游离后，结扎瘘管，在结扎线的近阴道侧切断瘘管，瘘管近阴道侧的断面可缝合闭合。

将直肠盲端系牵引线，继续向前剥离，四周都游离后将其向切口外牵引，直肠壁盲端前2cm处的直肠壁肌层（针不要穿透直肠壁）与人造肛门口皮下组织进行间断缝合一周，针距1.5cm左右。经缝合固定的直肠壁不再向前缩回。在缝合固定线的后方1.5~2.0cm处环形全层切断直肠壁，使直肠断面呈圆形。将直肠壁断面与皮肤对齐，进行间断缝合（图18-4-10）。

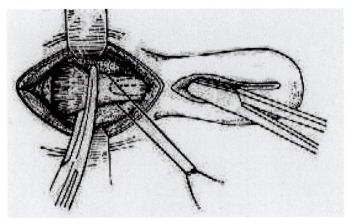

图18-4-9 向阴道瘘管内插入导尿管或血管钳作为标记，于血管钳前方结扎瘘管，然后切断瘘管

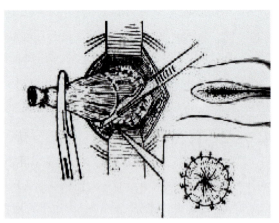

图18-4-10 间断缝合直肠壁肌层与皮下组织，切除直肠盲端，将直肠断缘与皮肤创缘缝合

⑤术后护理：保持肛门造口处清洁，每天用0.1%新洁尔灭溶液清洗肛门，防止粪便污染。防止犊牛发生便秘。术后使用抗生素5d，7d后拆除肛门创口上的缝合线。

（曹 杰）

二、屈腱挛缩

犊牛屈腱挛缩（Contracture of Tendon）是指初生犊牛由于前肢肌腱挛缩而表现出前肢远端关节的异常屈曲。患病犊牛后肢表现正常，可以站立，不愿行走，强行驱赶时犊牛会跌倒。根据症状的严重程度，可分为轻症和重症两种。症状较轻者，静止站立时前肢系部屈肌腱紧张，以蹄尖着地，蹄底不能完全负重，强迫其运动则系关节前屈，以球节着地，可能会由于身体不平衡而跌倒（图18-4-11）。重症犊牛的系关节与腕关节都出现屈曲，行走困难。本病是一种先天性疾病，多发生于经产牛所产犊牛，公犊发病率较母犊高。

【病因】 目前对于犊牛屈腱挛缩的病因尚有争议，主要有以下几种解释：

图18-4-11 系部与腕部屈腱挛缩的犊牛

（1）**毒素因素** 妊娠晚期的母牛采食了某些植物毒素可能会导致犊牛屈腱挛缩。例如，母牛在妊娠晚期摄入了大量的棉酚（或其他生物碱）可能会影响胎牛的骨骼发育，并且毒素会抑制胎牛在子宫内的运动，会造成胎牛肢体扭曲或弯曲，肌腱缩短而不能伸直。

（2）**病毒因素** 牛病毒性腹泻病毒（BVDV）和赤羽病病毒（AKAV）会造成犊牛屈腱挛缩，且伴有其他神经症状。由病毒感染造成的犊牛屈腱挛缩没有继续治疗价值。

（3）**遗传因素** 遗传因素可能会造成犊牛屈腱挛缩，且无法治愈。本病因已在安格斯牛上被证实，安格斯牛存在一种隐性遗传基因，可造成犊牛脊柱及肢蹄弯曲。

（4）**营养因素** 妊娠母牛的日粮营养元素不平衡也会造成犊牛屈腱挛缩。妊娠牛日粮中能量和蛋白质过多，而维生素、矿物质缺乏，造成胎牛过大，在宫内活动性减弱，继续生长使肢体弯曲固化，则出生后表现为屈腱挛缩。此类犊牛屈腱挛缩是可以治愈的。

【诊断】 诊断较为简单，一般根据症状和简单诊断即可确诊。

本病为先天性疾病，在犊牛出生后站立时即可表现出来。主要表现为两前肢的腕、球、冠关节可能出现异常弯曲，前肢前伸，犊牛可以站立但是行走困难，同时有伸颈低头的异常姿势。触诊患病犊牛前肢系部、腕部或肘头部的屈腱紧张。

【治疗】 要及时对犊牛的腱挛缩加以矫正治疗，根据犊牛腱挛缩的严重程度，有人工矫正术和肌腱切断术两种治疗方法可供选择。

凡通过人工将屈曲的系关节拉直的都可以用夹板绷带将患肢固定；凡通过人工将屈曲的关节拉不直的肢蹄，都需要进行手术，切断引起关节屈曲的相关肌腱，具体操作方法，查看本书第五章第五节腱挛缩的相关内容。

【预防】 本病的预防重点应该放在妊娠牛上。避免或尽量减少给妊娠母牛饲喂棉籽、棉饼等棉酚含量高的饲料。做好干奶牛的营养控制，防止过肥。保证干奶牛饲料中的营养元素均衡，保证维生素E、硒、钙、磷等元素的充分摄入。在选用公牛时，选择肢蹄综合指数较高的公牛。

（曹 杰）

三、犊牛水中毒

犊牛水中毒（Water Intoxication）是由于犊牛口渴时一次性饮用大量的水，引起的阵发性血红蛋白尿，又称为犊牛血红蛋白尿症。本病多发生在断奶后的犊牛，但2月龄以内的犊牛也有发病的情况。6月龄以上的小育成牛也可发病，但发病少，病情轻。本病发病无明显季节性，发病严重的犊牛可能死亡。

【病因】 犊牛水中毒主要包括发育性因素和自然因素两方面。若犊牛出生后及时饲喂足量的合格或优质初乳，哺乳犊牛通常不会出现水中毒表现。随着犊牛的生长发育，精饲料、粗饲料的摄取及瘤胃和皱胃的发育，胃容量及采食量均显著增加，犊牛需要摄入充足的饮用水。若饮水量增加过快，瘤胃对水及电解质的代谢机能尚不完善，就会发生水中毒。目前犊牛舍的供水分为两种类型，一种是自动饮水器，另一种是饮水桶。要不间断地给犊牛供水，达到自由饮水是最好的做法。在我国北方冬季，如果牛舍缺乏保温设施，自动饮水器或水桶内水结冰，供水中断，犊牛严重缺水，一旦供水正常后，犊牛一次大量饮水可能引发水中毒。也有的犊牛舍昼夜都不缺水，但个别的犊牛在较长时间内因没有喝水而出现严重缺水，当缺水的犊牛喝水时也会出现暴饮现象。不同犊牛群体之间存在明显的个体差异。一般地说，犊牛一次饮水量超过体重的8%，就有可能发生水中毒，如体重70kg左右的犊牛如果一次饮水量超过5L，可能会导致发病。此外，在犊牛养殖中，各种自然因素也是造成犊牛水中毒的重要原因，如天气炎热、气温过高，如果牛舍不是昼夜不间断地供水，犊牛饮水次数减少，在给犊牛提供饮水时，个别犊牛会一次暴饮大量水。另外，在犊牛转群、疫苗接种过程中，犊牛的运动量加大，体内水分丢失过多，犊牛都可能出现大量饮水的情况；断奶后，停喂牛奶，改喂颗粒料和苜蓿，实际需要的水分增多，如果饲养员未能及时增加供水次数，都可能造成犊牛一次暴饮大量水而发病。在个别情况下，饲养员忘记给犊牛供水，致使再供水时引起发病。

正常情况下，犊牛可通过神经—内分泌系统控制和调节肾脏对水的排出和吸收。饮水过多时，泌尿反射增强，从泌尿系统排出过多的体内水分。在严重缺水时，可反射性地引起脑垂体后叶分泌抗利尿素，保护体内水分，表现为少尿或无尿。抗利尿素的作用一般经过6h以上才能解除。如果在这段时间内饮了大量水，不可能由少尿或无尿马上转变为多尿，势必造成血液内水分增多，细胞外液渗透压降低，细胞内液渗透压升高，血液内水分由细胞外进入红细胞内，使红细胞发生膨胀、崩解、溶血，形成大量血红蛋白，而肝脏细胞不能完全吞噬掉过多的血红蛋白，大量血红蛋白经肾脏滤出、从尿中排出，便形成血红蛋白尿。过多的水分还能使肺部毛细血管壁细胞膨胀，引起肺部毛细血管的破裂，导致呼吸困难与口鼻出血；引起脑组织细胞内压升高，从而出现类似大脑水肿的神经症状。犊牛发生严重的水中毒，发病急、死亡快；轻症的水中毒，一般都可以耐过。

【症状】 犊牛暴饮大量水后，瘤胃迅速膨大，经1h左右，最早的只需15min，即见排出红色尿液（图18-4-12）。轻者只是精神欠佳，粪便变稀，排1次或几次红色尿液后即好转。重者瘤胃臌气，精神紧张，呼吸极度困难，张嘴伸舌呼吸，自口角或鼻孔流出带有血液的泡沫或鲜血（图18-4-13），骚动不安，鸣叫，伸腰，回头望腹，后肢踢腹，排稀粪和红色或咖啡色尿液。中毒特别严重的，突然卧地，起卧不安，战栗，共济失调，痉挛，昏迷。发病一般维持20min左右，病犊牛体温正常或稍低，轻症的可以耐过，重症的会休克死亡。

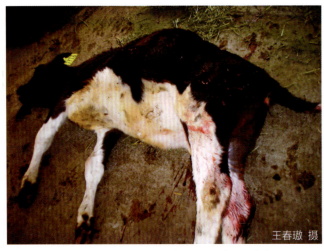

图18-4-12 水中毒犊牛血尿，后躯皮肤及阴门皮肤上有血尿

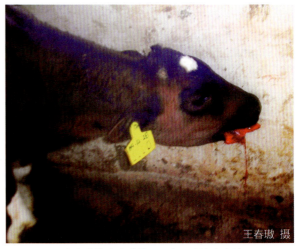

图18-4-13 水中毒犊牛张嘴伸舌，自口腔流出血液

【病理变化】 死亡后的犊牛瘤胃臌气，肾脏呈暗红色（图18-4-14），膀胱内充满红色尿液，气管和肺切面有红色泡沫样液体，肺大面积出血（图18-4-15），瘤胃内有大量液体，皱胃黏膜出血（图18-4-16）。

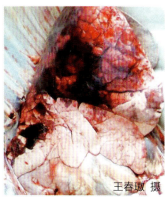

图18-4-14 水中毒犊牛的肾脏呈暗红色 图18-4-15 水中毒犊牛肺出血 图18-4-16 水中毒犊牛皱胃黏膜呈暗红色

【诊断】 根据发病犊牛饮水次数少，有暴饮水的病史，饮水后排红色尿液，张嘴伸舌、口吐带血丝的泡沫等临床症状，即可确诊。化验尿为尿蛋白含量显著增高，尿沉渣镜检能发现少量白细胞、肾上皮细胞和尿道上皮细胞，同时还能看到极少量的红细胞，即可做出诊断。但应注意下与以下疾病鉴别诊断。

1）泌尿道出血：除尿液变为红色外，尿沉渣镜检可见大量红细胞。

2）牛梨形虫病：主要在蜱大量繁殖的季节发生，呈急性经过，病犊牛体温升高，红细胞中有梨形虫虫体，尿液为红色。

3）钩端螺旋体病：病犊牛体温升高到41℃或以上，发病后3d内尿液中含有钩端螺旋体。

4）前腔静脉栓塞：肝脏门静脉处常有化脓灶，对肝脏抹片、革兰染色，可发现真菌。

【治疗】 发病轻的犊牛，一般都能耐过，只需要增加饮水次数或让其自由饮水，杜绝犊牛暴饮。发病严重的犊牛，立即静脉推注肾上腺素5mL，或肌内注射肾上腺素5mL，以控制休克的发展。与此同时静脉注射10%氯化钠150~200mL、10%葡萄糖溶液200~300mL、5%维生素C 30mL、10%樟脑磺酸钠10mL。瘤胃严重臌气的犊牛，可经口灌服40%鱼石脂酒精100mL。对处于休克状态的犊牛，严禁经口进行插胃管放气，否则加重休克的发展。

症状缓解后的犊牛，为恢复血液的渗透压，第2天再用10%氯化钠100mL、10%葡萄糖溶液50mL、维生素C 10mL，静脉注射。为防止肺、肾脏继发细菌感染，可使用恩诺沙星，5mg/体重，1次/d，肌内注射，连用3d；或5%盐酸头孢噻呋，5mg/体重，1次/d，肌内注射，连用3d。

【预防】 做好犊牛饲养管理工作是预防犊牛水中毒的重要手段。如犊牛舍在夏季备足清水，让犊牛自由饮水或少量多次给水；犊牛每次剧烈运动或采食大量饲料时，要按照少量多次的原则提供饮用水；在严寒的冬季，应让犊牛饮温水；断奶前后开食料增加后，更要注意犊牛饮水的次数和均衡性。一定要循序渐进地添加或更换生长料，给犊牛一个适应过程，并做好犊牛饮水的管理工作，按照少量多次的原则科学添加，保证饮用水供给的均衡性。

（曹 杰）

附录

附录 A 国内奶牛疾病常用检疫生物制品及疫苗

名称	用途	注释
布鲁氏菌病虎红平板凝集试验抗原	布病检疫，虎红平板凝集试验	用于布病初筛 供应单位：中国兽医药品监察所；中国动物卫生与流行病学中心；美国 IDEXX
布鲁氏菌病试管凝集试验抗原	布病检疫，试管凝集试验	用于布病确认 供应单位：中国兽医药品监察所；美国 IDEXX
布鲁氏菌病全乳环状试验抗原	布病检疫，全乳环状试验	用于布病初筛 供应单位：中国兽医药品监察所
布鲁氏菌病补体结合试验抗原	布病检疫，补体结合试验	用于布病确认 供应单位：中国兽医药品监察所
布鲁氏菌病阳性血清（国家标准品）	布病检疫对照	供应单位：中国兽医药品监察所
布鲁氏菌病（+）阳性血清	布病检疫对照	供应单位：中国兽医药品监察所；美国 IDEXX
布鲁氏菌病（-）阴性血清	布病检疫对照	供应单位：中国兽医药品监察所；美国 IDEXX
牛型提纯结核菌素（液体）	结核检疫	2000 IU/头份 供应单位：中国兽医药品监察所
牛型提纯结核菌素（冻干）	结核检疫	2000 IU/头份 供应单位：中国兽医药品监察所
禽型提纯结核菌素（冻干）	结核检疫	排除结核检疫中禽结核干扰 可在对侧颈部或同侧结核菌素注射点 15cm 以外区域同时注射 供应单位：中国兽医药品监察所
副结核提纯菌素（冻干）	副结核检疫	排除结核检疫中副结核干扰 可在对侧颈部或同侧结核菌素注射点 15cm 以外区域同时注射 供应单位：中国兽医药品监察所

（续）

名称	用途	注释
破伤风抗毒素	预防和治疗破伤风	预防剂量1.5万IU/头，肌内注射 供应单位：江西生物制品研究所股份有限公司（1500IU/支）
布鲁氏菌活疫苗（S2株）	布病高风险牛场	应在当地兽医部门批准后使用 弱毒疫苗，口服免疫，5头份/次，首免后不建议间隔1个月加强，每年加强免疫1次
布鲁氏菌活疫苗（A19株）	布病高风险牛场	应在当地兽医部门批准后使用；仅用于未妊娠后备牛免疫 弱毒疫苗，3~8月龄犊牛首次免疫（600亿/头份），视需要可在11~12月龄减量加强免疫1次（10亿~30亿/头份），颈部皮下注射
布鲁氏菌病基因缺失疫苗（A19-ΔVirB12）	布病高风险牛场	应在当地兽医部门批准后使用；专用试剂盒可区分疫苗免疫和自然感染抗体 弱毒疫苗，3~8月龄犊牛免疫（600亿/头份），颈部皮下注射 供应单位：天康生物
口蹄疫O型、A型二价灭活疫苗	口蹄疫	3~4月龄首免，30d后加强免疫，之后每年2次加强免疫（分别为1.0mL/头份、2.0mL/头份），肌内注射 供应单位：中牧、金宇、天康生物等
牛传染性鼻气管炎灭活疫苗（C1株）	IBR	2.0mL/头份，首免后21d加强免疫1次，肌内注射 每隔6个月加强免疫1次 供应单位：生泰尔
肉毒梭菌中毒症灭活疫苗（C型）、牛羊猝死症疫苗	梭菌病	5.0mL/头份，首免后30d加强免疫1次，肌内或皮下注射。3月龄以上牛只均可免疫，免疫后30d加强免疫1次，此后每半年免疫1次。若产后牛及犊牛出现梭菌病，建议干奶时免疫1次，30d后加强免疫 每隔6个月加强免疫1次 供应单位：齐鲁、生泰尔、金宇
牛曼氏杆菌病灭活疫苗（A1型M164株）	曼氏杆菌病	2.0mL/头份，首免后21d天加强免疫1次，颈部皮下注射，35日龄以上牛均可使用 每隔6个月加强免疫1次 供应单位：生泰尔
无毒炭疽芽孢苗	炭疽	有炭疽风险的牛场选择性使用 12月龄以下牛0.5mL、12月龄以上牛1mL，颈部皮下注射 每年加强免疫1次

（续）

名称	用途	注释
Ⅱ号炭疽芽孢苗	炭疽	有炭疽风险的牛场选择性使用 所有牛 1mL，颈部皮下注射 每年加强免疫 1 次 供应单位：天康生物
牛多杀性巴氏杆菌病灭活疫苗	巴氏杆菌病	有巴氏杆菌病风险的牛场选择性使用 100kg 以下牛 4mL、100kg 以上牛 6mL，或按说明书推荐剂量使用；皮下或肌内注射 每隔 9 个月加强免疫 1 次 供应单位：中牧、生泰尔、齐鲁
牛流行热疫苗	流行热	有巴氏杆菌病风险的牛场选择性使用 4mL/次，间隔 21d 加强免疫 1 次；6 月龄以下犊牛，注射剂量减半；颈部皮下注射 免疫保护期为 4 个月 供应单位：哈维科
山羊痘活疫苗	结节性皮肤病	5~10 头份/次，皮内注射 每年加强免疫 1 次 供应单位：天康生物、金宇等

（曹 杰）

附录 B 美国奶牛场免疫程序参考（硕腾）

年龄	疫苗（商品名）	剂量	负责人	供应商	备注
1 日龄	Calf-Guard	3.0mL，PO	产房接生组	Zoetis	轮状病毒、冠状病毒减毒活疫苗，必须在喂初乳 30min 前口服免疫
	去角膏		犊牛组		喂奶前
1~3 日龄	Inforce 3	每个鼻孔 2mL	犊牛组	Zoetis	IBR、PI3、BRSV 减毒活疫苗，滴鼻
4 周龄	Inforce 3	每个鼻孔 2mL	犊牛组	Zoetis	
	Ultrabac 7	5mL，SC	犊牛组	Zoetis	七价梭菌疫苗
7 周龄	Ultrabac 7 加强免疫	5mL，SC	犊牛组	Zoetis	
	Bovi-Shield Gold 5	2mL，SC	犊牛组	Zoetis	IBR、BVD（1 型和 2 型）、PI3、BRSV 减毒活疫苗

（续）

年龄	疫苗（商品名）	剂量	负责人	供应商	备注
80日龄	红眼病疫苗	2mL，SC	后备牛组	Addison Labs	
100日龄	红眼病疫苗加强免疫	2mL，SC	后备牛组	Addison Labs	
4月龄	Bovi-Shield Gold FP5 L5	2mL，SC	后备牛组	Zoetis	IBR、BVD（1型和2型）、PI3、BRSV减毒活病毒，以及含有5种钩端螺旋体血清型的液体疫苗组成
11月龄	Bovi-Shield Gold FP5 L5	2mL，SC	后备牛组	Zoetis	配种前
13~18月龄	Leptoferm 5	2mL，SC	后备牛组	Zoetis	五价钩端螺旋体疫苗，确认妊娠后免疫
妊娠7.5~8月龄（妊娠230d）	Scourguard 4 KC	2mL，SC	后备牛组	Zoetis	轮状病毒（G6和G10）、冠状病毒、大肠杆菌K99和C型产气荚膜梭菌灭活疫苗，妊娠后期免疫
	Enviracor J-5	5mL，SC	后备牛组	Zoetis	大肠杆菌疫苗，主要控制大肠杆菌乳房炎
妊娠8.5月龄（妊娠260d）	Scourguard 4 KC	2mL，SC	后备牛组	Zoetis	
	Enviracor J-5	5mL，SC	后备牛组	Zoetis	
	Ultrabac 7	5mL，SC	后备牛组	Zoetis	

注：1. PO指口服，SC指（仅颈侧）皮下注射。
2. Calf-Guard应在喂初乳30min前进行免疫。
3. Scourguard 4KC加强免疫应该在产犊6周前进行，首免后3~6周加强免疫。

（曹 杰）

附录C 奶牛场常用疾病检测ELISA试剂盒

产品名称	规格	用途及备注	生产单位
牛传染性鼻气管炎gB抗体检测试剂盒	5×96可拆板	用于未免疫牛场IBR疾病诊断	美国IDEXX
牛传染性鼻气管炎gE抗体检测试剂盒	5×96可拆板	用于IBR抗体检测，若牛群采用gE糖蛋白缺失疫苗免疫，检测可区分野毒感染与疫苗免疫所产生的抗体	

（续）

产品名称	规格	用途及备注	生产单位
牛病毒性腹泻抗体检测试剂盒	5×96 可拆板	用于 BVD 感染风险评估及监测	美国 IDEXX
牛病毒性腹泻抗原检测试剂盒（血清）	5×96、2×96 可拆板	检测耳组织、血清、血浆和全血中 gp48 蛋白，检测敏感性和特异性均为 100%，是通过美国 USDA 认证的 BVDV 抗原诊断试剂盒，OIE 国际贸易推荐方法	
牛病毒性腹泻抗原检测试剂盒（白细胞/血清）	5×96 可拆板		
牛新孢子虫病抗体检测试剂盒	2×96 可拆板	可用于流行病学研究和制定降低新孢子虫病在牛群中流行的措施，敏感性及特异性与 PCR 基本一致，可代替抗原检测	
牛布鲁氏菌病抗体检测试剂盒（血清）	2×96、10×96 可拆板	间接 ELISA，用于未免疫牛场布病牛筛查及确认	
牛布鲁氏菌病抗体检测试剂盒（牛奶）	2×96 可拆板，10×96 不可拆板	间接 ELISA，用于未免疫牛场布病牛筛查及确认	
牛口蹄疫 3ABC 抗体检测试剂盒	5×96 可拆板	用于口蹄疫诊断，可区分野毒感染与疫苗免疫所产生的抗体	
牛副结核抗体检测试剂盒 MPT	5×96、10×96 可拆板	用于副结核流行病学调查或控制计划时的初筛，可检测血清、血浆和奶样中副结核抗体，是美国 USDA 认证的副结核抗体检测试剂盒	
Q 热抗体检测试剂盒	2×96 可拆板	用于 Q 热引起流产时的流行病学调查	
蓝舌病抗体检测试剂盒	5×96、10×96 可拆板	用于牛蓝舌病检测	
牛白血病抗体检测试剂盒（血清）	5×96 可拆板	可检测单个牛血清或 10 个混合血清样品中牛白血病病毒的各类抗体（如包膜蛋白抗体、衣壳蛋白抗体）	
牛海绵状脑病检测试剂盒	5×96 可拆板	抗原捕获 ELISA，用于检测牛、山羊和绵羊组织中的朊病毒蛋白（PrPSc）异常构象异构体。第二代 BSE-Scrapie 检测试剂盒，使用 Seprion 亲和基技术，省去了对蛋白酶 K 的处理，获得欧盟认证，敏感性和特异性均达到 100%	
牛分枝杆菌抗体检测试剂盒	多种包装	用于检测牛血清和血浆样品中牛分枝杆菌抗体	

（续）

产品名称	规格	用途及备注	生产单位
牛轮状病毒、冠状病毒、大肠杆菌 K99 抗原检测试剂盒	96 可拆板	抗原捕获 ELISA，可通过检测粪便中的抗原来区分轮状病毒、冠状病毒和大肠杆菌（K99）感染。可根据需要，单独检测某种抗原或同时检测 3 种和犊牛腹泻有关的抗原	美国 IDEXX
牛小球隐孢子虫抗原检测试剂盒	96 可拆板	抗原捕获 ELISA，通过检测粪便区分是否有小球隐孢子虫感染	
牛结核分枝杆菌 γ-干扰素检测试剂盒	2×96、10×96、30×96 不可拆板	用于结核检测，每块板可检测 30 头份样品；需配套 BOVIGAM 牛型提纯结核菌素（1 支/150 头份）和 BOVIGAM 禽型提纯结核菌素（1 支/150 头份）	BOVIGAM
消化道病原体四联检测试（轮状病毒、冠状病毒、大肠杆菌 K99、小球隐孢子虫）试剂盒	24×4 可拆板	抗原捕获 ELISA，可通过检测粪便中的抗原区分轮状病毒、冠状病毒、大肠杆菌 K99、小球隐孢子虫感染。主要用于出生 1 个月内腹泻犊牛的病原检测	比利时 Bio-X
轮状病毒-冠状病毒二联检测试剂盒	48×2 可拆板	抗原捕获 ELISA，用于出生 1 个月内腹泻犊牛的病原检测	
牛呼吸道合胞病毒（BRSV）抗体检测试剂盒	96 不可拆板	用于 BRSV 检测	
副流感病毒（PI3）抗体检测试剂盒	96 不可拆板	用于 PI3 检测	
腺病毒抗体检测试剂盒	96 不可拆板	用于腺病毒检测	
牛支原体检测试剂盒（抗原/抗体）	96 不可拆板	分为抗原和抗体检测试剂盒，用于牛场支原体乳房炎或支原体肺炎检测	
牛布鲁氏菌病抗体检测试剂盒（血清）	2×96、10×96 不可拆板	竞争 ELISA，可鉴别自然感染牛与 A19 疫苗免疫牛	瑞典 SVANOVIR
牛副结核抗体检测试剂盒	2×96、5×96、30×96 可拆板	用于副结核流行病学调查或控制计划时的初筛，可检测血清和奶样	瑞典 Prionics
O 型口蹄疫液相阻断 ELISA 诊断试剂盒	10×96 不可拆板	用于进出口动物口蹄疫病毒抗体监测和口蹄疫疫苗免疫抗体监测	中国农业科学院兰州兽医研究所
A 型口蹄疫液相阻断 ELISA 诊断试剂盒	10×96 不可拆板	用于进出口动物口蹄疫病毒抗体监测和口蹄疫疫苗免疫抗体监测	

(续)

产品名称	规格	用途及备注	生产单位
亚洲 I 型口蹄疫液相阻断 ELISA 诊断试剂盒	10×96 不可拆板	用于进出口动物口蹄疫病毒抗体监测和口蹄疫疫苗免疫抗体监测	中国农业科学院兰州兽医研究所
赤羽病病毒抗体检测试剂盒	4×96、10×96 可拆板	竞争 ELISA，用于赤羽病病毒的检测	法国 IDVET
贝西诺原虫抗体检测试剂盒	4×96 可拆板	间接 ELISA，双孔模式，用于牛场贝西诺原虫的筛查	
牛疱疹病毒 2 型抗体检测试剂盒	2×96、4×96 可拆板	间接 ELISA，用于牛疱疹病毒 2 型检测	
牛疱疹病毒 4 型抗体检测试剂盒	2×96 可拆板	间接 ELISA，用于牛疱疹病毒 4 型检测	
蓝舌病病毒抗体检测试剂盒	5×96、10×96 可拆板	竞争 ELISA，用于蓝舌病病毒检测	
蓝舌病病毒抗体检测试剂盒-奶样	4×96 可拆板	间接 ELISA，使用奶样对牧场蓝舌病进行筛查	
牛病毒性腹泻 p80 抗体检测试剂盒	5×96、10×96 可拆板	竞争 ELISA，用于牛病毒性腹泻抗体的筛查	
牛病毒性腹泻 p80 抗原检测试剂盒	5×96 可拆板	抗原捕获 ELISA，用于牛病毒性腹泻抗原的筛查	
牛白血病病毒抗体检测试剂盒	5×96、10×96 可拆板	竞争 ELISA，用于牛地方性白血病的检测	
布鲁氏菌血清抗体检测试剂盒-多动物	5×96、10×96 可拆板	间接 ELISA，用于多动物的布鲁氏菌检测	
布鲁氏菌抗体检测试剂盒-奶样	5×96 可拆板	间接 ELISA，用于牛场奶样的布鲁氏菌的筛查	
流产衣原体抗体检测试剂盒-多动物	2×96、5×96 可拆板	间接 ELISA，用于牛场流产衣原体的筛查	
口蹄疫非结构蛋白抗体检测试剂盒	5×96 可拆板	竞争 ELISA，用于口蹄疫发病后的抗体监测，区分疫苗免疫	
牛皮蝇蛆病抗体检测试剂盒	2×96 可拆板	间接 ELISA，用于牛皮蝇蛆病抗体的筛查	
牛传染性鼻气管炎 gB 抗体检测试剂盒	5×96、10×96 可拆板	竞争 ELISA，用于未免疫牛场 IBR 疾病诊断	

(续)

产品名称	规格	用途及备注	生产单位
牛传染性鼻气管炎 gE 抗体检测试剂盒	6×96、10×96 可拆板	竞争 ELISA，用于 IBR 抗体检测，若牛群采用 gE 糖蛋白缺失疫苗免疫，检测可区分野毒感染与疫苗免疫所产生的抗体	法国 IDVET
牛传染性鼻气管炎病毒抗体检测试剂盒-奶样	5×96、10×96 可拆板	间接 ELISA，用于未免疫牛场 IBR 抗体评估	
牛支原体抗体检测试剂盒	2×96、5×96、10×96 可拆板	间接 ELISA，用于牛场牛支原体的筛查	
新孢子虫病抗体检测试剂盒-竞争法	2×96、5×96 可拆板	竞争 ELISA，用于犬新孢子虫引起流产时的流行病学调查	
新孢子虫病抗体检测试剂盒-奶样	5×96、10×96 可拆板	间接 ELISA，用于犬新孢子虫引起流产时的流行病学调查	
副结核抗体检测试剂盒-初筛	5×96、10×96 可拆板	间接 ELISA，用于牛场副结核感染筛查	
副结核抗体检测试剂盒-确认	5×96 可拆板	间接 ELISA，双孔模式，用于牛场副结核确诊	
Q 热病毒抗体检测试剂盒-多动物	2×96、5×96 可拆板	间接 ELISA，用于 Q 热引起流产时的流行病学调查	
弓形虫抗体检测试剂盒-多动物	2×96 可拆板	间接 ELISA，用于弓形虫引起流产时的流行病学调查	

注：由于目前奶牛场实验室条件限制，通常大部分牛场能够开展 ELISA 检测而无法进行 PCR 检测，本表仅列出常用奶牛疾病检测 ELISA 试剂盒。

（曹 杰）

附录 D 奶牛生理数值

1. 奶牛生理指标

（1）体温　荷斯坦成母牛正常体温范围为 38~39.4℃。小犊牛、兴奋状态的牛或暴露在高温环境的牛体温可达 39.5℃或更高。初生牛犊后的前 24h 体温接近 39.6℃，2~14 日龄犊牛的体温高于 38.9℃。

14 日龄内犊牛体温高于 40℃、成母牛体温高于 39.5℃视为发热。发热可分为稽留热、弛张热、间歇热、不规则热等。

1）稽留热：体温升高后维持在 39.5~40℃ 的高水平，达数天或数周，24h 内体温波动范围不超过 1℃。

2）弛张热：体温 39.5℃ 以上，24h 内温差 1℃ 以上，最低时也高于正常水平。

3）间歇热：体温骤然升至 39.5℃ 以上，持续数小时或更长，然后降至正常或正常以下，经过一个间歇，又反复发作。

4）不规则热：发热无一定规律，且持续时间不定。

（2）**脉搏** 成年牛的正常脉搏为 70~90 次/min，犊牛脉搏可达 100~120 次/min。运动、采食等多种环境因素和牛的状态均可影响脉搏。

（3）**呼吸频率** 成年牛安静时的正常呼吸频率为 12~16 次/min，犊牛为 30~50 次/min。正常呼吸的频率、深度受气温等多种环境因素和运动等牛只状态的影响。

（4）**消化系统生理指标** 健康牛瘤胃蠕动每分钟 1~3 次，瘤胃内容物 pH 为 5.0~8.1，一般为 6.0~6.8，每昼夜反刍 6~8 次，每次 40~50min，每天反刍 6~8h，每口咀嚼 40~60 次，每分钟嗳气 17~20 次。

2. 奶牛血液学及生化指标

奶牛血液学及生化指标见表 D-1、表 D-2。

表 D-1 全血细胞计数（CBC）正常值

血液项目	参考值
红细胞（RBC）	$(5.0\sim7)\times10^6/\mu L$
红细胞比容（HCT）	22%~33%
血红蛋白（HGB）	8.5~12.2g/dL
平均红细胞体积（MCV）	38~50fL
平均红细胞血红蛋白含量（MCH）	14~18pg
红细胞分布宽度（RDW）	15.5%~19.7%
白细胞（WBC）	$(4.9\sim12)\times10^3/\mu L$
叶状中性粒细胞（Seg neutr）	$(1.8\sim6.3)\times10^3/\mu L$
杆状中性粒细胞（Band neutr）	$(0\sim2)\times10^3/\mu L$
单核细胞（Mon）	$(0\sim0.8)\times10^3/\mu L$
淋巴细胞（Lym）	$(1.6\sim5.6)\times10^3/\mu L$
嗜酸性粒细胞（Eos）	$(0\sim0.9)\times10^3/\mu L$
嗜碱性粒细胞（Bas）	$(0\sim0.3)\times10^3/\mu L$
血小板（PLT）	$(2.1\sim7.1)\times10^5/\mu L$
血小板平均容积（MPV）	4.5~7.5fL

表 D-2　血清生化及血气正常值

生化项目	参考值
总蛋白（TP）	7.2~9.0g/dL
白蛋白（ALB）	3.2~4.2g/dL
球蛋白（GLB）	3.5~5.8g/dL
丙氨酸氨基转移酶（ALT）	14~38U/L
天门冬氨酸氨基转移酶（AST）	53~162U/L
碱性磷酸酶（ALP）	23~78U/L
肌酸激酶（CK）	<200U/L
乳酸脱氢酶（LDH）	250U/L
淀粉酶（Amy）	40~110U/L
γ-谷氨酰转移酶（GGT）	11~39U/L
葡萄糖（GLU）	50~77mg/dL
总胆红素（T.BILI）	0~0.1mg/dL
直接胆红素（D.Bili）	0~0mg/dL
尿素氮（BUN）	10~25mg/dL
肌酐（CRE）	0.4~1.0mg/dL
胆固醇（CHOL）	73~280mg/dL
甘油三酯（TG）	7~25mg/dL
钙	2.05~2.69mmol/L
离子钙（有生理功能的钙）	1.06~1.33mmol/L
磷	4.2~7.7mg/dL
氯	94~105mEq/L
钠	134~145mEq/L
钾	3.9~5.3mEq/L
镁	1.7~2.2mg/dL
铁	20.2~40.5mmol/L
总二氧化碳（静脉）	25~35mEq/L
肝素抗凝血 pH（静脉）	7.35~7.50
碳酸氢盐（HCO_3^-）	24~34mEq/L
PCO_2（静脉）	41~50mmHg
阴离子间隙	17~24
β-羟丁酸（血液）	正常：<1.4mmol/L 亚临床酮病：1.4~3.0mmol/L 临床性酮病：>3.0mmol/L

3. 牛奶成分指标

不同国家牛奶的成分见表 D-3~ 表 D-5。

表 D-3　不同国家牛奶的成分（%）

国家	水分	干物质	非脂固形物	蛋白质	脂肪	乳糖	灰分
中国（北京地区）	87.0	13.0	9.0	3.3	4.0	5.6	0.7
美国（1963）	87.2	12.8	9.1	3.6	3.7	4.9	0.7
苏联（1967）	87.7	12.3	8.6	3.4	3.8	4.5	0.71
日本（1970）	88.5	11.5	8.3	2.9	3.3		
法国	87.8	12.2	9.0	3.5	3.4	4.6	0.75
英国	87.3	12.9	8.9	3.4	3.8	4.7	0.75
荷兰	87.9	12.1	8.6	3.3	3.5	4.6	0.75

表 D-4　不同品种牛牛奶的成分（%）

品种	水分	干物质	非脂固形物	蛋白质	脂肪	乳糖	灰分
荷斯坦牛	87.7	12.3	8.9	3.3	3.4	4.9	0.68
娟姗牛	85.5	14.5	9.5	3.8	5.1	5.0	0.70
瑞士褐牛	86.9	13.1	9.3	3.9	3.5	5.1	0.72

表 D-5　初乳、常乳成分对照

种类	干物质（%）	非脂固形物（%）	蛋白质（%）	脂肪（%）	乳糖（%）	免疫球蛋白/（g/kg）	维生素 A/（mg/g fat）	维生素 D/（mg/g fat）	维生素 E/（mg/g fat）
初乳	25	19.6	16.4	5.1	2.2	60	45	23~45	100~150
常乳	12.6	8.8	3.2	3.8	4.7	0.9	8	15	20

（曹　杰）

附录 E 常见计量单位名称与符号对照表

量的名称	单位名称	单位符号
长度	千米	km
	米	m
	厘米	cm
	毫米	mm
	微米	μm
面积	平方千米（平方公里）	km²
	平方米	m²
体积	立方米	m³
	升	L
	毫升	mL
质量	吨	t
	千克（公斤）	kg
	克	g
	毫克	mg
物质的量	摩尔	mol
时间	小时	h
	分	min
	秒	s
温度	摄氏度	℃
平面角	度	(°)
能量，热量	兆焦	MJ
	千焦	kJ
	焦[耳]	J
功率	瓦[特]	W
	千瓦[特]	kW
电压	伏[特]	V
电力，压强	帕[斯卡]	Pa
电流	安[培]	A

参考文献

[1] BARLUND C S, CARRUTHERS T D, WALDNER C L, et al. A comparison of diagnostic techniques for postpartum endometritis in dairy cattle [J]. Theriogenology, 2008, 69: 714-723.

[2] BARTLETT P C, NGATEGIZE P K, KANEENE J B, et al. Cystic follicular disease in Michigan Holstein-Friesian cattle: incidence, descriptive epidemiology, and economic impact [J]. Preventive Veterinary Medicine, 1986, 4: 15.

[3] SMITH B I, DONOVAN A, RISCO C, et al. Comparison of various antibiotic treatments for cows diagnosed with toxic puerperal metritis [J]. Journal of Dairy Science, 1998, 81(6): 1555-1562.

[4] BOBE G, YOUNG J W, BEITZ D C. Invited review: pathology, etiology, prevention, and treatment of fatty liver in dairy cows [J]. Journal of Dairy Science, 2004, 87(10): 3105-3124.

[5] BRAY, DAVID R, BUCKLIN R. Recommendations for cooling systems for dairy cattle[A]. Fact Sheet DS-29. University of Florida Cooperative Extension Service, Gainesville, Florida, 1996.

[6] BUNDRANT B N, HUTCHINS T, DEN BAKKER H C, et al. Listeriosis outbreak in dairy cattle caused by an unusual Listeria monocytogenes serotype 4b strain [J]. Journal of Veterinary Diagnostic Investigation, 2011, 23(1): 155-158.

[7] CALLAHAN C J, HORSTMAN L A. Treatment of postpartum metritis in dairy cows caused by Actinomyces pyogenes [J]. The Bovine Practitioner, 1993, 27: 162–165.

[8] CHAE J B, PARK J, JUNG S H, et al. Acute phase response in bovine coronavirus positive post-weaned calves with diarrhea [J]. Acta Veterinaria Scandinavica, 2019, 61(1): 36.

[9] CHENG Z, KONG Z, LIU P, et al. Natural infection of a variant pseudorabies virus leads to bovine death in China [J]. Transboundary and Emerging Diseases, 2020, 67(2): 518-522.

[10] CURTIS CR, ERB HN, SNIFFEN CJ, et al. Path analysis of dry period nutrition, postpartum metabolic and reproductive disorders, and mastitis in Holstein cows [J]. Journal of Dairy Science, 1985, 68(9): 2347-2360.

[11] DAVEY R. Comparative effectivenses of coumaphos treatments applied by diferent methods for the control of Boophilus microplus(Acari: Ixodidae) [J]. Journal of Agricultural & Urban Entomology, 1997, 14(1): 45-54.

[12] AMBROSE D J, SCHMITT E J-P, LOPES F L, et al. Ovarian and endocrine responses associated with the treatment of cystic ovarian follicles in dairy cows with gonadotropin releasing hormone and prostaglandin F2α, with or without exogenous progesterone [J]. Canadian Veterinary Journal: La Revue Veterinaire Canadienne, 2004, 45(11): 931-937.

[13] DREVETS D A, BRONZE M S. Listeria monocytogenes: epidemiology, human disease, and mechanisms of brain invasion [J]. FEMS Immunology & Medical Microbiology, 2008, 53(2): 151-165.

[14] DUBUC J, DUFFIELD T F, LESLIE K E, et al. Definitions and diagnosis of postpartum endometritis in dairy cows [J]. Journal of Dairy Science, 2010, 93(11): 5225-5233.

[15] ELNEKAVE E, SHILO H, GELMAN B, et al. The longevity of anti NSP antibodies and the sensitivity of a 3ABC ELISA–A 3 years follow up of repeatedly vaccinated dairy cattle infected by foot and mouth disease virus [J]. Veterinary Microbiology, 2015, 178(1-2): 14-18.

[16] EPPE J, LOWIE T, Opsomer G, et al. Treatment protocols and management of retained fetal membranes in

cattle by rural practitioners in Belgium [J]. Preventive Veterinary Medicine, 2021, 188: 105267.

[17] ERB H N, WHITE M E. Incidence rates of cystic follicles in Holstein cows according to 15-day and 30-day intervals [J]. Cornell Vet, 1981, 71(3): 326-331.

[18] ERB R E, MONK E L, CALLAHAN C J, et al. Endocrinology of induced ovarian follicular cysts [J]. Journal of Animal Science, 1973, 37(1 Suppl): 310.

[19] GWAZDAUSKAS F C. Effects of climate on reproduction in cattle [J]. Journal of Dairy Science, 1985, 68(6): 1568-1578.

[20] FUJIMOTO Y. Pathological studies on sterility in dairy cows [J]. Japanese Journal of Veterinary Research, 1956, 4(4): 129-142.

[21] GALVÃO K N, GRECO L F, VILELA J M, et al. Effect of intrauterine infusion of ceftiofur on uterine health and fertility in dairy cows [J]. Journal of Dairy Science, 2009, 92(4): 1532-1542.

[22] GARVERICK H A. Ovarian Follicular Cysts in Dairy Cows [J]. Journal of Dairy Science, 1997, 80(5): 995-1004.

[23] GEARHART M A, CURTIS C R, ERB H N, et al. Relationship of changes in condition score to cow health in Holsteins [J]. Journal of Dairy Science, 1990, 73(11): 3132-3140.

[24] GILBERT R O, SHIN S T, GUARD C L, et al. Prevalence of endometritis and its effects on reproductive performance of dairy cows [J]. Theriogenology, 2005, 64: 1879-1888.

[25] GORDON D E, OLSON C. Meningiomas and fibroblastic neoplasia in calves induced with the bovine papilloma virus [J]. Cancer Research, 1968, 28(12): 2423-2431.

[26] HAHN G L. Housing and management to reduce climatic impacts onlivestock [J]. Journal of Animal Science, 1981, 52(1): 175-186.

[27] HAMMON D S, EVJEN I M, DHIMAN T R, et al. Neutrophil function and energy status in Holstein cows with uterine health disorders [J]. Veterinary Immunology and Immunopathology, 2006, 113:21-29.

[28] HOHNHOLZ T, VOLKMANN N, GILLANDT K, et al. Risk factors for dystocia and perinatal mortality in extensively kept angus suckler cows in germany [J]. Agriculture, 2019, 9(4): 85.

[29] HUZZEY J M, VEIRA D M, WEARY D M, et al. Prepartum behavior and dry matter intake identify dairy cows at risk for metritis [J]. Journal of Dairy Science, 2007, 90(7): 3220-3233.

[30] HARRISON J H, HANCOCK D D, CONRAD H R. Vitamin E and selenium for reproduction of the dairy cow [J]. Journal of Dairy Science, 1984, 67(1): 123-132.

[31] EMMANOUIL K, NIKOLAOS P, NIKOLAOS R, et al. Clinicopathological evaluation of downer dairy cows with fatty liver [J]. Canadian Veterinary Journal: La Revue Veterinaire Canadienne, 2010, 51(6): 615-622.

[32] KASIMANICKAM R, DUFFIELD T F, FOSTER R A, et al. Endometrial cytology and ultrasonography for the detection of subclinical endometritis in postpartum dairy cows [J]. Theriogenology, 2004, 62(1-2): 9-23.

[33] KASTELIC J P. Understanding ovarian follicular development in cattle [J]. Veterinarni Medicina, 1994, 89: 64.

[34] KESLER D J, GARVERICK H A. Ovarian cysts in dairy cattle: a review [J]. Journal of Animal Science, 1982, 55:1147.

[35] LEBLANC S J, DUFFIELD T F, Leslie K E, et al. Defining and diagnosing postpartum clinical endometritis and its impact on reproductive performance in dairy cows [J]. Journal of Dairy Science, 2002, 85(9): 2223-2236.

[36] LIPTRAP R M, MCNALLY P J. Steroid concentrations in cows with corticosteroid-induced cystic ovarian follicles and the effect of prostaglandin F2a and indomethacin given by intrauterine injection [J]. American Journal of Veterinary Research, 1976, 37: 369.

[37] LOVATO L, INMAN M, HENDERSON G, et al. Infection of cattle with a bovine herpesvirus 1 strain that contains a mutation in the latency-related gene leads to increased apoptosis in trigeminal ganglia during the transition from acute infection to latency [J]. Journal of Virology, 2003, 77(8): 484-857.

[38] DRILLICH M, BEETZ O, PFÜTZNER A. Evaluation of a systemic antibiotic treatment of toxic puerperal metritis in dairy cows [J]. Journal of Dairy Science, 2001, 84(9): 2010-2017.

[39] MCART J A, NYDAM D V, OSPINA P A, et al. A field trial on the effect of propylene glycol on milk yield and resolution of ketosis in fresh cows diagnosed with subclinical ketosis [J]. Journal of Dairy Science, 2011, 94(12): 6011-6020.

[40] MCDOUGALL S, MACAULAY R, COMPTON C. Association between endometritis diagnosis using a novel intravaginal device and reproductive performance in dairy cattle [J]. Animal Reproduction Science, 2007, 99: 9-23.

[41] ORZALLI M H, KAGAN J C. Apoptosis and necroptosis as host defense strategies to prevent viral infection [J]. Trends in Cell Biology, 2017, 27(11): 800-809.

[42] SLAVIERO M, VARGAS T P, BIANCHI M V, et al. Rhizopus microspores segmenta lenteritis in a cow [J]. Medical Mycology Case Reports, 2020, 28: 20-22.

[43] MORROW D A, ROBERTS S J, MCENTREE K, et al. Postpartum ovarian activity and uterine involution in dairy cattle [J]. Journal of The American Veterinary Medical Association, 1966, 149: 203.

[44] MUNDAY J S. Bovine and human papillomaviruses: a comparative review [J]. Veterinary Pathology, 2014, 51(6): 1063-1075.

[45] NADARAJA R, HANSEL W. Hormonal changes associated with experimentally produced cystic ovaries in the cow [J]. Journal of Reproduction and Fertility, 1976, 47: 203.

[46] AZAWI O I, ALI A J, LAZIM E H. Pathological and anatomical abnormalities affecting buffalo cows reproductive tracts in Mosul [J]. Iraqi Journal of Veterinary Sciences, 2008, 22(2): 59-67.

[47] PANSRI P, KATHOLM J, KROGH K M, et al. Evaluation of novel multiplex qPCR assays for diagnosis of pathogens associated with the bovine respiratory disease complex [J]. The Veterinary, 2020, 256: 105425.

[48] PAVLATA L, PODHORSKY A, PECHOVA A, et al. Differences in the occurrence of selenium, copper and zinc deficiencies in dairy cows, calves, heifers and bulls [J]. Veterinární Medicína, 2005, 50(9): 390-400.

[49] PINIOR B, FIRTH C L, RICHTER V, et al. A systematic review of financial and economic assessments of bovine viral diarrhea virus (BVDV) prevention and mitigation activities worldwide [J]. Preventive Veterinary Medicine, 2017, 137(Pt A): 77-92.

[50] SAINI P, SINGH M, KUMAR P. Fungal endometritis in bovines [J]. Open Veterinary Journal, 2019, 9(1): 94-98.

[51] PODPECAN O, MRKUN J, ZRIMSEK P. Associations between the fat to protein ratio in milk, health status and reproductive performance in dairy cattle [J]. Slovenian Veterinary Research, 2013, 50(2): 57-66.

[52] RAHMAN M S, HOQUE M F, RIMA U K, et al. Study the prevalence of bovine dermatophytosis in rangpur district of bangldesh [J]. Journal of Science and Technology, 2018(16): 24-28.

[53] RANDEL R D, SHORT R E, BELLOWS R A. Effect of ovine anti-estrogen serum on estrus and ovulation in the bovine [J]. Journal Animal Science, 1997, 45(1 Suppl): 199.

[54] REFSAL K R, JARRIN-MALDONADO J H, NACHREINER R F. Endocrine profiles in cows with ovarian cysts experimentally induced by treatment with endogenous estradiol or adrenocorticotropic hormone [J]. Theriogenology, 1987, 28(6): 871-889.

[55] COCKCROFT P. Bovine medicine[M]. 3rd ed. Ames, Iowa: Wiley-Blackwell, 2015.

[56] SAFONOV V A, BLIZNETSOVA G N, NEZHDANOV A G, et al. Effect of selenium deficiency on the status of the antioxidant protection system of cows during pregnancy and obstetric pathology [J]. Russian Agricultural Sciences, 2008, 34(6): 423-425.

[57] SASAKI S, HASEGAWA K, HIGASHI T, et al. A missense mutation in solute carrier family 12, member 1 (SLC12A1) causes hydrallantois in Japanese Black cattle [J]. BMC Genomics, 2016, 17(1): 724.

[58] HASKELL S R R. Blackwell's five-minute veterinary consult: ruminant [M]. Ames, Iowa: Wiley-Blackwell, 2009.

[59] HEADLEYA S A, MÜLLERA M C, OLIVEIRAA T S, et al. Diphtheric aspergillosis tracheitis with gastrointestinal dissemination secondary to viral infections in a dairy calf [J]. Microbial Pathogenesis, 2020, 149: 104497.

[60] PEEK S F, DIVERS T J. Rebhun's diseases of dairy cattle[M]. 3rd ed. St. Louis, Missouri: Elsevier, 2018.

[61] KUMAGAI S, DAIKAI T, ONODERA T. Bovine spongiform encephalopathy – a review from the perspective of food safety [J]. Food Safety, 2019, 7(2): 21-47.

[62] GOSHEN T, SHPIGEL N Y. Evaluation of intrauterine antibiotic treatment of clinical metritis and retained fetal membranes in dairy cows [J]. Theriogenology, 2006, 66(9): 2210-2218.

[63] TATONE E H, DUFFIELD T F, CAPEL M B, et al. A randomized controlled trial of dexamethasone as an adjunctive therapy to propylene glycol for treatment of hyperketonemia in postpartum dairy cattle [J]. Journal of Dairy Science, 2016, 99(11): 8991-9000.

[64] TSUJITA H, PLUMMER C E. Bovine ocular squamous cell carcinoma [J]. The Veterinary Clinics of North America. Food Animal Practice, 2010, 26(3): 511-529.

[65] UBAGAI K, FUKUDA S, MORI T, et al. Discrimination between L-type and C-type bovine spongiform encephalopathy by the strain-specific reactions of real-time quaking-induced conversion [J]. Biochemical and Biophysical Research Communications, 2020, 526(4): 1049-1053.

[66] VALARCHER J F, SCHELCHER F, BOURHY H. Evolution of bovine respiratory syncytial virus [J]. Journal of Virology, 2000, 74(22): 10714-10728.

[67] VAN SAUN R, BARTLETT P C, MORROW D A. Monitoring the effects of postpartum diseases on milk production in dairy cattle [J]. Compend Contin Educ Pract Vet, 1987(9): 212.

[68] VASSEUR E, GIBBONS J, RUSHEN J, et al. Development and implementation of a training program to ensure high repeatability of body condition scoring of dairy cows [J]. Journal of Dairy Science, 2013, 96 (7): 4725-4737.

[69] VAUCHER R D, SIMONETTI A B, ROEHE P M. RT-PCR for detection of bovine parainfluenza virus type 3 (BPIV-3) [J].Acta Scientiae Veterinariae, 2008, 36 (3): 215-220.

[70] VENJAKOB P L, BORCHARDT S, HEUWIESER W. Hypocalcemia-Cow-level prevalence and preventive strategies in German dairy herds [J]. Journal of Dairy Science, 2017, 100(11): 9258-9266.

[71] VIGUIER C, ARORA S, GILMARTIN N, et al. Mastitis detection: current trends and future perspectives [J]. Trends in Biotechnology，2009，27(8):486-493.

[72] VOYVODA H, ERDOGAN H. Use of a hand-held meter for detecting subclinical ketosis in dairy cows [J]. Research in Veterinary Science, 2010, 89(3): 344-351.

[73] WALBORN A T. The molecular pathophysiology of sepsis-associated disseminated intravascular coagulation and its pharmacologic modulation[D/OL]. Chicago：Loyola University Chicago，2018[2023-4-19]. https://ecommons.luc.edu/cgi/viewcontent.cgi?article=3870&context=luc_diss.

[74] WEERATHILAKE W A, BRASSINGTON A H, WILLIAMS S J, et al. Added dietary cobalt or vitamin B_{12}, or injecting vitamin B_{12} does not improve performance or indicators of ketosis in pre- and post-partum Holstein-Friesian dairy cows [J]. Animal, 2019, 13(4): 750-759.

[75] RAN X, CHEN X, MA L, et al. A systematic review and meta-analysis of the epidemiology of bovine viral diarrhea virus (BVDV) infection in dairy cattle in China [J]. Acta Tropica: Journal of Biomedical Science, 2019, 190: 296-303.

[76] YERUHAM I, PERL S, NYSKA A. Skin tumours in cattle and sheep after freeze-or heat-branding [J]. Journal of Comparative Pathology, 1996, 114(1): 101-106.

[77] 安春堂. 犊牛先天性闭肛再造术 [J]. 北方牧业，2008(12): 20.

[78] 安俪婧. 初生犊牛常见疾病及防治 [J]. 畜牧兽医科学（电子版），2020(13): 79-80.

[79] 陈蕾. 北票地区几例奶牛产后截瘫治疗 [J]. 中国畜禽种业，2020, 16(8): 95.

[80] 陈溥言. 兽医传染病学 [M]. 6 版. 北京：中国农业出版社，2015.

[81] 陈相辉. 犊牛佝偻病的防治措施分析 [J]. 中国动物保健，2017, 19(6): 14-15.

[82] 程雪. 奶牛阴道脱的病因、症状及其治疗 [J]. 现代畜牧科技，2017(2): 147.

[83] 程子龙. 2017—2019 年山东省牛场 BVD、IBR、PR 流行病学调查及共感染致病机制研究 [D/OL]. 泰安：山东农业大学，2020[2023-4-19].https://kns.cnki.net/kcms2/article/abstract?v=3uoqIhG8C447WN1SO36whLpCgh0R0Z-ia63qwICAcC3-s4XdRlECrSQkUH4hKYRKRX_M_I5zUZcNOtkQLJc74I2L0Eu0CcB8&uniplatform=NZKPT.

[84] 迟晓东，陈翔鹏，王伟军，等. 子宫内膜炎引起牛不孕症的防治 [J]. 黑龙江动物繁殖，2004, 12(2):26-27.

[85] 邓虎明，权查亮，冯汉民. 动物口蹄疫的检疫与综合防制 [J]. 湖北畜牧兽医，2016, 37(2): 18-20.

[86] 丁明星. 兽医外科学 [M]. 北京：科学出版社，2009.

[87] 丁俞建. 万头牧场的产房管理 [C]// 中国奶业协会. 第七届中国奶业大会论文集. 北京：《中国奶牛》编辑部，2016: 234-236.

[88] 董鹏超. 牛佝偻病病因及预防方法 [J]. 中国畜禽种业，2020, 16(10): 166.

[89] 董霞，田志军，高建平，等. 浅谈奶牛子宫扭转的矫正和预防 [C]// 中国奶业协会. 第三届中国奶业大会论文集（上册）. 北京：《中国奶牛》编辑部，2012: 321-322.

[90] 董秀梅，朱远茂，蔡虹，等. 牛副流感病毒 3 型 Taq Man 实时荧光定量 RT-PCR 检测方法的建立及应用 [J]. 中国兽医科学，2014, 44(6): 617-623.

[91] 谷魁菊. 犊牛佝偻病的病因、临床症状、实验室诊断及其防治 [J]. 现代畜牧科技，2017(4): 144.

[92] 郭静. 奶牛难产的发生原因、症状、临床检查及助产方法 [J]. 现代畜牧科技，2020(11): 126-127.

[93] 哈那提·沙黑多拉. 探索奶牛子宫扭转的实用治疗方法 [J]. 当代畜牧，2016(17): 55.

[94] 何生虎，吴顺祥，晁向阳. 奶牛疾病学 [M]. 银川：宁夏人民出版社，2005.

[95] 侯引绪. 奶牛产后截瘫临床诊治研究 [J]. 中国奶牛，2017(1): 39-41.

[96] 胡桂学. 兽医微生物学 [M]. 北京：中国农业大学出版社，2018.

[97] 扈荣良. 现代动物病毒学 [M]. 北京：中国农业出版社，2014.

[98] 金永宝. 奶牛难产助产技术 [J]. 新农业，2019(9): 61-62.

[99] 康慧，朱紫祥，杨孝朴，等. 猪瘟病毒 C 株共感染口蹄疫病毒影响口蹄疫病毒复制 [J]. 微生物学通报，2021, 48(3): 765-777.

[100] 雷金龙，吴树清，李国俊，等. 奶牛产道损伤诊疗的探讨 [J]. 上海畜牧兽医通讯，2007(3): 44-45.

[101] 李程，陈颖钰，索朗斯珠，等. 牛传染性鼻气管炎的流行与防控进展 [J]. 中国奶牛，2015(17): 40-43.

[102] 李洪军. 犊牛和羔羊佝偻病的防治 [J]. 当代畜牧，2019(14): 19-20.

[103] 李鹏，王慧，王冰清，等. 牛病毒性腹泻的防控与净化 [J]. 中国畜禽种业，2020, 16(4): 71-72.

[104] 李志，郑福英，王积栋，等. 牛流行热研究进展 [J]. 中国畜牧兽医，2015, 42(3): 745-751.

[105] 梁峰涛，宁明刚，贾宁，等. 沙冬青总生物碱体外抗牛副流感病毒 3 型的试验研究 [J]. 中国兽医科学，2014, 44(2): 211-216.

[106] 林雪. 牛轮状病毒感染的防控 [J]. 养殖与饲料，2020, 19(11): 97-98.

[107] 刘彩娟，任亮，王永信，等. 牛病毒性腹泻病在规模化牧场中净化的探索 [J]. 中国乳业，2020(6): 59-62.

[108] 刘彩娟，任亮，王永信，等. 初生犊牛屈腱挛缩的原因分析及防治 [J]. 中国乳业，2020(6): 19-21.

[109] 刘佳佳. 2006—2018 年中国狂犬病流行特征及影响因素研究 [D/OL]. 昆明：昆明医科大学，2020[2023-4-19].https://kns.cnki.net/kcms2/article/abstract?v=3uoqIhG8C475KOm_zrgu4lQARvep2SAkyRJRHnhEQBuKg4okgcHYhB_gLuoCH0uR-fqp3ToVYJOfwzAAGWop11E0k8SAbRt&uniplatform=NZKPT.

[110] 刘晓乐，张敏敏，陈颖钰，等. 牛副流感病毒 3 型 RT-PCR 检测方法的建立 [J]. 中国奶牛，2011 (22): 1-4.

[111] 刘长松. 奶牛疾病诊疗大全 [M]. 北京：中国农业出版社，2005.

[112] 吕建伟. 犊牛水中毒的诊断和防治方案 [J]. 现代畜牧科技，2018(10): 90.

[113] 吕艳艳. 分娩奶牛的饲养与管理 [J]. 吉林畜牧兽医，2020, 41(11): 84.

[114] 孟宪兵. 犊牛白肌病的病因、症状及防治措施 [J]. 现代畜牧科技，2016(8): 78.

[115] 潘思佳. 牛结节疹病的诊断和防治 [J]. 兽医导刊，2021(1): 36.

[116] 钱坤，王虹. 牛病毒性腹泻病毒灭活疫苗的制备及其免疫效果 [J]. 今日畜牧兽医，2020, 36(1): 8.

[117] 沈玉海. 牛湿疹的中西医结合治疗 [J]. 中兽医学杂志，2017(3): 52.

[118] 王春璈. 犊牛维生素 C 缺乏与红鼻子病 [C]// 国家肉牛牦牛产业技术体系疾病控制研究室. 第四届全国牛病防制及产业发展大会论文集. 武汉：全国牛病大会组委会，2012.

[119] 王春璈. 奶牛疾病防控治疗学 [M]. 北京：中国农业出版社，2013.

[120] 王春璈. 奶牛临床疾病学 [M]. 北京：中国农业科学技术出版社，2007.

[121] 王春江. 奶牛产后败血症的病因及治疗 [J]. 畜牧兽医科技信息，2020(5): 65.

[122] 王继东，韩学宏，赵惠梅. 奶牛难产的原因、症状、助产操作及预防措施 [J]. 现代畜牧科技，2018(10): 60.

[123] 王建华. 家畜内科学 [M]. 3 版. 北京：中国农业出版社，2002.

[124] 王磊. 牛呼吸道合胞体病毒反向遗传操作系统构建的基础研究 [D]. 北京：中国农业科学院，2019.

[125] 王雪. 犊牛大肠杆菌病的流行病学、临床特点、实验室诊断和防控措施 [J]. 现代畜牧科技，2020(8): 142-143.

[126] 王永信，刘彩娟，任亮，等. 初生荷斯坦犊牛屈腱挛缩的病因及防治 [J]. 中国乳业，2020(7): 51-53.

[127] 王玉洁，霍鹏举，孙雨坤，等. 体况评分在奶牛生产中的研究进展 [J]. 动物营养学报，2018, 30(9): 3444-3452.

[128] 王仲兵，岳文斌. 现代牛场兽医手册 [M]. 北京：中国农业出版社，2009.

[129] 布雷汉. 奶牛疾病学 [M]. 赵德明，沈建忠，译. 北京：中国农业大学出版社，1999.

[130] 吴孝伟. 牛硒紊乱症的病因、症状与诊断 [J]. 现代畜牧科技，2015(2): 125.

[131] 肖定汉. 奶牛疾病防治 [M]. 北京：金盾出版社，2003.

[132] 徐子晟，朱远茂. 我国牛副流感病毒 3 型的研究进展 [J]. 中国奶牛，2016(4): 32-34.

[133] 严勇，李新圃，武小虎，等. 牛源大肠杆菌研究进展 [J]. 中兽医医药杂志，2020, 39(5): 35-41.

[134] 杨飞. 牛传染性鼻气管炎病毒 gD 蛋白单克隆抗体的制备和间接免疫荧光方法的建立 [D/OL]. 北京：中国兽医药品监察所，2020[2023-4-19].https://kns.cnki.net/kns8/Detail?sfield=fn&QueryID=0&CurRec=1&FileName=1020020117.nh&DbName=CMFD202002&DbCode=CMFD.

[135] 杨金雨，李赞，王丹. 重新认识牛流行热及其疫苗 [J]. 中国奶牛，2018(5): 47-49.

[136] 杨利国，郭爱珍. 奶牛胚胎死亡症的诊断与防治 [J]. 中国奶牛，1990(4): 41-43.

[137] 杨晓农. 牛病防治实用技术 [M]. 成都：天地出版社，2006.

[138] 杨晓省，刘俊书，段泽炜，等. 临产奶牛子宫扭转的诊治 [J]. 养殖与饲料，2018(2): 49-50.

[139] 尹德福. 催产素在奶牛生产中的应用 [J]. 养殖技术顾问，2010(8): 97.

[140] 永登尖措. 犊牛缺硒病的防治措施 [J]. 中国畜禽种业，2019, 15(9): 98.

[141] 由光军. 奶牛白血病的诊断与防治探讨 [J]. 当代畜牧，2016(35): 64.

[142] 于成蛟. 浅析犊牛水中毒及其综合防治 [J]. 山东畜牧兽医，2020, 41(3): 31-32.

[143] 于美叶，王建利. 犊牛代谢性疾病的诊疗报告 [J]. 中国畜牧兽医文摘，2018, 34(3): 196.

[144] 张才骏. 牛症状临床鉴别诊断学 [M]. 北京：科学出版社，2007.

[145] 张红丽，赵灵燕，吴贇竑，等. 牛结节性皮肤病的流行与防控 [J]. 浙江畜牧兽医，2020, 45(4): 32-34.

[146] 张淮瑜，宋阿北，马小静，等. 牛呼吸道合胞体病流行病学及疫苗研究近况 [J]. 动物医学进展，2020, 41(4): 115-118.

[147] 张莉莉. 犊牛水中毒综合防治 [J]. 畜牧兽医科学（电子版），2020(12): 126-127.

[148] 张亮，张云飞，蒋仁新，等. 2017—2018 年山东省奶牛场犊牛腹泻相关病毒病原学检测 [J]. 中国动物检疫，2020, 37(6): 16-20.

[149] 张榕. 牛白血病病毒感染与人乳腺癌发生相关性的研究 [D/OL]. 扬州：扬州大学，2018[2023-4-19]. https://kns.cnki.net/kcms2/article/abstract?v=3uoqIhG8C475KOm_zrgu4lQARvep2SAkWfZcByc-RON98J6vxPv10Y5sYJ913vuuADNOKvABRI1yGeim4TeM04bOCoSwE7U-&uniplatform=NZKPT.

[150] 张守印. 牛佝偻病症状及治疗 [N]. 吉林农村报，2015-06-26(3).

[151] 张子敬，朱肖亭，吕世杰，等. 腹泻犊牛与健康犊牛粪便菌群结构组成与功能研究 [J]. 中国畜牧兽医，2020, 47(9): 2779-2788.

[152] 赵兴绪. 兽医产科学 [M]. 4 版. 北京：中国农业出版社，2009.

[153] 佚名. 中国狂犬病防治现状 [J]. 中国畜牧兽医文摘，2009(5): 10-11.

[154] 周广生. 牛场兽医 [M]. 北京：中国农业出版社，2004.

[155] 周莉媛，陈斌，裴超信，等. 牛结节性皮肤病诊断 [J]. 四川畜牧兽医，2020, 47(12): 60.

[156] 庄金秋，梅建国，张颖，等. 牛副流感病毒 3 型实验室检测方法研究进展 [J]. 中国奶牛，2018(4): 1-4.

[157] 邹阿玲. 新生犊牛先天性屈腱挛缩的病因分析及治疗 [J]. 中国奶牛，2014(1): 49-50.

二维码索引

视频号	二维码	页码	视频号	二维码	页码
视频 1-3-1		018	视频 2-2-2		184
视频 1-3-2		023	视频 2-2-3		186
视频 1-3-3		023	视频 2-2-4		186
视频 1-7-1		059	视频 2-2-5		188
视频 1-8-1		064	视频 2-2-6		188
视频 1-8-2		064	视频 2-2-7		190
视频 2-1-1		180	视频 2-2-8		190
视频 2-1-2		181	视频 2-2-9		191
视频 2-1-3		181	视频 2-2-10		193
视频 2-2-1		184	视频 2-2-11		193

（续）

视频号	二维码	页码	视频号	二维码	页码
视频 2-2-12		193	视频 2-2-23		204
视频 2-2-13		196	视频 2-2-24		204
视频 2-2-14		196	视频 2-2-25		204
视频 2-2-15		196	视频 2-2-26		206
视频 2-2-16		198	视频 2-2-27		210
视频 2-2-17		198	视频 2-2-28		210
视频 2-2-18		199	视频 2-2-29		210
视频 2-2-19		200	视频 2-2-30		212
视频 2-2-20		200	视频 2-2-31		212
视频 2-2-21		204	视频 2-2-32		212
视频 2-2-22		204	视频 2-2-33		212

（续）

视频号	二维码	页码	视频号	二维码	页码
视频 2-2-34		214	视频 2-2-45		220
视频 2-2-35		214	视频 2-2-46		223
视频 2-2-36		214	视频 2-2-47		224
视频 2-2-37		215	视频 2-2-48		224
视频 2-2-38		215	视频 2-2-49		225
视频 2-2-39		215	视频 2-2-50		227
视频 2-2-40		215	视频 2-2-51		227
视频 2-2-41		216	视频 2-2-52		228
视频 2-2-42		216	视频 2-2-53		228
视频 2-2-43		220	视频 2-2-54		228
视频 2-2-44		220	视频 2-2-55		228

（续）

视频号	二维码	页码	视频号	二维码	页码
视频 2-2-56		228	视频 2-2-67		237
视频 2-2-57		228	视频 2-2-68		239
视频 2-2-58		228	视频 2-2-69		247
视频 2-2-59		231	视频 2-2-70		247
视频 2-2-60		233	视频 2-2-71		247
视频 2-2-61		233	视频 2-2-72		259
视频 2-2-62		233	视频 2-2-73		259
视频 2-2-63		233	视频 2-2-74		259
视频 2-2-64		233	视频 2-2-75		266
视频 2-2-65		234	视频 2-2-76		266
视频 2-2-66		235	视频 2-2-77		266

（续）

视频号	二维码	页码	视频号	二维码	页码
视频 2-2-78		266	视频 3-5-1		364
视频 2-2-79		266	视频 3-5-2		364
视频 2-2-80		267	视频 3-5-3		364
视频 2-2-81		268	视频 3-5-4		365
视频 2-2-82		268	视频 4-1-1		376
视频 2-2-83		268	视频 4-1-2		376
视频 2-2-84		268	视频 4-1-3		383
视频 2-2-85		269	视频 4-2-1		404
视频 2-2-86		269	视频 4-2-2		404
视频 2-2-87		272	视频 4-2-3		406
视频 2-2-88		273	视频 4-2-4		406

（续）

视频号	二维码	页码	视频号	二维码	页码
视频 4-2-5		406	视频 5-2-4		424
视频 4-2-6		406	视频 5-2-5		427
视频 4-2-7		412	视频 5-2-6		428
视频 4-2-8		412	视频 5-2-7		428
视频 4-2-9		412	视频 5-2-8		428
视频 4-2-10		412	视频 5-2-9		431
视频 5-1-1		422	视频 5-2-10		431
视频 5-1-2		422	视频 5-2-11		431
视频 5-2-1		423	视频 5-2-12		431
视频 5-2-2		423	视频 5-2-13		431
视频 5-2-3		424	视频 5-2-14		431

（续）

视频号	二维码	页码	视频号	二维码	页码
视频 5-3-1		433	视频 5-3-12		435
视频 5-3-2		433	视频 5-3-13		436
视频 5-3-3		433	视频 5-3-14		436
视频 5-3-4		433	视频 5-3-15		439
视频 5-3-5		434	视频 5-3-16		443
视频 5-3-6		434	视频 5-3-17		447
视频 5-3-7		434	视频 5-3-18		447
视频 5-3-8		435	视频 5-3-19		448
视频 5-3-9		435	视频 5-3-20		448
视频 5-3-10		435	视频 5-3-21		448
视频 5-3-11		435	视频 5-4-1		461

（续）

视频号	二维码	页码	视频号	二维码	页码
视频 5-4-2		461	视频 5-5-5		483
视频 5-4-3		463	视频 5-5-6		483
视频 5-4-4		464	视频 5-5-7		483
视频 5-4-5		466	视频 5-5-8		483
视频 5-4-6		466	视频 5-5-9		483
视频 5-4-7		466	视频 5-5-10		485
视频 5-4-8		477	视频 5-5-11		488
视频 5-5-1		482	视频 5-5-12		490
视频 5-5-2		483	视频 5-5-13		490
视频 5-5-3		483	视频 5-5-14		491
视频 5-5-4		483	视频 5-5-15		491

（续）

视频号	二维码	页码	视频号	二维码	页码
视频 5-7-1		499	视频 6-1-8		535
视频 5-7-2		499	视频 6-1-9		535
视频 5-7-3		499	视频 6-1-10		535
视频 5-7-4		500	视频 6-1-11		535
视频 6-1-1		532	视频 6-1-12		535
视频 6-1-2		532	视频 6-2-1		540
视频 6-1-3		532	视频 6-2-2		541
视频 6-1-4		534	视频 6-2-3		541
视频 6-1-5		534	视频 6-2-4		541
视频 6-1-6		535	视频 6-2-5		542
视频 6-1-7		535	视频 6-2-6		542

（续）

视频号	二维码	页码	视频号	二维码	页码
视频 6-2-7		561	视频 8-1-3		625
视频 6-2-8		561	视频 8-1-4		625
视频 6-2-9		564	视频 8-1-5		625
视频 6-2-10		564	视频 8-1-6		626
视频 6-2-11		564	视频 8-1-7		626
视频 6-2-12		564	视频 8-2-1		634
视频 6-2-13		566	视频 8-2-2		634
视频 6-2-14		566	视频 8-2-3		634
视频 6-2-15		566	视频 8-2-4		634
视频 8-1-1		625	视频 8-2-5		635
视频 8-1-2		625	视频 8-2-6		635

（续）

视频号	二维码	页码	视频号	二维码	页码
视频 8-2-7		637	视频 9-1-11		679
视频 9-1-1		671	视频 9-1-12		679
视频 9-1-2		677	视频 9-1-13		681
视频 9-1-3		677	视频 9-1-14		691
视频 9-1-4		677	视频 9-1-15		691
视频 9-1-5		678	视频 9-1-16		691
视频 9-1-6		678	视频 9-1-17		691
视频 9-1-7		679	视频 9-1-18		692
视频 9-1-8		679	视频 9-1-19		692
视频 9-1-9		679	视频 9-1-20		692
视频 9-1-10		679	视频 9-1-21		695

（续）

视频号	二维码	页码	视频号	二维码	页码
视频 9-1-22		699	视频 9-2-9		707
视频 9-1-23		700	视频 9-2-10		707
视频 9-1-24		700	视频 9-2-11		707
视频 9-2-1		705	视频 9-2-12		707
视频 9-2-2		706	视频 9-2-13		707
视频 9-2-3		706	视频 9-2-14		707
视频 9-2-4		706	视频 9-2-15		707
视频 9-2-5		706	视频 9-2-16		708
视频 9-2-6		707	视频 9-2-17		708
视频 9-2-7		707	视频 9-2-18		708
视频 9-2-8		707	视频 9-2-19		708

（续）

视频号	二维码	页码	视频号	二维码	页码
视频 9-2-20		710	视频 9-2-31		712
视频 9-2-21		710	视频 9-2-32		712
视频 9-2-22		710	视频 9-2-33		713
视频 9-2-23		711	视频 9-2-34		713
视频 9-2-24		711	视频 9-2-35		714
视频 9-2-25		711	视频 9-2-36		714
视频 9-2-26		712	视频 9-2-37		714
视频 9-2-27		712	视频 9-2-38		714
视频 9-2-28		712	视频 9-2-39		717
视频 9-2-29		712	视频 9-2-40		734
视频 9-2-30		712	视频 9-2-41		734

（续）

视频号	二维码	页码	视频号	二维码	页码
视频 10-2-1		744	视频 11-1-9		783
视频 10-2-2		757	视频 11-2-1		789
视频 10-2-3		757	视频 11-2-2		789
视频 11-1-1		781	视频 11-2-3		789
视频 11-1-2		781	视频 11-2-4		789
视频 11-1-3		781	视频 11-4-1		793
视频 11-1-4		783	视频 11-4-2		794
视频 11-1-5		783	视频 11-4-3		794
视频 11-1-6		783	视频 11-4-4		795
视频 11-1-7		783	视频 11-4-5		795
视频 11-1-8		783	视频 11-4-6		795

（续）

视频号	二维码	页码	视频号	二维码	页码
视频 11-4-7		795	视频 11-4-18		798
视频 11-4-8		795	视频 11-4-19		798
视频 11-4-9		796	视频 11-4-20		798
视频 11-4-10		796	视频 11-4-21		798
视频 11-4-11		796	视频 11-4-22		798
视频 11-4-12		796	视频 11-4-23		798
视频 11-4-13		796	视频 11-4-24		798
视频 11-4-14		796	视频 11-4-25		798
视频 11-4-15		797	视频 11-5-1		801
视频 11-4-16		797	视频 11-5-2		801
视频 11-4-17		797	视频 11-5-3		801

（续）

视频号	二维码	页码	视频号	二维码	页码
视频 11-5-4		807	视频 11-6-3		813
视频 11-5-5		809	视频 11-6-4		813
视频 11-5-6		809	视频 11-6-5		814
视频 11-5-7		809	视频 11-6-6		814
视频 11-5-8		809	视频 11-6-7		814
视频 11-5-9		809	视频 11-6-8		814
视频 11-5-10		809	视频 11-7-1		816
视频 11-5-11		809	视频 11-7-2		817
视频 11-5-12		809	视频 11-7-3		817
视频 11-6-1		810	视频 11-7-4		817
视频 11-6-2		811	视频 11-7-5		817

（续）

视频号	二维码	页码	视频号	二维码	页码
视频 11-7-6		817	视频 16-1-2		889
视频 11-7-7		818	视频 16-1-3		889
视频 11-7-8		818	视频 16-1-4		889
视频 11-7-9		818	视频 16-1-5		890
视频 11-7-10		818	视频 16-1-6		900
视频 13-2-1		862	视频 16-1-7		900
视频 13-2-2		866	视频 16-1-8		901
视频 13-2-3		866	视频 16-1-9		901
视频 13-2-4		866	视频 16-1-10		901
视频 15-3-1		884	视频 16-1-11		901
视频 16-1-1		889	视频 16-1-12		902

（续）

视频号	二维码	页码	视频号	二维码	页码
视频 16-1-13		903	视频 18-2-1		933
视频 16-2-1		906	视频 18-2-2		934
视频 16-2-2		906	视频 18-2-3		937
视频 16-2-3		907	视频 18-2-4		937
视频 16-2-4		908